Python 3 网络爬虫开发实战

第 2 版

崔庆才 著

人民邮电出版社
北京

图书在版编目（CIP）数据

Python 3网络爬虫开发实战 / 崔庆才著. -- 2版.
-- 北京 : 人民邮电出版社, 2021.11
 （图灵原创）
 ISBN 978-7-115-57709-2

Ⅰ. ①P… Ⅱ. ①崔… Ⅲ. ①软件工具－程序设计
Ⅳ. ①TP311.561

中国版本图书馆CIP数据核字(2021)第209191号

内 容 提 要

本书介绍了如何利用 Python 3 开发网络爬虫。本书为第 2 版，相比于第 1 版，为每个知识点的实战项目配备了针对性的练习平台，避免了案例过期的问题。另外，主要增加了异步爬虫、JavaScript 逆向、App 逆向、页面智能解析、深度学习识别验证码、Kubernetes 运维及部署等知识点，同时也对各个爬虫知识点涉及的请求、存储、解析、测试等工具进行了丰富和更新。

本书适合 Python 程序员阅读。

◆ 著　　崔庆才
  责任编辑　王军花
  责任印制　周昇亮

◆ 人民邮电出版社出版发行　北京市丰台区成寿寺路11号
  邮编 100164　电子邮件 315@ptpress.com.cn
  网址　https://www.ptpress.com.cn
  北京市艺辉印刷有限公司印刷

◆ 开本：787×1092 1/16
  印张：58 2021年11月第 2 版
  字数：1684千字 2025年 5月北京第17次印刷

定价：139.80元

读者服务热线：(010)84084456-6009　印装质量热线：(010)81055316
反盗版热线：(010)81055315

序 一

今天我们所处的时代是信息化时代，是数据驱动的人工智能时代。我们参加各种行业会议和技术会议时，常会听到"数字化"这个概念。事实上，各行各业中的数据都越来越数字化了。在 PC 时代，微软和 IBM 将企业办公桌面数字化了，这使得企业信息能够互联互通。在移动互联网时代，苹果、腾讯和阿里巴巴把社交通信、购物和支付等移动化和数字化了。到了人工智能、物联网时代，万物互联和物理世界的全面数字化使得人工智能可以基于这些数据产生优质的决策，从而对人类的生产生活产生巨大价值。在这个以数据驱动为特征的时代，数据是最基础的。数据既可以通过研发产品获得，也可以通过爬虫采集公开数据获得，因此爬虫技术在这个快速发展的时代就显得尤为重要，高端爬虫人才的收入也在逐年提高。

由于数据所有权和使用权的模糊，数据采集行业存在一定的不确定性，技术交流的机会也不多，公开且有技术深度的书就更少了，崔庆才的这本《Python 3 网络爬虫开发实战（第 2 版）》是目前为止市场上公开数据采集领域最好的图书之一。相比第 1 版，这一版对案例做了本地化处理，提供了自行搭建的服务供读者练手，从而不需要依赖外部网站的接口。此外，这一版还增加了 Android 逆向的大量技术细节，这部分内容符合当前主流爬虫技术的发展要求。异步爬虫技术也是现阶段非常主流的一种技术，用于大规模数据爬取。

最后，从认知科学的角度来看，大家边学边练，把书中的案例全部自己动手认真过一遍，遇到问题多在读者交流群提问，同时多解答其他网友的问题，把教和学结合起来，一定能成为这个领域的翘楚。

梁斌 penny，北京八友科技总经理，清华大学博士

序 二

我的梦想是做活的人工智能，这里的"活"有多重含义，我认为其中很重要的一点是应该通过某种方式让人工智能从人类每天增长的数据中快速汲取"养料"，以不断地更新、成长，扎根于今天的人类世界。

这会产生很多有趣的问题，比如，人们以往在对话中采用的评论数据也许并不能在一天的时间里积累很多，尤其是那些不那么热门的话题，那有没有办法从自媒体每天快速产生的大量文章里获取数据，再用某种方式将它们自然地使用在对话中呢？这就好比让人工智能也每天刷微博、刷头条和刷朋友圈，于是它就能知道今天的网络或者真实世界发生了什么，它也因此跟我们同步生活在了一个世界中。我们分析公众号数据后，发现的确存在这样的可能。如在 2017 年 8 月，我们在包含"鹿晗"的文章里挖掘出了"邮筒"这个词，原来是文章里有一张鹿晗和一个邮筒在上海外滩的合影，之后粉丝们纷纷排队打卡这个幸运的邮筒。这些新消息恐怕是和人工智能聊天的粉丝们最想知道的，有了及时更新的数据，我们就有可能做到让人工智能为我们推荐感兴趣的消息，它就像志同道合的好朋友一样。

再如，人能够很快地学会一个流行语，如"卷"或"内卷"。面对一个陌生的新流行语，我们看几个相关的例子，基本上就能根据语境猜测出它的含义，并能迅速模仿例子，甚至把它用在新语句里。那么人工智能是否可以迅速地学会使用流行语呢？我们几经尝试之后发现的确可以，只需要爬取几十条包含某个新词的句子，人工智能就能大致学会这个新词的用法，还能使用它把相似语境里的话改写成新句子。

这一切都要依赖数据，而爬虫是人工智能行业获取数据时最方便、最常用的一种手段。崔庆才在这方面的积累和能力早已在第 1 版中有所体现，我知道他一直在繁忙的工作之余修改第 1 版，不断更新其中的技术和代码。他在写《Python 3 网络爬虫开发实战（第 2 版）》时表现出来的勤奋让他成为我朋友圈里最"卷"的那一个，这本书即将出版，他再次邀请我为书作序，我感到荣幸之至。之后我会第一时间买这本书，并将这本书推荐给我的朋友和学生，无论是研究还是开发，这本书都非常有价值。

人工智能因为深度学习得到了近十年的大发展，而以 BERT 为代表的预训练模型又让深度学习变得有点不一样。之前的监督学习依赖大量人工来标注数据，这不得不付出昂贵的标注成本，同时还得忍受标注带来的局限性和不自然。而今，预训练模型采用的几乎都是从互联网上爬取的海量数据，通过构造半监督任务来训练模型，如 BERT 构造了一个隐藏某个词，然后用这个词周围的词来填空的任务，这样不需要标注，通过构造出的监督信息就能训练出神经网络。我们在悟道·文澜项目中，爬取了几千万个图像和周边文字，通过预训练得到了图像和文字的统一表示，达到了很好的跨模态检索效果。这些进展都离不开优秀的爬虫程序。

毫不夸张地说，数据是人工智能之源。正当地爬取数据、谨慎地使用数据和严格地保护隐私会让人工智能得到滋养，从而探索更多的可能。在数据方面，本书能为大家提供极大的帮助。

宋睿华，中国人民大学高瓴人工智能学院长聘副教授

前　　言

您好，我是崔庆才。

首先，非常高兴我们能够因此书初次或再次相会。为什么会提到再次相会呢？因为这本书已经是第 2 版了。如果您曾经阅读过第 1 版，那么请允许我再次对您的支持表示诚挚的感谢。

我从 2015 年开始接触网络爬虫，当时爬虫还没有这么火，我觉得能够把想要的数据抓取下来是一件非常有成就感的事情，而且可以顺便熟悉 Python，一举两得。在学习期间，我将学到的内容做好总结，并发表到我的博客上。随着发表的内容越来越多，博客的浏览量也越来越高，很多读者对我的博文给予了肯定的评价，这也给我的爬虫学习之路增添了很多动力。后来有一天，图灵的王编辑联系了我，问我有没有意向写一本爬虫方面的书，我听到之后充满了欣喜和期待，这样既能把自己学过的知识点做一个系统整理，又能跟广大的爬虫爱好者分享自己的学习经验，还能出版自己的作品，于是我很快就答应了约稿。一开始我觉得写书并不是一件那么难的事，后来真正写了才发现其中包含的艰辛。书相比博客，用词更严谨，而且逻辑需要更缜密，很多细节必须考虑得非常周全。编写前前后后花了近一年的时间，审稿和修改又用了将近半年的时间，一路走来甚是不易，不过最后看到书稿成型，我觉得这一切都是值得的。

本书第 1 版是在 2018 年出版的，出版后受到了不少读者的支持和喜爱，真的非常感谢各位读者的支持。有的读者还特地告诉我，他看了我的书之后找到了一份不错的爬虫工作，听到之后我真的非常开心，因为我的一些知识和经验帮助到了他人。

之所以写第 2 版，一方面是技术总是在不断地发展和进步，爬虫技术也一样，它在爬虫和反爬虫不断斗争的过程中持续演进着。现在的网页采取了各种防护措施，比如前端代码的压缩和混淆、API 的参数加密、WebDriver 的检测，因此要做到高效的数据爬取，需要我们懂一些 JavaScript 逆向分析技术。与此同时，App 的抓包防护、加壳保护、本地化、风控检测使得越来越多的 App 数据难以爬取，所以我们不得不了解一些 App 逆向相关的技术，比如 Xposed、Frida、IDA Pro 等工具的使用。近几年，深度学习和人工智能发展得也是如火如荼，所以爬虫还可以和人工智能相结合，比如基于深度学习的验证码识别、网页内容的智能解析和提取等技术。另外，一些大规模爬虫的管理和运维技术也在不断发展，当前 Kubernetes、Docker、Prometheus 等云原生技术也非常火爆，基于 Kubernetes 等云原生技术的爬虫管理和运维解决方案也已经很受青睐。然而，第 1 版几乎没有提及以上这些新兴技术。

另一方面，第 1 版引用了很多案例网站和服务，比如猫眼电影网站、淘宝网站、代理服务网站，几年过去，其中有些案例网站和服务早已经改版或者停止维护，这就导致第 1 版中的很多代码已经不能正常运行了。这其实是一个很大的问题，因为代码运行不通会大大打击读者学习的积极性和降低他们的成就感，而且还浪费不少时间。另外，即使爬虫代码及时更新了，我们也不知道这些案例网站和服务什么时候会再次改版，这都是不可控的。为了彻底解决这个问题，我花了近半年的时间构建了一个爬虫案例平台（https://scrape.center）——包含几十个案例网站，包括服务端渲染（SSR）网站、单页面应用（SPA）网站、各类反爬网站、验证码网站、模拟登录网站、各类 App 等，覆盖了现在爬虫和反爬虫相关的大多数技术。整个平台都由我来维护，书中几乎所有的案例网站都来自这个平台，这样就解决了页面改版或停止维护的问题。

相比第 1 版，本书第 2 版主要更新了如下内容。

- 绝大多数案例网站来自自建的案例平台，以后再也不用担心案例网站过期或改版的问题。
- 删除了第 1 版中的第 1 章"环境安装"，将配置环境的内容全部汇总并迁移到案例平台（https://setup.scrape.center），然后在书中以外链的形式附上，以确保环境配置和安装说明相关的内容能得到及时更新。
- 增加了一些新的请求库、解析库、存储库等，如 httpx、parsel、Elasticsearch 等。
- 增加了异步爬虫，如协程的基本原理、aiohttp 的使用和爬取实战。
- 增加了一些新兴自动化工具，如 Pyppeteer、Playwright。
- 增加了深度学习相关的内容，如图形验证码、滑动验证码的识别方案。
- 丰富了模拟登录的内容，如增加了 JWT 模拟登录的介绍和实战、大规模账号池的优化。
- 增加了 JavaScript 逆向，包括网站加密和混淆技术、JavaScript 逆向调试技巧、JavaScript 的各种模拟执行方式、AST 还原混淆代码、WebAssembly 等相关技术。
- 丰富了 App 自动化爬取技术，如介绍了新兴框架 Airtest、手机群控和云手机技术。
- 增加了 Android 逆向，如反编译、反汇编、Hook、脱壳、分析和模拟执行 so 文件等技术。
- 增加了页面智能解析，包括提取列表页、详情页内容的算法和分类算法。
- 丰富了 Scrapy 相关章节的内容，如 Pyppeteer 的对接、RabbitMQ 的对接、Prometheus 的对接等。
- 增加了基于 Kubernetes、Docker、Prometheus、Grafana 等云原生技术的爬虫管理和运维解决方案。

由于工作、生活等各方面的原因，我的时间并不像写第 1 版时那么宽裕，所以第 2 版的编写进度比较慢，利用的几乎都是下班和周末的时间，耗时将近两年。如今，第 2 版终于跟读者见面了！在编写期间我也收到过很多读者的询问和鼓励，非常感谢各位读者的支持和耐心等待。

希望本书能够为您学习爬虫提供帮助。

本书内容

本书内容一共分为 17 章，归纳如下。

第 1 章介绍了学习爬虫之前需要了解的基础知识，如 HTTP、爬虫、代理、网页结构、多进程、多线程等内容。对爬虫没有任何了解的读者，我建议好好了解这一章的知识。

第 2 章介绍了最基本的爬虫操作，爬虫通常是从这一步学起的。这一章介绍了最基本的请求库（urllib、requests、httpx）和正则表达式的基本用法。学完这一章，就可以掌握最基本的爬虫技术了。

第 3 章介绍了网页解析库的基本用法，包括 Beautiful Soup、XPath、pyquery、parsel 的基本使用方法，这些库可以使信息的提取更加方便、快捷，是爬虫必备的利器。

第 4 章介绍了数据存储的常见形式及存储操作，包括 TXT 文件、JSON 文件、CSV 文件的存储，以及关系型数据库 MySQL 和非关系型数据库 MongoDB、Redis 的基本存储操作，另外还介绍了 Elasticsearch 搜索引擎存储、RabbitMQ 消息队列的用法。学完这一章，就可以灵活、方便地保存爬取下来的数据。

第 5 章介绍了 Ajax 数据爬取的过程。一些网页数据可能是通过 Ajax 请求 API 接口的方式加载的，用常规方法无法爬取，这一章介绍了 Ajax 分析和爬取实战案例。

第 6 章介绍了异步爬虫的相关知识，如支持更高并发的协程的基本原理、aiohttp 库的使用和实战案例。有了异步爬虫，爬虫的爬取效率将会大大提高。

第 7 章介绍了爬取动态渲染页面的相关内容。现在越来越多的网站内容是由 JavaScript 渲染得到的，原始 HTML 文本可能不包含任何有效内容，同时渲染过程会涉及某些 JavaScript 加密算法，对此可以使用 Selenium、Splash、Pyppeteer、Playwright 等工具模拟浏览器来进行数据爬取。

第 8 章介绍了验证码的相关处理方法。验证码是网站反爬虫的重要措施，我们可以通过这一章了解各类验证码的应对方案，包括图形验证码、滑动验证码、点选验证码、手机验证码，其中会涉及 OCR、OpenCV、深度学习、打码平台的相关知识。

第 9 章介绍了代理的使用方法。限制 IP 的访问也是网站反爬虫的重要措施，使用代理可以有效解决这个问题，我们可以使用代理来伪装爬虫的真实 IP。通过这一章，我们能学习代理的使用方法，代理池的维护方法，以及 ADSL 拨号代理的使用方法。

第 10 章介绍了模拟登录爬取的方法。某些网站需要登录才可以看到需要的内容，这时就需要用爬虫模拟登录网站再进行爬取了。这一章介绍了最基本的模拟登录方法，包括基于 Session + Cookie 的模拟登录和基于 JWT 的模拟登录。

第 11 章介绍了 JavaScript 逆向的相关知识，包括网站的混淆技术、JavaScript 逆向常用的调试和 Hook 技术、JavaScript 模拟执行的各个方案，接着介绍了 AST 技术来还原 JavaScript 混淆代码，另外也对 WebAssembly 技术进行了基本介绍。

第 12 章介绍了 App 的爬取方法，包括基本的抓包软件（Charles、mitmproxy）如何使用，然后介绍了利用 mitmdump 对接 Python 脚本的方法进行实时抓取，以及使用 Appium、Airtest 模拟手机 App 的操作进行数据爬取。

第 13 章介绍了 Android 逆向的相关知识，包括反编译工具 jadx、JEB 和常用的 Hook 框架 Xposed、Frida 等工具的使用方法，另外还介绍了 SSL Pining、脱壳、反汇编、so 文件模拟执行等技术。

第 14 章介绍了页面智能解析相关的技术，比如新闻详情页面中标题、正文、作者等信息以及新闻列表页面中标题、链接等信息的智能提取，另外还介绍了如何智能分辨详情页和列表页。有了页面智能解析技术，在提取很多内容时就可以免去写规则的困扰。

第 15 章介绍了 Scrapy 爬虫框架及用法。Scrapy 是目前使用最广泛的爬虫框架，这章介绍了它的基本架构、原理及各个组件的使用方法，另外还介绍了 Scrapy 对接 Selenium、Pyppeteer 等的方法。

第 16 章介绍了分布式爬虫的基本原理及实现方法。为了提高爬取效率，分布式爬虫是必不可少的，这章介绍了使用 Scrapy-Redis、RabbitMQ 实现分布式爬虫的方法。

第 17 章介绍了分布式爬虫的部署及管理方法。方便、快速地完成爬虫的分布式部署，可以节省开发者大量的时间。这一章介绍了两种管理方案，一种是基于 Scrapy、Scrapyd、Gerapy 的方案，另一种是基于 Kubernetes、Docker、Prometheus、Grafana 的方案。

致谢

感谢我的父母、领导、导师，没有你们创造的环境，我不可能完成本书的写作。

感谢在我学习过程中与我探讨技术的各位朋友，特别感谢韦世东、陈佳林、周子淇、蔡晋、冯威、文安哲、戴煌金、陈祥安、唐轶飞、张冶青、崔弦毅、苟桃、时猛、步绍鹏、阮文龙、杨威、钟业弘、方东旭先生在我写书过程中为我提供思路和建议。

感谢开源界的各位大牛编写了诸多如此强大又便捷的工具和框架。

感谢为本书撰写推荐语的各位老师,感谢你们对本书的支持和推荐。

感谢王军花、武芮欣编辑,在书稿的审核过程中给我提供了非常多的建议,没有你们的策划和敦促,我也难以顺利完成本书。

感谢为本书做出贡献的每一个人!

相关资源

本书中的所有代码都放在了 GitHub 上,详见 https://github.com/Python3WebSpider[①],书中每个实例对应的章节末也有说明。

由于本人水平有限,写作过程中难免存在一些错误和不足之处,恳请广大读者批评指正。如果发现错误,可以将其提交到图灵社区本书主页,以使本书更加完善,非常感谢!

另外,本书还设有专门的读者交流群,可以搜索"进击的 Coder"微信公众号获取,欢迎各位读者加入!

最后,我本人也会在"进击的 Coder"和"崔庆才 | 静觅"两个公众号分别分享一些技术总结和个人感悟,欢迎订阅,可以扫下方两个二维码关注。

进击的 Coder

崔庆才 | 静觅

崔庆才

2021 年 9 月

---

① 也可到图灵社区本书主页免费注册并下载源代码。

目 录

第 1 章 爬虫基础 ·················· 1
1.1 HTTP 基本原理 ················· 1
1.2 Web 网页基础 ·················· 12
1.3 爬虫的基本原理 ················ 19
1.4 Session 和 Cookie ·············· 21
1.5 代理的基本原理 ················ 24
1.6 多线程和多进程的基本原理 ········· 26

第 2 章 基本库的使用 ············· 29
2.1 urllib 的使用 ··················· 29
2.2 requests 的使用 ················ 47
2.3 正则表达式 ···················· 63
2.4 httpx 的使用 ··················· 73
2.5 基础爬虫案例实战 ················ 78

第 3 章 网页数据的解析提取 ······ 90
3.1 XPath 的使用 ·················· 90
3.2 Beautiful Soup 的使用 ·········· 99
3.3 pyquery 的使用 ················ 113
3.4 parsel 的使用 ·················· 124

第 4 章 数据的存储 ··············· 128
4.1 TXT 文本文件存储 ············· 128
4.2 JSON 文件存储 ················ 130
4.3 CSV 文件存储 ················· 134
4.4 MySQL 存储 ··················· 138
4.5 MongoDB 文档存储 ············ 144
4.6 Redis 缓存存储 ················ 151
4.7 Elasticsearch 搜索引擎存储 ····· 159
4.8 RabbitMQ 的使用 ·············· 166

第 5 章 Ajax 数据爬取 ··········· 174
5.1 什么是 Ajax ··················· 174
5.2 Ajax 分析方法 ················· 176
5.3 Ajax 分析与爬取实战 ··········· 179

第 6 章 异步爬虫 ················· 191
6.1 协程的基本原理 ··············· 191
6.2 aiohttp 的使用 ················· 201
6.3 aiohttp 异步爬取实战 ··········· 207

第 7 章 JavaScript 动态渲染页面爬取 ·· 212
7.1 Selenium 的使用 ··············· 212
7.2 Splash 的使用 ················· 226
7.3 Pyppeteer 的使用 ·············· 242
7.4 Playwright 的使用 ············· 257
7.5 Selenium 爬取实战 ············· 269
7.6 Pyppeteer 爬取实战 ············ 276
7.7 CSS 位置偏移反爬案例分析与爬取
    实战 ·························· 282
7.8 字体反爬案例分析与爬取实战 ···· 287

第 8 章 验证码的识别 ············ 293
8.1 使用 OCR 技术识别图形验证码 ··· 293
8.2 使用 OpenCV 识别滑动验证码的缺口 ·· 298
8.3 使用深度学习识别图形验证码 ····· 304
8.4 使用深度学习识别滑动验证码的缺口 ·· 309
8.5 使用打码平台识别验证码 ········ 316
8.6 手机验证码的自动化处理 ········ 324

第 9 章 代理的使用 ··············· 331
9.1 代理的设置 ···················· 331
9.2 代理池的维护 ·················· 340
9.3 付费代理的使用 ················ 351
9.4 ADSL 拨号代理的搭建方法 ······ 357
9.5 代理反爬案例爬取实战 ·········· 365

第 10 章 模拟登录 ················ 373
10.1 模拟登录的基本原理 ··········· 373
10.2 基于 Session 和 Cookie 的模拟登录
     爬取实战 ····················· 376

- 10.3 基于 JWT 的模拟登录爬取实战 ………… 381
- 10.4 大规模账号池的搭建 ……………………… 385

第 11 章 JavaScript 逆向爬虫 …………………… 397
- 11.1 网站加密和混淆技术简介 ………………… 397
- 11.2 浏览器调试常用技巧 ……………………… 413
- 11.3 JavaScript Hook 的使用 …………………… 430
- 11.4 无限 debugger 的原理与绕过 …………… 440
- 11.5 使用 Python 模拟执行 JavaScript ……… 445
- 11.6 使用 Node.js 模拟执行 JavaScript ……… 451
- 11.7 浏览器环境下 JavaScript 的模拟执行 … 454
- 11.8 AST 技术简介 ……………………………… 460
- 11.9 使用 AST 技术还原混淆代码 …………… 472
- 11.10 特殊混淆案例的还原 …………………… 480
- 11.11 WebAssembly 案例分析和爬取实战 … 490
- 11.12 JavaScript 逆向技巧总结 ……………… 498
- 11.13 JavaScript 逆向爬取实战 ……………… 505

第 12 章 App 数据的爬取 ………………………… 530
- 12.1 Charles 抓包工具的使用 ………………… 530
- 12.2 mitmproxy 抓包工具的使用 ……………… 538
- 12.3 mitmdump 实时抓包处理 ………………… 544
- 12.4 Appium 的使用 …………………………… 551
- 12.5 基于 Appium 的 App 爬取实战 ………… 562
- 12.6 Airtest 的使用 ……………………………… 568
- 12.7 基于 Airtest 的 App 爬取实战 …………… 585
- 12.8 手机群控爬取实战 ………………………… 591
- 12.9 云手机的使用 ……………………………… 594

第 13 章 Android 逆向 …………………………… 603
- 13.1 jadx 的使用 ………………………………… 603
- 13.2 JEB 的使用 ………………………………… 615
- 13.3 Xposed 框架的使用 ……………………… 624
- 13.4 基于 Xposed 的爬取实战案例 …………… 635
- 13.5 Frida 的使用 ……………………………… 643
- 13.6 SSL Pining 问题的解决方案 ……………… 650
- 13.7 Android 脱壳技术简介与实战 …………… 657
- 13.8 利用 IDA Pro 静态分析和动态调试 so 文件 ………………………………… 664
- 13.9 基于 Frida-RPC 模拟执行 so 文件 ……… 680
- 13.10 基于 AndServer-RPC 模拟执行 so 文件 …………………………………… 685
- 13.11 基于 unidbg 模拟执行 so 文件 ………… 692

第 14 章 页面智能解析 …………………………… 700
- 14.1 页面智能解析简介 ………………………… 700
- 14.2 详情页智能解析算法简介 ………………… 707
- 14.3 详情页智能解析算法的实现 ……………… 714
- 14.4 列表页智能解析算法简介 ………………… 722
- 14.5 列表页智能解析算法的实现 ……………… 727
- 14.6 如何智能分辨列表页和详情页 …………… 735

第 15 章 Scrapy 框架的使用 …………………… 739
- 15.1 Scrapy 框架介绍 …………………………… 739
- 15.2 Scrapy 入门 ………………………………… 743
- 15.3 Selector 的使用 …………………………… 754
- 15.4 Spider 的使用 ……………………………… 759
- 15.5 Downloader Middleware 的使用 ………… 766
- 15.6 Spider Middleware 的使用 ……………… 775
- 15.7 Item Pipeline 的使用 ……………………… 781
- 15.8 Extension 的使用 ………………………… 792
- 15.9 Scrapy 对接 Selenium …………………… 795
- 15.10 Scrapy 对接 Splash ……………………… 801
- 15.11 Scrapy 对接 Pyppeteer ………………… 806
- 15.12 Scrapy 规则化爬虫 ……………………… 813
- 15.13 Scrapy 实战 ……………………………… 827

第 16 章 分布式爬虫 ……………………………… 840
- 16.1 分布式爬虫理念 …………………………… 840
- 16.2 Scrapy-Redis 原理和源码解析 …………… 842
- 16.3 基于 Scrapy-Redis 的分布式爬虫实现 … 847
- 16.4 基于 Bloom Filter 进行大规模去重 …… 851
- 16.5 基于 RabbitMQ 的分布式爬虫 ………… 859

第 17 章 爬虫的管理和部署 …………………… 862
- 17.1 Scrapyd 和 ScrapydAPI 的使用 ………… 862
- 17.2 Scrapyd-Client 的使用 …………………… 867
- 17.3 Gerapy 爬虫管理框架的使用 …………… 869
- 17.4 将 Scrapy 项目打包成 Docker 镜像 …… 873
- 17.5 Docker Compose 的使用 ………………… 878
- 17.6 Kubernetes 的使用 ………………………… 880
- 17.7 用 Kubernetes 部署和管理 Scrapy 爬虫 …………………………………………… 888
- 17.8 Scrapy 分布式爬虫的数据统计方案 …… 899
- 17.9 基于 Prometheus 和 Grafana 的分布式爬虫监控方案 …………………… 904

附录 爬虫与法律 …………………………………… 917

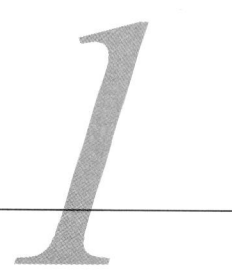

第 1 章 爬虫基础

在写爬虫之前，我们还需要了解一些基础知识，如 HTTP 原理、网页的基础知识、爬虫的基本原理、Cookie 的基本原理、多进程和多线程的基本原理等，了解这些内容有助于我们更好地理解和编写网络爬虫相关的程序。

本章我们就对这些基础知识做一个简单的总结。

1.1 HTTP 基本原理

本节我们会详细了解 HTTP 的基本原理，了解从往浏览器中输入 URL 到获取网页内容之间都发生了什么。了解这些内容有助于我们进一步了解爬虫的基本原理。

1. URI 和 URL

我们先了解一下 URI 和 URL。URI 的全称为 Uniform Resource Identifier，即统一资源标志符；URL 的全称为 Uniform Resource Locator，即统一资源定位符。它们是什么意思呢？举例来说，https://github.com/favicon.ico 既是一个 URI，也是一个 URL。即有 favicon.ico 这样一个图标资源，我们用上一行中的 URI/URL 指定了访问它的唯一方式，其中包括访问协议 https、访问路径（即根目录）和资源名称。通过一个链接，便可以从互联网中找到某个资源，这个链接就是 URI/URL。

URL 是 URI 的子集，也就是说每个 URL 都是 URI，但并非每个 URI 都是 URL。那么，怎样的 URI 不是 URL 呢？除了 URL，URI 还包括一个子类，叫作 URN，其全称为 Uniform Resource Name，即统一资源名称。URN 只为资源命名而不指定如何定位资源，例如 urn:isbn:0451450523 指定了一本书的 ISBN，可以唯一标识这本书，但没有指定到哪里获取这本书，这就是 URN。URL、URN 和 URI 的关系可以用图 1-1 表示。

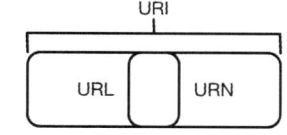

图 1-1　URL、URN 和 URI 关系图

在目前的互联网中，URN 使用得非常少，几乎所有的 URI 都是 URL，所以对于一般的网页链接，我们既可以称之为 URL，也可以称之为 URI，我个人习惯称 URL。

但 URL 也不是随便写的，它也是需要遵循一定格式规范的，基本的组成格式如下：

scheme://[username:password@]hostname[:port][/path][;parameters][?query][#fragment]

其中，中括号包括的内容代表非必要部分，比如 https://www.baidu.com 这个 URL，这里就只包含了 scheme 和 hostname 两部分，没有 port、path、parameters、query、fragment。这里我们分别介绍一下几部分代表的含义和作用。

- scheme：协议。常用的协议有 http、https、ftp 等，另外 scheme 也被常称作 protocol，二者都代表协议的意思。

- username、password:用户名和密码。在某些情况下 URL 需要提供用户名和密码才能访问,这时候可以把用户名和密码放在 host 前面。比如 https://ssr3.scrape.center 这个 URL 需要用户名和密码才能访问,直接写为 https://admin:admin@ssr3.scrape.center 则可以直接访问。
- hostname:主机地址。可以是域名或 IP 地址,比如 https://www.baidu.com 这个 URL 中的 hostname 就是 www.baidu.com,这就是百度的二级域名。比如 https://8.8.8.8 这个 URL 中的 hostname 就是 8.8.8.8,它是一个 IP 地址。
- port:端口。这是服务器设定的服务端口,比如 https://8.8.8.8:12345 这个 URL 中的端口就是 12345。但是有些 URL 中没有端口信息,这是使用了默认的端口。http 协议的默认端口是 80,https 协议的默认端口是 443。所以 https://www.baidu.com 其实相当于 https://www.baidu.com:443,而 http://www.baidu.com 其实相当于 http://www.baidu.com:80。
- path:路径。指的是网络资源在服务器中的指定地址,比如 https://github.com/favicon.ico 中的 path 就是 favicon.ico,指的是访问 GitHub 根目录下的 favicon.ico。
- parameters:参数。用来指定访问某个资源时的附加信息,比如 https://8.8.8.8:12345/hello;user 中的 user 就是 parameters。但是 parameters 现在用得很少,所以目前很多人会把该参数后面的 query 部分称为参数,甚至把 parameters 和 query 混用。严格意义上来说,parameters 是分号(;)后面的内容。
- query:查询。用来查询某类资源,如果有多个查询,则用 & 隔开。query 其实非常常见,比如 https://www.baidu.com/s?wd=nba&ie=utf-8,其中的 query 部分就是 wd=nba&ie=utf-8,这里指定了 wd 是 nba,ie 是 utf-8。由于 query 比刚才所说的 parameters 使用频率高很多,所以平时我们见到的参数、GET 请求参数、parameters、params 等称呼多数情况指代的也是 query。从严格意义上来说,应该用 query 来表示。
- fragment:片段。它是对资源描述的部分补充,可以理解为资源内部的书签。目前它有两个主要的应用,一个是用作单页面路由,比如现代前端框架 Vue、React 都可以借助它来做路由管理;另外一个是用作 HTML 锚点,用它可以控制一个页面打开时自动下滑滚动到某个特定的位置。

以上我们简单了解了 URL 的基本概念和构成,后文我们会结合多个实战案例来帮助大家加深理解。

2. HTTP 和 HTTPS

刚才我们了解了 URL 的基本构成,其支持的协议有很多,比如 http、https、ftp、sftp、smb 等。

在爬虫中,我们抓取的页面通常是基于 http 或 https 协议的,因此这里首先了解一下这两个协议的含义。

HTTP 的全称是 Hypertext Transfer Protocol,中文名为超文本传输协议,其作用是把超文本数据从网络传输到本地浏览器,能够保证高效而准确地传输超文本文档。HTTP 是由万维网协会(World Wide Web Consortium)和 Internet 工作小组 IETF(Internet Engineering Task Force)合作制定的规范,目前被人们广泛使用的是 HTTP 1.1 版本,当然,现在也有不少网站支持 HTTP 2.0。

HTTP 的发展历史见表 1-1。

表 1-1 HTTP 发展史

版本	产生时间	主要特点	发展现状
HTTP 0.9	1991 年	不涉及数据包传输,规定客户端和服务器之间的通信格式,只能使用 GET 请求	没有作为正式的标准
HTTP 1.0	1996 年	传输内容格式不限制,增加 PUT、PATCH、HEAD、OPTIONS、DELETE 命令	正式作为标准

（续）

版本	产生时间	主要特点	发展现状
HTTP 1.1	1997年	持久连接（长连接）、节约带宽、HOST域、管道机制、分块传输编码	正式作为标准并广泛使用
HTTP 2.0	2015年	多路复用、服务器推送、头信息压缩、二进制协议等	逐渐覆盖市场

HTTPS 的全称是 Hypertext Transfer Protocol over Secure Socket Layer，是以安全为目标的 HTTP 通道，简单讲就是 HTTP 的安全版，即在 HTTP 下加入 SSL 层，简称 HTTPS。

HTTPS 的安全基础是 SSL，因此通过该协议传输的内容都是经过 SSL 加密的，SSL 的主要作用有以下两种。

- 建立一个信息安全通道，保证数据传输的安全性。
- 确认网站的真实性。凡是使用了 HTTPS 协议的网站，都可以通过单击浏览器地址栏的锁头标志来查看网站认证之后的真实信息，此外还可以通过 CA 机构颁发的安全签章来查询。

现在有越来越多的网站和 App 朝着 HTTPS 的方向发展，举例如下。

- 苹果公司强制所有 iOS App 在 2017 年 1 月 1 日前全部改为使用 HTTPS 加密，否则 App 无法在应用商店上架。
- 谷歌从 2017 年 1 月推出的 Chrome 56 开始，对未进行 HTTPS 加密的网址亮出风险提示，即在地址栏的显著位置提醒用户"此网页不安全"。
- 腾讯微信小程序的官方需求文档要求后台使用 HTTPS 请求进行网络通信，不满足条件的域名和协议无法正常请求。

HTTPS 已然是大势所趋。

注：HTTP 和 HTTPS 协议都属于计算机网络中的应用层协议，其下层是基于 TCP 协议实现的，TCP 协议属于计算机网络中的传输层协议，包括建立连接时的三次握手和断开时的四次挥手等过程。但本书主要讲的是网络爬虫相关知识，主要爬取的是 HTTP/HTTPS 协议相关的内容，因此这里就不对 TCP、IP 等内容展开深入讲解了，感兴趣的读者可以搜索相关资料了解下，如《计算机网络》《图解 HTTP》等书。

3. HTTP 请求过程

在浏览器地址栏中输入一个 URL，按下回车之后便可观察到对应的页面内容。实际上，这个过程是浏览器先向网站所在的服务器发送一个请求，网站服务器接收到请求后对其进行处理和解析，然后返回对应的响应，接着传回浏览器。由于响应里包含页面的源代码等内容，所以浏览器再对其进行解析，便将网页呈现出来，流程如图 1-2 所示。

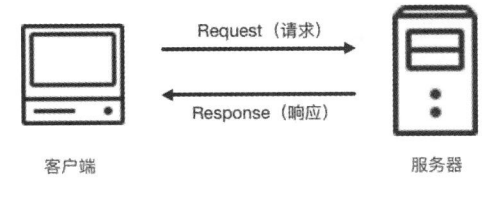

图 1-2 流程图

图 1-2 中的客户端代表我们自己的电脑或手机浏览器，服务器就是要访问的网站所在的服务器。

为了更直观地说明上述过程，这里用 Chrome 浏览器开发者模式下的 Network 监听组件来做一下演示。Network 监听组件可以在访问当前请求的网页时，显示产生的所有网络请求和响应。

打开 Chrome 浏览器，访问百度，这时候单击鼠标右键并选择"检查"菜单（或者直接按快捷键 F12）即可打开浏览器的开发者工具，如图 1-3 所示。

4 第 1 章 爬虫基础

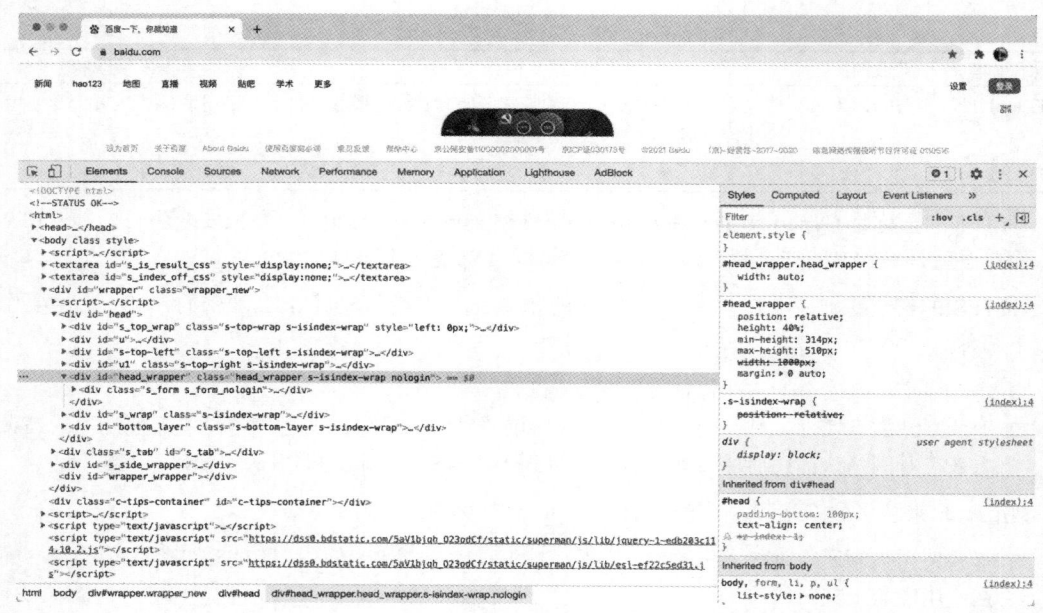

图 1-3 开发者工具界面

我们切换到 Network 面板，然后重新刷新网页，这时候就可以看到在 Network 面板下方出现了很多个条目，其中一个条目就代表一次发送请求和接收响应的过程，如图 1-4 所示。

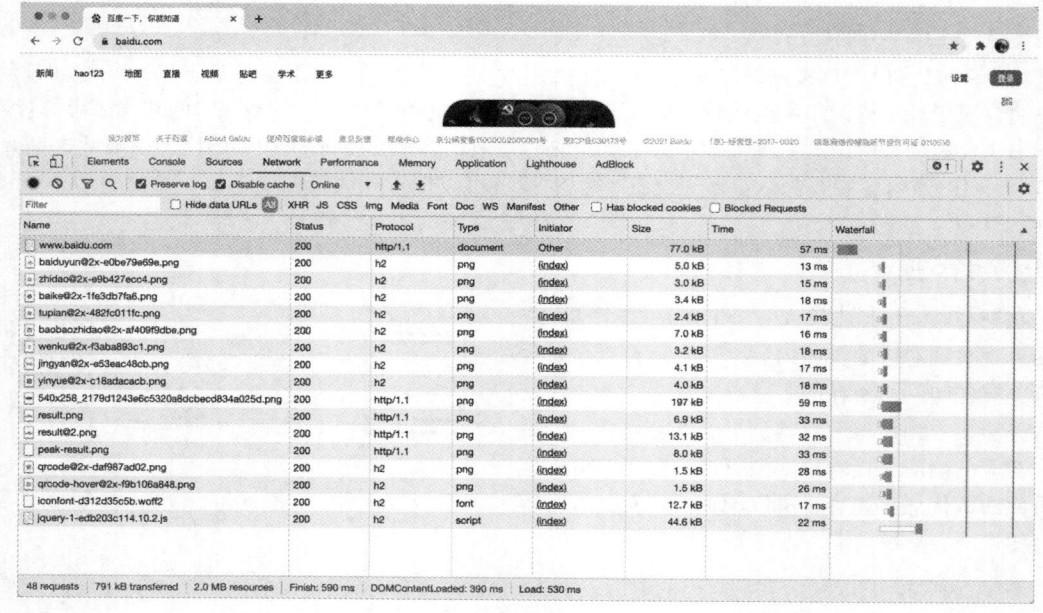

图 1-4 Network 面板

我们先观察第一个网络请求，即 www.baidu.com，其中各列的含义如下。

- 第一列 Name：请求的名称。一般会用 URL 的最后一部分内容作为名称。
- 第二列 Status：响应的状态码。这里显示为 200，代表响应是正常的。通过状态码，我们可以判断发送请求之后是否得到了正常的响应。

- 第三列 Protocol：请求的协议类型。这里 http/1.1 代表 HTTP 1.1 版本，h2 代表 HTTP 2.0 版本。
- 第四列 Type：请求的文档类型。这里为 document，代表我们这次请求的是一个 HTML 文档，内容是一些 HTML 代码。
- 第五列 Initiator：请求源。用来标记请求是由哪个对象或进程发起的。
- 第六列 Size：从服务器下载的文件或请求的资源大小。如果资源是从缓存中取得的，则该列会显示 from cache。
- 第七列 Time：从发起请求到获取响应所花的总时间。
- 第八列 Waterfall：网络请求的可视化瀑布流。

我们单击这个条目，即可看到其更详细的信息，如图 1-5 所示。

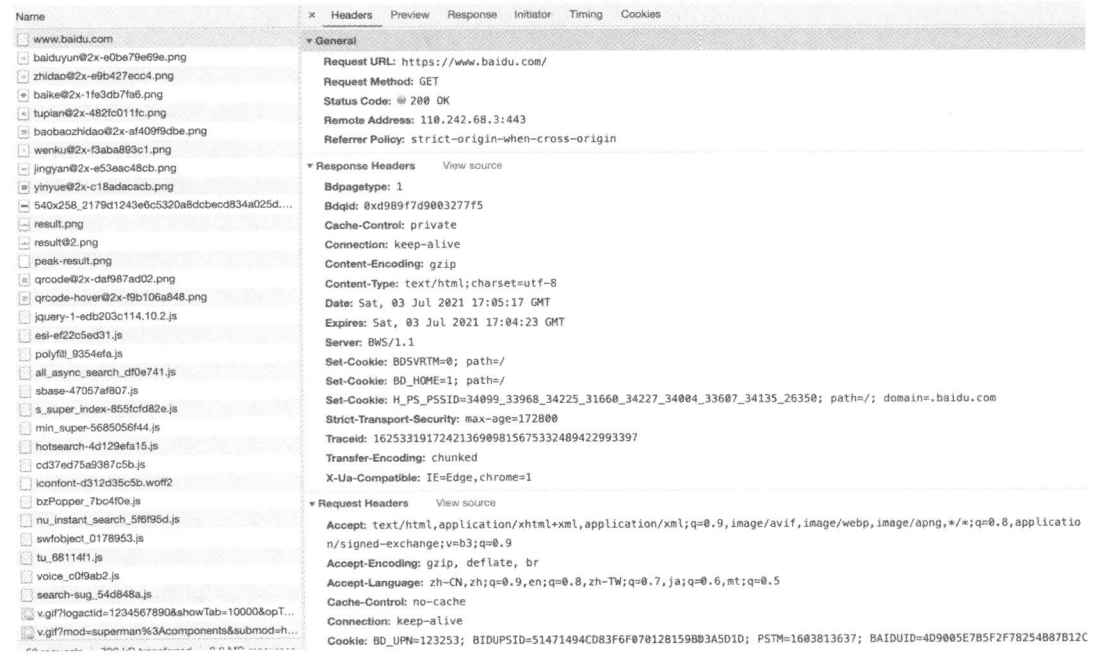

图 1-5　详细信息

首先是 General 部分，其中 Request URL 为请求的 URL，Request Method 为请求的方法，Status Code 为响应状态码，Remote Address 为远程服务器的地址和端口，Referrer Policy 为 Referrer 判别策略。

继续往下可以看到 Response Headers 和 Request Headers，分别代表响应头和请求头。请求头中包含许多请求信息，如浏览器标识、Cookie、Host 等信息，这些是请求的一部分，服务器会根据请求头里的信息判断请求是否合法，进而做出对应的响应。响应头是响应的一部分，其中包含服务器的类型、文档类型、日期等信息，浏览器在接收到响应后，会对其进行解析，进而呈现网页内容。

4. 请求

请求，英文为 Request，由客户端发往服务器，分为四部分内容：请求方法（Request Method）、请求的网址（Request URL）、请求头（Request Headers）、请求体（Request Body）。下面我们分别予以介绍。

- 请求方法

请求方法，用于标识请求客户端请求服务端的方式，常见的请求方法有两种：GET 和 POST。

在浏览器中直接输入 URL 并回车，便发起了一个 GET 请求，请求的参数会直接包含到 URL 里。例如，在百度搜索引擎中搜索 Python 就是一个 GET 请求，链接为 https://www.baidu.com/s?wd=Python，其中 URL 中包含了请求的 query 信息，这里的参数 wd 表示要搜寻的关键字。POST 请求大多在提交表单时发起。例如，对于一个登录表单，输入用户名和密码后，单击"登录"按钮，这时通常会发起一个 POST 请求，其数据通常以表单的形式传输，而不会体现在 URL 中。

GET 和 POST 请求方法有如下区别。

- GET 请求中的参数包含在 URL 里面，数据可以在 URL 中看到；而 POST 请求的 URL 不会包含这些数据，数据都是通过表单形式传输的，会包含在请求体中。
- GET 请求提交的数据最多只有 1024 字节，POST 方式则没有限制。

登录时一般需要提交用户名和密码，其中密码是敏感信息，如果使用 GET 方式请求，密码就会暴露在 URL 里面，造成密码泄露，所以这时候最好以 POST 方式发送。上传文件时，由于文件内容比较大，因此也会选用 POST 方式。

我们平常遇到的绝大部分请求是 GET 或 POST 请求。其实除了这两个，还有一些请求方法，如 HEAD、PUT、DELETE、CONNECT、OPTIONS、TRACE 等，我们简单将请求方法总结为表 1-2。

表 1-2 请求方法

方法	描述
GET	请求页面，并返回页面内容
HEAD	类似于 GET 请求，只不过返回的响应中没有具体内容。用于获取报头
POST	大多用于提交表单或上传文件，数据包含在请求体中
PUT	用客户端传向服务器的数据取代指定文档中的内容
DELETE	请求服务器删除指定的页面
CONNECT	把服务器当作跳板，让服务器代替客户端访问其他网页
OPTIONS	允许客户端查看服务器的性能
TRACE	回显服务器收到的请求。主要用于测试或诊断

本表参考：http://www.runoob.com/http/http-methods.html。

- 请求的网址

请求的网址，它可以唯一确定客户端想请求的资源。关于 URL 的构成和各个部分的功能我们在前文已经提及了，这里就不再赘述。

- 请求头

请求头，用来说明服务器要使用的附加信息，比较重要的信息有 Cookie、Referer、User-Agent 等。下面简要说明一些常用的请求头信息。

- Accept：请求报头域，用于指定客户端可接受哪些类型的信息。
- Accept-Language：用于指定客户端可接受的语言类型。
- Accept-Encoding：用于指定客户端可接受的内容编码。
- Host：用于指定请求资源的主机 IP 和端口号，其内容为请求 URL 的原始服务器或网关的位置。从 HTTP 1.1 版本开始，请求必须包含此内容。
- Cookie：也常用复数形式 Cookies，这是网站为了辨别用户，进行会话跟踪而存储在用户本地的数据。它的主要功能是维持当前访问会话。例如，输入用户名和密码成功登录某个网站后，服务器会用会话保存登录状态信息，之后每次刷新或请求该站点的其他页面，都会发现处于登录状态，这就是 Cookie 的功劳。Cookie 里有信息标识了我们所对应的服务器的会话，每次浏览器在请求该站点的页面时，都会在请求头中加上 Cookie 并将其发送给服务器，服务器通过 Cookie 识别出是我们自己，并且查出当前状态是登录状态，所以返回结果就是登录之后才能看到的网页内容。
- Referer：用于标识请求是从哪个页面发过来的，服务器可以拿到这一信息并做相应的处理，如做来源统计、防盗链处理等。
- User-Agent：简称 UA，这是一个特殊的字符串头，可以使服务器识别客户端使用的操作系统及版本、浏览器及版本等信息。做爬虫时如果加上此信息，可以伪装为浏览器；如果不加，很可能会被识别出来。
- Content-Type：也叫互联网媒体类型（Internet Media Type）或者 MIME 类型，在 HTTP 协议消息头中，它用来表示具体请求中的媒体类型信息。例如，text/html 代表 HTML 格式，image/gif 代表 GIF 图片，application/json 代表 JSON 类型。

请求头是请求的重要组成部分，在写爬虫时，通常都需要设定请求头。

● 请求体

请求体，一般承载的内容是 POST 请求中的表单数据，对于 GET 请求，请求体为空。

例如，我登录 GitHub 时捕获到的请求和响应如图 1-6 所示。

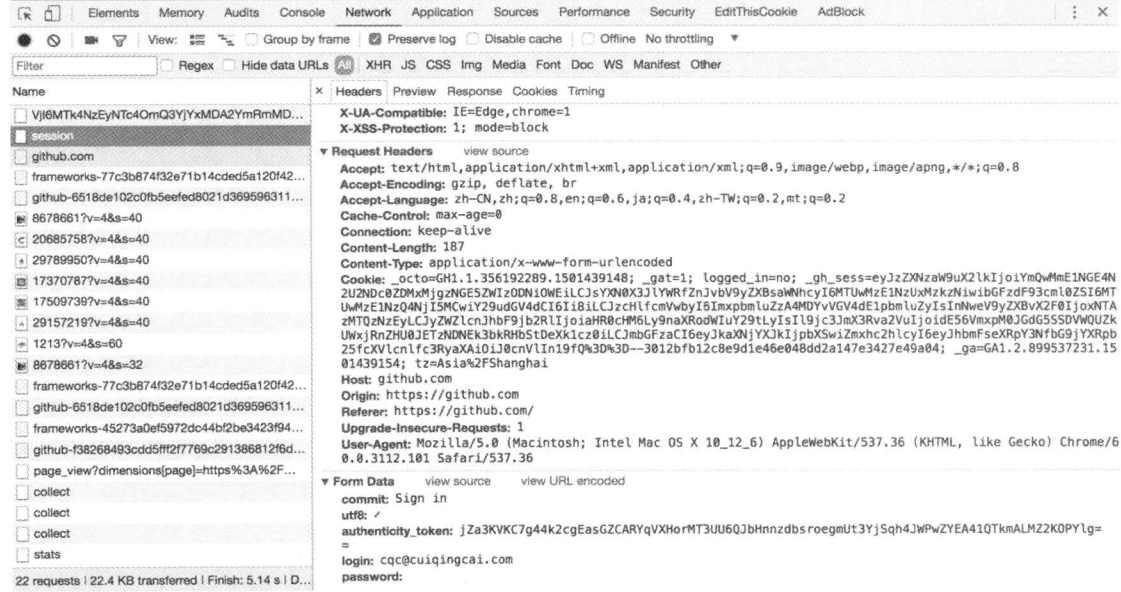

图 1-6　详细信息

登录之前，需要先填写用户名和密码信息，登录时这些内容会以表单数据的形式提交给服务器，此时需要注意 Request Headers 中指定 Content-Type 为 application/x-www-form-urlencoded。只有这样设置 Content-Type，内容才会以表单数据的形式提交。另外，也可以将 Content-Type 设置为 application/json 来提交 JSON 数据，或者设置为 multipart/form-data 来上传文件。

表 1-3 列出了 Content-Type 和 POST 提交数据方式的关系。

表 1-3　Content-Type 和 POST 提交数据方式的关系

Content-Type	POST 提交数据的方式
application/x-www-form-urlencoded	表单数据
multipart/form-data	表单文件上传
application/json	序列化 JSON 数据
text/xml	XML 数据

在爬虫中，构造 POST 请求需要使用正确的 Content-Type，并了解设置各种请求库的各个参数时使用的都是哪种 Content-Type，如若不然可能会导致 POST 提交后无法得到正常响应。

5. 响应

响应，即 Response，由服务器返回给客户端，可以分为三部分：响应状态码（Response Status Code）、响应头（Response Headers）和响应体（Response Body）。

- 响应状态码

响应状态码，表示服务器的响应状态，如 200 代表服务器正常响应、404 代表页面未找到、500 代表服务器内部发生错误。在爬虫中，我们可以根据状态码判断服务器的响应状态，如状态码为 200，证明成功返回数据，可以做进一步的处理，否则直接忽略。表 1-4 列出了常见的错误状态码及错误原因。

表 1-4　常见的错误状态码及错误原因

状态码	说明	详情
100	继续	请求者应当继续提出请求。服务器已接收到请求的一部分，正在等待其余部分
101	切换协议	请求者已要求服务器切换协议，服务器已确认并准备切换
200	成功	服务器已成功处理了请求
201	已创建	请求成功并且服务器创建了新的资源
202	已接收	服务器已接收请求，但尚未处理
203	非授权信息	服务器已成功处理了请求，但返回的信息可能来自另一个源
204	无内容	服务器成功处理了请求，但没有返回任何内容
205	重置内容	服务器成功处理了请求，内容被重置
206	部分内容	服务器成功处理了部分请求
300	多种选择	针对请求，服务器可执行多种操作
301	永久移动	请求的网页已永久移动到新位置，即永久重定向
302	临时移动	请求的网页暂时跳转到其他页面，即暂时重定向
303	查看其他位置	如果原来的请求是 POST，重定向目标文档应该通过 GET 提取
304	未修改	此次请求返回的网页未经修改，继续使用上次的资源
305	使用代理	请求者应该使用代理访问该网页
307	临时重定向	临时从其他位置响应请求的资源
400	错误请求	服务器无法解析该请求
401	未授权	请求没有进行身份验证或验证未通过
403	禁止访问	服务器拒绝此请求
404	未找到	服务器找不到请求的网页
405	方法禁用	服务器禁用了请求中指定的方法

（续）

状态码	说明	详情
406	不接收	无法使用请求的内容响应请求的网页
407	需要代理授权	请求者需要使用代理授权
408	请求超时	服务器请求超时
409	冲突	服务器在完成请求时发生冲突
410	已删除	请求的资源已永久删除
411	需要有效长度	服务器不接收不含有效内容长度标头字段的请求
412	未满足前提条件	服务器未满足请求者在请求中设置的某一个前提条件
413	请求实体过大	请求实体过大，超出服务器的处理能力
414	请求 URI 过长	请求网址过长，服务器无法处理
415	不支持类型	请求格式不被请求页面支持
416	请求范围不符	页面无法提供请求的范围
417	未满足期望值	服务器未满足期望请求标头字段的要求
500	服务器内部错误	服务器遇到错误，无法完成请求
501	未实现	服务器不具备完成请求的能力
502	错误网关	服务器作为网关或代理，接收到上游服务器的无效响应
503	服务不可用	服务器目前无法使用
504	网关超时	服务器作为网关或代理，没有及时从上游服务器接收到请求
505	HTTP 版本不支持	服务器不支持请求中使用的 HTTP 协议版本

- 响应头

响应头，包含了服务器对请求的应答信息，如 Content-Type、Server、Set-Cookie 等。下面简要说明一些常用的响应头信息。

  □ Date：用于标识响应产生的时间。
  □ Last-Modified：用于指定资源的最后修改时间。
  □ Content-Encoding：用于指定响应内容的编码。
  □ Server：包含服务器的信息，例如名称、版本号等。
  □ Content-Type：文档类型，指定返回的数据是什么类型，如 text/html 代表返回 HTML 文档，application/x-javascript 代表返回 JavaScript 文件，image/jpeg 代表返回图片。
  □ Set-Cookie：设置 Cookie。响应头中的 Set-Cookie 用于告诉浏览器需要将此内容放在 Cookie 中，下次请求时将 Cookie 携带上。
  □ Expires：用于指定响应的过期时间，可以让代理服务器或浏览器将加载的内容更新到缓存中。当再次访问相同的内容时，就可以直接从缓存中加载，达到降低服务器负载、缩短加载时间的目的。

- 响应体

响应体，这可以说是最关键的部分了，响应的正文数据都存在于响应体中，例如请求网页时，响应体就是网页的 HTML 代码；请求一张图片时，响应体就是图片的二进制数据。我们做爬虫请求网页时，要解析的内容就是响应体，如图 1-7 所示。

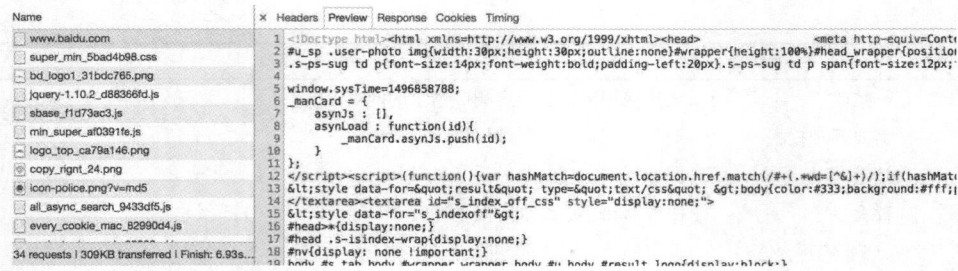

图 1-7　响应体内容

在浏览器开发者工具中单击 Preview，就可以看到网页的源代码，也就是响应体的内容，这是爬虫的解析目标。在做爬虫时，我们主要通过响应体得到网页的源代码、JSON 数据等，然后从中提取相应内容。

本节我们了解了 HTTP 的基本原理，大概了解了访问网页时产生的请求和响应过程。读者需要好好掌握本节涉及的知识点，在后面分析网页请求时会经常用到这些内容。

6. HTTP 2.0

前面我们也提到了，HTTP 协议从 2015 年起发布了 2.0 版本，相比 HTTP 1.1 来说，HTTP 2.0 变得更快、更简单、更稳定。HTTP 2.0 在传输层做了很多优化，它的主要目标是通过支持完整的请求与响应复用来减少延迟，并通过有效压缩 HTTP 请求头字段的方式将协议开销降至最低，同时增加对请求优先级和服务器推送的支持，这些优化一笔勾销了 HTTP 1.1 为做传输优化想出的一系列"歪招"。

有读者这时候可能会问，为什么不叫 HTTP 1.2 而叫 HTTP 2.0 呢？因为 HTTP 2.0 内部实现了新的二进制分帧层，没法与之前 HTTP 1.x 的服务器和客户端兼容，所以直接修改主版本号为 2.0。

下面我们就来了解一下 HTTP 2.0 相比 HTTP 1.1 来说，做了哪些优化。

- **二进制分帧层**

HTTP 2.0 所有性能增强的核心就在于这个新的二进制分帧层。在 HTTP 1.x 中，不管是请求（Request）还是响应（Response），它们都是用文本格式传输的，其头部（Headers）、实体（Body）之间也是用文本换行符分隔开的。HTTP 2.0 对其做了优化，将文本格式修改为了二进制格式，使得解析起来更加高效。同时将请求和响应数据分割为更小的帧，并采用二进制编码。

所以这里就引入了几个新的概念。

- 帧：只存在于 HTTP 2.0 中的概念，是数据通信的最小单位。比如一个请求被分为了请求头帧（Request Headers Frame）和请求体/数据帧（Request Data Frame）。
- 数据流：一个虚拟通道，可以承载双向的消息，每个流都有一个唯一的整数 ID 来标识。
- 消息：与逻辑请求或响应消息对应的完整的一系列帧。

在 HTTP 2.0 中，同域名下的所有通信都可以在单个连接上完成，该连接可以承载任意数量的双向数据流。数据流是用于承载双向消息的，每条消息都是一条逻辑 HTTP 消息（例如请求或响应），它可以包含一个或多个帧。

简而言之，HTTP 2.0 将 HTTP 协议通信分解为二进制编码帧的交换，这些帧对应着特定数据流中的消息，所有这些都在一个 TCP 连接内复用，这是 HTTP 2.0 协议所有其他功能和性能优化的基础。

- **多路复用**

在 HTTP 1.x 中，如果客户端想发起多个并行请求以提升性能，则必须使用多个 TCP 连接，而且浏览器为了控制资源，还会对单个域名有 6~8 个 TCP 连接请求的限制。但在 HTTP 2.0 中，由于有了二进制分帧技术的加持，HTTP 2.0 不用再以 TCP 连接的方式去实现多路并行了，客户端和服务器可以将 HTTP 消息分解为互不依赖的帧，然后交错发送，最后再在另一端把它们重新组装起来，达到以下效果。

- 并行交错地发送多个请求，请求之间互不影响。
- 并行交错地发送多个响应，响应之间互不干扰。
- 使用一个连接并行发送多个请求和响应。
- 不必再为绕过 HTTP 1.x 限制而做很多工作。
- 消除不必要的延迟和提高现有网络容量的利用率，从而减少页面加载时间。

这样一来，整个数据传输性能就有了极大提升。

- 同域名只需要占用一个 TCP 连接，使用一个连接并行发送多个请求和响应，消除了多个 TCP 连接带来的延时和内存消耗。
- 并行交错地发送多个请求和响应，而且它们之间互不影响。
- 在 HTTP 2.0 中，每个请求都可以带一个 31 位的优先值，0 表示最高优先级，数值越大优先级越低。有了这个优先值，客户端和服务器就可以在处理不同的流时采取不同的策略了，以最优的方式发送流、消息和帧。

● 流控制

流控制是一种阻止发送方向接收方发送大量数据的机制，以免超出后者的需求或处理能力。可以理解为，接收方太繁忙了，来不及处理收到的消息了，但是发送方还在一直大量发送消息，这样就会出现一些问题。比如，客户端请求了一个具有较高优先级的大型视频流，但是用户已经暂停观看视频了，客户端现在希望暂停或限制从服务器的传输，以免提取和缓冲不必要的数据。再比如，一个代理服务器可能具有较快的下游连接和较慢的上游连接，并且也希望调节下游连接传输数据的速度以匹配上游连接的速度，从而控制其资源利用率等。

HTTP 是基于 TCP 实现的，虽然 TCP 原生有流控制机制，但是由于 HTTP 2.0 数据流在一个 TCP 连接内复用，TCP 流控制既不够精细，也无法提供必要的应用级 API 来调节各个数据流的传输。

为了解决这一问题，HTTP 2.0 提供了一组简单的构建块，这些构建块允许客户端和服务器实现它们自己的数据流和连接级流控制。

- 流控制具有方向性。每个接收方都可以根据自身需要选择为每个数据流和整个连接设置任意的窗口大小。
- 流控制的窗口大小是动态调整的。每个接收方都可以公布其初始连接和数据流流控制窗口（以字节为单位），当发送方发出 DATA 帧时窗口减小，在接收方发出 WINDOW_UPDATE 帧时窗口增大。
- 流控制无法停用。建立 HTTP 2.0 连接后，客户端将与服务器交换 SETTINGS 帧，这会在两个方向上设置流控制窗口。流控制窗口的默认值设为 65 535 字节，但是接收方可以设置一个较大的最大窗口大小（$2^{31}-1$ 字节），并在接收到任意数据时通过发送 WINDOW_UPDATE 帧来维持这一大小。
- 由此可见，HTTP 2.0 提供了简单的构建块，实现了自定义策略来灵活地调节资源使用和分配逻辑，同时提升了网页应用的实际性能和感知性能。

● 服务端推送

HTTP 2.0 新增的另一个强大的功能是：服务器可以对一个客户端请求发送多个响应。换句话说，除了对最初请求的响应外，服务器还可以向客户端推送额外资源，而无须客户端明确地请求。

如果某些资源客户端是一定会请求的，这时就可以采取服务端推送的技术，在客户端发起一次请求后，提前给客户端推送必要的资源，这样就可以减少一点延迟时间。如图 1-8 所示，服务端接收到

HTML 相关的请求时可以主动把 JS 和 CSS 文件推送给客户端，而不需要等到客户端解析 HTML 时再发送这些请求。

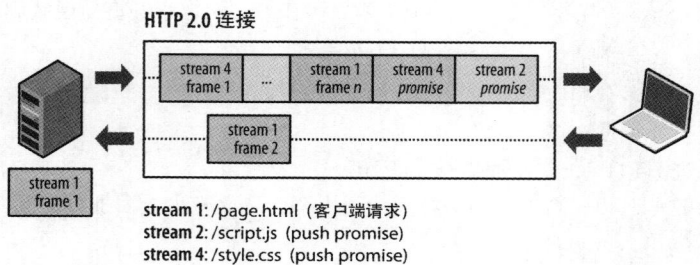

图 1-8　服务端推送

服务端可以主动推送，客户端也有权利选择是否接收。如果服务端推送的资源已经被浏览器缓存过，浏览器可以通过发送 RST_STREAM 帧来拒收。

另外，主动推送也遵守同源策略，即服务器不能随便将第三方资源推送给客户端，而必须是经过服务器和客户端双方确认才行，这样也能保证一定的安全性。

- **HTTP 2.0 发展现状**

HTTP 2.0 的普及是一件任重而道远的事情，一些主流的网站现在已经支持 HTTP 2.0 了，主流浏览器现在都已经实现了对 HTTP 2.0 的支持，但总体上，目前大部分网站依然以 HTTP 1.1 为主。

另外，一些编程语言的库还没有完全支持 HTTP 2.0，比如对于 Python 来说，hyper、httpx 等库已经支持了 HTTP 2.0，但广泛使用的 requests 库依然只支持 HTTP 1.1。

7. 总结

本节介绍了关于 HTTP 的一些基础知识，内容不少，需要好好掌握，这些知识对于后面我们编写和理解网络爬虫有非常大的帮助。

本节的内容多数为概念介绍，部分内容参考如下资料。

- 《HTTP 权威指南》一书。
- 维基百科上 HTTP 相关的内容。
- 百度百科上 HTTP 相关的内容。
- MDN Web Docs 上关于 HTTP 的介绍。
- Google 开发者文档中关于 HTTP 2 的介绍。
- Fun Debug 平台上的博客文章"一文读懂 HTTP/2 及 HTTP/3 特性"。
- 知乎上的文章"一文读懂 HTTP/2 特性"。

1.2　Web 网页基础

用浏览器访问不同的网站时，呈现的页面各不相同，你有没有想过为何会这样呢？本节我们就来了解一下网页的组成、结构和节点等内容。

1. 网页的组成

网页可以分为三大部分——HTML、CSS 和 JavaScript。如果把网页比作一个人，那么 HTML 相当于骨架、JavaScript 相当于肌肉、CSS 相当于皮肤，这三者结合起来才能形成一个完善的网页。下面我们分别介绍一下这三部分的功能。

- **HTML**

HTML（Hypertext Markup Language）中文翻译为超文本标记语言，但我们通常不会用中文翻译来称呼它，一般就叫 HTML。

HTML 是一种用来描述网页的语言。网页包括文字、按钮、图片和视频等各种复杂的元素，其基础架构就是 HTML。网页通过不同类型的标签来表示不同类型的元素，如用 img 标签表示图片、用 video 标签表示视频、用 p 标签表示段落，这些标签之间的布局常由布局标签 div 嵌套组合而成，各种标签通过不同的排列和嵌套形成最终的网页框架。

那 HTML 长什么样子呢？我们可以随意打开一个网站，比如淘宝网首页，然后单击鼠标右键选择"检查元素"菜单或者按 F12，即可打开浏览器开发者工具，接着切换到 Elements 面板，这时候呈现的就是淘宝网首页对应的 HTML，它包含了一系列标签，浏览器解析这些标签后，便会在网页中将它们渲染成一个个节点，这便形成了我们平常看到的网页。比如在图 1-9 中可以看到一个输入框就对应一个 input 标签，可以用于输入文字。

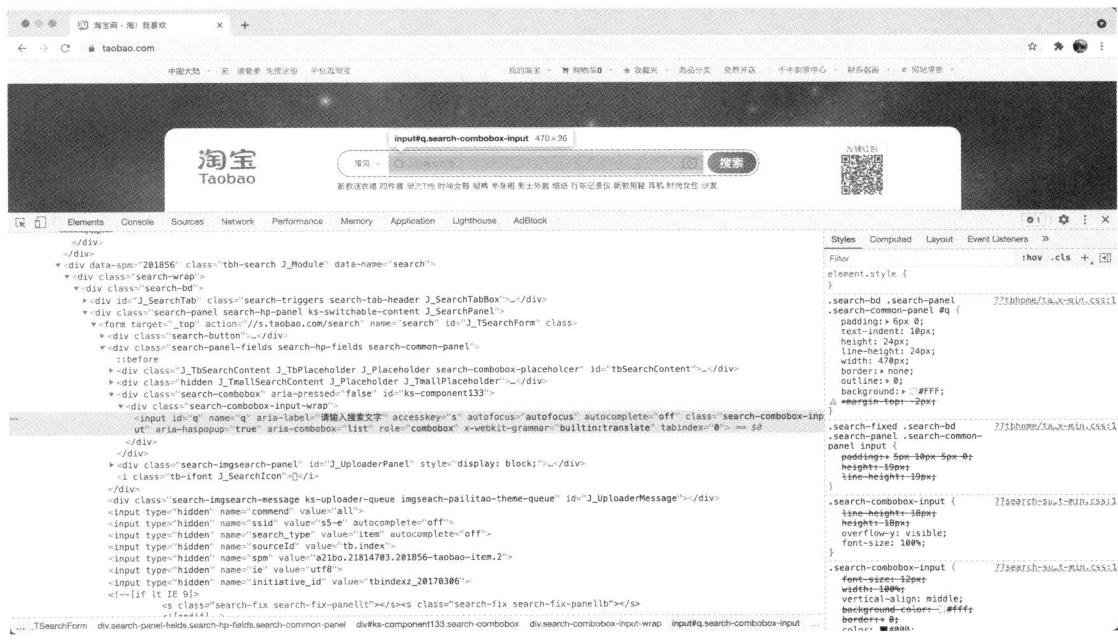

图 1-9　淘宝网网页源码

不同标签对应不同的功能，这些标签定义的节点相互嵌套和组合形成了复杂的层次关系，就形成了网页的架构。

- **CSS**

HTML 定义了网页的架构，但是只有 HTML 的页面布局并不美观，有可能只是节点元素的简单排列。为了让网页更好看一些，可以借助 CSS 来实现。

CSS，全称叫作 Cascading Style Sheets，即层叠样式表。"层叠"是指当 HTML 中引用了多个样式文件，并且样式发生冲突时，浏览器能够按照层叠顺序处理这些样式。"样式"指的是网页中的文字大小、颜色、元素间距、排列等格式。CSS 是目前唯一的网页页面排版样式标准，有了它的帮助，页面才会变得更为美观。

在图 1-9 中，Styles 面板呈现的就是一系列 CSS 样式，我们摘抄一段：

```
#head_wrapper.s-ps-islite .s-p-top {
    position: absolute;
    bottom: 40px;
    width: 100%;
    height: 181px;
}
```

这就是一个 CSS 样式。大括号前面是一个 CSS 选择器，此选择器的意思是首先选中 id 为 head_wrapper 且 class 为 s-ps-islite 的节点，然后选中此节点内部的 class 为 s-p-top 的节点。大括号的内部就是一条条样式规则，position 指定了这个节点的布局方式为绝对布局，bottom 指定节点的下边距为 40 像素，width 指定了宽度为 100%，表示占满父节点，height 则指定了节点的高度。也就是说，我们将位置、宽度、高度等样式配置统一写成这样的形式，然后用大括号括起来，接着在开头加上 CSS 选择器，这就代表这个样式对 CSS 选择器选中的节点生效，节点就会根据此样式来展示了。

在网页中，一般会统一定义整个网页的样式规则，并写入 CSS 文件中（其后缀为 css）。在 HTML 中，只需要用 link 标签即可引入写好的 CSS 文件，这样整个页面就会变得美观、优雅。

- **JavaScript**

JavaScript 简称 JS，是一种脚本语言。HTML 和 CSS 组合使用，提供给用户的只是一种静态信息，缺乏交互性。我们在网页里还可能会看到一些交互和动画效果，如下载进度条、提示框、轮播图等，这通常就是 JavaScript 的功劳。JavaScript 的出现使得用户与信息之间不只是一种浏览与显示的关系，还实现了一种实时、动态、交互的页面功能。

JavaScript 通常也是以单独的文件形式加载的，后缀为 js，在 HTML 中通过 script 标签即可引入，例如：

```
<script src="jquery-2.1.0.js"></script>
```

综上所述，HTML 定义了网页的内容和结构，CSS 描述了网页的样式，JavaScript 定义了网页的行为。

2. 网页的结构

我们首先用例子来感受一下 HTML 的基本结构。新建一个文本文件，名称叫作 test.html，内容如下：

```html
<!DOCTYPE html>
<html>
<head>
  <meta charset="UTF-8">
  <title>This is a Demo</title>
</head>
<body>
  <div id="container">
    <div class="wrapper">
      <h2 class="title">Hello World</h2>
      <p class="text">Hello, this is a paragraph.</p>
    </div>
  </div>
</body>
</html>
```

这就是一个最简单的 HTML 实例。开头用 DOCTYPE 定义了文档类型，其次最外层是 html 标签，代码最后有对应的结束标签表示闭合。html 标签内部是 head 标签和 body 标签，分别代表网页头和网页体，它们同样需要结束标签。head 标签内定义了一些对页面的配置和引用，上述代码中的 <meta charset="UTF-8"> 指定了网页的编码为 UTF-8。

title 标签则定义了网页的标题，标题会显示在网页的选项卡中，不会显示在正文中。body 标签内的内容是要在网页正文中显示的。div 标签定义了网页中的区块，此处区块的 id 是 container，id 是一个非常常用的属性，其内容在网页中是唯一的，通过它可以获取这个区块。然后在此区块内又有一个 div 标签，它的 class 为 wrapper，这也是一个非常常用的属性，经常与 CSS 配合使用来设定样式。然后此区块内部又有一个 h2 标签，代表一个二级标题；另外还有一个 p 标签，代表一个段落。若想在网页中呈现某些内容，直接把内容写入 h2 标签和 p 标签中间即可，这两者也有各自的 class 属性。

将代码保存后，双击该文件在浏览器中打开，可以看到如图 1-10 所示的内容。

图 1-10　运行结果

可以看到，选项卡上显示 This is a Demo 字样，这是我们在 head 标签中的 title 里定义的文字。网页正文则是由 body 标签内部定义的各个元素生成的，可以看到这里显示了二级标题和段落。

这个实例便是网页的一般结构。一个网页的标准形式是 html 标签内嵌套 head 标签和 body 标签，head 标签内定义网页的配置和引用，body 标签内定义网页的正文。

3. 节点树及节点间的关系

在 HTML 中，所有标签定义的内容都是节点，这些节点构成一个 HTML 节点树，也叫 HTML DOM 树。

先来看一下什么是 DOM。DOM 是 W3C（万维网联盟）的标准，英文全称是 Document Object Model，即文档对象模型。它定义了访问 HTML 和 XML 文档的标准。根据 W3C 的 HTML DOM 标准，HTML 文档中的所有内容都是节点。

- 整个网站文档是一个文档节点。
- 每个 html 标签对应一个根节点，即上例中的 html 标签，它属于一个根节点。
- 节点内的文本是文本节点，比如 a 节点代表一个超链接，它内部的文本也被认为是一个文本节点。
- 每个节点的属性是属性节点，比如 a 节点有一个 href 属性，它就是一个属性节点。
- 注释是注释节点，在 HTML 中有特殊的语法会被解析为注释，它也会对应一个节点。

因此，HTML DOM 将 HTML 文档视作树结构，这种结构被称为节点树，如图 1-11 所示。

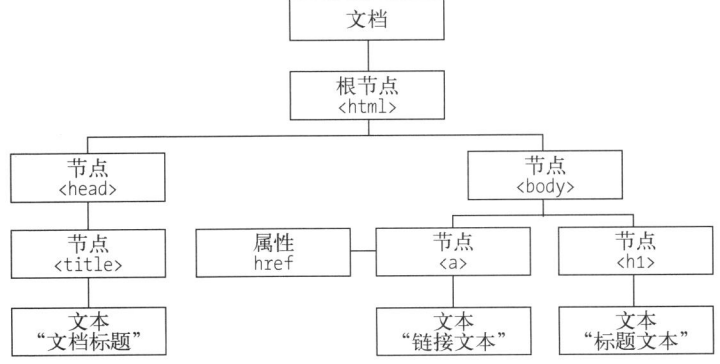

图 1-11　节点树

通过 HTML DOM，节点树中的所有节点均可通过 JavaScript 访问，所有 HTML 节点元素均可被修改、创建或删除。

节点树中的节点彼此拥有层级关系。我们常用父（parent）、子（child）和兄弟（sibling）等术语描述这些关系。父节点拥有子节点，同级的子节点被称为兄弟节点。

在节点树中，顶端节点称为根（root）。除了根节点之外，每个节点都有父节点，同时可拥有任意数量的子节点或兄弟节点。图 1-12 展示了节点树以及树中节点间的关系。

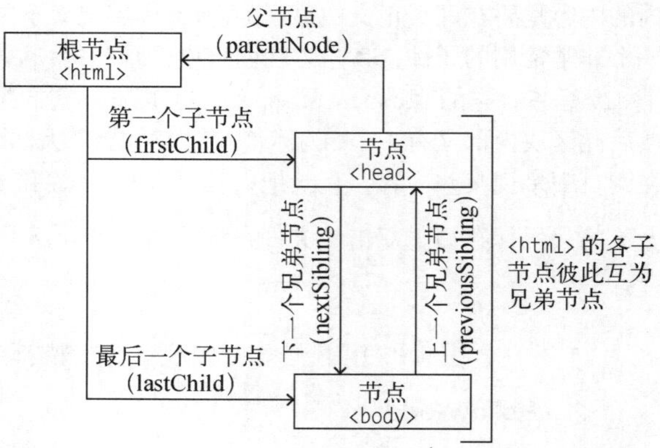

图 1-12　节点树及树中节点间的关系

4. 选择器

我们知道，网页由一个个节点组成，CSS 选择器会为不同的节点设置不同的样式规则，那么怎样定位节点呢？

在 CSS 中，使用 CSS 选择器来定位节点。例如，"网页的结构"一节的例子中 div 节点的 id 为 container，那么这个节点就可以表示为 #container，其中以 # 开头代表选择 id，其后紧跟的是 id 的名称。如果想选择 class 为 wrapper 的节点，则可以使用 .wrapper，这里以 . 开头代表选择 class，其后紧跟的是 class 的名称。除了这两种，还有一种选择方式，就是根据标签名，例如想选择二级标题，直接用 h2 即可。这些是最常用的三种方式，分别是根据 id、class、标签名选择，请牢记它们的写法。

另外，CSS 选择器还支持嵌套选择，利用空格把各个选择器分隔开便可以代表嵌套关系，如 #container .wrapper p 代表先选择 id 为 container 的节点，然后选择其内部 class 为 wrapper 的节点，再进一步选择该节点内部的 p 节点。要是各个选择器之间不加空格，则代表并列关系，如 div#container .wrapper p.text 代表先选择 id 为 container 的 div 节点，然后选择其内部 class 为 wrapper 的节点，再进一步选择这个节点内部的 class 为 text 的 p 节点。这就是 CSS 选择器，其筛选功能还是非常强大的。

我们可以在浏览器中测试 CSS 选择器的效果，依然还是打开浏览器的开发者工具，然后按快捷键 Ctrl + F（如果你用的是 Mac，则是 Command + F），这时候左下角便会出现一个搜索框，如图 1-13 所示。

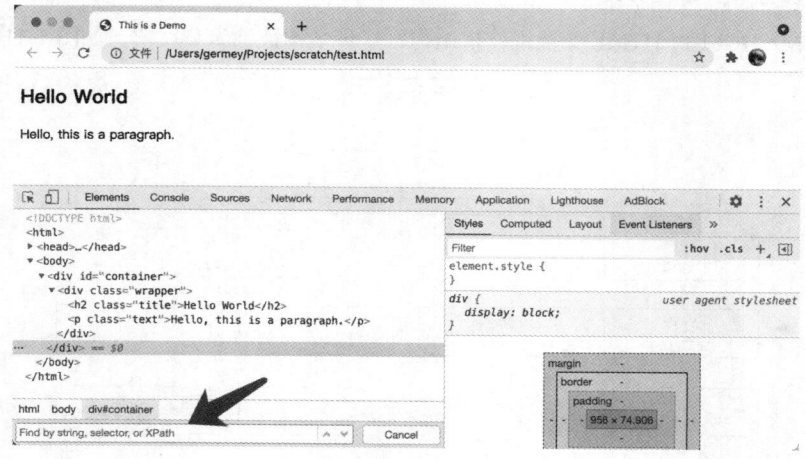

图 1-13　搜索节点

这时候我们输入 .title 就是选中了 class 为 title 的节点,该节点会被选中并在网页中高亮显示,如图 1-14 所示。

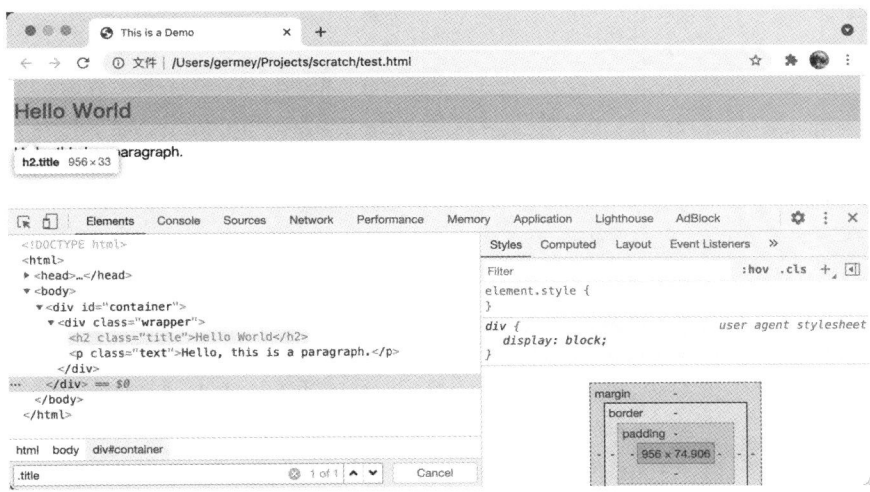

图 1-14 节点搜索结果

输入 div#container .wrapper p.text 就逐层选中了 id 为 container 的节点中 class 为 wrapper 的节点中的 p 节点,如图 1-15 所示。

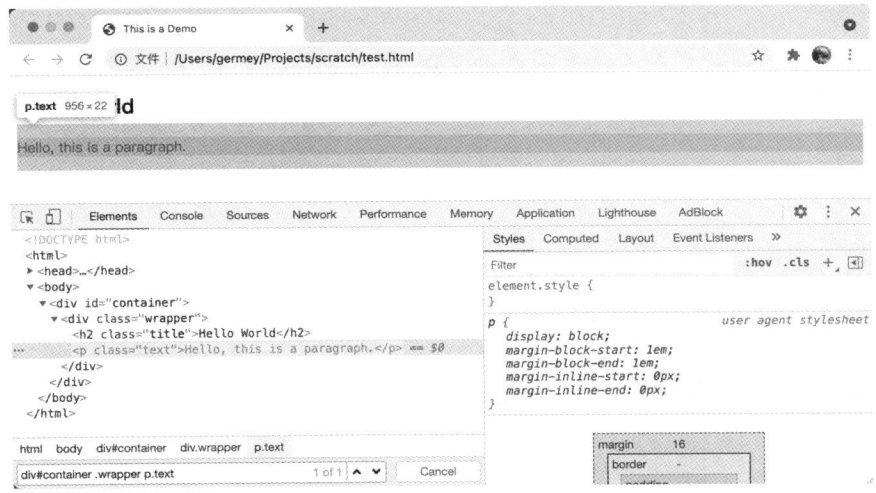

图 1-15 节点搜索结果

CSS 选择器还有一些其他语法规则,具体如表 1-5 所示。

表 1-5 CSS 选择器的其他语法规则

选择器	例子	例子描述
.class	.intro	选择 class="intro" 的所有节点
#id	#firstname	选择 id="firstname" 的所有节点
*	*	选择所有节点
element	p	选择所有 p 节点

（续）

选择器	例子	例子描述
element,element	div,p	选择所有 div 节点和所有 p 节点
element element	div p	选择 div 节点内部的所有 p 节点
element>element	div>p	选择父节点为 div 节点的所有 p 节点
element+element	div+p	选择紧接在 div 节点之后的所有 p 节点
[attribute]	[target]	选择带有 target 属性的所有节点
[attribute=value]	[target=blank]	选择 target="blank" 的所有节点
[attribute~=value]	[title~=flower]	选择 title 属性包含单词 flower 的所有节点
:link	a:link	选择所有未被访问的链接
:visited	a:visited	选择所有已被访问的链接
:active	a:active	选择活动链接
:hover	a:hover	选择鼠标指针位于其上的链接
:focus	input:focus	选择获得焦点的 input 节点
::first-letter	p::first-letter	选择每个 p 节点的首字母
::first-line	p::first-line	选择每个 p 节点的首行
:first-child	p:first-child	选择属于父节点的第一个子节点的所有 p 节点
::before	p::before	在每个 p 节点的内容之前插入内容
::after	p::after	在每个 p 节点的内容之后插入内容
:lang(language)	p:lang(it)	选择带有以 it 开头的 lang 属性值的所有 p 节点
element1~element2	p~ul	选择前面有 p 节点的所有 ul 节点
[attribute^=value]	a[src^="https"]	选择 src 属性值以 https 开头的所有 a 节点
[attribute$=value]	a[src$=".pdf"]	选择 src 属性值以 .pdf 结尾的所有 a 节点
[attribute*=value]	a[src*="abc"]	选择 src 属性值中包含 abc 子串的所有 a 节点
:first-of-type	p:first-of-type	选择属于对应父节点的首个 p 节点的所有 p 节点
:last-of-type	p:last-of-type	选择属于对应父节点的最后一个 p 节点的所有 p 节点
:only-of-type	p:only-of-type	选择属于对应父节点的唯一 p 节点的所有 p 节点
:only-child	p:only-child	选择属于对应父节点的唯一子节点的所有 p 节点
:nth-child(n)	p:nth-child(2)	选择属于对应父节点的第二个子节点的所有 p 节点
:nth-last-child(n)	p:nth-last-child(2)	同上，不过是从最后一个子节点开始计数
:nth-of-type(n)	p:nth-of-type(2)	选择属于对应父节点的第二个 p 节点的所有 p 节点
:nth-last-of-type(n)	p:nth-last-of-type(2)	同上，不过是从最后一个子节点开始计数
:last-child	p:last-child	选择属于对应父节点的最后一个子节点的所有 p 节点
:root	:root	选择文档的根节点
:empty	p:empty	选择没有子节点的所有 p 节点（包括文本节点）
:target	#news:target	选择当前活动的 #news 节点
:enabled	input:enabled	选择每个启用的 input 节点
:disabled	input:disabled	选择每个禁用的 input 节点
:checked	input:checked	选择每个被选中的 input 节点
:not(selector)	:not	选择非 p 节点的所有节点
::selection	::selection	选择被用户选取的节点部分

另外，还有一种比较常用的选择器 XPath，这种选择方式后面会详细介绍。

5. 总结

本节介绍了网页的结构和节点间的关系，了解了这些内容，我们才能有更加清晰的思路去解析和提取网页内容。

本节部分内容参考如下资料。

- MDN Web Docs 上关于 HTTP、JavaScript 的介绍。
- W3School 上关于 HTML DOM 节点、CSS 选择器的介绍。
- 维基百科上 HTTP 相关的介绍。

1.3 爬虫的基本原理

若是把互联网比作一张大网，爬虫（即网络爬虫）便是在网上爬行的蜘蛛。把网中的节点比作一个个网页，那么蜘蛛爬到一个节点处就相当于爬虫访问了一个页面，获取了其信息。可以把网页与网页之间的链接关系比作节点间的连线，蜘蛛通过一个节点后，顺着节点连线继续爬行，到达下一个节点，意味着爬虫可以通过网页之间的链接关系继续获取后续的网页，当整个网站涉及的页面全部被爬虫访问到后，网站的数据就被抓取下来了。

1. 爬虫概述

简单点讲，爬虫就是获取网页并提取和保存信息的自动化程序，下面概要介绍一下。

- 获取网页

爬虫的工作首先是获取网页，这里就是获取网页的源代码。源代码里包含网页的部分有用信息，所以只要获取源代码，就可以从中提取想要的信息了。

1.1 节讲了请求和响应的概念，向网站的服务器发送一个请求，服务器返回的响应体便是网页源代码。所以最关键的部分是构造一个请求并发送给服务器，然后接收到响应并对其进行解析，这个流程如何实现呢？总不能手动截取网页源码吧？

不用担心，Python 提供了许多库，可以帮助我们实现这个流程，如 urllib、requests 等，我们可以用这些库完成 HTTP 请求操作。除此之外，请求和响应都可以用类库提供的数据结构来表示，因此得到响应之后只需要解析数据结构中的 body 部分，即可得到网页的源代码，这样我们便可以用程序来实现获取网页的过程了。

- 提取信息

获取网页的源代码后，接下来就是分析源代码，从中提取我们想要的数据。首先，最通用的提取方法是采用正则表达式，这是一个万能的方法，注意构造正则表达式的过程比较复杂且容易出错。

另外，由于网页结构具有一定的规则，所以还有一些库是根据网页节点属性、CSS 选择器或 XPath 来提取网页信息的，如 Beautiful Soup、pyquery、lxml 等。使用这些库，可以高效地从源代码中提取网页信息，如节点的属性、文本值等。

提取信息是爬虫非常重要的一个工作，它可以使杂乱的数据变得条理清晰，以便后续处理和分析数据。

- 保存数据

提取信息后，我们一般会将提取到的数据保存到某处以便后续使用。保存数据的形式多种多样，可以简单保存为 TXT 文本或 JSON 文本，也可以保存到数据库，如 MySQL 和 MongoDB 等，还可保存至远程服务器，如借助 SFTP 进行操作等。

- 自动化程序

自动化程序的意思是爬虫可以代替人来完成上述操作。我们当然可以手动提取网页中的信息，但是当量特别大或者想快速获取大量数据的时候，肯定还是借助程序快。爬虫就是代替我们完成爬取工作的自动化程序，它可以在爬取过程中进行各种异常处理、错误重试等操作，确保爬取持续高效地运行。

2. 能爬怎样的数据

网页中存在各种各样的信息，最常见的便是常规网页，这些网页对应着 HTML 代码，而最常抓取的便是 HTML 源代码。

另外，可能有些网页返回的不是 HTML 代码，而是一个 JSON 字符串（其中 API 接口大多采用这样的形式），这种格式的数据方便传输和解析。爬虫同样可以抓取这些数据，而且数据提取会更加方便。

网页中还包含各种二进制数据，如图片、视频和音频等。利用爬虫，我们可以将这些二进制数据抓取下来，然后保存成对应的文件名。

除了上述数据，网页中还有各种扩展名文件，如 CSS、JavaScript 和配置文件等。这些文件其实最普通，只要在浏览器里面可以访问到，就可以抓取下来。

上述内容其实都有各自对应的 URL，URL 基于 HTTP 或 HTTPS 协议，只要是这种数据，爬虫都可以抓取。

3. JavaScript 渲染的页面

有时候，我们在用 urllib 或 requests 抓取网页时，得到的源代码和在浏览器中实际看到的不一样。

这是一个非常常见的问题。现在有越来越多的网页是采用 Ajax、前端模块化工具构建的，可能整个网页都是由 JavaScript 渲染出来的，也就是说原始的 HTML 代码就是一个空壳，例如：

```
<!DOCTYPE html>
<html>
<head>
  <meta charset="UTF-8">
  <title>This is a Demo</title>
</head>
<body>
  <div id="container">
  </div>
</body>
<script src="app.js"></script>
</html>
```

这个实例中，body 节点里面只有一个 id 为 container 的节点，需要注意在 body 节点后引入了 app.js，它负责整个网站的渲染。

在浏览器中打开这个页面时，首先会加载这个 HTML 内容，接着浏览器会发现其中引入了一个 app.js 文件，便去请求这个文件。获取该文件后，执行其中的 JavaScript 代码，JavaScript 会改变 HTML 中的节点，向其中添加内容，最后得到完整的页面。

在用 urllib 或 requests 等库请求当前页面时，我们得到的只是 HTML 代码，它不会继续加载 JavaScript 文件，我们也就无法看到完整的页面内容。

这也解释了为什么有时我们得到的源代码和在浏览器中看到的不一样。

对于这样的情况，我们可以分析源代码后台 Ajax 接口，也可使用 Selenium、Splash、Pyppeteer、

Playwright 这样的库来模拟 JavaScript 渲染。

后面，我会详细介绍如何采集 JavaScript 渲染出来的网页。

4. 总结

本节介绍了爬虫的一些基本原理，熟知这些原理可以使我们在后面编写爬虫时更加得心应手。

1.4 Session 和 Cookie

在浏览网站的过程中，我们经常会遇到需要登录的情况，有些页面只有登录之后才可以访问。在登录之后可以连续访问很多次网站，但是有时候过一段时间就需要重新登录。还有一些网站，在打开浏览器时就自动登录了，而且在很长时间内都不会失效，这又是什么情况？其实这里面涉及 Session 和 Cookie 的相关知识，本节就来揭开它们的神秘面纱。

1. 静态网页和动态网页

在开始揭秘之前，我们需要先了解一下静态网页和动态网页的概念。还是使用"网页的结构"一节的实例代码，内容如下：

```html
<!DOCTYPE html>
<html>
<head>
  <meta charset="UTF-8">
  <title>This is a Demo</title>
</head>
<body>
  <div id="container">
    <div class="wrapper">
      <h2 class="title">Hello World</h2>
      <p class="text">Hello, this is a paragraph.</p>
    </div>
  </div>
</body>
</html>
```

这是最基本的 HTML 代码，我们将其保存为一个 .html 文件，并把这个文件放在某台具有固定公网 IP 的主机上，在这台主机上安装 Apache 或 Nginx 等服务器，然后该主机就可以作为服务器了，其他人可以通过访问服务器看到那个实例页面，这就搭建了一个最简单的网站。

这种网页的内容是由 HTML 代码编写的，文字、图片等内容均通过写好的 HTML 代码来指定，这种页面叫作静态网页。静态网页加载速度快、编写简单，同时也存在很大的缺陷，如可维护性差、不能根据 URL 灵活多变地显示内容等。如果我们想给静态网页的 URL 传入一个 name 参数，让其在网页中显示出来，是无法做到的。

于是动态网页应运而生，它可以动态解析 URL 中参数的变化，关联数据库并动态呈现不同的页面内容，非常灵活多变。我们现在看到的网站几乎都是动态网站，它们不再是一个简单的 HTML 页面，可能是由 JSP、PHP、Python 等语言编写的，功能要比静态网页强大、丰富太多。此外，动态网站还可以实现用户登录和注册的功能。

回到 1.4 节开头提到的问题，很多页面是需要登录之后才可以查看的。按照一般的逻辑，输入用户名和密码登录网站，肯定是拿到了一种类似凭证的东西，有了这个凭证，才能保持登录状态，访问那些登录之后才能看得到的页面。

这种神秘的凭证到底是什么呢？其实它就是 Session 和 Cookie 共同产生的结果，下面我们来一探究竟。

2. 无状态 HTTP

在了解 Session 和 Cookie 之前，我们还需要了解 HTTP 的一个特点，叫作无状态。

HTTP 的无状态是指 HTTP 协议对事务处理是没有记忆能力的，或者说服务器并不知道客户端处于什么状态。客户端向服务器发送请求后，服务器解析此请求，然后返回对应的响应，服务器负责完成这个过程，而且这个过程是完全独立的，服务器不会记录前后状态的变化，也就是缺少状态记录。这意味着之后如果需要处理前面的信息，客户端就必须重传，导致需要额外传递一些重复请求，才能获取后续响应，这种效果显然不是我们想要的。为了保持前后状态，肯定不能让客户端将前面的请求全部重传一次，这太浪费资源了，对于需要用户登录的页面来说，更是棘手。

这时，两种用于保持 HTTP 连接状态的技术出现了，分别是 Session 和 Cookie。Session 在服务端，也就是网站的服务器，用来保存用户的 Session 信息；Cookie 在客户端，也可以理解为在浏览器端，有了 Cookie，浏览器在下次访问相同网页时就会自动附带上它，并发送给服务器，服务器通过识别 Cookie 鉴定出是哪个用户在访问，然后判断此用户是否处于登录状态，并返回对应的响应。

可以这样理解，Cookie 里保存着登录的凭证，客户端在下次请求时只需要将其携带上，就不必重新输入用户名、密码等信息重新登录了。

因此在爬虫中，处理需要先登录才能访问的页面时，我们一般会直接将登录成功后获取的 Cookie 放在请求头里面直接请求，而不重新模拟登录。

好了，了解 Session 和 Cookie 的概念之后，再来详细剖析它们的原理。

3. Session

Session，中文称之为会话，其本义是指有始有终的一系列动作、消息。例如打电话时，从拿起电话拨号到挂断电话之间的一系列过程就可以称为一个 Session。

而在 Web 中，Session 对象用来存储特定用户 Session 所需的属性及配置信息。这样，当用户在应用程序的页面之间跳转时，存储在 Session 对象中的变量将不会丢失，会在整个用户 Session 中一直存在下去。当用户请求来自应用程序的页面时，如果该用户还没有 Session，那么 Web 服务器将自动创建一个 Session 对象。当 Session 过期或被放弃后，服务器将终止该 Session。

4. Cookie

Cookie，指某些网站为了鉴别用户身份、进行 Session 跟踪而存储在用户本地终端上的数据。

- **Session 维持**

那么，怎样利用 Cookie 保持状态呢？在客户端第一次请求服务器时，服务器会返回一个响应头中带有 Set-Cookie 字段的响应给客户端，这个字段用来标记用户。客户端浏览器会把 Cookie 保存起来，当下一次请求相同的网站时，把保存的 Cookie 放到请求头中一起提交给服务器。Cookie 中携带着 Session ID 相关信息，服务器通过检查 Cookie 即可找到对应的 Session，继而通过判断 Session 辨认用户状态。如果 Session 当前是有效的，就证明用户处于登录状态，此时服务器返回登录之后才可以查看的网页内容，浏览器再进行解析便可以看到了。

反之，如果传给服务器的 Cookie 是无效的，或者 Session 已经过期了，客户端将不能继续访问页面，此时可能会收到错误的响应或者跳转到登录页面重新登录。

Cookie 和 Session 需要配合，一个在客户端，一个在服务端，二者共同协作，就实现了登录控制。

- **属性结构**

接下来，我们看看 Cookie 都包含哪些内容。这里以知乎为例，在浏览器开发者工具中打开

Application 选项卡，其中左侧有一部分叫 Storage，Storage 的最后一项即为 Cookies，将其点开，如图 1-16 所示。

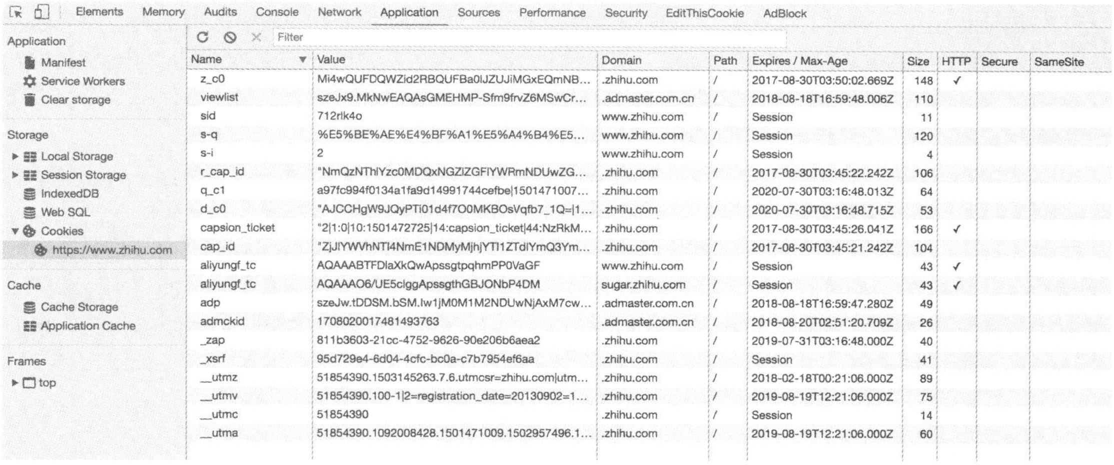

图 1-16　Cookie 列表

可以看到，列表里有很多条目，其中每个条目都可以称为一个 Cookie 条目。Cookie 具有如下几个属性。

- Name：Cookie 的名称。Cookie 一旦创建，名称便不可更改。
- Value：Cookie 的值。如果值为 Unicode 字符，则需要为字符编码。如果值为二进制数据，则需要使用 BASE64 编码。
- Domain：指定可以访问该 Cookie 的域名。例如设置 Domain 为 .zhihu.com，表示所有以 zhihu.com 结尾的域名都可以访问该 Cookie。
- Path：Cookie 的使用路径。如果设置为 /path/，则只有路径为 /path/ 的页面才可以访问该 Cookie。如果设置为 /，则本域名下的所有页面都可以访问该 Cookie。
- Max-Age：Cookie 失效的时间，单位为秒，常和 Expires 一起使用，通过此属性可以计算出 Cookie 的有效时间。Max-Age 如果为正数，则表示 Cookie 在 Max-Age 秒之后失效；如果为负数，则 Cookie 在关闭浏览器时失效，而且浏览器不会以任何形式保存该 Cookie。
- Size 字段：Cookie 的大小。
- HTTP 字段：Cookie 的 httponly 属性。若此属性为 true，则只有在 HTTP Headers 中才会带有此 Cookie 的信息，而不能通过 document.cookie 来访问此 Cookie。
- Secure：是否仅允许使用安全协议传输 Cookie。安全协议有 HTTPS 和 SSL 等，使用这些协议在网络上传输数据之前会先将数据加密。其默认值为 false。

● **会话 Cookie 和持久 Cookie**

从表面意思来看，会话 Cookie 就是把 Cookie 放在浏览器内存里，关闭浏览器之后，Cookie 即失效；持久 Cookie 则会把 Cookie 保存到客户端的硬盘中，下次还可以继续使用，用于长久保持用户的登录状态。

严格来说，其实没有会话 Cookie 和持久 Cookie 之分，只是 Max-Age 或 Expires 字段决定了 Cookie 失效的时间。

因此，一些持久化登录的网站实际上就是把 Cookie 的有效时间和 Session 有效期设置得比较长，下次客户端再访问页面时仍然携带之前的 Cookie，就可以直接呈现登录状态。

5. 常见误区

在谈论 Session 机制的时候，常会听到一种误解——只要关闭浏览器，Session 就消失了。可以想象一下生活中的会员卡，除非顾客主动对店家提出销卡，否则店家是绝对不会轻易删除顾客资料的。对 Session 来说，也一样，除非程序通知服务器删除一个 Session，否则服务器会一直保留。例如程序一般都是在我们做注销操作时才删除 Session。

但是当我们关闭浏览器时，浏览器不会主动在关闭之前通知服务器自己将要被关闭，所以服务器压根不会有机会知道浏览器已经关闭。之所以会产生上面的误解，是因为大部分网站使用会话 Cookie 来保存 Session ID 信息，而浏览器关闭后 Cookie 就消失了，等浏览器再次连接服务器时，也就无法找到原来的 Session 了。如果把服务器设置的 Cookie 保存到硬盘上，或者使用某种手段改写浏览器发出的 HTTP 请求头，把原来的 Cookie 发送给服务器，那么再次打开浏览器时，仍然能够找到原来的 Session ID，依旧保持登录状态。

而且恰恰是由于关闭浏览器不会导致 Session 被删除，因此需要服务器为 Session 设置一个失效时间，当距离客户端上一次使用 Session 的时间超过这个失效时间时，服务器才可以认为客户端已经停止了活动，并删除掉 Session 以节省存储空间。

6. 总结

本节介绍了 Session 和 Cookie 的基本概念，这对后文进行网络爬虫的开发有很大的帮助，需要好好掌握。

本节涉及一些专业名词解释，部分内容参考如下资料。

- 百度百科上 Session、Cookie 相关的介绍。
- 维基百科上 HTTP Cookie 相关的介绍。
- "码迷"网站上的博客文章 "Session 和几种状态保持方案理解"。

1.5 代理的基本原理

在做爬虫的过程中经常会遇到一种情况，就是爬虫最初是正常运行、正常抓取数据的，一切看起来都是那么美好，然而一杯茶的工夫就出现了错误，例如 403 Forbidden，这时打开网页一看，可能会看到"您的 IP 访问频率太高"这样的提示。出现这种现象是因为网站采取了一些反爬虫措施。例如服务器会检测某个 IP 在单位时间内的请求次数，如果请求次数超过设定的阈值，就直接拒绝提供服务，并返回一些错误信息，可以称这种情况为封 IP。

既然服务器检测的是某个 IP 在单位时间内的请求次数，那么借助某种方式把我们的 IP 伪装一下，让服务器识别不出请求是由我们本机发起的，不就可以成功防止封 IP 了吗？

一种有效的伪装方式是使用代理，后面会详细说明代理的用法。在这之前，需要先了解代理的基本原理，它是怎样实现伪装 IP 的呢？

1. 基本原理

代理实际上就是指代理服务器，英文叫作 Proxy Server，功能是代网络用户取得网络信息。形象点说，代理是网络信息的中转站。当客户端正常请求一个网站时，是把请求发送给了 Web 服务器，Web 服务器再把响应传回给客户端。设置代理服务器，就是在客户端和服务器之间搭建一座桥，此时客户端并非直接向 Web 服务器发起请求，而是把请求发送给代理服务器，然后由代理服务器把请求发送给 Web 服务器，Web 服务器返回的响应也是由代理服务器转发给客户端的。这样客户端同样可以正常访问网页，而且这个过程中 Web 服务器识别出的真实 IP 就不再是客户端的 IP 了，成功实现了 IP 伪装，这就是代理的基本原理。

2. 代理的作用

代理有什么作用呢？我们可以简单列举如下。

- 突破自身 IP 的访问限制，访问一些平时不能访问的站点。
- 访问一些单位或团体的内部资源。比如，使用教育网内地址段的免费代理服务器，就可以下载和上传对教育网开放的各类 FTP，也可以查询、共享各类资料等。
- 提高访问速度。通常，代理服务器会设置一个较大的硬盘缓冲区，当有外界的信息通过时，会同时将其保存到自己的缓冲区中，当其他用户访问相同的信息时，直接从缓冲区中取出信息，提高了访问速度。
- 隐藏真实 IP。上网者可以通过代理隐藏自己的 IP，免受攻击。对于爬虫来说，使用代理就是为了隐藏自身 IP，防止自身的 IP 被封锁。

3. 爬虫代理

对于爬虫来说，由于爬取速度过快，因此在爬取过程中可能会遇到同一个 IP 访问过于频繁的问题，此时网站会让我们输入验证码登录或者直接封锁 IP，这样会给爬取造成极大的不便。

使用代理隐藏真实的 IP，让服务器误以为是代理服务器在请求自己。这样在爬取过程中不断更换代理，就可以避免 IP 被封锁，达到很好的爬取效果。

4. 代理分类

对代理进行分类时，既可以根据协议，也可以根据代理的匿名程度，这两种分类方式分别总结如下。

- **根据协议区分**

根据代理的协议，代理可以分为如下几类。

- **FTP 代理服务器**：主要用于访问 FTP 服务器，一般有上传、下载以及缓存功能，端口一般为 21、2121 等。
- **HTTP 代理服务器**：主要用于访问网页，一般有内容过滤和缓存功能，端口一般为 80、8080、3128 等。
- **SSL/TLS 代理**：主要用于访问加密网站，一般有 SSL 或 TLS 加密功能（最高支持 128 位加密强度），端口一般为 443。
- **RTSP 代理**：主要用于 Realplayer 访问 Real 流媒体服务器，一般有缓存功能，端口一般为 554。
- **Telnet 代理**：主要用于 Telnet 远程控制（黑客入侵计算机时常用于隐藏身份），端口一般为 23。
- **POP3/SMTP 代理**：主要用于以 POP3/SMTP 方式收发邮件，一般有缓存功能，端口一般为 110/25。
- **SOCKS 代理**：只是单纯传递数据包，不关心具体协议和用法，所以速度快很多，一般有缓存功能，端口一般为 1080。SOCKS 代理协议又分为 SOCKS4 和 SOCKS5，SOCKS4 协议只支持 TCP，SOCKS5 协议则支持 TCP 和 UDP，还支持各种身份验证机制、服务器端域名解析等。简单来说，SOCKS4 能做到的 SOCKS5 都能做到，但 SOCKS5 能做到的 SOCKS4 不一定做得到。

- **根据匿名程度区分**

根据代理的匿名程度，代理可以分为如下几类。

- **高度匿名代理**：高度匿名代理会将数据包原封不动地转发，在服务端看来似乎真的是一个普通客户端在访问，记录的 IP 则是代理服务器的 IP。
- **普通匿名代理**：普通匿名代理会对数据包做一些改动，服务端可能会发现正在访问自己的是个代理服务器，并且有一定概率去追查客户端的真实 IP。这里代理服务器通常会加入的 HTTP 头有 HTTP_VIA 和 HTTP_X_FORWARDED_FOR。
- **透明代理**：透明代理不但改动了数据包，还会告诉服务器客户端的真实 IP。这种代理除了能用缓存技术提高浏览速度，用内容过滤提高安全性之外，并无其他显著作用，最常见的例子是内网中的硬件防火墙。
- **间谍代理**：间谍代理是由组织或个人创建的代理服务器，用于记录用户传输的数据，然后对记录的数据进行研究、监控等。

5. 常见代理设置

常见的代理设置如下。

- 对于网上的免费代理，最好使用高度匿名代理，可以在使用前把所有代理都抓取下来筛选一下可用代理，也可以进一步维护一个代理池。
- 使用付费代理服务。互联网上存在许多可以付费使用的代理商，质量要比免费代理好很多。
- ADSL 拨号，拨一次号换一次 IP，稳定性高，也是一种比较有效的封锁解决方案。
- 蜂窝代理，即用 4G 或 5G 网卡等制作的代理。由于用蜂窝网络作为代理的情形较少，因此整体被封锁的概率会较低，但搭建蜂窝代理的成本是较高的。

在后面，我们会详细介绍一些代理的使用方式。

6. 总结

本文介绍了代理的相关知识，这对后文我们进行一些反爬绕过的实现有很大的帮助，同时也为后文的一些抓包操作打下了基础，需要好好理解。

本节涉及一些专业名词，部分内容参考如下资料。

- 维基百科上代理服务器相关的内容。
- 百度百科上代理相关的内容。

1.6 多线程和多进程的基本原理

在一台计算机中，我们可以同时打开多个软件，例如同时浏览网页、听音乐、打字等，这是再正常不过的事情。但仔细想想，为什么计算机可以同时运行这么多软件呢？这就涉及计算机中的两个名词：多进程和多线程。

同样，在编写爬虫程序的时候，为了提高爬取效率，我们可能会同时运行多个爬虫任务，其中同样涉及多进程和多线程。

1. 多线程的含义

说起多线程，就不得不先说什么是线程。说起线程，又不得不先说什么是进程。

进程可以理解为一个可以独立运行的程序单位，例如打开一个浏览器，就开启了一个浏览器进程；打开一个文本编辑器，就开启了一个文本编辑器进程。在一个进程中，可以同时处理很多事情，例如在浏览器进程中，可以在多个选项卡中打开多个页面，有的页面播放音乐，有的页面播放视频，有的网页播放动画，这些任务可以同时运行，互不干扰。为什么能做到同时运行这么多任务呢？这便引出了线程的概念，其实一个任务就对应一个线程。

进程就是线程的集合，进程是由一个或多个线程构成的，线程是操作系统进行运算调度的最小单位，是进程中的最小运行单元。以上面说的浏览器进程为例，其中的播放音乐就是一个线程，播放视频也是一个线程。当然，浏览器进程中还有很多其他线程在同时运行，这些线程并发或并行执行使得整个浏览器可以同时运行多个任务。

了解了线程的概念，多线程就很容易理解了。多线程就是一个进程中同时执行多个线程，上面的浏览器进程就是典型的多线程。

2. 并发和并行

说到多进程和多线程，不得不再介绍两个名词——并发和并行。我们知道，在计算机中运行一个程序，底层是通过处理器运行一条条指令来实现的。

处理器同一时刻只能执行一条指令，并发（concurrency）是指多个线程对应的多条指令被快速轮换地执行。例如一个处理器，它先执行线程 A 的指令一段时间，再执行线程 B 的指令一段时间，然后再切回线程 A 执行一段时间。处理器执行指令的速度和切换线程的速度都非常快，人完全感知不到计算机在这个过程中还切换了多个线程的上下文，这使得多个线程从宏观上看起来是同时在运行。从微观上看，处理器连续不断地在多个线程之间切换和执行，每个线程的执行都一定会占用这个处理器的一个时间片段，因此同一时刻其实只有一个线程被执行。

并行（parallel）指同一时刻有多条指令在多个处理器上同时执行，这意味着并行必须依赖多个处理器。不论是从宏观还是微观上看，多个线程都是在同一时刻一起执行的。

并行只能存在于多处理器系统中，因此如果计算机处理器只有一个核，就不可能实现并行。而并发在单处理器和多处理器系统中都可以存在，因为仅靠一个核，就可以实现并发。

例如，系统处理器需要同时运行多个线程。如果系统处理器只有一个核，那它只能通过并发的方式来运行这些线程。而如果系统处理器有多个核，那么在一个核执行一个线程的同时，另一个核可以执行另一个线程，这样这两个线程就实现了并行执行。当然，其他线程也可能和另外的线程在同一个核上执行，它们之间就是并发执行。具体的执行方式，取决于操作系统如何调度。

3. 多线程适用场景

在一个程序的进程中，有一些操作是比较耗时或者需要等待的，例如等待数据库查询结果的返回、等待网页的响应。这时如果使用单线程，处理器必须等这些操作完成之后才能继续执行其他操作，但在这个等待的过程中，处理器明显可以去执行其他操作。如果使用多线程，处理器就可以在某个线程处于等待态的时候，去执行其他线程，从而提高整体的执行效率。

很多情况和上述场景一样，线程在执行过程中需要等待。网络爬虫就是一个非常典型的例子，爬虫在向服务器发起请求之后，有一段时间必须等待服务器返回响应，这种任务就属于 IO 密集型任务。对于这种任务，如果我们启用多线程，那么处理器就可以在某个线程等待的时候去处理其他线程，从而提高整体的爬取效率。

但并不是所有任务都属于 IO 密集型任务，还有一种任务叫作计算密集型任务，也可以称为 CPU 密集型任务。顾名思义，就是任务的运行一直需要处理器的参与。假设我们开启了多线程，处理器从一个计算密集型任务切换到另一个计算密集型任务，那么处理器将不会停下来，而是始终忙于计算，这样并不会节省整体的时间，因为需要处理的任务的计算总量是不变的。此时要是线程数目过多，反而还会在线程切换的过程中耗费更多时间，使得整体效率变低。

综上所述，如果任务不全是计算密集型任务，就可以使用多线程来提高程序整体的执行效率。尤其对于网络爬虫这种 IO 密集型任务，使用多线程能够大大提高程序整体的爬取效率。

4. 多进程的含义

前文我们已经了解了进程的基本概念，进程（process）是具有一定独立功能的程序在某个数据集合上的一次运行活动，是系统进行资源分配和调度的一个独立单位。

顾名思义，多进程就是同时运行多个进程。由于进程就是线程的集合，而且进程是由一个或多个线程构成的，所以多进程意味着有大于等于进程数量的线程在同时运行。

5. Python 中的多线程和多进程

Python 中 GIL 的限制导致不论是在单核还是多核条件下，同一时刻都只能运行一个线程，这使得 Python 多线程无法发挥多核并行的优势。

GIL 全称为 Global Interpreter Lock，意思是全局解释器锁，其设计之初是出于对数据安全的考虑。

在 Python 多线程下，每个线程的执行方式分如下三步。

- 获取 GIL。
- 执行对应线程的代码。
- 释放 GIL。

可见，某个线程要想执行，必须先拿到 GIL。我们可以把 GIL 看作通行证，并且在一个 Python 进程中，GIL 只有一个。线程要是拿不到通行证，就不允许执行。这样会导致即使在多核条件下，一个 Python 进程中的多个线程在同一时刻也只能执行一个。

而对于多进程来说，每个进程都有属于自己的 GIL，所以在多核处理器下，多进程的运行是不会受 GIL 影响的。也就是说，多进程能够更好地发挥多核优势。

不过，对于爬虫这种 IO 密集型任务来说，多线程和多进程产生的影响差别并不大。但对于计算密集型任务来说，由于 GIL 的存在，Python 多线程的整体运行效率在多核情况下可能反而比单核更低。而 Python 的多进程相比多线程，运行效率在多核情况下比单核会有成倍提升。

从整体来看，Python 的多进程比多线程更有优势。所以，如果条件允许的话，尽量用多进程。

值得注意的是，由于进程是系统进行资源分配和调度的一个独立单位，所以各进程之间的数据是无法共享的，如多个进程无法共享一个全局变量，进程之间的数据共享需要由单独的机制来实现。

关于 Python 中多进程和多线程的具体用法，由于篇幅原因，这里不再展开介绍，请移步如下链接进行学习。

- Python 多线程的用法：https://setup.scrape.center/python-threading。
- Python 多进程的用法：https://setup.scrape.center/python-multiprocessing。

6. 总结

本节介绍了多线程、多进程的基本知识，如果我们可以把多线程、多进程运用到爬虫中的话，爬虫的爬取效率将会大幅提升。

由于涉及一些专业名词，本节内容参考如下资料。

- 百度百科上多线程、多进程相关的内容。
- Python 官方文档中 threading 相关的内容。
- Python 官方文档中 multiprocessing 相关的内容。
- 博客园网站上的"多进程和多线程的概念"文章。

第 2 章 基本库的使用

学习爬虫,其基本的操作便是模拟浏览器向服务器发出请求,那么我们需要从哪个地方做起呢?请求需要我们自己构造吗?我们需要关心请求这个数据结构怎么实现吗?需要了解 HTTP、TCP、IP 层的网络传输通信吗?需要知道服务器如何响应以及响应的原理吗?

可能你无从下手,不过不用担心,Python 的强大之处就是提供了功能齐全的类库来帮助我们实现这些需求。最基础的 HTTP 库有 urllib、requests、httpx 等。

拿 urllib 这个库来说,有了它,我们只需要关心请求的链接是什么,需要传递的参数是什么,以及如何设置可选的请求头,而无须深入到底层去了解到底是怎样传输和通信的。有了 urllib 库,只用两行代码就可以完成一次请求和响应的处理过程,得到网页内容,是不是感觉方便极了?

接下来,就让我们从最基础的部分开始了解 HTTP 库的使用方法吧。

2.1 urllib 的使用

首先介绍一个 Python 库,叫作 urllib,利用它就可以实现 HTTP 请求的发送,而且不需要关心 HTTP 协议本身甚至更底层的实现,我们要做的是指定请求的 URL、请求头、请求体等信息。此外 urllib 还可以把服务器返回的响应转化为 Python 对象,我们通过该对象便可以方便地获取响应的相关信息,如响应状态码、响应头、响应体等。

> **注意** 在 Python 2 中,有 urllib 和 urllib2 两个库来实现 HTTP 请求的发送。而在 Python 3 中,urllib2 库已经不存在了,统一为了 urllib。

首先,我们了解一下 urllib 库的使用方法,它是 Python 内置的 HTTP 请求库,也就是说不需要额外安装,可直接使用。urllib 库包含如下 4 个模块。

- request:这是最基本的 HTTP 请求模块,可以模拟请求的发送。就像在浏览器里输入网址然后按下回车一样,只需要给库方法传入 URL 以及额外的参数,就可以模拟实现发送请求的过程了。
- error:异常处理模块。如果出现请求异常,那么我们可以捕获这些异常,然后进行重试或其他操作以保证程序运行不会意外终止。
- parse:一个工具模块。提供了许多 URL 的处理方法,例如拆分、解析、合并等。
- robotparser:主要用来识别网站的 robots.txt 文件,然后判断哪些网站可以爬,哪些网站不可以,它其实用得比较少。

1. 发送请求

使用 urllib 库的 request 模块,可以方便地发送请求并得到响应。我们先来看下它的具体用法。

- **urlopen**

urllib.request 模块提供了最基本的构造 HTTP 请求的方法，利用这个模块可以模拟浏览器的请求发起过程，同时它还具有处理授权验证（Authentication）、重定向（Redirection）、浏览器 Cookie 以及其他一些功能。

下面我们体会一下 request 模块的强大之处。这里以 Python 官网为例，我们把这个网页抓取下来：

```python
import urllib.request

response = urllib.request.urlopen('https://www.python.org')
print(response.read().decode('utf-8'))
```

运行结果如图 2-1 所示。

```
<meta name="msapplication-TileImage" content="/static/metro-icon-144x144-precomposed.png"><!-- white shape -->
<meta name="msapplication-TileColor" content="#3673a5"><!-- python blue -->
<meta name="msapplication-navbutton-color" content="#3673a5">

<title>Welcome to Python.org</title>

<meta name="description" content="The official home of the Python Programming Language">
<meta name="keywords" content="Python programming language object oriented web free open source software license documentation download community">


<meta property="og:type" content="website">
<meta property="og:site_name" content="Python.org">
<meta property="og:title" content="Welcome to Python.org">
<meta property="og:description" content="The official home of the Python Programming Language">
```

图 2-1　运行结果

这里我们只用了两行代码，便完成了 Python 官网的抓取，输出了其网页的源代码。得到源代码之后，我们想要的链接、图片地址、文本信息不就都可以提取出来了吗？

接下来，看看返回的响应到底是什么。利用 type 方法输出响应的类型：

```python
import urllib.request

response = urllib.request.urlopen('https://www.python.org')
print(type(response))
```

输出结果如下：

```
<class 'http.client.HTTPResponse'>
```

可以看出，响应是一个 HTTPResposne 类型的对象，主要包含 `read`、`readinto`、`getheader`、`getheaders`、`fileno` 等方法，以及 `msg`、`version`、`status`、`reason`、`debuglevel`、`closed` 等属性。

得到响应之后，我们把它赋值给 response 变量，然后就可以调用上述那些方法和属性，得到返回结果的一系列信息了。

例如，调用 read 方法可以得到响应的网页内容、调用 status 属性可以得到响应结果的状态码（200 代表请求成功，404 代表网页未找到等）。

下面再通过一个实例来看看：

```python
import urllib.request
```

```
response = urllib.request.urlopen('https://www.python.org')
print(response.status)
print(response.getheaders())
print(response.getheader('Server'))
```

运行结果如下:

```
200
[('Server', 'nginx'), ('Content-Type', 'text/html; charset=utf-8'), ('X-Frame-Options', 'DENY'), ('Via', '1.1
vegur'), ('Via', '1.1 varnish'), ('Content-Length', '48775'), ('Accept-Ranges', 'bytes'), ('Date', 'Sun, 15
Mar 2020 13:29:01 GMT'), ('Via', '1.1 varnish'), ('Age', '708'), ('Connection', 'close'), ('X-Served-By',
'cache-bwi5120-BWI, cache-tyo19943-TYO'), ('X-Cache', 'HIT, HIT'), ('X-Cache-Hits', '2, 518'), ('X-Timer',
'S1584278942.717942,VS0,VE0'), ('Vary', 'Cookie'), ('Strict-Transport-Security', 'max-age=63072000;
includeSubDomains')]
nginx
```

其中前两个输出分别是响应的状态码和响应的头信息;最后一个输出是调用 getheader 方法,并传入参数 Server,获取了响应头中 Server 的值,结果是 nginx,意思为服务器是用 Nginx 搭建的。

利用最基本的 urlopen 方法,已经可以完成对简单网页的 GET 请求抓取。

如果想给链接传递一些参数,又该怎么实现呢?首先看一下 urlopen 方法的 API:

```
urllib.request.urlopen(url, data=None, [timeout,]*, cafile=None, capath=None, cadefault=False, context=None)
```

可以发现,除了第一个参数用于传递 URL 之外,我们还可以传递其他内容,例如 data(附加数据)、timeout(超时时间)等。

接下来就详细说明一下 urlopen 方法中几个参数的用法。

- **data 参数**

data 参数是可选的。在添加该参数时,需要使用 bytes 方法将参数转化为字节流编码格式的内容,即 bytes 类型。另外,如果传递了这个参数,那么它的请求方式就不再是 GET,而是 POST 了。

下面用实例来看一下:

```
import urllib.parse
import urllib.request

data = bytes(urllib.parse.urlencode({'name': 'germey'}), encoding='utf-8')
response = urllib.request.urlopen('https://www.httpbin.org/post', data=data)
print(response.read().decode('utf-8'))
```

这里我们传递了一个参数 name,值是 germey,需要将它转码成 bytes 类型。转码时采用了 bytes 方法,该方法的第一个参数得是 str(字符串)类型,因此用 urllib.parse 模块里的 urlencode 方法将字典参数转化为字符串;第二个参数用于指定编码格式,这里指定为 utf-8。

此处我们请求的站点是 www.httpbin.org,它可以提供 HTTP 请求测试。本次我们请求的 URL 为 https://www.httpbin.org/post,这个链接可以用来测试 POST 请求,能够输出请求的一些信息,其中就包含我们传递的 data 参数。

上面实例的运行结果如下:

```
{
    "args": {},
    "data": "",
    "files": {},
    "form": {
      "name": "germey"
    },
    "headers": {
      "Accept-Encoding": "identity",
      "Content-Length": "11",
```

```
        "Content-Type": "application/x-www-form-urlencoded",
        "Host": "www.httpbin.org",
        "User-Agent": "Python-urllib/3.7",
        "X-Amzn-Trace-Id": "Root=1-5ed27e43-9eee361fec88b7d3ce9be9db"
    },
    "json": null,
    "origin": "17.220.233.154",
    "url": "https://www.httpbin.org/post"
}
```

可以发现我们传递的参数出现在了 form 字段中，这表明是模拟表单提交，以 POST 方式传输数据。

- **timeout 参数**

timeout 参数用于设置超时时间，单位为秒，意思是如果请求超出了设置的这个时间，还没有得到响应，就会抛出异常。如果不指定该参数，则会使用全局默认时间。这个参数支持 HTTP、HTTPS、FTP 请求。

下面用实例来看一下：

```
import urllib.request

response = urllib.request.urlopen('https://www.httpbin.org/get', timeout=0.1)
print(response.read())
```

运行结果可能如下：

```
During handling of the above exception, another exception occurred:
Traceback (most recent call last): File "/var/py/python/urllibtest.py", line 4, in <module>
    response =urllib.request.urlopen('https://www.httpbin.org/get', timeout=0.1)
...
urllib.error.URLError: <urlopen error _ssl.c:1059: The handshake operation timed out>
```

这里我们设置超时时间为 0.1 秒。程序运行了 0.1 秒后，服务器依然没有响应，于是抛出了 URLError 异常。该异常属于 urllib.error 模块，错误原因是超时。

因此可以通过设置这个超时时间，实现当一个网页长时间未响应时，就跳过对它的抓取。此外，利用 try except 语句也可以实现，相关代码如下：

```
import socket
import urllib.request
import urllib.error

try:
    response = urllib.request.urlopen('https://www.httpbin.org/get', timeout=0.1)
except urllib.error.URLError as e:
    if isinstance(e.reason, socket.timeout):
        print('TIME OUT')
```

这里我们请求了 https://www.httpbin.org/get 这个测试链接，设置超时时间为 0.1 秒，然后捕获到 URLError 这个异常，并判断异常类型是 socket.timeout，意思是超时异常，因此得出确实是因为超时而报错的结论，最后打印输出了 TIME OUT。

运行结果如下：

```
TIME OUT
```

按照常理来说，0.1 秒几乎不可能得到服务器响应，因此输出了 TIME OUT 的提示。

通过设置 timeout 参数实现超时处理，有时还是很有用的。

- **其他参数**

除了 data 参数和 timeout 参数，urlopen 方法还有 context 参数，该参数必须是 ssl.SSLContext 类

型，用来指定 SSL 的设置。

此外，cafile 和 capath 这两个参数分别用来指定 CA 证书和其路径，这两个在请求 HTTPS 链接时会有用。

cadefault 参数现在已经弃用了，其默认值为 False。

至此，我们讲解了 urlopen 方法的用法，通过这个最基本的方法，就可以完成简单的请求和网页抓取。

- **Request**

利用 urlopen 方法可以发起最基本的请求，但它那几个简单的参数并不足以构建一个完整的请求。如果需要往请求中加入 Headers 等信息，就得利用更强大的 Request 类来构建请求了。

首先，我们用实例感受一下 Request 类的用法：

```
import urllib.request

request = urllib.request.Request('https://python.org')
response = urllib.request.urlopen(request)
print(response.read().decode('utf-8'))
```

可以发现，我们依然是用 urlopen 方法来发送请求，只不过这次该方法的参数不再是 URL，而是一个 Request 类型的对象。通过构造这个数据结构，一方面可以将请求独立成一个对象，另一方面可更加丰富和灵活地配置参数。

下面我们看一下可以通过怎样的参数来构造 Request 类，构造方法如下：

```
class urllib.request.Request(url, data=None, headers={},
                             origin_req_host=None, unverifiable=False, method=None)
```

第一个参数 url 用于请求 URL，这是必传参数，其他的都是可选参数。

第二个参数 data 如果要传数据，必须传 bytes 类型的。如果数据是字典，可以先用 urllib.parse 模块里的 urlencode 方法进行编码。

第三个参数 headers 是一个字典，这就是请求头，我们在构造请求时，既可以通过 headers 参数直接构造此项，也可以通过调用请求实例的 add_header 方法添加。

添加请求头最常见的方法就是通过修改 User-Agent 来伪装浏览器。默认的 User-Agent 是 Python-urllib，我们可以通过修改这个值来伪装浏览器。例如要伪装火狐浏览器，就可以把 User-Agent 设置为：

```
Mozilla/5.0 (X11; U; Linux i686) Gecko/20071127 Firefox/2.0.0.11
```

第四个参数 origin_req_host 指的是请求方的 host 名称或者 IP 地址。

第五个参数 unverifiable 表示请求是否是无法验证的，默认取值是 False，意思是用户没有足够的权限来接收这个请求的结果。例如，请求一个 HTML 文档中的图片，但是没有自动抓取图像的权限，这时 unverifiable 的值就是 True。

第六个参数 method 是一个字符串，用来指示请求使用的方法，例如 GET、POST 和 PUT 等。

下面我们传入多个参数尝试构建 Request 类：

```
from urllib import request, parse

url = 'https://www.httpbin.org/post'
headers = {
    'User-Agent': 'Mozilla/4.0 (compatible; MSIE 5.5; Windows NT)',
```

```
    'Host': 'www.httpbin.org'
}
dict = {'name': 'germey'}
data = bytes(parse.urlencode(dict), encoding='utf-8')
req = request.Request(url=url, data=data, headers=headers, method='POST')
response = request.urlopen(req)
print(response.read().decode('utf-8'))
```

这里我们通过 4 个参数构造了一个 Request 类，其中的 url 即请求 URL，headers 中指定了 User-Agent 和 Host，data 用 urlencode 方法和 bytes 方法把字典数据转成字节流格式。另外，指定了请求方式为 POST。

运行结果如下：

```
{
    "args": {},
    "data": "",
    "files": {},
    "form": {
        "name": "germey"
    },
    "headers": {
        "Accept-Encoding": "identity",
        "Content-Length": "11",
        "Content-Type": "application/x-www-form-urlencoded",
        "Host": "www.httpbin.org",
        "User-Agent": "Mozilla/4.0 (compatible; MSIE 5.5; Windows NT)",
        "X-Amzn-Trace-Id": "Root=1-5ed27f77-884f503a2aa6760df7679f05"
    },
    "json": null,
    "origin": "17.220.233.154",
    "url": "https://www.httpbin.org/post"
}
```

观察结果可以发现，我们成功设置了 data、headers 和 method。

通过 add_header 方法添加 headers 的方式如下：

```
req = request.Request(url=url, data=data, method='POST')
req.add_header('User-Agent', 'Mozilla/4.0 (compatible; MSIE 5.5; Windows NT)')
```

有了 Request 类，我们就可以更加方便地构建请求，并实现请求的发送啦。

- **高级用法**

我们已经可以构建请求了，那么对于一些更高级的操作（例如 Cookie 处理、代理设置等），又该怎么实现呢？

此时需要更强大的工具，于是 Handler 登场了。简而言之，Handler 可以理解为各种处理器，有专门处理登录验证的、处理 Cookie 的、处理代理设置的。利用这些 Handler，我们几乎可以实现 HTTP 请求中所有的功能。

首先介绍一下 urllib.request 模块里的 BaseHandler 类，这是其他所有 Handler 类的父类。它提供了最基本的方法，例如 default_open、protocol_request 等。

会有各种 Handler 子类继承 BaseHandler 类，接下来举几个子类的例子如下。

- HTTPDefaultErrorHandler 用于处理 HTTP 响应错误，所有错误都会抛出 HTTPError 类型的异常。
- HTTPRedirectHandler 用于处理重定向。
- HTTPCookieProcessor 用于处理 Cookie。
- ProxyHandler 用于设置代理，代理默认为空。
- HTTPPasswordMgr 用于管理密码，它维护着用户名密码的对照表。

❑ HTTPBasicAuthHandler 用于管理认证，如果一个链接在打开时需要认证，那么可以用这个类来解决认证问题。

关于这些类如何使用，现在先不急着了解，后面会用实例演示。

另一个比较重要的类是 OpenerDirector，我们可以称之为 Opener。我们之前用过的 urlopen 方法，实际上就是 urllib 库为我们提供的一个 Opener。

那么，为什么要引入 Opener 呢？因为需要实现更高级的功能。之前使用的 Request 类和 urlopen 类相当于类库已经封装好的极其常用的请求方法，利用这两个类可以完成基本的请求，但是现在我们需要实现更高级的功能，就需要深入一层进行配置，使用更底层的实例来完成操作，所以这里就用到了 Opener。

Opener 类可以提供 open 方法，该方法返回的响应类型和 urlopen 方法如出一辙。那么，Opener 类和 Handler 类有什么关系呢？简而言之就是，利用 Handler 类来构建 Opener 类。

下面用几个实例来看看 Handler 类和 Opener 类的用法。

● 验证

在访问某些网站时，例如 https://ssr3.scrape.center，可能会弹出这样的认证窗口，如图 2-2 所示。

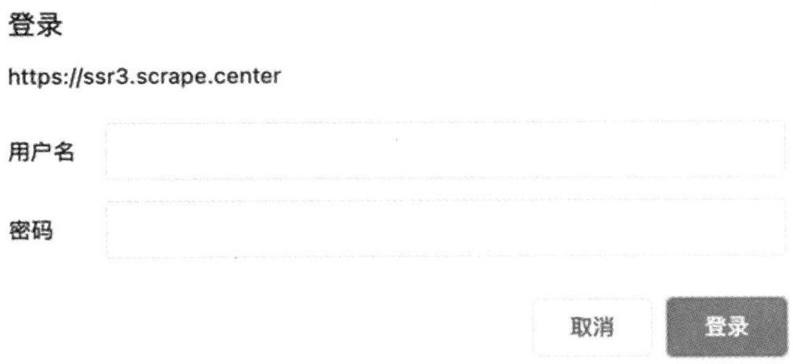

图 2-2　认证窗口

遇到这种情况，就表示这个网站启用了基本身份认证，英文叫作 HTTP Basic Access Authentication，这是一种登录验证方式，允许网页浏览器或其他客户端程序在请求网站时提供用户名和口令形式的身份凭证。

那么爬虫如何请求这样的页面呢？借助 HTTPBasicAuthHandler 模块就可以完成，相关代码如下：

```python
from urllib.request import HTTPPasswordMgrWithDefaultRealm, HTTPBasicAuthHandler, build_opener
from urllib.error import URLError

username = 'admin'
password = 'admin'
url = 'https://ssr3.scrape.center/'

p = HTTPPasswordMgrWithDefaultRealm()
p.add_password(None, url, username, password)
auth_handler = HTTPBasicAuthHandler(p)
opener = build_opener(auth_handler)

try:
    result = opener.open(url)
    html = result.read().decode('utf-8')
    print(html)
except URLError as e:
    print(e.reason)
```

这里首先实例化了一个 HTTPBasicAuthHandler 对象 auth_handler，其参数是 HTTPPasswordMgr-WithDefaultRealm 对象，它利用 add_password 方法添加用户名和密码，这样就建立了一个用来处理验证的 Handler 类。

然后将刚建立的 auth_handler 类当作参数传入 build_opener 方法，构建一个 Opener，这个 Opener 在发送请求时就相当于已经验证成功了。

最后利用 Opener 类中的 open 方法打开链接，即可完成验证。这里获取的结果就是验证成功后的页面源码内容。

- 代理

做爬虫的时候，免不了要使用代理，如果要添加代理，可以这样做：

```python
from urllib.error import URLError
from urllib.request import ProxyHandler, build_opener

proxy_handler = ProxyHandler({
    'http': 'http://127.0.0.1:8080',
    'https': 'https://127.0.0.1:8080'
})
opener = build_opener(proxy_handler)
try:
    response = opener.open('https://www.baidu.com')
    print(response.read().decode('utf-8'))
except URLError as e:
    print(e.reason)
```

这里需要我们事先在本地搭建一个 HTTP 代理，并让其运行在 8080 端口上。

上面使用了 ProxyHandler，其参数是一个字典，键名是协议类型（例如 HTTP 或者 HTTPS 等）、键值是代理链接，可以添加多个代理。

然后利用这个 Handler 和 build_opener 方法构建了一个 Opener，之后发送请求即可。

- Cookie

处理 Cookie 需要用到相关的 Handler。

我们先用实例来看看怎样获取网站的 Cookie，相关代码如下：

```python
import http.cookiejar, urllib.request

cookie = http.cookiejar.CookieJar()
handler = urllib.request.HTTPCookieProcessor(cookie)
opener = urllib.request.build_opener(handler)
response = opener.open('https://www.baidu.com')
for item in cookie:
    print(item.name + "=" + item.value)
```

首先，必须声明一个 CookieJar 对象。然后需要利用 HTTPCookieProcessor 构建一个 Handler，最后利用 build_opener 方法构建 Opener，执行 open 函数即可。

运行结果如下：

```
BAIDUID=A09E6C4E38753531B9FB4C60CE9FDFCB:FG=1
BIDUPSID=A09E6C4E387535312F8AA46280C6C502
H_PS_PSSID=31358_1452_31325_21088_31110_31253_31605_31271_31463_30823
PSTM=1590854698
BDSVRTM=10
BD_HOME=1
```

可以看到，这里分别输出了每个 Cookie 条目的名称和值。

既然能输出,那么可不可以输出文件格式的内容呢?我们知道 Cookie 实际上也是以文本形式保存的。因此答案当然是肯定的,这里通过下面的实例来看看:

```python
import urllib.request, http.cookiejar

filename = 'cookie.txt'
cookie = http.cookiejar.MozillaCookieJar(filename)
handler = urllib.request.HTTPCookieProcessor(cookie)
opener = urllib.request.build_opener(handler)
response = opener.open('https://www.baidu.com')
cookie.save(ignore_discard=True, ignore_expires=True)
```

这时需要将 CookieJar 换成 MozillaCookieJar,它会在生成文件时用到,是 CookieJar 的子类,可以用来处理跟 Cookie 和文件相关的事件,例如读取和保存 Cookie,可以将 Cookie 保存成 Mozilla 型浏览器的 Cookie 格式。

运行上面的实例之后,会发现生成了一个 cookie.txt 文件,该文件内容如下:

```
# Netscape HTTP Cookie File
# http://curl.haxx.se/rfc/cookie_spec.html
# This is a generated file!  Do not edit.

.baidu.com      TRUE    /   FALSE   1622390755  BAIDUID     0B4A68D74B0C0E53E5B82AFD9BF9178F:FG=1
.baidu.com      TRUE    /   FALSE   3738338402  BIDUPSID    0B4A68D74B0C0E53471FA6329280FA58
.baidu.com      TRUE    /   FALSE               H_PS_PSSID  31262_1438_31325_21127_31110_31596_31673_31464_30823_26350
.baidu.com      TRUE    /   FALSE   3738338402  PSTM        1590854754
www.baidu.com   FALSE   /   FALSE               BDSVRTM     0
www.baidu.com   FALSE   /   FALSE               BD_HOME     1
```

另外,LWPCookieJar 同样可以读取和保存 Cookie,只是 Cookie 文件的保存格式和 MozillaCookieJar 不一样,它会保存成 LWP(libwww-perl)格式。

要保存 LWP 格式的 Cookie 文件,可以在声明时就进行修改:

```python
cookie = http.cookiejar.LWPCookieJar(filename)
```

此时生成的内容如下:

```
#LWP-Cookies-2.0
Set-Cookie3: BAIDUID="1F30EEDA35C7A94320275F991CA5B3A5:FG=1"; path="/"; domain=".baidu.com"; path_spec; domain_dot; expires="2021-05-30 16:06:39Z"; comment=bd; version=0
Set-Cookie3: BIDUPSID=1F30EEDA35C7A9433C97CF6245CBC383; path="/"; domain=".baidu.com"; path_spec; domain_dot; expires="2088-06-17 19:20:46Z"; version=0
Set-Cookie3: H_PS_PSSID=31626_1440_21124_31069_31254_31594_30841_31673_31464_31715_30823; path="/"; domain=".baidu.com"; path_spec; domain_dot; discard; version=0
Set-Cookie3: PSTM=1590854799; path="/"; domain=".baidu.com"; path_spec; domain_dot; expires="2088-06-17 19:20:46Z"; version=0
Set-Cookie3: BDSVRTM=11; path="/"; domain="www.baidu.com"; path_spec; discard; version=0
Set-Cookie3: BD_HOME=1; path="/"; domain="www.baidu.com"; path_spec; discard; version=0
```

由此看来,不同格式的 Cookie 文件差异还是比较大的。

那么,生成 Cookie 文件后,怎样从其中读取内容并加以利用呢?

下面我们以 LWPCookieJar 格式为例来看一下:

```python
import urllib.request, http.cookiejar

cookie = http.cookiejar.LWPCookieJar()
cookie.load('cookie.txt', ignore_discard=True, ignore_expires=True)
handler = urllib.request.HTTPCookieProcessor(cookie)
opener = urllib.request.build_opener(handler)
response = opener.open('https://www.baidu.com')
print(response.read().decode('utf-8'))
```

可以看到,这里调用 load 方法来读取本地的 Cookie 文件,获取了 Cookie 的内容。这样做的前提是我们首先生成了 LWPCookieJar 格式的 Cookie，并保存成了文件。读取 Cookie 之后，使用同样的方法构建 Handler 类和 Opener 类即可完成操作。

运行结果正常的话，会输出百度网页的源代码。

通过上面的方法，我们就可以设置绝大多数请求的功能。

2. 处理异常

我们已经了解了如何发送请求，但是在网络不好的情况下，如果出现了异常，该怎么办呢？这时要是不处理这些异常，程序很可能会因为报错而终止运行，所以异常处理还是十分有必要的。

urllib 库中的 error 模块定义了由 request 模块产生的异常。当出现问题时，request 模块便会抛出 error 模块中定义的异常。

- **URLError**

URLError 类来自 urllib 库的 error 模块，继承自 OSError 类，是 error 异常模块的基类，由 request 模块产生的异常都可以通过捕获这个类来处理。

它具有一个属性 reason，即返回错误的原因。

下面用一个实例来看一下：

```
from urllib import request, error

try:
    response = request.urlopen('https://cuiqingcai.com/404')
except error.URLError as e:
    print(e.reason)
```

我们打开了一个不存在的页面，照理来说应该会报错，但是我们捕获了 URLError 这个异常，运行结果如下：

```
Not Found
```

程序没有直接报错，而是输出了错误原因，这样可以避免程序异常终止，同时异常得到了有效处理。

- **HTTPError**

HTTPError 是 URLError 的子类，专门用来处理 HTTP 请求错误，例如认证请求失败等。它有如下 3 个属性。

- code：返回 HTTP 状态码，例如 404 表示网页不存在，500 表示服务器内部错误等。
- reason：同父类一样，用于返回错误的原因。
- headers：返回请求头。

下面我们用几个实例来看看：

```
from urllib import request, error

try:
    response = request.urlopen('https://cuiqingcai.com/404')
except error.HTTPError as e:
    print(e.reason, e.code, e.headers, sep='\n')
```

运行结果如下：

```
Not Found
404
Server: nginx/1.10.3 (Ubuntu)
```

```
Date: Sat, 30 May 2020 16:08:42 GMT
Content-Type: text/html; charset=UTF-8
Transfer-Encoding: chunked
Connection: close
Set-Cookie: PHPSESSID=kp1a1b0o3a0pcf688kt73gc780; path=/
Pragma: no-cache
Vary: Cookie
Expires: Wed, 11 Jan 1984 05:00:00 GMT
Cache-Control: no-cache, must-revalidate, max-age=0
Link: <https://cuiqingcai.com/wp-json/>; rel="https://api.w.org/"
```

依然是打开同样的网址,这里捕获了 HTTPError 异常,输出了 reason、code 和 headers 属性。

因为 URLError 是 HTTPError 的父类,所以可以先选择捕获子类的错误,再捕获父类的错误,于是上述代码的更好写法如下:

```
from urllib import request, error

try:
    response = request.urlopen('https://cuiqingcai.com/404')
except error.HTTPError as e:
    print(e.reason, e.code, e.headers, sep='\n')
except error.URLError as e:
    print(e.reason)
else:
    print('Request Successfully')
```

这样就可以做到先捕获 HTTPError,获取它的错误原因、状态码、请求头等信息。如果不是 HTTPError 异常,就会捕获 URLError 异常,输出错误原因。最后,用 else 语句来处理正常的逻辑。这是一个较好的异常处理写法。

有时候,reason 属性返回的不一定是字符串,也可能是一个对象。再看下面的实例:

```
import socket
import urllib.request
import urllib.error

try:
    response = urllib.request.urlopen('https://www.baidu.com', timeout=0.01)
except urllib.error.URLError as e:
    print(type(e.reason))
    if isinstance(e.reason, socket.timeout):
        print('TIME OUT')
```

这里我们直接设置超时时间来强制抛出 timeout 异常。

运行结果如下:

```
<class 'socket.timeout'>
TIME OUT
```

可以发现,reason 属性的结果是 socket.timeout 类。所以这里可以用 isinstance 方法来判断它的类型,做出更详细的异常判断。

本节我们讲述了 error 模块的相关用法,通过合理地捕获异常可以做出更准确的异常判断,使程序更加稳健。

3. 解析链接

前面说过,urllib 库里还提供了 parse 模块,这个模块定义了处理 URL 的标准接口,例如实现 URL 各部分的抽取、合并以及链接转换。它支持如下协议的 URL 处理:file、ftp、gopher、hdl、http、https、imap、mailto、mms、news、nntp、prospero、rsync、rtsp、rtspu、sftp、sip、sips、snews、svn、svn+ssh、telnet 和 wais。

下面我们将介绍 parse 模块中的常用方法，看一下它的便捷之处。

- **urlparse**

该方法可以实现 URL 的识别和分段，这里先用一个实例来看一下：

```
from urllib.parse import urlparse

result = urlparse('https://www.baidu.com/index.html;user?id=5#comment')
print(type(result))
print(result)
```

这里我们利用 urlparse 方法对一个 URL 进行了解析，然后输出了解析结果的类型以及结果本身。

运行结果如下：

```
<class 'urllib.parse.ParseResult'>
ParseResult(scheme='https', netloc='www.baidu.com', path='/index.html', params='user', query='id=5',
            fragment='comment')
```

可以看到，解析结果是一个 ParseResult 类型的对象，包含 6 部分，分别是 scheme、netloc、path、params、query 和 fragment。

再观察一下上述实例中的 URL：

```
https://www.baidu.com/index.html;user?id=5#comment
```

可以发现，urlparse 方法在解析 URL 时有特定的分隔符。例如 :// 前面的内容就是 scheme，代表协议。第一个 / 符号前面便是 netloc，即域名；后面是 path，即访问路径。分号 ; 后面是 params，代表参数。问号 ? 后面是查询条件 query，一般用作 GET 类型的 URL。井号 # 后面是锚点 fragment，用于直接定位页面内部的下拉位置。

于是可以得出一个标准的链接格式，具体如下：

```
scheme://netloc/path;params?query#fragment
```

一个标准的 URL 都会符合这个规则，利用 urlparse 方法就可以将它拆分开来。

除了这种最基本的解析方式外，urlparse 方法还有其他配置吗？接下来，看一下它的 API 用法：

```
urllib.parse.urlparse(urlstring, scheme='', allow_fragments=True)
```

可以看到，urlparse 方法有 3 个参数。

- urlstring：这是必填项，即待解析的 URL。
- scheme：这是默认的协议（例如 http 或 https 等）。如果待解析的 URL 没有带协议信息，就会将这个作为默认协议。我们用实例来看一下：

```
from urllib.parse import urlparse

result = urlparse('www.baidu.com/index.html;user?id=5#comment', scheme='https')
print(result)
```

运行结果如下：

```
ParseResult(scheme='https', netloc='', path='www.baidu.com/index.html',params='user', query='id=5',
            fragment='comment')
```

可以发现，这里提供的 URL 不包含最前面的协议信息，但是通过默认的 scheme 参数，返回了结果 https。

假设带上协议信息：

```
result = urlparse('http://www.baidu.com/index.html;user?id=5#comment', scheme='https')
```

则结果如下:

```
ParseResult(scheme='http', netloc='www.baidu.com', path='/index.html', params='user', query='id=5',
    fragment='comment')
```

可见,scheme 参数只有在 URL 中不包含协议信息的时候才生效。如果 URL 中有,就会返回解析出的 scheme。

- allow_fragments:是否忽略 fragment。如果此项被设置为 False,那么 fragment 部分就会被忽略,它会被解析为 path、params 或者 query 的一部分,而 fragment 部分为空。

下面我们用实例来看一下:

```python
from urllib.parse import urlparse

result = urlparse('https://www.baidu.com/index.html;user?id=5#comment', allow_fragments=False)
print(result)
```

运行结果如下:

```
ParseResult(scheme='https', netloc='www.baidu.com', path='/index.html', params='user', query='id=5#comment',
    fragment='')
```

假设 URL 中不包含 params 和 query,我们再通过实例看一下:

```python
from urllib.parse import urlparse

result = urlparse('https://www.baidu.com/index.html#comment', allow_fragments=False)
print(result)
```

运行结果如下:

```
ParseResult(scheme='https', netloc='www.baidu.com', path='/index.html#comment', params='', query='',
    fragment='')
```

可以发现,此时 fragment 会被解析为 path 的一部分。

返回结果 ParseResult 实际上是一个元组,既可以用属性名获取其内容,也可以用索引来顺序获取。实例如下:

```python
from urllib.parse import urlparse

result = urlparse('https://www.baidu.com/index.html#comment', allow_fragments=False)
print(result.scheme, result[0], result.netloc, result[1], sep='\n')
```

这里我们分别用属性名和索引获取了 scheme 和 netloc,运行结果如下:

```
https
https
www.baidu.com
www.baidu.com
```

可以发现,两种获取方式都可以成功获取,且结果是一致的。

- **urlunparse**

有了 urlparse 方法,相应就会有它的对立方法 urlunparse,用于构造 URL。这个方法接收的参数是一个可迭代对象,其长度必须是 6,否则会抛出参数数量不足或者过多的问题。先用一个实例看一下:

```python
from urllib.parse import urlunparse

data = ['https', 'www.baidu.com', 'index.html', 'user', 'a=6', 'comment']
print(urlunparse(data))
```

这里参数 data 用了列表类型。当然,也可以用其他类型,例如元组或者特定的数据结构。

运行结果如下:

```
https://www.baidu.com/index.html;user?a=6#comment
```

这样我们就成功实现了 URL 的构造。

- **urlsplit**

这个方法和 urlparse 方法非常相似,只不过它不再单独解析 params 这一部分(params 会合并到 path 中),只返回 5 个结果。实例如下:

```
from urllib.parse import urlsplit

result = urlsplit('https://www.baidu.com/index.html;user?id=5#comment')
print(result)
```

运行结果如下:

```
SplitResult(scheme='https', netloc='www.baidu.com', path='/index.html;user', query='id=5',
            fragment='comment')
```

可以发现,返回结果是 SplitResult,这其实也是一个元组,既可以用属性名获取其值,也可以用索引获取。实例如下:

```
from urllib.parse import urlsplit

result = urlsplit('https://www.baidu.com/index.html;user?id=5#comment')
print(result.scheme, result[0])
```

运行结果如下:

```
https https
```

- **urlunsplit**

与 urlunparse 方法类似,这也是将链接各个部分组合成完整链接的方法,传入的参数也是一个可迭代对象,例如列表、元组等,唯一区别是这里参数的长度必须为 5。实例如下:

```
from urllib.parse import urlunsplit

data = ['https', 'www.baidu.com', 'index.html', 'a=6', 'comment']
print(urlunsplit(data))
```

运行结果如下:

```
https://www.baidu.com/index.html?a=6#comment
```

- **urljoin**

urlunparse 和 urlunsplit 方法都可以完成链接的合并,不过前提都是必须有特定长度的对象,链接的每一部分都要清晰分开。

除了这两种方法,还有一种生成链接的方法,是 urljoin。我们可以提供一个 base_url(基础链接)作为该方法的第一个参数,将新的链接作为第二个参数。urljoin 方法会分析 base_url 的 scheme、netloc 和 path 这 3 个内容,并对新链接缺失的部分进行补充,最后返回结果。

下面通过几个实例看一下:

```
from urllib.parse import urljoin

print(urljoin('https://www.baidu.com', 'FAQ.html'))
print(urljoin('https://www.baidu.com', 'https://cuiqingcai.com/FAQ.html'))
print(urljoin('https://www.baidu.com/about.html', 'https://cuiqingcai.com/FAQ.html'))
print(urljoin('https://www.baidu.com/about.html', 'https://cuiqingcai.com/FAQ.html?question=2'))
print(urljoin('https://www.baidu.com?wd=abc', 'https://cuiqingcai.com/index.php'))
print(urljoin('https://www.baidu.com', '?category=2#comment'))
```

```python
print(urljoin('www.baidu.com', '?category=2#comment'))
print(urljoin('www.baidu.com#comment', '?category=2'))
```

运行结果如下:

```
https://www.baidu.com/FAQ.html
https://cuiqingcai.com/FAQ.html
https://cuiqingcai.com/FAQ.html
https://cuiqingcai.com/FAQ.html?question=2
https://cuiqingcai.com/index.php
https://www.baidu.com?category=2#comment
www.baidu.com?category=2#comment
www.baidu.com?category=2
```

可以发现，base_url 提供了三项内容：scheme、netloc 和 path。如果新的链接里不存在这三项，就予以补充；如果存在，就使用新的链接里面的，base_url 中的是不起作用的。

通过 urljoin 方法，我们可以轻松实现链接的解析、拼合与生成。

- **urlencode**

这里我们再介绍一个常用的方法——urlencode，它在构造 GET 请求参数的时候非常有用，实例如下：

```python
from urllib.parse import urlencode

params = {
    'name': 'germey',
    'age': 25
}
base_url = 'https://www.baidu.com?'
url = base_url + urlencode(params)
print(url)
```

这里首先声明了一个字典 params，用于将参数表示出来，然后调用 urlencode 方法将 params 序列化为 GET 请求的参数。

运行结果如下：

```
https://www.baidu.com?name=germey&age=25
```

可以看到，参数已经成功地由字典类型转化为 GET 请求参数。

urlencode 方法非常常用。有时为了更加方便地构造参数，我们会事先用字典将参数表示出来，然后将字典转化为 URL 的参数时，只需要调用该方法即可。

- **parse_qs**

有了序列化，必然会有反序列化。利用 parse_qs 方法，可以将一串 GET 请求参数转回字典，实例如下：

```python
from urllib.parse import parse_qs

query = 'name=germey&age=25'
print(parse_qs(query))
```

运行结果如下：

```
{'name': ['germey'], 'age': ['25']}
```

可以看到，URL 的参数成功转回为字典类型。

- **parse_qsl**

parse_qsl 方法用于将参数转化为由元组组成的列表，实例如下：

```
from urllib.parse import parse_qsl

query = 'name=germey&age=25'
print(parse_qsl(query))
```

运行结果如下:

```
[('name', 'germey'), ('age', '25')]
```

可以看到，运行结果是一个列表，该列表中的每一个元素都是一个元组，元组的第一个内容是参数名，第二个内容是参数值。

- **quote**

该方法可以将内容转化为 URL 编码的格式。当 URL 中带有中文参数时，有可能导致乱码问题，此时用 quote 方法可以将中文字符转化为 URL 编码，实例如下：

```
from urllib.parse import quote

keyword = '壁纸'
url = 'https://www.baidu.com/s?wd=' + quote(keyword)
print(url)
```

这里我们声明了一个中文的搜索文字，然后用 quote 方法对其进行 URL 编码，最后得到的结果如下：

```
https://www.baidu.com/s?wd=%E5%A3%81%E7%BA%B8
```

- **unquote**

有了 quote 方法，当然就有 unquote 方法，它可以进行 URL 解码，实例如下：

```
from urllib.parse import unquote

url = 'https://www.baidu.com/s?wd=%E5%A3%81%E7%BA%B8'
print(unquote(url))
```

这里的 url 是上面得到的 URL 编码结果，利用 unquote 方法将其还原，结果如下：

```
https://www.baidu.com/s?wd=壁纸
```

可以看到，利用 unquote 方法可以方便地实现解码。

本节我们介绍了 parse 模块的一些常用 URL 处理方法。有了这些方法，我们可以方便地实现 URL 的解析和构造，建议熟练掌握。

4. 分析 Robots 协议

利用 urllib 库的 robotparser 模块，可以分析网站的 Robots 协议。我们再来简单了解一下这个模块的用法。

- **Robots 协议**

Robots 协议也称作爬虫协议、机器人协议，全名为网络爬虫排除标准（Robots Exclusion Protocol），用来告诉爬虫和搜索引擎哪些页面可以抓取、哪些不可以。它通常是一个叫作 robots.txt 的文本文件，一般放在网站的根目录下。

搜索爬虫在访问一个站点时，首先会检查这个站点根目录下是否存在 robots.txt 文件，如果存在，就会根据其中定义的爬取范围来爬取。如果没有找到这个文件，搜索爬虫便会访问所有可直接访问的页面。

下面我们看一个 robots.txt 的样例：

```
User-agent: *
```

```
Disallow: /
Allow: /public/
```

这限定了所有搜索爬虫只能爬取 public 目录。将上述内容保存成 robots.txt 文件，放在网站的根目录下，和网站的入口文件（例如 index.php、index.html 和 index.jsp 等）放在一起。

上面样例中的 `User-agent` 描述了搜索爬虫的名称，这里将其设置为 *，代表 Robots 协议对所有爬取爬虫都有效。例如，我们可以这样设置：

```
User-agent: Baiduspider
```

这代表设置的规则对百度爬虫是有效的。如果有多条 User-agent 记录，则意味着有多个爬虫会受到爬取限制，但至少需要指定一条。

`Disallow` 指定了不允许爬虫爬取的目录，上例设置为 /，代表不允许爬取所有页面。

`Allow` 一般不会单独使用，会和 Disallow 一起用，用来排除某些限制。上例中我们设置为 /public/，结合 Disallow 的设置，表示所有页面都不允许爬取，但可以爬取 public 目录。

下面再来看几个例子。禁止所有爬虫访问所有目录的代码如下：

```
User-agent: *
Disallow: /
```

允许所有爬虫访问所有目录的代码如下：

```
User-agent: *
Disallow:
```

另外，直接把 robots.txt 文件留空也是可以的。

禁止所有爬虫访问网站某些目录的代码如下：

```
User-agent: *
Disallow: /private/
Disallow: /tmp/
```

只允许某一个爬虫访问所有目录的代码如下：

```
User-agent: WebCrawler
Disallow:
User-agent: *
Disallow: /
```

以上是 robots.txt 的一些常见写法。

- 爬虫名称

大家可能会疑惑，爬虫名是从哪儿来的？为什么叫这个名？其实爬虫是有固定名字的，例如百度的爬虫就叫作 BaiduSpider。表 2-1 列出了一些常见搜索爬虫的名称及对应的网站。

表 2-1 一些常见搜索爬虫的名称及其对应的网站

爬虫名称	网站名称
BaiduSpider	百度
Googlebot	谷歌
360Spider	360 搜索
YodaoBot	有道
ia_archiver	Alexa
Scooter	altavista
Bingbot	必应

- **robotparser**

了解 Robots 协议之后，就可以使用 robotparser 模块来解析 robots.txt 文件了。该模块提供了一个类 RobotFileParser，它可以根据某网站的 robots.txt 文件判断一个爬取爬虫是否有权限爬取这个网页。

该类用起来非常简单，只需要在构造方法里传入 robots.txt 文件的链接即可。首先看一下它的声明：

urllib.robotparser.RobotFileParser(url='')

当然，也可以不在声明时传入 robots.txt 文件的链接，就让其默认为空，最后再使用 set_url() 方法设置一下也可以。

下面列出了 RobotFileParser 类的几个常用方法。

- set_url：用来设置 robots.txt 文件的链接。如果在创建 RobotFileParser 对象时传入了链接，就不需要使用这个方法设置了。
- read：读取 robots.txt 文件并进行分析。注意，这个方法执行读取和分析操作，如果不调用这个方法，接下来的判断都会为 False，所以一定记得调用这个方法。这个方法虽不会返回任何内容，但是执行了读取操作。
- parse：用来解析 robots.txt 文件，传入其中的参数是 robots.txt 文件中某些行的内容，它会按照 robots.txt 的语法规则来分析这些内容。
- can_fetch：该方法有两个参数，第一个是 User-Agent，第二个是要抓取的 URL。返回结果是 True 或 False，表示 User-Agent 指示的搜索引擎是否可以抓取这个 URL。
- mtime：返回上次抓取和分析 robots.txt 文件的时间，这对于长时间分析和抓取 robots.txt 文件的搜索爬虫很有必要，你可能需要定期检查以抓取最新的 robots.txt 文件。
- modified：它同样对长时间分析和抓取的搜索爬虫很有帮助，可以将当前时间设置为上次抓取和分析 robots.txt 文件的时间。

下面我们用实例来看一下：

```
from urllib.robotparser import RobotFileParser

rp = RobotFileParser()
rp.set_url('https://www.baidu.com/robots.txt')
rp.read()
print(rp.can_fetch('Baiduspider', 'https://www.baidu.com'))
print(rp.can_fetch('Baiduspider', 'https://www.baidu.com/homepage/'))
print(rp.can_fetch('Googlebot', 'https://www.baidu.com/homepage/'))
```

这里以百度为例，首先创建了一个 RobotFileParser 对象 rp，然后通过 set_url 方法设置了 robots.txt 文件的链接。当然，要是不用 set_url 方法，可以在声明对象时直接用如下方法设置：

```
rp = RobotFileParser('https://www.baidu.com/robots.txt')
```

接着利用 can_fetch 方法判断了网页是否可以被抓取。

运行结果如下：

```
True
True
False
```

可以看到，这里我们利用 Baiduspider 可以抓取百度的首页以及 homepage 页面，但是 Googlebot 就不能抓取 homepage 页面。

打开百度的 robots.txt 文件，可以看到如下信息：

```
User-agent: Baiduspider
Disallow: /baidu
```

```
Disallow: /s?
Disallow: /ulink?
Disallow: /link?
Disallow: /home/news/data/
Disallow: /bh

User-agent: Googlebot
Disallow: /baidu
Disallow: /s?
Disallow: /shifen/
Disallow: /homepage/
Disallow: /cpro
Disallow: /ulink?
Disallow: /link?
Disallow: /home/news/data/
Disallow: /bh
```

不难看出，百度的 robots.txt 文件没有限制 Baiduspider 对百度 homepage 页面的抓取，限制了 Googlebot 对 homepage 页面的抓取。

这里同样可以使用 parse 方法执行对 robots.txt 文件的读取和分析，实例如下：

```
from urllib.request import urlopen
from urllib.robotparser import RobotFileParser

rp = RobotFileParser()
rp.parse(urlopen('https://www.baidu.com/robots.txt').read().decode('utf-8').split('\n'))
print(rp.can_fetch('Baiduspider', 'https://www.baidu.com'))
print(rp.can_fetch('Baiduspider', 'https://www.baidu.com/homepage/'))
print(rp.can_fetch('Googlebot', 'https://www.baidu.com/homepage/'))
```

运行结果是一样的：

```
True
True
False
```

本节介绍了 robotparser 模块的基本用法和实例，利用此模块，我们可以方便地判断哪些页面能抓取、哪些页面不能。

5. 总结

本节内容比较多，我们介绍了 urllib 库的 request、error、parse、robotparser 模块的基本用法，这些是一些基础模块，有一些模块的实用性还是很强的，例如我们可以利用 parse 模块来进行 URL 的各种处理，还是很方便的。

本节代码参见：https://github.com/Python3WebSpider/UrllibTest。

2.2 requests 的使用

2.1 节我们了解了 urllib 库的基本用法，其中确实有不方便的地方，例如处理网页验证和 Cookie 时，需要写 Opener 类和 Handler 类来处理。另外实现 POST、PUT 等请求时的写法也不太方便。

为了更加方便地实现这些操作，产生了更为强大的库——requests。有了它，Cookie、登录验证、代理设置等操作都不是事儿。

接下来，让我们领略一下 requests 库的强大之处吧。

1. 准备工作

在开始学习之前，请确保已经正确安装好 requests 库，如果尚未安装，可以使用 pip3 来安装：

```
pip3 install requests
```

更加详细的安装说明可以参考 https://setup.scrape.center/requests。

2. 实例引入

urllib 库中的 urlopen 方法实际上是以 GET 方式请求网页，requests 库中相应的方法就是 get 方法，是不是感觉表意更直接一些？下面通过实例来看一下：

```python
import requests

r = requests.get('https://www.baidu.com/')
print(type(r))
print(r.status_code)
print(type(r.text))
print(r.text[:100])
print(r.cookies)
```

运行结果如下：

```
<class 'requests.models.Response'>
200
<class 'str'>
<!DOCTYPE html>
<!--STATUS OK--><html> <head><meta http-equiv=content-type content=text/html;charse
<RequestsCookieJar[<Cookie BDORZ=27315 for .baidu.com/>]>
```

这里我们调用 get 方法实现了与 urlopen 方法相同的操作，返回一个 Response 对象，并将其存放在变量 r 中，然后分别输出了响应的类型、状态码、响应体的类型、内容，以及 Cookie。

观察运行结果可以发现，返回的响应类型是 requests.models.Response，响应体的类型是字符串 str，Cookie 的类型是 RequestsCookieJar。

使用 get 方法成功实现一个 GET 请求算不了什么，requests 库更方便之处在于其他请求类型依然可以用一句话完成，实例如下：

```python
import requests

r = requests.get('https://www.httpbin.org/get')
r = requests.post('https://www.httpbin.org/post')
r = requests.put('https://www.httpbin.org/put')
r = requests.delete('https://www.httpbin.org/delete')
r = requests.patch('https://www.httpbin.org/patch')
```

这里分别用 post、put、delete 等方法实现了 POST、PUT、DELETE 等请求。是不是比 urllib 库简单太多了？

其实这只是冰山一角，更多的还在后面。

3. GET 请求

HTTP 中最常见的请求之一就是 GET 请求，首先来详细了解一下利用 requests 库构建 GET 请求的方法。

- **基本实例**

下面构建一个最简单的 GET 请求，请求的链接为 https://www.httpbin.org/get，该网站会判断客户端发起的是否为 GET 请求，如果是，那么它将返回相应的请求信息：

```python
import requests

r = requests.get('https://www.httpbin.org/get')
print(r.text)
```

运行结果如下：

```
{
    "args": {},
    "headers": {
        "Accept": "*/*",
        "Accept-Encoding": "gzip, deflate",
        "Host": "www.httpbin.org",
        "User-Agent": "python-requests/2.22.0",
        "X-Amzn-Trace-Id": "Root=1-5e6e3a2e-6b1a28288d721c9e425a462a"
    },
    "origin": "17.20.233.237",
    "url": "https://www.httpbin.org/get"
}
```

可以发现，我们成功发起了 GET 请求，返回结果中包含请求头、URL、IP 等信息。

那么，对于 GET 请求，如果要附加额外的信息，一般怎样添加呢？例如现在想添加两个参数 name 和 age，其中 name 是 germey、age 是 25，于是 URL 就可以写成如下内容：

```
https://www.httpbin.org/get?name=germey&age=25
```

要构造这个请求链接，是不是要直接写成这样呢？

```
r = requests.get('https://www.httpbin.org/get?name=germey&age=25')
```

这样也可以，但是看起来有点不人性化哎？这些参数还需要我们手动去拼接，实现起来着实不优雅。

一般情况下，我们利用 params 参数就可以直接传递这种信息了，实例如下：

```python
import requests

data = {
    'name': 'germey',
    'age': 25
}
r = requests.get('https://www.httpbin.org/get', params=data)
print(r.text)
```

运行结果如下：

```
{
    "args": {
        "age": "25",
        "name": "germey"
    },
    "headers": {
        "Accept": "*/*",
        "Accept-Encoding": "gzip, deflate",
        "Host": "www.httpbin.org",
        "User-Agent": "python-requests/2.10.0"
    },
    "origin": "122.4.215.33",
    "url": "https://www.httpbin.org/get?age=22&name=germey"
}
```

上面我们把 URL 参数以字典的形式传给 get 方法的 params 参数，通过返回信息我们可以判断，请求的链接自动被构造成了 https://www.httpbin.org/get?age=22&name=germey，这样我们就不用自己构造 URL 了，非常方便。

另外，网页的返回类型虽然是 str 类型，但是它很特殊，是 JSON 格式的。所以，如果想直接解析返回结果，得到一个 JSON 格式的数据，可以直接调用 json 方法。实例如下：

```python
import requests

r = requests.get('https://www.httpbin.org/get')
print(type(r.text))
```

```
print(r.json())
print(type(r.json()))
```

运行结果如下:

```
<class'str'>
{'headers': {'Accept-Encoding': 'gzip, deflate', 'Accept': '*/*', 'Host': 'www.httpbin.org', 'User-Agent':
'python-requests/2.10.0'}, 'url': 'http://www.httpbin.org/get', 'args': {}, 'origin': '182.33.248.131'}
<class 'dict'>
```

可以发现,调用json方法可以将返回结果(JSON格式的字符串)转化为字典。

但需要注意的是,如果返回结果不是 JSON 格式,就会出现解析错误,抛出 json.decoder.JSONDecodeError 异常。

- 抓取网页

上面的请求链接返回的是 JSON 格式的字符串,那么如果请求普通的网页,就肯定能获得相应的内容了。我们以一个实例页面 https://ssr1.scrape.center/ 作为演示,往里面加入一点提取信息的逻辑,将代码完善成如下的样子:

```
import requests
import re

r = requests.get('https://ssr1.scrape.center/')
pattern = re.compile('<h2.*?>(.*?)</h2>', re.S)
titles = re.findall(pattern, r.text)
print(titles)
```

这个例子中,我们用最基础的正则表达式来匹配所有的标题内容。关于正则表达式,会在 2.3 节详细介绍,这里其只作为实例来配合讲解。

运行结果如下:

```
['肖申克的救赎 - The Shawshank Redemption', '霸王别姬 - Farewell My Concubine', '泰坦尼克号 - Titanic', '
罗马假日 - Roman Holiday', '这个杀手不太冷 - Léon', '魂断蓝桥 - Waterloo Bridge', '唐伯虎点秋香 - Flirting
Scholar', '喜剧之王 - The King of Comedy', '楚门的世界 - The Truman Show', '活着 - To Live']
```

我们发现,这里成功提取出了所有电影标题,只需一个最基本的抓取和提取流程就完成了。

- 抓取二进制数据

在上面的例子中,我们抓取的是网站的一个页面,实际上它返回的是一个 HTML 文档。要是想抓取图片、音频、视频等文件,应该怎么办呢?

图片、音频、视频这些文件本质上都是由二进制码组成的,由于有特定的保存格式和对应的解析方式,我们才可以看到这些形形色色的多媒体。所以,要想抓取它们,就必须拿到它们的二进制数据。

下面以示例网站的站点图标为例来看一下:

```
import requests

r = requests.get('https:// scrape.center /favicon.ico')
print(r.text)
print(r.content)
```

这里抓取的内容是站点图标,也就是浏览器中每一个标签上显示的小图标,如图 2-3 所示。

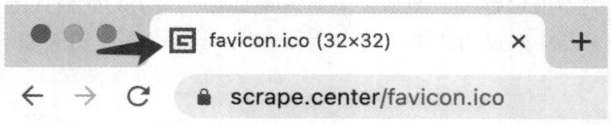

图 2-3　标签上的站点图标

上述实例将会打印 Response 对象的两个属性，一个是 text，另一个是 content。

运行结果如图 2-4 和图 2-5 所示，分别是 r.text 和 r.content 的结果。

图 2-4　r.text 的运行结果

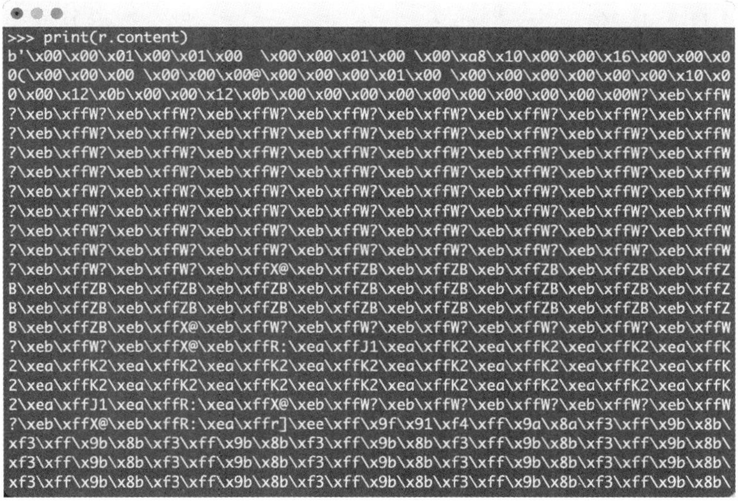

图 2-5　r.content 的运行结果

可以注意到，r.text 中出现了乱码，r.content 的前面带有一个 b，代表这是 bytes 类型的数据。由于图片是二进制数据，所以前者在打印时会转化为 str 类型，也就是图片直接转化为字符串，理所当然会出现乱码。

上面的运行结果我们并不能看懂，它实际上是图片的二进制数据。不过没关系，我们将刚才提取到的信息保存下来就好了，代码如下：

```
import requests

r = requests.get('https:// scrape.center /favicon.ico')
with open('favicon.ico', 'wb') as f:
    f.write(r.content)
```

这里用了 open 方法，其第一个参数是文件名称，第二个参数代表以二进制写的形式打开文件，可以向文件里写入二进制数据。

上述代码运行结束之后，可以发现在文件夹中出现了名为 favicon.ico 的图标，如图 2-6 所示。

图 2-6　名为 favicon.ico 的图标

这样，我们就把二进制数据成功保存成了一张图片，这个小图标被我们成功爬取下来了。

同样地，我们也可以用这种方法获取音频和视频文件。

● 添加请求头

我们知道，在发起 HTTP 请求的时候，会有一个请求头 Request Headers，那么怎么设置这个请求头呢？

很简单，使用 headers 参数就可以完成了。

在刚才的实例中，实际上是没有设置请求头信息的，这样的话，某些网站会发现这并不是一个由正常浏览器发起的请求，于是可能会返回异常结果，导致网页抓取失败。

要添加请求头信息，例如这里我们想添加一个 User-Agent 字段，就可以这么写：

```
import requests

headers = {
    'User-Agent': 'Mozilla/5.0 (Macintosh; Intel Mac OS X 10_11_4) AppleWebKit/537.36 (KHTML, like Gecko)
        Chrome/52.0.2743.116 Safari/    537.36'
}
r = requests.get('https://ssr1.scrape.center/', headers=headers)
print(r.text)
```

当然，可以在这个 headers 参数中添加任意其他字段信息。

4. POST 请求

前面我们了解了最基本的 GET 请求，另外一种比较常见的请求方式是 POST。使用 requests 库实现 POST 请求同样非常简单，实例如下：

```
import requests

data = {'name': 'germey', 'age': '25'}
r = requests.post("https://www.httpbin.org/post", data=data)
print(r.text)
```

这里还是请求 https://www.httpbin.org/post，该网站可以判断请求是否为 POST 方式，如果是，就返回相关的请求信息。

运行结果如下：

```
{
    "args": {},
    "data": "",
    "files": {},
    "form": {
        "age": "25",
        "name": "germey"
    },
    "headers": {
        "Accept": "*/*",
        "Accept-Encoding": "gzip, deflate",
        "Content-Length": "18",
        "Content-Type": "application/x-www-form-urlencoded",
```

```
        "Host": "www.httpbin.org",
        "User-Agent": "python-requests/2.22.0",
        "X-Amzn-Trace-Id": "Root=1-5e6e3b52-0f36782ea980fce53c8c6524"
    },
    "json": null,
    "origin": "17.20.232.237",
    "url": "https://www.httpbin.org/post"
}
```

可以发现,我们成功获得了返回结果,其中 form 部分就是提交的数据,这证明 POST 请求成功发送了。

5. 响应

请求发送后,自然会得到响应。在上面的实例中,我们使用 text 和 content 获取了响应的内容。此外,还有很多属性和方法可以用来获取其他信息,例如状态码、响应头、Cookie 等。实例如下:

```
import requests

r = requests.get('https://ssr1.scrape.center/')
print(type(r.status_code), r.status_code)
print(type(r.headers), r.headers)
print(type(r.cookies), r.cookies)
print(type(r.url), r.url)
print(type(r.history), r.history)
```

这里通过 status_code 属性得到状态码、通过 headers 属性得到响应头、通过 cookies 属性得到 Cookie、通过 url 属性得到 URL、通过 history 属性得到请求历史。并将得到的这些信息分别打印出来。

运行结果如下:

```
<class 'int'> 200
<class 'requests.structures.CaseInsensitiveDict'> {'Server': 'nginx/1.17.8', 'Date': 'Sat, 30 May 2020 16:56:40 GMT', 'Content-Type': 'text/html; charset=utf-8', 'Transfer-Encoding': 'chunked', 'Connection': 'keep-alive', 'Vary': 'Accept-Encoding', 'X-Frame-Options': 'DENY', 'X-Content-Type-Options': 'nosniff', 'Strict-Transport-Security': 'max-age=15724800; includeSubDomains', 'Content-Encoding': 'gzip'}
<class 'requests.cookies.RequestsCookieJar'> <RequestsCookieJar[]>
<class 'str'> https://ssr1.scrape.center/
<class 'list'> []
```

可以看到,headers 和 cookies 这两个属性得到的结果分别是 CaseInsensitiveDict 和 RequestsCookieJar 对象。

由第 1 章我们知道,状态码是用来表示响应状态的,例如 200 代表我们得到的响应是没问题的,上面例子输出的状态码正好也是 200,所以我们可以通过判断这个数字知道爬虫爬取成功了。

requests 库还提供了一个内置的状态码查询对象 requests.codes,用法实例如下:

```
import requests

r = requests.get('https://ssr1.scrape.center/')
exit() if not r.status_code == requests.codes.ok else print('Request Successfully')
```

这里通过比较返回码和内置的表示成功的状态码,来保证请求是否得到了正常响应,如果是,就输出请求成功的消息,否则程序终止运行,这里我们用 requests.codes.ok 得到的成功状态码是 200。

这样我们就不需要再在程序里写状态码对应的数字了,用字符串表示状态码会显得更加直观。

当然,肯定不能只有 ok 这一个条件码。

下面列出了返回码和相应的查询条件:

```python
# 信息性状态码
100: ('continue',),
101: ('switching_protocols',),
102: ('processing',),
103: ('checkpoint',),
122: ('uri_too_long', 'request_uri_too_long'),

# 成功状态码
200: ('ok', 'okay', 'all_ok', 'all_okay', 'all_good', '\\o/', '✓'),
201: ('created',),
202: ('accepted',),
203: ('non_authoritative_info', 'non_authoritative_information'),
204: ('no_content',),
205: ('reset_content', 'reset'),
206: ('partial_content', 'partial'),
207: ('multi_status', 'multiple_status', 'multi_stati', 'multiple_stati'),
208: ('already_reported',),
226: ('im_used',),

# 重定向状态码
300: ('multiple_choices',),
301: ('moved_permanently', 'moved', '\\o-'),
302: ('found',),
303: ('see_other', 'other'),
304: ('not_modified',),
305: ('use_proxy',),
306: ('switch_proxy',),
307: ('temporary_redirect', 'temporary_moved', 'temporary'),
308: ('permanent_redirect',
      'resume_incomplete', 'resume',),  # These 2 to be removed in 3.0

# 客户端错误状态码
400: ('bad_request', 'bad'),
401: ('unauthorized',),
402: ('payment_required', 'payment'),
403: ('forbidden',),
404: ('not_found', '-o-'),
405: ('method_not_allowed', 'not_allowed'),
406: ('not_acceptable',),
407: ('proxy_authentication_required', 'proxy_auth', 'proxy_authentication'),
408: ('request_timeout', 'timeout'),
409: ('conflict',),
410: ('gone',),
411: ('length_required',),
412: ('precondition_failed', 'precondition'),
413: ('request_entity_too_large',),
414: ('request_uri_too_large',),
415: ('unsupported_media_type', 'unsupported_media', 'media_type'),
416: ('requested_range_not_satisfiable', 'requested_range', 'range_not_satisfiable'),
417: ('expectation_failed',),
418: ('im_a_teapot', 'teapot', 'i_am_a_teapot'),
421: ('misdirected_request',),
422: ('unprocessable_entity', 'unprocessable'),
423: ('locked',),
424: ('failed_dependency', 'dependency'),
425: ('unordered_collection', 'unordered'),
426: ('upgrade_required', 'upgrade'),
428: ('precondition_required', 'precondition'),
429: ('too_many_requests', 'too_many'),
431: ('header_fields_too_large', 'fields_too_large'),
444: ('no_response', 'none'),
449: ('retry_with', 'retry'),
450: ('blocked_by_windows_parental_controls', 'parental_controls'),
451: ('unavailable_for_legal_reasons', 'legal_reasons'),
499: ('client_closed_request',),

# 服务端错误状态码
500: ('internal_server_error', 'server_error', '/o\\', '✗'),
```

```
501: ('not_implemented',),
502: ('bad_gateway',),
503: ('service_unavailable', 'unavailable'),
504: ('gateway_timeout',),
505: ('http_version_not_supported', 'http_version'),
506: ('variant_also_negotiates',),
507: ('insufficient_storage',),
509: ('bandwidth_limit_exceeded', 'bandwidth'),
510: ('not_extended',),
511: ('network_authentication_required', 'network_auth', 'network_authentication')
```

例如想判断结果是不是 404 状态，就可以用 requests.codes.not_found 作为内置的状态码做比较。

6. 高级用法

通过本节前面部分，我们已经了解了 requests 库的基本用法，如基本的 GET、POST 请求以及 Response 对象。本节我们再来了解一些 requests 库的高级用法，如文件上传、Cookie 设置、代理设置等。

- **文件上传**

我们知道使用 requests 库可以模拟提交一些数据。除此之外，要是有网站需要上传文件，也可以用它来实现，非常简单，实例如下：

```
import requests

files = {'file': open('favicon.ico', 'rb')}
r = requests.post('https://www.httpbin.org/post', files=files)
print(r.text)
```

在前一节，我们保存了一个文件 favicon.ico，这次就用它来模拟文件上传的过程。需要注意，favicon.ico 需要和当前脚本保存在同一目录下。如果手头有其他文件，当然也可以上传这些文件，更改下代码即可。

运行结果如下：

```
{
    "args": {},
    "data": "",
    "files": {
        "file": "data:application/octet-stream;base64,AAABAAI..."
    },
    "form": {},
    "headers": {
        "Accept": "*/*",
        "Accept-Encoding": "gzip, deflate",
        "Content-Length": "6665",
        "Content-Type": "multipart/form-data; boundary=41fc691282cc894f8f06adabb24f05fb",
        "Host": "www.httpbin.org",
        "User-Agent": "python-requests/2.22.0",
        "X-Amzn-Trace-Id": "Root=1-5e6e3c0b-45b07bdd3a922e364793ef48"
    },
    "json": null,
    "origin": "16.20.232.237",
    "url": "https://www.httpbin.org/post"
}
```

以上结果省略部分内容，上传文件后，网站会返回响应，响应中包含 files 字段和 form 字段，而 form 字段是空的，这证明文件上传部分会单独用一个 files 字段来标识。

- **Cookie 设置**

前面我们使用 urllib 库处理过 Cookie，写法比较复杂，有了 requests 库以后，获取和设置 Cookie 只需一步即可完成。

我们先用一个实例看一下获取 Cookie 的过程：

```
import requests

r = requests.get('https://www.baidu.com')
print(r.cookies)
for key, value in r.cookies.items():
    print(key + '=' + value)
```

运行结果如下：

```
<RequestsCookieJar[<Cookie BDORZ=27315 for .baidu.com/>]>
BDORZ=27315
```

这里我们首先调用 cookies 属性，成功得到 Cookie，可以发现它属于 RequestCookieJar 类型。然后调用 items 方法将 Cookie 转化为由元组组成的列表，遍历输出每一个 Cookie 条目的名称和值，实现对 Cookie 的遍历解析。

当然，我们也可以直接用 Cookie 来维持登录状态。下面以 GitHub 为例说明一下，首先我们登录 GitHub，然后将请求头中的 Cookie 内容复制下来，如图 2-7 所示。

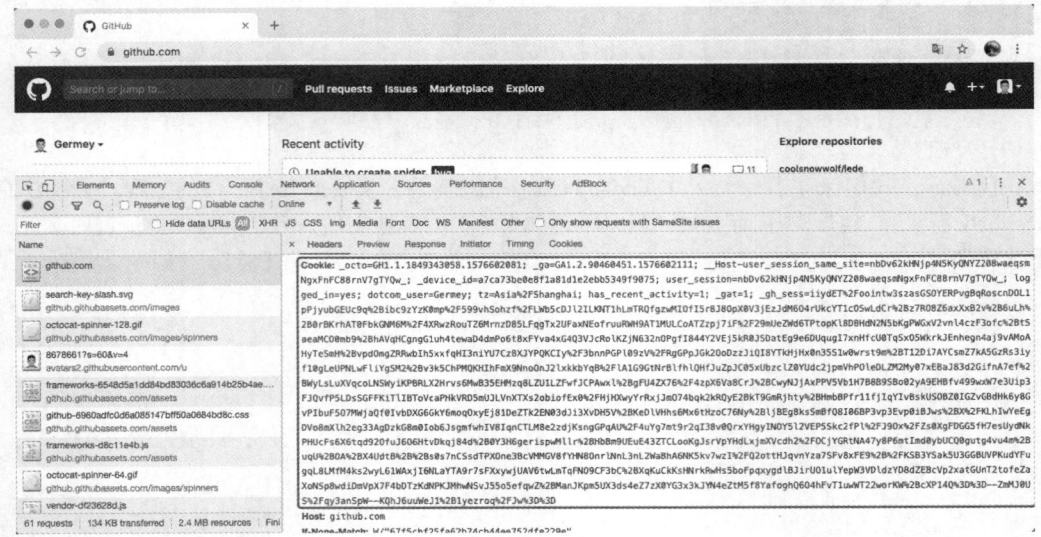

图 2-7　请求头中的 Cookie 内容

可以将图 2-7 中框起来的这部分内容替换成你自己的 Cookie，将其设置到请求头里面，然后发送请求，实例如下：

```
import requests

headers = {
    'Cookie': '_octo=GH1.1.1849343058.1576602081; _ga=GA1.2.90460451.15    76602111;
    _Host-user_session_same_site=nbDv62kHNjp4N5KyQNYZ208waeq    smNgxFnFC88rnV7gTYQw_;
    _device_id=a7ca73be0e8f1a81d1e2ebb5349f9075;
    user_session=nbDv62kHNjp4N5KyQNYZ208waeqsmNgxFnFC88rnV7gTYQw_; logged_in=yes; dotcom_user=Germey;
    tz=Asia%2FShanghai; has_recent_activity=1; _gat=1; _gh_sess=your_session_info',
    'User-Agent': 'Mozilla/5.0 (Macintosh; Intel Mac OS X 10_11_4)
    AppleWebKit/537.36 (KHTML, like Gecko) Chrome/53.0.2785.116 Safari/537.36',
}
r = requests.get('https://github.com/', headers=headers)
print(r.text)
```

运行结果如图 2-8 所示。

```
    <summary class="no-underline btn-link text-gray-dark text-bold width-full" title="Switch account
context" data-ga-click="Dashboard, click, Opened account context switcher - context:user">
      <img class="avatar " alt="@Germey" width="20" height="20" src="https://avatars2.githubuserc
ontent.com/u/8678661?s=60&amp;v=4">


      <span class="css-truncate css-truncate-target ml-1">Germey</span>
      <span class="dropdown-caret"></span>
    </summary>
    <details-menu preload class="SelectMenu SelectMenu--hasFilter" aria-labelledby="context-switch-t
itle-layout" src="/dashboard/ajax_context_list?current_context=Germey">
      <div class="SelectMenu-modal">
        <header class="SelectMenu-header">
          <span class="SelectMenu-title" id="context-switch-title-layout">Switch dashboard context</
span>
          <button class="SelectMenu-closeButton" type="button" data-toggle-for="account-switcher-lay
out"><svg aria-label="Close menu" class="octicon octicon-x" viewBox="0 0 12 16" version="1.1" widt
h="12" height="16" role="img"><path fill-rule="evenodd" d="M7.48 8l3.75 3.75-1.48 1.48L6 9.48l-3.7
5 3.75-1.48L4.52 8 .77 4.25L1.48-1.48L6 6.52L3.75-3.75 1.48 1.48L7.48 8z"></svg></button>
        </header>
```

图 2-8 运行结果

可以发现，结果中包含了登录后才能包含的结果，其中有我的 GitHub 用户名信息，你如果尝试一下，同样可以得到你的用户信息。

得到这样类似的结果，说明用 Cookie 成功模拟了登录状态，这样就能爬取登录之后才能看到的页面了。

当然，也可以通过 cookies 参数来设置 Cookie 的信息，这里我们可以构造一个 RequestsCookieJar 对象，然后对刚才复制的 Cookie 进行处理以及赋值，实例如下：

```
import requests

cookies = '_octo=GH1.1.1849343058.1576602081; _ga=GA1.2.90460451.1576602111;
    __Host-user_session_same_site=nbDv62kHNjp4N5KyQNYZ208waeqsmNgxFnFC88rnV7gTYQw_;
    _device_id=a7ca73be0e8f1a81d1e2ebb5349f9075; user_session=nbDv62kHNjp4N5KyQNYZ208waeqsmNgxFnFC88rnV7gTYQw_;
    logged_in=yes; dotcom_user=Germey; tz=Asia%2FShanghai; has_recent_activity=1; _gat=1;
    _gh_sess=your_session_info'
jar = requests.cookies.RequestsCookieJar()
headers = {
    'User-Agent': 'Mozilla/5.0 (Macintosh; Intel Mac OS X 10_11_4) AppleWebKit/537.36 (KHTML, like Gecko)
        Chrome/53.0.2785.116 Safari/537.36'
}
for cookie in cookies.split(';'):
    key, value = cookie.split('=', 1)
    jar.set(key, value)
r = requests.get('https://github.com/', cookies=jar, headers=headers)
print(r.text)
```

这里我们首先新建了一个 RequestCookieJar 对象，然后利用 split 方法对复制下来的 Cookie 内容做分割，接着利用 set 方法设置好每个 Cookie 条目的键名和键值，最后通过调用 requests 库的 get 方法并把 RequestCookieJar 对象通过 cookies 参数传递，最后即可获取登录后的页面。

测试后，发现同样可以正常登录。

- **Session 维持**

直接利用 requests 库中 get 或 post 方法的确可以做到模拟网页的请求，但这两种方法实际上相当于不同的 Session，或者说是用两个浏览器打开了不同的页面。

设想这样一个场景，第一个请求利用 requests 库的 post 方法登录了某个网站，第二次想获取成功登录后的自己的个人信息，于是又用了一次 requests 库的 get 方法去请求个人信息页面。

这实际相当于打开了两个浏览器，是两个完全独立的操作，对应两个完全不相关的Session，那么能够成功获取个人信息吗？当然不能。

有人可能说，在两次请求时设置一样的Cookie不就行了？可以，但这样做显得很烦琐，我们有更简单的解决方法。

究其原因，解决这个问题的主要方法是维持同一个Session，也就是第二次请求的时候是打开一个新的浏览器选项卡而不是打开一个新的浏览器。但是又不想每次都设置Cookie，该怎么办呢？这时候出现了新的利器——Session对象。

利用Session对象，我们可以方便地维护一个Session，而且不用担心Cookie的问题，它会自动帮我们处理好。

我们先做一个小实验吧，如果沿用之前的写法，实例如下：

```
import requests

requests.get('https://www.httpbin.org/cookies/set/number/123456789')
r = requests.get('https://www.httpbin.org/cookies')
print(r.text)
```

这里我们请求了一个测试网址 https://www.httpbin.org/cookies/set/number/123456789。请求这个网址时，设置了一个Cookie条目，名称是number，内容是123456789。随后又请求了 https://www.httpbin.org/cookies，以获取当前的Cookie信息。

这样能成功获取设置的Cookie吗？试试看。

运行结果如下：

```
{
  "cookies": {}
}
```

发现并不能。

我们再用刚才所说的Session试试看：

```
import requests

s = requests.Session()
s.get('https://www.httpbin.org/cookies/set/number/123456789')
r = s.get('https://www.httpbin.org/cookies')
print(r.text)
```

再看下运行结果：

```
{
  "cookies": {"number": "123456789"}
}
```

可以看到Cookie被成功获取了！这下能体会到同一个Session和不同Session的区别了吧！

所以，利用Session可以做到模拟同一个会话而不用担心Cookie的问题，它通常在模拟登录成功之后，进行下一步操作时用到。

Session在平常用得非常广泛，可以用于模拟在一个浏览器中打开同一站点的不同页面，第10章会专门来讲解这部分内容。

- **SSL证书验证**

现在很多网站要求使用HTTPS协议，但是有些网站可能并没有设置好HTTPS证书，或者网站的HTTPS证书可能并不被CA机构认可，这时这些网站就可能出现SSL证书错误的提示。

例如这个实例网站：https://ssr2.scrape.center/，如果用 Chrome 浏览器打开它，则会提示"您的连接不是私密连接"这样的错误，如图 2-9 所示。

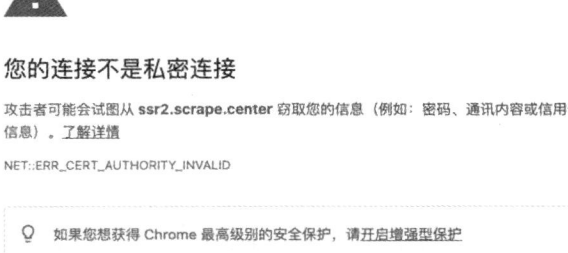

图 2-9　错误提示

我们可以在浏览器中通过一些设置来忽略证书的验证。

但是如果想用 requests 库来请求这类网站，又会遇到什么问题呢？我们用代码试一下：

```
import requests

response = requests.get('https://ssr2.scrape.center/')
print(response.status_code)
```

运行结果如下：

```
requests.exceptions.SSLError: HTTPSConnectionPool(host='ssr2.scrape.center', port=443): Max retries exceeded with url: / (Caused by SSLError(SSLCertVerificationError(1, '[SSL: CERTIFICATE_VERIFY_FAILED] certificate verify failed: unable to get local issuer certificate (_ssl.c:1056)')))
```

可以看到，直接抛出了 SSLError 错误，原因是我们请求的 URL 的证书是无效的。

那如果我们一定要爬取这个网站，应该怎么做呢？可以使用 verify 参数控制是否验证证书，如果将此参数设置为 False，那么在请求时就不会再验证证书是否有效。如果不设置 verify 参数，其默认值是 True，会自动验证。

于是我们改写代码如下：

```
import requests

response = requests.get('https://ssr2.scrape.center/', verify=False)
print(response.status_code)
```

这样就能打印出请求成功的状态码了：

```
/usr/local/lib/python3.7/site-packages/urllib3/connectionpool.py:857: InsecureRequestWarning: Unverified HTTPS request is being made. Adding certificate verification is strongly advised. See: https://urllib3.readthedocs.io/en/latest/advanced-usage.html#ssl-warnings
  InsecureRequestWarning)
200
```

不过我们发现其中报了一个警告，它建议我们给它指定证书。我们可以通过设置忽略警告的方式来屏蔽这个警告：

```
import requests
from requests.packages import urllib3
```

```
urllib3.disable_warnings()
response = requests.get('https://ssr2.scrape.center/', verify=False)
print(response.status_code)
```

或者通过捕获警告到日志的方式忽略警告：

```
import logging
import requests

logging.captureWarnings(True)
response = requests.get('https://ssr2.scrape.center/', verify=False)
print(response.status_code)
```

当然，我们也可以指定一个本地证书用作客户端证书，这可以是单个文件（包含密钥和证书）或一个包含两个文件路径的元组：

```
import requests

response = requests.get('https://ssr2.scrape.center/', cert=('/path/server.crt', '/path/server.key'))
print(response.status_code)
```

当然，上面的代码是演示实例，我们需要有 crt 和 key 文件，并且指定它们的路径。另外注意，本地私有证书的 key 必须是解密状态，加密状态的 key 是不支持的。

- **超时设置**

在本机网络状况不好或者服务器网络响应太慢甚至无响应时，我们可能会等待特别久的时间才能接收到响应，甚至到最后因为接收不到响应而报错。为了防止服务器不能及时响应，应该设置一个超时时间，如果超过这个时间还没有得到响应，就报错。这需要用到 timeout 参数，其值是从发出请求到服务器返回响应的时间。实例如下：

```
import requests

r = requests.get('https://www.httpbin.org/get', timeout=1)
print(r.status_code)
```

通过这样的方式，我们可以将超时时间设置为 1 秒，意味着如果 1 秒内没有响应，就抛出异常。

实际上，请求分为两个阶段：连接（connect）和读取（read）。

上面设置的 timeout 是用作连接和读取的 timeout 的总和。

如果要分别指定用作连接和读取的 timeout，则可以传入一个元组：

```
r = requests.get('https://www.httpbin.org/get', timeout=(5, 30))
```

如果想永久等待，可以直接将 timeout 设置为 None，或者不设置直接留空，因为默认取值是 None。这样的话，如果服务器还在运行，只是响应特别慢，那就慢慢等吧，它永远不会返回超时错误的。其用法如下：

```
r = requests.get('https://www.httpbin.org/get', timeout=None)
```

或直接不加参数：

```
r = requests.get('https://www.httpbin.org/get')
```

- **身份认证**

2.1 节我们讲到，在访问启用了基本身份认证的网站时（例如 https://ssr3.scrape.center/），首先会弹出一个认证窗口，如图 2-10 所示。

登录

https://ssr3.scrape.center

用户名

密码

取消　登录

图 2-10　弹出的认证窗口

这个网站就是启用了基本身份认证，2.1 节我们可以利用 urllib 库来实现身份的校验，但实现起来相对烦琐。那在 requests 库中怎么做呢？当然也有办法。

我们可以使用 requests 库自带的身份认证功能，通过 auth 参数即可设置，实例如下：

```
import requests
from requests.auth import HTTPBasicAuth

r = requests.get('https://ssr3.scrape.center/', auth=HTTPBasicAuth('admin', 'admin'))
print(r.status_code)
```

这个实例网站的用户名和密码都是 admin，在这里我们可以直接设置。

如果用户名和密码正确，那么请求时就会自动认证成功，返回 200 状态码；如果认证失败，则返回 401 状态码。

当然，如果参数都传一个 HTTPBasicAuth 类，就显得有点烦琐了，所以 requests 库提供了一个更简单的写法，可以直接传一个元组，它会默认使用 HTTPBasicAuth 这个类来认证。

所以上面的代码可以直接简写如下：

```
import requests

r = requests.get('https://ssr3.scrape.center/', auth=('admin', 'admin'))
print(r.status_code)
```

此外，requests 库还提供了其他认证方式，如 OAuth 认证，不过此时需要安装 oauth 包，安装命令如下：

```
pip3 install requests_oauthlib
```

使用 OAuth1 认证的示例方法如下：

```
import requests
from requests_oauthlib import OAuth1

url = 'https://api.twitter.com/1.1/account/verify_credentials.json'
auth = OAuth1('YOUR_APP_KEY', 'YOUR_APP_SECRET',
              'USER_OAUTH_TOKEN', 'USER_OAUTH_TOKEN_SECRET')
requests.get(url, auth=auth)
```

- 代理设置

某些网站在测试的时候请求几次，都能正常获取内容。但是一旦开始大规模爬取，面对大规模且频繁的请求时，这些网站就可能弹出验证码，或者跳转到登录认证页面，更甚者可能会直接封禁客户端的 IP，导致在一定时间段内无法访问。

那么，为了防止这种情况发生，我们需要设置代理来解决这个问题，这时就需要用到 proxies 参数。可以用这样的方式设置：

```python
import requests

proxies = {
  'http': 'http://10.10.10.10:1080',
  'https': 'http://10.10.10.10:1080',
}
requests.get('https://www.httpbin.org/get', proxies=proxies)
```

当然，直接运行这个实例可能不行，因为这个代理可能是无效的，可以直接搜索寻找有效的代理并替换试验一下。

若代理需要使用上文所述的身份认证，可以使用类似 http://user:password@host:port 这样的语法来设置代理，实例如下：

```python
import requests

proxies = {'https': 'http://user:password@10.10.10.10:1080/',}
requests.get('https://www.httpbin.org/get', proxies=proxies)
```

除了基本的 HTTP 代理外，requests 库还支持 SOCKS 协议的代理。

首先，需要安装 socks 这个库：

```
pip3 install "requests[socks]"
```

然后就可以使用 SOCKS 协议代理了，实例如下：

```python
import requests

proxies = {
    'http': 'socks5://user:password@host:port',
    'https': 'socks5://user:password@host:port'
}
requests.get('https://www.httpbin.org/get', proxies=proxies)
```

- **Prepared Request**

我们当然可以直接使用 requests 库的 get 和 post 方法发送请求，但有没有想过，这个请求在 requests 内部是怎么实现的呢？

实际上，requests 在发送请求的时候，是在内部构造了一个 Request 对象，并给这个对象赋予了各种参数，包括 url、headers、data 等，然后直接把这个 Request 对象发送出去，请求成功后会再得到一个 Response 对象，解析这个对象即可。

那么 Request 对象是什么类型呢？实际上它就是 Prepared Request。

我们深入一下，不用 get 方法，直接构造一个 Prepared Request 对象来试试，代码如下：

```python
from requests import Request, Session

url = 'https://www.httpbin.org/post'
data = {'name': 'germey'}
headers = {
    'User-Agent': 'Mozilla/5.0 (Macintosh; Intel Mac OS X 10_11_4) AppleWebKit/537.36 (KHTML, like Gecko)
        Chrome/53.0.2785.116 Safari/537.36'
}
s = Session()
req = Request('POST', url, data=data, headers=headers)
prepped = s.prepare_request(req)
r = s.send(prepped)
print(r.text)
```

这里我们引入了 Request 类，然后用 url、data 和 headers 参数构造了一个 Request 对象，这时需要再调用 Session 类的 prepare_request 方法将其转换为一个 Prepared Request 对象，再调用 send 方法发送，运行结果如下：

```
{
  "args": {},
  "data": "",
  "files": {},
  "form": {
    "name": "germey"
  },
  "headers": {
    "Accept": "*/*",
    "Accept-Encoding": "gzip, deflate",
    "Content-Length": "11",
    "Content-Type": "application/x-www-form-urlencoded",
    "Host": "www.httpbin.org",
    "User-Agent": "Mozilla/5.0 (Macintosh; Intel Mac OS X 10_11_4)
        AppleWebKit/537.36 (KHTML, like Gecko) Chrome/53.0.2785.116 Safari/537.36",
    "X-Amzn-Trace-Id": "Root=1-5e5bd6a9-6513c838f35b06a0751606d8"
  },
  "json": null,
  "origin": "167.220.232.237",
  "url": "http://www.httpbin.org/post"
}
```

可以看到，我们达到了与 POST 请求同样的效果。

有了 Request 这个对象，就可以将请求当作独立的对象来看待，这样在一些场景中我们可以直接操作这个 Request 对象，更灵活地实现请求的调度和各种操作。

7. 总结

本节的 requests 库的基本用法就介绍到这里了，怎么样？有没有感觉它比 urllib 库使用起来更为方便。本节内容需要好好掌握，后文我们会在实战中使用 requests 库完成一个网站的爬取，顺便巩固 requests 库的相关知识。

本节代码参见：https://github.com/Python3WebSpider/RequestsTest。

2.3 正则表达式

在 2.2 节中，我们已经可以用 requests 库来获取网页的源代码，得到 HTML 代码。但我们真正想要的数据是包含在 HTML 代码之中的，要怎样才能从 HTML 代码中获取想要的信息呢？正则表达式就是其中一个有效的方法。

本节我们将了解一下正则表达式的相关用法。正则表达式是用来处理字符串的强大工具，它有自己特定的语法结构，有了它，实现字符串的检索、替换、匹配验证都不在话下。

当然，对于爬虫来说，有了它，从 HTML 里提取想要的信息就非常方便了。

1. 实例引入

说了这么多，可能我们对正则表达式到底是什么还是比较模糊，下面就用几个实例来看一下它的用法。

打开开源中国提供的正则表达式测试工具 http://tool.oschina.net/regex/，输入待匹配的文本，然后选择常用的正则表达式，就可以得出相应的匹配结果了。例如，这里输入如下待匹配的文本。

```
Hello, my phone number is 010-86432100 and email is cqc@cuiqingcai.com,    and my website is
https://cuiqingcai.com
```

这段字符串中包含一个电话号码、一个 E-mail 地址和一个 URL，接下来就尝试用正则表达式将这些内容提取出来。

在网页右侧选择"匹配 Email 地址",就可以看到下方出现了文本中的 E-mail,如图 2-11 所示。

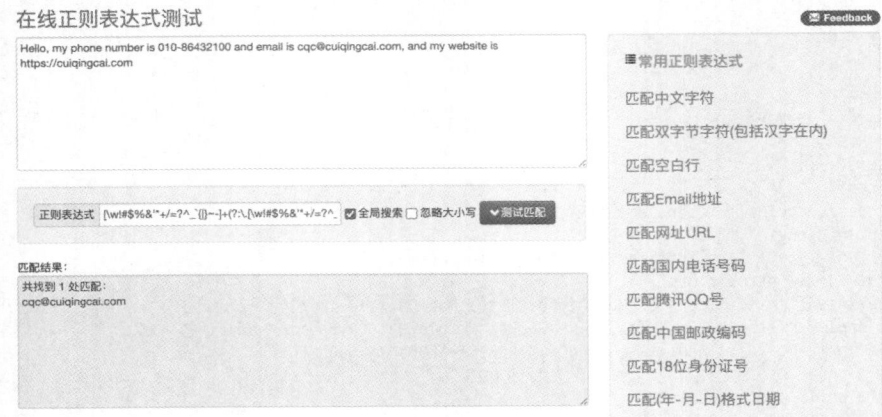

图 2-11　提取 E-mail 地址

如果选择"匹配网址 URL",可以看到下方出现了文本中的 URL,如图 2-12 所示。

图 2-12　匹配网址 URL

是不是非常神奇?

其实,这里就是用了正则表达式匹配,也就是用一定的规则将特定文本提取出来。例如,E-mail 地址的开头是一段字符串,然后是一个 @ 符号,最后是某个域名,这是有特定的组成格式的。另外,对于 URL,开头是协议类型,然后是冒号加双斜线,最后是域名加路径。

对于 URL 来说,可以用下面的正则表达式匹配。

[a-zA-Z]+://[^\s]*

用这个正则表达式去匹配一个字符串,如果这个字符串中包含类似 URL 的文本,那么这部分就会被提取出来。

正则表达式看上去虽然是乱糟糟的一团,但里面其实是有特定语法规则的。例如,a-z 代表匹配任意的小写字母,\s 代表匹配任意的空白字符,* 代表匹配前面的任意多个字符,那一长串正则表达式就是这么多匹配规则的组合。

写好正则表达式后，就可以拿它去一个长字符串里匹配查找了。不论这个字符串里面有什么，只要符合我们写的规则，统统可以找出来。对于网页来说，如果想找出网页源代码里有多少 URL，只要用匹配 URL 的正则表达式去匹配即可。

上面我们介绍了几个匹配规则，表 2-2 列出了常用的一些匹配规则。

表 2-2 常用的匹配规则

模 式	描 述
\w	匹配字母、数字及下划线
\W	匹配不是字母、数字及下划线的字符
\s	匹配任意空白字符，等价于 [\t\n\r\f]
\S	匹配任意非空字符
\d	匹配任意数字，等价于 [0-9]
\D	匹配任意非数字的字符
\A	匹配字符串开头
\Z	匹配字符串结尾。如果存在换行，只匹配到换行前的结束字符串
\z	匹配字符串结尾。如果存在换行，同时还会匹配换行符
\G	匹配最后匹配完成的位置
\n	匹配一个换行符
\t	匹配一个制表符
^	匹配一行字符串的开头
$	匹配一行字符串的结尾
.	匹配任意字符，除了换行符，当 re.DOTALL 标记被指定时，可以匹配包括换行符的任意字符
[...]	用来表示一组字符，单独列出，例如 [amk] 用来匹配 a、m 或 k
[^...]	匹配不在 [] 中的字符，例如匹配除了 a、b、c 之外的字符
*	匹配 0 个或多个表达式
+	匹配 1 个或多个表达式
?	匹配 0 个或 1 个前面的正则表达式定义的片段，非贪婪方式
{n}	精确匹配 n 个前面的表达式
{n, m}	匹配 n 到 m 次由前面正则表达式定义的片段，贪婪方式
a|b	匹配 a 或 b
()	匹配括号内的表达式，也表示一个组

看完这个表之后，可能有点晕晕的吧，不用担心，后面我们会详细讲解一些常见规则的用法。

其实正则表达式并非 Python 独有，它也可以用在其他编程语言中。但是 Python 的 re 库提供了整个正则表达式的实现，利用这个库，可以在 Python 中方便地使用正则表达式。用 Python 编写正则表达式时几乎都会使用这个库，下面就来了解它的一些常用方法。

2. match

这里首先介绍第一个常用的匹配方法——match，向它传入要匹配的字符串以及正则表达式，就可以检测这个正则表达式是否和字符串相匹配。

match 方法会尝试从字符串的起始位置开始匹配正则表达式，如果匹配，就返回匹配成功的结果；如果不匹配，就返回 None。实例如下：

```python
import re

content = 'Hello 123 4567 World_This is a Regex Demo'
print(len(content))
result = re.match('^Hello\s\d\d\d\s\d{4}\s\w{10}', content)
print(result)
print(result.group())
print(result.span())
```

运行结果如下:

```
41
<_sre.SRE_Match object; span=(0, 25), match='Hello 123 4567 World_This'>
Hello 123 4567 World_This
(0, 25)
```

这个实例首先声明了一个字符串,其中包含英文字母、空白字符、数字等。接着写了一个正则表达式:

^Hello\s\d\d\d\s\d{4}\s\w{10}

用它来匹配声明的那个长字符串。开头的 ^ 表示匹配字符串的开头,也就是以 Hello 开头;然后 \s 表示匹配空白字符,用来匹配目标字符串里 Hello 后面的空格;\d 表示匹配数字,3 个 \d 用来匹配 123;紧接着的 1 个 \s 表示匹配空格;目标字符串的后面还有 4567,我们其实依然可以用 4 个 \d 来匹配,但是这么写比较烦琐,所以可以用 \d 后面跟 {4} 的形式代表匹配 4 次数字;后面又是 1 个空白字符,最后\w{10} 则表示匹配 10 个字母及下划线。我们注意到,这里其实并没有把目标字符串匹配完,不过这样依然可以进行匹配,只是匹配结果短一点而已。

在 match 方法中,第一个参数是传入了正则表达式,第二个参数是传入了要匹配的字符串。

将输出结果打印出来,可以看到结果是 SRE_Match 对象,证明匹配成功。该对象包含两个方法:group 方法可以输出匹配到的内容,结果是 Hello 123 4567 World_This,这恰好是正则表达式按照规则匹配的内容;span 方法可以输出匹配的范围,结果是 (0, 25),这是匹配到的结果字符串在原字符串中的位置范围。

通过上面的例子,我们基本了解了如何在 Python 中使用正则表达式来匹配一段文字。

- 匹配目标

用 match 方法可以实现匹配,如果想从字符串中提取一部分内容,该怎么办呢?就像上一节的实例一样,从一段文本中提取出 E-mail 地址或电话号码。

可以使用括号 () 将想提取的子字符串括起来。() 实际上标记了一个子表达式的开始和结束位置,被标记的每个子表达式依次对应每个分组,调用 group 方法传入分组的索引即可获取提取结果。实例如下:

```python
import re

content = 'Hello 1234567 World_This is a Regex Demo'
result = re.match('^Hello\s(\d+)\sWorld', content)
print(result)
print(result.group())
print(result.group(1))
print(result.span())
```

通过这个实例,我们把字符串中的 1234567 提取出来了,可以看到其中数字部分的正则表达式被 () 括了起来。然后调用 group(1) 获取了匹配结果。

运行结果如下:

```
<_sre.SRE_Match object; span=(0, 19), match='Hello 1234567 World'>
```

```
Hello 1234567 World
1234567
(0, 19)
```

可以看到,我们成功得到了 1234567。这里用的是 group(1),它与 group() 有所不同,后者会输出完整的匹配结果,前者会输出第一个被 () 包围的匹配结果。假如正则表达式后面还有用 () 包围的内容,那么可以依次用 group(2)、group(3) 等获取。

- 通用匹配

刚才我们写的正则表达式其实比较复杂,只要出现空白字符就需要写 \s 匹配,出现数字就需要写 \d 匹配,这样的工作量非常大。其实完全没必要这么做,因为还有一个万能匹配可以用,就是 .*。其中 . 可以匹配任意字符(除换行符),* 代表匹配前面的字符无限次,所以它们组合在一起就可以匹配任意字符了。有了它,我们就不用挨个字符进行匹配了。

接着上面的例子,我们利用 .* 改写一下正则表达式:

```
import re

content = 'Hello 123 4567 World_This is a Regex Demo'
result = re.match('^Hello.*Demo$', content)
print(result)
print(result.group())
print(result.span())
```

这里我们直接省略中间部分,全部用 .* 来代替,并在最后加一个结尾字符串。运行结果如下:

```
<_sre.SRE_Match object; span=(0, 41), match='Hello 123 4567 World_This is a Regex Demo'>
Hello 123 4567 World_This is a Regex Demo
(0, 41)
```

可以看到,group 方法输出了匹配的全部字符串,也就是说我们写的正则表达式匹配到了目标字符串的全部内容;span 方法输出 (0, 41),这是整个字符串的长度。

因此,使用 .* 能够简化正则表达式的书写。

- 贪婪与非贪婪

使用通用匹配 .* 匹配到的内容有时候并不是我们想要的结果。看下面的例子:

```
import re

content = 'Hello 1234567 World_This is a Regex Demo'
result = re.match('^He.*(\d+).*Demo$', content)
print(result)
print(result.group(1))
```

这里我们依然想获取目标字符串中间的数字,所以正则表达式中间写的依然是 (\d+)。而数字两侧由于内容比较杂乱,所以想省略来写,于是都写成 .*。最后,组成 ^He.*(\d+).*Demo$,看样子没什么问题。可我们看下运行结果:

```
<_sre.SRE_Match object; span=(0, 40), match='Hello 1234567 World_This is a Regex Demo'>
7
```

奇怪的事情发生了,只得到了 7 这个数字,这是怎么回事?

这里涉及贪婪匹配和非贪婪匹配的问题。在贪婪匹配下,.* 会匹配尽可能多的字符。正则表达式中 .* 后面是 \d+,也就是至少一个数字,而且没有指定具体几个数字,因此,.* 会匹配尽可能多的字符,这里就把 123456 都匹配了,只给 \d+ 留下一个可满足条件的数字 7,因此最后得到的内容就只有数字 7。

但这很明显会给我们带来很大的不便。有时候,匹配结果会莫名其妙少一部分内容。其实,这里只需要使用非贪婪匹配就好了。非贪婪匹配的写法是 .*?，比通用匹配多了一个 ?，那么它可以起到怎样的效果？我们再用实例看一下：

```
import re

content = 'Hello 1234567 World_This is a Regex Demo'
result = re.match('^He.*?(\d+).*Demo$', content)
print(result)
print(result.group(1))
```

这里我们只是将第一个 .* 改成了 .*?，贪婪匹配就转变为了非贪婪匹配。结果如下：

```
<_sre.SRE_Match object; span=(0, 40), match='Hello 1234567 World_This is a Regex Demo'>
1234567
```

此时便可以成功获取 1234567 了。原因可想而知，贪婪匹配是匹配尽可能多的字符，非贪婪匹配就是匹配尽可能少的字符。当 .*? 匹配到 Hello 后面的空白字符时，再往后的字符就是数字了，而 \d+ 恰好可以匹配，于是这里 .*? 就不再进行匹配了，而是交给 \d+ 去匹配。最后 .*? 匹配了尽可能少的字符，\d+ 的结果就是 1234567。

所以说，在做匹配的时候，字符串中间尽量使用非贪婪匹配，也就是用 .*? 代替 .*，以免出现匹配结果缺失的情况。

但这里需要注意，如果匹配的结果在字符串结尾，.*? 有可能匹配不到任何内容了，因为它会匹配尽可能少的字符。例如：

```
import re

content = 'http://weibo.com/comment/kEraCN'
result1 = re.match('http.*?comment/(.*?)', content)
result2 = re.match('http.*?comment/(.*)', content)
print('result1', result1.group(1))
print('result2', result2.group(1))
```

运行结果如下：

```
result1
result2 kEraCN
```

可以观察到，.*? 没有匹配到任何结果，而 .* 则是尽量多匹配内容，成功得到了匹配结果。

- 修饰符

在正则表达式中，可以用一些可选标志修饰符来控制匹配的模式。修饰符被指定为一个可选的标志。我们用实例来看一下：

```
import re

content = '''Hello 1234567 World_This
is a Regex Demo
'''
result = re.match('^He.*?(\d+).*?Demo$', content)
print(result.group(1))
```

和上面的例子相仿，我们在字符串中加了换行符，正则表达式还是一样的，用来匹配其中的数字。看一下运行结果：

```
AttributeError Traceback (most recent call last)
<ipython-input-18-c7d232b39645> in <module>()
    5 '''
    6 result = re.match('^He.*?(\d+).*?Demo$', content)
----> 7 print(result.group(1))

AttributeError: 'NoneType' object has no attribute 'group'
```

发现运行直接报错,也就是说正则表达式没有匹配到这个字符串,返回结果为 None,而我们又调用了 group 方法,导致 AttributeError。

那么,为什么加了一个换行符,就匹配不到了呢?这是因为匹配的内容是除换行符之外的任意字符,当遇到换行符时,.*? 就不能匹配了,所以导致匹配失败。这里只需加一个修饰符 re.S,即可修正这个错误:

```
result = re.match('^He.*?(\d+).*?Demo$', content, re.S)
```

这个修饰符的作用是使匹配内容包括换行符在内的所有字符。此时运行结果如下:

```
1234567
```

这个 re.S 在网页匹配中经常用到。因为 HTML 节点经常会有换行,加上它,就可以匹配节点与节点之间的换行了。

另外,还有一些修饰符,在必要的情况下也可以使用,如表 2-3 所示。

表 2-3 修饰符

修饰符	描述
re.I	使匹配对大小写不敏感
re.L	实现本地化识别(locale-aware)匹配
re.M	多行匹配,影响 ^ 和 $
re.S	使匹配内容包括换行符在内的所有字符
re.U	根据 Unicode 字符集解析字符。这个标志会影响 \w、\W、\b 和 \B
re.X	该标志能够给你更灵活的格式,以便将正则表达式书写得更易于理解

在网页匹配中,较为常用的有 re.S 和 re.I。

- 转义匹配

我们知道正则表达式定义了许多匹配模式,如 . 用于匹配除换行符以外的任意字符。但如果目标字符串里面就包含 . 这个字符,那该怎么办呢?

这时需要用到转义匹配,实例如下:

```
import re

content = '(百度) www.baidu.com'
result = re.match('\(百度 \) www\.baidu\.com', content)
print(result)
```

当在目标字符串中遇到用作正则匹配模式的特殊字符时,在此字符前面加反斜线 \ 转义一下即可。例如 \. 就可以用来匹配 .,运行结果如下:

```
<_sre.SRE_Match object; span=(0, 17), match='(百度) www.baidu.com'>
```

可以看到,这里成功匹配到了原字符串。

以上这些是写正则表达式时常用的几个知识点,熟练掌握它们对后面非常有帮助。

3. search

前文提到过,match 方法是从字符串的开头开始匹配的,意味着一旦开头不匹配,整个匹配就失败了。我们看下面的例子:

```
import re

content = 'Extra stings Hello 1234567 World_This is a Regex Demo Extra    stings'
result = re.match('Hello.*?(\d+).*?Demo', content)
print(result)
```

这里的字符串以 Extra 开头，正则表达式却以 Hello 开头，其实整个正则表达式是字符串的一部分，但这样匹配是失败的。运行结果如下：

```
None
```

因为 match 方法在使用时需要考虑目标字符串开头的内容，因此在做匹配时并不方便。它更适合检测某个字符串是否符合某个正则表达式的规则。

这里就有另外一个方法 search，它在匹配时会扫描整个字符串，然后返回第一个匹配成功的结果。也就是说，正则表达式可以是字符串的一部分。在匹配时，search 方法会依次以每个字符作为开头扫描字符串，直到找到第一个符合规则的字符串，然后返回匹配内容；如果扫描完还没有找到符合规则的字符串，就返回 None。

我们把上面代码中的 match 方法修改成 search，再看下运行结果：

```
<_sre.SRE_Match object; span=(13, 53), match='Hello 1234567 World_This is a Regex Demo'>
1234567
```

这时就得到了匹配结果。

因此，为了匹配方便，尽量使用 search 方法。

下面再用几个实例来看看 search 方法的用法。

首先，这里有一段待匹配的 HTML 文本，接下来写几个正则表达式实例实现相应信息的提取：

```
html = '''<div id="songs-list">
<h2 class="title">经典老歌</h2>
<p class="introduction">
经典老歌列表
</p>
<ul id="list" class="list-group">
<li data-view="2">一路上有你</li>
<li data-view="7">
<a href="/2.mp3" singer="任贤齐">沧海一声笑</a>
</li>
<li data-view="4" class="active">
<a href="/3.mp3" singer="齐秦">往事随风</a>
</li>
<li data-view="6"><a href="/4.mp3" singer="beyond">光辉岁月</a></li>
<li data-view="5"><a href="/5.mp3" singer="陈慧琳">记事本</a></li>
<li data-view="5">
<a href="/6.mp3" singer="邓丽君">但愿人长久</a>
</li>
</ul>
</div>'''
```

可以观察到，ul 节点里有许多 li 节点，这些 li 节点中有的包含 a 节点，有的不包含。a 节点还有一些相应的属性——超链接和歌手名。

首先，我们尝试提取 class 为 active 的 li 节点内部的超链接包含的歌手名和歌名，也就是说需要提取第三个 li 节点下 a 节点的 singer 属性和文本。

此时正则表达式可以以 li 开头，然后寻找一个标志符 active，中间的部分可以用 .*? 来匹配。接下来，因为要提取 singer 这个属性值，所以还需要写入 singer="(.*?)"，这里把需要提取的部分用小括号括了起来，以便用 group 方法提取出来，小括号的两侧边界是双引号。然后还需要匹配 a 节点的文本，此文本的左边界是 >，右边界是 </a>。然后目标内容依然用 (.*?) 来匹配，所以最后的正则表达式就变成了：

```
<li.*?active.*?singer="(.*?)">(.*?)</a>
```

再调用 search 方法，它会搜索整个 HTML 文本，找到符合上述正则表达式的第一个内容并返回。

另外，由于代码中有换行，所以 search 方法的第三个参数需要传入 re.S。于是整个匹配代码如下：

```
result = re.search('<li.*?active.*?singer="(.*?)">(.*?)</a>', html, re.S)
if result:
    print(result.group(1), result.group(2))
```

由于需要获取的歌手和歌名都已经用小括号包围，所以可以用 group 方法获取。

运行结果如下：

齐秦 往事随风

可以看到，这正是 class 为 active 的 li 节点内部的超链接包含的歌手名和歌名。

如果正则表达式不加 active（也就是匹配不带 class 为 active 的节点内容），会怎样呢？我们将正则表达式中的 active 去掉，代码改写如下：

```
result = re.search('<li.*?singer="(.*?)">(.*?)</a>', html, re.S)
if result:
    print(result.group(1), result.group(2))
```

由于 search 方法会返回第一个符合条件的匹配目标，于是这里结果就变了：

任贤齐 沧海一声笑

把 active 标签去掉后，从字符串开头开始搜索，此时符合条件的节点就变成了第二个 li 节点，后面的就不再匹配，所以运行结果就变成第二个 li 节点中的内容。

注意，在上面的两次匹配中，search 方法的第三个参数都加了 re.S，这使得 .*? 可以匹配换行，所以含有换行的 li 节点被匹配到了。如果我们将其去掉，结果会是什么？去掉 re.S 的代码如下：

```
result = re.search('<li.*?singer="(.*?)">(.*?)</a>', html)
if result:
    print(result.group(1), result.group(2))
```

运行结果如下：

beyond 光辉岁月

可以看到，结果变成了第四个 li 节点的内容。这是因为第二个和第三个 li 节点都包含换行符，去掉 re.S 之后，.*? 已经不能匹配换行符，所以正则表达式不会匹配这两个 li 节点，而第四个 li 节点中不包含换行符，可以成功匹配。

由于绝大部分 HTML 文本包含换行符，所以需要尽量加上 re.S 修饰符，以免出现匹配不到的问题。

4. findall

介绍完了 search 方法的用法，它可以返回与正则表达式相匹配的第一个字符串。如果想要获取与正则表达式相匹配的所有字符串，该如何处理呢？这就要借助 findall 方法了。

还是用上面的 HTML 文本，如果想获取其中所有 a 节点的超链接、歌手和歌名，可以将 search 方法换成 findall 方法。其返回结果是列表类型，需要通过遍历来依次获取每组内容。代码如下：

```
results = re.findall('<li.*?href="(.*?)".*?singer="(.*?)">(.*?)</a>', html, re.S)
print(results)
print(type(results))
for result in results:
    print(result)
    print(result[0], result[1], result[2])
```

运行结果如下：

```
[('/2.mp3', ' 任贤齐 ', ' 沧海一声笑 '), ('/3.mp3', ' 齐秦 ', ' 往事随风 '), ('/4.mp3', 'beyond', ' 光辉岁月 '), ('/5.mp3', ' 陈慧琳 ', ' 记事本 '), ('/6.mp3', ' 邓丽君 ', ' 但愿人长久 ')]
<class 'list'>
('/2.mp3', ' 任贤齐 ', ' 沧海一声笑 ')
```

```
/2.mp3 任贤齐 沧海一声笑
('/3.mp3', ' 齐秦 ', ' 往事随风 ')
/3.mp3 齐秦 往事随风
('/4.mp3', ' beyond ', ' 光辉岁月 ')
/4.mp3 beyond 光辉岁月
('/5.mp3', ' 陈慧琳 ', ' 记事本 ')
/5.mp3 陈慧琳 记事本
('/6.mp3', ' 邓丽君 ', ' 但愿人长久 ')
/6.mp3 邓丽君 但愿人长久
```

可以看到，返回的列表中的每个元素都是元组类型，我们用索引依次取出每个条目即可。

总结一下，如果只想获取匹配到的第一个字符串，可以用 search 方法；如果需要提取多个内容，可以用 findall 方法。

5. sub

除了使用正则表达式提取信息，有时候还需要借助它来修改文本。例如，想要把一串文本中的所有数字都去掉，如果只用字符串的 replace 方法，未免太烦琐了，这时可以借助 sub 方法。实例如下：

```
import re

content = '54aK54yr5oiR54ix5L2g'
content = re.sub('\d+', '', content)
print(content)
```

运行结果如下：

```
aKyroiRixLg
```

这里往 sub 方法的第一个参数中传入 \d+ 以匹配所有的数字，往第二个参数中传入把数字替换成的字符串（如果去掉该参数，可以赋值为空），第三个参数是原字符串。

在上面的 HTML 文本中，如果想获取所有 li 节点的歌名，直接用正则表达式来提取可能比较烦琐。例如，写成这样：

```
results = re.findall('<li.*?>\s*?(<a.*?>)?(\w+)(</a>)?\s*?</li>', html, re.S)
for result in results:
    print(result[1])
```

运行结果如下：

```
一路上有你
沧海一声笑
往事随风
光辉岁月
记事本
但愿人长久
```

而此时借助 sub 方法就比较简单了。可以先用 sub 方法将 a 节点去掉，只留下文本，然后再利用 findall 提取就好了：

```
html = re.sub('<a.*?>|</a>', '', html)
print(html)
results = re.findall('<li.*?>(.*?)</li>', html, re.S)
for result in results:
    print(result.strip())
```

运行结果如下：

```
<div id="songs-list">
    <h2 class="title"> 经典老歌 </h2>
    <p class="introduction">
        经典老歌列表
    </p>
    <ul id="list" class="list-group">
```

```
            <li data-view="2"> 一路上有你 </li>
            <li data-view="7">
                沧海一声笑
            </li>
            <li data-view="4" class="active">
                往事随风
            </li>
            <li data-view="6"> 光辉岁月 </li>
            <li data-view="5"> 记事本 </li>
            <li data-view="5">
                但愿人长久
            </li>
        </ul>
    </div>
一路上有你
沧海一声笑
往事随风
光辉岁月
记事本
但愿人长久
```

可以看到，经过 sub 方法处理后，a 节点就没有了，然后通过 findall 方法直接提取即可。可以发现，在适当的时候借助 sub 方法，可以起到事半功倍的效果。

6. compile

前面所讲的方法都是用来处理字符串的方法，最后再介绍一下 compile 方法，这个方法可以将正则字符串编译成正则表达式对象，以便在后面的匹配中复用。实例代码如下：

```
import re

content1 = '2019-12-15 12:00'
content2 = '2019-12-17 12:55'
content3 = '2019-12-22 13:21'
pattern = re.compile('\d{2}:\d{2}')
result1 = re.sub(pattern, '', content1)
result2 = re.sub(pattern, '', content2)
result3 = re.sub(pattern, '', content3)
print(result1, result2, result3)
```

这个实例里有 3 个日期，我们想分别将这 3 个日期中的时间去掉，这时可以借助 sub 方法。该方法的第一个参数是正则表达式，但是这里没有必要重复写 3 个同样的正则表达式，此时就可以借助 compile 方法将正则表达式编译成一个正则表达式对象，以便复用。

运行结果如下：

```
2019-12-15  2019-12-17  2019-12-22
```

另外，compile 还可以传入修饰符，例如 re.S 等修饰符，这样在 search、findall 等方法中就不需要额外传了。所以，可以说 compile 方法是给正则表达式做了一层封装，以便我们更好地复用。

7. 总结

到此为止，正则表达式的基本用法就介绍完了，后面会通过具体的实例来巩固这些方法。

本节代码参见：https://github.com/Python3WebSpider/RegexTest。

2.4 httpx 的使用

前面我们介绍了 urllib 库和 requests 库的使用，已经可以爬取绝大多数网站的数据，但对于某些网站依然无能为力。什么情况？这些网站强制使用 HTTP/2.0 协议访问，这时 urllib 和 requests 是无法爬取数据的，因为它们只支持 HTTP/1.1，不支持 HTTP/2.0。那这种情况下应该怎么办呢？

还是有办法的，只需要使用一些支持 HTTP/2.0 的请求库就好了，目前来说，比较有代表性的是 hyper 和 httpx，后者使用起来更加方便，功能也更强大，requests 已有的功能它几乎都支持。

本节我们介绍 httpx 的使用。

1. 示例

下面我们来看一个案例，https://spa16.scrape.center/ 就是强制使用 HTTP/2.0 访问的一个网站，用浏览器打开此网站，查看 Network 面板，可以看到 Protocol 一列都是 h2，证明请求所用的协议是 HTTP/2.0，如图 2-13 所示。

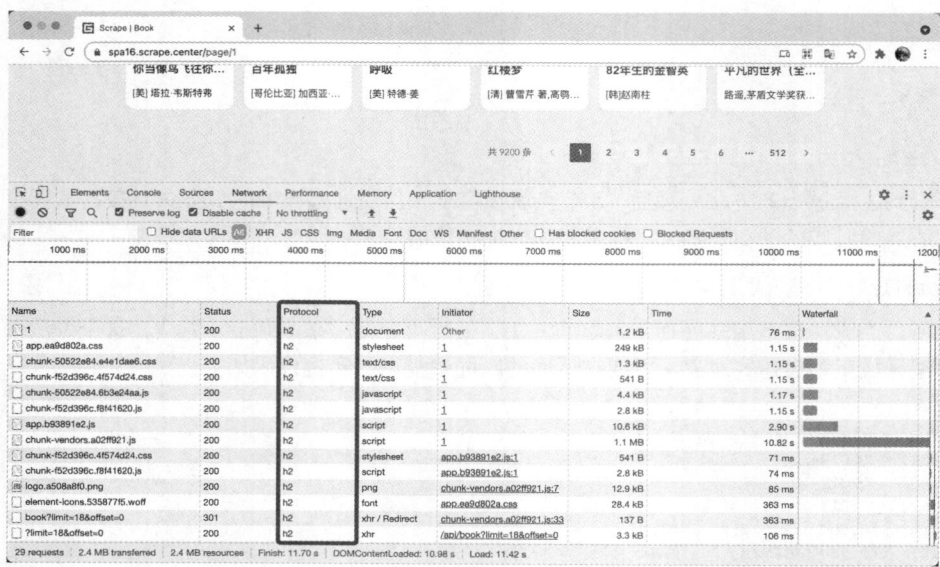

图 2-13　使用 HTTP/2.0 协议访问的网站

这个网站用 requests 是无法爬取的，不妨来尝试一下：

```
import requests

url = 'https://spa16.scrape.center/'
response = requests.get(url)
print(response.text)
```

运行结果如下：

```
Traceback (most recent call last):
 ...
raise RemoteDisconnected("Remote end closed connection without"
http.client.RemoteDisconnected: Remote end closed connection without response
...
requests.exceptions.ProxyError: HTTPSConnectionPool(host='spa16.scrape.center', port=443): Max retries
exceeded with url: / (Caused by ProxyError('Cannot connect to proxy.', RemoteDisconnected('Remote end closed
connection without response')))
```

可以看到，首先抛出的就是 RemoteDisconnected 错误，请求失败。

可能有人认为这是没有设置请求头导致的，其实不是，真实原因是 requests 这个库是使用 HTTP/1.1 访问的目标网站，而目标网站会检测请求使用的协议是不是 HTTP/2.0，如果不是就拒绝返回任何结果。

2. 安装

httpx 可以直接使用 pip3 工具安装，所需的 Python 版本是 3.6 及以上，安装命令如下：

```
pip3 install httpx
```

但这样安装完的 httpx 是不支持 HTTP/2.0 的，如果想支持，可以这样安装：

```
pip3 install "httpx[http2]"
```

这样就既安装了 httpx，又安装了 httpx 对 HTTP/2.0 的支持模块。

3. 基本使用

httpx 和 requests 的很多 API 存在相似之处，我们先看下最基本的 GET 请求的用法：

```python
import httpx

response = httpx.get('https://www.httpbin.org/get')
print(response.status_code)
print(response.headers)
print(response.text)
```

这里我们还是请求之前的测试网站，直接使用 httpx 的 get 方法即可，用法和 requests 里的一模一样，将返回结果赋值为 response 变量，然后打印出它的 status_code、headers、text 等属性，运行结果如下：

```
200
 Headers({'date': 'Mon, 17 May 2021 15:54:06 GMT', 'content-type': 'application/json', 'content-length': '305',
'connection': 'keep-alive', 'server': 'gunicorn/19.9.0', 'access-control-allow-origin': '*',
'access-control-allow-credentials': 'true'})
{
    "args": {},
    "headers": {
        "Accept": "*/*",
        "Accept-Encoding": "gzip, deflate",
        "Host": "www.httpbin.org",
        "User-Agent": "python-httpx/0.18.1",
        "X-Amzn-Trace-Id": "Root=1-60a2919e-7cab90d911d813877e6e4e84"
    },
    "origin": "203.184.131.36",
    "url": "https://www.httpbin.org/get"
}
```

输出结果包含三项内容，status_code 属性对应状态码，为 200；headers 属性对应响应头，是一个 Headers 对象，类似于一个字典；text 属性对应响应体，可以看到其中的 User-Agent 是 python-httpx/0.18.1，代表我们是用 httpx 请求的。

下面换一个 User-Agent 再请求一次，代码改写如下：

```python
import httpx

headers = {
    'User-Agent': 'Mozilla/5.0 (Macintosh; Intel Mac OS X 10_15_7) AppleWebKit/537.36 (KHTML, like Gecko)
        Chrome/90.0.4430.93 Safari/537.36'
}
response = httpx.get('https://www.httpbin.org/get', headers=headers)
print(response.text)
```

这里我们换了一个 User-Agent 重新请求，并将其赋值为 headers 变量，然后传递给 headers 参数，运行结果如下：

```
{
    "args": {},
    "headers": {
        "Accept": "*/*",
        "Accept-Encoding": "gzip, deflate",
        "Host": "www.httpbin.org",
        "User-Agent": "Mozilla/5.0 (Macintosh; Intel Mac OS X 10_15_7) AppleWebKit/537.36 (KHTML, like Gecko)
            Chrome/90.0.4430.93 Safari/537.36",
```

```
        "X-Amzn-Trace-Id": "Root=1-60a293b9-1042225a73778881454d1f62"
    },
    "origin": "203.184.131.36",
    "url": "https://www.httpbin.org/get"
}
```

可以发现更换后的 User-Agent 生效了。

回到本节开头提到的示例网站,我们试着用 httpx 请求一下这个网站,看看效果如何,代码如下:

```
import httpx

response = httpx.get('https://spa16.scrape.center')
print(response.text)
```

运行结果如下:
```
Traceback (most recent call last):
...
raise RemoteProtocolError(msg)
httpcore.RemoteProtocolError: Server disconnected without sending a response.
The above exception was the direct cause of the following exception:
...
raise mapped_exc(message) from exc httpx.RemoteProtocolError: Server disconnected without sending a response.
```

可以看到,抛出了和使用 requests 请求时类似的错误,不是说好支持 HTTP/2.0 吗?其实,httpx 默认是不会开启对 HTTP/2.0 的支持的,默认使用的是 HTTP/1.1,需要手动声明一下才能使用 HTTP/2.0,代码改写如下:

```
import httpx
client = httpx.Client(http2=True)
response = client.get('https://spa16.scrape.center/')
print(response.text)
```

运行结果如下:

```
<!DOCTYPE html><html lang=en><head><meta charset=utf-8><meta http-equiv=X-UA-Compatible content="IE=edge"><meta name=viewport content="width=device-width,initial-scale=1"><meta name=referrer content=no-referrer><link rel=icon href=/favicon.ico><title>Scrape | Book</title><link href=/css/chunk-50522e84.e4e1dae6.css rel=prefetch><link href=/css/chunk-f52d396c.4f574d24.css rel=prefetch><link href=/js/chunk-50522e84.6b3e24aa.js rel=prefetch><link href=/js/chunk-f52d396c.f8f41620.js rel=prefetch><link href=/css/app.ea9d802a.css rel=preload as=style><link href=/js/app.b93891e2.js rel=preload as=script><link href=/js/chunk-vendors.a02ff921.js rel=preload as=script><link href=/css/app.ea9d802a.css rel=stylesheet></head><body><noscript><strong>We're sorry but portal doesn't work properly without JavaScript enabled. Please enable it to continue.</strong></noscript><div id=app></div><script src=/js/chunk-vendors.a02ff921.js></script><script src=/js/app.b93891e2.js></script></body></html>
```

这里我们声明了一个 Client 对象,赋值为 client 变量,同时显式地将 http2 参数设置为 True,这样便开启了对 HTTP/2.0 的支持,之后就会发现可以成功获取 HTML 代码了。这也就印证了这个示例网站只能使用 HTTP/2.0 访问。

刚才我们也提到了,httpx 和 requests 有很多相似的 API,上面实现的是 GET 请求,对于 POST 请求、PUT 请求和 DELETE 请求来说,实现方式是类似的:

```
import httpx

r = httpx.get('https://www.httpbin.org/get', params={'name': 'germey'})
r = httpx.post('https://www.httpbin.org/post', data={'name': 'germey'})
r = httpx.put('https://www.httpbin.org/put')
r = httpx.delete('https://www.httpbin.org/delete')
r = httpx.patch('https://www.httpbin.org/patch')
```

基于得到的 Response 对象,可以使用如下属性和方法获取想要的内容。

❑ status_code:状态码。

❑ text:响应体的文本内容。

- content:响应体的二进制内容,当请求的目标是二进制数据(如图片)时,可以使用此属性获取。
- headers:响应头,是 Headers 对象,可以用像获取字典中的内容一样获取其中某个 Header 的值。
- json:方法,可以调用此方法将文本结果转化为 JSON 对象。

除了这些,httpx 还有一些基本用法也和 requests 极其类似,这里就不再赘述了,可以参考官方文档:https://www.python-httpx.org/quickstart/。

4. Client 对象

httpx 中有一些基本的 API 和 requests 中的非常相似,但也有一些 API 是不相似的,例如 httpx 中有一个 Client 对象,就可以和 requests 中的 Session 对象类比学习。

下面我们介绍 Client 对象的使用。官方比较推荐的使用方式是 with as 语句,示例如下:

```
import httpx

with httpx.Client() as client:
    response = client.get('https://www.httpbin.org/get')
    print(response)
```

运行结果如下:

```
<Response [200 OK]>
```

这个用法等价于:

```
import httpx

client = httpx.Client()
try:
    response = client.get('https://www.httpbin.org/get')
finally:
    client.close()
```

两种方式的运行结果是一样的,只不过这里需要我们在最后显式地调用 close 方法来关闭 Client 对象。

另外,在声明 Client 对象时可以指定一些参数,例如 headers,这样使用该对象发起的所有请求都会默认带上这些参数配置,示例如下:

```
import httpx

url = 'http://www.httpbin.org/headers'
headers = {'User-Agent': 'my-app/0.0.1'}
with httpx.Client(headers=headers) as client:
    r = client.get(url)
    print(r.json()['headers']['User-Agent'])
```

这里我们声明了一个 headers 变量,内容为 User-Agent 属性,然后将此变量传递给 headers 参数初始化了一个 Client 对象,并赋值为 client 变量,最后用 client 变量请求了测试网站,并打印返回结果中的 User-Agent 的内容:

```
my-app/0.0.1
```

可以看到,headers 成功赋值了。

关于 Client 对象的更多高级用法可以参考官方文档:https://www.python-httpx.org/advanced/。

5. 支持 HTTP/2.0

现在是要在客户端上开启对 HTTP/2.0 的支持,就像"基本使用"小节所说的那样,同样是声明

Client 对象，然后将 http2 参数设置为 True，如果不设置，那么默认支持 HTTP/1.1，即不开启对 HTTP/2.0 的支持。

写法如下：

```
import httpx
client = httpx.Client(http2=True)
response = client.get('https://www.httpbin.org/get')
print(response.text)
print(response.http_version)
```

这里我们输出了 response 变量的 http_version 属性，这是 requests 中不存在的属性，其结果可能为：

"HTTP/1.0", "HTTP/1.1", "HTTP/2".

这里输出的 http_version 属性值是 HTTP/2，代表使用了 HTTP/2.0 协议传输。

> 注意　在客户端的 httpx 上启用对 HTTP/2.0 的支持并不意味着请求和响应都将通过 HTTP/2.0 传输，这得客户端和服务端都支持 HTTP/2.0 才行。如果客户端连接到仅支持 HTTP/1.1 的服务器，那么它也需要改用 HTTP/1.1。

6. 支持异步请求

httpx 还支持异步客户端请求（即 AsyncClient），支持 Python 的 async 请求模式，写法如下：

```
import httpx
import asyncio

async def fetch(url):
    async with httpx.AsyncClient(http2=True) as client:
        response = await client.get(url)
        print(response.text)

if __name__ == '__main__':
    asyncio.get_event_loop().run_until_complete(fetch('https://www.httpbin.org/get'))
```

关于异步请求，目前仅了解一下即可，后面章节也会专门对异步请求进行讲解。大家也可以参考官方文档：https://www.python-httpx.org/async/。

7. 总结

本节介绍了 httpx 的基本用法，该库的 API 与 requests 的非常相似，简单易用，同时支持 HTTP/2.0，推荐大家使用。

本节代码参见：https://github.com/Python3WebSpider/HttpxTest。

2.5　基础爬虫案例实战

我们已经学习了多进程、requests、正则表达式的基本用法，但还没有完整地实现过一个爬取案例。这一节，我们就来实现一个完整的网站爬虫，把前面学习的知识点串联起来，同时加深对这些知识点的理解。

1. 准备工作

我们需要先做好如下准备工作。

- 安装好 Python3，最低为 3.6 版本，并能成功运行 Python3 程序。
- 了解 Python 多进程的基本原理。

❑ 了解Python HTTP请求库requests的基本用法。
❑ 了解正则表达式的用法和Python中正则表达式库re的基本用法。

以上内容在前面的章节中多有讲解，如果尚未准备好，建议先熟悉一下这些内容。

2. 爬取目标

本节我们以一个基本的静态网站作为案例进行爬取，需要爬取的链接为https://ssr1.scrape.center/，这个网站里面包含一些电影信息，界面如图2-14所示。

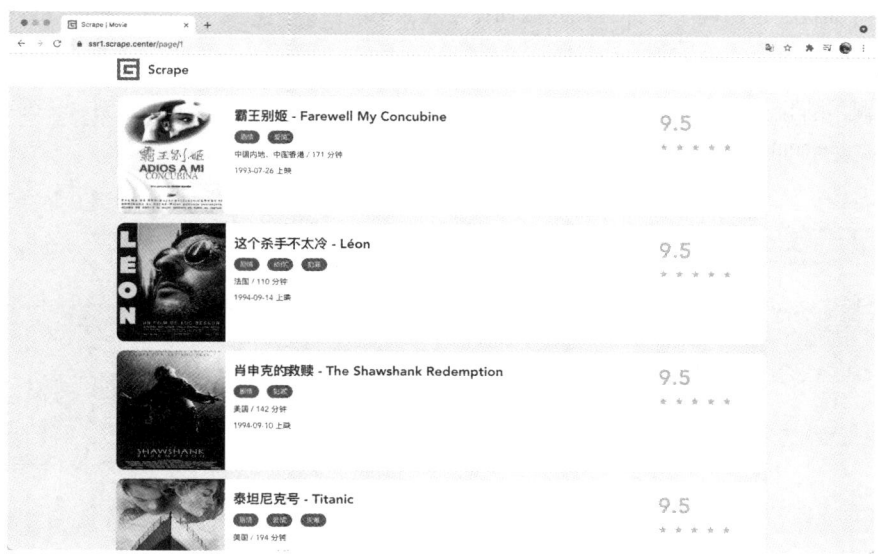

图2-14 案例网站的页面

网站首页展示了一个由多个电影组成的列表，其中每部电影都包含封面、名称、分类、上映时间、评分等内容，同时列表页还支持翻页，单击相应的页码就能进入对应的新列表页。

如果我们点开其中一部电影，会进入该电影的详情页面，例如我们打开第一部电影《霸王别姬》，会得到如图2-15所示的页面。

图2-15 打开《霸王别姬》呈现的页面

这个页面显示的内容更加丰富，包括剧情简介、导演、演员等信息。

我们本节要完成的目标有：

- 利用 requests 爬取这个站点每一页的电影列表，顺着列表再爬取每个电影的详情页；
- 用正则表达式提取每部电影的名称、封面、类别、上映时间、评分、剧情简介等内容；
- 把以上爬取的内容保存为 JSON 文本文件；
- 使用多进程实现爬取的加速。

已经做好准备，也明确了目标，那我们现在就开始吧。

3. 爬取列表页

第一步爬取肯定要从列表页入手，我们首先观察一下列表页的结构和翻页规则。在浏览器中访问 https://ssr1.scrape.center/，然后打开浏览器开发者工具，如图 2-16 所示。

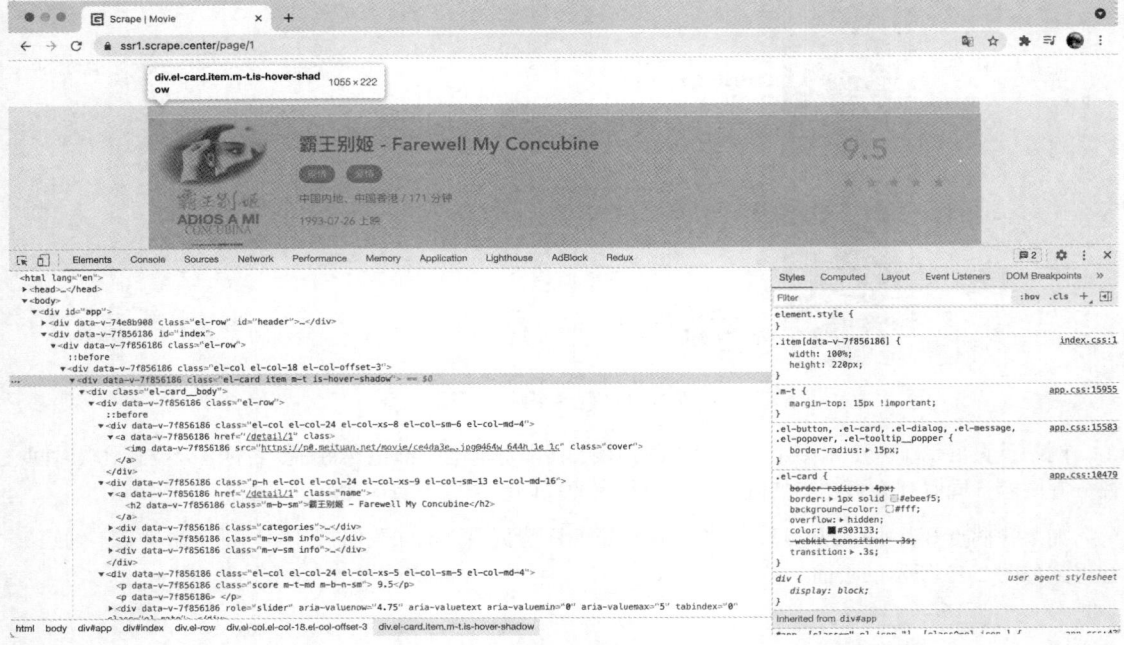

图 2-16　列表页及其 HTML

观察每一个电影信息区块对应的 HTML 以及进入到详情页的 URL，可以发现每部电影对应的区块都是一个 div 节点，这些节点的 class 属性中都有 el-card 这个值。每个列表页有 10 个这样的 div 节点，也就对应着 10 部电影的信息。

接下来再分析一下是怎么从列表页进入详情页的，我们选中第一个电影的名称，看下结果，如图 2-17 所示。

图 2-17 选中《霸王别姬》的名称

可以看到这个名称实际上是一个 h2 节点，其内部的文字就是电影标题。h2 节点的外面包含一个 a 节点，这个 a 节点带有 href 属性，这就是一个超链接，其中 href 的值为 /detail/1，这是一个相对网站的根 URL https://ssr1.scrape.center/ 的路径，加上网站的根 URL 就构成了 https://ssr1.scrape.center/detail/1，也就是这部电影的详情页的 URL。这样我们只需要提取这个 href 属性就能构造出详情页的 URL 并接着爬取了。

接下来我们分析翻页的逻辑，拉到页面的最下方，可以看到分页页码，如图 2-18 所示。

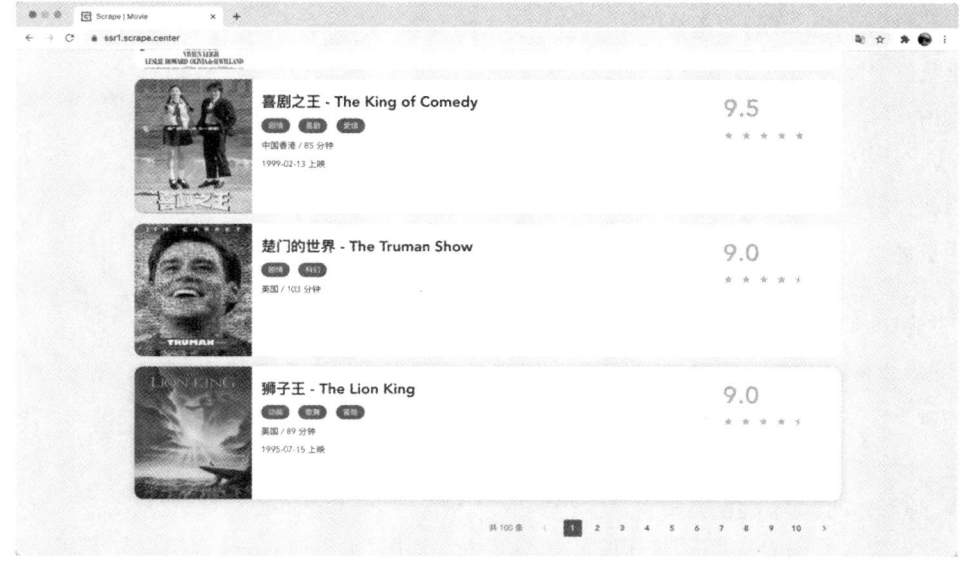

图 2-18 分页页码

可以观察到这里一共有 100 条数据，页码最多是 10。

我们单击第 2 页，如图 2-19 所示。

图 2-19　第 2 页的内容

可以看到网页的 URL 变成了 https://ssr1.scrape.center/page/2，相比根 URL 多了 /page/2 这部分内容。网页的结构还是和原来一模一样，可以像第 1 页那样处理。

接着我们查看第 3 页、第 4 页等内容，可以发现一个规律，这些页面的 URL 最后分别为 /page/3、/page/4。所以，/page 后面跟的就是列表页的页码，当然第 1 页也是一样，我们在根 URL 后面加上 /page/1 也是能访问这页的，只不过网站做了一下处理，默认的页码是 1，所以第一次显示的是第 1 页内容。

好，分析到这里，逻辑基本清晰了。

于是我们要完成列表页的爬取，可以这么实现：

❑ 遍历所有页码，构造 10 页的索引页 URL；
❑ 从每个索引页，分析提取出每个电影的详情页 URL。

那么我们写代码来实现一下吧。

首先，需要先定义一些基础的变量，并引入一些必要的库，写法如下：

```
import requests
import logging
import re
from urllib.parse import urljoin

logging.basicConfig(level=logging.INFO,
                    format='%(asctime)s - %(levelname)s: %(message)s')

BASE_URL = 'https://ssr1.scrape.center'
TOTAL_PAGE = 10
```

这里我们引入了 requests 库用来爬取页面、logging 库用来输出信息、re 库用来实现正则表达式解析、urljoin 模块用来做 URL 的拼接。

接着我们定义了日志输出级别和输出格式,以及 BASE_URL 为当前站点的根 URL,TOTAL_PAGE 为需要爬取的总页码数量。

完成了这些工作,来实现一个页面爬取的方法吧,实现如下:

```python
def scrape_page(url):
    logging.info('scraping %s...', url)
    try:
        response = requests.get(url)
        if response.status_code == 200:
            return response.text
        logging.error('get invalid status code %s while scraping %s',
                      response.status_code, url)
    except requests.RequestException:
        logging.error('error occurred while scraping %s', url,
                      exc_info=True)
```

考虑到不仅要爬取列表页,还要爬取详情页,所以这里我们定义了一个较通用的爬取页面的方法,叫作 scrape_page,它接收一个参数 url,返回页面的 HTML 代码。上面首先判断状态码是不是 200,如果是,就直接返回页面的 HTML 代码;如果不是,则输出错误日志信息。另外这里实现了 requests 的异常处理,如果出现了爬取异常,就输出对应的错误日志信息。我们将 logging 库中的 error 方法里的 exc_info 参数设置为 True,可以打印出 Traceback 错误堆栈信息。

好了,有了 scrape_page 方法之后,我们给这个方法传入一个 url,如果情况正常,它就可以返回页面的 HTML 代码了。

在 scrape_page 方法的基础上,我们来定义列表页的爬取方法吧,实现如下:

```python
def scrape_index(page):
    index_url = f'{BASE_URL}/page/{page}'
    return scrape_page(index_url)
```

方法名称叫作 scrape_index,这个实现就很简单了,这个方法会接收一个 page 参数,即列表页的页码,我们在方法里面实现列表页的 URL 拼接,然后调用 scrape_page 方法爬取即可,这样就能得到列表页的 HTML 代码了。

获取了 HTML 代码之后,下一步就是解析列表页,并得到每部电影的详情页的 URL,实现如下:

```python
def parse_index(html):
    pattern = re.compile('<a.*?href="(.*?)".*?class="name">')
    items = re.findall(pattern, html)
    if not items:
        return []
    for item in items:
        detail_url = urljoin(BASE_URL, item)
        logging.info('get detail url %s', detail_url)
        yield detail_url
```

这里我们定义了 parse_index 方法,它接收一个参数 html,即列表页的 HTML 代码。

在 parse_index 方法里,我们首先定义了一个提取标题超链接 href 属性的正则表达式,内容为:

`<a.*?href="(.*?)".*?class="name">`

其中我们使用非贪婪通用匹配 .*? 来匹配任意字符,同时在 href 属性的引号之间使用了分组匹配 (.*?) 正则表达式,这样我们便能在匹配结果里面获取 href 的属性值了。正则表达式后面紧跟着 class="name",用来标示这个 <a> 节点是代表电影名称的节点。

现在有了正则表达式,那么怎么提取列表页所有的 href 值呢?使用 re 库的 findall 方法就可以了,第一个参数传入这个正则表达式构造的 pattern 对象,第二个参数传入 html,这样 findall 方法便会搜索 html 中所有能与该正则表达式相匹配的内容,之后把匹配到的结果返回,并赋值为 items。

如果 items 为空，那么可以直接返回空列表；如果 items 不为空，那么直接遍历处理即可。

遍历 items 得到的 item 就是我们在上文所说的类似 /detail/1 这样的结果。由于这并不是一个完整的 URL，所以需要借助 urljoin 方法把 BASE_URL 和 href 拼接到一起，获得详情页的完整 URL，得到的结果就是类似 https://ssr1.scrape.center/detail/1 这样的完整 URL，最后调用 yield 返回即可。

现在我们通过调用 parse_index 方法，往其中传入列表页的 HTML 代码，就可以获得该列表页中所有电影的详情页 URL 了。

接下来我们对上面的方法串联调用一下，实现如下：

```
def main():
    for page in range(1, TOTAL_PAGE + 1):
        index_html = scrape_index(page)
        detail_urls = parse_index(index_html)
        logging.info('detail urls %s', list(detail_urls))

if __name__ == '__main__':
    main()
```

这里我们定义了 main 方法，以完成对上面所有方法的调用。main 方法中首先使用 range 方法遍历了所有页码，得到的 page 就是 1-10；接着把 page 变量传给 scrape_index 方法，得到列表页的 HTML；把得到的 HTML 赋值为 index_html 变量。接下来将 index_html 变量传给 parse_index 方法，得到列表页所有电影的详情页 URL，并赋值为 detail_urls，结果是一个生成器，我们调用 list 方法就可以将其输出。

运行一下上面的代码，结果如下：

```
2020-03-08 22:39:50,505 - INFO:           scraping https://ssr1.scrape.center/page/1...
2020-03-08 22:39:51,949 - INFO:           get detail url https://ssr1.scrape.center/detail/1
2020-03-08 22:39:51,950 - INFO:           get detail url https://ssr1.scrape.center/detail/2
2020-03-08 22:39:51,950 - INFO:           get detail url https://ssr1.scrape.center/detail/3
2020-03-08 22:39:51,950 - INFO:           get detail url https://ssr1.scrape.center/detail/4
2020-03-08 22:39:51,950 - INFO:           get detail url https://ssr1.scrape.center/detail/5
2020-03-08 22:39:51,950 - INFO:           get detail url https://ssr1.scrape.center/detail/6
2020-03-08 22:39:51,950 - INFO:           get detail url https://ssr1.scrape.center/detail/7
2020-03-08 22:39:51,950 - INFO:           get detail url https://ssr1.scrape.center/detail/8
2020-03-08 22:39:51,950 - INFO:           get detail url https://ssr1.scrape.center/detail/9
2020-03-08 22:39:51,950 - INFO:           get detail url https://ssr1.scrape.center/detail/10
2020-03-08 22:39:51,951 - INFO:           detail urls ['https://ssr1.scrape.center/detail/1',
'https://ssr1.scrape.center/detail/2', 'https://ssr1.scrape.center/detail/3',
'https://ssr1.scrape.center/detail/4', 'https://ssr1.scrape.center/detail/5',
'https://ssr1.scrape.center/detail/6', 'https://ssr1.scrape.center/detail/7',
'https://ssr1.scrape.center/detail/8', 'https://ssr1.scrape.center/detail/9',
'https://ssr1.scrape.center/detail/10']
2020-03-08 22:39:51,951 - INFO:           scraping https://ssr1.scrape.center/page/2...
2020-03-08 22:39:52,842 - INFO:           get detail url https://ssr1.scrape.center/detail/11
2020-03-08 22:39:52,842 - INFO:           get detail url https://ssr1.scrape.center/detail/12
...
```

输出内容比较多，这里只贴了一部分。

可以看到，程序首先爬取了第 1 页列表页，然后得到了对应详情页的每个 URL，接着再爬第 2 页、第 3 页，一直到第 10 页，依次输出了每一页的详情页 URL。意味着我们成功获取了所有电影的详情页 URL。

4. 爬取详情页

已经可以成功获取所有详情页 URL 了，下一步当然就是解析详情页，并提取我们想要的信息了。

首先观察一下详情页的 HTML 代码，如图 2-20 所示。

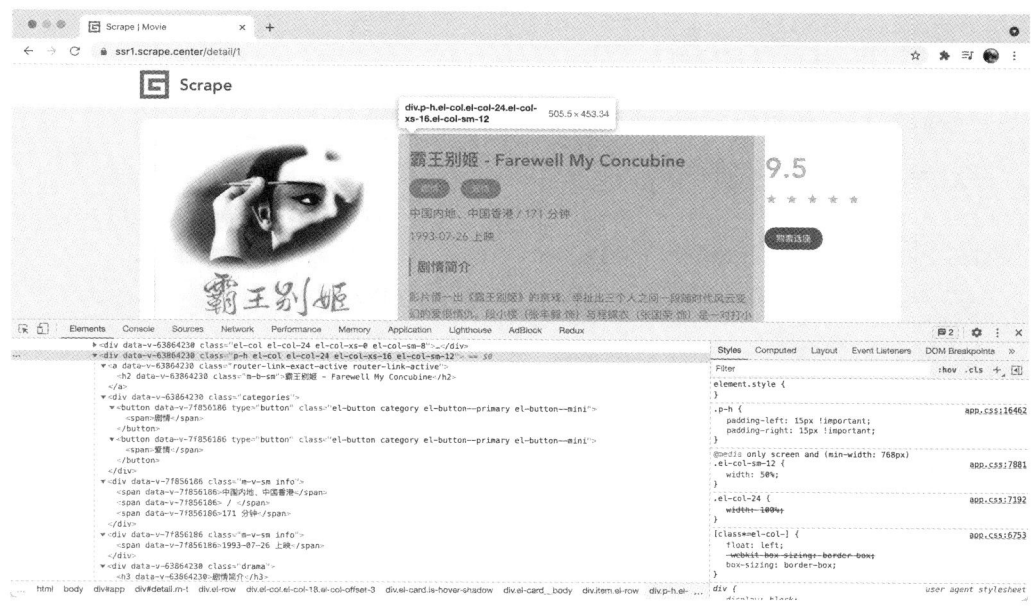

图 2-20　详情页的 HTML 代码

经过分析，我们想要提取的内容和对应的节点信息如下。

- 封面：是一个 img 节点，其 class 属性为 cover。
- 名称：是一个 h2 节点，其内容是电影名称。
- 类别：是 span 节点，其内容是电影类别。span 节点的外侧是 button 节点，再外侧是 class 为 categories 的 div 节点。
- 上映时间：是 span 节点，其内容包含上映时间，外侧是 class 为 info 的 div 节点。另外提取结果中还多了"上映"二字，我们可以用正则表达式把日期提取出来。
- 评分：是一个 p 节点，其内容便是电影评分。p 节点的 class 属性为 score。
- 剧情简介：是一个 p 节点，其内容便是剧情简介，其外侧是 class 为 drama 的 div 节点。

看着有点复杂吧，不用担心，正则表达式在手，我们都可以轻松搞定。

接着实现一下代码吧。

我们已经成功获取了详情页 URL，下面当然是定义一个详情页的爬取方法了，实现如下：

```
def scrape_detail(url):
    return scrape_page(url)
```

这里定义了一个 scrape_detail 方法，接收一个参数 url，并通过调用 scrape_page 方法获得网页源代码。由于我们刚才已经实现了 scrape_page 方法，所以这里不用再写一遍页面爬取的逻辑，直接调用即可，做到了代码复用。

另外有人会说，这个 scrape_detail 方法里面只调用了 scrape_page 方法，而没有别的功能，那爬取详情页直接用 scrape_page 方法不就好了，还有必要再单独定义 scrape_detail 方法吗？有必要，单独定义一个 scrape_detail 方法在逻辑上会显得更清晰，而且以后如果想对 scrape_detail 方法进行改动，例如添加日志输出、增加预处理，都可以在 scrape_detail 里实现，而不用改动 scrape_page 方法，灵活性会更好。

好了，详情页的爬取方法已经实现了，接着就是对详情页的解析了，实现如下：

```python
def parse_detail(html):
    cover_pattern = re.compile('class="item.*?<img.*?src="(.*?)".*?
                                class="cover">', re.S)
    name_pattern = re.compile('<h2.*?>(.*?)</h2>')
    categories_pattern = re.compile('<button.*?category.*?<span>(.*?)
                                </span>.*?</button>', re.S)
    published_at_pattern = re.compile('(\d{4}-\d{2}-\d{2})\s?上映')
    drama_pattern = re.compile('<div.*?drama.*?>.*?<p.*?>(.*?)</p>',
                                re.S)
    score_pattern = re.compile('<p.*?score.*?>(.*?)</p>', re.S)
    cover = re.search(cover_pattern, html).group(1).strip() if re.
                    search(cover_pattern, html) else None
    name = re.search(name_pattern, html).group(1).strip() if re.
                    search(name_pattern, html) else None
    categories = re.findall(categories_pattern, html) if re.
                    findall(categories_pattern, html) else []
    published_at = re.search(published_at_pattern, html).group(1) if re.
                    search(published_at_pattern, html) else None
    drama = re.search(drama_pattern, html).group(1).strip() if re.
                    search(drama_pattern, html) else None
    score = float(re.search(score_pattern, html).group(1).strip()) if
                    re.search(score_pattern, html) else None
    return {
        'cover': cover,
        'name': name,
        'categories': categories,
        'published_at': published_at,
        'drama': drama,
        'score': score
    }
```

这里我们定义了 parse_detail 方法，用于解析详情页，它接收一个参数为 html，解析其中的内容，并以字典的形式返回结果。每个字段的解析情况如下所述。

- cover：封面。其值是带有 cover 这个 class 的 img 节点的 src 属性的值，所以 src 的内容使用 (.*?) 来表示即可，在 img 节点的前面我们再加上一些用来区分位置的标识符，如 item。由于结果只有一个，因此写好正则表达式后用 search 方法提取即可。
- name：名称。其值是 h2 节点的文本值，因此可以直接在 h2 标签的中间使用 (.*?) 表示。因为结果只有一个，所以写好正则表达式后同样用 search 方法提取即可。
- categories：类别。我们注意到每个 category 的值都是 button 节点里面 span 节点的值，所以写好表示 button 节点的正则表达式后，直接在其内部 span 标签的中间使用 (.*?) 表示即可。因为结果有多个，所以这里使用 findall 方法提取，结果是一个列表。
- published_at：上映时间。由于每个上映时间信息都包含"上映"二字，日期又都是一个规整的格式，所以对于上映时间的提取，我们直接使用标准年月日的正则表达式 (\d{4}-\d{2}-\d{2}) 即可。因为结果只有一个，所以直接使用 search 方法提取即可。
- drama：直接提取 class 为 drama 的节点内部的 p 节点的文本即可，同样用 search 方法提取。
- score：直接提取 class 为 score 的 p 节点的文本即可，由于提取结果是字符串，因此还需要把它转成浮点数，即 float 类型。

上述字段都提取完毕之后，构造一个字典并返回。

这样，我们就成功完成了详情页的提取和分析。

最后，稍微改写一下 main 方法，增加对 scrape_detail 方法和 parse_detail 方法的调用，改写如下：

```python
def main():
    for page in range(1, TOTAL_PAGE + 1):
        index_html = scrape_index(page)
        detail_urls = parse_index(index_html)
```

```python
for detail_url in detail_urls:
    detail_html = scrape_detail(detail_url)
    data = parse_detail(detail_html)
    logging.info('get detail data %s', data)
```

这里我们首先遍历 detail_urls，获取了每个详情页的 URL；然后依次调用了 scrape_detail 和 parse_detail 方法；最后得到了每个详情页的提取结果，赋值为 data 并输出。

运行结果如下：

```
2020-03-08 23:37:35,936 - INFO: scraping https://ssr1.scrape.center/page/1...
2020-03-08 23:37:36,833 - INFO: get detail url https://ssr1.scrape.center/detail/1
2020-03-08 23:37:36,833 - INFO: scraping https://ssr1.scrape.center/detail/1...
2020-03-08 23:37:39,985 - INFO: get detail data {'cover': 'https://p0.meituan.net/movie/
ce4da3e03e655b5b88ed31b5cd7896cf62472.jpg@464w_644h_1e_1c', 'name': '霸王别姬 - Farewell My Concubine',
'categories': ['剧情', '爱情'], 'published_at': '1993-07-26', 'drama': '影片借一出《霸王别姬》的京戏，
牵扯出三个人之间一段随时代风云变幻的爱恨情仇。段小楼（张丰毅 饰）与程蝶衣（张国荣 饰）是一对小一起长大
的师兄弟，两人一个演生，一个饰旦，一向配合天衣无缝，尤其一出《霸王别姬》，更是誉满京城，为此，两人约定
合演一辈子《霸王别姬》。但两人对戏剧与人生关系的理解有本质不同，段小楼深知戏非人生，程蝶衣则是人戏不分。
段小楼在认为该成家立业之时迎娶了名妓菊仙（巩俐 饰），致使程蝶衣认定菊仙是可耻的第三者，使段小楼做了叛徒，
自此，三人围绕一出《霸王别姬》生出的爱恨情仇战开始изменить时代风云的变迁不断升级，终酿成悲剧。', 'score': 9.5}
2020-03-08 23:37:39,985 - INFO: get detail url https://ssr1.scrape.center/detail/2
2020-03-08 23:37:39,985 - INFO: scraping https://ssr1.scrape.center/detail/2...
2020-03-08 23:37:41,061 - INFO: get detail data {'cover': 'https://p1.meituan.net/movie/6bea9af4524dfbd
0b668eaa7e187c3df767253.jpg@464w_644h_1e_1c', 'name': '这个杀手不太冷 - Léon', 'categories': ['剧情',
'动作', '犯罪'], 'published_at': '1994-09-14', 'drama': '里昂（让·雷诺 饰）是名孤独的职业杀手，受人雇佣。
一天，邻居家小姑娘马蒂尔德（纳塔丽·波特曼 饰）敲开他的房门，要求在他那里暂避杀身之祸。原来邻居家的主人
是警方缉毒组的眼线，只因贪污了一小包毒品而遭恶警（加里·奥德曼 饰）杀害全家的惩罚。马蒂尔德得到里昂的
留救，幸免于难，并留在里昂那里。里昂教小女孩使枪，她教里昂法文，两人关系日趋亲密，相处融洽。女孩想着去报仇，
反倒被抓，里昂及时赶到，将女孩救回。混杂着哀怨情仇的正邪之战渐次升级，更大的冲突在所难免……', 'score': 9.5}
2020-03-08 23:37:41,062 - INFO: get detail url https://ssr1.scrape.center/detail/3
...
```

由于内容较多，这里省略了后续内容。

至此，我们已经成功提取出了每部电影的基本信息，包括封面、名称、类别等。

5. 保存数据

成功提取到详情页信息之后，下一步就要把数据保存起来了。由于到现在我们还没有学习数据库的存储，所以临时先将数据保存成文本格式，这里我们可以一个条目定义一个 JSON 文本。

定义一个保存数据的方法如下：

```python
import json
from os import makedirs
from os.path import exists

RESULTS_DIR = 'results'
exists(RESULTS_DIR) or makedirs(RESULTS_DIR)

def save_data(data):
    name = data.get('name')
    data_path = f'{RESULTS_DIR}/{name}.json'
    json.dump(data, open(data_path, 'w', encoding='utf-8'),
              ensure_ascii=False, indent=2)
```

这里我们首先定义保存数据的文件夹 RESULTS_DIR，然后判断这个文件夹是否存在，如果不存在则创建一个。

接着，我们定义了保存数据的方法 save_data，其中先是获取数据的 name 字段，即电影名称，将其当作 JSON 文件的名称；然后构造 JSON 文件的路径，接着用 json 的 dump 方法将数据保存成文本格式。dump 方法设置有两个参数，一个是 ensure_ascii，值为 False，可以保证中文字符在文件中能以正常的中文文本呈现，而不是 unicode 字符；另一个是 indent，值为 2，设置了 JSON 数据的结

果有两行缩进,让 JSON 数据的格式显得更加美观。

接下来把 main 方法稍微改写一下就好了,改写如下:

```
def main():
    for page in range(1, TOTAL_PAGE + 1):
        index_html = scrape_index(page)
        detail_urls = parse_index(index_html)
        for detail_url in detail_urls:
            detail_html = scrape_detail(detail_url)
            data = parse_detail(detail_html)
            logging.info('get detail data %s', data)
            logging.info('saving data to json file')
            save_data(data)
            logging.info('data saved successfully')
```

这就是加了对 save_data 方法调用的 main 方法,其中还加了一些日志信息。

重新运行,我们看下输出结果:

```
2020-03-09 01:10:27,094 - INFO: scraping https://ssr1.scrape.center/page/1...
2020-03-09 01:10:28,019 - INFO: get detail url https://ssr1.scrape.center/detail/1
2020-03-09 01:10:28,019 - INFO: scraping https://ssr1.scrape.center/detail/1...
2020-03-09 01:10:29,183 - INFO: get detail data {'cover': 'https://p0.meituan.net/movie/ce4da3e03e655b5b38
ed31b5cd7896cf62472.jpg@464w_644h_1e_1c', 'name': '霸王别姬 - Farewell My Concubine', 'categories':
['剧情', '爱情'], 'published_at': '1993-07-26', 'drama': '影片借一出《霸王别姬》的京戏,牵扯出三个人
之间一段随时代风云变幻的爱恨情仇。段小楼(张丰毅 饰)与程蝶衣(张国荣 饰)是一对打小一起长大的师兄弟,
两人一个演生,一个饰旦,一向配合天衣无缝,尤其一出《霸王别姬》,更是誉满京城,为此,两人约定合演一辈子
《霸王别姬》。但两人对戏剧与人生关系的理解有本质不同,段小楼深知戏非人生,程蝶衣则是人戏不分。段小楼在
认为该成家立业之时迎娶了名妓菊仙(巩俐 饰),致使程蝶衣认定菊仙是可耻的第三者,使段小楼做了叛徒,自此,
三人围绕一出《霸王别姬》生出的爱恨情仇战开始随着时代风云的变迁不断升级,终酿成悲剧。', 'score': 9.5}
2020-03-09 01:10:29,183 - INFO: saving data to json file
2020-03-09 01:10:29,288 - INFO: data saved successfully
2020-03-09 01:10:29,288 - INFO: get detail url https://ssr1.scrape.center/detail/2
2020-03-09 01:10:29,288 - INFO: scraping https://ssr1.scrape.center/detail/2...
2020-03-09 01:10:30,250 - INFO: get detail data {'cover': 'https://p1.meituan.net/movie/6bea9af4524dfbd
0b668eaa7e187c3df767253.jpg@464w_644h_1e_1c', 'name': '这个杀手不太冷 - Léon', 'categories': ['剧情',
'动作', '犯罪'], 'published_at': '1994-09-14', 'drama': '里昂(让·雷诺 饰)是名孤独的职业杀手,受人
雇佣。一天,邻居家小姑娘马蒂尔德(纳塔丽·波特曼 饰)敲开他的房门,要求在他那里暂避杀身之祸。原来邻居家
的主人是警方缉毒组的眼线,只因贪污了一小包毒品而遭恶警(加里·奥德曼 饰)杀害全家的惩罚。马蒂尔德得到里
昂的留救,幸免于难,并留在里昂那里。里昂教小女孩使枪,她教里昂法文,两人关系日趋亲密,相处融洽。女孩
想着去报仇,反倒被抓,里昂及时赶到,将女孩救回。混杂着哀怨情仇的正邪之战渐次升级,更大的冲突在所难免……',
'score': 9.5}
2020-03-09 01:10:30,250 - INFO: saving data to json file
2020-03-09 01:10:30,253 - INFO: data saved successfully
...
```

通过运行结果可以发现,这里成功输出了将数据存储到 JSON 文件的信息。

运行完毕之后,我们可以观察下本地的结果,可以看到 results 文件夹下多了 100 个 JSON 文件,每部电影数据都是一个 JSON 文件,文件名就是电影名,如图 2-21 所示。

6. 多进程加速

由于整个爬取是单进程的,而且只能逐条爬取,因此速度稍微有点慢,那有没有方法对整个爬取过程进行加速呢?

前面我们讲了多进程的基本原理和使用方法,下面就来实践一下多进程爬取吧。

图 2-21 本地的结果

由于一共有 10 页详情页，且这 10 页内容互不干扰，因此我们可以一页开一个进程来爬取。而且因为这 10 个列表页页码正好可以提前构造成一个列表，所以我们可以选用多进程里面的进程池 Pool 来实现这个过程。

这里我们需要改写下 main 方法，实现如下：

```python
import multiprocessing

def main(page):
    index_html = scrape_index(page)
    detail_urls = parse_index(index_html)
    for detail_url in detail_urls:
        detail_html = scrape_detail(detail_url)
        data = parse_detail(detail_html)
        logging.info('get detail data %s', data)
        logging.info('saving data to json data')
        save_data(data)
        logging.info('data saved successfully')

if __name__ == '__main__':
    pool = multiprocessing.Pool()
    pages = range(1, TOTAL_PAGE + 1)
    pool.map(main, pages)
    pool.close()
    pool.join()
```

我们首先给 main 方法添加了一个参数 page，用以表示列表页的页码。接着声明了一个进程池，并声明 pages 为所有需要遍历的页码，即 1-10。最后调用 map 方法，其第一个参数就是需要被调用的参数，第二个参数就是 pages，即需要遍历的页码。

这样就会依次遍历 pages 中的内容，把 1-10 这 10 个页码分别传递给 main 方法，并把每次的调用分别变成一个进程，加入进程池中，进程池会根据当前运行环境来决定运行多少个进程。例如我的机器的 CPU 有 8 个核，那么进程池的大小就会默认设置为 8，这样会有 8 个进程并行运行。

运行后的输出结果和之前类似，只是可以明显看到，多进程执行之后的爬取速度快了很多。可以清空之前的爬取数据，会发现数据依然可以被正常保存成 JSON 文件。

好了，到现在为止，我们就完成了全站电影数据的爬取，并实现了爬取数据的存储和优化。

7. 总结

本节用到的库有 requests、multiprocessing、re、logging 等，通过这个案例实战，我们把前面学习到的知识都串联了起来，对于其中的一些实现方法，可以好好思考和体会，也希望这个案例能够让你对爬虫的实现有更实际的了解。

本节代码参见：https://github.com/Python3WebSpider/ScrapeSsr1。

第 3 章 网页数据的解析提取

上一章我们实现了一个最基本的爬虫，但提取页面信息时使用的是正则表达式，过程比较烦琐，而且万一有地方写错了，可能会导致匹配失败，所以使用正则表达式提取页面信息多少还是有些不方便。

对于网页的节点来说，可以定义 id、class 或其他属性，而且节点之间还有层次关系，在网页中可以通过 XPath 或 CSS 选择器来定位一个或多个节点。那么，在解析页面时，利用 XPath 或 CSS 选择器提取某个节点，然后调用相应方法获取该节点的正文内容或者属性，不就可以提取我们想要的任意信息了吗？

在 Python 中，怎样实现上述操作呢？不用担心，相关的解析库非常多，其中比较强大的有 lxml、Beautiful Soup、pyquery、parsel 等。本章就来介绍这几个解析库的用法。有了它们，我们就不用再为正则表达式发愁，解析效率也会大大提高。

3.1 XPath 的使用

XPath 的全称是 XML Path Language，即 XML 路径语言，用来在 XML 文档中查找信息。它虽然最初是用来搜寻 XML 文档的，但同样适用于 HTML 文档的搜索。

所以在做爬虫时，我们完全可以使用 XPath 实现相应的信息抽取。本节我们就介绍一下 XPath 的基本用法。

1. XPath 概览

XPath 的选择功能十分强大，它提供了非常简洁明了的路径选择表达式。另外，它还提供了 100 多个内建函数，用于字符串、数值、时间的匹配以及节点、序列的处理等。几乎所有我们想要定位的节点，都可以用 XPath 选择。

XPath 于 1999 年 11 月 16 日成为 W3C 标准，它被设计出来，供 XSLT、XPointer 以及其他 XML 解析软件使用。

2. XPath 常用规则

表 3-1 列举了 XPath 的几个常用规则。

表 3-1　XPath 的常用规则

表达式	描述
nodename	选取此节点的所有子节点
/	从当前节点选取直接子节点
//	从当前节点选取子孙节点
.	选取当前节点
..	选取当前节点的父节点
@	选取属性

这里列出了 XPath 的一个常用匹配规则，如下：

```
//title[@lang='eng']
```

它代表选择所有名称为 `title`，同时属性 `lang` 的值为 `eng` 的节点。

后面会通过 Python 的 lxml 库，利用 XPath 对 HTML 进行解析。

3. 准备工作

使用 lxml 库之前，首先要确保其已安装好。

可以使用 pip3 来安装：

```
pip3 install lxml
```

更详细的安装说明可以参考：https://setup.scrape.center/lxml。

安装完成后，就可以进入接下来的学习了。

4. 实例引入

下面通过实例感受一下使用 XPath 对网页进行解析的过程，相关代码如下：

```python
from lxml import etree
text = '''
<div>
    <ul>
        <li class="item-0"><a href="link1.html">first item</a></li>
        <li class="item-1"><a href="link2.html">second item</a></li>
        <li class="item-inactive"><a href="link3.html">third item</a></li>
        <li class="item-1"><a href="link4.html">fourth item</a></li>
        <li class="item-0"><a href="link5.html">fifth item</a>
    </ul>
</div>
'''
html = etree.HTML(text)
result = etree.tostring(html)
print(result.decode('utf-8'))
```

这里首先导入 lxml 库的 etree 模块，然后声明了一段 HTML 文本，接着调用 HTML 类进行初始化，这样就成功构造了一个 XPath 解析对象。此处需要注意一点，HTML 文本中的最后一个 li 节点是没有闭合的，而 etree 模块可以自动修正 HTML 文本。

之后调用 tostring 方法即可输出修正后的 HTML 代码，但是结果是 bytes 类型。于是利用 decode 方法将其转换成 str 类型，结果如下：

```
<html><body><div>
    <ul>
        <li class="item-0"><a href="link1.html">first item</a></li>
        <li class="item-1"><a href="link2.html">second item</a></li>
        <li class="item-inactive"><a href="link3.html">third item</a></li>
        <li class="item-1"><a href="link4.html">fourth item</a></li>
        <li class="item-0"><a href="link5.html">fifth item</a>
    </li></ul>
</div>
</body></html>
```

可以看到，经过处理之后的 li 节点标签得以补全，并且自动添加了 body、html 节点。

另外，也可以不声明，直接读取文本文件进行解析，实例如下：

```python
from lxml import etree

html = etree.parse('./test.html', etree.HTMLParser())
result = etree.tostring(html)
print(result.decode('utf-8'))
```

其中 test.html 的内容就是上面例子中的 HTML 代码,内容如下:

```html
<div>
    <ul>
        <li class="item-0"><a href="link1.html">first item</a></li>
        <li class="item-1"><a href="link2.html">second item</a></li>
        <li class="item-inactive"><a href="link3.html">third item</a></li>
        <li class="item-1"><a href="link4.html">fourth item</a></li>
        <li class="item-0"><a href="link5.html">fifth item</a>
    </ul>
</div>
```

这次的输出结果略有不同,多了一个 DOCTYPE 声明,不过对解析无任何影响,结果如下:

```html
<!DOCTYPE html PUBLIC "-//W3C//DTD HTML 4.0 Transitional//EN" "http://www.w3.org/TR/REC-html40/loose.dtd">
<html><body><div>
    <ul>
        <li class="item-0"><a href="link1.html">first item</a></li>
        <li class="item-1"><a href="link2.html">second item</a></li>
        <li class="item-inactive"><a href="link3.html">third item</a></li>
        <li class="item-1"><a href="link4.html">fourth item</a></li>
        <li class="item-0"><a href="link5.html">fifth item</a>
    </li></ul>
</div></body></html>
```

5. 所有节点

我们一般会用以 // 开头的 XPath 规则,来选取所有符合要求的节点。这里还是以第一个实例中的 HTML 文本为例,选取其中所有节点,实现代码如下:

```python
from lxml import etree
html = etree.parse('./test.html', etree.HTMLParser())
result = html.xpath('//*')
print(result)
```

运行结果如下:

```
[<Element html at 0x10510d9c8>, <Element body at 0x10510da08>, <Element div at 0x10510da48>, <Element ul at 0x10510da88>, <Element li at 0x10510dac8>, <Element a at 0x10510db48>, <Element li at 0x10510db88>, <Element a at 0x10510dbc8>, <Element li at 0x10510dc08>, <Element a at 0x10510dc48>, <Element li at 0x10510dc88>, <Element a at 0x10510dcc8>, <Element a at 0x10510dd08>]
```

这里使用 * 代表匹配所有节点,也就是获取整个 HTML 文本中的所有节点。从运行结果可以看到,返回形式是一个列表,其中每个元素是 Element 类型,类型后面跟着节点的名称,如 html、body、div、ul、li、a 等,所有节点都包含在了列表中。

当然,此处匹配也可以指定节点名称。例如想获取所有 li 节点,实例如下:

```python
from lxml import etree
html = etree.parse('./test.html', etree.HTMLParser())
result = html.xpath('//li')
print(result)
print(result[0])
```

这里选取所有 li 节点,可以使用 //,然后直接加上节点名称,调用时使用 xpath 方法即可。

运行结果如下:

```
[<Element li at 0x105849208>, <Element li at 0x105849248>, <Element li at 0x105849288>, <Element li at 0x1058492c8>, <Element li at 0x105849308>]
<Element li at 0x105849208>
```

可以看到,提取结果也是一个列表,其中每个元素都是 Element 类型。要是想取出其中一个对象,可以直接用中括号加索引获取,如 [0]。

6. 子节点

通过 / 或 // 即可查找元素的子节点或子孙节点。假如现在想选择 li 节点的所有直接子节点 a,

则可以这样实现：

```
from lxml import etree

html = etree.parse('./test.html', etree.HTMLParser())
result = html.xpath('//li/a')
print(result)
```

这里通过追加 /a 的方式，选择了所有 li 节点的所有直接子节点 a。其中 //li 用于选中所有 li 节点，/a 用于选中 li 节点的所有直接子节点 a。

运行结果如下：

```
[<Element a at 0x106ee8688>, <Element a at 0x106ee86c8>, <Element a at 0x106ee8708>, <Element a at 0x106ee8748>, <Element a at 0x106ee8788>]
```

上面的 / 用于选取节点的直接子节点，如果要获取节点的所有子孙节点，可以使用 //。例如，要获取 ul 节点下的所有子孙节点 a，可以这样实现：

```
from lxml import etree

html = etree.parse('./test.html', etree.HTMLParser())
result = html.xpath('//ul//a')
print(result)
```

运行结果是相同的。

但是如果这里用 //ul/a，就无法获取任何结果了。因为 / 用于获取直接子节点，而 ul 节点下没有直接的 a 子节点，只有 li 节点，所以无法获取任何匹配结果，代码如下：

```
from lxml import etree

html = etree.parse('./test.html', etree.HTMLParser())
result = html.xpath('//ul/a')
print(result)
```

运行结果如下：

```
[]
```

因此这里要注意 / 和 // 的区别，前者用于获取直接子节点，后者用于获取子孙节点。

7. 父节点

通过连续的 / 或 // 可以查找子节点或子孙节点，那么假如知道了子节点，怎样查找父节点呢？这可以用 .. 实现。

例如，首先选中 href 属性为 link4.html 的 a 节点，然后获取其父节点，再获取父节点的 class 属性，相关代码如下：

```
from lxml import etree

html = etree.parse('./test.html', etree.HTMLParser())
result = html.xpath('//a[@href="link4.html"]/../@class')
print(result)
```

运行结果如下：

```
['item-1']
```

检查一下结果发现，这正是我们获取的目标 li 节点的 class 属性。

也可以通过 parent:: 获取父节点，代码如下：

```
from lxml import etree
html = etree.parse('./test.html', etree.HTMLParser())
result = html.xpath('//a[@href="link4.html"]/parent::*/@class')
print(result)
```

8. 属性匹配

在选取节点的时候，还可以使用@符号实现属性过滤。例如，要选取class属性为item-0的li节点，可以这样实现：

```
from lxml import etree
html = etree.parse('./test.html', etree.HTMLParser())
result = html.xpath('//li[@class="item-0"]')
print(result)
```

这里通过加入[@class="item-0"]，限制了节点的class属性为item-0。HTML文本中符合这个条件的li节点有两个，所以结果应该返回两个元素。结果如下：

```
<Element li at 0x10a399288>, <Element li at 0x10a3992c8>
```

可见，匹配结果正是两个，至于是不是正确的那两个，后面再验证。

9. 文本获取

用XPath中的text方法可以获取节点中的文本，接下来尝试获取前面li节点中的文本，相关代码如下：

```
from lxml import etree

html = etree.parse('./test.html', etree.HTMLParser())
result = html.xpath('//li[@class="item-0"]/text()')
print(result)
```

运行结果如下：

```
['\n     ']
```

奇怪的是，我们没有获取任何文本，只获取了一个换行符，这是为什么呢？因为xpath中text方法的前面是/，而/的含义是选取直接子节点，很明显li的直接子节点都是a节点，文本都是在a节点内部的，所以这里匹配到的结果就是被修正的li节点内部的换行符，因为自动修正的li节点的尾标签换行了。

即选中的是这两个节点：

```
<li class="item-0"><a href="link1.html">first item</a></li>
<li class="item-0"><a href="link5.html">fifth item</a>
</li>
```

其中一个节点因为自动修正，li节点的尾标签在添加的时候换行了，所以提取文本得到的唯一结果就是li节点的尾标签和a节点的尾标签之间的换行符。

因此，如果想获取li节点内部的文本，就有两种方式，一种是先选取a节点再获取文本，另一种是使用//。接下来，我们看下两种方式的区别。

先选取a节点，再获取文本的代码如下：

```
from lxml import etree
html = etree.parse('./test.html', etree.HTMLParser())
result = html.xpath('//li[@class="item-0"]/a/text()')
print(result)
```

运行结果如下：

```
['first item', 'fifth item']
```

可以看到，这里有两个返回值，内容都是class属性为item-0的li节点的文本，这也印证了前面属性匹配的结果是正确的。

这种方式下，我们是逐层选取的，先选取li节点，然后利用/选取其直接子节点a，再选取节点

a 的文本，得到的两个结果恰好是符合我们预期的。

再来看一下使用 // 能够获取什么样的结果，代码如下：

```python
from lxml import etree

html = etree.parse('./test.html', etree.HTMLParser())
result = html.xpath('//li[@class="item-0"]//text()')
print(result)
```

运行结果如下：

```
['first item', 'fifth item', '\n        ']
```

不出所料，这里的返回结果是三个。可想而知，这里选取的是所有子孙节点的文本，其中前两个是 li 的子节点 a 内部的文本，另外一个是最后一个 li 节点内部的文本，即换行符。

由此，要想获取子孙节点内部的所有文本，可以直接使用 // 加 text 方法的方式，这样能够保证获取最全面的文本信息，但是可能会夹杂一些换行符等特殊字符。如果想获取某些特定子孙节点下的所有文本，则可以先选取特定的子孙节点，再调用 text 方法获取其内部的文本，这样可以保证获取的结果是整洁的。

10. 属性获取

我们已经可以用 text 方法获取节点内部文本，那么节点属性该怎样获取呢？其实依然可以用 @ 符号。例如，通过如下代码获取所有 li 节点下所有 a 节点的 href 属性：

```python
from lxml import etree

html = etree.parse('./test.html', etree.HTMLParser())
result = html.xpath('//li/a/@href')
print(result)
```

这里通过 @href 获取节点的 href 属性。注意，此处和属性匹配的方法不同，属性匹配是用中括号加属性名和值来限定某个属性，如 [@href="link1.html"]，此处的 @href 是指获取节点的某个属性，二者需要做好区分。

运行结果如下：

```
['link1.html', 'link2.html', 'link3.html', 'link4.html', 'link5.html']
```

可以看到，我们成功获取了所有 li 节点下 a 节点的 href 属性，并以列表形式返回了它们。

11. 属性多值匹配

有时候，某些节点的某个属性可能有多个值，例如：

```python
from lxml import etree
text = '''
<li class="li li-first"><a href="link.html">first item</a></li>
'''
html = etree.HTML(text)
result = html.xpath('//li[@class="li"]/a/text()')
print(result)
```

这里 HTML 文本中 li 节点的 class 属性就有两个值：li 和 li-first。此时如果还用之前的属性匹配获取节点，就无法进行了，运行结果如下：

```
[]
```

这种情况需要用到 contains 方法，于是代码可以改写如下：

```
from lxml import etree
text = '''
```

```
<li class="li li-first"><a href="link.html">first item</a></li>
'''
html = etree.HTML(text)
result = html.xpath('//li[contains(@class, "li")]/a/text()')
print(result)
```

上面使用了 contains 方法,给其第一个参数传入属性名称,第二个参数传入属性值,只要传入的属性包含传入的属性值,就可以完成匹配了。

此时运行结果如下:

['first item']

contains 方法经常在某个节点的某个属性有多个值时用到。

12. 多属性匹配

我们还可能遇到一种情况,就是根据多个属性确定一个节点,这时需要同时匹配多个属性。运算符 and 用于连接多个属性,实例如下:

```
from lxml import etree
text = '''
<li class="li li-first" name="item"><a href="link.html">first item</a> </li>
'''
html = etree.HTML(text)
result = html.xpath('//li[contains(@class, "li") and @name="item"]/a/    text()')
print(result)
```

这里的 li 节点又增加了一个属性 name。因此要确定 li 节点,需要同时考察 class 和 name 属性,一个条件是 class 属性里面包含 li 字符串,另一个条件是 name 属性为 item 字符串,这二者同时得到满足,才是 li 节点。class 和 name 属性需要用 and 运算符相连,相连之后置于中括号内进行条件筛选。运行结果如下:

['first item']

这里的 and 其实是 XPath 中的运算符。除了它,还有很多其他运算符,如 or、mod 等,在此总结为表 3-2。

表 3-2 运算符及其介绍

运算符	描述	实例	返回值
or	或	age=19 or age=20	如果 age 是 19,则返回 true。如果 age 是 21,则返回 false
and	与	age>19 and age<21	如果 age 是 20,则返回 true。如果 age 是 18,则返回 false
mod	计算除法的余数	5 mod 2	1
|	计算两个节点集	//book|//cd	返回所有拥有 book 和 cd 元素的节点集
+	加法	6 + 4	10
-	减法	6 - 4	2
*	乘法	6 * 4	24
div	除法	8 div 4	2
=	等于	age=19	如果 age 是 19,则返回 true。如果 age 是 20,则返回 false
!=	不等于	age!=19	如果 age 是 18,则返回 true。如果 age 是 19,则返回 false
<	小于	age<19	如果 age 是 18,则返回 true。如果 age 是 19,则返回 false
<=	小于或等于	<=19	如果 age 是 19,则返回 true。如果 age 是 20,则返回 false
>	大于	age>19	如果 age 是 20,则返回 true。如果 age 是 19,则返回 false
>=	大于或等于	age>=19	如果 age 是 19,则返回 true。如果 age 是 18,则返回 false

13. 按序选择

在选择节点时，某些属性可能同时匹配了多个节点，但我们只想要其中的某一个，如第二个或者最后一个，这时该怎么办呢？

可以使用往中括号中传入索引的方法获取特定次序的节点，实例如下：

```python
from lxml import etree

text = '''
<div>
    <ul>
        <li class="item-0"><a href="link1.html">first item</a></li>
        <li class="item-1"><a href="link2.html">second item</a></li>
        <li class="item-inactive"><a href="link3.html">third item</a></li>
        <li class="item-1"><a href="link4.html">fourth item</a></li>
        <li class="item-0"><a href="link5.html">fifth item</a>
    </ul>
</div>
'''
html = etree.HTML(text)
result = html.xpath('//li[1]/a/text()')
print(result)
result = html.xpath('//li[last()]/a/text()')
print(result)
result = html.xpath('//li[position()<3]/a/text()')
print(result)
result = html.xpath('//li[last()-2]/a/text()')
print(result)
```

上述代码中，第一次选择时选取了第一个 li 节点，往中括号中传入数字 1 即可实现。注意，这里和写代码不同，序号以 1 开头，而非 0。

第二次选择时，选取了最后一个 li 节点，在中括号中调用 last 方法即可实现。

第三次选择时，选取了位置小于 3 的 li 节点，也就是位置序号为 1 和 2 的节点，得到的结果就是前两个 li 节点。

第四次选择时，选取了倒数第三个 li 节点，在中括号中调用 last 方法再减去 2 即可实现。因为 last 方法代表最后一个，在此基础上减 2 得到的就是倒数第三个。

运行结果如下：

```
['first item']
['fifth item']
['first item', 'second item']
['third item']
```

在这个实例中，我们使用了 last、position 等方法。XPath 提供了 100 多个方法，包括存取、数值、字符串、逻辑、节点、序列等处理功能。

14. 节点轴选择

XPath 提供了很多节点轴的选择方法，包括获取子元素、兄弟元素、父元素、祖先元素等，实例如下：

```python
from lxml import etree

text = '''
<div>
    <ul>
        <li class="item-0"><a href="link1.html"><span>first item</span></a></li>
        <li class="item-1"><a href="link2.html">second item</a></li>
        <li class="item-inactive"><a href="link3.html">third item</a></li>
```

```
            <li class="item-1"><a href="link4.html">fourth item</a></li>
            <li class="item-0"><a href="link5.html">fifth item</a>
        </ul>
    </div>
'''
html = etree.HTML(text)
result = html.xpath('//li[1]/ancestor::*')
print(result)
result = html.xpath('//li[1]/ancestor::div')
print(result)
result = html.xpath('//li[1]/attribute::*')
print(result)
result = html.xpath('//li[1]/child::a[@href="link1.html"]')
print(result)
result = html.xpath('//li[1]/descendant::span')
print(result)
result = html.xpath('//li[1]/following::*[2]')
print(result)
result = html.xpath('//li[1]/following-sibling::*')
print(result)
```

运行结果如下:

```
[<Element html at 0x107941808>, <Element body at 0x1079418c8>, <Element div at 0x107941908>, <Element ul at 0x107941948>]
[<Element div at 0x107941908>]
['item-0']
[<Element a at 0x1079418c8>]
[<Element span at 0x107941948>]
[<Element a at 0x1079418c8>]
[<Element li at 0x107941948>, <Element li at 0x107941988>, <Element li at 0x1079419c8>, <Element li at 0x107941a08>]
```

上述代码中第一次选择时，调用了 ancestor 轴，可以获取所有祖先节点。其后需要跟两个冒号，然后是节点的选择器，这里我们直接使用 *，表示匹配所有节点，因此相应返回结果是第一个 li 节点的所有祖先节点，包括 html、body、div 和 ul。

第二次选择时，又加了限定条件，这次是在冒号后面加了 div，于是得到的结果就只有 div 这个祖先节点了。

第三次选择时，调用了 attribute 轴，可以获取所有属性值，其后跟的选择器还是 *，代表获取节点的所有属性，返回值就是 li 节点的所有属性值。

第四次选择时，调用了 child 轴，可以获取所有直接子节点。这里我们又加了限定条件，选取 href 属性为 link1.html 的 a 节点。

第五次选择时，调用了 descendant 轴，可以获取所有子孙节点。这里我们又加了限定条件——获取 span 节点，所以返回结果只包含 span 节点，不包含 a 节点。

第六次选择时，调用了 following 轴，可以获取当前节点之后的所有节点。这里我们虽然使用的是 * 匹配，但又加了索引选择，所以只获取了第二个后续节点。

第七次选择时，调用了 following-sibling 轴，可以获取当前节点之后的所有同级节点。这里我们使用 * 匹配，所以获取了所有的后续同级节点。

15. 总结

到现在为止，我们把可能用到的 XPath 选择器基本介绍完了。XPath 功能非常强大，内置函数非常多，熟练使用之后，可以大大提升提取 HTML 信息的效率。

本节代码参见：https://github.com/Python3WebSpider/XPathTest。

3.2 Beautiful Soup 的使用

第 2 章介绍了正则表达式的相关用法，只是一旦正则表达式写得有问题，得到的结果就可能不是我们想要的了。而且每一个网页都有一定的特殊结构和层级关系，很多节点都用 id 或 class 作区分，所以借助它们的结构和属性来提取不也可以吗？

本节我们就介绍一个强大的解析工具——Beautiful Soup，其借助网页的结构和属性等特性来解析网页。有了它，我们不需要写复杂的正则表达式，只需要简单的几个语句，就可以完成网页中某个元素的提取。

废话不多说，接下来就感受一下 Beautiful Soup 的强大之处吧。

1. Beautiful Soup 的简介

简单来说，Beautiful Soup 是 Python 的一个 HTML 或 XML 的解析库，我们用它可以方便地从网页中提取数据，其官方解释如下：

Beautiful Soup 提供一些简单的、Python 式的函数来处理导航、搜索、修改分析树等功能。它是一个工具箱，通过解析文档为用户提供需要抓取的数据，因为简单，所以无须很多代码就可以写出一个完整的应用程序。Beautiful Soup 自动将输入文档转换为 Unicode 编码，将输出文档转换为 utf-8 编码。你不需要考虑编码方式，除非文档没有指定具体的编码方式，这时你仅仅需要说明一下原始编码方式就可以了。Beautiful Soup 已成为和 lxml、html5lib 一样出色的 Python 解释器，为用户灵活提供不同的解析策略或强劲的速度。

总而言之，利用 Beautiful Soup 可以省去很多烦琐的提取工作，提高解析网页的效率。

2. 解析器

实际上，Beautiful Soup 在解析时是依赖解析器的，它除了支持 Python 标准库中的 HTML 解析器，还支持一些第三方解析器（例如 lxml）。表 3-3 列出了 Beautiful Soup 支持的解析器。

表 3-3 Beautiful Soup 支持的解析器

解析器	使用方法	优势	劣势
Python 标准库	BeautifulSoup(markup, 'html.parser')	Python 的内置标准库、执行速度适中、文档容错能力强	Python 2.7.3 或 3.2.2 前的版本中文容错能力差
LXML HTML 解析器	BeautifulSoup(markup, 'lxml')	速度快、文档容错能力强	需要安装 C 语言库
LXML XML 解析器	BeautifulSoup(markup, 'xml')	速度快、唯一支持 XML 的解析器	需要安装 C 语言库
html5lib	BeautifulSoup(markup, 'html5lib')	提供最好的容错性、以浏览器的方式解析文档、生成 HTML5 格式的文档	速度慢、不依赖外部扩展

通过表 3-3 的对比可以看出，LXML 解析器有解析 HTML 和 XML 的功能，而且速度快、容错能力强，所以推荐使用它。

使用 LXML 解析器，只需在初始化 Beautiful Soup 时，把第二个参数改为 lxml 即可：

```
from bs4 import BeautifulSoup
soup = BeautifulSoup('<p>Hello</p>', 'lxml')
print(soup.p.string)
```

在后面，统一用这个解析器演示 Beautiful Soup 的用法实例。

3. 准备工作

在开始之前,请确保已经正确安装好 Beautiful Soup 和 lxml 这两个库。Beautiful Soup 直接使用 pip3 安装即可,命令如下:

```
pip3 install beautifulsoup4
```

更加详细的安装说明可以参考:https://setup.scrape.center/beautifulsoup。

另外,我们使用的是 lxml 这个解析器,所以还需要额外安装 lxml 这个库,其安装方法见 3.1 节。

以上两个库都安装完成后,就可以进行接下来的学习了。

4. 基本使用

下面首先通过实例看看 Beautiful Soup 的基本用法:

```
html = """
<html><head><title>The Dormouse's story</title></head>
<body>
<p class="title" name="dromouse"><b>The Dormouse's story</b></p>
<p class="story">Once upon a time there were three little sisters; and their names were
<a href="http://example.com/elsie" class="sister" id="link1"><!-- Elsie --></a>,
<a href="http://example.com/lacie" class="sister" id="link2">Lacie</a> and
<a href="http://example.com/tillie" class="sister" id="link3">Tillie    </a>;
and they lived at the bottom of a well.</p>
<p class="story">...</p>
"""
from bs4 import BeautifulSoup
soup = BeautifulSoup(html, 'lxml')
print(soup.prettify())
print(soup.title.string)
```

运行结果如下:

```
<html>
    <head>
        <title>
            The Dormouse's story
        </title>
    </head>
    <body>
        <p class="title" name="dromouse">
            <b>
                The Dormouse's story
            </b>
        </p>
        <p class="story">
            Once upon a time there were three little sisters; and their names were
            <a class="sister" href="http://example.com/elsie" id="link1">
                <!-- Elsie -->
            </a>
            ,
            <a class="sister" href="http://example.com/lacie" id="link2">
                Lacie
            </a>
            and
            <a class="sister" href="http://example.com/tillie" id="link3">
                Tillie
            </a>
            ;
            and they lived at the bottom of a well.
        </p>
        <p class="story">
            ...
        </p>
```

```
        </body>
    </html>
    The Dormouse's story
```

这里首先声明一个变量 html,这是一个 HTML 字符串。但是需要注意的是,它并不是一个完整的 HTML 字符串,因为 body 节点和 html 节点都没有闭合。接着,我们将它当作第一个参数传给 BeautifulSoup 对象,该对象的第二个参数为解析器的类型(这里使用 lxml),此时就完成了 BeaufulSoup 对象的初始化。然后,将这个对象赋值给 soup 变量。

之后就可以调用 soup 的各个方法和属性解析这串 HTML 代码了。

首先,调用 prettify 方法。这个方法可以把要解析的字符串以标准的缩进格式输出。这里需要注意的是,输出结果里包含 body 和 html 节点,也就是说对于不标准的 HTML 字符串 BeautifulSoup,可以自动更正格式。这一步不是由 prettify 方法完成的,而是在初始化 BeautifulSoup 的时候就完成了。

然后调用 soup.title.string,这实际上是输出 HTML 中 title 节点的文本内容。所以,通过 soup.title 选出 HTML 中的 title 节点,再调用 string 属性就可以得到 title 节点里面的文本了。你看,我们通过简单调用几个属性就完成了文本提取,是不是非常方便?

5. 节点选择器

直接调用节点的名称即可选择节点,然后调用 string 属性就可以得到节点内的文本了。这种选择方式速度非常快,当单个节点结构层次非常清晰时,可以选用这种方式来解析。

下面再用一个例子详细说明选择节点的方法:

```
html = """
<html><head><title>The Dormouse's story</title></head>
<body>
<p class="title" name="dromouse"><b>The Dormouse's story</b></p>
<p class="story">Once upon a time there were three little sisters; and their names were
<a href="http://example.com/elsie" class="sister" id="link1"><!-- Elsie --></a>,
<a href="http://example.com/lacie" class="sister" id="link2">Lacie</a> and
<a href="http://example.com/tillie" class="sister" id="link3">Tillie</a>;
and they lived at the bottom of a well.</p>
<p class="story">...</p>
"""
from bs4 import BeautifulSoup
soup = BeautifulSoup(html, 'lxml')
print(soup.title)
print(type(soup.title))
print(soup.title.string)
print(soup.head)
print(soup.p)
```

运行结果:

```
<title>The Dormouse's story</title>
<class 'bs4.element.Tag'>
The Dormouse's story
<head><title>The Dormouse's story</title></head>
<p class="title" name="dromouse"><b>The Dormouse's story</b></p>
```

这里依然使用刚才的 HTML 代码,首先打印出 title 节点的选择结果,输出结果正是 title 节点及里面的文字内容。接下来,输出 title 节点的类型,是 bs4.element.Tag,这是 Beautiful Soup 中一个重要的数据结构,经过选择器选择的结果都是这种 Tag 类型。Tag 具有一些属性,例如 string 属性,调用该属性可以得到节点的文本内容,所以类型的输出结果正是节点的文本内容。

输出文本内容后,又尝试选择了 head 节点,结果也是节点加其内部的所有内容。最后,选择了 p 节点。不过这次情况比较特殊,因为结果是第一个 p 节点的内容,后面的几个 p 节点并没有选取到。也就是说,当有多个节点时,这种选择方式只会选择到第一个匹配的节点,后面的其他节点都会忽略。

6. 提取信息

上面演示了通过调用 string 属性获取文本的值,那么如何获取节点名称?如何获取节点属性的值呢?接下来我们就统一梳理一下信息的提取方式。

- 获取名称

利用 name 属性可以获取节点的名称。还是以上面的文本为例,先选取 title 节点,再调用 name 属性就可以得到节点名称:

```
print(soup.title.name)
```

运行结果:

```
title
```

- 获取属性

一个节点可能有多个属性,例如 id 和 class 等,选择这个节点元素后,可以调用 attrs 获取其所有属性:

```
print(soup.p.attrs)
print(soup.p.attrs['name'])
```

运行结果:

```
{'class': ['title'], 'name': 'dromouse'}
dromouse
```

可以看到,调用 attrs 属性的返回结果是字典形式,包括所选择节点的所有属性和属性值。因此要获取 name 属性,相当于从字典中获取某个键值,只需要用中括号加属性名就可以了。例如通过 attrs['name'] 获取 name 属性。

其实这种方式有点烦琐,还有一种更为简单的获取属性值的方式:不用写 attrs,直接在节点元素后面加中括号,然后传入属性名就可以了。样例如下:

```
print(soup.p['name'])
print(soup.p['class'])
```

运行结果如下:

```
dromouse
['title']
```

这里需要注意,有的返回结果是字符串,有的返回结果是由字符串组成的列表。例如,name 属性的值是唯一的,于是返回结果就是单个字符串。而对于 class 属性,一个节点元素可能包含多个 class,所以返回的就是列表。在实际处理过程中,我们要注意判断类型。

- 获取内容

这点在前面也提到过,可以利用 string 属性获取节点元素包含的文本内容,例如用如下实例获取第一个 p 节点的文本:

```
print(soup.p.string)
```

运行结果如下:

```
The Dormouse's story
```

再次注意一下,这里选取的 p 节点是第一个 p 节点,获取的文本也是第一个 p 节点里面的文本。

- 嵌套选择

在上面的例子中,我们知道所有返回结果都是 bs4.element.Tag 类型,Tag 类型的对象同样可以继续调用节点进行下一步的选择。例如，我们获取了 head 节点，就可以继续调用 head 选取其内部的 head 节点：

```python
html = """
<html><head><title>The Dormouse's story</title></head>
<body>
"""
from bs4 import BeautifulSoup
soup = BeautifulSoup(html, 'lxml')
print(soup.head.title)
print(type(soup.head.title))
print(soup.head.title.string)
```

运行结果如下：

```
<title>The Dormouse's story</title>
<class 'bs4.element.Tag'>
The Dormouse's story
```

运行结果的第一行是调用 head 之后再调用 title，而选择的 title 节点。第二行打印出了它的类型，可以看到，仍然是 bs4.element.Tag 类型。也就是说，我们在 Tag 类型的基础上再次选择，得到的结果依然是 Tag 类型。既然每次返回的结果都相同，那么就可以做嵌套选择了。

最后一行结果输出了 title 节点的 string 属性，也就是节点里的文本内容。

7. 关联选择

在做选择的过程中，有时不能一步就选到想要的节点，需要先选中某一个节点，再以它为基准选子节点、父节点、兄弟节点等，下面就介绍一下如何选择这些节点。

- **子节点和子孙节点**

选取节点之后，如果想要获取它的直接子节点，可以调用 contents 属性，实例如下：

```python
html = """
<html>
    <head>
        <title>The Dormouse's story</title>
    </head>
    <body>
        <p class="story">
            Once upon a time there were three little sisters; and their names were
            <a href="http://example.com/elsie" class="sister" id="link1">
                <span>Elsie</span>
            </a>
            <a href="http://example.com/lacie" class="sister" id="link2">Lacie</a>
            and
            <a href="http://example.com/tillie" class="sister" id="link3">Tillie</a>
            and they lived at the bottom of a well.
        </p>
        <p class="story">...</p>
"""
from bs4 import BeautifulSoup
soup = BeautifulSoup(html, 'lxml')
print(soup.p.contents)
```

运行结果如下：

```
['\n Once upon a time there were three little sisters; and their names were\n',
<a class="sister" href="http://example.com/elsie" id="link1">
<span>Elsie</span>
</a>, '\n', <a class="sister" href="http://example.com/lacie" id="link2">Lacie</a>,
' \n and\n', <a class="sister" href="http://example.com/tillie"
id="link3">Tillie</a>, '\n and they lived at the bottom of a well.\n']
```

可以看到，返回结果是列表形式。p 节点里既包含文本，又包含节点，这些内容会以列表形式统一返回。

需要注意的是，列表中的每个元素都是 p 节点的直接子节点。像第一个 a 节点里面包含的 span 节点，就相当于孙子节点，但是返回结果并没有把 span 节点单独选出来。所以说，contents 属性得到的结果是直接子节点组成的列表。

同样，我们可以调用 children 属性得到相应的结果：

```
from bs4 import BeautifulSoup
soup = BeautifulSoup(html, 'lxml')
print(soup.p.children)
for i, child in enumerate(soup.p.children):
    print(i, child)
```

运行结果如下：

```
<list_iterator object at 0x1064f7dd8>
0
            Once upon a time there were three little sisters; and their names were

1 <a class="sister" href="http://example.com/elsie" id="link1">
<span>Elsie</span>
</a>
2

3 <a class="sister" href="http://example.com/lacie" id="link2">Lacie</a>
4
            and

5 <a class="sister" href="http://example.com/tillie" id="link3">Tillie</a>
6
            and they lived at the bottom of a well.
```

还是同样的 HTML 文本，这里调用 children 属性来选择，返回结果是生成器类型。然后，我们用 for 循环输出了相应的内容。

如果要得到所有的子孙节点，则可以调用 descendants 属性：

```
from bs4 import BeautifulSoup
soup = BeautifulSoup(html, 'lxml')
print(soup.p.descendants)
for i, child in enumerate(soup.p.descendants):
    print(i, child)
```

运行结果如下：

```
<generator object descendants at 0x10650e678>
0
            Once upon a time there were three little sisters; and their names were

1 <a class="sister" href="http://example.com/elsie" id="link1">
<span>Elsie</span>
</a>
2

3 <span>Elsie</span>
4 Elsie
5

6

7 <a class="sister" href="http://example.com/lacie" id="link2">Lacie</a>
8 Lacie
9
            and
```

```
10 <a class="sister" href="http://example.com/tillie" id="link3">Tillie</a>
11 Tillie
12
            and they lived at the bottom of a well.
```

你会发现,此时返回结果还是生成器。遍历输出一下可以看到,这次的输出结果中就包含了 span 节点,因为 descendants 会递归查询所有子节点,得到所有的子孙节点。

- 父节点和祖先节点

如果要获取某个节点元素的父节点,可以调用 parent 属性:

```
html = """
<html>
    <head>
        <title>The Dormouse's story</title>
    </head>
    <body>
        <p class="story">
            Once upon a time there were three little sisters; and their names were
            <a href="http://example.com/elsie" class="sister" id="link1">
                <span>Elsie</span>
            </a>
        </p>
        <p class="story">...</p>
"""
from bs4 import BeautifulSoup
soup = BeautifulSoup(html, 'lxml')
print(soup.a.parent)
```

运行结果如下:

```
<p class="story">
            Once upon a time there were three little sisters; and their names were
            <a class="sister" href="http://example.com/elsie" id="link1">
<span>Elsie</span>
</a>
</p>
```

这里我们选择的是第一个 a 节点的父节点元素。很明显,a 节点的父节点是 p 节点,所以输出结果便是 p 节点及其内部内容。

需要注意,这里输出的仅仅是 a 节点的直接父节点,而没有再向外寻找父节点的祖先节点。如果想获取所有祖先节点,可以调用 parents 属性:

```
html = """
<html>
    <body>
        <p class="story">
            <a href="http://example.com/elsie" class="sister" id="link1">
                <span>Elsie</span>
            </a>
        </p>
"""
from bs4 import BeautifulSoup
soup = BeautifulSoup(html, 'lxml')
print(type(soup.a.parents))
print(list(enumerate(soup.a.parents)))
```

运行结果如下:

```
<class 'generator'>
[(0, <p class="story">
<a class="sister" href="http://example.com/elsie" id="link1">
<span>Elsie</span>
</a>
```

```
</p>), (1, <body>
<p class="story">
<a class="sister" href="http://example.com/elsie" id="link1">
<span>Elsie</span>
</a>
</p>
</body>), (2, <html>
<body>
<p class="story">
<a class="sister" href="http://example.com/elsie" id="link1">
<span>Elsie</span>
</a>
</p>
</body></html>), (3, <html>
<body>
<p class="story">
<a class="sister" href="http://example.com/elsie" id="link1">
<span>Elsie</span>
</a>
</p>
</body></html>)]
```

可以发现，返回结果是生成器类型。这里用列表输出了其索引和内容，列表中的元素就是 a 节点的祖先节点。

● 兄弟节点

子节点和父节点的获取方式已经介绍完毕，如果要获取同级节点，也就是兄弟节点，又该怎么办呢？实例如下：

```
html = """
<html>
    <body>
        <p class="story">
            Once upon a time there were three little sisters; and their names were
            <a href="http://example.com/elsie" class="sister" id="link1">
                <span>Elsie</span>
            </a>
            Hello
            <a href="http://example.com/lacie" class="sister" id="link2">Lacie</a>
            and
            <a href="http://example.com/tillie" class="sister" id="link3">Tillie</a>
            and they lived at the bottom of a well.
        </p>
"""
from bs4 import BeautifulSoup
soup = BeautifulSoup(html, 'lxml')
print('Next Sibling', soup.a.next_sibling)
print('Prev Sibling', soup.a.previous_sibling)
print('Next Siblings', list(enumerate(soup.a.next_siblings)))
print('Prev Siblings', list(enumerate(soup.a.previous_siblings)))
```

运行结果如下：

```
Next Sibling
            Hello

Prev Sibling
            Once upon a time there were three little sisters; and their names were

Next Siblings [(0, '\n Hello\n'), (1, <a class="sister" href="http://example.com/
lacie" id="link2">Lacie</a>), (2, ' \n and\n'), (3, <a class="sister" href=
"http://example.com/tillie" id="link3">Tillie</a>), (4, '\n and they lived at the bottom of a
well.\n')]
Prev Siblings [(0, '\n Once upon a time there were three little sisters; and their names
were\n')]
```

可以看到，这里调用了 4 个属性。next_sibling 和 previous_sibling 分别用于获取节点的下一个和上一个兄弟节点，next_siblings 和 previous_siblings 则分别返回后面和前面的所有兄弟节点。

- 提取信息

前面讲过关联元素节点的选择方法，如果想要获取它们的一些信息，例如文本、属性等，也可以用同样的方法，实例如下：

```
html = """
<html>
    <body>
        <p class="story">
            Once upon a time there were three little sisters; and their names were
            <a href="http://example.com/elsie" class="sister" id="link1">Bob</a><a href=
                "http://example.com/lacie" class="sister" id="link2">Lacie</a>
        </p>
"""
from bs4 import BeautifulSoup
soup = BeautifulSoup(html, 'lxml')
print('Next Sibling:')
print(type(soup.a.next_sibling))
print(soup.a.next_sibling)
print(soup.a.next_sibling.string)
print('Parent:')
print(type(soup.a.parents))
print(list(soup.a.parents)[0])
print(list(soup.a.parents)[0].attrs['class'])
```

运行结果如下：

```
Next Sibling:
<class 'bs4.element.Tag'>
<a class="sister" href="http://example.com/lacie" id="link2">Lacie</a>
Lacie
Parent:
<class 'generator'>
<p class="story">
            Once upon a time there were three little sisters; and their names were
            <a class="sister" href="http://example.com/elsie" id="link1">Bob</a><a class="sister" href="http://example.com/lacie" id="link2">Lacie</a>
</p>
['story']
```

如果返回结果是单个节点，那么可以直接调用 string、attrs 等属性获得其文本和属性；如果返回结果是包含多个节点的生成器，则可以先将结果转为列表，再从中取出某个元素，之后调用 string、attrs 等属性即可获取对应节点的文本和属性。

8. 方法选择器

前面讲的选择方法都是基于属性来选择的，这种方法虽然快，但是在进行比较复杂的选择时，会变得比较烦琐，不够灵活。幸好，Beautiful Soup 还为我们提供了一些查询方法，例如 find_all 和 find 等，调用这些方法，然后传入相应的参数，就可以灵活查询了。

- find_all

find_all，顾名思义就是查询所有符合条件的元素，可以给它传入一些属性或文本来得到符合条件的元素，功能十分强大。它的 API 如下：

```
find_all(name , attrs , recursive , text , **kwargs)
```

- name

我们可以根据 name 参数来查询元素，下面用一个实例来感受一下：

```
html='''
<div class="panel">
    <div class="panel-heading">
        <h4>Hello</h4>
    </div>
    <div class="panel-body">
        <ul class="list" id="list-1">
            <li class="element">Foo</li>
            <li class="element">Bar</li>
            <li class="element">Jay</li>
        </ul>
        <ul class="list list-small" id="list-2">
            <li class="element">Foo</li>
            <li class="element">Bar</li>
        </ul>
    </div>
</div>
'''
from bs4 import BeautifulSoup
soup = BeautifulSoup(html, 'lxml')
print(soup.find_all(name='ul'))
print(type(soup.find_all(name='ul')[0]))
```

运行结果如下:

```
[<ul class="list" id="list-1">
<li class="element">Foo</li>
<li class="element">Bar</li>
<li class="element">Jay</li>
</ul>, <ul class="list list-small" id="list-2">
<li class="element">Foo</li>
<li class="element">Bar</li>
</ul>]
<class 'bs4.element.Tag'>
```

这里我们调用了 find_all 方法,向其中传入 name 参数,其参数值为 ul,意思是查询所有 ul 节点。返回结果是列表类型,长度为 2,列表中每个元素依然都是 bs4.element.Tag 类型。

因为都是 Tag 类型,所以依然可以进行嵌套查询。下面这个实例还是以同样的文本为例,先查询所有 ul 节点,查出后再继续查询其内部的 li 节点:

```
for ul in soup.find_all(name='ul'):
    print(ul.find_all(name='li'))
```

运行结果如下:

```
[<li class="element">Foo</li>, <li class="element">Bar</li>, <li class="element">Jay</li>]
[<li class="element">Foo</li>, <li class="element">Bar</li>]
```

返回结果是列表类型,列表中的每个元素依然是 Tag 类型。

接下来我们就可以遍历每个 li 节点,并获取它的文本内容了。

```
for ul in soup.find_all(name='ul'):
    print(ul.find_all(name='li'))
    for li in ul.find_all(name='li'):
        print(li.string)
```

运行结果如下:

```
[<li class="element">Foo</li>, <li class="element">Bar</li>, <li class="element">Jay</li>]
Foo
Bar
Jay
[<li class="element">Foo</li>, <li class="element">Bar</li>]
Foo
Bar
```

- `attrs`

除了根据节点名查询，我们也可以传入一些属性进行查询，下面用一个实例感受一下：

```
html='''
<div class="panel">
    <div class="panel-heading">
        <h4>Hello</h4>
    </div>
    <div class="panel-body">
        <ul class="list" id="list-1" name="elements">
            <li class="element">Foo</li>
            <li class="element">Bar</li>
            <li class="element">Jay</li>
        </ul>
        <ul class="list list-small" id="list-2">
            <li class="element">Foo</li>
            <li class="element">Bar</li>
        </ul>
    </div>
</div>
'''
from bs4 import BeautifulSoup
soup = BeautifulSoup(html, 'lxml')
print(soup.find_all(attrs={'id': 'list-1'}))
print(soup.find_all(attrs={'name': 'elements'}))
```

运行结果如下：

```
[<ul class="list" id="list-1" name="elements">
<li class="element">Foo</li>
<li class="element">Bar</li>
<li class="element">Jay</li>
</ul>]
[<ul class="list" id="list-1" name="elements">
<li class="element">Foo</li>
<li class="element">Bar</li>
<li class="element">Jay</li>
</ul>]
```

这里查询的时候，传入的是 attrs 参数，其属于字典类型。例如，要查询 id 为 list-1 的节点，就可以传入 attrs={'id': 'list-1'} 作为查询条件，得到的结果是列表形式，列表中的内容就是符合 id 为 list-1 这一条件的所有节点。在上面的实例中，符合条件的元素个数是 1，所以返回结果是长度为 1 的列表。

对于一些常用的属性，例如 id 和 class 等，我们可以不用 attrs 传递。例如，要查询 id 为 list-1 的节点，可以直接传入 id 这个参数。还是使用上面的文本，只不过换一种方式来查询：

```
from bs4 import BeautifulSoup
soup = BeautifulSoup(html, 'lxml')
print(soup.find_all(id='list-1'))
print(soup.find_all(class_='element'))
```

运行结果如下：

```
[<ul class="list" id="list-1">
<li class="element">Foo</li>
<li class="element">Bar</li>
<li class="element">Jay</li>
</ul>]
[<li class="element">Foo</li>, <li class="element">Bar</li>, <li class="element">Jay</li>, <li class="element">Foo</li>, <li class="element">Bar</li>]
```

这里直接传入 id='list-1'，就可以查询 id 为 list-1 的节点元素了。而对于 class 来说，由于 class 在 Python 里是一个关键字，所以后面需要加一个下划线，即 class_='element'，返回结果依然是 Tag 对象组成的列表。

- **text**

text 参数可以用来匹配节点的文本，其传入形式可以是字符串，也可以是正则表达式对象，实例如下：

```
import re
html='''
<div class="panel">
    <div class="panel-body">
        <a>Hello, this is a link</a>
        <a>Hello, this is a link, too</a>
    </div>
</div>
'''
from bs4 import BeautifulSoup
soup = BeautifulSoup(html, 'lxml')
print(soup.find_all(text=re.compile('link')))
```

运行结果如下：

```
['Hello, this is a link', 'Hello, this is a link, too']
```

这里有两个 a 节点，其内部包含文本信息。这里在 find_all 方法中传入 text 参数，该参数为正则表达式对象，返回结果是由所有与正则表达式相匹配的节点文本组成的列表。

- **find**

除了 find_all 方法，还有 find 方法也可以查询符合条件的元素，只不过 find 方法返回的是单个元素，也就是第一个匹配的元素，而 find_all 会返回由所有匹配的元素组成的列表。实例如下：

```
html='''
<div class="panel">
    <div class="panel-heading">
        <h4>Hello</h4>
    </div>
    <div class="panel-body">
        <ul class="list" id="list-1">
            <li class="element">Foo</li>
            <li class="element">Bar</li>
            <li class="element">Jay</li>
        </ul>
        <ul class="list list-small" id="list-2">
            <li class="element">Foo</li>
            <li class="element">Bar</li>
        </ul>
    </div>
</div>
'''
from bs4 import BeautifulSoup
soup = BeautifulSoup(html, 'lxml')
print(soup.find(name='ul'))
print(type(soup.find(name='ul')))
print(soup.find(class_='list'))
```

运行结果如下：

```
<ul class="list" id="list-1">
<li class="element">Foo</li>
<li class="element">Bar</li>
<li class="element">Jay</li>
</ul>
<class 'bs4.element.Tag'>
<ul class="list" id="list-1">
<li class="element">Foo</li>
<li class="element">Bar</li>
```

```
<li class="element">Jay</li>
</ul>
```

可以看到,返回结果不再是列表形式,而是第一个匹配的节点元素,类型依然是 Tag 类型。

另外还有许多查询方法,用法与介绍过的 find_all、find 完全相同,区别在于查询范围不同,在此做一下简单的说明。

- find_parents 和 find_parent:前者返回所有祖先节点,后者返回直接父节点。
- find_next_siblings 和 find_next_sibling:前者返回后面的所有兄弟节点,后者返回后面第一个兄弟节点。
- find_previous_siblings 和 find_previous_sibling:前者返回前面的所有兄弟节点,后者返回前面第一个兄弟节点。
- find_all_next 和 find_next:前者返回节点后面所有符合条件的节点,后者返回后面第一个符合条件的节点。
- find_all_previous 和 find_previous:前者返回节点前面所有符合条件的节点,后者返回前面第一个符合条件的节点。

9. CSS 选择器

Beautiful Soup 还提供了另外一种选择器——CSS 选择器。如果你熟悉 Web 开发,那么肯定对 CSS 选择器不陌生。

使用 CSS 选择器,只需要调用 select 方法,传入相应的 CSS 选择器即可。我们用一个实例感受一下:

```
html='''
<div class="panel">
    <div class="panel-heading">
        <h4>Hello</h4>
    </div>
    <div class="panel-body">
        <ul class="list" id="list-1">
            <li class="element">Foo</li>
            <li class="element">Bar</li>
            <li class="element">Jay</li>
        </ul>
        <ul class="list list-small" id="list-2">
            <li class="element">Foo</li>
            <li class="element">Bar</li>
        </ul>
    </div>
</div>
'''
from bs4 import BeautifulSoup
soup = BeautifulSoup(html, 'lxml')
print(soup.select('.panel .panel-heading'))
print(soup.select('ul li'))
print(soup.select('#list-2 .element'))
print(type(soup.select('ul')[0]))
```

运行结果如下:

```
[<div class="panel-heading">
<h4>Hello</h4>
</div>]
[<li class="element">Foo</li>, <li class="element">Bar</li>, <li class="element">Jay</li>, <li class="element">Foo</li>, <li class="element">Bar</li>]
[<li class="element">Foo</li>, <li class="element">Bar</li>]
<class 'bs4.element.Tag'>
```

这里我们用了 3 次 CSS 选择器，返回结果均是由符合 CSS 选择器的节点组成的列表。例如，select('ul li') 表示选择所有 ul 节点下面的所有 li 节点，结果便是所有 li 节点组成的列表。

在最后一句中，我们打印输出了列表中元素的类型。可以看到，类型依然是 Tag 类型。

- 嵌套选择

select 方法同样支持嵌套选择，例如先选择所有 ul 节点，再遍历每个 ul 节点，选择其 li 节点，实例如下：

```python
from bs4 import BeautifulSoup
soup = BeautifulSoup(html, 'lxml')
for ul in soup.select('ul'):
    print(ul.select('li'))
```

运行结果如下：

```
[<li class="element">Foo</li>, <li class="element">Bar</li>, <li class="element">Jay</li>]
[<li class="element">Foo</li>, <li class="element">Bar</li>]
```

可以看到，正常输出了每个 ul 节点下所有 li 节点组成的列表。

- 获取属性

既然知道节点是 Tag 类型，于是获取属性依然可以使用原来的方法。还是基于上面的 HTML 文本，这里尝试获取每个 ul 节点的 id 属性：

```python
from bs4 import BeautifulSoup
soup = BeautifulSoup(html, 'lxml')
for ul in soup.select('ul'):
    print(ul['id'])
    print(ul.attrs['id'])
```

运行结果如下：

```
list-1
list-1
list-2
list-2
```

可以看到，直接将属性名传入中括号和通过 attrs 属性获取属性值，都是可以成功获取属性的。

- 获取文本

要获取文本，当然也可以用前面所讲的 string 属性。除此之外，还有一个方法，就是 get_text，实例如下：

```python
from bs4 import BeautifulSoup
soup = BeautifulSoup(html, 'lxml')
for li in soup.select('li'):
    print('Get Text:', li.get_text())
    print('String:', li.string)
```

运行结果如下：

```
Get Text: Foo
String: Foo
Get Text: Bar
String: Bar
Get Text: Jay
String: Jay
Get Text: Foo
String: Foo
Get Text: Bar
String: Bar
```

二者的实现效果完全一致，都可以获取节点的文本值。

10. 总结

到此，Beautiful Soup 的介绍基本就结束了，最后做一下简单的总结。

- 推荐使用 LXML 解析库，必要时使用 html.parser。
- 节点选择器筛选功能弱，但是速度快。
- 建议使用 find、find_all 方法查询匹配的单个结果或者多个结果。
- 如果对 CSS 选择器熟悉，则可以使用 select 选择法。

本节代码参见：https://github.com/Python3WebSpider/BeautifulSoupTest。

3.3 pyquery 的使用

3.2 节介绍了 Beautiful Soup 的用法，这是一个非常强大的网页解析库，你是否觉得它的一些方法用起来有点不适应？有没有觉得它的 CSS 选择器的功能没那么强大？

如果你对 Web 编程有所了解，如果你比较喜欢用 CSS 选择器，如果你对 jQuery 有所了解，那么这里有一个更适合你的解析库——pyquery。

接下来，一起感受一下 pyquery 的强大之处。

1. 准备工作

同样，在本节开始之前请确保已经安装好了 pyquery 库，如没有安装，可以使用 pip3 安装：

```
pip3 install pyquery
```

更加详细的安装说明可以参考：https://setup.scrape.center/pyquery。

安装完成之后，我们便可以开始接下来的学习了。

2. 初始化

在用 pyquery 库解析 HTML 文本的时候，需要先将其初始化为一个 PyQuery 对象。

初始化方式有很多种，例如直接传入字符串、传入 URL、传入文件名，等等。下面我们详细介绍一下这些方式。

- **字符串初始化**

这种方式是直接把 HTML 的内容当作初始化参数，来初始化 PyQuery 对象。可以用一个实例来感受一下：

```
html = '''
<div>
    <ul>
        <li class="item-0">first item</li>
        <li class="item-1"><a href="link2.html">second item</a></li>
        <li class="item-0 active"><a href="link3.html"><span class="bold">third item</span></a></li>
        <li class="item-1 active"><a href="link4.html">fourth item</a></li>
        <li class="item-0"><a href="link5.html">fifth item</a></li>
    </ul>
</div>
'''
from pyquery import PyQuery as pq
doc = pq(html)
print(doc('li'))
```

这里首先引入 PyQuery 这个对象，取别名为 pq。然后声明一个长 HTML 字符串，并将其当作参数传递给 PyQuery 类，这样就成功完成了初始化。接着，将初始化的对象传入 CSS 选择器。在这个实例中，我们传入 li 节点，这样就可以选择所有的 li 节点了。

运行结果如下:

```
<li class="item-0">first item</li>
<li class="item-1"><a href="link2.html">second item</a></li>
<li class="item-0 active"><a href="link3.html"><span class="bold">third item</span></a></li>
<li class="item-1 active"><a href="link4.html">fourth item</a></li>
<li class="item-0"><a href="link5.html">fifth item</a></li>
```

- **URL 初始化**

初始化的参数除了能以字符串形式传递,还能是网页的 URL,此时只需要指定 PyQuery 对象的参数为 url 即可:

```
from pyquery import PyQuery as pq
doc = pq(url='https://cuiqingcai.com')
print(doc('title'))
```

运行结果如下:

```
<title>静觅 | 崔庆才的个人站点</title>
```

这样的话,PyQuery 对象会首先请求这个 URL,然后用得到的 HTML 内容完成初始化,其实就相当于把网页的源代码以字符串形式传递给 PyQuery 类,来完成初始化操作。

下面代码实现的功能是相同的:

```
from pyquery import PyQuery as pq
import requests
doc = pq(requests.get('https://cuiqingcai.com').text)
print(doc('title'))
```

- **文件初始化**

除了上面两种,还可以传递本地的文件名,此时将参数指定为 filename 即可:

```
from pyquery import PyQuery as pq
doc = pq(filename='demo.html')
print(doc('li'))
```

当然,这里需要有一个本地 HTML 文件 demo.html,其内容是待解析的 HTML 字符串。这样,PyQuery 对象会首先读取本地的文件内容,然后将文件内容以字符串的形式传递给 PyQuery 类进行初始化。

以上 3 种初始化方式均可采用。当然,最常用的还是以字符串形式传递。

3. 基本 CSS 选择器

首先用一个实例感受一下 pyquery 库的 CSS 选择器的用法:

```
html = '''
<div id="container">
    <ul class="list">
         <li class="item-0">first item</li>
         <li class="item-1"><a href="link2.html">second item</a></li>
         <li class="item-0 active"><a href="link3.html"><span class="bold">third item</span></a></li>
         <li class="item-1 active"><a href="link4.html">fourth item</a></li>
         <li class="item-0"><a href="link5.html">fifth item</a></li>
    </ul>
 </div>
'''
from pyquery import PyQuery as pq
doc = pq(html)
print(doc('#container .list li'))
print(type(doc('#container .list li')))
```

运行结果如下:

```html
<li class="item-0">first item</li>
<li class="item-1"><a href="link2.html">second item</a></li>
<li class="item-0 active"><a href="link3.html"><span class="bold">third item</span></a></li>
<li class="item-1 active"><a href="link4.html">fourth item</a></li>
<li class="item-0"><a href="link5.html">fifth item</a></li>
<class 'pyquery.pyquery.PyQuery'>
```

这里我们初始化 PyQuery 对象之后，传入了一个 CSS 选择器 #container .list li，它的意思是先选取 id 为 container 的节点，再选取其内部 class 为 list 的节点内部的所有 li 节点，然后打印输出。从运行结果可以看到，我们成功获取了符合条件的节点。

最后，将符合条件的节点的类型打印输出，可以看到依然是 PyQuery 类型。

下面，我们直接遍历获取的节点，然后调用 text 方法，就可以直接获取节点的文本内容了，代码如下：

```python
for item in doc('#container .list li').items():
    print(item.text())
```

运行结果如下：

```
first item
second item
third item
fourth item
fifth item
```

怎么样？我们这里没有写正则表达式，直接通过选择器和 text 方法，就得到了想要提取的文本信息，是不是方便多了？

下面我们再来详细了解一下 pyquery 库的用法，包括如何查找节点、遍历节点，并获取各种信息等。掌握了这些，我们才能更高效地提取数据。

4. 查找节点

下面是一些常用的查询方法。

- **子节点**

查找子节点时，需要用到 find 方法，其参数是 CSS 选择器。这里我们还是以上面的 HTML 为例：

```python
from pyquery import PyQuery as pq
doc = pq(html)
items = doc('.list')
print(type(items))
print(items)
lis = items.find('li')
print(type(lis))
print(lis)
```

运行结果如下：

```html
<class 'pyquery.pyquery.PyQuery'>
<ul class="list">
    <li class="item-0">first item</li>
    <li class="item-1"><a href="link2.html">second item</a></li>
    <li class="item-0 active"><a href="link3.html"><span class="bold">third item</span></a></li>
    <li class="item-1 active"><a href="link4.html">fourth item</a></li>
    <li class="item-0"><a href="link5.html">fifth item</a></li>
</ul>
<class 'pyquery.pyquery.PyQuery'>
<li class="item-0">first item</li>
<li class="item-1"><a href="link2.html">second item</a></li>
<li class="item-0 active"><a href="link3.html"><span class="bold">third item</span></a></li>
<li class="item-1 active"><a href="link4.html">fourth item</a></li>
<li class="item-0"><a href="link5.html">fifth item</a></li>
```

这里我们先通过 .list 参数选取 class 为 list 的节点。然后调用 find 方法，并给其传入 CSS 选择器，选取其内部的 li 节点，最后打印输出。可以发现，find 方法会将所有符合条件的节点选择出来，结果是 PyQuery 类型。

其实 find 方法的查找范围是节点的所有子孙节点。如果只想查找子节点，那么可以用 children 方法：

```
lis = items.children()
print(type(lis))
print(lis)
```

运行结果如下：

```
<class 'pyquery.pyquery.PyQuery'>
<li class="item-0">first item</li>
<li class="item-1"><a href="link2.html">second item</a></li>
<li class="item-0 active"><a href="link3.html"><span class="bold">third item</span></a></li>
<li class="item-1 active"><a href="link4.html">fourth item</a></li>
<li class="item-0"><a href="link5.html">fifth item</a></li>
```

如果要筛选所有子节点中符合条件的节点，例如想筛选出子节点中 class 为 active 的节点，则可以向 children 方法传入 CSS 选择器 .active，代码如下：

```
lis = items.children('.active')
print(lis)
```

运行结果如下：

```
<li class="item-0 active"><a href="link3.html"><span class="bold">third item</span></a></li>
<li class="item-1 active"><a href="link4.html">fourth item</a></li>
```

可以看到，输出结果已经是筛选过的，只留下了 class 为 active 的节点。

- **父节点**

我们可以用 parent 方法获取某个节点的父节点，下面用一个实例感受一下：

```
html = '''
<div class="wrap">
    <div id="container">
        <ul class="list">
             <li class="item-0">first item</li>
             <li class="item-1"><a href="link2.html">second item</a></li>
             <li class="item-0 active"><a href="link3.html"><span class="bold">third item</span></a></li>
             <li class="item-1 active"><a href="link4.html">fourth item</a></li>
             <li class="item-0"><a href="link5.html">fifth item</a></li>
        </ul>
    </div>
</div>
'''
from pyquery import PyQuery as pq
doc = pq(html)
items = doc('.list')
container = items.parent()
print(type(container))
print(container)
```

运行结果如下：

```
<class 'pyquery.pyquery.PyQuery'>
<div id="container">
    <ul class="list">
         <li class="item-0">first item</li>
         <li class="item-1"><a href="link2.html">second item</a></li>
         <li class="item-0 active"><a href="link3.html"><span class="bold">third item</span></a></li>
         <li class="item-1 active"><a href="link4.html">fourth item</a></li>
         <li class="item-0"><a href="link5.html">fifth item</a></li>
```

```
    </ul>
</div>
```

这里我们首先用 .list 选取 class 为 list 的节点,然后调用 parent 方法得到其父节点,其类型依然是 PyQuery。

这里的父节点是指直接父节点,也就是说,parent 方法不会继续查找父节点的父节点,即祖先节点。

但是如果就想获取某个祖先节点,要怎么办呢?这时可以用 parents 方法:

```python
from pyquery import PyQuery as pq
doc = pq(html)
items = doc('.list')
parents = items.parents()
print(type(parents))
print(parents)
```

运行结果如下:

```
<class 'pyquery.pyquery.PyQuery'>
<div class="wrap">
    <div id="container">
        <ul class="list">
            <li class="item-0">first item</li>
            <li class="item-1"><a href="link2.html">second item</a></li>
            <li class="item-0 active"><a href="link3.html"><span class="bold">third item</span></a></li>
            <li class="item-1 active"><a href="link4.html">fourth item</a></li>
            <li class="item-0"><a href="link5.html">fifth item</a></li>
        </ul>
    </div>
</div>
<div id="container">
        <ul class="list">
            <li class="item-0">first item</li>
            <li class="item-1"><a href="link2.html">second item</a></li>
            <li class="item-0 active"><a href="link3.html"><span class="bold">third item</span></a></li>
            <li class="item-1 active"><a href="link4.html">fourth item</a></li>
            <li class="item-0"><a href="link5.html">fifth item</a></li>
        </ul>
    </div>
```

可以看到,输出结果有两个:一个是 class 为 wrap 的节点,一个是 id 为 container 的节点。也就是说,parents 方法会返回所有祖先节点。

如果想要筛选某个祖先节点,可以向 parents 方法传入 CSS 选择器,这样就会返回祖先节点中符合 CSS 选择器的节点:

```python
parent = items.parents('.wrap')
print(parent)
```

运行结果如下:

```
<div class="wrap">
    <div id="container">
        <ul class="list">
            <li class="item-0">first item</li>
            <li class="item-1"><a href="link2.html">second item</a></li>
            <li class="item-0 active"><a href="link3.html"><span class="bold">third item</span></a></li>
            <li class="item-1 active"><a href="link4.html">fourth item</a></li>
            <li class="item-0"><a href="link5.html">fifth item</a></li>
        </ul>
    </div>
</div>
```

可以看到,输出结果少了一个节点,只保留了 class 为 wrap 的节点。

● 兄弟节点

前面我们说明了子节点和父节点的用法，还有一种节点就是兄弟节点。获取兄弟节点可以使用 siblings 方法。这里还是以上面的 HTML 文本为例：

```
from pyquery import PyQuery as pq
doc = pq(html)
li = doc('.list .item-0.active')
print(li.siblings())
```

这里首先选择 class 为 list 的节点内部的 class 为 item-0 和 active 的节点，也就是第三个 li 节点。那么，很明显，其兄弟节点有 4 个，就是第一个、第二个、第四个、第五个 li 节点。

运行结果如下：

```
<li class="item-1"><a href="link2.html">second item</a></li>
<li class="item-0">first item</li>
<li class="item-1 active"><a href="link4.html">fourth item</a></li>
<li class="item-0"><a href="link5.html">fifth item</a></li>
```

可以看到，结果正是我们刚才说的那 4 个节点。

如果要筛选某个兄弟节点，依然可以向 siblings 方法传入 CSS 选择器，这样就能从所有兄弟节点中挑选出符合条件的节点了：

```
from pyquery import PyQuery as pq
doc = pq(html)
li = doc('.list .item-0.active')
print(li.siblings('.active'))
```

这里我们筛选了 class 为 active 的节点，通过刚才的结果可以观察到，class 为 active 的兄弟节点只有第 4 个 li 节点满足，所以结果应该只包含一个节点。

我们再看一下运行结果：

```
<li class="item-1 active"><a href="link4.html">fourth item</a></li>
```

结果确实符合我们的预期。

5. 遍历节点

可以观察到，pyquery 库的选择结果可能是多个节点，也可能是单个节点，类型都是 PyQuery 类型，并没有像 Beautiful Soup 那样返回列表。

如果结果是单个节点，既可以直接打印输出，也可以直接转成字符串：

```
from pyquery import PyQuery as pq
doc = pq(html)
li = doc('.item-0.active')
print(li)
print(str(li))
```

运行结果如下：

```
<li class="item-0 active"><a href="link3.html"><span class="bold">third item</span></a></li>
<li class="item-0 active"><a href="link3.html"><span class="bold">third item</span></a></li>
```

如果结果是多个节点，就需要遍历获取了。需要调用 items 方法：

```
from pyquery import PyQuery as pq
doc = pq(html)
lis = doc('li').items()
print(type(lis))
for li in lis:
    print(li, type(li))
```

这里把所有 li 节点遍历了一遍。运行结果如下：

```
<class 'generator'>
<li class="item-0">first item</li>
<class 'pyquery.pyquery.PyQuery'>
<li class="item-1"><a href="link2.html">second item</a></li>
<class 'pyquery.pyquery.PyQuery'>
<li class="item-0 active"><a href="link3.html"><span class="bold">third item</span></a></li>
<class 'pyquery.pyquery.PyQuery'>
<li class="item-1 active"><a href="link4.html">fourth item</a></li>
<class 'pyquery.pyquery.PyQuery'>
<li class="item-0"><a href="link5.html">fifth item</a></li>
<class 'pyquery.pyquery.PyQuery'>
```

可以发现，调用 items 方法后，会得到一个生成器，对其进行遍历，就可以逐个得到 li 节点对象了，它的类型也是 PyQuery。还可以调用前面所说的方法对 li 节点进行选择，例如继续查询子节点、寻找某个祖先节点等，非常灵活。

- 获取信息

提取到节点后，我们的最终目的当然是提取节点包含的信息了。比较重要的信息有两类，一是属性、二是文本，下面分别进行说明。

- 获取属性

提取到某个 PyQuery 类型的节点后，可以调用 attr 方法获取其属性：

```
html = '''
<div class="wrap">
    <div id="container">
        <ul class="list">
            <li class="item-0">first item</li>
            <li class="item-1"><a href="link2.html">second item</a></li>
            <li class="item-0 active"><a href="link3.html"><span class="bold">third item</span></a></li>
            <li class="item-1 active"><a href="link4.html">fourth item</a></li>
            <li class="item-0"><a href="link5.html">fifth item</a></li>
        </ul>
    </div>
</div>
'''
from pyquery import PyQuery as pq
doc = pq(html)
a = doc('.item-0.active a')
print(a, type(a))
print(a.attr('href'))
```

运行结果如下：

```
<a href="link3.html"><span class="bold">third item</span></a> <class 'pyquery.pyquery.PyQuery'>
link3.html
```

这里首先选中 class 为 item-0 和 active 的 li 节点内的 a 节点，其类型是 PyQuery 类型。

然后调用 attr 方法。在这个方法中传入属性的名称，就可以得到对应的属性值了。

此外，也可以通过调用 attr 属性来获取属性值，用法如下：

```
print(a.attr.href)
```

结果如下：

```
link3.html
```

两种方法的结果完全一样。

如果选中的是多个元素，这种情况下调用 attr 方法，会出现怎样的结果呢？我们用实例来测试一下：

```
a = doc('a')
print(a, type(a))
print(a.attr('href'))
print(a.attr.href)
```

运行结果如下:

```
<a href="link2.html">second item</a><a href="link3.html"><span class="bold">third item</span></a><a href="link4.html">fourth item</a><a href="link5.html">fifth item</a> <class 'pyquery.pyquery.PyQuery'>
link2.html
link2.html
```

照理来说,我们选中的 a 节点应该有 4 个,所以打印结果也应该是 4 个。但是当我们调用 attr 方法时,返回结果却只有第一个。这是因为,当返回结果包含多个节点时,调用 attr 方法,只会得到第一个节点的属性。

那么,这时如果想获取 a 节点的所有属性,就要用到前面所说的遍历了:

```
from pyquery import PyQuery as pq
doc = pq(html)
a = doc('a')
for item in a.items():
    print(item.attr('href'))
```

运行结果如下:

```
link2.html
link3.html
link4.html
link5.html
```

因此,在获取属性时,可以观察返回的节点是一个还是多个,如果是多个,则需要遍历才能依次获取每个节点的属性。

- **获取文本**

获取节点之后的另一个主要操作就是获取其内部的文本,此时可以调用 text 方法实现:

```
html = '''
<div class="wrap">
    <div id="container">
        <ul class="list">
            <li class="item-0">first item</li>
            <li class="item-1"><a href="link2.html">second item</a></li>
            <li class="item-0 active"><a href="link3.html"><span class="bold">third item</span></a></li>
            <li class="item-1 active"><a href="link4.html">fourth item</a></li>
            <li class="item-0"><a href="link5.html">fifth item</a></li>
        </ul>
    </div>
</div>
'''
from pyquery import PyQuery as pq
doc = pq(html)
a = doc('.item-0.active a')
print(a)
print(a.text())
```

运行结果如下:

```
<a href="link3.html"><span class="bold">third item</span></a>
third item
```

这里首先选中 a 节点,然后调用 text 方法,就可以获取其内部的文本信息。此时 text 方法会忽略节点内部包含的所有 HTML,只返回纯文字内容。

要想获取节点内部的 HTML 文本,需要用 html 方法:

```python
from pyquery import PyQuery as pq
doc = pq(html)
li = doc('.item-0.active')
print(li)
print(li.html())
```

这里我们选中了第三个 li 节点，然后调用了 html 方法，返回结果应该是 li 节点内的所有 HTML 文本。

运行结果如下：

```
<a href="link3.html"><span class="bold">third item</span></a>
```

这里同样有一个问题，如果我们选中的是多个节点，那么 text 或 html 方法会返回什么内容？不妨用实例来看一下：

```
html = '''
<div class="wrap">
    <div id="container">
        <ul class="list">
             <li class="item-1"><a href="link2.html">second item</a></li>
             <li class="item-0 active"><a href="link3.html"><span class="bold">third item</span></a></li>
             <li class="item-1 active"><a href="link4.html">fourth item</a></li>
             <li class="item-0"><a href="link5.html">fifth item</a></li>
        </ul>
    </div>
</div>
'''
from pyquery import PyQuery as pq
doc = pq(html)
li = doc('li')
print(li.html())
print(li.text())
print(type(li.text())
```

运行结果如下：

```
<a href="link2.html">second item</a>
second item third item fourth item fifth item
<class'str'>
```

结果可能比较出乎意料，html 方法返回的是第一个 li 节点内部的 HTML 文本，而 text 返回了所有的 li 节点内部的纯文本，各节点内容中间用一个空格分割开，即返回结果是一个字符串。

所以这个地方值得注意，如果得到的结果是多个节点，并且想获取所有节点的内部 HTML 文本，就需要遍历这些节点。而 text 方法不需要遍历即可获取，会对所有节点取文本之后合并成一个字符串。

6. 节点操作

pyquery 库提供了一系列方法对节点进行动态修改，例如为某个节点添加一个 class，移除某个节点等，有时候这些操作会为提取信息带来极大的便利。

节点操作的方法太多，下面仅举几个典型的例子来说明其用法。

- **addClass 和 removeClass**

我们先用一个实例感受一下：

```
html = '''
<div class="wrap">
    <div id="container">
        <ul class="list">
             <li class="item-0">first item</li>
             <li class="item-1"><a href="link2.html">second item</a></li>
             <li class="item-0 active"><a href="link3.html"><span class="bold">third item</span></a></li>
```

```
            <li class="item-1 active"><a href="link4.html">fourth item</a></li>
            <li class="item-0"><a href="link5.html">fifth item</a></li>
        </ul>
    </div>
</div>
'''
from pyquery import PyQuery as pq
doc = pq(html)
li = doc('.item-0.active')
print(li)
li.removeClass('active')
print(li)
li.addClass('active')
print(li)
```

首先选中了第三个 li 节点，然后调用 removeClass 方法，将其中的 active 这个 class 移除，然后又调用 addClass 方法，将这个 class 添加回来。每执行一次操作，就会打印一次当前 li 节点的内容。

运行结果如下：

```
<li class="item-0 active"><a href="link3.html"><span class="bold">third item</span></a></li>
<li class="item-0"><a href="link3.html"><span class="bold">third item</span></a></li>
<li class="item-0 active"><a href="link3.html"><span class="bold">third item</span></a></li>
```

可以看到，一共输出了 3 次。第二次输出时，li 节点的 active 这个 class 已经不见了，第三次这个 class 又有了。

所以说，addClass 和 removeClass 方法可以动态改变节点的 class 属性。

- **attr、text 和 html**

当然，除了 addClass 和 removeClass 方法，也可以用 attr 方法对属性进行操作。此外，text 和 html 方法可以用来改变节点内部的内容。实例如下：

```
html = '''
<ul class="list">
    <li class="item-0 active"><a href="link3.html"><span class="bold">third item</span></a></li>
</ul>
'''
from pyquery import PyQuery as pq
doc = pq(html)
li = doc('.item-0.active')
print(li)
li.attr('name', 'link')
print(li)
li.text('changed item')
print(li)
li.html('<span>changed item</span>')
print(li)
```

这里我们首先选中 li 节点，然后调用 attr 方法修改其属性，该方法的第一个参数为属性名，第二个参数为属性值。接着，调用 text 和 html 方法改变 li 节点内部的内容。每次操作后，都会打印出当前的 li 节点。

运行结果如下：

```
<li class="item-0 active"><a href="link3.html"><span class="bold">third item</span></a></li>
<li class="item-0 active" name="link"><a href="link3.html"><span class="bold">third item</span></a></li>
<li class="item-0 active" name="link">changed item</li>
<li class="item-0 active" name="link"><span>changed item</span></li>
```

可以发现，调用 attr 方法后，li 节点多了一个原本不存在的属性 name，其值为 link。接着调用 text 方法，传入文本之后，li 节点内部的文本全被改为传入的字符串文本了。最后，调用 html 方法传入 HTML 文本后，li 节点内部又变为了传入的 HTML 文本。

所以说，如果 attr 方法只传入第一个参数，即属性名，则表示获取这个属性值；如果传入第二个参数，则可以用来修改属性值。text 和 html 方法如果不传参数，表示的是获取节点内的纯文本和 HTML 文本；如果传入参数，则表示进行赋值。

- **remove**

顾名思义，remove 方法的作用是移除，有时会为信息的提取带来非常大的便利。下面有一段 HTML 文本：

```
html = '''
<div class="wrap">
    Hello, World
    <p>This is a paragraph.</p>
 </div>
'''
from pyquery import PyQuery as pq
doc = pq(html)
wrap = doc('.wrap')
print(wrap.text())
```

现在想提取文本中的 Hello, World 这个字符串，而不要 p 节点内部的字符串，该怎样操作呢？

这里直接先尝试提取 class 为 wrap 的节点中的内容，看看是不是我们想要的。运行结果如下：

```
Hello, World This is a paragraph.
```

这个结果中包含着 p 节点的内容，也就是说 text 方法把所有纯文本全提取出来了。要想去掉 p 节点内部的文本，可以再把 p 节点内的文本提取一遍，然后从整个结果中移除这个子串，显然这个做法比较烦琐。

这时 remove 方法就派上用场了，可以这么做：

```
wrap.find('p').remove()
print(wrap.text())
```

首先选中 p 节点，然后调用 remove 方法将其移除，这时 wrap 内部就只剩下 Hello, World 这句话了，再利用 text 方法提取即可。

其实还有很多操作节点的方法，例如 append、empty 和 prepend 等。

7. 伪类选择器

CSS 选择器之所以强大，还有一个很重要的原因，就是它支持多种多样的伪类选择器，例如选择第一个节点、最后一个节点、奇偶数节点、包含某一文本的节点等。实例如下：

```
html = '''
<div class="wrap">
    <div id="container">
        <ul class="list">
             <li class="item-0">first item</li>
             <li class="item-1"><a href="link2.html">second item</a></li>
             <li class="item-0 active"><a href="link3.html"><span class="bold">third item</span></a></li>
             <li class="item-1 active"><a href="link4.html">fourth item</a></li>
             <li class="item-0"><a href="link5.html">fifth item</a></li>
         </ul>
     </div>
 </div>
'''
from pyquery import PyQuery as pq
doc = pq(html)
li = doc('li:first-child')
print(li)
li = doc('li:last-child')
print(li)
```

```python
li = doc('li:nth-child(2)')
print(li)
li = doc('li:gt(2)')
print(li)
li = doc('li:nth-child(2n)')
print(li)
li = doc('li:contains(second)')
print(li)
```

这里我们使用的是 CSS3 的伪类选择器，依次选择了文本中的第一个 li 节点、最后一个 li 节点、第二个 li 节点、第三个 li 之后的 li 节点、偶数位置的 li 节点、包含 second 文本的 li 节点。

8. 总结

到此为止，pyquery 库的常用用法就介绍完了，如果想查看更多内容，可以参考 pyquery 的官方文档：http://pyquery.readthedocs.io。

本节代码参见：https://github.com/Python3WebSpider/PyQueryTest。

3.4 parsel 的使用

前几节我们了解了 LXML 解析器，使用 XPath、pyquery 库、CSS 选择器来提取页面内容的方法，不论 XPath 还是 CSS 选择器，都已经能够满足绝大多数的内容提取，大家可以选择适合自己的库。

这时可能有人会问：我能不能二者穿插使用呀？有时候觉得 XPath 写起来比较方便，有时候觉得 CSS 选择器写起来比较方便，二者能结合吗？答案是可以的。

这里我们介绍另一个解析库，叫作 parsel。

> **注意** 如果你用过 Scrapy 框架（第 15 章会介绍），会发现 parsel 的 API 和 Scrapy 选择器的 API 极其相似，这是因为 Scrapy 的选择器就是基于 parsel 做的二次封装，因此学会了这个库的用法，之后学习 Scrapy 选择器的用法时就能融会贯通了。

1. 介绍

parsel 这个库可以解析 HTML 和 XML，并支持使用 XPath 和 CSS 选择器对内容进行提取和修改，同时还融合了正则表达式的提取功能。parsel 灵活且强大，同时也是 Python 最流行的爬虫框架 Scrapy 的底层支持。

2. 准备工作

在本节开始之前，请确保已经安装好了 parsel 库，如尚未安装，使用 pip3 进行安装即可：

```
pip3 install parsel
```

更详细的安装说明可以参考：https://setup.scrape.center/parsel。

安装好之后，我们便可以开始本节的学习了。

3. 初始化

我们还是用上一节的 HTML 文本，声明 html 变量如下：

```
html = '''
<div>
    <ul>
        <li class="item-0">first item</li>
        <li class="item-1"><a href="link2.html">second item</a></li>
        <li class="item-0 active"><a href="link3.html"><span class="bold">third item</span></a></li>
        <li class="item-1 active"><a href="link4.html">fourth item</a></li>
```

```html
        <li class="item-0"><a href="link5.html">fifth item</a></li>
    </ul>
</div>
'''
```

接着，一般我们会用 parsel 库里的 Selector 这个类声明一个 Selector 对象，写法如下：

```python
from parsel import Selector
selector = Selector(text=html)
```

这样我们就创建了一个 Selector 对象，向其中传入 text 参数，内容就是刚才声明的 HTML 字符串，然后把创建的对象赋值为 selector 变量。

有了 Selector 对象之后，我们可以使用 css 和 xpath 方法分别传入 CSS 选择器和 XPath 进行内容提取，例如这里我们要提取 class 包含 item-0 的节点，写法如下：

```python
items = selector.css('.item-0')
print(len(items), type(items), items)
items2 = selector.xpath('//li[contains(@class, "item-0")]')
print(len(items2), type(items2), items2)
```

先是用 css 方法进行节点提取，然后输出了提取结果的长度和内容。xpath 方法也是一样的写法，运行结果如下：

```
3 <class 'parsel.selector.SelectorList'> [<Selector xpath="descendant-or-self::*[@class and contains(
concat(' ', normalize-space(@class), ' '), ' item-0 ')]" data='<li class="item-0">first item</li>'>, <Selector
xpath="descendant-or-self::*[@class and contains(concat(' ', normalize-space(@class), ' '), ' item-0 ')]"
data='<li class="item-0 active"><a href="li...'>, <Selector xpath="descendant-or-self::*[@class and contains(
concat(' ', normalize-space(@class), ' '), ' item-0 ')]" data='<li class="item-0"><a href="link5.htm...'>]
3 <class 'parsel.selector.SelectorList'> [<Selector xpath='//li[contains(@class, "item-0")]' data='<li
class="item-0">first item</li>'>, <Selector xpath='//li[contains(@class, "item-0")]' data='<li class="item-0
active"><a href="li...'>, <Selector xpath='//li[contains(@class, "item-0")]' data='<li class="item-0"><a
href="link5.htm...'>]
```

可以看到两个结果都是 SelectorList 对象，这其实是一个可迭代对象。用 len 方法获取了结果的长度，都是 3。另外，提取结果代表的节点也是一样的，都是第 1、3、5 个 li 节点，每个节点还是以 Selector 对象的形式返回，其中每个 Selector 对象的 data 属性里包含对应提取节点的 HTML 代码。

这里大家可能会有个疑问，第一次不是用 css 方法提取的节点吗？为什么结果中的 Selector 对象输出的是 xpath 属性而不是 css 属性？这是因为在 css 方法的背后，我们传入的 CSS 选择器首先是被转换成了 XPath，真正用于节点提取的是 XPath。其中 CSS 选择器转换为 XPath 的过程是由底层的 cssselect 这个库实现的，例如 .item-0 这个 CSS 选择器转换为 XPath 的结果就是 descendant-or-self::*[@class and contains(concat(' ', normalize-space(@class), ' '), ' item-0 ')]，因此输出的 Selector 对象就有了 xpath 属性。不过大家不用担心，这个对提取结果是没有影响的，仅仅是换了一个表示方法而已。

4. 提取文本

既然刚才提取的结果是一个可迭代对象 SelectorList，那么要想获取提取到的所有 li 节点的文本内容，就要对结果进行遍历了，写法如下：

```python
from parsel import Selector
selector = Selector(text=html)
items = selector.css('.item-0')
for item in items:
    text = item.xpath('.//text()').get()
    print(text)
```

这里我们遍历了 items 变量，并赋值为 item，于是这里的 item 变成了一个 Selector 对象，此时又可以调用其 css 或 xpath 方法进行内容提取了。这里我们是用 .//text() 这个 XPath 写法提取了当前节点的所有内容，此时如果不再调用其他方法，那么返回结果应该依然为 Selector 构成的可迭代对象 SelectorList。SelectorList 中有一个 get 方法，可以将 SelectorList 包含的 Selector 对象中的内容提取出来。

运行结果如下:

```
first item
third item
fifth item
```

get 方法的作用是从 SelectorList 里面提取第一个 Selector 对象,然后输出其中的结果。

我们再看一个实例:

```
result = selector.xpath('//li[contains(@class, "item-0")]//text()').get()
print(result)
```

输出结果如下:

```
first item
```

这里我们使用 //li[contains(@class,"item-0")]//text() 选取了所有 class 包含 item-0 的 li 节点的文本内容。准确来说,返回结果 SelectorList 应该对应三个 li 对象,而这里 get 方法仅仅返回了第一个 li 对象的文本内容,因为它其实只会提取第一个 Selector 对象的结果。

那有没有能够提取所有 Selector 对应内容的方法呢?有,那就是 getall 方法。

所以如果要提取所有对应的 li 节点的文本内容,写法可以改写为如下内容:

```
result = selector.xpath('//li[contains(@class, "item-0")]//text()').getall()
print(result)
```

输出结果如下:

```
['first item', 'third item', 'fifth item']
```

这时候,我们得到的就是列表类型的结果,其中的每一项和 Selector 对象是一一对应的。

因此,如果要提取 SelectorList 里面对应的结果,可以使用 get 或 getall 方法,前者会获取第一个 Selector 对象里面的内容,后者会依次获取每个 Selector 对象对应的结果。

另外在上述案例中,如果把 xpath 方法改写成 css 方法,可以这么实现:

```
result = selector.css('.item-0 *::text').getall()
print(result)
```

这里 * 用来提取所有子节点(包括纯文本节点),提取文本需要再加上 ::text,最终的运行结果和上面是一样的。

到这里,我们就简单了解了提取文本的方法。

5. 提取属性

刚才我们演示了 HTML 中的文本提取,直接在 XPath 中加入 //text() 即可,那提取属性怎么实现呢?方式是类似的,也是直接在 XPath 或者 CSS 选择器中表示出来就可以了。

例如我们提取第三个 li 节点内部的 a 节点的 href 属性,写法如下:

```
from parsel import Selector
selector = Selector(text=html)
result = selector.css('.item-0.active a::attr(href)').get()
print(result)
result = selector.xpath('//li[contains(@class, "item-0") and contains(@class, "active")]/a/@href').get()
print(result)
```

这里我们实现了两种写法,分别用 css 和 xpath 方法实现。我们以同时包含 item-0 和 active 两个 class 为依据,来选取第三个 li 节点,然后进一步选取了里面的 a 节点。对于 CSS 选择器,选取

属性需要加 ::attr()，并传入对应的属性名称才可选取；对于 XPath，直接用 /@ 再加属性名称即可选取。最后统一用 get 方法提取结果。

运行结果如下：

```
link3.html
link3.html
```

可以看到两种方法都正确提取到了对应的 href 属性。

6. 正则提取

除了常用的 css 和 xpath 方法，Selector 对象还提供了正则表达式提取方法，我们用一个实例来了解下：

```python
from parsel import Selector
selector = Selector(text=html)
result = selector.css('.item-0').re('link.*')
print(result)
```

这里先用 css 方法提取了所有 class 包含 item-0 的节点，然后使用 re 方法传入了 link.*，用来匹配包含 link 的所有结果。

运行结果如下：

```
['link3.html"><span class="bold">third item</span></a></li>', 'link5.html">fifth item</a></li>']
```

可以看到，re 方法在这里遍历了所有提取到的 Selector 对象，然后根据传入的正则表达式，查找出符合规则的节点源码并以列表形式返回。

当然，如果在调用 css 方法时，已经提取了进一步的结果，例如提取了节点文本值，那么 re 方法就只会针对节点文本值进行提取：

```python
from parsel import Selector
selector = Selector(text=html)
result = selector.css('.item-0 *::text').re('.*item')
print(result)
```

运行结果如下：

```
['first item', 'third item', 'fifth item']
```

我们也可以利用 re_first 方法来提取第一个符合规则的结果：

```python
from parsel import Selector
selector = Selector(text=html)
result = selector.css('.item-0').re_first('<span class="bold">(.*?)</span>')
print(result)
```

这里调用了 re_first 方法，提取的是被 span 标签包含的文本值，提取结果用小括号括起来表示一个提取分组，最后输出的结果就是小括号包围的部分，运行结果如下：

```
third item
```

通过这几个例子，我们知道了正则匹配的一些使用方法，re 对应多个结果，re_first 对应单个结果，在不同情况下可以选择合适的方法进行提取。

7. 总结

parsel 库是一个融合了 XPath、CSS 选择器和正则表达式的提取库，功能强大又灵活，建议好好学习一下，同时可以为之后学习 Scrapy 框架打下基础，有关 parsel 更多的用法可以参考其官方文档 https://parsel.readthedocs.io/。

本节代码参见：https://github.com/Python3WebSpider/ParselTest。

第 4 章 数据的存储

用解析器解析出数据后,接下来就是存储数据了。数据的存储形式多种多样,其中最简单的一种是将数据直接保存为文本文件,如 TXT、JSON、CSV 等。还可以将数据保存到数据库中,如关系型数据库 MySQL,非关系型数据库 MongoDB、Redis 等。除了这两种,也可以直接把数据存储到一些搜索引擎(如 Elasticsearch)中,以便检索和查看。

本章我们就来了解一些基本的数据存储的操作。

4.1 TXT 文本文件存储

将数据保存为 TXT 文本的操作非常简单,而且 TXT 文本几乎兼容任何平台,但是这也有个缺点,就是不利于检索。所以如果对检索和数据结构的要求不高,追求方便第一的话,就可以采用 TXT 文本存储。

我们接下来看一下利用 Python 保存 TXT 文本文件的方法。

1. 本节目标

我们以电影实例网站 https://ssr1.scrape.center/ 为例,爬取首页 10 部电影的数据,然后将相关信息存储为 TXT 文本格式。

2. 基本实例

实例代码如下:

```python
import requests
from pyquery import PyQuery as pq
import re

url = 'https://ssr1.scrape.center/'
html = requests.get(url).text
doc = pq(html)
items = doc('.el-card').items()

file = open('movies.txt', 'w', encoding='utf-8')
for item in items:
    # 电影名称
    name = item.find('a > h2').text()
    file.write(f'名称: {name}\n')
    # 类别
    categories = [item.text() for item in item.find('.categories button span').items()]
    file.write(f'类别: {categories}\n')
    # 上映时间
    published_at = item.find('.info:contains(上映)').text()
    published_at = re.search('(\d{4}-\d{2}-\d{2})', published_at). group(1) \
        if published_at and re.search('\d{4}-\d{2}-\d{2}', published_at) else None
    file.write(f'上映时间: {published_at}\n')
    # 评分
```

```
        score = item.find('p.score').text()
        file.write(f'评分: {score}\n')
        file.write(f'{"=" * 50}\n')
file.close()
```

这里的目的主要是演示文件的存储方式，因此省去了 requests 异常处理部分。首先，用 requests 库提取网站首页的 HTML 代码，然后利用 pyquery 解析库将电影的名称、类别、上映时间、评分信息提取出来。

利用 Python 提供的 open 方法打开一个文本文件，获取一个文件操作对象，这里赋值为 file，每提取一部分信息，就利用 file 对象的 write 方法将这部分信息写入文件。

全部提取完毕之后，调用 close 方法将 file 对象关闭，这样抓取的网站首页的内容就成功写入文本中了。

运行程序，可以发现在本地生成了一个 movies.txt 文件，其内容如图 4-1 所示。

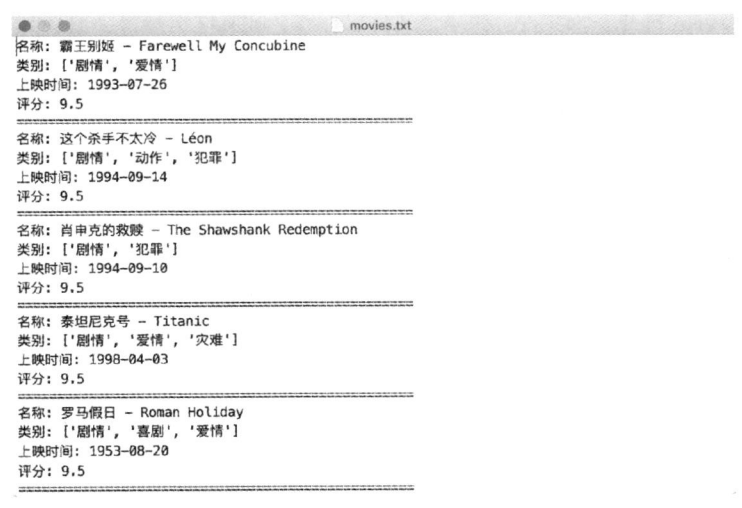

图 4-1 movies.txt 文件中的内容

可以看出，电影信息的内容已经被保存成了文本形式。

回过头来看下本节重点需要了解的内容，即文本写入操作，其实就是 open、write、close 这三个方法的用法。

open 方法的第一个参数是要保存的目标文件名称；第二个参数代表数据以何种方式写入文本，此处为 w，表示以覆盖的方式写入；第三个参数指定了文件的编码为 utf-8。最后，写入完成后，还需要调用 close 方法来关闭文件对象。

3. 打开方式

在刚才的实例中，open 方法的第二个参数设置成了 w，这样在每次写入文本时都会清空源文件，然后将新的内容写入文件。w 只是文件打开方式的一种，下面简要介绍一下其他几种。

- r：以只读方式打开一个文件，意思是只能读取文件内容，而不能写入。这也是默认模式。
- rb：以二进制只读方式打开一个文件，通常用于打开二进制文件，例如音频、图片、视频等。
- r+：以读写方式打开一个文件，既可以读文件又可以写文件。
- rb+：以二进制读写方式打开一个文件，同样既可以读又可以写，只不过读取和写入的都是二进制数据。

- w：以写入方式打开一个文件。如果该文件已存在，则将其覆盖。如果该文件不存在，则创建新文件。
- wb：以二进制写入方式打开一个文件。如果该文件已存在，则将其覆盖。如果该文件不存在，则创建新文件。
- w+：以读写方式打开一个文件。如果该文件已存在，则将其覆盖。如果该文件不存在，则创建新文件。
- wb+：以二进制读写格式打开一个文件。如果该文件已存在，则将其覆盖。如果该文件不存在，则创建新文件。
- a：以追加方式打开一个文件。如果该文件已存在，则文件指针将会放在文件结尾。也就是说，新的内容将会被写到已有内容之后。如果该文件不存在，则创建新文件来写入。
- ab：以二进制追加方式打开一个文件。如果该文件已存在，则文件指针将会放在文件结尾。也就是说，新的内容将会被写到已有内容之后。如果该文件不存在，则创建新文件来写入。
- a+：以读写方式打开一个文件。如果该文件已存在，则文件指针将会放在文件结尾。文件打开时会是追加模式。如果该文件不存在，则创建新文件用于读写。
- ab+：以二进制追加方式打开一个文件。如果该文件已存在，则文件指针将会放在文件结尾。如果该文件不存在，则创建新文件用于读写。

4. 简化写法

文件写入还有一种简写方法，就是使用 with as 语法。当 with 控制块结束时，文件会自动关闭，意味着不需要再调用 close 方法。

这种保存方式可以简写如下：

```
with open('movies.txt', 'w', encoding='utf-8') as file:
    file.write(f'名称: {name}\n')
    file.write(f'类别: {categories}\n')
    file.write(f'上映时间: {published_at}\n')
    file.write(f'评分: {score}\n')
```

以上便是利用 Python 将结果保存为 TXT 文件的方法，这种方法简单易用、操作高效，是一种最基本的数据存储方法。

5. 总结

本节我们了解了基本 TXT 文件存储的实现方式，建议熟练掌握。

本节代码参见：https://github.com/Python3WebSpider/FileStorageTest。

4.2 JSON 文件存储

JSON，全称为 JavaScript Object Notation，也就是 JavaScript 对象标记，通过对象和数组的组合来表示数据，虽构造简洁但是结构化程度非常高，是一种轻量级的数据交换格式。

本节我们就来了解如何利用 Python 将数据存储为 JSON 文件。

1. 对象和数组

在 JavaScript 语言中，一切皆为对象，因此任何支持的数据类型都可以通过 JSON 表示，例如字符串、数字、对象、数组等。其中对象和数组是比较特殊且常用的两种类型，下面简要介绍一下这两者。

对象在 JavaScript 中是指用花括号 {} 包围起来的内容，数据结构是 {key1：value1，key2：value2，...} 这种键值对结构。在面向对象的语言中，key 表示对象的属性、value 表示属性对应的值，前者可以使用整数和字符串表示，后者可以是任意类型。

数组在 JavaScript 中是指用方括号 [] 包围起来的内容，数据结构是 ["java", "javascript", "vb", ...] 这种索引结构。在 JavaScript 中，数组是一种比较特殊的数据类型，因为它也可以像对象那样使用键值对结构，但还是索引结构用得更多。同样，它的值可以是任意类型。

所以，一个 JSON 对象可以写为如下形式：

```
[{
    "name": "Bob",
    "gender": "male",
    "birthday": "1992-10-18"
},{
    "name": "Selina",
    "gender": "female",
    "birthday": "1995-10-18"
}]
```

由 [] 包围的内容相当于数组，数组中的每个元素都可以是任意类型，这个实例中的元素是对象，由 {} 包围。

JSON 可以由以上两种形式自由组合而成，能够嵌套无限次，并且结构清晰，是数据交换的极佳实现方式。

2. 读取 JSON

Python 为我们提供了简单易用的 JSON 库，用来实现 JSON 文件的读写操作，我们可以调用 JSON 库中的 loads 方法将 JSON 文本字符串转为 JSON 对象。实际上，JSON 对象就是 Python 中列表和字典的嵌套与组合。反过来，我们可以通过 dumps 方法将 JSON 对象转为文本字符串。

例如，这里有一段 JSON 形式的字符串，是 str 类型，我们用 Python 将其转换为可操作的数据结构，如列表或字典：

```
import json

str = '''
[{
    "name": "Bob",
    "gender": "male",
    "birthday": "1992-10-18"
},{
    "name": "Selina",
    "gender": "female",
    "birthday": "1995-10-18"
}]
'''
print(type(str))
data = json.loads(str)
print(data)
print(type(data))
```

运行结果如下：

```
<class 'str'>
[{'name': 'Bob', 'gender': 'male', 'birthday': '1992-10-18'}, {'name': 'Selina', 'gender': 'female', 'birthday': '1995-10-18'}]
<class 'list'>
```

这里使用 loads 方法将字符串转为了 JSON 对象。由于最外层是中括号，所以最终的数据类型是列表类型。

这样一来，我们就可以用索引获取对应的内容了。例如，要想获取第一个元素里的 name 属性，可以使用如下方式：

```
data[0]['name']
data[0].get('name')
```

得到的结果都是：

```
Bob
```

以中括号加 0 作为索引，可以得到第一个字典元素，再调用其键名即可得到相应的键值。获取键值的方式有两种，一种是中括号加键名，另一种是利用 get 方法传入键名。这里推荐使用 get 方法，这样即使键名不存在，也不会报错，而是会返回 None。另外，get 方法还可以传入第二个参数（即默认值），实例如下：

```
data[0].get('age')
data[0].get('age', 25)
```

运行结果如下：

```
None
25
```

这里我们尝试获取年龄 age，原字典中并不存在该键名，因此会默认返回 None。此时如果传入了第二个参数，就会返回传入的这个值。

值得注意的是，JSON 的数据需要用双引号包围起来，而不能使用单引号。例如使用如下形式，就会出现错误：

```
import json

str = '''
[{
    'name': 'Bob',
    'gender': 'male',
    'birthday': '1992-10-18'
}]
'''
data = json.loads(str)
```

运行结果如下：

```
json.decoder.JSONDecodeError: Expecting property name enclosed in double quotes: line 3 column 5 (char 8)
```

这里出现了 JSON 解析错误的提示，其原因就是数据由单引号包围着。再次强调，请千万注意 JSON 字符串的表示需要用双引号，否则 loads 方法会解析失败。

下面实现从 JSON 文本中读取内容，例如有一个 data.json 文本文件，其内容是刚才定义的 JSON 字符串，我们可以先将文本文件中的内容读出，再利用 loads 方法将之转化为 JSON 对象：

```
import json

with open('data.json', encoding='utf-8') as file:
    str = file.read()
    data = json.loads(str)
    print(data)
```

运行结果如下：

```
[{'name': 'Bob', 'gender': 'male', 'birthday': '1992-10-18'}, {'name': 'Selina', 'gender': 'female', 'birthday': '1995-10-18'}]
```

这里我们使用 open 方法读取文本文件，使用的是默认的读模式，编码指定为 utf-8，并文件操作对象赋值为 file。然后我们调用 file 对象的 read 方法读取了文本中的所有内容，赋值为 str。接着再调用 loads 方法解析 JSON 字符串，将其转化为 JSON 对象。

其实上述实例有更简便的写法，可以直接使用 load 方法传入文件操作对象，同样也可以将文本转化为 JSON 对象，写法如下：

```
import json

data = json.load(open('data.json', encoding='utf-8'))
print(data)
```

注意这里使用的是 load 方法，而不是 loads 方法。前者的参数是一个文件操作对象，后者的参数是一个 JSON 字符串。

这两种写法的运行结果是完全一样的。只不过 load 方法是将整个文件中的内容转化为 JSON 对象，而 loads 方法可以更灵活地控制要转化哪些内容。两种方法可以在适当的场景下选择使用。

3. 输出 JSON

可以调用 dumps 方法将 JSON 对象转化为字符串。例如，将上面例子的运行结果中的列表重新写入文本：

```
import json

data = [{
    'name': 'Bob',
    'gender': 'male',
    'birthday': '1992-10-18'
}]
with open('data.json', 'w', encoding='utf-8') as file:
    file.write(json.dumps(data))
```

这里利用 dumps 方法，将 JSON 对象转为了字符串，然后调用文件的 write 方法将字符串写入文本，结果如图 4-2 所示。

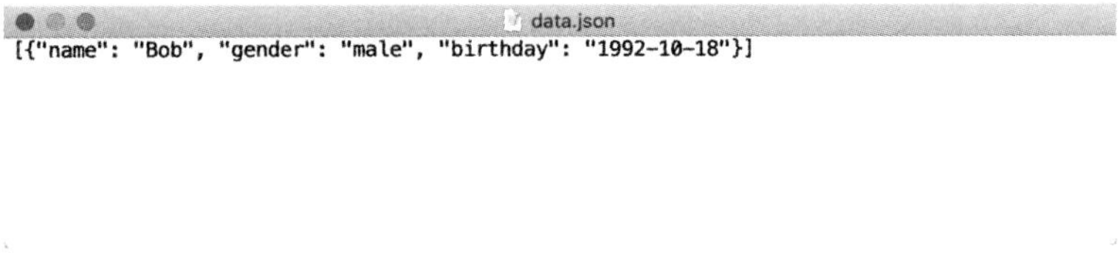

图 4-2　将列表写入文本

另外，如果想保存 JSON 对象的缩进格式，可以再往 dumps 方法中添加一个参数 indent，代表缩进字符的个数。实例如下：

```
with open('data.json', 'w') as file:
    file.write(json.dumps(data, indent=2))
```

此时写入结果如图 4-3 所示。

图 4-3　将列表写入文本并保存缩进

能够看出，得到的内容自带缩进，格式更加清晰。

另外，如果 JSON 对象中包含中文字符，会怎么样呢？现在将之前 JSON 对象中的部分值改为中文，并且依然用之前的方法将之写入文本：

```python
import json

data = [{
    'name': '王伟',
    'gender': '男',
    'birthday': '1992-10-18'
}]
with open('data.json', 'w', encoding='utf-8') as file:
    file.write(json.dumps(data, indent=2))
```

写入结果如图 4-4 所示。

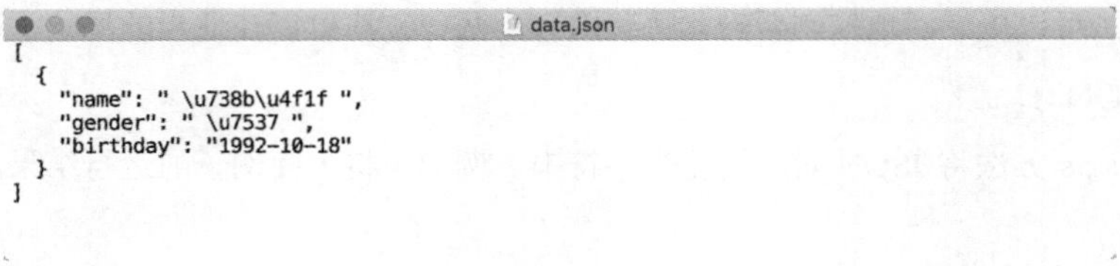

```
[
  {
    "name": " \u738b\u4f1f ",
    "gender": " \u7537 ",
    "birthday": "1992-10-18"
  }
]
```

图 4-4　包含中文字符的错误写入结果

可以看到，文本中的中文字符都变成了 Unicode 字符，这显然不是我们想要的结果。

要想输出中文，还需要指定参数 ensure_ascii 为 False，以及规定文件输出的编码：

```python
with open('data.json', 'w', encoding='utf-8') as file:
    file.write(json.dumps(data, indent=2, ensure_ascii=False))
```

此时的写入结果如图 4-5 所示。

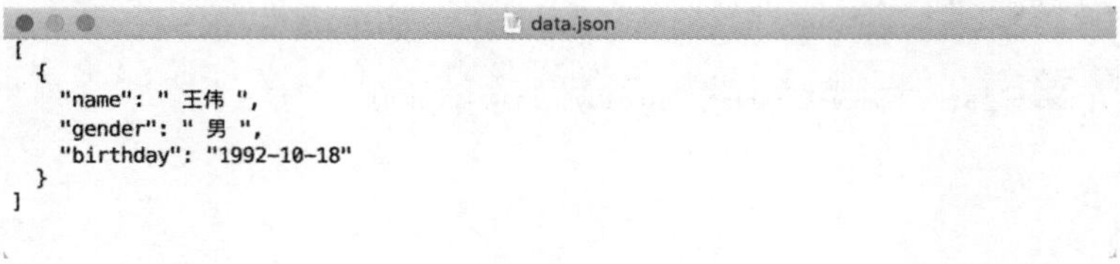

```
[
  {
    "name": " 王伟 ",
    "gender": " 男 ",
    "birthday": "1992-10-18"
  }
]
```

图 4-5　包含中文字符的正确写入结果

能够发现，现在可以将 JSON 对象输出为中文了。

类比 loads 与 load 方法，dumps 同样也有对应的 dump 方法，它可以直接将 JSON 对象全部写入文件中，因此上述写法也可以写为如下形式：

```python
json.dump(data, open('data.json', 'w', encoding='utf-8'), indent=2, ensure_ascii=False)
```

这里第一个参数是 JSON 对象，第二个参数可以传入文件操作对象，其他的 indent、ensure_ascii 对象还是保持不变，运行结果是一样的。

4. 总结

本节我们了解了用 Python 读写 JSON 文件的方法，这在后面进行数据解析时经常会用到，建议熟练掌握。

本节代码参见：https://github.com/Python3WebSpider/FileStorageTest。

4.3　CSV 文件存储

CSV，全称为 Comma-Separated Values，中文叫作逗号分隔值或字符分隔值，其文件以纯文本形式存储表格数据。CSV 文件是一个字符序列，可以由任意数目的记录组成，各条记录以某种换行符分隔开。每条记录都由若干字段组成，字段间的分隔符是其他字符或字符串，最常见的是逗号或制表符。不过所有记录都有完全相同的字段序列，相当于一个结构化表的纯文本形式。它比 Excel 文件更加简洁，XLS 文本是电子表格，包含文本、数值、公式和格式等内容，CSV 中则不包含这些，就是以特定字符作为分隔符的纯文本，结构简单清晰。所以，有时候使用 CSV 来存储数据是比较方便的。本节我们就来讲解 Python 读取数据和将数据写入 CSV 文件的过程。

1. 写入

这里先看一个最简单的例子：

```
import csv

with open('data.csv', 'w') as csvfile:
    writer = csv.writer(csvfile)
    writer.writerow(['id', 'name', 'age'])
    writer.writerow(['10001', 'Mike', 20])
    writer.writerow(['10002', 'Bob', 22])
    writer.writerow(['10003', 'Jordan', 21])
```

这里首先打开 data.csv 文件，然后指定打开的模式为 w（即写入），获得文件句柄，随后调用 csv 库的 writer 方法初始化写入对象，传入该句柄，然后调用 writerow 方法传入每行的数据，这样便完成了写入。

运行结束后，会生成一个名为 data.csv 的文件，此时数据就成功写入了。直接以文本形式打开，会显示如下内容：

```
id,name,age
10001,Mike,20
10002,Bob,22
10003,Jordan,21
```

可以看到，写入 CSV 文件的文本默认以逗号分隔每条记录，每调用一次 writerow 方法即可写入一行数据。用 Excel 打开 data.csv 文件的结果如图 4-6 所示。

如果想修改列与列之间的分隔符，可以传入 delimiter 参数，其代码如下：

```
import csv

with open('data.csv', 'w') as csvfile:
    writer = csv.writer(csvfile, delimiter=' ')
    writer.writerow(['id', 'name', 'age'])
    writer.writerow(['10001', 'Mike', 20])
    writer.writerow(['10002', 'Bob', 22])
    writer.writerow(['10003', 'Jordan', 21])
```

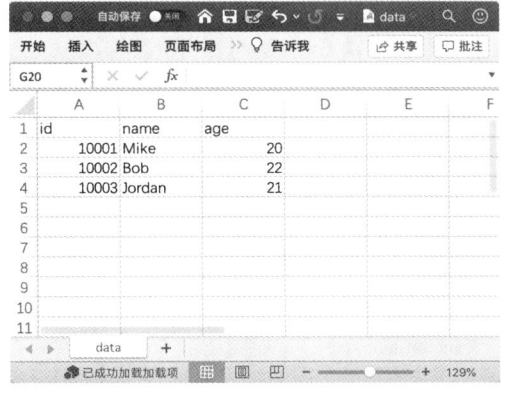

图 4-6　用 Excel 打开 data.csv 文件

这里在初始化写入对象时，将空格传入了 delimiter 参数，此时输出结果中的列与列之间就是以空格分隔了，内容如下：

```
id name age
10001 Mike 20
10002 Bob 22
10003 Jordan 21
```

另外，我们也可以调用 writerows 方法同时写入多行，此时参数需要传入二维列表，例如：

```
import csv

with open('data.csv', 'w') as csvfile:
    writer = csv.writer(csvfile)
```

```
writer.writerow(['id', 'name', 'age'])
writer.writerows([['10001', 'Mike', 20], ['10002', 'Bob', 22], ['10003', 'Jordan', 21]])
```

输出结果是相同的，内容如下：

```
id,name,age
10001,Mike,20
10002,Bob,22
10003,Jordan,21
```

但是一般情况下，爬虫爬取的都是结构化数据，我们一般会用字典表示这种数据。csv 库也提供了字典的写入方式，实例如下：

```
import csv

with open('data.csv', 'w') as csvfile:
    fieldnames = ['id', 'name', 'age']
    writer = csv.DictWriter(csvfile, fieldnames=fieldnames)
    writer.writeheader()
    writer.writerow({'id': '10001', 'name': 'Mike', 'age': 20})
    writer.writerow({'id': '10002', 'name': 'Bob', 'age': 22})
    writer.writerow({'id': '10003', 'name': 'Jordan', 'age': 21})
```

这里先定义了 3 个字段，用 fieldnames 表示，然后将其传给 DictWriter 方法以初始化一个字典写入对象，并将对象赋给 writer 变量。接着调用写入了对象的 writeheader 方法先写入头信息，再调用 writerow 方法传入了相应字典。最终写入的结果和之前是完全相同的，内容如下：

```
id,name,age
10001,Mike,20
10002,Bob,22
10003,Jordan,21
```

这样就把字典写入了 CSV 文件中。

另外，如果想追加写入，可以修改文件的打开模式，即把 open 函数的第二个参数改成 a，代码如下：

```
import csv

with open('data.csv', 'a') as csvfile:
    fieldnames = ['id', 'name', 'age']
    writer = csv.DictWriter(csvfile, fieldnames=fieldnames)
    writer.writerow({'id': '10004', 'name': 'Durant', 'age': 22})
```

这样再次执行这段代码，文件内容便会变成：

```
id,name,age
10001,Mike,20
10002,Bob,22
10003,Jordan,21
10004,Durant,22
```

由结果可见，数据被追加写入到了文件中。

如果要写入中文内容，我们知道可能会遇到字符编码的问题，此时需要给 open 参数指定编码格式。例如，这里再写入一行包含中文的数据，代码改写如下：

```
import csv

with open('data.csv', 'a', encoding='utf-8') as csvfile:
    fieldnames = ['id', 'name', 'age']
    writer = csv.DictWriter(csvfile, fieldnames=fieldnames)
    writer.writerow({'id': '10004', 'name': '王伟', 'age': 22})
```

这里要是没有给 open 函数指定编码，可能会发生编码错误。

另外，如果接触过 pandas 等库，可以调用 DataFrame 对象的 to_csv 方法将数据写入 CSV 文件中。

这种方法需要安装 pandas 库，安装命令为：

```
pip3 install pandas
```

安装完成之后，我们便可以使用 pandas 库将数据保存为 CSV 文件，实例代码如下：

```python
import pandas as pd

data = [
    {'id': '10001', 'name': 'Mike', 'age': 20},
    {'id': '10002', 'name': 'Bob', 'age': 22},
    {'id': '10003', 'name': 'Jordan', 'age': 21},
]

df = pd.DataFrame(data)
df.to_csv('data.csv', index=False)
```

这里我们先定义了几条数据，每条数据都是一个字典，然后将其组合成一个列表，赋值为 data。紧接着我们使用 pandas 的 DataFrame 类新建了一个 DataFrame 对象，参数传入 data，并把该对象赋值为 df。最后我们调用 df 的 to_csv 方法也可以将数据保存为 CSV 文件。

2. 读取

我们同样可以使用 csv 库来读取 CSV 文件。例如，将刚才写入的文件内容读取出来，相关代码如下：

```python
import csv

with open('data.csv', 'r', encoding='utf-8') as csvfile:
    reader = csv.reader(csvfile)
    for row in reader:
        print(row)
```

运行结果如下：

```
['id', 'name', 'age']
['10001', 'Mike', '20']
['10002', 'Bob', '22']
['10003', 'Jordan', '21']
```

这里我们构造的是 Reader 对象，通过遍历输出了文件中每行的内容，每一行都是一个列表。注意，如果 CSV 文件中包含中文，还需要指定文件编码。

另外，我们也可以使用 pandas 的 read_csv 方法将数据从 CSV 文件中读取出来，例如：

```python
import pandas as pd

df = pd.read_csv('data.csv')
print(df)
```

运行结果如下：

```
      id    name  age
0  10001    Mike   20
1  10002     Bob   22
2  10003  Jordan   21
```

这里的 df 实际上是一个 DataFrame 对象，如果你对此比较熟悉，则可以直接使用它完成一些数据的分析处理。

如果只想读取文件里面的数据，可以把 df 再进一步转化为列表或者元组，实例代码如下：

```python
import pandas as pd

df = pd.read_csv('data.csv')
data = df.values.tolist()
print(data)
```

这里我们调用了 df 的 values 属性，再调用 tolist 方法，即可将数据转化为列表形式，运行结果如下：

```
[[10001, 'Mike', 20], [10002, 'Bob', 22], [10003, 'Jordan', 21]]
```

另外，直接对 df 进行逐行遍历，同样能得到列表类型的结果，代码如下：

```
import pandas as pd

df = pd.read_csv('data.csv')
for index, row in df.iterrows():
    print(row.tolist())
```

运行结果如下：

```
[10001, 'Mike', 20]
[10002, 'Bob', 22]
[10003, 'Jordan', 21]
```

可以看到，我们同样获取了列表类型的结果。

3. 总结

本节中，我们了解了 CSV 文件的写入和读取方式。这也是一种常用的数据存储方式，需要熟练掌握。

本节代码参见：https://github.com/Python3WebSpider/FileStorageTest。

4.4 MySQL 存储

关系型数据库是基于关系模型的数据库，而关系模型是通过二维表来保存的，所以关系型数据库中数据的存储方式就是行列组成的表，每一列代表一个字段、每一行代表一条记录。表可以看作某个实体的集合，实体之间存在的联系需要通过表与表之间的关联关系体现，例如主键和外键的关联关系。由多个表组成的数据库，就是关系型数据库。

关系型数据库有多种，例如 SQLite、MySQL、Oracle、SQL Server、DB2 等，本节我们主要来了解一下 MySQL 数据库的存储操作。

在 Python 2 中，连接 MySQL 的库大多是 MySQLdb，但是此库的官方并不支持 Python 3，所以这里推荐使用的库是 PyMySQL。

下面，我们就来讲解使用 PyMySQL 操作 MySQL 数据库的方法。

1. 准备工作

在开始之前，请确保已经安装好了 MySQL 数据库并保证它能正常运行，安装方式可以参考：https://setup.scrape.center/mysql。

除了安装好 MySQL 数据库外，还需要安装好 PyMySQL 库，如尚未安装 PyMySQL，可以使用 pip3 来安装：

```
pip3 install pymysql
```

更详细的安装方式可以参考：https://setup.scrape.center/pymysql。

二者都安装好了之后，我们就可以开始本节的学习了。

2. 连接数据库

首先尝试连接一下数据库。假设当前的 MySQL 运行在本地，用户名为 root，密码为 123456，运行端口为 3306。这里利用 PyMySQL 先连接 MySQL，然后创建一个新的数据库，叫作 spiders，代码如下：

```python
import pymysql

db = pymysql.connect(host='localhost',user='root', password='123456', port=3306)
cursor = db.cursor()
cursor.execute('SELECT VERSION()')
data = cursor.fetchone()
print('Database version:', data)
cursor.execute("CREATE DATABASE spiders DEFAULT CHARACTER SET utf8mb4")
db.close()
```

运行结果如下：

```
Database version: ('8.0.19',)
```

这里通过 PyMySQL 的 connect 方法声明了一个 MySQL 连接对象 db，此时需要传入的第一个参数是 MySQL 运行的 host（即 IP），由于 MySQL 运行在本地，所以传入的是 localhost，如果 MySQL 在远程运行，则传入其公网 IP 地址。后续参数分别是 user（用户名）、password（密码）和 port（端口，默认为 3306）。

连接成功后，调用 cursor 方法获得了 MySQL 的操作游标，利用游标可以执行 SQL 语句。这里我们执行了两个 SQL 语句，直接调用 execute 方法即可执行。第一个 SQL 语句用于获取 MySQL 的当前版本，然后调用 fetchone 方法就得到了第一条数据，即版本号。第二个 SQL 语句用于创建数据库 spiders，默认编码为 UTF-8，由于该语句不是查询语句，所以执行后就成功创建了数据库 spiders，可以利用这个数据库完成后续的操作。

3. 创建表

一般来讲，创建数据库的操作执行一次就可以了。当然，也可以手动创建数据库。我们之后的操作都在 spiders 数据库上完成。

接下来，新创建一个数据表 students，此时执行创建表的 SQL 语句即可。这里指定 3 个字段，结构如表 4-1 所示。

表 4-1 数据表 students

字 段 名	含 义	类 型
id	学号	varchar
name	姓名	varchar
age	年龄	int

创建该表的代码如下：

```python
import pymysql

// 创建数据库后，在连接时需要额外指定一个参数 db
db = pymysql.connect(host='localhost', user='root', password='123456', port=3306, db='spiders')
cursor = db.cursor()
sql = 'CREATE TABLE IF NOT EXISTS students (id VARCHAR(255) NOT NULL, name VARCHAR(255) NOT NULL, age INT NOT NULL, PRIMARY KEY (id))'
cursor.execute(sql)
db.close()
```

运行之后，便创建了一个名为 students 的数据表。

当然，为了演示，这里只是指定了最简单的几个字段。实际上，在爬虫爬取的过程中，我们会根据爬取结果设计特定的字段。

4. 插入数据

下一步就是往数据库中插入数据了。例如，这里爬取到一个学生信息，学号为 20120001、名字为

Bob、年龄为 20，如何将这条数据插入数据库呢？实例代码如下：

```python
import pymysql

id = '20120001'
user = 'Bob'
age = 20

db = pymysql.connect(host='localhost', user='root', password='123456', port=3306, db='spiders')
cursor = db.cursor()
sql = 'INSERT INTO students(id, name, age) values(%s, %s, %s)'
try:
    cursor.execute(sql, (id, user, age))
    db.commit()
except:
    db.rollback()
db.close()
```

这里首先构造了一个 SQL 语句，其值没有用如下字符串拼接的方式构造：

```
sql = 'INSERT INTO students(id, name, age) values(' + id + ', ' + name    + ', ' + age + ')'
```

这样的写法烦琐且不直观，所以我们直接用格式化符 %s 来构造，有几个 value 就写几个 %s。我们只需要在 execute 方法的第一个参数传入该 SQL 语句，value 值用统一的元组传过来就好了。这样的写法既可以避免字符串拼接的麻烦，又可以避免引号冲突问题。

之后值得注意的是，需要执行 db 对象的 commit 方法才可以实现数据插入，这个方法才是真正将语句提交到数据库执行的方法。对于数据插入、更新、删除操作，都需要调用该方法才能生效。

接下来，我们加了一层异常处理。如果执行失败，则调用 rollback 执行数据回滚，相当于什么都没有发生过。

这里涉及事务的问题。事务机制能够确保数据的一致性，也就是一件事要么发生完整了，要么完全没有发生。例如插入一条数据，不会存在插入一半的情况——要么全部插入、要么都不插入，这就是事务的原子性。事务还有其他 3 个属性——一致性、隔离性和持久性。这 4 个属性通常称为 ACID 特性，具体如表 4-2 所示。

表 4-2　事务的 4 个属性

属　　性	解　　释
原子性（atomicity）	事务是一个不可分割的工作单位，事务中包括的诸操作要么都做、要么都不做
一致性（consistency）	事务必须使数据库从一个一致性状态变到另一个一致性状态。一致性与原子性是密切相关的
隔离性（isolation）	一个事务的执行不能被其他事务干扰，即一个事务内部的操作及使用的数据对并发的其他事务是隔离的，并发执行的各个事务之间不能互相干扰
持久性（durability）	持续性也称永久性（permanence），指一个事务一旦提交，它对数据库中数据做的改变就应该是永久性的。接下来的其他操作或故障不应该对数据有任何影响

插入、更新和删除操作都是对数据库进行更改的操作，而更改操作都必须是一个事务，所以这些操作的标准写法是：

```python
try:
    cursor.execute(sql)
    db.commit()
except:
    db.rollback()
```

这样便可以保证数据的一致性。这里的 commit 和 rollback 方法就为事务的实现提供了支持。

上面数据插入的操作是通过构造 SQL 语句实现的，但是很明显，这里有一个极其不方便的地方，例如突然增加了性别字段 gender，此时 SQL 语句就需要改成：

```
INSERT INTO students(id, name, age, gender) values(%s, %s, %s, %s)
```
相应的元组参数需要改成:
```
(id, name, age, gender)
```
这显然不是我们想要的。在很多情况下,我们要达到的效果是插入方法无须做改动,其作为通用方法,只需要传入一个动态变化的字典就好了。例如,构造这样一个字典:
```
{
    'id': '20120001',
    'name': 'Bob',
    'age': 20
}
```
然后,SQL 语句会根据这个字典动态构造出来,元组也是,这样才是实现了通用的插入方法。于是我们改写一下插入方法:
```
data = {
    'id': '20120001',
    'name': 'Bob',
    'age': 20
}
table = 'students'
keys = ', '.join(data.keys())
values = ', '.join(['%s'] * len(data))
sql = 'INSERT INTO {table}({keys}) VALUES ({values})'.format(table=table, keys=keys, values=values)
try:
    if cursor.execute(sql, tuple(data.values())):
        print('Successful')
        db.commit()
except:
    print('Failed')
    db.rollback()
db.close()
```
这里我们传入的数据是字典,将其定义为了 data 变量,将 students 表定义为了变量 table。接下来,构造一个动态的 SQL 语句。

首先,需要构造插入的字段: id、name 和 age。这里只要将 data 的键名拿过来,并用逗号分隔即可。所以 ', '.join(data.keys()) 的结果就是 id, name, age,然后,需要构造多个 %s 当作占位符,有几个字段就构造几个。例如,这里有三个字段,就需要构造 %s, %s, %s。这里先是定义了一个长度为 1 的数组 ['%s'],然后用乘法将其扩充为 ['%s', '%s', '%s'],再调用 join 方法,就变成了 %s, %s, %s。最后,利用字符串的 format 方法将表名、字段名和占位符构造出来。于是 SQL 语句就动态构造出来了:
```
INSERT INTO students(id, name, age) VALUES (%s, %s, %s)
```
最后,为 execute 方法的第一个参数传入 sql 变量,第二个参数传入由 data 的键值构造的元组,就可以成功插入数据了。

如此一来,我们便实现了通过传入一个字典来插入数据的方法,不需要再去修改 SQL 语句和插入操作。

5. 更新数据

数据更新操作实际上也是执行 SQL 语句,最简单的方式就是先构造一个 SQL 语句,然后执行:
```
sql = 'UPDATE students SET age = %s WHERE name = %s'
try:
    cursor.execute(sql, (25, 'Bob'))
    db.commit()
except:
    db.rollback()
db.close()
```

这里同样用占位符的方式构造 SQL，然后执行 execute 方法，传入元组形式的参数，同样执行 commit 方法执行操作。如果做的是简单的数据更新，完全可以使用此方法。

但是在实际的数据抓取过程中，大部分情况下需要插入数据，我们关心的是会不会出现重复数据，如果出现了，我们希望更新数据而不是重复保存一次。另外，就像前面所说的动态构造 SQL 的问题，所以这里可以再实现一种去重的方法：如果数据存在，就更新数据；如果数据不存在，则插入数据。另外，这种做法支持灵活的字典传值。实例代码如下：

```
data = {
    'id': '20120001',
    'name': 'Bob',
    'age': 21
}

table = 'students'
keys = ', '.join(data.keys())
values = ', '.join(['%s'] * len(data))

sql = 'INSERT INTO {table}({keys}) VALUES ({values}) ON DUPLICATE KEY UPDATE '.format(table=table, keys=keys, values=values)
update = ','.join(["{key} = %s".format(key=key) for key in data])
sql += update
try:
    if cursor.execute(sql, tuple(data.values())*2):
        print('Successful')
        db.commit()
except:
    print('Failed')
    db.rollback()
db.close()
```

这里构造的 SQL 语句其实是插入语句，但是我们在后面加了 ON DUPLICATE KEY UPDATE。这行代码的意思是如果主键已经存在，就执行更新操作。例如，我们传入的数据 id 仍然是 20120001，但是年龄有所变化，由 20 变成了 21，此时不会插入这条数据，而是直接更新 id 为 20120001 的数据。构造出来的完整 SQL 语句是这样的：

```
INSERT INTO students(id, name, age) VALUES (%s, %s, %s) ON DUPLICATE KEY UPDATE id = %s, name = %s, age = %s
```

这里变成了 6 个 %s。所以后面 execute 方法的第二个参数元组就需要乘以 2，使长度变成原来的 2 倍。

如此一来，我们就可以实现主键不存在便插入数据，主键存在则更新数据的功能。

6. 删除数据

删除操作相对简单，直接使用 DELETE 语句即可，只是需要指定要删除的目标表名和删除条件，而且仍然需要使用 db 的 commit 方法才能生效。实例代码如下：

```
table = 'students'
condition = 'age > 20'

sql = 'DELETE FROM  {table} WHERE {condition}'.format(table=table, condition=condition)
try:
    cursor.execute(sql)
    db.commit()
except:
    db.rollback()

db.close()
```

因为删除条件多种多样，运算符有大于、小于、等于、LIKE 等，条件连接符有 AND、OR 等，所以不再继续构造复杂的判断条件。这里直接将条件当作字符串来传递，以实现删除操作。

7. 查询数据

说完插入、修改和删除等操作,还剩下一个非常重要的操作,就是查询。查询会用到 SELECT 语句,实例代码如下:

```
sql = 'SELECT * FROM students WHERE age >= 20'
try:
    cursor.execute(sql)
    print('Count:', cursor.rowcount)
    one = cursor.fetchone()
    print('One:', one)
    results = cursor.fetchall()
    print('Results:', results)
    print('Results Type:', type(results))
    for row in results:
        print(row)
except:
    print('Error')
```

运行结果如下:

```
Count: 4
One: ('20120001', 'Bob', 25)
Results: (('20120011', 'Mary', 21), ('20120012', 'Mike', 20), ('20120013', 'James', 22))
Results Type: <class 'tuple'>
('20120011', 'Mary', 21)
('20120012', 'Mike', 20)
('20120013', 'James', 22)
```

这里我们构造了一个 SQL 语句,查询年龄为 20 及以上的学生,然后将其传给 execute 方法。注意,这里不再需要 db 的 commit 方法。接着,调用 cursor 的 rowcount 属性获取查询结果的条数,当前实例中是 4 条。

然后我们调用了 fetchone 方法,这个方法可以获取结果的第一条数据,返回结果以元组形式呈现,元组中元素的顺序跟字段一一对应,即第一个元素就是第一个字段 id、第二个元素就是第二个字段 name,以此类推。随后,我们又调用了 fetchall 方法,可以得到结果的所有数据。之后将其结果和类型打印出来,是一个二重元组,其中每个元素都是一条记录,我们遍历这些元素并输出。

但是需要注意一个问题,这里结果显示的是 3 条数据而不是 4 条,fetchall 方法不是获取所有数据吗?这是因为它的内部实现有一个偏移指针,用来指向查询结果,偏移指针最开始指向第一条数据,取一次数据之后,指针偏移到下一条数据,于是再取就会取到下一条数据。我们最初调用了一次 fetchone 方法,这样结果的偏移指针就指向下一条数据,fetchall 方法返回的是从偏移指针指向的数据一直到结束的所有数据,所以它获取的结果就只剩 3 个了。

此外,我们还可以用 while 循环加 fetchone 方法的组合来获取所有数据,而不是用 fetchall 全部获取出来。fetchall 会将结果以元组形式全部返回,如果数据量很大,那么占用的开销也会非常高。因此,推荐使用如下方法逐条获取数据:

```
sql = 'SELECT * FROM students WHERE age >= 20'
try:
    cursor.execute(sql)
    print('Count:', cursor.rowcount)
    row = cursor.fetchone()
    while row:
        print('Row:', row)
        row = cursor.fetchone()
except:
    print('Error')
```

这样每循环一次,指针就会偏移一条数据,随用随取,简单高效。

8. 总结

本节我们了解了如何使用 PyMySQL 操作 MySQL 数据库,以及一些 SQL 语句的构造方法,后面会在实战案例中应用这些操作来存储数据。

本节代码参见:https://github.com/Python3WebSpider/MySQLTest。

4.5 MongoDB 文档存储

NoSQL,全称为 Not Only SQL,意为不仅仅是 SQL,泛指非关系型数据库。NoSQL 是基于键值对的,而且不需要经过 SQL 层的解析,数据之间没有耦合性,性能非常高。

非关系型数据库又可细分如下。

- 键值存储数据库:代表有 Redis、Voldemort 和 Oracle BDB 等。
- 列存储数据库:代表有 Cassandra、HBase 和 Riak 等。
- 文档型数据库:代表有 CouchDB 和 MongoDB 等。
- 图形数据库:代表有 Neo4J、InfoGrid 和 Infinite Graph 等。

对于爬虫的数据存储来说,一条数据可能存在因某些字段提取失败而缺失的情况,而且数据可能随时调整。另外,数据之间还存在嵌套关系。如果使用关系型数据库存储这些数据,一是需要提前建表,二是如果数据存在嵌套关系,还需要进行序列化操作才可以存储,这非常不方便。如果使用非关系型数据库,就可以避免这些麻烦,更简单、高效。

本节中,我们主要介绍 MongoDB 存储操作。

MongoDB 是由 C++ 语言编写的非关系型数据库,是一个基于分布式文件存储的开源数据库系统,其内容的存储形式类似 JSON 对象。它的字段值可以包含其他文档、数组及文档数组,非常灵活。本节我们就来看看 Python 3 下 MongoDB 的存储操作。

1. 准备工作

在开始之前,请确保已经安装好了 MongoDB 并启动了其服务,安装方式可以参考:https://setup.scrape.center/mongodb。

除了安装好 MongoDB 数据库,我们还需要安装好 Python 的 PyMongo 库,如尚未安装,可以使用 pip3 来安装:

```
pip3 install pymongo
```

更详细的安装说明可以参考:https://setup.scrape.center/pymongo。

安装好 MongoDB 数据库和 PyMongo 库之后,我们便可以开始本节的学习了。

2. 连接 MongoDB

连接 MongoDB 时,需要使用 PyMongo 库里面的 MongoClient 方法,一般而言,传入 MongoDB 的 IP 及端口即可。MongoClient 方法的第一个参数为地址 host,第二个参数为端口 port(如果不传入此参数,默认取值为 27017):

```
import pymongo
client = pymongo.MongoClient(host='localhost', port=27017)
```

这样就可以创建 MongoDB 的连接对象了。

另外,还可以直接给 MongoClient 的第一个参数 host 传入 MongoDB 的连接字符串,它以 mongodb

开头，例如：

```
client = MongoClient('mongodb://localhost:27017/')
```

这可以达到同样的连接效果。

3. 指定数据库

在 MongoDB 中，可以建立多个数据库，所以我们需要指定操作哪个数据库。这里我们以指定 test 数据库为例来说明：

```
db = client.test
```

这里调用 client 的 test 属性即可返回 test 数据库。当然，也可以这样指定：

```
db = client['test']
```

这两种方式是等价的。

4. 指定集合

MongoDB 的每个数据库又都包含许多集合（collection），这些集合类似于关系型数据库中的表。

下一步需要指定要操作哪些集合，这里指定一个集合，名称为 students。与指定数据库类似，指定集合也有两种方式：

```
collection = db.students
```

或

```
collection = db['students']
```

这样我们便声明了一个集合对象。

5. 插入数据

接下来，便可以插入数据了。在 students 这个集合中，新建一条学生数据，这条数据以字典形式表示：

```
student = {
    'id': '20170101',
    'name': 'Jordan',
    'age': 20,
    'gender': 'male'
}
```

这里指定了学生的学号、姓名、年龄和性别。然后直接调用 collection 类的 insert 方法即可插入数据，代码如下：

```
result = collection.insert(student)
print(result)
```

在 MongoDB 中，每条数据都有一个 _id 属性作为唯一标识。如果没有显式指明该属性，那么 MongoDB 会自动产生一个 ObjectId 类型的 _id 属性，insert 方法会在执行后返回 _id 值。

运行结果如下：

```
5932a68615c2606814c91f3d
```

当然，也可以同时插入多条数据，只需要以列表形式传递即可，实例如下：

```
student1 = {
    'id': '20170101',
    'name': 'Jordan',
    'age': 20,
    'gender': 'male'
}
```

```python
student2 = {
    'id': '20170202',
    'name': 'Mike',
    'age': 21,
    'gender': 'male'
}

result = collection.insert([student1, student2])
print(result)
```

返回结果是对应的 _id 的集合：

```
[ObjectId('5932a80115c2606a59e8a048'), ObjectId('5932a80115c2606a59e8a049')]
```

实际上，在 PyMongo 3.x 版本中，官方已经不推荐使用 insert 方法了。当然，继续使用也没什么问题。官方推荐使用的是 insert_one 和 insert_many 方法，分别用来插入单条记录和多条记录，实例代码如下：

```python
student = {
    'id': '20170101',
    'name': 'Jordan',
    'age': 20,
    'gender': 'male'
}

result = collection.insert_one(student)
print(result)
print(result.inserted_id)
```

运行结果如下：

```
<pymongo.results.InsertOneResult object at 0x10d68b558>
5932ab0f15c2606f0c1cf6c5
```

与 insert 方法不同，这次返回的是 InsertOneResult 对象，我们可以调用其 inserted_id 属性获取 _id。

对于 insert_many 方法，我们可以将数据以列表形式传递，实例代码如下：

```python
student1 = {
    'id': '20170101',
    'name': 'Jordan',
    'age': 20,
    'gender': 'male'
}

student2 = {
    'id': '20170202',
    'name': 'Mike',
    'age': 21,
    'gender': 'male'
}

result = collection.insert_many([student1, student2])
print(result)
print(result.inserted_ids)
```

运行结果如下：

```
<pymongo.results.InsertManyResult object at 0x101dea558>
[ObjectId('5932abf415c2607083d3b2ac'), ObjectId('5932abf415c2607083d3b2ad')]
```

该方法返回的是 InsertManyResult 类型的对象，调用 inserted_ids 属性可以获取插入数据的 _id 列表。

6. 查询

插入数据后，我们可以利用 find_one 或 find 方法进行查询，用前者查询得到的是单个结果，后者则会返回一个生成器对象。实例代码如下：

```
result = collection.find_one({'name': 'Mike'})
print(type(result))
print(result)
```

这里我们查询 name 值为 Mike 的数据，运行结果如下：

```
<class 'dict'>
{'_id': ObjectId('5932a80115c2606a59e8a049'), 'id': '20170202', 'name': 'Mike', 'age': 21, 'gender': 'male'}
```

可以发现，结果是字典类型，它多了 _id 属性，这就是 MongoDB 在插入数据过程中自动添加的。

此外，我们也可以根据 ObjectId 来查询数据，此时需要使用 bson 库里面的 objectid：

```
from bson.objectid import ObjectId
```

```
result = collection.find_one({'_id': ObjectId('593278c115c2602667ec6bae')})
print(result)
```

其查询结果依然是字典类型，具体如下：

```
{'_id': ObjectId('593278c115c2602667ec6bae'), 'id': '20170101', 'name': 'Jordan', 'age': 20, 'gender': 'male'}
```

当然，如果查询结果不存在，则会返回 None。

若要查询多条数据，可以使用 find 方法。例如，查找 age 为 20 的数据，实例代码如下：

```
results = collection.find({'age': 20})
print(results)
for result in results:
    print(result)
```

运行结果如下：

```
<pymongo.cursor.Cursor object at 0x1032d5128>
{'_id': ObjectId('593278c115c2602667ec6bae'), 'id': '20170101', 'name': 'Jordan', 'age': 20, 'gender': 'male'}
{'_id': ObjectId('593278c815c2602678bb2b8d'), 'id': '20170102', 'name': 'Kevin', 'age': 20, 'gender': 'male'}
{'_id': ObjectId('593278d815c260269d7645a8'), 'id': '20170103', 'name': 'Harden', 'age': 20, 'gender': 'male'}
```

返回结果是 Cursor 类型，相当于一个生成器，通过遍历能够获取所有的结果，其中每个结果都是字典类型。

如果要查询 age 大于 20 的数据，则写法如下：

```
results = collection.find({'age': {'$gt': 20}})
```

这里查询条件中的键值已经不是单纯的数字了，而是一个字典，其键名为比较符号 $gt，意思是大于；键值为 20。

这里将比较符号归纳为表 4-3。

表 4-3 比较符号

符号	含义	实例
$lt	小于	{'age': {'$lt': 20}}
$gt	大于	{'age': {'$gt': 20}}
$lte	小于等于	{'age': {'$lte': 20}}
$gte	大于等于	{'age': {'$gte': 20}}
$ne	不等于	{'age': {'$ne': 20}}
$in	在范围内	{'age': {'$in': [20, 23]}}
$nin	不在范围内	{'age': {'$nin': [20, 23]}}

另外，还可以进行正则匹配查询。例如，执行以下代码查询 name 以 M 为开头的学生数据：

```
results = collection.find({'name': {'$regex': '^M.*'}})
```

这里使用 $regex 来指定正则匹配，^M.* 代表以 M 为开头的正则表达式。

下面将一些功能符号归类为表 4-4。

表 4-4 功能符号

符号	含义	实例	实例含义
$regex	匹配正则表达式	{'name': {'$regex': '^M.*'}}	name 以 M 为开头
$exists	属性是否存在	{'name': {'$exists': True}}	存在 name 属性
$type	类型判断	{'age': {'$type': 'int'}}	age 的类型为 int
$mod	数字模操作	{'age': {'$mod': [5, 0]}}	age 模 5 余 0
$text	文本查询	{'$text': {'$search': 'Mike'}}	text 类型的属性中包含 Mike 字符串
$where	高级条件查询	{'$where': 'obj.fans_count == obj.follows_count'}	自身粉丝数等于关注数

7. 计数

要统计查询结果包含多少条数据，可以调用 count 方法。例如统计所有数据条数，代码如下：

```
count = collection.find().count()
print(count)
```

统计符合某个条件的数据有多少条，代码如下：

```
count = collection.find({'age': 20}).count()
print(count)
```

运行结果是一个数值，即符合条件的数据条数。

8. 排序

排序时，直接调用 sort 方法，并传入排序的字段及升降序标志即可。实例代码如下：

```
results = collection.find().sort('name', pymongo.ASCENDING)
print([result['name'] for result in results])
```

运行结果如下：

```
['Harden', 'Jordan', 'Kevin', 'Mark', 'Mike']
```

这里我们调用 pymongo.ASCENDING 指定按升序排序。如果要降序排，可以传入 pymongo.DESCENDING。

9. 偏移

在某些情况下，我们可能只想取某几个元素，这时可以利用 skip 方法偏移几个位置，例如偏移 2，即忽略前两个元素，获取第三个及以后的元素：

```
results = collection.find().sort('name', pymongo.ASCENDING).skip(2)
print([result['name'] for result in results])
```

运行结果如下：

```
['Kevin', 'Mark', 'Mike']
```

另外，还可以使用 limit 方法指定要获取的结果个数，实例代码如下：

```
results = collection.find().sort('name', pymongo.ASCENDING).skip(2).limit(2)
print([result['name'] for result in results])
```

运行结果如下：

```
['Kevin', 'Mark']
```

如果不使用 limit 方法加以限制，原本会返回三个结果，而加了限制后，会截取两个结果并返回。

值得注意的是，在数据库中数据量非常庞大的时候（例如千万、亿级别），最好不要使用大偏移量来查询数据，因为这样很可能导致内存溢出。此时可以使用类似如下操作来查询：

```
from bson.objectid import ObjectId
collection.find({'_id': {'$gt': ObjectId('593278c815c2602678bb2b8d')}})
```

这里需要记录好上次查询的 _id。

10. 更新

对于数据更新，我们可以使用 update 方法，在其中指定更新的条件和更新后的数据即可。例如：

```
condition = {'name': 'Kevin'}
student = collection.find_one(condition)
student['age'] = 25
result = collection.update(condition, student)
print(result)
```

这里我们更新的是 name 值为 Kevin 的学生数据的 age：首先指定查询条件，然后将数据查询出来，修改其 age 后调用 update 方法将原条件和修改后的数据传入。

运行结果如下：

```
{'ok': 1, 'nModified': 1, 'n': 1, 'updatedExisting': True}
```

返回结果是字典形式，ok 代表执行成功，nModified 代表影响的数据条数。

另外，我们可以使用 $set 操作符实现数据更新，代码如下：

```
result = collection.update(condition, {'$set': student})
```

这样可以只更新 student 字典内存在的字段。如果原先还有其他字段，则既不会更新，也不会删除。而如果不用 $set，就会把之前的数据全部用 student 字典替换；要是原本存在其他字段，会被删除。

另外，update 其实也是官方不推荐使用的方法。官方推荐使用单独的 update_one 方法和 update_many 方法来处理单条和多条数据更新过程，它们用法更加严格，第二个参数都需要使用 $ 类型操作符作为字典的键名，实例代码如下：

```
condition = {'name': 'Kevin'}
student = collection.find_one(condition)
student['age'] = 26
result = collection.update_one(condition, {'$set': student})
print(result)
print(result.matched_count, result.modified_count)
```

这里调用的是 update_one 方法，其第二个参数不能再直接传入修改后的字典，而是需要使用 {'$set': student} 这种形式的数据。然后分别调用 matched_count 和 modified_count 属性，可以获得匹配的数据条数和影响的数据条数。

运行结果如下：

```
<pymongo.results.UpdateResult object at 0x10d17b678>
1 0
```

可以发现 update_one 方法的返回结果是 UpdateResult 类型。我们再看一个例子：

```
condition = {'age': {'$gt': 20}}
result = collection.update_one(condition, {'$inc': {'age': 1}})
print(result)
print(result.matched_count, result.modified_count)
```

这里指定查询条件为 age 大于 20，然后更新条件是 {'$inc': {'age': 1}}，也就是对 age 加 1，因此执行 update_one 方法之后,会对第一条符合查询条件的学生数据的 age 加 1。

运行结果如下:

```
<pymongo.results.UpdateResult object at 0x10b8874c8>
1 1
```

可以看到匹配条数为 1 条,影响条数也为 1 条。

但如果调用 update_many 方法,则会更新所有符合条件的数据,实例代码如下:

```
condition = {'age': {'$gt': 20}}
result = collection.update_many(condition, {'$inc': {'age': 1}})
print(result)
print(result.matched_count, result.modified_count)
```

运行结果如下:

```
<pymongo.results.UpdateResult object at 0x10c6384c8>
3 3
```

可以看到,这时匹配条数就不再为 1 条了,所有匹配到的数据都会被更新。

11. 删除

删除操作比较简单,直接调用 remove 方法并指定删除条件即可,之后符合条件的所有数据均会被删除。实例代码如下:

```
result = collection.remove({'name': 'Kevin'})
print(result)
```

运行结果如下:

```
{'ok': 1, 'n': 1}
```

另外,这里依然存在两个新的官方推荐方法——delete_one 和 delete_many。delete_one 即删除第一条符合条件的数据,delete_many 即删除所有符合条件的数据。实例代码如下:

```
result = collection.delete_one({'name': 'Kevin'})
print(result)
print(result.deleted_count)
result = collection.delete_many({'age': {'$lt': 25}})
print(result.deleted_count)
```

运行结果如下:

```
<pymongo.results.DeleteResult object at 0x10e6ba4c8>
1
4
```

两个方法的返回结果都是 DeleteResult 类型,可以调用 deleted_count 属性获取删除的数据条数。

12. 其他操作

除了以上操作,PyMongo 还提供了一些组合方法,例如 find_one_and_delete、find_one_and_replace 和 find_one_and_update,分别是查找后删除、替换和更新操作,用法与上述方法基本一致。

另外,还可以对索引进行操作,相关方法有 create_index、create_indexes 和 drop_index 等。

13. 总结

本节讲解了使用 PyMongo 操作 MongoDB 进行数据增删改查的方法,后面我们会在实战案例中应用这些操作完成数据存储。

本节代码参见:https://github.com/Python3WebSpider/MongoDBTest。

4.6 Redis 缓存存储

Redis 是一个基于内存的、高效的键值型非关系型数据库，存取效率极高，而且支持多种数据存储结构，使用起来也非常简单。本节我们就来介绍一下 Python 的 Redis 操作，主要介绍 redis-py 这个库的用法。

1. 准备工作

在开始之前，请确保已经安装好了 Redis 并能正常运行，安装方式可以参考：https://setup.scrape.center/redis。

除了安装好 Redis 数据库外，我们还需要安装好 redis-py 库，即用来操作 Redis 的 Python 包，可以使用 pip3 来安装：

```
pip3 install redis
```

更详细的安装说明可以参考：https://setup.scrape.center/redis-py。

安装好 Redis 数据库和 redis-py 库之后，我们便可以开始本节的学习了。

2. Redis 和 StrictRedis

redis-py 库提供 Redis 和 StrictRedis 两个类，用来实现 Redis 命令对应的操作。

StrictRedis 类实现了绝大部分官方的 Redis 命令，参数也一一对应，例如 set 方法就对应 Redis 命令的 set 方法。而 Redis 类是 StrictRedis 类的子类，其主要功能是向后兼容旧版本库里的几个方法。为了实现兼容，Redis 类对方法做了改写，例如将 lrem 方法中 value 和 num 参数的位置互换，这和 Redis 命令行的命令参数是不一致的。

官方推荐使用 StrictRedis 类，所以本节我们也用 StrictRedis 类的相关方法作为演示。

3. 连接 Redis

我们先在本地安装好 Redis，并运行在 6379 端口，将密码设置为 foobared。可以用如下实例连接 Redis 并测试：

```
from redis import StrictRedis

redis = StrictRedis(host='localhost', port=6379, db=0, password='foobared')
redis.set('name', 'Bob')
print(redis.get('name'))
```

这里我们传入了 Redis 的地址、运行端口、使用的数据库和密码信息。在默认不传数据的情况下，这 4 个参数分别为 localhost、6379、0 和 None。然后声明了一个 StrictRedis 对象，并调用对象的 set() 方法，设置了一个键值对。最后调用 get 方法获取了设置的键值并打印出来。

运行结果如下：

```
b'Bob'
```

这说明我们成功连接了 Redis，并且可以执行 set 和 get 操作了。

当然，还可以使用 ConnectionPool 来连接 Redis，实例代码如下：

```
from redis import StrictRedis, ConnectionPool

pool = ConnectionPool(host='localhost', port=6379, db=0, password='foobared')
redis = StrictRedis(connection_pool=pool)
```

这样的连接效果是一样的。观察源码可以发现，StrictRedis 内其实就是用 host 和 port 等参数又构造了一个 ConnectionPool，所以直接将 ConnectionPool 当作参数传给 StrictRedis 也一样。

另外，ConnectionPool 还支持通过 URL 来构建连接。URL 支持的格式有如下 3 种：

```
redis://[:password]@host:port/db
rediss://[:password]@host:port/db
unix://[:password]@/path/to/socket.sock?db=db
```

这 3 种 URL 分别表示创建 Redis TCP 连接、Redis TCP+SSL 连接、Redis UNIX socket 连接。我们只需要构造其中任意一种即可，其中 password 部分如果有则可以写上，如果没有也可以省略。下面再用 URL 连接演示一下：

```
url = 'redis://:foobared@localhost:6379/0'
pool = ConnectionPool.from_url(url)
redis = StrictRedis(connection_pool=pool)
```

这里我们使用的是第一种格式。首先，声明一个 Redis 连接字符串，然后调用 from_url 方法创建 ConnectionPool，接着将其传给 StrictRedis 即可完成连接，所以使用 URL 的连接方式还是比较方便的。

4. 键操作

表 4-5 总结了键的一些判断和操作方法。

表 4-5　键的一些判断和操作方法

方法	作用	参数说明	实例	实例说明	实例结果
exists(name)	判断一个键是否存在	name：键名	redis.exists('name')	是否存在 name 这个键	True
delete(name)	删除一个键	name：键名	redis.delete('name')	删除 name 这个键	1
type(name)	判断键类型	name：键名	redis.type('name')	判断 name 这个键的类型	b'string'
keys(pattern)	获取所有符合规则的键	pattern：匹配规则	redis.keys('n*')	获取所有以 n 为开头的键	[b'name']
randomkey()	获取随机的一个键		randomkey()	获取随机的一个键	b'name'
rename(src, dst)	对键重命名	src：原键名 dst：新键名	redis.rename('name', 'nickname')	将 name 重命名为 nickname	True
dbsize()	获取当前数据库中键的数目		dbsize()	获取当前数据库中键的数目	100
expire(name, time)	设定键的过期时间，单位为秒	name：键名 time：秒数	redis.expire('name', 2)	将 name 键的过期时间设置为 2 秒	True
ttl(name)	获取键的过期时间，单位为秒	name：键名	redis.ttl('name')	获取 name 这个键的过期时间	1（1 表示永久不过期）
move(name, db)	将键移动到其他数据库	name：键名 db：以往的数据库代号	move('name', 2)	将 name 键移动到 2 号数据库	True
flushdb()	删除当前所选数据库中的所有键		flushdb()	删除当前所选数据库中的所有键	True
flushall()	删除所有数据库中的所有键		flushall()	删除所有数据库中的所有键	True

5. 字符串操作

Redis 支持最基本的键值对存储，相关方法的总结如表 4-6 所示。

表 4-6 键值对存储的相关方法

方法	作用	参数说明	实例	实例说明	实例结果
set(name, value)	将数据库中指定键名对应的键值赋值为字符串 value	name：键名 value：值	redis.set('name', 'Bob')	将 name 这个键对应的键值赋值为 Bob	True
get(name)	返回数据库中指定键名对应的键值	name：键名	redis.get('name')	返回 name 这个键对应的键值	b'Bob'
getset(name, value)	将数据库中指定键名对应的键值赋值为字符串 value，并返回上次的 value	name：键名 value：新值	redis.getset('name', 'Mike')	将 name 这个键对应的键值赋值为 Mike，并返回上次的 value	b'Bob'
mget(keys, *args)	返回由多个键名对应的 value 组成的列表	keys：键名序列	redis.mget(['name', 'nickname'])	返回 name 和 nickname 对应的 value	[b'Mike', b'Miker']
setnx(name, value)	如果不存在指定的键值对，则更新 value，否则保持不变	name：键名	redis.setnx('newname', 'James')	如果不存在 newname 这个键名，则设置相应键值对，对应键值为 James	第一次的运行结果是 True，第二次的运行结果是 False
setex(name, time, value)	设置键名对应的键值为字符串类型的 value，并指定此键值的有效期	name：键名 time：有效期 value：值	redis.setex('name', 1, 'James')	将 name 这个键的值设置为 James，有效期设置为 1 秒	True
setrange(name, offset, value)	设置指定键名对应的键值的子字符串	name：键名 offset：偏移量 value：子字符串	redis.set('name', 'Hello') redis.setrange('name', 6, 'World')	将 name 这个键对应的键值赋值为 Hello，并在该键值中 index 为 6 的位置补充 World	11，修改后的字符串长度
mset(mapping)	批量赋值	mapping：字典或关键字参数	redis.mset({'name1': 'Durant', 'name2': 'James'})	将 name1 赋值为 Durant，name2 赋值为 James	True
msetnx(mapping)	指定键名均不存在时，才批量赋值	mapping：字典或关键字参数	redis.msetnx({'name3': 'Smith', 'name4': 'Curry'})	在 name3 和 name4 均不存在的情况下，才为二者赋值	True
incr(name, amount=1)	对指定键名对应的键值做增值操作，默认增 1。如果指定键名不存在，则创建一个，并将键值设为 amount	name：键名 amount：增加的值	redis.incr('age', 1)	将 age 对应的键值增加 1。如果不存在 age 这个键名，则创建一个，并设置键值为 1	1，即修改后的值
decr(name, amount=1)	对指定键名对应的键值做减值操作，默认减 1。如果键不存在，则创建一个，并将键值设置为 amount	name：键名 amount：减少的值	redis.decr('age', 1)	将 age 对应的键值减 1。如果不存在 age 这个键名，则创建一个，并设置键值为 1	1，即修改后的值
append(key, value)	对指定键名对应的键值附加字符串 value	key：键名	redis.append('nickname', 'OK')	在键名 nickname 对应的键值后面追加字符串 OK	13，即修改后的字符串长度

(续)

方法	作用	参数说明	实例	实例说明	实例结果
substr(name, start, end=-1)	返回指定键名对应的键值的子字符串	name：键名 start：起始索引 end：终止索引，默认为1，表示截取到末尾	redis.substr('name', 1, 4)	返回键名 name 对应的键值的子字符串，截取键值字符串中索引为 1~4 的字符	b'ello'
getrange(key, start, end)	获取指定键名对应的键值中从 start 到 end 位置的子字符串	key：键名 start：起始索引 end：终止索引	redis.getrange('name', 1, 4)	返回键名 name 对应的键值的子字符串。截取键值字符串中索引为 1~4 的字符	b'ello'

6. 列表操作

Redis 提供了列表存储，列表内的元素可以重复，而且可以从两端存储，操作列表的方法见表 4-7。

表 4-7 列表的操作方法

方法	作用	参数说明	实例	实例说明	实例结果
rpush(name, *values)	在键名为 name 的列表末尾添加值为 value 的元素，可以传入多个 value	name：键名 values：值	redis.rpush('list', 1, 2, 3)	向键名为 list 的列表尾添加 1、2、3	3，即列表大小
lpush(name, *values)	在键名为 name 的列表头部添加值为 value 的元素，可以传入多个 value	name：键名 values：值	redis.lpush('list', 0)	向键名为 list 的列表头部添加 0	4，即列表大小
llen(name)	返回键名为 name 的列表的长度	name：键名	redis.llen('list')	返回键名为 list 的列表的长度	4
lrange(name, start, end)	返回键名为 name 的列表中索引从 start 到 end 之间的元素	name：键名 start：起始索引 end：终止索引	redis.lrange('list', 1, 3)	返回索引从 1 到 3 对应的列表元素	[b'3', b'2', b'1']
ltrim(name, start, end)	截取键名为 name 的列表，保留索引从 start 到 end 之间的元素	name：键名 start：起始索引 end：终止索引	ltrim('list', 1, 3)	保留键名为 list 的列表中索引从 1 到 3 之间的元素	True
lindex(name, index)	返回键名为 name 的列表中 index 位置的元素	name：键名 index：索引	redis.lindex('list', 1)	返回键名为 list 的列表中索引为 1 的元素	b'2'
lset(name, index, value)	给键名为 name 的列表中 index 位置的元素赋值，如果 index 越界就报错	name：键名 index：索引位置 value：值	redis.lset('list', 1, 5)	将键名为 list 的列表中索引为 1 的位置赋值为 5	True

（续）

方　　法	作　　用	参数说明	实　　例	实例说明	实例结果
lrem(name, count, value)	删除键名为 name 的列表中 count 个值为 value 的元素	name：键名 count：删除个数 value：值	redis.lrem('list', 2, 3)	删除键名为 list 的列表中的两个 3	2，即删除的个数
lpop(name)	返回并删除键名为 name 的列表中的首元素	name：键名	redis.lpop('list')	返回并删除键名为 list 的列表中的第一个元素	b'5'
rpop(name)	返回并删除键名为 name 的列表中的尾元素	name：键名	redis.rpop('list')	返回并删除键名为 list 的列表中的最后一个元素	b'2'
blpop(keys, timeout=0)	返回并删除指定键名对应的列表中的首个元素。如果列表为空，则一直阻塞等待	keys：键名序列 timeout：超时等待时间，0 表示一直等待	redis.blpop('list')	返回并删除键名为 list 的列表中的第一个元素	[b'5']
brpop(keys, timeout=0)	返回并删除键名为 name 的列表中的尾元素。如果列表为空，则一直阻塞等待	keys：键名序列 timeout：超时等待时间，0 表示一直等待	redis.brpop('list')	返回并删除间名为 list 的列表中的最后一个元素	[b'2']
rpoplpush(src, dst)	返回并删除键名为 src 的列表中的尾元素，并将该元素添加到键名为 dst 的列表的头部	src：源列表的键名 dst：目标列表的**键名**	redis.rpoplpush('list', 'list2')	删除键名为 list 的列表中的最后一个元素，并将其添加到键名为 list2 的列表的头部，然后返回	b'2'

7. 集合操作

Redis 还提供了集合存储，集合中的元素都是不重复的，操作集合的方法见表 4-8。

表 4-8　集合的操作方法

方　　法	作　　用	参数说明	实　　例	实例说明	实例结果
sadd(name, *values)	向键名为 name 的集合中添加元素	name：键名 values：值，可以为多个	redis.sadd('tags', 'Book', 'Tea', 'Coffee')	向键名为 tags 的集合中添加 Book、Tea 和 Coffee 这 3 项内容	3，即添加的数据个数
srem(name, *values)	从键名为 name 的集合中删除元素	name：键名 values：值，可以为多个	redis.srem('tags', 'Book')	从键名为 tags 的集合中删除 Book	1，即删除的数据个数
spop(name)	随机返回并删除键名为 name 的集合中的一个元素	name：键名	redis.spop('tags')	随机删除并返回键名为 tags 的集合中的某元素	b'Tea'

（续）

方　　法	作　　用	参数说明	实　　例	实例说明	实例结果
smove(src, dst, value)	从键名为 src 的集合中移除 value，并将其添加到 dst 对应的集合中	src：源集合 dst：目标集合 value：元素值	redis.smove('tags', 'tags2', 'Coffee')	从键名为 tags 的集合中删除元素 Coffee，并将其添加到键名为 tags2 的集合中	True
scard(name)	返回键名为 name 的集合中的元素个数	name：键名	redis.scard('tags')	获取键名为 tags 的集合中的元素个数	3
sismember(name, value)	测试 member 是否是键名为 name 的集合中的元素	name：键值	redis.sismember('tags', 'Book')	判断 Book 是否键名为 tags 的集合中的元素	True
sinter(keys, *args)	返回所有给定键名的集合的交集	keys：键名序列	redis.sinter(['tags', 'tags2'])	返回键名为 tags 的集合和键名为 tags2 的集合的交集	{b'Coffee'}
sinterstore(dest, keys, *args)	求多个集合的交集，并将交集保存到键名为 dest 的集合	keys：键名序列 dest：结果集合	redis.sinterstore('inttag', ['tags', 'tags2'])	求键名为 tags 的集合和键名为 tags2 的集合的交集，并将其保存为键名是 inttag 的集合	1
sunion(keys, *args)	返回所有给定键名的集合的并集	keys：键名序列	redis.sunion(['tags', 'tags2'])	返回键名为 tags 的集合和键名为 tags2 的集合的并集	{b'Coffee', b'Book', b'Pen'}
sunionstore(dest, keys, *args)	求多个集合的并集，并将并集保存到键名为 dest 的集合	keys：键名序列 dest：结果集合	redis.sunionstore('inttag', ['tags', 'tags2'])	求键名为 tags 的集合和键名为 tags2 的集合的并集，并将其保存为键名是 inttag 的集合	3
sdiff(keys, *args)	返回所有给定键名的集合的差集	keys：键名序列	redis.sdiff(['tags', 'tags2'])	返回键名为 tags 的集合和键名为 tags2 的集合的差集	{b'Book', b'Pen'}
sdiffstore(dest, keys, *args)	求多个集合的差集，并将差集保存到键名为 dest 的集合	keys：键名序列 dest：结果集合	redis.sdiffstore('inttag', ['tags', 'tags2'])	求键名为 tags 的集合和键名为 tags2 的集合的差集，并将其保存为键名是 inttag 的集合	3
smembers(name)	返回键名为 name 的集合中的所有元素	name：键名	redis.smembers('tags')	返回键名为 tags 的集合中的所有元素	{b'Pen', b'Book', b'Coffee'}
srandmember(name)	随机返回键名为 name 的集合中的一个元素，但不删除该元素	name：键值	redis.srandmember('tags')	随机返回键名为 tags 的集合中的一个元素	Srandmember(name)

8. 有序集合操作

有序集合比集合多了一个分数字段，利用该字段可以对集合中的数据进行排序，操作有序集合的方法总结见表 4-9。

表 4-9 有序集合的操作方法

方法	作用	参数说明	实例	实例说明	实例结果
zadd(name, args, *kwargs)	向键名为 name 的有序集合中添加元素。score 字段用于排序，如果该元素存在，则更新各元素的顺序	name：键名 args：可变参数	redis.zadd('grade', 100, 'Bob', 98, 'Mike')	向键名为 grade 的有序集合中添加 Bob（对应 score 为 100）、Mike（对应 score 为 98）	2，即添加的元素个数
zrem(name, *values)	删除键名为 name 的有序集合中的元素	name：键名 values：元素	redis.zrem('grade', 'Mike')	从键名为 grade 的有序集合中删除 Mike	1，即删除的元素个数
zincrby(name, value, amount=1)	如果键名为 name 的有序集合中已经存在元素 value，则将该元素的 score 增加 amount；否则向该集合中添加 value 元素，其 score 的值为 amount	name：键名 value：元素 amount：增长的 score 值	redis.zincrby('grade', 'Bob', -2)	将键名为 grade 的有序集合中 Bob 元素的 score 减 2	98.0，即修改后的值
zrank(name, value)	返回键名为 name 的有序集合中 value 元素的排名，或名次（对各元素按照 score 从小到大排序）	name：键名 value：元素值	redis.zrank('grade', 'Amy')	得到键名为 grade 的有序集合中 Amy 的排名	1
zrevrank(name, value)	返回键为 name 的有序集合中 value 元素的倒数排名，或名次（对各元素按照 score 从大到小排序）	name：键名 value：元素值	redis.zrevrank('grade', 'Amy')	得到键名为 grade 的有序集合中 Amy 的倒数排名	2
zrevrange(name, start, end, withscores=False)	返回键名为 name 的有序集合中名次索引从 start 到 end 之间的所有元素（按照 score 从大到小排序）	name：键名 start：开始索引 end：结束索引 withscores：是否带 score	redis.zrevrange('grade', 0, 3)	返回键名为 grade 的有序集合中的前四名元素	[b'Bob', b'Mike', b'Amy', b'James']
zrangebyscore (name, min, max, start=None, num=None, withscores=False)	返回键名为 name 的有序集合中 score 在给定区间的元素	name：键名 min：最低 score max：最高 score start：起始索引 num：个数 withscores：是否带 score	redis.zrangebyscore ('grade', 80, 95)	返回键名为 grade 的有序集合中 score 在 80 和 95 之间的元素	[b'Bob', b'Mike', b'Amy', b'James']

(续)

方法	作用	参数说明	实例	实例说明	实例结果
zcount(name, min, max)	返回键名为 name 的有序集合中 score 在给定区间的元素数量	name：键名 min：最低 score max：最高 score	redis.zcount('grade', 80, 95)	返回键名为 grade 的有序集合中 score 在 80 和 95 之间的元素个数	4
zcard(name)	返回键名为 name 的有序集合中的元素个数	name：键名	redis.zcard('grade')	获取键名为 grade 的有序集合中元素的个数	3
zremrangebyrank (name, min, max)	删除键名为 name 的有序集合中排名在给定区间的元素	name：键名 min：最低名次 max：最高名次	redis.zremrangebyrank ('grade', 0, 0)	删除键名为 grade 的有序集合中排名第一的元素	1，即删除的元素个数
zremrangebyscore (name, min, max)	删除键名为 name 的有序集合中 score 在给定区间的元素	name：键名 min：最低 score max：最高 score	redis.zremrangebyscore ('grade', 80, 90)	删除键名为 grade 的有序集合中 score 在 80 和 90 之间的元素	1，即删除的元素个数

9. 散列操作

Redis 还提供了散列表这种数据结构，我们可以用 name 指定一个散列表的名称，表内存储着多个键值对，操作散列表的方法总结见表 4-10。

表 4-10　散列表的操作方法

方法	作用	参数说明	实例	实例说明	实例结果
hset(name, key, value)	向键名为 name 的散列表中添加映射	name：散列表键名 key：映射键名 value：映射键值	hset('price', 'cake', 5)	向键名为 price 的散列表中添加映射关系，cake 的值为 5	1，即添加的映射个数
hsetnx(name, key, value)	如果键名为 name 的散列表中不存在给定映射，则向其中添加此映射	name：散列表键名 key：映射键名 value：映射键值	hsetnx('price', 'book', 6)	向键名为 price 的散列表中添加映射关系，book 的值为 6	1，即添加的映射个数
hget(name, key)	返回键名为 name 的散列表中 key 对应的值	name：散列表键名 key：映射键名	redis.hget('price', 'cake')	获取键名为 price 的散列表中键名 cake 的值	5
hmget(name, keys, *args)	返回键名为 name 的散列表中各个键名对应的值	name：散列表键名 keys：键名序列	redis.hmget('price', ['apple', 'orange'])	获取键名为 price 的散列表中 apple 和 orange 对应的值	[b'3', b'7']

（续）

方法	作用	参数说明	实例	实例说明	实例结果
hmset(name, mapping)	向键名为 name 的散列表中批量添加映射	name:散列表键名 mapping:映射字典	redis.hmset('price', {'banana': 2, 'pear': 6})	向键名为 price 的散列表中批量添加映射	True
hincrby(name, key, amount=1)	将键名为 name 的散列表中的映射键值增加 amount	name:散列表键名 key:映射键名 amount:增长量	redis.hincrby('price', 'apple', 3)	将键名为 price 的散列表中 apple 的键值增加 3	6，修改后的值
hexists(name, key)	返回键名为 name 的散列表中是否存在键名为 key 的映射	name:散列表键名 key:映射键名	redis.hexists('price', 'banana')	返回键名为 price 的散列表中是否存在键名为 banana 的映射	True
hdel(name, *keys)	在键名为 name 的散列表中，删除具有给定键名的映射	name:散列表键名 keys:映射键名序列	redis.hdel('price', 'banana')	从键名为 price 的散列表中，删除键名为 banana 的映射	True
hlen(name)	获取键名为 name 的散列表中有多少个映射	name:散列表键名	redis.hlen('price')	获取键名为 price 的散列表中映射的个数	6
hkeys(name)	获取键名为 name 的散列表中的所有映射键名	name:散列表键名	redis.hkeys('price')	获取键名为 price 的散列表中的所有映射键名	[b'cake', b'book', b'banana', b'pear']
hvals(name)	获取键名为 name 的散列表中的所有映射键值	name:散列表键名	redis.hvals('price')	获取键名为 price 的散列表中的所有映射键值	[b'5', b'6', b'2', b'6']
hgetall(name)	获取键名为 name 的散列表中的所有映射键值对	name:散列表键名	redis.hgetall('price')	获取键名为 price 的散列表中的所有映射键值对	{b'cake': b'5', b'book': b'6', b'orange': b'7', b'pear': b'6'}

10. 总结

鉴于 Redis 的便捷性和高效性，后面我们会利用 Redis 实现很多架构，例如维护代理池、账号池、ADSL 拨号代理池、Scrapy-Redis 分布式架构等，所以需要好好掌握针对 Redis 的操作。

4.7 Elasticsearch 搜索引擎存储

想查数据，就免不了搜索，而搜索离不开搜索引擎。百度、谷歌都是非常庞大、复杂的搜索引擎，它们几乎能够索引互联网上开放的所有网页和数据。然而对于我们自己的业务数据来说，没必要使用这么复杂的技术。如果为了便于存储和检索，想要实现自己的搜索引擎，那么 Elasticsearch 就是不二之选。这是一个全文搜索引擎，可以快速存储、搜索和分析海量数据。

所以，如果我们将爬取到的数据存储到 Elasticsearch 里面，检索时会非常方便。

1. Elasticsearch 介绍

Elasticsearch 是一个开源的搜索引擎，建立在一个全文搜索引擎库 Apache Lucene™ 的基础之上。

那 Lucene 又是什么呢？Lucene 可能是目前存在的（不论开源还是私有）拥有最先进、高性能和全功能搜索引擎功能的库，但也仅仅只是一个库。要想用 Lucene，我们需要编写 Java 并引用 Lucene 包才可以，而且需要我们对信息检索有一定程度的理解。

为了解决这个问题，Elasticsearch 诞生了。Elasticsearch 也是使用 Java 编写的，其内部使用 Lucene 实现索引与搜索，但是它的目标是使全文检索变得简单，相当于 Lucene 的一层封装，它提供了一套简单一致的 RESTful API 来帮助我们实现存储和检索。

所以 Elasticsearch 仅仅就是一个简易版的 Lucene 封装吗？如果这么认为，那就大错特错了，Elasticsearch 不仅是 Lucene，并且也不只是一个全文搜索引擎。它可以这样准确形容：

- 一个分布式的实时文档存储库，每个字段都可以被索引与搜索；
- 一个分布式的实时分析搜索引擎；
- 能胜任上百个服务节点的扩展，并支持 PB 级别的结构化或者非结构化数据。

总之，Elasticsearch 是一个非常强大的搜索引擎，维基百科、Stack Overflow、GitHub 都纷纷采用它来实现搜索。Elasticsearch 不仅提供强大的检索能力，也提供强大的存储能力。

2. Elasticsearch 相关概念

Elasticsearch 中有几个基本概念，如节点、索引、文档等，下面分别说明一下。理解这些概念，对熟悉 Elasticsearch 是非常有帮助的。

- **节点和集群**

Elasticsearch 本质上是一个分布式数据库，允许多台服务器协同工作，每台服务器均可以运行多个 Elasticsearch 实例。

单个 Elasticsearch 实例称为一个节点（Node），一组节点构成一个集群（Cluster）。

- **索引**

索引即 index，Elasticsearch 会索引所有字段，经过处理后写入一个反向索引（inverted index）。查找数据的时候，直接查找该索引。所以，Elasticsearch 数据管理的顶层单位就叫作索引，其实相当于 MySQL、MongoDB 等中数据库的概念。另外，值得注意的是，每个索引（即数据库）的名字必须小写。

- **文档**

索引里的单条记录称为文档（document），许多条文档构成一个索引。

对同一个索引里面的文档，不要求有相同的结构（scheme），但是结构最好保持一致，因为这样有利于提高搜索效率。

- **类型**

文档可以分组，例如 weather 这个索引里的文档，既可以按城市分组（北京和上海），也可以按气候分组（晴天和雨天）。这种分组就叫作类型（Type），它是虚拟的逻辑分组，用来过滤文档，类似 MySQL 中的数据表、MongoDB 中的集合。

不同类型的文档应该具有相似的结构。举例来说，`id` 字段不能在这个组中是字符串，在另一个组中却变成了数值。这点与关系型数据库的表是不同的。应该把性质完全不同的数据（例如 products 和 logs）存成两个索引，而不是把两个类型的数据存在一个索引里面（虽然可以做到）。

根据规划，Elastic 6.x 版只允许每个索引包含一个类型，Elastic 7.x 版将会开始移除类型。

- **字段**

每个文档都类似一个 JSON 结构，包含许多字段，每个字段都有其对应的值，多个字段组成了一个文档，其实可以类比为 MySQL 数据表中的字段。

在 Elasticsearch 中，文档归属于一种类型（Type），而这些类型存在于索引中。我们可以画一个简单的对比图来类比 Elasticsearch 与传统的关系型数据库：

Relational DB → Databases → Tables → Rows → Columns

Elasticsearch → Indices → Types → Documents → Fields

以上就是 Elasticsearch 里面的一些基本概念，和关系型数据库进行对比更加有助于我们理解。

3. 准备工作

在开始本节实际操作之前，请确保已经正确安装好了 Elasticsearch，安装方式可以参考：https://setup.scrape.center/elasticsearch，安装完成之后确保它可以在本地 9200 端口上正常运行即可。

Elasticsearch 实际上提供了一系列 Restful API 来进行存取和查询操作，我们可以使用 curl 等命令或者直接调用 API 来进行数据存储和修改操作，但总归来说不是很方便。所以这里我们直接介绍一个专门用来对接 Elasticsearch 操作的 Python 库，名称也叫作 Elasticsearch，使用 pip3 安装即可：

```
pip3 install elasticsearch
```

更详细的安装方式可以参考：https://setup.scrape.center/elasticsearch-py。

安装好了之后我们就可以开始本节的学习了。

4. 创建索引

我们先来看一下怎样创建一个索引，这里我们创建一个名为 news 的索引：

```python
from elasticsearch import Elasticsearch

es = Elasticsearch()
result = es.indices.create(index='news', ignore=400)
print(result)
```

这里我们首先创建了一个 Elasticsearch 对象，并且没有设置任何参数，默认情况下它会连接本地 9200 端口运行的 Elasticsearch 服务，我们也可以设置特定的连接信息，如：

```python
es = Elasticsearch(
    ['https://[username:password@]hostname:port'],
    verify_certs=True, # 是否验证 SSL 证书
)
```

第一个参数我们可以构造特定格式的链接字符串并传入，hostname 和 port 即 Elasticsearch 运行的地址和端口，username 和 password 是可选的，代表连接 Elasticsearch 需要的用户名和密码，另外而且还有其他的参数设置，比如 verify_certs 代表是否验证证书有效性。更多参数的设置可以参考 https://elasticsearch-py.readthedocs.io/en/latest/api.html#elasticsearch。

声明 Elasticsearch 对象之后，我们调用了 es 的 indices 对象的 create 方法传入了 index 的名称，如果创建成功，会返回如下结果：

```
{'acknowledged': True, 'shards_acknowledged': True, 'index': 'news'}
```

可以看到，返回结果是 JSON 格式，其中 acknowledged 字段表示创建操作执行成功。

但这时如果我们再把代码执行一次，则会返回如下结果：

```
{'error': {'root_cause': [{'type': 'resource_already_exists_exception', 'reason': 'index [news/hHEYozoqTzK_qRvV4j4a3w] already exists', 'index_uuid': 'hHEYozoqTzK_qRvV4j4a3w', 'index': 'news'}], 'type': 'resource_already_exists_exception', 'reason': 'index [news/hHEYozoqTzK_qRvV4j4a3w] already exists', 'index_uuid': 'hHEYozoqTzK_qRvV4j4a3w', 'index': 'news'}, 'status': 400}
```

它提示创建失败，其中 status 状态码是 400，表示错误原因是索引已经存在。

注意在这里的代码中，我们使用的 ignore 参数为 400，说明如果返回结果是 400 的话，就忽略这个错误，不会报错，程序不会抛出异常。

假如我们不加 ignore 这个参数：

```
es = Elasticsearch()
result = es.indices.create(index='news')
print(result)
```

再次执行就会报错了：

```
raise HTTP_EXCEPTIONS.get(status_code, TransportError)(status_code, error_message, additional_info)
elasticsearch.exceptions.RequestError: TransportError(400, 'resource_already_exists_exception', 'index [news/QM6yz2W8QE-bflKhc5oThw] already exists')
```

这样程序的执行会出现问题。因此，我们需要擅用 ignore 参数，把一些意外情况排除，这样才可以保证程序正常执行而不会中断。

创建完之后，我们还可以设置一下索引的字段映射定义，具体可以参考：https://elasticsearch-py.readthedocs.io/en/latest/api.html?#elasticsearch.client.IndicesClient.put_mapping。

5. 删除索引

删除索引也是类似的，代码如下：

```
from elasticsearch import Elasticsearch

es = Elasticsearch()
result = es.indices.delete(index='news', ignore=[400, 404])
print(result)
```

这里也使用 ignore 参数，来忽略因索引不存在而删除失败，导致程序中断的问题。

如果删除成功，会输出如下结果：

```
{'acknowledged': True}
```

如果索引已经被删除，那么再执行删除，就会输出如下结果：

```
{'error': {'root_cause': [{'type': 'index_not_found_exception', 'reason': 'no such index [news]', 'resource.type': 'index_or_alias', 'resource.id': 'news', 'index_uuid': '_na_', 'index': 'news'}], 'type': 'index_not_found_exception', 'reason': 'no such index [news]', 'resource.type': 'index_or_alias', 'resource.id': 'news', 'index_uuid': '_na_', 'index': 'news'}, 'status': 404}
```

这个结果表明当前索引不存在，删除失败。返回的结果同样是 JSON 格式，状态码是 404，但是由于我们添加了 ignore 参数，忽略了 404 状态码，因此程序正常执行，输出 JSON 结果，而不是抛出异常。

6. 插入数据

Elasticsearch 就像 MongoDB 一样，在插入数据的时候可以直接插入结构化字典数据，插入数据可以调用 create 方法。例如，这里我们插入一条新闻数据：

```python
from elasticsearch import Elasticsearch

es = Elasticsearch()
es.indices.create(index='news', ignore=400)

data = {
    'title': '乘风破浪不负韶华，奋斗青春圆梦高考',
    'url': 'http://view.inews.qq.com/a/EDU2021041600732200'
}
result = es.create(index='news', id=1, body=data)
print(result)
```

这里我们首先声明了一条新闻数据，包括标题和链接，然后通过调用 create 方法插入了这条数据。在调用 create 方法时，我们传入了 4 个参数，其中 index 代表索引名称、id 是数据的唯一标识、body 则代表文档的具体内容。

运行结果如下：

```
{'_index': 'news', '_type': '_doc', '_id': '1', '_version': 1, 'result': 'created', '_shards': {'total': 2, 'successful': 1, 'failed': 0}, '_seq_no': 0, '_primary_term': 1}
```

结果中的 result 字段为 created，代表数据插入成功。

另外，其实我们也可以使用 index 方法来插入数据。与 create 不同的是，create 方法需要我们指定 id 字段来唯一标识一条数据，index 方法则不需要，如果不指定 id，那么它会自动生成一个。调用 index 方法的写法如下：

```
es.index(index='news', body=data)
```

create 方法内部其实也是调用了 index 方法，是对 index 方法的封装。

7. 更新数据

更新数据也非常简单，我们同样需要指定数据的 id 和内容，调用 update 方法即可，代码如下：

```python
from elasticsearch import Elasticsearch

es = Elasticsearch()
data = {
    'title': '乘风破浪不负韶华，奋斗青春圆梦高考',
    'url': 'http://view.inews.qq.com/a/EDU2021041600732200',
    'date': '2021-07-05'
}
result = es.update(index='news', body=data, id=1)
print(result)
```

这里我们为数据增加了一个日期字段，然后调用了 update 方法，结果如下：

```
{'_index': 'news', '_type': 'doc', '_id': '1', '_version': 2, 'result': 'updated', '_shards': {'total': 2, 'successful': 1, 'failed': 0}, '_seq_no': 1, '_primary_term': 1}
```

可以看到，返回结果中的 result 字段为 updated，表示更新成功。另外，我们还注意到一个字段 _version，这代表更新后的版本号，其后数字 2 代表这是第二个版本。因为之前已经插入过一次数据，所以第一次插入的数据是版本 1，可以参见上例的运行结果，这次更新之后版本号就变成了 2，以后每更新一次，版本号都会加 1。

另外，利用 index 方法同样可以完成更新操作，其写法如下：

```
es.index(index='news', doc_type='politics', body=data, id=1)
```

可以看到，index 方法能够代替我们完成插入数据和更新数据两个操作。如果数据不存在，就执行插入操作，如果已经存在，则执行更新操作，非常方便。

8. 删除数据

如果想删除一条数据，那么调用 delete 方法并指定需要删除的数据 id 即可。其写法如下：

```
from elasticsearch import Elasticsearch

es = Elasticsearch()
result = es.delete(index='news', id=1)
print(result)
```

运行结果如下：

```
{'_index': 'news', '_type': 'doc', '_id': '1', '_version': 2, 'result': 'deleted', '_shards': {'total': 2, 'successful': 1, 'failed': 0}, '_seq_no': 3, '_primary_term': 1}
```

可以看到，运行结果中的 result 字段为 deleted，代表删除成功；_version 变成了 3，又增加了 1。

9. 查询数据

上面的几个操作都是非常简单的，普通的数据库如 MongoDB 就可以完成，看起来并没有什么了不起。Elasticsearch 更特殊的地方在于其异常强大的检索功能。

对于中文来说，我们需要安装一个分词插件，这里使用的是 elasticsearch-analysis-ik。我们用 Elasticsearch 的另一个命令行工具 elasticsearch-plugin 来安装这个插件，这里安装的版本是 7.13.2，请确保和 Elasticsearch 的版本对应起来，命令如下：

```
elasticsearch-plugin install https://github.com/medcl/elasticsearch-analysis-ik/releases/download/v7.13.2/elasticsearch-analysis-ik-7.13.2.zip
```

请把这里的版本号替换成你的 Elasticsearch 版本号。

安装之后，重新启动 Elasticsearch 就可以了，它会自动加载安装好的插件。

首先，我们重新新建一个索引并指定需要分词的字段，相应代码如下：

```
from elasticsearch import Elasticsearch

es = Elasticsearch()
mapping = {
    'properties': {
        'title': {
            'type': 'text',
            'analyzer': 'ik_max_word',
            'search_analyzer': 'ik_max_word'
        }
    }
}
es.indices.delete(index='news', ignore=[400, 404])
es.indices.create(index='news', ignore=400)
result = es.indices.put_mapping(index='news', body=mapping)
print(result)
```

这里我们先将之前的索引删除，然后新建了一个索引，接着更新了它的 mapping 信息。mapping 信息中指定了分词的字段，包括字段的类型 type、分词器 analyzer 和搜索分词器 search_analyzer。指定搜索分词器 search_analyzer 为 ik_max_word 表示使用我们刚才安装的中文分词插件，如果不指定，则会使用默认的英文分词器。

接下来，我们插入几条新数据：

```
from elasticsearch import Elasticsearch

es = Elasticsearch()
datas = [
    {
        'title': '高考结局大不同',
```

```
                'url': 'https://k.sina.com.cn/article_7571064628_1c34547340010l1lz9.html',
        },
        {
                'title': '进入职业大洗牌时代,"吃香"职业还吃香吗?',
                'url': 'https://new.qq.com/omn/20210828/20210828A025LK00.html',
        },
        {
                'title': '乘风破浪不负韶华,奋斗青春圆梦高考',
                'url': 'http://view.inews.qq.com/a/EDU2021041600732200',
        },
        {
                'title': '他,活出了我们理想的样子',
                'url': 'https://new.qq.com/omn/20210821/20210821A020ID00.html',
        }
]
for data in datas:
    es.index(index='news', body=data)
```

这里我们指定了 4 条数据,它们都带有 title 和 url 字段,然后通过 index 方法将它们插入 Elasticsearch 中,索引名称为 news。

接下来,我们根据关键词查询一下相关内容:

```
result = es.search(index='news')
print(result)
```

运行结果如下:

```
{'took': 11, 'timed_out': False, '_shards': {'total': 1, 'successful': 1, 'skipped': 0, 'failed': 0}, 'hits': {'total': {'value': 4, 'relation': 'eq'}, 'max_score': 1.0, 'hits': [{'_index': 'news', '_type': '_doc', '_id': 'jebpkHsBm-BAny-7hOYp', '_score': 1.0, '_source': {'title': '高考结局大不同', 'url': 'https://k.sina.com.cn/article_7571064628_1c34547340010l1lz9.html'}}, {'_index': 'news', '_type': '_doc', '_id': 'jubpkHsBm-BAny-7hObz', '_score': 1.0, '_source': {'title': '进入职业大洗牌时代,"吃香"职业还吃香吗?', 'url': 'https://new.qq.com/omn/20210828/20210828A025LK00.html'}}, {'_index': 'news', '_type': '_doc', '_id': 'j-bpkHsBm-BAny-7heZN', '_score': 1.0, '_source': {'title': '乘风破浪不负韶华,奋斗青春圆梦高考', 'url': 'http://view.inews.qq.com/a/EDU2021041600732200'}}, {'_index': 'news', '_type': '_doc', '_id': 'kObpkHsBm-BAny-7hean', '_score': 1.0, '_source': {'title': '他,活出了我们理想的样子', 'url': 'https://new.qq.com/omn/20210821/20210821A020ID00.html'}}]}}
```

可以看到,这里查询出了插入的 4 条数据。它们出现在 hits 字段里面,其中 total 字段标明了查询的结果条目数,max_score 代表了最大匹配分数。

另外,我们还可以进行全文检索,这才是体现 Elasticsearch 搜索引擎特性的地方:

```
from elasticsearch import Elasticsearch
import json

dsl = {
    'query': {
        'match': {
            'title': '高考 圆梦'
        }
    }
}

es = Elasticsearch()
result = es.search(index='news', body=dsl)
print(result)
```

这里我们使用 Elasticsearch 支持的 DSL 语句来进行查询,使用 match 指定全文检索,检索的字段是 title,内容是"高考 圆梦",搜索结果如下:

```
{'took': 6, 'timed_out': False, '_shards': {'total': 1, 'successful': 1, 'skipped': 0, 'failed': 0}, 'hits': {'total': {'value': 2, 'relation': 'eq'}, 'max_score': 1.7796917, 'hits': [{'_index': 'news', '_type': '_doc', '_id': 'j-bpkHsBm-BAny-7heZN', '_score': 1.7796917, '_source': {'title': '乘风破浪不负韶华,奋斗青春圆梦高考', 'url': 'http://view.inews.qq.com/a/EDU2021041600732200'}}, {'_index': 'news', '_type': '_doc', '_id':
```

```
'jebpkHsBm-BAny-7hOYp', '_score': 0.81085134, '_source': {'title': '高考结局大不同', 'url':
'https://k.sina.com.cn/article_7571064628_1c34547340010111z9.html'}}]}}
```

从结果可以看到，匹配的结果有两条，第一条的分数为 1.7796917，第二条的分数为 0.81085134，这是因为第一条匹配的数据中含有"高考"和"圆梦"两个词，第二条匹配的数据中不包含"圆梦"，但是包含"高考"这个词，所以也被检索出来了，只是分数比较低。

因此可以看出，检索时会对对应的字段进行全文检索，结果还会按照检索关键词的相关性进行排序，这就是一个基本的搜索引擎雏形。

另外，Elasticsearch 还支持非常多的查询方式。这里就不再一一展开描述了，总之其功能非常强大，详情可以参考官方文档：https://www.elastic.co/guide/en/elasticsearch/reference/master/query-dsl.html。

10. 总结

以上便是对 Elasticsearch 的基本介绍以及使用 Python 操作 Elasticsearch 的基本用法，但这些仅仅是 Elasticsearch 的基本功能，它还有更多强大的功能等待着我们去探索。

本节代码参见：https://github.com/Python3WebSpider/ElasticSearchTest。

4.8 RabbitMQ 的使用

在爬取数据的过程中，可能需要一些进程间的通信机制，例如下面三个。

- 一个进程负责构造爬取请求，另一个进程负责执行爬取请求。
- 某个数据爬取进程执行完毕，通知另外一个负责数据处理的进程开始处理数据。
- 某个进程新建了一个爬取任务，通知另外一个负责数据爬取的进程开始爬取数据。

为了降低这些进程的耦合度，需要一个类似消息队列的中间件来存储和转发消息，实现进程间的通信。有了消息队列中间件之后，以上各机制中的两个进程就可以独立执行，它们之间的通信则由消息队列实现。

- 一个进程根据需要爬取的任务，构造请求对象并放入消息队列，另一个进程从队列中取出请求对象并执行爬取。
- 某个数据爬取进程执行完毕，就向消息队列发送消息，当另一个负责数据处理的进程监听到这类消息时，就开始处理数据。
- 某个进程新建了一个爬取任务后，就向消息队列发送消息，当另一个负责数据爬取的进程监听到这类消息时，就开始爬取数据。

那这个消息队列怎么实现呢？业界比较流行的实现有 RabbitMQ、RocketMQ、Kafka 等，其中 RabbitMQ 作为一个开源、可靠、灵活的消息队列中间件备受青睐，本节我们也来了解一下它的用法。

> **注意** 我们在前几节了解了一些数据存储库的用法，它们几乎都用于持久化存储数据。本节介绍的是一个消息队列中间件，它虽然主要应用于数据消息通信，但由于它也具备存储信息的能力，所以将其放在本章介绍。

1. RabbitMQ 的介绍

RabbitMQ 是使用 Erlang 语言开发的开源消息队列系统，基于 AMQP 协议实现。AMQP 的全称是 Advanced Message Queue Protocol，即高级消息队列协议，其主要特点有面向消息、队列、路由（包括点对点和发布/订阅）、可靠性、安全性。

RabbitMQ 最初起源于金融系统，用于在分布式系统中存储和转发消息，在易用性、扩展性、高可用性等方面均表现不俗，具体特点有以下这些。

- 可靠性（Reliability）：RabbitMQ 通过一些机制保证可靠性，如持久化、传输确认、发布确认。
- 灵活的路由（Flexible Routing）：由 Exchange 将消息路由至消息队列。RabbitMQ 已经提供了一些内置的 Exchange 来实现典型的路由功能；对于较复杂的路由功能，则将多个 Exchange 绑定在一起，或者通过插件机制实现自己的 Exchange。
- 消息集群（Clustering）：多个 RabbitMQ 服务器可以组成一个集群，形成一个逻辑 Broker。
- 高可用（Highly Available Queues）：消息队列可以在集群中的机器上镜像存储，使得队列在部分节点出问题的情况下仍然可用。
- 多种协议支持（multi-protocol）：RabbitMQ 支持多种消息队列协议，例如 STOMP、MQTT。
- 多语言客户端（Many Clients）：RabbitMQ 几乎支持所有常用语言，例如 Java、.NET、Ruby。
- 管理界面（Management UI）：RabbitMQ 提供了一个易用的用户界面，使得用户可以监控和管理消息 Broker 的多个方面。
- 跟踪机制（Tracing）：RabbitMQ 提供了消息跟踪机制，如果消息异常，使用者就可以找出发生了什么。
- 插件机制（Plugin System）：RabbitMQ 提供了许多插件，实现了多方面的扩展，用户也可以编写自己的插件。

2. 准备工作

在本节开始之前，请确保已经正确安装好了 RabbitMQ，安装方式可以参考 https://setup.scrape.center/rabbitmq，需要确保其可以在本地正常运行。

除了安装 RabbitMQ，还需要安装一个操作 RabbitMQ 的 Python 库，叫作 pika，使用 pip3 工具安装即可：

```
pip3 install pika
```

更详细的安装说明可以参考 https://setup.scrape.center/pika。

以上二者都安装好之后，开启本节的学习。

3. 基本使用

首先，RabbitMQ 就是一个消息队列，我们要实现的进程间通信，从本质上讲是一个生产者-消费者模型，即一个进程作为生产者往消息队列放入消息，另一个进程作为消费者监听并处理消息队列中的消息，主要有 3 个关键点需要关注。

- 声明队列：通过指定一些参数，创建消息队列。
- 生产内容：生产者根据队列的连接信息连接队列，往队列中放入消息。
- 消费内容：消费者根据队列的连接信息连接队列，从队列中取出消息。

下面我们先来声明一个队列，相关代码如下：

```
import pika

QUEUE_NAME = 'scrape'
connection = pika.BlockingConnection(pika.ConnectionParameters('localhost'))
channel = connection.channel()
channel.queue_declare(queue=QUEUE_NAME)
```

这里先连接 RabbitMQ 服务，由于 RabbitMQ 运行在本地，因此直接使用 localhost 即可，将得到的连接对象赋值为 connection。然后声明了一个频道对象，即 channel，利用它我们可以操作队列内消息的生产和消费。之后我们调用 channel 的 queue_declare 方法声明了一个队列，队列名称叫作 scrape。

下面我们尝试往队列中添加消息：

```
channel.basic_publish(exchange='',
                      routing_key=QUEUE_NAME,
                      body='Hello World!')
```

这里我们调用 channel 的 basic_publish 方法往队列放入了消息，其中 routing_key 是队列的名称，body 是放入的真实消息。

将以上代码写入一个名为 producer.py 的文件，即生产者。

现在，前两点——声明队列和生产内容其实已经完成了，接下来就是消费内容了。

其实也很简单。消费者用同样的方式连接到 RabbitMQ 服务，代码如下：

```
import pika

QUEUE_NAME = 'scrape'
connection = pika.BlockingConnection(pika.ConnectionParameters('localhost'))
channel = connection.channel()
channel.queue_declare(queue=QUEUE_NAME)
```

然后从队列中获取数据，代码如下：

```
def callback(ch, method, properties, body):
    print(f"Get {body}")

channel.basic_consume(queue='scrape',
                      auto_ack=True,
                      on_message_callback=callback)
channel.start_consuming()
```

这里我们调用 channel 的 basic_consume 方法从队列中取出消息，实现了消费，同时指定回调方法 on_message_callback 的名称为 callback。另外，还将 auto_ack 设置为了 True，代表消费者获取消息之后会自动通知消息队列当前消息已经被处理，可以移除这个消息。

最后，将以上述代码保存为 consumer.py 文件（消费者）并运行，它会监听 scrape 队列的变动，如果有消息进入，就获取并消费，回调 callback 方法，打印输出结果。

现在运行 producer.py 文件，运行之后会连接刚才的队列，同时往该队列中放入一条消息，消息内容为 Hello World!。

这时再返回 consumer.py 文件，可以发现输出结果如下：

```
Get Hello World!
```

这说明生产者成功把消息放入了消息队列，然后消费者收到并输出了这条消息。

可以继续运行 producer.py，每运行一次，生产者都会向队列中放入一个消息，消费者会收到该消息并输出。

以上便是最基本的 RabbitMQ 的用法。

4. 随用随取

上面的案例是基于 RabbitMQ 实现的最简单的生产者和消费者之间的通信，但如果把这种实现用在爬虫上是不太现实的，因为我们把消费者实现为了"订阅"模式，也就是说，消费者会一直监听队列的变化，一旦监听到队列中添加了消息，便要立马处理，它无法主动控制取用消息的时机。应用到爬虫中，消费者其实就是执行爬取请求的进程，生产者往队列中放置请求对象，消费者从中获取请求对象，然后执行这个请求（向服务器发起 HTTP 请求以获取响应）。但问题是，消费者是无法控制从发起请求到获取响应所消耗的时间的，因为什么时候获取到响应内容取决于服务器响应时间的长短，

4.8 RabbitMQ 的使用

所以这意味着消费者不一定能很快地将消息处理完。如果生产者往队列中放置过多的请求，消费者处理不过来，那就会出现问题。因此消费者也应该有权控制取用消息的频率，这就是随用随取。

我们可以对前面的代码稍做改写，使生产者可以自行控制向队列放入请求对象的频率，消费者可以根据自己的处理能力控制从队列中取出请求对象的频率。如果生产者的放置速度比消费者的获取速度更快，那么队列中就缓存一些请求对象，反之队列有时候会处于闲置状态。

总的来说，消息队列起到了缓冲的作用，使生产者和消费者可以按照自己的节奏工作。

好，下面先实现下刚才所述的随用随取机制，队列中的消息可以暂且先用字符串表示，后面再将其更换为请求对象。

可以将生产者实现如下：

```python
import pika

QUEUE_NAME = 'scrape'
connection = pika.BlockingConnection(
    pika.ConnectionParameters(host='localhost'))
channel = connection.channel()
channel.queue_declare(queue=QUEUE_NAME)

while True:
    data = input()
    channel.basic_publish(exchange='',
                          routing_key=QUEUE_NAME,
                          body=data)
    print(f'Put {data}')
```

这里我们还是使用 input 方法来获取生产者的数据，输入的内容就是字符串，输入之后该内容会直接被放置到队列中，然后打印到控制台。

先运行一下生产者代码，然后回车输入几项内容：

```
foo
Put foo
bar
Put bar
baz
Put baz
```

这里我们输入了 foo、bar、baz 三项内容，每次输入后控制台都会输出对应的结果。

然后将消费者实现如下：

```python
import pika

QUEUE_NAME = 'scrape'
connection = pika.BlockingConnection(
    pika.ConnectionParameters(host='localhost'))
channel = connection.channel()

while True:
    input()
    method_frame, header, body = channel.basic_get(
        queue=QUEUE_NAME, auto_ack=True)
    if body:
        print(f'Get {body}')
```

我们这里也是通过 input 方法控制消费者何时获取下一个数据，获取方法是 basic_get，这个方法会返回一个元组，其中的 body 就是真正的数据。

运行消费者代码，然后按几下回车，每次按回车后都可以看到控制台输出一个从消息队列中获取的新数据：

```
Get b'foo'
Get b'bar'
Get b'baz'
```

这样就实现了消费者的随用随取。

5. 优先级队列

刚才我们仅仅是了解了最基本的队列用法，RabbitMQ 还有一些高级功能。例如，生产者发送的消息具有优先级，队列会优先接收优先级高的消息，这要怎么实现呢？

其实很简单，只需要在声明队列的时候增加一个属性即可：

```
MAX_PRIORITY = 100

channel.queue_declare(queue=QUEUE_NAME, arguments={
    'x-max-priority': MAX_PRIORITY
})
```

这里在声明队列的时候，增加了一个名为 x-max-priority 的参数，用来指定最大优先级，这样整个队列就能支持优先级了。

下面改写一下生产者代码，在其向队列发送消息的时候指定 properties 参数为 BasicProperties 对象，在 BasicProperties 对象里通过 priority 参数指定对应消息的优先级，实现如下：

```python
import pika

MAX_PRIORITY = 100
QUEUE_NAME = 'scrape'

connection = pika.BlockingConnection(
    pika.ConnectionParameters(host='localhost'))
channel = connection.channel()
channel.queue_declare(queue=QUEUE_NAME, arguments={
    'x-max-priority': MAX_PRIORITY
})

while True:
    data, priority = input().split()
    channel.basic_publish(exchange='',
                          routing_key=QUEUE_NAME,
                          properties=pika.BasicProperties(
                              priority=int(priority),),
                          body=data)
    print(f'Put {data}')
```

这里的优先级我们也可以手动输入，需要将输入的内容分为两部分，这两部分用空格隔开，运行结果如下：

```
foo 40
Put foo
bar 20
Put bar
baz 50
Put baz
```

这里我们输入了三次内容，第一次输入的是 foo 40，代表 foo 这个消息的优先级是 40；第二次输入 bar 20，代表 bar 这个消息的优先级是 20；第三次输入 baz 50，代表 baz 这个消息的优先级是 50。

然后重新运行消费者代码，并按几次回车，可以看到如下输出结果：

```
Get b'baz'

Get b'foo'

Get b'bar'
```

从输出结果我们可以看到，消息按照优先级被取出来了。baz 的优先级是最高的，所以被最先取出来。bar 的优先级是最低的，所以被最后取出来。

6. 队列持久化

除了设置优先级，还可以将队列持久化存储，如果不设置持久化存储，那么数据在 RabbitMQ 重启之后就没有了。

在声明队列时指定 durable 为 True，即可开启持久化存储，实现如下：

```python
channel.queue_declare(queue=QUEUE_NAME,
                      arguments={'x-max-priority': MAX_PRIORITY},
                      durable=True)
```

同时在添加消息的时候需要指定 BasicProperties 对象的 delivery_mode 为 2，实现如下：

```python
properties=pika.BasicProperties(priority=int(priority), delivery_mode=2)
```

所以，这时的生产者代码改写如下：

```python
import pika

MAX_PRIORITY = 100
QUEUE_NAME = 'scrape'

connection = pika.BlockingConnection(
    pika.ConnectionParameters(host='localhost'))
channel = connection.channel()
channel.queue_declare(queue=QUEUE_NAME, arguments={
    'x-max-priority': MAX_PRIORITY
}, durable=True)

while True:
    data, priority = input().split()
    channel.basic_publish(exchange='',
                          routing_key=QUEUE_NAME,
                          properties=pika.BasicProperties(
                              priority=int(priority),
                              delivery_mode=2,
                          ),
                          body=data)
    print(f'Put {data}')
```

这样就可以持久化存储队列了。

7. 实战

最后，我们将字符串消息改写成请求对象，这里需要借助 requests 库中的 Request 类来表示一个请求对象。

构造请求对象时，传入请求方法和请求 URL 即可，代码如下：

```python
request = requests.Request('GET', url)
```

这样就构造了一个 GET 请求，然后可以通过 pickle 工具进行序列化，最后发送到 RabbitMQ 中。

生产者代码实现如下：

```python
import pika
import requests
import pickle
```

```python
MAX_PRIORITY = 100
TOTAL = 100
QUEUE_NAME = 'scrape_queue'

connection = pika.BlockingConnection(
    pika.ConnectionParameters(host='localhost'))
channel = connection.channel()
channel.queue_declare(queue=QUEUE_NAME, durable=True)

for i in range(1, TOTAL + 1):
    url = f'https://ssr1.scrape.center/detail/{i}'
    request = requests.Request('GET', url)
    channel.basic_publish(exchange='',
                          routing_key=QUEUE_NAME,
                          properties=pika.BasicProperties(
                              delivery_mode=2,
                          ),
                          body=pickle.dumps(request))
    print(f'Put request of {url}')
```

运行这段生产者代码，就构造出了 100 个请求对象并发送到了 RabbitMQ 中。

对于消费者，可以编写一个循环，让它不断地从队列中取出请求对象，取出一个就执行一次爬取任务，实现如下：

```python
import pika
import pickle
import requests

MAX_PRIORITY = 100
QUEUE_NAME = 'scrape_queue'

connection = pika.BlockingConnection(
    pika.ConnectionParameters(host='localhost'))
channel = connection.channel()
session = requests.Session()

def scrape(request):
    try:
        response = session.send(request.prepare())
        print(f'success scraped {response.url}')
    except requests.RequestException:
        print(f'error occurred when scraping {request.url}')

while True:
    method_frame, header, body = channel.basic_get(
        queue=QUEUE_NAME, auto_ack=True)
    if body:
        request = pickle.loads(body)
        print(f'Get {request}')
        scrape(request)
```

这里消费者调用 basic_get 方法获取了消息，然后通过 pickle 工具把消息反序列化还原成一个请求对象，之后使用 session 的 send 方法执行该请求，爬取了数据，如果爬取成功就打印爬取成功的消息。

运行结果如下：

```
Get <Request [GET]>
success scraped https://ssr1.scrape.center/detail/1
Get <Request [GET]>
success scraped https://ssr1.scrape.center/detail/2
...
Get  <Request [GET]>
success scraped https://ssr1.scrape.center/detail/100
```

可以看到，消费者依次取出了请求对象，然后成功完成了一个个爬取任务。

8. 总结

本节介绍了 RabbitMQ 的基本使用方法，有了它，爬虫进程之间的通信就变得非常简单了。后文我们还会基于 RabbitMQ 实现分布式爬取的实战，所以本节的内容需要好好掌握。

本节代码参见：https://github.com/Python3WebSpider/RabbitMQTest。

本节中的部分内容参考 https://www.rabbitmq.com/documentation.html 和 https://pika.readthedocs.io。

第 5 章 Ajax 数据爬取

有时我们用 requests 抓取页面得到的结果，可能和在浏览器中看到的不一样：在浏览器中可以看到正常显示的页面数据，而使用 requests 得到的结果中并没有这些数据。这是因为 requests 获取的都是原始 HTML 文档，而浏览器中的页面是 JavaScript 处理数据后生成的结果，这些数据有多种来源：可能是通过 Ajax 加载的，可能是包含在 HTML 文档中的，也可能是经过 JavaScript 和特定算法计算后生成的。

对于第一种来源，数据加载是一种异步加载方式，原始页面最初不会包含某些数据，当原始页面加载完后，会再向服务器请求某个接口获取数据，然后数据才会经过处理从而呈现在网页上，这其实是发送了一个 Ajax 请求。

按照 Web 的发展趋势来看，这种形式的页面越来越多。甚至网页的原始 HTML 文档不会包含任何数据，数据都是通过 Ajax 统一加载后呈现出来的，这样使得 Web 开发可以做到前后端分离，减小服务器直接渲染页面带来的压力。

所以如果遇到这样的页面，直接利用 requests 等库来抓取原始 HTML 文档，是无法获取有效数据的，这时需要分析网页后台向接口发送的 Ajax 请求。如果可以用 requests 模拟 Ajax 请求，就可以成功抓取页面数据了。

所以，本章我们的主要目的是了解什么是 Ajax，以及如何分析和抓取 Ajax 请求。

5.1 什么是 Ajax

Ajax，全称为 Asynchronous JavaScript and XML，即异步的 JavaScript 和 XML。它不是一门编程语言，而是利用 JavaScript 在保证页面不被刷新、页面链接不改变的情况下与服务器交换数据并更新部分网页内容的技术。

对于传统的网页，如果想更新其内容，就必须刷新整个页面，但有了 Ajax，可以在页面不被全部刷新的情况下更新。这个过程实际上是页面在后台与服务器进行了数据交互，获取数据之后，再利用 JavaScript 改变网页，这样网页内容就会更新了。

可以到 W3School 上体验几个实例感受一下：http://www.w3school.com.cn/ajax/ajax_xmlhttprequest_send.asp。

1. 实例引入

浏览网页的时候，我们会发现很多网页都有"下滑查看更多"的选项。拿微博来说，以我的主页（https://m.weibo.cn/u/2830678474）为例，一直下滑，可以发现下滑几条微博之后，再向下就没有了，转而会出现一个加载的动画，不一会儿下方就继续出现了新的微博内容，这个过程其实就是 Ajax 加载的过程，如图 5-1 所示。

能够看出，页面其实并没有整个刷新，这意味着页面的链接没有变化，但是网页中却多了新内容，也就是后面刷出来的新微博。这就是通过 Ajax 获取新数据并呈现的过程。

2. 基本原理

初步了解了 Ajax 之后，我们接下来详细了解它的基本原理。从发送 Ajax 请求到网页更新的这个过程可以简单分为以下 3 步——发送请求、解析内容、渲染网页。

下面分别详细介绍一下这几个过程。

图 5-1　页面加载过程

- 发送请求

我们知道 JavaScript 可以实现页面的各种交互功能，Ajax 也不例外，它也是由 JavaScript 实现的，实现代码如下：

```
var xmlhttp;
if (window.XMLHttpRequest) {
    xmlhttp=new XMLHttpRequest();
} else {//code for IE6、IE5
    xmlhttp=new ActiveXObject("Microsoft.XMLHTTP");
}
xmlhttp.onreadystatechange=function() {
  if (xmlhttp.readyState==4 && xmlhttp.status==200) {
    document.getElementById("myDiv").innerHTML=xmlhttp.responseText;
  }
}
xmlhttp.open("POST","/ajax/",true);
xmlhttp.send();
```

这是 JavaScript 对 Ajax 最底层的实现，实际上就是先新建一个 XMLHttpRequest 对象 xmlhttp，然后调用 onreadystatechange 属性设置监听，最后调用 open 和 send 方法向某个链接（也就是服务器）发送请求。前面用 Python 实现请求发送之后，可以得到响应结果，但这里的请求发送由 JavaScript 完成。由于设置了监听，所以当服务器返回响应时，onreadystatechange 对应的方法便会被触发，然后在这个方法里面解析响应内容即可。

- 解析内容

服务器返回响应之后，onreadystatechange 属性对应的方法就被触发了，此时利用 xmlhttp 的 responseText 属性便可得到响应内容。这类似于 Python 中利用 requests 向服务器发起请求，然后得到响应的过程。返回内容可能是 HTML，可能是 JSON，接下来只需要在方法中用 JavaScript 进一步处理即可。如果是 JSON 的话，可以进行解析和转化。

- 渲染网页

JavaScript 有改变网页内容的能力，因此解析完响应内容之后，就可以调用 JavaScript 来基于解析完的内容对网页进行下一步处理了。例如，通过 document.getElementById().innerHTML 操作，可以更改某个元素内的源代码，这样网页显示的内容就改变了。这种操作也被称作 DOM 操作，即对网页文档进行操作，如更改、删除等。

上面"发送请求"部分，代码里的 document.getElementById("myDiv").innerHTML=xmlhttp.responseText 便是将 ID 为 myDiv 的节点内部的 HTML 代码更改为了服务器返回的内容，这样 myDiv 元素内部便会

呈现服务器返回的新数据，对应的网页内容看上去就更新了。

我们观察到，网页更新的 3 个步骤其实都是由 JavaScript 完成的，它完成了整个请求、解析和渲染的过程。

再回想微博的下拉刷新，其实就是 JavaScript 向服务器发送了一个 Ajax 请求，然后获取新的微博数据，对其做解析，并渲染在网页中。

因此我们知道，真实的网页数据其实是一次次向服务器发送 Ajax 请求得到的，要想抓取这些数据，需要知道 Ajax 请求到底是怎么发送的、发往哪里、发了哪些参数。我们知道这些以后，不就可以用 Python 模拟发送操作，并获取返回数据了吗？

3. 总结

本节我们简单了解了 Ajax 请求的基本原理和带来的页面加载效果，下一节我们来介绍下怎么分析 Ajax 请求。

5.2　Ajax 分析方法

这里还以之前的微博为例，我们知道下拉刷新的网页内容由 Ajax 加载而得，而且页面的链接没有发生变化，那么应该到哪里去查看这些 Ajax 请求呢？

1. 分析案例

此处还需要借助浏览器的开发者工具，下面以 Chrome 浏览器为例来介绍。

首先，用 Chrome 浏览器打开微博链接 https://m.weibo.cn/u/2830678474，然后在页面中单击鼠标右键，从弹出的快捷菜单中选择"检查"选项，此时便会弹出开发者工具，如图 5-2 所示。

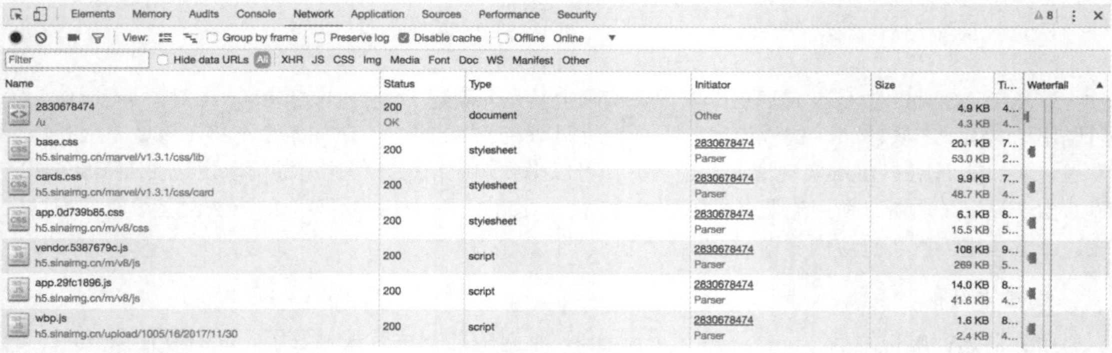

图 5-2　开发者工具

前面也提到过，这里展示的就是页面加载过程中，浏览器与服务器之间发送请求和接收响应的所有记录。

事实上，Ajax 有其特殊的请求类型，叫作 xhr。在图 5-3 中，我们可以发现一个名称以 getIndex 开头的请求，其 Type 就为 xhr，意味着这就是一个 Ajax 请求。用鼠标单击这个请求，可以查看其详细信息。

从图 5-3 的右侧可以观察这个 Ajax 请求的 Request Headers、URL 和 Response Headers 等信息。其中 Request Headers 中有一个信息为 X-Requested-With:XMLHttpRequest，这就标记了此请求是 Ajax 请求，如图 5-4 所示。

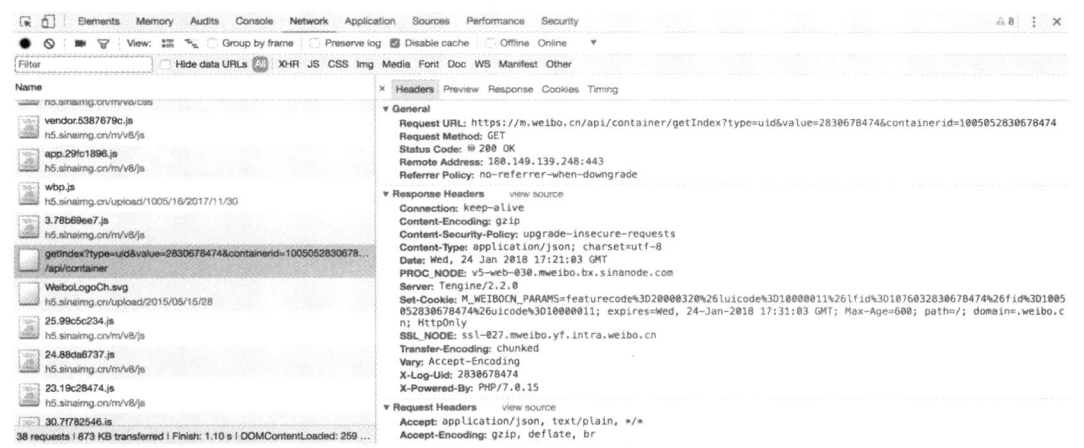

图 5-3　一个 Ajax 请求的详细信息

图 5-4　X-Requested-With:XMLHttpRequest 标记

随后单击一下 Preview，就能看到响应的内容，如图 5-5 所示。这些内容是 JSON 格式的，这里 Chrome 为我们自动做了解析，单击左侧箭头即可展开和收起相应内容。

图 5-5　响应的内容

经过观察可以发现，这里的返回结果是我的个人信息，如昵称、简介、头像等，这也是渲染个人主页所使用的数据。JavaScript 接收到这些数据之后，再执行相应的渲染方法，整个页面就渲染出来了。

另外，也可以切换到 Response 选项卡，从中观察真实的返回数据，如图 5-6 所示：

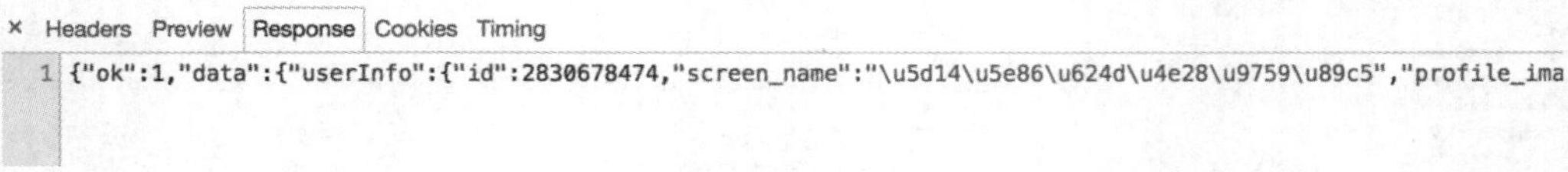

图 5-6 真实的返回数据

接下来，切回第一个请求，观察一下它的 Response 是什么，如图 5-7 所示。

图 5-7 第一个请求的 Response

这是最原始的链接 https://m.weibo.cn/u/2830678474 返回的结果，其代码只有不到 50 行，结构也非常简单，只是执行了一些 JavaScript 语句。

所以说，微博页面呈现给我们的真实数据并不是最原始的页面返回的，而是执行 JavaScript 后再次向后台发送 Ajax 请求，浏览器拿到服务器返回的数据后进一步渲染得到的。

2. 过滤请求

利用 Chrome 开发者工具的筛选功能能够筛选出所有 Ajax 请求。在请求的上方有一层筛选栏，直接单击 XHR，之后下方显示的所有请求便都是 Ajax 请求了，如图 5-8 所示。

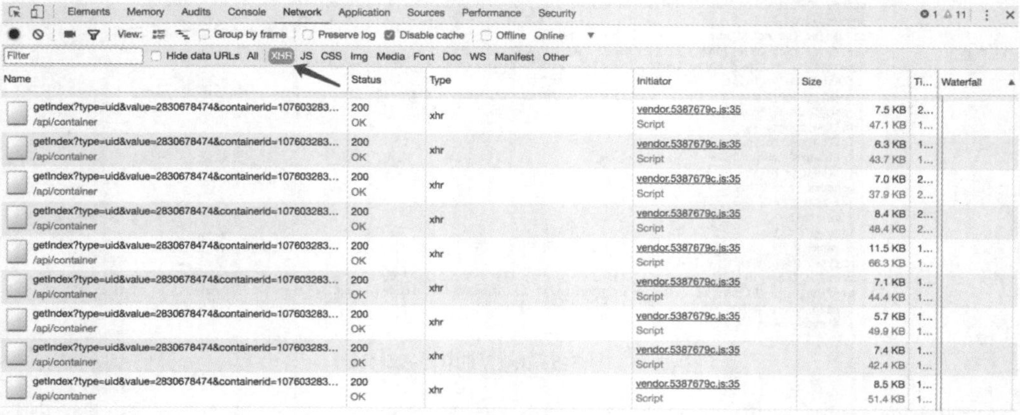

图 5-8 所有 Ajax 请求

接下来，不断向上滑动微博页面，可以看到页面底部有一条条新的微博被刷出，开发者工具下方也出现了一个个新的 Ajax 请求，这样我们就可以捕获所有的 Ajax 请求了。

随意点开其中一个条目，都可以清楚地看到其 Request URL、Request Headers、Response Headers、Response Body 等内容，此时想要模拟 Ajax 请求的发送和数据的提取就非常简单了。

图 5-9 展示的内容便是我的某一页微博的列表信息。

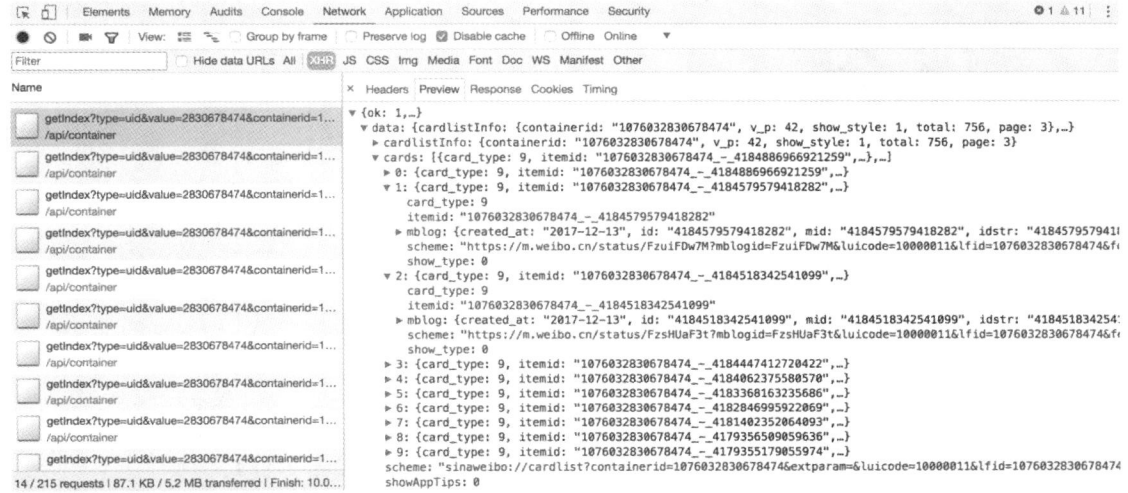

图 5-9　某一个 Ajax 请求的具体内容

到现在为止，我们已经可以得到 Ajax 请求的详细信息了，接下来只需要用程序模拟这些 Ajax 请求，就可以轻松提取我们所需的信息。

5.3　Ajax 分析与爬取实战

本节我们会结合一个实际的案例，来看一下 Ajax 分析和爬取页面的具体实现。

1. 准备工作

开始分析之前，需要做好如下准备工作。

- 安装好 Python 3（最低为 3.6 版本），并成功运行 Python 3 程序。
- 了解 Python HTTP 请求库 requests 的基本用法。
- 了解 Ajax 基础知识和分析 Ajax 的基本方法。

以上内容在前面的章节中均有讲解，如尚未准备好，建议先熟悉一下这些内容。

2. 爬取目标

本节我们以一个示例网站来试验一下 Ajax 的爬取，其链接为：https://spa1.scrape.center/，该示例网站的数据请求是通过 Ajax 完成的，页面的内容是通过 JavaScript 渲染出来的，页面如图 5-10 所示。

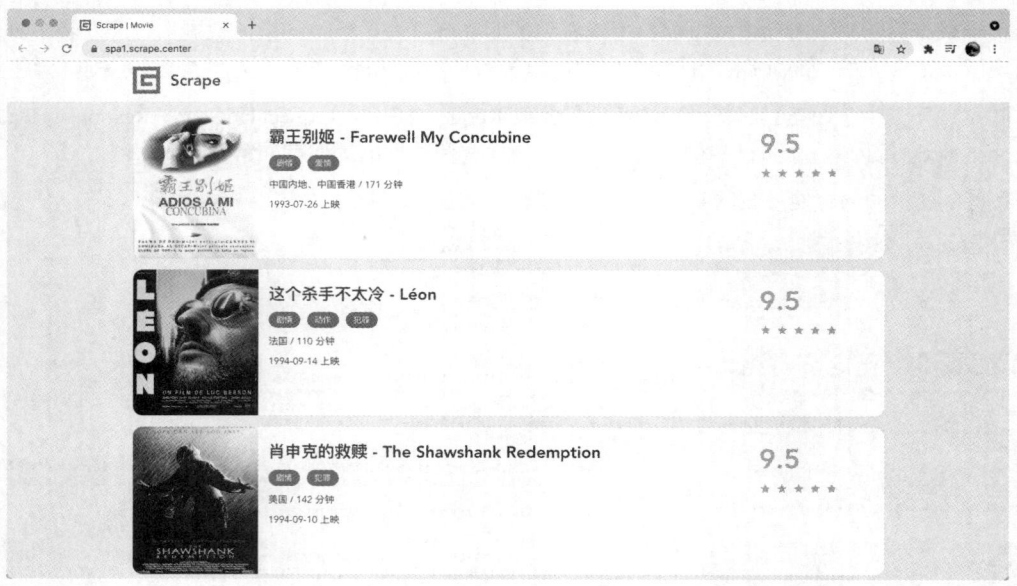

图 5-10　示例网站的页面

大家看着这个页面可能觉得似曾相识，这个网站不是第 2 章也列举过吗？其实不是一个网站。两个网站的后台实现逻辑和数据加载方式完全不同，只有最后呈现的样式是一样的。

这个网站同样支持翻页，可以单击页面最下方的页码来切换到下一页，如图 5-11 所示。

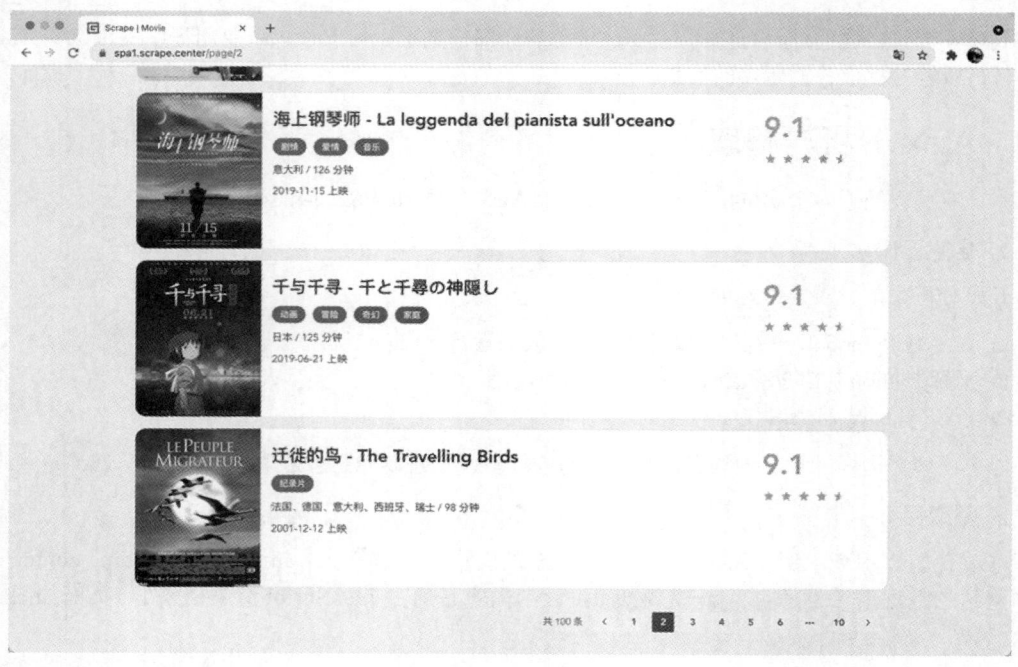

图 5-11　切换到第 2 页

单击每部电影进入对应的详情页，这些页面的结构也是完全一样的，图 5-12 展示的是《迁徙的鸟》的详情页。

图 5-12 电影的详情页页面

此时我们需要爬取的数据和第 2 章也是相同的，包括电影的名称、封面、类别、上映日期、评分、剧情简介等信息。

本节我们需要完成的目标如下。

- 分析页面数据的加载逻辑。
- 用 requests 实现 Ajax 数据的爬取。
- 将每部电影的数据分别保存到 MongoDB 数据库。

由于本节主要讲解 Ajax，所以数据存储和加速部分就不再展开详细实现了，主要是讲解 Ajax 分析和爬取的实现。

好，现在就开始吧。

3. 初步探索

我们先尝试用之前的 requests 直接提取页面，看看会得到怎样的结果。用最简单的代码实现一下 requests 获取网站首页源码的过程，代码如下：

```
import requests

url = 'https://spa1.scrape.center/'
html = requests.get(url).text
print(html)
```

运行结果如下：

```
<!DOCTYPE html><html lang=en><head><meta charset=utf-8><meta http-equiv=X-UA-Compatible content="IE=edge">
<meta name=viewport content="width=device-width,initial-scale=1"><link rel=icon href=/favicon.ico><title>
Scrape | Movie</title><link href=/css/chunk-700f70e1.1126d090.css rel=prefetch><link href=/css/chunk-d1db5eda.
0ff76b36.css rel=prefetch><link href=/js/chunk-700f70e1.0548e2b4.js rel=prefetch><link href=/js/chunk-
d1db5eda.b564504d.js rel=prefetch><link href=/css/app.ea9d802a.css rel=preload as=style><link href=/js/app.
1435ecd5.js rel=preload as=script><link href=/js/chunk-vendors.77daf991.js rel=preload as=script><link
href=/css/app.ea9d802a.css rel=stylesheet></head><body><noscript><strong>We're sorry but portal doesn't work
properly without JavaScript enabled. Please enable it to continue.</strong></noscript><div id=app></div>
<script src=/js/chunk-vendors.77daf991.js></script><script src=/js/app.1435ecd5.js></script></body></html>
```

可以看到，爬取结果就只有这么一点 HTML 内容，而我们在浏览器中打开这个网站，却能看到如图 5-13 所示的页面。

第 5 章 Ajax 数据爬取

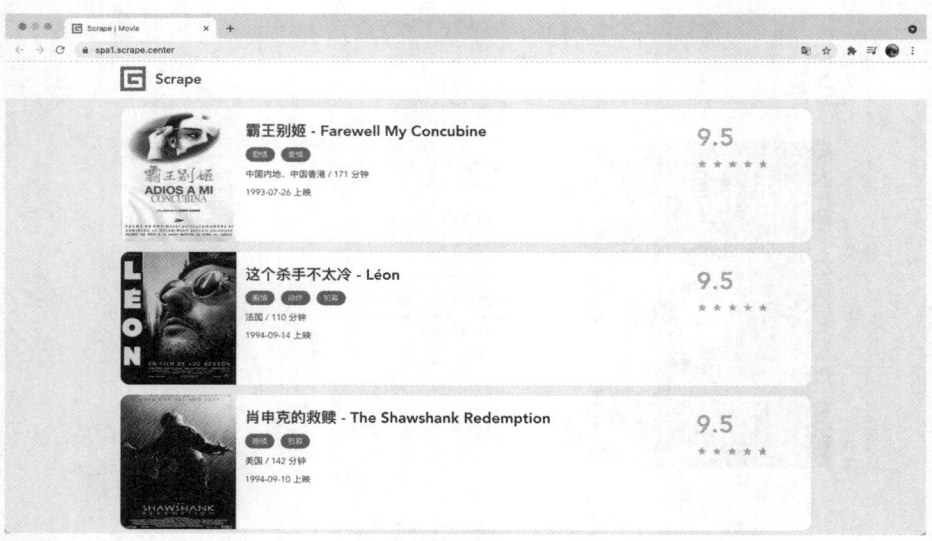

图 5-13 在浏览器中打开示例网站呈现的页面

在 HTML 中，我们只能看到源码引用的一些 JavaScript 和 CSS 文件，并没有观察到任何电影数据信息。

遇到这样的情况，说明我们看到的整个页面都是 JavaScript 渲染得到的，浏览器执行了 HTML 中引用的 JavaScript 文件，JavaScript 通过调用一些数据加载和页面渲染方法，才最终呈现了图 5-13 展示的结果。这些电影数据一般是通过 Ajax 加载的，JavaScript 在后台调用 Ajax 数据接口，得到数据之后，再对数据进行解析并渲染呈现出来，得到最终的页面。所以要想爬取这个页面，直接爬取 Ajax 接口，再获取数据就好了。

在 5.2 节，我们已经了解了 Ajax 分析的基本方法，下面一起分析一下 Ajax 接口的逻辑并实现数据爬取吧。

4. 爬取列表页

首先分析列表页的 Ajax 接口逻辑，打开浏览器开发者工具，切换到 Network 面板，勾选 Preserve Log 并切换到 XHR 选项卡，如图 5-14 所示。

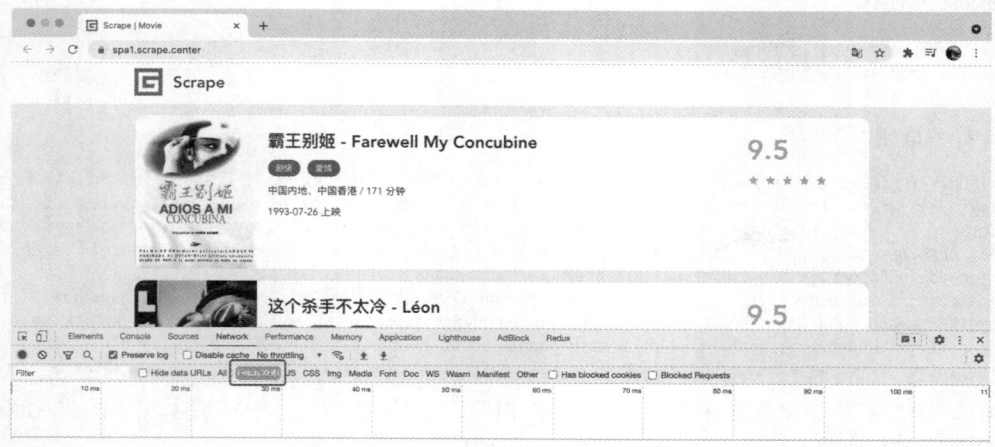

图 5-14 列表页的 Ajax 接口

接着重新刷新页面，再单击第 2 页、第 3 页、第 4 页的按钮，这时可以观察到不仅页面上的数据发生了变化，开发者工具下方也监听到了几个 Ajax 请求，如图 5-15 所示。

图 5-15　开发者工具监听到了几个 Ajax 请求

我们切换了 4 页，每次翻页也出现了对应的 Ajax 请求。可以点击查看其请求详情，观察请求 URL、参数和响应内容是怎样的，如图 5-16 所示。

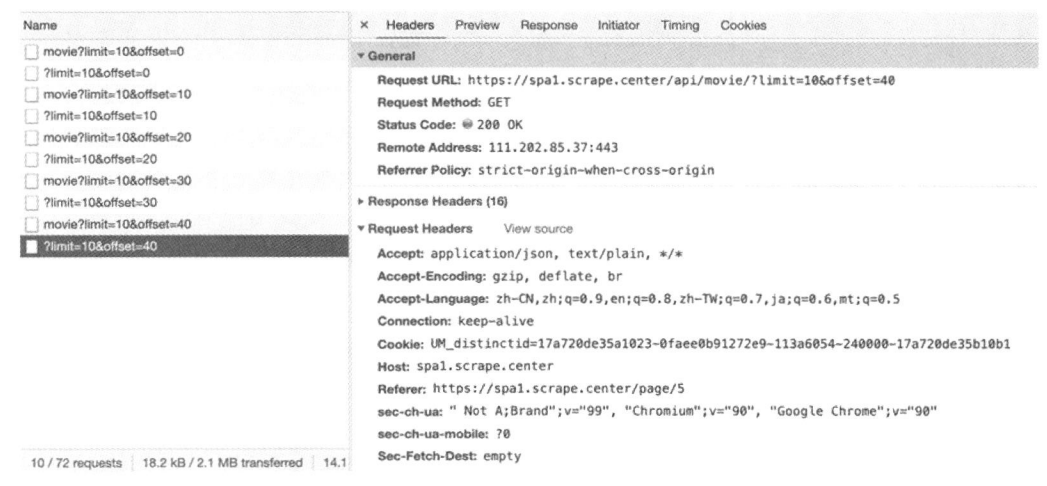

图 5-16　任一 Ajax 请求的详情

这里我点开了最后一个结果，观察到其 Ajax 接口的请求 URL 为 https://spa1.scrape.center/api/movie/?limit=10&offset=40，这里有两个参数：一个是 `limit`，这里是 10；一个是 `offset`，这里是 40。

观察多个 Ajax 接口的参数,我们可以总结出这么一个规律:limit 一直为 10,正好对应每页 10 条数据;offset 在依次变大,页数每加 1,offset 就加 10,因此其代表页面的数据偏移量。例如第 2 页的 offset 为 10 就代表跳过 10 条数据,返回从 11 条数据开始的内容,再加上 limit 的限制,最终页面呈现的就是第 11 条至第 20 条数据。

接着我们再观察一下响应内容,切换到 Preview 选项卡,结果如图 5-17 所示。

图 5-17 响应内容

可以看到,结果就是一些 JSON 数据,其中有一个 results 字段,是一个列表,列表中每一个元素都是一个字典。观察一下字典的内容,里面正好可以看到对应电影数据的字段,如 name、alias、cover、categories。对比一下浏览器页面中的真实数据,会发现各项内容完全一致,而且这些数据已经非常结构化了,完全就是我们想要爬取的数据,真的是得来全不费工夫。

这样的话,我们只需要构造出所有页面的 Ajax 接口,就可以轻松获取所有列表页的数据了。

先定义一些准备工作,导入一些所需的库并定义一些配置,代码如下:

```
import requests
import logging

logging.basicConfig(level=logging.INFO,
                    format='%(asctime)s - %(levelname)s: %(message)s')

INDEX_URL = 'https://spa1.scrape.center/api/movie/?limit={limit}&offset={offset}'
```

这里我们引入了 requests 和 logging 库,并定义了 logging 的基本配置。接着定义了 INDEX_URL,这里把 limit 和 offset 预留出来变成占位符,可以动态传入参数构造一个完整的列表页 URL。

下面我们实现一下详情页的爬取。还是和原来一样,我们先定义一个通用的爬取方法,其代码如下:

```
def scrape_api(url):
    logging.info('scraping %s...', url)
    try:
        response = requests.get(url)
        if response.status_code == 200:
            return response.json()
        logging.error('get invalid status code %s while scraping %s', response.status_code, url)
    except requests.RequestException:
        logging.error('error occurred while scraping %s', url, exc_info=True)
```

这里我们定义了一个 scrape_api 方法，和之前不同的是，这个方法专门用来处理 JSON 接口。最后的 response 调用的是 json 方法，它可以解析响应内容并将其转化成 JSON 字符串。

接着在这个基础之上，定义一个爬取列表页的方法，其代码如下：

```
LIMIT = 10

def scrape_index(page):
    url = INDEX_URL.format(limit=LIMIT, offset=LIMIT * (page - 1))
    return scrape_api(url)
```

这里我们定义了一个 scrape_index 方法，它接收一个参数 page，该参数代表列表页的页码。

scrape_index 方法中，先构造了一个 url，通过字符串的 format 方法，传入 limit 和 offset 的值。这里 limit 就直接使用了全局变量 LIMIT 的值；offset 则是动态计算的，计算方法是页码数减一再乘以 limit，例如第 1 页的 offset 就是 0，第 2 页的 offset 就是 10，以此类推。构造好 url 后，直接调用 scrape_api 方法并返回结果即可。

这样我们就完成了列表页的爬取，每次发送 Ajax 请求都会得到 10 部电影的数据信息。

由于这时爬取到的数据已经是 JSON 类型了，所以无须像之前那样去解析 HTML 代码来提取数据，爬到的数据已经是我们想要的结构化数据，因此解析这一步可以直接省略啦。

到此为止，我们能成功爬取列表页并提取电影列表信息了。

5. 爬取详情页

虽然我们已经可以拿到每一页的电影数据，但是这些数据实际上还缺少一些我们想要的信息，如剧情简介等信息，所以需要进一步进入详情页来获取这些内容。

单击任意一部电影，如《教父》，进入其详情页，可以发现此时的页面 URL 已经变成了 https://spa1.scrape.center/detail/40，页面也成功展示了《教父》详情页的信息，如图 5-18 所示。

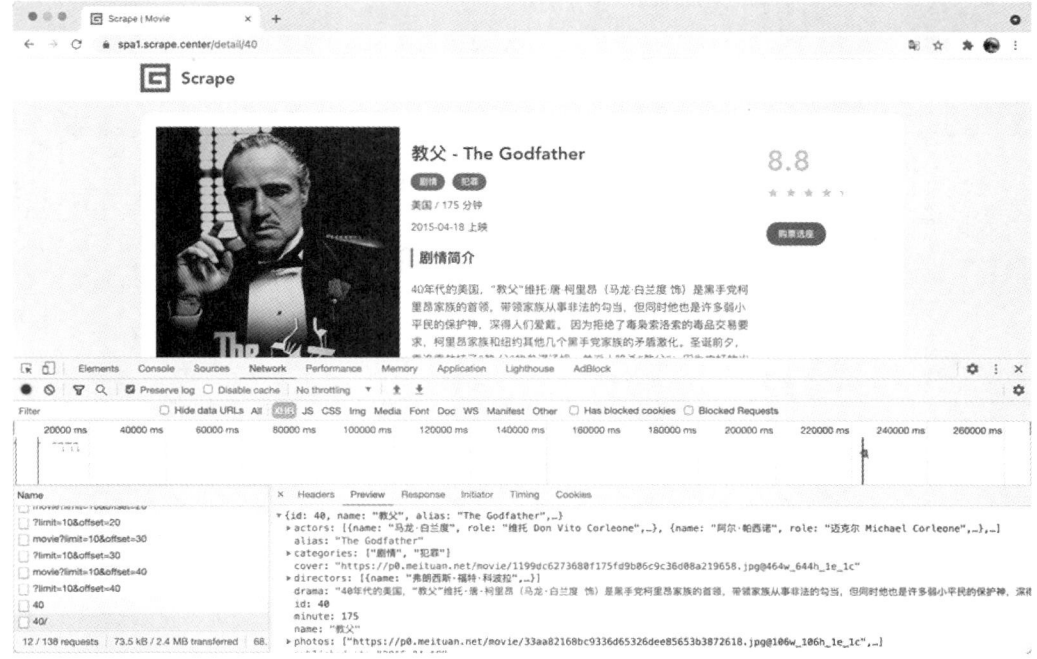

图 5-18 《教父》详情页的信息

另外，我们也可以观察到开发者工具中又出现了一个 Ajax 请求，其 URL 为 https://spa1.scrape.center/api/movie/40/，通过 Preview 选项卡也能看到 Ajax 请求对应的响应信息，如图 5-19 所示。

```
▼ {id: 40, name: "教父", alias: "The Godfather",…}
  ▶ actors: [{name: "马龙·白兰度", role: "维托 Don Vito Corleone",…}, {name: "阿尔·帕西诺", role: "迈克尔 Michael Corleone",…},…]
    alias: "The Godfather"
  ▼ categories: ["剧情", "犯罪"]
      0: "剧情"
      1: "犯罪"
    cover: "https://p0.meituan.net/movie/1199dc6273680f175fd9b06c9c36d08a219658.jpg@464w_644h_1e_1c"
  ▶ directors: [{name: "弗朗西斯·福特·科波拉",…}]
  ▼ 0: {name: "弗朗西斯·福特·科波拉",…}
      image: "https://p1.meituan.net/movie/9528a48ecf56f74e2e9a09f8ade64efd44793.jpg@128w_170h_1e_1c"
      name: "弗朗西斯·福特·科波拉"
    drama: "40年代的美国，"教父"维托·唐·柯里昂 (马龙·白兰度 饰) 是黑手党柯里昂家族的首领，带领家族从事非法的勾当，但同时他也是许多弱小平民的保护神，深得人们爱戴。 因为拒绝了毒枭索洛↓
    id: 40
    minute: 175
    name: "教父"
  ▶ photos: ["https://p0.meituan.net/movie/33aa82168bc9336d65326dee85653b3872618.jpg@106w_106h_1e_1c",…]
    published_at: "2015-04-18"
    rank: 75
  ▼ regions: ["美国"]
      0: "美国"
    score: 8.8
    updated_at: "2020-03-07T16:39:51.750439Z"
```

图 5-19　Ajax 请求对应的响应信息

稍加观察就可以发现，Ajax 请求的 URL 后面有一个参数是可变的，这个参数是电影的 id，这里是 40，对应《教父》这部电影。

如果我们想要获取 id 为 50 的电影，只需要把 URL 最后的参数改成 50 即可，即 https://spa1.scrape.center/api/movie/50/，请求这个新的 URL 便能获取 id 为 50 的电影对应的数据了。

同样，响应结果也是结构化的 JSON 数据，其字段也非常规整，我们直接爬取即可。

现在，详情页的数据提取逻辑分析完了，怎么和列表页关联起来呢？电影 id 从哪里来呢？我们回过头看看列表页的接口返回数据，如图 5-20 所示。

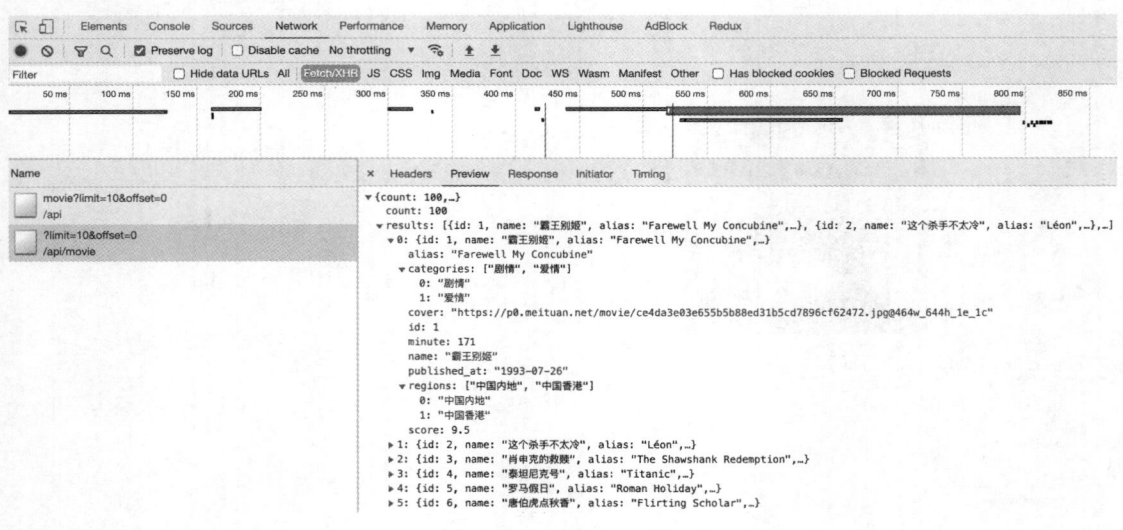

图 5-20　列表页的接口返回数据

可以看到，列表页原本的返回数据中就带有 id 这个字段，所以只需要拿列表页结果中的 id 来构造详情页的 Ajax 请求的 URL 就好了。

接着，我们就先定义一个详情页的爬取逻辑，代码如下：

```
DETAIL_URL = 'https://spa1.scrape.center/api/movie/{id}'

def scrape_detail(id):
    url = DETAIL_URL.format(id=id)
    return scrape_api(url)
```

这里定义了一个 scrape_detail 方法，它接收一个参数 id。这里的实现也非常简单，先根据定义好的 DETAIL_URL 加 id 构造一个真实的详情页 Ajax 请求的 URL，再直接调用 scrape_api 方法传入这个 url 即可。

最后，我们定义一个总的调用方法，对以上方法串联调用，代码如下：

```
TOTAL_PAGE = 10

def main():
    for page in range(1, TOTAL_PAGE + 1):
        index_data = scrape_index(page)
        for item in index_data.get('results'):
            id = item.get('id')
            detail_data = scrape_detail(id)
            logging.info('detail data %s', detail_data)

if __name__ == '__main__':
    main()
```

我们定义了一个 main 方法，该方法首先遍历获取页码 page，然后把 page 当作参数传递给 scrape_index 方法，得到列表页的数据。接着遍历每个列表页的每个结果，获取每部电影的 id。之后把 id 当作参数传递给 scrape_detail 方法来爬取每部电影的详情数据，并将此数据赋值为 detail_data，最后输出 detail_data 即可。

运行结果如下：

```
2020-03-19 02:51:55,981 - INFO: scraping https://spa1.scrape.center/api/movie/?limit=10&offset=0...
2020-03-19 02:51:56,446 - INFO: scraping https://spa1.scrape.center/api/movie/1...
2020-03-19 02:51:56,638 - INFO: detail data {'id': 1, 'name': '霸王别姬', 'alias': 'Farewell My Concubine',
'cover': 'https://p0.meituan.net/movie/ce4da3e03e655b5b88ed31b5cd7896cf62472.jpg@464w_644h_1e_1c',
'categories': ['剧情', '爱情'], 'regions': ['中国大陆', '中国香港'], 'actors': [{'name': '张国荣',
'role': '程蝶衣', ...}, ...], 'directors': [{'name': '陈凯歌', 'image': 'https://p0.meituan.net/movie/
8f9372252050095067e0e8d58ef3d939156407.jpg@128w_170h_1e_1c'}], 'score': 9.5, 'rank': 1, 'minute': 171,
'drama': '影片借一出《霸王别姬》的京戏，牵扯出三个人之间一段随时代风云变幻的爱恨情仇。段小楼（张丰毅饰）
与程蝶衣（张国荣 饰）是一对打小一起长大的师兄弟，...', 'photos': [...], 'published_at': '1993-07-26',
'updated_at': '2020-03-07T16:31:36.967843Z'}
2020-03-19 02:51:56,640 - INFO: scraping https://spa1.scrape.center/api/movie/2...
2020-03-19 02:51:56,813 - INFO: detail data {'id': 2, 'name': '这个杀手不太冷', 'alias': 'Léon', 'cover':
'https://p1.meituan.net/movie/6bea9af4524dfbd0b668eaa7e187c3df767253.jpg@464w_644h_1e_1c', 'categories':
['剧情', '动作', '犯罪'], 'regions': ['法国'], 'actors': [{'name': '让·雷诺', 'role': '莱昂 Leon', ...},
...], 'directors': [{'name': '吕克·贝松', 'image': 'https://p0.meituan.net/movie/0e7d67e343bd3372a
714093e8340028d40496.jpg@128w_170h_1e_1c'}], 'score': 9.5, 'rank': 3, 'minute': 110, 'drama': '里昂
（让·雷诺 饰）是名孤独的职业杀手，受人雇佣。一天，邻居家小姑娘马蒂尔德（纳塔丽·波特曼 饰）敲开他的房门，
要求在他那里暂避杀身之祸。...', 'photos': [...], 'published_at': '1994-09-14', 'updated_at':
'2020-03-07T16:31:43.826235Z'}
...
```

由于内容较多，这里省略了部分内容。

可以看到，整个爬取工作已经完成了，这里会依次爬取每一个列表页的 Ajax 接口，然后依次爬取每部电影的详情页 Ajax 接口，并打印出每部电影的 Ajax 接口响应数据，而且都是 JSON 格式。至此，所有电影的详情数据，我们都爬取到啦。

6. 保存数据

好，成功提取详情页信息之后，下一步就要把它们保存起来了。第 5 章我们学习了 MongoDB 的

相关操作，接下来我们就把数据保存到 MongoDB 吧。

保存之前，请确保自己有一个可以正常连接和使用的 MongoDB 数据库，这里我就以本地 localhost 的 MongoDB 数据库为例来进行操作，其运行在 27017 端口上，无用户名和密码。

将数据导入 MongoDB 需要用到 PyMongo 这个库。接下来我们把它们引入一下，同时定义一下 MongoDB 的连接配置，实现方式如下：

```
MONGO_CONNECTION_STRING = 'mongodb://localhost:27017'
MONGO_DB_NAME = 'movies'
MONGO_COLLECTION_NAME = 'movies'

import pymongo
client = pymongo.MongoClient(MONGO_CONNECTION_STRING)
db = client['movies']
collection = db['movies']
```

这里我们先声明了几个变量，如下为对它们的介绍。

- `MONGO_CONNECTION_STRING`：MongoDB 的连接字符串，里面定义的是 MongoDB 的基本连接信息，这里是 host、port，还可以定义用户名、密码等内容。
- `MONGO_DB_NAME`：MongoDB 数据库的名称。
- `MONGO_COLLECTION_NAME`：MongoDB 的集合名称。

然后用 MongoClient 声明了一个连接对象 client，并依次声明了存储数据的数据库和集合。

接下来，再实现一个将数据保存到 MongoDB 数据库的方法，实现代码如下：

```
def save_data(data):
    collection.update_one({
        'name': data.get('name')
    }, {
        '$set': data
    }, upsert=True)
```

这里我们定义了一个 save_data 方法，它接收一个参数 data，也就是上一节提取的电影详情信息。这个方法里面，我们调用了 update_one 方法，其第一个参数是查询条件，即根据 name 进行查询；第二个参数是 data 对象本身，就是所有的数据，这里我们用 $set 操作符表示更新操作；第三个参数很关键，这里实际上是 upsert 参数，如果把它设置为 True，就可以实现存在即更新，不存在即插入的功能，更新时会参照第一个参数设置的 name 字段，所以这样可以防止数据库中出现同名的电影数据。

> **注意** 实际上电影可能有同名现象，但此处场景下的爬取数据没有同名情况，当然这里更重要的是实现 MongoDB 的去重操作。

好的，接下来稍微改写一下 main 方法就好了，改写后如下：

```
def main():
    for page in range(1, TOTAL_PAGE + 1):
        index_data = scrape_index(page)
        for item in index_data.get('results'):
            id = item.get('id')
            detail_data = scrape_detail(id)
            logging.info('detail data %s', detail_data)
            save_data(detail_data)
            logging.info('data saved successfully')
```

其实就是增加了对 save_data 方法的调用，并添加了一些日志信息。

重新运行，我们来看一下输出结果：

```
2020-03-19 02:51:06,323 - INFO: scraping https://spa1.scrape.center/api/movie/?limit=10&offset=0...
2020-03-19 02:51:06,440 - INFO: scraping https://spa1.scrape.center/api/movie/1...
2020-03-19 02:51:06,551 - INFO: detail data {'id': 1, 'name': '霸王别姬', 'alias': 'Farewell My Concubine',
'cover': 'https://p0.meituan.net/movie/ce4da3e03e655b5b88ed31b5cd7896cf62472.jpg@464w_644h_1e_1c',
'categories': ['剧情', '爱情'], 'regions': ['中国大陆', '中国香港'], 'actors': [{'name': '张国荣', 'role':
'程蝶衣', 'image': 'https://p0.meituan.net/movie/5de69a492dcbd3f4b014503d4e95d46c28837.jpg@128w_170h_
1e_1c'}, ..., {'name': '方征', 'role': '嫖客', 'image': 'https://p1.meituan.net/movie/39687137b23bc
9727b47fd24bdcc579b97618.jpg@128w_170h_1e_1c'}], 'directors': [{'name': '陈凯歌', 'image': 'https://p0.
meituan.net/movie/8f9372252050095067e0e8d58ef3d939156407.jpg@128w_170h_1e_1c'}], 'score': 9.5, 'rank': 1,
'minute': 171, 'drama': '影片借一出《霸王别姬》的京戏，牵扯出三个人之间一段随时代风云变幻的爱恨情仇。
段小楼（张丰毅 饰）与程蝶衣（张国荣 饰）是一对打小一起长大的师兄弟，两人一个演生，一个饰旦，一向配合
天衣无缝，尤其一出《霸王别姬》，更是誉满京城，为此，两人约定合演一辈子《霸王别姬》。但两人对戏剧与人生
关系的理解有本质不同，段小楼深知戏非人生，程蝶衣则是人戏不分。段小楼在认为该成家立业之时迎娶了名妓菊仙
（巩俐 饰），致使程蝶衣认定菊仙是可耻的第三者，使段小楼做了叛徒，自此，三人围绕一出《霸王别姬》生出的
爱恨情仇战开始随着时代风云的变迁不断升级，终酿成悲剧。', 'photos': ['https://p0.meituan.net/movie/
45be438368bb291e501dc523092f0ac8193424.jpg@106w_106h_1e_1c', ..., 'https://p0.meituan.net/movie/
0d952107429db3029b64bf4f25bd762661696.jpg@106w_106h_1e_1c'], 'published_at': '1993-07-26', 'updated_at':
'2020-03-07T16:31:36.967843Z'}
2020-03-19 02:51:06,583 - INFO: data saved successfully
2020-03-19 02:51:06,583 - INFO: scraping https://spa1.scrape.center/api/movie/2...
```

同样，由于输出内容较多，这里省略了部分内容。

可以看到，这里成功爬取到了数据，并且提示数据存储成功，没有任何报错信息。

接下来，我们使用 Robo 3T 连接 MongoDB 数据库看下爬取结果。由于我使用的是本地的 MongoDB，所以我直接在 Robo 3T 里面输入 localhost 的连接信息即可，这里请替换成自己的 MongoDB 连接信息，如图 5-21 所示。

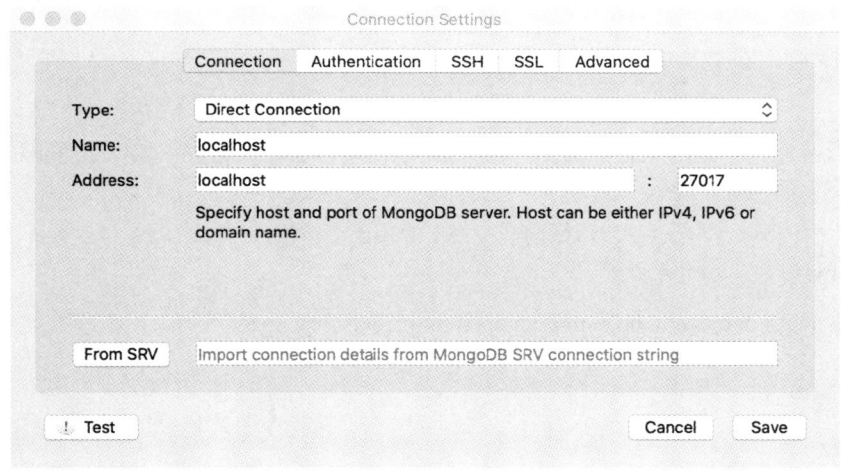

图 5-21　输入 MongoDB 连接信息

连接之后，我们便可以在 movies 这个数据库中 movies 这个集合下看到刚才爬取的数据了，如图 5-22 所示。

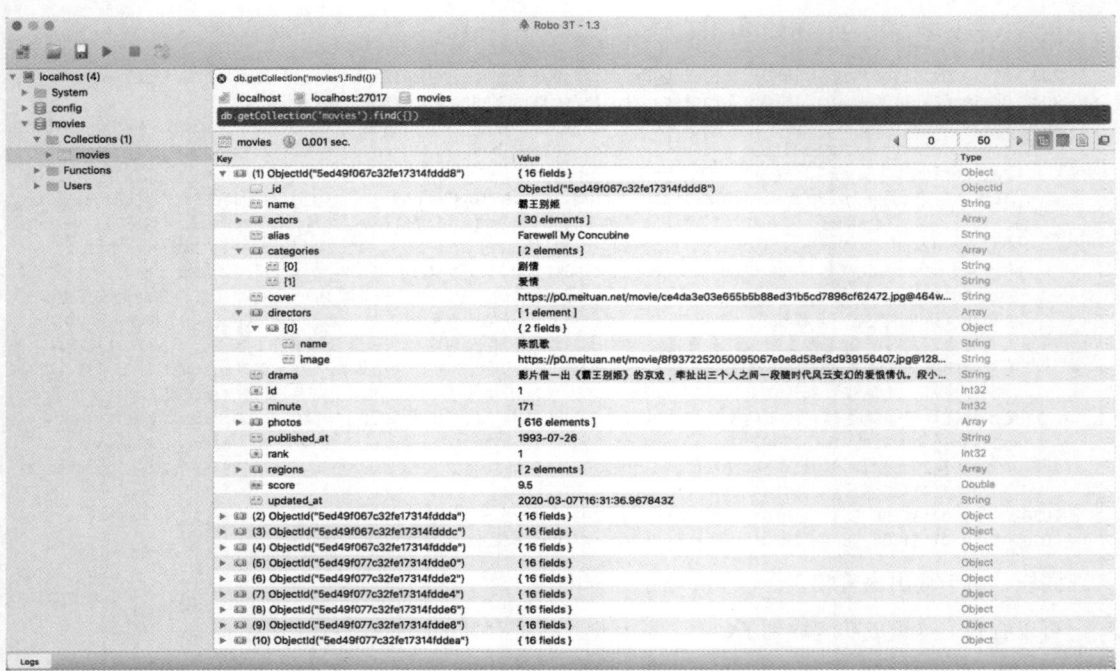

图 5-22　爬取的数据存入了数据库

可以看到，数据就是以 JSON 格式存储的，一条数据对应一部电影的信息，各种嵌套关系也一目了然，同时第三列还标识出了数据类型。

这样就证明我们的数据成功存储到 MongoDB 里了。

7. 总结

本节我们通过一个案例体会了 Ajax 分析和爬取的基本流程，希望大家通过本节能够更加熟悉 Ajax 分析和爬取的实现。

另外，我们也观察到，Ajax 接口返回的大部分是 JSON 数据，所以可以在一定程度上避免数据提取工作，这也减轻了一些工作量。

本节代码参见：https://github.com/Python3WebSpider/ScrapeSpa1。

第 6 章 异步爬虫

我们知道爬虫是 IO 密集型任务,例如使用 requests 库来爬取某个站点,当发出一个请求后,程序必须等待网站返回响应,才能接着运行,而在等待响应的过程中,整个爬虫程序是一直在等待的,实际上没有做任何事情。对于这种情况,我们有没有优化方案呢?

当然有,本章我们就来了解一下异步爬虫的基本概念和实现。

6.1 协程的基本原理

要实现异步机制的爬虫,那自然和协程脱不了关系。

1. 案例引入

在介绍协程之前,先来看一个案例网站,地址为 https://www.httpbin.org/delay/5,访问这个链接需要先等待五秒才能得到结果,这是因为服务器强制等待了 5 秒时间才返回响应。

平时我们浏览网页的时候,绝大部分网页的响应速度还是很快的,如果写爬虫来爬取,那么从发出请求到接收响应的时间不会很长,因此需要我们等待的时间并不多。

然而像上面这个网站,发出一次请求至少需要 5 秒才能得到响应,如果用 requests 库写爬虫来爬取,那么每次都要等待 5 秒及以上才能拿到结果。

下面来测试一下,我们用 requests 写一个遍历程序,直接遍历 100 次案例网站,试试看有什么效果,实现代码如下:

```
import requests
import logging
import time

logging.basicConfig(level=logging.INFO,
                    format='%(asctime)s - %(levelname)s: %(message)s')

TOTAL_NUMBER = 100
URL = 'https://www.httpbin.org/delay/5'

start_time = time.time()
for _ in range(1, TOTAL_NUMBER + 1):
    logging.info('scraping %s', URL)
    response = requests.get(URL)
end_time = time.time()
logging.info('total time %s seconds', end_time - start_time)
```

这里我们直接用循环的方式构造了 100 个请求,使用的是 requests 单线程,在爬取之前和爬取之后分别记录了时间,最后输出了爬取 100 个页面消耗的总时间。

运行结果如下:

```
2020-08-03 01:01:36,781 - INFO: scraping https://www.httpbin.org/delay/5
2020-08-03 01:01:43,410 - INFO: scraping https://www.httpbin.org/delay/5
```

```
2020-08-03 01:01:50,029 - INFO: scraping https://www.httpbin.org/delay/5
2020-08-03 01:01:56,702 - INFO: scraping https://www.httpbin.org/delay/5
2020-08-03 01:02:03,345 - INFO: scraping https://www.httpbin.org/delay/5
2020-08-03 01:02:09,958 - INFO: scraping https://www.httpbin.org/delay/5
2020-08-03 01:02:16,500 - INFO: scraping https://www.httpbin.org/delay/5
2020-08-03 01:02:23,143 - INFO: scraping https://www.httpbin.org/delay/5
...
2020-08-03 01:12:19,867 - INFO: scraping https://www.httpbin.org/delay/5
2020-08-03 01:12:26,479 - INFO: scraping https://www.httpbin.org/delay/5
2020-08-03 01:12:33,083 - INFO: scraping https://www.httpbin.org/delay/5
2020-08-03 01:12:39,758 - INFO: total time 662.9764430522919 seconds
```

由于每个页面都至少要等待 5 秒才能加载出来，因此 100 个页面至少要花费 500 秒时间，加上网站本身的负载问题，总的爬取时间最终约为 663 秒，大约 11 分钟。

这在实际情况中是很常见的，有些网站本身加载速度就比较慢，稍慢的可能 1~3 秒，更慢的说不定 10 秒以上。如果我们就用 requests 单线程这么爬取，总耗时将会非常大。此时要是打开多线程或多进程来爬取，其爬取速度确实会成倍提升，那么是否有更好的解决方案呢？

本节就来了解一下使用协程实现加速的方法，这种方法对 IO 密集型任务非常有效。如果将其应用到网络爬虫中，那么爬取效率甚至可以提升成百倍。

2. 基础知识

了解协程需要先了解一些基础概念，如阻塞和非阻塞、同步和异步、多进程和协程。

- 阻塞

阻塞状态指程序未得到所需计算资源时被挂起的状态。程序在等待某个操作完成期间，自身无法继续干别的事情，则称该程序在该操作上是阻塞的。

常见的阻塞形式有：网络 I/O 阻塞、磁盘 I/O 阻塞、用户输入阻塞等。阻塞是无处不在的，包括在 CPU 切换上下文时，所有进程都无法真正干事情，它们也会被阻塞。在多核 CPU 的情况下，正在执行上下文切换操作的核不可被利用。

- 非阻塞

程序在等待某操作的过程中，自身不被阻塞，可以继续干别的事情，则称该程序在该操作上是非阻塞的。

非阻塞并不是在任何程序级别、任何情况下都存在的。仅当程序封装的级别可以囊括独立的子程序单元时，程序才可能存在非阻塞状态。

非阻塞因阻塞的存在而存在，正因为阻塞导致程序运行的耗时增加与效率低下，我们才要把它变成非阻塞的。

- 同步

不同程序单元为了共同完成某个任务，在执行过程中需要靠某种通信方式保持协调一致，此时这些程序单元是同步执行的。

例如在购物系统中更新商品库存时，需要用"行锁"作为通信信号，强制让不同的更新请求排队并按顺序执行，这里的更新库存操作就是同步的。

简言之，同步意味着有序。

- 异步

为了完成某个任务，有时不同程序单元之间无须通信协调也能完成任务，此时不相关的程序单元之间可以是异步的。

例如，爬取下载网页。调度程序调用下载程序后，即可调度其他任务，无须与该下载任务保持通信以协调行为。不同网页的下载、保存等操作都是无关的，也无须相互通知协调。这些异步操作的完成时刻并不确定。

简言之，异步意味着无序。

- 多进程

多进程就是利用 CPU 的多核优势，在同一时间并行执行多个任务，可以大大提高执行效率。

- 协程

协程，英文叫作 coroutine，又称微线程、纤程，是一种运行在用户态的轻量级线程。

协程拥有自己的寄存器上下文和栈。协程在调度切换时，将寄存器上下文和栈保存到其他地方，等切回来的时候，再恢复先前保存的寄存器上下文和栈。因此，协程能保留上一次调用时的状态，即所有局部状态的一个特定组合，每次过程重入，就相当于进入上一次调用的状态。

协程本质上是个单进程，相对于多进程来说，它没有线程上下文切换的开销，没有原子操作锁定及同步的开销，编程模型也非常简单。

我们可以使用协程来实现异步操作，例如在网络爬虫场景下，我们发出一个请求之后，需要等待一定时间才能得到响应，但其实在这个等待过程中，程序可以干许多其他事情，等得到响应之后再切换回来继续处理，这样可以充分利用 CPU 和其他资源，这就是协程的优势。

3. 协程的用法

接下来，我们了解一下协程的实现。从 Python 3.4 开始，Python 中加入了协程的概念，但这个版本的协程还是以生成器对象为基础，Python 3.5 中增加了 async、await，使得协程的实现更为方便。

Python 中使用协程最常用的库莫过于 asyncio，所以本节会以它为基础来介绍协程的用法。

首先，需要了解下面几个概念。

- event_loop：事件循环，相当于一个无限循环，我们可以把一些函数注册到这个事件循环上，当满足发生条件的时候，就调用对应的处理方法。
- coroutine：中文翻译叫协程，在 Python 中常指代协程对象类型，我们可以将协程对象注册到事件循环中，它会被事件循环调用。我们可以使用 async 关键字来定义一个方法，这个方法在调用时不会立即被执行，而是会返回一个协程对象。
- task：任务，这是对协程对象的进一步封装，包含协程对象的各个状态。
- future：代表将来执行或者没有执行的任务的结果，实际上和 task 没有本质区别。

另外，我们还需要了解 async、await 关键字，它们是从 Python 3.5 才开始出现的，专门用于定义协程。其中，前者用来定义一个协程，后者用来挂起阻塞方法的执行。

4. 准备工作

在本节开始之前，请确保安装的 Python 版本为 3.5 及以上，如果版本是 3.4 及以下，则下方的案例是不能运行的。具体的安装方法可以参考：https://setup.scrape.center/python。

安装好合适的 Python 版本之后我们就可以开始本节的学习了。

5. 定义协程

我们来定义一个协程，体验一下它和普通进程在实现上的不同之处，代码如下：

```python
import asyncio

async def execute(x):
    print('Number:', x)

coroutine = execute(1)
print('Coroutine:', coroutine)
print('After calling execute')

loop = asyncio.get_event_loop()
loop.run_until_complete(coroutine)
print('After calling loop')
```

运行结果如下：

```
Coroutine: <coroutine object execute at 0x1034cf830>
After calling execute
Number: 1
After calling loop
```

首先，我们引入了 asyncio 包，这样才可以使用 async 和 await 关键字。然后使用 async 定义了一个 execute 方法，该方法接收一个数字参数 x，执行之后会打印这个数字。

随后我们直接调用了 execute 方法，然而这个方法并没有执行，而是返回了一个 coroutine 协程对象。之后我们使用 get_event_loop 方法创建了一个事件循环 loop，并调用 loop 对象的 run_until_complete 方法将协程对象注册到了事件循环中，接着启动。最后，我们才看到 execute 方法打印出了接收的数字。

可见，async 定义的方法会变成一个无法直接执行的协程对象，必须将此对象注册到事件循环中才可以执行。

前面我们还提到了 task，它是对协程对象的进一步封装，比协程对象多了运行状态，例如 running、finished 等，我们可以利用这些状态获取协程对象的执行情况。

在上面的例子中，当我们把协程对象 coroutine 传递给 run_until_complete 方法的时候，实际上它进行了一个操作，就是将 coroutine 封装成 task 对象。对此，我们也可以显式地进行声明，代码如下所示：

```python
import asyncio

async def execute(x):
    print('Number:', x)
    return x

coroutine = execute(1)
print('Coroutine:', coroutine)
print('After calling execute')

loop = asyncio.get_event_loop()
task = loop.create_task(coroutine)
print('Task:', task)
loop.run_until_complete(task)
print('Task:', task)
print('After calling loop')
```

运行结果如下：

```
Coroutine: <coroutine object execute at 0x10e0f7830>
After calling execute
Task: <Task pending coro=<execute() running at demo.py:4>>
Number: 1
Task: <Task finished coro=<execute() done, defined at demo.py:4> result=1>
After calling loop
```

这里我们定义了 loop 对象之后，紧接着调用了它的 create_task 方法，将协程对象转化为 task 对象，随后打印输出一下，发现它处于 pending 状态。然后将 task 对象添加到事件循环中执行，并再次打印出 task 对象，发现它的状态变成了 finished，同时还可以看到其 result 变成了 1，也就是我们定义的 execute 方法的返回结果。

定义 task 对象还有另外一种方式，就是直接调用 asyncio 包的 ensure_future 方法，返回结果也是 task 对象，这样的话我们就可以不借助 loop 对象。即使还没有声明 loop，也可以提前定义好 task 对象，这种方式的写法如下：

```python
import asyncio

async def execute(x):
    print('Number:', x)
    return x

coroutine = execute(1)
print('Coroutine:', coroutine)
print('After calling execute')

task = asyncio.ensure_future(coroutine)
print('Task:', task)
loop = asyncio.get_event_loop()
loop.run_until_complete(task)
print('Task:', task)
print('After calling loop')
```

运行结果如下：

```
Coroutine: <coroutine object execute at 0x10aa33830>
After calling execute
Task: <Task pending coro=<execute() running at demo.py:4>>
Number: 1
Task: <Task finished coro=<execute() done, defined at demo.py:4> result=1>
After calling loop
```

可以发现，运行效果都是一样的。

6. 绑定回调

我们也可以为某个 task 对象绑定一个回调方法。来看下面这个例子：

```python
import asyncio
import requests

async def request():
    url = 'https://www.baidu.com'
    status = requests.get(url)
    return status

def callback(task):
    print('Status:', task.result())

coroutine = request()
task = asyncio.ensure_future(coroutine)
task.add_done_callback(callback)
print('Task:', task)

loop = asyncio.get_event_loop()
loop.run_until_complete(task)
print('Task:', task)
```

这里我们定义了 request 方法，在这个方法里请求了百度，并获取了其状态码，但是没有编写任何 print 语句。随后我们定义了 callback 方法，这个方法接收一个参数，参数是 task 对象，在这个方法中调用 print 方法打印出了 task 对象的结果。这样就定义好了一个协程对象和一个回调方法。我们现在希望达到的效果是，当协程对象执行完毕之后，就去执行声明的 callback 方法。

那么两者怎样关联起来呢？很简单，只要调用 add_done_callback 方法就行。我们将 callback 方法传递给封装好的 task 对象，这样当 task 执行完毕之后，就可以调用 callback 方法了。同时 task 对象还会作为参数传递给 callback 方法，调用 task 对象的 result 方法就可以获取返回结果了。

运行结果如下：

```
Task: <Task pending coro=<request() running at demo.py:5> cb=[callback() at demo.py:11]>
Status: <Response [200]>
Task: <Task finished coro=<request() done, defined at demo.py:5> result=<Response [200]>>
```

实际上，即使不使用回调方法，在 task 运行完毕之后，也可以直接调用 result 方法获取结果，代码如下所示：

```python
import asyncio
import requests

async def request():
    url = 'https://www.baidu.com'
    status = requests.get(url)
    return status

coroutine = request()
task = asyncio.ensure_future(coroutine)
print('Task:', task)

loop = asyncio.get_event_loop()
loop.run_until_complete(task)
print('Task:', task)
print('Task Result:', task.result())
```

运行结果是一样的：

```
Task: <Task pending coro=<request() running at demo.py:4>>
Task: <Task finished coro=<request() done, defined at demo.py:4> result=<Response [200]>>
Task Result: <Response [200]>
```

7. 多任务协程

在上面的例子中，我们都只执行了一次请求，如果想执行多次请求，应该怎么办呢？可以定义一个 task 列表，然后使用 asyncio 包中的 wait 方法执行。看下面的例子：

```python
import asyncio
import requests

async def request():
    url = 'https://www.baidu.com'
    status = requests.get(url)
    return status

tasks = [asyncio.ensure_future(request()) for _ in range(5)]
print('Tasks:', tasks)

loop = asyncio.get_event_loop()
loop.run_until_complete(asyncio.wait(tasks))

for task in tasks:
    print('Task Result:', task.result())
```

这里我们使用一个 for 循环创建了 5 个 task，它们组成一个列表，然后把这个列表首先传递给 asyncio 包的 wait 方法，再将其注册到事件循环中，就可以发起 5 个任务了。最后，输出任务的执行结果，具体如下：

```
Tasks: [<Task pending coro=<request() running at demo.py:5>>, <Task pending coro=<request() running at
demo.py:5>>, <Task pending coro=<request() running at demo.py:5>>, <Task pending coro=<request() running at
demo.py:5>>, <Task pending coro=<request() running at demo.py:5>>]
Task Result: <Response [200]>
Task Result: <Response [200]>
Task Result: <Response [200]>
Task Result: <Response [200]>
Task Result: <Response [200]>
```

可以看到，5个任务被顺次执行，并得到了执行结果。

8. 协程实现

前面说了好一通，又是async关键字，又是coroutine，又是task，又是callback的，似乎并没有从中看出协程的优势，反而写法上更加奇怪和麻烦了？别急，上述案例只是为后面的使用作铺垫。接下来，我们正式看看协程在解决IO密集型任务方面到底有怎样的优势。

在前面的代码中，我们用一个网络请求作为例子，这本身就是一个耗时等待操作，因为在请求网页之后需要等待页面响应并返回结果。耗时等待操作一般都是IO操作，例如文件读取、网络请求等。协程在处理这种操作时是有很大优势的，当遇到需要等待的情况时，程序可以暂时挂起，转而执行其他操作，从而避免因一直等待一个程序而耗费过多的时间，能够充分利用资源。

为了表现协程的优势，我们还是以本节开头介绍的网站 https://www.httpbin.org/delay/5 为例，因为该网站响应比较慢，所以可以通过爬取时间让大家直观感受到爬取速度的提升。

为了让大家更好地理解协程的正确使用方法，这里先来看看大家使用协程时常犯的错误，后面再给出正确的例子作为对比。

首先，还是拿之前的requests库进行网页请求，之后再重新使用上面的方法请求一遍：

```python
import asyncio
import requests
import time

start = time.time()

async def request():
    url = 'https://www.httpbin.org/delay/5'
    print('Waiting for', url)
    response = requests.get(url)
    print('Get response from', url, 'response', response)

tasks = [asyncio.ensure_future(request()) for _ in range(10)]
loop = asyncio.get_event_loop()
loop.run_until_complete(asyncio.wait(tasks))

end = time.time()
print('Cost time:', end - start)
```

这里我们还是创建了10个task，然后将task列表传给wait方法并注册到事件循环中执行。

运行结果如下：

```
Waiting for https://www.httpbin.org/delay/5
Get response from https://www.httpbin.org/delay/5 response <Response [200]>
Waiting for https://www.httpbin.org/delay/5
...
Get response from https://www.httpbin.org/delay/5 response <Response [200]>
Waiting for https://www.httpbin.org/delay/5
Get response from https://www.httpbin.org/delay/5 response <Response [200]>
Waiting for https://www.httpbin.org/delay/5
Get response from https://www.httpbin.org/delay/5 response <Response [200]>
Cost time: 66.64284420013428
```

可以发现，这和正常的请求并没有什么区别，各个任务依然是顺次执行的，耗时 66 秒，平均一个请求耗时 6.6 秒，说好的异步处理呢？

其实，要实现异步处理，先得有挂起操作，当一个任务需要等待 IO 结果的时候，可以挂起当前任务，转而执行其他任务，这样才能充分利用好资源。上面的方法都是一本正经地串行执行下来，连个挂起都没有，怎么可能实现异步？莫不是想太多了。

要实现异步，我们再了解一下 await 关键字的用法，它可以将耗时等待的操作挂起，让出控制权。如果协程在执行的时候遇到 await，事件循环就会将本协程挂起，转而执行别的协程，直到其他协程挂起或执行完毕。

所以，我们可能会将代码中的 request 方法改成如下这样：

```
async def request():
    url = 'https://www.httpbin.org/delay/5'
    print('Waiting for', url)
    response = await requests.get(url)
    print('Get response from', url, 'response', response)
```

仅仅是在 requests 前面加了一个关键字 await。然而此时执行代码，会得到如下报错信息：

```
Waiting for https://www.httpbin.org/delay/5
Waiting for https://www.httpbin.org/delay/5
Waiting for https://www.httpbin.org/delay/5
Waiting for https://www.httpbin.org/delay/5
...
Task exception was never retrieved
future: <Task finished coro=<request() done, defined at demo.py:8> exception=TypeError("object Response can't be used in 'await' expression")>
Traceback (most recent call last):
  File "demo.py", line 11, in request
    response = await requests.get(url)
TypeError: object Response can't be used in 'await' expression
```

这次协程遇到 await 时确实挂起了，也等待了，但是最后却报出以上错误信息。这个错误的意思是 requests 返回的 Response 对象不能和 await 一起使用，为什么呢？因为根据官方文档说明，await 后面的对象必须是如下格式之一：

- 一个原生协程对象；
- 一个由 types.coroutine 修饰的生成器，这个生成器可以返回协程对象；
- 由一个包含 __await__ 方法的对象返回的一个迭代器。

这里 reqeusts 返回的 Response 对象以上三种格式都不符合，因此报出了上面的错误。

有的读者可能已经发现，既然 await 后面可以跟一个协程对象，那么 async 把请求的方法改成协程对象不就可以了吗？于是就代码被改写成如下的样子：

```
import asyncio
import requests
import time

start = time.time()

async def get(url):
    return requests.get(url)

async def request():
    url = 'https://www.httpbin.org/delay/5'
    print('Waiting for', url)
    response = await get(url)
    print('Get response from', url, 'response', response)
```

```
tasks = [asyncio.ensure_future(request()) for _ in range(10)]
loop = asyncio.get_event_loop()
loop.run_until_complete(asyncio.wait(tasks))

end = time.time()
print('Cost time:', end - start)
```

这里将请求页面的方法独立出来，并用 async 修饰，就得到了一个协程对象。运行一下看看：

```
Waiting for https://www.httpbin.org/delay/5
Get response fromhttps://www.httpbin.org/delay/5 response <Response [200]>
Waiting for https://www.httpbin.org/delay/5
Get response from https://www.httpbin.org/delay/5 response <Response [200]>
Waiting for https://www.httpbin.org/delay/5
...
Get response from https://www.httpbin.org/delay/5 response <Response [200]>
Waiting for https://www.httpbin.org/delay/5
Get response from https://www.httpbin.org/delay/5 response <Response [200]>
Waiting for https://www.httpbin.org/delay/5
Get response from https://www.httpbin.org/delay/5 response <Response [200]>
Cost time: 65.394437756259273
```

还是报错，协程还不是异步执行的，也就是说我们仅仅将涉及 IO 操作的代码封装到 async 修饰的方法里是不可行的。只有使用支持异步操作的请求方式才可以实现真正的异步，这里 aiohttp 就派上用场了。

9. 使用 aiohttp

aiohttp 是一个支持异步请求的库，它和 asyncio 配合使用，可以使我们非常方便地实现异步请求操作。

我们使用 pip3 安装即可：

```
pip3 install aiohttp
```

具体的安装方法可以参考：https://setup.scrape.center/aiohttp。

aiohttp 的官方文档链接为 https://aiohttp.readthedocs.io/，它分为两部分，一部分是 Client，一部分是 Server。

下面我们将 aiohttp 投入使用，将代码改写成如下样子：

```
import asyncio
import aiohttp
import time

start = time.time()

async def get(url):
    session = aiohttp.ClientSession()
    response = await session.get(url)
    await response.text()
    await session.close()
    return response

async def request():
    url = 'https://www.httpbin.org/delay/5'
    print('Waiting for', url)
    response = await get(url)
    print('Get response from', url, 'response', response)

tasks = [asyncio.ensure_future(request()) for _ in range(10)]
loop = asyncio.get_event_loop()
loop.run_until_complete(asyncio.wait(tasks))

end = time.time()
print('Cost time:', end - start)
```

这里将请求库由 requests 改成了 aiohttp，利用 aiohttp 库里 ClientSession 类的 get 方法进行请求，返回结果如下：

```
Waiting for https://www.httpbin.org/delay/5
Waiting for https://www.httpbin.org/delay/5
Waiting for https://www.httpbin.org/delay/5
Waiting for https://www.httpbin.org/delay/5
...
Get response from https://www.httpbin.org/delay/5 response <ClientResponse(https://www.httpbin.org/delay/5)
[200 OK]><CIMultiDictProxy('Date': 'Sun, 09 Aug 2020 14:30:22 GMT', 'Content-Type': 'application/json',
'Content-Length': '360', 'Connection': 'keep-alive', 'Server': 'gunicorn/19.9.0',
'Access-Control-Allow-Origin': '*', 'Access-Control-Allow-Credentials': 'true')>

...
Get response from https://www.httpbin.org/delay/5 response <ClientResponse(https://www.httpbin.org/delay/5)
[200 OK]><CIMultiDictProxy('Date': 'Sun, 09 Aug 2020 14:30:22 GMT', 'Content-Type': 'application/json',
'Content-Length': '360', 'Connection': 'keep-alive', 'Server': 'gunicorn/19.9.0',
'Access-Control-Allow-Origin': '*', 'Access-Control-Allow-Credentials': 'true')>
Cost time: 6.033240079879761
```

成功了！我们发现这次请求的耗时直接由 51 秒变成了 6 秒，耗费时间减少了非常多。

这里我们使用了 await，其后面跟着 get 方法。在执行 10 个协程的时候，如果遇到 await，就会将当前协程挂起，转而执行其他协程，直到其他协程也挂起或执行完毕，再执行下一个协程。

开始运行时，事件循环会运行第一个 task。对于第一个 task 来说，当执行到第一个 await 跟着的 get 方法时，它会被挂起，但这个 get 方法第一步的执行是非阻塞的，挂起之后会立马被唤醒，立即又进入执行，并创建了 ClientSession 对象。接着遇到第二个 await，调用 session.get 请求方法，然后就被挂起了。由于请求需要耗时很久，所以一直没有被唤醒，好在第一个 task 被挂起了，那么接下来该怎么办呢？事件循环会寻找当前未被挂起的协程继续执行，于是转而去执行第二个 task，流程操作和第一个 task 也是一样的，以此类推，直到执行第十个 task 的 session.get 方法之后，全部的 task 都被挂起了。所有 task 都已经处于挂起状态，那怎么办？只好等待了。5 秒之后，几个请求几乎同时有了响应，然后几个 task 也被唤醒接着执行，并输出请求结果，最后总耗时是 6 秒！

怎么样？这就是异步操作的便捷之处，当遇到阻塞式操作时，task 被挂起，程序接着去执行其他 task，而不是傻傻地等着，这样可以充分利用 CPU，而不必把时间浪费在等待 IO 上。

有人会说，在上面的例子中，发出网络请求后，接下来的 5 秒都是在等待，这 5 秒之内，CPU 可以处理的 task 数量远不止这些，既然这样的话，那么我们放 10 个、20 个、50 个、100 个、1000 个 task 一起执行，最后得到所有结果的耗时不都是差不多的吗？因为这些任务被挂起后都是一起等待的。

从理论上来说，确实是这样，不过有个前提，就是服务器即使在同一时刻接收无限次请求，依然要能保证正常返回结果，也就是服务器应该无限抗压，另外还要忽略 IO 传输时延。满足了这两点，确实可以做到无限个 task 一起执行，并且在预想时间内得到结果。但由于不同服务器处理 task 的实现机制不同，可能某些服务器并不能承受那么高的并发量，因此响应速度也会减慢。

这里我们以百度为例，测试一下并发量分别为 1、3、5、10、…、500 时的耗时情况，代码如下：

```python
import asyncio
import aiohttp
import time


def test(number):
    start = time.time()

    async def get(url):
```

```python
        session = aiohttp.ClientSession()
        response = await session.get(url)
        await response.text()
        await session.close()
        return response
    
    async def request():
        url = 'https://www.baidu.com/'
        await get(url)
    
    tasks = [asyncio.ensure_future(request()) for _ in range(number)]
    loop = asyncio.get_event_loop()
    loop.run_until_complete(asyncio.wait(tasks))
    
    end = time.time()
    print('Number:', number, 'Cost time:', end - start)

for number in [1, 3, 5, 10, 15, 30, 50, 75, 100, 200, 500]:
    test(number)
```

运行结果如下：

```
Number: 1 Cost time: 0.05885505676269531
Number: 3 Cost time: 0.05773782730102539
Number: 5 Cost time: 0.05768704414367676
Number: 10 Cost time: 0.15174412727355957
Number: 15 Cost time: 0.09603095054626465
Number: 30 Cost time: 0.17843103408813477
Number: 50 Cost time: 0.3741800785064697
Number: 75 Cost time: 0.2894289493560791
Number: 100 Cost time: 0.6185381412506104
Number: 200 Cost time: 1.0894129276275635
Number: 500 Cost time: 1.8213098049163818
```

可以看到，在服务器能够承受高并发的前提下，即使我们增加了并发量，其爬取速度也几乎不会太受影响。

综上所述，使用了异步请求之后，我们几乎可以在相同时间内实现成百上千倍次的网络请求，把这个运用在爬虫中，速度提升可谓非常可观。

10. 总结

以上便是 Python 中协程的基本原理和用法，在接下来的 6.2 节中，我们会详细介绍 aiohttp 库的用法和爬取实战，实现快速、高并发的爬取。

本节代码参见：https://github.com/Python3WebSpider/AsyncTest。

6.2 aiohttp 的使用

在 6.1 节，我们介绍了异步爬虫的基本原理和 asyncio 的基本用法，并且在最后简单提及了使用 aiohttp 实现网页爬取的过程。本节我们介绍一下 aiohttp 的常见用法。

1. 基本介绍

前面介绍的 asyncio 模块，其内部实现了对 TCP、UDP、SSL 协议的异步操作，但是对于 HTTP 请求来说，就需要用 aiohttp 实现了。

aiohttp 是一个基于 asyncio 的异步 HTTP 网络模块，它既提供了服务端，又提供了客户端。其中，我们用服务端可以搭建一个支持异步处理的服务器，这个服务器就是用来处理请求并返回响应的，类似于 Django、Flask、Tornado 等一些 Web 服务器。而客户端可以用来发起请求，类似于使用 requests 发起一个 HTTP 请求然后获得响应，但 requests 发起的是同步的网络请求，aiohttp 则是异步的。

本节我们主要了解一下 aiohttp 客户端部分的用法。

2. 基本实例

我们来看一个基本的 aiohttp 请求案例，代码如下：

```python
import aiohttp
import asyncio

async def fetch(session, url):
    async with session.get(url) as response:
        return await response.text(), response.status

async def main():
    async with aiohttp.ClientSession() as session:
        html, status = await fetch(session, 'https://cuiqingcai.com')
        print(f'html: {html[:100]}...')
        print(f'status: {status}')

if __name__ == '__main__':
    loop = asyncio.get_event_loop()
    loop.run_until_complete(main())
```

这里使用 aiohttp 爬取了我的个人博客，获得了源码和响应状态码，并打印出来，运行结果如下：

```
html: <!DOCTYPE HTML>
<html>
<head>
<meta charset="UTF-8">
<meta name="baidu-tc-verification" content=...
status: 200
```

由于网页源码过长，这里只截取了输出的一部分。可以看到，我们成功获取了网页的源代码及响应状态码 200，也就是完成了一次基本的 HTTP 请求，即我们成功使用 aiohttp 通过异步的方式完成了网页爬取。当然，这个操作用之前讲的 requests 也可以做到。

能够发现，aiohttp 的请求方法的定义和之前有明显的区别，主要包括如下几点。

- 首先在导入库的时候，除了必须引入 aiohttp 这个库，还必须引入 asyncio 库。因为要实现异步爬取，需要启动协程，而协程则需要借助于 asyncio 里面的事件循环才能执行。除了事件循环，asyncio 里面也提供了很多基础的异步操作。
- 异步爬取方法的定义和之前有所不同，每个异步方法的前面都要统一加 async 来修饰。
- with as 语句前面同样需要加 async 来修饰。在 Python 中，with as 语句用于声明一个上下文管理器，能够帮我们自动分配和释放资源。而在异步方法中，with as 前面加上 async 代表声明一个支持异步的上下文管理器。
- 对于一些返回协程对象的操作，前面需要加 await 来修饰。例如 response 调用 text 方法，查询 API 可以发现，其返回的是协程对象，那么前面就要加 await；而对于状态码来说，其返回值就是一个数值，因此前面不需要加 await。所以，这里可以按照实际情况做处理，参考官方文档说明，看看其对应的返回值是怎样的类型，然后决定加不加 await 就可以了。
- 最后，定义完爬取方法之后，实际上是 main 方法调用了 fetch 方法。要运行的话，必须启用事件循环，而事件循环需要使用 asyncio 库，然后调用 run_until_complete 方法来运行。

> 注意　在 Python 3.7 及以后的版本中，我们可以使用 asyncio.run(main()) 代替最后的启动操作，不需要显示声明事件循环，run 方法内部会自动启动一个事件循环。但这里为了兼容更多的 Python 版本，依然显式声明了事件循环。

3. URL 参数设置

对于 URL 参数的设置，我们可以借助 params 参数，传入一个字典即可，实例如下：

```python
import aiohttp
import asyncio

async def main():
    params = {'name': 'germey', 'age': 25}
    async with aiohttp.ClientSession() as session:
        async with session.get('https://www.httpbin.org/get', params=params) as response:
            print(await response.text())

if __name__ == '__main__':
    asyncio.get_event_loop().run_until_complete(main())
```

运行结果如下：

```
{
    "args": {
        "age": "25",
        "name": "germey"
    },
    "headers": {
        "Accept": "*/*",
        "Accept-Encoding": "gzip, deflate",
        "Host": "www.httpbin.org",
        "User-Agent": "Python/3.7 aiohttp/3.6.2",
        "X-Amzn-Trace-Id": "Root=1-5e85eed2-d240ac90f4dddf40b4723ef0"
    },
    "origin": "17.20.255.122",
    "url": "https://www.httpbin.org/get?name=germey&age=25"
}
```

这里可以看到，实际请求的 URL 为 https://www.httpbin.org/get?name=germey&age=25，其中的参数对应于 params 的内容。

4. 其他请求类型

aiohttp 还支持其他请求类型，如 POST、PUT、DELETE 等，这些和 requests 的使用方式有点类似，实例如下：

```python
session.post('http://www.httpbin.org/post', data=b'data')
session.put('http://www.httpbin.org/put', data=b'data')
session.delete('http://www.httpbin.org/delete')
session.head('http://www.httpbin.org/get')
session.options('http://www.httpbin.org/get')
session.patch('http://www.httpbin.org/patch', data=b'data')
```

要使用这些方法，只需要把对应的方法和参数替换一下。

5. POST 请求

对于 POST 表单提交，其对应的请求头中的 Content-Type 为 application/x-www-form-urlencoded，我们可以用如下方式来实现：

```python
import aiohttp
import asyncio

async def main():
    data = {'name': 'germey', 'age': 25}
    async with aiohttp.ClientSession() as session:
        async with session.post('https://www.httpbin.org/post', data=data) as response:
            print(await response.text())

if __name__ == '__main__':
    asyncio.get_event_loop().run_until_complete(main())
```

运行结果如下：

```
{
    "args": {},
    "data": "",
    "files": {},
    "form": {
        "age": "25",
        "name": "germey"
    },
    "headers": {
        "Accept": "*/*",
        "Accept-Encoding": "gzip, deflate",
        "Content-Length": "18",
        "Content-Type": "application/x-www-form-urlencoded",
        "Host": "www.httpbin.org",
        "User-Agent": "Python/3.7 aiohttp/3.6.2",
        "X-Amzn-Trace-Id": "Root=1-5e85f0b2-9017ea603a68dc285e0552d0"
    },
    "json": null,
    "origin": "17.20.255.58",
    "url": "https://www.httpbin.org/post"
}
```

对于 POST JSON 数据提交，其对应的请求头中的 Content-Type 为 application/json，我们只需要将 post 方法里的 data 参数改成 json 即可，实例代码如下：

```
async def main():
    data = {'name': 'germey', 'age': 25}
    async with aiohttp.ClientSession() as session:
        async with session.post('https://www.httpbin.org/post', json=data) as response:
            print(await response.text())
```

运行结果如下：

```
{
    "args": {},
    "data": "{\"name\": \"germey\", \"age\": 25}",
    "files": {},
    "form": {},
    "headers": {
        "Accept": "*/*",
        "Accept-Encoding": "gzip, deflate",
        "Content-Length": "29",
        "Content-Type": "application/json",
        "Host": "www.httpbin.org",
        "User-Agent": "Python/3.7 aiohttp/3.6.2",
        "X-Amzn-Trace-Id": "Root=1-5e85f03e-c91c9a20c79b9780dbed7540"
    },
    "json": {
        "age": 25,
        "name": "germey"
    },
    "origin": "17.20.255.58",
    "url": "https://www.httpbin.org/post"
}
```

可以发现，其实现也和 requests 非常像，不同的参数支持不同类型的请求内容。

6. 响应

对于响应来说，我们可以用如下方法分别获取其中的状态码、响应头、响应体、响应体二进制内容、响应体 JSON 结果，实例代码如下：

```
import aiohttp
import asyncio
```

```python
async def main():
    data = {'name': 'germey', 'age': 25}
    async with aiohttp.ClientSession() as session:
        async with session.post('https://www.httpbin.org/post', data=data) as response:
            print('status:', response.status)
            print('headers:', response.headers)
            print('body:', await response.text())
            print('bytes:', await response.read())
            print('json:', await response.json())

if __name__ == '__main__':
    asyncio.get_event_loop().run_until_complete(main())
```

运行结果如下：

```
status: 200
headers: <CIMultiDictProxy('Date': 'Thu, 02 Apr 2020 14:13:05 GMT', 'Content-Type': 'application/json',
'Content-Length': '503', 'Connection': 'keep-alive', 'Server': 'gunicorn/19.9.0',
'Access-Control-Allow-Origin': '*', 'Access-Control-Allow-Credentials': 'true')>
body: {
    "args": {},
    "data": "",
    "files": {},
    "form": {
        "age": "25",
        "name": "germey"
    },
    "headers": {
        "Accept": "*/*",
        "Accept-Encoding": "gzip, deflate",
        "Content-Length": "18",
        "Content-Type": "application/x-www-form-urlencoded",
        "Host": "www.httpbin.org",
        "User-Agent": "Python/3.7 aiohttp/3.6.2",
        "X-Amzn-Trace-Id": "Root=1-5e85f2f1-f55326ff5800b15886c8e029"
    },
    "json": null,
    "origin": "17.20.255.58",
    "url": "https://www.httpbin.org/post"
}
bytes: b'{\n  "args": {}, \n  "data": "", \n  "files": {}, \n  "form": {\n    "age": "25", \n    "name": "germey"\n  }, 
\n  "headers": {\n    "Accept": "*/*", \n    "Accept-Encoding": "gzip, deflate", \n    "Content-Length": "18", 
\n    "Content-Type": "application/x-www-form-urlencoded", \n    "Host": "www.httpbin.org", \n    "User-Agent": 
"Python/3.7 aiohttp/3.6.2", \n    "X-Amzn-Trace-Id": "Root=1-5e85f2f1-f55326ff5800b15886c8e029"\n  }, \n 
"json": null, \n  "origin": "17.20.255.58", \n  "url": "https://www.httpbin.org/post"\n}\n'
json: {'args': {}, 'data': '', 'files': {}, 'form': {'age': '25', 'name': 'germey'}, 'headers': {'Accept': 
'*/*', 'Accept-Encoding': 'gzip, deflate', 'Content-Length': '18', 'Content-Type': 
'application/x-www-form-urlencoded', 'Host': 'www.httpbin.org', 'User-Agent': 'Python/3.7 aiohttp/3.6.2', 
'X-Amzn-Trace-Id': 'Root=1-5e85f2f1-f55326ff5800b15886c8e029'}, 'json': None, 'origin': '17.20.255.58', 
'url': 'https://www.httpbin.org/post'}
```

可以看到，这里有些字段前面需要加 await，有些则不需要。其原则是，如果返回的是一个协程对象（如 async 修饰的方法），那么前面就要加 await，具体可以看 aiohttp 的 API，其链接为：https://docs.aiohttp.org/en/stable/client_reference.html。

7. 超时设置

我们可以借助 ClientTimeout 对象设置超时，例如要设置 1 秒的超时时间，可以这么实现：

```python
import aiohttp
import asyncio

async def main():
    timeout = aiohttp.ClientTimeout(total=1)
    async with aiohttp.ClientSession(timeout=timeout) as session:
        async with session.get('https://www.httpbin.org/get') as response:
```

```
            print('status:', response.status)
if __name__ == '__main__':
    asyncio.get_event_loop().run_until_complete(main())
```

如果在 1 秒之内成功获取响应，那么运行结果如下：

```
200
```

如果超时，则会抛出 TimeoutError 异常，其类型为 asyncio.TimeoutError，我们进行异常捕获即可。

另外，声明 ClientTimeout 对象时还有其他参数，如 connect、socket_connect 等，详细可以参考官方文档：https://docs.aiohttp.org/en/stable/client_quickstart.html#timeouts。

8. 并发限制

由于 aiohttp 可以支持非常高的并发量，如几万、十万、百万都是能做到的，但面对如此高的并发量，目标网站很可能无法在短时间内响应，而且有瞬间将目标网站爬挂掉的危险，这提示我们需要控制一下爬取的并发量。

一般情况下，可以借助 asyncio 的 Semaphore 来控制并发量，实例代码如下：

```python
import asyncio
import aiohttp

CONCURRENCY = 5
URL = 'https://www.baidu.com'

semaphore = asyncio.Semaphore(CONCURRENCY)
session = None

async def scrape_api():
    async with semaphore:
        print('scraping', URL)
        async with session.get(URL) as response:
            await asyncio.sleep(1)
            return await response.text()

async def main():
    global session
    session = aiohttp.ClientSession()
    scrape_index_tasks = [asyncio.ensure_future(scrape_api()) for _ in range(10000)]
    await asyncio.gather(*scrape_index_tasks)


if __name__ == '__main__':
    asyncio.get_event_loop().run_until_complete(main())
```

这里我们声明 CONCURRENCY（代表爬取的最大并发量）为 5，同时声明爬取的目标 URL 为百度。接着，借助 Semaphore 创建了一个信号量对象，将其赋值为 semaphore，这样就可以用它来控制最大并发量了。怎么使用呢？这里我们把 semaphore 直接放置在了对应的爬取方法里，使用 async with 语句将 semaphore 作为上下文对象即可。这样一来，信号量便可以控制进入爬取的最大协程数量，即我们声明的 CONCURRENCY 的值。

在 main 方法里，我们声明了 10 000 个 task，将其传递给 gather 方法运行。倘若不加以限制，那这 10 000 个 task 会被同时执行，并发数量相当大。但有了信号量的控制之后，同时运行的 task 数量最大会被控制在 5 个，这样就能给 aiohttp 限制速度了。

9. 总结

本节我们了解了 aiohttp 的基本使用方法，更详细的内容还是推荐大家查阅官方文档，详见 https://docs.aiohttp.org/。

本节代码参见：https://github.com/Python3WebSpider/AsyncTest。

6.3　aiohttp 异步爬取实战

6.2 节我们介绍了 aiohttp 的基本用法，本节我们完成异步爬虫的实战演练。

1. 案例介绍

本次我们要爬取一个数据量相对大一点的网站，链接为 https://spa5.scrape.center/，页面如图 6-1 所示。

图 6-1　要爬取的网站页面

这是一个图书网站，整个网站包含数千本图书信息，网站数据是 JavaScript 渲染而得的，数据可以通过 Ajax 接口获取，并且接口没有设置任何反爬措施和加密参数。另外，由于这个网站之前的电影案例数据量多一些，所以更加适合做异步爬取。

本节我们要完成如下目标：

❑ 使用 aiohttp 爬取全站的图书数据；
❑ 将数据通过异步的方式保存到 MongoDB 中。

2. 准备工作

开始本节的探索之前，请确保你已经做好了如下准备工作：

❑ 安装好了 Python（最低为 Python 3.6 版本，最好为 3.7 版本或以上），并能成功运行 Python 程序；
❑ 了解了 Ajax 爬取的一些基本原理和模拟方法；
❑ 了解了异步爬虫的基本原理和 asyncio 库的基本用法；
❑ 了解了 aiohttp 库的基本用法；
❑ 安装并成功运行了 MongoDB 数据库，而且安装了异步爬虫库 motor。

关于最后一条，要实现 MongoDB 异步存储，离不开异步实现的 MongoDB 存储库 motor，其安装命令为：

```
pip3 install motor
```

详细的安装方式可以参考：https://setup.scrape.center/motor。

做好如上准备工作之后，我们就可以开始数据的爬取了。

3. 页面分析

第 5 章我们讲解了 Ajax 的基本分析方法，本节的案例站点和之前分析 Ajax 时用的案例站点结构类似，都是列表页加详情页的结构，加载方式也都是 Ajax，所以我们能轻松分析到如下信息。

- 列表页的 Ajax 请求接口格式为 https://spa5.scrape.center/api/book/?limit=18&offset={offset}。其中 `limit` 的值为每一页包含多少本书；`offset` 的值为每一页的偏移量，计算公式为 `offset = limit * (page - 1)`，如第 1 页的 `offset` 值为 0，第 2 页 `offset` 的值为 18，以此类推。
- 在列表页 Ajax 接口返回的数据里，`results` 字段包含当前页里 18 本图书的信息，其中每本书的数据里都含有一个 `id` 字段，这个 `id` 就是图书本身的 ID，可以用来进一步请求详情页。
- 详情页的 Ajax 请求接口格式为 https://spa5.scrape.center/api/book/{id}。其中的 `id` 即为详情页对应图书的 ID，可以从列表页 Ajax 接口的返回结果中获取此内容。

如果你掌握了 5.3 节的内容，那么上面三点应该很容易分析出来。如果有难度，不妨先复习一下之前的知识。

4. 实现思路

其实，一个完善的异步爬虫应该能够充分利用资源进行全速爬取，其实现思路是维护一个动态变化的爬取队列，每产生一个新的 task，就将其放入爬取队列中，有专门的爬虫消费者从此队列中获取 task 并执行，能做到在最大并发量的前提下充分利用等待时间进行额外的爬取处理。

但上面的实现思路整体较为烦琐，需要设计爬取队列、回调函数、消费者等机制，需要实现的功能较多。由于我们刚刚接触 aiohttp 的基本用法，本节也主要是了解 aiohttp 的实战应用，因此这里稍微将爬取案例网站的实现过程简化一下。

我们将爬取逻辑拆分成两部分，第一部分为爬取列表页，第二部分为爬取详情页。因为异步爬虫的关键点在于并发执行，所以可以将爬取拆分为如下两个阶段。

- 第一阶段是异步爬取所有列表页，我们可以将所有列表页的爬取任务集合在一起，并将其声明为由 task 组成的列表，进行异步爬取。
- 第二阶段则是拿到上一步列表页的所有内容并解析，将所有图书的 `id` 信息组合为所有详情页的爬取任务集合，并将其声明为 task 组成的列表，进行异步爬取，同时爬取结果也以异步方式存储到 MongoDB 里面。

因为两个阶段在拆分之后需要串行执行，所以可能无法达到协程的最佳调度方式和资源利用情况，但也差不了很多。这个实现思路比较简单清晰，代码实现起来也较为容易，能够帮我们快速了解 aiohttp 的基本用法。

5. 基本配置

首先，先配置一些基本的变量并引入一些必需的库，代码如下：

```
import asyncio
import aiohttp
import logging

logging.basicConfig(level=logging.INFO,
                    format='%(asctime)s - %(levelname)s: %(message)s')

INDEX_URL = 'https://spa5.scrape.center/api/book/?limit=18&offset={offset}'
DETAIL_URL = 'https://spa5.scrape.center/api/book/{id}'
```

```
PAGE_SIZE = 18
PAGE_NUMBER = 100
CONCURRENCY = 5
```

这里我们导入了 asyncio、aiohttp、logging 这 3 个库，然后定义了 logging 的基本配置。接着定义了 URL、爬取页码数量 PAGE_NUMBER、并发量 CONCURRENCY 等信息。

6. 爬取列表页

第一阶段来爬取列表页，还是和之前一样，先定义一个通用的爬取方法，代码如下：

```python
semaphore = asyncio.Semaphore(CONCURRENCY)
session = None

async def scrape_api(url):
    async with semaphore:
        try:
            logging.info('scraping %s', url)
            async with session.get(url) as response:
                return await response.json()
        except aiohttp.ClientError:
            logging.error('error occurred while scraping %s', url, exc_info=True)
```

这里我们声明了一个信号量，用来控制最大并发数量。

接着，定义了 scrape_api 方法，接收一个参数 url。该方法首先使用 async with 语句引入信号量作为上下文，接着调用 session 的 get 方法请求这个 url，然后返回响应的 JSON 格式的结果。另外，这里还进行了异常处理，捕获了 ClientError，如果出现错误，就会输出异常信息。

然后，爬取列表页，实现代码如下：

```python
async def scrape_index(page):
    url = INDEX_URL.format(offset=PAGE_SIZE * (page - 1))
    return await scrape_api(url)
```

这里定义了 scrape_index 方法用于爬取列表页，它接收一个参数 page。随后构造了一个列表页的 URL，将其传给 scrape_api 方法即可。这里注意，方法同样需要用 async 修饰，调用的 scrape_api 方法前面需要加 await，因为 scrape_api 调用之后本身会返回一个协程对象。另外，由于 scrape_api 的返回结果就是 JSON 格式，因此这个结果已经是我们想要爬取的信息，不需要再额外解析了。

接下来我们定义 main 方法，将上面的方法串联起来调用，实现如下：

```python
import json

async def main():
    global session
    session = aiohttp.ClientSession()
    scrape_index_tasks = [asyncio.ensure_future(scrape_index(page)) for page in range(1, PAGE_NUMBER + 1)]
    results = await asyncio.gather(*scrape_index_tasks)
    logging.info('results %s', json.dumps(results, ensure_ascii=False, indent=2))

if __name__ == '__main__':
    asyncio.get_event_loop().run_until_complete(main())
```

这里首先声明了 session 对象，即最初声明的全局变量。这样的话，就不需要在各个方法里面都传递 session 了，实现起来比较简单。

接着定义了 scrape_index_tasks，这就是用于爬取列表页的所有 task 组成的列表。然后调用 asyncio 的 gather 方法，并将 task 列表传入其参数，将结果赋值为 results，它是由所有 task 返回结果组成的列表。

最后，调用 main 方法，使用事件循环启动该 main 方法对应的协程即可。

运行结果如下：

```
2020-04-03 03:45:54,692 - INFO: scraping https://spa5.scrape.center/api/book/?limit=18&offset=0
2020-04-03 03:45:54,707 - INFO: scraping https://spa5.scrape.center/api/book/?limit=18&offset=18
2020-04-03 03:45:54,707 - INFO: scraping https://spa5.scrape.center/api/book/?limit=18&offset=36
2020-04-03 03:45:54,708 - INFO: scraping https://spa5.scrape.center/api/book/?limit=18&offset=54
2020-04-03 03:45:54,708 - INFO: scraping https://spa5.scrape.center/api/book/?limit=18&offset=72
2020-04-03 03:45:56,431 - INFO: scraping https://spa5.scrape.center/api/book/?limit=18&offset=90
2020-04-03 03:45:56,435 - INFO: scraping https://spa5.scrape.center/api/book/?limit=18&offset=108
```

可以看到，这里就开始异步爬取了，并发量是由我们控制的，目前为 5。当然，也可以进一步调高这个数字，在网站能承受的情况下，爬取速度会进一步加快。

最后，results 就是爬取所有列表页得到的结果，接着就可以用它进行第二阶段的爬取了。

7. 爬取详情页

第二阶段是爬取详情页并保存数据。由于每个详情页分别对应一本书，每本书都需要一个 ID 作为唯一标识，而这个 ID 又正好存在 results 里面，所以下面我们需要将所有详情页的 ID 获取出来。

在 main 方法里增加 results 的解析代码，实现如下：

```python
ids = []
for index_data in results:
    if not index_data: continue
    for item in index_data.get('results'):
        ids.append(item.get('id'))
```

这样 ids 就是所有书的 id 了，然后我们用所有的 id 构造所有详情页对应的 task，进行异步爬取即可。

这里再定义两个方法，用于爬取详情页和保存数据，实现如下：

```python
from motor.motor_asyncio import AsyncIOMotorClient

MONGO_CONNECTION_STRING = 'mongodb://localhost:27017'
MONGO_DB_NAME = 'books'
MONGO_COLLECTION_NAME = 'books'

client = AsyncIOMotorClient(MONGO_CONNECTION_STRING)
db = client[MONGO_DB_NAME]
collection = db[MONGO_COLLECTION_NAME]

async def save_data(data):
    logging.info('saving data %s', data)
    if data:
        return await collection.update_one({
            'id': data.get('id')
        }, {
            '$set': data
        }, upsert=True)

async def scrape_detail(id):
    url = DETAIL_URL.format(id=id)
    data = await scrape_api(url)
    await save_data(data)
```

这里定义了 scrape_detail 方法用于爬取详情页数据，并调用 save_data 方法保存数据。save_data 方法可以将数据保存到 MongoDB 里面。

这里我们用到了支持异步的 MongoDB 存储库 motor。motor 的连接声明和 pymongo 是类似的，保存数据的调用方法也基本一致，不过整个都换成了异步方法。

接着在 main 方法里面增加对 scrape_detail 方法的调用即可爬取详情页，实现如下：

```python
scrape_detail_tasks = [asyncio.ensure_future(scrape_detail(id)) for id in ids]
await asyncio.wait(scrape_detail_tasks)
await session.close()
```

这里先声明了 scrape_detail_tasks，这是由所有爬取详情页的 task 组成的列表，接着调用了 asyncio 的 wait 方法，并将声明的列表传入其中，调用执行此方法即可爬取详情页。当然，这里也可以使用 gather 方法，效果是一样的，只不过返回结果略有差异。全部执行完毕后，调用 close 方法关闭 session。

一些详情页的爬取过程如下：

```
2020-04-03 04:00:32,576 - INFO: scraping https://spa5.scrape.center/api/book/2301475
2020-04-03 04:00:32,576 - INFO: scraping https://spa5.scrape.center/api/book/2351866
2020-04-03 04:00:32,577 - INFO: scraping https://spa5.scrape.center/api/book/2828384
2020-04-03 04:00:32,577 - INFO: scraping https://spa5.scrape.center/api/book/3040352
2020-04-03 04:00:32,578 - INFO: scraping https://spa5.scrape.center/api/book/3074810
2020-04-03 04:00:44,858 - INFO: saving data {'id': '3040352', 'comments': [{'id': '387952888', 'content':
'温馨文，青梅竹马神马的很有爱~'},...,{'id': '2005314253', 'content': '沈晋&秦央，文比较短，平平淡淡，
贴近生活，短文的缺点不细腻'}], 'name': '那些风花雪月', 'authors': ['\n 公子欢喜'], 'translators': [],
'tags': ['公子欢喜', '耽美', 'BL', '小说', '现代', '校园', '那些风花雪月'], 'url': 'https://book.douban.
com/subject/3040352/', 'isbn': '9789866685156', 'cover': 'https://img9.doubanio.com/view/subject/l/public/
s3029724.jpg', 'page_number': None, 'price': None, 'score': '8.1', 'introduction': '', 'catalog': None,
'published_at': '2008-03-26T16:00:00Z', 'updated_at': '2020-03-21T16:59:39.584722Z'}
2020-04-03 04:00:44,859 - INFO: scraping https://spa5.scrape.center/api/book/2994915
...
```

最后，我们观察到，爬取的数据都保存到 MongoDB 数据库里面了，如图 6-2 所示。

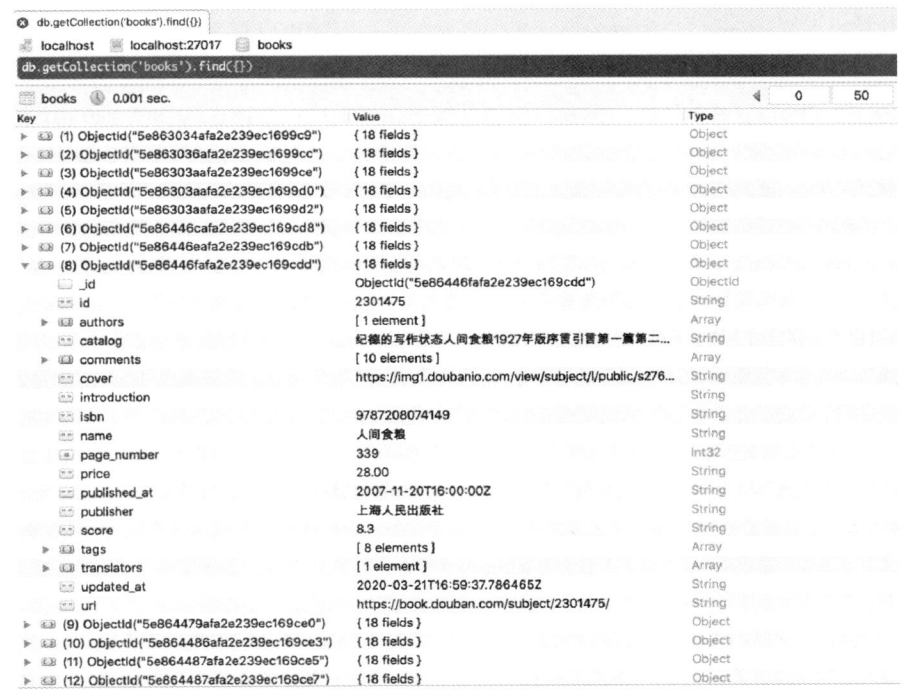

图 6-2　爬取到的图书数据

至此，我们就使用 aiohttp 完成了对图书网站的异步爬取。

8. 总结

本节我们通过一个实例讲解了 aiohttp 异步爬虫的具体实现。在学习过程中不难发现，相比普通的单线程爬虫来说，使用异步爬虫可以大大提高爬取效率，后面我们也会多多使用。

本节代码参见：https://github.com/Python3WebSpider/ScrapeSpa5。

第 7 章 JavaScript 动态渲染页面爬取

在第 5 章中，我们了解了 Ajax 数据的分析和爬取方式，这其实也是 JavaScript 动态渲染页面的一种情形，通过直接分析 Ajax，使我们仍然可以借助 requests 或 urllib 实现数据爬取。

不过 JavaScript 动态渲染的页面不止 Ajax 一种。例如，有些页面的分页部分由 JavaScript 生成，而非原始 HTML 代码，这其中并不包含 Ajax 请求。再例如 ECharts 的官方实例（详见 http://echarts.baidu.com/demo.html），其图形都是经过 JavaScript 计算之后生成的。还有类似淘宝这种页面，即使是 Ajax 获取的数据，其 Ajax 接口中也含有很多加密参数，使我们难以直接找出规律，也很难直接通过分析 Ajax 爬取数据。

为了解决这些问题，我们可以直接模拟浏览器运行，然后爬取数据，这样就可以实现在浏览器中看到的内容是什么样，爬取的源码就是什么样——所见即所爬。此时我们无须去管网页内部的 JavaScript 使用什么算法渲染页面，也不用管网页后台的 Ajax 接口到底含有哪些参数。

Python 提供了许多模拟浏览器运行的库，例如 Selenium、Splash、Pyppetter、Playwright 等，可以帮助我们实现所见即所爬，有了这些库，就不用再为如何爬取动态渲染的页面发愁了。

7.1 Selenium 的使用

上面讲解了 Ajax 的分析方法，利用 Ajax 接口可以非常方便地爬取数据。只要能找到 Ajax 接口的规律，就可以通过某些参数构造出对应的请求，自然就能轻松爬取数据啦。

但是在很多情况下，Ajax 请求的接口含有加密参数，例如 token、sign 等，示例网址 https://spa2.scrape.center/ 的 Ajax 接口就包含一个 token 参数，如图 7-1 所示。

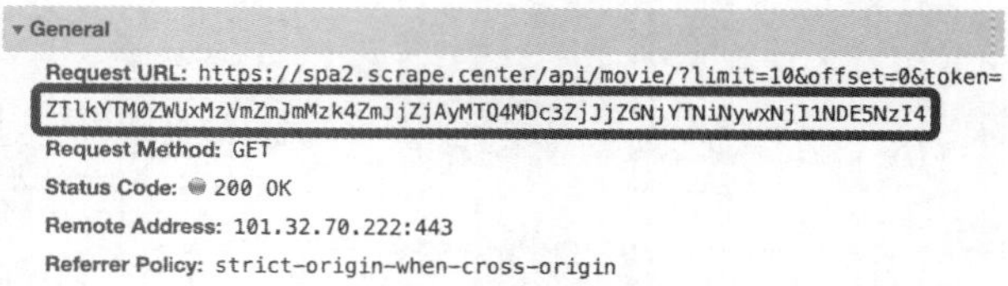

由于请求 Ajax 接口时必须加上 token 参数，因此如果不深入分析并找到 token 参数的构造逻辑，是难以直接模拟 Ajax 请求的。

图 7-1 包含 token 参数的 Ajax 接口

方法通常有两种：一种是深挖其中的逻辑，把 token 参数的构造逻辑完全找出来，再用 Python 代码复现，构造 Ajax 请求；另一种是直接模拟浏览器的运行，绕过这个过程，因为在浏览器里是可以看到这个数据的，所以如果能把看到的数据直接爬取下来，当然就能获取对应的信息了。

第一种方法难度较高，我们先介绍第二种方法：模拟浏览器的运行，爬取数据。由于使用的工具是 Selenium，因此先了解一下它的基本使用方法。

Selenium 是一个自动化测试工具，利用它可以驱动浏览器完成特定的操作，例如点击、下拉等，还可以获取浏览器当前呈现的页面的源代码,做到所见即所爬,对于一些 JavaScript 动态渲染的页面来说,这种爬取方式非常有效。下面我们就来感受一下 Selenium 的强大之处吧。

1. 准备工作

本节以 Chrome 浏览器为例讲解 Selenium 的用法。在开始之前,请确保已经正确安装好了 Chrome 浏览器,并配置好了 ChromeDriver。另外,还需要正确安装好 Python 的 Selenium 库。

安装方法可以参考 https://setup.scrape.center/selenium,全部配置完成后,便可以开始本节的学习。

2. 基本用法

首先大体看一下 Selenium 的功能。示例代码如下:

```python
from selenium import webdriver
from selenium.webdriver.common.by import By
from selenium.webdriver.common.keys import Keys
from selenium.webdriver.support import expected_conditions as EC
from selenium.webdriver.support.wait import WebDriverWait

browser = webdriver.Chrome()
try:
    browser.get('https://www.baidu.com')
    input = browser.find_element_by_id('kw')
    input.send_keys('Python')
    input.send_keys(Keys.ENTER)
    wait = WebDriverWait(browser, 10)
    wait.until(EC.presence_of_element_located((By.ID, 'content_left')))
    print(browser.current_url)
    print(browser.get_cookies())
    print(browser.page_source)
finally:
    browser.close()
```

运行代码后,会自动弹出一个 Chrome 浏览器。浏览器会跳转到百度页面,然后在搜索框中输入 Python,就会跳转到搜索结果页,如图 7-2 所示。

图 7-2 在搜索框中输入 Python

此时控制台的输出结果如下，因为页面源代码过长，所以此处省略其内容：

```
https://www.baidu.com/s?ie=utf-8&f=8&rsv_bp=0&rsv_idx=1&tn=baidu&wd=Python&rsv_pq=c94d0df9000a72d0&rsv_t=
07099xvun1ZmC0bf6eQvygJ43IUTTUOl5FCJVPgwG2YREs70GplJjH2F%2BCQ&rqlang=cn&rsv_enter=1&rsv_sug3=6&rsv_sug2=0
&inputT=87&rsv_sug4=87
[{'secure': False, 'value': 'B490B5EBF6F3CD402E515D22BCDA1598', 'domain': '.baidu.com', 'path': '/',
'httpOnly': False, 'name': 'BDORZ', 'expiry': 1491688071.707553}, {'secure': False, 'value':
'22473_1441_21084_17001', 'domain': '.baidu.com', 'path': '/', 'httpOnly': False, 'name': 'H_PS_PSSID'},
{'secure': False, 'value': '12883875381399993259_00_0_I_R_2_0303_C02F_N_I_I_0', 'domain': '.www.baidu.com',
'path': '/', 'httpOnly': False, 'name': '__bsi', 'expiry': 1491601676.69722}]
<!DOCTYPE html><!--STATUS OK-->...</html>
```

可以看到，我们得到的当前 URL、Cookie 内容和页面源代码都是浏览器中的真实内容。

所以说，用 Selenium 驱动浏览器加载网页，可以直接拿到 JavaScript 渲染的结果，无须关心使用的是什么加密系统。

下面详细了解一下 Selenium 的用法。

3. 初始化浏览器对象

Selenium 支持的浏览器非常多，既有 Chrome、Firefox、Edge、Safari 等电脑端的浏览器，也有 Android、BlackBerry 等手机端的浏览器。我们可以用如下方式初始化浏览器对象：

```
from selenium import webdriver

browser = webdriver.Chrome()
browser = webdriver.Firefox()
browser = webdriver.Edge()
browser = webdriver.Safari()
```

这样就完成了浏览器对象的初始化，并将其赋值给了 browser。接下来，我们要做的就是调用 browser，执行其各个方法以模拟浏览器的操作。

4. 访问页面

我们可以使用 get 方法请求网页，向其参数传入要请求网页的 URL 即可。例如，使用 get 方法访问淘宝，并打印出淘宝页面的源代码，代码如下：

```
from selenium import webdriver

browser = webdriver.Chrome()
browser.get('https://www.taobao.com')
print(browser.page_source)
browser.close()
```

运行这段代码后，弹出了 Chrome 浏览器并且自动访问了淘宝，然后控制台输出了淘宝页面的源代码，随后浏览器关闭。

通过上面几行简单的代码，就可以驱动浏览器并获取网页源码，可谓非常便捷。

5. 查找节点

Selenium 可以驱动浏览器完成各种操作，比如填充表单、模拟点击等。例如，想要往某个输入框中输入文字，总得知道这个输入框在哪儿吧？对此，Selenium 为我们提供了一系列用来查找节点的方法，我们可以使用这些方法获取想要的节点，以便执行下一步的操作或者提取信息。

- 单个节点

例如，想从淘宝页面中提取搜索框这个节点，首先就要观察这个页面的源代码，如图 7-3 所示。

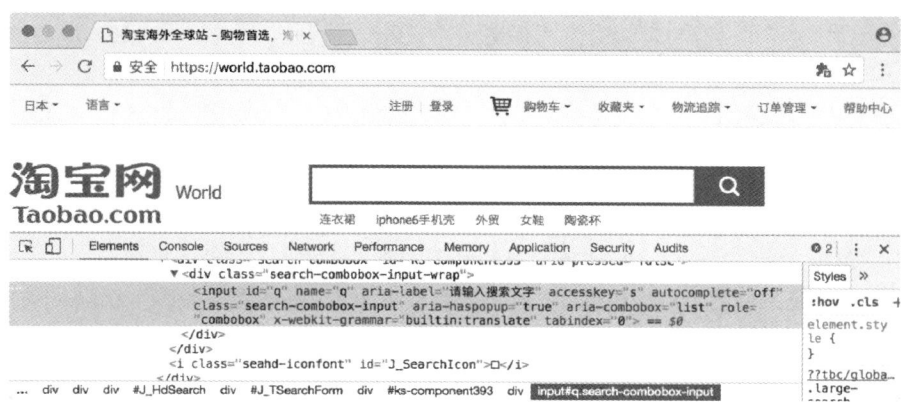

图 7-3　淘宝页面的源代码

可以发现，淘宝页面的 id 属性值是 q，name 属性值也是 q。此外，还有许多其他属性，我们可以用多种方式获取它们。例如，find_element_by_name 是根据 name 属性获取，find_element_by_id 是根据 id 属性获取，此外还有根据 XPath、CSS 选择器等的获取方式。

下面我们用代码实现一下：

```python
from selenium import webdriver

browser = webdriver.Chrome()
browser.get('https://www.taobao.com')
input_first = browser.find_element_by_id('q')
input_second = browser.find_element_by_css_selector('#q')
input_third = browser.find_element_by_xpath('//*[@id="q"]')
print(input_first, input_second, input_third)
browser.close()
```

这里我们使用 3 种方式获取输入框对应的节点，分别是根据 id 属性、CSS 选择器和 XPath 获取。代码的运行结果如下：

```
<selenium.webdriver.remote.webelement.WebElement (session="5e53d9e1c8646e44c14c1c2880d424af",
    element="0.5649563096161541-1")>
<selenium.webdriver.remote.webelement.WebElement (session="5e53d9e1c8646e44c14c1c2880d424af",
    element="0.5649563096161541-1")>
<selenium.webdriver.remote.webelement.WebElement (session="5e53d9e1c8646e44c14c1c2880d424af",
    element="0.5649563096161541-1")>
```

可以看到，3 种方式的返回结果完全一致。input_first、input_second 和 input_third 都属于 WebElement 类型，是完全一致的。

获取单个节点可以使用 find_element_by_id、find_element_by_name、find_element_by_xpath、find_element_by_link_text、find_element_by_partial_link_text、find_element_by_tag_name、find_element_by_class_name、find_element_by_css_selector，这些就是所有的方法。

除了上述方法，Selenium 还提供了通用方法 find_element，使用这个方法需要传入两个参数：查找方式和方式的取值。这个方法其实就是上述那些方法的通用函数版本，不过它的参数更加灵活。例如 find_element_by_id(id) 就等价于 find_element(By.ID, id)，两个方法得到的结果是完全一致的。我们用代码实现一下：

```python
from selenium import webdriver
from selenium.webdriver.common.by import By
```

```
browser = webdriver.Chrome()
browser.get('https://www.taobao.com')
input_first = browser.find_element(By.ID, 'q')
print(input_first)
browser.close()
```

- 多个节点

如果查找的目标节点在网页中只有一个，那么用 find_element 方法就完全可以实现。但如果目标节点有多个，再用 find_element 方法查找，就只能得到第一个节点了，此时需要用 find_elements 方法才能找到所有满足条件的节点。注意，这个方法名称中的 element 后面多了一个 s，注意区分。

例如，要查找淘宝页面左侧导航条的所有条目，就可以这样实现：

```
from selenium import webdriver

browser = webdriver.Chrome()
browser.get('https://www.taobao.com')
lis = browser.find_elements_by_css_selector('.service-bd li')
print(lis)
browser.close()
```

运行结果如下：

```
[<selenium.webdriver.remote.webelement.WebElement (session="c26290835d4457ebf7d96bfab3740d19",
element="0.09221044033125603-1")>, <selenium.webdriver.remote.webelement.WebElement
(session="c26290835d4457ebf7d96bfab3740d19", element="0.09221044033125603-2")>,
<selenium.webdriver.remote.webelement.WebElement (session="c26290835d4457ebf7d96bfab3740d19",
element="0.09221044033125603-3")>...<selenium.webdriver.remote.webelement.WebElement
(session="c26290835d4457ebf7d96bfab3740d19", element="0.09221044033125603-16")>]
```

这里简化了输出结果，省略了中间部分。可以看到，得到的内容变成了列表类型，列表中的每个节点都属于 WebElement 类型。

总结一下，如果使用 find_element 方法查找，只能得到匹配成功的第一个节点，这个节点是 WebElement 类型的。如果使用 find_elements 方法，那么结果是列表类型的，列表中的每个节点都属于 WebElement 类型。

获取多个节点可以使用 find_elements_by_id、find_elements_by_name、find_elements_by_xpath、find_elements_by_link_text、find_elements_by_partial_link_text、find_elements_by_tag_name、find_elements_by_class_name、find_elements_by_css_selector，这些就是所有的方法。

同理，我们也可以直接使用 find_elements 方法，这时可以这样写：

```
lis = browser.find_elements(By.CSS_SELECTOR, '.service-bd li')
```

得到的结果是完全一致的。

6. 节点交互

Selenium 可以驱动浏览器执行一些操作。比较常见的用法有：用 send_keys 方法输入文字，用 clear 方法清空文字，用 click 方法点击按钮。示例如下：

```
from selenium import webdriver
import time

browser = webdriver.Chrome()
browser.get('https://www.taobao.com')
input = browser.find_element_by_id('q')
input.send_keys('iPhone')
time.sleep(1)
```

```
input.clear()
input.send_keys('iPad')
button = browser.find_element_by_class_name('btn-search')
button.click()
```

这里首先驱动浏览器打开淘宝，然后使用 find_element_by_id 方法获取输入框，再使用 send_keys 方法输入文字 iPhone，等待一秒后用 clear 方法清空输入框，并再次调用 send_keys 方法输入文字 iPad，之后使用 find_element_by_class_name 方法获取搜索按钮，最后调用 click 方法实现搜索。

通过上面的方法，我们完成了几种常见的节点操作，更多操作可以参见官方文档的交互动作介绍：http://selenium-python.readthedocs.io/api.html#module-selenium.webdriver.remote.webelement。

7. 动作链

在上面的实例中，交互操作都是针对某个节点执行的。例如，对于输入框，调用了它的输入文字方法 send_keys 和清空文字方法 clear；对于搜索按钮，调用了它的点击方法 click。其实还有一些操作，它们没有特定的执行对象，比如鼠标拖曳、键盘按键等，这些操作需要用另一种方式执行，那就是动作链。

例如，可以这样实现拖曳节点的操作，将某个节点从一处拖曳至另一处：

```
from selenium import webdriver
from selenium.webdriver import ActionChains

browser = webdriver.Chrome()
url = 'http://www.runoob.com/try/try.php?filename=jqueryui-api-droppable'
browser.get(url)
browser.switch_to.frame('iframeResult')
source = browser.find_element_by_css_selector('#draggable')
target = browser.find_element_by_css_selector('#droppable')
actions = ActionChains(browser)
actions.drag_and_drop(source, target)
actions.perform()
```

这里首先打开网页中的一个拖曳实例，然后依次选中要拖曳的节点和拖曳至的目标节点，接着声明一个 ActionChains 对象并赋值给 actions 变量，再后调用 actions 变量的 drag_and_drop 方法声明拖曳对象和拖曳目标，最后调用 perform 方法执行动作，就完成了拖曳操作，拖曳前和拖曳后的页面如图 7-4 和图 7-5 所示。

图 7-4　拖曳前的页面　　　　　　　图 7-5　拖曳后的页面

更多的动作链操作可以参考官方文档的介绍：http://selenium-python.readthedocs.io/api.html#module-selenium.webdriver.common.action_chains。

8. 运行 JavaScript

还有一些操作，Selenium 没有提供 API。例如下拉进度条，面对这种情况可以模拟运行 JavaScript，此时使用 execute_script 方法即可实现，代码如下：

```
from selenium import webdriver

browser = webdriver.Chrome()
browser.get('https://www.zhihu.com/explore')
browser.execute_script('window.scrollTo(0, document.body.scrollHeight)')
browser.execute_script('alert("To Bottom")')
```

这里利用 execute_script 方法将进度条下拉到了最底部，然后就弹出了警告提示框。所以说有了 execute_script 方法，那些没有被提供 API 的功能几乎都可以用运行 JavaScript 的方式实现。

9. 获取节点信息

前面我们已经通过 page_source 属性获取了网页的源代码，下面就可以使用解析库（如正则表达式、Beautiful Soup、pyquery 等）从中提取信息了。

不过，既然 Selenium 已经提供了选择节点的方法，返回的结果是 WebElement 类型，那么它肯定也有相关的方法和属性用来直接提取节点信息，例如属性、文本值等。这样我们就不需要用通过解析源代码提取信息了，非常方便。

让我们一起看看怎样获取节点信息吧。

- **获取属性**

可以使用 get_attribute 方法获取节点的属性，但其前提是得先选中这个节点，示例如下：

```
from selenium import webdriver

browser = webdriver.Chrome()
url = 'https://spa2.scrape.center/'
browser.get(url)
logo = browser.find_element_by_class_name('logo-image')
print(logo)
print(logo.get_attribute('src'))
```

运行代码，它会驱动浏览器打开示例页面，然后获取其中 class 名称为 logo-image 的节点，最后打印出这个节点的 src 属性。

控制台的输出结果如下：

```
<selenium.webdriver.remote.webelement.WebElement (session="7f4745d35a104759239b53f68a6f27d0", element="cd7c72b4-4920-47ed-91c5-ea06601dc509")>
https://spa2.scrape.center/img/logo.a508a8f0.png
```

向 get_attribute 方法的参数传入想要获取的属性名，就可以得到该属性的值了。

- **获取文本值**

每个 WebElement 节点都有 text 属性，直接调用这个属性就可以得到节点内部的文本信息，相当于 pyquery 中的 text 方法，示例如下：

```
from selenium import webdriver

browser = webdriver.Chrome()
url = 'https://spa2.scrape.center/'
browser.get(url)
input = browser.find_element_by_class_name('logo-title')
print(input.text)
```

这里依然先打开示例页面，然后获取 class 名称为 logo-title 的节点，再将该节点内部的文本值打印出来。

控制台的输出结果如下：

```
Scrape
```

- **获取 ID、位置、标签名和大小**

除了属性和文本值，WebElement 节点还有一些其他属性，例如 id 属性用于获取节点 ID，location 属性用于获取节点在页面中的相对位置，tag_name 属性用于获取标签的名称，size 属性用于获取节点的大小，也就是宽高，这些属性有时候还是很有用的。示例如下：

```python
from selenium import webdriver

browser = webdriver.Chrome()
url = 'https://spa2.scrape.center/'
browser.get(url)
input = browser.find_element_by_class_name('logo-title')
print(input.id)
print(input.location)
print(input.tag_name)
print(input.size)
```

这里首先获取 class 名称为 logo-title 的节点，然后分别调用该节点的 id、location、tag_name、size 属性获取了对应的属性值。

10. 切换 Frame

我们知道，网页中有一种节点叫作 iframe，也就是子 Frame，相当于页面的子页面，它的结构和外部网页的结构完全一致。Selenium 打开一个页面后，默认是在父 Frame 里操作，此时这个页面中如果还有子 Frame，它是不能获取子 Frame 里的节点的，这时就需要使用 switch_to.frame 方法切换 Frame。示例如下：

```python
import time
from selenium import webdriver
from selenium.common.exceptions import NoSuchElementException

browser = webdriver.Chrome()
url = 'http://www.runoob.com/try/try.php?filename=jqueryui-api-droppable'
browser.get(url)
browser.switch_to.frame('iframeResult')
try:
    logo = browser.find_element_by_class_name('logo')
except NoSuchElementException:
    print('NO LOGO')
browser.switch_to.parent_frame()
logo = browser.find_element_by_class_name('logo')
print(logo)
print(logo.text)
```

这里还是以演示动作链操作时的网页为例，首先通过 switch_to.frame 方法切换到子 Frame 里，然后尝试获取其中的 logo 节点（子 Frame 里并没有 logo 节点），如果找不到，就会抛出 NoSuchElementException 异常，异常被捕捉后，会输出 NO LOGO。接着，切换回父 Frame，重新获取 logo 节点，发现此时可以成功获取了。

控制台的输出结果如下：

```
NO LOGO
<selenium.webdriver.remote.webelement.WebElement (session="4bb8ac03ced4ecbdefef03ffdc0e4ccd", element="0.13792611320464965-2")>
RUNOOB.COM
```

所以，当页面中包含子 Frame 时，如果想获取子 Frame 中的节点，需要先调用 switch_to.frame 方法切换到对应的 Frame，再进行操作。

11. 延时等待

在 Selenium 中，get 方法在网页框架加载结束后才会结束执行，如果我们尝试在 get 方法执行完毕时获取网页源代码，其结果可能并不是浏览器完全加载完成的页面，因为某些页面有额外的 Ajax 请求，页面还会经由 JavaScript 渲染。所以，在必要的时候，我们需要设置浏览器延时等待一定的时间，确保节点已经加载出来。

这里等待方式有两种：一种是隐式等待，一种是显式等待。

- **隐式等待**

使用隐式等待执行测试时，如果 Selenium 没有在 DOM 中找到节点，将继续等待，在超出设定时间后，抛出找不到节点的异常。换句话说，在查找节点而节点没有立即出现时，隐式等待会先等待一段时间再查找 DOM，默认的等待时间是 0。示例如下：

```
from selenium import webdriver

browser = webdriver.Chrome()
browser.implicitly_wait(10)
browser.get('https://spa2.scrape.center/')
input = browser.find_element_by_class_name('logo-image')
print(input)
```

这里我们用 implicitly_wait 方法实现了隐式等待。

- **显式等待**

隐式等待的效果其实并不好，因为我们只规定了一个固定时间，而页面的加载时间会受网络条件影响。

还有一种更合适的等待方式——显式等待，这种方式会指定要查找的节点和最长等待时间。如果在规定时间内加载出了要查找的节点，就返回这个节点；如果到了规定时间依然没有加载出点，就抛出超时异常。示例如下：

```
from selenium import webdriver
from selenium.webdriver.common.by import By
from selenium.webdriver.support.ui import WebDriverWait
from selenium.webdriver.support import expected_conditions as EC

browser = webdriver.Chrome()
browser.get('https://www.taobao.com/')
wait = WebDriverWait(browser, 10)
input = wait.until(EC.presence_of_element_located((By.ID, 'q')))
button = wait.until(EC.element_to_be_clickable((By.CSS_SELECTOR, '.btn-search')))
print(input, button)
```

这里首先引入 WebDriverWait 对象，指定最长等待时间为 10，并赋值给 wait 变量。然后调用 wait 的 until 方法，传入等待条件。

这里先传入了 presence_of_element_located 这个条件，代表节点出现，其参数是节点的定位元组 (By.ID, 'q')，表示节点 ID 为 q 的节点（即搜索框）。这样做达到的效果是如果节点 ID 为 q 的节点在 10 秒内成功加载出来了，就返回该节点；如果超过 10 秒还没有加载出来，就抛出异常。

然后传入的等待条件是 element_to_be_clickable，代表按钮可点击，所以查找按钮时要查找 CSS 选择器为 .btn-search 的按钮，如果 10 秒内它是可点击的，也就是按钮节点成功加载出来了，就返回该节点；如果超过 10 秒还是不可点击，也就是按钮节点没有加载出来，就抛出异常。

运行代码，在网速较佳的情况下是可以成功加载出节点的。

控制台的输出结果如下：

```
<selenium.webdriver.remote.webelement.WebElement (session="07dd2fbc2d5b1ce40e82b9754aba8fa8",
element="0.5642646294074107-1")>
<selenium.webdriver.remote.webelement.WebElement (session="07dd2fbc2d5b1ce40e82b9754aba8fa8",
element="0.5642646294074107-2")>
```

可以看到，成功输出了两个节点，都是 WebElement 类型的。

如果网络有问题，10 秒到了还是没有成功加载，就抛出 TimeoutException 异常，此时控制台的输出结果如下：

```
TimeoutException Traceback (most recent call last)
<ipython-input-4-f3d73973b223> in <module>()
      7 browser.get('https://www.taobao.com/')
      8 wait = WebDriverWait(browser, 10)
----> 9 input = wait.until(EC.presence_of_element_located((By.ID, 'q')))
```

除了我们介绍的这两个，等待条件其实还有很多，例如判断标题内容、判断某个节点内是否出现了某文字等。表 7-1 列出了所有等待条件。

表 7-1　等待条件

等待条件	含　义
title_is	标题是某内容
title_contains	标题包含某内容
presence_of_element_located	节点出现，参数为节点的定位元组，如 (By.ID, 'p')
visibility_of_element_located	节点可见，参数为节点的定位元组
visibility_of	可见，参数为节点对象
presence_of_all_elements_located	所有节点都出现
text_to_be_present_in_element	某个节点的文本值中包含某文字
text_to_be_present_in_element_value	某个节点值中包含某文字
frame_to_be_available_and_switch_to_it frame	加载并切换
invisibility_of_element_located	节点不可见
element_to_be_clickable	按钮可点击
staleness_of	判断一个节点是否仍在 DOM 树中，可知页面是否已经刷新
element_to_be_selected	节点可选择，参数为节点对象
element_located_to_be_selected	节点可选择，参数为节点的定位元组
element_selection_state_to_be	参数为节点对象以及状态，相等返回 True，否则返回 False
element_located_selection_state_to_be	参数为定位元组以及状态，相等返回 True，否则返回 False
alert_is_present	是否出现警告提示框

更多等待条件的参数及用法介绍可以参考官方文档：http://selenium-python.readthedocs.io/api.html#module-selenium.webdriver.support.expected_conditions。

12. 前进和后退

平常使用浏览器时，都有前进和后退功能，Selenium 也可以完成这个操作，它使用 forward 方法实现前进，使用 back 方法实现后退。示例如下：

```
import time
from selenium import webdriver

browser = webdriver.Chrome()
```

```
browser.get('https://www.baidu.com/')
browser.get('https://www.taobao.com/')
browser.get('https://www.python.org/')
browser.back()
time.sleep(1)
browser.forward()
browser.close()
```

这里我们先连续访问了 3 个页面,然后调用 back 方法回到第 2 个页面,接着调用 forward 方法又前进到第 3 个页面。

13. Cookie

使用 Selenium,还可以方便地对 Cookie 进行操作,例如获取、添加、删除等。示例如下:

```
from selenium import webdriver

browser = webdriver.Chrome()
browser.get('https://www.zhihu.com/explore')
print(browser.get_cookies())
browser.add_cookie({'name': 'name', 'domain': 'www.zhihu.com', 'value': 'germey'})
print(browser.get_cookies())
browser.delete_all_cookies()
print(browser.get_cookies())
```

这里我们先访问了知乎。知乎页面加载完成后,浏览器其实已经生成 Cookie 了。然后,调用浏览器对象的 get_cookies 方法获取所有的 Cookie。接着,添加一个 Cookie,这里传入了一个字典,包含 name、domain 和 value 等键值。之后,再次获取所有的 Cookie,会发现结果中多了一项,就是我们新加的 Cookie。最后,调用 delete_all_cookies 方法删除所有的 Cookie 并再次获取,会发现此时结果就为空了。

控制台的输出结果如下:

```
[{'secure': False, 'value': '"NGM0ZTM5NDAwMWEyNDQwNDk5ODlkZWY3OTkxY2I0NDY=|1491604091|
236e34290a6f407bfbb517888849ea509ac366d0"', 'domain': '.zhihu.com', 'path': '/', 'httpOnly': False, 'name':
'l_cap_id', 'expiry': 1494196091.403418}, ...]
[{'secure': False, 'value': 'germey', 'domain': '.www.zhihu.com', 'path': '/', 'httpOnly': False, 'name':
'name'}, {'secure': False, 'value': '"NGM0ZTM5NDAwMWEyNDQwNDk5ODlkZWY3OTkxY2I0NDY=|1491604091|
236e34290a6f407bfbb517888849ea509ac366d0"', 'domain': '.zhihu.com', 'path': '/', 'httpOnly': False, 'name':
'l_cap_id', 'expiry': 1494196091.403418}, ...]
[]
```

通过以上方法操作 Cookie 还是非常方便的。

14. 选项卡管理

访问网页的时候,会开启一个个选项卡。在 Selenium 中,我们也可以对选项卡做操作。示例如下:

```
import time
from selenium import webdriver

browser = webdriver.Chrome()
browser.get('https://www.baidu.com')
browser.execute_script('window.open()')
print(browser.window_handles)
browser.switch_to.window(browser.window_handles[1])
browser.get('https://www.taobao.com')
time.sleep(1)
browser.switch_to.window(browser.window_handles[0])
browser.get('https://python.org')
```

这里首先访问了百度,然后调用 execute_script 方法,向其参数传入 window.open() 这个 JavaScript 语句,表示新开启一个选项卡。接着,我们想切换到这个新开的选项卡。window_handles 属性用于获取当前开启的所有选项卡,返回值是选项卡的代号列表。要想切换选项卡,只需要调用 switch_to.window

方法即可，其中参数是目的选项卡的代号。这里我们将新开选项卡的代号传入，就切换到了第 2 个选项卡，然后在这个选项卡下打开一个新页面，再重新调用 switch_to.window 方法切换回第 1 个选项卡。

控制台的输出结果如下：

```
['CDwindow-4f58e3a7-7167-4587-bedf-9cd8c867f435', 'CDwindow-6e05f076-6d77-453a-a36c-32baacc447df']
```

15. 异常处理

在使用 Selenium 的过程中，难免会遇到一些异常，例如超时、节点未找到等，一旦出现此类异常，程序便不会继续运行了。此时我们可以使用 try except 语句捕获各种异常。

首先，演示一下节点未找到的异常，示例如下：

```python
from selenium import webdriver

browser = webdriver.Chrome()
browser.get('https://www.baidu.com')
browser.find_element_by_id('hello')
```

这里首先打开百度页面，然后尝试选择一个并不存在的节点，就会遇到节点未找到的异常。

控制台的输出结果如下：

```
NoSuchElementException Traceback (most recent call last)
<ipython-input-23-978945848a1b> in <module>()
      3 browser = webdriver.Chrome()
      4 browser.get('https://www.baidu.com')
----> 5 browser.find_element_by_id('hello')
```

可以看到，这里抛出了 NoSuchElementException 异常，这通常表示节点未找到。为了防止程序遇到异常而中断运行，我们需要捕获这些异常，示例如下：

```python
from selenium import webdriver
from selenium.common.exceptions import TimeoutException, NoSuchElementException

browser = webdriver.Chrome()
try:
    browser.get('https://www.baidu.com')
except TimeoutException:
    print('Time Out')
try:
    browser.find_element_by_id('hello')
except NoSuchElementException:
    print('No Element')
finally:
    browser.close()
```

这里我们使用 try except 语句捕获各类异常。例如，对查找节点的方法 find_element_by_id 捕获 NoSuchElementException 异常，这样一旦出现这样的错误，就会进行异常处理，程序也不会中断。

控制台的输出结果如下：

```
No Element
```

关于更多的异常类，可以参考官方文档：http://selenium-python.readthedocs.io/api.html#module-selenium.common.exceptions。

16. 反屏蔽

现在有很多网站增加了对 Selenium 的检测，防止一些爬虫的恶意爬取，如果检测到有人使用 Selenium 打开浏览器，就直接屏蔽。

在大多数情况下，检测的基本原理是检测当前浏览器窗口下的 window.navigator 对象中是否包含

webdriver 属性。因为在正常使用浏览器时，这个属性应该是 undefined，一旦使用了 Selenium，它就会给 window.navigator 对象设置 webdriver 属性。很多网站通过 JavaScript 语句判断是否存在 webdriver 属性，如果存在就直接屏蔽。

一个典型的案例网站 https://antispider1.scrape.center/ 就是使用上述原理，检测是否存在 webdriver 属性，如果我们使用 Selenium 直接爬取该网站的数据，网站就会返回如图 7-6 所示的页面。

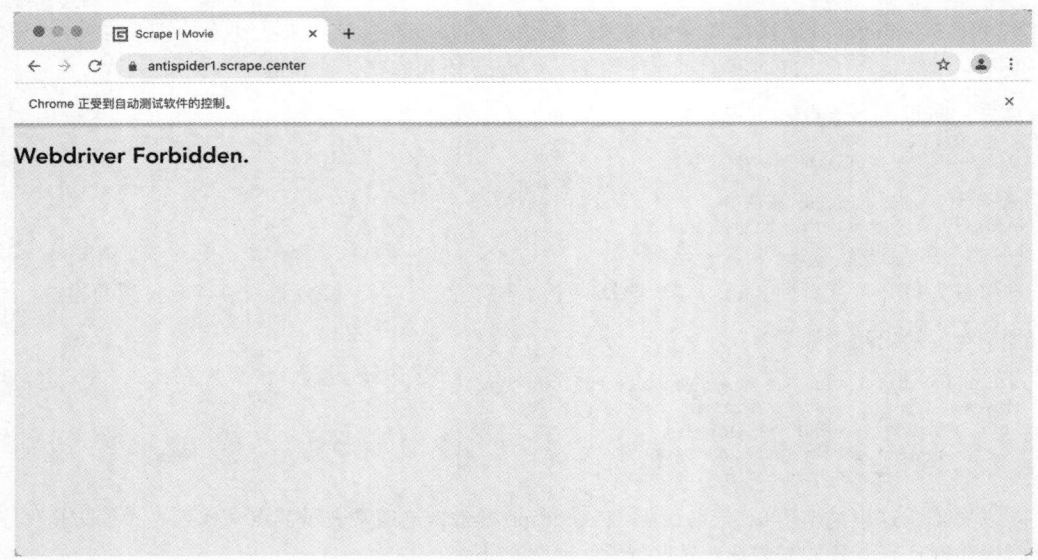

图 7-6　使用 Selenium 打开浏览器的结果

这时可能有人会说直接使用 JavaScript 语句把 webdriver 属性置空不就行了，例如调用 execute_script 方法执行这行代码：

```
Object.defineProperty(navigator, "webdriver", {get: () => undefined})
```

这行代码的确可以把 webdriver 属性置空，但 execute_script 方法是在页面加载完毕之后才调用这行 JavaScript 语句的，太晚了，网站早在页面渲染之前就已经检测 webdriver 属性了，所以上述方法并不能达到预期的效果。

在 Selenium 中，可以用 CDP（即 Chrome Devtools Protocol，Chrome 开发工具协议）解决这个问题，利用它可以实现在每个页面刚加载的时候就执行 JavaScript 语句，将 webdriver 属性置空。这里执行的 CDP 方法叫作 Page.addScriptToEvaluateOnNewDocument，将上面的 JavaScript 语句传入其中即可。另外，还可以加入几个选项来隐藏 WebDriver 提示条和自动化扩展信息，代码实现如下：

```
from selenium import webdriver
from selenium.webdriver import ChromeOptions

option = ChromeOptions()
option.add_experimental_option('excludeSwitches', ['enable-automation'])
option.add_experimental_option('useAutomationExtension', False)
browser = webdriver.Chrome(options=option)
browser.execute_cdp_cmd('Page.addScriptToEvaluateOnNewDocument', {
    'source': 'Object.defineProperty(navigator, "webdriver", {get: () => undefined})'
})
browser.get('https://antispider1.scrape.center/')
```

这样就能加载出整个页面了，如图 7-7 所示。

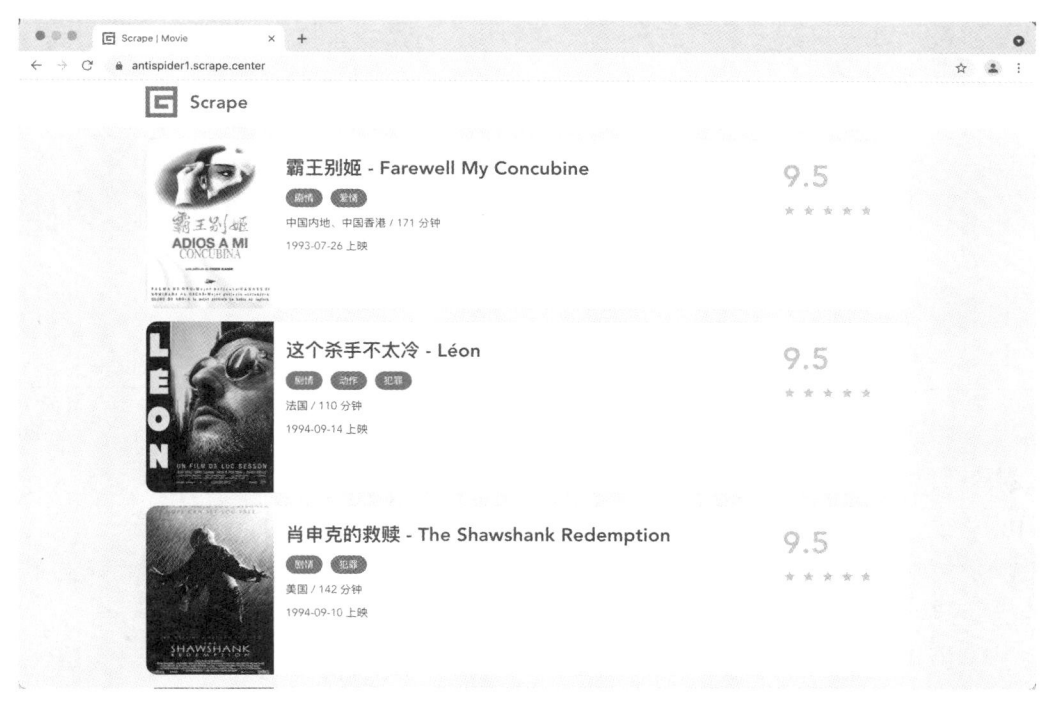

图 7-7 加载出了案例网站的整个页面

在大多数时候,以上方法可以实现 Selenium 的反屏蔽。但也存在一些特殊网站会对 WebDriver 属性设置更多的特征检测,这种情况下可能需要具体排查。

17. 无头模式

不知道大家是否观察到,上面的案例在运行时,总会弹出一个浏览器窗口,虽然有助于观察页面的爬取状况,但窗口弹来弹去有时也会造成一些干扰。

Chrome 浏览器从 60 版本起,已经开启了对无头模式的支持,即 Headless。无头模式下,在网站运行的时候不会弹出窗口,从而减少了干扰,同时还减少了一些资源(如图片)的加载,所以无头模式也在一定程度上节省了资源加载的时间和网络带宽。

我们可以借助 ChromeOptions 对象开启 Chrome 浏览器的无头模式,代码实现如下:

```
from selenium import webdriver
from selenium.webdriver import ChromeOptions

option = ChromeOptions()
option.add_argument('--headless')
browser = webdriver.Chrome(options=option)
browser.set_window_size(1366, 768)
browser.get('https://www.baidu.com')
browser.get_screenshot_as_file('preview.png')
```

这里利用 ChromeOptions 对象的 add_argument 方法添加了一个参数 --headless,从而开启了无头模式。在无头模式下,最好设置一下窗口的大小,因此这里调用了 set_window_size 方法。之后打开页面,并调用 get_screenshot_as_file 方法输出了页面截图。

运行这段代码后,会发现窗口不会再弹出来了,代码依然正常运行,最后输出的页面截图如图 7-8 所示。

图 7-8　输出的页面截图

这样我们就在无头模式下完成了页面的爬取和截图操作。

18. 总结

现在，我们大体了解了 Selenium 的常规用法。有了 Selenium，处理 JavaScript 渲染的页面不再是难事，7.5 节我们会用一个实例演示利用 Selenium 爬取网站的流程。

本节代码参见：https://github.com/Python3WebSpider/SeleniumTest。

7.2　Splash 的使用

Splash 是一个 JavaScript 渲染服务，是一个含有 HTTP API 的轻量级浏览器，它还对接了 Python 中的 Twisted 库和 QT 库。利用它，同样可以爬取动态渲染的页面。

1. 功能介绍

利用 Splash，可以实现如下功能：

- 异步处理多个网页的渲染过程；
- 获取渲染后页面的源代码或截图；
- 通过关闭图片渲染或者使用 Adblock 规则的方式加快页面渲染的速度；
- 执行特定的 JavaScript 脚本；
- 通过 Lua 脚本控制页面的渲染过程；
- 获取页面渲染的详细过程并以 HAR（HTTP Archive）的格式呈现出来。

接下来，我们一起了解 Splash 的具体用法。

2. 准备工作

请确保 Splash 已经正确安装好并可以在本地 8050 端口上正常运行。安装方法可以参考 https://setup.scrape.center/splash。

3. 实例引入

首先，利用 Splash 提供的 Web 页面来测试其渲染过程。例如，在本机 8050 端口上运行 Splash 服务，然后打开 http://localhost:8050/，即可看到 Splash 的 Web 页面，如图 7-9 所示。

在图 7-9 中，右侧呈现的是一个渲染示例，可以看到其上方有一个输入框，默认显示文字是 http://google.com，我们将其换成 https://www.baidu.com 测试一下，换完内容后单击 Render me! 按钮，开始渲染，结果如图 7-10 所示。

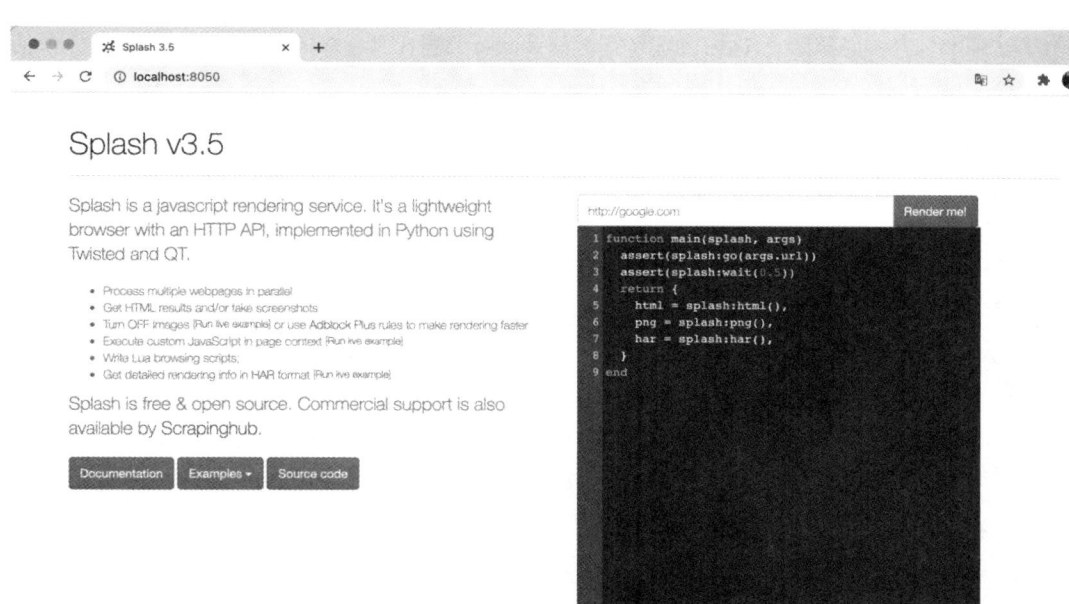

图 7-9　Splash 的 Web 页面

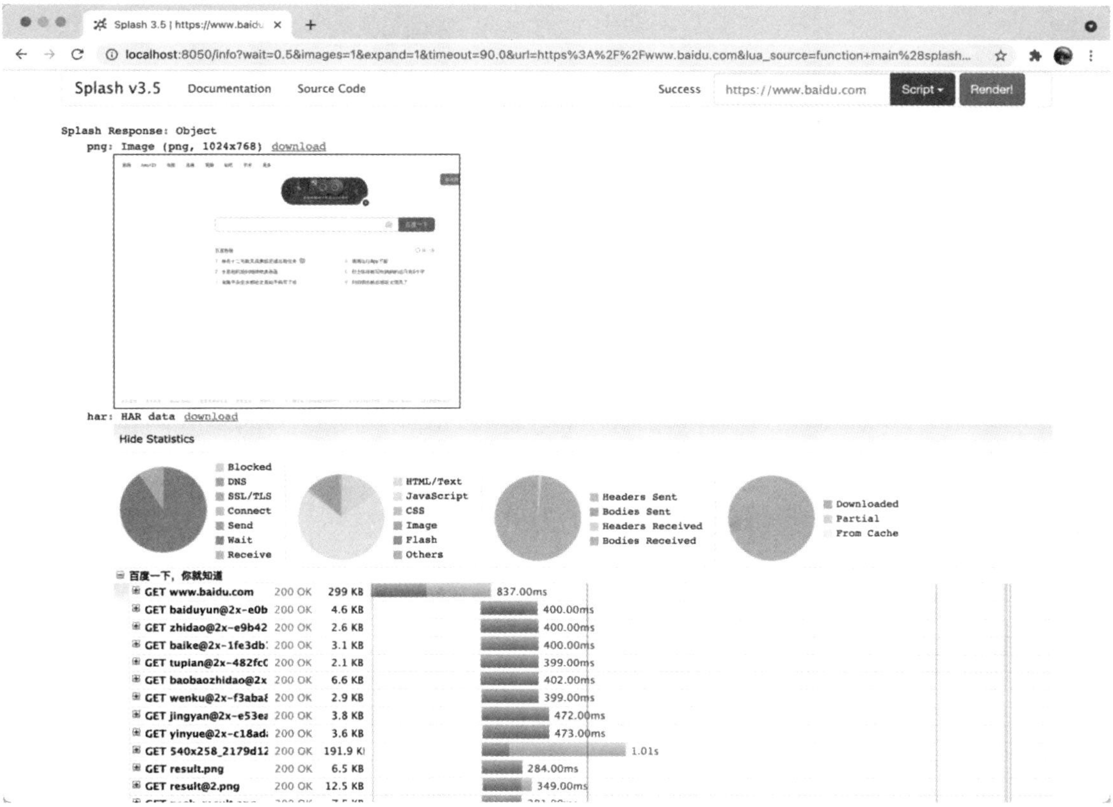

图 7-10　渲染结果

渲染结果中包含渲染截图、HAR 加载统计数据和网页的源代码。Splash 渲染了整个网页，包括 CSS、JavaScript 的加载等，最终呈现的页面和在浏览器中看到的完全一致。

那么，这个过程由什么控制呢？我们返回首页，可以看到这样一段脚本：

```lua
function main(splash, args)
    assert(splash:go(args.url))
    assert(splash:wait(0.5))
    return {html = splash:html(),
            png = splash:png(),
            har = splash:har(),}
end
```

这个脚本是用 Lua 语言写的。即使不懂 Lua 语言的语法，也能大致看懂脚本的表面意思，首先调用 go 方法加载页面，然后调用 wait 方法等待了一定时间，最后返回了页面的源代码、截图和 HAR 信息。

至此，我们大体了解了 Splash 是通过 Lua 脚本控制页面的加载过程，加载过程完全模拟浏览器，最后可返回各种格式的结果，如网页源码和截图等。

接下来，我们就了解一下 Lua 脚本的写法以及相关 API 的用法。

4. Splash Lua 脚本

Splash 能够通过 Lua 脚本执行一系列渲染操作，因此我们可以用它模拟 Chrome、PhantomJS。

先了解一下 Splash Lua 脚本的入口和执行方式。

- 入口及返回值

来看一个基本实例：

```lua
function main(splash, args)
    splash:go("http://www.baidu.com")
    splash:wait(0.5)
    local title = splash:evaljs("document.title")
    return {title=title}
end
```

将这段代码粘贴到图 7-9 中的代码编辑区域，然后单击 Render me! 按钮，返回结果如图 7-11 所示。

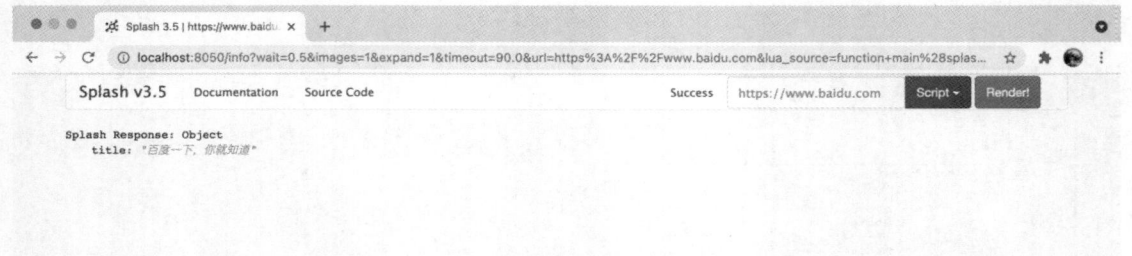

图 7-11　运行结果

可以看到，渲染结果中包含网页的标题。这里我们通过 evaljs 方法传入了 JavaScript 脚本，而 document.title 返回的就是网页的标题，evaljs 方法执行完毕后将标题赋值给 title 变量，随后将其返回。

注意，我们在这里定义的方法叫 main。这个名称是固定的，Splash 会默认调用这个方法。main 方法的返回值既可以是字典形式，也可以是字符串形式，最后都会转化为 Splash 的 HTTP 响应，例如：

```
function main(splash)
    return {hello="world!"}
end
```

返回的是字典形式的内容。下面的代码：

```
function main(splash)
    return 'hello'
end
```

返回的是字符串形式的内容。

- **异步处理**

Splash 支持异步处理，但是并没有显式地指明回调方法，其回调的跳转是在内部完成的。示例如下：

```
function main(splash, args)
    local example_urls = {"www.baidu.com", "www.taobao.com", "www.zhihu.com"}
    local urls = args.urls or example_urls
    local results = {}
    for index, url in ipairs(urls) do
        local ok, reason = splash:go("http://" .. url)
        if ok then
            splash:wait(2)
            results[url] = splash:png()
        end
    end
    return results
end
```

运行这段代码后的返回结果是代码中 3 个网站的页面截图，如图 7-12 所示。

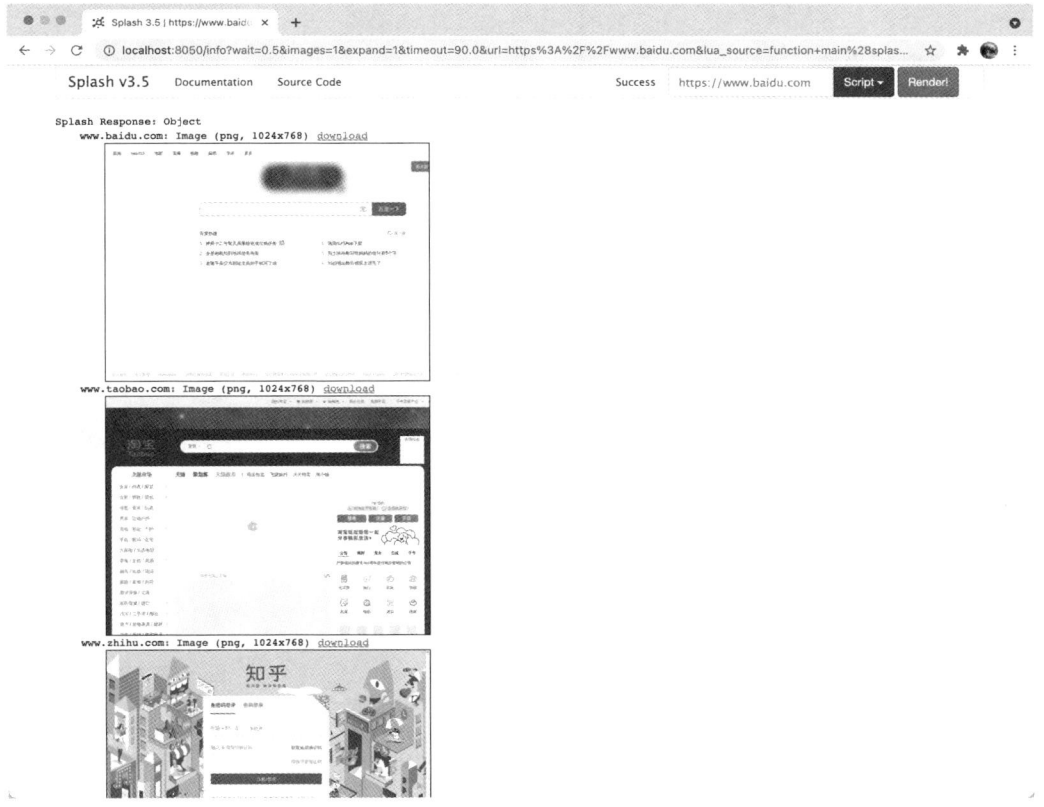

图 7-12　运行结果

代码中调用的 wait 方法类似于 Python 中的 sleep 方法，参数是等待的秒数。当 Splash 执行到此方法时，会转而处理其他任务，在等待参数指定的时间后再回来继续处理。

这里值得注意的是，Lua 脚本中的字符串拼接和 Python 中不同，它使用的是 ".." 操作符，而不是 "+"。如果有必要，可以简单了解一下 Lua 脚本的语法，详见 http://www.runoob.com/lua/lua-basic-syntax.html。

另外，这里设置了加载页面时的异常检测。go 方法会返回加载页面的结果状态，如果返回的状态码是 4xx 或 5xx，那么 ok 变量为空，就不会返回加载后的图片。

5. splash 对象的属性

能够注意到，前面例子中 main 方法的第一个参数是 splash，这个对象非常重要，类似于 Selenium 中的 WebDriver 对象，我们可以调用它的一些属性和方法来控制加载过程。接下来，先看 splash 的属性。

- **args 属性**

该属性用于获取页面加载时配置的参数，例如请求 URL。对于 GET 请求，args 属性还可以用于获取 GET 请求的参数；对于 POST 请求，args 属性还可以用于获取表单提交的数据。此外，Splash 支持将 main 方法的第二个参数直接设置为 args，例如：

```
function main(splash, args)
    local url = args.url
end
```

这里的第二个参数 args 就相当于 splash.args 属性，以上代码等价于：

```
function main(splash)
    local url = splash.args.url
end
```

- **js_enabled 属性**

这个属性是 Splash 执行 JavaScript 代码的开关，将其设置为 true 或 false 可以控制是否执行 JavaScript 代码，默认取 true。例如：

```
function main(splash, args)
  splash:go("https://www.baidu.com")
  splash.js_enabled = false
  local title = splash:evaljs("document.title")
  return {title=title}
end
```

这里我们将 js_enabled 设置为 false，代表禁止执行 JavaScript 代码，然后重新调用 evaljs 方法执行了 JavaScript 代码，此时运行这段代码，就会抛出异常：

```
{
    "error": 400,
    "type": "ScriptError",
    "info": {"type": "JS_ERROR",
            "js_error_message": null,
            "source": "[string \"function main(splash, args)\r...\"]",
            "message": "[string \"function main(splash, args)\r...\"]:4: unknown JS error: None",
            "line_number": 4,
            "error": "unknown JS error: None",
            "splash_method": "evaljs"
    },
    "description": "Error happened while executing Lua script"
}
```

不过，我们一般不设置此属性，默认开启。

- **resource_timeout 属性**

此属性用于设置页面加载的超时时间，单位是秒。如果设置为 0 或 nil（类似 Python 中的 None），

代表不检测超时。示例如下:

```
function main(splash)
    splash.resource_timeout = 0.1
    assert(splash:go('https://www.taobao.com'))
    return splash:png()
end
```

这里将超时时间设置为了 0.1 秒。意味着如果在 0.1 秒内没有得到响应,就抛出异常:

```
{
    "error": 400,
    "type": "ScriptError",
    "info": {
        "error": "network5",
        "type": "LUA_ERROR",
        "line_number": 3,
        "source": "[string \"function main(splash)\r...\"]",
        "message": "Lua error: [string \"function main(splash)\r...\"]:3: network5"
    },
    "description": "Error happened while executing Lua script"
}
```

此属性适合在页面加载速度较慢的情况下设置。如果超过某个时间后页面依然无响应,则直接抛出异常并忽略。

- **images_enabled 属性**

此属性用于设置是否加载图片,默认是加载。禁用该属性可以节省网络流量并提高页面的加载速度,但是需要注意,这样可能会影响 JavaScript 渲染。因为禁用该属性之后,它的外层 DOM 节点的高度会受影响,进而影响 DOM 节点的位置。当 JavaScript 对图片节点执行操作时,就会受到影响。

另外有一点值得注意,Splash 会使用缓存。意味着即使禁用 images_enabled 属性,一开始加载出来的网页图片也会在重新加载页面后显示出来,这种情况下直接重启 Splash 即可。

禁用 images_enabled 属性的示例如下:

```
function main(splash, args)
    splash.images_enabled = false
    assert(splash:go('https://www.jd.com'))
    return {png=splash:png()}
end
```

这样返回的页面截图不会带有任何图片,加载速度也会快很多。

- **plugins_enabled 属性**

此属性用于控制是否开启浏览器插件(如 Flash 插件),默认取 false,表示不开启。可以使用如下代码开启/关闭 plugins_enabled:

```
splash.plugins_enabled = true/false
```

- **scroll_position 属性**

此属性可以控制页面上下滚动或左右滚动,是一个比较常用的属性。示例如下:

```
function main(splash, args)
    assert(splash:go('https://www.taobao.com'))
    splash.scroll_position = {y=400}
    return {png=splash:png()}
end
```

这样可以控制页面向下滚动 400 像素值,运行结果如图 7-13 所示。

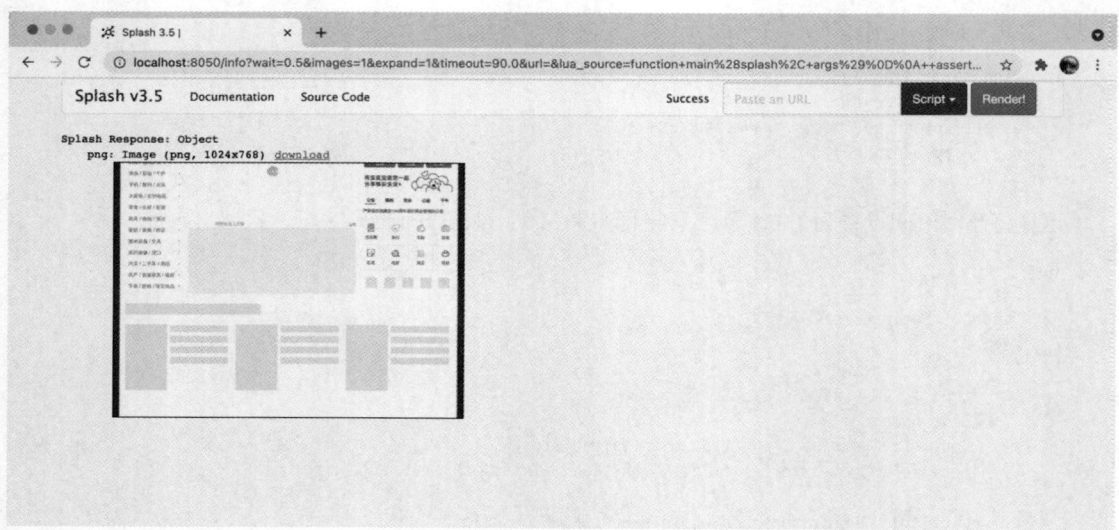

图 7-13 设置 scroll_position 属性后的运行结果

如果要让页面左右滚动，可以传入 x 参数，代码如下：

```
splash.scroll_position = {x=100, y=200}
```

6. splash 对象的方法

除了前面介绍的属性，splash 对象还有如下方法。

- **go 方法**

该方法用于请求某个链接，可以模拟 GET 请求和 POST 请求，同时支持传入请求头、表单等数据，其用法如下：

```
ok, reason = splash:go{url, baseurl=nil, headers=nil, http_method="GET", body=nil, formdata=nil}
```

对其中各参数的说明如下。

- url：请求 URL。
- baseurl：资源加载的相对路径，是可选参数，默认为空。
- headers：请求头，是可选参数，默认为空。
- http_method：请求方法，是可选参数，默认为 GET，同时支持 POST。
- body：http_method 为 POST 时的表单数据，使用的 Content-type 为 application/json，是可选参数，默认为空。
- formdata：http_method 为 POST 时的表单数据，使用的 Content-type 为 application/x-www-form-urlencoded，是可选参数，默认为空。

该方法的返回值是 ok 变量和 reason 变量的组合，如果 ok 为空，代表页面加载出现了错误，reason 中包含错误的原因，否则代表页面加载成功。示例如下：

```
function main(splash, args)
    local ok, reason = splash:go{"http://www.httpbin.org/post", http_method="POST", body="name=Germey"}
    if ok then
        return splash:html()
    end
end
```

这里我们模拟了一个 POST 请求，并传入了表单数据，如果页面加载成功，就返回页面的源代码。

运行结果如下：

```
<html><head></head><body><pre style="word-wrap: break-word; white-space: pre-wrap;">{"args": {},
  "data": "","files": {},"form": {"name":"Germey"},"headers": {"Accept":"text/html,application/
xhtml+xml,application/xml;q=0.9,*/*;q=0.8","Accept-Encoding":"gzip, deflate","Accept-Language":"en,*",
"Connection":"close","Content-Length":"11","Content-Type":"application/x-www-form-urlencoded","Host":
"www.httpbin.org","Origin":"null","User-Agent":"Mozilla/5.0 (X11; Linux x86_64) AppleWebKit/602.1
(KHTML, like Gecko) splash Version/9.0 Safari/602.1"},"json": null,"origin":"60.207.237.85","url":
"http://www.httpbin.org/post"
}
</pre></body></html>
```

可以看到，成功实现了 POST 请求并发送了表单数据。

- **wait 方法**

此方法用于控制页面等待时间，其用法如下：

```
ok, reason = splash:wait{time, cancel_on_redirect=false, cancel_on_error=true}
```

对其中各参数的说明如下。

- `time`：等待的时间，单位为秒。
- `cancel_on_redirect`：如果发生了重定向就停止等待，并返回重定向结果，是可选参数，默认为 `false`。
- `cancel_on_error`：如果页面加载错误就停止等待，是可选参数，默认为 `false`。

其返回值同样是 ok 变量和 reason 变量的组合。

我们用一个实例感受一下：

```
function main(splash)
    splash:go("https://www.taobao.com")
    splash:wait(2)
    return {html=splash:html()}
end
```

执行如上代码，可以访问淘宝页面并等待 2 秒，随后返回页面源代码。

- **jsfunc 方法**

此方法用于直接调用 JavaScript 定义的方法，但是需要用双中括号把调用的方法包起来，相当于实现了从 JavaScript 方法到 Lua 脚本的转换。示例如下：

```
function main(splash, args)
    local get_div_count = splash:jsfunc([[function () {
        var body = document.body;
        var divs = body.getElementsByTagName('div');
        return divs.length;}
    ]])
    splash:go("https://www.baidu.com")
    return ("There are % s DIVs"):format(get_div_count())
end
```

这段代码的运行结果如下：

```
There are 21 DIVs
```

这里我们先声明了一个 JavaScript 定义的方法 get_div_count，然后在页面加载成功后调用此方法计算出了页面中 div 节点的个数。

关于从 JavaScript 方法转换到 Lua 脚本的更多细节，可以参考官方文档：https://splash.readthedocs.io/en/stable/scripting-ref.html#splash-jsfunc。

- **evaljs 方法**

此方法用于执行 JavaScript 代码并返回最后一条 JavaScript 语句的返回结果,其用法如下:

```
result = splash:evaljs(js)
```

例如,可以用下面的代码获取页面标题:

```
local title = splash:evaljs("document.title")
```

- **runjs 方法**

此方法用于执行 JavaScript 代码,它的功能与 evaljs 方法类似,但更偏向于执行某些动作或声明某些方法。例如:

```
function main(splash, args)
    splash:go("https://www.baidu.com")
    splash:runjs("foo = function() {return 'bar'}")
    local result = splash:evaljs("foo()")
    return result
end
```

这里我们先用 runjs 方法声明了一个 JavaScript 方法 foo,然后通过 evaljs 方法调用 foo 方法得到的结果。

运行结果如下:

```
bar
```

可以看到,这里我们成功模拟了发送 POST 请求,并发送了表单数据。

- **html 方法**

此方法用于获取页面的源代码,是一个非常简单且常用的方法,示例如下:

```
function main(splash, args)
    splash:go("https://www.httpbin.org/get")
    return splash:html()
end
```

运行结果如下:

```
<html><head></head><body><pre style="word-wrap: break-word; white-space: pre-wrap;">{"args": {}, 
  "headers": {
    "Accept": "text/html,application/xhtml+xml,application/xml;q=0.9,*/*;q=0.8", 
    "Accept-Encoding": "gzip, deflate", 
    "Accept-Language": "en,*", 
    "Connection": "close", 
    "Host": "www.httpbin.org", 
    "User-Agent": "Mozilla/5.0 (X11; Linux x86_64) AppleWebKit/602.1 (KHTML, like Gecko) splash Version/
      9.0 Safari/602.1"
  }, 
  "origin": "60.207.237.85", 
  "url": "https://www.httpbin.org/get"
}
</pre></body></html>
```

- **png 方法**

此方法用于获取 PNG 格式的页面截图,示例如下:

```
function main(splash, args)
    splash:go("https://www.taobao.com")
    return splash:png()
end
```

- **jpeg 方法**

此方法用于获取 JPEG 格式的页面截图,示例如下:

```
function main(splash, args)
    splash:go("https://www.taobao.com")
    return splash:jpeg()
end
```

- **har 方法**

此方法用于获取页面加载过程的描述信息，示例如下：

```
function main(splash, args)
    splash:go("https://www.baidu.com")
    return splash:har()
end
```

运行结果如图 7-14 所示。

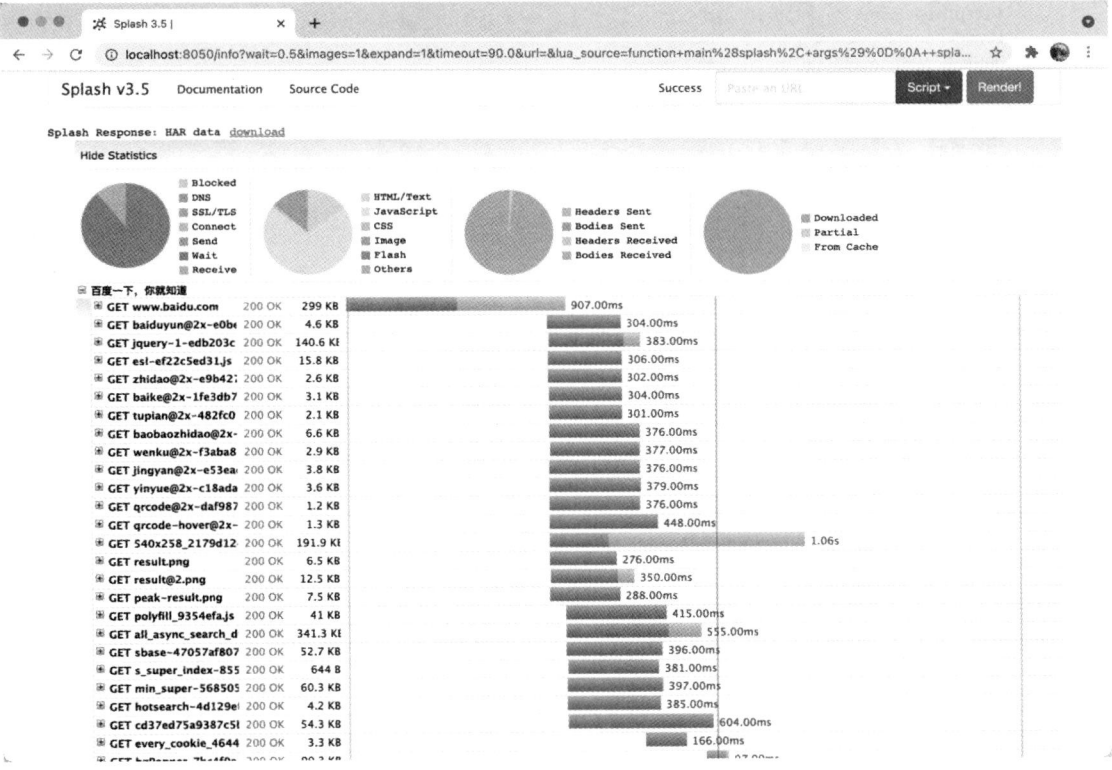

图 7-14　har 方法的运行结果

这张图里显示了百度页面加载过程中的每个请求记录的详情。

- **url 方法**

此方法用于获取当前正在访问的 URL，示例如下：

```
function main(splash, args)
    splash:go("https://www.baidu.com")
    return splash:url()
end
```

运行结果如下：

```
https://www.baidu.com/
```

- **set_user_agent 方法**

此方法用于设置浏览器的 User-Agent，示例如下：

```
function main(splash)
    splash:set_user_agent('Splash')
    splash:go("http://www.httpbin.org/get")
    return splash:html()
end
```

这里我们将浏览器的 User-Agent 属性设置为了 Splash，运行结果如下：

```
<html><head></head><body><pre style="word-wrap: break-word; white-space: pre-wrap;">{"args": {},
  "headers": {
    "Accept": "text/html,application/xhtml+xml,application/xml;q=0.9,*/*;q=0.8",
    "Accept-Encoding": "gzip, deflate",
    "Accept-Language": "en,*",
    "Connection": "close",
    "Host": "www.httpbin.org",
    "User-Agent": "Splash"
  },
  "origin": "60.207.237.85",
  "url": "http://www.httpbin.org/get"
}
</pre></body></html>
```

可以看到，我们设置的 User-Agent 属性值生效了。

- **select 方法**

该方法用于选中符合条件的第一个节点，如果有多个节点符合条件，则只返回一个，其参数是 CSS 选择器。示例如下：

```
function main(splash)
    splash:go("https://www.baidu.com/")
    input = splash:select("#kw")
    input:send_text('Splash')
    splash:wait(3)
    return splash:png()
end
```

这里我们首先访问百度官网，然后用 select 方法选中搜索框，随后调用 send_text 方法填写了文本，最后返回网页截图。运行结果如图 7-15 所示。

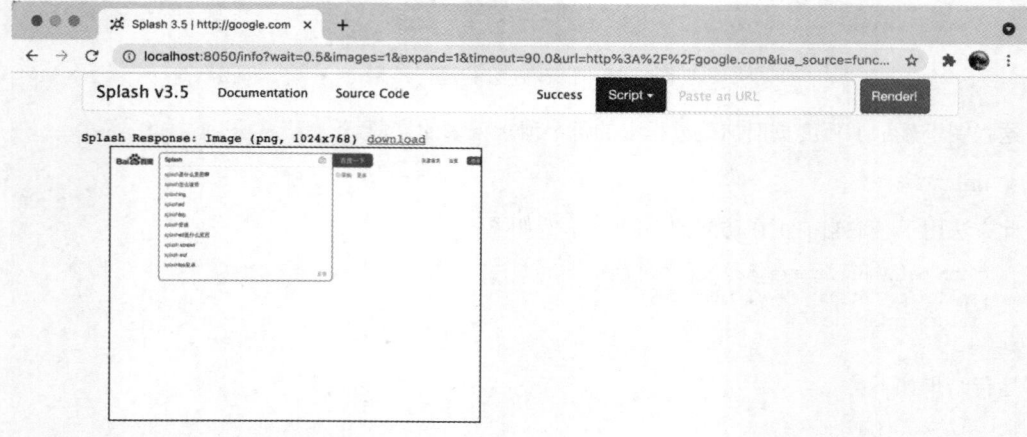

图 7-15　运行结果

可以看到，我们成功填写了输入框。

- **select_all 方法**

此方法用于选中所有符合条件的节点，其参数是 CSS 选择器。示例如下：

```
function main(splash)
    local treat = require('treat')
    assert(splash:go("http://quotes.toscrape.com/"))
    assert(splash:wait(0.5))
    local texts = splash:select_all('.quote .text')
    local results = {}
    for index, text in ipairs(texts) do
        results[index] = text.node.innerHTML
    end
    return treat.as_array(results)
end
```

这里我们通过 CSS 选择器选中了节点的正文内容，然后遍历所有节点，获取了其中的文本。

运行结果如下：

```
Splash Response: Array[10]
0: ""The world as we have created it is a process of our thinking. It cannot be changed without changing our thinking.""
1: ""It is our choices, Harry, that show what we truly are, far more than our abilities.""
2: "There are only two ways to live your life. One is as though nothing is a miracle. The other is as though everything is a miracle."
3: ""The person, be it gentleman or lady, who has not pleasure in a good novel, must be intolerably stupid.""
4: ""Imperfection is beauty, madness is genius and it's better to be absolutely ridiculous than absolutely boring.""
5: ""Try not to become a man of success. Rather become a man of value.""
6: ""It is better to be hated for what you are than to be loved for what you are not.""
7: ""I have not failed. I've just found 10,000 ways that won't work.""
8: ""A woman is like a tea bag; you never know how strong it is until it's in hot water.""
9: ""A day without sunshine is like, you know, night.""
```

可以发现，我们成功获取了 10 个节点的正文内容。

- **mouse_click 方法**

此方法用于模拟鼠标的点击操作，参数为坐标值 x、y。我们可以直接选中某个节点直接调用此方法，示例如下：

```
function main(splash)
    splash:go("https://www.baidu.com/")
    input = splash:select("#kw")
    input:send_text('Splash')
    splash:wait(3)
    submit = splash:select('#su')
    submit:mouse_click()
    splash:wait(5)
    return splash:png()
end
```

这里我们首先选中页面的输入框，向其中输入文本 Splash，然后选中提交按钮，调用 mouse_click 方法提交查询，之后等待 5 秒，就会返回页面截图，如图 7-16 所示。

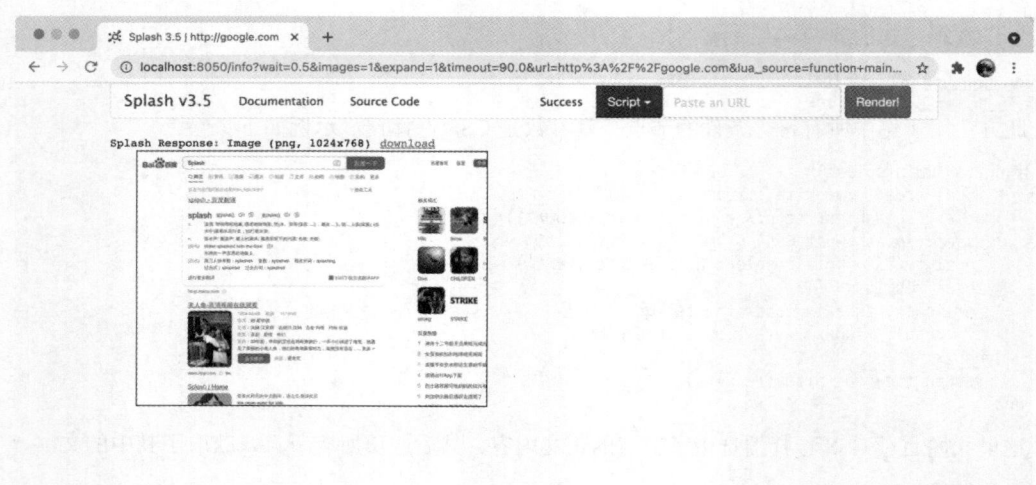

图 7-16 mouse_click 方法的运行结果

可以看到，我们成功获取了查询后的页面内容，模拟了百度的搜索操作。

至此，splash 对象的常用方法介绍完毕，还有一些方法这里不一一介绍了，更加详细和权威的说明可以参见官方文档 https://splash.readthedocs.io/en/stable/scripting-ref.html，此页面介绍了 splash 对象的所有方法。另外，还有针对页面元素的方法，见官方文档 https://splash.readthedocs.io/en/stable/scripting-element-object.html。

7. 调用 Splash 提供的 API

前面我们介绍了 Splash Lua 脚本的用法，但这些脚本是在 Splash 页面里测试运行的，如何才能利用 Splash 渲染页面？Splash 怎样才能和 Python 程序结合使用并爬取 JavaScript 渲染的页面？

其实，Splash 给我们提供了一些 HTTP API，我们只需要请求这些 API 并传递相应的参数即可获取页面渲染后的结果，下面我们学习这些 API。

- render.html

此 API 用于获取 JavaScript 渲染的页面的 HTML 代码，API 地址是 Splash 的运行地址加上此 API 的名称，例如 http://localhost:8050/render.html，我们可以用 curl 工具测试一下：

```
curl http://localhost:8050/render.html?url=https://www.baidu.com
```

我们给此 API 传递了一个 url 参数，以指定渲染的 URL，返回结果即为页面渲染后的源代码。

用 Python 实现的代码如下：

```
import requests
url = 'http://localhost:8050/render.html?url=https://www.baidu.com'
response = requests.get(url)
print(response.text)
```

这样就可以成功输出百度页面渲染后的源代码了。

此 API 还有其他参数，例如 wait，用来指定等待秒数。如果要确保页面完全加载出来，就可以设置此参数，例如：

```
import requests
url = 'http://localhost:8050/render.html?url=https://www.taobao.com&wait=5'
response = requests.get(url)
print(response.text)
```

增加等待时间后，得到响应的时间会相应变长，如这里我们等待大约 5 秒钟才能获取 JavaScript 渲染后的淘宝页面源代码。

另外，此 API 还支持代理设置、图片加载设置、请求头设置和请求方法设置，具体的用法可以参见官方文档 https://splash.readthedocs.io/en/stable/api.html#render-html。

- **render.png**

此 API 用于获取页面截图，其参数比 `render.html` 要多几个，例如 `width` 和 `height` 用来控制截图的宽和高，返回值是 PNG 格式图片的二进制数据。示例如下：

```
curl http://localhost:8050/render.png?url=https://www.taobao.com&wait=5&width=1000&height=700
```

这里我们通过设置 `width` 和 `height` 参数，将页面截图的大小缩放为 1000×700 像素。

如果用 Python 实现，可以将返回的二进制数据保存为 PNG 格式的图片，代码如下：

```python
import requests

url = 'http://localhost:8050/render.png?url=https://www.jd.com&wait=5&width=1000&height=700'
response = requests.get(url)
with open('taobao.png', 'wb') as f:
    f.write(response.content)
```

得到的图片如图 7-17 所示。

图 7-17　用 Python 实现的运行结果

这样我们就成功获取了京东首页渲染完成后的页面截图，详细的参数设置可以参考官网文档 https://splash.readthedocs.io/en/stable/api.html#render-png。

- **render.jpeg**

此 API 和 `render.png` 类似，不过它返回的是 JPEG 格式图片的二进制数据。

另外，此 API 比 `render.png` 多一个参数 `quality`，该参数可以设置图片质量。

- **render.har**

此 API 用于获取页面加载的 HAR 数据，示例如下：

```
curl http://localhost:8050/render.har?url=https://www.jd.com&wait=5
```

运行结果非常多,是一个 JSON 格式的数据,里面包含页面加载过程中的 HAR 数据,如图 7-18 所示。

图 7-18   render.har 方法的运行结果

- render.json

此 API 包含前面介绍的所有 render 相关的 API 的功能,返回值是 JSON 格式的数据,示例如下:

```
curl http://localhost:8050/render.json?url=https://www.httpbin.org
```

运行结果如下:

```
{"title": "httpbin(1): HTTP Client Testing Service", "url": "https://www.httpbin.org/", "requestedUrl":
"https://www.httpbin.org/", "geometry": [0, 0, 1024, 768]}
```

可以看到,这里返回了 JSON 格式的请求数据。

我们可以通过传入不同的参数控制返回结果。例如,传入 html=1,返回结果会增加页面源代码;传入 png=1,返回结果会增加 PNG 格式的页面截图;传入 har=1,返回结果会增加页面的 HAR 数据。例如:

```
curl http://localhost:8050/render.json?url=https://www.httpbin.org&html=1&har=1
```

这样返回的结果中便会包含页面源代码和 HAR 数据。

此外,还有其他参数可以设置,可以参考官方文档 https://splash.readthedocs.io/en/stable/api.html#render-json。

- execute

此 API 才是最为强大的 API。之前介绍了很多关于 Splash Lua 脚本的操作,用此 API 即可实现与 Lua 脚本的对接。

要爬取一般的 JavaScript 渲染页面,使用前面的 render.html 和 render.png 等 API 就足够了,但如果要实现一些交互操作,这些 API 还是心有余而力不足,就需要使用 execute 了。

先实现一个最简单的脚本,直接返回数据:

```
function main(splash)
    return 'hello'
end
```

然后将此脚本转化为 URL 编码后的字符串，拼接到 execute 后面，示例如下：

```
curl http://localhost:8050/execute?lua_source=function+main%28splash%29%0D%0A++return+%27hello%27%0D%0Aend
```

运行结果如下：

```
hello
```

这里我们通过 lua_source 参数传递了转码后的 Lua 脚本，通过 execute 获取了脚本最终的执行结果。

我们更加关心的是如何用 Python 实现上述过程，如果用 Python 实现，那么代码如下：

```python
import requests
from urllib.parse import quote

lua = '''
function main(splash)
    return 'hello'
end
'''

url = 'http://localhost:8050/execute?lua_source=' + quote(lua)
response = requests.get(url)
print(response.text)
```

运行结果如下：

```
hello
```

这里我们用 Python 中的三引号将 Lua 脚本括了起来，然后用 urllib.parse 模块里的 quote 方法对脚本进行 URL 转码，之后构造了请求 URL，并将其作为 lua_source 参数传递，这样运行结果就会显示 Lua 脚本执行后的结果。

我们再通过实例看一下：

```python
import requests
from urllib.parse import quote

lua = '''
function main(splash, args)
    local treat = require("treat")
    local response = splash:http_get("http://www.httpbin.org/get")
    return {html=treat.as_string(response.body),
        url=response.url,
        status=response.status
    }
end
'''

url = 'http://localhost:8050/execute?lua_source=' + quote(lua)
response = requests.get(url)
print(response.text)
```

运行结果如下：

```
{"url": "http://www.httpbin.org/get", "status": 200, "html": "{\n\"args\": {}, \n\"headers\": {\n\"Accept-Encoding\": \"gzip, deflate\", \n\"Accept-Language\": \"en,*\", \n\"Connection\": \"close\", \n\"Host\": \"www.httpbin.org\", \n\"User-Agent\": \"Mozilla/5.0 (X11; Linux x86_64) AppleWebKit/602.1 (KHTML, like Gecko) splash Version/9.0 Safari/602.1\"\n}, \n\"origin\": \"60.207.237.85\", \n\"url\": \"http://www.httpbin.org/get\"\n}\n"}
```

可以看到，返回结果是 JSON 形式的，我们成功获取了请求 URL、状态码和页面源代码。

如此一来，之前所讲的 Lua 脚本就都可以用此方式与 Python 对接了，所有网页的动态渲染、模拟点击、表单提交、页面滑动、延时等待后的结果均可以自由控制获取细节，获取页面源代码和截图也都不在话下。

到现在为止，我们可以利用 Python 和 Splash 爬取 JavaScript 渲染的页面了。除了 Selenium，Splash 同样可以实现非常强大的渲染功能，同时它不需要浏览器便可渲染，使用起来非常方便。

8. 负载均衡配置

用 Splash 爬取页面时，如果爬取的数据量非常大，任务非常多，那么只用一个 Splash 服务就会使压力非常大，此时可以考虑搭建一个负载均衡器把压力分散到多个服务器上，相当于多台机器、多个服务共同参与任务的处理，可以减小单个 Splash 服务的压力。

由于篇幅原因，请移步 https://setup.scrape.center/splash-loadbalance 查看具体的配置方法。

9. 总结

本节中，我们全面地了解了 Splash 的基本用法。有了 Splash，可以将 JavaScript 动态渲染的操作完全托管到一个服务器上，爬虫爬取的时候不需要再依赖 Selenium 等库，整个业务逻辑会更加轻量级。

7.3 Pyppeteer 的使用

在 7.1 节，我们学习了 Selenium 的基本用法，其功能的确非常强大，但很多时候会发现它也有一些不太方便的地方，例如配置环境时，需要先安装好相关浏览器，例如 Chrome、Firefox 等，然后到官方网站下载对应的驱动。最重要的是，需要安装对应的 Python Selenium 库，而且得看版本是否对应，这确实不太方便。另外，如果要大规模部署 Selenium，一些环境配置问题也是很头疼的。

本节，我们介绍 Selenium 的另一个替代品：Pyppeteer。

注意 是 Pyppeteer，不是 Puppeteer，Puppeteer 是基于 Node.js 的，Pyppeteer 是基于 Python 的。

---

1. Pyppeteer 介绍

Puppeteer 是 Google 基于 Node.js 开发的一个工具，有了它，我们可以利用 JavaScript 控制 Chrome 浏览器的一些操作。当然，Puppeteer 也可以应用于网络爬虫上，其 API 极其完善，功能非常强大。

Pyppeteer 又是什么呢？它其实是 Puppeteer 的 Python 版实现，但不是 Google 开发的，是由一位来自日本的工程师依据 Puppeteer 的一些功能开发出来的非官方版本。

Pyppeteer 的背后实际上有一个类似于 Chrome 的浏览器——Chromium，它执行一些动作，从而进行网页渲染。首先，介绍一下 Chromium 浏览器和 Chrome 浏览器的渊源。

Chromium 是 Google 为了研发 Chrome 启动的项目，是完全开源的。二者基于相同的源代码而构建，Chrome 的所有新功能都会先在 Chromium 上实现，待验证稳定后才移植到 Chrome 上，因此 Chromium 的版本更新频率更高，同时包含很多新功能。但作为一款独立的浏览器，Chromium 的用户群体要小众得多。两款浏览器"同根同源"，有着同样的 logo，只是配色不同，Chromium logo 的颜色是不同深度的蓝色，Chrome logo 的颜色是蓝色、红色、黄色和绿色这 4 种颜色，如图 7-19 所示。

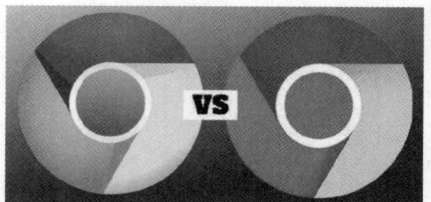

图 7-19 Chromium 浏览器和 Chrome 浏览器的 logo

总的来说，两款浏览器的内核一样，实现方式也一样，可以看作开发版和正式版，功能上没有太大区别。

Pyppeteer 就是依赖 Chromium 浏览器运行的。如果第一次运行 Pyppeteer 的时候，没有安装 Chromium 浏览器，程序就会帮我们自动安装和配置好，免去了烦琐的环境配置等工作。另外，Pyppeteer 是基于 Python 的新特性 async 实现的，所以它的一些操作执行也支持异步方式，和 Selenium 相比效率也提高了。

下面我们就一起了解一下 Pyppeteer 的相关用法。

2. 安装

首先要解决的便是安装问题。由于 Pyppeteer 采用了 Python 的 async 机制，所以要求 Python 版本为 3.5 及以上。

使用 pip3 工具安装 Pyppeteer 即可：

```
pip3 install pyppeteer
```

具体的安装过程可以参考 https://setup.scrape.center/pyppetter。

安装完成之后，便可以开始接下来的学习。

3. 快速上手

我们测试一下基本的页面渲染操作，这里用网址 https://spa2.scrape.center/ 做测试，如图 7-20 所示。

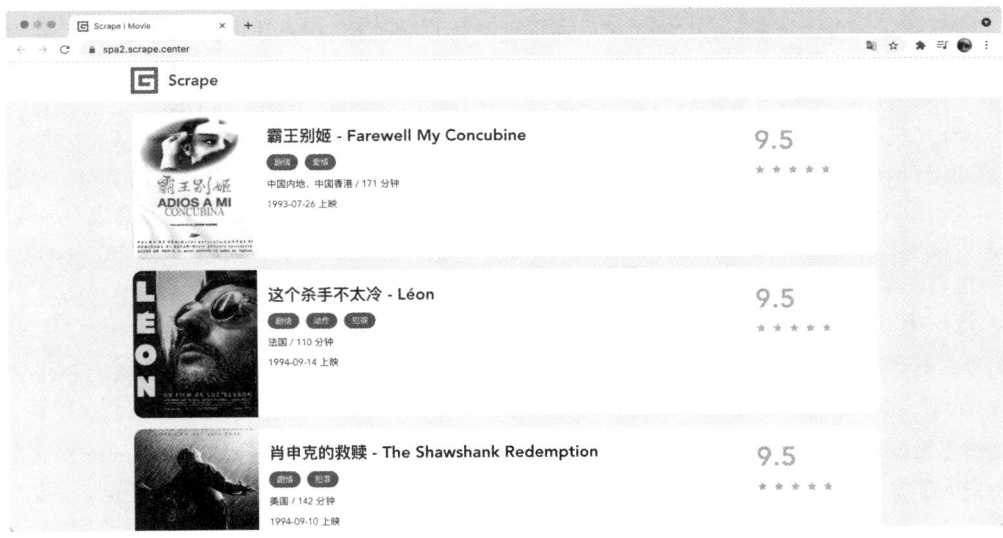

图 7-20 测试网站

这个网站在 7.1 节已经分析过了，整个页面是用 JavaScript 渲染出来的，一些 Ajax 接口还带有加密参数，所以没法直接使用 requests 爬取看到的数据，同时也不太好直接模拟 Ajax 来获取数据。

在 7.1 节介绍的使用 Selenium 爬取这个网站中数据的方式，原理就是模拟浏览器的操作，直接用浏览器把页面渲染出来，然后直接获取渲染后的结果。基于同样的原理，Pyppeteer 也可以做到。

下面我们用 Pyppeteer 试试，代码可以写为如下这样：

```python
import asyncio
from pyppeteer import launch
from pyquery import PyQuery as pq

async def main():
    browser = await launch()
```

```
    page = await browser.newPage()
    await page.goto('https://spa2.scrape.center/')
    await page.waitForSelector('.item .name')
    doc = pq(await page.content())
    names = [item.text() for item in doc('.item .name').items()]
    print('Names:', names)
    await browser.close()

asyncio.get_event_loop().run_until_complete(main())
```

运行结果如下:

```
Names: ['霸王别姬 - Farewell My Concubine', '这个杀手不太冷 - Léon', '肖申克的救赎 - The Shawshank Redemption',
'泰坦尼克号 - Titanic', '罗马假日 - Roman Holiday', '唐伯虎点秋香 - Flirting Scholar', '乱世佳人 - Gone with
the Wind', '喜剧之王 - The King of Comedy', '楚门的世界 - The Truman Show', '狮子王 - The Lion King']
```

先粗略看一下代码,大体意思是访问了测试网站,然后等待 .item.name 节点加载出来,随后通过 pyquery 从页面源码中提取电影的名称并输出,最后关闭 Pyppeteer。运行结果和之前用 Selenium 实现的结果一样,我们成功模拟了页面的加载行为,然后提取了页面上所有电影的名称。

那么,其中具体发生了什么?我们来逐行解析一下。

- 调用 launch 方法新建了一个 Browser 对象,并赋值给 browser 变量。这一步相当于启动了浏览器。
- 调用 browser 的 newPage 方法,新建了一个 Page 对象,并赋值给 page 变量。相当于在浏览器中新建了一个选项卡,这时候虽然启动了一个新的选项卡,但是还未访问任何页面,浏览器依然是空白的。
- 调用 page 的 goto 方法,相当于在浏览器中输入 goto 方法的参数中的 URL,之后浏览器加载对应的页面。
- 调用 page 的 waitForSelector 方法,传入选择器,页面就会等待选择器对应的节点信息加载出来,加载出来后,就立即返回,否则持续等待直到超时。如果顺利的话,页面会成功加载出来。
- 页面加载完后,调用 content 方法,可以获取当前浏览器页面的源代码,这就是 JavaScript 渲染后的结果。
- 进一步,用 pyquery 解析并提取页面上的电影名称,就得到最终结果了。

另外,其他一些方法(例如调用 asyncio 的 get_event_loop 等方法)的相关操作属于 Python 异步编程 async 相关的内容,大家如果不熟悉,可以查看第 6 章的知识。

通过上面的代码,我们同样可以爬取 JavaScript 渲染的页面。怎么样?相比 Selenium,这个代码是不是更简洁易读,环境配置也更加方便。在这个过程中,我们没有配置 Chrome 浏览器,没有配置浏览器驱动,免去了一些烦琐的步骤,却达到了和 Selenium 一样的效果,还实现了异步爬取。

接下来,我们看另外一个例子:

```
import asyncio
from pyppeteer import launch

width, height = 1366, 768

async def main():
    browser = await launch()
    page = await browser.newPage()
    await page.setViewport({'width': width, 'height': height})
    await page.goto('https://spa2.scrape.center/')
    await page.waitForSelector('.item .name')
    await asyncio.sleep(2)
    await page.screenshot(path='example.png')
    dimensions = await page.evaluate('''() => {
        return {
```

```
                    width: document.documentElement.clientWidth,
                    height: document.documentElement.clientHeight,
                    deviceScaleFactor: window.devicePixelRatio,
                }
            }''')
    print(dimensions)
    await browser.close()

asyncio.get_event_loop().run_until_complete(main())
```

这里我们用到了几个新的方法，设置了页面窗口的大小、保存了页面截图、执行 JavaScript 语句并返回了对应的数据。其中，在 screenshot 方法里，通过 path 参数用于传入页面截图的保存路径，另外还可以指定截图的保存格式 type、清晰度 quality、是否全屏 fullPage 和裁切 clip 等参数。页面截图的样例如图 7-21 所示。

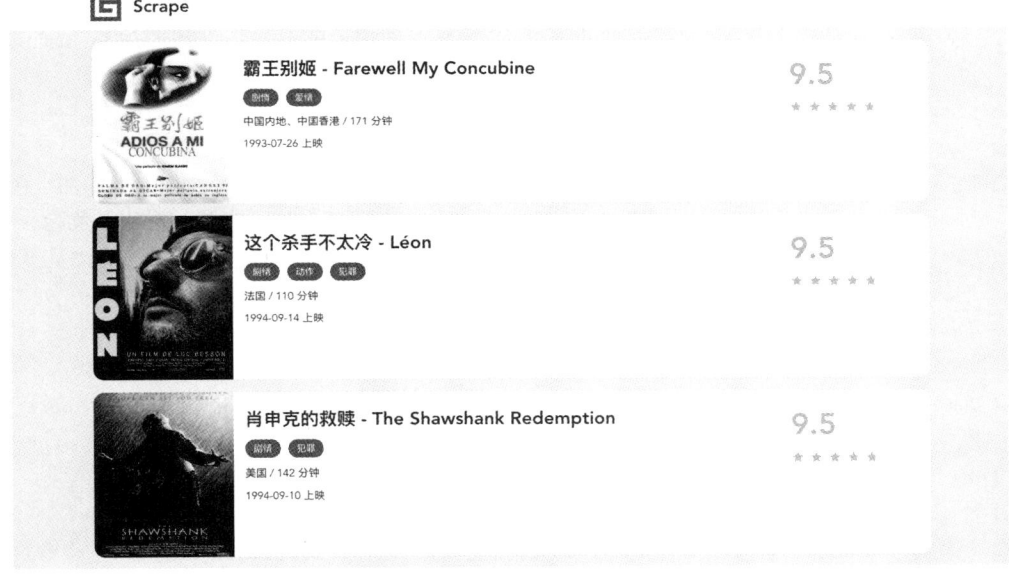

图 7-21　截图样例

可以看到，返回结果是 JavaScript 渲染后的页面，和我们在浏览器中看到的结果一模一样。

我们还调用 evaluate 方法执行了一些 JavaScript 语句。这里给 JavaScript 传入了一个函数，使用 return 方法返回了页面的宽、高、像素大小比率这三个值，最后得到的是一个 JSON 格式的对象，内容如下：

{'width': 1366, 'height': 768, 'deviceScaleFactor': 1}

实例就先感受到这里，有太多功能还没提及。

总之，利用 Pyppeteer 可以控制浏览器执行几乎所有想实现的操作和功能，利用它自由地控制爬虫当然也不在话下。

了解了基本的实例后，再来梳理 Pyppeteer 的一些基本和常用操作。Pyppeteer 几乎所有的功能都能在其官方文档的 API Reference 里找到，文档链接为 https://pyppeteer.github.io/pyppeteer/reference.html，使用哪个方法就来这里查询即可，参数不必死记硬背，即用即查就好。

4. launch 方法

使用 Pyppeteer 的第一步便是启动浏览器。启动浏览器相当于点击桌面上的浏览器图标，用

Pyppeteer 实现时，调用 launch 方法即可。

先来看下 launch 方法的 API，链接为：https://pyppeteer.github.io/pyppeteer/reference.html#launcher，该方法的定义如下：

pyppeteer.launcher.launch(options: dict = None, **kwargs) → pyppeteer.browser.Browser

可以看到，launch 方法处于 launcher 模块中，在声明中没有特别指定参数，返回值是 browser 模块中的 Browser 对象。另外，观察源码可以发现，这是一个 async 修饰的方法，所以在调用的时候需要使用 await。

接下来，看看 launch 方法的参数。

- ignoreHTTPSErrors (bool)：是否忽略 HTTPS 的错误，默认是 False。
- headless (bool)：是否启用无头模式，即无界面模式。如果 devtools 参数是 True，该参数就会被设置为 False，否则为 True，即默认开启无界面模式。
- executablePath (str)：可执行文件的路径。指定该参数之后就不需要使用默认的 Chromium 浏览器了，可以指定为已有的 Chrome 或 Chromium。
- slowMo (int|float)：通过传入指定的时间，可以减缓 Pyppeteer 的一些模拟操作。
- args (List[str])：在执行过程中可以传入的额外参数。
- ignoreDefaultArgs (bool)：是否忽略 Pyppeteer 的默认参数。如果使用这个参数，那么最好通过 args 设置一些参数，否则可能会出现一些意想不到的问题。这个参数相对比较危险，慎用。
- handleSIGINT (bool)：是否响应 SIGINT 信号，也就是是否可以使用 Ctrl + C 终止浏览器程序，默认是 True。
- handleSIGTERM (bool)：是否响应 SIGTERM 信号（一般是 kill 命令），默认是 True。
- handleSIGHUP (bool)：是否响应 SIGHUP 信号，即挂起信号，例如终端退出操作，默认是 True。
- dumpio (bool)：是否将 Pyppeteer 的输出内容传给 process.stdout 对象和 process.stderr 对象，默认是 False。
- userDataDir (str)：用户数据文件夹，可以保留一些个性化配置和操作记录。
- env (dict)：环境变量，可以传入字典形式的数据。
- devtools (bool)：是否自动为每一个页面开启调试工具，默认是 False。如果将这个参数设置为 True，那么 headless 参数就会无效，会被强制设置为 False。
- logLevel (int|str)：日志级别，默认和 root logger 对象的级别相同。
- autoClose (bool)：当一些命令执行完之后，是否自动关闭浏览器，默认是 True。
- loop (asyncio.AbstractEventLoop)：事件循环对象。

好了，了解了这些参数之后，小试牛刀一下吧。

5. 无头模式

首先，试用一下最常用的参数——headless。如果将它设置为 True 或者默认不设置，那么在启动的时候是看不到任何界面的。如果把它设置为 False，那么在启动的时候就可以看到界面了。我们一般会在调试的时候把它设置为 False，在生产环境中设置为 True。下面先尝试一下关闭无头模式：

```
import asyncio
from pyppeteer import launch

async def main():
    await launch(headless=False)
    await asyncio.sleep(100)

asyncio.get_event_loop().run_until_complete(main())
```

运行这段代码之后在控制台看不到任何输出，但是会出现一个空白的 Chromium 界面，如图 7-22 所示。

图 7-22　空白的 Chromium 界面

这就是一个光秃秃的浏览器而已，看一下相关信息，如图 7-23 所示。

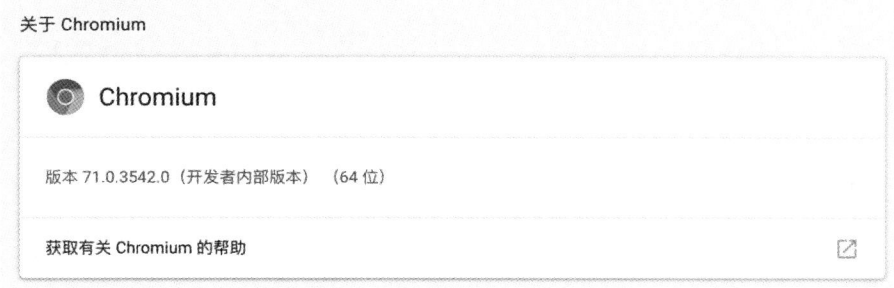

图 7-23　相关信息

上面有 Chromium 浏览器的 logo，开发者内部版本号，将其当作开发版的 Chrome 浏览器就好。

6. 调试模式

本节开启调试模式。例如，在写爬虫的时候会经常需要分析网页结构和网络请求，所以开启调试工具还是很有必要的。可以将 `devtools` 参数设置为 `True`，这样每开启一个界面，就会弹出一个调试窗口，非常方便，示例如下：

```
import asyncio
from pyppeteer import launch

async def main():
    browser = await launch(devtools=True)
    page = await browser.newPage()
    await page.goto('https://www.baidu.com')
    await asyncio.sleep(100)

asyncio.get_event_loop().run_until_complete(main())
```

刚才说过，如果 `devtools` 参数设置为 `True`，无头模式就会关闭，界面始终会显现出来。这里我们新建了一个页面，打开了百度，界面运行效果如图 7-24 所示。

图 7-24　界面运行效果

7. 禁用提示条

可以看到图 7-24 的上面有一条提示"Chrome 正受到自动测试软件的控制"，这个提示条有点烦人，怎么关闭呢？这时候就需要用到 args 参数了，禁用操作如下：

```
browser = await launch(headless=False, args=['--disable-infobars'])
```

这里不再写完整代码了，就是给 launch 方法中的 args 参数传入 list 形式的数据，这里使用的是 --disable-infobars。

8. 防止检测

有人会说，刚刚只是把提示关闭了，有些网站还是能检测到 Webdriver 属性。不妨拿之前的案例网站 https://antispider1.scrape.center/ 验证一下：

```
import asyncio
from pyppeteer import launch

async def main():
    browser = await launch(headless=False, args=['--disable-infobars'])
    page = await browser.newPage()
    await page.goto('https://antispider1.scrape.center/')
    await asyncio.sleep(100)

asyncio.get_event_loop().run_until_complete(main())
```

果然被检测到了，如图 7-25 所示。

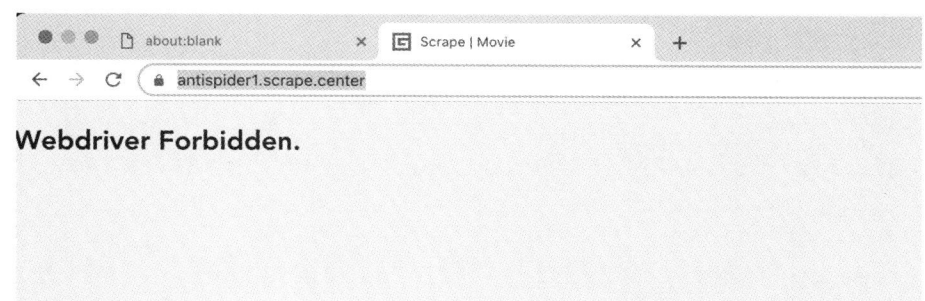

图 7-25　检测结果

这说明 Pyppeteer 开启 Chromium 后，照样能被检测到 Webdriver 属性的存在。

那么如何规避此问题呢？Pyppeteer 的 Page 对象有一个叫作 evaluateOnNewDocument 的方法，意思是在每次加载网页的时候执行某条语句，这里可以利用它执行隐藏 Webdriver 属性的命令，代码改写如下：

```
import asyncio
from pyppeteer import launch

async def main():
    browser = await launch(headless=False, args=['--disable-infobars'])
    page = await browser.newPage()
    await page.evaluateOnNewDocument('Object.defineProperty(navigator, "webdriver", {get: () => undefined})')
    await page.goto('https://antispider1.scrape.center/')
    await asyncio.sleep(100)

asyncio.get_event_loop().run_until_complete(main())
```

可以看到，整个页面成功加载出来了，绕过了对 Webdriver 属性的检测，如图 7-26 所示。

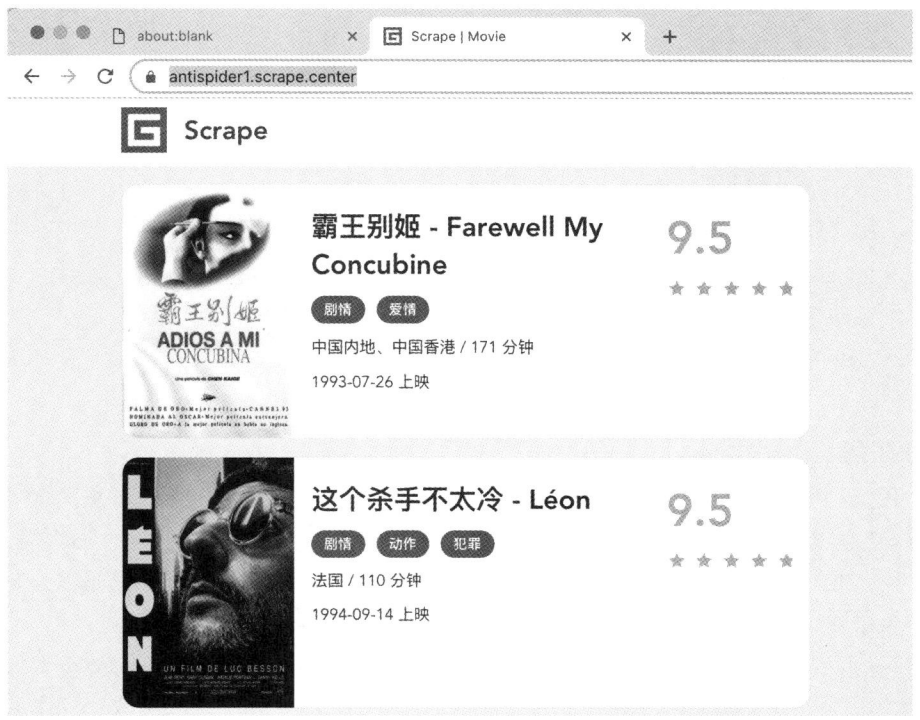

图 7-26　加载成功的页面

9. 页面大小设置

在图 7-28 中，还可以发现页面的显示 bug，整个浏览器的窗口要比显示内容的窗口大，这个情况并非每个页面都会出现。

这时可以设置窗口大小，调用 Page 对象的 setViewport 方法即可，代码如下：

```
import asyncio
from pyppeteer import launch

width, height = 1366, 768

async def main():
    browser = await launch(headless=False, args=['--disable-infobars', f'--window-size={width},{height}'])
    page = await browser.newPage()
    await page.setViewport({'width': width, 'height': height})
    await page.evaluateOnNewDocument('Object.defineProperty(navigator, "webdriver", {get: () => undefined})')
    await page.goto('https://antispider1.scrape.center/')
    await asyncio.sleep(100)

asyncio.get_event_loop().run_until_complete(main())
```

这里我们同时设置了浏览器窗口的宽高以及显示区域的宽高，让二者一致，最后发现页面显示正常了，如图 7-27 所示。

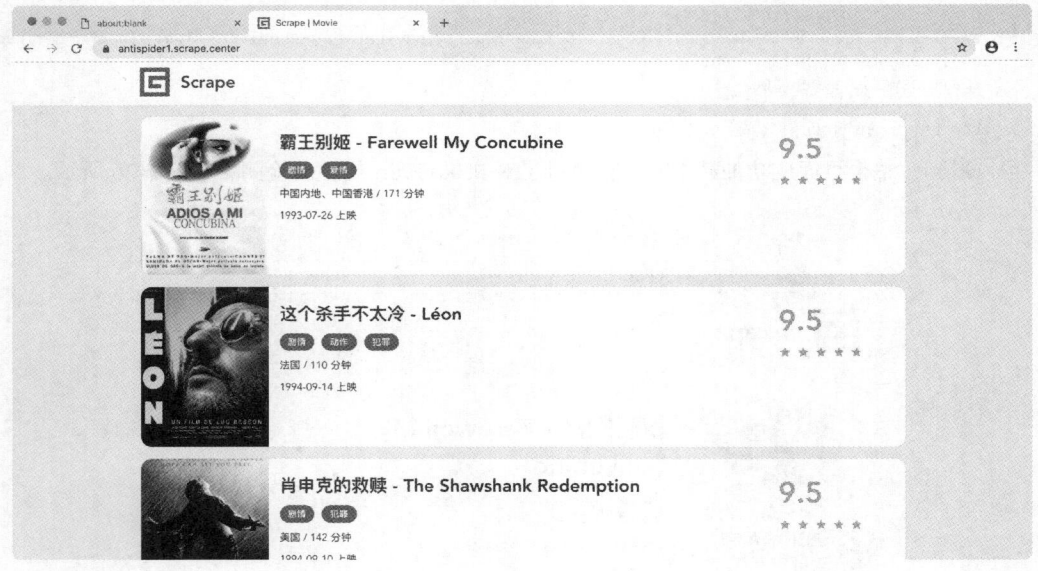

图 7-27　正常显示的页面

10. 用户数据持久化

刚才我们看到，每次打开 Pyppeteer 的时候，都是一个新的空白的浏览器。如果网页需要登录，那么即使这次登录成功，下一次打开时也还是空白的，又得登录一次，这的确是一个问题。

以淘宝为例，很多时候在关闭浏览器并再次打开时，它依然处于登录状态。这是因为淘宝的一些关键 Cookie 已经保存到本地了，再次登录的时候可以直接读取并保持登录状态。

那么，这些信息保存在哪里呢？答案是用户目录下。其中不仅包含浏览器的基本配置信息，还包含一些 Cache、Cookie 等信息，如果我们能在浏览器启动的时候读取这些信息，就可以恢复一些历史记录甚至登录状态信息了。

这也解决了一个问题：很多朋友每次在启动 Selenium 或 Pyppeteer 的时候总是一个全新的浏览器。究其原因就是没有设置用户目录，如果设置了，每次打开时就不会是一个全新的浏览器了，它可以恢复之前的历史记录，和很多网站的登录信息。

那么，怎么设置用户目录呢？很简单，在启动浏览器的时候设置 `userDataDir` 属性就好了。示例如下：

```python
import asyncio
from pyppeteer import launch

async def main():
    browser = await launch(headless=False, userDataDir='./userdata', args=['--disable-infobars'])
    page = await browser.newPage()
    await page.goto('https://www.taobao.com')
    await asyncio.sleep(100)

asyncio.get_event_loop().run_until_complete(main())
```

这里将 `userDataDir` 属性的值设置为了 `./userdata`，即当前目录的 userdata 文件夹。首先运行一下这段代码，然后登录一次淘宝，这时候可以观察到在当前运行的目录下又多了一个 userdata 文件夹，其结构如图 7-28 所示。

图 7-28　userdata 文件夹的结构

关于这个文件夹的具体介绍可以看官方的一些说明，例如 https://chromium.googlesource.com/chromium/src/+/master/docs/user_data_dir.md。

再次运行上面的代码，可以发现淘宝已经处于登录状态，不需要再次登录了，这样就成功跳过了登录的流程。当然，也可能由于时间太久，Cookie 都过期了，还是需要登录。

以上便是 `launch` 方法及其对应参数的配置。

11. `Browser`

我们了解了 `launch` 方法，它的返回值是一个 `Browser` 对象，即浏览器对象，我们通常会将其赋值给 `browser` 变量（其实就是 `Browser` 类的一个实例）。

下面来看看 Browser 类的定义:

```
class pyppeteer.browser.Browser(connection: pyppeteer.connection.Connection, contextIds: List[str],
ignoreHTTPSErrors: bool, setDefaultViewport: bool, process: Optional[subprocess.Popen] = None, closeCallback:
Callable[[], Awaitable[None]] = None, **kwargs)
```

从这里可以看到,Browser 类的构造方法有很多参数,大多数情况下直接使用 launch 方法或 connect 方法构建浏览器对象即可。

browser 作为 Browser 类的实例,自然有很多用于操作浏览器的方法,下面我们选取一些比较有用的方法介绍一下。

12. 开启无痕模式

我们知道 Chrome 浏览器有无痕模式,其好处就是环境比较干净,不与其他浏览器示例共享 Cache、Cookie 等内容,可以通过 createIncognitoBrowserContext 方法开启无痕模式,示例如下:

```
import asyncio
from pyppeteer import launch

width, height = 1200, 768

async def main():
    browser = await launch(headless=False,
                           args=['--disable-infobars', f'--window-size={width},{height}'])
    context = await browser.createIncognitoBrowserContext()
    page = await context.newPage()
    await page.setViewport({'width': width, 'height': height})
    await page.goto('https://www.baidu.com')
    await asyncio.sleep(100)

asyncio.get_event_loop().run_until_complete(main())
```

这里调用就是 browser 的 createIncognitoBrowserContext 方法,返回值是一个 context 对象。利用 context 对象可以新建选项卡。

运行这段代码后,我们发现浏览器进入了无痕模式,界面如图 7-29 所示。

图 7-29 开启浏览器的无痕模式

13. 关闭

怎样关闭浏览器就不多说了，使用的是 close 方法。很多时候会因为忘记关闭浏览器而产生额外开销，因此一定要记得在浏览器使用完毕之后调用 close 方法，示例如下：

```python
import asyncio
from pyppeteer import launch
from pyquery import PyQuery as pq

async def main():
    browser = await launch()
    page = await browser.newPage()
    await page.goto('https://spa2.scrape.center/')
    await browser.close()

asyncio.get_event_loop().run_until_complete(main())
```

14. Page

Page 即页面，对应一个网页、一个选项卡。

在前面的很多示例中，其实已经出现了 Page 对象的身影，这里再详细看一下它的一些常见用法。

- 选择器

Page 对象内置了很多用于选取节点的选择器方法，例如 J 方法，给它传入一个选择器，就能返回匹配到的第一个节点，等价于 querySelector 方法；又如 JJ 方法，给它传入选择器，会返回符合选择器的所有节点组成的列表，等价于 querySelectorAll 方法。

下面我们分别调用 J 方法、querySelector 方法、JJ 方法和 querySelectorAll 方法，代码如下：

```python
import asyncio
from pyppeteer import launch
from pyquery import PyQuery as pq

async def main():
    browser = await launch()
    page = await browser.newPage()
    await page.goto('https://spa2.scrape.center/')
    await page.waitForSelector('.item .name')
    j_result1 = await page.J('.item .name')
    j_result2 = await page.querySelector('.item .name')
    jj_result1 = await page.JJ('.item .name')
    jj_result2 = await page.querySelectorAll('.item .name')
    print('J Result1:', j_result1)
    print('J Result2:', j_result2)
    print('JJ Result1:', jj_result1)
    print('JJ Result2:', jj_result2)
    await browser.close()

asyncio.get_event_loop().run_until_complete(main())
```

运行结果如下：

```
J Result1: <pyppeteer.element_handle.ElementHandle object at 0x1166f7dd0>
J Result2: <pyppeteer.element_handle.ElementHandle object at 0x1166f07d0>
JJ Result1: [<pyppeteer.element_handle.ElementHandle object at 0x11677df50>, <pyppeteer.element_handle.
ElementHandle object at 0x1167857d0>, <pyppeteer.element_handle.ElementHandle object at 0x116785110>,
...
<pyppeteer.element_handle.ElementHandle object at 0x11679db10>, <pyppeteer.element_handle.ElementHandle
object at 0x11679dbd0>]
JJ Result2: [<pyppeteer.element_handle.ElementHandle object at 0x116794f10>, <pyppeteer.element_handle.
ElementHandle object at 0x116794d10>, <pyppeteer.element_handle.ElementHandle object at 0x116794f50>,
...
<pyppeteer.element_handle.ElementHandle object at 0x11679f690>, <pyppeteer.element_handle.ElementHandle
object at 0x11679f750>]
```

可以看到，J 方法和 querySelector 方法的返回结果都是和传入的选择器相匹配的单个节点，返回值为 ElementHandle 对象。JJ 方法和 querySelectorAll 方法则都是返回了和选择器相匹配的节点组成的列表，列表中的内容是 ElementHandle 对象。

- 选项卡操作

前面我们已经多次演示了新建选项卡的操作，使用的是 newPage 方法。那么新建选项卡之后，怎样获取和切换呢？先调用 pages 方法获取所有打开的页面，然后选择一个页面调用其 bringToFront 方法即可。下面来看一个例子：

```
import asyncio
from pyppeteer import launch

async def main():
    browser = await launch(headless=False)
    page = await browser.newPage()
    await page.goto('https://www.baidu.com')
    page = await browser.newPage()
    await page.goto('https://www.bing.com')
    pages = await browser.pages()
    print('Pages:', pages)
    page1 = pages[1]
    await page1.bringToFront()
    await asyncio.sleep(100)

asyncio.get_event_loop().run_until_complete(main())
```

这里先启动了 Pyppeteer，然后调用 newPage 方法新建了两个选项卡，并访问了两个网站。

- 页面操作

一定要有对应的方法来控制一个页面的加载、前进、后退、关闭和保存等行为，示例如下：

```
import asyncio
from pyppeteer import launch
from pyquery import PyQuery as pq

async def main():
    browser = await launch(headless=False)
    page = await browser.newPage()
    await page.goto('https://dynamic1.scrape.cuiqingcai.com/')
    await page.goto('https://spa2.scrape.center/')
    # 后退
    await page.goBack()
    # 前进
    await page.goForward()
    # 刷新
    await page.reload()
    # 保存 PDF
    await page.pdf()
    # 截图
    await page.screenshot()
    # 设置页面 HTML
    await page.setContent('<h2>Hello World</h2>')
    # 设置 User-Agent
    await page.setUserAgent('Python')
    # 设置 Headers
    await page.setExtraHTTPHeaders(headers={})
    # 关闭
    await page.close()
    await browser.close()

asyncio.get_event_loop().run_until_complete(main())
```

这里我们介绍了一些常用的控制页面的方法，除此以外，还设置了 User-Agent、Headers。

- 点击

Pyppeteer 同样可以模拟点击，调用其 click 方法即可。以 https://spa2.scrape.center/ 为例，等其所有节点都加载出来后，模拟邮件点击：

```
import asyncio
from pyppeteer import launch
from pyquery import PyQuery as pq

async def main():
    browser = await launch(headless=False)
    page = await browser.newPage()
    await page.goto('https://spa2.scrape.center/')
    await page.waitForSelector('.item .name')
    await page.click('.item .name', options={
        'button': 'right',
        'clickCount': 1,  # 1 或 2
        'delay': 3000,  # 毫秒
    })
    await browser.close()

asyncio.get_event_loop().run_until_complete(main())
```

这里 click 方法中的第一个参数就是选择器，即在哪里操作。第二个参数是几项配置，具体有如下内容。

- button：鼠标按钮，取值有 left、middle、right。
- clickCount：点击次数，取值有 1 和 2，表示单击和双击。
- delay：延迟点击。

- 输入文本

Pyppeteer 也可以输入文本，使用 type 方法即可，示例如下：

```
import asyncio
from pyppeteer import launch
from pyquery import PyQuery as pq

async def main():
    browser = await launch(headless=False)
    page = await browser.newPage()
    await page.goto('https://www.taobao.com')
    # 后退
    await page.type('#q', 'iPad')
    # 关闭
    await asyncio.sleep(10)
    await browser.close()

asyncio.get_event_loop().run_until_complete(main())
```

这里我们打开淘宝，给 type 方法的第一个参数传入选择器，第二个参数传入要输入的文本内容，Pyppeteer 就可以帮我们完成输入了。

- 获取信息

Page 对象需要调用 content 方法获取源代码，Cookies 对象调用 cookies 方法获取，示例如下：

```
import asyncio
from pyppeteer import launch
from pyquery import PyQuery as pq

async def main():
    browser = await launch(headless=False)
    page = await browser.newPage()
    await page.goto('https://spa2.scrape.center/')
```

```
    print('HTML:', await page.content())
    print('Cookies:', await page.cookies())
    await browser.close()

asyncio.get_event_loop().run_until_complete(main())
```

- **执行**

Pyppeteer 可以支持执行 JavaScript 语句,使用 evaluate 方法即可。看之前的例子:

```
import asyncio
from pyppeteer import launch

width, height = 1366, 768

async def main():
    browser = await launch()
    page = await browser.newPage()
    await page.setViewport({'width': width, 'height': height})
    await page.goto('https://spa2.scrape.center/')
    await page.waitForSelector('.item .name')
    await asyncio.sleep(2)
    await page.screenshot(path='example.png')
    dimensions = await page.evaluate('''() => {
        return {
            width: document.documentElement.clientWidth,
            height: document.documentElement.clientHeight,
            deviceScaleFactor: window.devicePixelRatio,
        }
    }''')

    print(dimensions)
    await browser.close()

asyncio.get_event_loop().run_until_complete(main())
```

这里我们调用 evaluate 方法执行了 JavaScript 语句,并获取了对应的结果。另外,Pyppeteer 还有 exposeFunction、evaluateOnNewDocument、evaluateHandle 方法,可以了解一下。

- **延时等待**

在本节最开头的地方,我们演示了 waitForSelector 的用法,它可以让页面等待某些符合条件的节点加载出来再返回结果。这里我们给 waitForSelector 传入一个 CSS 选择器,如果找到符合条件的节点,就立马返回结果,否则等待直到超时。

除了 waitForSelector 外,还有很多其他的等待方法,具体如下。

- waitForFunction:等待某个 JavaScript 方法执行完毕或返回结果。
- waitForNavigation:等待页面跳转,如果没加载出来,就报错。
- waitForRequest:等待某个特定的请求发出。
- waitForResponse:等待某个特定请求对应的响应。
- waitFor:通用的等待方法。
- waitForXPath:等待符合 XPath 的节点加载出来。

通过各种等待方法,就可以控制页面的加载情况了。

15. 总结

Pyppeteer 还有其他很多功能,例如键盘事件、鼠标事件、对话框事件等,这里就不再一一赘述了。更多内容可以参考官方文档 https://miyakogi.github.io/pyppeteer/reference.html 的案例说明。

本节我们凭借一些小案例介绍了 Pyppeteer 的基本用法,7.6 节将使用 Pyppeteer 完成一个爬取实例。

本节代码参见：https://github.com/Python3WebSpider/PyppeteerTest。

7.4 Playwright 的使用

Playwright 是微软在 2020 年年初开源的新一代自动化测试工具，其功能和 Selenium、Pyppeteer 等类似，都可以驱动浏览器进行各种自动化操作。Playwright 对市面上的主流浏览器都提供了支持，API 功能简洁又强大，虽然诞生比较晚，但是现在发展得非常火热。

1. Playwright 的特点

- Playwright 支持当前所有的主流浏览器，包括 Chrome 和 Edge（基于 Chromium）、Firefox、Safari（基于 WebKit），提供完善的自动化控制的 API。
- Playwright 支持移动端页面测试，使用设备模拟技术，可以让我们在移动 Web 浏览器中测试响应式的 Web 应用程序。
- Playwright 支持所有浏览器的无头模式和非无头模式的测试。
- Playwright 的安装和配置过程非常简单，安装过程中会自动安装对应的浏览器和驱动，不需要额外配置 WebDriver 等。
- Playwright 提供和自动等待相关的 API，在页面加载时会自动等待对应的节点加载，大大减小了 API 编写的复杂度。

本节我们就来了解下 Playwright 的使用方法。

2. 安装

首先请确保 Python 的版本大于等于 3.7。

要安装 Playwright，可以直接使用 pip3 工具，命令如下：

```
pip3 install playwright
```

安装完成后需要进行一些初始化操作：

```
playwright install
```

这时 Playwrigth 会安装 Chromium、Firefox 和 WebKit 浏览器并配置一些驱动，我们不必关心具体的配置过程，Playwright 会自动为我们配置好。

具体的安装说明可以参考 https://setup.scrape.center/playwright。

安装完成后，便可以使用 Playwright 启动 Chromium、Firefox 或 WebKit 浏览器来进行自动化操作了。

3. 基本使用

Playwright 支持两种编写模式，一种是和 Pyppetter 一样的异步模式，一种是和 Selenium 一样的同步模式，可以根据实际需要选择使用不同的模式。

先来看一个同步模式的例子：

```python
from playwright.sync_api import sync_playwright

with sync_playwright() as p:
    for browser_type in [p.chromium, p.firefox, p.webkit]:
        browser = browser_type.launch(headless=False)
        page = browser.new_page()
        page.goto('https://www.baidu.com')
        page.screenshot(path=f'screenshot-{browser_type.name}.png')
        print(page.title())
        browser.close()
```

这里我们首先导入并直接调用了 sync_playwright 方法，该方法的返回值是一个 PlaywrightContextManager 对象，可以理解为一个浏览器上下文管理器，我们将其赋值为 p 变量。然后依次调用 p 的 chromium、firefox 和 webkit 属性创建了 Chromium、Firefox 以及 Webkit 浏览器实例。接着用一个 for 循环依次执行了这 3 个浏览器实例的 launch 方法，同时设置 headless 参数为 False。

注意 如果不把 headless 参数设置为 False，就会以默认的无头模式启动浏览器，我们将看不到任何窗口。

在 for 循环中，launch 方法返回的是一个 Browser 对象，我们将其赋值为 browser 变量。然后调用 browser 的 new_page 方法新建了一个选项卡，返回值是一个 Page 对象，将其赋值为 page，这整个过程其实和 Pyppeteer 非常类似；之后调用 page 的一系列 API 完成了各种自动化操作，调用 goto 方法加载某个页面，这里访问的是百度首页；调用 screenshot 方法获取页面截图，往其参数中传入的文件名称是截图自动保存后的图片名称，这里的名称中我们加入了 browser_type 的 name 属性，代表浏览器的类型，于是 3 次循环中 screenshot 方法的结果分别是 chromium、firefox 和 webkit。另外，还调用了 title 方法，该方法会返回页面的标题，即 HTML 源代码中 title 节点中的文字，也就是选项卡上的文字，并将返回的页面标题打印到控制台。最后，调用 browser 的 close 方法关闭整个浏览器，代码结束。

运行一下这段代码，可以看到有 3 个浏览器依次启动，分别是 Chromium、Firefox 和 Webkit 浏览器，启动后都是加载百度首页，页面加载完后，生成页面截图，然后把页面标题打印到控制台，就退出了。

此时，当前目录下会生成 3 个截图文件，图片都是百度首页，文件名中都带有对应浏览器的名称，如图 7-30 所示。

图 7-30 同步模式示例的运行结果

控制台的运行结果如下：

百度一下，你就知道
百度一下，你就知道
百度一下，你就知道

可以发现，我们非常方便地启动了三种浏览器，完成了自动化操作，并通过几个 API 就获取了页面的截图和数据，整个过程速度非常快，这就是 Playwright 最为基本的用法。

当然，除了同步模式，Playwright 还提供了支持异步模式的 API，如果我们的项目里面使用了 asyncio 关键字，就应该使用异步模式，写法如下：

```
import asyncio
from playwright.async_api import async_playwright

async def main():
    async with async_playwright() as p:
        for browser_type in [p.chromium, p.firefox, p.webkit]:
            browser = await browser_type.launch()
```

```
        page = await browser.new_page()
        await page.goto('https://www.baidu.com')
        await page.screenshot(path=f'screenshot-{browser_type.name}.png')
        print(await page.title())
        await browser.close()

asyncio.run(main())
```

可以看到，写法和同步模式基本一样，只不过这里导入的是 async_playwright 方法，不再是 sync_playwright 方法，以及写法上添加了 async/await 关键字，最后的运行效果和同步模式是一样的。

另外可以注意到，这个例子中使用了 with as 语句，with 用于管理上下文对象，可以返回一个上下文管理器，即一个 PlaywrightContextManager 对象，无论代码运行期间是否抛出异常，该对象都能帮助我们自动分配并且释放 Playwright 的资源。

4. 代码生成

Playwright 还有一个强大的功能，是可以录制我们在浏览器中的操作并自动生成代码，有了这个功能，我们甚至一行代码都不用写。这个功能可以通过 playwright 命令行调用 codegen 实现，先来看看 codegen 命令都有什么参数，输入如下命令：

```
playwright codegen --help
```

结果类似如下：

```
Usage: npx playwright codegen [options] [url]

open page and generate code for user actions

Options:
  -o, --output <file name>      saves the generated script to a file
  --target <language>           language to use, one of javascript, python, python-async, csharp (default: "python")
  -b, --browser <browserType>   browser to use, one of cr, chromium, ff, firefox, wk, webkit (default: "chromium")
  --channel <channel>           Chromium distribution channel, "chrome", "chrome-beta", "msedge-dev", etc
  --color-scheme <scheme>       emulate preferred color scheme, "light" or "dark"
  --device <deviceName>         emulate device, for example  "iPhone 11"
  --geolocation <coordinates>   specify geolocation coordinates, for example "37.819722,-122.478611"
  --load-storage <filename>     load context storage state from the file, previously saved with --save-storage
  --lang <language>             specify language / locale, for example "en-GB"
  --proxy-server <proxy>        specify proxy server, for example "http://myproxy:3128" or "socks5://myproxy:8080"
  --save-storage <filename>     save context storage state at the end, for later use with --load-storage
  --timezone <time zone>        time zone to emulate, for example "Europe/Rome"
  --timeout <timeout>           timeout for Playwright actions in milliseconds (default: "10000")
  --user-agent <ua string>      specify user agent string
  --viewport-size <size>        specify browser viewport size in pixels, for example "1280, 720"
  -h, --help                    display help for command

Examples:

  $ codegen
  $ codegen --target=python
  $ codegen -b webkit https://example.com
```

可以看到结果中有几个选项，-o 代表输出的代码文件的名称；-target 代表使用的语言，默认是 python，代表会生成同步模式的操作代码，如果传入 python-async 则会生成异步模式的代码；-b 代表使用的浏览器，默认是 chromium。还有很多其他设置，例如 -device 可以模拟使用手机浏览器（如 iPhone 11），-lang 代表设置浏览器的语言，-timeout 可以设置页面加载的超时时间。

了解了这些用法后，我们来尝试启动一个 Firefox 浏览器，然后将操作结果输出到 script.py 文件，命令如下：

```
playwright codegen -o script.py -b firefox
```

运行代码后会弹出一个 Firefox 浏览器，同时右侧输出一个脚本窗口，实时显示当前操作对应的代码。我们可以在浏览器中随意操作，例如打开百度，点击搜索框并输入 nba，再点击搜索按钮，这时的浏览器窗口如图 7-31 所示。

图 7-31　运行结果

可以看到，浏览器中会高亮显示我们正在操作的页面节点，同时显示对应的选择器字符串 input[name="wd"]，右侧的代码窗口如图 7-32 所示。

图 7-32　代码窗口

在操作浏览器的过程中，该窗口中的代码会跟着实时变化，现在这里已经生成了刚刚一系列操作对应的代码，例如：

```
page.fill("input[name=\"wd\"]", "nba")
```

这行代码就对应在搜索框中输入 nba 的操作。所有操作完毕之后，关闭浏览器，Playwright 会生成一个 script.py 文件，内容如下：

```python
from playwright.sync_api import sync_playwright

def run(playwright):
    browser = playwright.firefox.launch(headless=False)
    context = browser.new_context()

    # 打开新页面
    page = context.new_page()

    # 访问 https://www.baidu.com/
    page.goto("https://www.baidu.com/")

    # 点击搜索框
    page.click("input[name=\"wd\"]")

    # 往搜索框中输入文字
    page.fill("input[name=\"wd\"]", "nba")

    # 点击搜索按钮
    with page.expect_navigation():
        page.click("text=百度一下")

    context.close()
    browser.close()

with sync_playwright() as playwright:
    run(playwright)
```

可以看到这里生成的代码和我们之前写的示例代码几乎差不多，而且也是可以运行的，运行之后会看到它在复现我们刚才所做的操作。

所以，有了代码生成功能，只通过简单的可视化点击操作就能生成代码，可谓非常方便！

另外这里有一个值得注意的点，仔细观察一下生成的代码，和前面例子不同的是，这里的 new_page 方法并不是直接通过 browser 调用的，而是通过 context，这个 context 又是由 browser 调用 new_context 方法生成的。有朋友可能会问，这个 context 究竟是做什么的呢？

其实，context 变量是一个 BrowserContext 对象，这是一个类似隐身模式的独立上下文环境，其运行资源是单独隔离的。在一些自动化测试过程中，我们可以为每个测试用例单独创建一个 BrowserContext 对象，这样能够保证各个测试用例互不干扰，具体的 API 可以参考 https://playwright.dev/python/docs/api/class-browsercontext。

5. 支持移动端浏览器

Playwright 的另一个特色就是支持模拟移动端浏览器，例如模拟打开 iPhone 12 Pro Max 上的 Safari 浏览器。

示例代码如下：

```python
from playwright.sync_api import sync_playwright

with sync_playwright() as p:
    iphone_12_pro_max = p.devices['iPhone 12 Pro Max']
    browser = p.webkit.launch(headless=False)
    context = browser.new_context(
```

```
        **iphone_12_pro_max,
        locale='zh-CN'
)
page = context.new_page()
page.goto('https://www.whatismybrowser.com/')
page.wait_for_load_state(state='networkidle')
page.screenshot(path='browser-iphone.png')
browser.close()
```

这里我们先用 PlaywrightContextManager 对象的 devices 属性指定了一台移动设备，传入的参数是移动设备的型号，例如 iPhone 12 Pro Max，当然也可以传入其他内容，例如 iPhone 8、Pixel 2 等。

前面我们已经了解了 BrowserContext 对象，它也可以用来模拟移动端浏览器，初始化一些移动设备信息、语言、权限、位置等内容。这里我们就创建了一个移动端 BrowserContext 对象，最后把返回的 BrowserContext 对象赋值给 context 变量。

接着，我们调用 context 的 new_page 方法创建了一个新的选项卡，然后跳转到一个用于获取浏览器信息的网站，调用 wait_for_load_state 方法等待页面的某个状态完成，这里我们传入的 state 是 networkidle，也就是网络空闲状态。因为在页面初始化和数据加载过程中，肯定有网络请求伴随产生，所以加载过程肯定不算 networkidle 状态，意味着这里传入 networkidle 可以标识当前页面初始化和数据加载完成的状态。加载完成后，我们调用 screenshot 方法获取了当前的页面截图，最后关闭了浏览器。

运行一下代码，可以发现弹出了一个移动版浏览器，然后加载出了对应的页面，如图 7-33 所示。

输出的截图也是浏览器中显示的结果，可以看到，这里显示的浏览器信息是 iPhone 上的 Safari 浏览器，也就是说我们成功模拟了一个移动端浏览器。

这样我们就成功模拟了移动端浏览器并做了一些设置，其操作 API 和 PC 版浏览器是完全一样的。

6. 选择器

不知道大家有没有注意，前面的 click 和 fill 等方法都有一个字符串类型的参数，这些字符串有的符合 CSS 选择器的语法，有的以 text= 开头，似乎不大有规律，那么它们到底支持怎样的匹配规则呢？下面就一起来了解一下。

我们可以把传入的字符串称为 Element Selector，除了它已经支持的 CSS 选择器、XPath，Playwright 还为它扩展了一些方便好用的规则，例如直接根据文本内容筛选、根据节点层级结构筛选等。

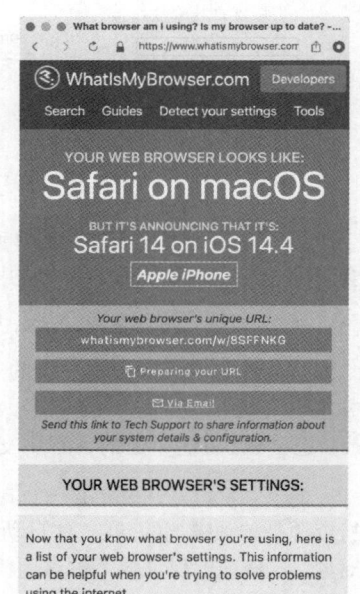

图 7-33　当前的页面截图

- **文本选择**

文本选择支持直接使用 text= 这样的语法进行筛选，示例如下：

```
page.click("text=Log in")
```

这代表选择并点击文本内容是 Log in 的节点。

- **CSS 选择器**

CSS 选择器在 3.3 节就介绍过，例如根据 id 或者 class 筛选：

```
page.click("button")
page.click("#nav-bar .contact-us-item")
```

根据特定的节点属性筛选：

```
page.click("[data-test=login-button]")
page.click("[aria-label='Sign in']")
```

- **CSS 选择器 + 文本值**

可以使用 CSS 选择器结合文本值的方式进行筛选，比较常用的方法是 has-text 和 text，前者代表节点中包含指定的字符串，后者代表节点中的文本值和指定的字符串完全匹配，示例如下：

```
page.click("article:has-text('Playwright')")
page.click("#nav-bar :text('Contact us')")
```

第一行代码就是选择文本值中包含 Playwright 字符串的 article 节点，第二行代码是选择 id 为 nav-bar 的节点中文本值为 Contact us 的节点。

- **CSS 选择器 + 节点关系**

CSS 选择器还可以结合节点关系来筛选节点，例如使用 has 指定另外一个选择器，示例如下：

```
page.click(".item-description:has(.item-promo-banner)")
```

这里选择的就是 class 为 item-description 的节点，且该节点还要包含 class 为 item-promo-banner 的子节点。

另外还可以结合一些相对位置关系，例如使用 right-of 指定位于某个节点右侧的节点，示例如下：

```
page.click("input:right-of(:text('Username'))")
```

这里选择的就是一个 input 节点，并且该节点要位于文本值为 Username 的节点的右侧。

- **XPath**

当然，XPath 也是支持的，不过 xpath 这个关键字需要我们自行指定，示例如下：

```
page.click("xpath=//button")
```

这里在开头指定 "xpath= 字符串"，代表这个字符串是一个 XPath 表达式。

更多关于选择器的用法和最佳实践，可以参考官方文档 https://playwright.dev/python/docs/selectors。

7. 常用操作方法

上面我们了解了浏览器的初始化设置和基本的操作实例，下面再介绍一些常用的操作方法。例如 click（点击），fill（输入）等，这些方法都属于 Page 对象，所以所有的方法都可以从 Page 对象的 API 文档查找，文档地址是 https://playwright.dev/python/docs/api/class-page。

下面介绍几个常见操作方法的用法。

- **事件监听**

Page 对象提供一个 on 方法，用来监听页面中发生的各个事件，例如 close、console、load、request、response 等。

这里我们监听 response 事件，在每次网络请求得到响应的时候会触发这个事件，我们可以设置回调方法来获取响应中的全部信息，示例如下：

```python
from playwright.sync_api import sync_playwright

def on_response(response):
    print(f'Statue {response.status}: {response.url}')

with sync_playwright() as p:
    browser = p.chromium.launch(headless=False)
```

```
page = browser.new_page()
page.on('response', on_response)
page.goto('https://spa6.scrape.center/')
page.wait_for_load_state('networkidle')
browser.close()
```

我们在创建 Page 对象后，就开始监听 response 事件，同时将回调方法设置为 on_response，on_response 接收一个参数，然后输出响应中的状态码和链接。

运行上述代码后，可以看到控制台输出如下结果：

```
Statue 200: https://spa6.scrape.center/
Statue 200: https://spa6.scrape.center/css/app.ea9d802a.css
Statue 200: https://spa6.scrape.center/js/app.5ef0d454.js
Statue 200: https://spa6.scrape.center/js/chunk-vendors.77daf991.js
Statue 200: https://spa6.scrape.center/css/chunk-19c920f8.2a6496e0.css
...
Statue 200: https://spa6.scrape.center/css/chunk-19c920f8.2a6496e0.css
Statue 200: https://spa6.scrape.center/js/chunk-19c920f8.c3a1129d.js
Statue 200: https://spa6.scrape.center/img/logo.a508a8f0.png
Statue 200: https://spa6.scrape.center/fonts/element-icons.535877f5.woff
Statue 301: https://spa6.scrape.center/api/movie?limit=10&offset=0&token=NGMwMzFhNGEzMTFiMzJkOGE0ZTQ1YjUzMTc2OWNiYTI1YzkoZDM3MSwxNjIyOTE4NTE5
Statue 200: https://spa6.scrape.center/api/movie/?limit=10&offset=0&token=NGMwMzFhNGEzMTFiMzJkOGE0ZTQ1YjUzMTc2OWNiYTI1YzkoZDM3MSwxNjIyOTE4NTE5
Statue 200: https://p0.meituan.net/movie/da64660f82b98cdc1b8a3804e69609e041108.jpg@464w_644h_1e_1c
Statue 200: https://p0.meituan.net/movie/283292171619cdfd5b240c8fd093f1eb255670.jpg@464w_644h_1e_1c
....
Statue 200: https://p1.meituan.net/movie/b607fba7513e7f15eab170aac1e1400d878112.jpg@464w_644h_1e_1c
```

注意 这里省略了部分重复的内容。

可以发现，这个输出结果其实正好对应浏览器 Network 面板中的所有请求和响应，和图 7-34 里的内容是一一对应的。

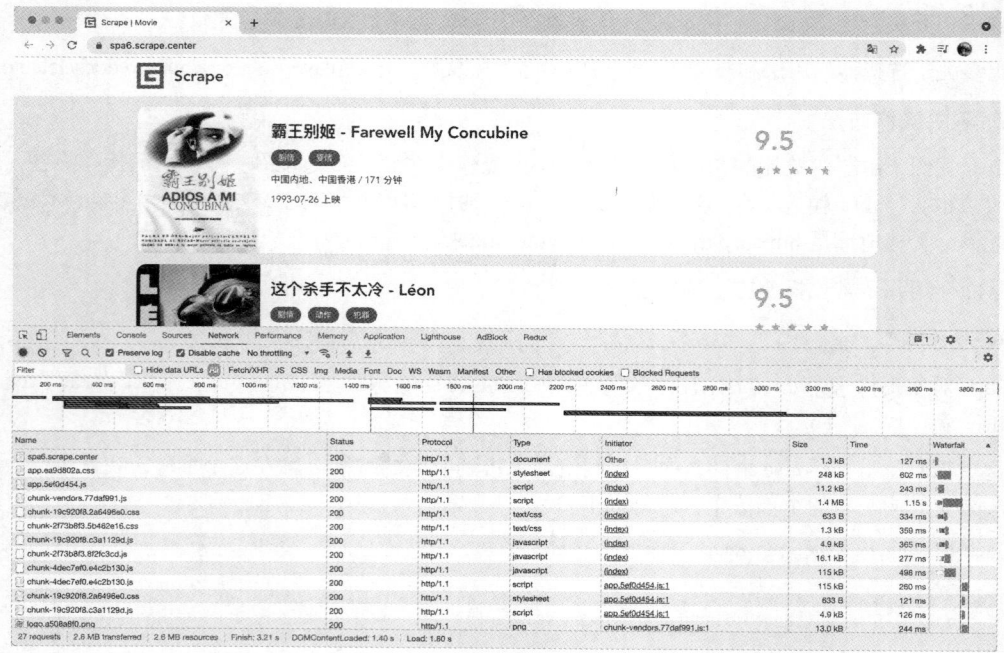

图 7-34　浏览器的 Network 面板

我们之前分析过这个网站，其真实的数据都是 Ajax 加载的，同时 Ajax 请求中还带有加密参数，不好轻易获取。但有了 on_response 方法，如果我们想截获 Ajax 请求，岂不是就非常容易了？改写一下这里的判定条件，输出对应的 JSON 结果，代码如下：

```python
from playwright.sync_api import sync_playwright

def on_response(response):
    if '/api/movie/' in response.url and response.status == 200:
        print(response.json())

with sync_playwright() as p:
    browser = p.chromium.launch(headless=False)
    page = browser.new_page()
    page.on('response', on_response)
    page.goto('https://spa6.scrape.center/')
    page.wait_for_load_state('networkidle')
    browser.close()
```

控制台的输出结果如下：

```
{'count': 100, 'results': [{'id': 1, 'name': '霸王别姬', 'alias': 'Farewell My Concubine', 'cover':
'https://p0.meituan.net/movie/ce4da3e03e655b5b88ed31b5cd7896cf62472.jpg@464w_644h_1e_1c', 'categories':
['剧情', '爱情'], 'published_at': '1993-07-26', 'minute': 171, 'score': 9.5, 'regions': ['中国大陆',
'中国香港']},
...
'published_at': None, 'minute': 103, 'score': 9.0, 'regions': ['美国']}, {'id': 10, 'name': '狮子王', 'alias':
'The Lion King', 'cover':
'https://p0.meituan.net/movie/27b76fe6cf3903f3d74963f70786001e1438406.jpg@464w_644h_1e_1c', 'categories':
['动画', '歌舞', '冒险'], 'published_at': '1995-07-15', 'minute': 89, 'score': 9.0, 'regions': ['美国']}]}
```

简直是得来全不费工夫，我们通过 on_response 方法拦截了 Ajax 请求，直接拿到了响应结果，即使这个 Ajax 请求中有加密参数，也不用担心，因为我们截获的是最后的响应结果，这让数据爬取变方便太多了。

其他的事件监听，这里就不再一一介绍了，可以查阅官方文档。

- **获取页面源代码**

获取页面源代码的过程其实很简单，直接调用 Page 对象的 content 方法就行，用法如下：

```python
from playwright.sync_api import sync_playwright

with sync_playwright() as p:
    browser = p.chromium.launch(headless=False)
    page = browser.new_page()
    page.goto('https://spa6.scrape.center/')
    page.wait_for_load_state('networkidle')
    html = page.content()
    print(html)
    browser.close()
```

运行结果就是页面源代码。获取了页面源代码之后，借助一些解析工具就可以提取想要的信息了。

- **页面点击**

实现页面点击的方法，我们已经不陌生了，就是 click 方法，这里详细介绍一下这个方法如何使用。click 方法的 API 定义如下：

```
page.click(selector, **kwargs)
```

可以看到，必须传入的参数是 selector，其他参数都是可选的。selector 代表选择器，用来匹配想要点击的节点，如果有多个节点和传入的选择器相匹配，那么只使用第一个节点。

其他一些比较重要的参数如下。

- click_count：点击次数，默认为 1。
- timeout：等待找到要点击的节点的超时时间（单位为秒），默认是 30。
- position：需要传入一个字典，带有 x 属性和 y 属性，代表点击位置相对节点左上角的偏移量。
- force：即使按钮设置了不可点击，也要强制点击，默认是 False。

click 方法的内部执行逻辑如下。

- 找到与 selector 匹配的节点，如果没有找到，就一直等待直到超时，超时时间由 timeout 参数设置。
- 检查匹配到的节点是否存在可操作性，等待检查结果，如果某个按钮设置了不可点击，就等该按钮变成可点击的时候再去点击，除非通过 force 参数设置了跳过可操作性检查的步骤，才会强制点击。
- 如果有需要，就滚动一下页面，使需要点击的节点呈现出来。
- 调用 Page 对象的 mouse 方法，点击节点的中心位置，如果指定了 position 参数，就点击参数指定的位置。

具体的参数设置可以参考官方文档 https://playwright.dev/python/docs/api/class-page/#pageclickselector-kwargs。

- 文本输入

文本输入对应的方法是 fill，其 API 定义如下：

page.fill(selector, value, **kwargs)

这个方法有两个必传参数，第一个也是 selector，依然代表选择器；第二个是 value，代表输入的文本内容；还可以通过 timeout 参数指定查找对应节点的最长等待时间。

- 获取节点属性

除了操作节点本身，我们还可以获取节点的属性，方法是 get_attribute，其 API 定义如下：

page.get_attribute(selector, name, **kwargs)

这个方法有两个必传参数，第一个还是 selector；第二个是 name，代表要获取的属性的名称；还可以通过 timeout 参数指定查找对应节点的最长等待时间。示例如下：

```
from playwright.sync_api import sync_playwright

with sync_playwright() as p:
    browser = p.chromium.launch(headless=False)
    page = browser.new_page()
    page.goto('https://spa6.scrape.center/')
    page.wait_for_load_state('networkidle')
    href = page.get_attribute('a.name', 'href')
    print(href)
    browser.close()
```

这里我们调用了 get_attribute 方法，传入的 selector 参数值是 a.name，代表查找 class 为 name 的 a 节点，name 参数值传入了 href，代表获取超链接的内容，输出结果如下：

/detail/ZWYzNCNOZXVxMGJOdWEjKC01N3cxcTVvNS0takA5OHh5Z2ltbHlmeHMqLSFpLTAtbWIx

可以看到获取了对应节点的 href 属性，但只有一条结果，这是因为如果传入的选择器匹配了多个节点，就只会用第一个。那么怎样获取所有匹配到的节点呢？

- 获取多个节点

使用 query_selector_all 方法可以获取所有节点，它会返回节点列表，通过遍历得到其中的单个节点后，可以接着调用上面介绍的针对单个节点的方法完成一些操作和获取属性，示例如下：

```python
from playwright.sync_api import sync_playwright

with sync_playwright() as p:
    browser = p.chromium.launch(headless=False)
    page = browser.new_page()
    page.goto('https://spa6.scrape.center/')
    page.wait_for_load_state('networkidle')
    elements = page.query_selector_all('a.name')
    for element in elements:
        print(element.get_attribute('href'))
        print(element.text_content())
    browser.close()
```

这里通过 query_selector_all 方法获取了所有匹配到的节点，每个节点各对应一个 ElementHandle 对象，可以调用 ElementHandle 对象的 get_attribute 方法获取节点属性，也可以通过 text_content 方法获取节点文本。

运行结果如下：

```
/detail/ZWYzNCN0ZXVxMGJOdWEjKC01N3cxcTVvNS0takA5OHh5Z2ltbHlmeHMqLSFpLTAtbWIx
霸王别姬 - Farewell My Concubine
/detail/ZWYzNCN0ZXVxMGJOdWEjKC01N3cxcTVvNS0takA5OHh5Z2ltbHlmeHMqLSFpLTAtbWIy
这个杀手不太冷 - Léon
/detail/ZWYzNCN0ZXVxMGJOdWEjKC01N3cxcTVvNS0takA5OHh5Z2ltbHlmeHMqLSFpLTAtbWIz
肖申克的救赎 - The Shawshank Redemption
/detail/ZWYzNCN0ZXVxMGJOdWEjKC01N3cxcTVvNS0takA5OHh5Z2ltbHlmeHMqLSFpLTAtbWIO
泰坦尼克号 - Titanic
/detail/ZWYzNCN0ZXVxMGJOdWEjKC01N3cxcTVvNS0takA5OHh5Z2ltbHlmeHMqLSFpLTAtbWI1
罗马假日 - Roman Holiday
/detail/ZWYzNCN0ZXVxMGJOdWEjKC01N3cxcTVvNS0takA5OHh5Z2ltbHlmeHMqLSFpLTAtbWI2
唐伯虎点秋香 - Flirting Scholar
/detail/ZWYzNCN0ZXVxMGJOdWEjKC01N3cxcTVvNS0takA5OHh5Z2ltbHlmeHMqLSFpLTAtbWI3
乱世佳人 - Gone with the Wind
/detail/ZWYzNCN0ZXVxMGJOdWEjKC01N3cxcTVvNS0takA5OHh5Z2ltbHlmeHMqLSFpLTAtbWI4
喜剧之王 - The King of Comedy
/detail/ZWYzNCN0ZXVxMGJOdWEjKC01N3cxcTVvNS0takA5OHh5Z2ltbHlmeHMqLSFpLTAtbWI5
楚门的世界 - The Truman Show
/detail/ZWYzNCN0ZXVxMGJOdWEjKC01N3cxcTVvNS0takA5OHh5Z2ltbHlmeHMqLSFpLTAtbWIxMA==
狮子王 - The Lion King
```

- 获取单个节点

获取单个节点也有特定的方法，就是 query_selector，如果传入的选择器匹配到多个节点，那它只会返回第一个，示例如下：

```python
from playwright.sync_api import sync_playwright

with sync_playwright() as p:
    browser = p.chromium.launch(headless=False)
    page = browser.new_page()
    page.goto('https://spa6.scrape.center/')
    page.wait_for_load_state('networkidle')
    element = page.query_selector('a.name')
    print(element.get_attribute('href'))
    print(element.text_content())
    browser.close()
```

运行结果如下：

```
/detail/ZWYzNCN0ZXVxMGJOdWEjKC01N3cxcTVvNS0takA5OHh5Z2ltbHlmeHMqLSFpLTAtbWIx
霸王别姬 - Farewell My Concubine
```

可以看到这里只输出了第一个节点的信息。

- 网络劫持

再介绍一个实用的方法——route，利用这个方法可以实现网络劫持和修改操作，例如修改 request 的属性，修改响应结果等。来看一个实例：

```python
from playwright.sync_api import sync_playwright
import re

with sync_playwright() as p:
    browser = p.chromium.launch(headless=False)
    page = browser.new_page()

    def cancel_request(route, request):
        route.abort()

    page.route(re.compile(r"(\.png)|(\.jpg)"), cancel_request)
    page.goto("https://spa6.scrape.center/")
    page.wait_for_load_state('networkidle')
    page.screenshot(path='no_picture.png')
    browser.close()
```

这里我们调用了 route 方法，第一个参数通过正则表达式传入了 URL 路径，这里的 (\.png) (\.jpg) 代表所有包含 .png 或 .jpg 的链接，遇到这样的请求，会回调 cancel_request 方法做处理。cancel_request 方法接收两个参数，一个是 route，代表一个 CallableRoute 对象；另一个是 request，代表 Request 对象。这里我们直接调用 CallableRoute 对象的 abort 方法，取消了这次请求，导致最终的结果是取消全部图片的加载。

观察下运行结果，如图 7-35 所示，可以看到图片全都加载失败了。

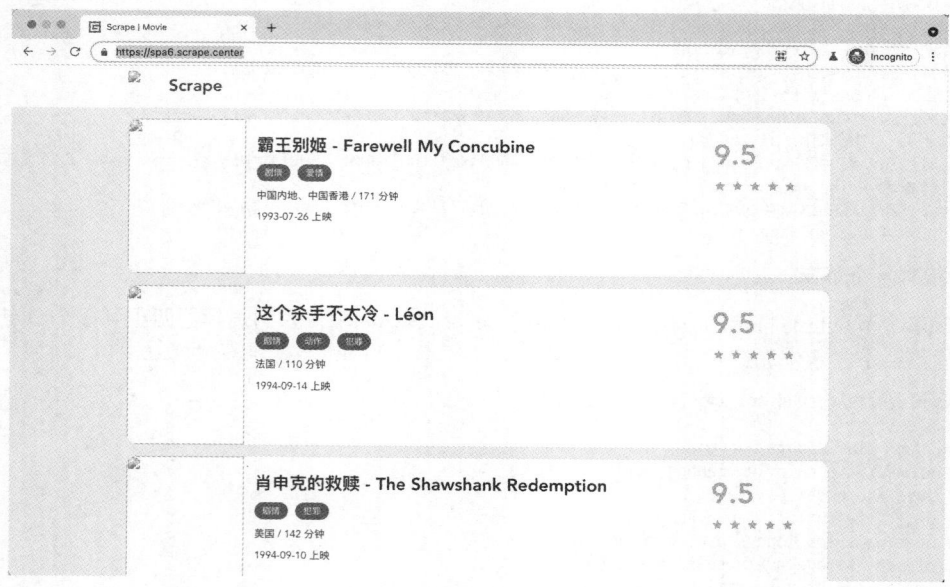

图 7-35　图片全部加载失败

也许有人会说这个设置看起来没什么用啊？其实是有用的，图片资源都是二进制文件，我们在爬取过程中可能并不想关心具体的二进制文件内容，而只关心图片的 URL 是什么，所以浏览器中是否把图片加载出来就不重要了，如此设置可以提高整个页面的加载速度，提高爬取效率。

另外，利用这个功能，还可以对一些响应内容进行修改，例如直接将响应结果修改为自定义的文本内容。

这里首先定义一个 HTML 文本文件，命名为 custom_response.html，内容如下：

```html
<!DOCTYPE html>
<html>
    <head>
        <title>Hack Response</title>
    </head>
    <body>
        <h1>Hack Response</h1>
    </body>
</html>
```

代码编写如下：

```python
from playwright.sync_api import sync_playwright

with sync_playwright() as p:
    browser = p.chromium.launch(headless=False)
    page = browser.new_page()

    def modify_response(route, request):
        route.fulfill(path="./custom_response.html")

    page.route('/', modify_response)
    page.goto("https://spa6.scrape.center/")
    browser.close()
```

这里我们使用 `CallableRoute` 对象的 `fulfill` 方法指定了一个本地文件，就是刚才我们定义的 HTML 文件，运行结果如图 7-36 所示。

图 7-36　修改响应结果后的代码运行结果

可以看到，响应结果已经被我们修改了，URL 依然不变，但结果已经变成我们修改后的 HTML 代码。所以通过 route 方法，我们可以灵活地控制请求和响应的内容，从而在某些场景下达成某些目的。

8. 总结

本节介绍了 Playwright 的基本用法，其 API 强大又易于使用，同时具备很多 Selenium、Pyppeteer 不具备的更好用的 API，是新一代爬取 JavaScript 渲染页面的利器。

本节代码参见：https://github.com/Python3WebSpider/PlaywrightTest。

7.5　Selenium 爬取实战

在 7.1 节，我们学习了 Selenium 的基本用法，本节结合一个实际案例体会一下 Selenium 的适用场景以及使用方法。

1. 准备工作

请先确保已经做好了如下准备工作。

- 安装好 Chrome 浏览器并正确配置了 ChromeDriver。
- 安装好 Python（至少为 3.6 版本）并能成功运行 Python 程序。
- 安装好 Selenium 相关的包并能成功用 Selenium 打开 Chrome 浏览器。

这些步骤在 7.1 节都有提及，可以参考相关内容。

准备工作都做好后，便可以开始实战练习了。

2. 爬取目标

本节还是用电影网站 https://spa2.scrape.center/ 做示例，首页如图 7-37 所示。

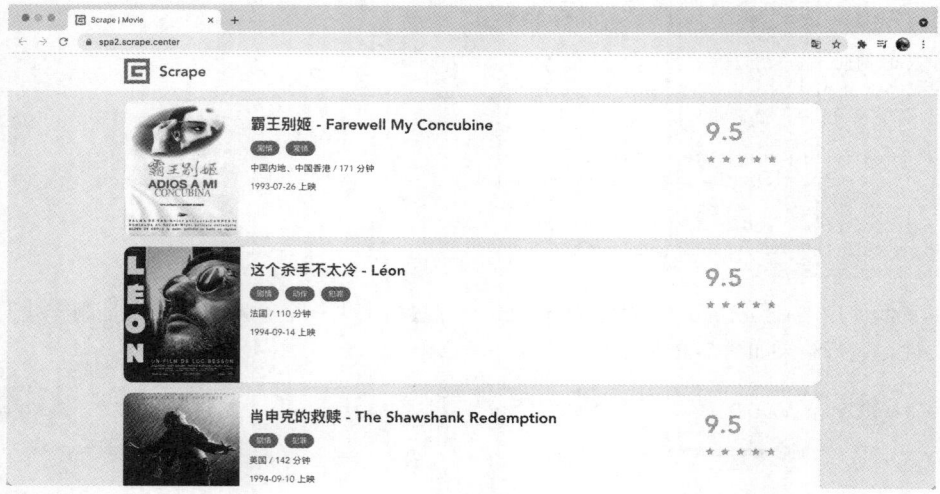

图 7-37　示例网站的页面

乍一看，页面和之前没什么区别。接下来我们仔细观察每部电影的 URL 和 Ajax 请求 API，例如点击《霸王别姬》，观察 URL 的变化，如图 7-38 所示。

图 7-38　电影《霸王别姬》主页

可以看到，电影详情页的 URL 和首页的不一样。在图 2-13 中，URL 里的 detail 后面直接跟的是 id，是 1、2、3 等数字，但是这里变成了一个长字符串，看着是由 Base64 编码而得，也就是说详情页的 URL 中包含加密参数，所以我们无法直接根据规律构造详情页的 URL。

然后，依次点击列表页的第 1 页到第 10 页，观察 Ajax 请求，如图 7-39 所示。

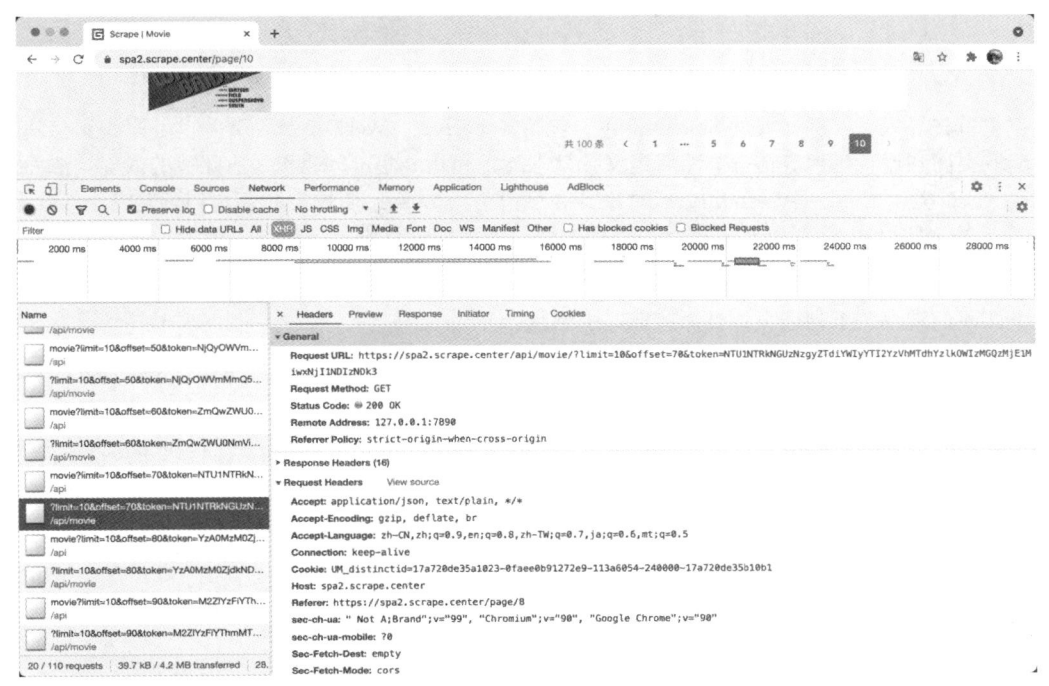

图 7-39　Ajax 请求

可以看到，这里接口的参数多了一个 token 字段，而且每次请求的 token 都不同，这个字段看着同样是由 Base64 编码而得。更棘手的一点是，API 具有时效性，意味着把 Ajax 接口内 URL 复制下来，短期内是可以访问的，但过段时间就访问不了了，会直接返回 401 状态码。

之前我们可以直接用 requests 构造 Ajax 请求，但现在 Ajax 请求接口中带有 token，而且还是可变的。我们不知道 token 的生成逻辑，就没法直接构造 Ajax 请求来爬取数据。怎么办呢？先分析出 token 的生成逻辑，再模拟 Ajax 请求，是一个办法，可这个办法相对较难。此时我们可以用 Selenium 绕过这个阶段，直接获取 JavaScript 最终渲染完成的页面源代码，再从中提取数据即可。

之后我们要完成如下工作。

- 通过 Selenium 遍历列表页，获取每部电影的详情页 URL。
- 通过 Selenium 根据上一步获取的详情页 URL 爬取每部电影的详情页。
- 从详情页中提取每部电影的名称、类别、分数、简介、封面等内容。

3. 爬取列表页

先做一系列初始化工作：

```
from selenium import webdriver
from selenium.common.exceptions import TimeoutException
from selenium.webdriver.common.by import By
from selenium.webdriver.support import expected_conditions as EC
from selenium.webdriver.support.wait import WebDriverWait
```

```
import logging

logging.basicConfig(level=logging.INFO,
                    format='%(asctime)s - %(levelname)s: %(message)s')

INDEX_URL = 'https://spa2.scrape.center/page/{page}'
TIME_OUT = 10
TOTAL_PAGE = 10

browser = webdriver.Chrome()
wait = WebDriverWait(browser, TIME_OUT)
```

这里首先导入了一些必要的 Selenium 包，包括 webdriver、WebDriverWait 等，后面我们会使用这些包爬取页面和设置延迟等待等。然后定义了日志配置和几个变量，这和之前几节的内容类似。接着使用 Chrome 类生成了一个 webdriver 对象，并赋值为 browser 变量。我们可以通过 browser 调用 Selenium 的一些 API 来对浏览器进行一系列操作，如截图、点击、下拉等。最后，我们声明了一个 WebDriverWait 对象，利用它可以配置页面加载的最长等待时间。

下面我们观察一下列表页，然后爬取其中的数据。

能够观察到，列表页的 URL 还是有一定规律的，例如第一页的 URL 是 https://spa2.scrape.center/page/1，最后的数字就是页码，所以可以直接构造出每一页的 URL。

那么，怎么判断一个列表页是否加载成功呢？很简单，当页面上出现了我们想要的内容时，就代表加载成功了。这里可以使用 Selenium 的隐式判断条件，例如每部电影的信息区块的 CSS 选择器 #index .item，如图 7-40 所示。

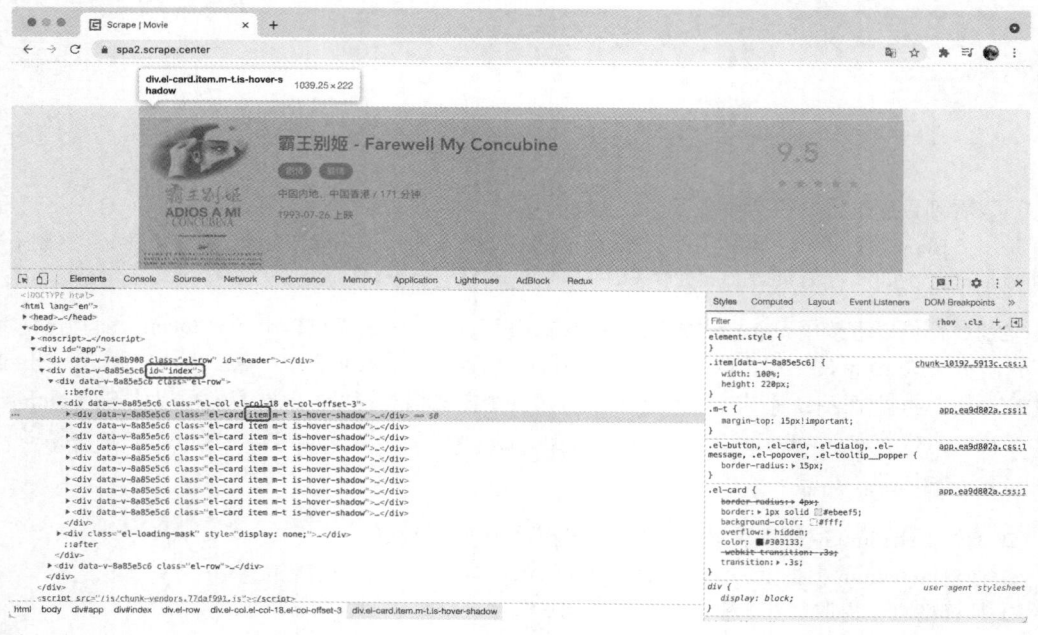

图 7-40 电影的信息区块

直接使用 visibility_of_all_elements_located 判断条件加上 CSS 选择器的内容，即可判断页面有没有加载成功，配合 WebDriverWait 的超时配置，就可以实现 10 秒的页面加载监听。如果 10 秒之内，我们配置的条件得到满足，就代表页面加载成功，否则抛出 TimeoutException 异常。实现代码如下：

```python
def scrape_page(url, condition, locator):
    logging.info('scraping %s', url)
    try:
        browser.get(url)
        wait.until(condition(locator))
    except TimeoutException:
        logging.error('error occurred while scraping %s', url, exc_info=True)


def scrape_index(page):
    url = INDEX_URL.format(page=page)
    scrape_page(url, condition=EC.visibility_of_all_elements_located,
                locator=(By.CSS_SELECTOR, '#index .item'))
```

这里我们定义了两个方法。

第一个方法 scrape_page 依然是一个通用的爬取方法，可以对任意 URL 进行爬取、状态监听以及异常处理，接收 url、condition、locator 三个参数：url 就是要爬取的页面的 URL；condition 是页面加载成功的判断条件，可以是 expected_conditions 中的某一项，如 visibility_of_all_elements_located、visibility_of_element_located 等；locator 是定位器，是一个元组，通过配置查询条件和参数来获取一个或多个节点，如 (By.CSS_SELECTOR, '#index .item') 代表通过 CSS 选择器查找 #index .item 来获取列表页所有的电影信息节点。另外，我们在爬取过程中添加了超时检测，如果到规定时间（这里为 10 秒）还没有加载出对应的节点，就抛出 TimeoutException 异常并输出错误日志。

第二个方法 scrape_index 则是爬取列表页的方法，接收一个参数 page，通过调用 scrape_page 方法并传入 condition 参数和 locator 参数，完成对列表页的爬取。这里的 condition 我们传入的是 visibility_of_all_elements_located，代表所有节点都加载出来才算成功。

注意，这里爬取页面时，不需要返回任何结果，因为执行完 scrape_index 方法后，页面正好处于加载完成状态，利用 browser 对象即可进行进一步的信息提取。

现在已经可以加载出列表页了，下一步当然就是解析列表页，从中提取详情页的 URL。这里定义一个解析列表页的方法，具体如下：

```python
from urllib.parse import urljoin

def parse_index():
    elements = browser.find_elements_by_css_selector('#index .item .name')
    for element in elements:
        href = element.get_attribute('href')
        yield urljoin(INDEX_URL, href)
```

我们通过 find_elements_by_css_selector 方法直接从列表页中提取了所有电影节点，接着遍历这些节点，通过 get_attribute 方法提取了详情页的 href 属性值，再用 urljoin 方法合并成一个完整的 URL。

最后，我们用一个 main 方法把上面所有的方法串联起来，实现如下：

```python
def main():
    try:
        for page in range(1, TOTAL_PAGE + 1):
            scrape_index(page)
            detail_urls = parse_index()
            logging.info('details urls %s', list(detail_urls))
    finally:
        browser.close()
```

这里我们遍历了所有页码，依次爬取了每一个列表页并提取出详情页的 URL。

运行结果如下：

```
2020-03-29 12:03:09,896 - INFO: scraping https://spa2.scrape.center/page/1
2020-03-29 12:03:13,724 - INFO: details urls ['https://spa2.scrape.center/detail/
```

```
ZWYzNCN0ZXVxMGJOdWEjKC01N3cxcTVvNS0takA5OHh5Z2ltbHlmeHMqLSFpLTAtbWIx',
...
'https://spa2.scrape.center/detail/ZWYzNCN0ZXVxMGJOdWEjKC01N3cxcTVvNS0takA5OHh5Z2ltbHlmeHMqLSFpLTAtbWI5',
'https://spa2.scrape.center/detail/ZWYzNCN0ZXVxMGJOdWEjKC01N3cxcTVvNS0takA5OHh5Z2ltbHlmeHMqLSFpLTAtbWIxMA==']
2020-03-29 12:03:13,724 - INFO: scraping https://spa2.scrape.center/page/2
...
```

由于输出内容较多，这里省略了部分内容。

观察结果可以发现，我们已经成功提取到详情页那一个个不规则的 URL 了！

4. 爬取详情页

既然已经成功拿到详情页的 URL 了，接下来就进一步爬取详情页并提取对应的信息吧。

基于同样的逻辑，这里也可以加一个判断条件，如果电影名称加载出来，就代表详情页加载成功。实现时，调用 scrape_page 方法即可，代码如下：

```
def scrape_detail(url):
    scrape_page(url, condition=EC.visibility_of_element_located,
                locator=(By.TAG_NAME, 'h2'))
```

这里的判定条件 condition 传入的是 visibility_of_element_located，即单个元素出现即可。locator 传入的是 (By.TAG_NAME, 'h2')，即 h2 这个节点，也就是电影名称对应的节点，如图 7-41 所示。

图 7-41　电影名称对应的节点 h2

如果执行了 scrape_detail 方法，没有抛出 TimeoutException 异常，就表示页面加载成功了。下面定义一个解析详情页的方法来提取我们想要的信息。实现如下：

```
def parse_detail():
    url = browser.current_url
    name = browser.find_element_by_tag_name('h2').text
    categories = [element.text for element in browser.find_elements_by_css_selector('.categories button span')]
    cover = browser.find_element_by_css_selector('.cover').get_attribute('src')
    score = browser.find_element_by_class_name('score').text
    drama = browser.find_element_by_css_selector('.drama p').text
```

```python
    return {
        'url': url,
        'name': name,
        'categories': categories,
        'cover': cover,
        'score': score,
        'drama': drama
    }
```

这里定义了一个 parse_detail 方法,提取了详情页的 URL 和电影的名称、类别、封面、分数和简介等内容,提取细节如下。

- URL:直接调用 Browser 对象的 current_url 属性即可获取当前页面的 URL。
- 名称:提取 h2 节点内部的文本即可获取电影名称。这里我们使用 find_element_by_tag_name 方法并传入 h2,提取到了指定名称对应的节点,然后调用 text 属性提取了节点内部的文本,即电影名称。
- 类别:为了方便,这里通过 CSS 选择器提取电影类别,对应的 CSS 选择器为 .categories button span。可以使用 find_elements_by_css_selector 方法提取 CSS 选择器对应的多个类别节点,然后遍历这些节点,调用节点的 text 属性获取节点内部的文本。
- 封面:可以使用 CSS 选择器 .cover 直接获取封面对应的节点。但是由于封面的 URL 对应的是 src 这个属性,所以这里使用 get_attribute 方法并传入 src 来提取。
- 分数:对应的 CSS 选择器为 .score。依然可以用上面的方式来提取分数,但是这里换了一个方法,叫作 find_element_by_class_name,这个方法可以使用 class 的名称提取节点,能达到同样的效果,不过这里传入的参数就是 class 的名称 score 而不是 .score 了。提取节点后,再调用 text 属性提取节点文本即可。
- 简介:对应的 CSS 选择器为 .drama p,直接获取简介对应的节点,然后调用 text 属性提取文本即可。

最后,把所有结果构造成一个字典并返回。

接下来,在 main 方法中添加对这两个方法的调用,实现如下:

```python
def main():
    try:
        for page in range(1, TOTAL_PAGE + 1):
            scrape_index(page)
            detail_urls = parse_index()
            for detail_url in list(detail_urls):
                logging.info('get detail url %s', detail_url)
                scrape_detail(detail_url)
                detail_data = parse_detail()
                logging.info('detail data %s', detail_data)
    finally:
        browser.close()
```

这样爬取完列表页之后,就可以依次爬取详情页来提取每部电影的具体信息了。

```
2020-03-29 12:24:10,723 - INFO: scraping https://spa2.scrape.center/page/1
2020-03-29 12:24:16,997 - INFO: get detail url https://spa2.scrape.center/detail/ZWYzNCN0ZXVxMGJOdWEj
    KC01N3cxcTVvNS0takA5OHh5Z2ltbHlmeHMqLSFpLTAtbWIx
2020-03-29 12:24:16,997 - INFO: scraping https://spa2.scrape.center/detail/ZWYzNCN0ZXVxMGJOdWEjKC01
    N3cxcTVvNS0takA5OHh5Z2ltbHlmeHMqLSFpLTAtbWIx
2020-03-29 12:24:19,289 - INFO: detail data {'url': 'https://spa2.scrape.center/detail/ZWYzNCN0ZXVxMGJOd
    WEjKC01N3cxcTVvNS0takA5OHh5Z2ltbHlmeHMqLSFpLTAtbWIx', 'name': '霸王别姬 - Farewell My Concubine',
    'categories': ['剧情', '爱情'], 'cover': 'https://p0.meituan.net/movie/ce4da3e03e655b5b88ed31b5cd7896
    cf62472.jpg@464w_644h_1e_1c', 'score': '9.5', 'drama': '影片借一出《霸王别姬》的京戏,牵扯出三个人之间
    一段随时代风云变幻的爱恨情仇。段小楼(张丰毅 饰)与程蝶衣(张国荣 饰)是一对打小一起长大的师兄弟,两人
    一个演生,一个饰旦,一向配合天衣无缝,尤其一出《霸王别姬》,更是誉满京城,为此,两人约定合演一辈子《霸
    王别姬》。但两人对戏剧与人生关系的理解有本质不同,段小楼深知戏非人生,程蝶衣则是人戏不分。段小楼在认为
```

该成家立室之时迎娶了名妓菊仙（巩俐 饰），致使程蝶衣认定菊仙是可耻的第三者，使段小楼做了叛徒，自此，三人围绕一出《霸王别姬》生出的爱恨情仇战开始随着时代风云的变迁不断升级，终酿成悲剧。'}
2020-03-29 12:24:19,291 - INFO: get detail url https://spa2.scrape.center/detail/ZWYzNCN0ZXVxMGJOdWEjKC01
N3cxcTVvNSOtakA5OHh5Z2ltbHlmeHMqLSFpLTAtbWIy
2020-03-29 12:24:19,291 - INFO: scraping https://spa2.scrape.center/detail/ZWYzNCN0ZXVxMGJOdWEjKC01N3cxcTVv
NSOtakA5OHh5Z2ltbHlmeHMqLSFpLTAtbWIy
2020-03-29 12:24:21,524 - INFO: detail data {'url': 'https://spa2.scrape.center/detail/ZWYzNCN0ZXVxMGJOd
WEjKC01N3cxcTVvNSOtakA5OHh5Z2ltbHlmeHMqLSFpLTAtbWIy', 'name': '这个杀手不太冷 - Léon', 'categories':
['剧情', '动作', '犯罪'], 'cover': 'https://p1.meituan.net/movie/6bea9af4524dfbd0b668eaa7e187c3df767253.jpg
@464w_644h_1e_1c', 'score': '9.5', 'drama': '里昂（让·雷诺 饰）是名孤独的职业杀手，受人雇佣。一天，邻居家小姑娘马蒂尔德（纳塔丽·波特曼 饰）敲开他的房门，要求在他那里暂避杀身之祸。原来邻居家的主人是警方缉毒组的眼线，只因贪污了一小包毒品而遭恶警（加里·奥德曼 饰）杀害全家的惩罚。马蒂尔德 得到里昂的留救，幸免于难，并留在里昂那里。里昂教小女孩使枪，她教里昂法文，两人关系日趋亲密，相处融洽。 女孩想着去报仇，反倒被抓，里昂及时赶到，将女孩救回。混杂着哀怨情仇的正邪之战渐次升级，更大的冲突在所难免……'}
...

这样我们即得到了详情页的数据。

5. 数据存储

最后，像之前那样添加一个存储数据的方法。为了方便，这里还是将数据保存为 JSON 文件，实现代码如下：

```
from os import makedirs
from os.path import exists

RESULTS_DIR = 'results'

exists(RESULTS_DIR) or makedirs(RESULTS_DIR)

def save_data(data):
    name = data.get('name')
    data_path = f'{RESULTS_DIR}/{name}.json'
    json.dump(data, open(data_path, 'w', encoding='utf-8'), ensure_ascii=False, indent=2)
```

这里的原理和实现方式与 2.5 节是完全相同的，不再赘述。

最后在 main 方法中添加对 save_data 方法的调用即可。

6. 设置无头模式

如果觉得爬取过程中弹出浏览器会造成干扰，可以开启 Chrome 的无头模式，这样不仅解决了干扰问题，爬取速度也会得到进一步提升。只需要对代码做如下修改即可开启无头模式：

```
options = webdriver.ChromeOptions()
options.add_argument('--headless')
browser = webdriver.Chrome(options=options)
```

这里通过 ChromeOptions 对象添加了 --headless 参数，然后用 ChromeOptions 对 Chrome 进行了初始化。之后重新运行代码，Chrome 浏览器就不会弹出来了，爬取结果也和之前完全一样。

7. 总结

本节，我们通过一个案例了解了 Selenium 的适用场景，并实现了页面爬取，相信能让大家进一步掌握 Selenium 的使用方法。

本节代码参见：https://github.com/Python3WebSpider/ScrapeSpa2。

7.6 Pyppeteer 爬取实战

在 7.3 节，我们了解了 Pyppeteer 的基本用法，和 Selenium 相比，它确实有很多方便之处。

本节我们就使用 Pyppeteer 改写 7.5 节的爬取实现，来体会 Pyppeteer 和 Selenium 之间的不同，同时加强对 Pyppeteer 的理解和掌握。

1. 爬取目标

本节要爬取的目标和 7.5 节的一样，还是电影网站 https://spa2.scrape.center/ 。

2. 本节工作

本节要完成的工作也和 7.5 节的一样。

- 遍历每一页列表页，获取每部电影详情页的 URL。
- 爬取每部电影的详情页，提取电影的名称、评分、类别、封面、简介等信息。
- 将爬取的数据保存为 JSON 文件。

3. 准备工作

在开始之前，需要做好如下准备工作。

- 安装好 Python（最低版本为 3.6），并能成功运行 Python 程序。
- 安装好 Pyppeteer 并能成功运行示例。

其他的浏览器、驱动配置此处就不需要了，这也是比 Selenium 更方便的地方。

4. 爬取列表页

依然是先做一些准备工作：

```
import logging

logging.basicConfig(level=logging.INFO,
                    format='%(asctime)s - %(levelname)s: %(message)s')

INDEX_URL = 'https://spa2.scrape.center/page/{page}'
TIMEOUT = 10
TOTAL_PAGE = 10
WINDOW_WIDTH, WINDOW_HEIGHT = 1366, 768
HEADLESS = False
```

这里的大多数配置和 7.5 节是一样的，也导入了一些必要的包，定义了日志配置和几个变量，不过这里还额外定义了浏览器窗口的宽和高，此处是 1366 × 768，大家也可以随意指定适合自己屏幕的宽高。另外，这里定义了一个变量 HEADLESS，用来指定是否启用 Pyppeteer 的无头模式，如果其值为 False，那么在启动 Pyppeteer 的时候会弹出一个 Chromium 浏览器窗口。

接着，我们再定义一个初始化 Pyppeteer 的方法，其中包括启动 Pyppeteer、新建一个页面选项卡和设置窗口大小等操作。代码实现如下：

```
from pyppeteer import launch

browser, tab = None, None

async def init():
    global browser, tab
    browser = await launch(headless=HEADLESS,
                           args=['--disable-infobars',
                                 f'--window-size={WINDOW_WIDTH},{WINDOW_HEIGHT}'])
    tab = await browser.newPage()
    await tab.setViewport({'width': WINDOW_WIDTH, 'height': WINDOW_HEIGHT})
```

这里先声明了 browser 变量和 tab 变量，前者代表 Pyppeteer 所用的浏览器对象，后者代表新建的页面选项卡。这两项都被设置为了全局变量，能够方便其他方法调用。

然后定义了一个 init 方法，该方法中调用了 Pyppeteer 的 launch 方法，并且给 headless 参数传入 HEADLESS，将 Pyppeteer 设置为非无头模式，还通过 args 参数指定了隐藏提示条和设置了浏览器窗口的宽高。

接下来，我们像之前一样，定义一个通用的爬取方法：

```
from pyppeteer.errors import TimeoutError

async def scrape_page(url, selector):
    logging.info('scraping %s', url)
    try:
        await tab.goto(url)
        await tab.waitForSelector(selector, options={
            'timeout': TIMEOUT * 1000
        })
    except TimeoutError:
        logging.error('error occurred while scraping %s', url, exc_info=True)
```

这里定义了一个 scrape_page 方法，它接收两个参数：一个是 url，代表要爬取的页面的 URL，使用 goto 方法调用此 URL 即可访问对应页面；另一个是 selector，即等待渲染出的节点对应的 CSS 选择器。此外，我们调用了 waitForSelector 方法，传入 selector，并通过 options 指定了最长等待时间。

运行时，会首先访问传入的 URL 对应的页面，然后等待某个和选择器匹配的节点加载出来，最长等待 10 秒。如果 10 秒内加载出来，就接着往下执行，否则抛出 TimeoutError 异常，并输出错误日志。

下面实现爬取列表页的方法：

```
async def scrape_index(page):
    url = INDEX_URL.format(page=page)
    await scrape_page(url, '.item .name')
```

这里定义了一个 scrape_index 方法，它接收参数 page，代表要爬取的页面的页码。方法中，我们首先通过 INDEX_URL 构造出了列表页的 URL，然后调用 scrape_page 方法并将构造出的 URL 传入其中，同时传入选择器。

这里我们传入的选择器是 .item .name，是列表页中电影的名称，意味着电影名称加载出来就代表页面加载成功了，如图 7-42 所示。

图 7-42　加载成功的页面

我们再定义一个解析列表页的方法，用来提取每部电影的详情页 URL，方法定义如下：

```python
async def parse_index():
    return await tab.querySelectorAllEval('.item .name', 'nodes => nodes.map(node => node.href)')
```

这里我们调用了 querySelectorAllEval 方法，它接收两个参数：一个是 selector，代表选择器；另一个是 pageFunction，代表要执行的 JavaScript 方法。这个方法的作用是找出和选择器匹配的节点，然后根据 pageFunction 定义的逻辑从这些节点中抽取出对应的结果并返回。

我们给参数 selector 传入了电影名称。由于和选择器相匹配的节点有多个，所以给 pageFunction 参数输入的 JavaScript 方法就是 nodes，其返回值是调用 map 方法得到 node，然后调用 node 的 href 属性得到的超链接。这样，querySelectorAllEval 的返回结果就是当前列表页中所有电影的详情页 URL 组成的列表。

接下来，我们串联调用刚实现的几个方法，代码如下：

```python
import asyncio

async def main():
    await init()
    try:
        for page in range(1, TOTAL_PAGE + 1):
            await scrape_index(page)
            detail_urls = await parse_index()
            logging.info('detail_urls %s', detail_urls)
    finally:
        await browser.close()

if __name__ == '__main__':
    asyncio.get_event_loop().run_until_complete(main())
```

这里定义了 main 方法，其中首先调用 init 方法，然后遍历所有页码，调用 scrape_index 方法爬取了每一页列表页，接着调用 parse_index 方法，从列表页中提取了详情页的每个 URL，最后输出。

运行结果如下：

```
2020-04-08 13:54:28,879 - INFO: scraping https://spa2.scrape.center/page/1
2020-04-08 13:54:31,411 - INFO: detail_urls ['https://spa2.scrape.center/detail/ZWYzNCNOZXVxMGJOdWEjKCO1
N3cxcTVvNSOtakA5OHh5Z2ltbHlmeHMqLSFpLTAtbWIx', ...,
'https://spa2.scrape.center/detail/ZWYzNCNOZXVxMGJOdWEjKCO1N3cxcTVvNSOtakA5OHh5Z2ltbHlmeHMqLSFpLTAtbWI5',
'https://spa2.scrape.center/detail/ZWYzNCNOZXVxMGJOdWEjKCO1N3cxcTVvNSOtakA5OHh5Z2ltbHlmeHMqLSFpLTAtbWIxMA==']
2020-04-08 13:54:31,411 - INFO: scraping https://spa2.scrape.center/page/2
```

由于内容较多，这里省略了部分内容。可以看到，每一次的返回结果都是从当前列表页中提取出的所有详情页 URL 组成的列表。下一步就可以凭着这些 URL 爬取详情页了。

5. 爬取详情页

现在要爬取每一个详情页，先定义一个爬取详情页的方法，代码如下：

```python
async def scrape_detail(url):
    await scrape_page(url, 'h2')
```

这个方法非常简单，直接调用 scrape_page 方法，传入详情页 URL 和选择器即可，这里的选择器我们直接传入了 h2，代表电影名称。运行顺利的话，Pyppeteer 已经成功加载出详情页了，如图 7-43 所示。

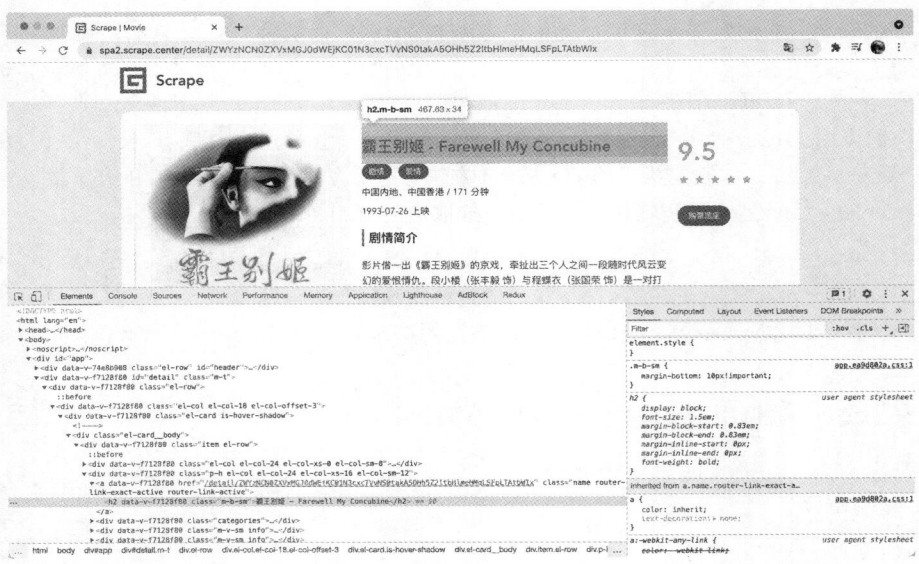

图 7-43 加载成功的详情页

下一步就是提取详情页里的信息。定义一个提取详情信息的方法:

```
async def parse_detail():
    url = tab.url
    name = await tab.querySelectorEval('h2', 'node => node.innerText')
    categories = await tab.querySelectorAllEval('.categories button span', 'nodes => nodes.map(node =>
node.innerText)')
    cover = await tab.querySelectorEval('.cover', 'node => node.src')
    score = await tab.querySelectorEval('.score', 'node => node.innerText')
    drama = await tab.querySelectorEval('.drama p', 'node => node.innerText')
    return {
        'url': url,
        'name': name,
        'categories': categories,
        'cover': cover,
        'score': score,
        'drama': drama
    }
```

这里我们定义了 parse_detail 方法,提取了 URL、名称、类别、封面、分数、简介等内容。

- URL:直接调用 tab 对象的 url 属性即可获取当前页面的 URL。
- 名称:由于名称只涉及一个节点,因此我们调用的是 querySelectorEval 方法。给这个方法传入的第一个参数值是 h2,代表根据电影名称提取对应的节点;对于第二个参数 pageFunction,这里调用了 node 的 innerText 属性,提取了文本值,即电影名称。
- 类别:类别有多个,因此调用 querySelectorAllEval 方法。其对应的 CSS 选择器是 .categories button span,可以选中多个类别节点;第二个参数 pageFunction 和之前提取详情页 URL 时类似,使用 nodes 方法,然后调用 map 方法提取 node 的 innerText 就得到了所有的电影类别。
- 封面:同样,可以使用 CSS 选择器 .cover 直接获取封面对应的节点,不同之处是封面的 URL 对应 src 属性,所以这里提取 src 属性。
- 分数:使用 CSS 选择器 .score 直接获取分数对应的节点,然后调用 node 的 innerText 属性,提取文本值。
- 简介:使用 CSS 选择器 .drama p 直接获取简介对应的节点,然后调用 node 的 innerText 属性,提取文本值。

最后，将提取结果汇总成一个字典并返回。

接下来，在main方法里添加对scrape_detail方法和parse_detail方法的调用。main方法改写如下：

```python
async def main():
    await init()
    try:
        for page in range(1, TOTAL_PAGE + 1):
            await scrape_index(page)
            detail_urls = await parse_index()
            for detail_url in detail_urls:
                await scrape_detail(detail_url)
                detail_data = await parse_detail()
                logging.info('data %s', detail_data)
    finally:
        await browser.close()
```

重新运行，结果如下：

```
2020-04-08 14:12:39,564 - INFO: scraping https://spa2.scrape.center/page/1
2020-04-08 14:12:42,935 - INFO: scraping https://spa2.scrape.center/detail/ZWYzNCNOZXVxMGJOdWEjKC01N3cxc
TVvNS0takA5OHh5Z2ltbHlmeHMqLSFpLTAtbWIx
2020-04-08 14:12:45,781 - INFO: data {'url': 'https://spa2.scrape.center/detail/ZWYzNCNOZXVxMGJOdWEjKC01
N3cxcTVvNS0takA5OHh5Z2ltbHlmeHMqLSFpLTAtbWIx', 'name': '霸王别姬 - Farewell My Concubine', 'categories':
['剧情', '爱情'], 'cover': 'https://p0.meituan.net/movie/ce4da3e03e655b5b88ed31b5cd7896cf62472.jpg@464w_
644h_1e_1c', 'score': '9.5', 'drama': '影片借一出《霸王别姬》的京戏，牵扯出三个人之间一段随时代风云变
幻的爱恨情仇。段小楼（张丰毅 饰）与程蝶衣（张国荣 饰）是一对打小一起长大的师兄弟，两人一个演生，一个饰
旦，一向配合天衣无缝，尤其一出《霸王别姬》，更是誉满京城，为此，两人约定合演一辈子《霸王别姬》。但两人
对戏剧与人生关系的理解有本质不同，段小楼深知戏非人生，程蝶衣则是人戏不分。段小楼在认为该成家立业之时
迎娶了名妓菊仙（巩俐 饰），致使程蝶衣认定菊仙是可耻的第三者，使段小楼做了叛徒，自此，三人围绕一出《霸
王别姬》生出的爱恨情仇战开始随着时代风云的变迁不断升级，终酿成悲剧。'}
2020-04-08 14:12:45,782 - INFO: scraping https://spa2.scrape.center/detail/ZWYzNCNOZXVxMGJOdWEjKC01N3cxc
TVvNS0takA5OHh5Z2ltbHlmeHMqLSFpLTAtbWIy
```

可以看到，这里首先爬取列表页，然后提取详情页URL，接着爬取详情页，提取出我们想要的电影信息，一个详情页爬完再接着爬取下一个。这样所有详情页就都被我们爬取下来了。

6. 数据存储

和7.5节一样，这里也定义一个数据存储方法。为了方便，还是将爬取下来的数据保存为JSON文件，实现如下：

```python
import json
from os import makedirs
from os.path import exists

RESULTS_DIR = 'results'

exists(RESULTS_DIR) or makedirs(RESULTS_DIR)

async def save_data(data):
    name = data.get('name')
    data_path = f'{RESULTS_DIR}/{name}.json'
    json.dump(data, open(data_path, 'w', encoding='utf-8'), ensure_ascii=False, indent=2)
```

这里的实现原理和之前完全相同，但由于Pyppeteer是异步调用，所以需要在save_data方法的前面加上async关键字。

最后，在main方法里添加对save_data方法的调用。

7. 问题排查

在代码运行过程中，可能会由于Pyppeteer本身实现方面出问题，因此在连续运行20秒之后控制台输出如下错误内容：

```
pyppeteer.errors.NetworkError: Protocol Error (Runtime.evaluate): Session closed. Most likely the page has
been closed.
```

其原因是 Pyppeteer 内部使用了 WebSocket，如果 WebSocket 客户端发送 ping 信号 20 秒之后仍未收到 pong 应答，就会中断连接。

问题的解决方法和详情描述见 https://github.com/miyakogi/pyppeteer/issues/178，此时我们可以通过修改 Pyppeteer 源代码来解决这个问题，对应的代码修改见 https://github.com/miyakogi/pyppeteer/pull/160/files，即给 connect 方法添加 ping_interval=None 和 ping_timeout=None 这两个参数。

另外，也可以复写一下 connect 方法的实现，其解决方案同样可以在 https://github.com/miyakogi/pyppeteer/pull/160 中找到，例如 patch_pyppeteer 的定义。

8. 无头模式

最后，如果代码能稳定运行了，可以将其改为无头模式，只要将 HEADLESS 参数值修改为 True 即可：

HEADLESS = True

这样在运行的时候就不会弹出浏览器窗口了。

9. 总结

本节我们通过实例讲解了使用 Pyppeteer 爬取一个完整网站的过程，相信大家会进一步掌握 Pyppeteer 的使用。

本节代码参见：https://github.com/Python3WebSpider/ScrapeSpa2。

7.7 CSS 位置偏移反爬案例分析与爬取实战

我们学习了 Selenium、Pyppeteer 等工具，体会了它们的强大，但千万别以为这些工具就是万能的，不容易爬取的数据依然存在，例如网页利用 CSS 控制文字的偏移位置，或者通过一些特殊的方式隐藏关键信息，都有可能对数据爬取造成干扰。

本节先了解 CSS 位置偏移反爬虫的一些解决方案。

1. 案例

先介绍一个案例网址 https://antispider3.scrape.center/，页面如图 7-44 所示。

图 7-44　书籍网站

乍一看似乎也没什么特别之处，但如果真用Selenium等工具爬取和提取数据，坑就立马显现出来了，不妨试一试。

先尝试用Selenium获取首页的页面源代码，并解析每个标题的内容：

```
from selenium import webdriver
from pyquery import PyQuery as pq
from selenium.webdriver.common.by import By
from selenium.webdriver.support import expected_conditions as EC
from selenium.webdriver.support.wait import WebDriverWait

browser = webdriver.Chrome()
browser.get('https://antispider3.scrape.center/')
WebDriverWait(browser, 10) \
    .until(EC.presence_of_all_elements_located((By.CSS_SELECTOR, '.item')))
html = browser.page_source
doc = pq(html)
names = doc('.item .name')
for name in names.items():
    print(name.text())
browser.close()
```

这里我们使用Selenium打开Chrome浏览器，然后使用WebDriverWait对象的until方法指定了等待加载的内容，确保首页上每本书的信息都可以加载出来。之后输出页面源代码，使用pyquery将标题中的纯文本解析出来，一切看起来似乎非常正常对不对？

然而运行结果是这样的：

```
Wonder
风 清 白 家
结 妃 上 册 下 宠 （ 法 终 老 篇 ） 的
为 己 （ 册 全 ） 士 知 二
那 些 年 ， 我 们 一 起 追 的 女 孩
全 三 （ ） 城 倾 我 册 非
些 那 儿 朝 事 明
的 我 书 忘 和 笑 你
一 第 王 小 波 卷 集 全
怦 动 然 心
龙枪编年史（全3册）
枪 三 册 传 全 （ 奇 龙 ）
黎 衔 明 之
认 示 其 理 启 学 知 心 及
银河帝国2：基地与帝国
： 帝 基 银 国 河 地
解 材 小 - 文 四 下 级 学 教 语 年 全
越界言论（第3卷）
```

结果中很多标题的文字顺序是乱的，例如《明朝那些事儿》对应的输出结果是"些 那 儿 朝 事 明"，这是怎么回事？

2. 排查

我们去浏览器里面研究一下源代码，如图7-45所示。

第 7 章　JavaScript 动态渲染页面爬取

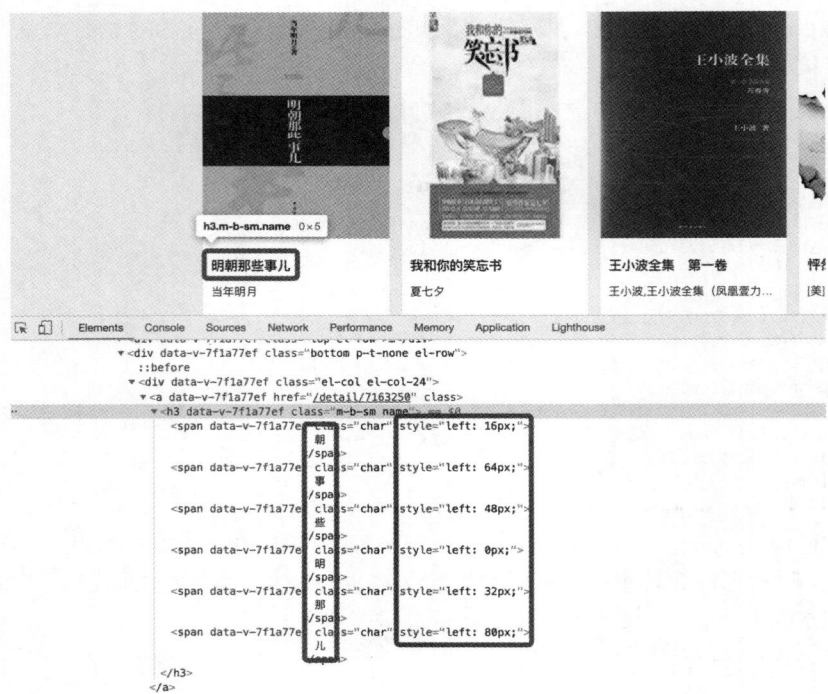

图 7-45　书籍网站的首页源代码

可以发现，一个字对应一个 span 节点，这个节点本身的顺序就是乱的，所以用 pyquery 提取出来的标题内容乱序就不足为怪了。

源代码中的文字本身是乱的，那为什么在网页上看到的标题是正确的？这是因为网页本身利用 CSS 控制了文字的偏移位置，什么意思呢？观察下源代码：

```
<h3 data-v-7f1a77ef="" class="m-b-sm name">
    <span data-v-7f1a77ef="" class="char" style="left: 16px"> 朝 </span>
    <span data-v-7f1a77ef="" class="char" style="left: 64px"> 事 </span>
    <span data-v-7f1a77ef="" class="char" style="left: 48px"> 些 </span>
    <span data-v-7f1a77ef="" class="char" style="left: 0px"> 明 </span>
    <span data-v-7f1a77ef="" class="char" style="left: 32px"> 那 </span>
    <span data-v-7f1a77ef="" class="char" style="left: 80px"> 儿 </span>
</h3>
```

可以发现，每个 span 节点都有一个 style 属性，表示 CSS 样式，left 的取值各不相同。另外，在浏览器中观察一下每个 span 节点的完整样式，如图 7-46 所示。

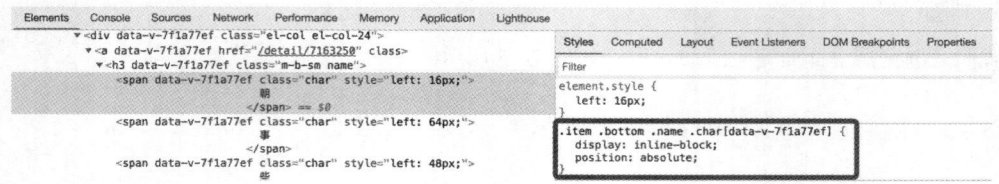

图 7-46　span 节点的完整样式

可以看到，span 节点还有两个额外的样式，是 display: inline-block 和 position: absolute，后者比较重要，代表绝对定位，设置这个样式后，就可以通过修改 left 的值控制 span 节点在页面中的偏移位置了，例如 left:0px 代表不偏移；left: 16px 代表从左边算起向右偏移 16 像素，于是节点就到了右边。

源代码中,"明"字的偏移是 0,"朝"字的偏移是 16 像素,"那"字的偏移是 32 像素,以此类推,最终标题的视觉效果就变成了"明朝那些事儿"。

3. 爬取

了解了基本原理后,我们就可以有的放矢了。这里只需要获取每个 span 节点的 style 属性,提取出偏移值,然后排序就可以得到最终结果了。

先实现基本的提取方法:

```python
from selenium import webdriver
from pyquery import PyQuery as pq
from selenium.webdriver.common.by import By
from selenium.webdriver.support import expected_conditions as EC
from selenium.webdriver.support.wait import WebDriverWait
import re

def parse_name(name_html):
    chars = name_html('.char')
    items = []
    for char in chars.items():
        items.append({
            'text': char.text().strip(),
            'left': int(re.search('(\d+)px', char.attr('style')).group(1))
        })
    items = sorted(items, key=lambda x: x['left'], reverse=False)
    return ''.join([item.get('text') for item in items])

browser = webdriver.Chrome()
browser.get('https://antispider3.scrape.center/')
WebDriverWait(browser, 10) \
    .until(EC.presence_of_all_elements_located((By.CSS_SELECTOR, '.item')))
html = browser.page_source
doc = pq(html)
names = doc('.item .name')
for name_html in names.items():
    name = parse_name(name_html)
    print(name)
browser.close()
```

这里我们定义了一个 parse_name 方法,用来解析页面源代码得到最终的标题。

它接收一个参数 name_html,就是标题的 HTML 文本,类似这样:

```html
<h3 data-v-7f1a77ef="" class="m-b-sm name">
    <span data-v-7f1a77ef="" class="char" style="left: 16px"> 朝 </span>
    <span data-v-7f1a77ef="" class="char" style="left: 64px"> 事 </span>
    <span data-v-7f1a77ef="" class="char" style="left: 48px"> 些 </span>
    <span data-v-7f1a77ef="" class="char" style="left: 0px"> 明 </span>
    <span data-v-7f1a77ef="" class="char" style="left: 32px"> 那 </span>
    <span data-v-7f1a77ef="" class="char" style="left: 80px"> 儿 </span>
</h3>
```

在 parse_name 方法中,我们首先选取 .char 节点,将其赋值为 chars 变量,然后遍历 chars 变量,其中每个条目各自对应一个 span 节点,其内容类似于:

```html
<span data-v-7f1a77ef="" class="char" style="left: 16px"> 朝 </span>
```

在遍历的过程中,我们提取了 span 节点的文本内容作为字典的 text 属性,还提取了 style 属性的内容,例如这里提取的是 16px,并用正则表达式提取了其中的数值,这里是 16,将其赋值为字典的 left 属性。

遍历结束后,items 的结果类似下面这样:

[{'text': '朝', 'left': 16}, {'text': '事', 'left': 64}, {'text': '些', 'left': 48}, {'text': '明', 'left': 0}, {'text': '那', 'left': 32}, {'text': '儿', 'left': 80}]

面对这样的结果，怎么排序呢？直接调用 sorted 方法就行，它有两个参数，一个是 key，用来指定根据什么排序，这里我们直接使用 lambda 表达式提取 span 节点的 left 属性，所以最终结果是根据 left 的值排序而得；另一个参数是 reverse，用来指定排序方式，此处将其设置为 False，表示从小到大排序。

排序完的 items 变成了这样：

[{'text': '明', 'left': 0}, {'text': '朝', 'left': 16}, {'text': '那', 'left': 32}, {'text': '些', 'left': 48}, {'text': '事', 'left': 64}, {'text': '儿', 'left': 80}]

最后将其中的 text 值提取出来并拼接，就得到了最终结果。

代码的运行结果如下：

```
清白家风
法老的宠妃终结篇（上下册）
士为知己（全二册）
那些年，我们一起追的女孩
非我倾城（全三册）
明朝那些事儿
我和你的笑忘书
王小波全集第一卷
怦然心动

龙枪传奇（全三册）
黎明之街
认知心理学及其启示

银河帝国：基地
小学教材全解-四年级语文下
```

等等，似乎少了几个标题，内容中间为什么会出现空余？

再继续排查，会发现有些标题节点内部没有分为一个个 span 节点，这些标题内部的文字本身就有序，如图 7-47 所示。

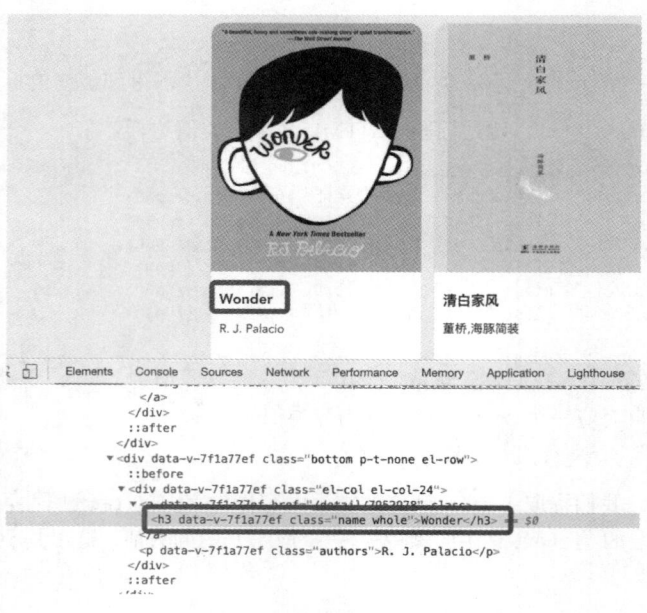

图 7-47　本身就有序的标题

经过观察和推测,不难发现内部没有 span 节点的 h3 标题节点都带有一个额外的 取值为 name whole 的 class 属性,其余标题节点的内部则都分为了一个个 span 节点。

搞清楚问题所在,接下来稍微加判断即可,改写解析方法:

```python
def parse_name(name_html):
    has_whole = name_html('.whole')
    if has_whole:
        return name_html.text()
    else:
        chars = name_html('.char')
        items = []
        for char in chars.items():
            items.append({
                'text': char.text().strip(),
                'left': int(re.search('(\d+)px', char.attr('style')).group(1))
            })
        items = sorted(items, key=lambda x: x['left'], reverse=False)
        return ''.join([item.get('text') for item in items])
```

运行结果如下:

```
Wonder
清白家风
法老的宠妃终结篇(上下册)
士为知己(全二册)
那些年,我们一起追的女孩
非我倾城(全三册)
明朝那些事儿
我和你的笑忘书
王小波全集第一卷
怦然心动
龙枪编年史(全3册)
龙枪传奇(全三册)
黎明之街
认知心理学及其启示
银河帝国2:基地与帝国
银河帝国:基地
小学教材全解-四年级语文下
越界言论(第3卷)
```

我们成功爬取了书籍网站上每本书的名称!

4. 总结

本节分析的是一个特殊案例,通过这个案例可以知道,有时候我们使用 Selenium 爬取的内容并不一定和亲眼所见的完全符合,所以还需要小心。

本节代码参见:https://github.com/Python3WebSpider/ScrapeAntispider3。

7.8 字体反爬案例分析与爬取实战

本节再分析一个反爬案例,该案例将真实的数据隐藏到字体文件里,使我们即使获取了页面源代码,也没法直接提取数据的真实值。

1. 案例介绍

案例网站为 https://antispider4.scrape.center/,打开之后看着和之前的电影网站没什么不同。我们按照 7.7 节类似的分析逻辑来爬取一些信息,例如电影标题、类别、评分等,代码实现如下:

```python
from selenium import webdriver
from pyquery import PyQuery as pq
from selenium.webdriver.common.by import By
from selenium.webdriver.support import expected_conditions as EC
```

```
from selenium.webdriver.support.wait import WebDriverWait

browser = webdriver.Chrome()
browser.get('https://antispider4.scrape.center/')
WebDriverWait(browser, 10)
    .until(EC.presence_of_all_elements_located((By.CSS_SELECTOR, '.item')))
html = browser.page_source
doc = pq(html)
items = doc('.item')
for item in items.items():
    name = item('.name').text()
    categories = [o.text() for o in item('.categories button').items()]
    score = item('.score').text()
    print(f'name: {name} categories: {categories} score: {score}')
browser.close()
```

这里先用 Selenium 打开案例网站，等待所有电影加载出来，然后获取页面源代码，并通过 pyquery 提取和解析每一个电影的信息，得到名称、类别和评分，之后输出，运行结果如下：

```
name: 霸王别姬 - Farewell My Concubine categories: ['剧情', '爱情'] score:
name: 这个杀手不太冷 - Léon categories: ['剧情', '动作', '犯罪'] score:
name: 肖申克的救赎 - The Shawshank Redemption categories: ['剧情', '犯罪'] score:
name: 泰坦尼克号 - Titanic categories: ['剧情', '爱情', '灾难'] score:
name: 罗马假日 - Roman Holiday categories: ['剧情', '喜剧', '爱情'] score:
name: 唐伯虎点秋香 - Flirting Scholar categories: ['喜剧', '爱情', '古装'] score:
name: 乱世佳人 - Gone with the Wind categories: ['剧情', '爱情', '历史', '战争'] score:
name: 喜剧之王 - The King of Comedy categories: ['剧情', '喜剧', '爱情'] score:
name: 楚门的世界 - The Truman Show categories: ['剧情', '科幻'] score:
name: 狮子王 - The Lion King categories: ['动画', '歌舞', '冒险'] score:
```

很奇怪，结果中的 score 字段不包含任何信息，这是怎么回事？经过仔细观察，发现评分对应的源代码并不包含数字信息，如图 7-48 所示。

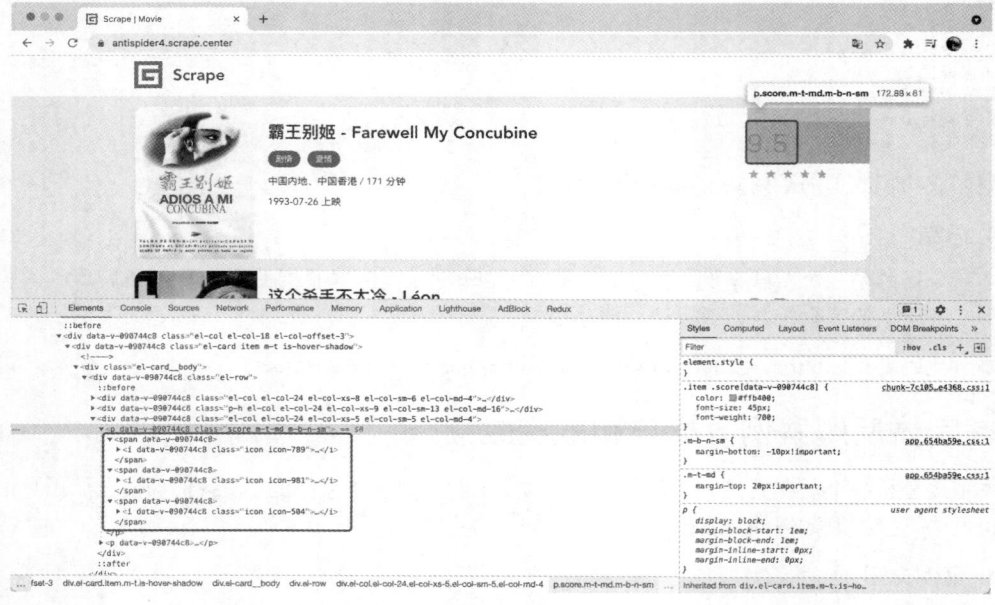

图 7-48　评分对应的源代码

span 节点里就什么信息都没有，提取不出来自然也不足为奇了，那页面上的评分结果是怎么显示出来的呢？

其实也是 CSS 在作怪。

2. 案例分析

我们可以观察一下源代码，各个 span 节点的不同之处在于内部 i 节点的 class 取值不太一样。可以看到图 7-50 中一共有 3 个 span 节点，对应的 class 取值分别是 icon-789、icon-981 和 icon-504，这和显示的 9.5 有什么关系呢？

接下来观察各个 i 节点的 CSS 样式，如图 7-49 所示。

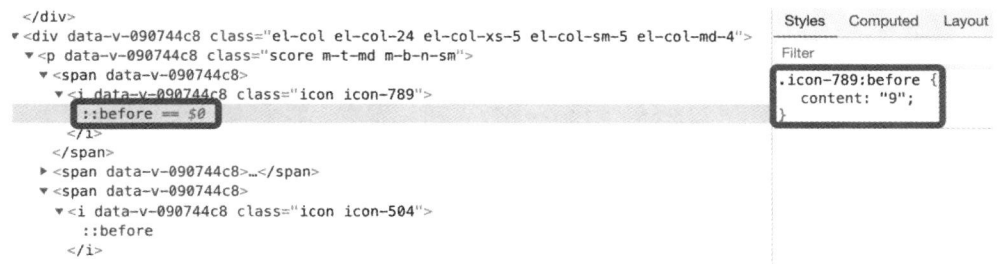

图 7-49　i 节点

会发现 i 节点内部有一个 ::before 字段，在 CSS 中，该字段用于创建一个伪节点，即这个节点和 i 节点或者 span 节点不一样。::before 可以往特定的节点中插入内容，同时在 CSS 中使用 content 字段定义这个内容。我们在第一个 i 节点里看到了 9 这个数字，观察另外两个 i 节点，可以看到 . 和 5，3 个内容组合起来就是 9.5。

3. 实战

那 class 取值和 content 字段值的映射关系是怎么定义的？我们可以在浏览器中追踪 CSS 源代码，代码文件如图 7-50 所示。

图 7-50　CSS 源代码文件

进入文件后，可以看到整个 CSS 源代码都在一行放着，点击"{ }"按钮格式化代码，如图 7-51 所示。

图 7-51　点击"{ }"按钮

之后 CSS 源代码就被格式化了，如图 7-52 所示。

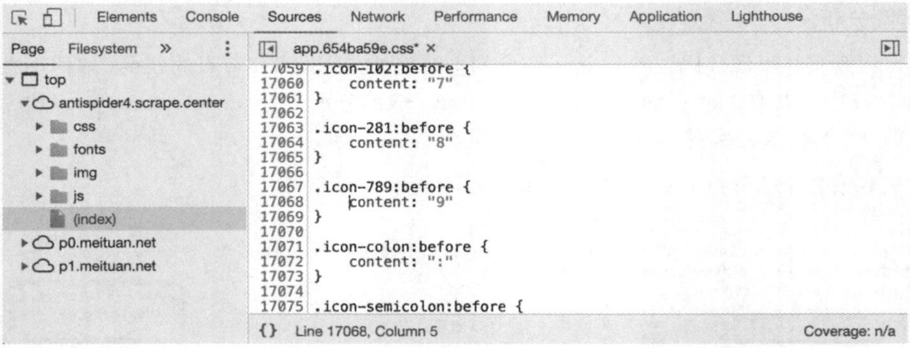

290 | 第 7 章 JavaScript 动态渲染页面爬取

图 7-52 格式化后的 CSS 源代码

可以从中找出如下内容：

```
.icon-981:before {
    content: "."
}

.icon-272:before {
    content: "0"
}

.icon-281:before {
    content: "8"
}

.icon-789:before {
    content: "9"
}
```

原来 class 对应的值就是一个个评分结果。这样我们就有底了，只需要解析对应的结果再做转换即可。这里需要读取 CSS 文件并提取映射关系，这个 CSS 文件是 https://antispider4.scrape.center/css/app.654ba59e.css，其部分内容如图 7-53 所示。

图 7-53 CSS 文件的部分内容

7.8 字体反爬案例分析与爬取实战

我们可以试着用 requests 库读取结果,并通过正则表达式将映射关系提取出来,代码实现如下:

```
import re
import requests
url = 'https://antispider4.scrape.center/css/app.654ba59e.css'

response = requests.get(url)
pattern = re.compile('.icon-(.*?):before\{content:"(.*?)"\}')
results = re.findall(pattern, response.text)
icon_map = {item[0]: item[1] for item in results}
```

这里我们首先使用 requests 库提取了 CSS 文件的内容,然后使用正则表达式进行了文本匹配,表达式写作 .icon-(.*?):before\{content:"(.*?)"\},这个表达式并没有考虑空格,因为 CSS 源代码本身就在一行放着而且去除了所有空格。

例如,对于如下 CSS 样式:

```
.icon-789:before{content:"9"}
```

就会提取得到两个 group,第一个是 789,第二个是 9。

这里我们使用 re 里的 findall 方法进行了内容匹配,得到的结果如下:

```
[..., ('at', '@'), ('A', 'A'), ('B', 'B'), ('C', 'C'), ('D', 'D'), ('E', 'E'), ('F', 'F'), ('G', 'G'), ('H',
'H'), ('I', 'I'), ('J', 'J'), ('K', 'K'), ('L', 'L'), ('M', 'M'), ('N', 'N'), ('O', 'O'), ('P', 'P'), ('Q',
'Q'), ('R', 'R'), ('S', 'S'), ('T', 'T'), ('U', 'U'), ('V', 'V'), ('W', 'W'), ('X', 'X'), ('Y', 'Y'), ('Z',
'Z'), ('bracketleft', '['), ('backslash', '\\\\'), ('bracketright', ']'), ('asciicircum', '^'), ('underscore',
'_'), ('grave', '`'), ('a', 'a'), ('b', 'b'), ('c', 'c'), ('d', 'd'), ('e', 'e'), ('f', 'f'), ('g', 'g'), ('h',
'h'), ('i', 'i'), ('j', 'j'), ('k', 'k'), ('l', 'l'), ('m', 'm'), ('n', 'n'), ('o', 'o'), ('p', 'p'), ('q',
'q'), ('r', 'r'), ('s', 's'), ('t', 't'), ('u', 'u'), ('v', 'v'), ('w', 'w'), ('x', 'x'), ('y', 'y'), ('z',
'z'), ('braceleft', '{'), ('bar', '|'), ...]
```

这个结果是由很多二元组组成的列表。我们遍历这个列表,将其赋值成字典即可,最后 icon_map 就变成了如下这样:

```
{
    ...
    'at': '@',
    'A': 'A'
    'B': 'B',
    ...
    '789': '9',
    ...
    'bar': '|',
    ...
}
```

例如使用 789 索引,得到的结果就是 9。

运行测试一下:

```
print(icon_map['789'])
print(icon_map['437'])
```

运行结果:

```
9
3
```

和源代码保持一致。

所以,我们只需要修改一下提取逻辑即可,代码实现如下:

```
from selenium import webdriver
from pyquery import PyQuery as pq
from selenium.webdriver.common.by import By
from selenium.webdriver.support import expected_conditions as EC
```

```python
from selenium.webdriver.support.wait import WebDriverWait
import re
import requests
url = 'https://antispider4.scrape.center/css/app.654ba59e.css'

response = requests.get(url)
pattern = re.compile('.icon-(.*?):before\{content:"(.*?)"\}')
results = re.findall(pattern, response.text)
icon_map = {item[0]: item[1] for item in results}


def parse_score(item):
    elements = item('.icon')
    icon_values = []
    for element in elements.items():
        class_name = (element.attr('class'))
        icon_key = re.search('icon-(\d+)', class_name).group(1)
        icon_value = icon_map.get(icon_key)
        icon_values.append(icon_value)
    return ''.join(icon_values)


browser = webdriver.Chrome()
browser.get('https://antispider4.scrape.center/')
WebDriverWait(browser, 10) \
    .until(EC.presence_of_all_elements_located((By.CSS_SELECTOR, '.item')))
html = browser.page_source
doc = pq(html)
items = doc('.item')
for item in items.items():
    name = item('.name').text()
    categories = [o.text() for o in item('.categories button').items()]
    score = parse_score(item)
    print(f'name: {name} categories: {categories} score: {score}')
browser.close()
```

这里我们定义了 parse_score 方法，它接收一个 PyQuery 对象 item，对应一个电影条目。首先提取该 item 中所有带有 icon 这个 class 的节点，然后遍历这些节点，从 class 属性里提取对应的 icon 代号，例如 icon-789，提取的结果就是 789，和我们刚构造的 icon_map 是相对应的，将其赋值为 icon_key。使用 icon_key 从 icon_map 中查找对应的真实值，赋值为 icon_value。最后将 icon_value 拼合成一个字符串返回。

运行结果如下：

```
name: 霸王别姬 - Farewell My Concubine categories: ['剧情', '爱情'] score: 9.5
name: 这个杀手不太冷 - Léon categories: ['剧情', '动作', '犯罪'] score: 9.5
name: 肖申克的救赎 - The Shawshank Redemption categories: ['剧情', '犯罪'] score: 9.5
name: 泰坦尼克号 - Titanic categories: ['剧情', '爱情', '灾难'] score: 9.5
name: 罗马假日 - Roman Holiday categories: ['剧情', '喜剧', '爱情'] score: 9.5
name: 唐伯虎点秋香 - Flirting Scholar categories: ['喜剧', '爱情', '古装'] score: 9.5
name: 乱世佳人 - Gone with the Wind categories: ['剧情', '爱情', '历史', '战争'] score: 9.5
name: 喜剧之王 - The King of Comedy categories: ['剧情', '喜剧', '爱情'] score: 9.5
name: 楚门的世界 - The Truman Show categories: ['剧情', '科幻'] score: 9.0
name: 狮子王 - The Lion King categories: ['动画', '歌舞', '冒险'] score: 9.0
```

4. 总结

本节介绍的也是一个特殊案例，通过这个案例我们知道，即使获取了关键的源代码，有些内容也还是提取不到，还是需要通过观察一些规律才能提取，平时遇到这种情况也应该多加小心。

本节代码参见：https://github.com/Python3WebSpider/ScrapeAntispider4。

第 8 章 验证码的识别

各类网站采用了各种各样的措施反爬虫,其中一个便是验证码。随着技术的发展,验证码的花样越来越多,由最初只是几个数字组合而成的简单图形,发展到加入了英文字母和混淆曲线,还有一些网站使用中文字符验证码,这无疑使识别变得愈发困难。

12306 验证码的出现使行为验证码开始发展,相信用过 12306 的用户多少都为它的验证码头疼过,需要识别文字,然后点击与文字描述相符的图片,只有所点的图片完全正确,才能通过验证。随着技术的发展,这种交互式验证码越来越多,如滑动验证码需要将滑块拖动到指定位置才能完成验证,点选验证码需要点击正确的图形或文字才能通过验证。

验证码变复杂的同时,爬虫的工作也变得越发艰难,有时候必须通过验证才可以访问页面。

本章统一讲解验证码的识别问题,涉及的验证码有图形验证码、滑动验证码、点选验证码和手机验证码等,这些验证码的识别方式和思路各有不同,有的直接使用图像处理库就能完成,有的则需要借助深度学习技术完成,还有的要借助一些工具和平台完成。虽说技术各有不同,但了解这些验证码的识别方式之后,我们就可以举一反三,使用类似的方法识别其他类型的验证码。

8.1 使用 OCR 技术识别图形验证码

首先来看最简单的一种验证码——图形验证码,这种验证码最早出现,现在也依然很常见,一般由 4 位左右的字母或者数字组成。

例如在案例网站 https://captcha7.scrape.center/ 就可以看到类似的验证码,如图 8-1 所示。

这类验证码整体比较规整,没有过多的干扰线和干扰点,文字也没有大幅度的变形和旋转。对于这类验证码,可以使用 OCR 技术识别。

图 8-1 由字母或数字组成的图形验证码

1. OCR 技术

OCR,即 Optical Character Recognition,中文叫作光学字符识别,是指使用电子设备(例如扫描仪或数码相机)检查打印在纸上的字符,通过检查暗、亮的模式确定字符形状,然后使用字符识别方法将形状转换成计算机文字。现在 OCR 已经广泛应用于生产生活中,如文档识别、证件识别、字幕识别、文档检索等。当然,用来识别本节所述的图形验证码也没有问题。

本节中我们会以当前案例网站的验证码为例,讲解利用 OCR 识别图形验证码的流程,实现输入验证码的图片,输出识别结果。

2. 准备工作

在本节的学习过程中需要导入 tesserocr 库,这个库的安装相对来说没有那么简单,可以参考

https://setup.scrape.center/tesserocr。

另外，还需要安装 Selenium、Pillow、NumPy 和 retrying 库，用来模拟登录、处理图像和重试操作。可以使用 pip3 工具安装这些库：

```
pip3 install selenium pillow numpy retrying
```

如果安装过程中遇到了问题，可以参考如下链接。

- Selenium：https://setup.scrape.center/selenium
- Pillow：https://setup.scrape.center/pillow
- NumPy：https://setup.scrape.center/numpy
- retrying：https://setup.scrape.center/retrying

安装好这些库之后，就可以开始学习了。

3. 保存验证码图片

为了便于操作，先将验证码的图片保存到本地。在浏览器中打开案例网站，然后右击验证码图片，将其保存为 captcha.png 文件即可，示例如图 8-2 所示。

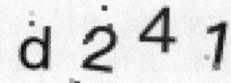

图 8-2　图片 captcha.png

4. 识别测试

现在新建一个项目，将验证码图片放到项目的根目录下，然后利用 tesserocr 库识别该验证码，代码如下：

```python
import tesserocr
from PIL import Image

image = Image.open('captcha.png')
result = tesserocr.image_to_text(image)
print(result)
```

这里先新建了一个图片对象，然后调用 tesserocr 里的 image_to_text 方法将图片转换为了文本。实现过程非常简单，运行结果如下：

```
d241
```

tesserocr 还提供了一个更加方便的方法，可以直接将图片文件转化为字符串，代码如下：

```python
import tesserocr
print(tesserocr.file_to_text('captcha.png'))
```

输出结果同样是 d241。

可以看到，通过 OCR 技术便能成功识别图形验证码的内容。

5. 处理验证码

换一个验证码，将其保存为 captcha2.png 文件，如图 8-3 所示。

重新执行下面的代码做测试：

```python
import tesserocr
from PIL import Image

image = Image.open('captcha2.png')
result = tesserocr.image_to_text(image)
print(result)
```

图 8-3　图片 captcha2.png

输出结果如下：

```
-b32d
```

这次的识别结果和实际结果有偏差，多了一个"-"，这是因为图片里多余的点对识别造成了干扰。对于这种情况，需要做一些额外的处理，把干扰信息去掉。仔细观察可以发现，图片里那些造成干扰的点，其颜色大多比文本的颜色更浅，因此可以通过颜色将造成干扰的点排除掉。

首先将保存的验证码图片转化为数组，看一下维度：

```python
import tesserocr
from PIL import Image
import numpy as np

image = Image.open('captcha2.png')
print(np.array(image).shape)
print(image.mode)
```

运行结果如下：

```
(38, 112, 4)
RGBA
```

从结果可以看出，这个图片其实是一个三维数组，38和112代表图片的高和宽，4则是每个像素点的表示向量。为什么是4呢？因为最后一维是一个长度为4的数组，分别代表R（红色）、G（绿色）、B（蓝色）、A（透明度），即一个像素点由4个数字表示。那为什么是R、G、B、A，而不是R、G、B或其他呢？因为image.mode是RGBA，即有透明通道的真彩色，运行结果的第二行也可以印证这一点。

mode属性定义了图片的类型和像素的位宽，一共有9种类型。

- 1：像素用1位表示，Python中表示为True或False，即二值化。
- L：像素用8位表示，取值0~255，表示灰度图像，数字越小，颜色越黑。
- P：像素用8位表示，即调色板数据。
- RGB：像素用3×8位表示，即真彩色。
- RGBA：像素用4×8位表示，即有透明通道的真彩色。
- CMYK：像素用4×8位表示，即印刷四色模式。
- YCbCr：像素用3×8位表示，即彩色视频格式。
- I：像素用32位整型表示。
- F：像素用32位浮点型表示。

为了方便处理，可以把RGBA转为更简单的L，即把图片转化为灰度图像。往图片对象的convert方法中传入L即可，代码如下所示：

```python
image = image.convert('L')
image.show()
```

也可以往convert方法中传入1，即把图片二值化处理，代码如下所示：

```python
image = image.convert('1')
image.show()
```

我们选择把图片转化为灰度图像，然后根据阈值删除图片中的干扰点，代码如下：

```python
from PIL import Image
import numpy as np

image = Image.open('captcha2.png')
image = image.convert('L')
threshold = 50
array = np.array(image)
array = np.where(array > threshold, 255, 0)
image = Image.fromarray(array.astype('uint8'))
image.show()
```

这里先将变量threshold赋值为50，它代表灰度的阈值。接着将图片转化为NumPy数组，利用

NumPy 的 where 方法对数组进行筛选和处理，其中指定将灰度大于阈值的图片的像素设置为 255，表示白色，否则设置为 0，表示黑色。

最后看一下处理完的图片长什么样，如图 8-4 所示。

可以看到原来图片中的干扰点已经不见了，整个图片变得黑白分明。此时重新识别验证码，代码如下：

```python
import tesserocr
from PIL import Image
import numpy as np

image = Image.open('captcha2.png')
image = image.convert('L')
threshold = 50
array = np.array(image)
array = np.where(array > threshold, 255, 0)
image = Image.fromarray(array.astype('uint8'))
print(tesserocr.image_to_text(image))
```

图 8-4 处理完的验证码图片

运行结果如下：

```
b32d
```

这次的结果是正确的。所以，针对一些有干扰的图片，可以做去噪处理，这能提高验证码识别的正确率。

6. 识别实战

现在，我们可以尝试使用自动化的方式识别案例中的验证码，这里使用 Selenium 完成这个操作，代码如下：

```python
import time
import re
import tesserocr
from selenium import webdriver
from io import BytesIO
from PIL import Image
from retrying import retry
from selenium.webdriver.support.wait import WebDriverWait
from selenium.webdriver.support import expected_conditions as EC
from selenium.webdriver.common.by import By
from selenium.common.exceptions import TimeoutException
import numpy as np


def preprocess(image):
    image = image.convert('L')
    array = np.array(image)
    array = np.where(array > 50, 255, 0)
    image = Image.fromarray(array.astype('uint8'))
    return image


@retry(stop_max_attempt_number=10, retry_on_result=lambda x: x is False)
def login():
    browser.get('https://captcha7.scrape.center/')
    browser.find_element_by_css_selector('.username input[type="text"]').send_keys('admin')
    browser.find_element_by_css_selector('.password input[type="password"]').send_keys('admin')
    captcha = browser.find_element_by_css_selector('#captcha')
    image = Image.open(BytesIO(captcha.screenshot_as_png))
    image = preprocess(image)
    captcha = tesserocr.image_to_text(image)
    captcha = re.sub('[^A-Za-z0-9]', '', captcha)
    browser.find_element_by_css_selector('.captcha input[type="text"]').send_keys(captcha)
    browser.find_element_by_css_selector('.login').click()
```

```
    try:
        WebDriverWait(browser, 10).until(EC.presence_of_element_located((By.XPATH, '//h2[contains(.,
            "登录成功")]')))
        time.sleep(10)
        browser.close()
        return True
    except TimeoutException:
        return False

if __name__ == '__main__':
    browser = webdriver.Chrome()
    login()
```

我们首先定义了一个 preprocess 方法,用于对验证码图片做去噪处理,逻辑和前面是一样的。接着定义了一个 login 方法,其执行逻辑是:

(1) 打开案例网站;
(2) 找到用户名输入框,输入用户名;
(3) 找到密码输入框,输入密码;
(4) 找到并截取验证码图片,转化为图片对象;
(5) 预处理验证码,去除噪声;
(6) 识别验证码,得到识别结果;
(7) 去除识别结果中的一些非字母字符和数字字符;
(8) 找到验证码输入框,输入验证码结果;
(9) 点击"登录"按钮;
(10) 等待"登录成功"的字样出现,如果出现就证明验证码识别正确,否则重复以上步骤重试。

其中我们用到了 retrying 来指定重试条件和重试次数,以保证在识别出错的情况下能够反复重试,增加整体的成功概率。

运行代码,会弹出浏览器,我们按照以上流程输入相应内容,可能重试几次,就成功登录了网站。浏览器页面如图 8-5 所示。

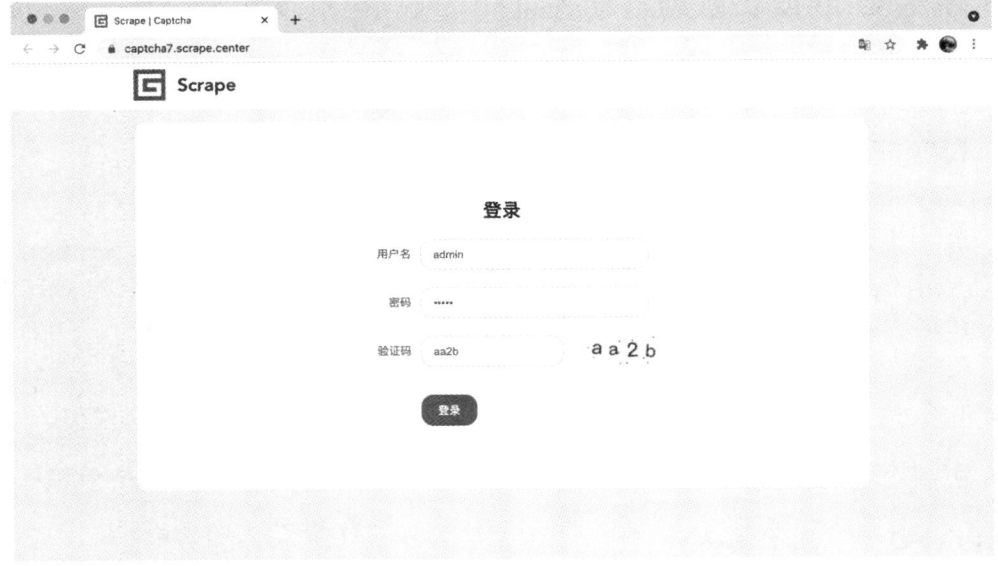

图 8-5 浏览器页面

登录成功的页面如图 8-6 所示。

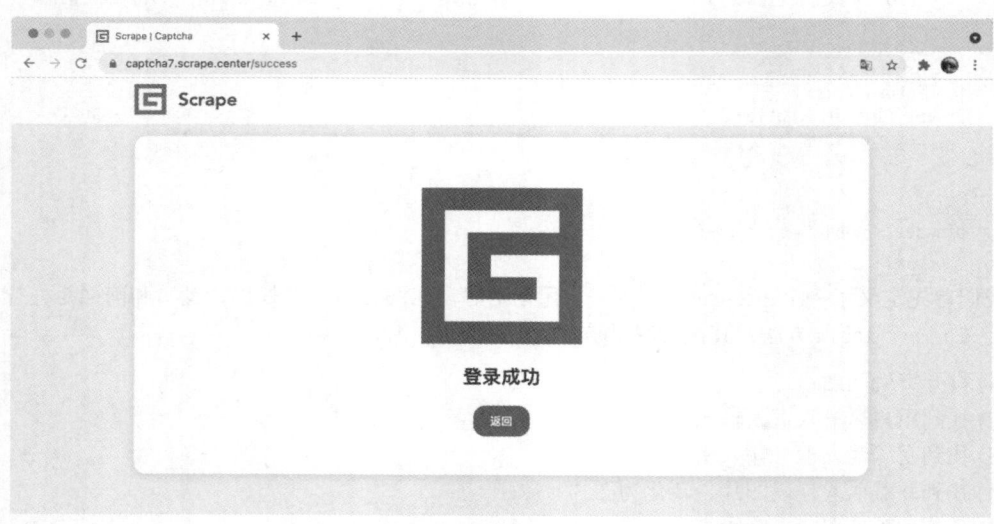

图 8-6　登录成功的页面

至此，我们已经能通过 OCR 技术成功识别图片验证码，并将其应用到模拟登录的实战中。

7. 总结

本节中我们了解了利用 tesserocr 识别图片验证码的过程，并将其应用于实战案例，实现了模拟登录。为了提高 tesserocr 的识别正确率，可以对验证码图片做去噪预处理。但利用 tesserocr 识别验证码的正确率整体并不高，下一节我们介绍其他方案。

本节代码见 https://github.com/Python3WebSpider/CrackImageCaptcha。参考资料见 https://baike.baidu.com/item/OCR。

8.2　使用 OpenCV 识别滑动验证码的缺口

随着互联网技术的发展，各种新型验证码层出不穷，最具有代表性的便是滑动验证码。本节中我们首先了解滑动验证码的验证流程，然后介绍一个简易的利用图像处理技术识别滑动验证码缺口的方法。

1. 滑动验证码

说起滑动验证码，比较有代表性的服务商有极验、网易易盾等，验证码效果如图 8-7 和图 8-8 所示。

图 8-7　极验的滑动验证码

图 8-8　网易易盾的滑动验证码

滑动验证码的下方通常有一个滑轨，上面带有类似"拖动滑块完成拼图"字样的文字提示，我们需要向右拖曳滑轨上的滑块，这时正上方的滑块会随它一起向右移动。验证码的右侧有一个滑块缺口，我们将滑块恰好拖到这个缺口处，就算验证成功了，图 8-7 验证成功的效果如图 8-9 所示。

如果我们想用爬虫自动化完成这一流程，关键步骤有两个：

(1) 识别目标缺口的位置；
(2) 将滑块拖到缺口位置。

其中第 (2) 步的实现方式有很多，例如可以用 Selenium 等自动化工具模拟这个流程，验证并登录成功后获取对应的 Cookie 或 Token 等信息，再进行后续操作，但这种方法的运行效率比较低。也可以直接逆向验证码背后的 JavaScript 逻辑，将缺口信息直接传给 JavaScript 代码，执行获取类似"密钥"信息的操作，再利用获取的"密钥"进行下一步操作。

图 8-9　极验的滑动验证码验证成功

> **注意**　出于某些安全方面的考虑，本书不会介绍第 (2) 步的具体操作，只会讲解第 (1) 步的技术问题。

本节的目标明确了——识别目标缺口的位置，即给定一张滑动验证码的图片，使用图像处理技术识别出缺口的位置。

2. 基本原理

本节中我们会介绍使用 OpenCV 技术识别缺口的方法，输入一张带有缺口的验证码图片，输出标明缺口位置（一般是缺口左侧的横坐标）的图片。这里输入的图片如图 8-10 所示。最后输出的图片如图 8-11 所示。

图 8-10　输入的带有缺口的验证码图片　　　图 8-11　输出的标明缺口位置的图片

具体的步骤为：

(1) 对验证码图片进行高斯模糊滤波处理，消除部分噪声干扰；
(2) 利用边缘检测算法，通过调整相应阈值识别出验证码图片中滑块的边缘；
(3) 基于上一步得到的各个边缘轮廓信息，对比面积、位置、周长等特征，筛选出最可能的轮廓，得到缺口位置。

3. 准备工作

请确保已经安装好了 opencv-python 库，安装方式如下：

```
pip3 install opencv-python
```

如果安装出现问题，可以参考 https://setup.scrape.center/opencv-python。

另外，建议提前准备一张滑动验证码图片，样例图片的下载地址是 https://github.com/Python3WebSpider/CrackSlideCaptcha/blob/cv/captcha.png，当然也可以从 https://captcha1.scrape.center/ 上自行截取，得到的图片如图 8-10 所示。

4. 基础知识

先来了解一些 OpenCV 的基础方法，以便我们更好地搞懂整个原理。

- **高斯滤波**

高斯滤波用来去除图片中的一些噪声，减少噪声干扰，其实就是把一张图片模糊化，为下一步的边缘检测做好铺垫。

OpenCV 提供了一个用于实现高斯模糊的方法，叫作 GaussianBlur，其声明如下：

`def GaussianBlur(src, ksize, sigmaX, dst=None, sigmaY=None, borderType=None)`

其中比较重要的参数如下。

- src：需要处理的图片。
- ksize：高斯滤波处理所用的高斯内核大小，需要传入一个元组，包含 x 和 y 两个元素。
- sigmaX：高斯内核函数在 X 方向上的标准偏差。
- sigmaY：高斯内核函数在 Y 方向上的标准偏差。若 sigmaY 为 0，就将它设为 sigmaX；若 sigmaX 和 sigmaY 都是 0，就通过 ksize 计算出 sigmaX 和 sigmaY。

这里 ksize 和 sigmaX 是必传参数，对于图 8-10，ksize 可以取作 (5, 5)，sigmaX 可以取作 0。经过高斯滤波处理后，图片会变模糊，效果如图 8-12 所示。

- **边缘检测**

由于验证码图片里的目标缺口通常具有比较明显的边缘，所以借助一些边缘检测算法，再加上调整阈值是可以找出缺口位置的。目前应用比较广泛的边缘检测算法是 Canny，这是 John F. Canny 于 1986 年开发出来的一个多级边缘检测算法，效果很不错。OpenCV 也实现了算法，方法名就叫 Canny，其声明如下：

图 8-12　高斯滤波处理后的效果

`def Canny(image, threshold1, threshold2, edges=None, apertureSize=None, L2gradient=None)`

其中比较重要的参数如下。

- image：需要处理的图片。
- threshold1、threshold2：两个阈值，分别是最小判定临界点和最大判定临界点。
- apertureSize：用于查找图片渐变的索贝尔内核的大小。
- L2gradient：用于查找梯度幅度的等式。

通常来说，只需要设置 threshold1 和 threshold2 的值即可，其数值大小需要视具体图片而定，这里可以分别取为 200 和 450。经过边缘检测算法的处理后，会保留下一些比较明显的边缘信息，如图 8-13 所示。

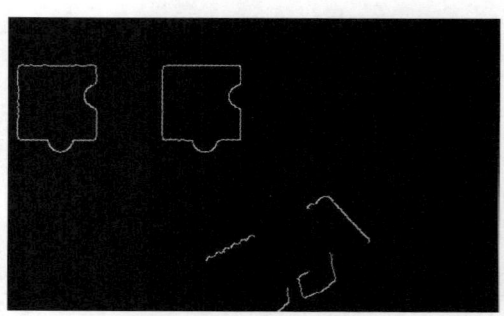

图 8-13　边缘检测后的效果

- 轮廓提取

进行边缘检测处理后，可以看到图片中会保留比较明显的边缘信息，下一步可以利用 OpenCV 技术提取出这些边缘的轮廓，这需要用到 findContours 方法，其声明如下：

```
def findContours(image, mode, method, contours=None, hierarchy=None, offset=None)
```

其中比较重要的参数如下。

- image：需要处理的图片。
- mode：用于定义轮廓的检索模式，详情见 OpenCV 官方文档中对 RetrievalModes 的介绍。
- method：用于定义轮廓的近似方法，详情见 OpenCV 官方文档中对 ContourApproximationModes 的介绍。

这里，我们将 mode 设置为 RETR_CCOMP，将 method 设置为 CHAIN_APPROX_SIMPLE，具体的选择标准可以参考 OpenCV 官方文档的介绍，这里不再展开讲解。

- 外接矩形

提取到边缘轮廓后，可以计算出轮廓的外接矩形，以便我们根据面积和周长等参数判断提取到的轮廓是不是目标缺口的轮廓。计算外接矩形使用的方法是 boundingRect，其声明如下：

```
def boundingRect(array)
```

这个方法只有一个参数，就是 array，它可以是一个灰度图或者 2D 点集，这里传入轮廓信息。经过对轮廓信息和外接矩形做判断，可以得到类似如图 8-14 所示的效果。

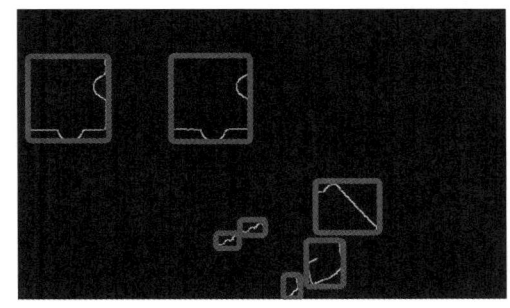

图 8-14　获取轮廓的外接矩形

- 轮廓面积

从图 8-14 可以看到，我们已经成功获取了各个轮廓的外接矩形，很明显有些不是我们想要的，我们可以根据面积和周长等筛选缺口所在的位置，于是需要用到计算面积的方法 contourArea，其定义如下：

```
def contourArea(contour, oriented=None)
```

其中各参数的介绍如下。

- contour：轮廓信息。
- oriented：方向标识符，默认值为 False。若取 True，则该方法会返回一个带符号的面积值，正负取决于轮廓的方向（顺时针还是逆时针）。若取 False，则面积值以绝对值形式返回。

返回值就是轮廓的面积。

- 轮廓周长

同理，周长也有对应的计算方法，叫作 arcLength，其定义如下：

```
def arcLength(curve, closed)
```

其中各参数的介绍如下。

- curve：轮廓信息。
- closed：轮廓是否封闭。

返回值就是轮廓的周长。

至此，我们介绍了一些 OpenCV 的内置方法，了解这些方法怎么用可以让我们更透彻地理解之后的具体实现。

5. 缺口识别

现在，我们开始真正地实现缺口识别算法。

首先，定义实现高斯滤波、边缘检测和轮廓提取的 3 个方法：

```python
import cv2

GAUSSIAN_BLUR_KERNEL_SIZE = (5, 5)
GAUSSIAN_BLUR_SIGMA_X = 0
CANNY_THRESHOLD1 = 200
CANNY_THRESHOLD2 = 450

def get_gaussian_blur_image(image):
    return cv2.GaussianBlur(image, GAUSSIAN_BLUR_KERNEL_SIZE, GAUSSIAN_BLUR_SIGMA_X)

def get_canny_image(image):
    return cv2.Canny(image, CANNY_THRESHOLD1, CANNY_THRESHOLD2)

def get_contours(image):
    contours, _ = cv2.findContours(image, cv2.RETR_CCOMP, cv2.CHAIN_APPROX_SIMPLE)
    return contours
```

对 3 个方法的介绍如下。

- get_gaussian_blur_image：传入待处理图片的信息，返回高斯滤波处理后的图片信息，ksize 参数定义为 (5, 5)，sigmaX 参数定义为 0。
- get_canny_image：传入待处理图片的信息，返回边缘检测处理后的图片信息，threshold1 参数和 threshold2 参数分别定义为 200 和 450。
- get_contours：传入待处理图片的信息，返回提取得到的轮廓信息，mode 定义为 RETR_CCOMP，method 定义为 CHAIN_APPROX_SIMPLE。

将原始的待识别的验证码图片命名为 captcha.png，接下来分别调用以上方法对此图片做处理：

```python
image_raw = cv2.imread('captcha.png')
image_height, image_width, _ = image_raw.shape
image_gaussian_blur = get_gaussian_blur_image(image_raw)
image_canny = get_canny_image(image_gaussian_blur)
contours = get_contours(image_canny)
```

我们先读取原始图片，赋值为 image_raw，然后获取其宽高信息。接着调用 get_gaussian_blur_image 方法进行高斯滤波处理，将返回值赋值为 image_gaussian_blur。再将 image_gaussian_blur 传入 get_canny_image 方法进行边缘检测处理，并将返回值赋给 image_canny。最后将 image_canny 传入 get_contours 方法得到各个边缘的轮廓信息，将返回值赋值为 contours。

得到各个轮廓信息后，便需要根据这些轮廓的外接矩形的面积和周长筛选我们想要的结果了。第一步需要确定怎么筛选，例如我们可以给面积设定一个范围，给周长设定一个范围，另外给缺口位置也设定一个范围，经过实际测量可以得出目标缺口的外接矩形的高度大约是验证码高度的 0.25 倍，宽度大约是验证码宽度的 0.15 倍。所以在允许误差为 20% 的情况下，可以根据验证码的宽高信息大约计算出外接矩形的面积和周长的取值范围。同时，缺口位置（缺口左侧）有一个最小偏移量和一个最大偏移量，这里的最小偏移量是验证码宽度的 0.2 倍，最大偏移量是验证码宽度的 0.85 倍。将这些内容综合起来，我们可以定义 3 个阈值方法：

```python
def get_contour_area_threshold(image_width, image_height):
    contour_area_min = (image_width * 0.15) * (image_height * 0.25) * 0.8
    contour_area_max = (image_width * 0.15) * (image_height * 0.25) * 1.2
    return contour_area_min, contour_area_max
```

```python
def get_arc_length_threshold(image_width, image_height):
    arc_length_min = ((image_width * 0.15) + (image_height * 0.25)) * 2 * 0.8
    arc_length_max = ((image_width * 0.15) + (image_height * 0.25)) * 2 * 1.2
    return arc_length_min, arc_length_max

def get_offset_threshold(image_width):
    offset_min = 0.2 * image_width
    offset_max = 0.85 * image_width
    return offset_min, offset_max
```

对这3个方法的介绍如下。

- get_contour_area_threshold：定义目标轮廓的面积下限和面积上限，分别为contour_area_min 和 contour_area_max。
- get_arc_length_threshold：定义目标轮廓的周长下限和周长上限，分别为 arc_length_min 和 arc_length_max。
- get_offset_threshold：定义缺口位置的偏移量下限和偏移量上限，分别为 offset_min 和 offset_max。

定义完方法，只需要遍历各个轮廓信息，根据限定条件进行筛选，即可得出目标轮廓的信息，实现如下：

```python
contour_area_min, contour_area_max = get_contour_area_threshold(image_width, image_height)
arc_length_min, arc_length_max = get_arc_length_threshold(image_width, image_height)
offset_min, offset_max = get_offset_threshold(image_width)
offset = None
for contour in contours:
    x, y, w, h = cv2.boundingRect(contour)
    if contour_area_min < cv2.contourArea(contour) < contour_area_max and \
        arc_length_min < cv2.arcLength(contour, True) < arc_length_max and \
        offset_min < x < offset_max:
        cv2.rectangle(image_raw, (x, y), (x + w, y + h), (0, 0, 255), 2)
        offset = x
cv2.imwrite('image_label.png', image_raw)
print('offset', offset)
```

这里我们首先调用 get_contour_area_threshold、get_arc_length_threshold 和 get_offset_threshold 方法获取3个判断阈值，然后遍历 contours 并根据这些阈值进行筛选，最终得到的 x 值就是目标缺口位置的偏移量，将其赋给 offset 变量并打印出来。与此同时，我们调用 rectangle 方法对目标缺口的外接矩形做了标注，将其保存为 image_label.png 图片。

代码的运行结果如下：

```
offset 163
```

同时输出的 image_label.png 文件如图 8-15 所示。

这样我们就成功提取出目标缺口的位置了，本节的问题得以解决。

6. 总结

本节中我们介绍了利用 OpenCV 技术识别滑动验证码缺口的方法，其中涉及一些关键的图像处理和识别技术——高斯滤波、边缘检测、轮廓提取等算法。我们也可以举一反三，将这些基本的技术应用到其他类型的工作中，也会很有帮助。

图 8-15　输出的 image_label.png 文件

本节代码见 https://github.com/Python3WebSpider/CrackSlideCaptcha/tree/cv，注意这里是 cv 分支。

8.3 使用深度学习识别图形验证码

在 8.1 节和 8.2 节,我们了解了使用 OCR 技术和图像处理技术识别验证码的方法,但这些方法有个共同的缺点,就是正确率不够高。从本节开始,我们来学习使用深度学习识别验证码的方法,包括对基本的图形验证码的识别和对滑动验证码缺口的识别。

本节中我们先学习使用深度学习识别图形验证码的方法。

1. 准备工作

由于本节所讲的内容涉及深度学习相关的知识,所以在开始之前,请确保已经正确安装好了一个深度学习框架 PyTorch,可以通过 pip3 工具安装:

```
pip3 install torch torchvision
```

如果安装过程出现了问题,可以参考 https://setup.scrape.center/pytorch 了解更详细的安装说明。

另外,由于本节需要使用深度学习训练一个识别图形验证码的模型,因此还需要准备一些训练数据。训练数据又包含两部分,一部分是验证码图片,另一部分是验证码的真实标注。我们可以使用验证码生成器自行生成一些验证码,这样就同时有了验证码图片和标注数据。生成验证码图片需要用到一个叫作 captcha 的 Python 库,可以使用 pip3 工具安装这个库:

```
pip3 install captcha
```

另外由于本节涉及的知识点都和深度学习模型的构建、训练、验证和推理等过程相关联,同时伴有数据集的准备过程,导致代码量比较大;而我们的目标是训练出一个能够识别图形验证码的深度学习模型为爬虫所用,并不是侧重学习深度学习的原理,因此本节我们不会从零开始编写一个深度学习模型,建议大家直接下载代码跟着运行一遍即可,有兴趣的话可以深入研究其中的原理。

这部分代码见 https://github.com/Python3WebSpider/DeepLearningImageCaptcha,先复制下来:

```
git clone https://github.com/Python3WebSpider/DeepLearningImageCaptcha.git
```

运行完毕后,本地就会出现一个 DeepLearningImageCaptcha 文件夹,证明复制成功。

2. 数据准备

要训练一个深度学习模型,必不可少的就是训练数据。上面也提到了,训练数据分为两部分,一部分是图片数据,即一张张验证码图片,另一部分是标注数据,即验证码的内容是什么。有了这两部分数据,就可以训练一个识别图形验证码的深度学习模型,模型在训练中不断调优的过程,就是逐渐学会怎么识别一张验证码图片的过程。训练好模型后,向模型输入类似的验证码图片,模型便可以识别出这个验证码对应的文本内容。

那这些数据怎么准备呢?如果你稍微了解过深度学习相关的内容,相信并不会对数据标注这个词感到陌生,数据标注有相当一部分是需要人工参与的。假如我们有很多验证码图片,又不知道验证码图片对应的文本内容是什么,就需要用到数据标注。说白了,看一下验证码图片,然后把里面的文字记录下来,就相当于标注了一条数据。例如这里有一张验证码图片,如图 8-16 所示。

图 8-16 一张验证码图片

现在我们只是有这张图片,而没有图片里面内容对应的文本信息,这时候就需要标注。可以看到,图片里的内容是 EHUK,把它记录下来,这张验证码图片的标注就完成了。

为了训练一个较好的用于识别图形验证码的深度学习模型,我们可能需要上万、上十万或者数百万条训练数据。此时如果只有验证码图片而没有数据标注,就需要人工标注上万、上十万甚至数百万条数据，这是个非常枯燥且耗时的工作。

那有没有解决办法呢？办法自然是有的，我们反其道而行之就好了。具体是先随机生成标注数据，即随机生成一些 4 位的由字母和数字组合而成的数据，然后使用这些已经生成的标注数据生成验证码图片，这样不就省去数据标注的过程了吗？有了这个方法，就不怕准备大量的训练数据了。

上述生成验证码的过程分为两步，第一步是生成随机的文本数据，第二步是根据生成的文本数据生成验证码图片。打开项目中的 generate.py 文件，其中定义了两个方法 generate_captcha_text 和 generate_captcha_text_and_image，分别用于完成这两步：

```python
from captcha.image import ImageCaptcha
from PIL import Image
import random
import setting

def generate_captcha_text():
    captcha_text = []
    for i in range(setting.MAX_CAPTCHA):
        c = random.choice(setting.ALL_CHAR_SET)
        captcha_text.append(c)
    return ''.join(captcha_text)

def generate_captcha_text_and_image():
    image = ImageCaptcha()
    captcha_text = generate_captcha_text()
    captcha_image = Image.open(image.generate(captcha_text))
    return captcha_text, captcha_image
```

这里 generate_captcha_text 方法用于生成随机的文本数据，可以看到方法中先定义了一个执行 MAX_CAPTCHA 次的 for 循环，每次循环都利用 random.choice 方法随机从 ALL_CHAR_SET 里挑选一个字符并放入 captcha_text，最后将 captcha_text 中的字符拼接在一起。

其中 MAX_CAPTCHA 和 ALL_CHAR_SET 的定义在 setting.py 文件里，相应代码如下：

```python
NUMBER = ['0', '1', '2', '3', '4', '5', '6', '7', '8', '9']
ALPHABET = ['A', 'B', 'C', 'D', 'E', 'F', 'G', 'H', 'I', 'J', 'K', 'L', 'M', 'N', 'O', 'P', 'Q', 'R', 'S',
'T', 'U', 'V', 'W', 'X', 'Y', 'Z']
ALL_CHAR_SET = NUMBER + ALPHABET
MAX_CAPTCHA = 4
```

可以看到 MAX_CAPTCHA 的值是 4，所以最后拼接而成的就是 4 位验证码。ALL_CHAR_SET 的值是 10 个阿拉伯数字和 26 个英文字母构成的列表，所以拼接而成的验证码文本就是 4 位数字和字母的组合。

接下来我们修改 generate.py 文件，先生成一批训练数据，建议生成 10 万个验证码，按如下这样修改 count 变量和 path 变量：

```python
count = 100000
path = setting.TRAIN_DATASET_PATH
```

其中 count 就是验证码的个数，这里直接设定为 100000，path 是验证码图片保存的路径，这在 setting.py 文件中已经定义好了，有如下三个选择。

- TRAIN_DATASET_PATH：训练集所在的路径，数据用于模型的训练。
- EVAL_DATASET_PATH：验证集所在的路径，一般在训练过程中或者训练完毕后用到，可用于验证模型的训练效果。
- PREDICT_DATASET_PATH：推理集，一般在训练完毕后用到，可用于模型推理和测试。

然后运行 generate.py 文件里的代码：

```
python3 generate.py
```

输出结果类似如下这样：

```
saved 1 : XAPA_1620106547.png
saved 2 : F6ZO_1620106547.png
saved 3 : XXGY_1620106547.png
...
saved 1000 : UL1C_1620106547.png
saved 1001 : MT2U_1620106547.png
...
```

这里生成了非常多的验证码数据,标注结果直接出现在文件名中,最终生成的训练集数据如图 8-17 所示。

图 8-17　生成的训练集数据

利用同样的方法,可以生成验证集,用于验证模型的训练效果。还是修改 count 变量和 path 变量:

```
count = 3000
path = setting.EVAL_DATASET_PATH
```

验证集不需要像训练集那么大,count 就修改为 3000,path 修改为 EVAL_DATASET_PATH,然后重新运行 generate.py 文件里的代码:

```
python3 generate.py
```

这样就生成了验证集数据,如图 8-18 所示。

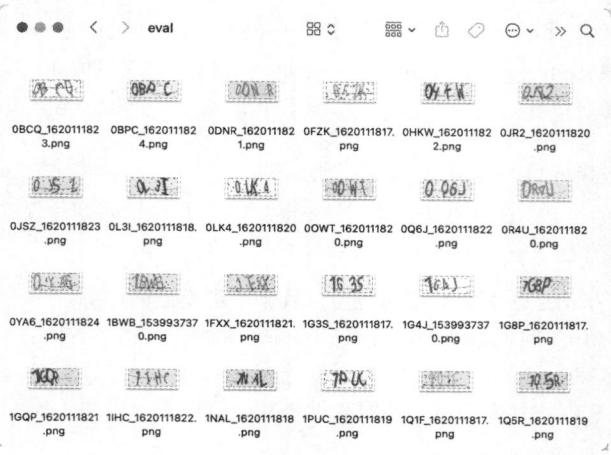

图 8-18　生成的验证集数据

数据都准备好后,就可以开始训练模型了。

3. 模型训练

本节中我们使用的深度学习模型是一个基本的 CNN 模型，模型定义在 model.py 文件里，定义如下：

```python
import torch.nn as nn
import setting

class CNN(nn.Module):
    def __init__(self):
        super(CNN, self).__init__()
        self.layer1 = nn.Sequential(
            nn.Conv2d(1, 32, kernel_size=3, padding=1),
            nn.BatchNorm2d(32),
            nn.Dropout(0.5),
            nn.ReLU(),
            nn.MaxPool2d(2))
        self.layer2 = nn.Sequential(
            nn.Conv2d(32, 64, kernel_size=3, padding=1),
            nn.BatchNorm2d(64),
            nn.Dropout(0.5),
            nn.ReLU(),
            nn.MaxPool2d(2))
        self.layer3 = nn.Sequential(
            nn.Conv2d(64, 64, kernel_size=3, padding=1),
            nn.BatchNorm2d(64),
            nn.Dropout(0.5),
            nn.ReLU(),
            nn.MaxPool2d(2))
        self.fc = nn.Sequential(
            nn.Linear((setting.IMAGE_WIDTH // 8) * (setting.IMAGE_HEIGHT // 8) * 64, 1024),
            nn.Dropout(0.5),
            nn.ReLU())
        self.rfc = nn.Sequential(
            nn.Linear(1024, setting.MAX_CAPTCHA * setting.ALL_CHAR_SET_LEN),
        )

    def forward(self, x):
        out = self.layer1(x)
        out = self.layer2(out)
        out = self.layer3(out)
        out = out.view(out.size(0), -1)
        out = self.fc(out)
        out = self.rfc(out)
        return out
```

可以看到这里定义了三层，每层都是 Conv2d（卷积）、BatchNorm2d（批标准化）、Dropout（随机失活）、ReLU（激活函数）和 MaxPool2d（池化）的组合，经过这三层处理后，由一个全连接网络层输出最终的结果，用于计算模型的最终损失。

模型的训练过程定义在 train.py 文件中，整个训练逻辑是这样的：

(1) 引入定义好的模型，即 model.py 文件，对模型进行初始化；
(2) 定义损失函数 loss；
(3) 定义优化器 optimizer；
(4) 加载数据，一般包括训练集数据和验证集数据；
(5) 执行训练，这个过程包括反向求导、模型权重更新；
(6) 在执行完特定的训练步数后，验证和保存模型。

了解了基本的逻辑之后，就可以尝试用现有的数据训练一个深度学习模型了。怎么训练呢？运行训练模型，即 train.py 文件即可：

```
python3 train.py
```

训练过程的输出结果如下：

```
epoch: 0 step: 9 loss: 0.2004123032093048
epoch: 0 step: 19 loss: 0.15169423818588257
epoch: 0 step: 29 loss: 0.14101602137088776
....
epoch: 10 step: 109 loss: 0.0204183830261237
epoch: 10 step: 119 loss: 0.0216972048472911
epoch: 10 step: 129 loss: 0.0210623586177826
...
```

可以看到，训练过程中模型的损失在不断降低，说明模型在不断地学习和优化，同时每训练完一个轮次之后都会执行一次模型验证。由于在训练模型时没有使用验证集数据，所以用验证集数据来验证是可以得到模型的真实正确率的，是更为科学的。

另外在每次的验证过程中，还会保存最优的验证结果以及最优的模型，存为 best_model.pkl 文件。

> **注意** 推荐使用 GPU 来训练模型，速度会比不用 GPU 快很多。关于如何设置用 GPU 训练模型，可以参考 PyTorch 官方教程，这里不再赘述。

经过一段时间的训练，模型的损失趋近于 0，训练的正确率在不断提升，验证的正确率能达到 96% 以上，最后可以在本地看到一个 best_model.pkl 文件，这便是我们想要的模型。

4. 测试

现在我们来测试一下得到的模型，先在 PREDICT_DATASET_PATH 变量对应的路径下生成几个验证码图片，生成过程前面讲过也实践过。这里随意选取两个验证码图片放在那个路径下，如图 8-19 所示。

然后在 predict.py 文件中加载上面得到的模型 best_model.pkl，关键代码如下：

```
cnn.load_state_dict(torch.load('best_model.pkl'))
```

并根据加载的模型对定义的 CNN 模型的权重进行初始化，整个模型加载完毕后，就和刚才训练时一样强大，拥有识别图形验证码的能力。

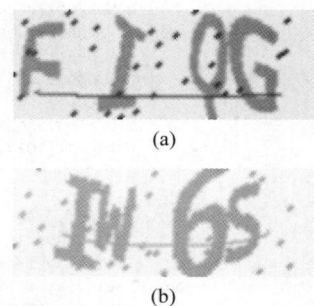

图 8-19　选取的验证码图片

运行 predict.py 文件：

```
python3 predict.py
```

可以看到输出结果如下：

```
FIQG
IW6S
```

识别成功！这样我们就成功训练出了一个识别图形验证码的深度学习模型。

5. 总结

本节介绍了利用深度学习模型识别图形验证码的整体流程，最终我们成功训练出模型，并得到了一个深度学习模型文件。往这个模型中输入一张图形验证码，它便会预测出其中的文本内容。

至此，我们还可以基于本节介绍的内容进行进一步的优化。

- 由于本节各个环节使用的验证码都是由 captcha 库生成的，验证码风格也都是事先设定好的，所以模型的识别正确率会比较高。但如果输入其他类型的验证码，例如文本形状、文本数量、干扰线样式和本节的不同，模型识别的正确率可能并不理想。为了让模型能够识别更多的验证码，可以多生成一些不同风格的验证码来训练模型，这样得到的模型会更加健壮。

- 当前模型的预测过程是通过命令行执行的,这在实际使用时可能并不方便。可以考虑将预测过程对接 API 服务器,例如对接 Flask、Django、FastAPI 等,把预测过程实现为一个支持 POST 请求的 API,这个 API 可以接收一张验证码图片,并返回验证码的文本信息,这样会使模型更加方便易用。

本节代码见 https://github.com/Python3WebSpider/DeepLearningImageCaptcha。

8.4　使用深度学习识别滑动验证码的缺口

上一节中我们使用深度学习完成了图形验证码的识别过程,正确率和使用 OCR 技术相比,高了非常多。这时可能有朋友会说,8.2 节不是还介绍了一种使用图像处理技术识别滑动验证码缺口的方法吗?深度学习可以用在这种场景下吗?

当然可以,本节中我们就来了解使用深度学习识别滑动验证码缺口的方法。

1. 准备工作

和 8.3 节一样,本节主要侧重于介绍利用深度学习模型识别滑动验证码缺口的过程,不会深入讲解深度学习模型的算法。另外由于整个模型的实现较为复杂,故不会从零开始编写代码,而是倾向于提前把代码下载下来进行实操练习。代码地址为 https://github.com/Python3WebSpider/DeepLearningSlideCaptcha2,还是先把它复制下来:

```
git clone https://github.com/Python3WebSpider/DeepLearningSlideCaptcha2.git
```

运行完毕后,本地就会出现一个 DeepLearningImageCaptcha2 文件夹,证明复制成功。之后,切换到 DeepLearningImageCaptcha2 文件夹,安装必要的依赖库:

```
pip3 install -r requirements.txt
```

运行完毕后,本项目所需的依赖库就全部安装好了。

2. 目标检测

识别滑动验证码的目标缺口问题,其实可以归结为目标检测问题。什么叫目标检测?这里简单介绍一下。目标检测,顾名思义就是把想找的东西找出来,例如这里有一张包含狗的图片,我们想知道狗和狗的舌头在哪儿,如图 8-20 所示。

先找到图片中的狗和狗的舌头,再把它们框起来,就是目标检测。我们希望经过目标检测算法处理后得到的图片如图 8-21 所示。

图 8-20　示例图片

图 8-21　目标检测处理后得到的图片

现在比较流行的目标检测算法有 R-CNN、Fast R-CNN、Faster R-CNN、SSD、YOLO 等,感兴趣的话可以了解一下,当然就算不太了解对学习本节也不会有影响。

目前目标检测算法主要有两种实现方法——一阶段式和两阶段式,英文叫作 One Stage 和 Two Stage。
- One Stage:不需要产生候选框,直接将目标的定位和分类问题转化为回归问题,俗称"看一眼",使用这种实现的算法有 YOLO 和 SSD,这种方法虽然正确率不及 Two Stage,但架构相对简单,检测速度更快。
- Two Stage:算法首先生成一系列目标所在位置的候选框,再对这些框选出来的结果进行样本分类,即先找出来在哪儿,再分出来是啥,俗称"看两眼",使用这种实现的算法有 R-CNN、Fast R-CNN、Faster R-CNN 等,这种方法架构相对复杂,但正确率高。

这里我们选用 YOLO 算法实现对滑动验证码缺口的识别。YOLO 的英文全称是 You Only Look Once,目前的最新版本是 V5,应用比较广泛的版本是 V3,算法的具体流程我们就不过多介绍了,感兴趣的话可以搜一下相关资料。另外,可以了解一下 YOLO V1~V3 版本的不同和改进之处,这里列几个参考链接。
- YOLO V3 的论文:https://pjreddie.com/media/files/papers/YOLOv3.pdf。
- 介绍 YOLO V3:https://zhuanlan.zhihu.com/p/34997279。
- YOLO V1~V3 版本的对比:https://www.cnblogs.com/makefile/p/yolov3.html。

3. 数据准备

和 8.3 节一样,训练深度学习模型需要准备训练数据。这里的数据也分两部分,一部分是验证码图片,另一部分是数据标注。和 8.3 节不一样的是,这次的数据标注不再是单纯的验证码文本,而是缺口位置,缺口对应一个矩形框,要表示矩形框,至少需要 4 个数据,如矩形左上角的点的横纵坐标 x、y 加上矩形的宽高 w、h。

明确了数据是什么,接下来就着手准备吧。第一步是收集验证码图片,第二步是标注图片中的缺口位置并转为化想要的 4 位数字。举个例子,打开网站 https://captcha1.scrape.center/,点击"登录"按钮就会弹出一个滑动验证码,如图 8-22 所示。

单独将图 8-23 中框起来的区域保存下来,就收集了一张验证码图片。

图 8-22 示例网站的滑动验证码

图 8-23 要保存的区域

怎么保存那个区域呢?手工截图肯定不可靠,因为要收集的图片量非常大,这么做不仅费时费力,还不好准确地定位边界,会导致保存下来的图片有大有小。为了解决这个问题,可以简单写一个脚本实现自动化裁切和保存,就是之前下载的代码仓库中的 collect.py 文件,其内容如下:

8.4 使用深度学习识别滑动验证码的缺口

```python
from selenium import webdriver
from selenium.webdriver.common.by import By
from selenium.webdriver.support.ui import WebDriverWait
from selenium.webdriver.support import expected_conditions as EC
from selenium.common.exceptions import WebDriverException
import time
from loguru import logger

COUNT = 1000

for i in range(1, COUNT + 1):
    try:
        browser = webdriver.Chrome()
        wait = WebDriverWait(browser, 10)
        browser.get('https://captcha1.scrape.center/')
        button = wait.until(EC.element_to_be_clickable(
            (By.CSS_SELECTOR, '.el-button')))
        button.click()
        captcha = wait.until(
            EC.presence_of_element_located((By.CSS_SELECTOR, '.geetest_slicebg.geetest_absolute')))
        time.sleep(5)
        captcha.screenshot(f'data/captcha/images/captcha_{i}.png')
    except WebDriverException as e:
        logger.error(f'webdriver error occurred {e.msg}')
    finally:
        browser.close()
```

代码中先是一个 for 循环,循环次数为 COUNT,每次循环都使用 Selenium 启动一个浏览器,然后打开目标网站,模拟点击"登录"按钮的操作触发验证码弹出,然后截取验证码对应的节点,再调用 screenshot 方法保存下来。

运行 collect.py 文件:

```
python3 collect.py
```

运行完后,data/captcha/images/ 目录下就会出现很多验证码图片,例如图 8-24 所示的这样。

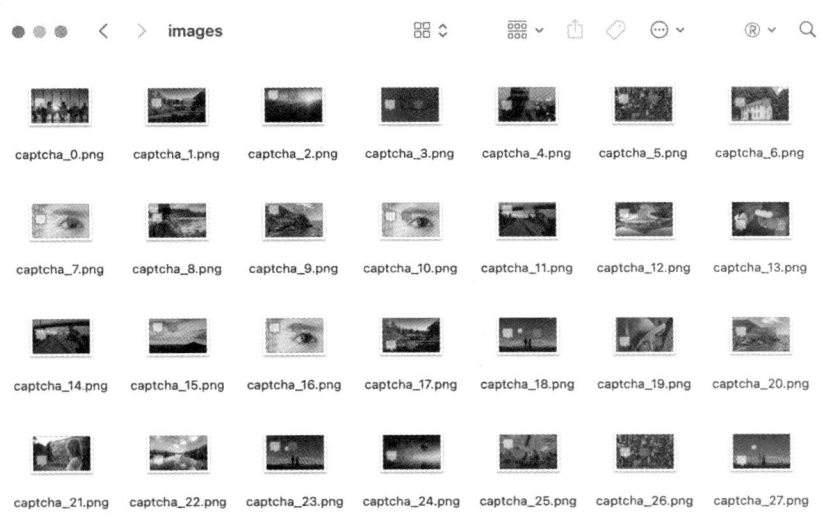

图 8-24 收集的验证码图片

第一步完成,接下来完成第二步——准备数据标注,这里推荐使用的工具是 labelImg,下载地址为 https://github.com/tzutalin/labelImg。使用 pip3 工具安装它:

```
pip3 install labelImg
```

安装完后可以直接在命令行运行：

labelImg

这样就成功启动了 labelImg 工具，如图 8-25 所示。

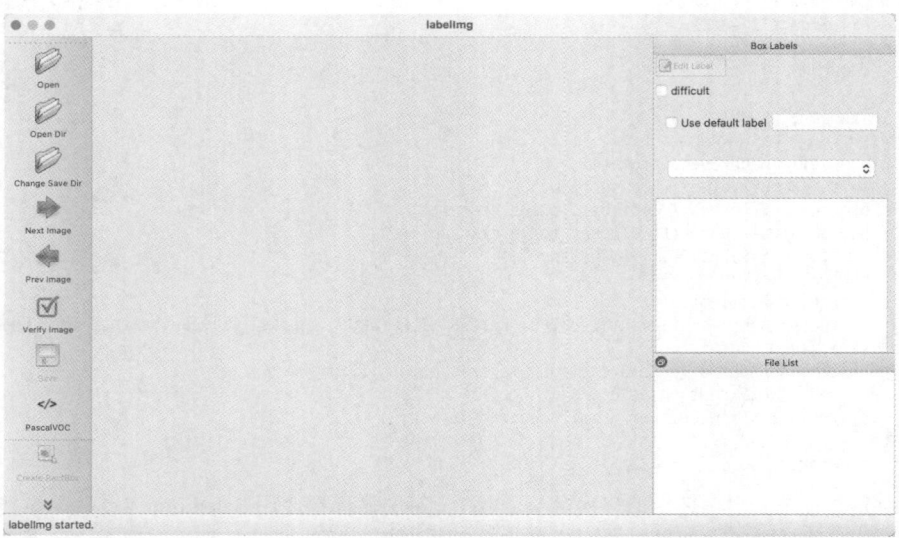

图 8-25　启动了 labelImg 工具

点击左侧的 Open Dir 按钮打开 data/captcha/images/ 目录，然后点击左下角的 Create RectBox 创建一个标注框，可以将缺口所在的矩形框框起来，框完后 labelImg 会弹出填写保存名称的提示框，填写 target，然后点击 OK 按钮，如图 8-26 所示。

图 8-26　将缺口所在的矩形框保存为 target

8.4 使用深度学习识别滑动验证码的缺口

这时会发现本地保存了一个 xml 文件，内容如下：

```xml
<annotation>
    <folder>images</folder>
    <filename>captcha_0.png</filename>
    <path>data/captcha/images/captcha_0.png</path>
    <source>
        <database>Unknown</database>
    </source>
    <size>
        <width>520</width>
        <height>320</height>
        <depth>3</depth>
    </size>
    <segmented>0</segmented>
    <object>
        <name>target</name>
        <pose>Unspecified</pose>
        <truncated>0</truncated>
        <difficult>0</difficult>
        <bndbox>
            <xmin>321</xmin>
            <ymin>87</ymin>
            <xmax>407</xmax>
            <ymax>167</ymax>
        </bndbox>
    </object>
</annotation>
```

从中可以看到，size 节点里有三个节点，分别是 width、height 和 depth，代表原验证码图片的宽度、高度和通道数。object 节点下的 bndbox 节点包含标注的缺口位置，通过观察对比可以知道 xmin、ymin 指的是左上角的坐标，xmax、ymax 指的是右下角的坐标。

我们可以使用下面的方法简单做一下数据处理：

```python
import xmltodict
import json

def parse_xml(file):
    xml_str = open(file, encoding='utf-8').read()
    data = xmltodict.parse(xml_str)
    data = json.loads(json.dumps(data))
    annoatation = data.get('annotation')
    width = int(annoatation.get('size').get('width'))
    height = int(annoatation.get('size').get('height'))
    bndbox = annoatation.get('object').get('bndbox')
    box_xmin = int(bndbox.get('xmin'))
    box_xmax = int(bndbox.get('xmax'))
    box_ymin = int(bndbox.get('ymin'))
    box_ymax = int(bndbox.get('ymax'))
    box_width = (box_xmax - box_xmin) / width
    box_height = (box_ymax - box_ymin) / height
    return box_xmin / width, box_ymin / height, box_width / width, box_height / height
```

这里定义了一个 parse_xml 方法，这个方法首先读取 xml 文件，然后调用 xmltodict 库里的 parse 方法将 XML 字符串转换为 JSON 字符，之后依次读取验证码的宽高信息和缺口的位置信息，最后以元组的形式返回我们想要的数据——缺口左上角的点的坐标和宽高的相对值。都标注好后，对每个 xml 文件都调用一次此方法便可以生成想要的标注结果了。

我已经将对应的标注结果都处理好了，大家可以直接使用，结果的保存路径为 data/captcha/labels，如图 8-27 所示。

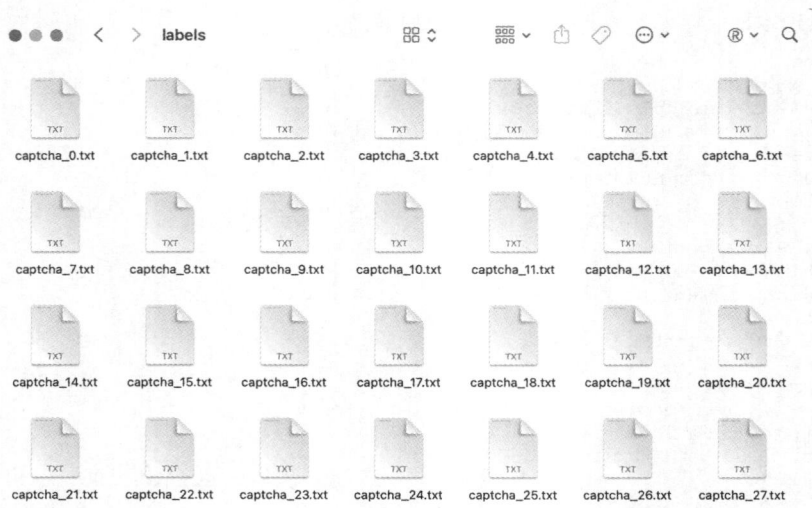

图 8-27　对所有 xml 文件的标注结果

其中每个 txt 文件各对应一张验证码图片的标注结果，文件内容类似这样：

```
0 0.6153846153846154 0.275 0.16596774 0.24170968
```

第一位 0 代表标注目标的索引，由于我们只需要检测一个缺口，所以索引就是 0；第二位和第三位代表缺口左上角的点在验证码图片中所处的位置，例如 0.6153846153846154 代表从横向看，缺口左上角的点大约位于验证码的 61.5% 处，这个值乘上验证码的宽度 520 得到 320，表示左上角的点的偏移量是 320 像素；第四位和第五位代表缺口的宽高和验证码图片的宽高的比，例如用第五位的 0.24170968 乘以验证码图片的高度 320 得到大约 77，表示缺口的高度大约为 77 像素。

至此，数据准备阶段完成。

4. 训练

为了达到更好的训练效果，还需要下载一些预训练模型，预训练的意思是已经有一个提前训练好的基础模型了。直接使用预训练模型中的权重文件，就不用从零开始训练模型了，只需要基于之前的模型进行微调即可，这样既节省训练时间，又能达到比较好的效果。

先下载预训练模型，YOLO V3 模型才能有不错的训练效果。下载预训练模型的命令如下：

```
bash prepare.sh
```

> **注意**　在 Windows 环境下，请使用 Bash 命令行工具（如 Git Bash）运行此命令。

之后，就能下载 YOLO V3 模型的一些权重文件，包括 yolov3.weights 和 darknet.weights。在正式训练模型之前，需要使用这些权重文件初始化 YOLO V3 模型。

接下来就是训练了，还是推荐使用 GPU 来训练，运行如下命令：

```
bash train.sh
```

> **注意**　同样，在 Windows 环境下请使用 Bash 命令行工具（如 Git Bash）运行此命令。

在训练过程中，我们可以使用 TensorBoard 观察 loss 和 mAP 的变化，运行如下命令：

```
tensorboard --logdir='logs' --port=6006 --host 0.0.0.0
```

> **注意** 请确保已经正确安装了本项目的所有依赖库，其中就包括 TensorBoard，安装成功之后便可以使用 `tensorboard` 命令。

运行后，打开 http://localhost:6006 观察，loss 的变化和图 8-28 类似。

mAP 的变化和图 8-29 类似。

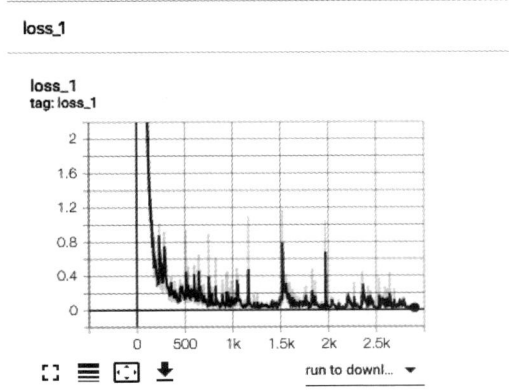

图 8-28　loss 的变化　　　　　　图 8-29　mAP 的变化

可以看到，loss 最初非常高，之后下降到很低，正确率也逐渐接近 100%。

以下是模型训练过程中命令行中的一些输出结果：

```
---- [Epoch 99/100, Batch 27/29] ----
+------------+---------------+---------------+---------------+
| Metrics    | YOLO Layer 0  | YOLO Layer 1  | YOLO Layer 2  |
+------------+---------------+---------------+---------------+
| grid_size  | 14            | 28            | 56            |
| loss       | 0.028268      | 0.046053      | 0.043745      |
| x          | 0.002108      | 0.005267      | 0.008111      |
| y          | 0.004561      | 0.002016      | 0.009047      |
| w          | 0.001284      | 0.004618      | 0.000207      |
| h          | 0.000594      | 0.000528      | 0.000946      |
| conf       | 0.019700      | 0.033624      | 0.025432      |
| cls        | 0.000022      | 0.000001      | 0.000002      |
| cls_acc    | 100.00%       | 100.00%       | 100.00%       |
| recall50   | 1.000000      | 1.000000      | 1.000000      |
| recall75   | 1.000000      | 1.000000      | 1.000000      |
| precision  | 1.000000      | 0.800000      | 0.666667      |
| conf_obj   | 0.994271      | 0.999249      | 0.997762      |
| conf_noobj | 0.000126      | 0.000158      | 0.000140      |
+------------+---------------+---------------+---------------+
Total loss 0.11806630343198776
```

这里显示了训练过程中各个指标的变化情况，如 loss、recall、precision 和 conf_obj，分别代表损失（越小越好）、召回率（能识别出的结果占应该识别出的结果的比例，越高越好）、精确率（识别结果中识别正确的概率，越高越好）和置信度（模型有把握识别对的概率，越高越好），可以作为参考。

5. 测试

模型训练完毕后，会在 checkpoints 文件夹下生成一些 pth 文件，这些就是模型文件，和 8.3 节的 best_model.pkl 文件原理一样，只是表示形式略有不同，我们可以直接使用这些模型做测试，生成标注结果。

先在测试文件夹 data/captcha/test 下放入一些验证码图片，样例如图 8-30 所示。

运行如下命令做测试：

```
bash detect.sh
```

该命令会读取测试文件夹下的所有图片，并将处理后的结果输出到 data/captcha/result 文件夹，控制台会输出一些验证码的识别结果。同时，在 data/captcha/result 文件夹下会生成标注结果，样例如图 8-31 所示。

图 8-30　样例图片

图 8-31　带有标注结果的样例图片

可以看到，缺口被准确识别出来了。

实际上，detect.sh 命令的作用是运行 detect.py 文件，这个文件中的关键代码如下：

```
bbox = patches.Rectangle((x1 + box_w / 2, y1 + box_h / 2), box_w, box_h, linewidth=2, edgecolor=color, facecolor="none")
print('bbox', (x1, y1, box_w, box_h), 'offset', x1)
```

这里的 bbox 就是指最终缺口的轮廓位置，x1 指的是轮廓最左侧距离整个验证码最左侧的横向偏移量，即 offset。通过这两个信息，就能得到缺口的位置了。

得到了目标缺口的位置，便可以进行一些模拟滑动的操作从而通过验证码的检测。

6. 总结

本节主要介绍使用深度学习识别滑动验证码缺口的整体流程，最终我们成功训练出了模型，并得到了一个深度学习模型文件。

往这个模型中输入一张滑动验证码图片，模型便会输出缺口的相关信息，包括偏移量、宽度等，通过这些信息可以确定缺口所处的位置。

和 8.3 节一样，本节介绍的内容也可以做进一步优化，即把预测过程对接 API 服务器，例如对接 Flask、Django、FastAPI 等，把预测过程实现为一个支持 POST 请求的 API。

本节代码见 https://github.com/Python3WebSpider/DeepLearningSlideCaptcha2。

8.5　使用打码平台识别验证码

在前面四节，我们学习了几种识别验证码的方法，这些方法或多或少存在一些缺点，例如 OCR、OpenCV 的识别正确率不高，深度学习的效果虽然还不错，但是训练和维护模型的流程相对复杂。那有没有其他识别验证码的方法呢？

有，就是本节要讲的打码平台。利用打码平台可以轻松识别各种各样的验证码，图形验证码、滑动验证码、点选验证码和逻辑推理验证码都不在话下，而且不需要懂任何算法，以及维护任何模型或服务。打码平台提供了一系列 API，只需要向 API 上传验证码图片，它便会返回对应的识别结果。

其实打码平台一般是半自动化的，也就是平台背后既有识别算法、模型的支持，也有人工打码的支持。对于普通的由数字或字母构成的图形验证码，平台背后一般有深度学习模型作为支持，不仅识别精度高而且速度快。对于一些较为复杂的、使用模型或算法难以实现或者难以达到较好效果的验证码，会转到人工处理，打码人员通过平台提供的标注工具做标注，平台再通过 API 返回标注结果。

我个人比较推荐的一个平台是超级鹰，其官网为 https://www.chaojiying.com/，首页如图 8-32 所示，这个平台提供的服务种类非常广泛，可识别的验证码类型非常多，识别效果也很不错。

图 8-32　超级鹰平台

超级鹰平台支持识别如下内容。

- **英文数字**：英文字母和数字混合而成的内容，最多识别 20 位。
- **中文汉字**：最多识别 7 个汉字。
- **纯英文**：最多识别 12 个英文字母。
- **纯数字**：最多识别 11 位数字。
- **任意特殊字符**：不定长的汉字、英文和数字混合而成的内容，拼音首字母，计算题，成语混合，集装箱号等。
- **问答**：例如问答题、选择题、复杂计算题。
- **坐标多选**：支持二选一、多选一、多选多等，通常返回选择结果的左上角的点的坐标。

如有变动，请以官网为准：https://www.chaojiying.com/price.html。

本节中我们就来学习利用打码平台识别各类验证码的流程，涉及的验证码类型有图形验证码、点选验证码、滑动验证码和问答验证码。

1. 准备工作

本节需要用到两个 Python 库——opencv-python 和 Pillow，请确保已经正确安装，安装命令如下：

```
pip3 install opencv-python pillow
```

如果在安装过程中遇到问题，可以参考 https://setup.scrape.center/opencv-python 和 https://setup.

scrape.center/pillow。

另外请在超级鹰平台上注册一个账号,并购买一定的题分,具体的操作流程见官网或者联系官方客服。

大家可以自行下载本节测试所用的验证码,地址为 https://github.com/Python3WebSpider/CaptchaPlatform,可以先复制下来:

git clone https://github.com/Python3WebSpider/CaptchaPlatform.git

复制之后,本地会出现一个 CaptchaPlatform 文件夹,该文件夹内部存放的便是本节测试所需的验证码图片。另外,文件夹中还有一个叫 chaojiying.py 的文件,这是基于官方 SDK 改写的,文件内容如下:

```python
import requests
from hashlib import md5

class Chaojiying(object):

    def __init__(self, username, password, soft_id):
        self.username = username
        self.password = md5(password.encode('utf-8')).hexdigest()
        self.soft_id = soft_id
        self.base_params = {
            'user': self.username,
            'pass2': self.password,
            'softid': self.soft_id,
        }
        self.headers = {
            'User-Agent': 'Mozilla/4.0 (compatible; MSIE 8.0; Windows NT 5.1; Trident/4.0)',
        }

    def post_pic(self, im, codetype):
        """
        im: 图片字节
        codetype: 题目类型 参考 http://www.chaojiying.com/price.html
        """
        params = {
            'codetype': codetype,
        }
        params.update(self.base_params)
        files = {'userfile': ('ccc.jpg', im)}
        r = requests.post('http://upload.chaojiying.net/Upload/Processing.php', data=params, files=files,
                          headers=self.headers)
        return r.json()

    def report_error(self, im_id):
        """
        im_id: 报错题目的图片 ID
        """
        params = {
            'id': im_id,
        }
        params.update(self.base_params)
        r = requests.post('http://upload.chaojiying.net/Upload/ReportError.php', data=params,
            headers=self.headers)
        return r.json()
```

其中定义了一个 Chaojiying 类,其构造方法接收三个参数。

- username:超级鹰账户的用户名。
- password:超级鹰账户的密码。
- soft_id:软件 ID,需要到超级鹰后台的"软件 ID"中获取,例如图 8-33 这样,就生成了一个软件 ID:915502。

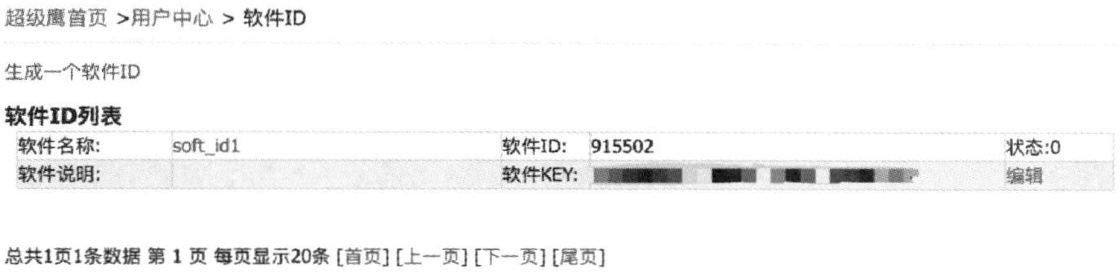

8.5 使用打码平台识别验证码

超级鹰首页 >用户中心 > 软件ID

生成一个软件ID

软件ID列表

软件名称:	soft_id1	软件ID:	915502	状态:0
软件说明:		软件KEY:		编辑

总共1页1条数据 第 1 页 每页显示20条 [首页][上一页][下一页][尾页]

图 8-33 生成软件 ID

这个类还实现了两个方法，post_pic 方法用于上传验证码并获取识别结果，report_error 方法用于上报识别错误，识别错误时不扣题分，也就是不花钱。

以上内容都准备好后，开始识别验证码，首先是图形验证码。

2. 图形验证码

本节中我们用图 8-34 所示的图形验证码为例进行讲解，该图片被保存为 captcha1.png 文件。

图 8-34 要识别的图形验证码

这是一个由英文字母和数字组合而成的验证码，一共六位，查阅价格文档 https://www.chaojiying.com/price.html，和这个验证码相符合的描述是"1-6 位英文数字"，类型是"1006"，如图 8-35 所示。

验证码类型	英文数字	
	验证码描述	官方单价(题分)
1902	常见4~6位英文数字	10,12,15
1101	1位英文数字	10
1004	1~4位英文数字	10
1005	1~5位英文数字	12
1006	1~6位英文数字	15
1007	1~7位英文数字	17.5
1008	1~8位英文数字	20
1009	1~9位英文数字	22.5
1010	1~10位英文数字	25
1012	1~12位英文数字	30
1020	1~20位英文数字	50

图 8-35 价格文档

接着就可以编写实现代码：

```python
from chaojiying import Chaojiying

"""
USERNAME、PASSWORD、SOFT_ID 需要更改为自己的用户名、密码和软件 ID
"""
USERNAME = ''
PASSWORD = ''
SOFT_ID = ''
CAPTCHA_KIND = '1006'
FILE_NAME = 'captcha1.png'
client = Chaojiying(USERNAME, PASSWORD, SOFT_ID)
result = client.post_pic(open(FILE_NAME, 'rb').read(), CAPTCHA_KIND)
print(result)
```

这里首先利用 USERNAME、PASSWORD 和 SOFT_ID 三个信息初始化了一个 Chaojiying 对象，赋值为 client 变量，然后调用 client 的 post_pic 方法上传了图 8-34 的二进制内容，这里把 post_pic 方法的第二个参数设置为 CAPTCHA_KIND，即 1006。

返回结果如下：

{'err_no': 0, 'err_str': 'OK', 'pic_id': '1138416360949200010', 'pic_str': '6m44nn', 'md5': '6f3f50e447fbb0b13abf828636096f94'}

可以看到，返回结果中的 pic_str 字段出现了正确的识别结果，识别成功！

3. 点选验证码

点选验证码也是多种多样，12306 的验证码就是非常典型的一种点选验证码。本节中我们用图 8-36 所示的点选验证码为例进行讲解，该图片被保存为 captcha2.png 文件。

查阅价格文档，比较符合这个验证码的描述是 "坐标多选"，类型是 "9004"，会返回 1~4 个坐标，如图 8-37 所示。

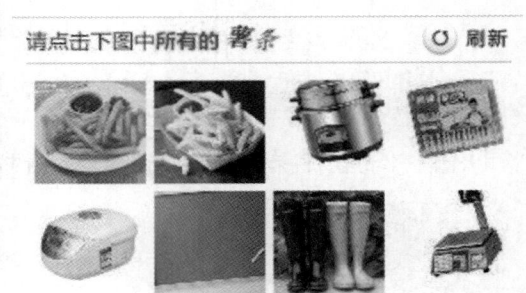

图 8-36 要识别的点选验证码

类型	坐标类返回值 x,y 更多坐标以|分隔,原图左上角0,0 以像率px为单位,x是横轴,y是纵轴	价格
9101	坐标选一,返回格式:x,y	15
9102	点击两个相同的字,返回:x1,y1|x2,y2	22
9202	点击两个相同的动物或物品,返回:x1,y1|x2,y2	40
9103	坐标多选,返回3个坐标,如:x1,y1|x2,y2|x3,y3	20
9004	坐标多选,返回1~4个坐标,如:x1,y1|x2,y2|x3,y3	25
9104	坐标选四,返回格式:x1,y1|x2,y2|x3,y3|x4,y4	30
9005	坐标多选,返回3~5个坐标,如:x1,y1|x2,y2|x3,y3	30
9008	坐标多选,返回5~8个坐标,如:x1,y1|x2,y2|x3,y3|x4,y4|x5,y5	40

图 8-37 价格文档

将 "图形验证码" 代码中的 CAPTCHA_KIND 改成 9004，FILE_NAME 改成 captcha2.png，然后重新运行代码，得到的结果如下：

{'err_no': 0, 'err_str': 'OK', 'pic_id': '1138416440949200011', 'pic_str': '-|108,133|227,143', 'md5': '526d232eb02afa7ed8319051a48ed7e9'}

可以看到返回结果中的 pic_str 字段变成了 108,133|227,143，使用 OpenCV 技术在图 8-36 上标注出这个点：

```
import cv2

image = cv2.imread('captcha2.png')
image = cv2.circle(image, (108, 133), radius=10, color=(0, 0, 255), thickness=-1)
image = cv2.circle(image, (227, 143), radius=10, color=(0, 0, 255), thickness=-1)
cv2.imwrite('captcha2_label.png', image)
```

运行结果如图 8-38 所示。

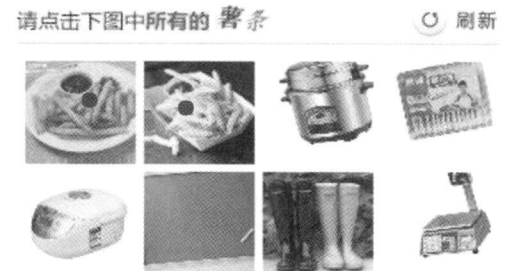

图 8-38　在 captcha2.png 上标注出返回坐标对应的点

可以看到标注出来的正是第 1 张和第 2 张图片，没问题，验证成功！

另外，还有一些验证码也属于点选类型，例如指定点击物品的颜色的验证码，如图 8-39 所示。指定文字点击顺序的验证码，如图 8-40 所示。

要求按照语序点击文字的验证码，如图 8-41 所示。

图 8-39　指定物品的颜色　　　图 8-40　指定文字点击顺序　　　图 8-41　要求按照语序点击文字

4. 滑动验证码

我们再来验证滑块验证码，这里以图 8-42 所示的图片为例进行讲解，这张图片被保存为 captcha3.png 文件。

图 8-42　要识别的滑动验证码

查阅价格文档，比较符合这个验证码的描述是"坐标选一"，类型是"9101"，如图 8-43 所示。

	坐标类返回值 x,y 更多坐标以|分隔,原图左上角0,0 以像率px为单位,x是横轴,y是纵轴	
9101	坐标选一,返回格式:x,y	15
9102	点击两个相同的字,返回:x1,y1|x2,y2	22
9202	点击两个相同的动物或物品,返回:x1,y1|x2,y2	40
9103	坐标多选,返回3个坐标,如:x1,y1|x2,y2|x3,y3	20
9004	坐标多选,返回1-4个坐标,如:x1,y1|x2,y2|x3,y3	25
9104	坐标选四,返回格式:x1,y1|x2,y2|x3,y3|x4,y4	30
9005	坐标多选,返回3-5个坐标,如:x1,y1|x2,y2|x3,y3	30
9008	坐标多选,返回5-8个坐标,如:x1,y1|x2,y2|x3,y3|x4,y4|x5,y5	40

图 8-43 价格文档

和"点选验证码"类似,将"图形验证码"代码中的 CAPTCHA_KIND 改成 9101,FILE_NAME 改成 captcha3.png,然后重新运行代码,得到的结果如下:

```
{'err_no': 0, 'err_str': 'OK', 'pic_id': '9138416550949200012', 'pic_str': '231,85', 'md5':
'ae9cba3a8bbfcd9197551dda23aa0fd7'}
```

可以看到返回结果中的 pic_str 字段变成了 231,85,我们用 OpenCV 技术在图 8-42 上标注出这个点:

```
import cv2

image = cv2.imread('captcha3.png')
image = cv2.circle(image, (231, 85), radius=10, color=(0, 0, 255), thickness=-1)
cv2.imwrite('captcha3_label.png', image)
```

返回的结果如图 8-44 所示。

很遗憾,标注的点在缺口右侧的中间位置,这样不方便我们判断。造成这个结果的原因在于平台的背后是标注人员,标注人员拿到验证码图片后并不知道应该标注哪里,例如标在目标缺口的左侧还是右侧,在信息量不足的前提下,标注结果自然不一定如我们所愿。

面对这种情况,一般应该怎么做?可以在图片上做一些处理,例如添加自定义的文字,提醒标注人员哪里是正确的位置。下面使用 OpenCV 技术在图 8-42 上加一行字"请点击目标缺口的左上角":

图 8-44 在 captcha3.png 上标注出返回坐标对应的点

```
import cv2
from PIL import ImageFont, ImageDraw, Image
import numpy as np
import io

def cv2_add_text(image, text, left, top, textColor=(255, 0, 0), text_size=20):
    image = Image.fromarray(cv2.cvtColor(image, cv2.COLOR_BGR2RGB))
    draw = ImageDraw.Draw(image)
    font = ImageFont.truetype('simsun.ttc', text_size, encoding="utf-8")
    draw.text((left, top), text, textColor, font=font)
    return cv2.cvtColor(np.asarray(image), cv2.COLOR_RGB2BGR)

image = cv2.imread(FILE_NAME)
image = cv2_add_text(image, '请点击目标缺口的左上角', int(image.shape[1] / 10), int(image.shape[0] / 2), (255, 0, 0), 40)
client = Chaojiying(USERNAME, PASSWORD, SOFT_ID)
result = client.post_pic(io.BytesIO(cv2.imencode('.png', image)[1]).getvalue(), CAPTCHA_KIND)
print(result)
```

这里我们定义了一个 cv2_add_text 方法，由于直接添加中文会产生乱码，所以需要借助 Pillow 库，并且依赖一个中文字体文件。添加文字后，图片如图 8-45 所示。

重新运行代码，得到的结果如下：

{'err_no': 0, 'err_str': 'OK', 'pic_id': '9138418320949200031', 'pic_str': '167,55', 'md5': '12aef197b545bbf05ac28c7797e5ba46'}

这时返回结果中的 pic_str 字段变成了 167,55，标注一下这个点，结果如图 8-46 所示。

图 8-45　添加提醒文字后的图片

图 8-46　标注新返回的坐标点

可以看到，这下标注的位置就正确了。所以在有必要的情况下，可以对图片稍做处理，以达到更好的标注效果。

5. 问答验证码

再看一种验证码——问答验证码，样例图片如图 8-47 所示，这张图片被保存为 captcha4.png。

图 8-47　要识别的问答验证码

可以看到，验证码上有一个问题，并且在问题后的括号里有答案提示，问题中每个字的颜色、形状和字与字之间距离各不相同，背景中还有一些干扰线。

对于这种验证码，如果想自动化完成识别，难度是比较大的。首先需要识别出图片上的文字，这对正确率有很高的要求。在能正确提取所有文字并且问题相对简单的前提下，可以通过用爬虫模拟一些网络搜索操作获得结果。如果问题稍微复杂一些或者在网络上搜索不到答案，可以通过一些自然语言处理技术或者知识库获得答案。但总的来说，通过纯技术手段识别问答验证码的难度还是比较高的。

面对这样的验证码，比较合适的解决方案依然是打码平台，借助平台背后的人工力量完成识别。同样，查阅一下超级鹰平台对此类验证码的支持情况，如图 8-48 所示。

问答类型		
验证码类型	验证码描述	官方单价(题分)
6001	计算题	15
6003	复杂计算题	25
6002	选择题四选一(ABCD或1234)	15
6004	问答题，智能回答题	15

图 8-48　价格文档

可以看到 6004 类型是支持此类验证码的，我们把前面代码中的 CAPTCHA_KIND 改成 6004，FILE_NAME 改成 captcha4.png，然后重新运行代码，得到的结果如下：

{'err_no': 0, 'err_str': 'OK', 'pic_id': '9138623590949200033', 'pic_str': '大象', 'md5': 'cc2a9466c15df990c559bb7df06eac55'}

返回结果中的 pic_str 字段是大象，回答正确。如此看来，打码平台着实非常强大。

6. 总结

本节中我们总结了利用打码平台识别各种验证码的方法，图形验证码、点选验证码、滑动验证码和问答验证码都不在话下，而且正确率也还不错，毕竟背后都是真实的人在操作，而且还有健壮的模型。

本节代码见 https://github.com/Python3WebSpider/CaptchaPlatform。

8.6 手机验证码的自动化处理

前面我们了解了一些验证码的识别流程，这些验证码有一个共同的特点，就是通常只在 PC 上即可识别通过，例如如在 PC 上出现了一个图形验证码，那么在 PC 上直接识别就好了，所有流程都在 PC 上完成。

但还有一种验证码和这些验证码不同，就是手机验证码，如果在 PC 上出现了一个手机验证码，需要先在 PC 上输入手机号，然后把短信验证码发到手机上，再在 PC 上输入收到的验证码，才能通过验证。

遇到这种情况，如何才能将识别流程自动化呢？

1. 短信验证码的收发

通常而言，我们的自动化脚本运行在 PC 上，例如打开一个网页，然后模拟输入手机号，点击获取验证码，接下来就需要输入验证码了。我们可以非常容易地把前三个流程自动化，但验证码是发送到手机上了，怎么把它转给 PC 呢？

自动化验证码的整个收发流程，可以这么实现——当手机接收到一条短信时，自动将这条短信转发至某处，例如转发至一台远程服务器或者直接发给 PC，在 PC 上我们可以通过一些方法获取短信内容并提取验证码，再自动化填充到输入的地方即可。

关键其实就是下面这两步：
- 监听手机接收到短信的事件；
- 将短信内容转发至指定的位置。

这两步缺一不可，而且都需要在手机上完成。解决思路其实很简单，以 Android 手机为例，如果有 Android 开发经验，这两个功能实现起来还是蛮简单的。

> 注意　这里我们仅仅简单介绍基本的思路，不会详细介绍具体的代码实现，感兴趣的话可以自行尝试。

首先如何监听手机接收到短信呢？在 Android 开发中，分为三个必要环节。

- 注册读取短信的权限：在一个 Android App 中，读取短信需要具备特定的权限，所以需要在 Andriod App 的 AndroidManifest.xml 文件中将读取短信的权限配置好，例如：

  <uses-permission android:name="android.permission.RECEIVE_SMS"></uses-permission>

- 注册广播事件：Android 有一个基本组件叫作 BroadcastReceiver，是广播接收者的意思，我们可以用它监听来自系统的各种事件广播，例如系统电量不足的广播、系统来电的广播，那系统接收到短信的广播自然也不在话下。这类似于注册一个监听器来监听系统接收到短信的事件。

  这里我们在 AndroidManifest.xml 文件中注册一个 BroadcastReceiver，叫作 SmsReceiver：

```
<receiver android:name=".receive.SmsReceiver">
    <intent-filter android:priority="999">
        <action android:name="android.provider.Telephony.SMS_RECEIVED"/>
    </intent-filter>
</receiver>
```

❑ 实现短信广播的接收：这里就需要真正实现短信接收的逻辑了，只需要实现一个 SmsReceiver 类，它继承 BroadcastReceiver 类，然后实现其 onReceive 方法即可，其中 intent 参数里就包含了我们想要的短信内容，实现如下：

```
public class SmsReceiver extends BroadcastReceiver {

    @Override
    public void onReceive(Context context, Intent intent) {
        Bundle bundle = intent.getExtras();
        SmsMessage msg = null;
        if (null != bundle) {
            Object[] smsObj = (Object[]) bundle.get("pdus");
            for (Object object : smsObj) {
                msg = SmsMessage.createFromPdu((byte[]) object);
                Log.e("短信号码", "" + msg.getOriginatingAddress());
                Log.e("短信内容", "" + msg.getDisplayMessageBody());
                Log.e("短信时间", "" + msg.getTimestampMillis());
            }
        }
    }
}
```

如此一来，我们便实现了短信的接收。

收到短信之后，发送自然也很简单了，例如服务器提供一个 API，请求该 API 即可实现数据的发送，Android 的一些 HTTP 请求库就可以实现这个逻辑，例如利用 OkHttp 构造一个 HTTP 请求，这里就不再赘述了。

不过总的来说，整个流程其实还需要花费一些开发成本，对于如此常用的功能，有没有现成的解决方案呢？自然是有的。我们完全可以借助一些开源实现，这样就没必要重复造轮子了。

介绍一个开源软件 SmsForwarder，中文叫作短信转发器，其 GitHub 地址为 https://github.com/pppscn/SmsForwarder。它的基本架构如图 8-49 所示。

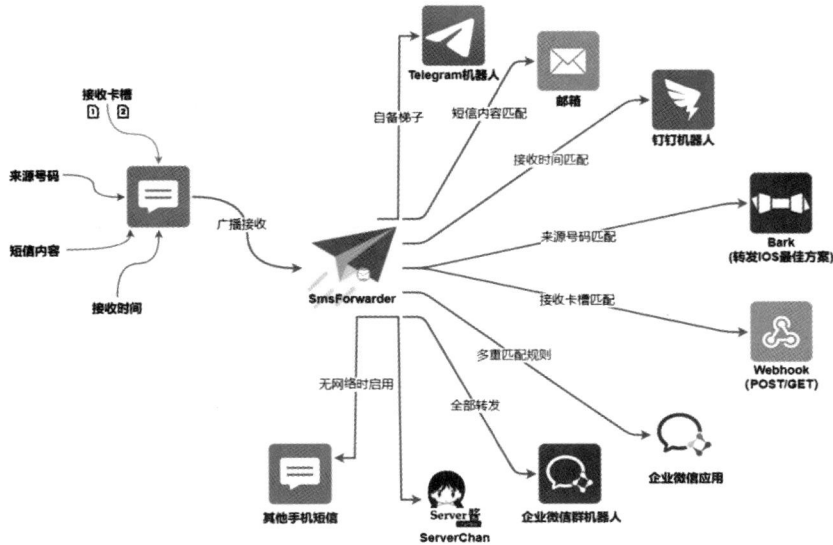

图 8-49　SmsForwarder 的基本架构

SmsForwarder 的架构非常清晰，它可以监听收到短信的事件，获取短信的来源号码、接收卡槽、短信内容、接收时间等，然后将这些内容通过一定的规则转发出去，支持转发到邮箱、企业微信群机器人、企业微信应用、Telegram 机器人和 Webhook 等。例如可以配置这样的转发规则，如图 8-50 所示。

又如当手机号符合一定规则时就把获取的内容转发到 QQ 邮箱；当内容包含"报警"字样时就把获取的内容转发到阿里企业邮箱；当内容开头是"测试"时就把获取的内容发送给叫作 TSMS 的 Webhook。其中的 QQ 邮箱和阿里企业邮箱是我们已经配置好的发送方，都属于邮箱类型，TSMS 也是一种发送方，属于 Webhook 类型，发送方如图 8-51 所示。

图 8-50　配置的转发规则　　　　　　　　图 8-51　发送方

我们也可以点击图 8-51 下方的"添加发送方"按钮添加想要的发送方，可以选择对应的发送方类型，例如这里添加邮箱类型的发送方，App 会弹出"设置邮箱"的提示框，如图 8-52 所示，我们可以设置 SMTP 端口、发件账号、登录密码/授权码等内容。

同样，如果选择添加 Webhook 类型的发送方，App 会弹出"设置 Webhook"提示框，如图 8-53 所示，我们可以选择请求方式（POST 或 GET），设置 WebServer 的 URL，设置 Secret。

设置转发规则的页面如图 8-54 所示，支持正则匹配规则和卡槽匹配规则。这里可以设置匹配的卡槽、匹配的字段、匹配的模式，还可以填写正则表达式来设置匹配的值，图 8-54 中就设置了尾号是 4566 的手机号，执行一定的发送操作，收到的短信会发送到钉钉这个发送方。

8.6 手机验证码的自动化处理

图 8-52　设置邮箱

图 8-53　设置 Webhook

图 8-54　设置转发规则

2. 实战演示

我们尝试使用 Flask 写一个 API，实现如下：

```python
from flask import Flask, request, jsonify
from loguru import logger

app = Flask(__name__)


@app.route('/sms', methods=['POST'])
def receive():
    sms_content = request.form.get('content')
    logger.debug(f'received {sms_content}')
    # 解析内容并将其保存到 db 或 mq
    return jsonify(status='success')


if __name__ == '__main__':
    app.run(debug=True)
```

代码很简单，先设置了一个路由，接收 POST 请求，然后读取了 Request 表单的内容，其中 content 就是短信内容的详情，之后将其打印出来。

将上述代码保存为 server.py，然后运行：

```
python3 server.py
```

运行结果如下：

```
 * Debug mode: on
 * Running on http://127.0.0.1:5000/ (Press CTRL+C to quit)
 * Restarting with stat
 * Debugger is active!
 * Debugger PIN: 269-657-055
```

为了方便测试，可以用 Ngrok 工具将该服务暴露到公网：

```
ngrok http 5000
```

> **注意** Ngrok 可以方便地将任何非公网的服务暴露到公网访问,并配置特定的临时二级域名,但一个域名有时长限制,所以通常仅供测试使用。试用前请先安装 Ngrok,具体可以参考 https://ngrok.com/。

运行之后,可以看到如下结果:

```
Session Status                online
Session Expires               1 hour, 59 minutes
Update                        update available (version 2.3.40, Ctrl-U to update)
Version                       2.3.35
Region                        United States (us)
Web Interface                 http://127.0.0.1:4040
Forwarding                    http://1259539cb974.ngrok.io -> http://localhost:5000
Forwarding                    https://1259539cb974.ngrok.io -> http://localhost:5000

Connections                   ttl     opn     rt1     rt5     p50     p90
                              9       0       0.00    0.00    0.00    0.00
```

可以看到 Ngrok 为我们配置了一个公网地址,例如访问 https://1259539cb974.ngrok.io 就相当于访问我们本地的 http://localhost:5000 服务,这样只需要在手机上配置这个地址就可以将数据发送到 PC 端了。

接下来我们手机上打开 SmsForder,添加一个 Webhook 类型的发送方,设置详情如图 8-55 所示。其中,我们把 WebServer 的 URL 直接设置成了刚才 Ngrok 提供的公网地址,注意要记得在 URL 的后面加上 sms。

接着我们添加一个转发规则,如图 8-56 所示。

图 8-55 设置 Webhook

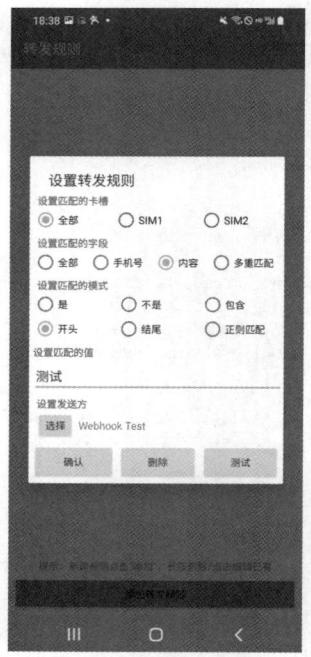

图 8-56 设置转发规则

这里我们设置了内容匹配规则,当匹配到以"测试"为开头的内容时,就将短信转发到 Webhook 这个发送方,即发送到我们刚刚搭建的 Flask 服务器上。

添加完成后,我们可以尝试用另一台手机给当前运行此 App 的手机发送一个验证码信息,内容如下:

测试验证码 593722，一分钟有效。

这时可以发现刚才的 Flask 服务器接收到了这样的结果：

```
received +8617xxxxxxxx
测试验证码 593722，一分钟有效。
SIM2_China Unicom_
2021-03-27 18:47:54
SM-G9860
```

可以看到，发送给手机的验证码信息已经成功由手机发送到 PC 了，接着便可以对此信息进行解析和处理，然后存入数据库或者消息队列。爬虫端监听到消息队列或者数据库有改动即可将收到的验证码填写到爬取的目标网站上并进行一些模拟登录操作，这个过程就不再赘述了。

3. 批量收发

以上介绍的内容针对的是只有一部手机的情况，如果有大量手机和手机卡，则可以实现手机的群控处理，例如统一安装短信接收软件、统一配置相同的转发规则，从而接收和处理大量手机号的验证码。图 8-57 所示的就是一个群控系统。

图 8-57　一个群控系统

4. 卡池、猫池

除了上面的方法，当然还有更专业的解决方案，例如用专业的手机卡池、猫池，配以专业的软件设备实现短信监听。例如图 8-58 中的设备支持插 128 张 SIM 卡，这样可以同时监听 128 个手机号的验证码。

具体的技术这里不再阐述，可以自行查询相关的设备供应商了解详情。

5. 接码平台

卡池、猫池的解决方案成本还是比较高的，而且这些方案其实已不限于简单地接收短信

图 8-58　支持插 128 张 SIM 卡的设备

验证码了，就像手机群控系统一般会做手机群控爬虫，卡池也可以用来做 4G/5G 蜂窝代理，仅仅做短信收发当然也可以，但未免有些浪费了。

如果不想耗费过多成本，想实现短信验证码的自动化，还有一种方案就是接码平台，其基本思路如下。

- 平台会维护大量手机号，并可能开放一些 API 或者提供网页供我们调用来获取手机号和查看短信的内容。
- 我们调用 API 或者爬取网页获取手机号，然后在对应的网站输入该手机号来获取验证码。
- 通过调用 API 或者爬取网页获取对应手机号的短信内容，并交由爬虫处理。

由于对接码平台的管控比较严格，因此接码平台随时可能会不可用，请自行搜集对应的平台使用。

6. 总结

本节通过一个实战案例介绍了手机验证码的自动化处理流程，同时介绍了现在业界广泛采用的一些用于收发验证码的工具。随着技术的发展，各种新的工具和技术会不断出现，合适又强大的工具会让我们的爬虫开发过程如虎添翼。

第 9 章 代理的使用

在使用爬虫的过程中经常会遇到这样的情况,爬虫最初还可以正常运行,正常爬取数据,一切看起来都是那么美好,然而一杯茶的工夫过去,就可能出现了错误,比如返回 403 Forbidden,这时打开网页,可能会看到"您的 IP 访问频率太高"这样的提示,或者跳出一个验证码让我们识别,通过之后才可以正常访问,但是过一会儿又会变成这样。

出现上述现象的原因是网站采取了一些反爬虫措施。例如服务器会检测某个 IP 在单位时间内的请求次数,如果这个次数超过了指定的阈值,就直接拒绝服务,并返回一些错误信息,这种情况可以称为封 IP。这样,网站就成功把我们的爬虫封禁了。

既然服务器检测的是某个 IP 在单位时间的请求次数,那么借助某种方式把 IP 伪装起来,让服务器识别不出是由我们本机发起的请求,不就可以成功防止封 IP 了吗?这时代理就派上用场了。本章会详细介绍代理的基本知识以及各种代理的使用方式,包括代理的设置、代理池的维护、付费代理的使用、ADSL 拨号代理的搭建方法等内容,希望能够帮助爬虫脱离封 IP 的苦海。

9.1 代理的设置

我们在第 2 章和第 7 章介绍了很多请求库,例如 urllib、requests、Selenium、Pyppeteer、Playwright等,但是没有统一梳理过代理的设置方法,本节我们就针对这些库梳理一下代理的设置方法。

1. 准备工作

请先了解一下代理的基本原理,参考本书 1.5 节即可,这有助于更好地理解和学习本节内容。另外,需要先获取一个可用代理,代理就是 IP 地址和端口的组合,格式是 `<ip>:<port>`。如果代理需要访问认证,则还需要额外的用户名和密码两个信息。

那怎么获取一个可用代理呢?

使用搜索引擎搜索"代理"关键字,会返回许多代理服务网站,网站上有很多免费代理或付费代理,例如快代理的免费 HTTP 代理 https://www.kuaidaili.com/free/ 就提供了很多免费代理,但在大多数情况下这些免费代理并不一定稳定,所以比较靠谱的方法是购买付费代理。付费代理的各大代理商家都有套餐,数量不多,稳定可用,可以自行选购。

除了购买付费代理,也可以在本机配置一些代理软件,具体的配置方法可以参考 https://setup.scrape.center/proxy-client,运行代理软件后会在本机创建 HTTP 或 SOCKS 代理服务,所以代理地址一般是 127.0.0.1:<port> 这样的格式,不同代理软件使用的端口可能不同。

我的本机上安装着一个代理软件,它会在 7890 端口上创建 HTTP 代理服务,在 7891 端口上创建SOCKS 代理服务,因此 HTTP 代理地址为 127.0.0.1:7890,SOCKS 代理地址为 127.0.0.1:7891,只要设置了这个代理,就可以成功将本机 IP 切换到代理软件连接的服务器的 IP。在本章之后的示例里,我将使用这个代理软件演示设置方法,大家可以替换成自己的可用代理。

设置代理后的测试网址是 http://www.httpbin.org/get，访问该链接可以得到请求相关的信息，返回结果中的 origin 字段就是客户端的 IP，我们可以根据它判断代理是否设置成功，即是否成功伪装了 IP。

接下来就看一下各个请求库是如何设置代理的吧。

2. urllib 的代理设置

先介绍最基础的 urllib，代码如下：

```
from urllib.error import URLError
from urllib.request import ProxyHandler, build_opener

proxy = '127.0.0.1:7890'
proxy_handler = ProxyHandler({
    'http': 'http://' + proxy,
    'https': 'http://' + proxy
})
opener = build_opener(proxy_handler)
try:
    response = opener.open('https://www.httpbin.org/get')
    print(response.read().decode('utf-8'))
except URLError as e:
    print(e.reason)
```

这里需要借助 ProxyHandler 对象设置代理，参数是字典类型的数据，键名是协议类型，键值是代理地址（注意，此处的代理地址前面需要加上协议，即 http:// 或者 https://），当请求链接使用的是 HTTP 协议时，使用 http 键名对应的代理地址，当请求链接使用的是 HTTPS 协议时，使用 https 键名对应的代理地址。这里我们把代理本身设置为使用 HTTP 协议，即代理地址前统一加 http://。

创建完 ProxyHandler 对象之后，调用 build_opener 方法并传入该对象，创建了一个 Opener 对象，赋值为 opener 变量，这样相当于此对象已经设置好代理了。接着直接调用 opener 变量的 open 方法，就访问到了目标链接。

运行结果如下：

```
{
    "args": {},
    "headers": {
        "Accept-Encoding": "identity",
        "Host": "www.httpbin.org",
        "User-Agent": "Python-urllib/3.7",
        "X-Amzn-Trace-Id": "Root=1-60e9a1b6-0a20b8a678844a0b2ab4e889"
    },
    "origin": "210.173.1.204",
    "url": "https://www.httpbin.org/get"
}
```

可以看到结果是 JSON 数据，其中有一个 origin 字段，标明了客户端的 IP。验证之后，此处的 IP 确实为代理 IP，并不是真实 IP。这样我们就成功设置好代理，并可以隐藏真实 IP 了。

如果遇到需要认证的代理，可以使用如下方法设置：

```
from urllib.error import URLError
from urllib.request import ProxyHandler, build_opener

proxy = 'username:password@127.0.0.1:7890'
proxy_handler = ProxyHandler({
    'http': 'http://' + proxy,
    'https': 'http://' + proxy
})
opener = build_opener(proxy_handler)
try:
    response = opener.open('https://www.httpbin.org/get')
    print(response.read().decode('utf-8'))
```

```
except URLError as e:
    print(e.reason)
```

跟上面的代码相比，这里只是改变了 proxy 变量的值，只需要在原来值的前面加入代理认证的用户名和密码即可，其中 username 是用户名，password 是密码。例如用户名是 foo，密码是 bar，那么代理地址就是 foo:bar@127.0.0.1:7890。

如果代理是 SOCKS 类型，那么可以用如下方式设置代理，注意需要在本机 7891 端口运行一个 SOCKS 代理：

```
import socks
import socket
from urllib import request
from urllib.error import URLError

socks.set_default_proxy(socks.SOCKS5, '127.0.0.1', 7891)
socket.socket = socks.socksocket
try:
    response = request.urlopen('https://www.httpbin.org/get')
    print(response.read().decode('utf-8'))
except URLError as e:
    print(e.reason)
```

此处需要用到一个 socks 模块，可以执行如下命令安装：

```
pip3 install PySocks
```

运行成功后的结果和使用 HTTP 代理的结果一样：

```
{
    "args": {},
    "headers": {
        "Accept-Encoding": "identity",
        "Host": "www.httpbin.org",
        "User-Agent": "Python-urllib/3.7",
        "X-Amzn-Trace-Id": "Root=1-60e9a1b6-0a20b8a678844a0b2ab4e889"
    },
    "origin": "210.173.1.204",
    "url": "https://www.httpbin.org/get"
}
```

结果中的 origin 字段同样为客户端的 IP，证明 SOCKS 代理设置成功。

3. requests 的代理设置

对于 requests 来说，代理设置非常简单，只需要传入 proxies 参数即可。这里以我本机的代理为例，看一下 requests 的 HTTP 代理设置，代码如下：

```
import requests

proxy = '127.0.0.1:7890'
proxies = {
    'http': 'http://' + proxy,
    'https': 'http://' + proxy,
}
try:
    response = requests.get('https://www.httpbin.org/get', proxies=proxies)
    print(response.text)
except requests.exceptions.ConnectionError as e:
    print('Error', e.args)
```

运行结果如下：

```
{
    "args": {},
    "headers": {
        "Accept": "*/*",
```

```
        "Accept-Encoding": "gzip, deflate",
        "Host": "www.httpbin.org",
        "User-Agent": "python-requests/2.22.0",
        "X-Amzn-Trace-Id": "Root=1-5e8f358d-87913f68a192fb9f87aa0323"
    },
    "origin": "210.173.1.204",
    "url": "https://www.httpbin.org/get"
}
```

和 urllib 一样,当请求链接使用的是 HTTP 协议时,使用 http 键名对应的代理地址,当请求链接使用的是 HTTPS 协议时,使用 https 键名对应的代理地址,不过这里的代理同样统一使用 HTTP 协议。

运行结果中的 origin 字段若是代理服务器的 IP,则证明代理已经设置成功。

如果代理需要认证,那么在代理地址的前面加上用户名和密码即可,写法如下:

```
proxy = 'username:password@127.0.0.1:7890'
```

大家在使用时,根据自己的情况替换 username 和 password 字段即可。

如果代理类型是 SOCKS,可以使用如下方式设置代理:

```
import requests

proxy = '127.0.0.1:7891'
proxies = {
    'http': 'socks5://' + proxy,
    'https': 'socks5://' + proxy
}
try:
    response = requests.get('https://www.httpbin.org/get', proxies=proxies)
    print(response.text)
except requests.exceptions.ConnectionError as e:
    print('Error', e.args)
```

这里我们需要额外安装一个包 requests[socks],相关命令如下:

```
pip3 install "requests[socks]"
```

运行结果和使用 HTTP 代理的结果完全相同:

```
{
    "args": {},
    "headers": {
        "Accept": "*/*",
        "Accept-Encoding": "gzip, deflate",
        "Host": "www.httpbin.org",
        "User-Agent": "python-requests/2.22.0",
        "X-Amzn-Trace-Id": "Root=1-5e8f364a-589d3cf2500fafd47b5560f2"
    },
    "origin": "210.173.1.204",
    "url": "https://www.httpbin.org/get"
}
```

另外,还有一种设置 SOCKS 代理的方法,即使用 socks 模块,需要安装 socks 库,这种设置方法如下:

```
import requests
import socks
import socket

socks.set_default_proxy(socks.SOCKS5, '127.0.0.1', 7891)
socket.socket = socks.socksocket
try:
    response = requests.get('https://www.httpbin.org/get')
    print(response.text)
except requests.exceptions.ConnectionError as e:
    print('Error', e.args)
```

运行结果和上面是完全相同的。相比第一种方法，此方法属于全局设置。大家可以在不同情况下选用不同的方法。

4. httpx 的代理设置

httpx 的用法本身就与 requests 的非常相似，所以也是通过 proxies 参数设置代理，不过也有不同，就是 proxies 参数的键名不能再是 http 或 https，而需要改为 http:// 或 https://。

设置 HTTP 代理的方式如下：

```
import httpx

proxy = '127.0.0.1:7890'
proxies = {
    'http://': 'http://' + proxy,
    'https://': 'http://' + proxy,
}

with httpx.Client(proxies=proxies) as client:
    response = client.get('https://www.httpbin.org/get')
    print(response.text)
```

对于需要认证的代理，也是在代理地址的前面加上用户名和密码，在使用的时候替换 username 和 password 字段：

```
proxy = 'username:password@127.0.0.1:7890'
```

运行结果如下：

```
{
    "args": {},
    "headers": {
        "Accept": "*/*",
        "Accept-Encoding": "gzip, deflate",
        "Host": "www.httpbin.org",
        "User-Agent": "python-httpx/0.18.1",
        "X-Amzn-Trace-Id": "Root=1-60e9a3ef-5527ff6320484f8e46d39834"
    },
    "origin": "210.173.1.204",
    "url": "https://www.httpbin.org/get"
}
```

对于 SOCKS 代理，需要安装 httpx-socks[asyncio] 库，安装方法如下：

```
pip3 install "httpx-socks[asyncio]"
```

与此同时，需要设置同步模式或异步模式。同步模式的设置方法如下：

```
import httpx
from httpx_socks import SyncProxyTransport

transport = SyncProxyTransport.from_url('socks5://127.0.0.1:7891')

with httpx.Client(transport=transport) as client:
    response = client.get('https://www.httpbin.org/get')
    print(response.text)
```

这里设置了一个 Transport 对象，并在其中配置了 SOCKS 代理的地址，同时在声明 httpx 的 Client 对象时将此对象传给 transport 参数，运行结果和刚才一样。

异步模式的设置方法如下：

```
import httpx
import asyncio
from httpx_socks import AsyncProxyTransport
```

```python
transport = AsyncProxyTransport.from_url(
    'socks5://127.0.0.1:7891')

async def main():
    async with httpx.AsyncClient(transport=transport) as client:
        response = await client.get('https://www.httpbin.org/get')
        print(response.text)

if __name__ == '__main__':
    asyncio.get_event_loop().run_until_complete(main())
```

和同步模式不同，此处我们用的 Transport 对象是 AsyncProxyTransport 而不是 SyncProxyTransport，同时需要将 Client 对象更改为 AsyncClient 对象，其他的和同步模式一样，运行结果也是一样的。

5. Selenium 的代理设置

Selenium 同样可以设置代理，这里以 Chrome 浏览器为例介绍设置方法。对于无认证的代理，设置方法如下：

```python
from selenium import webdriver

proxy = '127.0.0.1:7890'
options = webdriver.ChromeOptions()
options.add_argument('--proxy-server=http://' + proxy)
browser = webdriver.Chrome(options=options)
browser.get('https://www.httpbin.org/get')
print(browser.page_source)
browser.close()
```

运行结果如下：

```
{
    "args": {},
    "headers": {
        "Accept": "text/html,application/xhtml+xml,application/xml;q=0.9,image/webp,image/apng,*/*;q=0.8,
            application/signed-exchange;v=b3;q=0.9",
        "Accept-Encoding": "gzip, deflate",
        "Accept-Language": "zh-CN,zh;q=0.9",
        "Host": "www.httpbin.org",
        "Upgrade-Insecure-Requests": "1",
        "User-Agent": "Mozilla/5.0 (Macintosh; Intel Mac OS X 10_15_4) AppleWebKit/537.36 (KHTML, like Gecko)
            Chrome/80.0.3987.149 Safari/537.36",
        "X-Amzn-Trace-Id": "Root=1-5e8f39cd-60930018205fd154a9af39cc"
    },
    "origin": "210.173.1.204",
    "url": "http://www.httpbin.org/get"
}
```

结果中的 origin 字段同样为客户端的 IP，证明代理设置成功。

如果代理需要认证，则设置方法相对比较烦琐，具体如下：

```python
from selenium import webdriver
from selenium.webdriver.chrome.options import Options
import zipfile

ip = '127.0.0.1'
port = 7890
username = 'foo'
password = 'bar'

manifest_json = """{"version":"1.0.0","manifest_version": 2,"name":"Chrome Proxy","permissions":
["proxy","tabs","unlimitedStorage","storage","<all_urls>","webRequest","webRequestBlocking"],"background":
{"scripts": ["background.js"]
}
}
"""
```

```
background_js = """
var config = {
        mode: "fixed_servers",
        rules: {
          singleProxy: {
            scheme: "http",
            host: "%(ip) s",
            port: %(port) s
          }
        }
      }
chrome.proxy.settings.set({value: config, scope: "regular"}, function() {});
function callbackFn(details) {
    return {
        authCredentials: {username: "%(username) s",
            password: "%(password) s"
        }
    }
}
chrome.webRequest.onAuthRequired.addListener(
    callbackFn,{urls: ["<all_urls>"]},['blocking'])
""" % {'ip': ip, 'port': port, 'username': username, 'password': password}

plugin_file = 'proxy_auth_plugin.zip'
with zipfile.ZipFile(plugin_file, 'w') as zp:
    zp.writestr("manifest.json", manifest_json)
    zp.writestr("background.js", background_js)
options = Options()
options.add_argument("--start-maximized")
options.add_extension(plugin_file)
browser = webdriver.Chrome(options=options)
browser.get('https://www.httpbin.org/get')
print(browser.page_source)
browser.close()
```

这里在本地创建了一个 manifest.json 配置文件和 background.js 脚本来设置认证代理。运行代码后，本地会生成一个 proxy_auth_plugin.zip 文件来保存当前的配置。

运行结果和上面一样，origin 字段为客户端的 IP，证明代理设置成功。

SOCKS 代理的设置方式也比较简单，把对应的协议修改为 socks5 即可，如无密码认证的代理设置方法为：

```
from selenium import webdriver

proxy = '127.0.0.1:7891'
options = webdriver.ChromeOptions()
options.add_argument('--proxy-server=socks5://' + proxy)
browser = webdriver.Chrome(options=options)
browser.get('https://www.httpbin.org/get')
print(browser.page_source)
browser.close()
```

运行结果和上面一样。

6. aiohttp 的代理设置

对于 aiohttp，可以通过 proxy 参数直接设置代理。HTTP 代理的设置方式如下：

```
import asyncio
import aiohttp

proxy = 'http://127.0.0.1:7890'
```

```python
async def main():
    async with aiohttp.ClientSession() as session:
        async with session.get('https://www.httpbin.org/get', proxy=proxy) as response:
            print(await response.text())


if __name__ == '__main__':
    asyncio.get_event_loop().run_until_complete(main())
```

如果代理需要认证，就把代理地址修改一下：

```python
proxy = 'http://username:password@127.0.0.1:7890'
```

对于 SOCKS 代理，需要安装一个支持库 aiohttp-socks，安装命令如下：

```
pip3 install aiohttp-socks
```

可以借助这个库的 ProxyConnector 方法来设置 SOCKS 代理，代码如下：

```python
import asyncio
import aiohttp
from aiohttp_socks import ProxyConnector

connector = ProxyConnector.from_url('socks5://127.0.0.1:7891')


async def main():
    async with aiohttp.ClientSession(connector=connector) as session:
        async with session.get('https://www.httpbin.org/get') as response:
            print(await response.text())


if __name__ == '__main__':
    asyncio.get_event_loop().run_until_complete(main())
```

运行结果依然和之前一样。

另外，aiohttp-socks 库还支持设置 SOCKS4 代理、HTTP 代理以及需要认证的代理，详情可以参考官方介绍。

7. Pyppeteer 的代理设置

对于 Pyppeteer，由于其默认使用的是类似 Chrome 的 Chromium 浏览器，因此设置代理的方法和使用 Chrome 浏览器的 Selenium 一样，例如都是通过 args 参数设置 HTTP 代理的，代码如下：

```python
import asyncio
from pyppeteer import launch

proxy = '127.0.0.1:7890'


async def main():
    browser = await launch({'args': ['--proxy-server=http://' + proxy], 'headless': False})
    page = await browser.newPage()
    await page.goto('https://www.httpbin.org/get')
    print(await page.content())
    await browser.close()


if __name__ == '__main__':
    asyncio.get_event_loop().run_until_complete(main())
```

运行结果如下：

```
{
  "args": {},
  "headers": {
    "Accept": "text/html,application/xhtml+xml,application/xml;q=0.9,image/webp,image/apng,*/*;q=0.8",
    "Accept-Encoding": "gzip, deflate, br",
    "Accept-Language": "zh-CN,zh;q=0.9",
```

```
    "Host": "www.httpbin.org",
    "Upgrade-Insecure-Requests": "1",
    "User-Agent": "Mozilla/5.0 (Macintosh; Intel Mac OS X 10_15_4) AppleWebKit/537.36 (KHTML, like Gecko)
        Chrome/69.0.3494.0 Safari/537.36",
    "X-Amzn-Trace-Id": "Root=1-5e8f442c-12b1ed7865b049007267a66c"
  },
  "origin": "210.173.1.204",
  "url": "https://www.httpbin.org/get"
}
```

同样可以通过 origin 字段证明代理设置成功。

SOCKS 代理也一样,只需要将协议修改为 socks5 即可,代码如下:

```
import asyncio
from pyppeteer import launch

proxy = '127.0.0.1:7891'

async def main():
    browser = await launch({'args': ['--proxy-server=socks5://' + proxy], 'headless': False})
    page = await browser.newPage()
    await page.goto('https://www.httpbin.org/get')
    print(await page.content())
    await browser.close()

if __name__ == '__main__':
    asyncio.get_event_loop().run_until_complete(main())
```

运行结果也是一样的。

8. Playwright 的代理设置

相对 Selenium 和 Pyppeteer,Playwright 的代理设置更加方便,因为其预留了一个 proxy 参数,在启动的时候就可以设置。

对于 HTTP 代理来说,可以这样设置:

```
from playwright.sync_api import sync_playwright

with sync_playwright() as p:
    browser = p.chromium.launch(proxy={
        'server': 'http://127.0.0.1:7890'
    })
    page = browser.new_page()
    page.goto('https://www.httpbin.org/get')
    print(page.content())
    browser.close()
```

在调用 launch 方法的时候,可以传入 proxy 参数,它是一个字典,其中有一个必填的字段叫作 server,这里我们直接填入 HTTP 代理的地址即可。

运行结果如下:

```
{
  "args": {},
  "headers": {
    "Accept": "text/html,application/xhtml+xml,application/xml;q=0.9,image/avif,image/webp,image/apng,*/*;
        q=0.8,application/signed-exchange;v=b3;q=0.9",
    "Accept-Encoding": "gzip, deflate, br",
    "Accept-Language": "zh-CN,zh;q=0.9",
    "Host": "www.httpbin.org",
    "Sec-Ch-Ua": "\" Not A;Brand\";v=\"99\", \"Chromium\";v=\"92\"",
    "Sec-Ch-Ua-Mobile": "?0",
    "Sec-Fetch-Dest": "document",
    "Sec-Fetch-Mode": "navigate",
    "Sec-Fetch-Site": "none",
```

```
    "Sec-Fetch-User": "?1",
    "Upgrade-Insecure-Requests": "1",
    "User-Agent": "Mozilla/5.0 (Macintosh; Intel Mac OS X 10_15_7) AppleWebKit/537.36 (KHTML, like Gecko)
        Chrome/92.0.4498.0 Safari/537.36",
    "X-Amzn-Trace-Id": "Root=1-60e99eef-4fa746a01a38abd469ecb467"
  },
  "origin": "210.173.1.204",
  "url": "https://www.httpbin.org/get"
}
```

对于 SOCKS 代理，设置方法也完全一样，只需要把 server 字段的值换成 SOCKS 代理的地址即可：

```
from playwright.sync_api import sync_playwright

with sync_playwright() as p:
    browser = p.chromium.launch(proxy={
        'server': 'socks5://127.0.0.1:7891'
    })
    page = browser.new_page()
    page.goto('https://www.httpbin.org/get')
    print(page.content())
    browser.close()
```

运行结果和刚才也完全一样。

对于需要认证的代理，只需要在 proxy 参数中额外设置 username 和 password 字段即可，假设用户名和密码分别是 foo 和 bar，则设置方法如下：

```
from playwright.sync_api import sync_playwright

with sync_playwright() as p:
    browser = p.chromium.launch(proxy={
        'server': 'http://127.0.0.1:7890',
        'username': 'foo',
        'password': 'bar'
    })
    page = browser.new_page()
    page.goto('https://www.httpbin.org/get')
    print(page.content())
    browser.close()
```

9. 总结

本节我们总结了各个请求库的代理设置方法，这些方法大同小异，学会这些之后，以后再遇到封 IP 问题，就可以轻松通过设置代理的方式解决。

本节代码见 https://github.com/Python3WebSpider/ProxyTest。

9.2 代理池的维护

我们在 9.1 节了解了给各个请求库设置代理的方法，如何实时高效地获取大量可用代理变成了新的问题。

首先，互联网上有大量公开的免费代理，当然我们也可以购买付费代理，但无论是免费代理还是付费代理，都不能保证是可用的，因为自己选用的 IP，可能其他人也在用，爬取的还是同样的目标网站，从而被封禁，或者代理服务器突然发生故障、网络繁忙。一旦选用的是一个不可用的代理，势必就会影响爬虫的工作效率。所以要提前做筛选，删除掉不可用的代理，只保留可用代理。

那么怎么实现呢？这就需要借助一个叫代理池的东西了。本节就来介绍一下如何搭建一个高效易用的代理池。

1. 准备工作

存储代理池需要借助于 Redis 数据库，因此需要额外安装 Redis 数据库。整体来讲，本节需要的环境如下。

- 安装并成功运行和连接一个 Redis 数据库，它运行在本地或者远端服务器都可以，只要能正常连接就行，安装方式可以参考 https://setup.scrape.center/redis
- 安装好一些必要的库，包括 aiohttp、requests、redis-py、pyquery、Flask、loguru 等，安装命令如下：

```
pip3 install aiohttp requests redis pyquery flask loguru
```

2. 代理池的目标

我们需要实现下面几个目标来构建一个易用高效的代理池。

代理池分为 4 个基本模块：存储模块、获取模块、检测模块和接口模块。各模块的功能如下。

- **存储模块**：负责存储爬取下来的代理。首先要保证代理不重复，标识代理的可用情况，其次要动态实时地处理每个代理，一种比较高效和方便的存储方式就是 Redis 的 Sorted Set，即有序集合。
- **获取模块**：负责定时在各大代理网站爬取代理。代理既可以是免费公开的，也可以是付费的，形式都是 IP 加端口。此模块尽量从不同来源爬取，并且尽量爬取高匿代理，爬取成功后将可用代理存储到存储模块中。
- **检测模块**：负责定时检测存储模块中的代理是否可用。这里需要设置一个检测链接，最好是设置为要爬取的那个网站，这样更具有针对性。对于一个通用型的代理，可以设置为百度等链接。另外，需要标识每一个代理的状态，例如设置分数标识，100 分代表可用，分数越少代表越不可用。经检测，如果代理可用，可以将分数标识立即设置为满分 100，也可以在原分数基础上加 1；如果代理不可用，就将分数标识减 1，当分数减到一定阈值后，直接从存储模块中删除此代理。这样就可以标识代理的可用情况，在选用的时候也会更有针对性。
- **接口模块**：用 API 提供对外服务的接口。其实我们可以直接连接数据库来获取对应的数据，但这样需要知道数据库的连接信息，并且要配置连接。比较安全和方便的方式是提供一个 Web API 接口，访问这个接口即可拿到可用代理。另外，由于可用代理可能有多个，所以可以设置一个随机返回某个可用代理的接口，这样就能保证每个可用代理都有机会被获取，实现负载均衡。

以上内容是设计代理池的一些基本思路。接下来，我们设计整体的架构，然后用代码实现代理池。

3. 代理池的整体架构

结合上文的描述，代理池的整体架构如图 9-1 所示。

结合这张图，再简述一下 4 个模块的功能。

- 存储模块使用 Redis 的有序集合，负责代理的去重和状态标识，同时它是中心模块和基础模块，用于将其他模块串联起来。
- 获取模块定时从代理网站爬取代理，将爬取的代理传递给存储模块，并保存到数据库。

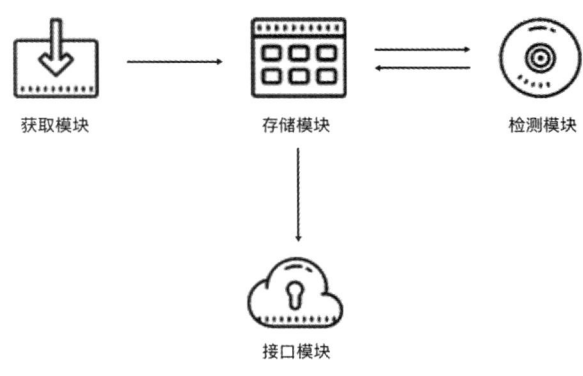

图 9-1 代理池的整体架构

❑ 检测模块定时通过存储模块获取所有代理，并对代理进行检测，根据不同的检测结果对代理设置不同的标识。
❑ 接口模块通过 Web API 提供服务接口，接口通过连接数据库并通过 Web 形式返回可用的代理。

4. 代理池的实现

接下来我们分别用代码实现代理池的 4 个模块。

> **注意** 完整的代码，代码量较大，因此本节我们不会详细编写，大家了解源码即可，源码地址为 https://github.com/Python3WebSpider/ProxyPool。

- **存储模块**

存储模块使用 Redis 的有序集合，集合中的每个元素都不重复，对于代理池，集合中的元素就是代理，是 IP 地址和端口号的组合，如 60.207.237.111:8888。另外，有序集合中的每个元素都有一个分数字段，分数可以重复，既可以是浮点数，也可以是整数。集合会根据每个元素的分数对元素进行排序，分数值小的元素排在前面，大的排在后面，这样就实现了有序。

具体到代理池，分数可以作为判断一个代理是否可用的标志：100 为最高分，代表最可用；0 为最低分，代表最不可用。如果要获取可用代理，可以从代理池中随机获取分数最高的代理。注意这里是随机，能够保证每个可用代理都有机会被调用。

分数的设置细节是新获取的代理的分数为 10，如果经测试是可用的，立即将分数置为 100。检测器会定时循环检测每个代理的可用情况，一旦检测到可用的代理，就立即将分数置为 100；如果检测到某个代理不可用，就将其分数减 1，分数减至 0 后，删除代理。

这只是一种解决方案，当然还可能有更合理的方案。之所以按此方案设置，有如下几个原因。

❑ 当检测到代理可用时，立即将分数置为 100，这样能够保证所有可用代理都有更大的机会被获取。你可能会问，为什么不将分数加 1 而是直接设为最高值 100 呢？设想一下，有的代理是从各大免费公开代理网站获取的，一个代理通常并没有那么稳定，可能平均每 5 次请求中有 2 次成功，3 次失败，如果按照这种方式设置分数，那么这个代理几乎不可能获得高分数，意味着即便它有时是可用的，但是因为筛选的依据是最高分，也几乎不可能被调用。如果想追求代理调用的稳定性，就要使用上述方法，这种方法可确保分数最高的代理一定是最稳定可用的。所以，这里我们采取"可用即设置 100"的方法，确保代理只要可用就有机会被调用。
❑ 当检测到代理不可用时，把分数减 1，分数减至 0 后，删除代理。按此规则，要删除一个有效代理，需要连续不断失败 100 次。也就是说，当使用一个可用代理尝试了 100 次都失败后，才将此代理删除，一旦有一次是成功的，就重新置回 100。尝试机会越多，这个代理被拯救回来的机会就越多，这样不会使一个曾经的可用代理轻易被丢弃，因为代理不可用的原因很可能是网络繁忙或者其他人用此代理请求得太过频繁。
❑ 将新获取的代理的分数设置为 10，如果它不可用，就把分数减 1，减到 0 的话就删除；如果可用，则把分数置为 100。由于很多代理是从免费网站获取的，所以新获取的代理无效的概率非常大，可用的代理可能不足 10%。这里将分数设置为 10，到弃用最多检测 10 次，没有可用代理的 100 次那么多，可以适当减小开销。

上述设置思路不一定是最优的，但个人实测，实用性还是比较强的。这里首先给出存储模块的源代码，见 https://github.com/Python3WebSpider/ProxyPool/tree/master/proxypool/storages，建议直接对照源代码阅读。

代码中，定义了一个类 RedisClient 来操作 Redis 的有序集合，其中定义了一些方法来设置分数、获取代理等。核心实现代码如下：

```python
import redis
from proxypool.exceptions import PoolEmptyException
from proxypool.schemas.proxy import Proxy
from proxypool.setting import REDIS_HOST, REDIS_PORT, REDIS_PASSWORD, REDIS_KEY, PROXY_SCORE_MAX, \
    PROXY_SCORE_MIN, PROXY_SCORE_INIT
from random import choice
from typing import List
from loguru import logger
from proxypool.utils.proxy import is_valid_proxy, convert_proxy_or_proxies


REDIS_CLIENT_VERSION = redis.__version__
IS_REDIS_VERSION_2 = REDIS_CLIENT_VERSION.startswith('2.')


class RedisClient(object):

    def __init__(self, host=REDIS_HOST, port=REDIS_PORT, password=REDIS_PASSWORD, **kwargs):
        self.db = redis.StrictRedis(host=host, port=port, password=password, decode_responses=True, **kwargs)

    def add(self, proxy: Proxy, score=PROXY_SCORE_INIT) -> int:
        if not is_valid_proxy(f'{proxy.host}:{proxy.port}'):
            logger.info(f'invalid proxy {proxy}, throw it')
            return
        if not self.exists(proxy):
            if IS_REDIS_VERSION_2:
                return self.db.zadd(REDIS_KEY, score, proxy.string())
            return self.db.zadd(REDIS_KEY, {proxy.string(): score})

    def random(self) -> Proxy:
        # 尝试获取最大值的代理
        proxies = self.db.zrangebyscore(REDIS_KEY, PROXY_SCORE_MAX, PROXY_SCORE_MAX)
        if len(proxies):
            return convert_proxy_or_proxies(choice(proxies))
        # 否则根据分数排序
        proxies = self.db.zrevrange(REDIS_KEY, PROXY_SCORE_MIN, PROXY_SCORE_MAX)
        if len(proxies):
            return convert_proxy_or_proxies(choice(proxies))
        # 否则报错
        raise PoolEmptyException

    def decrease(self, proxy: Proxy) -> int:
        score = self.db.zscore(REDIS_KEY, proxy.string())
        # 当前分数比 PROXY_SCORE_MIN 大
        if score and score > PROXY_SCORE_MIN:
            logger.info(f'{proxy.string()} current score {score}, decrease 1')
            if IS_REDIS_VERSION_2:
                return self.db.zincrby(REDIS_KEY, proxy.string(), -1)
            return self.db.zincrby(REDIS_KEY, -1, proxy.string())
        # 否则删除代理
        else:
            logger.info(f'{proxy.string()} current score {score}, remove')
            return self.db.zrem(REDIS_KEY, proxy.string())

    def exists(self, proxy: Proxy) -> bool:
        return not self.db.zscore(REDIS_KEY, proxy.string()) is None

    def max(self, proxy: Proxy) -> int:
        logger.info(f'{proxy.string()} is valid, set to {PROXY_SCORE_MAX}')
        if IS_REDIS_VERSION_2:
            return self.db.zadd(REDIS_KEY, PROXY_SCORE_MAX, proxy.string())
        return self.db.zadd(REDIS_KEY, {proxy.string(): PROXY_SCORE_MAX})
```

```python
    def count(self) -> int:
        return self.db.zcard(REDIS_KEY)

    def all(self) -> List[Proxy]:
        return convert_proxy_or_proxies(self.db.zrangebyscore(REDIS_KEY, PROXY_SCORE_MIN, PROXY_SCORE_MAX))

    def batch(self, start, end) -> List[Proxy]:
        return convert_proxy_or_proxies(self.db.zrevrange(REDIS_KEY, start, end - 1))

if __name__ == '__main__':
    conn = RedisClient()
    result = conn.random()
    print(result)
```

这里首先定义了一些常量,如 PROXY_SCORE_MAX、PROXY_SCORE_MIN、PROXY_SCORE_INIT 分别代表最大分数、最小分数、初始分数;REDIS_HOST、REDIS_PORT、REDIS_PASSWORD 代表 Redis 的连接信息,即 IP 地址、端口和密码;REDIS_KEY 是有序集合的键名,我们可以通过它获取存储代理所使用的有序集合。

然后在 RedisClient 这个类中定义了一些用来对集合中的元素进行处理的方法,这些方法如下。

- __init__ 方法用于初始化,其参数是 Redis 的连接信息,默认的连接信息已经定义为常量。我们在 __init__ 方法中初始化了 StrictRedis 类,建立了 Redis 连接。
- add 方法用于往有序集合中添加代理并设置分数,分数默认取 PROXY_SCORE_INIT 的值,也就是 10,返回值是添加的结果。
- random 方法用于随机获取代理。首先获取所有分数为 100 的代理,然后从中随机选择一个返回。如果不存在 100 分的代理,则按照排名,获取排在前 100 位的代理,然后从中随机选择一个返回,否则抛出异常。
- decrease 方法用于在代理检测无效时,将其分数减 1。
- exists 方法用于判断代理是否存在于集合中。
- max 方法用于将代理的分数设置为 PROXY_SCORE_MAX,即 100,在代理检测有效时用到。
- count 方法用于返回当前集合的元素个数。
- all 方法用于返回所有代理组成的列表,供检测使用。

定义好这些方法后,就可以在后续的模块中调用 RedisClient 类来连接和操作数据库。如果要获取随机可用的代理,只需要调用 random 方法即可,得到的就是随机且可用的代理。

- 获取模块

获取模块主要负责从各大网站爬取代理并将代理保存到存储模块,代码实现见 https://github.com/Python3WebSpider/ProxyPool/tree/master/proxypool/crawlers。

这个模块的代码逻辑相对简单,例如可以定义一些爬取代理的方法,示例如下:

```python
from proxypool.crawlers.base import BaseCrawler
from proxypool.schemas.proxy import Proxy
import re


MAX_PAGE = 5
BASE_URL = 'http://www.ip3366.net/free/?stype=1&page={page}'


class IP3366Crawler(BaseCrawler):
    """
    ip3366 爬虫, http://www.ip3366.net/
    """
    urls = [BASE_URL.format(page=i) for i in range(1, 8)]
```

```python
def parse(self, html):
    ip_address = re.compile('<tr>\s*<td>(.*?)</td>\s*<td>(.*?)</td>')
    # \s * 匹配空格,起到换行作用
    re_ip_address = ip_address.findall(html)
    for address, port in re_ip_address:
        proxy = Proxy(host=address.strip(), port=int(port.strip()))
        yield proxy
```

这里定义了一个代理类 IP3366Crawler,用来爬取 IP3366 网站的公开代理,通过 parse 方法解析页面的源代码,然后构造一个个 Proxy 对象并返回。

我们在其父类 BaseCrawler 里定义了通用的页面爬取方法 fetch,代码实现如下:

```python
from retrying import retry
import requests
from loguru import logger


class BaseCrawler(object):
    urls = []

    @retry(stop_max_attempt_number=3, retry_on_result=lambda x: x is None)
    def fetch(self, url, **kwargs):
        try:
            response = requests.get(url, **kwargs)
            if response.status_code == 200:
                return response.text
        except requests.ConnectionError:
            return

    @logger.catch
    def crawl(self):
        for url in self.urls:
            logger.info(f'fetching {url}')
            html = self.fetch(url)
            for proxy in self.parse(html):
                logger.info(f'fetched proxy {proxy.string()} from {url}')
                yield proxy
```

如果要扩展一个代理类 Crawler,只需要继承 BaseCrawler 并实现 parse 方法即可,扩展性较好。fetch 方法可以读取 Crawler 里定义的全局变量 urls 并对其中的页面进行爬取,Crawler 再调用 parse 方法解析页面即可。

这样,就可以让一个个 Crawler 从各个不同的代理网站爬取代理,最后统一将所有 Crawler 汇总起来,遍历调用即可。如何汇总呢? 这里是通过检测代码,只要检测到 BaseCrawler 的子类,就将其算作一个有效的 Crawler,可以直接遍历 Python 文件包,代码实现如下:

```python
import pkgutil
from .base import BaseCrawler
import inspect


classes = []
for loader, name, is_pkg in pkgutil.walk_packages(__path__):
    module = loader.find_module(name).load_module(name)
    for name, value in inspect.getmembers(module):
        globals()[name] = value
        if inspect.isclass(value) and issubclass(value, BaseCrawler) and value is not BaseCrawler:
            classes.append(value)
__all__ = __ALL__ = classes
```

这里我们调用了 walk_packages 方法,遍历了整个 crawlers 模块下的类,并判断每个类是否为 BaseCrawler 的子类,如果是就将其添加到 classes 中并返回。最后只要将遍历 classes 里面的类并依次实例化,调用各自的 crawl 方法即可完成代理的爬取和提取,代码实现见 https://github.com/

Python3WebSpider/ProxyPool/blob/master/proxypool/processors/getter.py。

- 检测模块

我们已经成功获取了各个网站的代理，现在需要一个检测模块对所有代理进行多轮检测。如果检测代理可用，就把其分数置为 100，检测不可用，就把分数减 1，这样可以实时改变每个代理的可用情况。要获取有效代理时，从分数高的代理中选择即可。

由于代理非常多，为了提高检测效率，这里使用异步请求库 aiohttp 来检测。

requests 是一个同步请求库，在使用 requests 发出一个请求后，程序需要等待网页加载完才能继续执行。也就是网页加载的过程会导致我们的程序阻塞，如果服务器响应得非常慢，例如十几秒才加载出来，那我们就需要先等待十几秒的时间，这期间程序不会继续往下执行，但完全可以去做其他事情，例如调度其他请求或者解析网页等。

如果服务器响应得比较快，那么使用 requests 和 aiohttp 的效果差距就没那么大。可检测一个代理一般需要十多秒甚至几十秒的时间，这时候使用 aiohttp 库的优势就大大体现出来了，效率可能会提高几十倍不止。

检测模块的实现示例如下：

```python
import asyncio
import aiohttp
from loguru import logger
from proxypool.schemas import Proxy
from proxypool.storages.redis import RedisClient
from proxypool.setting import TEST_TIMEOUT, TEST_BATCH, TEST_URL, TEST_VALID_STATUS
from aiohttp import ClientProxyConnectionError, ServerDisconnectedError, ClientOSError, ClientHttpProxyError
from asyncio import TimeoutError

EXCEPTIONS = (
    ClientProxyConnectionError,
    ConnectionRefusedError,
    TimeoutError,
    ServerDisconnectedError,
    ClientOSError,
    ClientHttpProxyError
)

class Tester(object):

    def __init__(self):
        self.redis = RedisClient()
        self.loop = asyncio.get_event_loop()

    async def test(self, proxy: Proxy):
        async with aiohttp.ClientSession(connector=aiohttp.TCPConnector(ssl=False)) as session:
            try:
                logger.debug(f'testing {proxy.string()}')
                async with session.get(TEST_URL, proxy=f'http://{proxy.string()}', timeout=TEST_TIMEOUT,
                    allow_redirects=False) as response:
                    if response.status in TEST_VALID_STATUS:
                        self.redis.max(proxy)
                        logger.debug(f'proxy {proxy.string()} is valid, set max score')
                    else:
                        self.redis.decrease(proxy)
                        logger.debug(f'proxy {proxy.string()} is invalid, decrease score')
            except EXCEPTIONS:
                self.redis.decrease(proxy)
                logger.debug(f'proxy {proxy.string()} is invalid, decrease score')

    @logger.catch
    def run(self):
```

```
            logger.info('stating tester...')
            count = self.redis.count()
            logger.debug(f'{count} proxies to test')
            for i in range(0, count, TEST_BATCH):
                start, end = i, min(i + TEST_BATCH, count)
                logger.debug(f'testing proxies from {start} to {end} indices')
                proxies = self.redis.batch(start, end)
                tasks = [self.test(proxy) for proxy in proxies]
                self.loop.run_until_complete(asyncio.wait(tasks))

    if __name__ == '__main__':
        tester = Tester()
        tester.run()
```

这里定义了一个类 Tester。首先在其构造方法中建立了一个 RedisClient 对象，供类中的其他方法使用。然后定义了一个 test 方法，用来检测单个代理的可用情况，参数就是被检测的代理。注意，test 方法前面加了 async 关键词，代表这个方法是异步的。test 方法的内部首先创建了 aiohttp 的 ClientSession 对象，可以直接调用该对象的 get 方法来访问页面。

测试链接在这里被定义为常量 TEST_URL，建议将其值设置为目标网站的地址，因为在爬取过程中，可能代理本身是可用的，而该代理的 IP 已经被目标网站封禁了。例如，某些代理可以正常访问百度等页面，但知乎已经把它们封了，所以如果对知乎的某个页面有爬取需求，可以直接将 TEST_URL 的值设置为知乎这个页面的链接。当请求失败、代理被封后，代理的分数自然会减下来，等到失效时就不会被获取了。

如果实现的是一个通用的代理池，则不需要专门设置 TEST_URL 的取值，既可以将其设置为一个不会封 IP 的网站，也可以设置为百度这类响应稳定的网站。

我们还定义了 TEST_VALID_STATUS 变量，这个变量的类型是列表，由正常的状态码构成，例如 [200]。当然，某些目标网站还可能会出现其他状态码，可以自行配置。程序在获取响应信息后需要判断其状态，如果状态码在 TEST_VALID_STATUS 列表里，就代表代理可用，需要调用 RedisClient 对象的 max 方法将该代理的分数置为 100，否则调用 decrease 方法将代理分数减 1，如果出现异常，也同样将代理分数减 1。

另外，我们设置了批量测试的最大值 TEST_BATCH，意思是一批最多测试 TEST_BATCH 个，这样可以避免在代理池过大时，一次性测试全部代理导致内存开销过大的问题。当然，也可以用信号量机制实现并发控制。

test 方法之后，定义了 run 方法用于获取所有的代理列表，然后使用 aiohttp 分配任务，启动运行。在不断运行的过程中，代理池中无效代理的分数会一直减 1，直至代理被删除，有效的代理则一直保持 100 分，供随时取用。

至此，测试模块的逻辑就完成了。

- **接口模块**

通过前面 3 个模块，我们已经可以实现代理的获取、检测和更新，Redis 数据库会以有序集合的形式存储各个代理及代理对应的分数，分数 100 代表可用，分数越小代表越不可用。

但是我们怎样方便地获取可用代理呢？可以用 RedisClient 类直接连接 Redis，然后调用 random 方法。这样做没问题，效率很高，但也会有几个弊端。

- ❏ 使用这个代理池需要知道 Redis 连接的用户名和密码信息，如果其他人使用，会很不安全。
- ❏ 如果代理池需要部署在远程服务器上运行，而远程服务器的 Redis 只允许本地连接，那么就不能通过远程直连 Redis 来获取代理。

❑ 如果爬虫所在的主机没有连接 Redis 模块，或者爬虫不是由 Python 语言编写的，我们就无法使用 RedisClient 来获取代理。
❑ 如果 RedisClient 或者数据库结构有更新，那么爬虫端必须同步这些更新，这样非常麻烦。

综上考虑，为了使代理池可以作为一个独立服务运行，我们最好增加一个接口模块，并以 Web API 的形式暴露可用代理。这样一来，获取代理只需要请求接口即可，以上的几个弊端也可以避免。

我们使用一个比较轻量级的库 Flask 来实现这个接口模块，实现示例如下：

```python
from flask import Flask, g
from proxypool.storages.redis import RedisClient
from proxypool.setting import API_HOST, API_PORT, API_THREADED

__all__ = ['app']

app = Flask(__name__)

def get_conn():
    if not hasattr(g, 'redis'):
        g.redis = RedisClient()
    return g.redis

@app.route('/')
def index():
    return '<h2>Welcome to Proxy Pool System</h2>'

@app.route('/random')
def get_proxy():
    conn = get_conn()
    return conn.random().string()

@app.route('/count')
def get_count():
    conn = get_conn()
    return str(conn.count())

if __name__ == '__main__':
    app.run(host=API_HOST, port=API_PORT, threaded=API_THREADED)
```

这里我们声明了一个 Flask 对象，以及定义了 3 个接口，分别用于获取首页、随机代理页和数量页。运行代码后，Flask 会启动一个 Web 服务，我们只需要访问对应的接口即可获取可用代理。

- **调度模块**

调度模块用于调用上面定义的 4 个模块，通过多进程的方式把它们运行起来，示例如下：

```python
import time
import multiprocessing
from proxypool.processors.server import app
from proxypool.processors.getter import Getter
from proxypool.processors.tester import Tester
from proxypool.setting import CYCLE_GETTER, CYCLE_TESTER, API_HOST, API_THREADED, API_PORT, ENABLE_SERVER, \
    ENABLE_GETTER, ENABLE_TESTER, IS_WINDOWS
from loguru import logger

if IS_WINDOWS:
    multiprocessing.freeze_support()

tester_process, getter_process, server_process = None, None, None

class Scheduler():
    def run_tester(self, cycle=CYCLE_TESTER):
        if not ENABLE_TESTER:
            logger.info('tester not enabled, exit')
            return
```

```python
            tester = Tester()
            loop = 0
            while True:
                logger.debug(f'tester loop {loop} start...')
                tester.run()
                loop += 1
                time.sleep(cycle)

        def run_getter(self, cycle=CYCLE_GETTER):
            if not ENABLE_GETTER:
                logger.info('getter not enabled, exit')
                return
            getter = Getter()
            loop = 0
            while True:
                logger.debug(f'getter loop {loop} start...')
                getter.run()
                loop += 1
                time.sleep(cycle)

        def run_server(self):
            if not ENABLE_SERVER:
                logger.info('server not enabled, exit')
                return
            app.run(host=API_HOST, port=API_PORT, threaded=API_THREADED)

        def run(self):
            global tester_process, getter_process, server_process
            try:
                logger.info('starting proxypool...')
                if ENABLE_TESTER:
                    tester_process = multiprocessing.Process(target=self.run_tester)
                    logger.info(f'starting tester, pid {tester_process.pid}...')
                    tester_process.start()

                if ENABLE_GETTER:
                    getter_process = multiprocessing.Process(target=self.run_getter)
                    logger.info(f'starting getter, pid{getter_process.pid}...')
                    getter_process.start()

                if ENABLE_SERVER:
                    server_process = multiprocessing.Process(target=self.run_server)
                    logger.info(f'starting server, pid{server_process.pid}...')
                    server_process.start()

                tester_process.join()
                getter_process.join()
                server_process.join()
            except KeyboardInterrupt:
                logger.info('received keyboard interrupt signal')
                tester_process.terminate()
                getter_process.terminate()
                server_process.terminate()
            finally:
                tester_process.join()
                getter_process.join()
                server_process.join()
                logger.info(f'tester is {"alive" if tester_process.is_alive() else "dead"}')
                logger.info(f'getter is {"alive" if getter_process.is_alive() else "dead"}')
                logger.info(f'server is {"alive" if server_process.is_alive() else "dead"}')
                logger.info('proxy terminated')


if __name__ == '__main__':
    scheduler = Scheduler()
    scheduler.run()
```

这里首先定义了 3 个常量 ENABLE_TESTER、ENABLE_GETTER 和 ENABLE_SERVER，都是布尔类型，分别表示测试模块、获取模块和接口模块的开关，如果都取 True，代表 3 个模块都开启了。

这个模块的启动入口是 run 方法，这个方法会判断模块的开关是否开启，如果开启，就新建一个 Process 进程设置好启动目标，然后调用 start 方法运行该进程，对 3 个模块都如此操作，之后 3 个进程并行执行，互不干扰。

3 个调度方法的结构也非常清晰。例如，run_tester 方法用于调度检测模块，方法中首先声明一个 Tester 对象，然后进入死循环，不断地调用其 run 方法，执行完一轮后就休眠一段时间，休眠结束后再重新执行。这里把休眠时间定义为一个常量，如 20 秒，即每隔 20 秒进行一次代理检测。

最后，只需要调用 Scheduler 类的 run 方法即可启动整个代理池。

以上内容便是整个代理池的架构和各个模块对应的实现逻辑。

5. 运行

现在，我们将代码整合在一起，并运行，运行之后的输出结果如下：

```
2020-04-13 02:52:06.510 | INFO     | proxypool.storages.redis:decrease:73 - 60.186.146.193:9000 current score 10.0, decrease 1
2020-04-13 02:52:06.517 | DEBUG    | proxypool.processors.tester:test:52 - proxy 60.186.146.193:9000 is invalid, decrease score
2020-04-13 02:52:06.524 | INFO     | proxypool.storages.redis:decrease:73 - 60.186.151.147:9000 current score 10.0, decrease 1
2020-04-13 02:52:06.532 | DEBUG    | proxypool.processors.tester:test:52 - proxy 60.186.151.147:9000 is invalid, decrease score
2020-04-13 02:52:07.159 | INFO     | proxypool.storages.redis:max:96 - 60.191.11.246:3128 is valid, set to 100
2020-04-13 02:52:07.167 | DEBUG    | proxypool.processors.tester:test:46 - proxy 60.191.11.246:3128 is valid, set max score
2020-04-13 02:52:17.271 | INFO     | proxypool.storages.redis:decrease:73 - 59.62.7.130:9000 current score 10.0, decrease 1
2020-04-13 02:52:17.280 | DEBUG    | proxypool.processors.tester:test:52 - proxy 59.62.7.130:9000 is invalid, decrease score
2020-04-13 02:52:17.288 | INFO     | proxypool.storages.redis:decrease:73 - 60.167.103.74:1133 current score 10.0, decrease 1
2020-04-13 02:52:17.295 | DEBUG    | proxypool.processors.tester:test:52 - proxy 60.167.103.74:1133 is invalid, decrease score
2020-04-13 02:52:17.302 | INFO     | proxypool.storages.redis:decrease:73 - 60.162.71.113:9000 current score 10.0, decrease 1
2020-04-13 02:52:17.309 | DEBUG    | proxypool.processors.tester:test:52 - proxy 60.162.71.113:9000 is invalid, decrease score
```

以上是代理池的控制台输出，可以看到可用代理的分数被设置为 100，不可用代理分数被减 1。

现在打开浏览器，当前配置运行在 5555 端口，所以打开 http://127.0.0.1:5555 即可看到代理池系统的首页，如图 9-2 所示。

再打开 http://127.0.0.1:5555/random，即可获取随机的可用代理，非常方便，这里获取一个如图 9-3 所示。

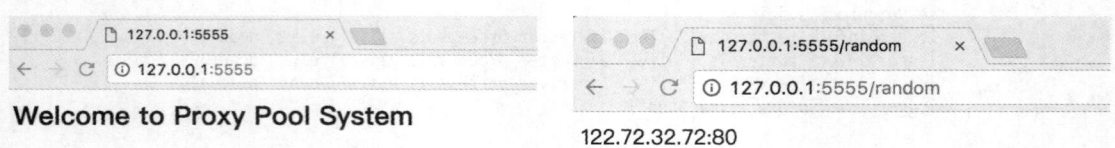

图 9-2　代理池系统的首页　　　　　　图 9-3　获取随机的可用代理

获取代理的代码如下：

```python
import requests

PROXY_POOL_URL = 'http://localhost:5555/random'

def get_proxy():
    try:
        response = requests.get(PROXY_POOL_URL)
        if response.status_code == 200:
            return response.text
    except ConnectionError:
        return None
```

运行这段代码便可以获取一个随机可用代理了，代理是字符串类型的数据。可以按照 9.1 节的方法设置此代理，例如为 requests 设置代理：

```python
import requests

proxy = get_proxy()
proxies = {
    'http': 'http://' + proxy,
    'https': 'https://' + proxy,
}
try:
    response = requests.get('http://www.httpbin.org/get', proxies=proxies)
    print(response.text)
except requests.exceptions.ConnectionError as e:
    print('Error', e.args)
```

有了代理池，即可从中取出代理使用，有效防止我们的 IP 被封。

6. 总结

本节中我们学习了代理池的设计思路和实现方案，有了这个代理池，我们就可以实时获取一些可用的代理了。相对之前的实战案例，整个代理池的代码量多了很多，逻辑复杂度也比较高，建议好好理解和消化一下。

本节的代码见 https://github.com/Python3WebSpider/ProxyPool，代码库中还提供了基于 Docker 和 Kubernetes 的运行和部署操作，可以帮助我们更快捷地运行代理池。

9.3　付费代理的使用

前面两节我们讲解了代理的基本使用方法和免费代理池的搭建过程，但使用过程中其实还会存在代理不稳定的情况，例如代理的失效速度快、运行速度慢。毕竟这些代理都是可以公开获取的，可能有很多人在用，稳定性差也不足为奇了。

相对免费代理，付费代理的稳定性更高，所以如果想进一步提高代理的稳定性，可以考虑使用付费代理。

1. 付费代理的分类

按照使用流程，可以大致将付费代理分为两类。

- 一类是代理商提供代理提取接口的付费代理，我们可以通过接口获取这类代理组成的列表，这类代理地址的 IP 和端口都是可见的，想用哪个就用哪个，灵活操控即可。这种代理一般会按时间或者按量收费，比较有代表性的这类代理有快代理（https://www.kuaidaili.com/）、芝麻代理（http://www.zhimaruanjian.com/）和多贝云代理（http://www.dobel.cn/）等。

❑ 另一类是代理商搭建了隧道代理的付费代理,我们可以直接把此类代理设置为固定的 IP 和端口,无须进一步通过请求接口获取随机代理并设置。在这种情况下,我们只需要知道一个固定的代理服务器地址即可,代理商会在背后进一步将我们发出的请求分发给不同的代理服务器并做负载均衡,同时代理商会负责维护背后的整个代理池,因此开发者使用起来更加方便,但这样就无法自由控制设置哪个代理 IP 了。比较有代表性的这类代理有阿布云代理(https://www.abuyun.com/)、快代理(https://www.kuaidaili.com/)和多贝云代理(http://www.dobel.cn/)等。

本节分别讲解这两类代理的使用方法。

2. 通过接口提取代理

这里我以快代理为例演示通过接口获取代理并使用的方法,需要先到快代理的官方网站注册一个账号并购买对应的套餐。由于我的目的仅仅是测试,因此我购买的是私密代理套餐,类似的套餐还有开放代理和独享代理,私密代理相对开放代理来说稳定性更高,相对独享代理来说价格更实惠,总体性价比更高。

私密代理的介绍链接为 https://www.kuaidaili.com/doc/product/dps/,官方简介内容是:私密代理是我们自运营的高品质 HTTP/SOCKS 代理服务器,IP 动态变化,仅对购买客户授权使用。每天可用 IP 超 15 万个,支持 API 接口和 SDK。

私密代理提取接口的说明链接为 https://www.kuaidaili.com/doc/api/getdps/,接口地址为 http://dps.kdlapi.com/api/getdps。

在调用私密代理提取接口时需要传入一些参数,参数的官方说明如表 9-1 所示。

表 9-1 调用私密代理提取接口时传入的参数

参　数	是否必填	参数说明	取值说明
orderid	是	订单号	有效的私密代理订单号
sign_type	否	签名验证方式。目前支持 simple 和 hmacsha1	默认值:simple
signature	否	请求签名,用来验证此次请求的合法性。私密代理接口默认不需要验证签名,但在会员中心开启验证后,此参数为必填项	支持 2 种签名验证方式
timestamp	否	当前的 UNIX 时间戳(秒级),可记录发起 API 请求的时间,sign_type 取 hmacsha1 时此参数为必填项	例如 1557546010,如果其取值与当前时间相差过大,会引起签名过期错误
num	是	提取数量	例如 100
area	否	筛选某些地区的 IP,支持按省/市筛选,仅支持按量付费的订单	多个地区用英文逗号分隔,例如北京,上海
area_ex	否	排除某些地区的 IP,支持按省/市排除,仅支持按量付费的订单	多个地区用英文逗号分隔,例如北京,上海
ipstart	否	筛选以特定数字开头的 IP(多个 IP 段用英文逗号分隔)	例如 120.52.
ipstart_ex	否	排除以特定数字开头的 IP(多个 IP 段用英文逗号分隔)	例如 120.52.
pt	否	提取的代理 IP 的类型	1 表示 HTTP 代理(默认),2 表示 SOCKS 代理
st	否	按稳定使用时长筛选 IP,这个稳定使用时长是从提取时算起,此参数只对"均匀提取 30~60 分钟版"有效	0:不筛选(默认)其他值:自自定义时长(1~50 分钟)

(续)

参　　数	是否必填	参数说明	取值说明
f_loc	否	提取结果包含地区信息	取值固定为 1
f_citycode	否	提取结果包含地区编码	取值固定为 1
f_et	否	提取结果包含此代理从提取时算起的可用时间（单位：秒）	取值固定为 1
dedup	否	过滤今天提取过的 IP，不带此参数代表不过滤	取值固定为 1
format	否	接口返回内容的格式	text 表示文本格式（默认），json 表示 JSON 格式，xml 表示 XML 格式
sep	否	结果列表中，每个代理的分隔符	1 表示用"\r\n"分隔（默认），2 表示用"\n"分隔，3 表示用空格分隔，4 表示用"|"分隔

可以看到，这里支持指定的内容还是比较多的，例如提取数量、地区、代理类型和过滤条件等。

接口可返回文本格式、JSON 格式或 XML 格式的内容，对返回内容中字段的说明如表 9-2 所示。

表 9-2　返回内容中字段的说明

参　　数	说　　明
code	返回码。取值：0 代表成功；非 0 代表失败
msg	错误信息
data	包含接口返回的数据
data.proxy_list	返回的代理组成的列表
data.count	返回的代理数量
data.dedup_count	返回的不重复的代理数量（按量付费、包年包月集中提取订单专有）
data.order_left_count	订单提取余额（按量付费订单专有）
data.today_left_count	今天提取余额（包年包月集中提取订单专有）

好，基本的请求参数和返回结果我们已经搞清楚了，下面实践看看。

购买相应的套餐之后，可以在订单页面找到对应的订单号，例如我的订单号是 937260530591661，如图 9-4 所示。

图 9-4　套餐的订单号

然后点击"生成 API 链接"选项，即可跳转到快代理提供的提取页面，这里它已经准备好了操作界面，通过点选就可以配置参数了。例如图 9-5，填好订单号，把提取数量设为 10，代理类型选 http/https，其他选项均保持默认，最后点击底部的"生成链接"按钮。

图 9-5　配置参数

之后会看到生成了一个 API 链接，这里我生成的 API 链接为 https://dps.kdlapi.com/api/getdps/?orderid=937260530591661&num=10&pt=1&sep=1，直接访问就可以看到代理列表了，一共是 10 个，如图 9-6 所示。

图 9-6　代理列表

这些就是可用的代理了。为了防止代理被滥用，快代理设置了白名单机制：

(1) 需要设置 IP 白名单或用户名密码才能使用私密代理；

(2) IP 白名单和用户名密码最好二选一，如果是使用用户名密码访问的，请不要设置 IP 白名单。

可以根据其提示设置用户名密码访问或 IP 白名单访问，这里我使用的是 IP 白名单，这个 IP 得是我们对外开放的公网 IP，可以通过很多方式查询到，例如通过百度直接查询，如图 9-7 所示。

图 9-7　通过百度查询 IP

此时我的 IP 地址为 120.244.118.134，把这个 IP 设置到快代理的后台，我就可以正常使用代理了。当然，你需要找到你的 IP，然后设置白名单。

以上流程完成后，我们用代码实现一下，测试图 9-6 中的 IP 是否可用：

```python
import requests

PROXY_API = 'http://dps.kdlapi.com/api/getdps/?orderid=937260530591661&num=10&pt=1&sep=1'

def get_proxies():
    response = requests.get(PROXY_API)
    return response.text.split('\n')

def test_proxies():
    proxies = get_proxies()
    for proxy in proxies:
        proxy = proxy.strip()
        print(f'using proxy {proxy}')
        try:
            response = requests.get('http://www.httpbin.org/ip', proxies={
                'http': 'http://' + proxy,
            })
            print(response.text)
        except requests.ConnectionError:
            print(f'proxy {proxy} is invalid')

if __name__ == '__main__':
    test_proxies()
```

这里首先声明了一个 PROXY_API，其值就是上文获取的用于提取代理的 API 链接，然后我们使用 get_proxies 方法请求了这个 API，会返回由可用代理组成的列表，再利用 split 方法将列表里的代理逐行分开。接着，我们在 test_proxies 方法里面直接用 requests 的 get 方法请求了 http://www.httpbin.org/ip，会返回发出请求的真实 IP 地址，代理我们是通过 proxies 参数设置的。

注意，由于我们访问的是 HTTP 类型的页面，所以只需要把 proxies 参数设置成以 http 为字典键名的代理即可，无须再设置以 https 为字典键名的代理。另外，键值内容也是 HTTP 类型的代理，即 http:// 加上代理。

最后直接打印出网站返回的结果。运行一下代码，输出结果类似如下这样：

```
using proxy 180.113.8.241:21871
{
  "origin": "180.113.8.241"
}
using proxy 175.42.129.219:21350
{
  "origin": "175.42.129.219"
}
using proxy 182.38.205.29:18475
{
  "origin": "182.38.205.29"
}
using proxy 49.68.111.50:20095
{
  "origin": "49.68.111.50"
}
...
```

可以看到，首先输出提取并使用的代理，然后输出请求 http://www.httpbin.org/ip 的返回结果，会发现代理和网站返回的真实 IP 完全一样。

这样就证明我们成功使用代理请求了网站并达到了伪装真实 IP 的目的。

3. 使用隧道代理

上面我们介绍了利用接口提取代理的使用方法，可以发现这个过程其实相对烦琐，首先得请求接口获取代理，然后选出想用的代理，再设置代理发出请求，那么有没有更方便的设置代理的方法呢？

有，这个方法在前面也提到过，就是隧道代理。

隧道代理相当于服务商在云端维护了一个代理池，客户端只需要设置一个固定的代理服务器，换 IP 的流程由服务器来完成，让用户使用的流程更简单。用户无须更换 IP，隧道代理会将请求转发给不同的代理，可按需指定转发周期。

这里我们还是以快代理为例演示隧道代理的使用方法，首先需要购买隧道代理的套餐，链接为 https://www.kuaidaili.com/doc/product/tps/，购买之后进入个人中心可以看到类似如图 9-8 所示的页面。

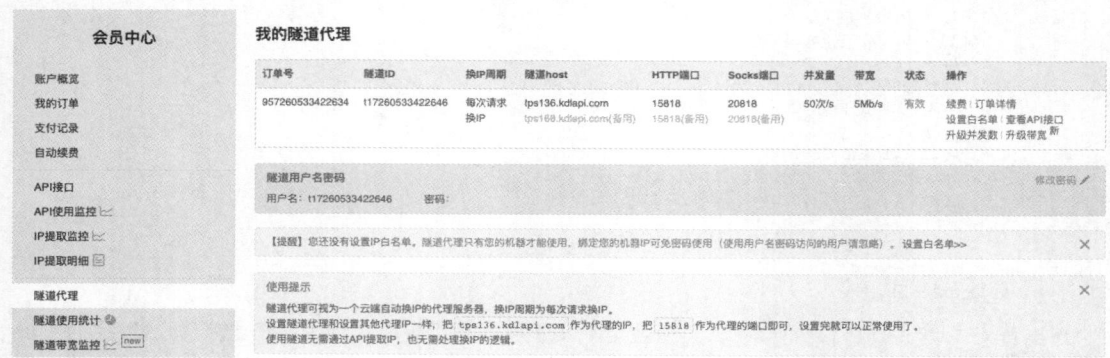

图 9-8　隧道代理套餐

其中显示隧道 host 为 tps136.kdlapi.com，HTTP 端口为 15818，Socks 端口为 20818，我们只需要在请求目标网站的时候把代理设置为这个 host 和这个端口的组合就好了。另外，使用隧道代理需要用到用户名和密码，这两项也在图 9-8 所示的页面里。

另外，这里同样需要设置白名单，按照前一节类似的流程设置即可。接下来我们根据后台提供的一些信息测试一下隧道代理的设置，测试代码如下：

```python
import requests

url = 'http://www.httpbin.org/ip'

# 代理信息
proxy_host = 'tps136.kdlapi.com'
proxy_port = '15818'
proxy_username = 't17260533422646'
proxy_password = 'v93cq4tk'

proxy = f'http://{proxy_username}:{proxy_password}@{proxy_host}:{proxy_port}'
proxies = {
    'http': proxy,
    'https': proxy,
}
response = requests.get(url, proxies=proxies)
print(response.text)
```

这里首先声明了 proxy_host、proxy_port、proxy_username 和 proxy_password，分别是隧道代理的 host、端口、认证所需的用户名和密码。然后调用了 requests 的 get 方法，并传入 proxies 参数直

接将代理设置为隧道代理的地址。

运行代码，看下效果：

```
{
  "origin": "117.92.214.244"
}
```

可以看到返回了客户端的 IP，但校验之后发现这个 IP 并不是我们的真实 IP，说明代理设置成功了。

然后再同时运行几次，可以看到运行结果一直在变化，例如：

```
{
  "origin": "122.246.92.129"
}
{
  "origin": "113.121.20.52"
}
```

这说明每次请求时的代理 IP 是随机变化的。

所以，我们现在只需要设置一个固定的隧道代理就可以实现在每次请求时自动切换 IP 了，使用起来更加方便。

4. 总结

本节讲了两种代理的设置方案，各有各的优势。

- 通过接口提取代理：我们可以灵活地控制使用哪个代理，同时可以将代理对接到代理池中维护起来，整体的使用灵活性更高。
- 使用隧道代理：我们无须关心具体使用哪个代理，会更加省心。

两种方案各有利弊，可以根据具体的业务场景具体选择。

9.4 ADSL 拨号代理的搭建方法

我们在 9.2 节尝试维护过一个代理池，从中可以挑选出许多可用的代理，但这些代理常常稳定性不高、响应速度慢，而且大概率是公共代理，意味着同一时间可能有多个人使用，故被封的概率很大。另外，这些代理的有效时间可能比较短，虽然代理池一直在筛选可用代理，但不免存在没有及时更新状态的情况，这样有可能导致我们得到不可用的代理。

在 9.3 节，我们也了解了付费代理，其质量相对免费代理会好不少，的确算是一个相对不错的方案，但本节要介绍的方案可以使我们既能不断更换代理，又可以保证代理的稳定性。

大家可能会在一些付费代理套餐中注意到这样一个套餐——独享代理或私密代理，这种代理其实是使用专用服务器搭建了代理服务，相对一般的付费代理来说，稳定性更好，速度也更快，同时 IP 可以动态变化。这种代理的 IP 切换大多是基于 ADSL 拨号机制实现的，一台云主机每拨号一次就可以换一个 IP，同时云主机上搭建了代理服务，我们可以直接使用该云主机的 HTTP 代理来进行数据爬取。

本节就来讲解搭建一个 ADSL 拨号代理服务的方法。

1. 什么是 ADSL

ADSL 的英文全称是 Asymmetric Digital Subscriber Line，即非对称数字用户环路。它的上行带宽和下行带宽不对称，采用频分复用技术把普通电话线分成了电话、上行和下行 3 个相对独立的信道，从而避免了相互之间的干扰。

ADSL 通过拨号的方式上网，拨号时需要输入 ADSL 账号和密码，每拨号一次就更换一个 IP。IP 分布在多个 A 段，如果这些 IP 都能使用，意味着 IP 量级可达千万。如果我们将 ADSL 主机作为代理，每隔一段时间云主机拨号换一个 IP，就可以有效防止 IP 被封禁。另外，由于我们直接使用专有的云主机搭建代理服务，所以代理的稳定性相对更好，响应速度也相对更快。

2. 准备工作

在本节开始之前，需要先购买几台 ADSL 代理云主机，建议购买 2 台或以上。因为在云主机拨号的一瞬间，服务器正在切换 IP，所以拨号之后代理是不可用的状态，需要 2 台及以上云主机做负载均衡。

ADSL 代理云主机的服务商还是比较多的，个人推荐阿斯云和云立方，官网分别为 https://asiyun.cn/ 和 https://www.yunlifang.cn/。

本节以阿斯云为例，我购买了一台电信型云服务器，同时安装了 CentOS Linux 系统的云主机。购买成功后，可以在后台找到服务器的连接 IP、端口、用户名、密码，以及拨号所用的用户名和密码，如图 9-9 所示。

图 9-9 查看云服务器的相关信息

再找到远程管理面板→远程连接的用户名和密码，也就是 SSH 远程连接服务器的信息。例如我使用的 IP 和端口是 zhongweidx01.jsq.bz:30042，用户名是 root。在命令行下输入如下内容：

```
ssh root@zhongweidx01.jsq.bz -p 30042
```

输入连接密码，就可以连接到远程服务器了，如图 9-10 所示。

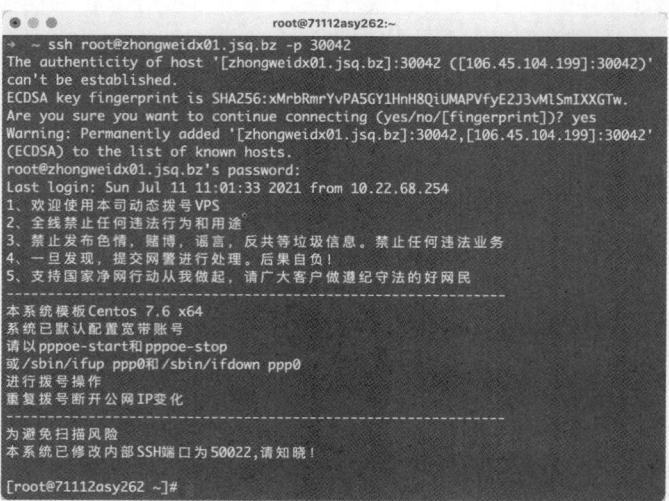

图 9-10 连接到远程服务器

登录成功后,开始正式的学习。

3. 测试拨号

云主机默认已经配置了拨号相关的信息,如宽带用户名和密码等,所以我们无须额外进行配置,只需要调用相应的拨号命令即可实现拨号和 IP 地址的切换。

可以输入如下拨号命令来拨号:

pppoe-start

拨号命令成功运行,没有报错信息,耗时约几秒,结束之后整个主机就获得了一个有效的 IP 地址。如果要停止拨号,可以输入如下命令:

pppoe-stop

运行完该命令后,网络就会断开,之前的 IP 地址也会被释放。

> **注意** 不同云主机的拨号命令和停止命令可能不同,如云立方主机的拨号命令和停止命令为 adsl-start 和 adsl-stop,请以官方文档的说明为准。

所以,如果想切换 IP,只需要先执行 pppoe-stop,再执行 pppoe-start 即可。每次拨号前,可以用 ifconfig 命令查看主机的 IP,如图 9-11 所示。

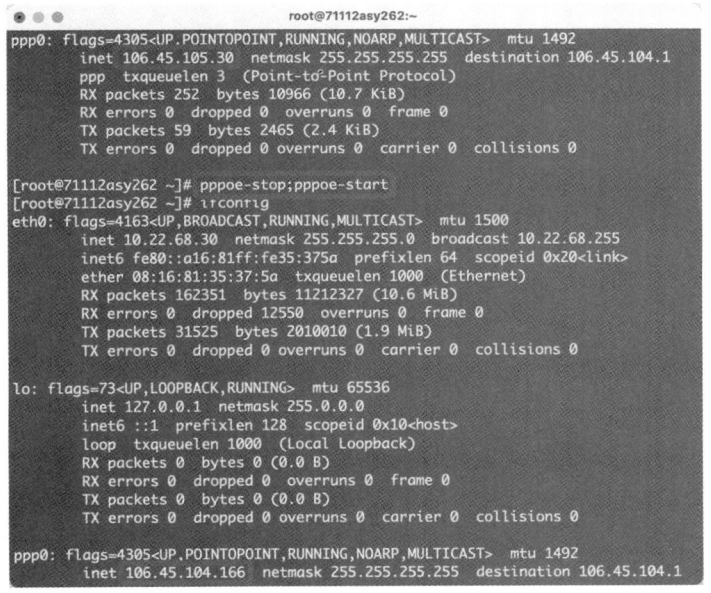

图 9-11 拨号前后的 IP 变化

可以看到,执行了 pppoe-stop 和 pppoe-start 命令之后,通过 ifconfig 命令获取的网卡信息中的 IP 地址就变了,代表我们成功实现了 IP 地址的切换。

那么要想将这台云主机设置为可以实时变化 IP 的代理服务器,主要得做这几件事情:

❑ 在云主机上运行代理服务软件,使之可以提供 HTTP 代理服务;
❑ 使云主机定时拨号,更换 IP;
❑ 实时获取云主机的代理 IP 和端口信息。

4. 设置代理服务器

当前云主机使用的是 Linux 的 CentOS 系统，它是无法作为一个 HTTP 代理服务器使用的，因为该云主机上目前并没有运行相关的代理软件。要想让它提供 HTTP 代理服务，需要安装并运行相关的代理服务软件。

那什么软件能提供这种代理服务呢？目前业界比较流行的有 Squid 和 TinyProxy，在云主机上配置好它们后，它们会在特定端口上运行一个 HTTP 代理。知道了云主机当前的 IP，我们就能使用 Squid 或 TinyProxy 提供的 HTTP 代理了。

这里以 Squid 为例演示一下配置过程。首先安装 Squid，在 CentOS 系统上安装 Squid 的命令如下：

```
sudo yum -y update
yum -y install squid
```

运行完这两行命令后，Squid 就安装成功了。

如果想启动 Squid，可以运行如下命令：

```
systemctl start squid
```

如果想配置开机自动启动，可以运行如下命令：

```
systemctl enable squid
```

成功启动 Squid 后，可以使用如下命令查看它当前的运行状态：

```
systemctl status squid
```

结果如图 9-12 所示，可以看到 Squid 已经成功运行了。

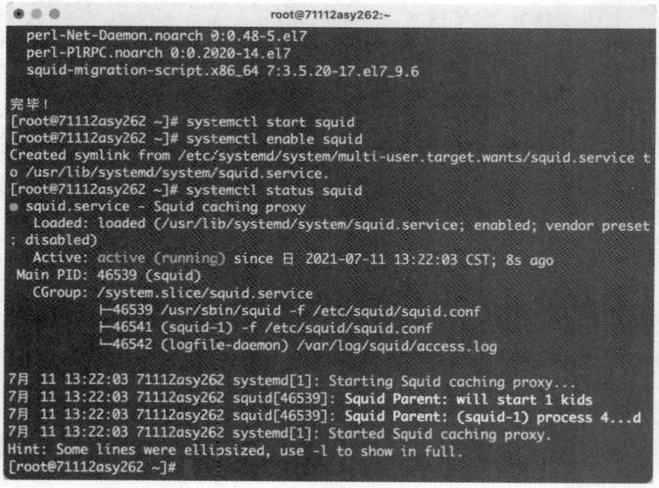

图 9-12 成功运行的 Squid

Squid 默认会运行在 3128 端口，相当于在云主机的 3128 端口启动了代理服务。接下来我们测试一下 Squid 的代理效果，在该云主机上运行 curl 命令，请求 https://www.httpbin.org，并使用在云主机上配置的代理服务：

```
curl -x http://127.0.0.1:3128 https://www.httpbin.org/get
```

这里 curl 的 -x 参数代表设置 HTTP 代理，由于现在是在云主机上运行，所以直接将代理设置为了 http://127.0.0.1:3128。运行完毕之后，再用 ifconfig 命令查看下当前云主机的 IP，结果如图 9-13 所示。

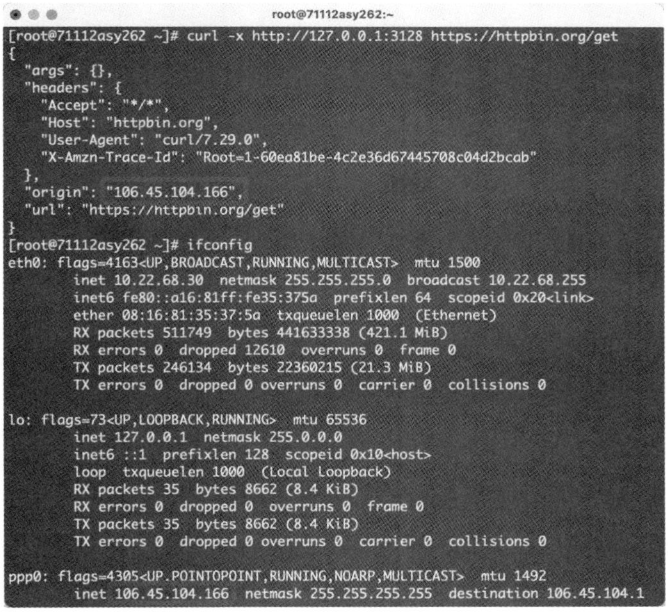

9.4 ADSL 拨号代理的搭建方法

图 9-13　使用代理请求测试网站

可以看到测试网站的返回结果中的 origin 字段里的 IP 和用 ifconfig 获取的 IP 是一致的。

接下来，在自己的本机上（非云主机）运行如下命令测试代理的连通情况，这里的 IP 就需要更换为云主机本身的 IP 了，从图 9-13 可以看到云主机当前拨号的 IP 是 106.45.104.166，所以需要运行如下命令：

```
curl -x http://106.45.104.166:3128 https://www.httpbin.org/get
```

然而发现并没有输出对应的结果，代理连接失败。其实失败的原因在于 Squid 默认不开启"允许外网访问"，对此我们可以修改 Squid 的相关配置，例如修改当前代理的运行端口、允许连接的 IP、配置高匿代理等，这些都需要用到配置文件 /etc/squid/squid.conf。

要开启"允许公网访问"，最简单的方法就是将配置文件中的这行：

```
http_access deny all
```

修改为：

```
http_access allow all
```

意思是允许来自所有 IP 的请求连接本代理。另外还需要在配置文件的开头配置 acl 的部分添加：

```
acl all src 0.0.0.0/0
```

然后，将 Squid 配置成高度匿名代理，这样目标网站就无法通过一些参数（如 X-Forwarded-For）得知爬虫机本身的 IP 了，所以在配置文件中再添加如下内容：

```
request_header_access Via deny all
request_header_access X-Forwarded-For deny all
```

考虑到有些云主机厂商默认封禁了 Squid 代理所在的 3128 端口，因此建议更换一个端口，例如 3328，修改这行即可：

```
http_port 3128
```

将其中的 3128 修改为 3328：

```
http_port 3328
```

修改完这些配置信息后，保存配置文件，重新启动 Squid 代理：

```
systemctl restart squid
```

此时重新在本机上（非云主机）运行刚才的 curl 命令（将端口修改为 3328）：

```
curl -x http://106.45.104.166:3328 https://www.httpbin.org/get
```

返回结果如下：

```
{
    "args": {},
    "headers": {
        "Accept": "*/*",
        "Host": "www.httpbin.org",
        "User-Agent": "curl/7.64.1",
        "X-Amzn-Trace-Id": "Root=1-60ea8fc0-0701b1494e4680b95889cdb1"
    },
    "origin": "106.45.104.166",
    "url": "https://www.httpbin.org/get"
}
```

现在就可以在本机上直接使用云主机的代理了！

5. 动态获取 IP

我们现在已经可以执行命令让主机动态切换 IP，也在主机上搭建好代理服务器了，接下来只需要知道拨号后的 IP 就可以使用代理了。

那怎么动态获取拨号主机的 IP？怎么维护这些代理？又怎么保证获取的代理一定可用呢？还可能出现下面的问题。

- 如果我们只有一台拨号云主机，并且设置了定时拨号，那么在拨号的几秒内，这台云主机提供的代理服务是不可用的。
- 如果我们不使用定时拨号的方法，而是在爬虫端控制拨号云主机的拨号操作，那么爬虫端还需要定义单独的逻辑来处理拨号和重连问题，这会带来额外的开销。

综合考虑下来，一个比较好的解决方案如下。

- 为了不增加爬虫端的逻辑开销，无须爬虫端关心拨号云主机的拨号操作，它只要保证爬虫通过某个接口获取的代理是可用的就行，即拨号云主机的代理维护逻辑和爬虫端毫不相关。
- 为了解决一台拨号云主机在拨号时代理不可用的问题，让多台云主机同时提供代理服务，可以将不同云主机的拨号时段错开，当一台云主机正在拨号时，用其他云主机顶替它提供服务。
- 为了更加方便地维护和使用代理，可以像 9.2 节介绍的代理池一样把这些云主机的代理统一维护起来，把所有拨号云主机的代理统一存储到一个公共的 Redis 数据库中，可以使用 Redis 的 Hash 存储方式，存好每台云主机和对应代理的映射关系。拨号云主机在拨号前会清空自己对应的代理内容，拨号成功后再将更新代理，这样 Redis 数据库中的代理就一定是实时可用的了。

利用这种思路，我们要做到如下几点。

- 配置一个可以公网访问的 Redis 数据库，每台云主机都将自己的代理存储到 Redis 数据库的对应位置，由 Redis 数据库维护这些代理。
- 申请多台拨号云主机，并按照上文所讲内容，在这些主机上配置好 Squid 代理服务，为每台云主机设置定时拨号来更换 IP。
- 每台云主机在拨号前先删除 Redis 数据库中原来的代理，拨号成功后测试一下代理的可用性，并将最新的代理更新到 Redis 数据库中。

接下来就实操一下吧。我们使用 Python 语言，先在云主机上安装 Python 库：

```
yum -y install python3
```

关于自动拨号、连接 Redis 数据库、获取本机代理、设置 Redis 数据库的操作，我已经写好了一个 Python 包并发布到 PyPi 了，大家可以直接使用这个包完成如上操作，这个包叫作 adslproxy，可以在云主机上使用 pip3 工具安装：

```
pip3 install adslproxy
```

安装完毕后，可以使用 export 命令设置环境变量：

```
export REDIS_HOST=<Redis 数据库的地址>
export REDIS_PORT=<Redis 数据库的端口>
export REDIS_PASSWORD=<Redis 数据库的密码>
export PROXY_PORT=<拨号云主机配置的代理端口>
export DIAL_BASH=<拨号脚本>
export DIAL_IFNAME=<网卡名称>
export CLIENT_NAME=<云主机的唯一标识>
export DIAL_CYCLE=<拨号间隔>
```

这里的 REDIS_HOST、REDIS_PORT、REDIS_PASSWORD 是远程 Redis 的连接信息，就不再赘述了。PROXY_PORT 是云主机上代理服务的端口，我们已经设置为了 3328。DIAL_BASH 是拨号命令，即 pppoe-stop;pppoe-start，当然对于不同的云主机厂商来说，该脚本的内容也可能不同，以实际为准。DIAL_IFNAME 是拨号云主机上的网卡名称，程序可以通过获取该网卡的信息来获取当前拨号主机的 IP 地址，从之前的操作可以发现，网卡名称是 ppp0，当然这个名称也以实际为准。CLIENT_NAME 是云主机的唯一标识，用来在 Redis 数据库中存储主机和代理的映射，因为我们有多台云主机，所以应该把不同云主机的名称设置为不同的字符串，例如 adsl1、adsl2 等。这里我们的设置如图 9-14 所示。

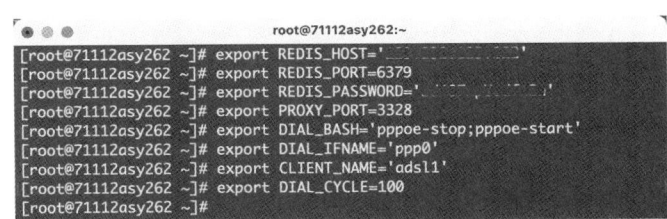

图 9-14　我们设置的环境变量

设置好环境变量之后，就可以运行 adslproxy 命令进行拨号了，命令如下：

```
adslproxy send
```

运行结果如下：

```
2021-07-11 15:30:03.062 | INFO     | adslproxy.sender.sender:loop:90 - Starting dial...
2021-07-11 15:30:03.063 | INFO     | adslproxy.sender.sender:run:99 - Dial started, remove proxy
2021-07-11 15:30:03.063 | INFO     | adslproxy.sender.sender:remove_proxy:62 - Removing adsl1...
2021-07-11 15:30:04.065 | INFO     | adslproxy.sender.sender:remove_proxy:69 - Removed adsl1 successfully
2021-07-11 15:30:05.373 | INFO     | adslproxy.sender.sender:run:111 - Get new IP 106.45.105.33
2021-07-11 15:30:15.552 | INFO     | adslproxy.sender.sender:run:120 - Valid proxy 106.45.105.33:3328
2021-07-11 15:30:16.501 | INFO     | adslproxy.sender.sender:set_proxy:82 - Successfully set proxy 106.45.105.33:3328
2021-07-11 15:33:36.678 | INFO     | adslproxy.sender.sender:loop:90 - Starting dial...
2021-07-11 15:33:36.679 | INFO     | adslproxy.sender.sender:run:99 - Dial started, remove proxy
2021-07-11 15:33:36.680 | INFO     | adslproxy.sender.sender:remove_proxy:62 - Removing adsl1...
2021-07-11 15:33:37.214 | INFO     | adslproxy.sender.sender:remove_proxy:69 - Removed adsl1 successfully
2021-07-11 15:33:38.617 | INFO     | adslproxy.sender.sender:run:111 - Get new IP 106.45.105.219
2021-07-11 15:33:48.750 | INFO     | adslproxy.sender.sender:run:120 - Valid proxy 106.45.105.219:3328
...
```

从中可以看到，因为在云主机拨号之后，当前代理就失效了，所以程序在拨号之前先尝试从 Redis

数据库中删除当前云主机的代理。然后开始执行拨号操作，拨号成功之后如果验证代理是可用的，再将该代理存储到 Redis 数据库中。这样循环往复运行，就达到了定时更换 IP 的效果，同时 Redis 数据库中存储的也是实时可用的代理。

最后，们可以购买多台拨号云主机，并都按前面那样配置，这样就有多个稳定且定时更新的代理可用了，Redis 数据库会实时更新各台云主机的代理，如图 9-15 所示。

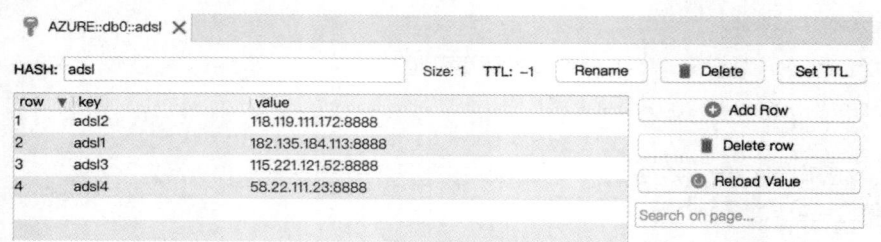

图 9-15　Redis 数据库中存储的各个代理

图 9-15 显示的是 4 台 ADSL 拨号云主机经配置并运行后，Redis 数据库中的内容，其中的代理都是实时可用的。

6. 使用代理

如何使用代理呢？在任意支持公网访问的云主机上连接刚才的 Redis 数据库并搭建一个 API 服务即可。怎么搭建呢？同样可以使用 adslproxy 库，该库也提供 API 服务。

为了方便测试，我们在本机进行测试，安装好 adslproxy 库之后，设置 REDIS 相关的环境变量：

```
export REDIS_HOST=<Redis 数据库的地址>
export REDIS_PORT=<Redis 数据库的端口>
export REDIS_PASSWORD=<Redis 数据库的密码>
```

然后运行如下命令启动 adslproxy：

```
adslproxy serve
```

可以看到 API 服务就运行在 8425 端口，我们打开浏览器即可访问首页，如图 9-16 所示。

其中最重要的就是 `random` 接口，使用这个接口即可获取 Redis 数据库中的一个随机代理，如图 9-17 所示。

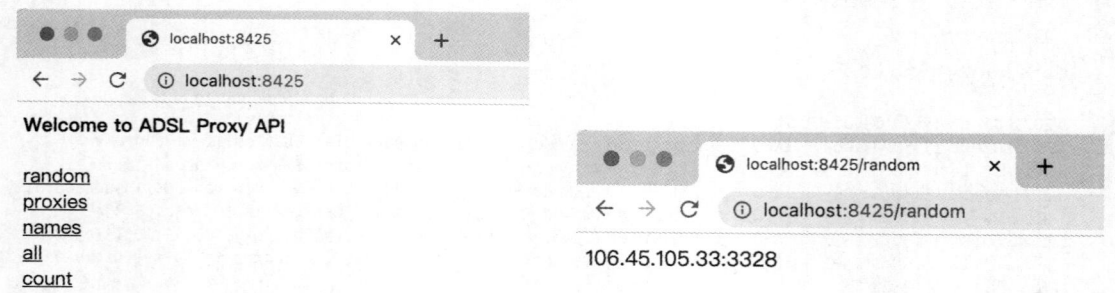

图 9-16　访问代理服务的首页　　　　　　　图 9-17　获取一个随机代理

经过测试，这个代理的可用性没有问题，这样爬虫就可以使用它爬取数据了。

最后，我们部署一下 API 服务，就可以像代理池一样使用这个 ADSL 代理服务了。每请求一次 API 服务，就可以获取一个实时可用代理，在不同的时间段，这个代理会不同，不仅连接稳定，速度也快，实在是网络爬虫的最佳搭档。

7. 总结

本节我们介绍了 ADSL 拨号代理的搭建过程。通过这种代理，我们可以无限次更换 IP，而且线路非常稳定，爬虫的爬取效果也会好很多。

本节代码见 https://github.com/Python3WebSpider/AdslProxy。

9.5　代理反爬案例爬取实战

9.2 节、9.3 节和 9.4 节我们了解了代理池的维护和付费代理的相关使用方法，通过这些方法可以获得不少可用的代理，方便我们在爬取数据的时候伪造 IP，绕过一些通过 IP 实现反爬的网站。

本章我们就分析一个实例，看一下如何使用代理池绕过某些网站的反爬机制。

1. 本节目标

我们会以一个 IP 反爬网站为例进行这一次实战演练，该网站限制单个 IP 每 5 分钟最多访问 10 次，访问次数超过 10，网站便会封锁该 IP，并返回 403 状态码，10 分钟后才解除封锁。

所以，要想在短时间内快速有效地爬取这个网站的所有数据，就得使用代理了。我们会先使用 9.2 节讲解的代理池获取一些可用代理，再利用这些代理爬取数据，本节会介绍整个爬取流程的实现。

2. 准备工作

首先需要准备并正常运行代理池。还需要安装好一些 Python 库——requests、redis-py、environs、pyquery 和 loguru，安装命令如下：

```
pip3 install requests redis environs pyquery loguru
```

安装完毕后，就可以往下走了。

3. 爬取分析

本节要爬取的网站是 https://antispider5.scrape.center/，首页如图 9-18 所示。

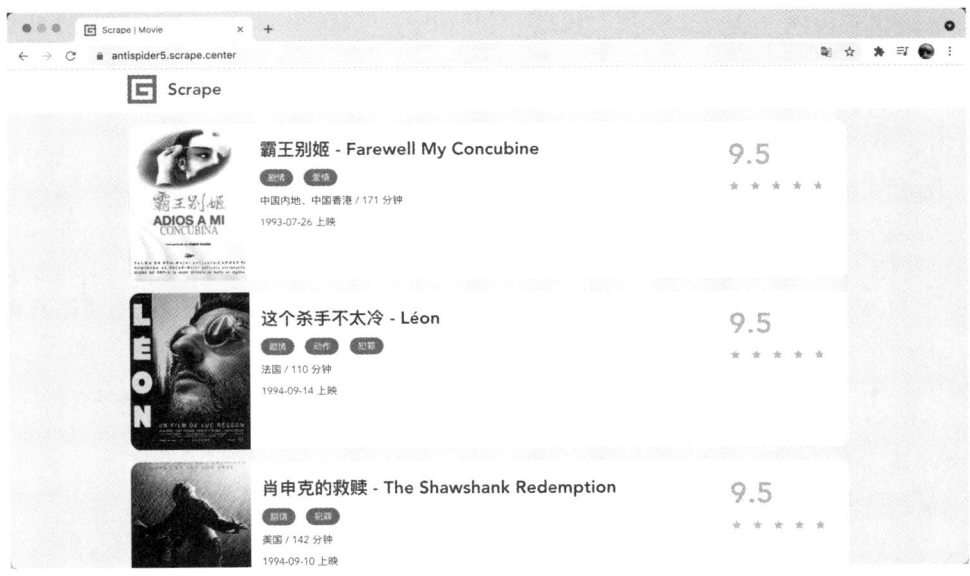

图 9-18　爬取的目标网站

页面看上去和之前没什么不同，但这里网站增加了 IP 反爬机制，限制单个 IP 每 5 分钟最多访问 10 次，超过 10 次就封锁 IP，并返回 403 状态码。例如我连续刷新 10 次网页，页面就变成了下面这样，如图 9-19 所示。

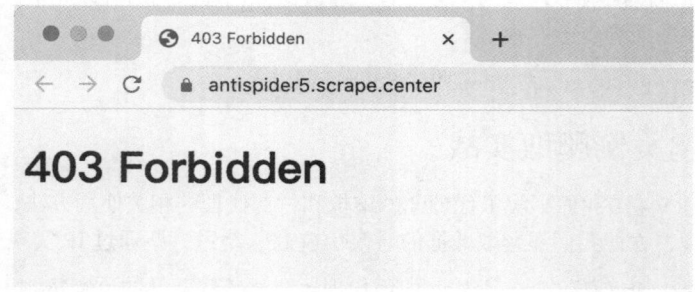

图 9-19　连续刷新 10 次后的页面

但如果此时切换一个网络环境，例如使用全局代理或者由 Wi-Fi 切换到手机热点，总之让访问目标网站所用的 IP 地址发生改变，就又可以看到页面正常显示了。也就是说，要想在短时间内爬取这个网站的所有数据，得更换多个 IP 进行爬取，怎么更换呢？自然就是使用代理了。

由于我们无法预知某个代理是否能完成一次正常的爬取，因此可能请求成功也可能请求失败，失败原因可能是网站封锁了该代理，或者代理本身失效了。为了保证正常爬取，我们需要添加重试机制，以确保请求失败的时候可以再次爬取，直到成功。

那怎么实现失败后的重试呢？至少要把失败的请求记录下来吧，那记录下来后又保存到哪里呢？如果有很多个请求都失败了，又该记录呢？一个简单的解决方案就是使用队列，当请求失败时，把对应的请求加入队列里，等待下次被调度。队列的实现方式有很多，本节我们选用 Redis 实现，简单高效。

综上所述，本节实现了如下几个功能：
- 构造 Redis 爬取队列，用队列存取请求；
- 实现异常处理，把失败的请求重新加入队列；
- 解析列表页的数据，将爬取详情页和下一页的请求加入队列；
- 提取详情页的信息。

下面几节我们用代码实现一下这些功能。

4. 构造请求对象

既然要用队列存储请求，就肯定要实现一个请求的数据结构，这个请求需要包含一些必要信息，例如请求链接、请求头、请求方式和超时时间。另外，对于一个请求，需要实现对应的方法来处理它的响应，所以需要加一个回调函数 callback。如果一个请求的失败次数太多，就不会再重新请求了，所以还需要增加失败次数的记录。用这些内容组成一个完整的请求对象并放入队列等待被调度，从队列获取出这个对象的时候直接执行就好了。

我们可以采用继承 requests 库中的 Request 对象的方式实现这个数据结构。requests 库中已经存在 Request 对象，它将请求作为一个整体对象去执行，得到响应后再返回。其实 requests 库里的 get、post 等方法都是通过执行 Request 对象实现的。

先看看 Request 对象的源代码：

```
class Request(RequestHooksMixin):
    def __init__(self,
        method=None, url=None, headers=None, files=None, data=None,
```

```
        params=None, auth=None, cookies=None, hooks=None, json=None):
    data = [] if data is None else data
    files = [] if files is None else files
    headers = {} if headers is None else headers
    params = {} if params is None else params
    hooks = {} if hooks is None else hooks

    self.hooks = default_hooks()
    for (k, v) in list(hooks.items()):
        self.register_hook(event=k, hook=v)

    self.method = method
    self.url = url
    self.headers = headers
    self.files = files
    self.data = data
    self.json = json
    self.params = params
    self.auth = auth
    self.cookies = cookies
```

这是 requests 库中 Request 对象的构造方法。其中已经包含了请求方式、请求链接和请求头这几个属性,但和我们需要的相比还差几个。因此需要实现一个特定的数据结构,在原先 Request 对象的基础上加入上文额外所提的几个属性。这里需要继承 Request 对象重新实现一个请求对象,将其定义为 MovieRequest,实现如下:

```
TIMEOUT = 10
from requests import Request

class MovieRequest(Request):
    def __init__(self, url, callback, method='GET', headers=None, need_proxy=False, fail_time=0,
                 timeout=TIMEOUT):
        Request.__init__(self, method, url, headers)
        self.callback = callback
        self.fail_time = fail_time
        self.timeout = timeout
```

这里我们实现了 MovieRequest 类,代码文件保存为 request.py,在构造方法中先调用了 Request 类的构造方法,然后加入了几个额外的参数,分别定义为 callback、fail_time 和 timeout,代表回调函数、失败次数和超时时间。

之后就可以将 MovieRequest 作为一个整体来执行,各个 MovieRequest 对象都是独立的,每个请求都有自己的属性。例如,调用请求的 callback 属性就可以知道应该用什么方法处理这个请求的响应,调用 fail_time 就可以知道这个请求失败了多少次,继而判断失败次数是否到达阈值,该不该丢弃这个请求。这里我们采用了面向对象的一些思想。

5. 实现请求队列

现在要构造请求队列,实现请求的存取。存取无非分为两个操作——放和取,所以这里利用 Redis 的 rpush 方法和 lpop 方法即可。

另外还需要注意,存取时不能直接使用 Request 对象。因为 Redis 数据库里存着的是字符串,所以在存 Request 对象之前要先把它序列化,取出来的时候要将其反序列化,这两个过程可以利用 pickle 模块实现:

```
from pickle import dumps, loads
from request import WeixinRequest

class RedisQueue():
    def __init__(self):
        self.db = StrictRedis(host=REDIS_HOST, port=REDIS_PORT, password=REDIS_PASSWORD)
```

```python
    def add(self, request):
        if isinstance(request, MovieRequest):
            return self.db.rpush(REDIS_KEY, dumps(request))
        return False

    def pop(self):
        if self.db.llen(REDIS_KEY):
            return loads(self.db.lpop(REDIS_KEY))
        return False

    def empty(self):
        return self.db.llen(REDIS_KEY) == 0
```

这里实现了一个 RedisQueue 类，代码文件保存为 db.py，先在构造方法里初始化了一个 StrictRedis 对象。随后实现了 add 方法，方法中首先判断了请求对象的类型，如果是 MovieRequest，程序就会使用 pickle 模块的 dumps 方法把它序列化，再调用 rpush 方法把它加入队列。pop 方法则相反，先调用 lpop 方法从队列取出请求，再使用 pickle 模块的 loads 方法将其转为 MovieRequest 对象。另外，empty 方法会返回队列是否为空，通过判断队列长度是否为 0 即可知道。

在调度的时候，我们只需要新建一个 RedisQueue 对象，然后调用 add 方法，传入 WeixinRequest 对象，即可将 WeixinRequest 加入队列，调用 pop 方法，即可取出下一个 MovieRequest 对象，非常简单易用。

6. 修改代理池

现在要找一些可用代理，此处直接使用 9.4 节的代理池即可。根据 9.4 节的操作启动代理池，等待一定时间，可以观察到 Redis Hash 表中多了一些 100 分的可用代理，如图 9-20 所示。

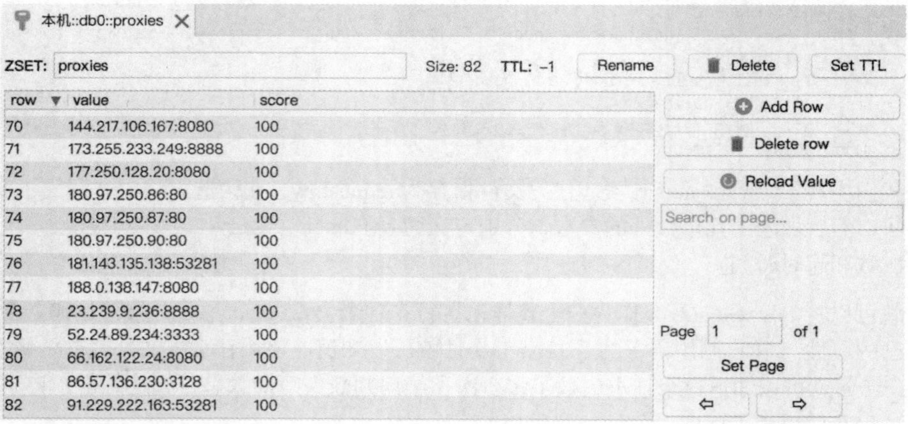

图 9-20　生成的可用代理

代理接口设置为 5555，因此访问 http://127.0.0.1:5555/random 即可获取随机的可用代理，如图 9-21 所示。

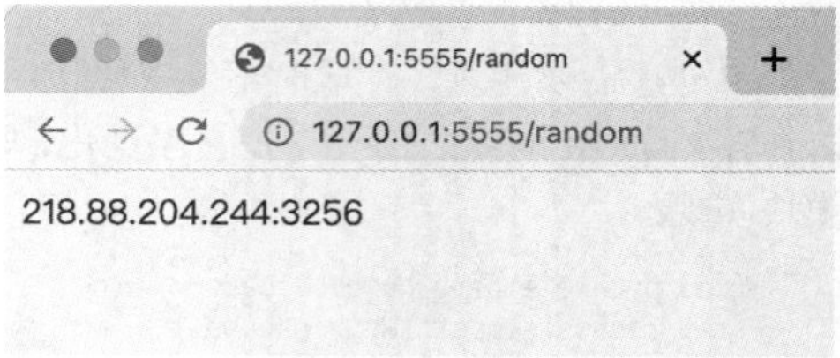

再定义一个用来获取可用代理的方法：

```python
PROXY_POOL_URL = 'http://127.0.0.1:5555/random'
from loguru import logger

@logger.catch
def get_proxy():
    response = requests.get(PROXY_POOL_URL)
    if response.status_code == 200:
        logger.debug(f'get proxy {response.text}')
        return response.text
```

图 9-21　获取的一个可用代理

9.5 代理反爬案例爬取实战

这里有个小技巧，我们使用 loguru 日志库里的 catch 方法作为 get_proxy 方法的装饰器，这样可以在请求代理池失败的时候输出具体的报错信息，同时又不会中断程序运行，也避免了编写 try except 语句的麻烦，使得代码看起来更简洁。

7. 第一个请求

一切准备工作都做好了，现在我们就可以构造第一个请求并放到队列里以供调度了。代码如下：

```python
from requests import Session
from db import RedisQueue
from request import MovieRequest

BASE_URL = 'https://antispider5.scrape.center/'
HEADERS = {
    'User-Agent': 'Mozilla/5.0 (Macintosh; Intel Mac OS X 10_12_3) AppleWebKit/537.36 (KHTML, like Gecko)
        Chrome/59.0.3071.115 Safari/537.36'
}

class Spider():
    session = Session()
    queue = RedisQueue()

    def start(self):
        self.session.headers.update(HEADERS)
        start_url = BASE_URL
        request = MovieRequest(url=start_url, callback=self.parse_index)
        self.queue.add(request)
```

这里先定义了 2 个全局变量，BASE_URL 代表目标网站的 URL，HEADERS 代表请求头。然后定义了 Spider 类，代码文件保存为 spider.py。

在 Spider 类中，先初始化了 Session 对象和 RedisQueue 对象，分别用来执行请求和存储请求。然后定义了 start 方法，该方法第一步全局更新了 headers，使得所有请求都能应用全局变量 HEADERS；第二步构造了一个起始 URL，并将 BASE_URL 赋值给它；第三步用起始 URL 构造了一个 MovieRequest 对象，回调函数是 Spider 类的 parse_index 方法，也就是说当请求成功后就用 parse_index 方法来处理和解析返回结果；第四步调用了 RedisQueue 对象的 add 方法，用于将请求加入队列，以供调度。

8. 调度请求

把第一个请求加入队列之后，就可以开始调度执行了。首先从队列中取出这个请求，将它的结果解析出来，生成新的请求加入队列，然后拿出新的请求，将结果解析，再新生成的请求加入队列，这样循环执行，直到队列中没有请求，代表爬取结束。

我们在 Spider 类中添加 scheduler 方法，实现如下：

```python
from loguru import logger

VALID_STATUSES = [200]

def schedule(self):
    while not self.queue.empty():
        request = self.queue.pop()
        callback = request.callback
        logger.debug(f'executing request {request.url}')
        response = self.request(request)
        logger.debug(f'response status {response} of {request.url}')
        if not response or not response.status_code in VALID_STATUSES:
            self.error(request)
            continue
        results = list(callback(response))
        if not results:
            self.error(request)
```

```
            continue
        for result in results:
            if isinstance(result, MovieRequest):
                logger.debug(f'generated new request {result}')
                self.queue.add(result)
            if isinstance(result, dict):
                logger.debug(f'scraped new data {result}')
```

scheduler 方法的内部是一个 while 循环,该循环的判断条件是队列不为空。当队列不为空时,调用 pop 方法取出下一个请求,然后调用 request 方法执行这个请求,request 方法的实现如下:

```
@logger.catch
def request(self, request):
    proxy = get_proxy()
    logger.debug(f'get proxy {proxy}')
    proxies = {
        'http': 'http://' + proxy,
        'https': 'https://' + proxy
    } if proxy else None
    return self.session.send(request.prepare(),
                             timeout=request.timeout,
                             proxies=proxies)
```

request 方法中,首先则调用 get_proxy 方法获取代理,然后将代理赋值为 proxies 变量以备使用。接着调用 session 变量的 send 方法执行这个请求,这里调用 prepare 方法将请求转化为了 Prepared Request 对象(这在本书 2.2 节有相关介绍),具体的用法可以参考 https://docs.python-requests.org/en/master/user/advanced/#prepared-requests,timeout 属性是该请求的超时时间,proxies 属性就是刚才声明的代理。最后返回 send 方法的执行结果。

执行 request 方法之后会得到两种结果:一种是 False,即请求失败,连接错误;另一种是 Response 对象,即请求成功后服务器返回的结果,需要判断其中的状态码,如果状态码合法,就对返回结果进行解析,否则将请求重新放入队列。

判断状态码合法后,对返回结果进行解析时会调用 MovieRequest 类的回调函数。例如这里的回调函数是 parse_index,其实现如下:

```
from pyquery import PyQuery as pq
from urllib.parse import urljoin

def parse_index(self, response):
    doc = pq(response.text)

    # 请求详情页
    items = doc('.item .name').items()
    for item in items:
        detail_url = urljoin(BASE_URL, item.attr('href'))
        request = MovieRequest(
            url=detail_url, callback=self.parse_detail)
        yield request

    # 请求下一页
    next_href = doc('.next').attr('href')
    if next_href:
        next_url = urljoin(BASE_URL, next_href)
        request = MovieRequest(
            url=next_url, callback=self.parse_index)
        yield request
```

这里定义了一个生成器,它做了两件事:一件事是获取列表页中所有电影对应的详情页链接,另一件事是先获取下一页的链接,再构造 MovieRequest 对象,之后 yield 返回。

然后,schedule 方法会对返回的结果进行遍历,利用 isinstance 方法判断返回结果是否为 MovieRequest 对象,如果是,就将其重新加入队列。

至此，第一次循环运行结束。

这时 while 循环会继续执行。如果第一次请求成功，那么这时的队列里会新增爬取第一个列表页中 10 部电影对应的详情页的请求和爬取下一页的请求，即队列中又多了 11 个新请求。程序会从队列中获取下一个请求，然后重新调用 request 方法获取其响应，再调用对应的回调函数对响应进行解析。如果爬取的是详情页，那么回调方法就不一样了，是 parse_detail 方法，此方法的实现如下：

```python
import re
from pyquery import PyQuery as pq

def parse_detail(self, response):
    doc = pq(response.text)
    cover = doc('img.cover').attr('src')
    name = doc('a > h2').text()
    categories = [item.text()
                  for item in doc('.categories button span').items()]
    published_at = doc('.info:contains(上映)').text()
    published_at = re.search('(\d{4}-\d{2}-\d{2})', published_at).group(1) \
        if published_at and re.search('\d{4}-\d{2}-\d{2}', published_at) else None
    drama = doc('.drama p').text()
    score = doc('p.score').text()
    score = float(score) if score else None
    yield {
        'cover': cover,
        'name': name,
        'categories': categories,
        'published_at': published_at,
        'drama': drama,
        'score': score
    }
```

这个方法解析了详情页的内容，提取出了电影的名称、类别、上映时间、简介和评分等信息，然后将这些信息组合成一个字典返回。

之后程序会接着调用后续的请求，然后接着执行第三次循环、第四次循环，这样往复下去。每个请求都有自己的回调函数，列表页解析完毕后，会继续生成后续请求，而详情页解析完毕后，会返回结果，直到爬取完毕。

现在，整个调度就完成了。

最后，添加一个入口方法：

```python
def run(self):
    self.start()
    self.schedule()

if __name__ == '__main__':
    spider = Spider()
    spider.run()
```

run 方法中先调用 start 方法添加了第一个请求，然后调用 schedule 方法开始调度和爬取。

现在，对 IP 反爬网站的爬取就算完成了。

9. 运行

部分运行结果如下：

```
...
2021-02-31 02:28:55.227 | DEBUG    | core.spider:schedule:133 - executing request
    https://antispider5.scrape.center/
2021-02-31 02:28:55.232 | DEBUG    | core.spider:get_proxy:30 - get proxy 118.99.127.62:8080
2021-02-31 02:28:55.232 | DEBUG    | core.spider:request:102 - get proxy 118.99.127.62:8080
2021-02-31 02:28:56.838 | DEBUG    | core.spider:schedule:135 - response status 200 of
```

```
                                     https://antispider5.scrape.center/
2021-02-31 02:28:56.847 | DEBUG    | core.spider:schedule:145 - generated new request
                                     https://antispider5.scrape.center/detail/1
2021-02-31 02:28:56.847 | DEBUG    | core.spider:schedule:145 - generated new request
                                     https://antispider5.scrape.center/detail/2
...
2021-02-31 02:28:56.850 | DEBUG    | core.spider:schedule:145 - generated new request
                                     https://antispider5.scrape.center/detail/10
2021-02-31 02:28:56.850 | DEBUG    | core.spider:schedule:145 - generated new request
                                     https://antispider5.scrape.center/page/2
2021-02-31 02:28:56.850 | DEBUG    | core.spider:schedule:133 - executing request
                                     https://antispider5.scrape.center/detail/1
2021-02-31 02:28:56.855 | DEBUG    | core.spider:get_proxy:30 - get proxy 189.5.172.44:3128
2021-02-31 02:28:56.855 | DEBUG    | core.spider:request:102 - get proxy 189.5.172.44:3128
2021-02-31 02:29:16.274 | DEBUG    | core.spider:schedule:135 - response status 200 of
                                     https://antispider5.scrape.center/detail/1
2021-02-31 02:29:16.294 | DEBUG    | core.spider:schedule:148 - scraped new data {'cover': 'https://p0.
meituan.net/movie/ce4da3e03e655b5b88ed31b5cd7896cf62472.jpg@464w_644h_1e_1c', 'name': '霸王别姬 -
Farewell My Concubine', 'categories': ['剧情', '爱情'], 'published_at': '1993-07-26', 'drama': '影片
借一出《霸王别姬》的京戏，牵扯出三个人之间一段随时代风云变幻的爱恨情仇。段小楼（张丰毅 饰）与程蝶衣
（张国荣 饰）是一对打小一起长大的师兄弟，两人一个演生，一个饰旦，一向配合天衣无缝，...', 'score': 9.5}
...
```

从结果可以看到，爬虫首先爬取了首页，也就是第一个列表页，爬取时通过 get_proxy 方法获取一个代理，然后执行爬取，爬取成功，接着顺次产生了后续的 11 个请求，即 10 个爬取详情页的请求和 1 个爬取下一页的请求。之后调度队列里的下一个请求，爬取第一个详情页，爬取时获取了一个新的代理，爬取成功，输出了提取结果。然后接着往下执行，直到爬取结束。

10. 总结

本节中我们了解了利用代理池解决 IP 反爬问题的方法，实现过程中涉及一些队列的实现和调度逻辑的实现，需要大家好好理解和消化。

本节代码见 https://github.com/Python3WebSpider/ScrapeAntispider5

第 10 章 模拟登录

很多情况下，网站的一些数据需要登录才能查看，如果想要爬取这部分数据的话，就需要实现模拟登录的一些机制。

模拟登录现在主要分为两种模式，一种是基于 Session 和 Cookie 的模拟登录，一种是基于 JWT（JSON Web Token）的模拟登录。

对于第一种模式，我们已经学习过 Session 和 Cookie 的用法。简单来说，打开网页后模拟登录，服务器会返回带有 Set-Cookie 字段的响应头，客户端会生成对应的 Cookie，其中保存着与 SessionID 相关的信息，之后发送给服务器的请求都会携带这个生成的 Cookie。服务器接收到请求后，会根据 Cookie 中保存的 SessionID 找到对应的 Session，同时校验 Cookie 里的相关信息，如果当前 Session 是有效的并且校验成功，服务器就判断当前用户已经登录，返回所请求的页面信息。所以，这种模式的核心是获取客户端登录后生成的 Cookie。

对于第二种模式也是如此，现在有很多网站采取的开发模式是前后端分离式，所以使用 JWT 进行登录校验越来越普遍。在请求数据时，服务器会校验请求中携带的 JWT 是否有效，如果有效，就返回正常的数据。所以，这种模式其实就是获取 JWT。

基于分析结果，我们可以手动在浏览器里输入用户名和密码，再把 Cookie 或者 JWT 复制到代码中来请求数据，但是这样做明显会增加人工工作量。实现爬虫的目的不就是自动化吗？所以我们要做的就是用程序来完成这个过程，或者说用程序模拟登录。

本章我们将介绍模拟登录的相关内容。

10.1 模拟登录的基本原理

很多情况下，一些网站的页面或资源需要先登录才能看到。例如 GitHub 的个人设置页面，如果不登录就无法查看；12306 网站的提交订单页面，如果不登录就无法提交订单；在微博上写了一个新内容，如果不登录也是无法发送的。

我们之前学习的案例都是爬取无须登录即可访问的网站，但是和上面例子类似的情况也非常多，那如果我们想用爬虫访问这些页面，例如用爬虫修改 GitHub 的个人设置，用爬虫提交购票订单，用爬虫发微博，能做到吗？

答案是能，这时就需要用到一些模拟登录相关的技术。

1. 网站登录验证的实现

要实现模拟登录，首先得了解网站如何验证登录内容。

登录一般需要两个内容——用户名和密码，也有的网站是填写手机号获取验证码，或者微信扫码，或者 OAuth 验证等，从根本上看，这些方式都是把一些可供认证的信息提交给服务器。

就拿用户名和密码来说，用户在一个网页表单里面输入这两个内容，然后在点击登录按钮的一瞬间，浏览器客户端会向服务器发送一个登录请求，这个请求里肯定包含刚输入的用户名和密码，这时服务器需要处理这些内容，然后返回给客户端一个类似凭证的东西，有了这个凭证，客户端再去访问某些需要登录才能查看的页面时，服务器自然就会"放行"，并返回对应的内容或执行对应的操作。

形象点说，坐火车前，乘客要先用钱买票，有了票之后，让进站口查验一下，没问题就可以去候车了，这个票就是坐火车时的凭证。

那么问题来了，这个凭证是怎么生成的，服务器又是怎么校验的呢？答案其实在本章开头已经介绍过了，一种是基于 Session 和 Cookie，一种是基于 JWT。

2. 基于 Session 和 Cookie

不同网站对于用户登录状态的实现可能是不同的，但 Session 和 Cookie 一定是相互配合工作的，下面梳理一下。

- Cookie 里可能只保存了 SessionID 相关的信息，服务器能根据这个信息找到对应的 Session。当用户登录后，服务器会在对应的 Session 里标记一个字段，代表用户已处于登录状态或者其他（如角色、登录时间）。这样一来，用户每次访问网站的时候都带着 Cookie，服务器每次都找到对应的 Session，然后看一下用户的状态是否为登录状态，再决定返回什么结果或执行什么操作。
- Cookie 里直接保存了某些凭证信息。例如用户发起登录请求，服务器校验通过后，返回给客户端的响应头里面可能带有 Set-Cookie 字段，里面就包含着类似凭证的信息，这样客户端会执行设置 Cookie 的操作，将那些类似凭证的信息保存到 Cookie 里，以后再访问网站时都携带着 Cookie，服务器拿着其中的信息进行校验，自然也能检测登录状态。

以上两种情况几乎能涵盖大部分这种模式的实现，具体的实现逻辑因服务器而异，但 Session 和 Cookie 一定是要相互配合的。

3. 基于 JWT

Web 开发技术一直在发展，近几年前后端分离的开发模式越来越火，传统的基于 Session 和 Cookie 的校验又存在一定问题，例如服务器需要维护登录用户的 Session 信息，而且分布式部署也不方便，不太适合前后端分离的项目，所以 JWT 技术应运而生。

JWT 的英文全称为 JSON Web Token，是为了在网络应用环境中传递声明而执行的一种基于 JSON 的开放标准，实际上就是在每次登录时都通过一个 Token 字段校验登录状态。JWT 的声明一般用来在身份提供者和服务提供者之间传递要认证的用户身份信息，以便从资源服务器获取资源，此外可以增加一些业务逻辑必需的声明信息，总之 Token 可以直接用于认证，也可以传递一些额外信息。

有了 JWT，一些认证就不需要借助于 Session 和 Cookie 了，服务器也无须维护 Session 信息，从而减少了开销，只需要有一个校验 JWT 的功能就够了，同时还支持分布式部署和跨语言开发。

JWT 一般是一个经过 Base64 编码技术加密的字符串，有自己的标准，格式类似下面这样：

```
eyJOeXAxIjoiMTIzNCIsImFsZzIiOiJhZG1pbiIsInR5cCI6IkpXVCIsImFsZyI6IkhTMjU2In0.eyJVc2VySWQiOjEyMywiVXNlck5hbWUiOiJhZG1pbiIsImV4cCI6MTU1MjI4NjcONi44NzcOMDE4fQ.pEgdmFAy73walFonEm2zbxg46Oth3dlTO2HR9iVzXa8
```

其中有两个起分隔作用的"."，因此可以把 JWT 看成一个三段式的加密字符串。这三部分分别是 Header、Payload 和 Signature。

- Header：声明了 JWT 的签名算法（如 RSA、SHA256 等），还可能包含 JWT 编号或类型等数据。
- Payload：通常是一些业务需要但不敏感的信息（如 UserID），另外还有很多默认字段，如 JWT 签发者、JWT 接受者、JWT 过期时间等。

- Signature：这就是一个签名，是利用密钥 secret 对 Header、Payload 的信息进行加密后形成的，这个密钥保存在服务端，不会轻易泄露。如此一来，如果 Payload 的信息被篡改，服务器就能通过 Signature 判断出这是非法请求，拒绝提供服务。

登录认证流程也很简单了，用户通过用户名和密码登录，然后服务器生成 JWT 字符串返回给客户端，之后客户端每次请求都带着这个 JWT，服务器会自动判断其有效情况，如果有效就返回对应的数据。JWT 的传递方式多种多样，可以放在请求头中，也可以放在 URL 里，甚至有的网站把它放在 Cookie 里，但总而言之，把它传给服务器进行校验就可以了。

好，到此为止，我们就了解了网站登录验证的具体实现。

4. 模拟登录

经过前面几节的学习，想必大家已经有模拟登录的思路了。下面我们同样基于两种模式来实现。

- **基于 Session 和 Cookie 模拟登录**

如果要用爬虫实现基于 Session 和 Cookie 的模拟登录，最主要的是要维护好 Cookie 的信息，因为爬虫相当于客户端的浏览器，我们把浏览器做的事情模拟好就行。接下来结合本书之前所讲的技术总结一下如何用爬虫模拟登录。

- 第一，如果已经在浏览器中登录了自己的账号，那么可以直接把 Cookie 复制给爬虫。这是最省时省力的方式，相当于手动在浏览器中登录。我们把 Cookie 放到爬虫代码里，爬虫每次请求的时候都将其放到请求头中，可以说完全模拟了浏览器的操作。之后服务器的动作和前面一样，通过 Cookie 校验登录状态，如果校验没问题，就执行某些操作或返回某些内容。
- 第二，如果想让爬虫完全自动化操作，那么可以直接使用爬虫模拟登录过程。大多数时候，登录过程其实就是一个 POST 请求。用爬虫把用户名、密码等信息提交给服务器，服务器返回的响应头里面可能会有 Set-Cookie 字段，我们只需要把这个字段里的内容保存下来就行了。所以，最主要的是把这个过程中的 Cookie 维持好。当然，可能会遭遇一些困难，例如登录过程中伴随着各种校验参数，不好直接模拟请求；客户端设置 Cookie 的过程是通过 JavaScript 语言实现的，所以可能还得仔细分析其中的逻辑，尤其是用 requests 这样的请求库进行模拟登录时，遇到的问题总是会比较多。
- 第三，可以用一些简单的方式模拟登录，即实现登录过程的自动化。例如用 Selenium、Pyppeteer 或 Playwright 驱动浏览器模拟执行一些操作（如填写用户名和密码、提交表单等）。登录成功后，通过 Selenium 或 Pyppeteer 获取当前浏览器的 Cookie 并保存。同样之后就可以拿着 Cookie 的内容发起请求，实现模拟登录。

以上介绍的就是一些常用的利用爬虫模拟登录的方案，核心是维护好客户端的 Cookie 信息。总之，每次请求时都携带 Cookie 信息就能实现模拟登录了。

- **基于 JWT 模拟登录**

基于 JWT 的模拟登录思路也比较清晰，由于 JWT 的字符串就是用户访问的凭证，所以模拟登录只需要做到下面几步。

(1) 模拟登录操作。例如拿着用户名和密码信息请求登录接口，获取服务器返回的结果，这个结果中通常包含 JWT 信息，将其保存下来即可。

(2) 之后发送给服务器的请求均携带 JWT。在 JWT 不过期的情况下，通常能正常访问和执行操作。携带方式多种多样，因网站而异。

(3) 如果 JWT 过期了，可能需要再次做第一步，重新获取 JWT。

当然，模拟登录的过程肯定会带一些其他加密参数，需要根据实际情况具体分析。

5. 账号池

如果爬虫要求爬取的数据量比较大或爬取速度比较快，网站又有单账号并发限制或者访问状态检测等反爬虫手段，我们的账号可能就无法访问网站或者面临封号的风险。

这时一般怎么处理呢？可以分流，建立一个账号池，用多个账号随机访问网站或爬取数据，这样能大幅提高爬虫的并发量，降低被封号的风险。例如准备 100 个账号，然后这 100 个账号都模拟登录，并保存对应的 Cookie 或 JWT，每次都随机从中选取一个来访问，账号多，所以每个账号被选取的概率就小，也就避免了单账号并发量过大的问题，从而降低封号风险。

6. 总结

本节中我们首先了解了基于 Session 和 Cookie，以及基于 JWT 模拟登录的原理，接着初步了解了两种方式的实现思路，最后初步介绍了一下账号池。

后面我们会通过几个实战案例实现上述两种模拟登录，为了更好地理解实战内容，建议好好学习本节的知识。

10.2 基于 Session 和 Cookie 的模拟登录爬取实战

本节我们通过实例讲解基于 Session 和 Cookie 模拟登录并爬取数据的流程。

1. 准备工作

需要先做好如下准备工作。

- 安装好 requests 库并掌握其基本用法，具体可以参考本书 2.2 节。
- 安装好 Selenium 库并掌握其基本用法，具体可以参考本书 7.1 节。

2. 案例介绍

这里用到的案例网站是 https://login2.scrape.center/，访问这个网站，会打开一个登录页面，如图 10-1 所示。

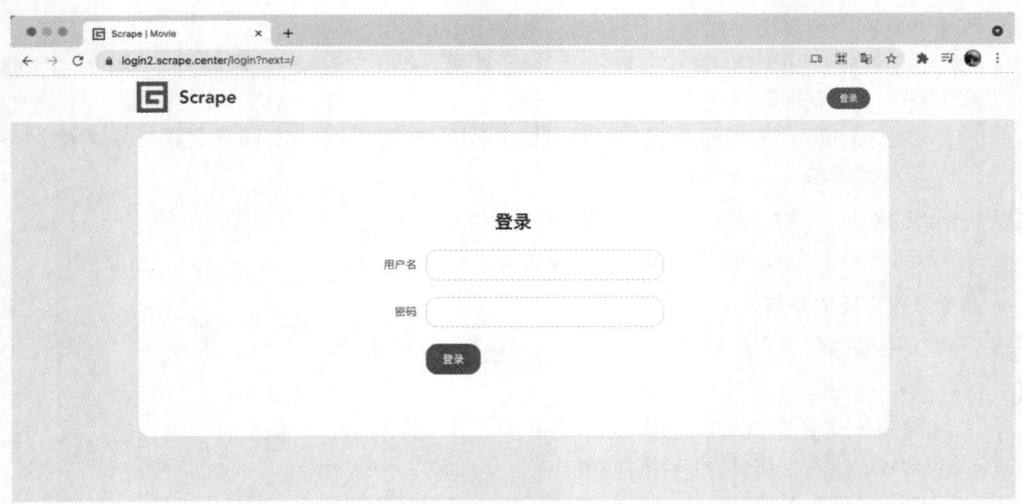

图 10-1 案例网站的登录页面

输入用户名和密码（都是 admin），然后点击登录按钮。登录成功后，我们便可以看到一个熟悉的页面，如图 10-2 所示。

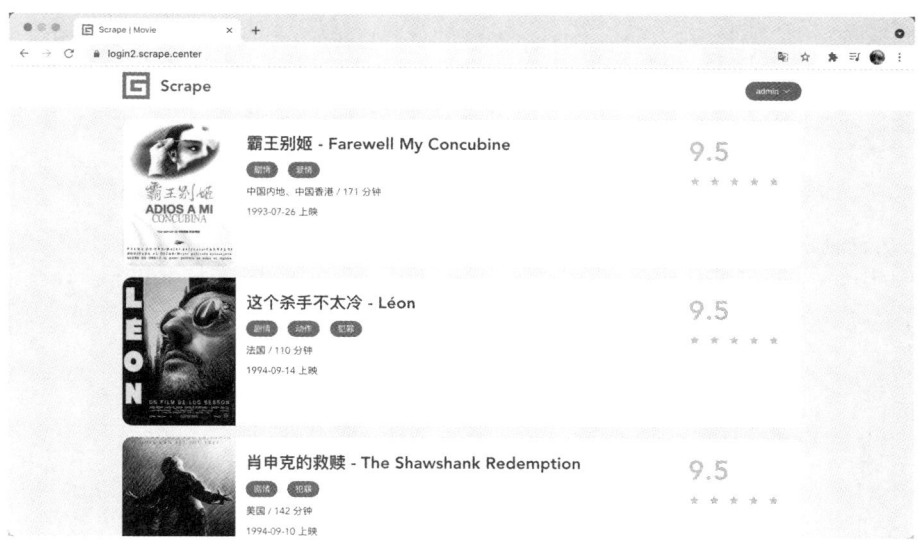

图 10-2 登录成功后的页面

这个网站是基于传统的 MVC 模式开发的,因此比较适合基于 Session 加 Cookie 的模式模拟登录。

3. 模拟登录

对于这个网站,如果要模拟登录,需要先分析登录过程中发生了什么。打开开发者工具,重新执行登录操作,查看登录过程中产生的请求,如图 10-3 所示。

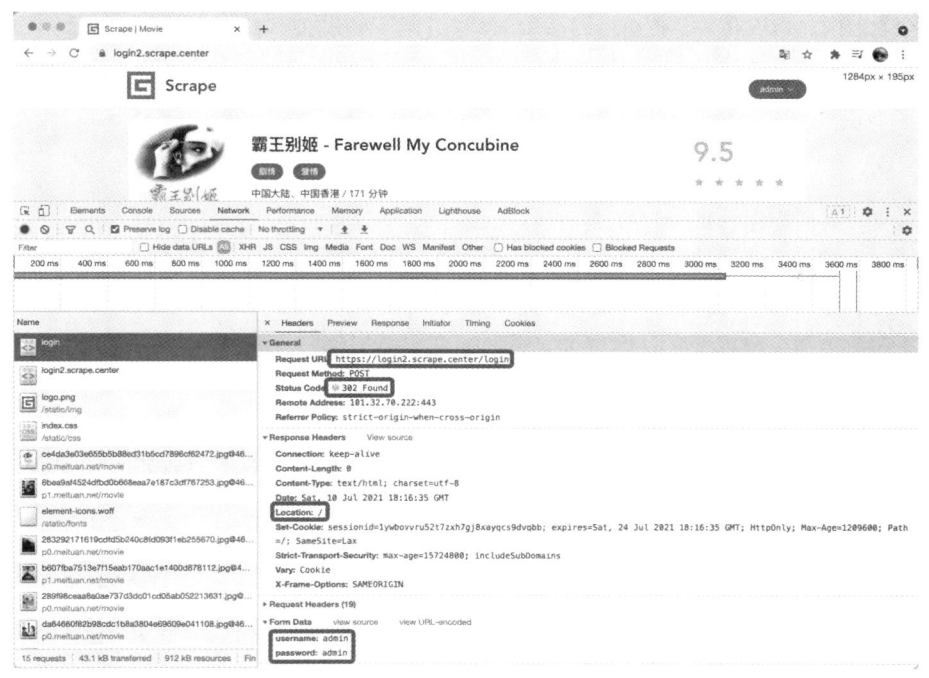

图 10-3 登录过程中产生的请求

从图 10-3 中可以看到,在登录的瞬间,浏览器发起了一个 POST 请求,目标 URL 是 https://login2.scrape.center/login,并通过表单提交的方式向服务器提交了登录数据,其中包括 username 和 password

两个字段，返回的状态码是 302，Response Headers 的 location 字段为根页面，同时 Response Headers 还包含 Set-Cookie 字段，其中设置了 sessionid。

由此我们可以想到，要实现模拟登录，只需要模拟这个 POST 请求就好了。那我们用代码实现一下吧！

每次发出的请求默认都是独立且互不干扰的，例如第一次调用 post 方法模拟登录了网站，紧接着调用 get 方法请求了主页面。这两个请求是完全独立的，第一次请求获取的 Cookie 并不能传给第二次请求，因此常规的顺序调用无法达到模拟登录的效果。下面用代码实现这个例子：

```python
import requests
from urllib.parse import urljoin

BASE_URL = 'https://login2.scrape.center/'
LOGIN_URL = urljoin(BASE_URL, '/login')
INDEX_URL = urljoin(BASE_URL, '/page/1')
USERNAME = 'admin'
PASSWORD = 'admin'

response_login = requests.post(LOGIN_URL, data={
    'username': USERNAME,
    'password': PASSWORD
})

response_index = requests.get(INDEX_URL)
print('Response Status', response_index.status_code)
print('Response URL', response_index.url)
```

这里我们先定义了 3 个 URL、用户名和密码，然后调用 requests 库的 post 方法请求了登录页面进行模拟登录，紧接着调用 get 方法请求网站首页来获取页面内容，它能正常获取数据吗？由于 requests 可以自动处理重定向，所以在最后把响应的 URL 打印出来，如果结果是 INDEX_URL，就证明模拟登录成功并成功获取了网站首页的内容，如果结果是 LOGIN_URL，就说明跳回了登录页面，模拟登录失败。

运行一下代码，结果如下：

```
Response Status 200
Response URL https://login2.scrape.center/login?next=/page/1
```

可以看到，最后打印的页面 URL 是登录页面的 URL。这里也可以通过 response_index 的 text 属性来看一下页面源码，这里就是登录页面的源码内容，由于内容较多，这里就不再输出对比了。

总之，这个现象说明我们并没有成功完成模拟登录，这就印证了按序调用 requests 的 post、get 方法是发出了两个请求，两次对应的 Session 不是同一个，这里我们只是模拟了第一个 Session，并不影响第二个 Session 的状态，因此模拟登录也就无效了。

那怎样才能实现正确的模拟登录呢？Session 和 Cookie 的用法我们在本章开头就介绍了，模拟登录的关键在于两次发出的请求的 Cookie 相同。因此这里可以把第一次模拟登录后的 Cookie 保存下来，在第二次请求的时候加上这个 Cookie，代码改写如下：

```python
import requests
from urllib.parse import urljoin

BASE_URL = 'https://login2.scrape.center/'
LOGIN_URL = urljoin(BASE_URL, '/login')
INDEX_URL = urljoin(BASE_URL, '/page/1')
USERNAME = 'admin'
PASSWORD = 'admin'

response_login = requests.post(LOGIN_URL, data={
    'username': USERNAME,
    'password': PASSWORD
```

10.2 基于 Session 和 Cookie 的模拟登录爬取实战

```
}, allow_redirects=False)

cookies = response_login.cookies
print('Cookies', cookies)

response_index = requests.get(INDEX_URL, cookies=cookies)
print('Response Status', response_index.status_code)
print('Response URL', response_index.url)
```

由于 requests 具有自动处理重定向的能力，所以在模拟登录的过程中要加上 allow_redirects 参数并将值设置为 False，使 requests 不自动处理重定向。这里将登录之后服务器返回的响应内容赋值为 response_login 变量，然后调用 response_login 的 cookies 属性就可以获取了网站的 Cookie 信息。由于 requests 自动帮我们解析了响应头中的 Set-Cookie 字段并设置了 Cookie，因此不需要我们再去手动解析。

接着，调用 requests 的 get 方法请求网站的首页。和之前不同，这里的 get 方法增加了一个参数 cookies，传入的值是第一次模拟登录后获取的 Cookie，这样第二次请求就携带上了第一次模拟登录获取的 Cookie 信息，之后网站会根据里面的 SessionID 信息找到同一个 Session，并校验出当前发出请求的用户已经处于登录状态，然后返回正确的结果。

最后我们还是输出最终的 URL，如果结果是 INDEX_URL，就代表模拟登录成功并获取了有效数据，否则代表模拟登录失败。

运行结果如下：

```
Cookies <RequestsCookieJar[<Cookie sessionid=psnu8ij69f0ltecd5wasccyzc6ud41tc for login2.scrape.center/>]>
Response Status 200
Response URL https://login2.scrape.center/page/1
```

返回的是 INDEX_URL，这下没有问题了，模拟登录成功！此时还可以进一步输出 response_index 的 text 属性，看一下数据是否获取成功。

但其实可以发现，这种实现方式比较烦琐，每次请求都需要处理并传递一次 Cookie，有没有更简便的方法呢？

有的，可以直接借助 requests 内置的 Session 对象帮我们自动处理 Cookie，使用 Session 对象之后，requests 会自动保存每次请求后设置的 Cookie，并在下次请求时携带上它，这样就变方便了。把刚才的代码简化一下：

```
import requests
from urllib.parse import urljoin

BASE_URL = 'https://login2.scrape.center/'
LOGIN_URL = urljoin(BASE_URL, '/login')
INDEX_URL = urljoin(BASE_URL, '/page/1')
USERNAME = 'admin'
PASSWORD = 'admin'

session = requests.Session()

response_login = session.post(LOGIN_URL, data={
    'username': USERNAME,
    'password': PASSWORD
})

cookies = session.cookies
print('Cookies', cookies)

response_index = session.get(INDEX_URL)
print('Response Status', response_index.status_code)
print('Response URL', response_index.url)
```

可以看到，这里声明了一个 Session 对象，然后每次发出请求的时候都直接调用 Session 对象的

post 方法或 get 方法就好了，使我们无须再关心 Cookie 的处理和传递问题。

运行结果如下：

```
Cookies <RequestsCookieJar[<Cookie sessionid=ssngkl4i7en9vm73bb36hxif05k10k13 for login2.scrape.center/>]>
Response Status 200
Response URL https://login2.scrape.center/page/1
```

和刚才的结果完全一样。因此建议大家使用 Session 对象进行请求，这样实现起来会更加方便。

这个案例整体来讲其实比较简单，如果碰上复杂一点的网站，例如带有验证码、带有加密参数的网站，直接用 requests 并不能很好地处理模拟登录，那登录不了，整个页面不就没法爬取了吗？有没有其他方式来解决这个问题呢？当然有，例如可以使用 Selenium 模拟浏览器的操作，进而实现模拟登录，然后获取登录成功后的 Cookie，再把获取的 Cookie 交由 requests 等爬取。

还是同样的页面，由 Selenium 实现模拟登录，后续的爬取则交给 requests，相关代码如下：

```python
from urllib.parse import urljoin
from selenium import webdriver
import requests
import time

BASE_URL = 'https://login2.scrape.center/'
LOGIN_URL = urljoin(BASE_URL, '/login')
INDEX_URL = urljoin(BASE_URL, '/page/1')
USERNAME = 'admin'
PASSWORD = 'admin'

browser = webdriver.Chrome()
browser.get(BASE_URL)
browser.find_element_by_css_selector('input[name="username"]').send_keys(USERNAME)
browser.find_element_by_css_selector('input[name="password"]').send_keys(PASSWORD)
browser.find_element_by_css_selector('input[type="submit"]').click()
time.sleep(10)

# 从浏览器对象中获取 Cookie 信息
cookies = browser.get_cookies()
print('Cookies', cookies)
browser.close()

# 把 Cookie 信息放入请求中
session = requests.Session()
for cookie in cookies:
    session.cookies.set(cookie['name'], cookie['value'])

response_index = session.get(INDEX_URL)
print('Response Status', response_index.status_code)
print('Response URL', response_index.url)
```

这里我们先使用 Selenium 打开 Chrome 浏览器，然后访问登录页面，模拟输入用户名和密码，并点击登录按钮。浏览器会提示登录成功，并跳转到主页面。

这时，调用 get_cookies 方法便能获取当前浏览器的所有 Cookie 信息，这就是模拟登录成功之后的 Cookie，用它就能访问其他数据了。

之后，我们声明了一个 Session 对象，赋值给 session 变量，然后遍历了刚才获取的所有 Cookie 信息，将每个 Cookie 信息依次设置到 session 的 cookies 属性上，随后拿这个 session 请求网站首页，就能够获取想要的信息了而不会跳转到登录页面。

运行结果如下：

```
Cookies [{'domain': 'login2.scrape.center', 'expiry': 1589043753.553155, 'httpOnly': True, 'name': 'sessionid', 'path': '/', 'sameSite': 'Lax', 'secure': False, 'value': 'rdag7ttjqhvazavpxjz31y0tmze81zur'}]
Response Status 200
Response URL https://login2.scrape.center/page/1
```

可以看到，这里的模拟登录和获取 Cookie 信息后的爬取都成功了。因此当碰到难以模拟登录的情况时，可以使用 Selenium 等模拟浏览器的操作方式，使用它获取模拟登录后的 Cookie，再用这个 Cookie 爬取其他页面就好了。

这里也再一次巩固了对前面结论的认识，即对于基于 Session 和 Cookie 验证的网站，模拟登录的关键是获取 Cookie。可以把这个 Cookie 保存下来或传递给其他程序继续使用，甚至可以持久化存储或传输给其他终端使用。另外，为了提高 Cookie 的利用率和降低封号风险，可以搭建一个账号池实现 Cookie 的随机取用。

4. 总结

本节我们通过一个实例来演示了基于 Session 和 Cookie 模拟登录并爬取数据的过程，以后遇到这种情形的时候可以用类似的思路解决。

本节代码见 https://github.com/Python3WebSpider/ScrapeLogin2。

10.3 基于 JWT 的模拟登录爬取实战

本节中我们通过实例讲解基于 JWT 模拟登录并爬取数据的流程。

1. 准备工作

请确保已经了解了 JWT 相关的知识，可以回顾 10.1 节。另外还需要安装好 requests 库并了解其基本的使用方法，可以回顾 2.2 节。

2. 案例介绍

这里用到的案例网站是 https://login3.scrape.center/，访问这个网站，同样会打开一个登录页面，如图 10-4 所示。

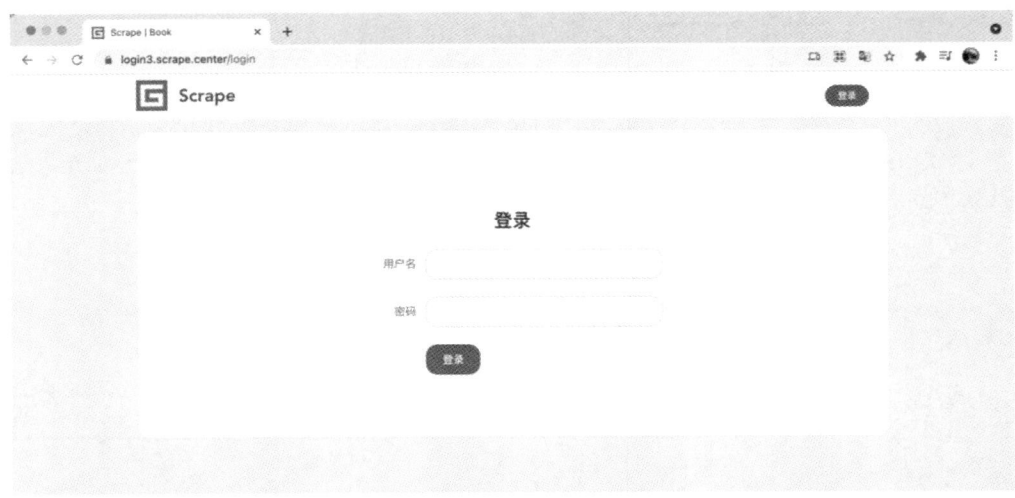

图 10-4 案例网站的登录页面

用户名和密码依然都是 admin，输入后点击登录按钮会跳转到首页，证明登录成功。

3. 模拟登录

基于 JWT 的网站通常采用的是前后端分离式，前后端的数据传输依赖于 Ajax，登录验证依赖于 JWT 这个本身就是 token 的值，如果 JWT 经验证是有效的，服务器就会返回相应的数据。

和上一节一样，下面先打开开发者工具，重新执行登录操作，查看一下登录过程中产生的请求，如图 10-5 所示。

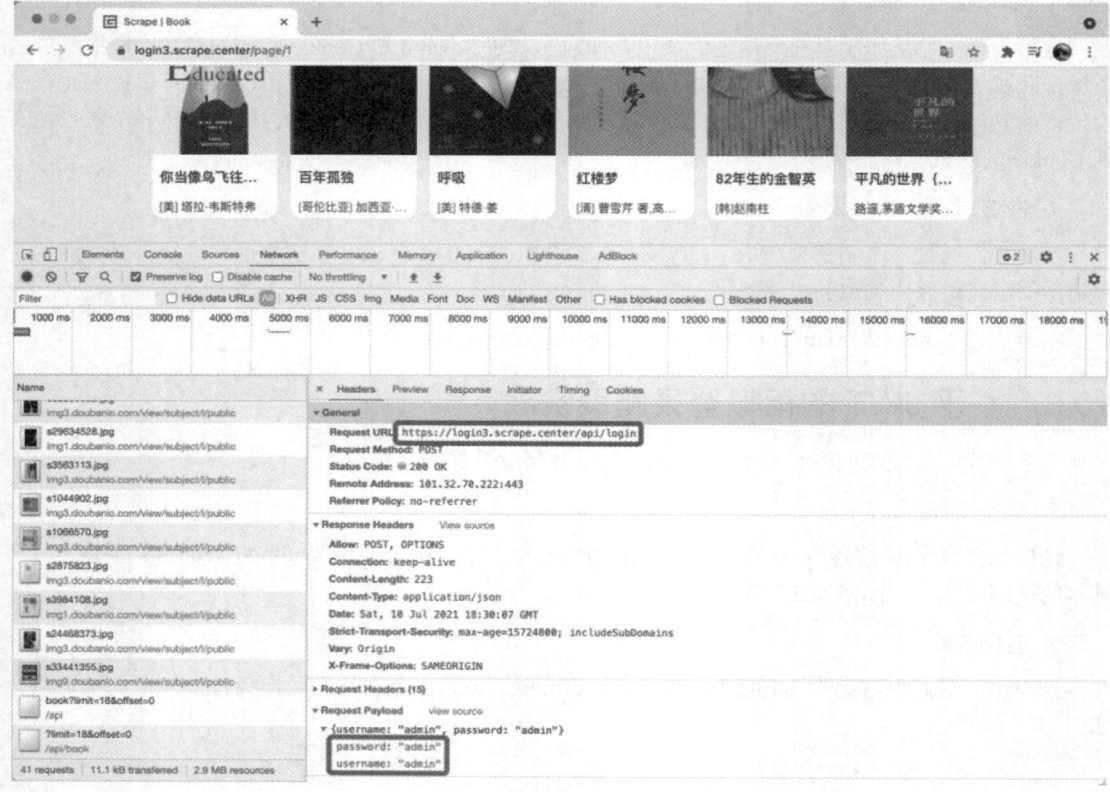

图 10-5　登录过程中产生的请求

从图 10-5 可以看出，登录时的请求 URL 为 https://login3.scrape.center/api/login，是通过 Ajax 请求的。请求体是 JSON 格式的数据，而不是表单数据，返回状态码为 200。然后看一下返回结果是怎样的，如图 10-6 所示。

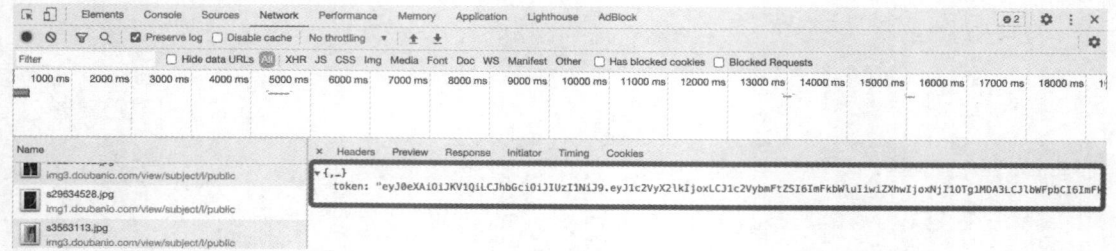

图 10-6　返回结果

从图 10-6 可以看出，返回结果也是 JSON 格式的数据，包含一个 token 字段，其内容为：

eyJ0eXAiOiJKV1QiLCJhbGciOiJIUzI1NiJ9.eyJ1c2VyX2lkIjoxLCJ1c2VybmFtZSI6ImFkbWluIiwiZXhwIjoxNjI1OTg1MDA3LCJlbWFpbCI6ImFkbWluQGFkbWluLmNvbSIsIm9yaWdfaWF0IjoxNjI1OTQxODA3fQ.YzOfWYhy_GwcmonfXUTJAAqnBbJo6hen751b82dsOj8

这和我们在 10.1 节讲的一样，由"."把整个字符串分为三段。那么有了这个 JWT 之后，怎么获取后续的数据呢？我们翻一下页，观察下后续的请求内容，如图 10-7 所示。

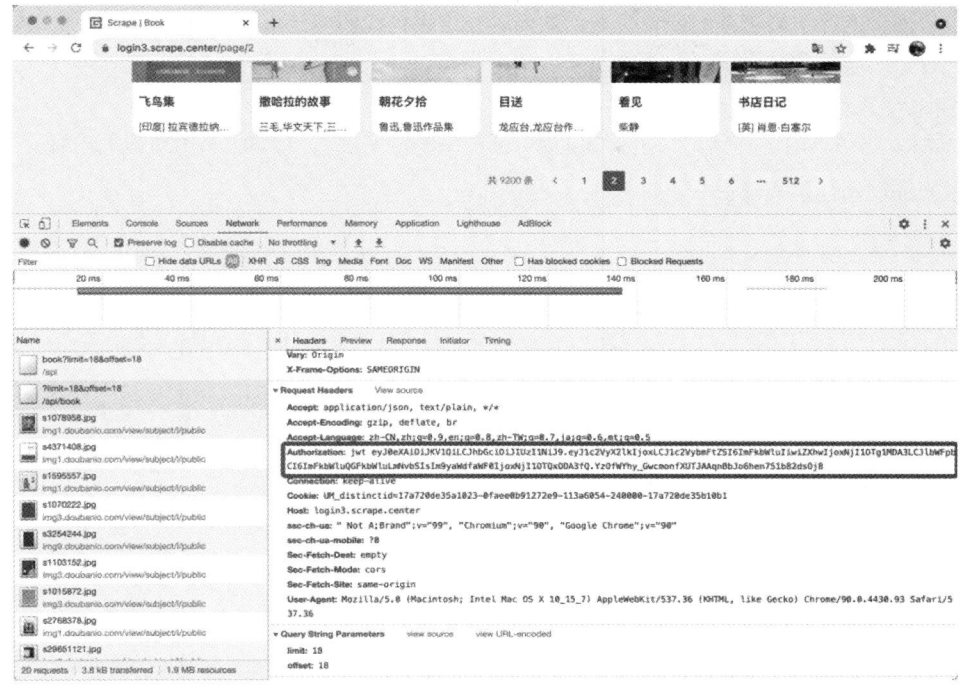

图 10-7 翻页后的请求内容

从图 10-7 可以看出,在后续发出的用于获取数据的 Ajax 请求中,请求头里多了一个 Authorization 字段,其内容为 jwt 加上刚才图 10-6 中 token 字段的内容,返回结果也是 JSON 格式的数据,如图 10-8 所示。

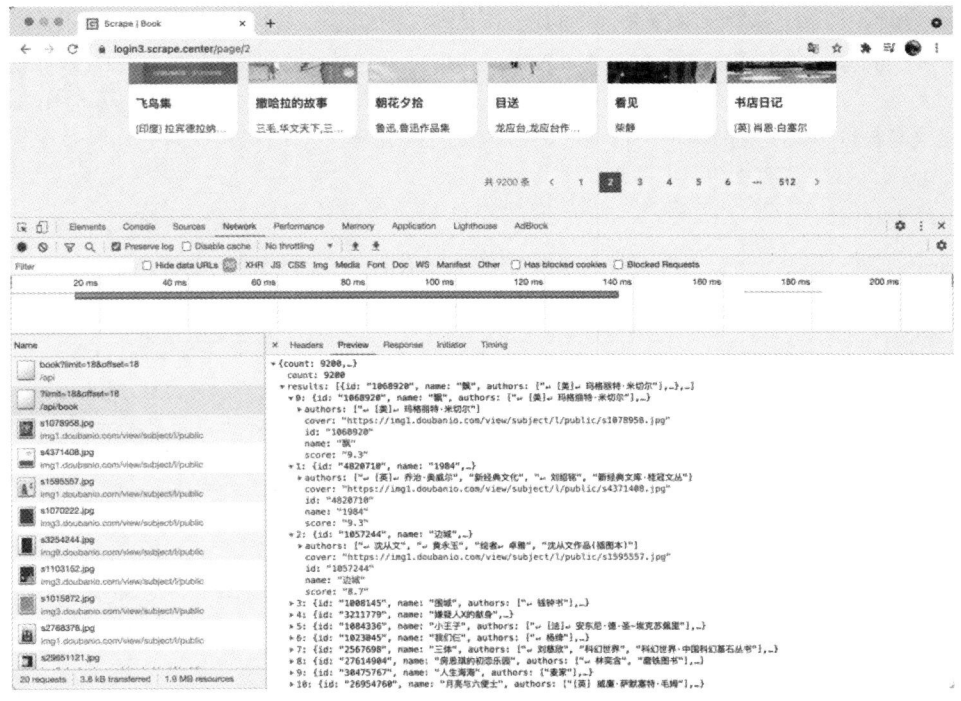

图 10-8 返回结果

可以看出，返回结果正是网站首页显示的内容，这也是我们应该模拟爬取的内容。那么现在，模拟登录的整个思路就变简单了，其实就是如下两个步骤：

- 模拟登录请求，带上必要的登录信息，获取返回的 JWT；
- 之后发送请求时，在请求头里面加上 Authorization 字段，值就是 JWT 对应的内容。

接下来我们用代码实现：

```python
import requests
from urllib.parse import urljoin

BASE_URL = 'https://login3.scrape.center/'
LOGIN_URL = urljoin(BASE_URL, '/api/login')
INDEX_URL = urljoin(BASE_URL, '/api/book')
USERNAME = 'admin'
PASSWORD = 'admin'

response_login = requests.post(LOGIN_URL, json={
    'username': USERNAME,
    'password': PASSWORD
})
data = response_login.json()
print('Response JSON', data)
jwt = data.get('token')
print('JWT', jwt)

headers = {
    'Authorization': f'jwt {jwt}'
}
response_index = requests.get(INDEX_URL, params={
    'limit': 18,
    'offset': 0
}, headers=headers)
print('Response Status', response_index.status_code)
print('Response URL', response_index.url)
print('Response Data', response_index.json())
```

这里我们同样先定义了登录接口和获取数据的接口，分别是 LOGIN_URL 和 INDEX_URL，接着调用 requests 的 post 方法进行了模拟登录。由于这里提交的数据是 JSON 格式，所以使用 json 参数来传递。接着获取并打印出了返回结果中包含的 JWT。之后构造请求头，设置 Authorization 字段并传入刚获取的 JWT，这样就能成功获取数据了。

运行结果如下：

```
Response JSON {'token': 'eyJ0eXAiOiJKV1QiLCJhbGciOiJIUzI1NiJ9.eyJ1c2VyX2lkIjoxLCJ1c2VybmFtZSI6ImFkbWluIiwiZXhwIjoxNTg3ODc4NzkxLCJlbWFpbCI6ImFkbWluQGFkbWluLmNvbSIsIm9yaWdfaWF0IjoxNTg3ODM1NTkxfQ.iUnu3Yhdi_a-Bupb2BLgCTUd5yHL6jgPhkBPorCPvm4'}
JWT eyJ0eXAiOiJKV1QiLCJhbGciOiJIUzI1NiJ9.eyJ1c2VyX2lkIjoxLCJ1c2VybmFtZSI6ImFkbWluIiwiZXhwIjoxNTg3ODc4NzkxLCJlbWFpbCI6ImFkbWluQGFkbWluLmNvbSIsIm9yaWdfaWF0IjoxNTg3ODM1NTkxfQ.iUnu3Yhdi_a-Bupb2BLgCTUd5yHL6jgPhkBPorCPvm4
Response Status 200
Response URL https://login3.scrape.center/api/book/?limit=18&offset=0
Response Data {'count': 9200, 'results': [{'id': '27135877', 'name': '校园市场:布局未来消费群,决战年轻人市场', 'authors': ['单兴华', '李烨'], 'cover': 'https://img9.doubanio.com/view/subject/l/public/s29539805.jpg', 'score': '5.5'},
...
{'id': '30289316', 'name': '就算这样,还是喜欢你,笠原先生', 'authors': ['おまる'], 'cover': 'https://img3.doubanio.com/view/subject/l/public/s29875002.jpg', 'score': '7.5'}]}
```

可以看到，这里成功输出了 JWT 的内容，同时获取了想要的数据，模拟登录成功！

4. 总结

本节我们通过一个实例成功实现了基于 JWT 模拟登录以及爬取数据的流程，以后如果遇到基于 JWT 认证的网站，也可以通过类似的方式实现模拟登录。

10.4 大规模账号池的搭建

我们在 10.1 节已经提过账号池,要想降低账号被封的风险,同时还能实现大规模爬取,自然而然想到的方法就是分流。在现在的场景中,分流是指将请求分摊到不同的账号上。我们利用分流可以达成下面两个目标。

- 如果单位时间内所有账号的总请求量一定,每次都随机选取一个账号请求,那么账号越多,单个账号访问网站的频率就降低,被封禁的概率也越低。
- 如果单位时间内单个账号的请求量一定,同样是每次随机选取一个账号请求,那么账号越多,单位时间内的总请求量就越大。

所以,利用分流的思想,可以在保证爬取规模的情况下降低单个账号被封的概率。如何实现这个过程?如何维护多个账号的登录信息?这时就要用到账号池了。接下来看看账号池的搭建方法。

1. 案例介绍

我们本节所用的案例网站是 https://antispider6.scrape.center/,访问该网站,会自动打开登录页面,如图 10-9 所示。

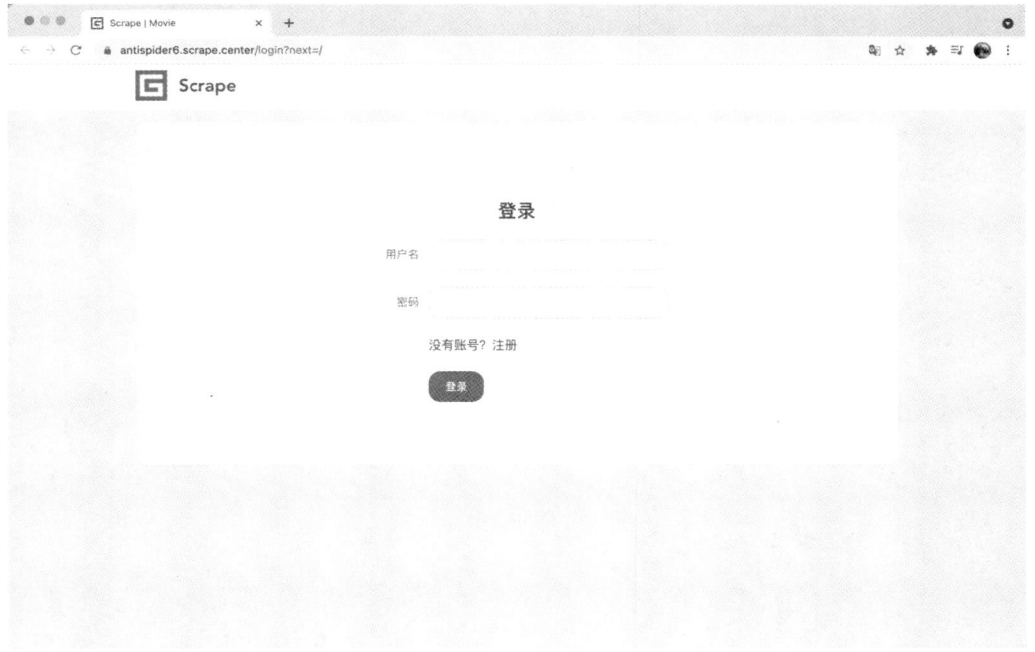

图 10-9 案例网站的登录页面

用户名和密码还是填入 admin,登录后的页面如图 10-10 所示。

此时如果多次在登录状态下刷新页面,刷新几次后就会发现,页面不再返回任何信息,只显示"403 Forbidden",如图 10-11 所示。

此页面对应的状态码是 403,代表当前账号已经被封,无法获取有效内容。过一段时间后,这个账号又可以正常访问该网站,但如果像之前一样多次刷新,会再次被封。虽然这个账号被封,但是新开一个独立的窗口,使用另一个账号(如用户名和密码都为 admin2 的账户)登录,还是可以正常地访问页面,如图 10-12 所示。

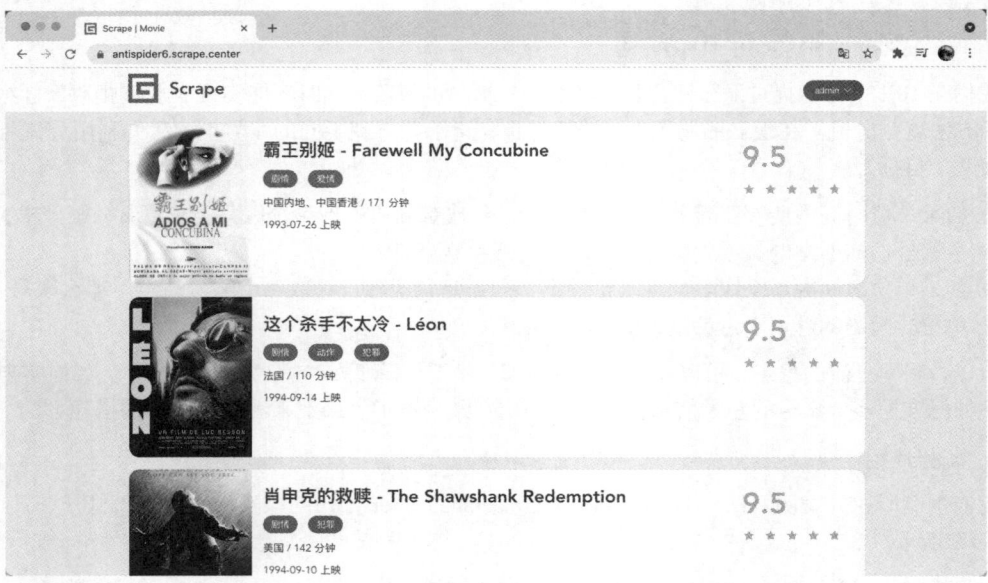

图 10-10　登录后的页面

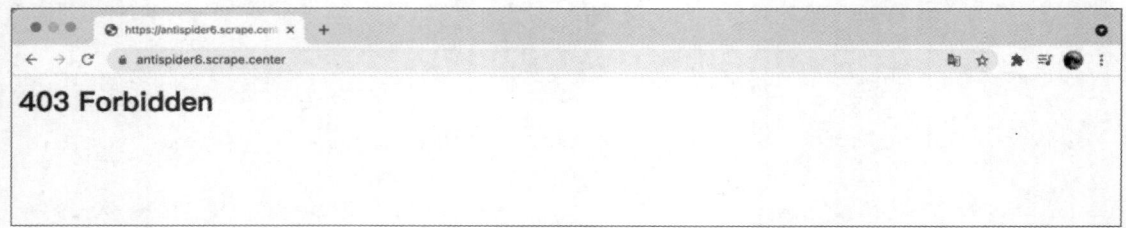

图 10-11　刷新几次后的页面

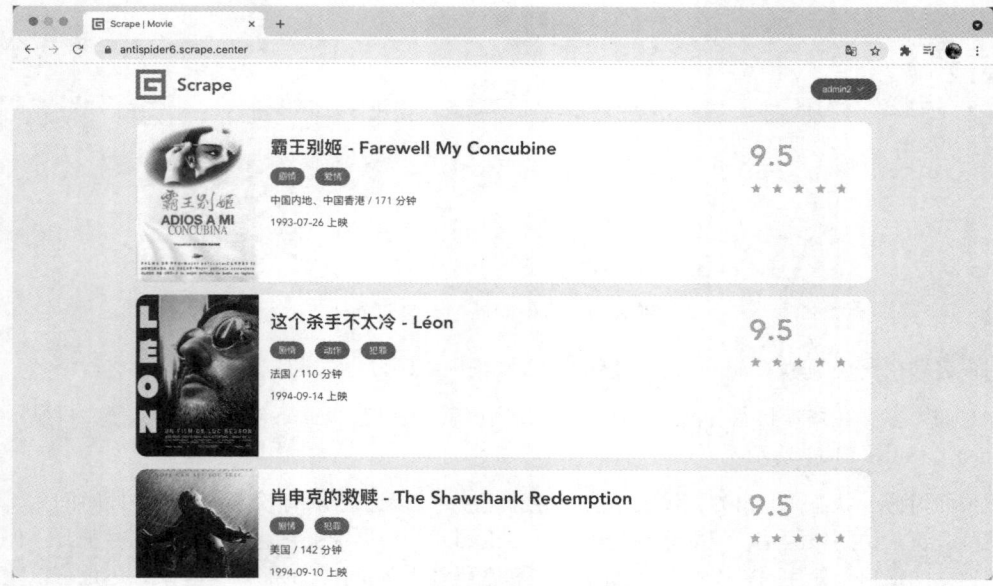

图 10-12　换一个账号登录

所以说，如果有多个账号，在总请求量一定的情况下，可以将爬取请求分流到多个账号上，可以降低封号的概率。

2. 本节目标

本节的目标就是搭建一个账号池，例如在账号池内维护 100 个账号信息以及对应的 Cookie，并存放到数据库中。每次爬取的时候，随机取用其中一个账号的 Cookie。

这个账号池需要具备如下几个功能。

- 需要保存能登录目标站点的账号和登录后的 Cookie 信息。
- 需要定时检测每个 Cookie 的有效性，如果检测到 Cookie 无效，就删除它并模拟登录生成新的 Cookie。
- 还需要一个接口，即获取随机 Cookie 的接口。账号池在运行中，只需请求该接口，即可随机获得一个 Cookie 并用其爬取数据。

由此可见，账号池需要有自动生成 Cookie、定时检测 Cookie、提供随机 Cookie 这几个核心功能。账号池有了，当然要使用它来爬取本章的案例网站，实现在不封任何一个账号的情况下高效完成全站数据的爬取。

3. 准备工作

请确保已经安装好 Redis 数据库并使其能正常运行，安装方式可以参考 https://setup.scrape.center/redis。另外需要安装 Python 的 redis-py、requests、selelnium、flask、loguru 和 environs 库，安装命令如下：

```
pip3 install redis requests selenium flask loguru environs
```

4. 账号池的架构

账号池的架构和代理池类似，也是分为 4 个核心模块：存储模块、获取模块、检测模块和接口模块，如图 10-13 所示。

4 个模块的功能分别如下。

- 存储模块负责存储每个账号的用户名、密码，以及每个账号对应的 Cookie 信息，同时需要提供一些实现存取操作的方法。
- 获取模块负责生成新的 Cookie。该模块会从存储模块中逐个拿取账号对应的用户名和密码，然后模拟登录目标页面，如果登录成功，就把返回的 Cookie 交给存储模块存储。

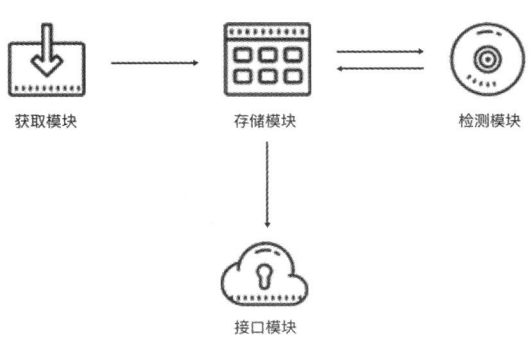

图 10-13 账号池的 4 个核心模块

- 检测模块需要定时检测存储模块中的 Cookie。这里需要设置一个检测链接，不同的网站的检测链接不同。检测模块会逐个拿取账号对应的 Cookie 去请求检测链接，如果返回的状态是有效的，就表示此 Cookie 没有失效，否则代表此 Cookie 失效，需要将其删除，然后等待获取模块重新生成。
- 接口模块需要用 API 提供对外服务的接口。由于可用的 Cookie 可能有多个，所以可以随机返回 Cookie 的接口，用这样的方式保证每个 Cookie 都有被取到的可能。Cookie 越多，每个 Cookie 被取到的概率就越小，从而减少了被封号的风险。

以上账号池的基本设计思路和第 9 章讲的代理池有相似之处，下一节我们用代码实现。

5. 账号池架构的实现

首先，分别了解各个模块的实现原理。

- **存储模块**

其实，需要存储的内容无非就是账号信息和 Cookie 信息。账号由用户名和密码两部分组成，我们可以把它存成用户名和密码的映射。Cookie 可以存成字符串，但是新的 Cookie 需要根据账号生成，在生成的时候我们需要知道哪些账号已经生成了 Cookie，哪些没有，所以要同时保存和 Cookie 对应的用户名信息，其实也是用户名和 Cookie 的映射。加起来就是两组映射，我们自然而然能够想到 Redis 的 Hash，于是就建立两个 Hash，结构分别如图 10-14 和图 10-15 所示。

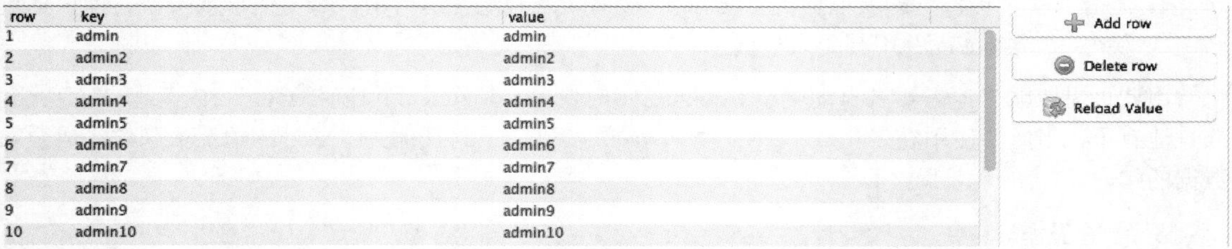
row
key
value
1 admin admin
2 admin2 admin2
3 admin3 admin3
4 admin4 admin4
5 admin5 admin5
6 admin6 admin6
7 admin7 admin7
8 admin8 admin8
9 admin9 admin9
10 admin10 admin10
Add row
Delete row
Reload Value

图 10-14　Hash 结构 1

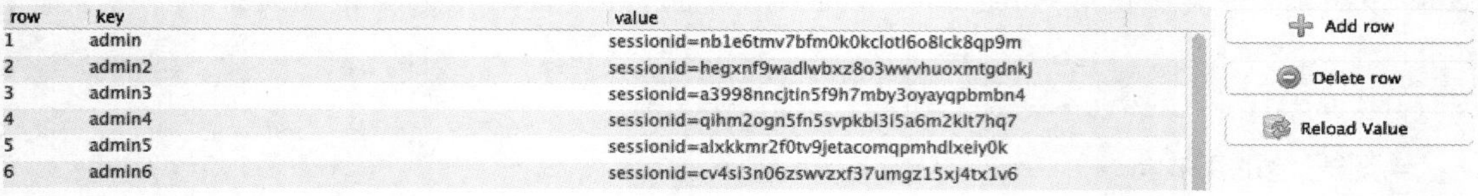
row
key
value
1 admin sessionid=nb1e6tmv7bfm0k0kclotl6o8lck8qp9m
2 admin2 sessionid=hegxnf9wadlwbxz8o3wwvhuoxmtgdnkj
3 admin3 sessionid=a3998nncjtin5f9h7mby3oyayqpbmbn4
4 admin4 sessionid=qihm2ogn5fn5svpkbl3i5a6m2klt7hq7
5 admin5 sessionid=alxkkmr2f0tv9jetacomqpmhdlxeiy0k
6 admin6 sessionid=cv4si3n06zswvzxf37umgz15xj4tx1v6
Add row
Delete row
Reload Value

图 10-15　Hash 结构 2

两个 Hash 结构中的键名都是用户名，键值分别是密码和 Cookie。需要注意，账号池具有可扩展性，其中存储的一些账号和 Cookie 不一定适用于本案例，其他网站也可以对接此账号池，所以这里可以对 Hash 结构的名称做二级分类，例如把存账号的 Hash 结构的名称设置为 `account:antispider6`，把存 Cookie 信息的 Hash 名称设置为 `credential:antispider6`。如果要扩展微博的账号池，可以使用 `account:webo` 和 `credential:weibo`，这样比较方便。

接下来我们就创建一个存储模块类，用来提供一些 Hash 结构的基本操作，代码如下：

```
import random
import redis
from accountpool.setting import *

class RedisClient(object):

    def __init__(self, type, website, host=REDIS_HOST, port=REDIS_PORT, password=REDIS_PASSWORD):
        self.db = redis.StrictRedis(host=host, port=port, password=password, decode_responses=True)
        self.type = type
        self.website = website

    def name(self):
        return f'{self.type}:{self.website}'

    def set(self, username, value):
        return self.db.hset(self.name(), username, value)

    def get(self, username):
        return self.db.hget(self.name(), username)
```

```python
    def delete(self, username):
        return self.db.hdel(self.name(), username)
    
    def count(self):
        return self.db.hlen(self.name())
    
    def random(self):
        return random.choice(self.db.hvals(self.name()))
    
    def usernames(self):
        return self.db.hkeys(self.name())
    
    def all(self):
        return self.db.hgetall(self.name())
```

这里我们新建了一个 RedisClient 类，其构造方法 __init__ 有 type 和 website 两个关键参数，分别代表存储的内容类型和网站名称，是用来拼接 Hash 结构名称的两个字段。如果这个 Hash 是用来存储账号的，那么 type 是 account，website 是 antispider6；如果是用来存储 Cookie 的，那么 type 是 credential，website 是 antispider6。剩下几个参数代表 Redis 的连接信息，给这些参数传入值来初始化一个 StrictRedis 对象，建立 Redis 连接。

接下来的 name 方法将 type 和 website 拼接在了一起，组成 Hash 结构的名称。set 方法、get 方法和 delete 方法分别代表设置、获取和删除 Hash 结构中的某一个键值对，count 方法用于获取 Hash 结构的长度。

random 也是一个比较重要的方法，主要用于从 Hash 结构里随机选取一个 Cookie 并返回。每调用一次 random 方法，就会获得一个随机的 Cookie，将此方法与接口模块对接即可实现请求接口获取随机 Cookie。

● 获取模块

获取模块负责从存储模块中拿取各个账号信息并模拟登录，然后将登录成功后生成的 Cookie 保存到存储模块中。相关代码如下：

```python
from accountpool.exceptions.init import InitException
from accountpool.storages.redis import RedisClient
from loguru import logger

class BaseGenerator(object):
    
    def __init__(self, website=None):
        self.website = website
        if not self.website:
            raise InitException
        self.account_operator = RedisClient(type='account', website=self.website)
        self.credential_operator = RedisClient(type='credential', website=self.website)
    
    def generate(self, username, password):
        raise NotImplementedError
    
    def init(self):
        pass
    
    def run(self):
        self.init()
        logger.debug('start to run generator')
        for username, password in self.account_operator.all().items():
            if self.credential_operator.get(username):
                continue
            logger.debug(f'start to generate credential of {username}')
            self.generate(username, password)
```

这里新建了一个基类 BaseGenerator，在其构造方法中，初始化了两个 RedisClient 对象，分别是 account_operator 和 credential_operator。

接着声明了 genrate 方法和 init 方法，这两个方法目前都没有具体的实现。generate 方法用于接收用户名和密码，生成 Cookie 并返回，这里直接抛出了 NotImplementedError 异常，因此子类必须实现该方法，否则运行时会报错。init 方法则是在运行开始之前做一些准备工作，这里留空，子类可以选择性复写。

最后就是最主要的 run 方法了，其主要逻辑是找出那些还没有对应 Cookie 信息的账号，然后逐个调用 generate 方法获取 Cookie。

对于本节的案例网站，我们可以直接实现 generate 方法来完成模拟登录，代码如下：

```python
class Antispider6Generator(BaseGenerator):
    def generate(self, username, password):
        if self.credential_operator.get(username):
            logger.debug(f'credential of {username} exists, skip')
            return
        login_url = 'https://antispider6.scrape.center/login'
        s = requests.Session()
        s.post(login_url, data={
            'username': username,
            'password': password
        })
        result = []
        for cookie in s.cookies:
            print(cookie.name, cookie.value)
            result.append(f'{cookie.name}={cookie.value}')
        result = ';'.join(result)
        logger.debug(f'get credential {result}')
        self.credential_operator.set(username, result)
```

运行这段代码，会遍历那些生成 Cookie 的账号，然后模拟登录生成新的 Cookie。

- 检测模块

我们现在可以利用获取模块生成 Cookie 了，但是免不了由于时间过长或者使用过于频繁等导致 Cookie 失效。对于这样的 Cookie，肯定不能把它继续保存在存储模块里。

此时检测模块闪亮登场，它要做的就是检测出失效 Cookie，然后将其从存储模块中删除。把失效 Cookie 删除后，获取模块就会检测到与之对应的账号没有了 Cookie 信息，继而用此账号重新模拟登录并获取新的 Cookie，从而实现了此账号对应 Cookie 的更新。相关代码如下：

```python
import requests
from requests.exceptions import ConnectionError
from accountpool.storages.redis import *
from accountpool.exceptions.init import InitException
from loguru import logger

class BaseTester(object):
    
    def __init__(self, website=None):
        self.website = website
        if not self.website:
            raise InitException
        self.account_operator = RedisClient(type='account', website=self.website)
        self.credential_operator = RedisClient(type='credential', website=self.website)
    
    def test(self, username, credential):
        raise NotImplementedError
    
    def run(self):
        credentials = self.credential_operator.all()
```

```python
        for username, credential in credentials.items():
            self.test(username, credential)
```

为了实现通用性和可扩展性，我们定义了一个检测器父类，在其中声明一些通用组件。这个父类叫作 BaseTester，在其构造方法里指定了网站的名称 website，并且同样初始化了两个 RedisClient 对象，分别是 account_operator 和 credential_operator。

然后最主要的方法就是 run 了，其主要逻辑是遍历所有 Cookie 并逐个做测试，具体是利用 credential_operator 拿到所有的 Cookie，然后调用 test 方法进行测试。这里的 test 方法同样抛出了 NotImplementedError 异常，所以子类必须实现这个方法。下面我们再写一个子类继承这个 BaseTester，并重写其 test 方法，代码如下：

```python
class Antispider6Tester(BaseTester):
    def __init__(self, website=None):
        BaseTester.__init__(self, website)
    
    def test(self, username, credential):
        logger.info(f'testing credential for {username}')
        try:
            test_url = TEST_URL_MAP[self.website]
            response = requests.get(test_url, headers={
                'Cookie': credential
            }, timeout=5, allow_redirects=False)
            if response.status_code == 200:
                logger.info('credential is valid')
            else:
                logger.info('credential is not valid, delete it')
                self.credential_operator.delete(username)
        except ConnectionError:
            logger.info('test failed')
```

test 方法的主要逻辑是拿到测试 URL，然后获取 Cookie 进行模拟登录。如果返回的状态码是 200，就证明 Cookie 有效，否则 Cookie 无效，将其对应的记录删除。

为了实现可配置化，我们将测试 URL 也定义成字典，代码如下：

```python
TEST_URL_MAP = {
    'antispider6': 'https://antispider6.scrape.center/'
}
```

如果要扩展其他网站，可以统一添加在字典里。

- 接口模块

如果获取模块和检测模块定时运行，就可以完成 Cookie 的实时检测和更新。此处的 Cookie 最终是要为爬虫所用的，一个账号池可同时供多个爬虫使用，所以我们有必要定义一个 Web 接口，爬虫访问此接口便可以获取随机的 Cookie。我们采用 Flask 来实现接口的搭建，代码如下：

```python
import json
from flask import Flask, g
app = Flask(__name__)

GENERATOR_MAP = {
    'antispider6': 'Antispider6Generator'
}

@app.route('/')
def index():
    return '<h2>Welcome to Cookie Pool System</h2>'

def get_conn():
    for website in GENERATOR_MAP:
        if not hasattr(g, website):
```

```
            setattr(g, f'{website}_{credential}', RedisClient(credential, website))
            setattr(g, f'{website}_{account}', RedisClient(account, website))
    return g

@app.route('/<website>/random')
def random(website):
    g = get_conn()
    result = getattr(g, f'{website}_{credential}').random()
    logger.debug(f'get credential {result}')
    return result
```

这里同样需要实现通用的配置以对接不同的站点，所以接口链接的第一个字段定义为网站名称，第二个字段定义为获取方法，例如 /antispider/random 代表获取当前案例网站的随机 Cookie，如果要扩展其他站点，可以更改 website 参数，例如 /weibo/random 代表获取微博的随机 Cookie。

- **调度模块**

调度模块的作用是让前面4个模块配合运行，主要工作是驱动几个模块定时运行，同时各个模块需要运行在不同进程上，相关代码如下：

```
import time
import multiprocessing
from accountpool.processors.server import app
from accountpool.processors import generator as generators
from accountpool.processors import tester as testers
from accountpool.setting import CYCLE_GENERATOR, CYCLE_TESTER, API_HOST, API_THREADED, API_PORT, \
    ENABLE_SERVER, ENABLE_GENERATOR, ENABLE_TESTER, IS_WINDOWS, TESTER_MAP, GENERATOR_MAP
from loguru import logger

if IS_WINDOWS:
    multiprocessing.freeze_support()

tester_process, generator_process, server_process = None, None, None

class Scheduler(object):

    def run_tester(self, website, cycle=CYCLE_TESTER):
        if not ENABLE_TESTER:
            logger.info('tester not enabled, exit')
            return
        tester = getattr(testers, TESTER_MAP[website])(website)
        loop = 0
        while True:
            logger.debug(f'tester loop {loop} start...')
            tester.run()
            loop += 1
            time.sleep(cycle)

    def run_generator(self, website, cycle=CYCLE_GENERATOR):
        if not ENABLE_GENERATOR:
            logger.info('getter not enabled, exit')
            return
        generator = getattr(generators, GENERATOR_MAP[website])(website)
        loop = 0
        while True:
            logger.debug(f'getter loop {loop} start...')
            generator.run()
            loop += 1
            time.sleep(cycle)

    def run_server(self, _):
        if not ENABLE_SERVER:
            logger.info('server not enabled, exit')
            return
        app.run(host=API_HOST, port=API_PORT, threaded=API_THREADED)
```

```python
    def run(self, website):
        global tester_process, generator_process, server_process
        try:
            logger.info('starting account pool...')
            if ENABLE_TESTER:
                tester_process = multiprocessing.Process(target=self.run_tester, args=(website,))
                logger.info(f'starting tester, pid {tester_process.pid}...')
                tester_process.start()

            if ENABLE_GENERATOR:
                generator_process = multiprocessing.Process(target=self.run_generator, args=(website,))
                logger.info(f'starting getter, pid{generator_process.pid}...')
                generator_process.start()

            if ENABLE_SERVER:
                server_process = multiprocessing.Process(target=self.run_server, args=(website,))
                logger.info(f'starting server, pid{server_process.pid}...')
                server_process.start()

            tester_process.join()
            generator_process.join()
            server_process.join()
        except KeyboardInterrupt:
            logger.info('received keyboard interrupt signal')
            tester_process.terminate()
            generator_process.terminate()
            server_process.terminate()
        finally:
            tester_process.join()
            generator_process.join()
            server_process.join()
            logger.info(f'tester is {"alive" if tester_process.is_alive() else "dead"}')
            logger.info(f'getter is {"alive" if generator_process.is_alive() else "dead"}')
            logger.info(f'server is {"alive" if server_process.is_alive() else "dead"}')
            logger.info('accountpool terminated')
```

这里用到了两个重要的配置,即产生模块类和测试模块类的字典配置,代码如下:

```python
# 产生模块类的字典配置
GENERATOR_MAP = {
    'antispider6': 'Antispider6Generator'
}

# 测试模块类的字典配置
TESTER_MAP = {
    'antispider6': 'Antispider6Tester'
}
```

这样的配置是为了方便动态扩展,键名为网站名称,键值为类名。如果要扩展其他站点,可以在字典中添加,例如扩展微博的产生模块可以配置成这样:

```python
GENERATOR_MAP = {
    'weibo': 'WeiboCookiesGenerator',
    'antispider6': 'Antispider6Generator'
}
```

在 Scheduler 类里对字典进行遍历,利用 module 的 getattr 方法获取对应的类,调用其入口 run 方法运行各个模块。同时,各个模块的多进程使用了 multiprocessing 中的 Process 类,调用其 start 方法即可启动各个进程。

另外,各个模块还设有模块开关,可以在配置文件中自由设置此开关的开启和关闭,代码如下:

```python
from environs import Env
env = Env()
env.read_env()

ENABLE_TESTER = env.bool('ENABLE_TESTER', True)
```

```
ENABLE_GENERATOR = env.bool('ENABLE_GENERATOR', True)
ENABLE_SERVER = env.bool('ENABLE_SERVER', True)
```

设置为 True 代表开启模块，为 False 则代表关闭模块，这里借助了 environs 库来实现测试。至此，我们的配置就全部完成了。接下来将所有模块同时开启，启动调度器，命令如下所示：

```
python3 run.py antispider6
```

控制台的输出结果如下：

```
2020-10-13 00:34:27.308 | DEBUG    | accountpool.scheduler:run_tester:31 - tester loop 0 start...
 * Serving Flask app "accountpool.processors.server" (lazy loading)
 * Environment: production
   WARNING: This is a development server. Do not use it in a production deployment.
   Use a production WSGI server instead.
 * Debug mode: off
2020-10-13 00:34:27.309 | DEBUG    | accountpool.processors.generator:run:39 - start to run generator
2020-10-13 00:34:27.309 | INFO     | accountpool.processors.tester:test:51 - testing credential for admin
2020-10-13 00:34:27.310 | DEBUG    | accountpool.processors.generator:run:41 - start to generate
    credential of admin
2020-10-13 00:34:27.310 | DEBUG    | accountpool.processors.generator:generate:63 - credential of
    admin exists, skip
2020-10-13 00:34:27.310 | DEBUG    | accountpool.processors.generator:run:41 - start to generate
    credential of admin2
2020-10-13 00:34:27.310 | DEBUG    | accountpool.processors.generator:generate:63 - credential of
    admin2 exists, skip
2020-10-13 00:34:27.310 | DEBUG    | accountpool.processors.generator:run:41 - start to generate
    credential of admin3
 * Running on http://0.0.0.0:6789/ (Press CTRL+C to quit)
2020-10-13 00:34:32.073 | INFO     | accountpool.processors.tester:test:58 - credential is valid
2020-10-13 00:34:32.073 | INFO     | accountpool.processors.tester:test:51 - testing credential for admin2
2020-10-13 00:34:32.678 | DEBUG    | accountpool.processors.generator:generate:76 - get credential
2020-10-13 00:34:32.680 | DEBUG    | accountpool.processors.generator:run:41 - start to generate
    credential of admin4
```

从控制台的输出内容可以看出，各个模块都正常启动，检测模块逐个测试 Cookie，获取模块获取尚未生成 Cookie 的账号，各个模块并行运行，互不干扰。

我们可以访问接口模块获取随机的 Cookie，如图 10-16 所示。

图 10-16　访问接口模块

爬虫只需要请求该接口就可以获取随机的 Cookie。

6. 账号池的使用

我们先将账号池运行一段时间，让其模拟登录一些账号并维护起来。接着便可以使用账号池实现全站数据的爬取了。这里我们使用 aiohttp 来实现，由于案例网站中每个电影详情页的 URL 是有一定规律的，所以我们直接构造 100 个详情页 URL 来进行爬取，整体代码实现如下：

```python
import asyncio
import aiohttp
from pyquery import PyQuery as pq
from loguru import logger
```

```python
MAX_ID = 100
CONCURRENCY = 5
TARGET_URL = 'https://antispider6.scrape.center'
ACCOUTPOOL_URL = 'http://localhost:6789/antispider6/random'

semaphore = asyncio.Semaphore(CONCURRENCY)

async def parse_detail(html):
    doc = pq(html)
    title = doc('.item h2').text()
    categories = [item.text() for item in doc('.item .categories span').items()]
    cover = doc('.item .cover').attr('src')
    score = doc('.item .score').text()
    drama = doc('.item .drama').text().strip()
    return {
        'title': title,
        'categories': categories,
        'cover': cover,
        'score': score,
        'drama': drama
    }

async def fetch_credential(session):
    async with session.get(ACCOUTPOOL_URL) as response:
        return await response.text()

async def scrape_detail(session, url):
    async with semaphore:
        credential = await fetch_credential(session)
        headers = {'cookie': credential}
        logger.debug(f'scrape {url} using credential {credential}')
        async with session.get(url, headers=headers) as response:
            html = await response.text()
            data = await parse_detail(html)
            logger.debug(f'data {data}')

async def main():
    session = aiohttp.ClientSession()
    tasks = []
    for i in range(1, MAX_ID + 1):
        url = f'{TARGET_URL}/detail/{i}'
        task = asyncio.ensure_future(scrape_detail(session, url))
        tasks.append(task)
    await asyncio.gather(*tasks)

if __name__ == '__main__':
    asyncio.get_event_loop().run_until_complete(main())
```

我们一共实现了 4 个方法。

- `main`：入口方法。这里我们构造了 100 个详情页 URL，然后调用 asyncio 的 `ensure_future` 方法将 `scrape_detail` 方法初始化为一个个异步任务，再调用 `gather` 方法使它们运行起来。
- `scrape_detail`：爬取方法。主要用来爬取详情页的信息，这里的关键点就是在爬取之前先调用 `fetch_credential` 方法获取一个 Cookie，然后利用 Cookie 进行数据爬取。如果不这样做，是爬取不到任何数据的，爬取完毕之后会调用 `parse_detail` 方法对页面数据进行解析。
- `fetch_credential`：主要用来从账号池获取 Cookie 信息。这里我们将账号池的 API 为定义 `ACCOUNTPOOL_URL`，每请求一次，就可以获取一个 Cookie。
- `parse_detail`：解析方法。主要用来解析爬取的详情页，提取想要的电影名称、类别、封面、评分和简介等信息。

另外，为了限制爬取速度，这里还引入了信号量，限制并发量为 5。

上述代码的运行结果如下：

```
2020-10-14 00:51:40.685 | DEBUG    | __main__:scrape_detail:39 - scrape https://antispider6.scrape.center/detail/1 using credential sessionid=ht4uwjbf1o28qmqo8j87ozddm1gkzcqn
2020-10-14 00:51:40.695 | DEBUG    | __main__:scrape_detail:39 - scrape https://antispider6.scrape.center/detail/3 using credential sessionid=1mawd4fpqw14jmgcyjtgrwyeprtfn6ui
2020-10-14 00:51:40.695 | DEBUG    | __main__:scrape_detail:39 - scrape https://antispider6.scrape.center/detail/5 using credential sessionid=nb1e6tmv7bfm0k0kclotl6o8lck8qp9m
2020-10-14 00:51:40.696 | DEBUG    | __main__:scrape_detail:39 - scrape https://antispider6.scrape.center/detail/2 using credential sessionid=dhiaxb1zd8xqaf8p7wyqgvwbm4teueid
2020-10-14 00:51:40.696 | DEBUG    | __main__:scrape_detail:39 - scrape https://antispider6.scrape.center/detail/4 using credential sessionid=a3hcakqoszw7jlwqktdbar4g19onayh1
2020-10-14 00:51:49.121 | DEBUG    | __main__:scrape_detail:43 - data {'title': '泰坦尼克号 - Titanic', 'categories': ['剧情', '爱情', '灾难'], 'cover': 'https://p1.meituan.net/movie/b607fba7513e7f15eab170aac1e1400d878112.jpg@464w_644h_1e_1c', 'score': '9.5', 'drama': '剧情简介\n1912 年 4 月 15 日，... 让它陪着杰克和这段爱情长眠海底。'}
2020-10-14 00:51:49.127 | DEBUG    | __main__:scrape_detail:39 - scrape https://antispider6.scrape.center/detail/6 using credential sessionid=flw58kz3vo7d89mb1mmy2jsocejk63qz
2020-10-14 00:51:52.126 | DEBUG    | __main__:scrape_detail:43 - data {'title': '这个杀手不太冷 - Léon', 'categories': ['剧情', '动作', '犯罪'], 'cover': 'https://p1.meituan.net/movie/6bea9af4524dfbd0b668eaa7e187c3df767253.jpg@464w_644h_1e_1c', 'score': '9.5', 'drama': '剧情简介\n 里昂（让·雷诺 饰）是名孤独的职业杀手，...，更大的冲突在所难免……'}
2020-10-14 00:51:52.129 | DEBUG    | __main__:scrape_detail:39 - scrape https://antispider6.scrape.center/detail/7 using credential sessionid=dqdbftlrflica9j81f5fcncy9nvqc1wb
```

可以看到此时的并发量被限制为了 5，每次爬取都会获取一个 Cookie，接着便会打印爬取的结果，不会再产生封号问题。

7. 总结

本节我们了解了账号池的基本作用、设计原理和基本实现，并通过一个案例结合账号池进行了数据爬取，突破了单账号爬取频率的限制。

本节代码见 https://github.com/Python3WebSpider/AccountPool。

本节内容比较重要，需要好好掌握，后面我们会利用账号池和第 9 章所讲的代理池进行分布式大规模的爬取。

第 11 章 JavaScript 逆向爬虫

随着大数据时代的发展，各个公司的数据保护意识越来越强，大家都在想尽办法保护自家产品的数据，不让它们轻易地被爬虫爬走。由于网页是提供信息和服务的重要载体，所以对网页上的信息进行保护就成了一个至关重要的环节。

网页是运行在浏览器端的，当我们浏览一个网页时，其 HTML 代码、JavaScript 代码都会被下载到浏览器中执行。借助浏览器的开发者工具，我们可以看到网页加载过程中所有网络请求的详细信息，也能清楚地看到网站运行的 HTML 代码和 JavaScript 代码。这些代码里就包含了网站加载的全部逻辑，比如加载哪些资源，请求接口是如何构造的，页面是如何渲染的，等等。正因为代码是完全透明的，所以如果我们能研究明白其中的执行逻辑，就可以模拟各个网络请求，进行数据爬取了。

然而，事情没有想象得那么简单。随着前端技术的发展，前端代码的打包技术、混淆技术、加密技术也层出不穷，借助于这些技术，各个公司可以在前端对 JavaScript 代码采取一定的保护，比如变量名混淆、执行逻辑混淆、反调试、核心逻辑加密等，这些保护手段使得我们没法很轻易地找出 JavaScript 代码中包含的执行逻辑。

在前几章的案例中，我们也试着爬取了各种形式的网站。其中有些网站的数据接口是没有任何验证或加密参数的，我们可以轻松模拟并爬取其中的数据。但有的网站稍显复杂，网站的接口中增加了一些加密参数，同时对 JavaScript 代码采取了上文所述的一些防护措施。当时我们没有尝试去破解，而是用类似 Selenium 等工具模拟浏览器的执行方式，进行"所见即所得"的爬取。其实对于后者，我们还有另外一种解决方案：逆向 JavaScript 代码，找出其中的加密逻辑，直接实现该加密逻辑进行爬取。如果加密逻辑过于复杂，我们也可以找出一些关键入口，从而实现对加密逻辑的单独模拟执行和数据爬取。这些方案的难度可能很大，比如关键入口很难寻找或者加密逻辑难以模拟，可是一旦成功找到突破口，我们便不用借助 Selenium 等工具进行整页数据的渲染，爬取效率会大幅提高。

在本章中，我们首先会对 JavaScript 防护技术进行介绍，然后介绍一些常用的 JavaScript 逆向技巧，包括浏览器工具的使用、Hook 技术、AST 技术、特殊混淆技术的处理、WebAssembly 技术的处理。了解了这些技术，我们可以更从容地应对 JavaScript 防护技术。

11.1 网站加密和混淆技术简介

我们在爬取网站的时候，会遇到一些需要分析接口或 URL 信息的情况，这时会有各种各样类似加密的情形。

- 某个网站的 URL 带有一些看不太懂的长串加密参数，要抓取就必须懂得这些参数是怎么构造的，否则我们连完整的 URL 都构造不出来，更不用说爬取了。
- 在分析某个网站的 Ajax 接口时，可以看到接口的一些参数也是加密的，Request Headers 里面也可能带有一些加密参数，如果不知道这些参数的具体构造逻辑，就没法直接用程序来模拟这些 Ajax 请求。

- 翻看网站的 JavaScript 源代码，可以发现很多压缩了或者看不太懂的字符，比如 JavaScript 文件名被编码，文件的内容被压缩成几行，变量被修改成单个字符或者一些十六进制的字符……这些导致我们无法轻易根据 JavaScript 源代码找出某些接口的加密逻辑。

以上情况基本上是网站为了保护其数据而采取的一些措施，我们可以把它归类为两大类：

- URL/API 参数加密
- JavaScript 压缩、混淆和加密

本节中，我们就来了解一下这两类技术的基本原理和一些常见的示例。知己知彼，百战不殆，了解了这些技术的实现原理之后，我们就能更好地去逆向其中的逻辑，从而实现数据爬取。

1. 网站数据防护方案

当今是大数据时代，数据已经变得越来越重要了。网页和 App 现在是主流的数据载体，如果其数据的 API 没有设置任何保护措施，那么在爬虫工程师解决了一些基本的反爬（如封 IP、验证码）问题之后，数据还是可以被爬取到的。

有没有可能在 URL/API 层面或 JavaScript 层面也加上一层防护呢？答案是可以。

- **URL/API 参数加密**

网站运营者首先想到的防护措施可能是对某些数据接口的参数进行加密，比如说给某些 URL 的参数加上校验码，给一些 ID 信息编码，给某些 API 请求加上 token、sign 等签名，这样这些请求发送到服务器时，服务器会通过客户端发来的一些请求信息以及双方约定好的密钥等来对当前的请求进行校验，只有校验通过，才返回对应数据结果。

比如说客户端和服务端约定一种接口校验逻辑，客户端在每次请求服务端接口的时候都会附带一个 sign 参数，这个 sign 参数可能是由当前时间信息、请求的 URL、请求的数据、设备的 ID、双方约定好的密钥经过一些加密算法构造而成的，客户端会实现这个加密算法来构造 sign，然后每次请求服务器的时候附带上这个参数。服务端会根据约定好的算法和请求的数据对 sign 进行校验，只有校验通过，才返回对应的数据，否则拒绝响应。

当然，登录状态的校验也可以看作此类方案，比如一个 API 的调用必须传一个 token，这个 token 必须在用户登录之后才能获取，如果请求的时候不带该 token，API 就不会返回任何数据。

倘若没有这种措施，那么 URL 或者 API 接口基本上是完全可以公开访问的，这意味着任何人都可以直接调用来获取数据，几乎是零防护的状态，这样是非常危险的，而且数据也可以被轻易地被爬虫爬取。因此，对 URL/API 参数进行加密和校验是非常有必要的。

- **JavaScript 压缩、混淆和加密**

接口加密技术看起来的确是一个不错的解决方案，但单纯依靠它并不能很好地解决问题。为什么呢？

对于网页来说，其逻辑是依赖于 JavaScript 来实现的。JavaScript 有如下特点。

- JavaScript 代码运行于客户端，也就是它必须在用户浏览器端加载并运行。
- JavaScript 代码是公开透明的，也就是说浏览器可以直接获取到正在运行的 JavaScript 的源码。

基于这两个原因，JavaScript 代码是不安全的，任何人都可以读、分析、复制、盗用甚至篡改代码。

所以说，对于上述情形，客户端 JavaScript 对于某些加密的实现是很容易被找到或模拟的，了解了加密逻辑后，模拟参数的构造和请求也就轻而易举了，所以如果 JavaScript 没有做任何层面的保护

的话，接口加密技术基本上对数据起不到什么防护作用。

如果你不想让自己的数据被轻易获取，不想他人了解 JavaScript 逻辑的实现，或者想降低被不怀好意的人甚至是黑客攻击的风险，那么就需要用到 JavaScript 压缩、混淆和加密技术了。

这里压缩、混淆和加密技术简述如下。

- 代码压缩：去除 JavaScript 代码中不必要的空格、换行等内容，使源码都压缩为几行内容，降低代码的可读性，当然同时也能提高网站的加载速度。
- 代码混淆：使用变量替换、字符串阵列化、控制流平坦化、多态变异、僵尸函数、调试保护等手段，使代码变得难以阅读和分析，达到最终保护的目的。但这不影响代码的原有功能，是理想、实用的 JavaScript 保护方案。
- 代码加密：可以通过某种手段将 JavaScript 代码进行加密，转成人无法阅读或者解析的代码，如借用 WebAssembly 技术，可以直接将 JavaScript 代码用 C/C++ 实现，JavaScript 调用其编译后形成的文件来执行相应的功能。

下面我们对上面的技术分别予以介绍。

2. URL/API 参数加密

现在绝大多数网站的数据一般都是通过服务器提供的 API 来获取的，网站或 App 可以请求某个数据 API 获取到对应的数据，然后再把获取的数据展示出来。但有些数据是比较宝贵或私密的，这些数据肯定需要一定层面上的保护。所以不同 API 的实现也就对应着不同的安全防护级别，我们这里来总结下。

为了提升接口的安全性，客户端会和服务端约定一种接口校验方式，一般来说会用到各种加密和编码算法，如 Base64、Hex 编码、MD5、AES、DES、RSA 等对称或非对称加密。

举个例子，比如说客户端和服务器双方约定一个 sign 用作接口的签名校验，其生成逻辑是客户端将 URL 路径进行 MD5 加密，然后拼接上 URL 的某个参数再进行 Base64 编码，最后得到一个字符串 sign，这个 sign 会通过 Request URL 的某个参数或 Request Headers 发送给服务器。服务器接收到请求后，对 URL 路径同样进行 MD5 加密，然后拼接上 URL 的某个参数，进行 Base64 编码，也会得到一个 sign。接着比对生成的 sign 和客户端发来的 sign 是否一致，如果一致，就返回正确的结果，否则拒绝响应。这就是一个比较简单的接口参数加密的实现。如果有人想要调用这个接口的话，必须定义好 sign 的生成逻辑，否则是无法正常调用接口的。

当然，上面的这个实现思路比较简单，这里还可以增加一些时间戳信息增加时效性判断，或增加一些非对称加密进一步提高加密的复杂程度。但不管怎样，只要客户端和服务器约定好了加密和校验逻辑，任何形式的加密算法都是可以的。

这里要实现接口参数加密，就需要用到一些加密算法，客户端和服务器肯定也都有对应的 SDK 实现这些加密算法，如 JavaScript 的 crypto-js、Python 的 hashlib、Crypto，等等。

但还是如上文所说，如果是网页的话，客户端实现加密逻辑使用 JavaScript 的话，其源代码对用户是完全可见的，如果没有对 JavaScript 做任何保护的话，很容易弄清楚客户端加密的流程。

因此，我们需要对 JavaScript 利用压缩、混淆等方式来对客户端的逻辑进行一定程度的保护。

3. JavaScript 压缩

这个非常简单，JavaScript 压缩即去除 JavaScript 代码中不必要的空格、换行等内容或者把一些可能公用的代码进行处理实现共享，最后输出的结果都压缩为几行内容，代码的可读性变得很差，同时也能提高网站的加载速度。

如果仅仅是去除空格、换行这样的压缩方式，其实几乎是没有任何防护作用的，因为这种压缩方式仅仅是降低了代码的直接可读性。因为我们有一些格式化工具可以轻松将 JavaScript 代码变得易读，比如利用 IDE、在线工具或 Chrome 浏览器都能还原格式化的代码。

这里举一个最简单的 JavaScript 压缩示例。原来的 JavaScript 代码是这样的：

```
function echo(stringA, stringB){
    const name = "Germey";
    alert("hello " + name);
}
```

压缩之后就变成这样子：

```
function echo(d,c){const e="Germey";alert("hello "+e)};
```

可以看到，这里参数的名称都被简化了，代码中的空格也被去掉了，整个代码也被压缩成了一行，代码的整体可读性降低了。

目前主流的前端开发技术大多都会利用 webpack、Rollup 等工具进行打包。webpack、Rollup 会对源代码进行编译和压缩，输出几个打包好的 JavaScript 文件，其中我们可以看到输出的 JavaScript 文件名带有一些不规则的字符串，同时文件内容可能只有几行，变量名都用一些简单字母表示。这其中就包含 JavaScript 压缩技术，比如一些公共的库输出成 bundle 文件，一些调用逻辑压缩和转义成冗长的几行代码，这些都属于 JavaScript 压缩。另外，其中也包含了一些很基础的 JavaScript 混淆技术，比如把变量名、方法名替换成一些简单字符，降低代码的可读性。

但整体来说，JavaScript 压缩技术只能在很小的程度上起到防护作用，要想真正提高防护效果，还得依靠 JavaScript 混淆和加密技术。

4. JavaScript 混淆

JavaScript 混淆完全是在 JavaScript 上面进行的处理，它的目的就是使得 JavaScript 变得难以阅读和分析，大大降低代码的可读性，是一种很实用的 JavaScript 保护方案。

JavaScript 混淆技术主要有以下几种。

- **变量名混淆**：将带有含义的变量名、方法名、常量名随机变为无意义的类乱码字符串，降低代码的可读性，如转成单个字符或十六进制字符串。
- **字符串混淆**：将字符串阵列化集中放置并可进行 MD5 或 Base64 加密存储，使代码中不出现明文字符串，这样可以避免使用全局搜索字符串的方式定位到入口。
- **对象键名替换**：针对 JavaScript 对象的属性进行加密转化，隐藏代码之间的调用关系。
- **控制流平坦化**：打乱函数原有代码的执行流程及函数调用关系，使代码逻辑变得混乱无序。
- **无用代码注入**：随机在代码中插入不会被执行到的无用代码，进一步使代码看起来更加混乱。
- **调试保护**：基于调试器特性，对当前运行环境进行检验，加入一些 debugger 语句，使其在调试模式下难以顺利执行 JavaScript 代码。
- **多态变异**：使 JavaScript 代码每次被调用时，将代码自身立刻自动发生变异，变为与之前完全不同的代码，即功能完全不变，只是代码形式变异，以此杜绝代码被动态分析和调试。
- **域名锁定**：使 JavaScript 代码只能在指定域名下执行。
- **代码自我保护**：如果对 JavaScript 代码进行格式化，则无法执行，导致浏览器假死。
- **特殊编码**：将 JavaScript 完全编码为人不可读的代码，如表情符号、特殊表示内容，等等。

总之，以上方案都是 JavaScript 混淆的实现方式，可以在不同程度上保护 JavaScript 代码。

在前端开发中，现在 JavaScript 混淆的主流实现是 javascript-obfuscator 和 terser 这两个库。它们都能提供一些代码混淆功能，也都有对应的 webpack 和 Rollup 打包工具的插件。利用它们，我们可以非常方便地实现页面的混淆，最终输出压缩和混淆后的 JavaScript 代码，使得 JavaScript 代码的可读性大大降低。

下面我们以 javascript-obfuscator 为例来介绍一些代码混淆的实现。了解了实现，那么我们自然就对混淆的机理有了更加深刻的认识。

javascript-obfuscator 的官方介绍内容如下：

A free and efficient obfuscator for JavaScript (including ES2017). Make your code harder to copy and prevent people from stealing your work.

它是支持 ES8 的免费、高效的 JavaScript 混淆库，可以使得 JavaScript 代码经过混淆后难以被复制、盗用，混淆后的代码具有和原来的代码一模一样的功能。

怎么使用呢？首先，我们需要安装好 Node.js 12.x 及以上版本，确保可以正常使用 npm 命令，具体的安装方式可以参考：https://setup.scrape.center/nodejs。

接着新建一个文件夹，比如 js-obfuscate，然后进入该文件夹，初始化工作空间：

```
npm init
```

这里会提示我们输入一些信息，然后创建 package.json 文件，这就完成了项目初始化了。

接下来，我们来安装 javascript-obfuscator 这个库：

```
npm i -D javascript-obfuscator
```

稍等片刻，即可看到本地 js-obfuscate 文件夹下生成了一个 node_modules 文件夹（如图 11-1 所示），里面就包含了 javascript-obfuscator 这个库，这就说明安装成功了。

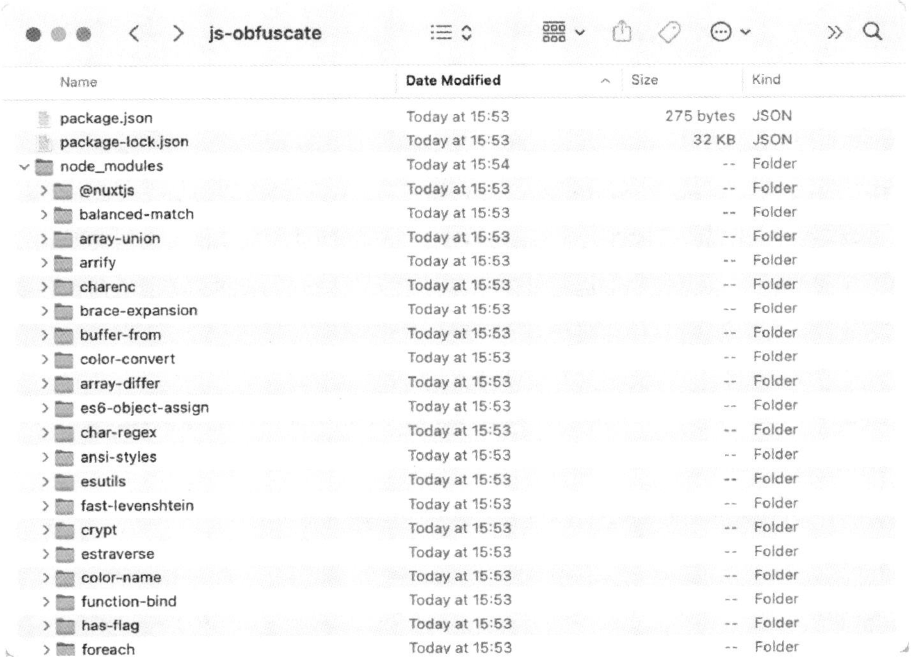

图 11-1　js-obfuscate 文件夹

接下来，我们就可以编写代码来实现一个混淆样例了。比如，新建 main.js 文件，其内容如下：

```
const code = `
let x = '1' + 1
console.log('x', x)
`

const options = {
  compact: false,
  controlFlowFlattening: true
}
const obfuscator = require('javascript-obfuscator')
function obfuscate(code, options) {
  return obfuscator.obfuscate(code, options).getObfuscatedCode()
}
console.log(obfuscate(code, options))
```

这里我们定义了两个变量：一个是 code，即需要被混淆的代码；另一个是混淆选项 options，是一个 Object。接下来，我们引入了 javascript-obfuscator 这个库，然后定义了一个方法，给其传入 code 和 options 来获取混淆后的代码，最后控制台输出混淆后的代码。

代码逻辑比较简单，我们来执行一下代码：

```
node main.js
```

输出结果如下：

```
var _0x53bf = ['log'];
(function (_0x1d84fe, _0x3aeda0) {
    var _0x10a5a = function (_0x2f0a52) {
        while (--_0x2f0a52) {
            _0x1d84fe['push'](_0x1d84fe['shift']());
        }
    };
    _0x10a5a(++_0x3aeda0);
}(_0x53bf, 0x172));
var _0x480a = function (_0x4341e5, _0x5923b4) {
    _0x4341e5 = _0x4341e5 - 0x0;
    var _0xb3622e = _0x53bf[_0x4341e5];
    return _0xb3622e;
};
let x = '1' + 0x1;
console[_0x480a('0x0')]('x', x);
```

看到了吧，那么简单的代码，被我们混淆成了这个样子，其实这里我们就是设定了"控制流平坦化"选项。整体看来，代码的可读性大大降低了，JavaScript 调试的难度也大大加大了。

好，那么我们来跟着 javascript-obfuscator 走一遍，就能具体知道 JavaScript 混淆到底有多少方法了。

> **注意** 由于这些例子中调用 javascript-obfuscator 进行混淆的实现是一样的，所以下文的示例只说明 code 和 options 变量的修改，完整代码请自行补全。

- 代码压缩

这里 javascript-obfuscator 也提供了代码压缩的功能，使用其参数 compact 即可完成 JavaScript 代码的压缩，输出为一行内容。参数 compact 的默认值是 true，如果定义为 false，则混淆后的代码会分行显示。

示例如下：

```
const code = `
let x = '1' + 1
console.log('x', x)
`
```

```
const options = {
  compact: false
}
```

这里我们先把代码压缩选项的参数 compact 设置为 false，运行结果如下：

```
let x = '1' + 0x1;
console['log']('x', x);
```

如果不设置 compact 或把 compact 设置为 true，结果如下：

```
var _0x151c=['log'];(function(_0x1ce384,_0x20a7c7){var _0x25fc92=function(_0x188aec){while(--_0x188aec)
{_0x1ce384['push'](_0x1ce384['shift']());}};_0x25fc92(++_0x20a7c7);}(_0x151c,0x1b7));var _0x553e=function
(_0x259219,_0x241445){_0x259219=_0x259219-0x0;var _0x56d72d=_0x151c[_0x259219];return _0x56d72d;};let x=
'1'+0x1;console[_0x553e('0x0')]('x',x);
```

可以看到，单行显示的时候，对变量名进行了进一步的混淆，这里变量的命名都变成了十六进制形式的字符串，这是因为启用了一些默认压缩和混淆配置。总之，我们可以看到代码的可读性相比之前大大降低了。

- **变量名混淆**

变量名混淆可以通过在 javascript-obfuscator 中配置 identifierNamesGenerator 参数来实现。我们通过这个参数可以控制变量名混淆的方式，如将其值设为 hexadecimal，则会将变量名替换为十六进制形式的字符串。该参数的取值如下。

❑ hexadecimal：将变量名替换为十六进制形式的字符串，如 0xabc123。
❑ mangled：将变量名替换为普通的简写字符，如 a、b、c 等。

该参数的默认值为 hexadecimal。

我们将该参数修改为 mangled 来试一下：

```
const code = `
let hello = '1' + 1
console.log('hello', hello)
`
const options = {
  compact: true,
  identifierNamesGenerator: 'mangled'
}
```

运行结果如下：

```
var a=['hello'];(function(c,d){var
e=function(f){while(--f){c['push'](c['shift']());}};e(++d);}(a,0x9b));var b=function(c,d){c=c-0x0;var
e=a[c];return e;};let hello='1'+0x1;console['log'](b('0x0'),hello);
```

可以看到，这里的变量名都变成了 a、b 等形式。

如果我们将 identifierNamesGenerator 修改为 hexadecimal 或者不设置，运行结果如下：

```
var _0x4e98=['log','hello'];(function(_0x4464de,_0x39de6c){var
_0xdffdda=function(_0x6a95d5){while(--_0x6a95d5){_0x4464de['push'](_0x4464de['shift']());}};_0xdffdda(++_
0x39de6c);}(_0x4e98,0xc8));var _0x53cb=function(_0x393bda,_0x8504e7){_0x393bda=_0x393bda-0x0;var
_0x46ab80=_0x4e98[_0x393bda];return _0x46ab80;};let
hello='1'+0x1;console[_0x53cb('0x0')](_0x53cb('0x1'),hello);
```

可以看到，选用了 mangled，其代码体积会更小，但选用 hexadecimal 的可读性会更低。

另外，我们还可以通过设置 identifiersPrefix 参数来控制混淆后的变量前缀，示例如下：

```
const code = `
let hello = '1' + 1
console.log('hello', hello)
```

```
const options = {
  identifiersPrefix: 'germey'
}
```

运行结果如下:

```
var germey_0x3dea=['log','hello'];(function(_0x348ff3,_0x5330e8){var _0x1568b1=function(_0x4740d8){while
(--_0x4740d8){_0x348ff3['push'](_0x348ff3['shift']());}};_0x1568b1(++_0x5330e8);}(germey_0x3dea,0x94));
var germey_0x30e4=function(_0x2e8f7c,_0x1066a8){_0x2e8f7c=_0x2e8f7c-0x0;var _0x5166ba=germey_0x3dea
[_0x2e8f7c];return _0x5166ba;};let hello='1'+0x1;console[germey_0x30e4('0x0')](germey_0x30e4('0x1'),hello);
```

可以看到,混淆后的变量前缀加上了我们自定义的字符串 germey。

另外,renameGlobals 这个参数还可以指定是否混淆全局变量和函数名称,默认值为 false。示例如下:

```
const code = `
var $ = function(id) {
    return document.getElementById(id);
};
`
const options = {
  renameGlobals: true
}
```

运行结果如下:

```
var _0x4864b0=function(_0x5763be){return document['getElementById'](_0x5763be);};
```

可以看到,这里我们声明了一个全局变量 $,在 renameGlobals 设置为 true 之后,$ 这个变量也被替换了。如果后文用到了这个 $ 对象,可能就会有找不到定义的错误,因此这个参数可能导致代码执行不通。

如果我们不设置 renameGlobals 或者将其设置为 false,结果如下:

```
var _0x239a=['getElementById'];(function(_0x3f45a3,_0x583dfa){var _0x2cade2=function(_0x28479a){while
(--_0x28479a){_0x3f45a3['push'](_0x3f45a3['shift']());}};_0x2cade2(++_0x583dfa);}(_0x239a,0xe1));
var _0x3758=function(_0x18659d,_0x50c21d){_0x18659d=_0x18659d-0x0;var _0x531b8d=_0x239a[_0x18659d];
return _0x531b8d;};var $=function(_0x3d8723){return document[_0x3758('0x0')](_0x3d8723);};
```

可以看到,最后还是有 $ 的声明,其全局名称没有被改变。

- **字符串混淆**

字符串混淆,即将一个字符串声明放到一个数组里面,使之无法被直接搜到。这可以通过 stringArray 参数来控制,默认为 true。

此外,我们还可以通过 rotateStringArray 参数来控制数组化后结果的元素顺序,默认为 true。还可以通过 stringArrayEncoding 参数来控制数组的编码形式,默认不开启编码。如果将其设置为 true 或 base64,则会使用 Base64 编码;如果设置为 rc4,则使用 RC4 编码。另外,可以通过 stringArrayThreshold 来控制启用编码的概率,其范围为 0 到 1,默认值为 0.8。

示例如下:

```
const code = `
var a = 'hello world'
`
const options = {
  stringArray: true,
  rotateStringArray: true,
  stringArrayEncoding: true, // 'base64' 或 'rc4' 或 false
  stringArrayThreshold: 1,
}
```

运行结果如下：

```
var _0x4215=['aGVsbG8gd29ybGQ='];(function(_0x42bf17,_0x4c348f){var _0x328832=function(_0x355be1){while
(--_0x355be1){_0x42bf17['push'](_0x42bf17['shift']());}};_0x328832(++_0x4c348f);}(_0x4215,0x1da));
var _0x5191=function(_0x3cf2ba,_0x1917d8){_0x3cf2ba=_0x3cf2ba-0x0;var _0x1f93f0=_0x4215[_0x3cf2ba];
if(_0x5191['LqbVDH']===undefined){(function(){var _0x5096b2;try{var _0x282db1=Function('return\x20
(function()\x20'+'{}.constructor(\x22return\x20this\x22)(\x20)'+');');_0x5096b2=_0x282db1();}catch
(_0x2acb9c){_0x5096b2=window;}var _0x388c14='ABCDEFGHIJKLMNOPQRSTUVWXYZabcdefghijklmnopqrstuvwxyz
0123456789+/=';_0x5096b2['atob']||(_0x5096b2['atob']=function(_0x4cc27c){var _0x2af4ae=String(_0x4cc27c)
['replace'](/=+$/,'');for(var _0x21400b=0x0,_0x3f4e2e,_0x5b193b,_0x233381=0x0,_0x3dccf7='';_0x5b193b=
_0x2af4ae['charAt'](_0x233381++);~_0x5b193b&&(_0x3f4e2e=_0x21400b%0x4?_0x3f4e2e*0x40+_0x5b193b:_0x5b193b,
_0x21400b++%0x4)?_0x3dccf7+=String['fromCharCode'](0xff&_0x3f4e2e>>(-0x2*_0x21400b&0x6)):0x0){_0x5b193b=_
0x388c14['indexOf'](_0x5b193b);}return _0x3dccf7;});}());_0x5191['DuIurT']=function(_0x51888e)
{var _0x29801f=atob(_0x51888e);var _0x561e62=[];for(var _0x5dd788=0x0,_0x1a8b73=_0x29801f['length'];
_0x5dd788<_0x1a8b73;_0x5dd788++){_0x561e62+='%'+('00'+_0x29801f['charCodeAt'](_0x5dd788)['toString'](0x10
))['slice'](-0x2);}return decodeURIComponent(_0x561e62);};_0x5191['mgoBRd']={};_0x5191['LqbVDH']=!![];}var
_0x1741f0=_0x5191['mgoBRd'][_0x3cf2ba];if(_0x1741f0===undefined){_0x1f93f0=_0x5191['DuIurT'](_0x1f93f0);_
0x5191['mgoBRd'][_0x3cf2ba]=_0x1f93f0;}else{_0x1f93f0=_0x1741f0;}return _0x1f93f0;};var a=_0x5191('0x0');
```

可以看到，这里就把字符串进行了 Base64 编码，我们再也无法通过查找的方式找到字符串的位置了。

如果将 stringArray 设置为 false 的话，输出就是这样：

```
var a='hello\x20world';
```

字符串就仍然是明文显示的，没有被编码。

另外，我们还可以使用 unicodeEscapeSequence 这个参数对字符串进行 Unicode 转码，使之更加难以辨认，示例如下：

```
const code = `
var a = 'hello world'
`
const options = {
  compact: false,
  unicodeEscapeSequence: true
}
```

运行结果如下：

```
var _0x5c0d = ['\x68\x65\x6c\x6c\x6f\x20\x77\x6f\x72\x6c\x64'];
(function (_0x54cc9c, _0x57a3b2) {
    var _0xf833cf = function (_0x3cd8c6) {
        while (--_0x3cd8c6) {
            _0x54cc9c['push'](_0x54cc9c['shift']());
        }
    };
    _0xf833cf(++_0x57a3b2);
}(_0x5c0d, 0x17d));
var _0x28e8 = function (_0x3fd645, _0x2cf5e7) {
    _0x3fd645 = _0x3fd645 - 0x0;
    var _0x298a20 = _0x5c0d[_0x3fd645];
    return _0x298a20;
};
var a = _0x28e8('0x0');
```

可以看到，这里字符串被数字化和 Unicode 化，非常难以辨认。

在很多 JavaScript 逆向的过程中，一些关键的字符串可能会作为切入点来查找加密入口。用了这种混淆之后，如果有人想通过全局搜索的方式搜索 hello 这样的字符串找加密入口，也没法搜到了。

- **代码自我保护**

我们可以通过设置 selfDefending 参数来开启代码自我保护功能。开启之后，混淆后的 JavaScript 会强制以一行形式显示。如果我们将混淆后的代码进行格式化或者重命名，该段代码将无法执行。

示例如下：

```
const code = `
console.log('hello world')
`
const options = {
  selfDefending: true
}
```

运行结果如下：

```
var _0x26da=['log','hello\x20world'];(function(_0x190327,_0x57c2c0){var _0x577762=function(_0xc9dabb)
{while(--_0xc9dabb){_0x190327['push'](_0x190327['shift']());}};var _0x35976e=function(){var _0x16b3fe=
{'data':{'key':'cookie','value':'timeout'},'setCookie':function(_0x2d52d5,_0x16feda,_0x57cadf,_0x56056f)
{_0x56056f=_0x56056f||{};var _0x5b6dc3=_0x16feda+'='+_0x57cadf;var _0x333ced=0x0;for(var _0x333ced=0x0,
_0x19ae36=_0x2d52d5['length'];_0x333ced<_0x19ae36;_0x333ced++){var _0x409587=_0x2d52d5[_0x333ced];
_0x5b6dc3+=';\x20'+_0x409587;var _0x4aa006=_0x2d52d5[_0x409587];_0x2d52d5['push'](_0x4aa006);_0x19ae36=
_0x2d52d5['length'];if(_0x4aa006!==!![]){_0x5b6dc3+='='+_0x4aa006;}}_0x56056f['cookie']=_0x5b6dc3;},
'removeCookie':function(){return'dev';},'getCookie':function(_0x30c497,_0x51923d){_0x30c497=_0x30c497||
function(_0x4b7e18){return _0x4b7e18;};var _0x557e06=_0x30c497(new RegExp('(?:^|;\x20)'+_0x51923d['replace']
(/([.$?*|{}()[]\/+^])/g,'$1')+'=([^;]*)'));var _0x817646=function(_0xf3fae7,_0x5d8208){_0xf3fae7(++_0x5d8208);};
_0x817646(_0x577762,_0x57c2c0);return _0x557e06?decodeURIComponent(_0x557e06[0x1]):undefined;}};
var _0x4673cd=function(){var _0x4c6c5c=new RegExp('\x5cw+\x20*\x5c(\x5c)\x20*{\x5cw+\x20*[\x27|\x22].
+[\x27|\x22];?\x20*}');return _0x4c6c5c['test'](_0x16b3fe['removeCookie']['toString']());};_0x16b3fe
['updateCookie']=_0x4673cd;var _0x5baa80='';var _0x1faf19=_0x16b3fe['updateCookie']();if(!_0x1faf19)
{_0x16b3fe['setCookie'](['*'],'counter',0x1);}else if(_0x1faf19){_0x5baa80=_0x16b3fe['getCookie'](null,
'counter');}else{_0x16b3fe['removeCookie']();}};_0x35976e();}(_0x26da,0x140));var _0x4391=function
(_0x1b42d8,_0x57edc8){_0x1b42d8=_0x1b42d8-0x0;var _0x2fbeca=_0x26da[_0x1b42d8];return _0x2fbeca;};
var _0x197926=function(){var _0x10598f=!![];return function(_0xffa3b3,_0x7a40f9){var _0x48e571=
_0x10598f?function(){if(_0x7a40f9){var _0x2194b5=_0x7a40f9['apply'](_0xffa3b3,arguments);_0x7a40f9=null;
return _0x2194b5;}}:function(){};_0x10598f=![];return _0x48e571;};}();var _0x2c6fd7=_0x197926(this,
function(){var _0x4828bb=function(){return'\x64\x65\x76';},_0x35c3bc=function(){return'\x77\x69\x6e\x64\
x6f\x77';};var _0x456070=function(){var _0x4576a4=new RegExp('\x5c\x77\x2b\x20\x2a\x5c\x28\x5c\x29\x20\
x2a\x7b\x5c\x77\x2b\x20\x2a\x5b\x27\x7c\x22\x5d\x2e\x2b\x5b\x27\x7c\x22\x5d\x3b\x3f\x20\x2a\x7d');
return!_0x4576a4['\x74\x65\x73\x74'](_0x4828bb['\x74\x6f\x53\x74\x72\x69\x6e\x67']());};var _0x3fde69=
function(){var _0xabb6f4=new RegExp('\x28\x5c\x5c\x5b\x78\x7c\x75\x5d\x28\x5c\x77\x29\x7b\x32\x2c\x34\
x7d\x29\x2b');return _0xabb6f4['\x74\x65\x73\x74'](_0x35c3bc['\x74\x6f\x53\x74\x72\x69\x6e\x67']());};
var _0x2d9a50=function(_0x58fdb4){var _0x2a6361=~-0x1>>0x1+0xff%0x0;if(_0x58fdb4['\x69\x6e\x64\x65\x78\
x4f\x66']('\x69'===_0x2a6361)){_0xc388c5(_0x58fdb4);}};var _0xc388c5=function(_0x2073d6){var _0x6bb49f=
~-0x4>>0x1+0xff%0x0;if(_0x2073d6['\x69\x6e\x64\x65\x78\x4f\x66']((!![]+'')[0x3])!==_0x6bb49f){_0x2d9a50
(_0x2073d6);}};if(!_0x456070()){if(!_0x3fde69()){_0x2d9a50('\x69\x6e\x64\u0435\x4f\x66');}
else{_0x2d9a50('\x69\x6e\x64\x65\x78\x4f\x66');}}else{_0x2d9a50('\x69\x6e\x64\u0435\x78\x4f\x66');
}});_0x2c6fd7();console[_0x4391('0x0')](_0x4391('0x1'));
```

如果我们将上述代码放到控制台，它的执行结果和之前是一模一样的，没有任何问题。

如果我们将其进行格式化，然后贴到浏览器控制台里面，浏览器会直接卡死无法运行。这样如果有人对代码进行了格式化，就无法正常对代码进行运行和调试，从而起到了保护作用。

- 控制流平坦化

控制流平坦化其实就是将代码的执行逻辑混淆，使其变得复杂、难读。其基本思想是将一些逻辑处理块都统一加上一个前驱逻辑块，每个逻辑块都由前驱逻辑块进行条件判断和分发，构成一个个闭环逻辑，这导致整个执行逻辑十分复杂、难读。

比如说这里有一段示例代码：

```
console.log(c);
console.log(a);
console.log(b);
```

代码逻辑一目了然，依次在控制台输出了 c、a、b 三个变量的值。但如果把这段代码进行控制流平坦化处理，代码就会变成这样：

```
const s = "3|1|2".split("|");
let x = 0;
```

```
while (true) {
  switch (s[x++]) {
    case "1":
      console.log(a);
      continue;
    case "2":
      console.log(b);
      continue;
    case "3":
      console.log(c);
      continue;
  }
  break;
}
```

可以看到，混淆后的代码首先声明了一个变量 s，它的结果是一个列表，其实是 ["3", "1", "2"]，然后下面通过 switch 语句对 s 中的元素进行了判断，每个 case 都加上了各自的代码逻辑。通过这样的处理，一些连续的执行逻辑就被打破了，代码被修改为一个 switch 语句，原本我们可以一眼看出的逻辑是控制台先输出 c，然后才是 a、b，但是现在我们必须结合 switch 的判断条件和对应 case 的内容进行判断，我们很难再一眼看出每条语句的执行顺序了，这大大降低了代码的可读性。

在 javascript-obfuscator 中，我们通过 controlFlowFlattening 变量可以控制是否开启控制流平坦化，示例如下：

```
const options = {
  compact: false,
  controlFlowFlattening: true
}
```

使用控制流平坦化可以使得执行逻辑更加复杂、难读，目前非常多的前端混淆都会加上这个选项。但启用控制流平坦化之后，代码的执行时间会变长，最长达 1.5 倍之多。

另外，我们还能使用 controlFlowFlatteningThreshold 这个参数来控制比例，取值范围是 0 到 1，默认值为 0.75。如果将该参数设置为 0，那相当于将 controlFlowFlattening 设置为 false，即不开启控制流扁平化。

- **无用代码注入**

无用代码即不会被执行的代码或对上下文没有任何影响的代码，注入之后可以对现有的 JavaScript 代码的阅读形成干扰。我们可以使用 deadCodeInjection 参数开启这个选项，其默认值为 false。

比如，这里有一段代码：

```
const a = function() {
  console.log("hello world");
};

const b = function() {
  console.log("nice to meet you");
};

a();
b();
```

这里声明了方法 a 和 b，然后依次进行调用，分别输出两句话。

经过无用代码注入处理之后，代码就会变成类似这样：

```
const _0x16c18d = function () {
  if (!![]) {
    console.log("hello world");
  } else {
    console.log("this");
```

```
      console.log("is");
      console.log("dead");
      console.log("code");
    }
};
const _0x1f7292 = function () {
  if ("xmv2nOdfy2N".charAt(4) !== String.fromCharCode(110)) {
      console.log("this");
      console.log("is");
      console.log("dead");
      console.log("code");
    } else {
      console.log("nice to meet you");
    }
};

_0x16c18d();
_0x1f7292();
```

可以看到，每个方法内部都增加了额外的 if…else 语句，其中 if 的判断条件还是一个表达式，其结果是 true 还是 false 我们还不能一眼看出来，比如说 _0x1f7292 这个方法，它的 if 判断条件是：

```
"xmv2nOdfy2N".charAt(4) !== String.fromCharCode(110)
```

在不等号前面其实是从字符串中取出指定位置的字符，不等号后面则调用了 fromCharCode 方法来根据 ASCII 码转换得到一个字符，然后比较两个字符的结果是否是不一样的。前者经过推算，我们可以知道结果是 n；但对于后者，多数情况下我们还得去查一下 ASCII 码表，才能知道其结果也是 n。最后两个结果是相同的，整个表达式的结果是 false，所以 if 后面跟的逻辑实际上就是不会被执行到的无用代码，但这些代码对我们阅读代码起到了一定的干扰作用。

因此，这种混淆方式通过混入一些特殊的判断条件并加入一些不会被执行的代码，可以对代码起到一定的混淆、干扰作用。

在 javascript-obfuscator 中，我们可以通过 deadCodeInjection 参数控制无用代码的注入，配置如下：

```
const options = {
  compact: false,
  deadCodeInjection: true
}
```

另外，我们还可以通过设置 deadCodeInjectionThreshold 参数来控制无用代码注入的比例。该参数的取值范围为 0 到 1，默认值是 0.4。

● 对象键名替换

如果是一个对象，可以使用 transformObjectKeys 来对对象的键值进行替换，示例如下：

```
const code = `
(function(){
    var object = {
        foo: 'test1',
        bar: {
            baz: 'test2'
        }
    };
})();
`
const options = {
  compact: false,
  transformObjectKeys: true
}
```

输出结果如下：

```
var _0x7a5d = [
    'bar',
    'test2',
    'test1'
];
(function (_0x59fec5, _0x2e4fac) {
    var _0x231e7a = function (_0x46f33e) {
        while (--_0x46f33e) {
            _0x59fec5['push'](_0x59fec5['shift']());
        }
    };
    _0x231e7a(++_0x2e4fac);
}(_0x7a5d, 0x167));
var _0x3bc4 = function (_0x309ad3, _0x22d5ac) {
    _0x309ad3 = _0x309ad3 - 0x0;
    var _0x3a034e = _0x7a5d[_0x309ad3];
    return _0x3a034e;
};
(function () {
    var _0x9f1fd1 = {};
    _0x9f1fd1['foo'] = _0x3bc4('0x0');
    _0x9f1fd1[_0x3bc4('0x1')] = {};
    _0x9f1fd1[_0x3bc4('0x1')]['baz'] = _0x3bc4('0x2');
}());
```

可以看到，Object 的变量名被替换为了特殊的变量，代码的可读性变差，这样我们就不好直接通过变量名进行搜寻了，这也可以起到一定的防护作用。

- **禁用控制台输出**

我们可以使用 disableConsoleOutput 来禁用掉 console.log 输出功能，加大调试难度，示例如下：

```
const code = `
console.log('hello world')
`
const options = {
  disableConsoleOutput: true
}
```

运行结果如下：

```
var _0x3a39=['debug','info','error','exception','trace','hello\x20world','apply','{}.constructor
(\x22return\x20this\x22)(\x20)','console','log','warn'];(function(_0x2a157a,_0x5d9d3b){var _0x488e2c=
function(_0x5bcb73){while(--_0x5bcb73){_0x2a157a['push'](_0x2a157a['shift']());}};_0x488e2c(++_0x5d9d3b);
}(_0x3a39,0x10e));var _0x5bff=function(_0x43bdfc,_0x52e4c6){_0x43bdfc=_0x43bdfc-0x0;var _0xb67384=_0x3a39
[_0x43bdfc];return _0xb67384;};var _0x349b01=function(){var _0x1f484b=!![];return function(_0x5efe0d,
_0x33db62){var _0x20bcd2=_0x1f484b?function(){if(_0x33db62){var _0x77054c=_0x33db62[_0x5bff('0x0')]
(_0x5efe0d,arguments);_0x33db62=null;return _0x77054c;}}:function(){};_0x1f484b=![];return _0x20bcd2;};}();
var _0x19f538=_0x349b01(this,function(){var _0x7ab6e4=function(){};var _0x157bff;try{var _0x5e672c=Function
('return\x20(function()\x20'+_0x5bff('0x1')+');');_0x157bff=_0x5e672c();}catch(_0x11028d){_0x157bff=window;}
if(!_0x157bff[_0x5bff('0x2')]){_0x157bff[_0x5bff('0x2')]=function(_0x7ab6e4){var _0x5a8d9e={};_0x5a8d9e
[_0x5bff('0x3')]=_0x7ab6e4;_0x5a8d9e[_0x5bff('0x4')]=_0x7ab6e4;_0x5a8d9e[_0x5bff('0x5')]=_0x7ab6e4;_
0x5a8d9e[_0x5bff('0x6')]=_0x7ab6e4;_0x5a8d9e[_0x5bff('0x7')]=_0x7ab6e4;_0x5a8d9e[_0x5bff('0x8')]=_
0x7ab6e4;_0x5a8d9e[_0x5bff('0x9')]=_0x7ab6e4;return _0x5a8d9e;}(_0x7ab6e4);}else{_0x157bff[_0x5bff('0x2')]
[_0x5bff('0x3')]=_0x7ab6e4;_0x157bff[_0x5bff('0x2')][_0x5bff('0x4')]=_0x7ab6e4;_0x157bff[_0x5bff('0x2')]
['debug']=_0x7ab6e4;_0x157bff[_0x5bff('0x2')][_0x5bff('0x6')]=_0x7ab6e4;_0x157bff[_0x5bff('0x2')][_0x5bff
('0x7')]=_0x7ab6e4;_0x157bff[_0x5bff('0x2')][_0x5bff('0x8')]=_0x7ab6e4;_0x157bff[_0x5bff('0x2')][_0x5bff
('0x9')]=_0x7ab6e4;}});_0x19f538();console[_0x5bff('0x3')](_0x5bff('0xa'));
```

此时，我们如果执行这段代码，发现是没有任何输出的，这里实际上就是将 console 的一些功能禁用了。

- **调试保护**

我们知道，如果在 JavaScript 代码中加入 debugger 关键字，那么执行到该位置的时候，就会进入断点调试模式。如果在代码多个位置都加入 debugger 关键字，或者定义某个逻辑来反复执行 debugger，就会不断进入断点调试模式,原本的代码就无法顺畅执行了。这个过程可以称为调试保护,即通过反复执行 debugger 来使得原来的代码无法顺畅执行。

其效果类似于执行了如下代码:

```
setInterval(() => {debugger;}, 3000)
```

如果我们把这段代码粘贴到控制台,它就会反复执行 debugger 语句,进入断点调试模式,从而干扰正常的调试流程。

在 javascript-obfuscator 中,我们可以使用 debugProtection 来启用调试保护机制,还可以使用 debugProtectionInterval 来启用无限调试(debug),使得代码在调试过程中不断进入断点模式,无法顺畅执行。配置如下:

```
const options = {
  debugProtection: true,
  debugProtectionInterval: true,
};
```

混淆后的代码会不断跳到 debugger 代码的位置,使得整个代码无法顺畅执行,对 JavaScript 代码的调试形成一定的干扰。

- 域名锁定

我们还可以通过控制 domainLock 来控制 JavaScript 代码只能在特定域名下运行,这样就可以降低代码被模拟或盗用的风险。

示例如下:

```
const code = `
console.log('hello world')
`
const options = {
  domainLock: ['cuiqingcai.com']
}
```

这里我们使用 domainLock 指定了一个域名 cuiqingcai.com,也就是设置了一个域名白名单,混淆后的代码结果如下:

```
var _0x3203=['apply','return\x20(function()\x20','{}.constructor(\x22return\x20this\x22)(\x20)','item','attribute','value','replace','length','charCodeAt','log','hello\x20world'];(function(_0x2ed22c,_0x3ad370)
{var _0x49dc54=function(_0x53a786){while(--_0x53a786){_0x2ed22c['push'](_0x2ed22c['shift']());}};_0x49dc54
(++_0x3ad370);}(_0x3203,0x155));var _0x5b38=function(_0xd7780b,_0x19c0f2){_0xd7780b=_0xd7780b-0x0;
var _0x2d2f44=_0x3203[_0xd7780b];return _0x2d2f44;};var _0x485919=function(){var _0x5cf798=!![];
return function(_0xd1fa29,_0x2ed646){var _0x56abf=_0x5cf798?function(){if(_0x2ed646){var _0x33af63=
_0x2ed646[_0x5b38('0x0')](_0xd1fa29,arguments);_0x2ed646=null;return _0x33af63;}}:function(){};
_0x5cf798=![];return _0x56abf;};}();var _0x67dcc8=_0x485919(this,function(){var _0x276a31;
try{var _0x5c8be2=Function(_0x5b38('0x1')+_0x5b38('0x2')+');');_0x276a31=_0x5c8be2();}catch(_0x5f1c00)
{_0x276a31=window;}var _0x254a0d=function(){return{'key':_0x5b38('0x3'),'value':_0x5b38('0x4'),
'getAttribute':function(){for(var _0x5cc3c7=0x0;_0x5cc3c7<0x3e8;_0x5cc3c7--){var _0x35b30b=_0x5cc3c7>0x0;
switch(_0x35b30b){case!![]:return this[_0x5b38('0x3')]+'_'+this[_0x5b38('0x5')]+'_'+_0x5cc3c7;default:this
[_0x5b38('0x3')]+'_'+this[_0x5b38('0x5')];}}}();};var _0x3b375a=new RegExp('[QLCIKYkCFzdWpzRAXMhxJOYpTp
YWJHPll]','g');var _0x5a94d2='cuQLiqiCInKYkgCFzdWcpzRAaXMi.hcoxmJOYpTpYWJHPll'[_0x5b38('0x6')]
(_0x3b375a,'')['split'](';');var _0x5c0da2;var _0x19ad5d;var _0x5992ca;var _0x40bd39;for(var _0x5cad1 in
_0x276a31){if(_0x5cad1[_0x5b38('0x7')]==0x8&&_0x5cad1[_0x5b38('0x8')](0x7)==0x74&&_0x5cad1[_0x5b38('0x8')]
(0x5)==0x65&&_0x5cad1[_0x5b38('0x8')](0x3)==0x75&&_0x5cad1[_0x5b38('0x8')](0x0)==0x64){_0x5c0da2=_0x5cad1;
break;}}for(var _0x29551 in _0x276a31[_0x5c0da2]){if(_0x29551[_0x5b38('0x7')]==0x6&&_0x29551[_0x5b38('0x8')]
(0x5)==0x6e&&_0x29551[_0x5b38('0x8')](0x0)==0x64){_0x19ad5d=_0x29551;break;}}if(!('~'>_0x19ad5d)){for(
var _0x2b71bd in _0x276a31[_0x5c0da2]){if(_0x2b71bd[_0x5b38('0x7')]==0x8&&_0x2b71bd[_0x5b38('0x8')](0x7)
==0x6e&&_0x2b71bd[_0x5b38('0x8')](0x0)==0x6c){_0x5992ca=_0x2b71bd;break;}}for(var _0x397f55 in _0x276a31
[_0x5c0da2][_0x5992ca]){if(_0x397f55['length']==0x8&&_0x397f55[_0x5b38('0x8')](0x7)==0x65&&_0x397f55
[_0x5b38('0x8')](0x0)==0x68){_0x40bd39=_0x397f55;break;}}}if(!_0x5c0da2||!_0x276a31[_0x5c0da2]){return;}
var _0x5f19be=_0x276a31[_0x5c0da2][_0x19ad5d];var _0x674f76=!!_0x276a31[_0x5c0da2][_0x5992ca]&&_0x276a31
[_0x5c0da2][_0x5992ca][_0x40bd39];var _0x5e1b34=_0x5f19be||_0x674f76;if(!_0x5e1b34){return;}var _0x593394=
```

```
![];for(var _0x479239=0x0;_0x479239<_0x5a94d2['length'];_0x479239++){var _0x19ad5d=_0x5a94d2[_0x479239];
var _0x112c24=_0x5e1b34['length']-_0x19ad5d['length'];var _0x51731c=_0x5e1b34['indexOf'](_0x19ad5d,
_0x112c24);var _0x173191=_0x51731c!==-0x1&&_0x51731c===_0x112c24;if(_0x173191){if(_0x5e1b34['length']==
_0x19ad5d[_0x5b38('0x7')]||_0x19ad5d['indexOf']('.')===0x0){_0x593394=!![];}}}if(!_0x593394){data;}else
{return;}_0x254a0d();});_0x67dcc8();console[_0x5b38('0x9')](_0x5b38('0xa'));
```

这段代码就只能在指定域名 cuiqingcai.com 下运行,不能在其他网站运行。这样的话,如果一些相关 JavaScript 代码被单独剥离出来,想在其他网站运行或者使用程序模拟运行的话,运行结果只有失败,这样就可以有效降低代码被模拟或盗用的风险。

- **特殊编码**

另外,还有一些特殊的工具包(比如 aaencode、jjencode、jsfuck 等),它们可以对代码进行混淆和编码。

示例如下:

`var a = 1`

使用 jsfuck 工具的结果:

```
[][(![]+[])[+[]]+(!![]+[])[+!+[]]+(!![]+[])[+[]]+(!![]+[])[+!+[]]+([][[]]+[])[+!+[]]+([][[]]+[])[!+[]+!+[]]+(!![]+[])[+[]]+([][[]]+[])[+[]]+([][[]]+[])[+!+[]]+(!![]+[])[+!+[]]](...)
...
```

使用 aaencode 工具的结果:

```
ﾟωﾟﾉ= /´ｍ´)ﾉ ~┻━┻   /['_']; o=(ﾟｰﾟ)  =_=3; c=(ﾟΘﾟ) =(ﾟｰﾟ)-(ﾟｰﾟ); (ﾟДﾟ) =(ﾟΘﾟ)= (o^_^o)/ (o^_^o);(ﾟДﾟ)={ﾟΘﾟ: '_' ,ﾟωﾟﾉ : ((ﾟωﾟﾉ==3) +'_') [ﾟΘﾟ] ,ﾟｰﾟﾉ :(ﾟωﾟﾉ+'_')[o^_^o -(ﾟΘﾟ)] ,ﾟДﾟﾉ:((ﾟｰﾟ==3) +'_')[ﾟｰﾟ] }; (ﾟДﾟ) [ﾟΘﾟ] =((ﾟωﾟﾉ==3) +'_') [c^_^o];(ﾟДﾟ) ['c'] = ((ﾟДﾟ)+'_') [ (ﾟｰﾟ)+(ﾟｰﾟ)-(ﾟΘﾟ) ];(ﾟДﾟ) ['o'] = ((ﾟДﾟ)+'_') [ﾟΘﾟ];(ﾟoﾟ)=(ﾟДﾟ) ['c']+(ﾟДﾟ) ['o']+(ﾟωﾟﾉ +'_')[ﾟΘﾟ]+ ((ﾟωﾟﾉ==3) +'_') [ﾟｰﾟ] + ((ﾟДﾟ) +'_') [(ﾟｰﾟ)+(ﾟｰﾟ)]+ ((ﾟｰﾟ==3) +'_') [ﾟΘﾟ]+((ﾟｰﾟ==3) +'_') [(ﾟｰﾟ) - (ﾟΘﾟ)]+(ﾟДﾟ) ['c']+((ﾟДﾟ)+'_') [(ﾟｰﾟ)+(ﾟｰﾟ)]+ (ﾟДﾟ) ['o']+((ﾟｰﾟ==3) +'_') [ﾟΘﾟ];(ﾟДﾟ) ['_'] =(o^_^o) [ﾟoﾟ] [ﾟoﾟ];(ﾟεﾟ)=((ﾟｰﾟ==3) +'_') [ﾟΘﾟ]+ (ﾟДﾟ) .ﾟДﾟﾉ+((ﾟДﾟ)+'_') [(ﾟｰﾟ) + (ﾟｰﾟ)]+((ﾟｰﾟ==3) +'_') [o^_^o -ﾟΘﾟ]+((ﾟｰﾟ==3) +'_') [ﾟΘﾟ]+ (ﾟωﾟﾉ +'_') [ﾟΘﾟ]; (ﾟｰﾟ)+=(ﾟΘﾟ); (ﾟДﾟ)[ﾟεﾟ]='\\'; (ﾟДﾟ).ﾟωﾟﾉ=(ﾟДﾟ+ﾟｰﾟ)[o^_^o -(ﾟΘﾟ)];(oﾟｰﾟo)=(ﾟωﾟﾉ +'_')[c^_^o];(ﾟДﾟ) [ﾟoﾟ]='\"';(ﾟДﾟ) ['_'] ( (ﾟДﾟ) ['_'] (ﾟεﾟ+(ﾟДﾟ)[ﾟoﾟ]+ (ﾟДﾟ)[ﾟεﾟ]+(ﾟΘﾟ)+ ((o^_^o) +(o^_^o))+ ((o^_^o) +(o^_^o))+ (ﾟДﾟ)[ﾟεﾟ]+(ﾟΘﾟ)+ (ﾟｰﾟ)+ (ﾟΘﾟ)+ (ﾟДﾟ)[ﾟεﾟ]+(ﾟΘﾟ)+ ((o^_^o) +(o^_^o))+ ((o^_^o) - (ﾟΘﾟ))+ (ﾟДﾟ)[ﾟεﾟ]+(ﾟｰﾟ)+ (c^_^o)+ (ﾟДﾟ)[ﾟεﾟ]+(ﾟΘﾟ)+ (ﾟｰﾟ)+ (ﾟДﾟ)[ﾟεﾟ]+(ﾟｰﾟ)+ (c^_^o)+ (ﾟДﾟ)[ﾟεﾟ]+((ﾟｰﾟ) + (o^_^o))+ ((ﾟｰﾟ) + (ﾟΘﾟ))+ (ﾟДﾟ)[ﾟεﾟ]+(ﾟｰﾟ)+ ((o^_^o) +(o^_^o))+ (ﾟΘﾟ)+ (ﾟДﾟ)[ﾟoﾟ])(ﾟΘﾟ))((ﾟΘﾟ)+(ﾟДﾟ)[ﾟεﾟ]+((ﾟｰﾟ)+(ﾟΘﾟ))[ﾟoﾟ]);
```

使用 jjencode 工具的结果:

```
$=~[];$={___:++$,$$$$:(![]+"")[$],__$:++$,$_$_:(![]+"")[$],_$_:++$,$_$$:({}+"")[$],$$_$:($[$]+"")[$],_$$:++$,$$$_:(!""+"")[$],$__:++$,$_$:++$,$$__:({}+"")[$],$$_:++$,$$$:++$,$___:++$,$__$:++$};$.$_=($.$_=$+"")[$.$_$]+($._$=$.$_[$.__$])+($.$$=($.$+"")[$.__$])+((!$)+"")[$._$$]+($.__=$.$_[$.$$_])+($.$=(!""+"")[$.__$])+($._=(!""+"")[$._$_])+$.$_[$.$_$]+$.__+$._$+$.$;$.$$=$.$+(!""+"")[$._$$]+$.__+$._+$.$+$.$$;$.$=($.___)[$.$_][$.$_];$.$($.$($.$$+"\""+"\\"+$.__$+$.$$+$._$+$.$_+"\\"+$.__+$.$$_+$._+$.__+"\""+$.$+$.__+$.$_+"\\"+$.$_+$.___+"=\\"+$.$_+$.__+$._$+$._+"\""+"")())();
```

可以看到,通过这些工具,原本非常简单的代码被转化为一些几乎完全不可读的代码,但实际上运行效果还是相同的。这些混淆方式比较另类,看起来虽然没有什么头绪,但实际上找到规律是非常好还原的,并没有真正达到强力混淆的效果。

以上便是对 JavaScript 混淆方式的介绍和总结。总的来说，经过混淆的 JavaScript 代码的可读性大大降低，同时其防护效果也大大增强。

5. WebAssembly

随着技术的发展，WebAssembly 逐渐流行起来。不同于 JavaScript 混淆技术，WebAssembly 的基本思路是将一些核心逻辑使用其他语言（如 C/C++ 语言）来编写，并编译成类似字节码的文件，并通过 JavaScript 调用执行，从而起到二进制级别的防护作用。

WebAssembly 是一种可以使用非 JavaScript 编程语言编写代码并且能在浏览器上运行的技术方案，比如我们能将 C/C++ 文件利用 Emscripten 编译工具转成 wasm 格式的文件，JavaScript 可以直接调用该文件执行其中的方法。

WebAssembly 是经过编译器编译之后的字节码，可以从 C/C++ 编译而来，得到的字节码具有和 JavaScript 相同的功能，运行速度更快，体积更小，而且在语法上完全脱离 JavaScript，同时具有沙盒化的执行环境。

比如，这就是一个基本的 WebAssembly 示例：

```
WebAssembly.compile(new Uint8Array(`
  00 61 73 6d  01 00 00 00  01 0c 02 60  02 7f 7f 01
  7f 60 01 7f  01 7f 03 03  02 00 01 07  10 02 03 61
  64 64 00 00  06 73 71 75  61 72 65 00  01 0a 13 02
  08 00 20 00  20 01 6a 0f  0b 08 00 20  00 20 00 6c
  0f 0b`.trim().split(/[\s\r\n]+/g).map(str => parseInt(str, 16))
)).then(module => {
  const instance = new WebAssembly.Instance(module)
  const { add, square } = instance.exports
  console.log('2 + 4 =', add(2, 4))
  console.log('3^2 =', square(3))
  console.log('(2 + 5)^2 =', square(add(2 + 5)))
})
```

这里其实是利用 WebAssembly 定义了两个方法，分别是 add 和 square，分别用于求和和开平方计算。那这两个方法是在哪里声明的呢？其实它们被隐藏在 Uint8Array 里面。仅仅查看明文代码，我们确实无从知晓里面究竟定义了什么逻辑，但确实是可以执行的。我们将这段代码输入到浏览器控制台下，运行结果如下：

```
2 + 4 = 6
3^2 = 9
(2 + 5)^2 = 49
```

由此可见，通过 WebAssembly 我们可以成功将核心逻辑"隐藏"起来，这样某些核心逻辑就不能被轻易找出来了。

所以，很多网站越来越多地使用 WebAssembly 技术来保护一些核心逻辑不轻易被人识别或破解，可以起到更好的防护效果。

6. 总结

在本节中，我们介绍了接口加密技术和 JavaScript 的压缩、混淆技术，也初步了解了 WebAssembly 技术。知己知彼方能百战不殆，了解了原理，我们才能更好地去实现 JavaScript 的逆向。

本节代码参见：https://github.com/Python3WebSpider/JavaScriptObfuscate。

由于本节涉及一些专业名词，部分内容参考来源如下。

- javascript-obfuscator 官方 GitHub 仓库。
- javascript-obfuscator 官网。

- 阮一峰的"asm.js 和 Emscripten 入门教程"。
- 掘金上的"JavaScript 混淆安全加固"文章。

11.2 浏览器调试常用技巧

在上一节中，我们了解了 JavaScript 的压缩、混淆等技术，现在越来越多的网站已经应用这些技术对其数据接口进行保护。在做爬虫时，如果我们遇到了这种情况，可能就不得不硬着头皮去想方设法找出其中隐含的关键逻辑了，这个过程可以称为 JavaScript 逆向。

既然我们要做 JavaScript 逆向，那少不了要用到浏览器的开发者工具。因为网页是在浏览器中加载的，所以多数的调试过程也是在浏览器中完成的。

工欲善其事，必先利其器。本节中，我们先来基于 Chrome 浏览器介绍浏览器开发者工具的使用。但由于开发者工具的功能十分复杂，本节主要介绍对 JavaScript 逆向有一些帮助的功能，学会了这些，我们在做 JavaScript 逆向调试的过程中会更加得心应手。

本节中，我们以一个示例网站 https://spa2.scrape.center/ 来做演示，用这个示例介绍浏览器开发者工具各个面板的用法。

1. 面板介绍

首先，我们用 Chrome 浏览器打开示例网站，页面如图 11-2 所示。

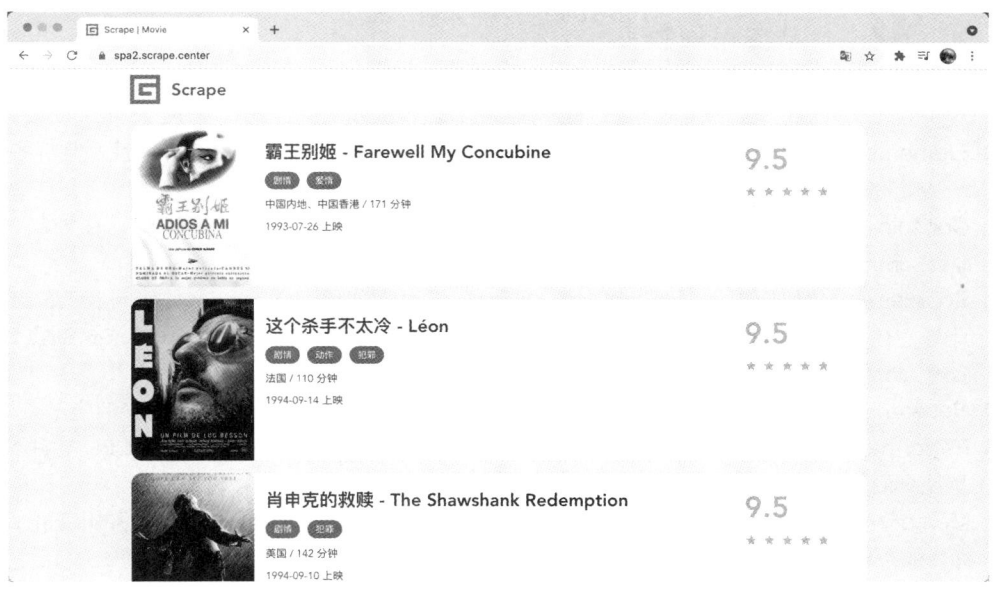

图 11-2 示例网站页面

接下来，打开开发者工具，我们会看到类似图 11-3 所示的结果。

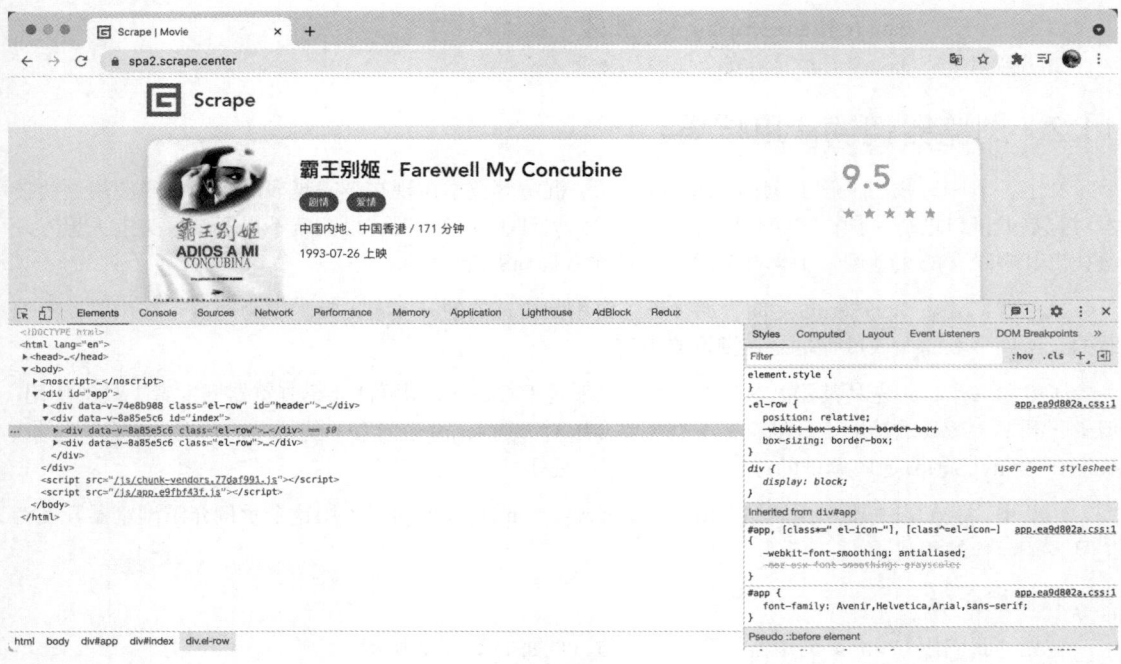

图 11-3 打开开发者工具

这里可以看到多个面板标签,如 Elements、Console、Sources 等,这就是开发者工具的一个个面板,功能丰富而又强大。下面先对面板进行简单介绍。

- **Elements**:元素面板,用于查看或修改当前网页 HTML 节点的属性、CSS 属性、监听事件等。HTML 和 CSS 都可以即时修改和即时显示。
- **Console**:控制台面板,用于查看调试日志或异常信息。另外,我们还可以在控制台输入 JavaScript 代码,方便调试。
- **Sources**:源代码面板,用于查看页面的 HTML 文件源代码、JavaScript 源代码、CSS 源代码。此外,还可以在此面板对 JavaScript 代码进行调试,比如添加和修改 JavaScript 断点,观察 JavaScript 变量变化等。
- **Network**:网络面板,用于查看页面加载过程中的各个网络请求,包括请求、响应等。
- **Performance**:性能面板,用于记录和分析页面在运行时的所有活动,比如 CPU 占用情况、呈现页面的性能分析结果。
- **Memory**:内存面板,用于记录和分析页面占用内存的情况,如查看内存占用变化,查看 JavaScript 对象和 HTML 节点的内存分配。
- **Application**:应用面板,用于记录网站加载的所有资源信息,如存储、缓存、字体、图片等,同时也可以对一些资源进行修改和删除。
- **Lighthouse**:审核面板,用于分析网络应用和网页,收集现代性能指标并提供对开发人员最佳实践的意见。

了解了这些面板之后,我们来深入了解几个面板中对 JavaScript 调试很有帮助的功能。

2. 查看节点事件

前面介绍过,我们通过 Elements 面板可以审查页面的节点信息,可以查看当前页面的 HTML 源代码及其在网页中对应的位置,查看某个条目的标题对应的页面源代码,如图 11-4 所示。

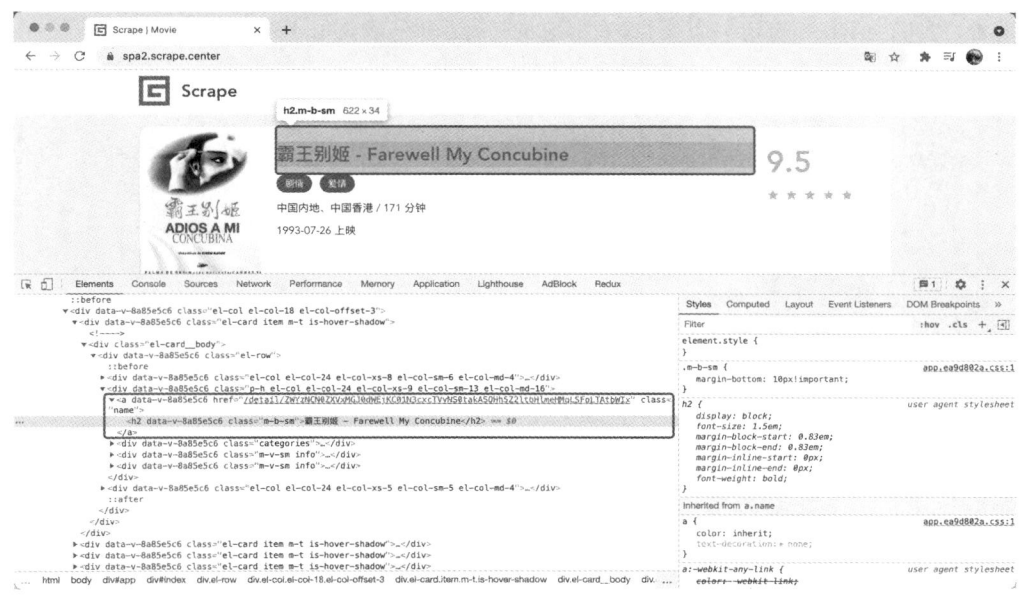

图 11-4　查看源代码

点击右侧的 Styles 选项卡，可以看到对应节点的 CSS 样式，我们可以自行在这里增删样式，实时预览效果，这对网页开发十分有帮助。

在 Computed 选项卡中，可以看到当前节点的盒子模型，比如外边距、内边距等，还可以看到当前节点最终计算出的 CSS 样式，如图 11-5 所示。

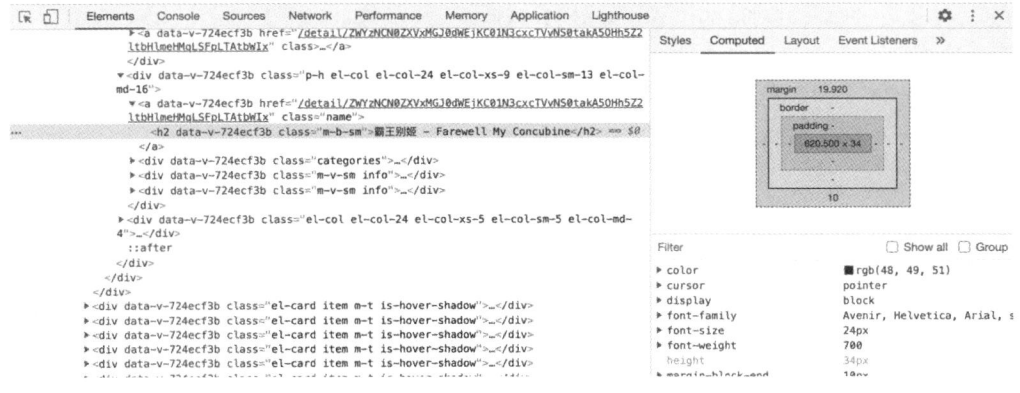

图 11-5　盒子模型

接下来，切换到右侧的 Event Listeners 选项卡，这里可以显示各个节点当前已经绑定的事件，都是 JavaScript 原生支持的，下面简单列举几个事件。

- change：HTML 元素改变时会触发的事件。
- click：用户点击 HTML 元素时会触发的事件。
- mouseover：用户在一个 HTML 元素上移动鼠标时会触发的事件。
- mouseout：用户从一个 HTML 元素上移开鼠标时会触发的事件。
- keydown：用户按下键盘按键时会触发的事件。
- load：浏览器完成页面加载时会触发的事件。

通常，我们会给按钮绑定一个点击事件，它的处理逻辑一般是由 JavaScript 定义的，这样在我们点击按钮的时候，对应的 JavaScript 代码便会执行。比如在图 11-6 中，我们选中切换到第 2 页的节点，右侧 Event Listeners 选项卡下会看到它绑定的事件。

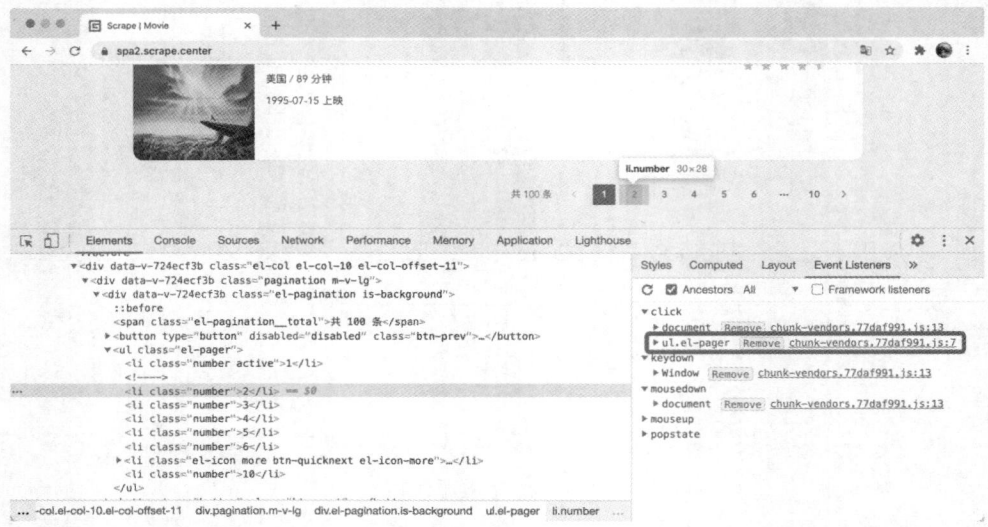

图 11-6　选中切换到第 2 页的节点

这里有对应事件的代码位置，内容为一个 JavaScript 文件名称 chunk-vendors.77daf991.js，然后紧跟一个冒号，接着跟了一个数字 7。所以对应的事件处理函数是定义在 chunk-vendors.77daf991.js 这个文件的第 7 行。点击这个代码位置，便会自动跳转到 Sources 面板，打开对应的 chunk-vendors.77daf991.js 文件并跳转到对应的位置，如图 11-7 所示。

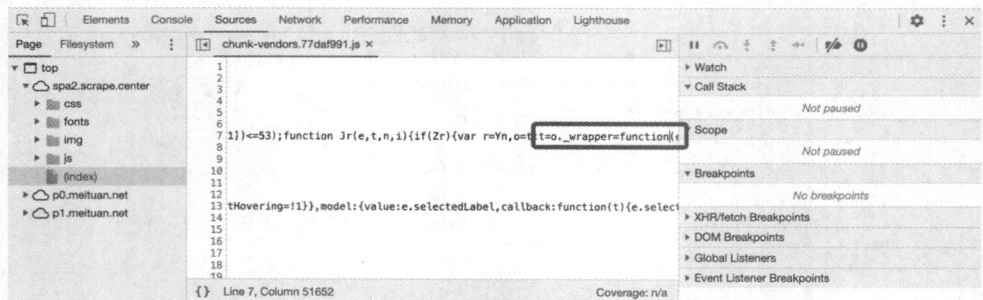

图 11-7　跳转到对应的代码位置

所以，利用好 Event Listeners，我们可以轻松找到各个节点绑定事件的处理方法所在的位置，帮我们在 JavaScript 逆向过程中找到一些突破口。

3. 代码美化

刚才我们已经通过 Event Listeners 找到了对应的事件处理方法所在的位置并成功跳转到了代码所在的位置。

但是，这部分代码似乎被压缩过了，可读性很差，根本没法阅读，这时候应该怎么办呢？

不用担心，Sources 面板提供了一个便捷好用的代码美化功能。点击代码面板左下角的格式化按钮（如图 11-8 所示），代码就会变成如图 11-9 所示的样子。

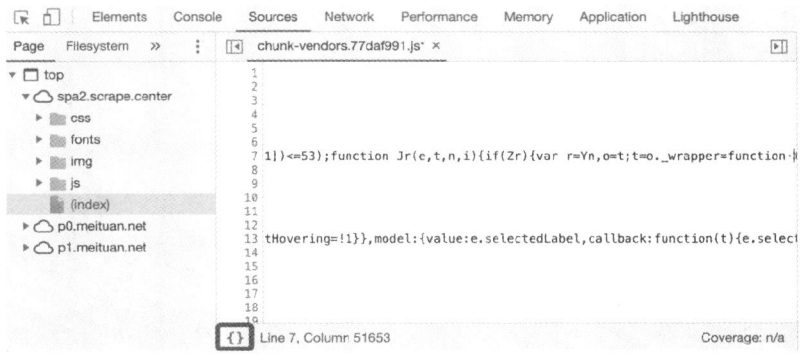

图 11-8 代码格式化按钮

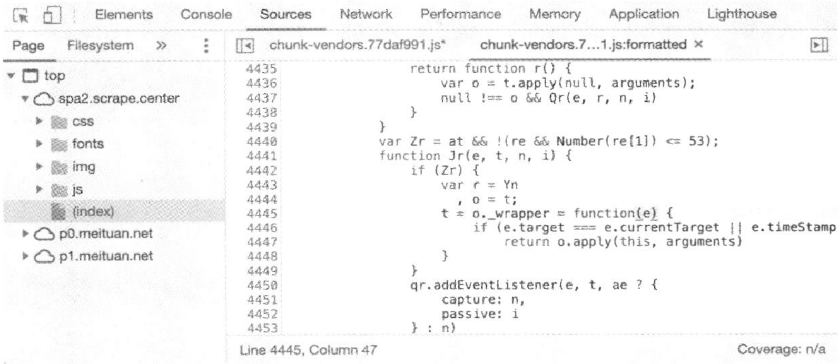

图 11-9 格式化后的代码

此时会新出现一个叫作 chunk-vendors.77daf991.js:formatted 的选项卡，文件名后面加了 formatted 标识，代表这是被格式化的结果。我们会发现，原来代码在第 7 行，现在自动对应到了第 4445 行，而且对应的代码位置会高亮显示，代码可读性大大增强！

这个功能在调试过程中经常用到，用好这个功能会给我们的 JavaScript 调试过程带来极大的便利。

4. 断点调试

接下来，我们介绍一个非常重要的功能——断点调试。在调试代码的时候，我们可以在需要的位置上打断点，当对应事件触发时，浏览器就会自动停在断点的位置等待调试，此时我们可以选择单步调试，在面板中观察调用栈、变量值，以更好地追踪对应位置的执行逻辑。

那么断点怎么打呢？我们接着以上面的例子来说。首先单击如图 11-10 所示的代码行号。

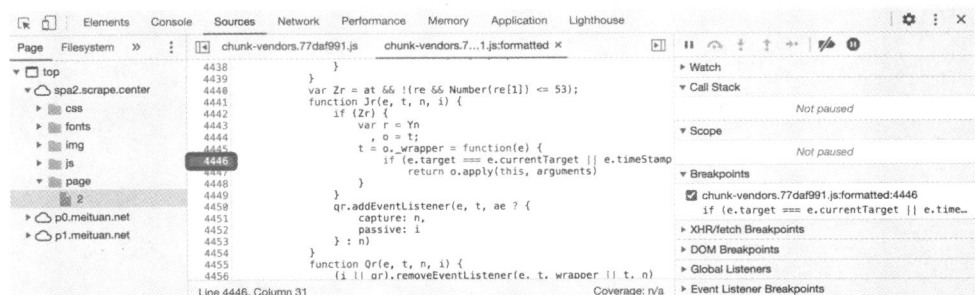

图 11-10 单击代码行号

这时候行号处就出现了一个蓝色的箭头，这就证明断点已经添加好了，同时在右侧的 Breakpoints 选项卡下会出现我们添加的断点的列表。

由于我们知道这个断点是用来处理翻页按钮的点击事件的，所以可以在网页里面点击按钮试一下，比如点击第 2 页的按钮，这时候就会发现断点被触发了，如图 11-11 所示。

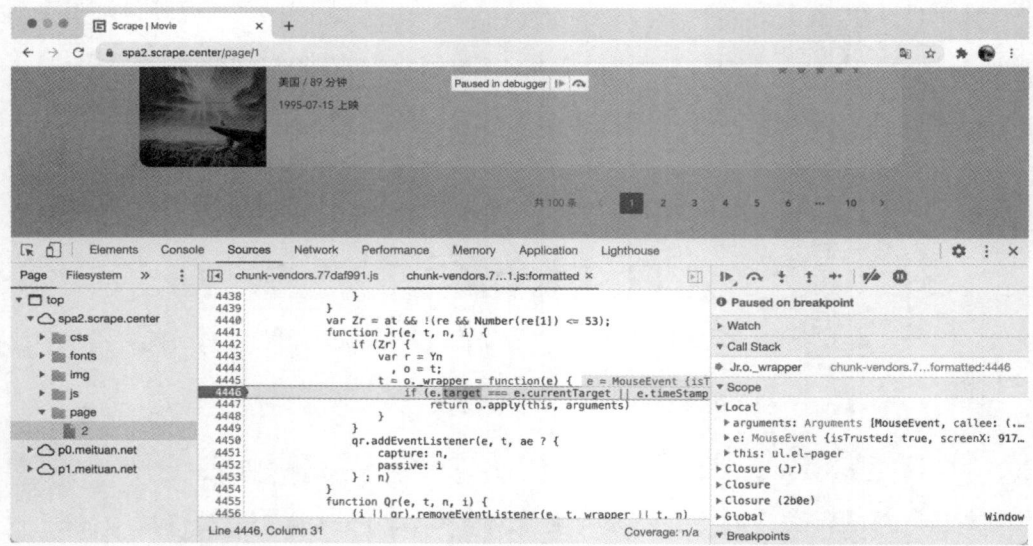

图 11-11　断点被触发

这时候我们可以看到页面中显示了一个叫作 Paused in debugger 的提示，这说明浏览器执行到刚才我们设置断点的位置处就不再继续执行了，等待我们发号施令执行调试。

此时代码停在了第 4446 行，回调参数 e 就是对应的点击事件 MouseEvent。在右侧的 Scope 面板处，可以观察到各个变量的值，比如在 Local 域下有当前方法的局部变量，我们可以在这里看到 MouseEvent 的各个属性，如图 11-12 所示。

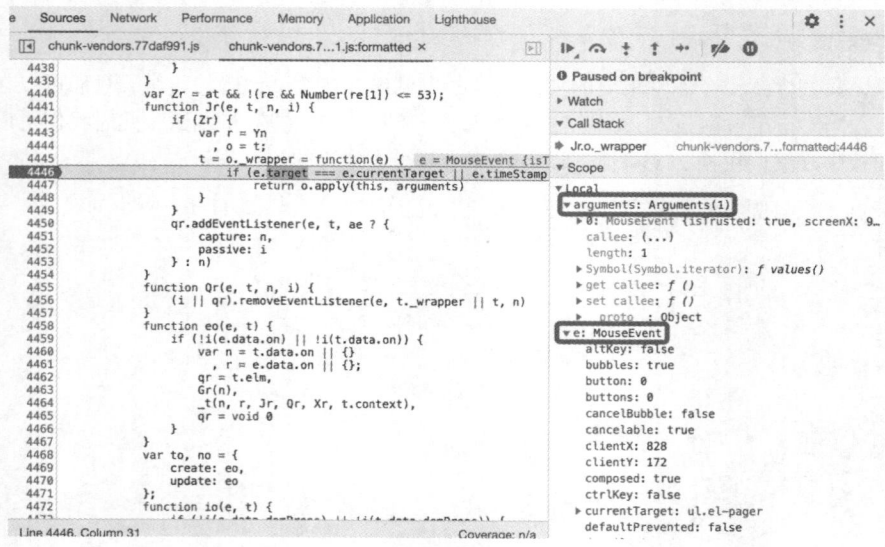

图 11-12　查看 Local 域

另外，我们关注到有一个方法 o，它在 Jr 方法下面，所以切换到 Closure(Jr) 域，可以查看它的定义及其接收的参数，如图 11-13 所示。

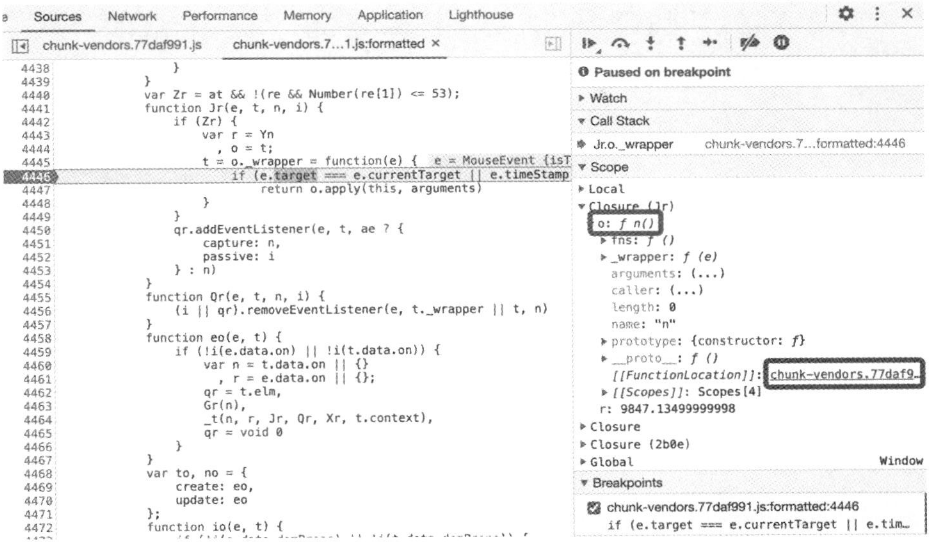

图 11-13　查看 Closure(Jr) 域

我们可以看到，FunctionLocation 又指向了方法 o，点击之后便又可以跳到指定位置，用同样的方式进行断点调试即可。

在 Scope 面板还有多个域，这里就不再展开介绍了。总之，通过 Scope 面板，我们可以看到当前执行环境下变量的值和方法的定义，知道当前代码究竟执行了怎样的逻辑。

接下来，切换到 Watch 面板，在这里可以自行添加想要查看的变量和方法。点击右上角的 + 按钮，我们可以任意添加想要监听的对象，如图 11-14 所示。

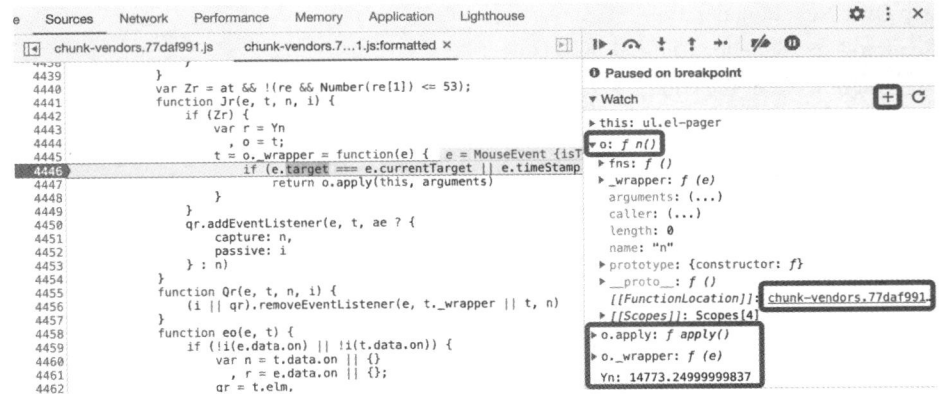

图 11-14　Watch 面板

比如这里我们比较关注 o.apply 方法，于是点击添加 o.apply，这里就会把对应的方法定义呈现出来，展开之后再点击 FunctionLocation 定位其源码位置。

我们还可以切换到 Console 面板，输入任意的 JavaScript 代码，此时便会执行、输出对应的结果，如图 11-15 所示。

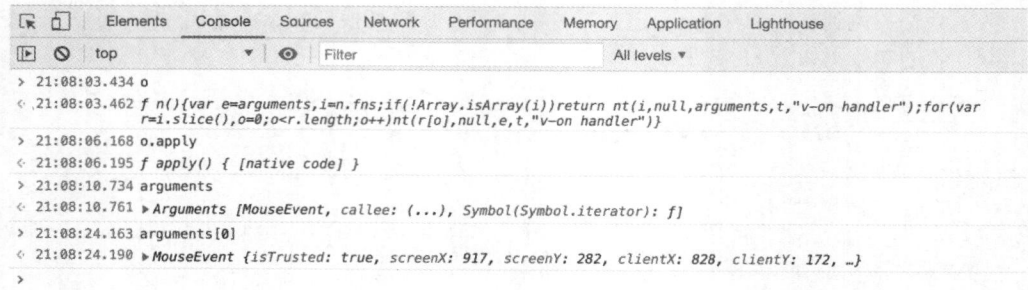

图 11-15　Console 面板

如果我们想看看变量 arguments 的第一个元素是什么,那么可以直接敲入 arguments[0],此时便会输出对应的结果 MouseEvent。只要在当前上下文能访问到的变量都可以直接引用并输出。

此时我们还可以选择单步调试,这里有 3 个重要的按钮,如图 11-16 所示。

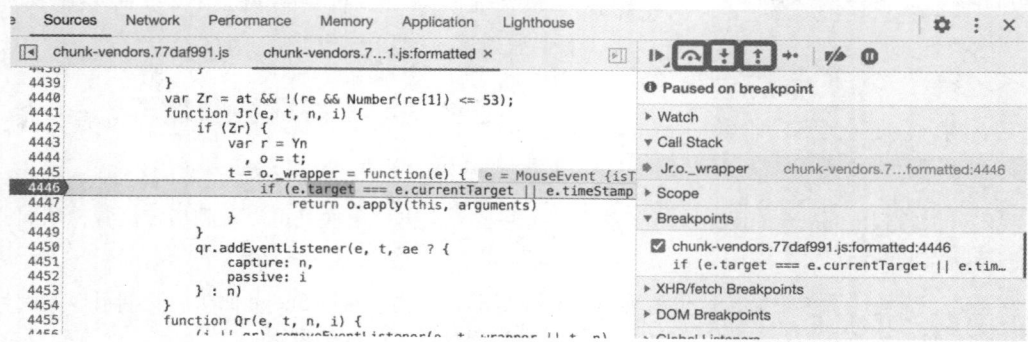

图 11-16　单步调试按钮

这 3 个按钮都可以做单步调试,但功能不同。

- Step Over Next Function Call:逐语句执行。
- Step Into Next Function Call:进入方法内部执行。
- Step Out of Current Function:跳出当前方法。

用得较多的是第一个,相当于逐行调试。比如,点击 Step Over Next Function Call 按钮,就运行到了 4447 行,高亮的位置就变成了这一行,如图 11-17 所示。

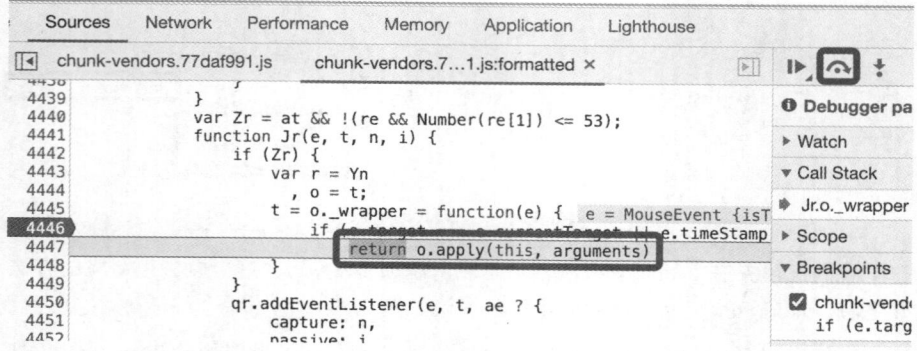

图 11-17　点击 Step Over Next Function Call 按钮

5. 观察调用栈

在调试的过程中，我们可能会跳到一个新的位置，比如点击几下 Step Over Next Function Call 按钮，可能会跳到一个叫作 ct 的方法中，这时候我们也不知道发生了什么，如图 11-18 所示。

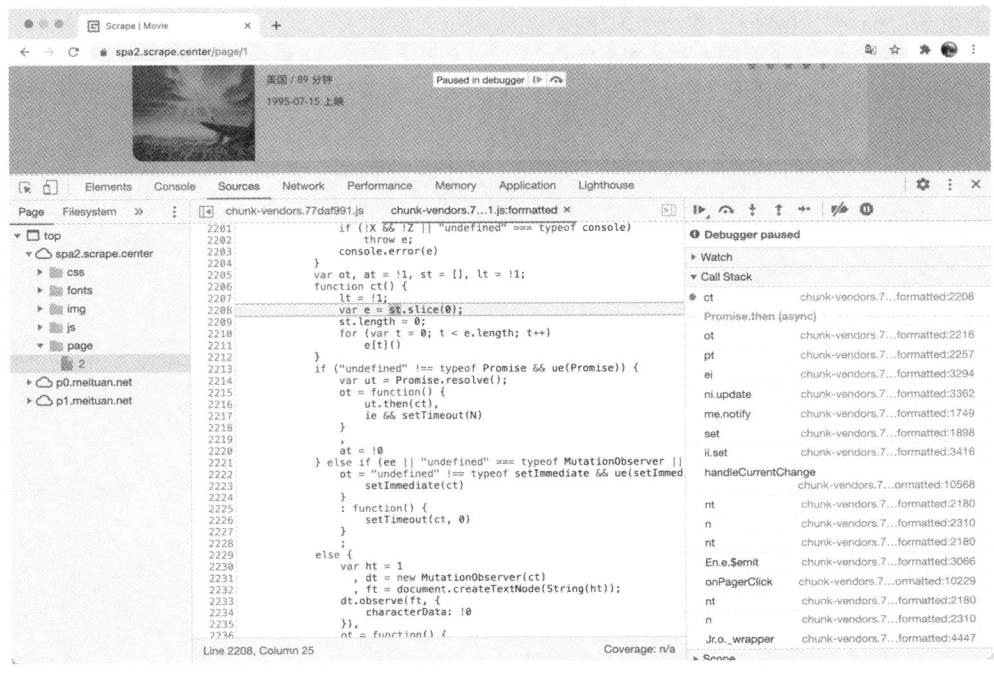

图 11-18　跳到 ct 方法中

究竟是怎么跳过来的呢？我们观察一下右侧的 Call Stack 面板，就可以看到全部的调用过程了。比如它的上一步是 ot 方法，再上一步是 pt 方法，点击对应的位置也可以跳转到对应的代码位置，如图 11-19 所示。

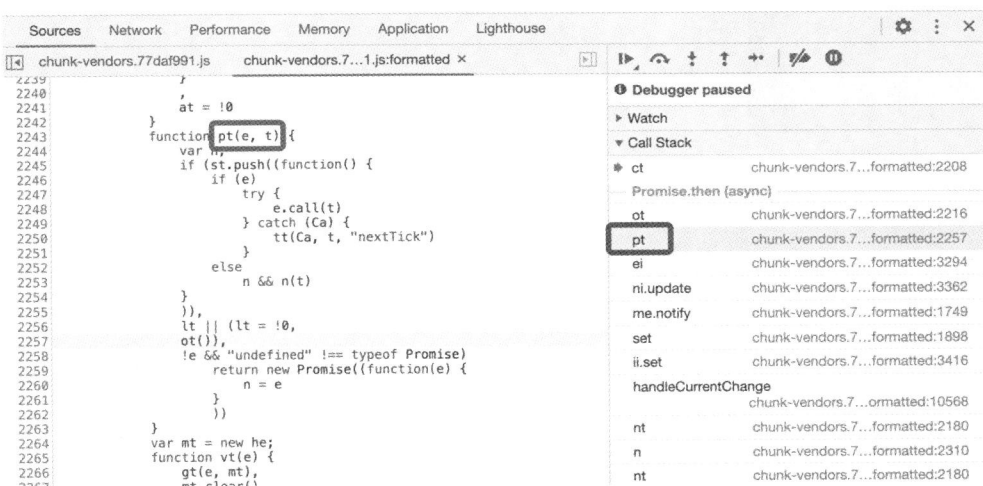

图 11-19　Call Stack 面板

有时候调用栈是非常有用的，利用它我们可以回溯某个逻辑的执行流程，从而快速找到突破口。

6. 恢复 JavaScript 执行

在调试过程中，如果想快速跳到下一个断点或者让 JavaScript 代码运行下去，可以点击 Resume script execution 按钮，如图 11-20 所示。

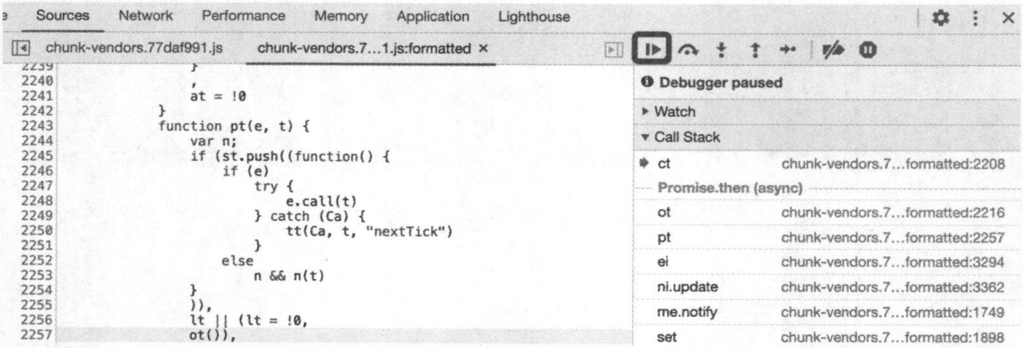

图 11-20　Resume script execution 按钮

这时浏览器会直接执行到下一个断点的位置，从而避免陷入无穷无尽的调试中。

当然，如果没有其他断点了，浏览器就会恢复正常状态。比如这里我们就没有再设置其他断点了，浏览器直接运行并加载了下一页的数据，同时页面恢复正常，如图 11-21 所示。

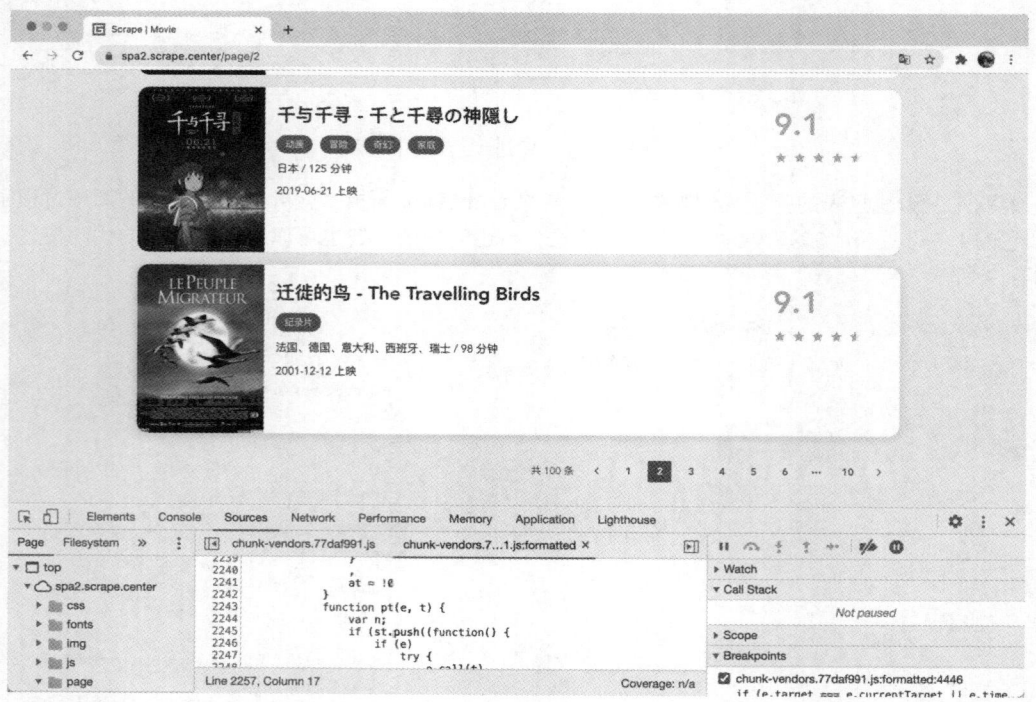

图 11-21　浏览器恢复正常状态

7. Ajax 断点

上面我们介绍了一些 DOM 节点的监听器（Listener），通过监听器我们可以手动设置断点并进行调试。但其实针对这个例子，通过翻页的点击事件监听器是不太容易找到突破口的。

接下来我们再介绍一个方法——Ajax 断点，它可以在发生 Ajax 请求的时候触发断点。对于这个例子，我们的目标其实就是找到 Ajax 请求的那一部分逻辑，找出加密参数是怎么构造的。可以想到，通过 Ajax 断点，使页面在获取数据的时候停下来，我们就可以顺着找到构造 Ajax 请求的逻辑了。

怎么设置呢？

我们把之前的断点全部取消，切换到 Sources 面板下，然后展开 XHR/fetch Breakpoints，这里就可以设置 Ajax 断点，如图 11-22 所示。

图 11-22　展开 XHR/fetch Breakpoints

要设置断点，就要先观察 Ajax 请求。和之前一样，我们点击翻页按钮 2，在 Network 面板里面观察 Ajax 请求是怎样的，请求的 URL 如图 11-23 所示。

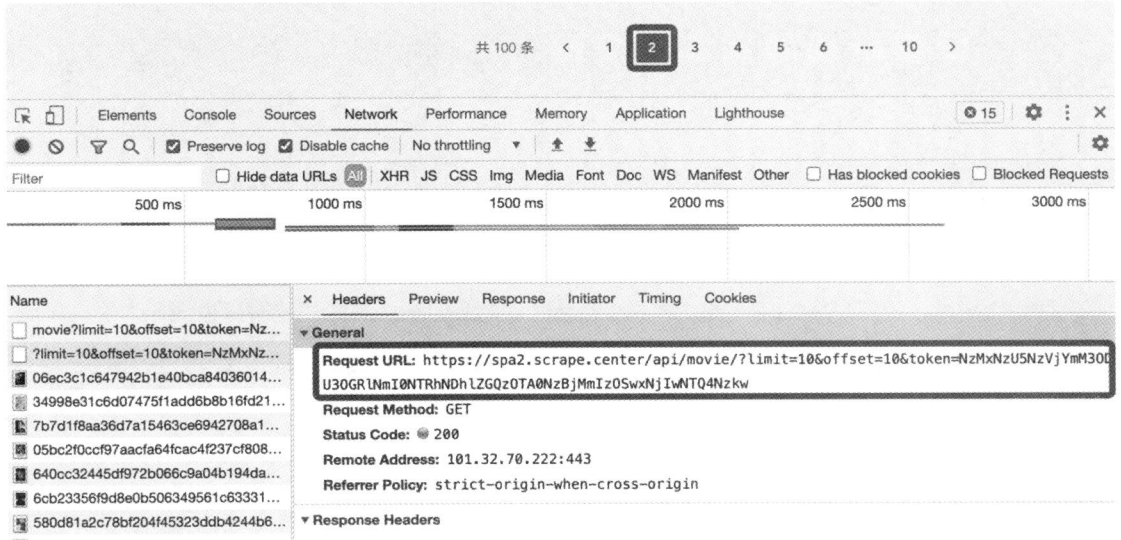

图 11-23　请求的 URL

可以看到，URL 里面包含 /api/movie 这样的内容，所以我们可以在刚才的 XHR/fetch Breakpoints 面板中添加拦截规则。点击 + 按钮，可以看到一行 Break when URL contains: 的提示，意思是当 Ajax 请求的 URL 包含填写的内容时，会进入断点停止，这里可以填写 /api/movie，如图 11-24 所示。

第 11 章　JavaScript 逆向爬虫

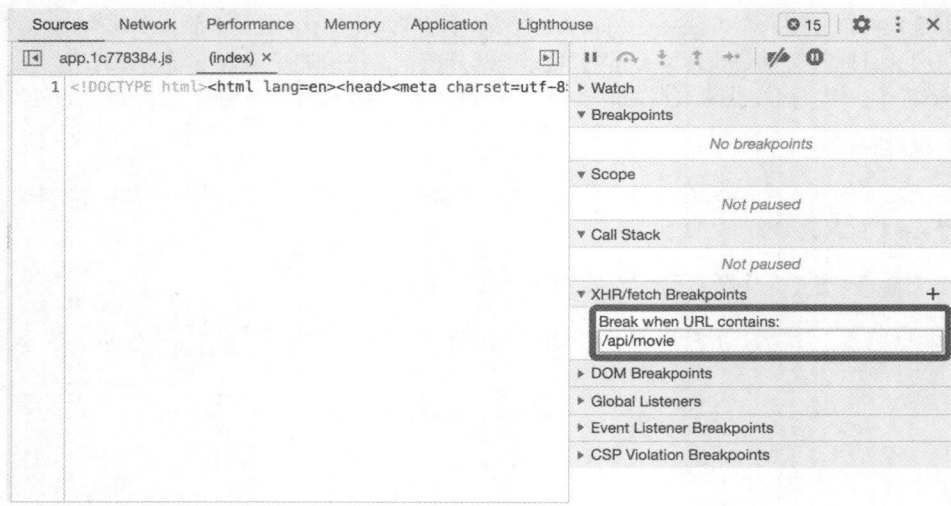

图 11-24　填写 /api/movie

这时候我们再点击翻页按钮 3，触发第 3 页的 Ajax 请求。会发现点击之后页面走到断点停下来了，如图 11-25 所示。

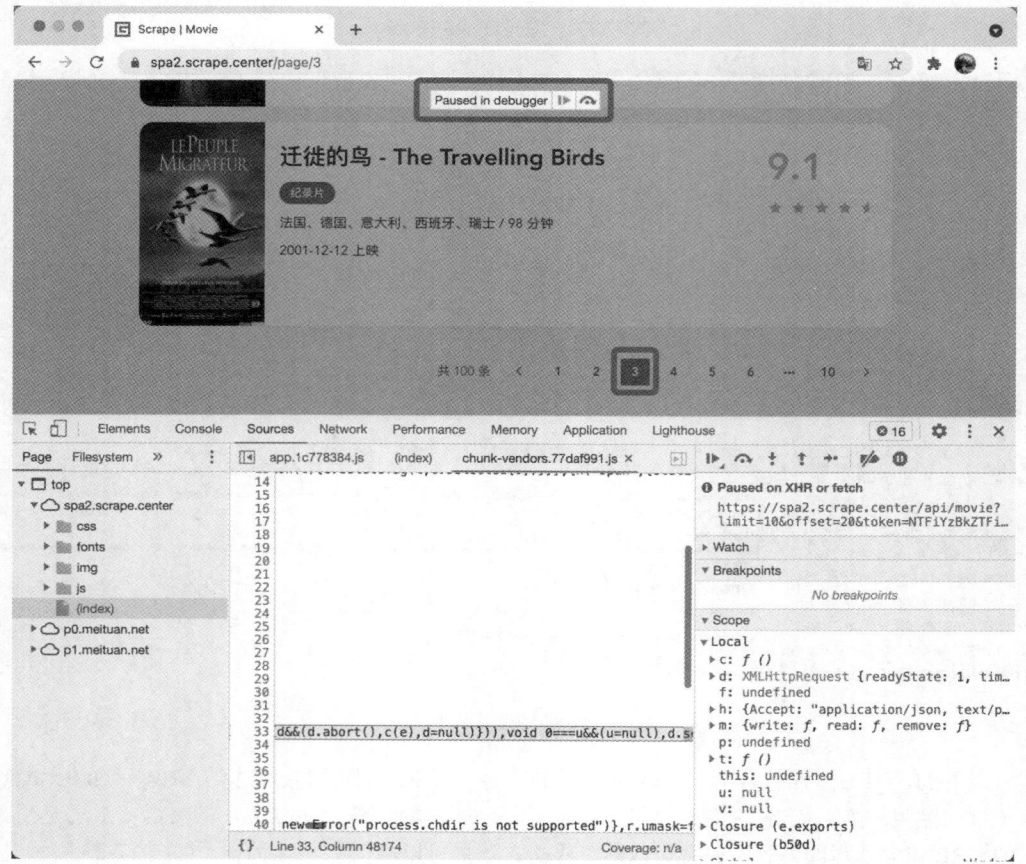

图 11-25　断点调试模式

格式化代码看一下，发现它停到了 Ajax 最后发送的那个时候，即底层的 XMLHttpRequest 的 send 方法，可是似乎还是找不到 Ajax 请求是怎么构造的。前面我们讲过 Call Stack，通过它可以顺着找到前序调用逻辑，所以顺着它一层层找，也可以找到构造 Ajax 请求的逻辑，最后会找到一个叫作 onFetchData 的方法，如图 11-26 所示。

图 11-26　找到 onFetchData 方法

接下来，切换到 onFetchData 方法并将代码格式化，可以看到如图 11-27 所示的调用方法。

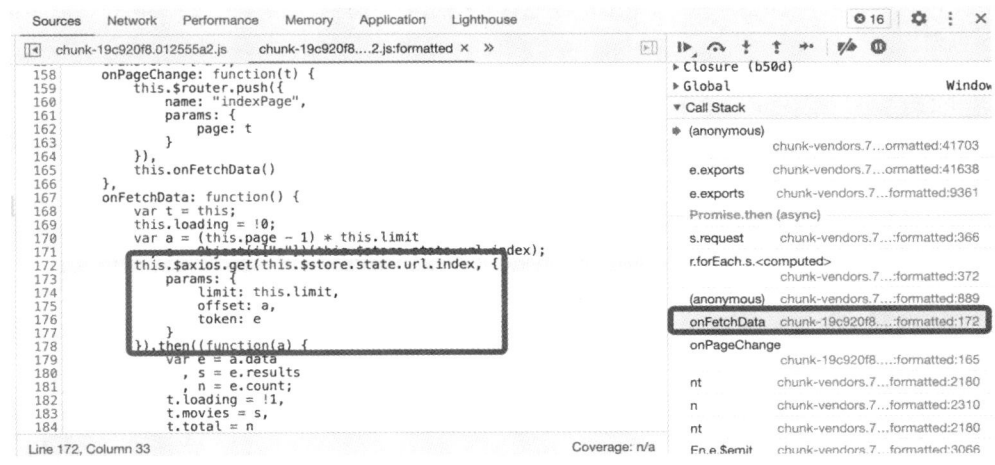

图 11-27　调用方法

可以发现，这里可能使用 axios 库发起了一个 Ajax 请求，还有 limit、offset、token 这 3 个参数，基本就能确定了，顺利找到了突破口！我们就不在此展开分析了，后文会有完整的分析实战。

因此在某些情况下，我们可以比较容易地通过 Ajax 断点找到分析的突破口，这是一个常见的寻找 JavaScript 逆向突破口的方法。

要取消断点也很简单，只需要在 XHR/fetch Breakpoints 面板取消勾选即可，如图 11-28 所示。

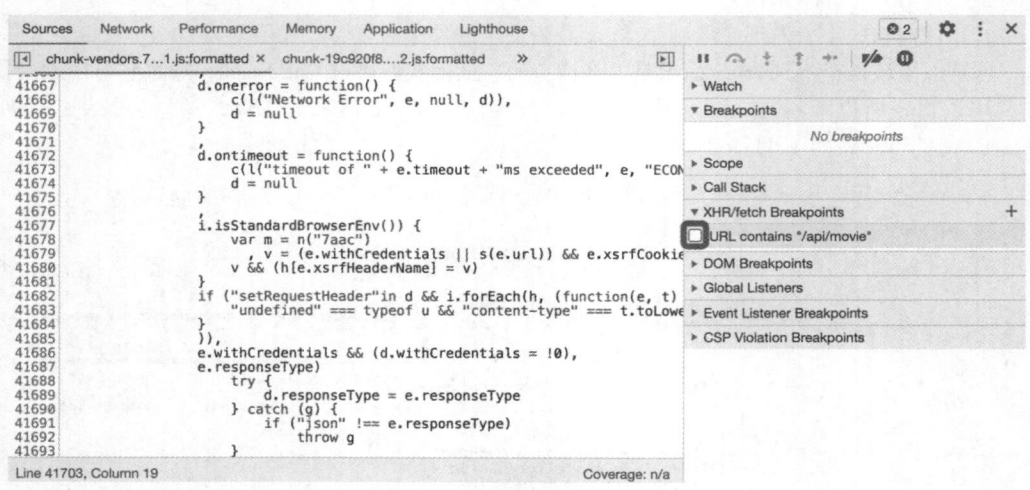

图 11-28　取消断点

8. 改写 JavaScript 文件

我们知道，一个网页里面的 JavaScript 是从对应服务器上下载下来并在浏览器执行的。有时候，我们可能想要在调试的过程中对 JavaScript 做一些更改，比如说有以下需求。

- 发现 JavaScript 文件中包含很多阻挠调试的代码或者无效代码、干扰代码，想要将其删除。
- 调试到某处，想要加一行 `console.log` 输出一些内容，以便观察某个变量或方法在页面加载过程中的调用情况。在某些情况下，这种方法比打断点调试更方便。
- 调试过程遇到某个局部变量或方法，想要把它赋值给 `window` 对象以便全局可以访问或调用。
- 在调试的时候，得到的某个变量中可能包含一些关键的结果，想要加一些逻辑将这些结果转发到对应的目标服务器。

这时候我们可以试着在 Sources 面板中对 JavaScript 进行更改，但这种更改并不能长久生效，一旦刷新页面，更改就全都没有了。比如我们在 JavaScript 文件中写入一行 JavaScript 代码，然后保存，如图 11-29 所示。

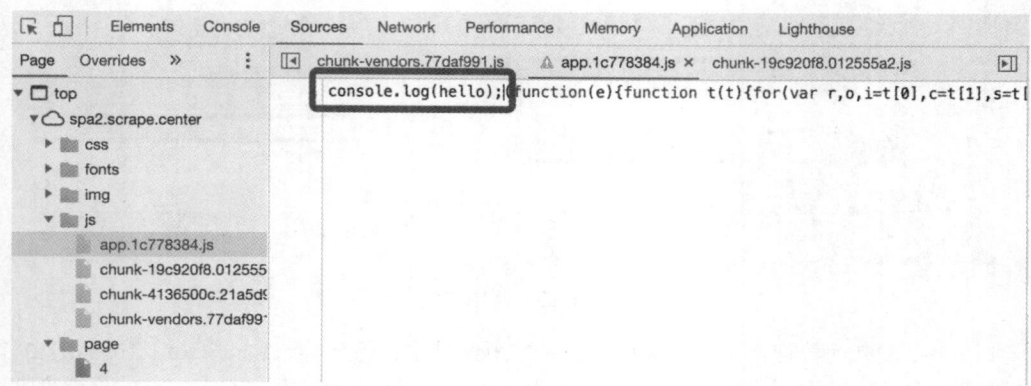

图 11-29　在 JavaScript 文件中写入一行 JavaScript 代码

这时候可以发现 JavaScript 文件名左侧上出现了一个警告标志，提示我们做的更改是不会保存的。这时候重新刷新页面，再看一下更改的这个文件，如图 11-30 所示。

11.2 浏览器调试常用技巧 427

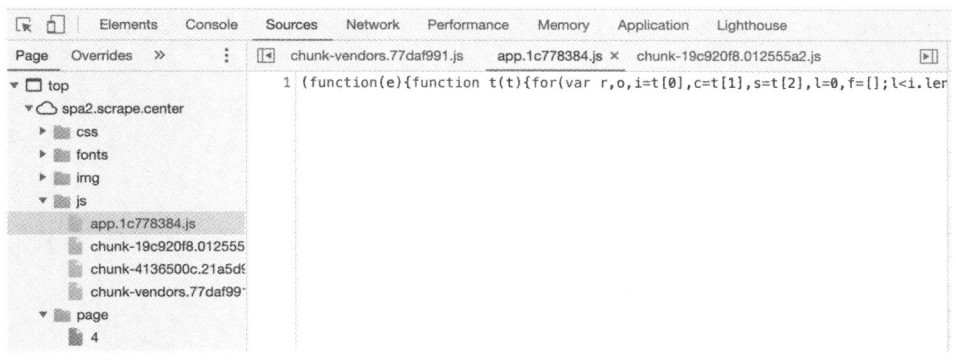

图 11-30　刷新页面后的 JavaScript 文件

有什么方法可以修改呢？其实有一些浏览器插件可以实现，比如 ReRes。在插件中，我们可以添加自定义的 JavaScript 文件，并配置 URL 映射规则，这样浏览器在加载某个在线 JavaScript 文件的时候就可以将内容替换成自定义的 JavaScript 文件了。另外，还有一些代理服务器也可以实现，比如Charles、Fiddler，借助它们可以在加载 JavaScript 文件时修改对应 URL 的响应内容，以实现对 JavaScript 文件的修改。

其实浏览器的开发者工具已经原生支持这个功能了，即浏览器的 Overrides 功能，它在 Sources 面板左侧，如图 11-31 所示。

我们可以在 Overrides 面板上选定一个本地的文件夹，用于保存需要更改的 JavaScript 文件，下面来实际操作一下。

首先，根据前面设置 Ajax 断点的方法，找到对应的构造 Ajax 请求的位置，根据一些网页开发知识，我们可以大体判断出 then 后面的回调方法接收的参数 a 中就包含了 Ajax 请求的结果，如图 11-32 所示。

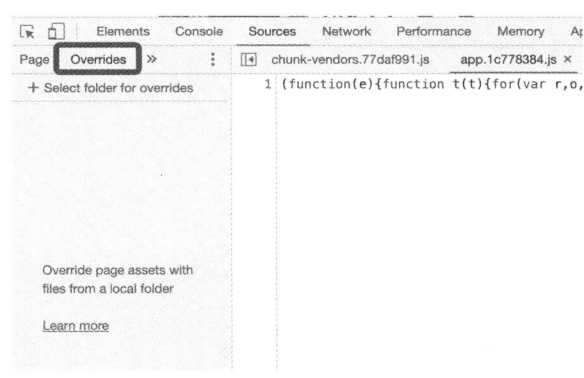

图 11-31　Overrides 功能

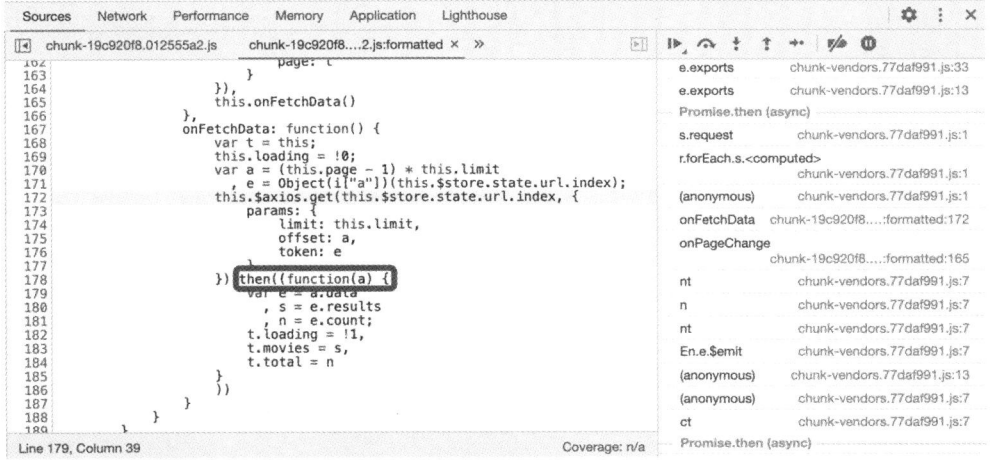

图 11-32　then 语句

我们打算在 Ajax 请求成功获得响应的时候，在控制台输出响应的结果，也就是通过 console.log 输出变量 a。

再切回 Overrides 面板，点击 + 按钮，这时候浏览器会提示我们选择一个本地文件夹，用于存储要替换的 JavaScript 文件。这里我选定了一个新建的文件夹 ChromeOverrides，注意这时候可能会遇到如图 11-33 所示的提示，如果没有问题，直接点击"允许"即可。

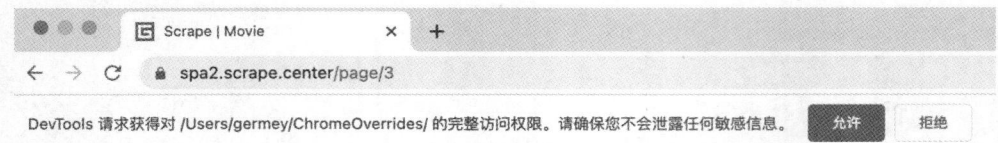

图 11-33　弹出提示

这时，在 Overrides 面板下就多了 ChromeOverrides 文件夹，用于存储所有我们想要更改的 JavaScript 文件，如图 11-34 所示。

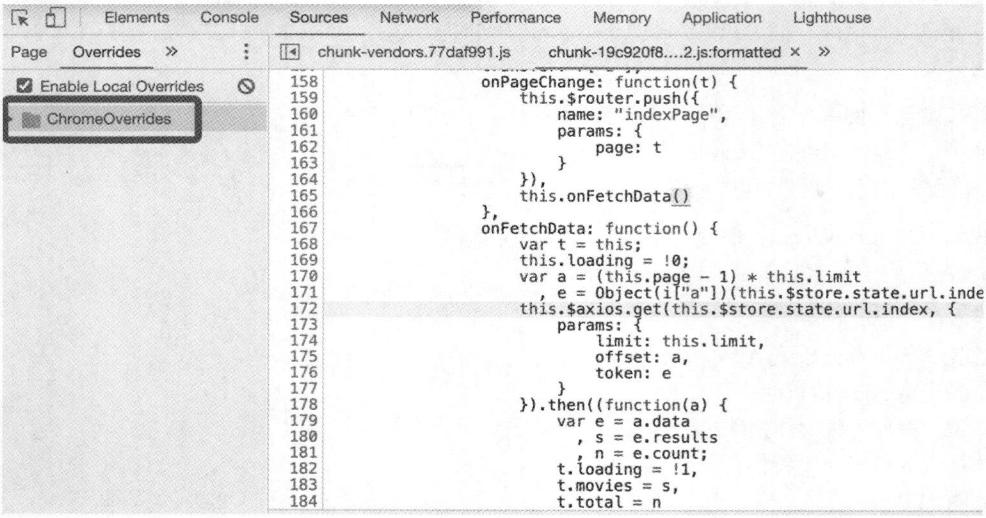

图 11-34　Overrides 面板下出现 ChromeOverrides 文件夹

我们可以看到，现在所在的 JavaScript 选项卡是 chunk-19c920f8.012555a2.js:formatted，代码已经被格式化了。因为格式化后的代码是无法直接在浏览器中修改的，所以为了方便，我们可以将格式化后的文件复制到文本编辑器中，然后添加一行代码，修改如下：

```
...
}).then((function(a) {
  console.log('response', a) // 添加一行代码
  var e = a.data
    , s = e.results
    , n = e.count;
  t.loading = !1,
...
```

接着把修改后的内容替换到原来的 JavaScript 文件中。这里要注意，切换到 chunk-19c920f8.012555a2.js 文件才能修改，直接替换 JavaScript 文件的所有内容即可，如图 11-35 所示。

11.2 浏览器调试常用技巧   429

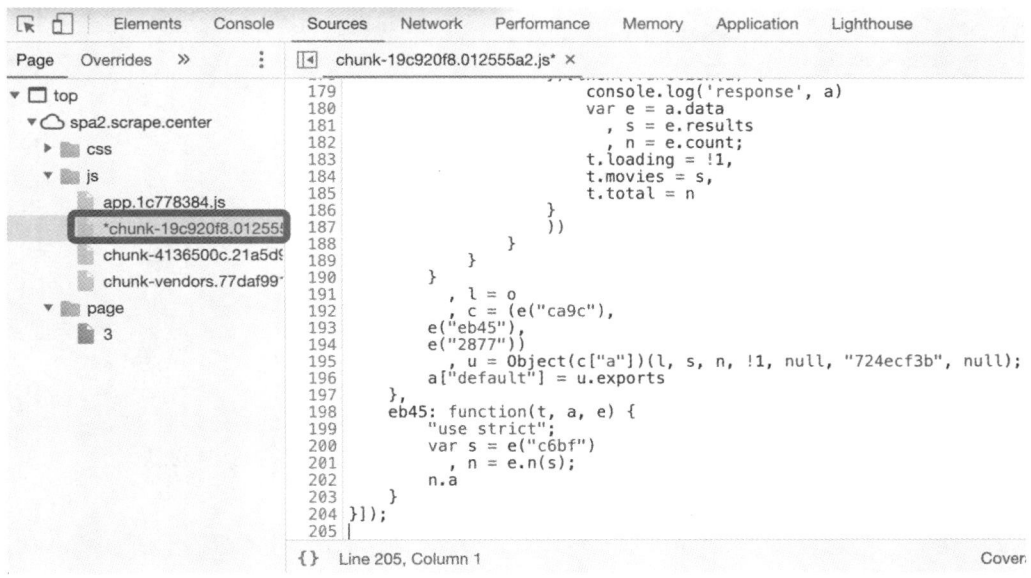

图 11-35　替换 JavaScript 文件的所有内容

替换完毕之后保存，这时候再切换回 Overrides 面板，就可以发现成功生成了新的 JavaScript 文件，它用于替换原有的 JavaScript 文件，如图 11-36 所示。

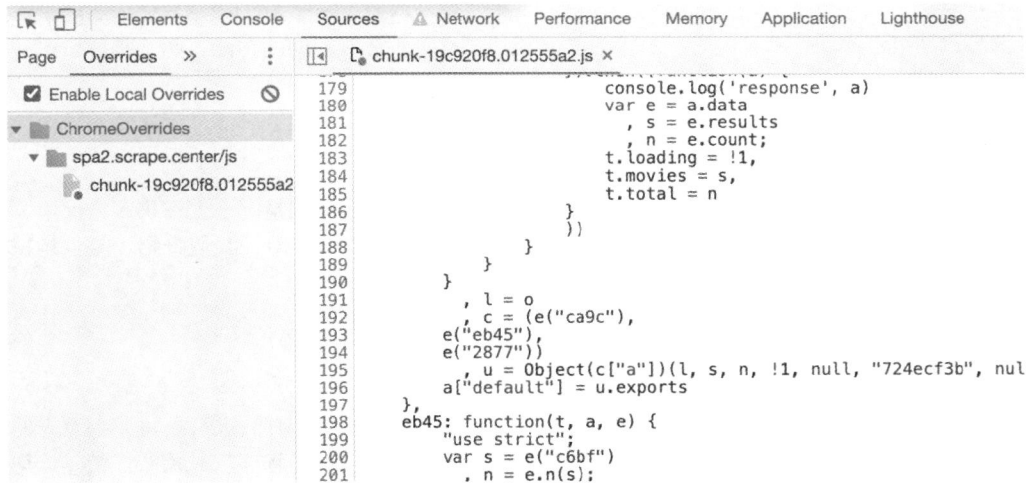

图 11-36　生成了新的 JavaScript 文件

好，此时我们取消所有断点，然后刷新页面，就可以在控制台看到输出的响应结果了，如图 11-37 所示。

正如我们所料，我们成功将变量 a 输出，其中的 data 字段就是 Ajax 的响应结果，证明改写 JavaScript 成功！而且刷新页面也不会丢失了。

我们还可以增加一些 JavaScript 逻辑，比如直接将变量 a 的结果通过 API 发送到远程服务器，并通过服务器将数据保存下来，也就完成了直接拦截 Ajax 请求并保存数据的过程了。

修改 JavaScript 文件有很多用途，此方案可以为我们进行 JavaScript 逆向带来极大的便利。

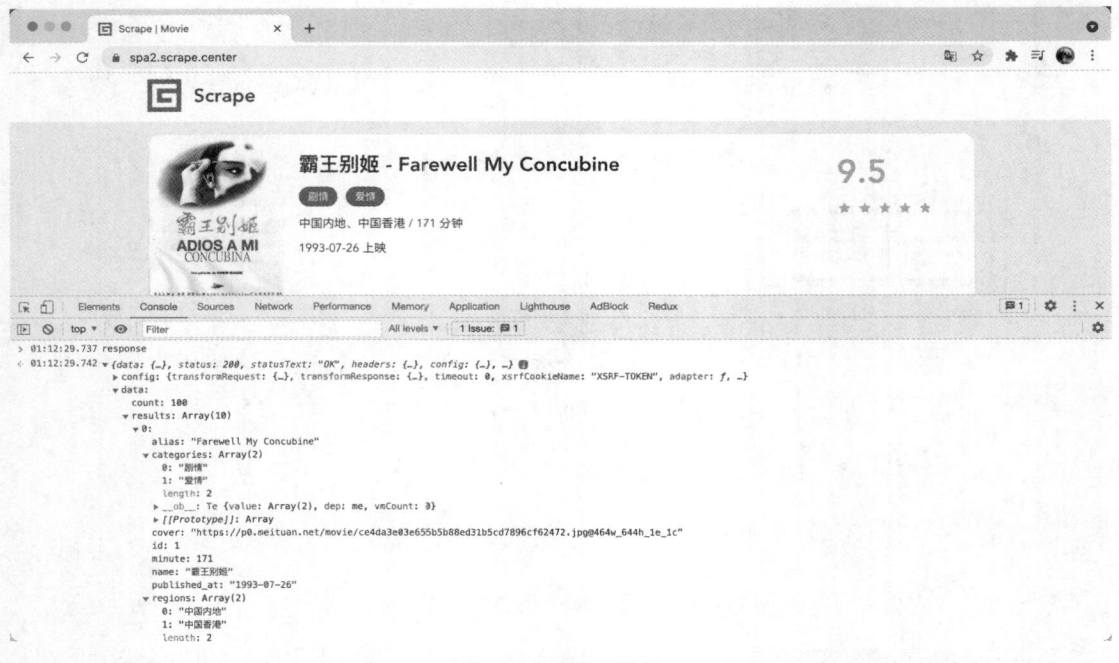

图 11-37　响应结果

9. 总结

本节总结了一些浏览器开发者工具中对 JavaScript 逆向非常有帮助的功能，熟练掌握了这些功能会对后续 JavaScript 逆向分析打下坚实的基础，请大家好好研究。

11.3　JavaScript Hook 的使用

在 JavaScript 逆向的时候，我们经常需要追踪某些方法的堆栈调用情况。但在很多情况下，一些 JavaScript 变量或者方法名经过混淆之后是非常难以捕捉的。在上一节中，我们介绍了断点调试、调用栈查看等技巧，但仅仅凭借这些技巧还不足以应对多数 JavaScript 逆向。

本节中，我们再来介绍一个比较常用的 JavaScript 逆向技巧——Hook 技术。

1. Hook 技术

Hook 技术又叫钩子技术，指在程序运行的过程中，对其中的某个方法进行重写，在原先的方法前后加入我们自定义的代码。相当于在系统没有调用该函数之前，钩子程序就先捕获该消息，得到控制权，这时钩子函数既可以加工处理（改变）该函数的执行行为，也可以强制结束消息的传递。

要对 JavaScript 代码进行 Hook 操作，就需要额外在页面中执行一些有关 Hook 逻辑的自定义代码。那么问题来了？怎样才能在浏览器中方便地执行我们所期望执行的 JavaScript 代码呢？这里推荐一个插件，叫作 Tampermonkey。这个插件的功能非常强大，利用它我们几乎可以在网页中执行任何 JavaScript 代码，实现我们想要的功能。

下面我们就来介绍一下这个插件的使用方法，并结合一个实际案例，介绍这个插件在 JavaScript Hook 中的用途。

2. Tampermonkey

Tampermonkey，中文也叫"油猴"，它是一款浏览器插件，支持 Chrome。利用它，我们可以在浏览器加载页面时自动执行某些 JavaScript 脚本。由于执行的是 JavaScript，所以我们几乎可以在网页中完成任何我们想实现的效果，如自动爬虫、自动修改页面、自动响应事件等。

其实，Tampermonkey 的用途远远不止这些，只要我们想要的功能能用 JavaScript 实现，Tampermonkey 就可以帮我们做到。比如，我们可以将 Tampermonkey 应用到 JavaScript 逆向分析中，去帮助我们更方便地分析一些 JavaScript 加密和混淆代码。

3. 安装 Tampermonkey

首先，我们需要安装 Tampermonkey，这里我们使用的浏览器是 Chrome。直接在 Chrome 应用商店或者 Tampermonkey 官网上下载并安装即可。

安装完成之后，在 Chrome 浏览器的右上角会出现 Tampermonkey 的图标，这就代表安装成功了，如图 11-38 所示。

图 11-38　Tampermonkey 的图标

4. 获取脚本

Tampermonkey 运行的是 JavaScript 脚本，每个网站都能有对应的脚本运行，不同的脚本能完成不同的功能。我们既可以自定义脚本，也可以用已经写好的很多脚本，毕竟有些轮子有了，我们就不需要再去造了。

我们可以在 https://greasyfork.org/zh-CN/scripts 上找到一些非常实用的脚本，如全网视频去广告、百度云全网搜索等，大家可以体验一下。

5. 脚本编写

除了使用别人已经写好的脚本外，我们也可以自己编写脚本来实现想要的功能。编写脚本难不难呢？其实就是写 JavaScript 代码，只要懂一些 JavaScript 语法就好了。另外，我们需要遵循脚本的一些写作规范，其中就包括一些参数的设置。

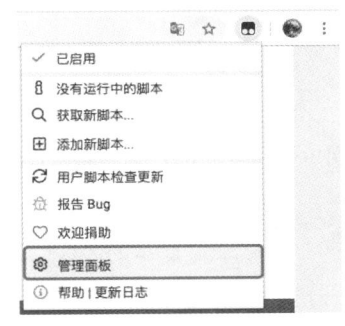

下面我们就简单实现一个小脚本。首先，点击 Tampermonkey 插件图标，再点击 "管理面板" 项（如图 11-39 所示），打开脚本管理页面，如图 11-40 所示。

这里显示了已经有的一些 Tampermonkey 脚本，既包括我们自行创建的，也包括从第三方网站下载和安装的。另外，这里也提供了编辑、调试、删除等管理功能，方便我们对脚本进行管理。

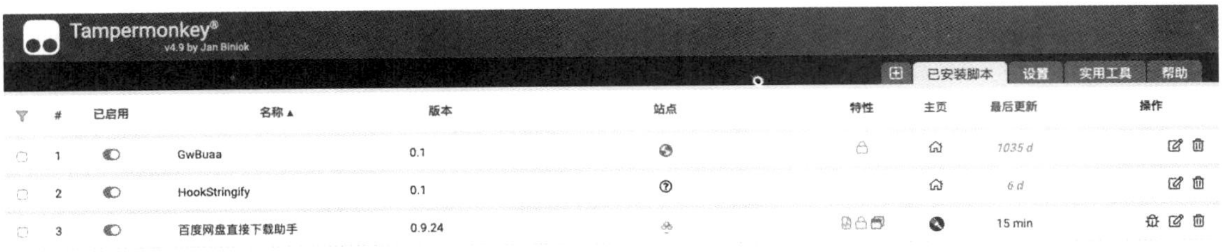

图 11-39　"管理面板" 项

图 11-40　脚本管理页面

接下来，创建一个新脚本。点击左侧的 + 按钮，会显示如图 11-41 所示的页面。

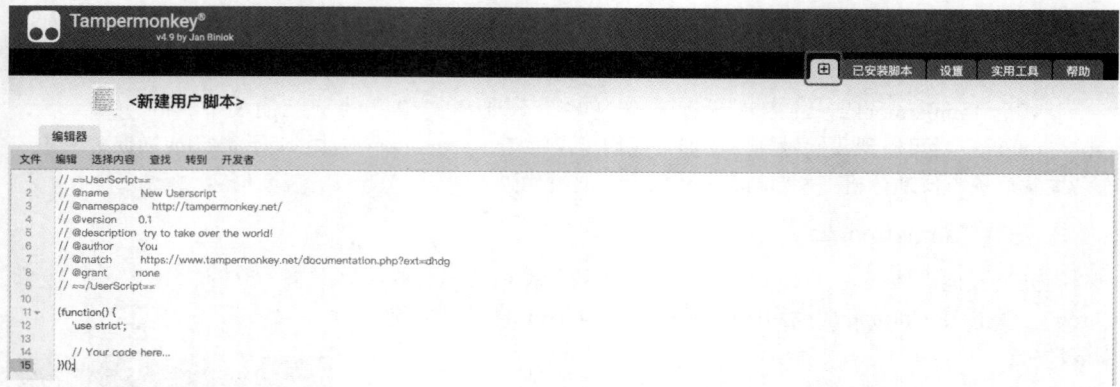

图 11-41　点击 + 按钮出现的页面

初始化的代码如下：

```
// ==UserScript==
// @name         New Userscript
// @namespace    http://tampermonkey.net/
// @version      0.1
// @description  try to take over the world!
// @author       You
// @match        https://www.tampermonkey.net/documentation.php?ext=dhdg
// @grant        none
// ==/UserScript==

(function() {
    'use strict';

    // Your code here...
})();
```

在上面这段代码里，最前面是一些注释，它们非常有用，这部分内容叫作 UserScript Header，我们可以在里面配置一些脚本的信息，如名称、版本、描述、生效站点等。

下面简单介绍 UserScript Header 的一些参数定义。

- @name：脚本的名称，就是在控制面板中显示的脚本名称。
- @namespace：脚本的命名空间。
- @version：脚本的版本，主要是做版本更新时用。
- @author：作者。
- @description：脚本描述。
- @homepage、@homepageURL、@website、@source：作者主页，用于在 Tampermonkey 选项页面上从脚本名称点击跳转。请注意，如果 @namespace 标记以 http:// 开头，此处也要一样。
- @icon、@iconURL、@defaulticon：低分辨率图标。
- @icon64、@icon64URL：64 × 64 高分辨率图标。
- @updateURL：检查更新的网址，需要定义 @version。
- @downloadURL：更新下载脚本的网址，如果定义成 none，就不会检查更新。
- @supportURL：报告问题的网址。
- @include：生效页面，可以配置多个，但注意这里并不支持 URL Hash。

例如：

```
// @include http://www.tampermonkey.net/*
// @include http://*
```

```
// @include https://*
// @include *
```

- @match：约等于 @include 标签，可以配置多个。
- @exclude：不生效页面，可配置多个，优先级高于 @include 和 @match。
- @require：附加脚本网址，相当于引入外部的脚本，这些脚本会在自定义脚本执行之前执行，比如引入一些必需的库，如 jQuery 等，这里可以支持配置多个 @require 参数。

  例如：

  ```
  // @require https://code.jquery.com/jquery-2.1.4.min.js
  // @require https://code.jquery.com/jquery-2.1.3.min.js#sha256=23456...
  // @require https://code.jquery.com/jquery-2.1.2.min.js#md5=34567...,sha256=6789...
  ```

- @resource：预加载资源，可通过 GM_getResourceURL 和 GM_getResourceText 读取。
- @connect：允许被 GM_xmlhttpRequest 访问的域名，每行 1 个。
- @run-at：脚本注入的时刻，如页面刚加载时、某个事件发生后等。

  - document-start：尽可能地早执行此脚本。
  - document-body：DOM 的 body 出现时执行。
  - document-end：DOMContentLoaded 事件发生时或发生后执行。
  - document-idle：DOMContentLoaded 事件发生后执行，即 DOM 加载完成之后执行，这是默认的选项。
  - context-menu：如果在浏览器上下文菜单（仅限桌面 Chrome 浏览器）中点击该脚本，则会注入该脚本。注意：如果使用此值，则忽略所有 @include 和 @exclude 语句。

- @grant：用于添加 GM 函数到白名单，相当于授权某些 GM 函数的使用权限。

  例如：

  ```
  // @grant GM_setValue
  // @grant GM_getValue
  // @grant GM_setClipboard
  // @grant unsafeWindow
  // @grant window.close
  // @grant window.focus
  ```

  如果没有定义过 @grant 选项，Tampermonkey 会猜测所需要的函数使用情况。

- @noframes：此标记使脚本在主页面上运行，但不会在 iframe 上运行。
- @nocompat：由于部分代码可能是为专门的浏览器所写，通过此标记，Tampermonkey 会知道脚本可以运行的浏览器。

  例如：

  ```
  // @nocompat Chrome
  ```

  这样就指定了脚本只在 Chrome 浏览器中运行。

除此之外，Tampermonkey 还定义了一些 API，使得我们可以方便地完成某个操作。

- GM_log：将日志输出到控制台。
- GM_setValue：将参数内容保存到浏览器存储中。
- GM_addValueChangeListener：为某个变量添加监听，当这个变量的值改变时，就会触发回调。
- GM_xmlhttpRequest：发起 Ajax 请求。
- GM_download：下载某个文件到磁盘。
- GM_setClipboard：将某个内容保存到粘贴板。

此外，还有很多其他的 API，大家可以到 https://www.tampermonkey.net/documentation.php 查看。

在 `UserScript Header` 下方，是 JavaScript 函数和调用的代码，其中 `'use strict'` 标明代码使用 JavaScript 的严格模式。在严格模式下，可以消除 JavaScript 语法的一些不合理、不严谨之处，减少一些怪异行为，如不能直接使用未声明的变量，这样可以保证代码运行安全，同时提高编译器的效率，提高运行速度。在下方 `// Your code here...` 处就可以编写自己的代码了。

6. 实战分析

下面我们通过一个简单的 JavaScript 逆向案例来演示如何实现 JavaScript 的 Hook 操作，轻松找到某个方法执行的位置，从而快速定位逆向入口。

接下来，我们来看一个简单的网站 https://login1.scrape.center/，这个网站的结构非常简单，只有“用户名”文本框、“密码”文本框和“登录”按钮，如图 11-42 所示。但是不同的是，点击“登录”按钮的时候，表单提交 POST 的内容并不是单纯的用户名和密码，而是一个加密后的 token。

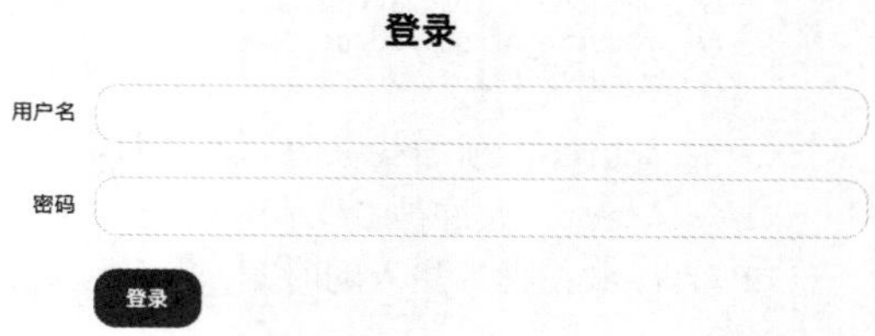

图 11-42 登录页面

输入用户名和密码（都为 admin），点击“登录”按钮，观察网络请求的变化，结果如图 11-43 所示。

```
▼ Request Headers
  :authority: login1.scrape.center
  :method: POST
  :path: /
  :scheme: https
  accept: application/json, text/plain, */*
  accept-encoding: gzip, deflate, br
  accept-language: zh-CN,zh;q=0.9,en;q=0.8,zh-TW;q=0.7,ja;q=0.6,mt;q=0.5
  cache-control: no-cache
  content-length: 64
  content-type: application/json;charset=UTF-8
  cookie: UM_distinctid=17879705fd610a1-08314fdbfd6bb2-6418227c-240000-17879705fd7fff
  origin: https://login1.scrape.center
  pragma: no-cache
  referer: https://login1.scrape.center/
  sec-ch-ua: "Google Chrome";v="89", "Chromium";v="89", ";Not A Brand";v="99"
  sec-ch-ua-mobile: ?0
  sec-fetch-dest: empty
  sec-fetch-mode: cors
  sec-fetch-site: same-origin
  user-agent: Mozilla/5.0 (Macintosh; Intel Mac OS X 11_2_3) AppleWebKit/537.36 (KHTML, like Gecko
▼ Request Payload     view source
  ▼ {token: "eyJ1c2VybmFtZSI6ImFkbWluIiwicGFzc3dvcmQiOiJhZG1pbiJ9"}
     token: "eyJ1c2VybmFtZSI6ImFkbWluIiwicGFzc3dvcmQiOiJhZG1pbiJ9"
```

图 11-43 网络请求

我们不需要关心响应的结果和状态，主要看请求的内容就好了。

可以看到，点击“登录”按钮时，发起了一个 POST 请求，内容为：

```
{"token":"eyJ1c2VybmFtZSI6ImFkbWluIiwicGFzc3dvcmQiOiJhZG1pbiJ9"}
```

确实，没有诸如 `username` 和 `password` 的内容，怎么模拟登录呢？

模拟登录的前提就是找到当前 token 生成的逻辑，那么问题来了，这个 token 和用户名、密码到底是什么关系呢？我们怎么寻找其中的蛛丝马迹呢？

这里我们就可能思考了，本身输入的是用户名和密码，但提交的时候却变成了一个 token，经过观察并结合一些经验可以看出，token 的内容非常像 Base64 编码。这就代表，网站可能首先将用户名和密码混为一个新的字符串，然后经过了一次 Base64 编码，最后将其赋值为 token 来提交了。所以，经过初步观察，我们可以得出这么多信息。

好，那就来验证一下吧！探究网站 JavaScript 代码里面是如何实现的。

首先，我们看一下网站的源码，打开 Sources 面板，看起来都是 webpack 打包之后的内容经过了一些混淆，如图 11-44 所示。

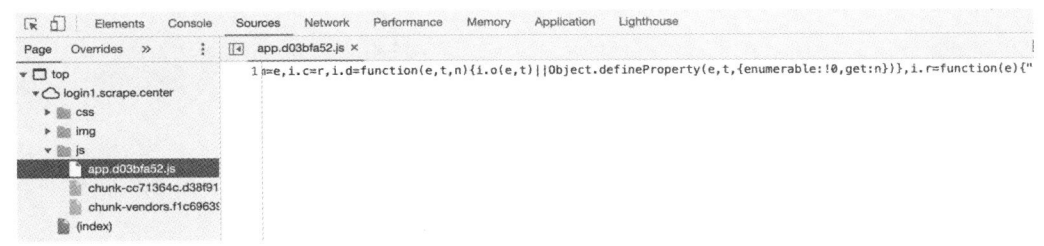

图 11-44　Sources 面板

这么多混淆代码，总不能一点点扒着看吧？遇到这种情形，怎么去找 token 的生成位置呢？

解决方法其实有两种，一种就是前文所讲的 Ajax 断点，另一种就是 Hook。

- **Ajax 断点**

由于这个请求正好是 Ajax 请求，所以我们可以添加一个 XHR 断点来监听，把 POST 的网址加到断点上面。在 Sources 面板右侧添加一个 XHR 断点，匹配内容就填当前域名，如图 11-45 所示。

这时候如果我们再次点击"登录"按钮，发起一次 Ajax 请求，就可以进入断点了，然后再看堆栈信息，就可以一步步找到编码的入口了。

再次点击"登录"按钮，页面进入断点状态，停下来了，结果如图 11-46 所示。

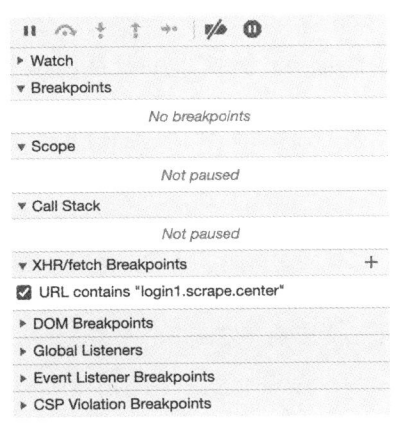

图 11-45　添加 XHR 断点

图 11-46　页面进入断点状态

一步步找，最后可以找到入口其实在 `onSubmit` 方法那里。但实际上我们观察到，这里断点的栈顶还包括了一些 Promise 相关的内容，而我们真正想找的是用户名和密码经过处理，再进行 Base64 编码的地方，这些请求的调用实际上和我们找寻的入口没有很大的关系。

另外，如果我们想找的入口位置并不伴随这一次 Ajax 请求，这个方法就没法用了。

下面我们再来看另一个方法——Hook。

- **Hook**

第二种可以快速定位入口的方法，就是使用 Tampermonkey 自定义 JavaScript，实现某个 JavaScript 方法的 Hook。Hook 哪里呢？很明显，Hook Base64 编码的位置就好了。

这里涉及一个小知识点：JavaScript 里面的 Base64 编码是怎么实现的？

没错，就是 btoa 方法，在 JavaScript 中该方法用于将字符串编码成 Base64 字符串，因此我们来 Hook btoa 方法就好了。

这里我们新建一个 Tampermonkey 脚本，其内容如下：

```
// ==UserScript==
// @name         HookBase64
// @namespace    https://login1.scrape.center/
// @version      0.1
// @description  Hook Base64 encode function
// @author       Germey
// @match        https://login1.scrape.center/
// @grant        none
// ==/UserScript==
(function () {
    'use strict'
    function hook(object, attr) {
        var func = object[attr]
        object[attr] = function () {
            console.log('hooked', object, attr)
            var ret = func.apply(object, arguments)
            debugger
            return ret
        }
    }
    hook(window, 'btoa')
})()
```

首先，我们定义了一些 UserScript Header，包括 @name 和 @match 等。这里比较重要的就是 @name，表示脚本名称；另外一个就是 @match，它代表脚本生效的网址。

接着，我们定义了 hook 方法，这里给其传入 object 和 attr 参数，意思就是 Hook object 对象的 attr 参数。例如，如果我们想 Hook alert 方法，那就把 object 设置为 window，把 attr 设置为字符串 alert。这里我们想要 Hook Base64 的编码方法，而在 JavaScript 中，Based64 编码是用 btoa 方法实现的，所以这里只需要 Hook window 对象的 btoa 方法就好了。

那么，Hook 是怎么实现的呢？我们来看一下，var func = object[attr]，相当于我们先把它赋值为一个变量，即我们调用 func 方法就可以实现和原来相同的功能。接着，我们直接改写这个方法的定义，将 object[attr] 改写成一个新的方法。在新的方法中，通过 func.apply 方法又重新调用了原来的方法。这样我们就可以保证前后方法的执行效果不受影响，之前这个方法该干啥还干啥。

但是和之前不同的是，现在我们自定义方法之后，可以在 func 方法执行前后加入自己的代码，如通过 console.log 将信息输出到控制台，通过 debugger 进入断点等。在这个过程中，我们先临时保存下来 func 方法，然后定义一个新的方法，接管程序控制权，在其中自定义我们想要的实现，同时在新的方法里面重新调回 func 方法，保证前后结果不受影响。所以，我们达到了在不影响原有方法效果的前提下，实现在方法前后自定义的功能，这就是 Hook 的过程。

最后，我们调用 hook 方法，传入 window 对象和 btoa 字符串，保存。

接下来刷新页面，这时我们可以看到这个脚本在当前页面生效了，Tempermonkey 插件面板提示了已经启用。同时，在 Sources 面板下的 Page 选项卡中，可以观察到我们定义的 JavaScript 脚本被执行了，如图 11-47 所示。

图 11-47　Sources 面板下的 Page 选项卡

输入用户名和密码，然后点击"登录"按钮，成功进入断点模式并停下来了，代码就卡在我们自定义的 debugger 这行代码的位置，如图 11-48 所示。

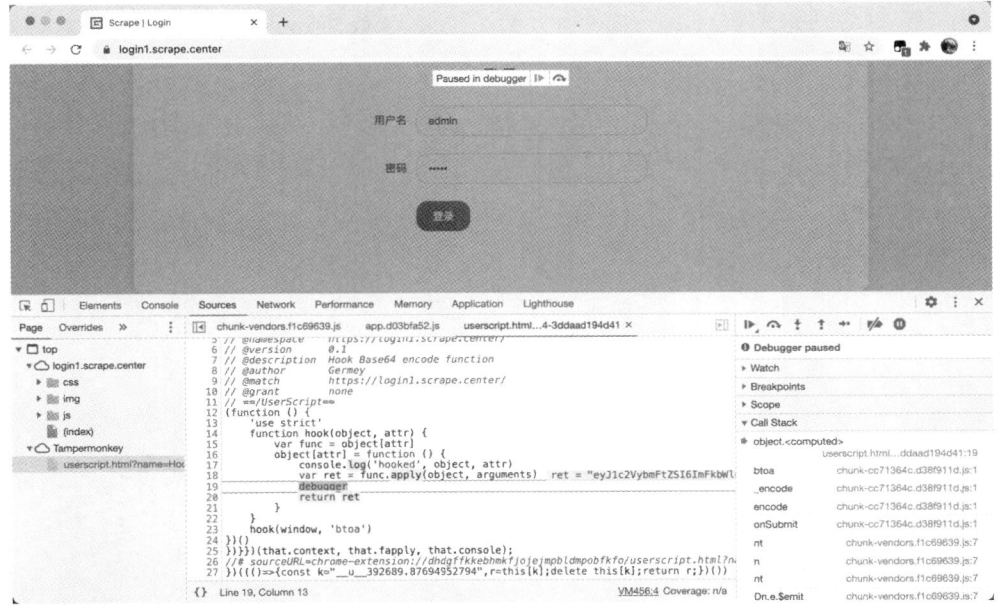

图 11-48　断点模式

成功 Hook 住了，这说明 JavaScript 代码在执行过程中调用到了 btoa 方法。

这时看一下控制台，如图 11-49 所示。这里也输出了 window 对象和 btoa 方法，验证正确。

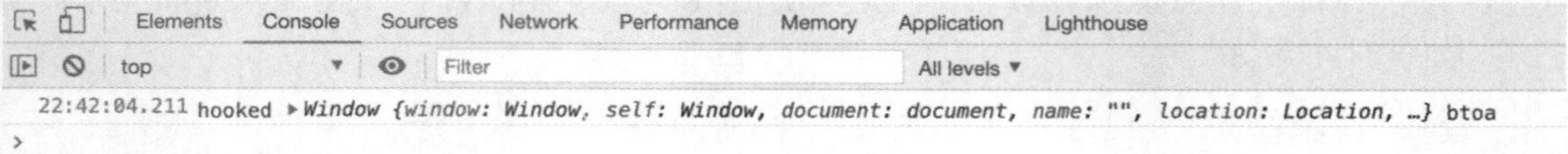

图 11-49　控制台

这样我们就顺利找到了 Base64 编码操作这个路口，然后看一下堆栈信息，已经不会出现 Promise 相关的信息了，其中清晰地呈现了 btoa 方法逐层调用的过程，如图 11-50 所示。

另外再观察下 Local 面板，看看 arguments 变量是怎样的，如图 11-51 所示。

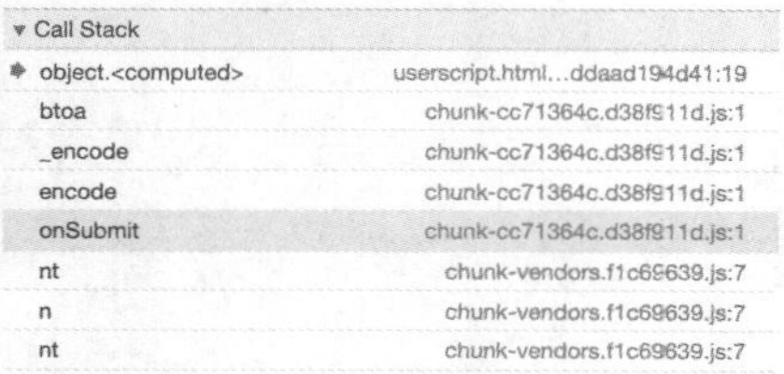

图 11-50　Call Stack 面板 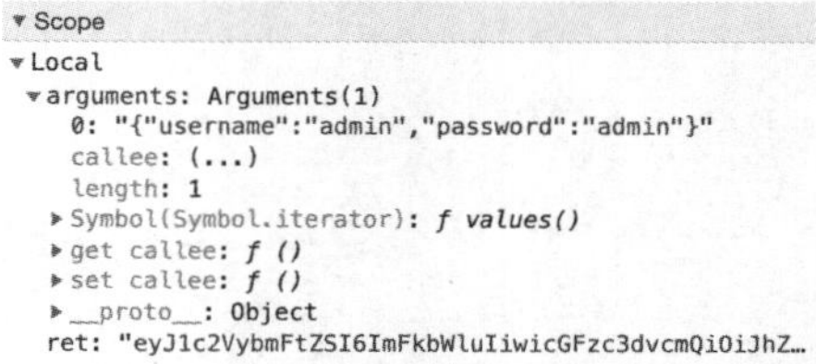　　　　　　　　　图 11-51　arguments 变量

可以说一目了然，arguments 就是指传给 btoa 方法的参数，ret 就是 btoa 方法返回的结果。可以看到，arguments 就是 username 和 password 通过 JSON 序列化之后的字符串，经过 Base64 编码之后得到的值恰好就是 Ajax 请求参数 token 的值。

结果几乎也明了了，我们还可以通过调用栈找到 onSubmit 方法的处理源码：

```
onSubmit: function() {
  var e = c.encode(JSON.stringify(this.form));
  this.$http.post(a["a"].state.url.root, {
    token: e
  }).then((function(e) {
    console.log("data", e)
  }))
}
```

仔细看看，encode 方法其实就是调用了 btoa 方法，就是一个 Base64 编码的过程，答案其实已经很明了了。

当然，我们还可以进一步添加断点验证一下流程，比如在调用 encode 方法的那行添加断点，如图 11-52 所示。

图 11-52　添加断点

添加断点之后，可以点击 Resume script execution 按钮恢复 JavaScript 的执行，跳过当前 Tempermonkey 定义的断点位置，如图 11-53 所示。

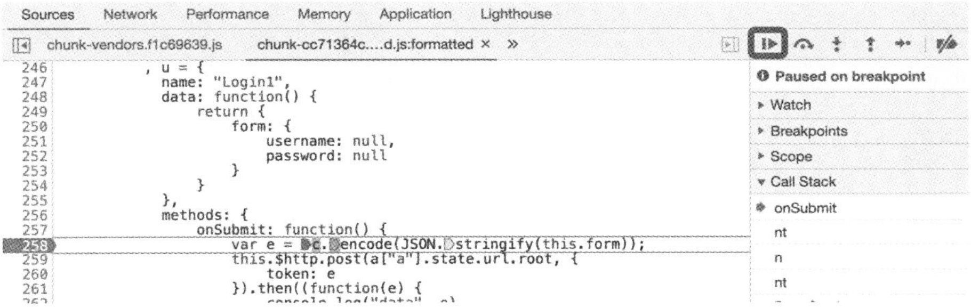

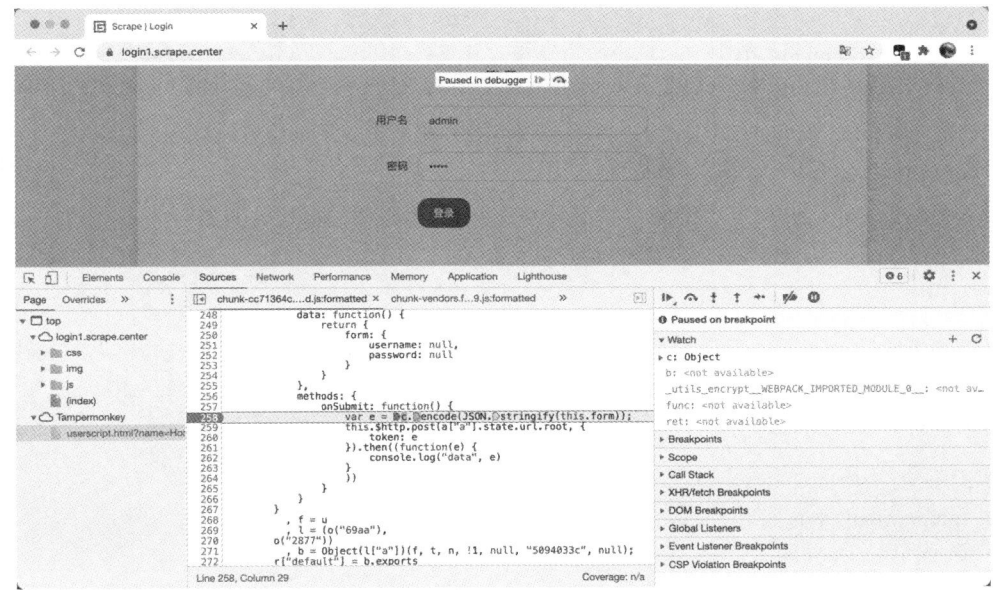

图 11-53　Resume script execution 按钮

然后重新点击"登录"按钮，可以看到这时候代码就停在当前添加断点的位置，如图 11-54 所示。

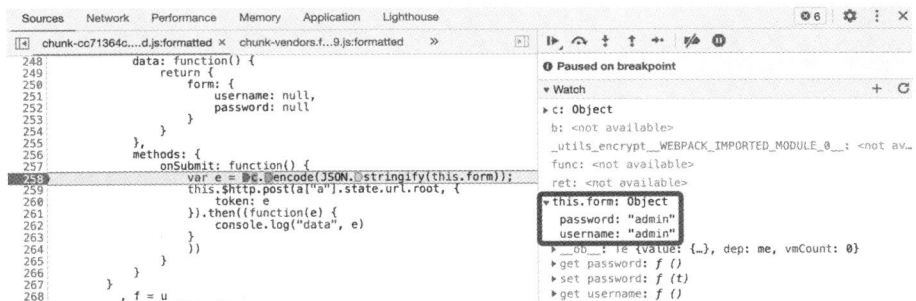

图 11-54　代码停在当前添加断点的位置

这时候可以在 Watch 面板下输入 `this.form`，验证此处是否为在表单中输入的用户名和密码，如图 11-55 所示。

图 11-55　Watch 面板

没问题,然后逐步调试。我们还可以观察到,下一步就跳到了我们 Hook 的位置,这说明调用了 btoa 方法,如图 11-56 所示。可以看到,返回的结果正好就是 token 的值。

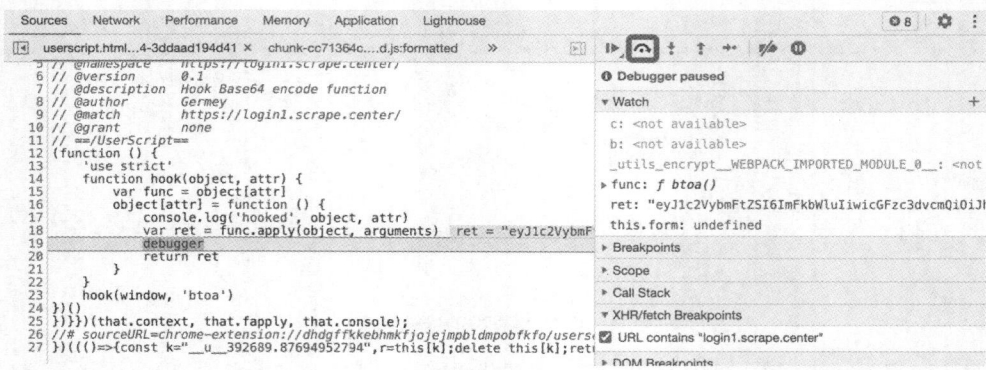

图 11-56　返回结果验证

验证到这里,已经非常清晰了,整体逻辑就是对登录表单的用户名和密码进行 JSON 序列化,然后调用 encode(也就是 btoa 方法),并把 encode 方法的结果赋值为 token 发起登录的 Ajax 请求,逆向完成。

我们通过 Tampermonkey 自定义 JavaScript 脚本的方式,实现了某个方法调用的 Hook,使得我们能快速定位到加密入口的位置,非常方便。

以后如果观察出一些门道,可以多使用这种方法来尝试,如 Hook encode 方法、decode 方法、stringify 方法、log 方法、alert 方法等,简单又高效。

7. 总结

以上便是通过 Tampermonkey 实现简单 Hook 的基础操作。当然,这仅仅是一个常见的基础案例,我们可以从中总结出一些 Hook 的基本门道。

由于本节涉及一些专有名词,部分内容参考如下。

- 简书上的"Hook 技术"文章。
- Tampermonkey 官网。
- MDN Web Docs 网站上 Base64 编码。

11.4　无限 debugger 的原理与绕过

在上一节的学习过程中,你可能注意到了一个知识点——debugger 关键字的作用。debugger 是 JavaScript 中定义的一个专门用于断点调试的关键字,只要遇到它,JavaScript 的执行便会在此处中断,进入调试模式。

有了 debugger 这个关键字,我们就可以非常方便地对 JavaScript 代码进行调试,比如使用 JavaScript Hook 时,我们可以加入 debugger 关键字,使其在关键的位置停下来,以便查找逆向突破口。

但有时候,debugger 会被网站开发者利用,使其成为阻挠我们正常调试的拦路虎。

本节中,我们介绍一个案例来绕过无限 debugger。

1. 案例介绍

我们先看一个案例,网址是 https://antispider8.scrape.center/,打开这个网站,一般操作和之前的网站没有什么不同。但是,一旦我们打开开发者工具,就发现它立即进入了断点模式,如图 11-57 所示。

11.4 无限 debugger 的原理与绕过

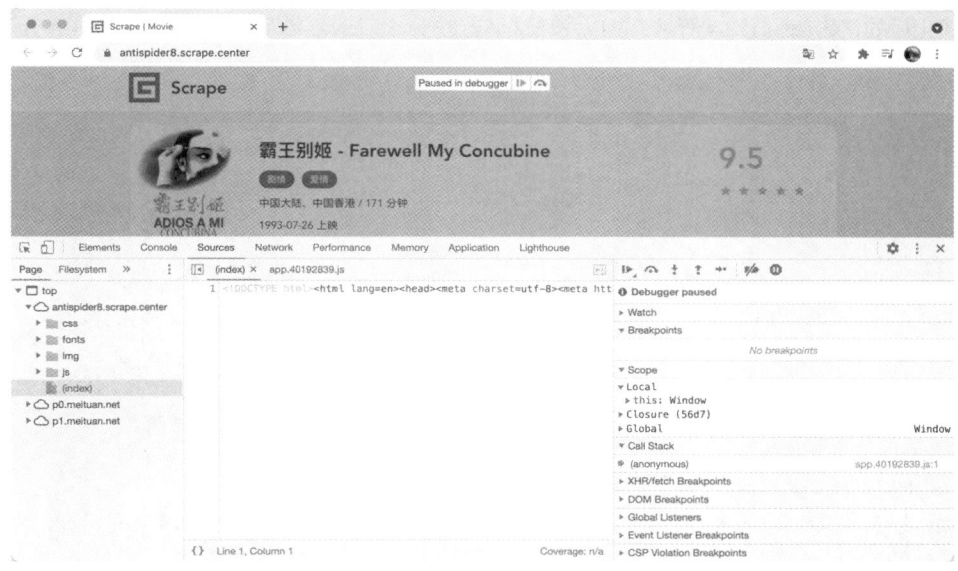

图 11-57 进入断点模式

我们既没有设置任何断点，也没有执行任何额外的脚本，它就直接进入了断点模式。这时候我们可以点击 Resume script execution（恢复脚本执行）按钮，尝试跳过这个断点继续执行，如图 11-58 所示。

然而不管我们点击多少次按钮，它仍然一次次地进入断点模式，无限循环下去，我们称这样的情况为无限 debugger。

怎么办呢？似乎无法正常添加断点调试了，有什么解决办法吗？

办法当然是有的，本节中我们就来总结一下无限 debugger 的应对方案。

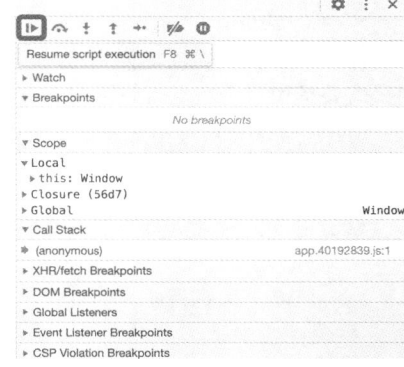

图 11-58 尝试跳过断点

2. 实现原理

我们首先要做的是找到无限 debugger 的源头。在 Sources 面板中可以看到，debugger 关键字出现在一个 JavaScript 文件里，这时点击左下角的格式化按钮，如图 11-59 所示。

图 11-59 点击 Sources 面板中的格式化按钮

格式化后的代码如图 11-60 所示，可以发现这里通过 setInterval 循环，每秒执行 1 次 debugger 语句。

图 11-60　每秒执行 1 次 debugger 语句

当然，还有很多类似的实现，比如无限 for 循环、无限 while 循环、无限递归调用等，它们都可以实现这样的效果，原理大同小异。

了解了原理，下面我们就对症下药吧！

3. 禁用断点

因为 debugger 其实就是对应的一个断点，它相当于用代码显式地声明了一个断点，要解除它，我们只需要禁用这个断点就好了。

首先，我们可以禁用所有断点。全局禁用开关位于 Sources 面板的右上角，叫作 Deactivate breakpoints，如图 11-61 所示。

点击它，会发现所有的断点变成了灰色，如图 11-62 所示。

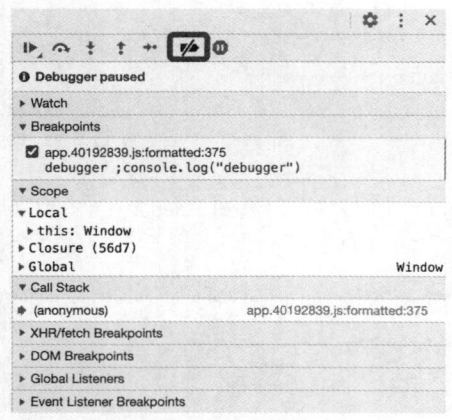

图 11-61　全局禁用开关

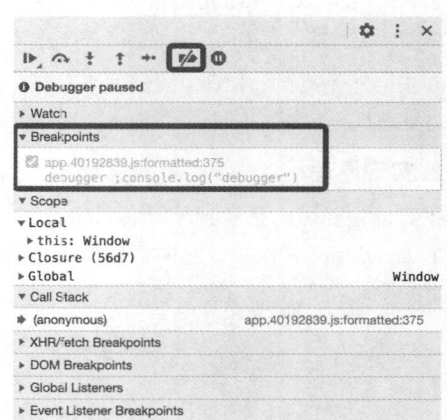

图 11-62　禁用所有的断点

这时候我们再重新点击一下 Resume script execution 按钮，跳过当前断点，页面就不会再进入到无限 debugger 的状态了。

但是这种全局禁用其实并不是一个好的方案，因为禁用之后我们也无法在其他位置增加断点进行调试了，所有的断点都失效了。

这时候我们可以选择禁用局部断点。取消刚才的 Deactivate breakpoints 模式，页面会重新进入无

11.4 无限 debugger 的原理与绕过

限 debugger 模式,我们尝试使用另一种方法来跳过这个无限 debugger。

我们可能会想着去掉 Breakpoints 里勾选的断点,心想这样就不就禁用了吗?大家尝试取消勾选,如图 11-63 所示。

然而,取消之后再继续点击 Resume script execution 按钮,它依然不断地停在有 debugger 关键字的地方,并没有什么效果。

其实,Breakpoints 只代表了我们手动添加的断点。对于 debugger 关键字声明的断点,这里直接取消是没有用的。

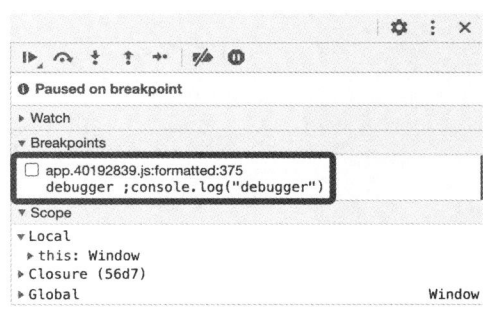

图 11-63 取消勾选

这种情况下还有什么办法吗?

有的。我们可以先将当前 Breakpoints 里面的断点删除,然后在 debugger 语句所在的行的行号上单击鼠标右键,此时会出现一个快捷菜单,如图 11-64 所示。

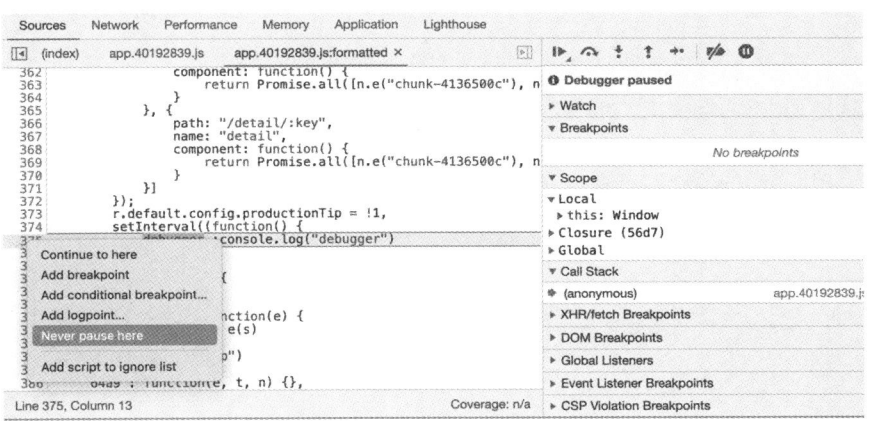

图 11-64 在行号上单击鼠标右键出现的快捷菜单

这里会有一个 Never pause here 选项,意思是从不在此处暂停。选择这个选项,于是页面变成如图 11-65 所示的样子。

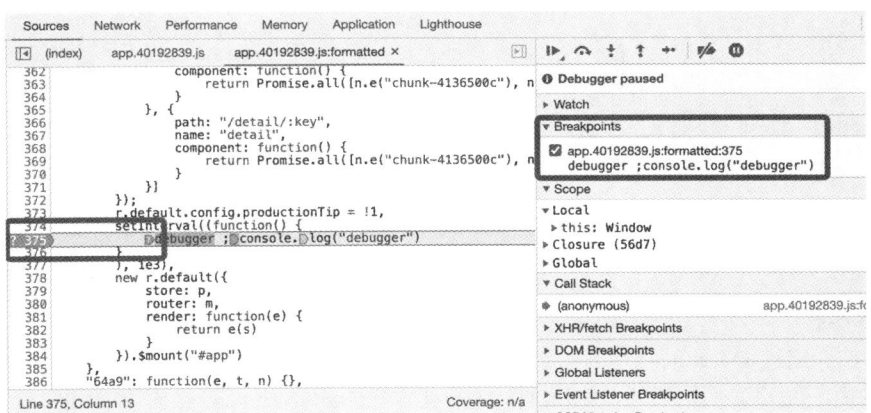

图 11-65 选择 Never pause here 选项后的页面

当前断点显示为橙色，并且断点前面多了一个？符号，同时 Breakpoints 也出现了刚才添加的断点位置。这时再次点击 Resume script execution 按钮，就可以发现我们不会再进入无限 debugger 模式了。

当然，我们也可以选择另外一个选项 Add conditional breakpoint，如图 11-66 所示。

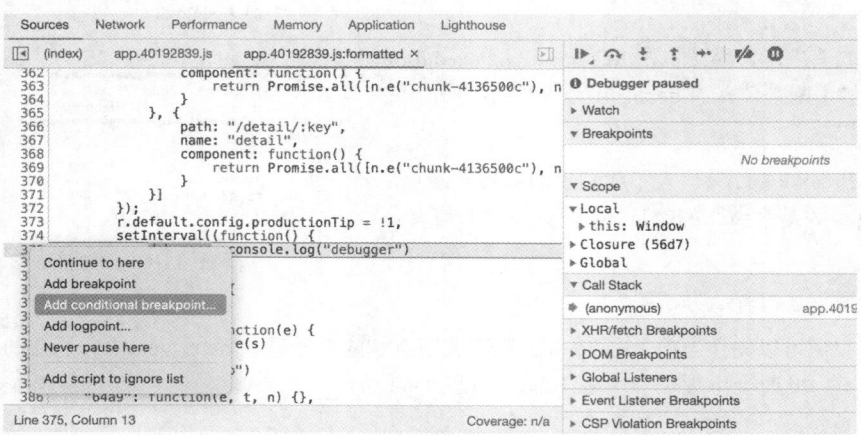

图 11-66　Add conditional breakpoint 选项

这个模式更加高级，我们可以设置进入断点的条件，比如在调试过程中，期望某个变量的值大于某个具体值的时候才停下来。但在本案例中，由于这里是无限循环，我们没有什么具体的变量可以作为判定依据，因此可以直接写一个简单的表达式来控制。

选择 Add conditional breakpoint 选项，直接填入 false 即可，如图 11-67 所示。

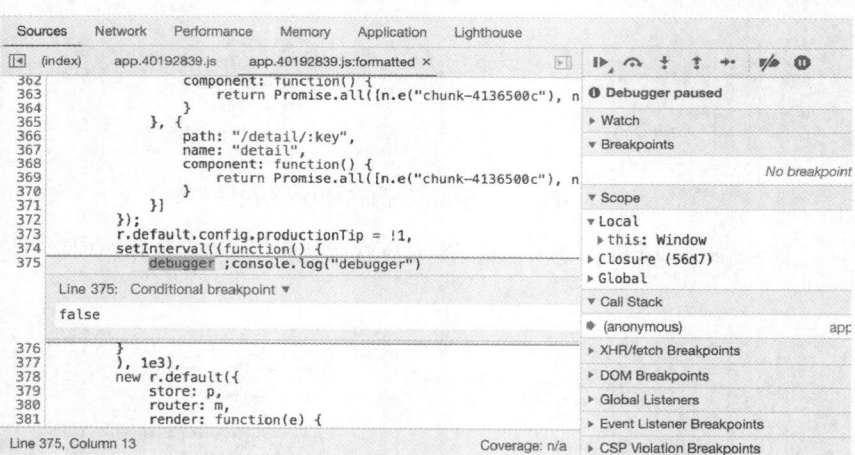

图 11-67　设置 Conditional breakpoint 为 false

此时其效果就和选择 Never pause here 选项一样，重新点击 Resume script execution 按钮，也不会进入无限 Debbugger 循环了。

4. 替换文件

前文我们介绍过 Overrides 面板的用法，利用它我们可以将远程的 JavaScript 文件替换成本地的 JavaScript 文件，这里我们依然可以使用这个方法来对文件进行替换，替换成什么呢？

很简单，我们只需要在新的文件里面把 debugger 这个关键字删除。

我们将当前的 JavaScript 文件复制到文本编辑器中，删除或者直接注释掉 debugger 这个关键字，修改如下：

```
setInterval((function() {
    // debugger; // 可以直接删除此行或者注释此行
    console.log("debugger")
}
```

打开 Sources 面板下的 Overrides 面板，将修改后的完整 JavaScript 文件复制进去，修改的内容如图 11-68 所示。

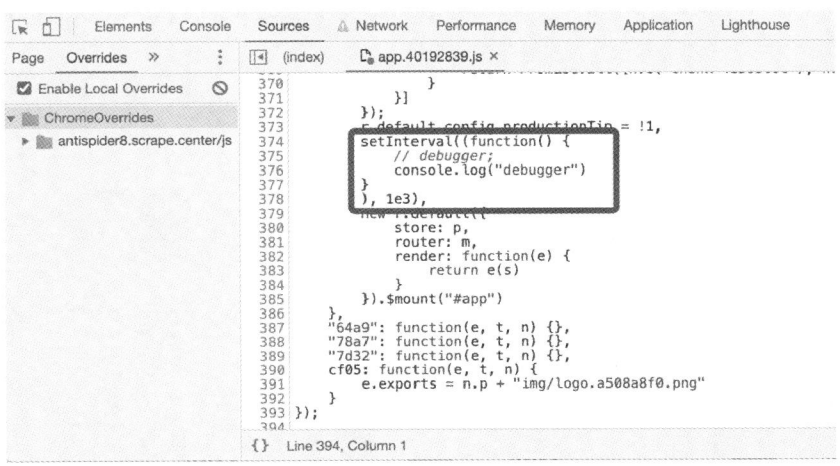

图 11-68　改后的 JavaScript 文件

替换完成之后，重新刷新网页，这时候发现不会进入无限 debugger 模式了。

注意　如果此操作不熟悉，可以参考 11.2 节的内容。

另外，我们不仅可以使用 Charles、Fiddler 等抓包工具进行替换，也可以使用浏览器插件 ReRes 等进行替换，还可以通过 Playwright 等工具使用 Request Interception 进行替换。这三种方式达成的效果是一致的，原理都是将在线加载的 JavaScript 文件进行替换，最终消除无限 debugger。

5. 总结

本节讲解了无限 debugger 的绕过方案，包括禁用全局断点、条件断点、替换原始文件等，从这些操作中我们也可以学习到一些 JavaScript 逆向的基本思路，建议好好掌握本节内容。

11.5　使用 Python 模拟执行 JavaScript

前面我们了解了一些 JavaScript 逆向的调试技巧，通过一些方法，我们可以找到一些突破口，进而找到关键的方法定义。

比如说，通过一些调试，我们发现加密参数 token 是由 encrypt 方法产生的。如果里面的逻辑相对简单的话，那么我们可以用 Python 完全重写一遍。但是现实情况往往不是这样的，一般来说，一些加密相关的方法通常会引用一些相关标准库，比如说 JavaScript 就有一个广泛使用的库，叫作 crypto-js，这个库实现了很多主流的加密算法，包括对称加密、非对称加密、字符编码等。比如对于 AES 加密，通常我们需要输入待加密文本和加密密钥，实现如下：

```
const ciphertext = CryptoJS.AES.encrypt(message, key).toString();
```

对于这样的情况，我们其实没法很轻易地完全重写一遍，因为 Python 中并不一定有和 JavaScript 完全一样的类库。

那么，有什么解决办法吗？有的，既然 JavaScript 已经实现好了，那么我用 Python 直接模拟执行这些 JavaScript 得到结果不就好了吗？

本节中，我们就来了解使用 Python 模拟执行 JavaScript 的解决方案。

1. 案例引入

这里我们先看一个和上文描述的情形非常相似的案例，链接是 https://spa7.scrape.center/，如图 11-69 所示。

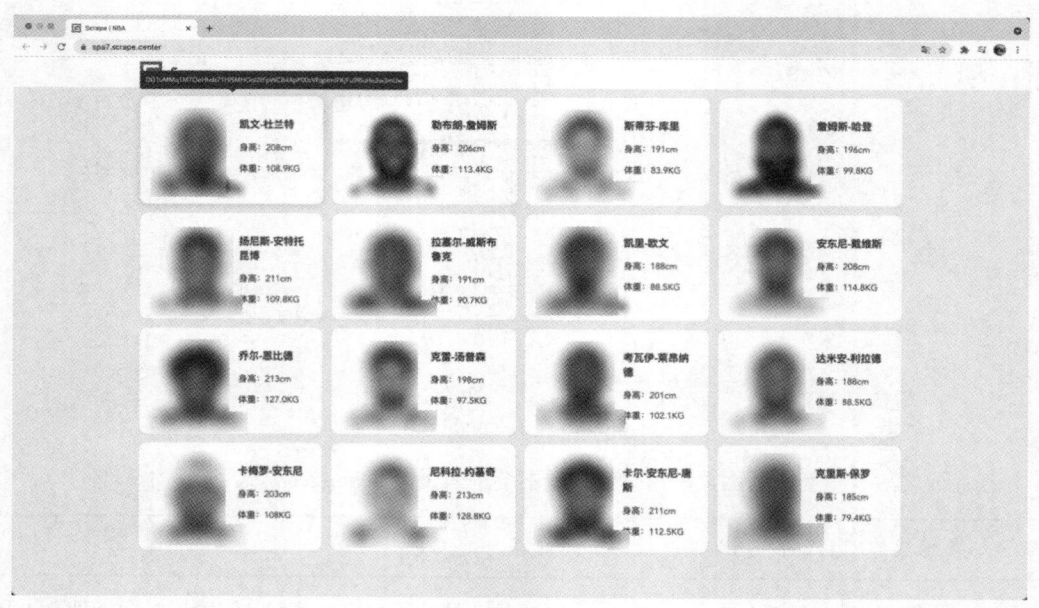

图 11-69　NBA 球星网站

这是一个 NBA 球星网站，用卡片的形式展示了一些球星的基本信息。另外，每张卡片上其实都有一个加密字符串，这个加密字符串其实和球星的信息是有关联的，并且每个球星的加密字符串也是不同的。

所以，这里我们要做的就是找出这个加密字符串的加密算法并用程序把加密字符串的生成过程模拟出来。

2. 准备工作

本节中，我们需要使用 Python 模拟执行 JavaScript，这里我们使用的库叫作 PyExecJS。我们使用 pip3 命令安装它，具体如下：

```
pip3 install pyexecjs
```

PyExecJS 是用于执行 JavaScript 的，但执行 JavaScript 的功能需要依赖 JavaScript 运行环境，所以除了安装好这个库之外，我们还需要安装一个 JavaScript 运行环境，个人比较推荐的是 Node.js。更加详细的安装和配置过程可以参考：https://setup.scrape.center/pyexecjs。

PyExecJS 库在运行时会检测本地 JavaScript 运行环境来实现 JavaScript 执行，做好如上准备工作之后，接着我们运行代码检查一下运行环境：

```
import execjs
print(execjs.get().name)
```

运行结果类似如下：

```
Node.js (V8)
```

如果你成功安装好 PyExecJS 库和 Node.js 的话，其结果就是 Node.js (V8)。当然，如果你安装的是其他的 JavaScript 运行环境，结果也会有所不同。

3. 分析

接下来，我们就对这个网站稍作分析。打开 Sources 面板，我们可以非常轻易地找到加密字符串的生成逻辑，如图 11-70 所示。

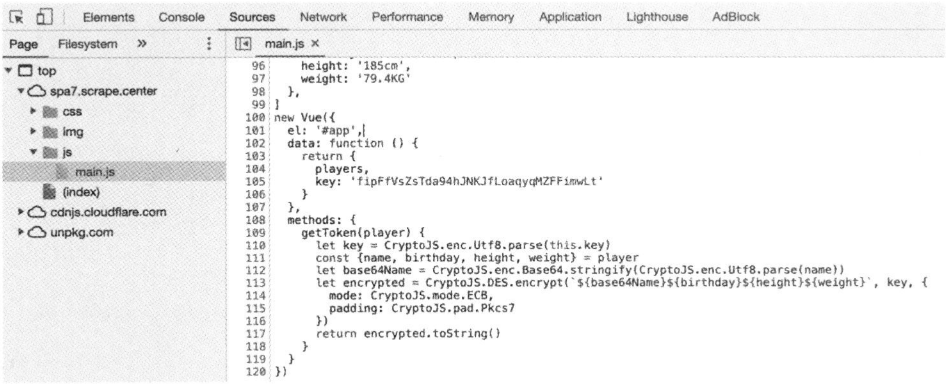

图 11-70 Sources 面板

首先，声明一个球员相关的列表，如：

```
const players = [
  {
    name: '凯文-杜兰特',
    image: 'durant.png',
    birthday: '1988-09-29',
    height: '208cm',
    weight: '108.9KG'
  }
  ...
]
```

然后对于每一个球员，我们调用加密算法对其信息进行加密。我们可以添加断点看看，如图 11-71 所示。

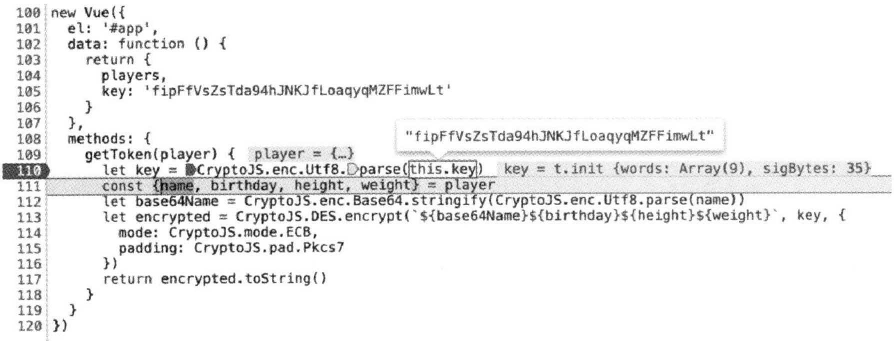

图 11-71 添加断点

可以看到，getToken 方法的输入就是单个球员的信息，就是上述列表的一个元素对象，然后 this.key 就是一个固定的字符串。整个加密逻辑就是提取球员的名字、生日、身高、体重，接着先进行 Base64 编码，然后进行 DES 加密，最后返回结果。

加密算法是怎么实现的呢？其实就是依赖了 crypto-js 库，使用 CryptoJS 对象来实现的。

那么，CryptoJS 这个对象是哪里来的呢？总不能凭空产生吧？其实这个网站就是直接引用了 crypto-js 库，如图 11-72 所示。

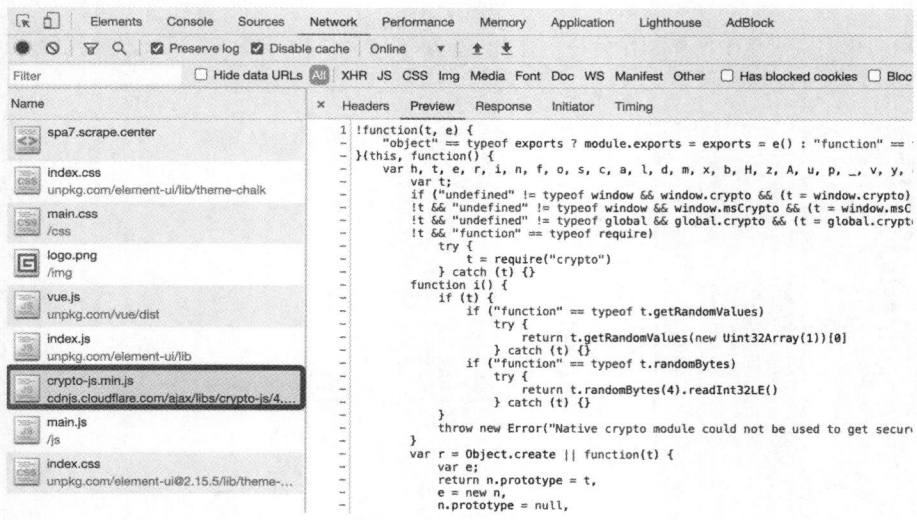

图 11-72　crypto-js 库对应的网络请求

执行 crypto-js 库对应的这个 JavaScript 文件之后，CryptoJS 就被注入浏览器全局环境下，因此我们就可以在别的方法里直接使用 CryptoJS 对象里的方法了。

4. 模拟调用

既然这样，我们要怎么模拟呢？下面我们来实现一下。

首先，我们要模拟的其实就是这个 getToken 方法，输入球员相关信息，得到最终的加密字符串。这里我们直接把 key 替换下，把 getToken 方法稍微改写一下，具体如下：

```javascript
function getToken(player) {
  let key = CryptoJS.enc.Utf8.parse("fipFfVsZsTda94hJNKJfLoaqyqMZFFimwLt");
  const { name, birthday, height, weight } = player;
  let base64Name = CryptoJS.enc.Base64.stringify(CryptoJS.enc.Utf8.parse(name));
  let encrypted = CryptoJS.DES.encrypt(
    `${base64Name}${birthday}${height}${weight}`,
    key,
    {
      mode: CryptoJS.mode.ECB,
      padding: CryptoJS.pad.Pkcs7,
    }
  );
  return encrypted.toString();
}
```

因为这个方法的模拟执行需要 CryptoJS 这个对象，如果我们直接调用这个方法，肯定会报 CryptoJS 未定义的错误。

怎么办呢？我们只需要再模拟执行一下刚才看到的 crypto-js.min.js 不就好了吗？

11.5 使用 Python 模拟执行 JavaScript

因此，我们需要模拟执行的内容就是以下两部分。

- 模拟运行 crypto-js.min.js 里面的 JavaScript，用于声明 CryptoJS 对象。
- 模拟运行 getToken 方法的定义，用于声明 getToken 方法。

接下来，我们就把 crypto-js.min.js 里面的代码和上面 getToken 方法的代码复制一下，都粘贴到一个 JavaScript 文件里面，比如就叫作 crypto.js。

接下来，我们就用 PyExecJS 模拟执行一下，代码如下：

```
import execjs
import json

item = {
    'name': '凯文-杜兰特',
    'image': 'durant.png',
    'birthday': '1988-09-29',
    'height': '208cm',
    'weight': '108.9KG'
}

file = 'crypto.js'
node = execjs.get()
ctx = node.compile(open(file).read())

js = f"getToken({json.dumps(item, ensure_ascii=False)})"
print(js)
result = ctx.eval(js)
print(result)
```

这里我们单独定义了一位球员的信息，并将其赋为 item 变量。然后使用 execjs 的 get 方法获取 JavaScript 执行环境，赋值为 node。

接着，我们调用 node 的 compile 方法，这里给它传入刚才定义的 crypto.js 文件的文本内容。compile 方法会返回一个 JavaScript 的上下文对象，我们将其赋给 ctx。执行到这里，其实就可以理解为，ctx 对象里面就执行过了 crypto-js.min.js，CryptoJS 就声明好了，然后紧接着 getToken 方法的声明代码也被执行，所以 getToken 方法也定义好了，相当于完成了一些初始化工作。

接着，我们只需要定义我们想要执行的 JavaScript 代码。我们定义了一个 js 变量，其实就是模拟调用了 getToken 方法并传入了球员信息。打印 js 变量的值，内容如下：

```
getToken({"name": "凯文-杜兰特", "image": "durant.png", "birthday": "1988-09-29", "height": "208cm", "weight": "108.9KG"})
```

其实这就是一个标准的 JavaScript 方法调用的写法而已。

接着，调用 ctx 对象的 eval 方法并传入 js 变量，其实就是模拟执行这句 JavaScript 代码，照理来说最终返回的就是加密字符串了。

然而，运行之后，我们可能看到这个报错：

```
execjs._exceptions.ProgramError: ReferenceError: CryptoJS is not defined
```

很奇怪，CryptoJS 未定义？我们明明执行过 crypto-js.min.js 里面的内容了呀？

问题其实出在 crypto-js.min.js，可以看到其中声明了一个 JavaScript 的自执行方法，如图 11-73 所示。

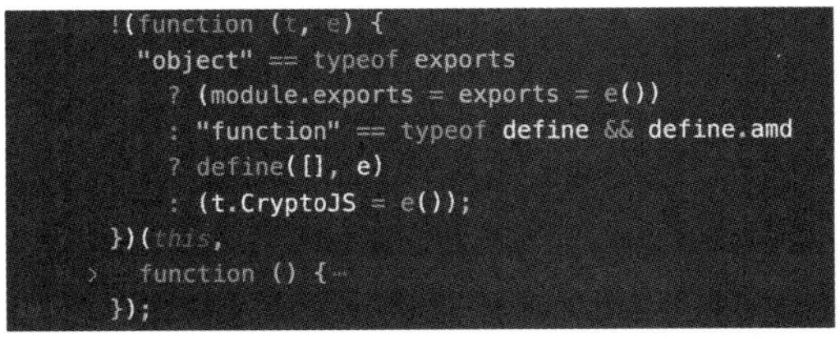

什么是自执行方法呢？就是声明了一个方法，然后紧接着调用执行。我们可以看下这个例子：

图 11-73　JavaScript 的自执行方法

```
!(function(a, b){console.log('result', a, b)})(1, 2)
```

这里我们先声明了一个 function，它接收 a 和 b 两个参数，然后把内容输出出来，接着我们把这个 function 用小括号括起来。这其实就是一个方法，可以被直接调用，怎么调用呢？后面再跟上对应的参数就好了，比如传入 1 和 2，执行结果如下：

```
result 1 2
```

可以看到，这个自执行方法就被执行了。

同理，crypto-js.min.js 也符合这个格式，它接收 t 和 e 两个参数，t 就是 this，其实就是浏览器中的 window 对象，e 就是一个 function（用于定义 CryptoJS 的核心内容）。

我们再来观察下 crypto-js.min.js 开头的定义：

```
"object" == typeof exports
? (module.exports = exports = e())
: "function" == typeof define && define.amd
? define([], e)
: (t.CryptoJS = e());
```

在 Node.js 中，其实 exports 用来将一些对象的定义导出，这里 "object" == typeof exports 的结果其实就是 true，所以就执行了 module.exports = exports = e() 这段代码，这相当于把 e() 作为整体导出，而这个 e() 其实就对应后面的整个 function。function 里面定义了加密相关的各个实现，其实就指代整个加密算法库。

但是在浏览器中，其结果就不一样了，浏览器环境中并没有 exports 和 define 这两个对象。所以，上述代码在浏览器中最后执行的就是 t.CryptoJS = e() 这段代码，其实这里就是把 CryptoJS 对象挂载到 this 对象上面，而 this 就是浏览器中的全局 window 对象，后面就可以直接用了。如果我们把代码放在浏览器中运行，那没有任何问题。

然而，我们使用的 PyExecJS 是依赖于一个 Node.js 执行环境的，所以上述代码其实执行的是 module.exports = exports = e()，这里面并没有声明 CryptoJS 对象，也没有把 CryptoJS 挂载到全局对象里面，所以后面我们再调用 CryptoJS 就自然而然出现了未定义的错误了。

怎么办呢？其实很简单，直接声明一个 CryptoJS 变量，然后手动声明一下它的初始化不就好了吗？所以我们可以把代码稍作修改，改成如下内容：

```
var CryptoJS;
!(function (t, e) {
  CryptoJS = e();
  "object" == typeof exports
    ? (module.exports = exports = e())
    : "function" == typeof define && define.amd
    ? define([], e)
    : (t.CryptoJS = e());
})(this,
  function () {
    //...
});
```

这里我们首先声明了一个 CryptoJS 变量，然后直接给 CryptoJS 变量赋值 e()，这样就完成了 CryptoJS 的初始化。

这样我们再重新运行刚才的 Python 脚本，就可以得到执行结果：

```
gQSfeqldQIJKAZHH9TzRX/exvIwbOj73b2cjXvy6PeZ3rGW6sQsL2w==
```

这样我们就成功得到加密字符串了，和示例网站上显示的一模一样，这样我们就成功模拟 JavaScript 的调用完成了某个加密算法的运行过程。

5. 总结

本节介绍了利用 PyExecJS 来模拟执行 JavaScript 的方法，结合一个案例来完成整个实现和问题排查的过程。本节内容还是比较重要的，以后我们如果需要模拟执行 JavaScript，就可以派得上用场。

本节代码参见：https://github.com/Python3WebSpider/ScrapeSpa7。

11.6 使用 Node.js 模拟执行 JavaScript

在上一节中，我们了解了利用 Python 来模拟 JavaScript 调用的方法，使用的库是 PyExecJS，其执行环境我们选用的也是 Node.js，但有时候在调用过程中我们会发现这还是有不太方便的地方，而且可能也会出现上一节提及的变量未定义的问题。有没有其他的解决思路呢？

我们模拟执行的是 JavaScript，而且依赖的是 Node.js，为什么不直接用 Node.js 来尝试 JavaScript 的执行呢？其实原理上来说这种方案是完全可行的。

本节中，我们就来了解使用 Node.js 来执行 JavaScript 的方法。

1. 准备工作

本节中，我们需要使用 Node.js，请确保已经正确安装好了 Node.js，安装流程可以参考上一节的说明。

安装完成之后，我们应该可以正常使用 node 和 npm 两个命令，如不能使用，请检查 Node.js 的安装情况和环境变量的配置。

2. 模拟执行

本节的案例和上一节完全一样，我们想要的其实还是计算出每位球星所对应的加密字符串。所以整体思路其实还是加载 Crypto 库并执行 getToken 方法，这里我们直接基于 Node.js 来实现。

首先，还是把 crypto-js.min.js 文件中的内容复制下来，新建一个 crypto.js 文件并把内容粘贴进去。

然后新建一个 main.js 文件，其内容如下：

```javascript
const CryptoJS = require("./crypto");

function getToken(player) {
  let key = CryptoJS.enc.Utf8.parse("fipFfVsZsTda94hJNKJfLoaqyqMZFFimwLt");
  const { name, birthday, height, weight } = player;
  let base64Name = CryptoJS.enc.Base64.stringify(CryptoJS.enc.Utf8.parse(name));
  let encrypted = CryptoJS.DES.encrypt(
    `${base64Name}${birthday}${height}${weight}`,
    key,
    {
      mode: CryptoJS.mode.ECB,
      padding: CryptoJS.pad.Pkcs7,
    }
  );
  return encrypted.toString();
}

const player = {
    name: "凯文-杜兰特",
    image: "durant.png",
    birthday: "1988-09-29",
    height: "208cm",
    weight: "108.9KG"
}
console.log(getToken(player))
```

这里我们直接使用 Node.js 中的 require 方法导入 crypto.js 这个文件，然后将其赋值为 CryptoJS 对象,这样其实就完成了 CryptoJS 对象的初始化了,后面我们就可以正常使用 CryptoJS 对象了。

这时候读者可能会有疑惑:上一节中我们用的 PyExecJS 的底层也是用 Node.js 模拟的呀?在上一节中,我们需要修改代码才能完成 CryptoJS 的初始化,那这次为什么什么都不用修改就能完成 CryptoJS 的初始化呢?

继续回过头来观察 crypto.js 中最开头的定义:

```
!(function (t, e) {
  "object" == typeof exports
    ? (module.exports = exports = e())
    : "function" == typeof define && define.amd
    ? define([], e)
    : (t.CryptoJS = e());
})(this,
  function () {
  //...
});
```

通过上一节的说明我们知道,在 Node.js 中定义了 exports 这个对象,它用来将一些对象的定义导出。这里 "object" == typeof exports 的结果其实就是 true,所以就执行了 module.exports = exports = e() 这段代码,这样就相当于把 e() 作为整体导出了,而这个 e() 其实就对应这后面的整个 function。function 里面定义了加密相关的各个实现,其实就指代整个加密算法库。

既然在 crypto.js 里面声明了这个导出,那么怎么导入呢? require 就是导入的意思,导入之后我们把它赋值为了整个 CryptoJS 变量,其实它就代表整个 CryptoJS 加密算法库了。

正是因为我们在 Node.js 中有和 exports 配合的 require 的调用并将结果赋值给 CryptoJS 变量,我们才完成了 CryptoJS 的初始化。因此,后面我们就能调用 CryptoJS 里面的 DES、enc 等各个对象的方法来进行一些加密和编码操作了。

CryptoJS 初始化完成了,接下来 getToken 方法其实就是调用 CryptoJS 里面的各个对象的方法,实现了整个加密流程,整个逻辑和上一节是一样的。

最后,传入 player 对象,然后输出对应的加密字符串即可。

运行 main.js,命令如下:

```
node main.js
```

得到的结果如下:

```
DG1uMMq1M7OeHhds71HlSMHOoI2tFpWCB4ApP0OcVFqptmlFKjFu9RluHo2w3mUw
```

经过比对,结果和网站上的结果(如图 11-74 所示)是一致的。

这样我们就成功通过 Node.js 完成了整个 JavaScript 的模拟过程。

3. 搭建服务

现在我们其实已经能够使用 Node.js 完成整个加密字符串的生成了,完全用 Node.js 编写爬虫就可以了。

图 11-74 网站上的结果

但如果此时我们就想用 Python 来编写整个爬虫,怎么办呢?该怎么和 Node.js 对接呢?很简单,直接使用 Node.js 来把刚才的算法暴露成一个 HTTP 服务就好了,这样的话 Python 直接调用 Node.js 暴露的 HTTP 服务,通过 Request Body 传入对应的球员信息,然后加密字符串通过 HTTP 的 Response 返回即可。

那么 HTTP 服务用什么来实现呢？Node.js 中最流行的 HTTP 服务框架当属 express 了，所以这里我们就选用它来作为 HTTP 服务器。

首先安装 express，在 main.js 所在目录下运行如下命令：

```
npm i express
```

然后改写 main.js 为如下内容：

```javascript
const CryptoJS = require("./crypto");
const express = require("express");
const app = express();
const port = 3000;
app.use(express.json());

function getToken(player) {
  let key = CryptoJS.enc.Utf8.parse("fipFfVsZsTda94hJNKJfLoaqyqMZFFimwLt");
  const { name, birthday, height, weight } = player;
  let base64Name = CryptoJS.enc.Base64.stringify(CryptoJS.enc.Utf8.parse(name));
  let encrypted = CryptoJS.DES.encrypt(
    `${base64Name}${birthday}${height}${weight}`,
    key,
    {
      mode: CryptoJS.mode.ECB,
      padding: CryptoJS.pad.Pkcs7,
    }
  );
  return encrypted.toString();
}

app.post("/", (req, res) => {
  const data = req.body;
  res.send(getToken(data));
});

app.listen(port, () => {
  console.log(`Example app listening on port ${port}!`);
});
```

这里我们就使用 express 编写了一个服务，它可以接收一个 POST 请求，Request Body 就是球员信息，然后返回 getToken 的计算结果作为 Response 的内容。

接下来，重新运行该脚本：

```
node main.js
```

这时候可以看到，express 就在本地 3000 端口上运行了。

如果我们想用 Python 调用的话，直接使用 requests 调用该 API，然后传入对应的球员数据即可，示例如下：

```python
import requests

data = {
    "name": "凯文-杜兰特",
    "image": "durant.png",
    "birthday": "1988-09-29",
    "height": "208cm",
    "weight": "108.9KG"
}
url = 'http://localhost:3000'
response = requests.post(url, json=data)
print(response.text)
```

运行结果如下：

```
DG1uMMq1M7OeHhds71HlSMHOoI2tFpWCB4ApPOOcVFqptmlFKjFu9RluHo2w3mUw
```

这样我们就成功实现了 Node.js 到 Python 调用的转换，这样爬取到数据之后，我们就可以使用 Python 进行后续的分析、处理操作了。

4. 总结

本节中，我们介绍了利用 Node.js 进行 JavaScript 模拟的方法，并介绍了 Node.js 和 Python 进行对接的方式——通过 express 暴露 HTTP 服务。此种方案对于 JavaScript 的兼容性也会更好，对于模拟执行 JavaScript 也会更加方便。

本节代码参见：https://github.com/Python3WebSpider/ScrapeSpa7。

11.7 浏览器环境下 JavaScript 的模拟执行

在前面两节中，我们了解了利用 PyExecJS 和 Node.js 对 JavaScript 进行模拟执行的方法，但在某些复杂的情况下可能还是有一定的局限性。

1. 分析

比如说：我们在浏览器中找到了一个类似的加密算法，其生成逻辑如下：

```
const token = encrypt(a, b)
```

我们最终需要获取的就是 token 这个变量究竟是什么。这个 token 模拟出来了，就可以直接拿着去构造请求进行数据爬取了。但这个 token 是由一个 encrypt 方法返回的，参数是 a 和 b。对于参数 a 和 b，我们可能比较容易找到它们是怎么生成的，但是这个 encrypt 方法非常复杂，其内部又关联了许多变量和对象，甚至方法内部的逻辑也进行了混淆等操作，向内追踪非常困难。

这时候如果我们要用 Python 和 Node.js 来模拟整个调用过程，关键其实就两步：

- 把所有的依赖库都下载到本地；
- 使用 PyExecJS 或 Node.js 来加载依赖库并模拟调用 encrypt 方法。

但在某些情况下可能存在一定的问题，我们分两个方面来进行探讨。

- **环境差异**

前面提到过，Node.js 中没有全局 window 对象，取而代之的是 global 对象。如果 JavaScript 文件中有任何引用 window 对象的方法，就没法在 Node.js 环境中运行。我们需要做的就是把 window 对象改写成 global 对象，或者把一些浏览器中的对象用一其他方法代替。

- **依赖库查找**

在上面的例子中，encrypt 所依赖的全部逻辑和依赖库其实都已经加载到浏览器。如果我们要在其他环境中模拟执行，要从中完全剥离出 encrypt 所依赖的 JavaScript 库，肯定还需要费一些功夫。一旦缺少了必备的依赖库，就会导致 encrypt 方法无法成功运行。

对于一些复杂的情况，为什么我们不直接用浏览器作为执行环境来辅助逆向呢？

本节中，我们就来介绍一个借助浏览器模拟辅助逆向的方法，可以实现任意位置的代码注入和修改，同时可以实现全局和任意时刻调用，非常方便。

2. 准备工作

本节中，我们使用 playwright 来实现浏览器辅助逆向。首先，安装 playwright，相关命令如下：

```
pip3 install playwright
playwright install
```

运行如上两条命令之后，会安装 playwright 库，并安装 Chromium、Firefox、WebKit 三个内核的浏览器供 playwright 直接使用。具体的安装方法可以参考：https://setup.scrape.center/playwright。

3. 案例介绍

本节中，我们要分析的目标站点是 https://spa2.scrape.center/。可以看到，其 Ajax 请求参数带有一个 token，并且每次都会变化，如图 11-75 所示。

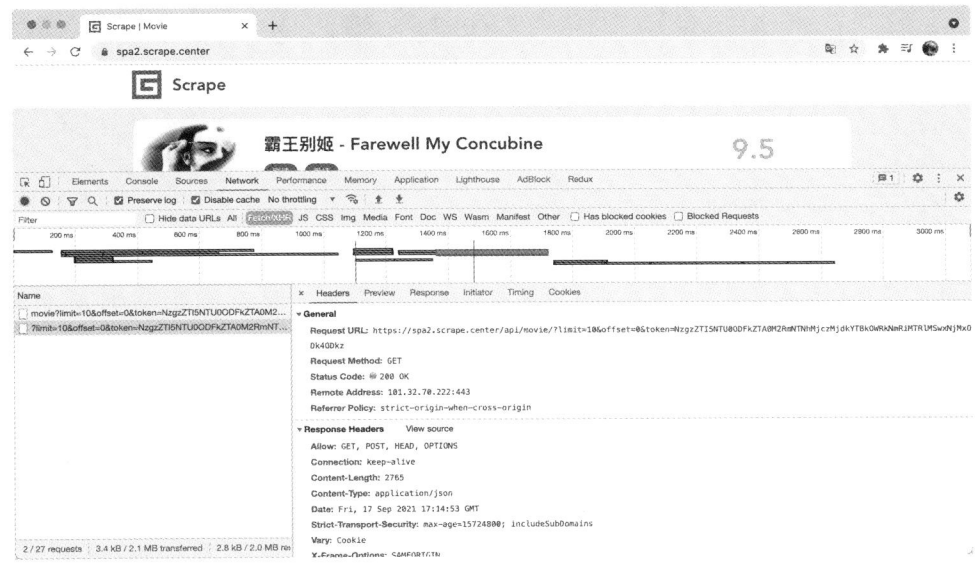

图 11-75　Ajax 请求参数

添加 XHR 断点并通过调用栈找到 token 的生成入口，如图 11-76 所示。

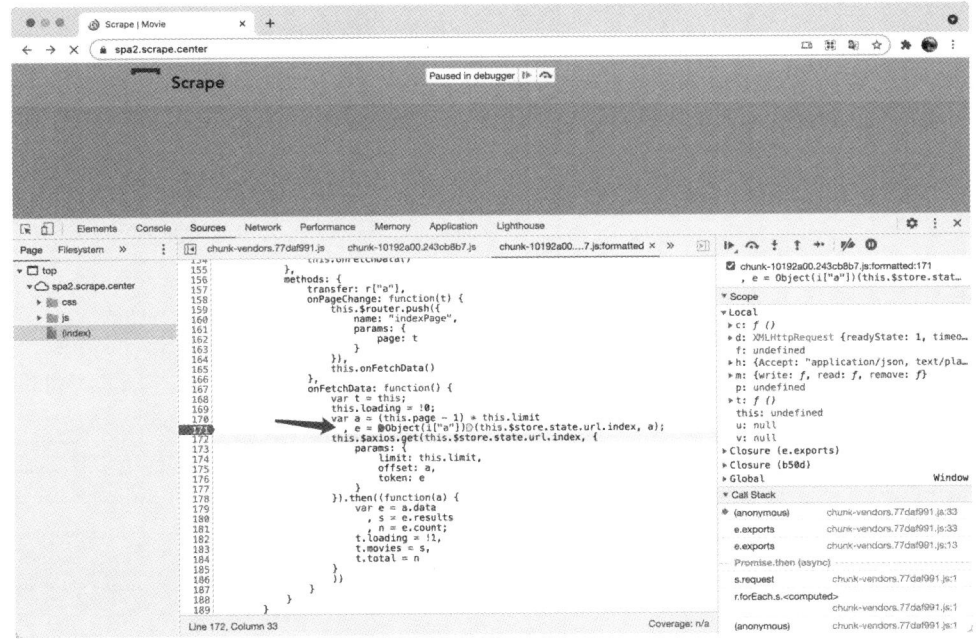

图 11-76　通过 XHR 断点寻找入口

可以发现，请求参数的 token 就是变量 e，它的生成过程如下：

var a = (this.page - 1) * this.limit, e = Object(i["a"])(this.$store.state.url.index, a);

在此处添加断点调试一下，看看具体的变量值，如图 11-77 所示。

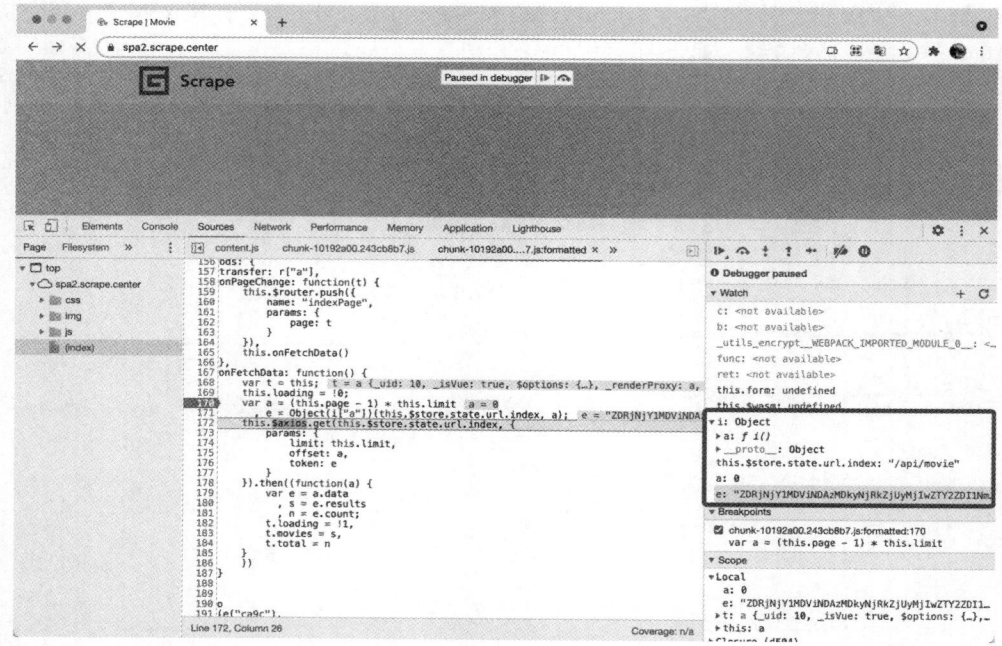

图 11-77　查看变量值

经过对比，可以很容易发现，变量 a 其实就是请求数据的 offset，数据一页 10 条，所以第一页 offset 就是 0，第二页 offset 就是 10，所以变量 a 就是 0、10，以此类推。this.$store.state.url.index 是一个固定的字符串 /api/movie，但是调用 Object(i["a"]) 方法之后，结果 e 也就是最终的 token 就得到了。

因此，我们可以断定 Object(i["a"]) 里面就是核心的加密逻辑，我们再把 i["a"] 方法追踪一下，可以看到如图 11-78 所示的逻辑。

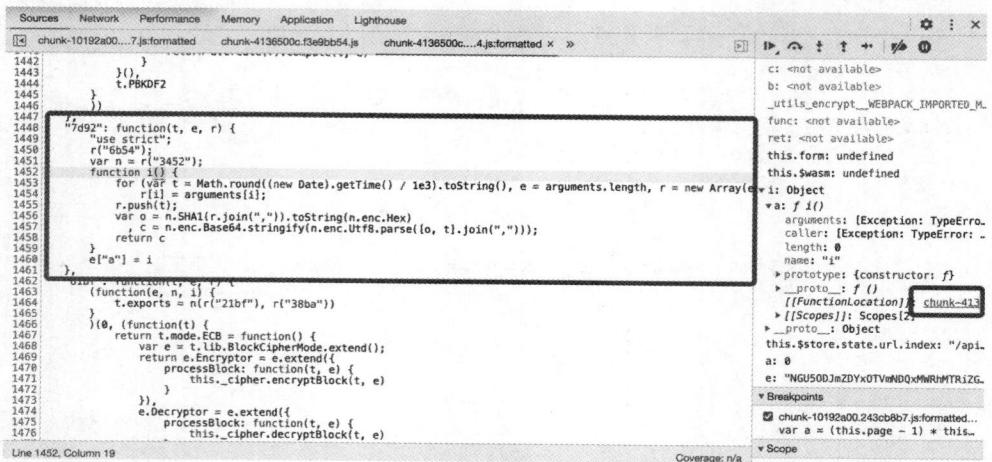

图 11-78　i 方法对应的逻辑

我们大致可以看到，这里又掺杂了时间、SHA1、Base64、列表等各种操作。要深入分析，还是需要花费一些时间的。

现在，可以说核心方法已经找到了，参数我们也知道怎么构造了，就是方法内部比较复杂，但我们想要的其实就是这个方法的运行结果，即最终的 token。

这时候大家可能就产生了这样的疑问。

- 怎么在不分析该方法逻辑的情况下拿到方法的运行结果呢？该方法完全可以看成黑盒。
- 要直接拿到方法的运行结果，就需要模拟调用了，怎么模拟调用呢？
- 这个方法并不是全局方法，所以没法直接调用，该怎么办呢？

其实是有方法的。

- 模拟调用当然没有问题，问题是在哪里模拟调用。根据上文的分析，既然浏览器中都已经把上下文环境和依赖库都加载成功了，为何不直接用浏览器呢？
- 怎么模拟调用局部方法呢？很简单，只需要将局部方法挂载到全局 window 对象上不就好了吗？
- 怎么把局部方法挂载到全局 window 对象上呢？最简单的方法就是直接改源码。
- 既然已经在浏览器中运行了，又怎么改源码呢？当然可以，比如利用 playwright 的 Request Interception 机制将想要替换的任意文件进行替换即可。

4. 实战

首先，我们来实现 Object(i["a"]) 的全局挂载，只需要将其赋值给 window 对象的一个属性即可，属性名称任意，只要不和现有的属性冲突即可。

比如我们需要在代码：

`var a = (this.page - 1) * this.limit, e = Object(i["a"])(this.$store.state.url.index, a);`

下方添加如下用于挂载全局 window 对象的代码：

`window.encrypt = Object(i["a"]);`

比如，这里我们将 Object(i["a"]) 挂载给 window 对象的 encrypt 属性。这样只要该行代码执行完毕，我们调用 window.encrypt 方法就相当于调用了 Object["a"] 方法。

接着，我们将修改后的整个 JavaScript 代码文件保存到本地，并将其命名为 chunk.js，如图 11-79 所示。

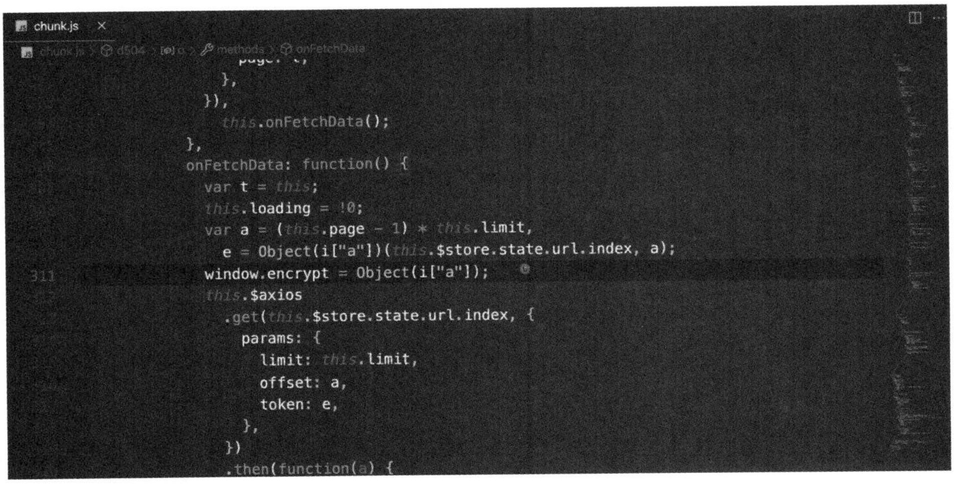

图 11-79　chunk.js 文件

接下来，我们利用 playwright 启动一个浏览器，并使用 Request Interception 将 JavaScript 文件替换，实现如下：

```
from playwright.sync_api import sync_playwright

BASE_URL = 'https://spa2.scrape.center'
context = sync_playwright().start()
browser = context.chromium.launch()
page = browser.new_page()
page.route(
    "/js/chunk-10192a00.243cb8b7.js",
    lambda route: route.fulfill(path="./chunk.js")
)
page.goto(BASE_URL)
```

这里首先使用 playwright 创建一个 Chromium 无头浏览器，然后利用 new_page 方法创建一个新的页面，并定义了一个关键的路由：

```
page.route(
    "/js/chunk-10192a00.243cb8b7.js",
    lambda route: route.fulfill(path="./chunk.js")
)
```

这里路由的第一个参数是原本加载的文件路径，比如原本加载的 JavaScript 路径为 /js/chunk-10192a00.243cb8b7.js，如图 11-80 所示。

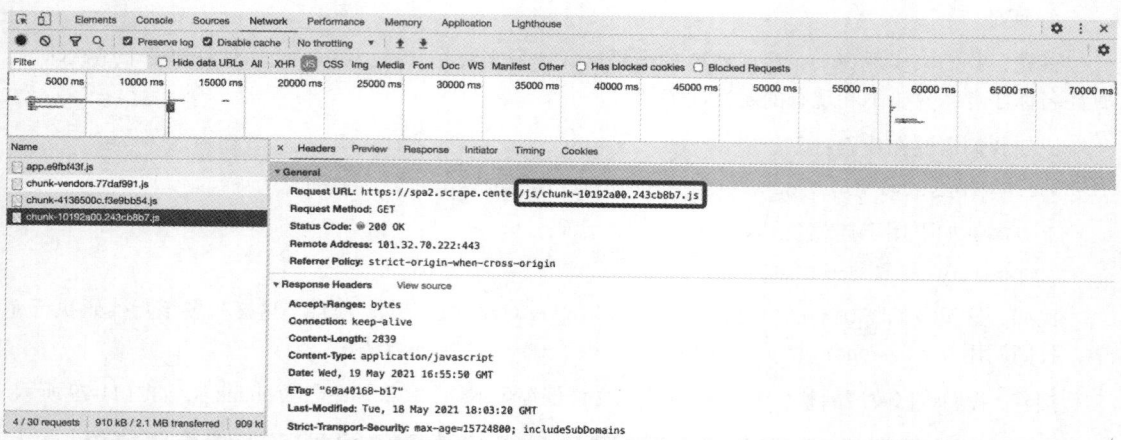

图 11-80　原 JavaScript 文件加载路径

第二个参数利用 route 的 fulfill 方法指定本地的文件，也就是我们修改后的文件 chunk.js。

这样 playwright 加载 /js/chunk-10192a00.243cb8b7.js 文件的时候，其内容就会被替换为我们本地保存的 chunk.js 文件。当执行之后，Object(i["a"]) 也就被挂载给 window 对象的 encrypt 属性了，所以调用 window.encrypt 方法就相当于调用了 Object(i["a"]) 方法了。

怎么模拟调用呢？很简单，只需要在 playwright 环境中额外执行 JavaScript 代码即可，比如可以定义如下的方法：

```
def get_token(offset):
    result = page.evaluate('''() => {
        return window.encrypt("%s", "%s")
    }''' % ('/api/movie', offset))
    return result
```

这里我们声明了 get_token 方法，经过上文的分析，模拟执行方法需要传入两个参数，第一个参

数是固定值 /api/movie，另一个参数是变值，所以将其当作参数传入。

在模拟执行的过程中，我们直接使用 page 对象的 evaluate 方法，传入 JavaScript 字符串即可，这个 JavaScript 字符串是一个方法，返回的就是 window.encrypt 方法的执行结果。最后将结果赋给 result 变量，并返回。

到此为止，核心代码就说完了。最后，我们只需要完善一下逻辑，将上面的代码串联调用即可。最终整理的代码如下：

```python
from playwright.sync_api import sync_playwright
import time
import requests

BASE_URL = 'https://spa2.scrape.center'
INDEX_URL = BASE_URL + '/api/movie?limit={limit}&offset={offset}&token={token}'
MAX_PAGE = 10
LIMIT = 10

context = sync_playwright().start()
browser = context.chromium.launch()
page = browser.new_page()
page.route(
    "/js/chunk-10192a00.243cb8b7.js",
    lambda route: route.fulfill(path="./chunk.js")
)
page.goto(BASE_URL)

def get_token(offset):
    result = page.evaluate('''() => {
        return window.encrypt("%s", "%s")
    }''' % ('/api/movie', offset))
    return result

for i in range(MAX_PAGE):
    offset = i * LIMIT
    token = get_token(offset)
    index_url = INDEX_URL.format(limit=LIMIT, offset=offset, token=token)
    response = requests.get(index_url)
    print('response', response.json())
```

这里我们遍历了 10 页，然后构造了 offset 变量，传给 get_token 方法获取 token 即可，最终运行结果如下：

```
{'count': 100, 'results': [{'id': 1, 'name': '霸王别姬', 'alias': 'Farewell My Concubine', 'cover':
'https://p0.meituan.net/movie/ce4da3e03e655b5b88ed31b5cd7896cf62472.jpg@464w_644h_1e_1c', 'categories':
['剧情', '爱情'], 'published_at': '1993-07-26', 'minute': 171, 'score': 9.5, 'regions': ['中国大陆',
'中国香港']},
...
{'id': 10, 'name': '狮子王', 'alias': 'The Lion King', 'cover': 'https://p0.meituan.net/movie/
27b76fe6cf3903f3d74963f70786001e1438406.jpg@464w_644h_1e_1c', 'categories': ['动画', '歌舞', '冒险'],
'published_at': '1995-07-15', 'minute': 89, 'score': 9.0, 'regions': ['美国']}]}
...
```

可以看到，每一页的数据就被成功爬取到了，简单方便。

5. 总结

本节中，我们介绍了在浏览器环境中模拟执行 JavaScript 来辅助 JavaScript 逆向的方法，这会在一定程度上减轻逆向的压力。熟练掌握此技能，我们可以少走很多弯路。

11.8 AST 技术简介

前面我们介绍了一些 JavaScript 混淆的基本知识，可以看到混淆方式多种多样，比如字符串混淆、变量名混淆、对象键名替换、控制流平坦化等。当然，我们也学习了一些相关的调试技巧，比如 Hook、断点调试等。但是这些方法本质上其实还是在已经混淆的代码上进行的操作，所以代码的可读性依然比较差。

有没有什么办法可以直接提高代码的可读性呢？比如说，字符串混淆了，我们想办法把它还原了；对象键名替换了，我们想办法把它们重新组装好，控制流平坦化之后逻辑不直观了，我们想办法把它还原成一个代码控制流。

到底应该怎么做呢？这就需要用到 AST 相关的知识了。本节中，我们就来了解 AST 相关的基础知识，并介绍操作 AST 的相关方法。

1. AST 介绍

首先，我们来了解什么是 AST。AST 的全称叫作 Abstract Syntax Tree，中文翻译叫作抽象语法树。

如果你对编译原理有所了解的话，一段代码在执行之前，通常要经历这么三个步骤。

- **词法分析**：一段代码首先会被分解成一段段有意义的词法单元，比如说 `const name = 'Germey'` 这段代码，它就可以被拆解成四部分：`const`、`name`、`=`、`'Germey'`，每一个部分都具备一定的含义。
- **语法分析**：接着编译器会尝试对一个个词法单元进行语法分析，将其转换为能代表程序语法结构的数据结构。比如，`const` 就被分析为 `VariableDeclaration` 类型，代表变量声明的具体定义；`name` 就被分析为 `Identifier` 类型，代表一个标识符。代码内容多了，这一个个词法就会有依赖、嵌套等关系，因此表示语法结构的数据结构就构成了一个树状的结构，也就成了语法树，即 AST。
- **指令生成**：最后将 AST 转换为实际真正可执行的指令并执行即可。

AST 是源代码的抽象语法结构的树状表示，树上的每个节点都表示源代码中的一种结构，这种数据结构其实可以类别成一个大的 JSON 对象。前面我们也介绍过 JSON 对象，它可以包含列表、字典并且层层嵌套，因此它看起来就像一棵树，有树根、树干、树枝和树叶，无论多大，都是一棵完整的树。

在前端开发中，AST 技术应用非常广泛，比如 webpack 打包工具的很多压缩和优化插件、Babel 插件、Vue 和 React 的脚手架工具的底层等都运用了 AST 技术。有了 AST，我们可以方便地对 JavaScript 代码进行转换和改写，因此还原混淆后的 JavaScript 代码也就不在话下了。

接下来，我们通过一些实例了解 AST 的一些基本理念和操作。

2. 实例引入

首先，推荐一个 AST 在线解析的网站 https://astexplorer.net/，我们先通过一个非常简单的实例来感受下 AST 究竟是什么样子的。输入上述的示例代码：

```
const name = 'Germey'
```

这时候我们就可以看到在右侧就出现了一个树状结构，这就是 AST，如图 11-81 所示。

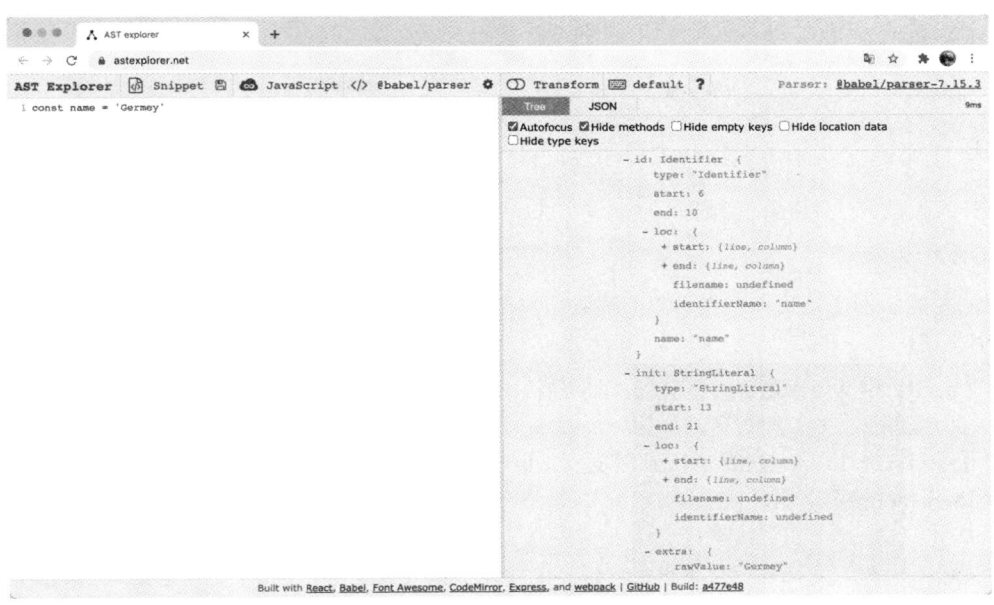

图 11-81　AST

这就是一个层层嵌套的数据结构,可以看到它把代码的每一个部分都进行了拆分并分析出对应的类型、位置和值。比如说,name 被解析成一个 type 为 Identifier 的数据结构,start 和 end 分别代表代码的起始和终止位置,name 属性代表该 Identifier 的名称。另外,Germey 这个字符串被解析成了 StringLiteral 类型的数据结构,它同样有 start、end 等属性,同时还有 extra 属性。extra 属性还带有子属性 rawValue,该子属性的值就是 Germey 这个字符串。我们所看到的这些数据结构就构成了一个层层嵌套的 AST。

另外,在右上角,我们还看到一个 Parser 标识,其内容是 @babel/parser。这是一个目前最流行的 JavaScript 语法编译器 Babel 的 Node.js 包,同时它也是主流前端开发技术中必不可少的一个包。它内置了很多分析 JavaScript 代码的方法,可以实现 JavaScript 代码到 AST 的转换。更多的介绍可以参考 Babel 的官网。

接下来,我们使用 Babel 来实现一下 AST 的解析、修改。

3. 准备工作

由于本节内容需要用到 Babel,而 Babel 是基于 Node.js 的,所以这里需要先安装 Node.js,版本推荐为 14.x 及以上,安装方法可以参考:https://setup.scrape.center/nodejs。

安装好 Node.js 之后,我们便可以使用 npm 命令了。接着,我们还需要安装一个 Babel 的命令行工具 @babel/node,安装命令如下:

```
npm install -g @babel/node
```

接下来,我们再初始化一个 Node.js 项目 learn-ast,然后在 learn-ast 目录下运行初始化命令,具体如下:

```
npm init
npm install -D @babel/core @babel/cli @babel/preset-env
```

运行完毕之后,就会生成一个 package.json 文件并在 devDependencies 中列出了刚刚安装的几个 Node.js 包。

接着，我们需要在 learn-ast 目录下创建一个 .babelrc 文件，其内容如下：

```
{
  "presets": [
    "@babel/preset-env"
  ]
}
```

这样我们就完成了初始化操作。

4. 节点类型

在刚才的示例中，我们看到不同的代码词法单元被解析成了不同的类型，所以这里先简单列举 Babel 中所支持的一些类型。

- Literal：中文可以理解为字面量，即简单的文字表示，比如 3、"abc"、null、true 这些都是基本的字面表示。它又可以进一步分为 RegExpLiteral、NullLiteral、StringLiteral、BooleanLiteral、NumericLiteral、BigIntLiteral 等类型，更确切地代表某一种字面量。
- Declarations：声明，比如 FunctionDeclaration 和 VariableDeclaration 分别用于声明一个方法和变量。
- Expressions：表达式，它本身会返回一个计算结果，通常有两个作用：一个是放在赋值语句的右边进行赋值，另外还可以作为方法的参数。比如 LogicalExpression、ConditionalExpression、ArrayExpression 等分别代表逻辑运算表达式、三元运算表达式、数组表达式。另外，还有一些特殊的表达式，如 YieldExpression、AwaitExpression、ThisExpression。
- Statements：语句，比如 IfStatement、SwitchStatement、BreakStatement 这些控制语句，还有一些特殊的语句，比如 DebuggerStatement、BlockStatement 等。
- Identifier：标识符，指代一些变量的名称，比如说上述例子中 name 就是一个 Identifier。
- Classes：类，代表一个类的定义，包括 Class、ClassBody、ClassMethod、ClassProperty 等具体类型。
- Functions：方法声明，它一般代表 FunctionDeclaration 或 FunctionExpression 等具体类型。
- Modules：模块，可以理解为一个 Node.js 模块，包括 ModuleDeclaration、ModuleSpecifier 等具体类型。
- Program：程序，整个代码可以成为 Program。

当然，除此之外还有很多类型，具体可以参考 https://babeljs.io/docs/en/babel-types。

5. @babel/parser 的使用

@babel/parser 是 Babel 中的 JavaScript 解析器，也是一个 Node.js 包，它提供了一个重要的方法，就是 parse 和 parseExpression 方法，前者支持解析一段 JavaScript 代码，后者则是尝试解析单个 JavaScript 表达式并考虑了性能问题。一般来说，我们直接使用 parse 方法就足够了。

对于 parse 方法来说，输入和输出如下。

- 输入：一段 JavaScript 代码。
- 输出：该段 JavaScript 代码对应的抽象语法树，即 AST，它基于 ESTree 规范。

由于 JavaScript 代码中包含多种类型的表达，比如变量名、变量值、方法声明、控制语句、类声明等。这里简单做下归类，具体可以参考：https://github.com/babel/babel/blob/master/packages/babel-parser/ast/spec.md。

现在我们来测试一下。

新建一个 JavaScript 文件，将其保存为 codes/code1.js，其内容如下：

```
const a = 3;
let string = "hello";
for (let i = 0; i < a; i++) {
  string += "world";
}
console.log("string", string);
```

下面我们需要使用 parse 方法将其转化为一个抽象语法树,即 AST。

新建一个 basic1.js 文件,其内容如下:

```
import { parse } from "@babel/parser";
import fs from "fs";

const code = fs.readFileSync("codes/code1.js", "utf-8");
let ast = parse(code);
console.log(ast);
```

接着,我们可以使用 babel-node 运行:

```
babel-node basic1.js
```

运行结果如下:

```
Node {
  type: 'File',
  start: 0,
  end: 114,
  loc: SourceLocation {
    start: Position { line: 1, column: 0 },
    end: Position { line: 6, column: 29 }
  },
  errors: [],
  program: Node {
    type: 'Program',
    start: 0,
    end: 114,
    loc: SourceLocation { start: [Position], end: [Position] },
    sourceType: 'script',
    interpreter: null,
    body: [ [Node], [Node], [Node], [Node] ],
    directives: []
  },
  comments: []
}
```

可以看到,整个 AST 的根节点就是一个 Node,其 type 是 File,代表一个 File 类型的节点,其中包括 type、start、end、loc、program 等属性。其中 program 也是一个 Node,但它的 type 是 Program,代表一个程序。同样,Program 也包括了一些属性,比如 start、end、loc、interpreter、body 等。其中,body 是最为重要的属性,是一个列表类型,列表中的每个元素也都是一个 Node,但这些不同的 Node 其实也是不同的类型,它们的 type 多种多样,不过这里控制台并没有把其中的节点内容输出出来。

我们可以增加一行代码,再专门输出一下 body 的内容:

```
console.log(ast.program.body);
```

重新运行,可以发现这里又多输出了一些内容,具体如下:

```
[
  Node {
    type: 'VariableDeclaration',
    ...
  },
  Node {
    type: 'VariableDeclaration',
    ...
  },
```

```
  Node {
    type: 'ForStatement',
    ...
    init: Node {
      type: 'VariableDeclaration',
      ...
    },
    test: Node {
      type: 'BinaryExpression',
      ...
    },
    update: Node {
      type: 'UpdateExpression',
      ...
    },
    body: Node {
      type: 'BlockStatement',
      ...
    }
  },
  Node {
    type: 'ExpressionStatement',
    ...
  }
]
```

由于内容过多，这里省略了一些内容。可以看到，我们直接通过 ast.program.body 即可将 body 获取到。可以看到，刚才的四个 Node 的具体结构也被输出出来了。前两个 Node 都是 VariableDeclaration 类型，这正好对应了前两行代码：

```
const a = 3;
let string = "hello";
```

这里我们分别声明了一个数字类型和字符串类型的变量，所以每句都被解析为 VariableDeclaration 类型。每个 VariableDeclaration 都包含了一个 declarations 属性，其内部又是一个 Node 列表，其中包含了具体的详情信息。

接着，我们再继续观察下一个 Node。它是 ForStatement 类型，代表一个 for 循环语句，对应的代码如下：

```
for (let i = 0; i < a; i++) {
  string += "world";
}
```

for 循环通常包括四个部分，for 初始逻辑、判断逻辑、更新逻辑以及 for 循环区块的主循环执行逻辑，所以对于一个 ForStatement，它也自然有几个对应的属性表示这些内容，分别为 init、test、update 和 body。

对于 init，即循环的初始逻辑，其代码如下：

```
let i = 0;
```

它相当于一个变量声明，所以它又被解析为 VariableDeclaration 类型，这和上文是一样的。

对于 test，即判断逻辑，其代码如下：

```
i < a
```

它是一个逻辑表达式，被解析为 BinaryExpression，代表逻辑运算。

对于 update，即更新逻辑，其代码如下：

```
i++
```

它就是对 i 加 1，也是一个表达式，被解析为 UpdateExpression 类型。

对于 body，它被一个大括号包围，其内容为：

```
{
  string += "world";
}
```

整个内容算作一个代码块，所以被解析为 BlockStatement 类型，其 body 属性又是一个列表。

对于最后一行，代码如下：

```
console.log('string', string);
```

它被解析为 ExpressionStatement 类型，expression 的属性是 CallExpression。CallExpression 又包含了 callee 和 arguments 属性，对应的就是 console 对象的 log 方法的调用逻辑。

到现在为止，我们应该能弄明白这个基本过程了。

parser 会将代码根据逻辑区块进行划分，每个逻辑区块根据其作用都会归类成不同的类型，不同的类型拥有不同的属性表示。同时代码和代码之间有嵌套关系，所以最终整个代码就会被解析成一个层层嵌套的表示结果。

另外，个人还推荐使用上文提到的 https://astexplorer.net/ 网站来进行 AST 的解析和查看，它比代码更加直观。

转化为 AST 之后，怎样再把 AST 转回 JavaScript 代码呢？要还原，我们可以借助于 generate 方法。

6. @babel/generate 的使用

@babel/generate 也是一个 Node.js 包，它提供了 generate 方法将 AST 还原成 JavaScript 代码，调用如下：

```
import { parse } from "@babel/parser";
import generate from "@babel/generator";
import fs from "fs";

const code = fs.readFileSync("codes/code1.js", "utf-8");
let ast = parse(code);
const { code: output } = generate(ast);
console.log(output);
```

重新运行，可以得到如下结果：

```
const a = 3;
let string = "hello";

for (let i = 0; i < a; i++) {
  string += "world";
}

console.log("string", string);
```

这时候我们可以看到，利用 generate 方法，我们成功地把一个 AST 对象转化为代码。

到这里我们就清楚了，如果要把一段 JavaScript 解析称 AST 对象，就用 parse 方法。如果要把 AST 对象还原成代码，就用 generate 方法。

另外，generate 方法还可以在第二个参数接收一些配置选项，第三个参数可以接收原代码作为输出的参考，用法如下：

```
const output = generate(ast, { /* options */ }, code);
```

其中 options 可以是一些其他配置。这里列举一部分配置，具体如表 11-1 所示。

表 11-1 options 部分配置

参　　数	类　　型	默 认 值	描　　述
auxiliaryCommentBefore	string		在输出文件的开头添加块注释可选字符串
auxiliaryCommentAfter	string		在输出文件的末尾添加块注释可选字符串
retainLines	boolean	false	尝试在输出代码中使用与源代码中相同的行号
retainFunctionParens	boolean	false	保留表达式周围的括号
comments	boolean	true	输出中是否应包含注释
compact	boolean 或 'auto'	opts.minified	设置为 true 以避免添加空格进行格式化
minified	boolean	false	是否应该压缩后输出

比如，如果我们想要和原代码维持相同的代码行，可以使用如下配置：

```javascript
const { code: output } = generate(ast, {
  retainLines: true,
});
console.log(output)
```

运行结果如下：

```javascript
const a = 3;
let string = "hello";
for (let i = 0; i < a; i++) {
  string += "world";
}
console.log("string", string);
```

这时候我们就可以看到，生成的代码中间没有再出现空行了，和原来的代码保持一致的格式。

7. @babel/traverse 的使用

前面我们了解了 AST 的解析，输入任意一段 JavaScript 代码，我们便可以分析出其 AST。但是只了解 AST，我们并不能实现 JavaScript 代码的反混淆。下面我们还需要进一步了解另一个强大的功能，那就是 AST 的遍历和修改。

遍历我们使用的是 @babel/traverse，它可以接收一个 AST，利用 traverse 方法就可以遍历其中的所有节点。在遍历方法中，我们便可以对每个节点进行对应的操作了。

我们先来感受一下遍历的基本实现。新建一个 JavaScript 文件，将其命名为 basic2.js，内容如下：

```javascript
import { parse } from "@babel/parser";
import generate from "@babel/generator";
import fs from "fs";

const code = fs.readFileSync("codes/code1.js", "utf-8");
let ast = parse(code);
traverse(ast, {
  enter(path) {
    console.log(path)
  },
});
```

这里我们调用了 traverse 方法，给第一个参数传入 AST 对象，给第二个参数定义了相关的处理逻辑，这里声明了一个 enter 方法，它接收 path 参数。这个 enter 方法在每个节点被遍历到时都会被调用，其中 path 里面就包含了当前被遍历到的节点相关信息。这里我们先把 path 输出出来，看看遍历时能拿到什么信息。

运行如下代码：

```
babel-node basic2.js
```

这时我们看到控制台输出了非常多的内容，调用很多次 log 方法输出了对应的内容。每次输出都代表一个 path 对象，我们拿其中一次输出结果看下，内容如下：

```
NodePath {
  parent: Node {
    type: 'VariableDeclaration',
    ...
  },
  hub: undefined,
  contexts: [
    TraversalContext {
      ...
    }
  ],
  ...
  parentPath: NodePath {
    ...
    type: 'VariableDeclaration'
  },
  context: TraversalContext {
    queue: [ [Circular] ],
    parentPath: NodePath {
      ...
    },
    ...
  },
  container: [
    Node {
      type: 'VariableDeclarator',
      ...
    }
  ],
  listKey: 'declarations',
  key: 0,
  node: Node {
    type: 'VariableDeclarator',
    ...
    id: Node {
      type: 'Identifier',
      ...
    },
    init: Node {
      type: 'NumericLiteral',
      ...
    }
  },
  scope: Scope {
    uid: 1,
    block: Node {
      type: 'ForStatement',
      ...
    },
    path: NodePath {
      ...
    },
    ...
  },
  type: 'VariableDeclarator'
}
```

可以看到内容比较复杂，这里将不必要的内容省略了。首先，我们可以看到它的类型是 NodePath，拥有 parent、container、node、scope、type 等多个属性。比如 node 属性是一个 Node 类型的对象，和上文说的 Node 是同一类型，它代表当前正在遍历的节点。比如，利用 parent 也能获得一个 Node 类型对象，它代表该节点的父节点。

所以，我们可以利用 path.node 拿到当前对应的 Node 对象，利用 path.parent 拿到当前 Node 对象的父节点。

既然如此，我们便可以使用它来对 Node 进行一些处理。比如，我们可以把值变化一下，原来的代码如下：

```
const a = 3;
let string = "hello";
for (let i = 0; i < a; i++) {
  string += "world";
}
console.log("string", string);
```

我们要想利用修改 AST 的方式对如上代码进行修改，比如修改一下 a 变量和 string 变量的值，变成如下代码：

```
const a = 5;
let string = "hi";
for (let i = 0; i < a; i++) {
  string += "world";
}
console.log("string", string);
```

我们可以实现这样的逻辑：

```
import traverse from "@babel/traverse";
import { parse } from "@babel/parser";
import generate from "@babel/generator";

import fs from "fs";

const code = fs.readFileSync("codes/code1.js", "utf-8");
let ast = parse(code);
traverse(ast, {
  enter(path) {
    let node = path.node;
    if (node.type === "NumericLiteral" && node.value === 3) {
      node.value = 5;
    }
    if (node.type === "StringLiteral" && node.value === "hello") {
      node.value = "hi";
    }
  },
});

const { code: output } = generate(ast, {
  retainLines: true,
});
console.log(output);
```

这里我们判断了 node 的类型和值，然后将 node 的 value 进行了替换，这样执行完毕 traverse 方法之后，ast 就被更新完毕了。

运行结果如下：

```
const a = 5;
let string = "hi";
for (let i = 0; i < a; i++) {
  string += "world";
}
console.log("string", string);
```

可以看到，原始的 JavaScript 代码就被成功更改了！

另外，除了定义 enter 方法外，我们还可以直接定义对应特定类型的解析方法，这样遇到此类型的节点时，该方法就会被自动调用，用法类似如下：

```
import traverse from "@babel/traverse";
import { parse } from "@babel/parser";
import generate from "@babel/generator";
import fs from "fs";
```

```
const code = fs.readFileSync("codes/code1.js", "utf-8");
let ast = parse(code);
traverse(ast, {
  NumericLiteral(path) {
    if (path.node.value === 3) {
      path.node.value = 5;
    }
  },
  StringLiteral(path) {
    if (path.node.value === "hello") {
      path.node.value = "hi";
    }
  },
});
```

运行结果是完全相同的，单独定义特定类型的解析方法会显得更有条理。

另外，我们可以再看下其他的操作方法。比如，删除某个 node，这里可以试着删除最后一行代码对应的节点，此时直接调用 remove 方法即可，用法如下：

```
import traverse from "@babel/traverse";
import { parse } from "@babel/parser";
import generate from "@babel/generator";
import fs from "fs";

const code = fs.readFileSync("codes/code1.js", "utf-8");
let ast = parse(code);
traverse(ast, {
  CallExpression(path) {
    let node = path.node;
    if (
      node.callee.object.name === "console" &&
      node.callee.property.name === "log"
    ) {
      path.remove();
    }
  },
});
const { code: output } = generate(ast, {
  retainLines: true,
});
console.log(output);
```

这样我们就可以删除所有的 console.log 语句。

运行结果如下：

```
const a = 3;
let string = "hello";
for (let i = 0; i < a; i++) {
  string += "world";
}
```

上面说了简单的替换和删除，那么如果我们要插入一个节点，该怎么办呢？插入新节点时，需要先声明一个节点，怎么声明呢？这时候就要用到 types 了。

8. @babel/types 的使用

@babel/types 也是一个 Node.js 包，它里面定义了各种各样的对象，我们可以方便地使用 types 声明一个新的节点。

比如说，这里有这样一个代码：

```
const a = 1;
```

我想增加一行代码，将原始的代码变成：

```
const a = 1;
const b = a + 1;
```

该怎么办呢？这时候我们可以借助 types 实现如下操作：

```
import traverse from "@babel/traverse";
import { parse } from "@babel/parser";
import generate from "@babel/generator";
import * as types from "@babel/types";

const code = "const a = 1;";
let ast = parse(code);
traverse(ast, {
  VariableDeclaration(path) {
    let init = types.binaryExpression(
      "+",
      types.identifier("a"),
      types.numericLiteral(1)
    );
    let declarator = types.variableDeclarator(types.identifier("b"), init);
    let declaration = types.variableDeclaration("const", [declarator]);
    path.insertAfter(declaration);
    path.stop();
  },
});
const output = generate(ast, {
  retainLines: true,
}).code;
console.log(output);
```

运行结果如下：

const a = 1;const b = a + 1;

这里我们成功使用 AST 完成了节点的插入，增加了一行代码。

但上面的代码看起来似乎不知道怎么实现的，init、declarator、declaration 都是怎么来的呢？

不用担心，接下来我们详细剖析一下。首先，我们可以把最终想要变换的代码进行 AST 解析，结果如图 11-82 所示。

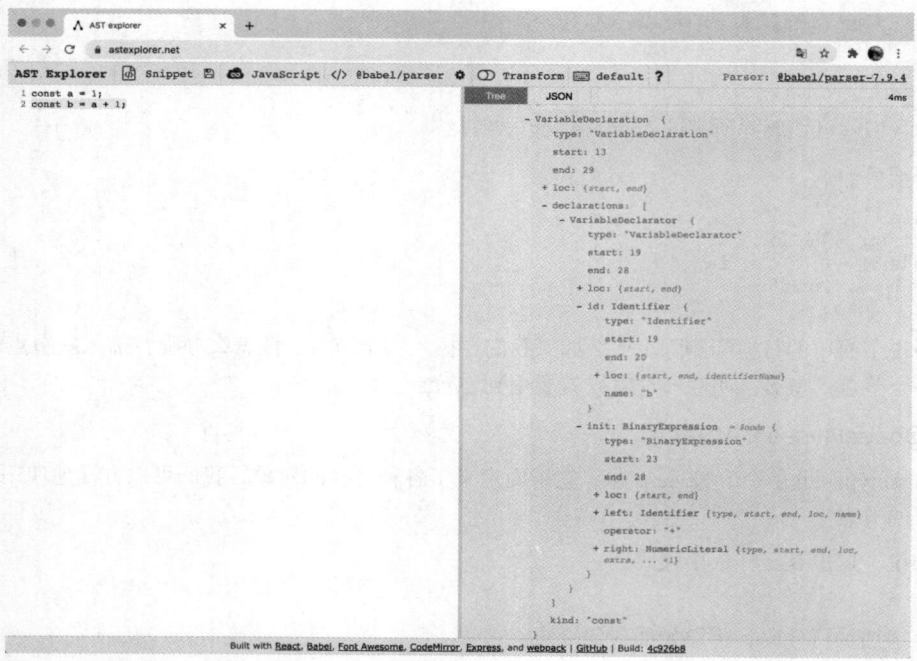

图 11-82　对代码进行 AST 解析

这时候我们就可以看到第二行代码的节点结构了，现在需要做的就是构造这个节点，需要从内而外依次构造。

首先，看到整行代码对应的节点是 VariableDeclaration。要生成 VariableDeclaration，我们可以借助 types 的 variableDeclaration 方法，二者的差别仅仅是后者的开头字母是小写的。

API 怎么用呢？这就需要查阅官方文档了。我们查到 variableDeclaration 的用法如下：

t.variableDeclaration(kind, declarations)

可以看到，构造它需要两个参数，具体如下。

- kind：必需，可以是 "var" | "let" | "const"。
- declarations：必需，是 Array<VariableDeclarator>，即 VariableDeclarator 组成的列表。

这里 kind 我们可以确定了，那么 declarations 怎么构造呢？

要构造 declarations，我们需要进一步构造 VariableDeclarator，它也可以借助 types 的 variableDeclarator 方法，用法如下：

t.variableDeclarator(id, init)

它需要 id 和 init 两个参数。

- id：必需，即 Identifier 对象
- init: Expression 对象，默认为空。

因此，我们还需要构造 id 和 init。这里 id 其实就是 b 了，我们可以借助于 types 的 identifier 方法来构造。而对于 init，它是 expression，在 AST 中我们可以观察到它是 BinaryExpression 类型，所以我们可以借助于 types 的 binaryExpression 来构造。binaryExpression 的用法如下：

t.binaryExpression(operator, left, right)

它有三个参数，具体如下。

- operator：必需，"+" | "-" | "/" | "%" | "*" | "**" | "&" | "|" | ">>" | ">>>" | "<<" | "^" | "==" | "===" | "!=" | "!==" | "in" | "instanceof" | ">" | "<" | ">=" | "<="。
- left：必需，Expression，即 operator 左侧的表达式。
- right：必需，Expression，即 operator 右侧的表达式。

这里又需要三个参数，operator 就是运算符，left 就是运算符左侧的内容，right 是右侧的内容。后面两个参数都需要是 Expression，根据 AST，这里的 Expression 可以直接声明为 Identifier 和 NumericLiteral，所以又可以分别用 types 的 identifier 和 numericLiteral 创建。

这样梳理清楚后，我们从里到外将代码实现出来，一层一层构造，最后就声明了一个 VariableDeclaration 类型的节点。

最后，调用 path 的 insertAfter 方法便可以成功将节点插入到 path 对应的节点。

这里关于 types 的更多方法，可以参考 https://babeljs.io/docs/en/babel-types#binaryexpression，这里的很多方法和节点类型都是对应的，利用方法便可以创建一个节点，具体的参数可以查看每个方法的文档。

9. 总结

至此，我们就把 Babel 库中有关 AST 操作的方法都介绍完了，内容还不少，需要好好梳理和消化。熟练应用如上方法之后，我们就可以灵活地对 JavaScript 代码进行处理和转换。进一步地，将其应用到 JavaScript 的反混淆中也是可以的。

在下一节中,我们就来了解 AST 如何进行混淆代码的还原。

本节代码参见:http://github.com/Python3WebSpider/LearnAST。

11.9 使用 AST 技术还原混淆代码

在上一节中,我们介绍了 AST 相关的基本知识和基础的操作方法,本节中我们就来实际应用这些方法来还原 JavaScript 混淆后的代码,即一些反混淆的实现。

由于 JavaScript 混淆方式多种多样,这里就介绍一些常见的反混淆方案,如表达式还原、字符串还原、无用代码剔除、反控制流平坦化等。

1. 表达式还原

有时候,我们会看到有一些混淆的 JavaScript 代码其实就是把简单的东西复杂化,比如说一个布尔常量 true,被写成 !![];一个数字,被转化为 parseInt 加一些字符串的拼接。通过这些方式,一些简单又直观的表达式就被复杂化了。

看下面的这几个例子,代码如下:

```
const a = !![];
const b = "abc" == "bcd";
const c = (1 << 3) | 2;
const d = parseInt("5" + "0");
```

对于这种情况,有没有还原的方法呢?当然有,借助于 AST,我们可以轻松实现。

首先,在 = 的右侧,其实都是一些表达式的类型,比如说 "abc" == "bcd" 就是一个 BinaryExpression,它代表的是一个布尔类型的结果。

怎么处理呢?我们将上述代码保存为 code1.js,根据上一节学习到的知识,可以编写如下还原代码:

```
import traverse from "@babel/traverse";
import { parse } from "@babel/parser";
import generate from "@babel/generator";
import * as types from "@babel/types";
import fs from "fs";

const code = fs.readFileSync("code1.js", "utf-8");
let ast = parse(code);

traverse(ast, {
  "UnaryExpression|BinaryExpression|ConditionalExpression|CallExpression": (
    path
  ) => {
    const { confident, value } = path.evaluate();
    if (value == Infinity || value == -Infinity) return;
    confident && path.replaceWith(types.valueToNode(value));
  },
});

const { code: output } = generate(ast);
console.log(output);
```

这里我们使用 traverse 方法对 AST 对象进行遍历,使用 "UnaryExpression|BinaryExpression|ConditionalExpression|CallExpression" 作为对象的键名,分别用于处理一元表达式、布尔表达式、条件表达式、调用表达式。如果 AST 对应的 path 对象符合这几种表达式,就会执行我们定义的回调方法。在回调方法里面,我们调用了 path 的 evaluate 方法,该方法会对 path 对象进行执行,计算所得到的结果。其内部实现会返回一个 confident 和 value 字段表示置信度,如果认定结果是可信的,那么 confident 就是 true,我们可以调用 path 的 replaceWith 方法把执行的结果 value 进行替换,否

则不替换。

运行结果如下：

```
const a = true;
const b = false;
const c = 10;
const d = parseInt("50");
```

可以看到，原本看起来不怎么直观的代码现在被还原得非常直观了。

所以，利用这个原理，我们可以实现对一些表达式的还原和计算，提高整个代码的可读性。

2. 字符串还原

在 11.1 节中，我们了解到，JavaScript 被混淆后，有些字符串会被转化为 Unicode 或者 UTF-8 编码的数据，比如说这样的例子：

```
const strings = ["\x68\x65\x6c\x6c\x6f",
"\x77\x6f\x72\x6c\x64"];
```

其实这原本就是一个简单的字符串，被转换成 UTF-8 编码之后，其可读性大大降低了。如果这样的字符串被隐藏在 JavaScript 代码里面，我们想通过搜索字符串的方式寻找关键突破口，就搜不到了。

对于这种字符串，我们能用 AST 还原吗？当然可以。

我们先在 https://astexplorer.net/ 里面把这行代码粘贴进去，结果如图 11-83 所示。

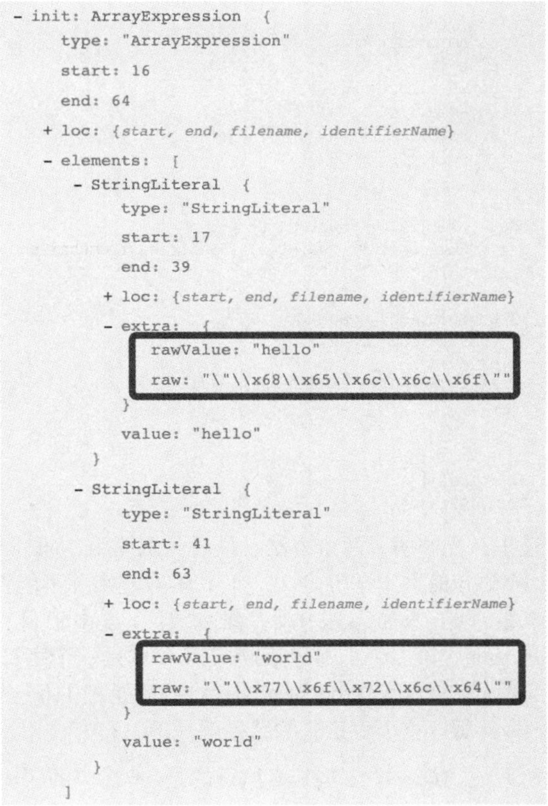

可以看到，两个字符串都被识别成 StringLiteral 类型，它们都有一个 extra 属性。extra 属性里面有一个 raw 属性和 rawValue 属性，二者是不一样的，rawValue 的真实值已经被分析出来了。

因此，我们只需要将 StringLiteral 中 extra 属性的 raw 值替换为 rawValue 的值即可，实现如下：

```
import traverse from "@babel/traverse";
import { parse } from "@babel/parser";
import generate from "@babel/generator";
import fs from "fs";

const code = fs.readFileSync("code2.js", "utf-8");
let ast = parse(code);
traverse(ast, {
  StringLiteral({ node }) {
    if (node.extra && /\\[ux]/gi.test(node.extra.raw)) {
      node.extra.raw = node.extra.rawValue;
    }
  },
});
const { code: output } = generate(ast);
console.log(output);
```

图 11-83　粘贴代码后的效果

输出结果如下：

```
const strings = [hello, world];
```

这样我们就成功实现了混淆字符串的还原。

如果我们把这个脚本应用于混杂了混淆字符串的 JavaScript 文件，那么其中的混淆字符串就可以被还原出来。

3. 无用代码剔除

在 11.1 节中，我们还了解过其他的混淆方式，比如说为了使代码的可读性降低，混淆工具会给原来的代码注入一些无用的代码，这些代码本身其实无法被执行。

这里还是拿 11.1 节的样例来介绍，代码如下：

```
const _0x16c18d = function () {
  if (!![[]]) {
    console.log("hello world");
  } else {
    console.log("this");
    console.log("is");
    console.log("dead");
    console.log("code");
  }
};
const _0x1f7292 = function () {
  if ("xmv2nOdfy2N".charAt(4) !== String.fromCharCode(110)) {
    console.log("this");
    console.log("is");
    console.log("dead");
    console.log("code");
  } else {
    console.log("nice to meet you");
  }
};

_0x16c18d();
_0x1f7292();
```

这里首先声明了两个方法，最后分别调用，而且两个方法内部都有一些 if else 语句。比如，第一个 if 语句的判定条件是 !![[]]，乍看起来并不能直观地看出它的真实值到底是多少，其实这里有一个双重否定，后面紧跟一个二维数组[[]]。由于 [[]] 本身就是一个非空对象，加上双重否定之后结果就是 true。第二个 if 语句的判定条件则是一个字符串的判断，前者 "xmv2nOdfy2N".charAt(4) 其实就是字符 n，String.fromCharCode(110) 就是把 110 这个 ASCII 码转换为字符，结果也是 n，而判定符又是 !==，所以整个表达式的结果就是 false。

所以说，第一个方法其实执行的是 if 对应的区块，else 对应的区块是不会被执行的。第二个方法其实执行的是 else 对应的区块，if 对应的区块是不会被执行的。不会被执行到的代码其实是冗余的，起到一些干扰作用，加大我们分析代码的难度。

对于这种情况，我们也可以使用 AST 来把一些僵尸代码去除。

首先，我们把上述代码贴到 https://astexplorer.net/ 分析一下。选中第一个方法里面的 if 语句，如图 11-84 所示，可以看到它对应的就是一个 IfStatement 节点，它有 type、start、end、loc、test、consequent、alternate 这几个属性，其中 test 就是指 if 判定语句，就是 !![[]]，consequent 就是 if 对应的代码区块，alternate 就是 else 对应的代码区块。

```
- body: [
  - IfStatement = $node {
      type: "IfStatement"
      start: 34
      end: 192
    + loc: {start, end, filename, identifierName}
    + test: UnaryExpression {type, start, end,
      loc, operator, ... +2}
    + consequent: BlockStatement {type, start,
      end, loc, body, ... +1}
    + alternate: BlockStatement {type, start, end,
      loc, body, ... +1}
    }
  ]
  directives: [ ]
```

图 11-84　选中第一个方法里面的 if 语句

所以，这里我们可以实现如下还原代码：

```
import traverse from "@babel/traverse";
import { parse } from "@babel/parser";
import generate from "@babel/generator";
import * as types from "@babel/types";
import fs from "fs";

const code = fs.readFileSync("code3.js", "utf-8");
let ast = parse(code);

traverse(ast, {
  IfStatement(path) {
    let { consequent, alternate } = path.node;
    let testPath = path.get("test");
    const evaluateTest = testPath.evaluateTruthy();
    if (evaluateTest === true) {
      if (types.isBlockStatement(consequent)) {
        consequent = consequent.body;
      }
      path.replaceWithMultiple(consequent);
    } else if (evaluateTest === false) {
      if (alternate != null) {
        if (types.isBlockStatement(alternate)) {
          alternate = alternate.body;
        }
        path.replaceWithMultiple(alternate);
      } else {
        path.remove();
      }
    }
  }
});

const { code: output } = generate(ast);
console.log(output);
```

这里我们定义了一个 IfStatement 的处理方法：首先获取到 path 对应节点的 consequent 和 alternate 属性，然后拿到 test 属性对应的 path，赋值为 testPath，接着调用 testPath 的 evaluateTruthy 方法，evaluateTruthy 方法可以返回对应 path 的真值。比如说，对于第一个 if 判定语句 !![[]]，它的值是 true，那么 evaluateTruthy 方法返回的结果就是 true。

如果是 true 的话，应该怎么办呢？很简单，直接将整个 path 替换成 consequent 对应的节点就好了。也就是说，对于第一个方法，原本是：

```
if (!![[]]) {
  console.log("hello world");
} else {
  console.log("this");
  console.log("is");
  console.log("dead");
  console.log("code");
}
```

直接替换成：

```
console.log("hello world");
```

所以，原本不被执行到的代码就被完全删除了，同时 if 和 else 语句也被删除了，最后只剩下可以被执行到的代码。

最后的运行结果如下：

```
const _0x16c18d = function () {
  console.log("hello world");
};

const _0x1f7292 = function () {
  console.log("nice to meet you");
};

_0x16c18d();
_0x1f7292();
```

可以看到，无用代码被剔除了，代码变得非常精简，可读性大大增强。

4. 反控制流平坦化

另外，在 11.1 节中，我们还看到一种混淆方式，叫作控制流平坦化，其实就是把原本正常执行的逻辑顺序进行了混淆，通过一些 if else 或者 switch 语句进行拆分，这导致我们不能很直观地看到各个代码区块执行的顺序。

还是拿之前的样例，代码如下：

```
const s = "3|1|2".split("|");
let x = 0;
while (true) {
  switch (s[x++]) {
    case "1":
      const a = 1;
      continue;
    case "2":
      const b = 3;
      continue;
    case "3":
      const c = 0;
      continue;
  }
  break;
}
```

可以看到，这里首先定义了一个 s 变量，其中使用 split 方法对字符串进行分割，结果其实就是 ["3", "1", "2"]，然后配合使用 while 和 switch 语句，这里判定 s[x++] 变量，每执行一次循环，它的结果就会变一次，三次循环分别就是 3、1、2，然后每次循环都匹配对应的 case 语句并执行不同的语句。

所以说,代码真正的执行顺序其实是:

```
const c = 0;
const a = 1;
const b = 3;
```

而经过控制流平坦化之后,代码原本的执行顺序就被混淆了,我们一眼不能看出真正的执行顺序。

要进行代码的还原,我们就需要做如下处理。

- 首先找到 switch 语句相关节点,拿到对应的节点对象,比如各个 case 语句对应的代码区块。
- 分析 switch 语句判定条件 s 变量的对应的列表结果,比如将 "3|1|2".split("|") 转化为 ["3", "1", "2"]。
- 遍历 s 变量对应的列表,将其和各个 case 语句进行匹配,顺序得到对应的代码区块并保存。
- 用上一步得到的代码替换原来的代码即可。

> **注意** 上述思路虽然看起来是专门为当前示例代码设计的还原方案,但其实其对应的逻辑就是混淆工具 obfuscator 的常用套路,都是先用一个类似 b|a|c 这样的字符串,然后调用 split 方法得到一个列表,再使用 switch 语句来匹配列表的每一个元素并执行对应的代码。所以,上述解决方案其实也可以算作较为通用的解决方案。

接下来,我们分析一下。首先,还是把上述代码粘贴到 https://astexplorer.net/ 分析一下,while 语句就不再赘述了,它就是一个无限循环。我们看看 switch 语句的结构,如图 11-85 所示。

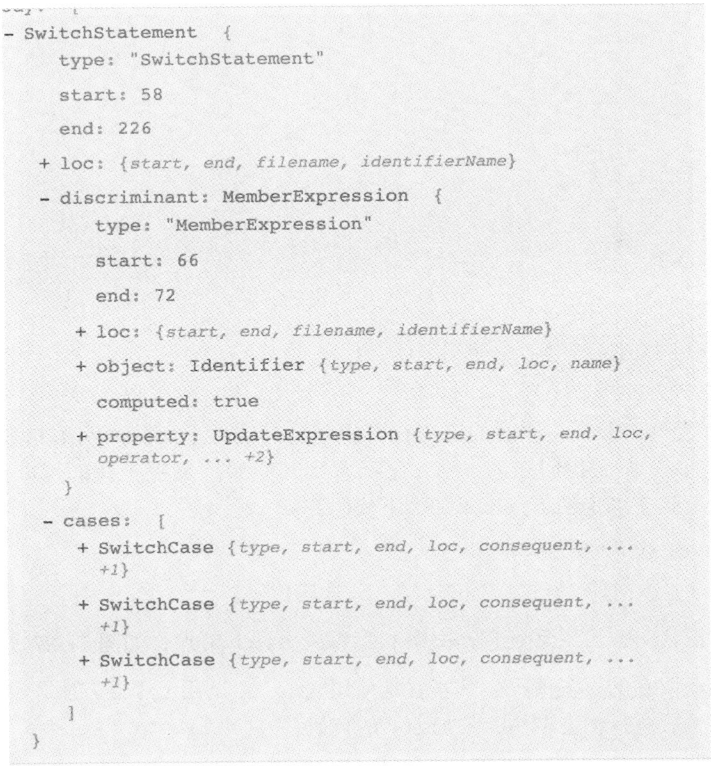

```
- SwitchStatement {
    type: "SwitchStatement"
    start: 58
    end: 226
  + loc: {start, end, filename, identifierName}
  - discriminant: MemberExpression {
      type: "MemberExpression"
      start: 66
      end: 72
    + loc: {start, end, filename, identifierName}
    + object: Identifier {type, start, end, loc, name}
      computed: true
    + property: UpdateExpression {type, start, end, loc, operator, ... +2}
    }
  - cases: [
    + SwitchCase {type, start, end, loc, consequent, ... +1}
    + SwitchCase {type, start, end, loc, consequent, ... +1}
    + SwitchCase {type, start, end, loc, consequent, ... +1}
    ]
  }
```

图 11-85 switch 语句的结构

可以看到,它是一个 SwitchStatement 节点,带有 discriminant 和 cases 两个属性:前者就是判定条件,对应的就是 s[x++];后者就是三个 case 语句,对应的是三个 SwitchCase 节点。

所以我们先尝试把可能用到的节点获取到,比如 discriminant、cases 和 discriminant 的 object、property,相关代码如下:

```
traverse(ast, {
  WhileStatement(path) {
    const { node, scope } = path;
    const { test, body } = node;
    let switchNode = body.body[0];
    let { discriminant, cases } = switchNode;
    let { object, property } = discriminant;
  },
});
```

由于我们关注的是 switch 的判定条件,所以这里进一步追踪下判定条件 s[x++]。展开 object,可以看到它就是一个 Identifier 节点,如图 11-86 所示。

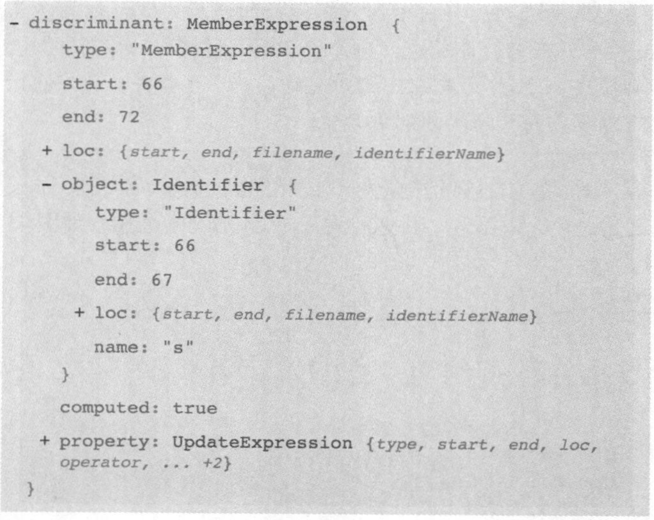

```
- discriminant: MemberExpression  {
    type: "MemberExpression"
    start: 66
    end: 72
  + loc: {start, end, filename, identifierName}
  - object: Identifier  {
      type: "Identifier"
      start: 66
      end: 67
    + loc: {start, end, filename, identifierName}
      name: "s"
    }
    computed: true
  + property: UpdateExpression {type, start, end, loc,
    operator, ... +2}
  }
```

图 11-86 展开 object

先拿到这个节点的 name 属性,添加如下代码:

```
let arrName = object.name;
```

这其实是一个数组,那么它原始的定义在哪里呢?其实在上面的声明语句里,就是 const s = "3|1|2".split("|");。那么我们知道了 s,怎么拿到其原始定义呢?我们可以使用 scope 对象的 getBinding 方法获取到它绑定的节点,添加如下代码:

```
let binding = scope.getBinding(arrName);
```

其实这个 binding 就对应 "3|1|2".split("|"); 这段代码。

我们再选中这段代码,可以看到它是一个 CallExpression 节点,如图 11-87 所示。

这里我们怎么获取它的真实值呢?其实就是使用 "3|1|2" 调用 split 方法即可。我们可以分别逐层拿到对应的值,然后进行动态调用,添加如下的代码:

```
let { init } = binding.path.node;
object = init.callee.object;
property = init.callee.property;
let argument = init.arguments[0].value;
let arrayFlow = object.value[property.name](argument);
```

上面这几行代码其实就等同于调用了 "3|1|2".split("|") ，只不过这里面的值是我们从节点里面动态获取的。所以，这里 arrayFlow 的值就是 ["3", "1", "2"] 了。

后面怎么处理呢？我们只需要遍历这个列表，找出对应的 case 语句对应的代码即可。由于遍历的执行是有顺序的，所以最终拿到的每个 case 对应的代码也是符合这个顺序的。

因此，我们再添加如下遍历处理的代码：

```
let resultBody = [];
arrayFlow.forEach((index) => {
    let switchCase = cases.filter((c) =>
        c.test.value == index)[0];
    let caseBody = switchCase.consequent;
    if (types.isContinueStatement(caseBody
        [caseBody.length - 1])) {
        caseBody.pop();
    }
    resultBody = resultBody.concat(caseBody);
});
```

这里我们声明了一个 resultBody 变量用于保存匹配到的 case 对应的代码，同时还把 continue 语句移除了。

最后，resultBody 里面就对应了三块代码：

```
const c = 0;
const a = 1;
const b = 3;
```

这样原本的代码顺序就被我们还原出来了。

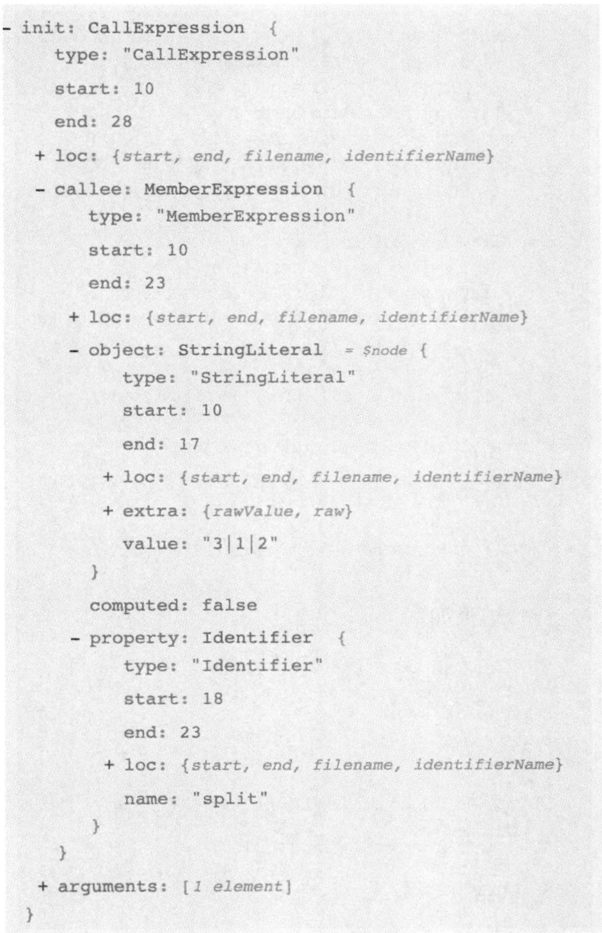

图 11-87 CallExpression 节点

最后，我们只需要把最外层 path 对象的代码替换成 resultBody 对应的代码即可，添加如下代码：

```
path.replaceWithMultiple(resultBody);
```

最终整理一下，完整代码如下：

```
import traverse from "@babel/traverse";
import { parse } from "@babel/parser";
import generate from "@babel/generator";
import * as types from "@babel/types";
import fs from "fs";

const code = fs.readFileSync("code4.js", "utf-8");
let ast = parse(code);

traverse(ast, {
    WhileStatement(path) {
        const { node, scope } = path;
        const { test, body } = node;
        let switchNode = body.body[0];
        let { discriminant, cases } = switchNode;
```

```
      let { object, property } = discriminant;
      let arrName = object.name;
      let binding = scope.getBinding(arrName);
      let { init } = binding.path.node;
      object = init.callee.object;
      property = init.callee.property;
      let argument = init.arguments[0].value;
      let arrayFlow = object.value[property.name](argument);
      let resultBody = [];
      arrayFlow.forEach((index) => {
        let switchCase = cases.filter((c) => c.test.value == index)[0];
        let caseBody = switchCase.consequent;
        if (types.isContinueStatement(caseBody[caseBody.length - 1])) {
          caseBody.pop();
        }
        resultBody = resultBody.concat(caseBody);
      });
      path.replaceWithMultiple(resultBody);
    },
});

const { code: output } = generate(ast);
console.log(output);
```

运行结果如下：

```
const s = "3|1|2".split("|");
let x = 0;
const c = 0;
const a = 1;
const b = 3;
```

可以看到，原本控制流平坦化的代码就被还原得清晰又简洁，而且代码的执行顺序也一目了然，这样我们就实现了反控制流平坦化。

5. 总结

在本节中，我们通过四个案例讲解了利用 AST 还原混淆代码的过程。案例虽然基础，但是其中的思路值得深入研究。有了 AST 的加持，很多混淆代码都有机会被还原得更加简洁、易读，从而能大大降低我们逆向代码的难度。

本节代码参见：https://github.com/Python3WebSpider/Deobfuscate。

11.10 特殊混淆案例的还原

除了基于 javascript-obfuscator 的混淆，还有其他混淆方式，这里介绍几种有代表性的混淆方案（比如 AAEncode、JJEncode、JSFuck）的还原方法。

1. AAEncode 的还原

AAEncode 是一种 JavaScript 代码混淆算法，利用它，我们可以将 JavaScript 代码转换成颜文字表示的 JavaScript 代码。

这里有一个示例网站 https://utf-8.jp/public/aaencode.html，打开之后我们便可以看到如图 11-88 所示的样例。

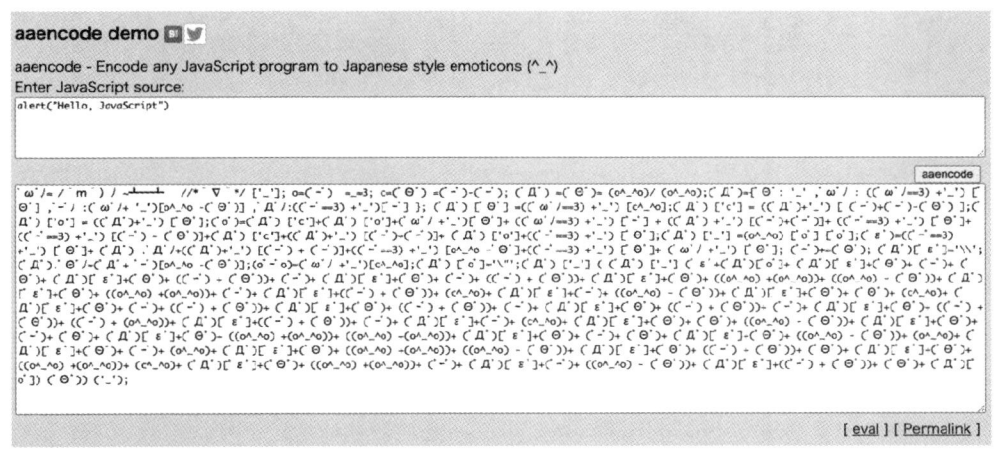

图 11-88　颜文字表示的 JavaScript 代码

可以看到，一个最简单的 Hello World 就被转变成了很长的颜文字，代码被混淆得面目全非。

但实际上，混淆后的代码其实还是遵循了 JavaScript 语法的，只不过其中的一些变量被替换成了表情符的样子。

这里我们再看一个示例网站 https://spa11.scrape.center/，这是一个 NBA 球星网站，展示了球星的一些数据，但与此同时，每个球星的信息面板上都对应了一串字符，我们把鼠标移动到面板上就可以看到，如图 11-89 所示：

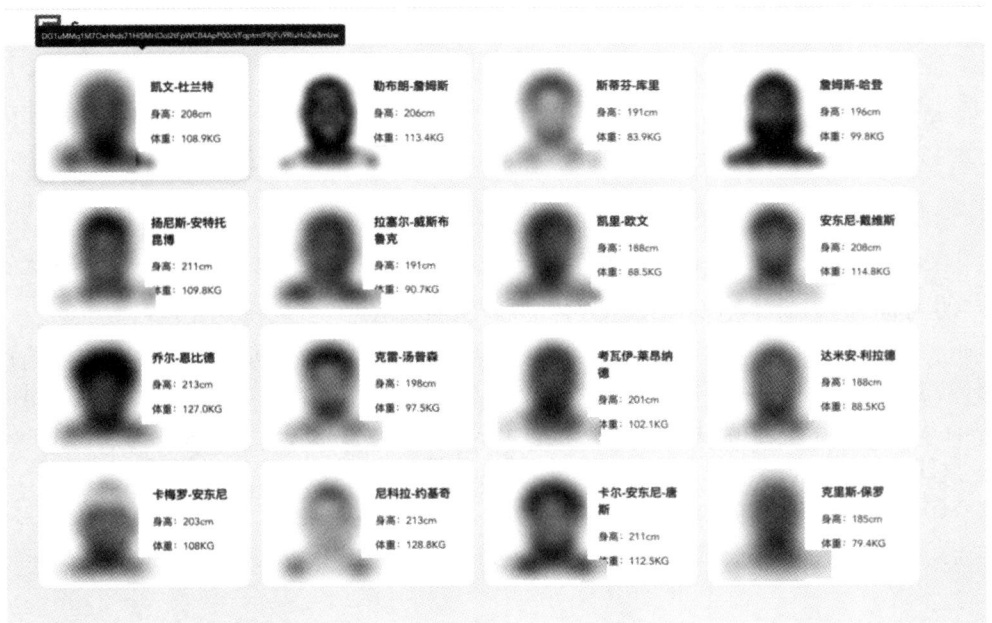

图 11-89　每个球星的信息面板上都对应了一串字符

实际上，这个字符包含了一定规律，其结果其实和这些球星的数据有关系。

接下来，我们来探究一下究竟是怎么回事。查看页面源码，如图 11-90 所示。

图 11-90　页面源码

可以看到，index 页面引入了一些标准库 Vue、ElementUI、Crypto 等，正常情况下应该不会出现在这里面。最后，我们发现页面还引入了一个 JavaScript 文件 main.js，下面观察该 main.js 里面都有什么。

可以看到，这里面就是一整行颜文字，如图 11-91 所示。

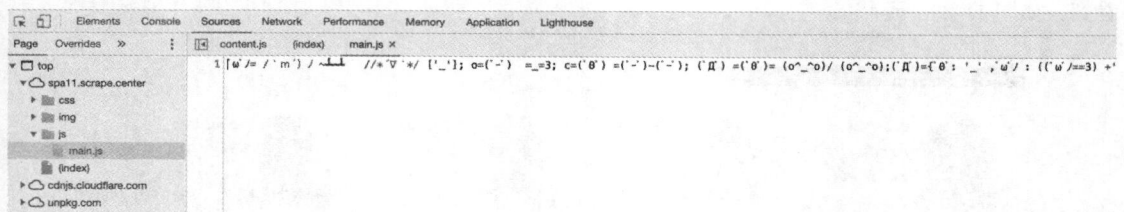

图 11-91　main.js 文件

这其实就是用了 AAEncode 混淆。我们尝试点击左下角的格式化按钮，发现格式化也是无效的。

那么这种混淆方式有的解吗？看也看不懂，格式化也无效。

当然是有的，我们可以试着先观察一下代码的规律。从代码的前后两端入手，可以观察到开头基本上都是 'ω'/= /' m´)/ ~┻━┻　/，结尾基本上都是 ('д')['o']) ('θ')) ('_')；因为这段 JavaScript 代码是可以运行的，那么它一定是符合 JavaScript 语法的。但最后是以一个括号结尾的，按照 JavaScript 的语法，可以判定前面的整体是一个方法声明。就比如类似这样的代码：

(function(a){console.log('hello', a)})('world');

前面是一个方法的声明，然后整个通过大括号括起来，最后再传入一个参数来调用，运行结果如下：

hello world

其实 AAEncode 的原理也是将前面的内容转化成一个方法声明，最后传入一个参数来调用执行，只不过最后传的参数是一个下划线而已。

对于上面的例子，假如我们不知道 (function(a){console.log('hello', a)}) 这个方法声明究竟是怎么写的，可以将其输出到控制台上。下面看下运行效果，如图 11-92 所示。

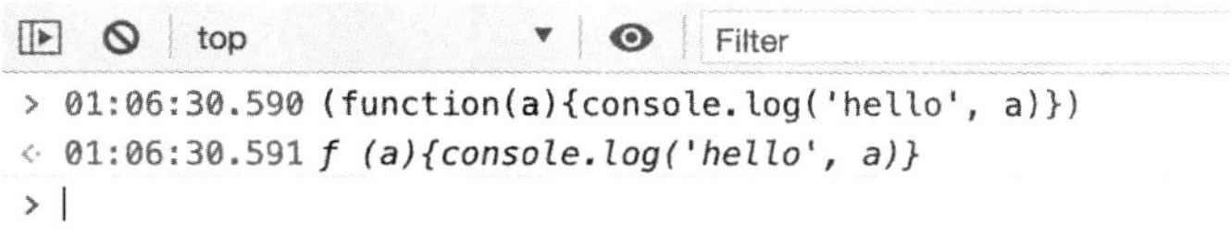

图 11-92 运行效果

可以看到，这个方法的声明就被打印出来了。

对于 AAEncode 来说，我们也可以试着将最后的参数（'_'）去掉，将前面的代码输出到控制台，看下运行效果，如图 11-93 所示。

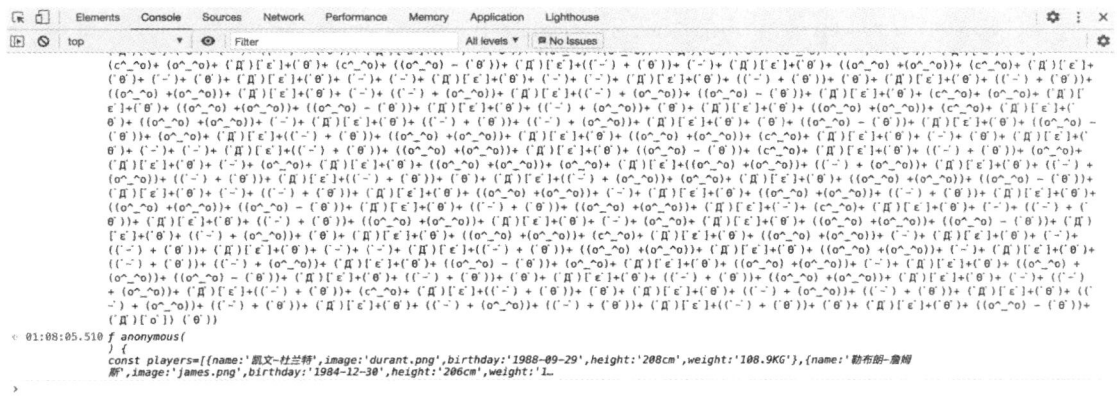

图 11-93 运行效果

可以看到，这个方法被解析出了"真正面目"，当然这里还不太好观察。我们可以进一步将方法转化为字符串，在后面加一个 toString 方法的调用，如图 11-94 所示。

图 11-94 添加 toString 方法的调用

这时我们发现这个方法的声明被转化为字符串了，内容一目了然。

将代码整理后格式化一下，就能得到如下结果：

```
function anonymous() {
  const players = [
    {
```

```javascript
      name: "凯文-杜兰特",
      image: "durant.png",
      birthday: "1988-09-29",
      height: "208cm",
      weight: "108.9KG",
    },
    ...
  ];
  new Vue({
    el: "#app",
    data: function() {
      return { players, key: "nCQ7ywzJVEqGTTxncPFJzXv8juDWwPMrZAr" };
    },
    methods: {
      getToken(player) {
        let key = CryptoJS.enc.Utf8.parse(this.key);
        const { name, birthday, height, weight } = player;
        let base64Name = CryptoJS.enc.Base64.stringify(
          CryptoJS.enc.Utf8.parse(name)
        );
        let encrypted = CryptoJS.DES.encrypt(
          `${base64Name}${birthday}${height}${weight}`,
          key,
          { mode: CryptoJS.mode.ECB, padding: CryptoJS.pad.Pkcs7 }
        );
        return encrypted.toString();
      },
    },
  });
}
```

这里发现一个 getToken 方法,逻辑也十分清晰,就是将球员的名字、生日、身高、体重经过处理之后再进行 DES 加密,加密密钥就是 key,其值就是 nCQ7ywzJVEqGTTxncPFJzXv8juDWwPMrZAr,DES 加密之后返回即可,具体逻辑可以自行验证。

以上就是 AAEncode 混淆的分析思路和解决方案。

2. JJEncode 的还原

JJEncode 也是一种 JavaScript 代码混淆算法,其原理和 AAEncode 大同小异,利用它,我们可以将 JavaScript 代码转换成颜文字表示的 JavaScript 代码。

这里有一个示例网站 https://utf-8.jp/public/jjencode.html,打开之后我们便可以看到如图 11-95 所示的样例。

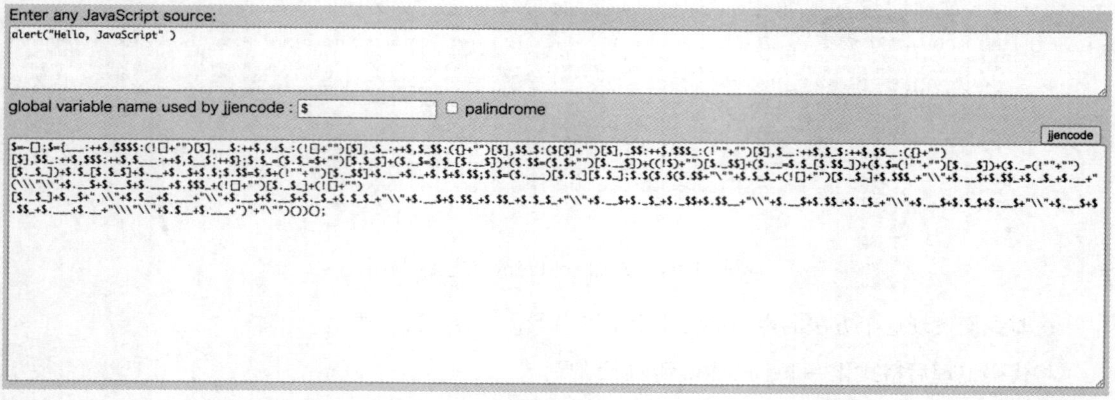

图 11-95 示例网站

可以看到，这个代码中包含了很多$，看起来可读性也很差，但实际上它也遵循一定的JavaScript语法。

接下来，我们再看一个示例网站 https://spa10.scrape.center/，网站的表现形式和上一个例子完全一样，其源码是经过 JJEncode 混淆的，如图 11-96 所示。

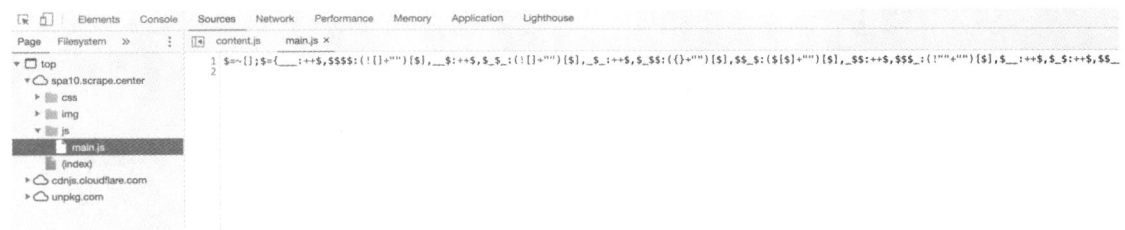

图 11-96　网站源码

其实 JJEncode 混淆的解决方案和 AAEncode 差不多。因为最后可以看到同样也是有一个 ()，所以我们同样也把最后的 () 去掉，粘贴到控制台中，如图 11-97 所示。

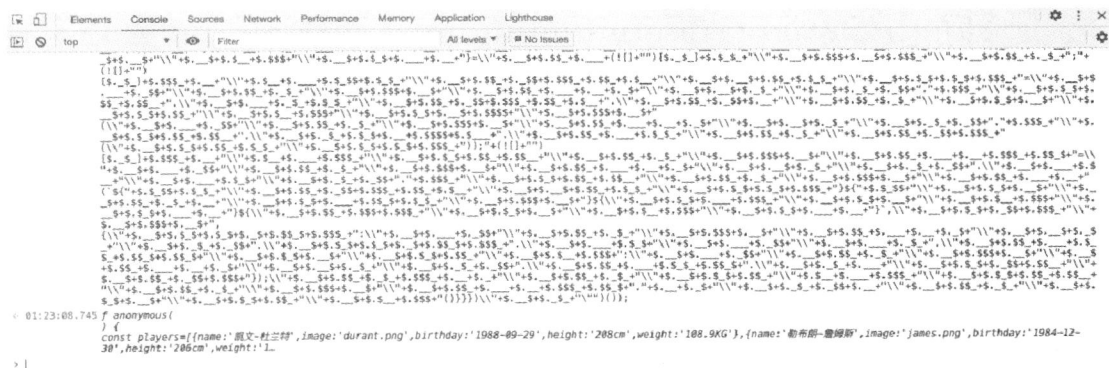

图 11-97　控制台

运行结果也极其相近，可以看到这也是一个方法。

同样，通过添加 toString 方法的调用也可以将这个方法转化为字符串输出，如图 11-98 所示。

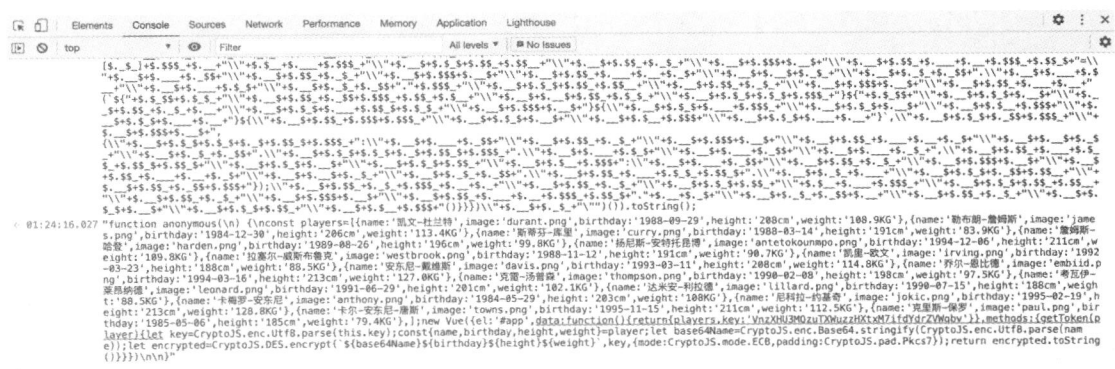

图 11-98　添加 toString 方法的调用

使用同样的方法，我们也可以对代码进行格式化并还原，再看具体的加密流程就可以了。

3. JSFuck 的还原

JSFuck 也是一种特殊的混淆方案，是基于开源的 JSFuck 库来实现的，其样例可以参考 http://www.jsfuck.com/，如图 11-99 所示。

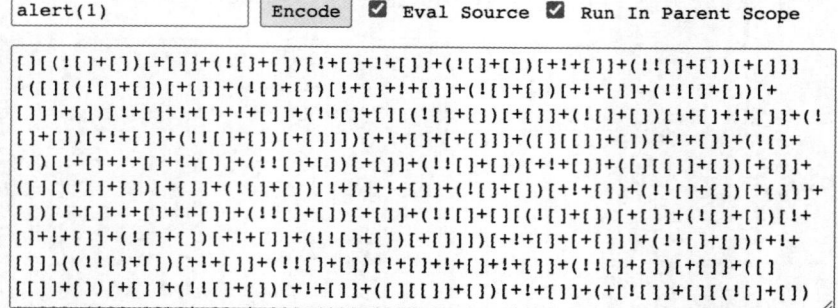

图 11-99 JSFuck 混淆案例

我们可以看到一段 alert(1) 代码被转变为包含 []、()、+、! 的 JavaScript 代码了。

其中 JSFuck 官方也做了说明，它是基于如下几个等价变量实现的：

```
false       =>  ![]
true        =>  !![]
undefined   =>  [][[]]
NaN         =>  +[![]]
0           =>  +[]
1           =>  +!+[]
2           =>  !+[]+!+[]
10          =>  [+!+[]]+[+[]]
Array       =>  []
Number      =>  +[]
String      =>  []+[]
Boolean     =>  ![]
Function    =>  []["filter"]
eval        =>  []["filter"]["constructor"]( CODE )()
window      =>  []["filter"]["constructor"]("return this")()
```

通过如上变量的组合，再加上一些小括号处理优先级，就可以将任意 JavaScript 代码转换为我们所看到的混淆 JavaScript 代码。

但这次不像 AAEncode 和 JJEncode 那样了，这次混淆代码需要稍微花点时间来解混淆。

我们再看一个示例网站 https://spa12.scrape.center/，这个网站和前面的网站相比，也是仅仅只有 main.js 不同，其内容是经过 JSFuck 混淆得到的，如图 11-100 所示。

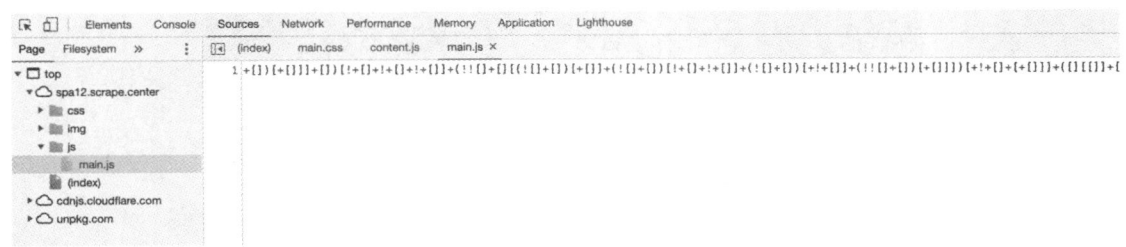

图 11-100　示例网站

但是观察整个代码,发现最后的部分不再是一个小括号了,内容如下:

…[+!+[]+[!+[]+!+[]]])(()

可以看到,这里最后的小括号后面还跟了一个小括号,这样我们就没法像 AAEncode 和 JJEncode 那样,将最后的小括号去掉了。

怎么办呢?我们可以稍微退一步,看一下最后的一个右括号匹配的左括号是哪个。

首先可以对代码进行格式化,此时可以借助 Beautifier 工具,如图 11-101 所示。

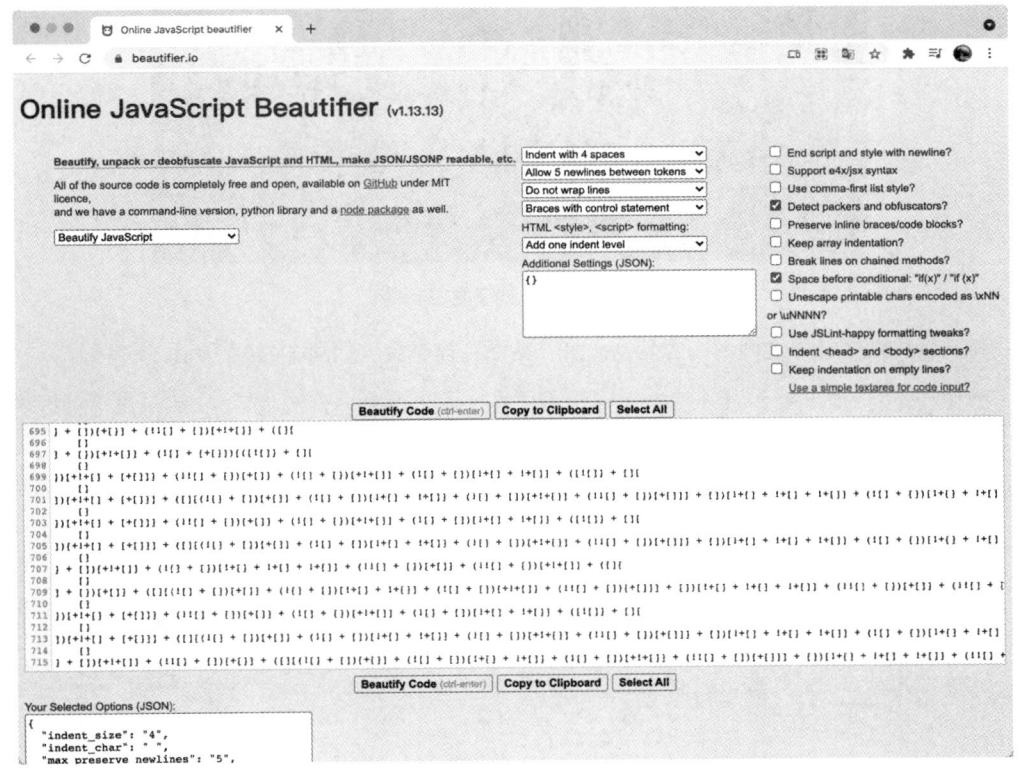

图 11-101　Beautifier 工具

由于小括号和中括号特别多,肉眼非常难观察出其中的规律,这时候可以将格式化后的代码粘贴到 IDE 里面,借助于 IDE 找到括号的匹配规律。

这里我们可以选择 VS Code,新建一个 JavaScript 文件,如 main.js,将代码粘贴进去,然后将光标放在最后一个括号的位置,如图 11-102 所示。

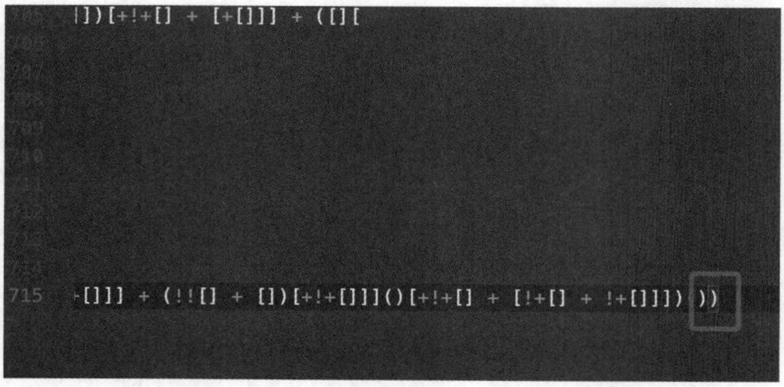

488 第 11 章 JavaScript 逆向爬虫

图 11-102　将光标放在最后一个括号的位置

可以发现，最后的一个括号被突出显示，同时在 VS Code 上方也会有另外一个高亮的位置提示它对应的左括号的位置，如图 11-103 所示。

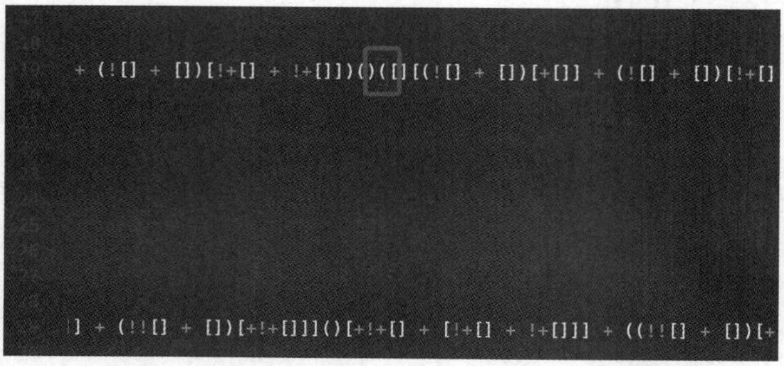

图 11-103　对应的左括号

我们选择将两个括号之间的内容复制出来，粘贴到控制台，如图 11-104 所示。

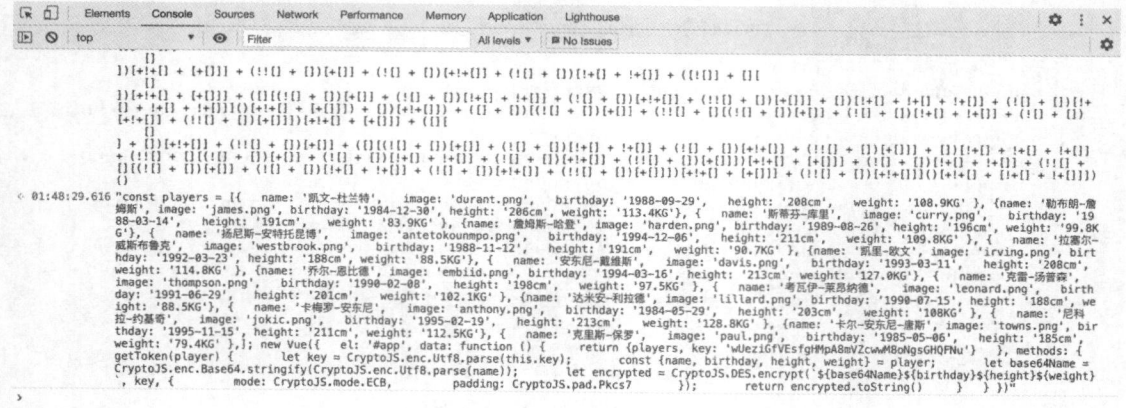

图 11-104　复制代码到控制台

我们又看到熟悉的代码了，其类型就是一个字符串，这时候就已经成功了一半。

那么剩下的代码是做什么的呢？我们把刚才复制出来的代码从原来的代码里面删除，然后再把剩下的代码粘贴到控制台，如图 11-105 所示。

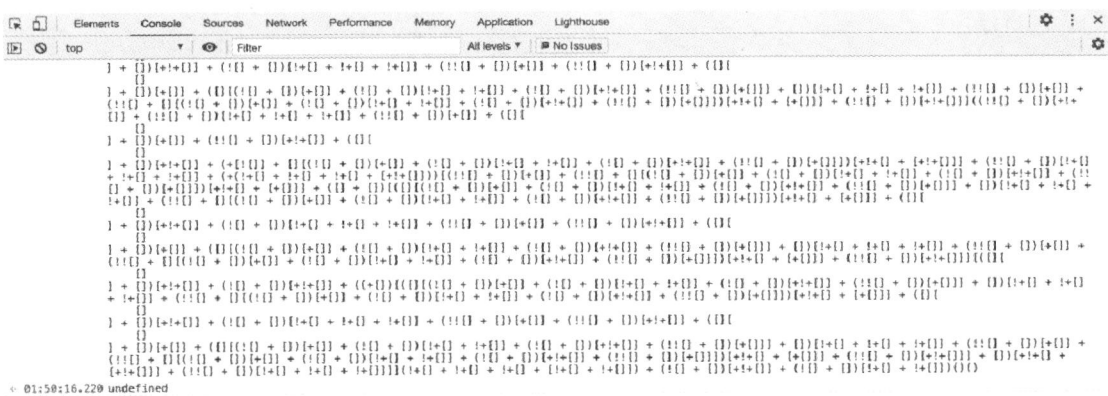

图 11-105 控制台

可以看到是 undefined，相当于执行成功了，但是没有返回结果。

这时候我们又会想起前面的思路，返回值 undefined 说明返回结果为空，而当前代码最后也带了一个括号，代表执行当前方法，但刚才我们已经把方法的参数（也就是字符串）都已经删除了，也就相当于没有传参数调用，返回值为 undefined 也是有可能的。

既然是方法，那么我们可以尝试得到其方法本身试试。试着去掉最后的一对小括号，重新在控制台运行，如图 11-106 所示。

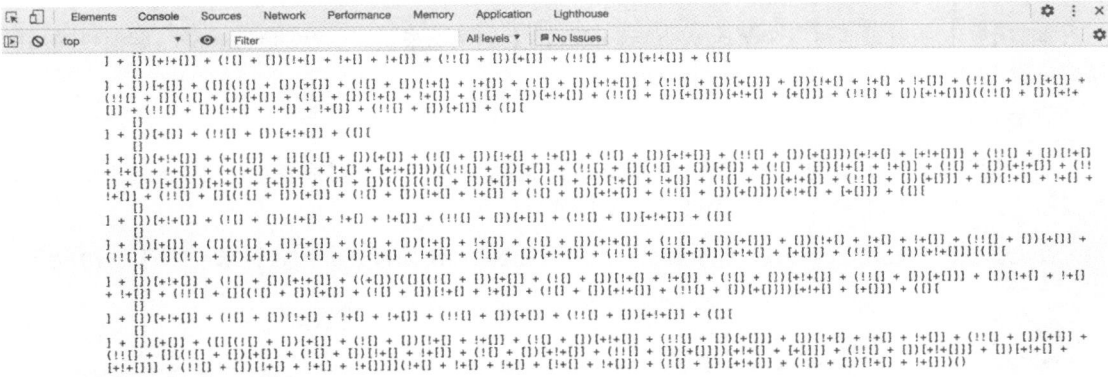

图 11-106 去掉最后的一对小括号，重新在控制台运行

这时候就可以看到其运行结果了。这是一个 eval 方法，是 JavaScript 中定义的原生方法，传入一段 JavaScript 字符串，利用 eval 就可以执行了。

比如：

eval("console.log('hello world')");

的执行结果就是：

hello world

所以，第一部分的运行结果就是字符串，把它传给 eval 方法，自然就可以执行对应的逻辑了。

这样，JSFuck 这种特殊混淆的神秘面纱也被我们揭开了。

4. 总结

本节讲解了一些特殊混淆的还原方案，通过观察得到的规律，配合一定的 JavaScript 基础知识，问题便会迎刃而解。这些分析过程需要具备一定的 JavaScript 基础和经验，多加练习，以后再有类似的案例我们也可以举一反三了。

11.11　WebAssembly 案例分析和爬取实战

WebAssembly 是一种可以使用非 JavaScript 编程语言编写代码并且能在浏览器上运行的技术方案。

前面我们也简单介绍过了，借助 Emscripten 编译工具，我们能将 C/C++ 文件转成 wasm 格式的文件，JavaScript 可以直接调用该文件执行其中的方法。

这样做的好处如下。

- 一些核心逻辑（比如 API 参数的加密逻辑）使用 C/C++ 实现，这样这些逻辑就可以"隐藏"在编译生成的 wasm 文件中，其逆向难度比 JavaScript 更大。
- 一些逻辑是基于 C/C++ 编写的，有更高的执行效率，这使得以各种语言编写的代码都可以以接近原生的速度在 Web 中运行。

对于这种类型的网站，一般我们会看到网站会加载一些 wasm 后缀的文件，这就是 WebAssembly 技术常见的呈现形式，即原生代码被编译成了 wasm 后缀的文件，JavaScript 通过调用 wasm 文件得到对应的计算结果，然后配合其他 JavaScript 代码实现页面数据的加载和页面的渲染。

本节中，我们就来通过一个集成 WebAssembly 的案例网站来认识下 WebAssembly，并通过简易的模拟技术来实现网站的爬取。

1. 案例介绍

下面我们来看一个案例，网址是 https://spa14.scrape.center/，这个网站表面上和之前非常类似，但是实际上其 API 的加密参数是通过 WebAssembly 实现的。

首先，我们还是像之前一样，加载首页，然后通过 Network 面板分析 Ajax 请求，如图 11-107 所示。

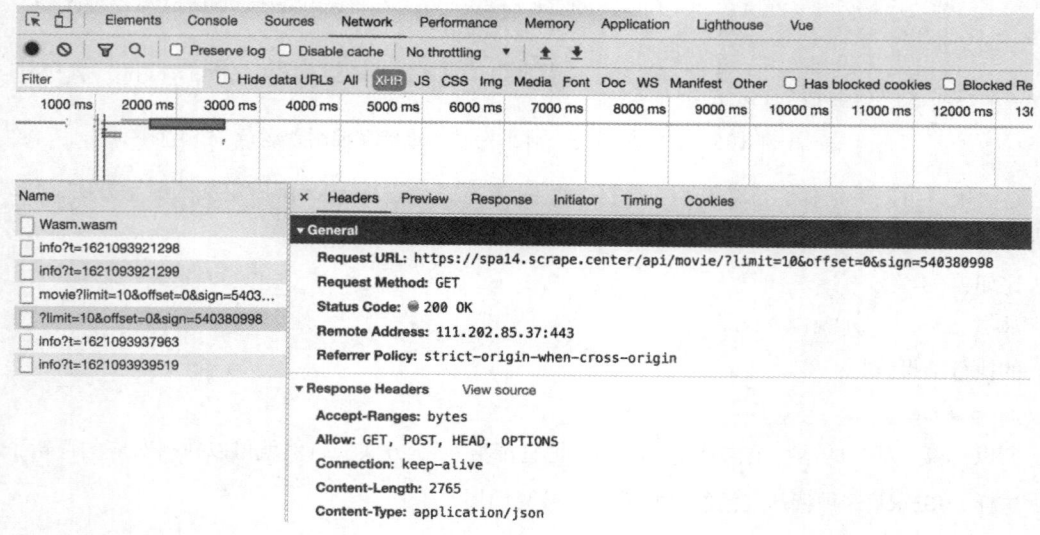

图 11-107　Network 面板

可以看到，这里就找到了第一页数据的 Ajax 请求。和之前的案例类似，limit、offset 参数用来控制分页，sign 参数用来做校验，它的值是一个数字。通过观察后面几页的内容，我们发现 sign 的值一直在变化。

因此，这里的关键就在于找到 sign 值的生成逻辑，我们再模拟请求即可。

接下来，我们就进行一下逆向，先看看这个参数生成的逻辑在哪里吧。

这里我们还是设置一个 Ajax 断点，在 Sources 面板的 XHR/fetch Breakpoints 这里添加一个断点，内容为 /api/movie，就是在请求加载数据的时候进入断点，如图 11-108 所示。

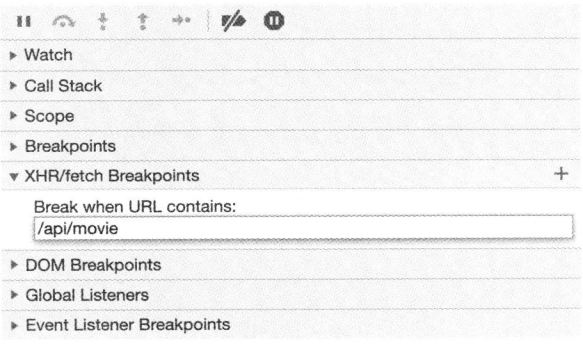

图 11-108　添加断点

接下来，重新刷新页面，可以看到页面执行到断点的位置后停了下来，如图 11-109 所示。

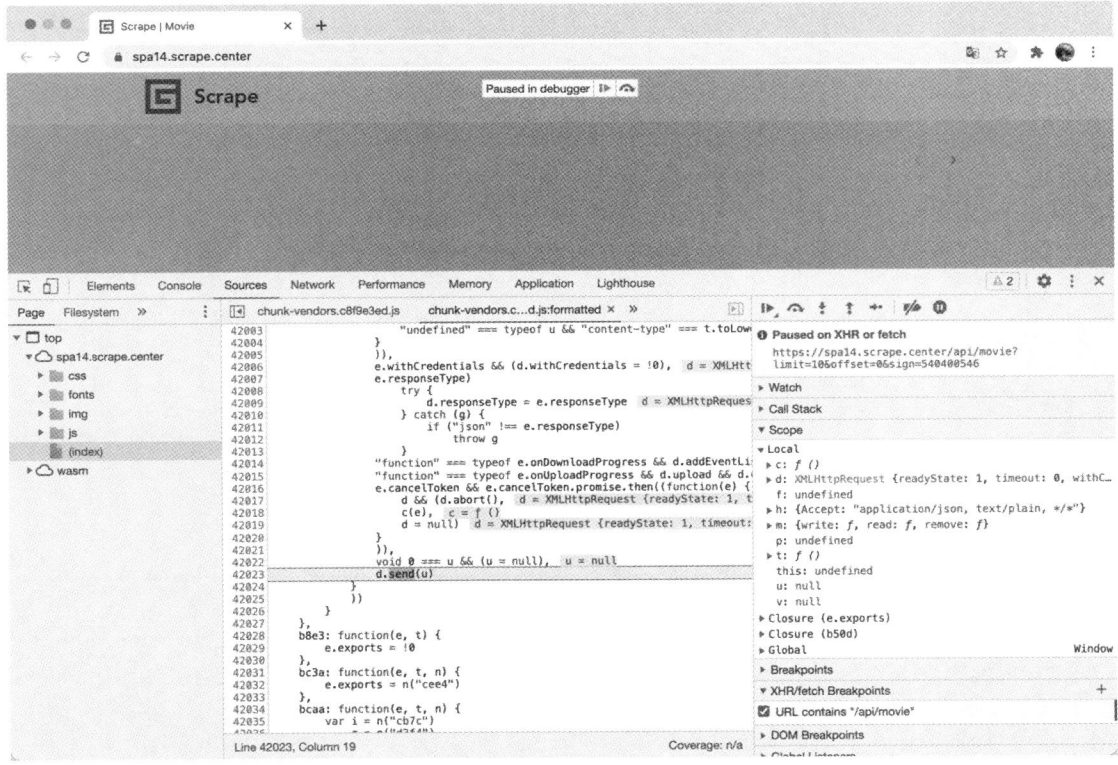

图 11-109　在断点处停止

这里我们还是通过 Call Stack 找到构造逻辑。经过简单的查找和推测，可以判断逻辑的入口在 onFetchData 方法里面，如图 11-110 所示。

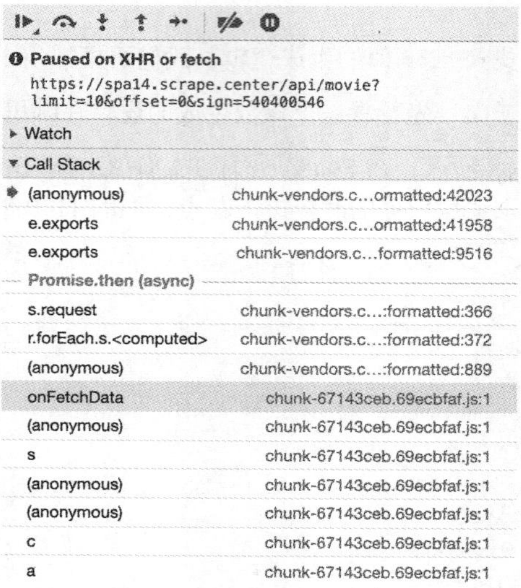

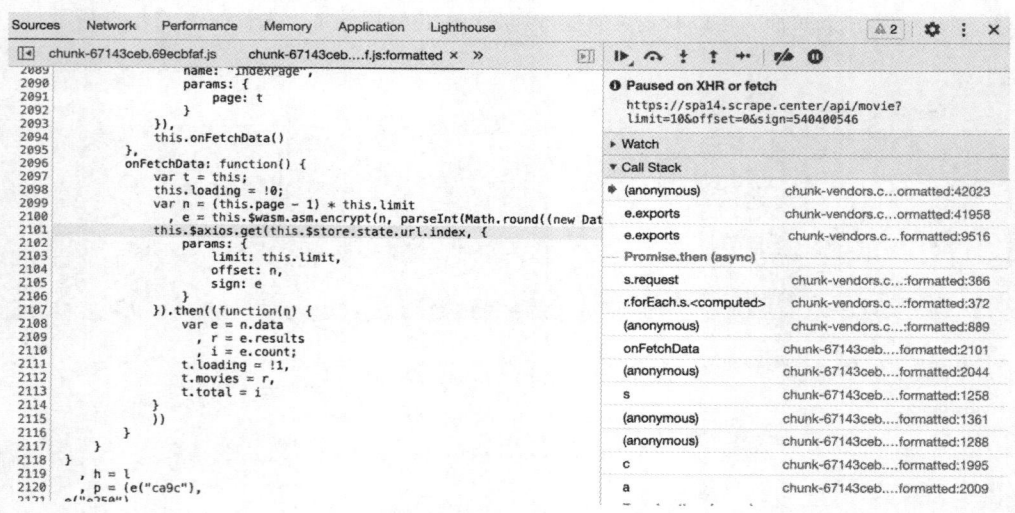

图 11-110　找到逻辑入口

点击 onFetchData 方法，找到方法所在的 JavaScript 代码位置，如图 11-111 所示。

图 11-111　onFetchData 方法的定义

和之前的案例类似，params 的参数有三个——limit、offset、sign，这和 Ajax 请求一致。

> 提示　当然，为了确保是一致的，你可以继续添加断点进一步验证，这里不再赘述了。

这里关键的参数就是 sign 了，可以看到它的值是用变量 e 表示的，而 e 的生成代码就在上面，如下：

```
var n = (this.page - 1) * this.limit
, e = this.$wasm.asm.encrypt(n, parseInt(Math.round((new Date).getTime() / 1e3).toString()));
```

可以看到，它通过调用 this.$wasm.asm 对象的 encrypt 方法传入了 n 和一个时间戳构造出来了。

接下来，我们进一步在此处调试一下，在 2100 行添加断点，如图 11-112 所示。

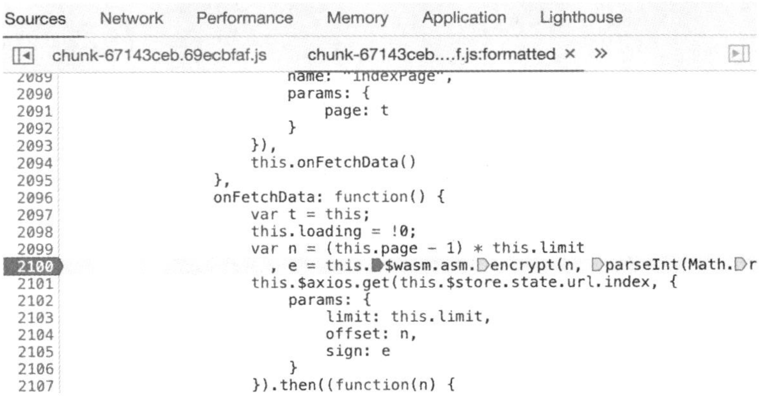

图 11-112　在 2100 行添加断点

重新刷新页面，可以发现页面运行到该断点的位置并停下来了，如图 11-113 所示。

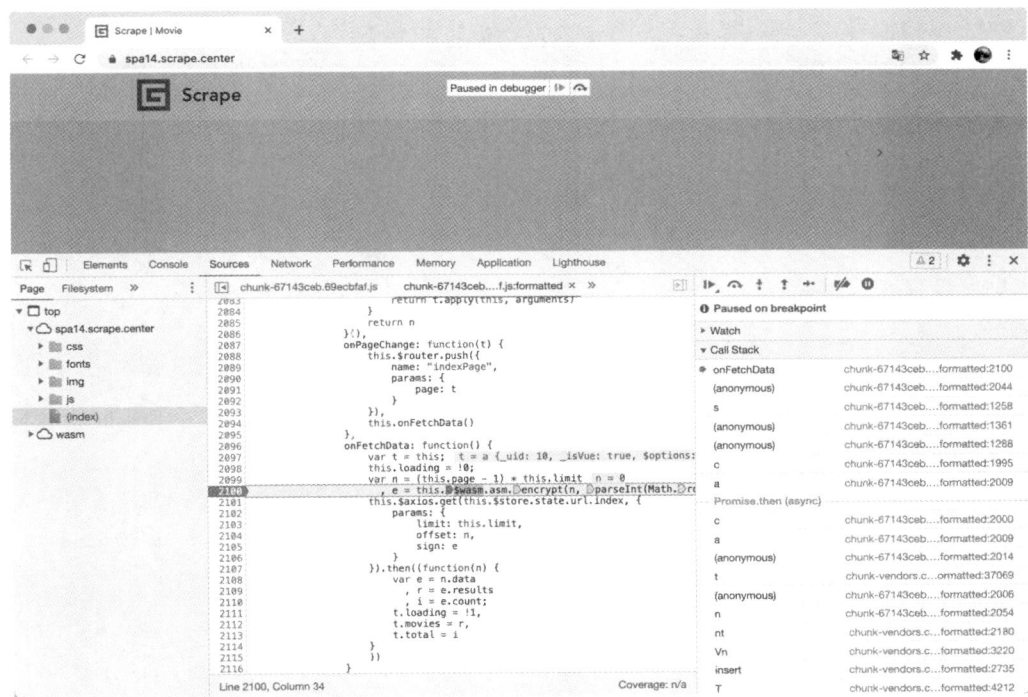

图 11-113　页面运行到该断点的位置并停下来

这相当于 JavaScript 上下文处于 onFetchData 方法内部，所以现在我们可以访问方法内部的所有变量，比如 this、this.$wasm 等。

接下来，我们就在 Watch 面板中添加一个变量 this.$wasm，先看看它是什么对象，如图 11-114 所示。

可以看到，这个 this.$wasm 对象里面又定义了很多对象和方法，其中就包括了 asm 对象。因为代码中又调用了 asm 对象的 encrypt 来产生 sign，所以我们进一步看看 asm 对象、encrypt 方法都是什么。将图 11-114 中的 asm 对象直接展开即可，如图 11-115 所示。

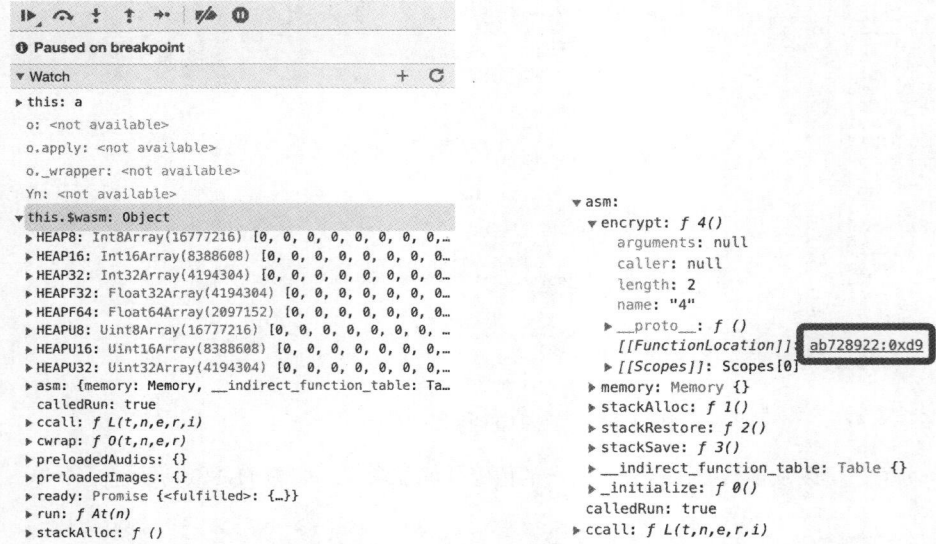

图 11-114　变量 this.$wasm　　　　　　　图 11-115　展开 asm 对象

这时候我们可以看到 asm 对象里面又包含了几个对象和方法，比较重要的就是 encrypt 方法了，其中它的 [[FunctionLocation]] 指向了另外一个位置，名称是 ab728922:0xd9。因为我们就是想知道这个方法内部究竟是什么逻辑，所以直接点击进入，如图 11-116 所示。

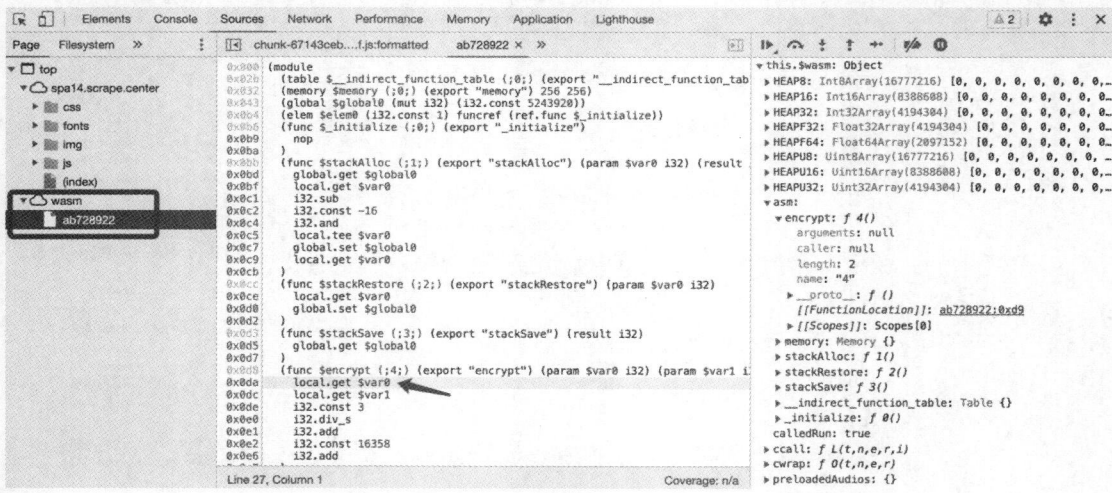

图 11-116　展开 encrypt 方法

可以看到，我们进入了一个似乎不是 JavaScript 代码的位置，文件名称叫作 ab728922。通过左侧的 Page，可以看到它在 wasm 路径下，代码跳转的位置可以看到 encrypt 字样，其代码定义如下：

```
(func $encrypt (;4;) (export "encrypt") (param $var0 i32) (param $var1 i32) (result i32)
  local.get $var0
  local.get $var1
  i32.const 3
  i32.div_s
  i32.add
```

```
    i32.const 16358
    i32.add
)
```

如果你了解汇编语言的话，会发现这有点汇编语言的味道。

这其实就是 wasm 文件，这里面的逻辑其实原本是用 C++ 编写的，通过 Emscripten 转化为 wasm 文件，就成了现在的这个样子。

这时候我们可以找下 Network 请求，搜索 wasm 后缀的文件，如图 11-117 所示。

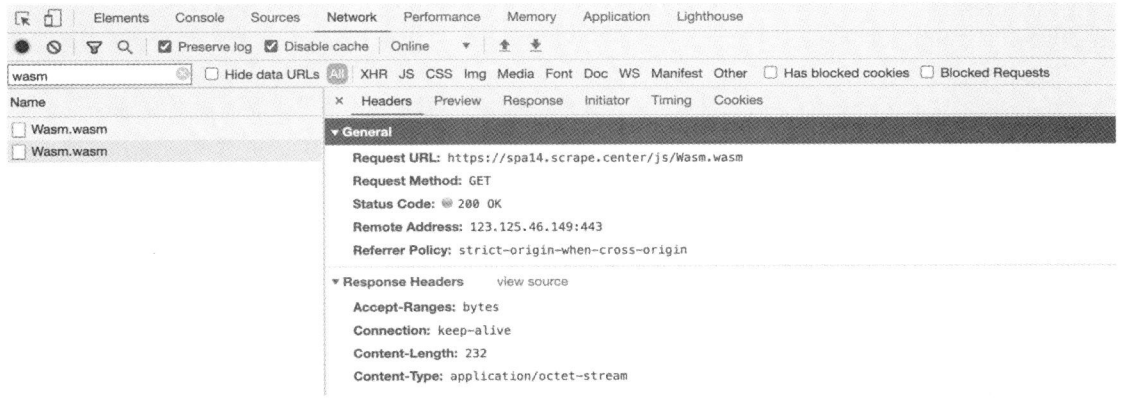

图 11-117　搜索 wasm 后缀的文件

可以看到，这里就有一个 wasm 后缀的文件，其逻辑就是刚才看到的内容。

到了这里，wasm 代码已经完全看不懂了，接下来怎么做呢？

有两种办法，一种是直接把 wasm 文件进行反编译，还原成 C++ 代码，此种方法上手难度大，需要了解 WebAssembly 和逆向相关的知识；另外一种就是通过模拟执行的方式来直接得到加密结果。

本节中，我们主要来了解第二种方案。拿到 wasm 文件，然后通过 Python 模拟执行的方式调用 wasm 文件，模拟调用它的 encrypt 方法，传入对应的参数即可。

2. 模拟执行

首先，我们把 wasm 文件下载下来，地址为 https://spa14.scrape.center/js/Wasm.wasm，将其保存为 Wasm.wasm 文件。

要使用 Python 模拟执行 wasm，可以使用两个 Python 库，一个叫作 pywasm，另一个叫作 wasmer-python，前者使用更加简单，后者功能更为强大。我们使用任意一个库都可以完成 wasm 文件的模拟，下面我们来分别予以介绍。

- **pywasm**

这个库比较简单，其主要功能就是加载一个 wasm 文件，然后用 Python 执行。

安装命令如下：

```
pip3 install pywasm
```

安装完成之后，我们可以用如下代码来加载 wasm 文件：

```
import pywasm

runtime = pywasm.load('./Wasm.wasm')
print(runtime)
```

这里我们调用了 pywasm 的 load 方法，直接将 wasm 文件的路径传入，实现了 wasm 文件的读取，输出结果如下：

```
<pywasm.Runtime object at 0x7fbd880efd10>
```

可以看到，返回结果就是一个 pywasm.Runtime 类型的对象。

有了这个 Runtime 对象之后，我们就可以调用它的 exec 方法来模拟执行 Wasm 里面的方法。

比如，在网页中我们可以看到它执行了 encrypt 方法，并传入了两个参数。我们也来试一下，要模拟调用 wasm 的方法，只需要调用 Runtime 对象的 exec 方法并传入对应的方法名和参数内容即可。我们可以将代码改写如下：

```python
import pywasm

runtime = pywasm.load('./Wasm.wasm')
result = runtime.exec('encrypt', [1, 2])
print(result)
```

这里我们调用了 exec 方法，第一个参数就是要调用的 wasm 中的方法名，这里我们传入字符串 encrypt，第二个参数是一个列表，代表 encrypt 方法所接收的参数，如果是两个，那么列表长度就是 2，参数和列表的元素一一对应即可。

运行结果如下：

```
16359
```

调用成功了！

成功输出了结果，但是这似乎并不是我们想要的，因为这里传入的参数其实是我们自定义的。要真正模拟网站的 Ajax 请求，就要用网站里面的真实参数。

通过分析逻辑，我们知道传入的参数其实一个是 offset，一个是时间戳。

其中后者的实现是这样的：

```
parseInt(Math.round((new Date).getTime() / 1e3).toString())
```

这是 JavaScript 中的实现，我们将其输出到控制台，可以看到运行结果如图 11-118 所示

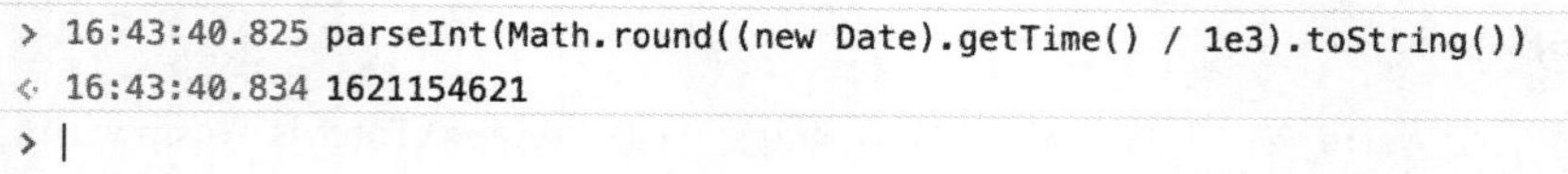

```
> 16:43:40.825 parseInt(Math.round((new Date).getTime() / 1e3).toString())
< 16:43:40.834 1621154621
>
```

图 11-118　运行结果

输出的其实就是一个时间戳，结果是数值类型，位数是 10 位。使用 Python 实现同样的结果，可以这样写：

```python
import time
int(time.time())
```

最终，我们可以将爬虫逻辑实现，具体如下：

```python
import pywasm
import time
import requests

BASE_URL = 'https://spa14.scrape.center'
TOTAL_PAGE = 10

runtime = pywasm.load('./Wasm.wasm')
for i in range(TOTAL_PAGE):
```

```
offset = i * 10
sign = runtime.exec('encrypt', [offset, int(time.time())])
url = f'{BASE_URL}/api/movie/?limit=10&offset={offset}&sign={sign}'
response = requests.get(url)
print(response.json())
```

这里我们先定义了 TOTAL_PAGE 是 10，就是 10 页，然后开始一个 for 循环遍历，i 就是 0~9 的数字，offset 就是 0、10、20、…、90，sign 就利用刚才的实现，将参数转化为 offset 变量和时间戳，最后构造 URL 请求即可。

运行结果如下：

```
{'count': 100, 'results': [{'id': 1, 'name': '霸王别姬', 'alias': 'Farewell My Concubine', 'cover': 'https://p0.meituan.net/movie/ce4da3e03e655b5b88ed31b5cd7896cf62472.jpg@464w_644h_1e_1c', 'categories': ['剧情', '爱情'], 'published_at': '1993-07-26', 'minute': 171, 'score': 9.5, 'regions': ['中国大陆', '中国香港']},
...
{'id': 10, 'name': '狮子王', 'alias': 'The Lion King', 'cover': 'https://p0.meituan.net/movie/27b76fe6cf3903f3d74963f70786001e1438406.jpg@464w_644h_1e_1c', 'categories': ['动画', '歌舞', '冒险'], 'published_at': '1995-07-15', 'minute': 89, 'score': 9.0, 'regions': ['美国']}]}
...
```

可以看到，Ajax 请求被成功模拟了！成功爬取到了结果。

- **wasmer-python**

除了使用 pywasm 库，我们还可以使用另一个库 wasmer-python 来完成同样的操作。相比 pywasm，wasmer-python 的功能更为强大，它提供了更为底层的 API。如果遇到更为复杂的 wasm 调用情形，推荐使用 wasmer-python。

要安装 wasmer-python 这个库，依然使用 pip3 即可，命令如下：

```
pip3 install wasmer-python
```

要读取 wasm 文件，我们需要先声明一个 Store 对象，然后将 wasm 对象转化为 Module 对象，再将其转化为 Instance 对象，写法类似如下：

```
from wasmer import engine, Store, Module, Instance
from wasmer_compiler_cranelift import Compiler

store = Store(engine.JIT(Compiler))
module = Module(store, open('Wasm.wasm', 'rb').read())
instance = Instance(module)
result = instance.exports.encrypt(1, 2)
print(result)
```

这里我们还是调用了 encrypt 方法并传入了 1 和 2 两个参数，运行结果如下：

```
16359
```

运行结果和刚才是一致的，这说明此时调用成功了。

关于更多 API 的法，用可以参考官方文档：https://wasmerio.github.io/wasmer-python/api/wasmer/。

根据刚才的逻辑，我们再实现一下完整的爬取逻辑，代码如下：

```
import requests
import time
import pywasm
from wasmer import engine, Store, Module, Instance
from wasmer_compiler_cranelift import Compiler

store = Store(engine.JIT(Compiler))
module = Module(store, open('Wasm.wasm', 'rb').read())
instance = Instance(module)

BASE_URL = 'https://spa14.scrape.center'
```

```
TOTAL_PAGE = 10

runtime = pywasm.load('./Wasm.wasm')
for i in range(TOTAL_PAGE):
    offset = i * 10
    sign = instance.exports.encrypt(offset, int(time.time()))
    url = f'{BASE_URL}/api/movie/?limit=10&offset={offset}&sign={sign}'
    response = requests.get(url)
    print(response.json())
```

运行结果也一样,这里不再列出。这里我们也成功使用 wasmer-python 库完成了 wasm 的模拟执行,并成功爬取到了数据。

3. 总结

本节中,我们了解了 WebAssembly 的基本概念并分析了一个 WebAssembly 的示例并用 Python 模拟执行 wasm 文件实现了数据爬取。

本节代码参见:https://github.com/Python3WebSpider/ScrapeSpa14。

11.12　JavaScript 逆向技巧总结

前面我们已经学习了不少 JavaScript 逆向相关的知识,包括浏览器调试、Hook、AST、无限 debugger 的绕过以及 JavaScript 的模拟调用等,这些知识点都比较松散,有时候大家学完了可能觉得没有形成一个知识体系,或者说没有一个常规"套路"来应对一些 JavaScript 逆向的处理流程。

本节中,我们就对前面的知识点做一个串联和总结,总结出 JavaScript 逆向过程中常用的一个流程,这个流程适用于大多数 JavaScript 逆向过程。大家熟练运用之后,可以在不同情况下运用不同的技巧来进行 JavaScript 逆向操作。

总的来说,JavaScript 逆向可以分为三大部分:寻找入口、调试分析和模拟执行。下面我们来分别介绍。

- **寻找入口**:这是非常关键的一步,逆向在大部分情况下就是找一些加密参数到底是怎么来的,比如一个请求中 token、sign 等参数到底是在哪里构造的,这个关键逻辑可能写在某个关键的方法里面或者隐藏在某个关键变量里面。一个网站加载了很多 JavaScript 文件,那么怎么从这么多 JavaScript 代码里面找到关键的位置,那就是一个关键问题。这就是寻找入口。
- **调试分析**:找到入口之后,比如说我们可以定位到某个参数可能是在某个方法里面执行的了,那么里面的逻辑究竟是怎样的,里面调用了多少加密算法,经过了多少变量赋值和转换等,这些我们需要先把整体思路搞清楚,以便于我们后面进行模拟调用或者逻辑改写。在这个过程中,我们主要借助于浏览器的调试工具进行断点调试分析,或者借助于一些反混淆工具进行代码的反混淆等。
- **模拟执行**:经过调试分析之后,我们差不多已经搞清楚整个逻辑了,但我们的最终目的还是写爬虫,怎么爬到数据才是根本,因此这里就需要对整个加密过程进行逻辑复写或者模拟执行,以把整个加密流程模拟出来,比如输入是一些已知变量,调用之后我们就可以拿到一些 token 内容,再用这个 token 来进行数据爬取即可。

本节中,我们就来对以上内容进行梳理。

1. 寻找入口

首先,我们来看下怎么寻找入口,其中包括查看请求、搜索参数、分析发起调用、断点、Hook 等操作,下面我们来分别介绍一下。

● 查看请求

一般来说,我们都是先分析想要的数据到底是从哪里来的。比如说对于示例网站 https://spa6.scrape.center/,我们可以看到首页有一条条数据,如"霸王别姬"、"这个杀手不太冷"等,这些数据肯定是某个请求返回的,那它究竟是从哪个请求里面来的呢?我们可以先尝试搜索下。

打开浏览器开发者工具,打开 Network 面板,然后点击搜索按钮,比如这里我们就搜索"霸王别姬"这四个字,如图 11-119 所示。

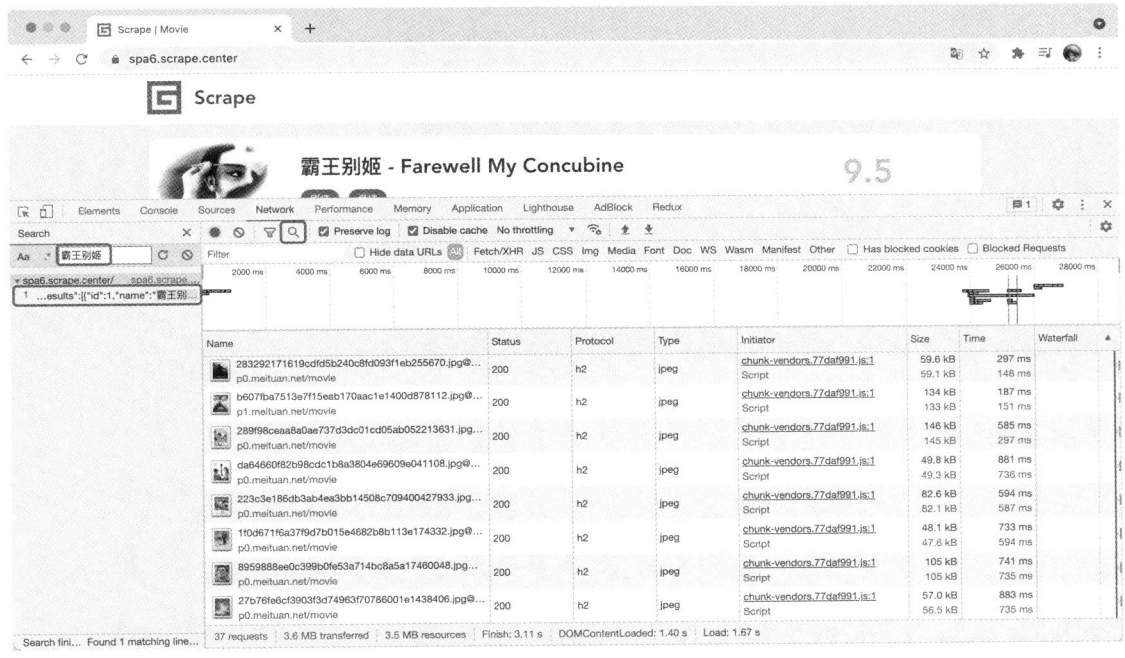

图 11-119 搜索"霸王别姬"

此时可以看到对应的搜索结果,点击搜索到的结果,我们就可以定位到对应的响应结果的位置,如图 11-120 所示。

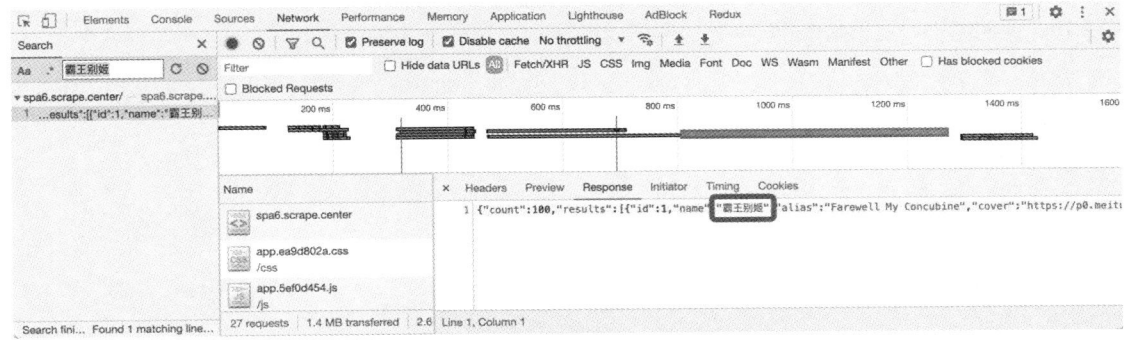

图 11-120 定位到对应的响应结果的位置

找到对应的响应之后,我们也就可以顺便找到是哪个请求发起的了,如图 11-121 所示。

第 11 章　JavaScript 逆向爬虫

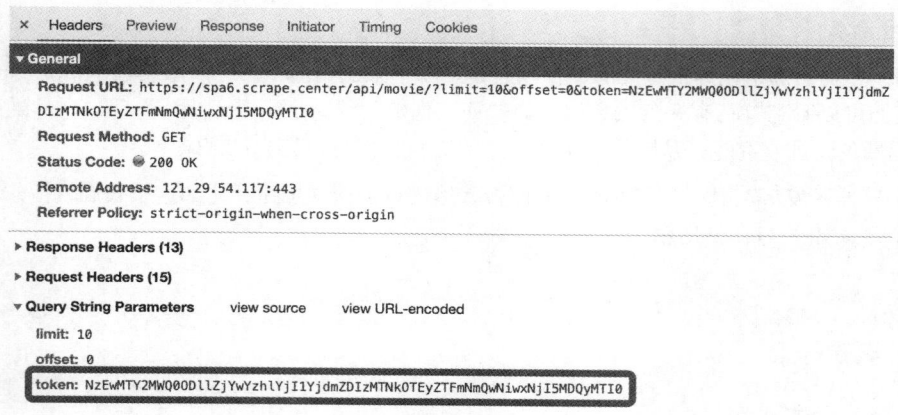

图 11-121　对应请求

比如，这里我们就顺利找到想要的数据所对应的请求位置了，可以看到这是一个 GET 请求，同时还有一个 token 参数，我们可以在后面继续分析。

一般来说，我们可以通过这种方法来尝试寻找最初的突破口。如果这个请求带有加密参数，就顺着继续找下这个参数究竟是在哪里生成的。如果这个请求对应的参数甚至都没有什么加密参数，那么这个请求都可以直接模拟爬取了。

- 搜索参数

在上一步中，我们找到了最初的突破口，也就是关键请求是怎么发起的，带有什么加密参数。比如，在上面的例子中，我们发现这里有一个关键的加密参数 token，那这又是怎么构造出来的呢？

一种简单有效的方法就是直接进行全局搜索。一般来说，参数名大多数情况下就是一个普通的字符串，比如这里就叫作 token，那么这个字符串肯定隐藏在某个 JavaScript 文件里面，我们可以尝试进行搜索，也可以加冒号、空格、引号等来配合搜索。因为一般来说这个参数通常会配合一些符号一起出现，比如说我们可以搜 token、token:、token :、"token": 等。

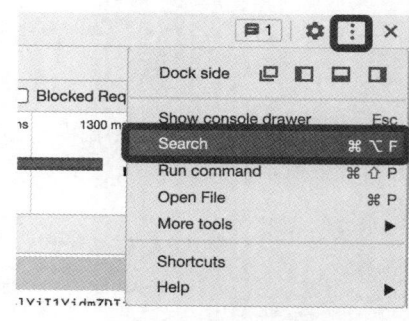

在哪里搜索呢？我们可以直接利用浏览器调试面板的搜索功能，如图 11-122 所示。

这是一个资源搜索的入口，比如可以搜索下载下来的 JavaScript 文件的内容，这里我们输入 token 来进行搜索，结果如图 11-123 所示。

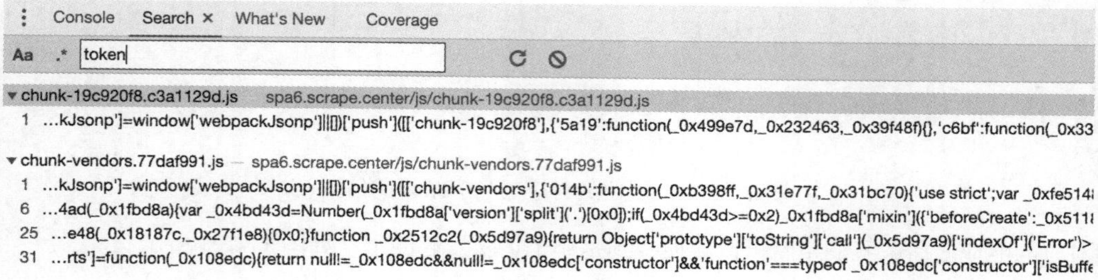

图 11-122　浏览器调试面板的搜索功能

图 11-123　搜索结果

这样我们就可以找到一些关键的位置点了，一共五个结果，结果不多，我们可以进一步点击并定位到对应的 JavaScript 文件中，然后进一步进行分析。

- **分析发起调用**

上述的搜索是其中一种查找入口的方式，这是从源码级别上直接查找。当然，我们也可以通过其他的思路来查找入口，比如可以查看发起调用的流程，怎么查看呢？

可以直接从 Network 请求里面的 Initiator 查看当前请求构造的相关逻辑，如图 11-124 所示。

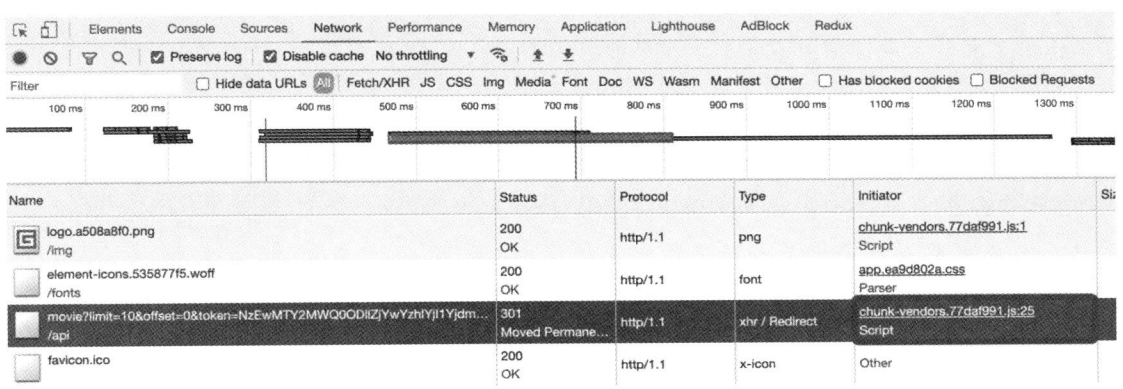

图 11-124　从 Initiator 查看当前请求构造的相关逻辑

把光标对应到 Initiator 这一列，就会出现发起这个请求都经过了哪些调用，也就是调用发起方的一步步执行流程，如图 11-125 所示。

右侧显示了一步步调用对应的源码的位置，我们可以顺次点进去找到对应的位置，比如这里第 8 层调用里面有一个 onFetchData 方法。点击右侧的代码位置，就可以找到一些相关逻辑，如图 11-126 所示。

图 11-125　调用发起方的一步步执行流程 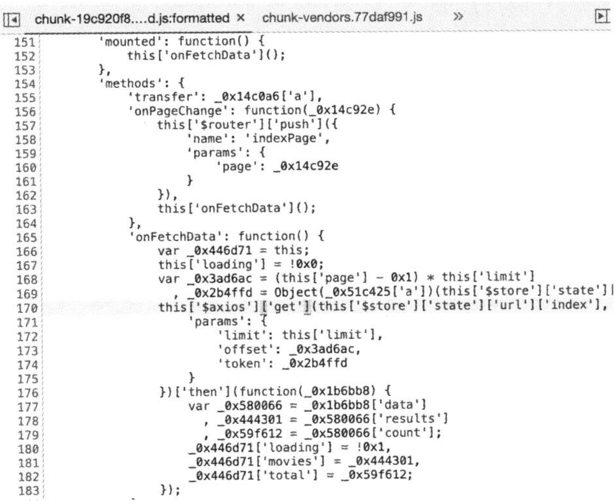　　　　图 11-126　相关逻辑

这里可以看到一些 token 相关的逻辑调用过程了。

- **断点**

另外，我们还可以通过一些断点来进行入口的查找，比如 XHR 断点、DOM 断点、事件断点等。

我们可以在开发者工具 Sources 面板里面添加设置，比如这里我们就添加了 XHR 断点和全局 Load 事件断点，如图 11-127 所示。

这样网页就可以在整个网页加载之后和发起 Ajax 请求的时候停下来，进入断点调试模式。也就是说，通过浏览器强大的断点调试功能，我们也可以找到对应的入口。

- Hook

Hook 也是一个非常常用的查找入口的功能。有时候，一些代码搜索或者断点并不能很有效地找到对应的入口位置，这时候就可以使用 Hook 了。

比如说，我们可以对一些常用的加密和编码算法、常用的转换操作都进行一些 Hook，比如说 Base64 编码、Cookie 的赋值、JSON 的序列化等。

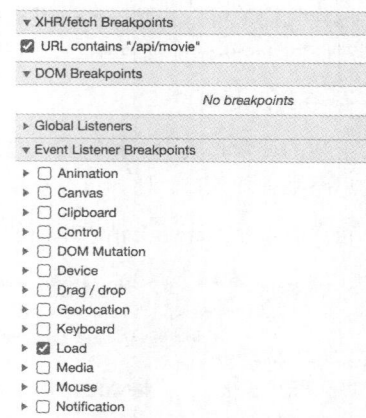

图 11-127　添加 XHR 断点和全局 Load 事件断点

比较方便的 Hook 方式就是通过 TemporMonkey 这个插件实现，使用它我们不仅可以方便地自定义脚本执行的时间点，也可以引入一些额外的脚本来辅助 Hook 代码的编写，具体的实现流程可以参考 11.3 节的内容，这里不再赘述。

- 其他

以上便是一些常见的分析入口的方法，当然还有很多其他方法，比如使用 Pyppeteer、PlayWright 里面内置的 API 实现一些数据拦截和过滤功能，也可以使用一些抓包软件对一些请求进行拦截和分析，还可以使用一些第三方工具或浏览器插件来辅助分析。

2. 调试分析

找到对应的入口位置之后，接下来我们就需要进行调试分析了。在这个步骤中，我们通常需要进行一些格式化、断点调试、反混淆等操作来辅助整个流程的分析。

- 格式化

格式化这个流程是非常重要的，它可以大大增强代码的可读性，一般来说很多 JavaScript 代码都是经过打包和压缩的。多数情况下，我们可以使用 Sources 面板下 JavaScript 窗口左下角的格式化按钮对代码进行格式化，如图 11-128 所示。

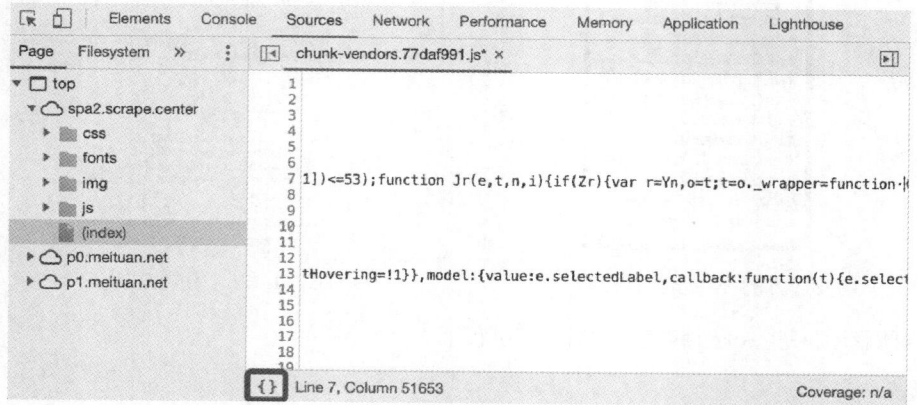

图 11-128　格式化按钮

另外，有一些网站的 HTML 和 JavaScript 是混杂在一起的，比如 https://spa8.scrape.center/，如图 11-129 所示。

图 11-129　HTML 和 JavaScript 混杂在一起

可以看到，这里 JavaScript 代码被压缩成一行，并且放在 script 节点里面，这时候我们就需要手动复制出来，然后用一些格式化工具进行格式化。可以搜索 JavaScript Beautifier 相关工具，比如 https://beautifier.io/，然后把 JavaScript 代码粘贴进去，此时即可看到格式化之后的 JavaScript 代码，如图 11-130 所示。

图 11-130　格式化之后的 JavaScript 代码

另外，我们还可以选择一些格式化选项，比如缩进、换行等。

- **断点调试**

代码格式化之后，我们就可以进入正式的调试流程了，基本操作就是给想要调试的代码添加断点，同时在对应的面板里面观察对应变量的值。

如图 11-131 所示，这里我们在第 169 行添加断点，然后逐行运行对应的代码，这时代码页面就会出现对应变量的值，同时我们也可以在 Watch 面板上监听关注的变量。

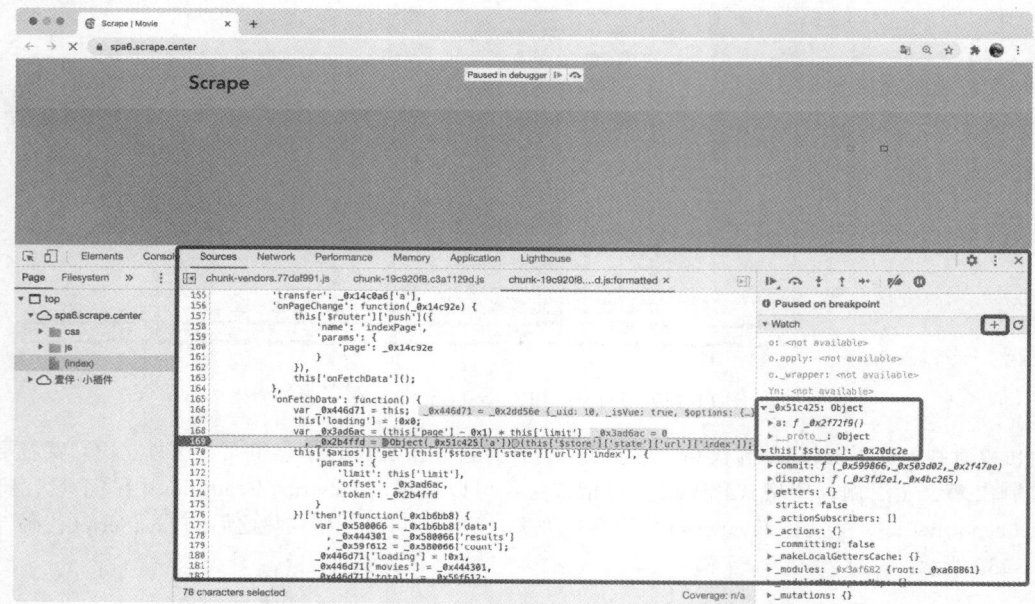

图 11-131　在第 169 行添加断点

通过这样的方式，我们就可以对整个代码的执行流程有一个大致的了解。

关于断点调试的使用，可以参考 11.2 节和后续实战章节。

- **反混淆**

在某些情况下，我们还有可能遇到一些混淆方式，比如控制流扁平化、数组移位等。对于一些特殊的混淆，我们可以尝试使用 AST 技术来对代码进行还原。

比如说，案例 https://antispider10.scrape.center/ 就使用控制流扁平化的方式对代码进行混淆，如图 11-132 所示。

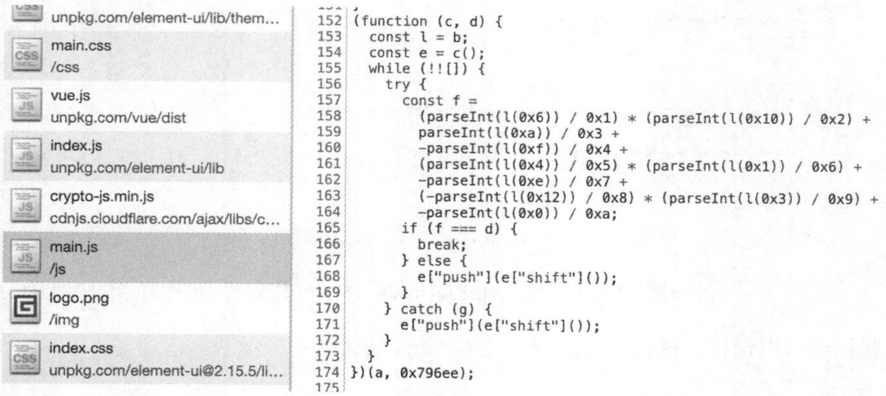

图 11-132　使用控制流扁平化的方式对代码进行混淆

可以看到，这里有一个 while 循环，循环内通过一些判断条件执行某些逻辑，有的逻辑放在了 if 区块，有的逻辑放在了 else 区块，还有的逻辑放在了 catch 区块，这就导致我们无法一下子了解这几个区块的真正执行顺序。

对于此类混淆，为了更好地还原其真实执行逻辑，我们可以尝试使用 AST 进行还原，具体的实现流程可以参考 11.9 节的内容。

3. 模拟执行

经过一系列调试，现在我们已经可以厘清其中的逻辑了，接下来就是一些调用执行的过程了。在前面的章节中，我们已经讲过一些案例执行的流程了。

- **Python 改写或模拟执行**

由于 Python 简单易用，同时也能够模拟调用执行 JavaScript。如果整体逻辑不复杂的话，我们可以尝试使用 Python 来把整个加密流程完整实现一遍。如果整体流程相对复杂，我们可以尝试使用 Python 来模拟调用 JavaScript 的执行。具体的内容可以参考 11.5 节。

- **JavaScript 模拟执行 + API**

由于整个逻辑是 JavaScript 实现的，使用 Python 来执行 JavaScript 难免会有一些不太方便的地方。而 Node.js 天生就有对 JavaScript 的支持。为了更通用地实现 JavaScript 的模拟调用，我们可以用 express 来模拟调用 JavaScript，同时将其暴露成一个 API，从而实现跨语言的调用。具体内容可以参考 11.6 节。

- **浏览器模拟执行**

由于整个逻辑是运行在浏览器里面的，我们当然也可以将浏览器当作整个执行环境。比如使用 Selenium、PlayWright 等来尝试执行一些 JavaScript 代码，得到一些返回结果。具体内容可以参考 11.7 节。

调用执行的方式有很多，不同情况下我们可以根据实现的难易程度来选择不同的方案。

4. 总结

本节中，我们对本章所学的知识进行了一些串联和总结，通过三大步骤——寻找入口、调试分析、模拟执行来梳理 JavaScript 逆向过程中常用的技巧。另外，我希望大家能多结合实战案例对这些技巧进行运用，熟能生巧。

11.13 JavaScript 逆向爬取实战

前面我们学习了各种 JavaScript 逆向技巧，本节中我们综合应用之前学习到的知识点进行一次完整的 JavaScript 逆向分析和爬取实战。

1. 案例介绍

本节的案例网站不仅在 API 参数有加密，而且前端 JavaScript 也带有压缩和混淆，其前端压缩打包工具使用 webpack，混淆工具使用 javascript-obfuscator。分析该网站需要熟练掌握浏览器的开发者工具和一定的调试技巧，另外还需要用到一些 Hook 技术等辅助分析手段。

案例的地址为 https://spa6.scrape.center/，页面首页如图 11-133 所示。初看之下，和之前的网站并没有什么不同之处，但仔细观察可以发现其 Ajax 请求接口和每部电影的 URL 都包含了加密参数。

图 11-133 页面首页

比如，我们点击任意一部电影，观察一下 URL 的变化，如图 11-134 所示。

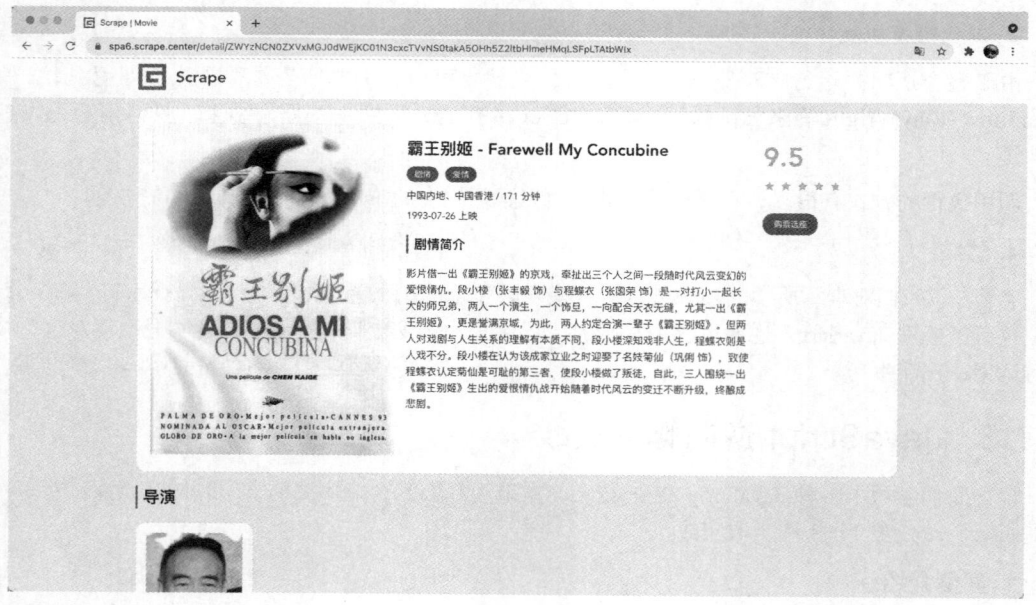

图 11-134 点击任意一部电影后 URL 的变化

可以看到详情页的 URL 包含了一个长字符串，看上去像是 Base64 编码的内容。

接下来，看看 Ajax 的请求。我们从列表页的第 1 页到第 10 页依次点一下，观察 Ajax 请求是怎样的，如图 11-135 所示。

可以看到，Ajax 接口的 URL 里多了一个 token，而且在不同的页码，token 是不一样的，它们同样看似是 Base64 编码的字符串。

图 11-135　Ajax 请求列表

另外，更困难的是，这个接口还有时效性。如果我们把 Ajax 接口的 URL 直接复制下来，短期内是可以访问的，但是过段时间之后就无法访问了，会直接返回 401 状态码。

我们再看一下列表页的返回结果，比如打开第一个请求，看看第一部电影数据的返回结果，如图 11-136 所示。

图 11-136　第一部电影数据的返回结果

这里看似是把第一部电影的返回结果全展开了，但是刚才我们观察到第一步电影的 URL 是 https://spa6.scrape.center/detail/ZWYzNCN0ZXVxMGJ0dWEjKC01N3cxcTVvNS0takA5OHh5Z2ltbHlmeHMqLSFpLTAtbWIx，看起来是 Base64 编码，我们对它进行解码，结果为 ef34#teuq0btua#(-57w1q5o5--j@98xygimlyfxs*-!i-0-mb1，看起来似乎还是毫无规律，这个解码后的结果又是怎么来的呢？返回结果里也并不包含这个字符串，这又是怎么构造的呢？

还有，这仅仅是某个详情页页面的 URL，其真实数据是通过 Ajax 加载的，那么 Ajax 请求又是怎样的呢？我们再观察下，如图 11-137 所示。

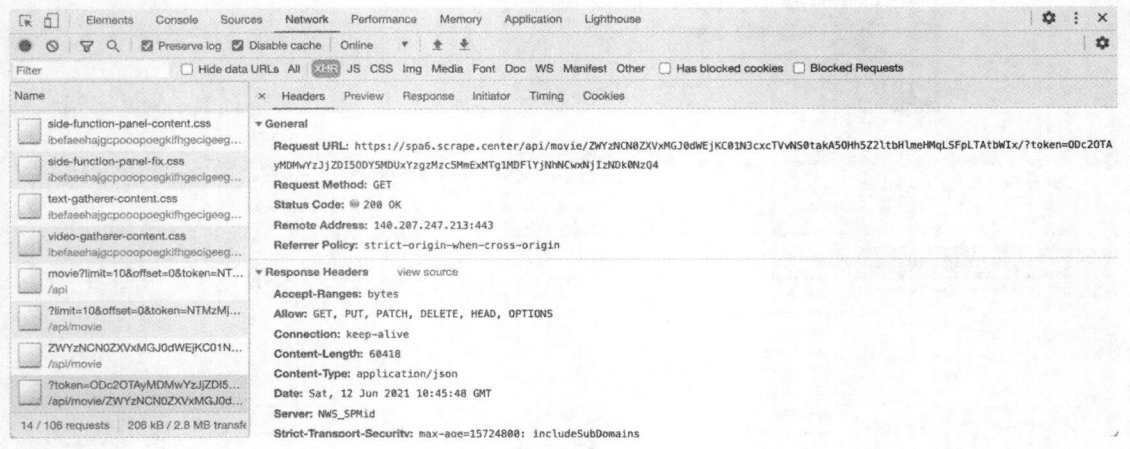

图 11-137　Ajax 请求列表

这里我们发现其 Ajax 接口除了包含刚才所说的 URL 中携带的字符串，又多了一个 token，同样也是类似 Base64 编码的内容。总结下来，这个网站就有如下特点：

- 列表页的 Ajax 接口参数带有加密的 token；
- 详情页的 URL 带有加密 id；
- 详情页的 Ajax 接口参数带有加密 id 和加密 token。

如果我们要想通过接口的形式进行爬取，必须把这些加密 id 和 token 构造出来才行，而且必须一步步来。首先我们要构造出列表页 Ajax 接口的 token 参数，然后获取每部电影的数据信息，接着根据数据信息构造出加密 id 和加密 token。

到现在为止，我们知道了这个网站接口的加密情况，下一步就是去找这个加密实现逻辑。

由于是网页，所以其加密逻辑一定藏在前端代码里，但上一节我们也说了，前端为了保护其接口加密逻辑不被轻易分析出来，会采取压缩、混淆等方式来加大分析的难度。下面我们就来看看这个网站的源代码和 JavaScript 文件是怎样的。

首先看网站的源代码，我们在网站上点击鼠标右键，此时会弹出快捷菜单，然后点击"查看源代码"选项，可以看到结果如图 11-138 所示。

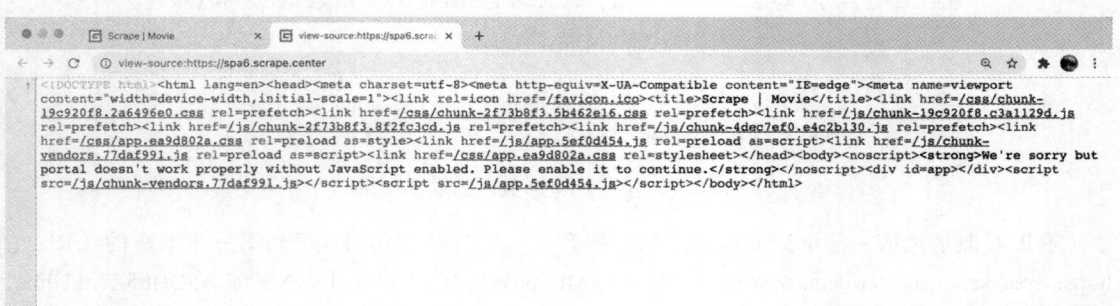

图 11-138　查看源代码

内容如下:

```
<!DOCTYPE html><html lang=en><head><meta charset=utf-8><meta http-equiv=X-UA-Compatible content="IE=edge">
<meta name=viewport content="width=device-width,initial-scale=1"><link rel=icon href=/favicon.ico><title>
Scrape | Movie</title><link href=/css/chunk-19c920f8.2a6496e0.css rel=prefetch><link href=/css/chunk-
2f73b8f3.5b462e16.css rel=prefetch><link href=/js/chunk-19c920f8.c3a1129d.js rel=prefetch><link href=/js/
chunk-2f73b8f3.8f2fc3cd.js rel=prefetch><link href=/js/chunk-4dec7ef0.e4c2b130.js rel=prefetch><link href=/
css/app.ea9d802a.css rel=preload as=style><link href=/js/app.5ef0d454.js rel=preload as=script><link href=/
js/chunk-vendors.77daf991.js rel=preload as=script><link href=/css/app.ea9d802a.css rel=stylesheet></head>
<body><noscript><strong>We're sorry but portal doesn't work properly without JavaScript enabled. Please enable
it to continue.</strong></noscript><div id=app></div><script src=/js/chunk-vendors.77daf991.js></script>
<script src=/js/app.5ef0d454.js></script></body></html>
```

这是一个典型的 SPA(单页 Web 应用)页面,其 JavaScript 文件名带有编码字符、chunk、vendors 等关键字,这就是经过 webpack 打包压缩后的源代码,目前主流的前端开发框架 Vue.js、React.js 等的输出结果都是类似这样的。

接下来,我们再看一下其 JavaScript 代码是什么样子的。在开发者工具中打开 Sources 选项卡下的 Page 选项卡,然后打开 js 文件夹,在这里我们能看到 JavaScript 的源代码,如图 11-139 所示。

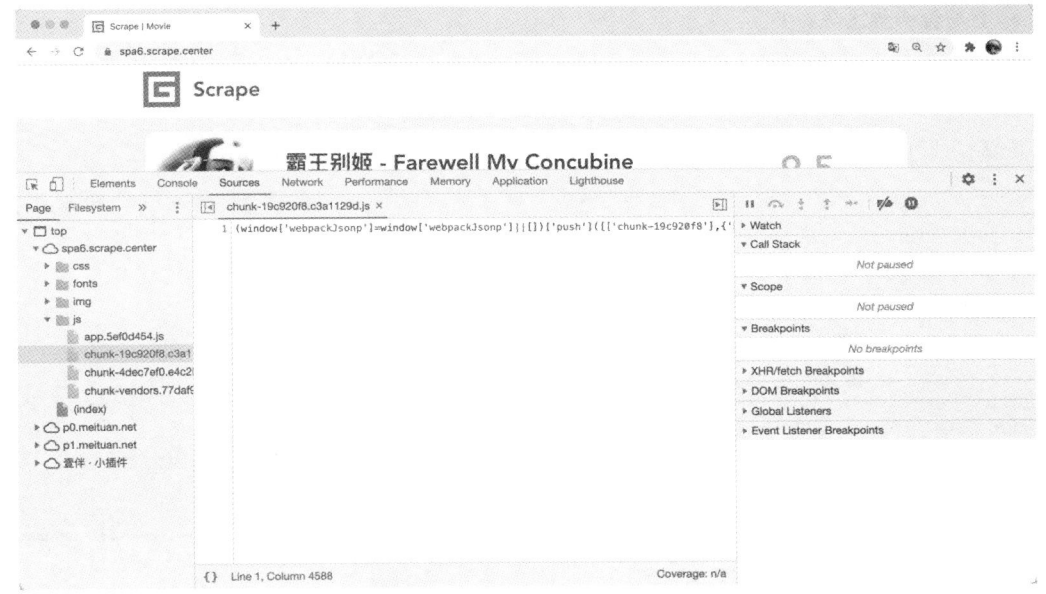

图 11-139 JavaScript 的源代码

我们随便复制一些出来,看看是什么样子的,结果如下:

```
(window['webpackJsonp']=window['webpackJsonp']||[])['push']([['chunk-19c920f8'],{'5a19':function(_0x3cb7c3,_
0x5cb6ab,_0x5f5010){},'c6bf':function(_0x1846fe,_0x459c04,_0x1ff8e3){},'ca9c':function(_0x195201,_0xc41ea
d,_0x1b389c){'use strict';var _0x468b4e=_0x1b389c('5a19'),_0x232454=_0x1b389c('n'](_0x468b4e);_0x232454
['a'];},'d504':...,[_0xd670a1['_v'](_0xd670a1['_s'](_0x2227b6)+'\x0a\x20\x20\x20\x20\x20\x20\x20\x20\
x20\x20\x20\x20\x20')]);},0x1),_0x4ef533('div',{'staticClass':'m-v-sm\x20info'},[_0x4ef533('span',[_0xd6
70a1['_v'](_0xd670a1['_s'](_0x1cc7eb['regions']['join'](' 、')))],_0x4ef533('span',[_0xd670a1['_v']
('\x20/\x20')]),_0x4ef533('span',[_0xd670a1['_v'](_0xd670a1['_s'](_0x1cc7eb['minute'])+'\x20 分钟')])]),
_0x4ef533('div',...,_0x4ef533('el-col',{'attrs':{'xs':0x5,'sm':0x5,'md':0x4}},[_0x4ef533('p',{'staticClas
s':'score\x20m-t-md\x20m-b-n-sm'},[_0xd670a1['_v'](_0xd670a1['_s'](_0x1cc7eb['score']['toFixed'](0x1)))]),
_0x4ef533('p',[_0x4ef533('el-rate',{'attrs':{'value':_0x1cc7eb['score']/0x2,'disabled':'','max':0x5,'tex
t-color':'#ff9900'}})],0x1)])],0x1)],0x1);},0x1)],0x1),_0x4ef533('el-row',[_0x4ef533('el-col',{'attrs':{
'span':0xa,'offset':0xb}},[_0x4ef533('div',{'staticClass':'pagination\x20m-v-lg'},[_0x4ef533('el-paginati
on',...:function(_0x347c29){_0xd670a1['page']=_0x347c29;},'update:current-page':function(_0x79754e){_0xd6
70a1['page']=_0x79754e;}}})],0x1)])],0x1)],0x1);},_0x357ebc=[],_0x18b11a=_0x1a3e60('7d92'),_0x4369=_0x1a3
e60('3e22'),...;var _0x498df8=...['then'](function(_0x59d600){var _0x1249bc=_0x59d600['data'],_0x10e324=
_0x1249bc['results'],_0x47d41b=_0x1249bc['count'],_0x531b38['loading']=!0x1,_0x531b38['movies']=_0x10e324,
```

```
_0x531b38['total']=_0x47d41b;});}}},_0x28192a=_0x5f39bd,_0x5f5978=(_0x1a3e60('ca9c'),_0x1a3e60('eb45'),_0
x1a3e60('2877')),_0x3fae81=Object(_0x5f5978['a'])(_0x28192a,_0x443d6e,_0x357ebc,!0x1,null,'724ecf3b',null
);_0x6f764c['default']=_0x3fae81['exports'];},'eb45':function(_0x1d3c3c,_0x52e11c,_0x3f1276){'use
strict';var _0x79046c=_0x3f1276('c6bf'),_0x219366=_0x3f1276['n'](_0x79046c);_0x219366['a'];}}]);
```

嗯，就是这种感觉，可以看到一些变量是十六进制字符串，而且代码全被压缩了。

没错，我们就是要从这里找出 token 和 id 的构造逻辑。

要完全分析出整个网站的加密逻辑还是有一定难度的，不过不用担心，本节中我们会一步步地讲解逆向的思路、方法和技巧。如果你能跟着这个过程走完，相信还是会对整个 JavaScript 逆向分析过程更加熟练。

2. 寻找列表页 Ajax 入口

我们就开始第一步，寻找入口吧！这里简单介绍两种寻找入口的方式：

- 全局搜索标志字符串
- 设置 Ajax 断点

● **全局搜索标志字符串**

一些关键的字符串通常会被作为寻找 JavaScript 混淆入口的依据，我们可以通过全局搜索的方式来查找，然后根据搜索到的结果大体观察是否为我们想找的入口。

重新打开列表页的 Ajax 接口，看一下请求的 Ajax 接口，如图 11-140 所示。

图 11-140　请求的 Ajax 接口

这里 Ajax 接口的 URL 为 https://spa6.scrape.center/api/movie/?limit=10&offset=0&token=M2ZjNzBi
YTg4Mjk5OGFmMjVkOGU3NmNjODFlN2NjMjZjNDgxMTAxNSwxNjIzNDk1MDAy，可以看到带有
limit、offset、token 三个参数，关键就是找 token，我们就全局搜索是否存在 token 吧！点击开发者
工具右上角的"三个小竖点"选项卡，然后点击 Search，如图 11-141 所示。

图 11-141　搜索功能

这样我们就能进入全局搜索模式，搜索 token，可以看到的确搜索到了几个结果，如图 11-142 所示。

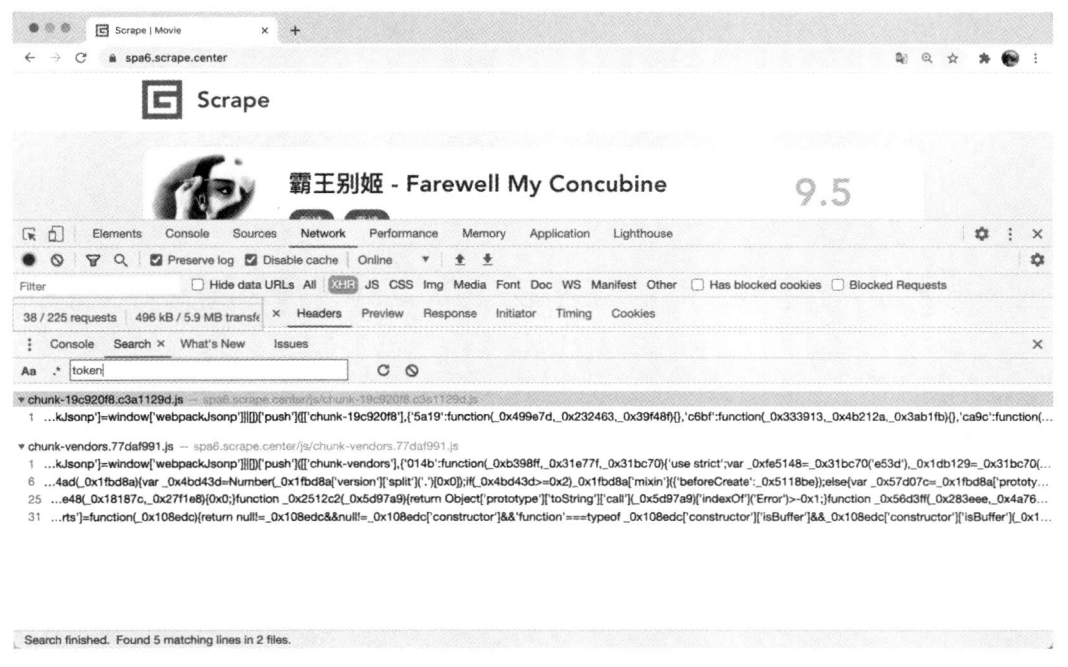

图 11-142　搜索 token 的结果

观察一下，下面的两个结果可能是我们想要的，点击第一个进入看看，此时定位到一个 JavaScript 文件，如图 11-143 所示。

图 11-143　点击第一个结果，定位到一个 JavaScript 文件

这时可以看到整个代码都是经过压缩的，只有一行，不好看，点击左下角的 {} 按钮，格式化 JavaScript 代码，格式化后的结果如图 11-144 所示。

图 11-144　格式化后的代码

可以看到，这里弹出来一个新的选项卡，其名称是"JavaScript 文件名 + :formatted"，代表格式化后的代码结果。这里我们再次定位到 token 观察一下。

可以看到，这里有 limit、offset、token。然后观察其他的逻辑，基本上能够确定这就是构造 Ajax 请求的地方，如果不是的话，可以继续搜索其他文件观察下。

现在，我们就成功找到了混淆的入口，这是一个寻找入口的首选方法。

● **设置 Ajax 断点**

由于这里的字符串 token 并没有被混淆，所以上面的方法是奏效的。之前我们也讲过，由于这种字符串非常容易成为寻找入口的依据，所以这样的字符串也会被混淆成类似 Unicode、Base64、RC4 等的编码形式，这样我们就没法轻松搜索到了。

另外，前面我们也介绍过 XHR 断点，利用该方法我们可以方便地找到发起 Ajax 请求的一些入口位置。

我们可以在 Sources 选项卡右侧 XHR/fetch Breakpoints 处添加一个断点。首先点击 + 号，此时就会让我们输入匹配的 URL 内容。由于 Ajax 接口的形式是 /api/movie/?limit=10... 这样的格式，所以截取一段填进去就好了，这里填的就是 /api/movie，如图 11-145 所示。

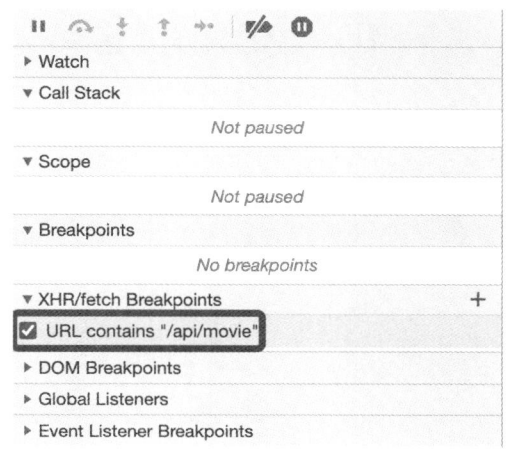

图 11-145　添加断点

添加完毕后，重新刷新页面，进入了断点模式，如图 11-146 所示。

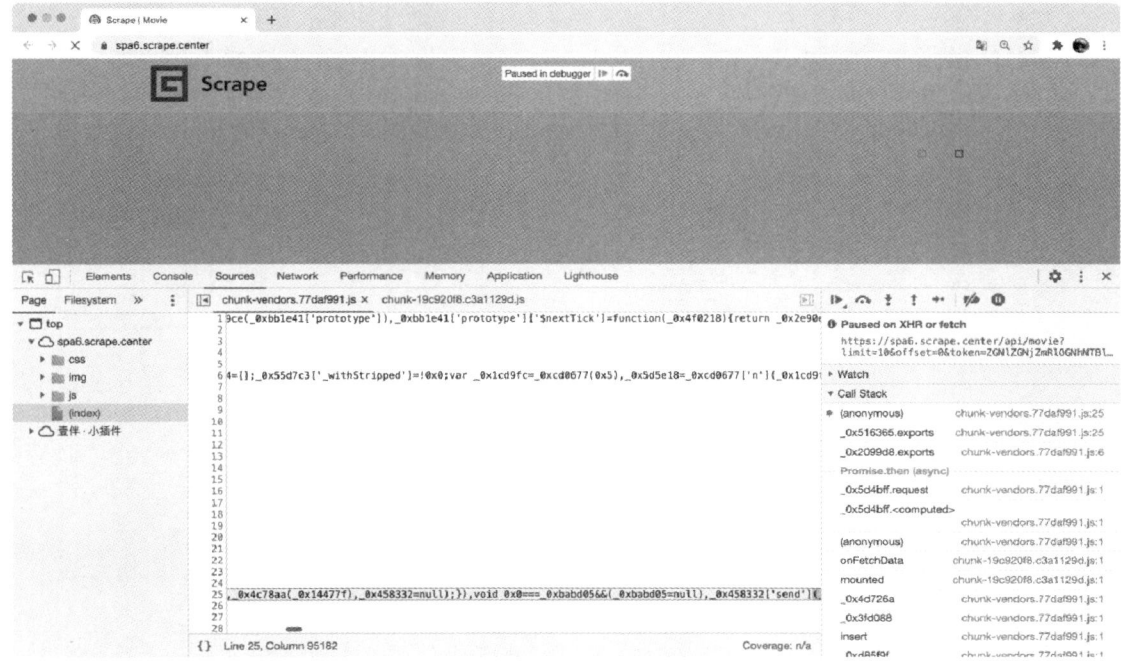

图 11-146　断点模式

接下来，我们重新点击格式化按钮 {}，格式化代码，看看断点在哪里，如图 11-147 所示。这里有一个字符 send，我们可以初步猜测它相当于发送 Ajax 请求的一瞬间。

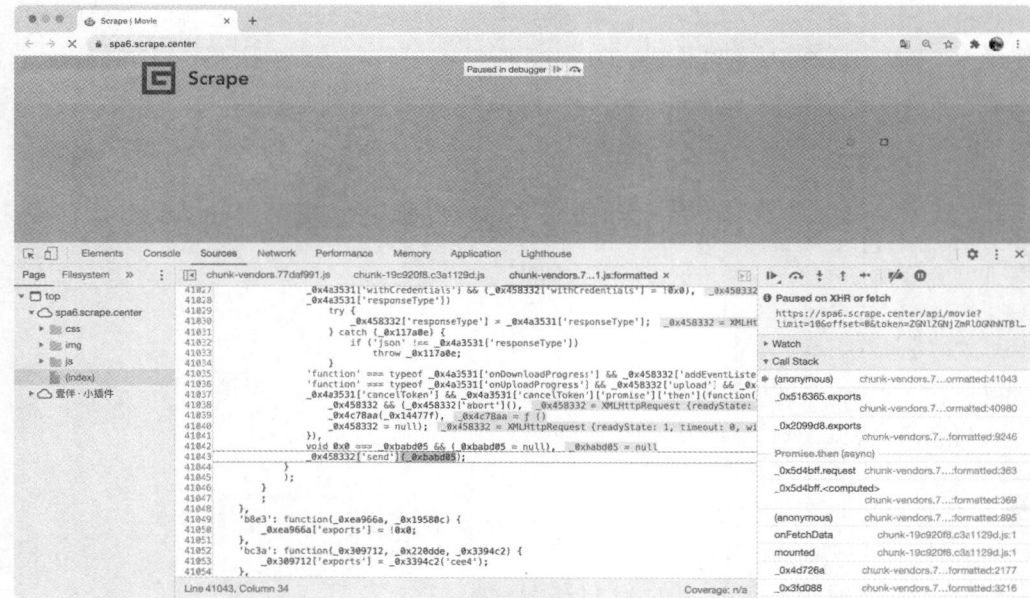

图 11-147　格式化代码

前面我们说过怎样回溯查找相关逻辑的方法。点击右侧的 Call Stack，这里记录了 JavaScript 方法逐层调用的过程，如图 11-148 所示。

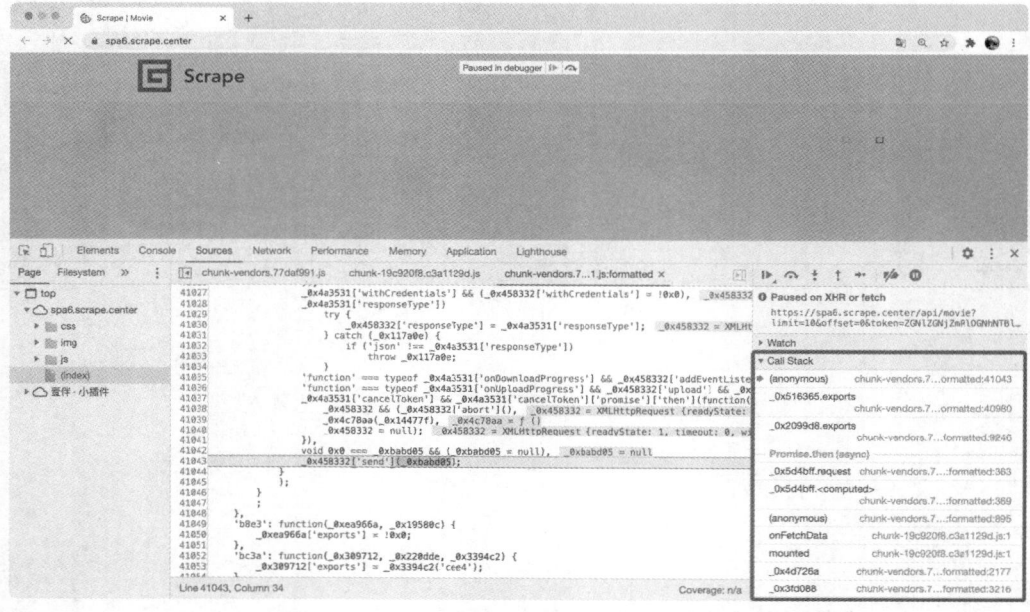

图 11-148　Call Stack

当前指向的是一个名为 anonymous（也就是匿名）的调用，在它的下方显示了调用 anonymous 的方法，名字叫作 _0x516365，然后在下一层就显示了调用 _0x2099d8 方法的方法，以此类推。我们可以继续找下去，注意观察类似 token 这样的信息，就能找到对应的位置了。最后，我找到了 onFetchData，这个方法实现了 token 的构造逻辑，这样就成功找到 token 的参数构造位置了，如图 11-149 所示。

11.13　JavaScript 逆向爬取实战　515

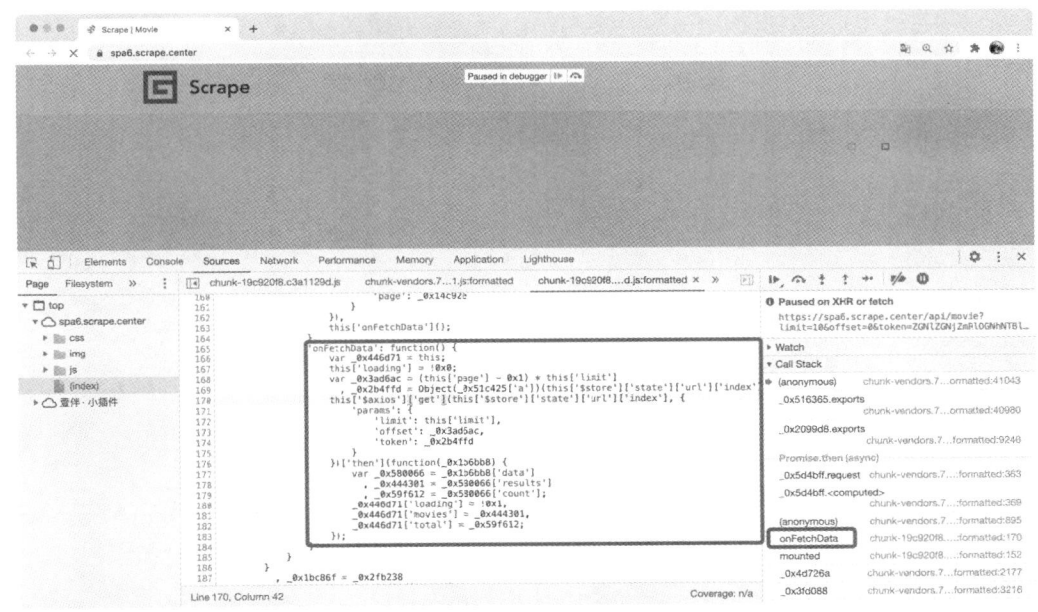

图 11-149　token 的参数构造位置

到现在为止，我们已经通过两个方法找到入口了。其实还有其他寻找入口的方式，比如 Hook 关键函数，稍后我们会讲到。

3. 寻找列表页加密逻辑

我们已经找到 token 的位置了，可以观察这个 token 对应的变量，它叫作 _0x2b4ffd，所以关键就是要看看这个变量是哪里来的。

怎么找呢？添加断点就好了。

看一下这个变量是在哪里生成的，然后我们在对应的行添加断点。我们先取消刚才打的 XHR 断点，如图 11-150 所示。

图 11-150　取消 XHR 断点

这时我们就设置了一个新断点。由于只有一个断点，刷新网页后，我们会发现网页停在新的断点上，如图 11-151 所示。

第 11 章 JavaScript 逆向爬虫

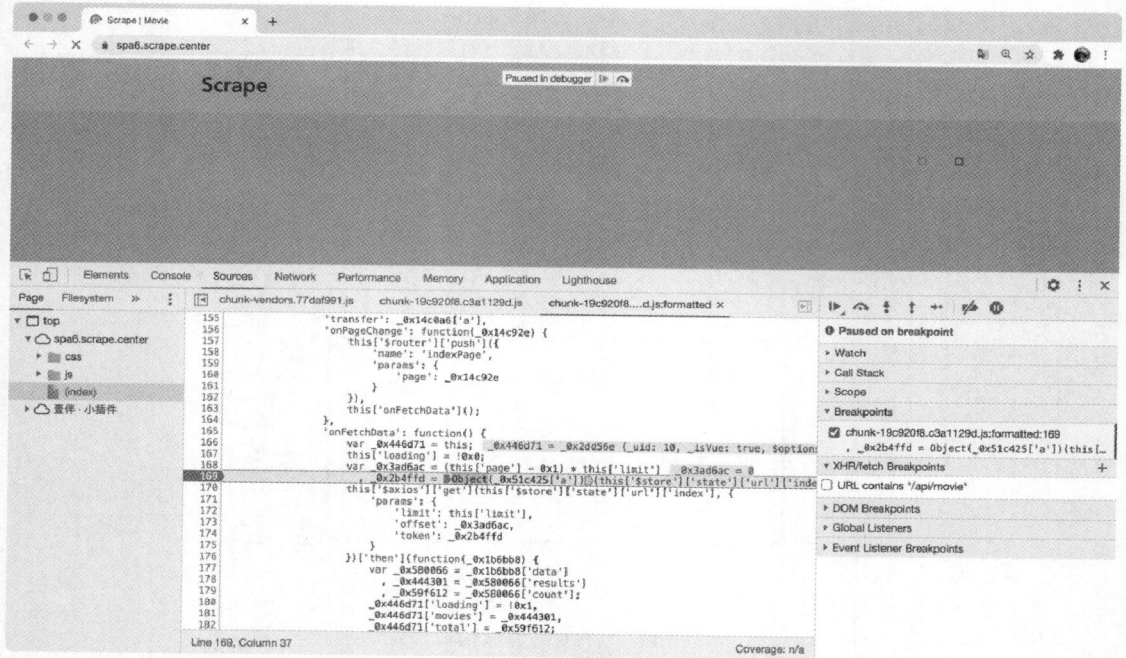

图 11-151　网页停在新断点上

这时我们就可以观察正在运行的一些变量了,比如把鼠标放在各个变量上,可以看到变量的值和类型;把鼠标放在变量 _0x51c425 上,会有一个浮窗显示,如图 11-152 所示。

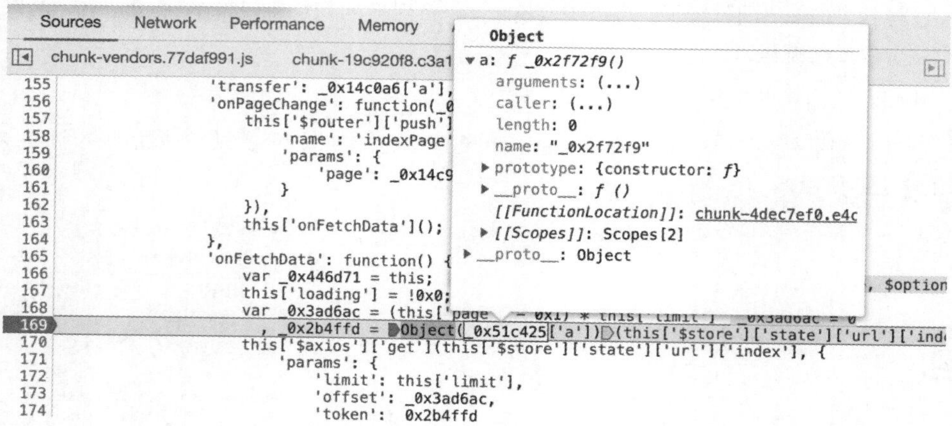

图 11-152　将鼠标放在变量上,会有浮窗显示

另外,还可以在右侧的 Watch 面板中添加想要查看的变量,如这行代码的内容为:

, _0x2b4ffd = Object(_0x51c425['a'])(this['$store']['state']['url']['index']);

我们比较感兴趣的可能就是 _0x51c425,还有 this 里的 $store 属性。展开 Watch 面板,然后点击 + 号,把想看的变量添加到 Watch 面板里面,如图 11-153 所示。

可以发现,_0x51c425 是一个对象,它具有属性 a,其值是一个方法。this['$store']['state']['url']['index'] 的值其实就是 /api/movie,即 Ajax 请求 URL 的 Path。_0x2b4ffd 就是调用前者的方法传入 /api/movie 得到的。

11.13 JavaScript 逆向爬取实战

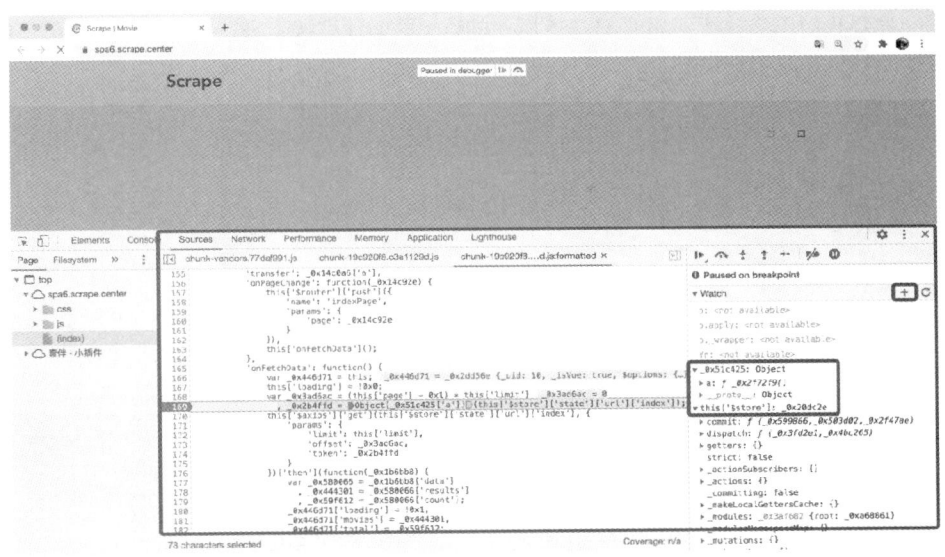

图 11-153　把想看的变量添加到 Watch 面板

下一步就是去寻找这个方法。我们可以把 Watch 面板的 _0x51c425 展开,这里会显示的 FunctionLocation 就是这个函数的代码位置,如图 11-154 所示。

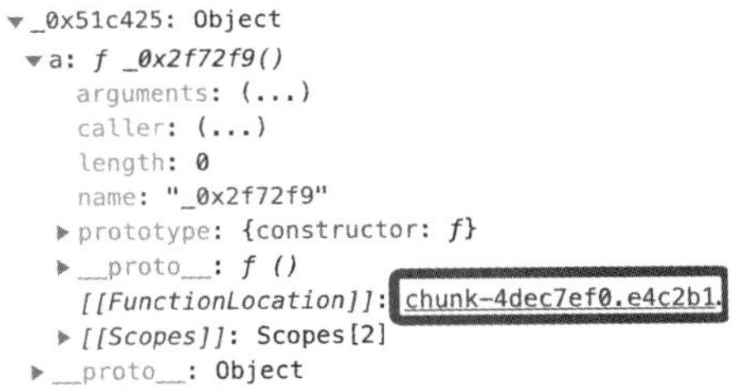

点击进入,发现它仍然是未格式化的代码,于是再次点击 {} 按钮格式化代码。

这时我们就进入一个新的名字为 _0xc9e475 的方法里,在这个方法中,应该就有 token 的生成逻辑了。添加断点,然后点击面板右上角蓝色箭头状的 Resume script execution 按钮,如图 11-155 所示。

图 11-154　函数的代码位置

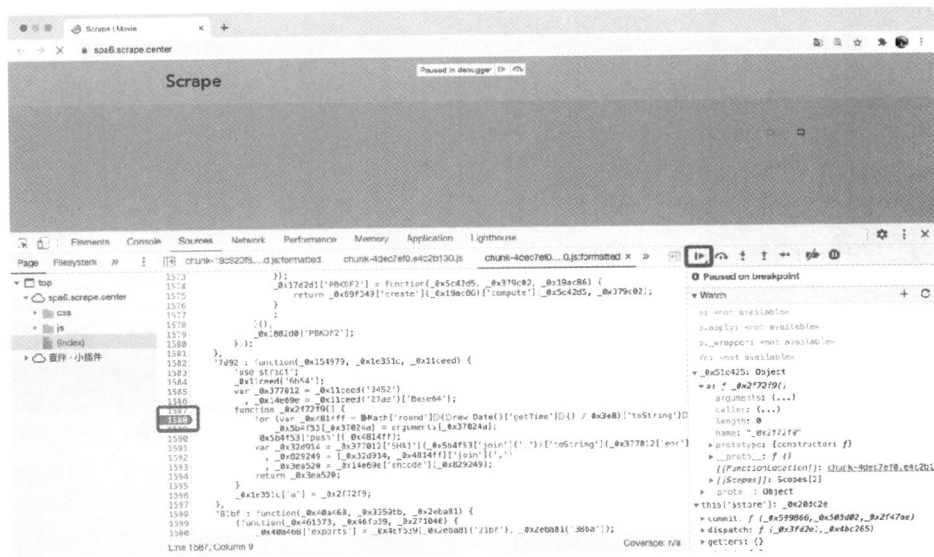

图 11-155　Resume script execution 按钮

这时会发现我们单步执行到如图 11-155 所示的这个位置了。接下来，我们不断进行单步调试，观察一下这里面的执行逻辑和每一步调试的结果都有什么变化，如图 11-156 所示。

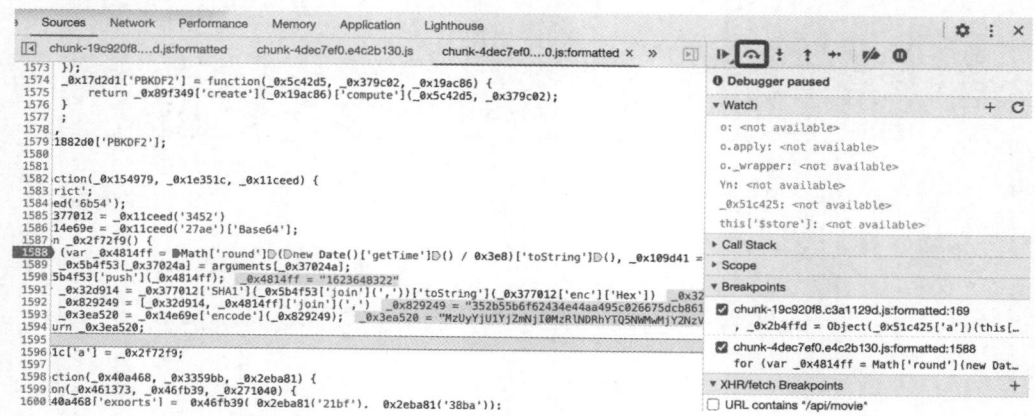

图 11-156　单步调试，观察结果的变化

在每步的执行过程中，我们可以发现一些运行值会被打到代码的右侧并高亮表示，同时在 Watch 面板下还能看到每步的具体结果。

最后，我们总结出这个 token 的构造逻辑，如下。

- 传入的 /api/movie 会构造一个初始化列表，将变量命名为 _0x5b4f53。
- 获取当前的时间戳，命名为 _0x4814ff，调用 push 方法将其添加到 _0x5b4f53 变量代表的列表中。
- 将 _0x5b4f53 变量用，拼接，然后进行 SHA1 编码，命名为 _0x32d914。
- 将 _0x32d914（SHA1 编码的结果）和 _0x4814ff（时间戳）用逗号拼接，命名为 _0x829249。
- 将 _0x829249 进行 Base64 编码，命名为 _0x3ea520，得到最后的 token。

经过反复观察，以上逻辑可以比较轻松地总结出来了，其中有些变量可以实时查看，同时也可以自己输入到控制台上进行反复验证。

现在加密逻辑我们就分析出来啦，基本思路就是：

- 将 /api/movie 放到一个列表里；
- 在列表中加入当前时间戳；
- 将列表内容用逗号拼接；
- 将拼接的结果进行 SHA1 编码；
- 将编码的结果和时间戳再次拼接；
- 将拼接后的结果进行 Base64 编码。

验证一下，如果逻辑没问题，我们就可以用 Python 来实现啦。

4. 使用 Python 实现列表页的爬取

要用 Python 实现这个逻辑，我们需要借助两个库：一个是 hashlib，它提供了 sha1 方法；另外一个是 base64 库，它提供了 b64encode 方法对结果进行 Base64 编码。实现代码如下：

```
import hashlib
import time
import base64
from typing import List, Any
import requests
```

```
INDEX_URL = 'https://spa6.scrape.center/api/movie?limit={limit}&offset={offset}&token={token}'
LIMIT = 10
OFFSET = 0

def get_token(args: List[Any]):
    timestamp = str(int(time.time()))
    args.append(timestamp)
    sign = hashlib.sha1(','.join(args).encode('utf-8')).hexdigest()
    return base64.b64encode(','.join([sign, timestamp]).encode('utf-8')).decode('utf-8')

args = ['/api/movie']
token = get_token(args=args)
index_url = INDEX_URL.format(limit=LIMIT, offset=OFFSET, token=token)
response = requests.get(index_url)
print('response', response.json())
```

我们根据上面的逻辑把加密流程实现出来了，这里我们先模拟爬取了第一页的内容。最后运行一下，就可以得到最终的输出结果了。

5. 寻找详情页加密 id 入口

观察上一步的输出结果，把结果格式化，这里看看部分结果：

```
{
  'count': 100,
  'results': [
    {
      'id': 1,
      'name': '霸王别姬',
      'alias': 'Farewell My Concubine',
      'cover': 'https://p0.meituan.net/movie/ce4da3e03e655b5b88ed31b5cd7896cf62472.jpg@464w_644h_1e_1c',
      'categories': [
        '剧情',
        '爱情'
      ],
      'published_at': '1993-07-26',
      'minute': 171,
      'score': 9.5,
      'regions': [
        '中国大陆',
        '中国香港'
      ]
    },
    ...
  ]
}
```

这里我们看到有个 id 是 1，另外还有一些其他字段，如电影名称、封面、类别等，这里面一定有某个信息是用来唯一区分某个电影的。

但是，当我们点击第一部电影的信息时，可以看到它跳转到了 URL 为 https://dynamic6.scrape.center/detail/ZWYzNCN0ZXVxMGJ0dWEjKC01N3cxcTVvNS0takA5OHh5Z2ltbHlmeHMqLSFpLTAtbWIx 的页面，可以看到这里的 URL 里面有一个加密 id 为 ZWYzNCN0ZXVxMGJ0dWEjKC01N3cxcTVvNS0takA5OHh5Z2ltbHlmeHMqLSFpLTAtbWIx，它和电影的这些信息有什么关系呢？

如果你仔细观察，其实可以比较容易地找出规律来，但是这总归是观察出来的，如果遇到一些观察不出规律的，那就很麻烦了。因此，还需要靠技巧去找到它真正的加密位置。这时候该怎么办呢？

分析一下，这个加密 id 到底是怎么生成的。

点击详情页的时候，我们就可以看到它访问的 URL 里面就带上了 ZWYzNCN0ZXVxMGJ0dWEjKC01N3cxcTVvNS0takA5OHh5Z2ltbHlmeHMqLSFpLTAtbWIx 这个加密 id 了。而且不同详情页的加密 id 是不同的，这说明这个加密 id 的构造依赖于列表页 Ajax 的返回结果。因此，可以确定这个加密 id 的生成发生在 Ajax 请求完成后或者点击详情页的一瞬间。

为了进一步确定这发生在何时,我们查看页面源码,可以看到在没有点击之前,详情页链接的 href 里面就已经带有加密 id 了,如图 11-157 所示。

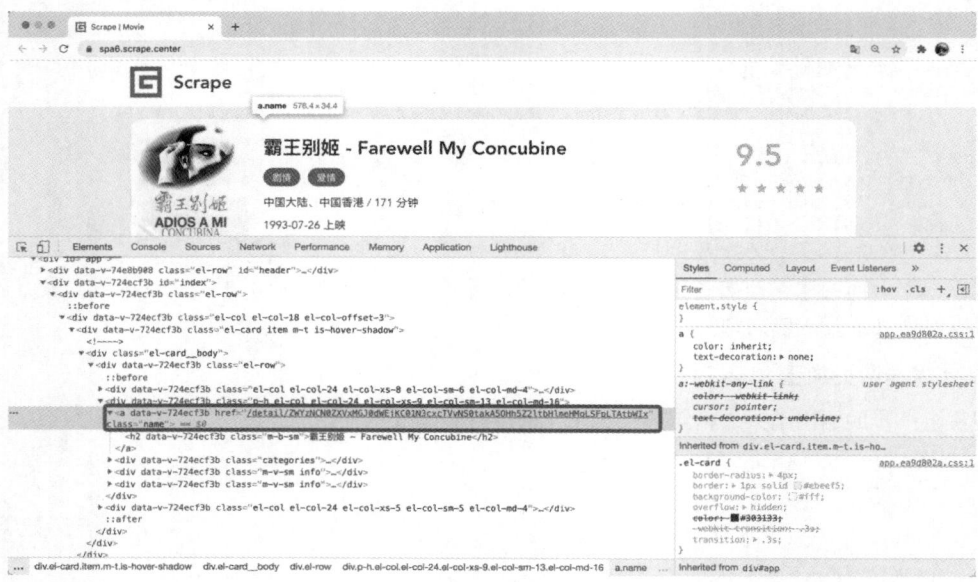

图 11-157　详情页链接的 href

由此可以确定,这个加密 id 是在 Ajax 请求完成之后生成的,而且肯定也是由 JavaScript 生成的。

怎么去找 Ajax 完成之后的事件呢?是否应该去找 Ajax 完成之后的事件呢?

可以试试。在 Sources 面板的右侧,有一个 Event Listener Breakpoints,这里有一个 XHR 的监听,包括发起时、成功后、发生错误时的一些监听,这里我们勾选上 readystatechange 事件,代表 Ajax 得到响应时的事件,其他断点可以都删除,然后刷新页面看一下,如图 11-158 所示。

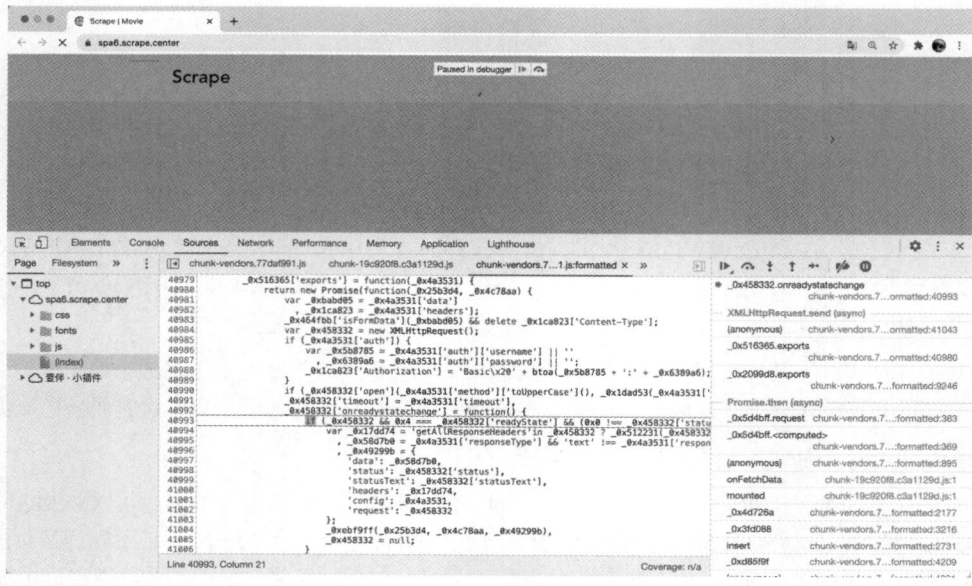

图 11-158　刷新后效果

可以看到，此时就停在 Ajax 得到响应时的位置了。我们怎么知道这个 id 是如何加密的呢？可以选择通过断点一步步调试下去，但这个过程非常烦琐，因为这里可能会逐渐用到页面 UI 渲染的一些底层实现，甚至可能找着找着都不知道找到哪里去了。

怎么办呢？这里我们又可以用上前文介绍的用于快速定位的方法，那就是 Hook，这里就不再展开讲解原理了，具体可参见 11.3 节。

那么，这里怎么用 Hook 的方式来找到加密 id 的加密入口呢？

想一下，这个加密 id 是一个 Base64 编码的字符串，那么生成过程中想必就调用了 JavaScript 的 Base64 编码的方法，这个方法名叫作 btoa。当然，Base64 也有其他的实现方式，比如利用 crypto-js 库实现，但可能底层调用的就不是 btoa 方法了。

现在，我们其实并不确定是不是通过调用 btoa 方法实现的 Base64 编码，那就先试试吧。

要实现 Hook，关键在于将原来的方法改写，这里我们其实就是 Hook btoa 这个方法了，btoa 这个方法属于 window 对象，这里直接改写 window 对象的 btoa 方法即可。改写的逻辑如下：

```
(function () {
    'use strict'
    function hook(object, attr) {
        var func = object[attr]
        object[attr] = function () {
            console.log('hooked', object, attr, arguments)
            var ret = func.apply(object, arguments)
            debugger
            console.log('result', ret)
            return ret
        }
    }
    hook(window, 'btoa')
})()
```

这里我们定义了一个 hook 方法，给其传入 object 和 attr 参数，意思就是 Hook object 对象的 attr 参数。例如，如果我们想 Hook alert 方法，那就把 object 设置为 window，把 attr 设置为字符串 alert。这里我们想要 Hook Base64 的编码方法，所以只需要 Hook window 对象的 btoa 方法就好了。

hook 方法的第一句 var func = object[attr]，相当于把它赋值为一个变量，我们调用 func 方法就可以实现和原来相同的功能。然后我们改写这个方法的定义，将其改成一个新的方法。在新的方法中，通过 func.apply 方法又重新调用了原来的方法。这样我们可以保证前后方法的执行效果不受影响的前提下，在 func 方法执行的前后加入自己的代码，如使用 console.log 将信息输出到控制台，通过 debugger 进入断点等。在这个过程中，我们先临时保存 func 方法，然后定义一个新方法来接管程序控制权，在其中自定义我们想要的实现，同时在新方法里重新调回 func 方法，保证前后的结果不受影响。因此，我们达到了在不影响原有方法效果的前提下，可以实现在方法的前后实现自定义的功能，就是 Hook 的完整实现过程。

最后，我们调用 hook 方法，传入 window 对象和 btoa 字符串即可。

怎么去注入这个代码呢？这里我们介绍 3 种注入方法。

- 控制台注入
- 重写 JavaScript
- Tampermonkey 注入

● **控制台注入**

对于我们这个场景，控制台注入其实就够了，我们先来介绍这个方法。它其实很简单，就是直接在控制台输入这行代码并运行即可，如图 11-159 所示。

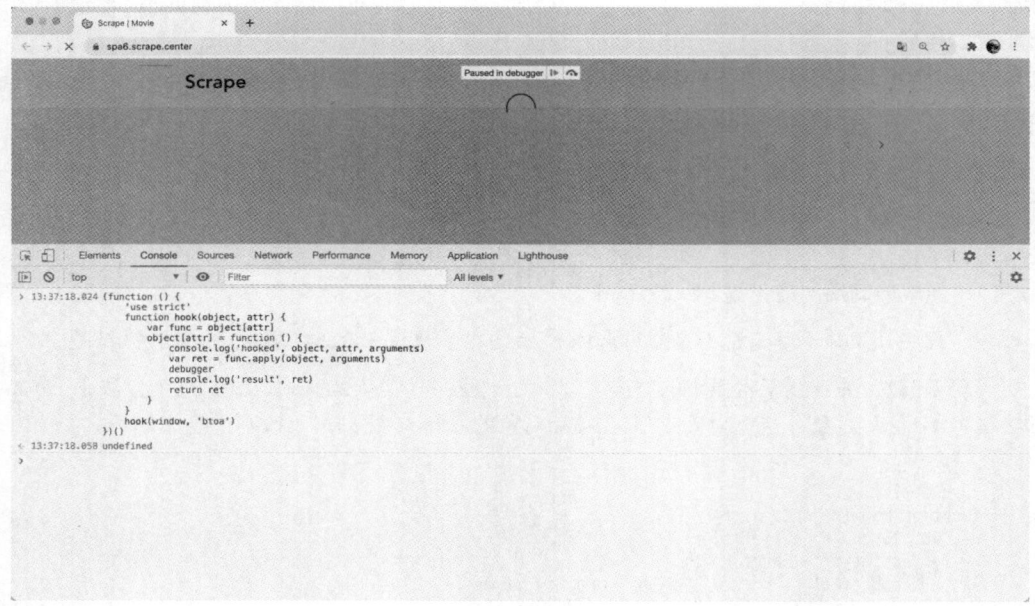

图 11-159　在控制台输入代码并运行

执行完这段代码之后，相当于我们已经把 window 的 btoa 方法改写了，取消前面打的所有断点，然后在控制台调用 btoa 方法试试，如：

btoa('germey')

回车之后，就可以看到它进入我们自定义的 debugger 的位置并停下了，如图 11-160 所示。

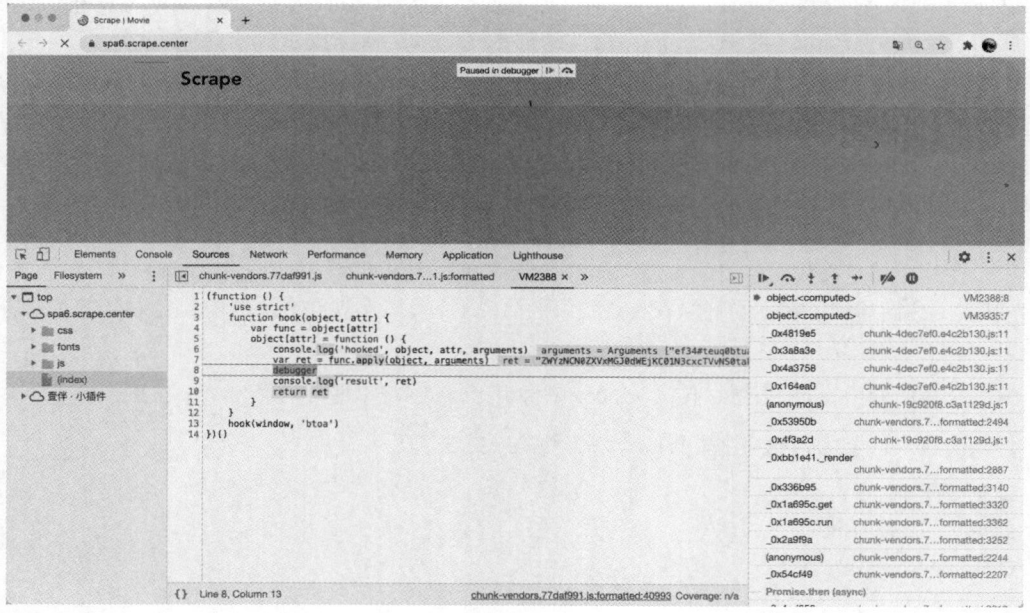

图 11-160　进入我们自定义的 debugger 的位置并停下

我们把断点向下执行，然后点击 Resume script execution 按钮，就可以看到控制台也输出了一些对应的结果，如被 Hook 的对象、Hook 的属性、调用的参数、调用后的结果等，如图 11-161 所示。

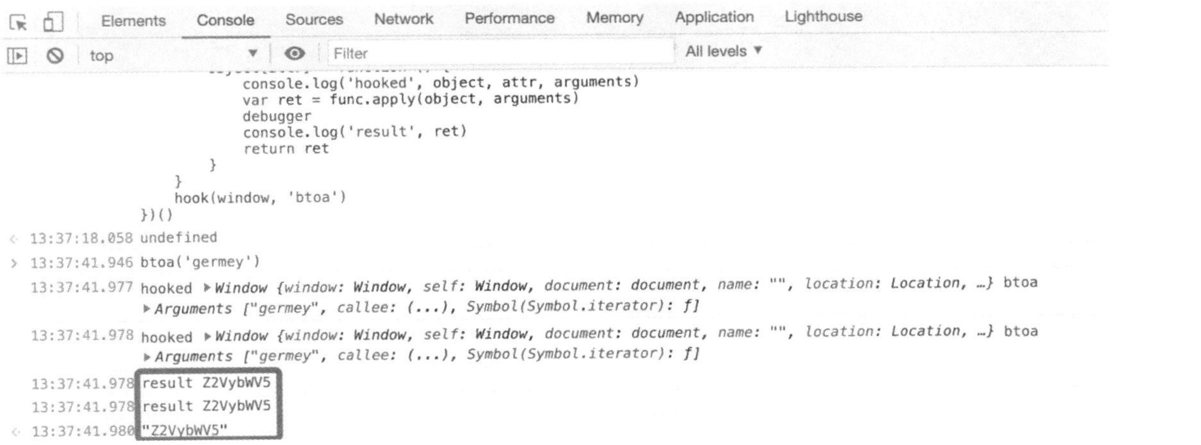

```
                        console.log('hooked', object, attr, arguments)
                        var ret = func.apply(object, arguments)
                        debugger
                        console.log('result', ret)
                        return ret
                    }
                }
                hook(window, 'btoa')
            })()
< 13:37:18.058 undefined
> 13:37:41.946 btoa('germey')
  13:37:41.977 hooked ▶Window {window: Window, self: Window, document: document, name: "", location: Location, …} btoa
               ▶Arguments ["germey", callee: (...), Symbol(Symbol.iterator): ƒ]
  13:37:41.978 hooked ▶Window {window: Window, self: Window, document: document, name: "", location: Location, …} btoa
               ▶Arguments ["germey", callee: (...), Symbol(Symbol.iterator): ƒ]
  13:37:41.978 result Z2VybWV5
  13:37:41.978 result Z2VybWV5
< 13:37:41.980 "Z2VybWV5"
```

图 11-161　控制台输出的结果

我们通过 Hook 的方式改写了 `btoa` 方法，使其每次在调用的时候都能停到一个断点，同时还能输出对应的结果。

接下来，怎么用 Hook 找到对应的加密 id 的入口呢？

由于此时我们是在控制台直接输入的 Hook 代码，所以页面刷新就无效了。但我们这个网站是 SPA 页面，点击详情页的时候页面是不会整个刷新的，因此这段代码依然生效。如果不是 SPA 页面，即每次访问都需要刷新页面的网站，那么这种注入方式就不生效了。

我们想要 Hook 列表页 Ajax 加载完成后的逻辑，对应的就是加密 id 的 Base64 编码过程，怎样在不刷新页面的情况下，再次复现这个操作呢？很简单，点击下一页就好了。

这时候点击第 2 页的按钮，可以看到它确实再次停到了 Hook 方法的 `debugger` 处。由于列表页的 Ajax 和加密 id 都带有 Base64 编码的操作，所以都能 Hook 到。接着，观察对应的 Arguments 或当前网站的行为，或者观察栈信息，我们就能大体知道现在走到哪个位置了，从而进一步通过栈的调用信息找到调用 Base64 编码的位置。

根据调用栈的信息，可以观察这些变量是在哪一层发生变化的。比如对于最后的这一层，我们可以很明显看到它执行了 Base64 编码，编码前的结果是：

ef34#teuq0btua#(-57w1q5o5--j@98xygimlyfxs*-!i-0-mb1

编码后的结果是：

ZWYzNCN0ZXVxMGJ0dWEjKC01N3cxcTVvNS0takA5OHh5Z2ltbHlmeHMqLSFpLTAtbWIx

如图 11-162 所示，这很明显。

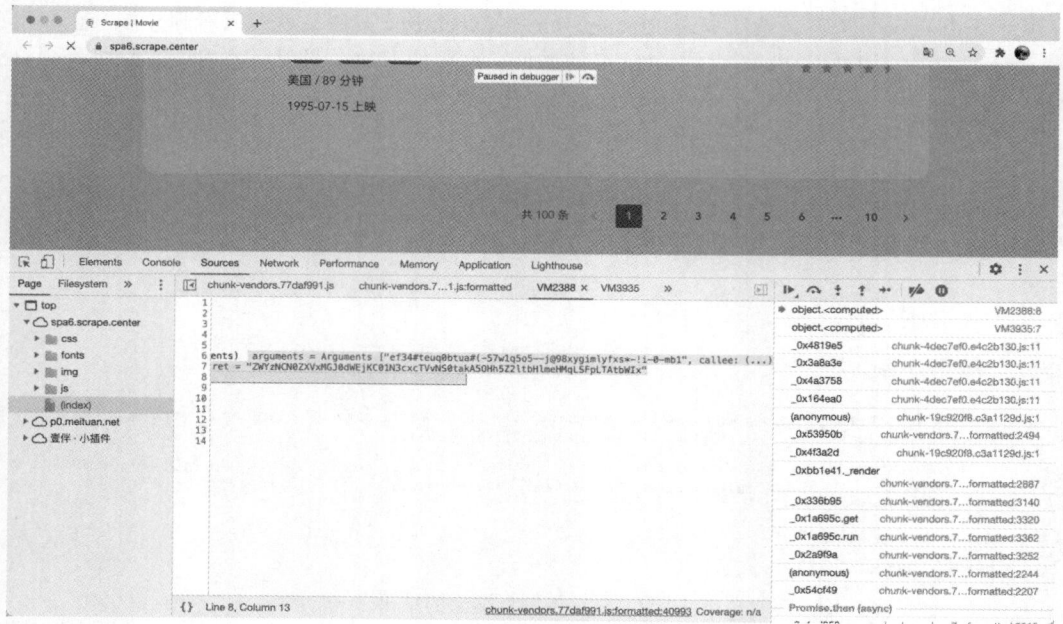

图 11-162　编码后的结果

核心问题就来了，编码前的结果 ef34#teuq0btua#(-57w1q5o5--j@98xygimlyfxs*-!i-0-mb1 又是怎么来的呢？我们展开栈的调用信息，一层层看这个字符串的变化情况。如果不变，就看下一层；如果变了，就停下来仔细看。最后，我们可以在第 5 层找到它的变化过程，如图 11-163 所示。

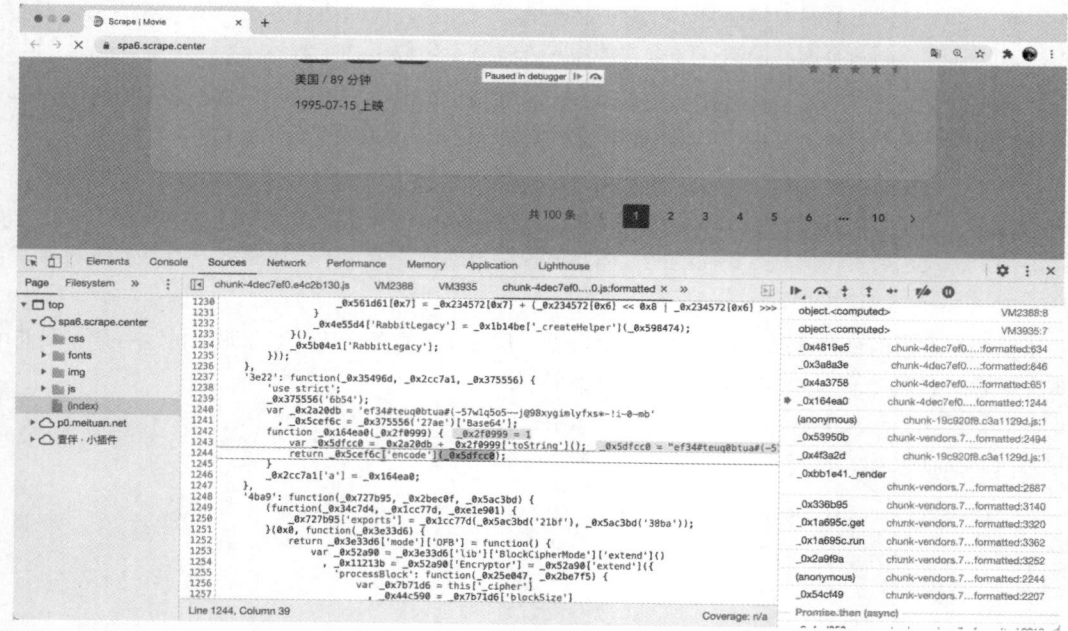

图 11-163　看看字符串的变化情况

_0x5dfcc0 是一个写死的字符串 ef34#teuq0btua#(-57w1q5o5--j@98xygimlyfxs*-!i-0-mb，然后和传入的 _0x2f0999 拼接起来就形成了最后的字符串。

那 _0x2f0999 又是怎么来的呢？再往下追一层，可以看到就是 Ajax 返回结果的单个电影信息的 id。

因此，这个加密逻辑就清楚了。其实非常简单，就是 ef34#teuq0btua#(-57w1q5o5--j@98xygimlyfxs*-!i-0-mb1 加上电影 id，然后进行 Base64 编码即可。

到此，我们就成功用 Hook 的方式找到加密 id 的生成逻辑了。

但是想想有什么不太科学的地方吗？刚才其实也说了，我们的 Hook 代码是在控制台手动输入的，一旦刷新页面就不生效了，这的确是个问题。而且它必须在页面加载完了才能注入，所以它并不能在一开始就生效。

下面我们再介绍几种 Hook 注入方式。

- **重写 JavaScript**

借助 Chrome 浏览器的 Overrides 功能，我们可以实现某些 JavaScript 文件的重写和保存。Overrides 会在本地生成一个 JavaScript 文件副本，以后每次刷新，都会使用副本的内容。

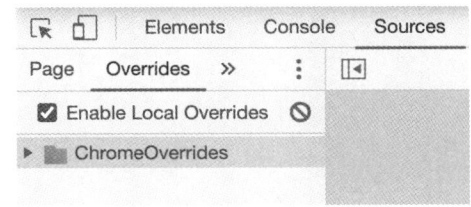

这里我们需要切换到 Sources 面板中的 Overrides 选项卡，然后选择一个文件夹，比如这里我自定义了一个 ChromeOverrides 文件夹，如图 11-164 所示。

图 11-164　Sources 面板中的 Overrides 选项卡

然后随便选一个 JavaScript 脚本，在后面贴上这段注入脚本，如图 11-165 所示。

图 11-165　在脚本后面贴上注入脚本

保存文件，此时可能提示页面崩溃，但是不用担心，重新刷新页面就好了。可以发现，现在浏览器加载的 JavaScript 文件就是我们修改过后的了，文件名左侧会有一个圆点标识符，如图 11-166 所示。

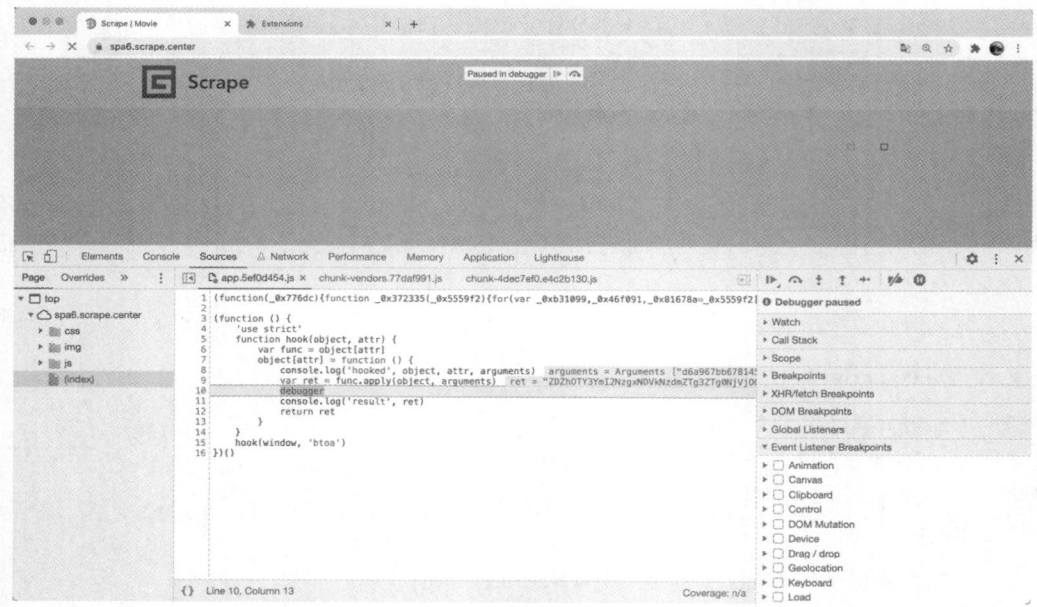

图 11-166　修改后的 JavaScript 文件

同时我们还注意到，目前直接进入断点模式，并且成功 Hook 到 `btoa` 方法。

其实 Overrides 的功能非常有用，有了它，我们可以持久化保存任意修改的 JavaScript 代码，想在哪里改都可以了，甚至可以直接修改 JavaScript 的原始执行逻辑。

- **Tampermonkey 注入**

如果不想用 Overrides 的方式改写 JavaScript 来注入，我们也可以使用前面介绍的 Tampermonkey 插件来注入，详细的使用方法可以参考 11.3 节。

开始之前请清除所有的断点，并且把刚才的 Overrides 功能关闭，以防对本方法产生干扰，如图 11-167 所示。

接下来，我们创建一个新的脚本试试。点击左侧的 "+" 号，此时会显示如图 11-168 所示的页面。

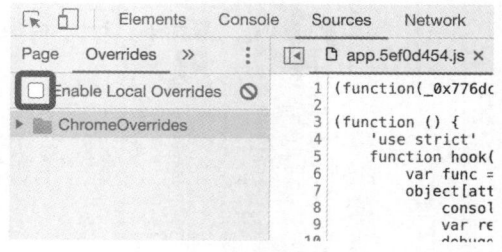

图 11-167　关闭 Overrides 功能

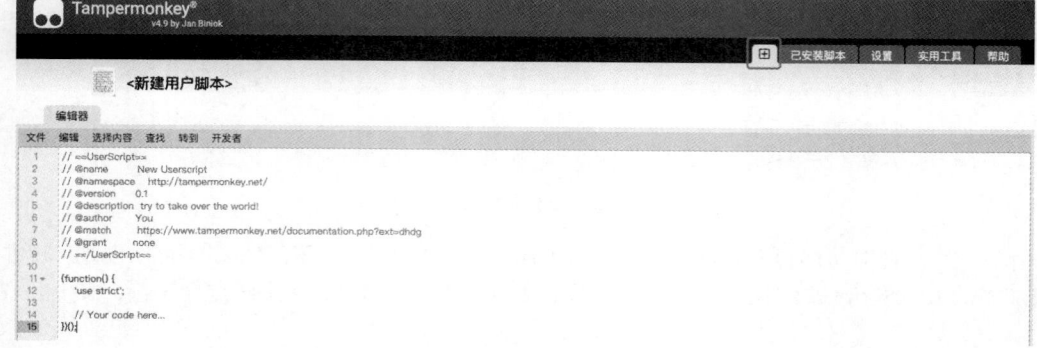

图 11-168　新建用户脚本

我们可以将脚本改写为如下内容：

```
// ==UserScript==
// @name         HookBase64
// @namespace    https://scrape.center/
// @version      0.1
// @description  Hook Base64 encode function
// @author       Germey
// @match        https://spa6.scrape.center/
// @grant        none
// @run-at       document-start
// ==/UserScript==
(function () {
    'use strict'
    function hook(object, attr) {
        var func = object[attr]
        console.log('func', func)
        object[attr] = function () {
            console.log('hooked', object, attr)
            var ret = func.apply(object, arguments)
            debugger
            return ret
        }
    }
    hook(window, 'btoa')
})()
```

这时候启动脚本，重新刷新页面，可以发现可以成功 Hook btoa 方法，如图 11-169 所示。接着，我们再顺着找调用逻辑即可。

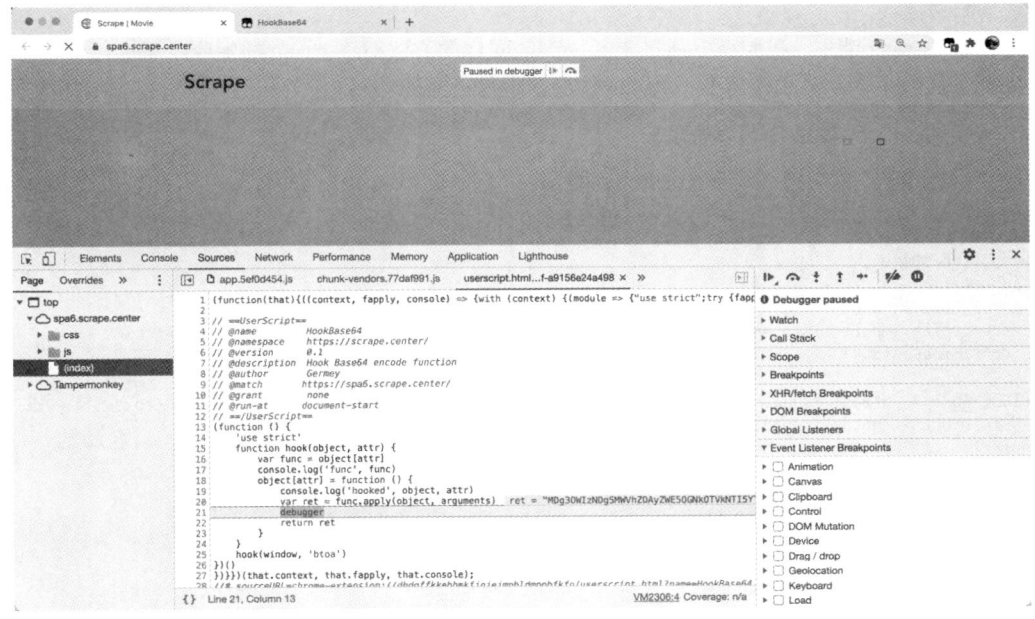

图 11-169　成功 Hook btoa 方法

这样我们就成功通过 Hook 的方式找到加密 id 的实现了。

6. 寻找详情页 Ajax 的 token

现在我们已经找到详情页的加密 id 了，但是还差一步，其 Ajax 请求也有一个 token，如图 11-170 所示。

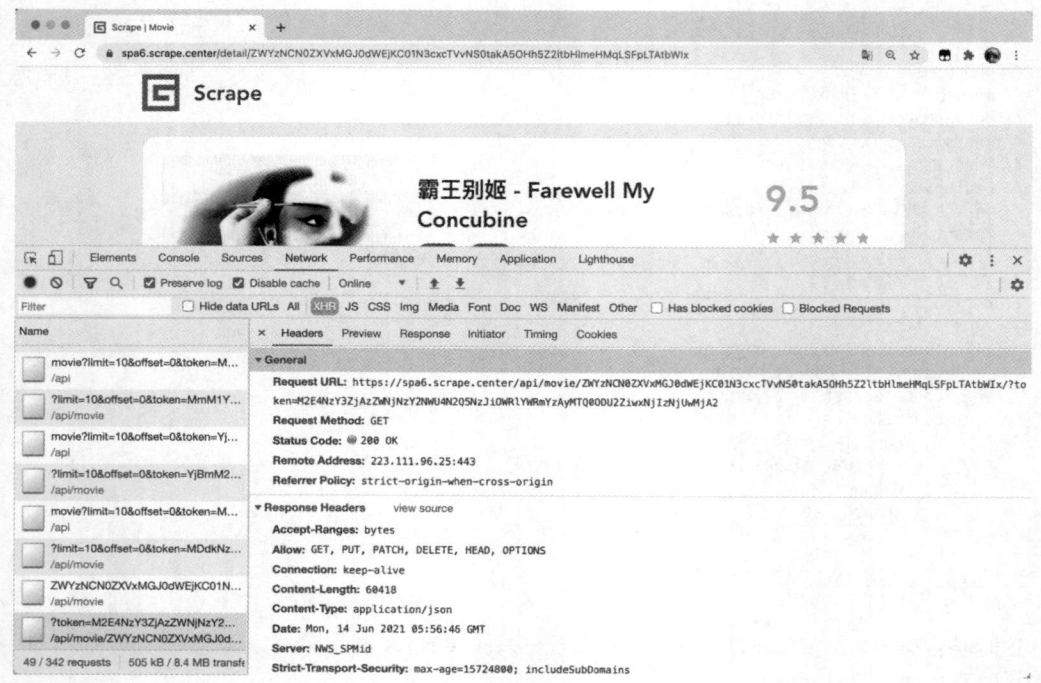

图 11-170　详情页的 Ajax 请求

因为也是 Ajax 请求，我们可以通过上文提到的同样的方法对该 token 的生成逻辑进行分析，最终可以发现其实这个 token 和详情页 token 的构造逻辑是一样的。

7. 使用 Python 实现详情页爬取

现在，我们已经成功把详情页的加密 id 和 Ajax 请求的 token 找出来了，下一步就是使用 Python 完成爬取。这里我只实现第一页的爬取，示例代码如下：

```python
import hashlib
import time
import base64
from typing import List, Any
import requests

INDEX_URL = 'https://spa6.scrape.center/api/movie?limit={limit}&offset={offset}&token={token}'
DETAIL_URL = 'https://spa6.scrape.center/api/movie/{id}?token={token}'
LIMIT = 10
OFFSET = 0
SECRET = 'ef34#teuq0btua#(-57w1q5o5--j@98xygimlyfxs*-!i-0-mb'

def get_token(args: List[Any]):
    timestamp = str(int(time.time()))
    args.append(timestamp)
    sign = hashlib.sha1(','.join(args).encode('utf-8')).hexdigest()
    return base64.b64encode(','.join([sign, timestamp]).encode('utf-8')).decode('utf-8')

args = ['/api/movie']
token = get_token(args=args)
index_url = INDEX_URL.format(limit=LIMIT, offset=OFFSET, token=token)
response = requests.get(index_url)
print('response', response.json())

result = response.json()
```

```
for item in result['results']:
    id = item['id']
    encrypt_id = base64.b64encode((SECRET + str(id)).encode('utf-8')).decode('utf-8')
    args = [f'/api/movie/{encrypt_id}']
    token = get_token(args=args)
    detail_url = DETAIL_URL.format(id=encrypt_id, token=token)
    response = requests.get(detail_url)
    print('response', response.json())
```

这里模拟了详情页的加密 id 和 token 的构造过程,然后请求了详情页的 Ajax 接口,这样我们就可以爬取到详情页的内容了。

8. 总结

本节内容很多,一步步介绍了整个网站的 JavaScript 逆向过程,其中的技巧有:全局搜索查找入口、代码格式化、设置 Ajax 断点、变量监听、断点设置和跳过、栈查看、Hook 原理、Hook 注入、Overrides 功能、Tampermonkey 插件、Python 模拟实现。掌握了这些技巧,我们就能更加得心应手地实现 JavaScript 逆向分析了。

本节代码参见:https://github.com/Python3WebSpider/ScrapeSpa6。

第 12 章 App 数据的爬取

截至目前,我们介绍的都是爬取网页数据相关的内容。但随着移动互联网的发展,越来越多的企业不再提供网页端的服务,而是直接开发了 App,更多更全的信息都是通过 App 展示的。

那我们可以爬取 App 的数据吗?当然可以。

大部分 App 使用的数据通信协议也是基于 HTTP/HTTPS 的,App 内部一些页面交互和数据通信的背后也都有对应的 API 来处理,例如某个页面呈现的数据几乎都来源于某个 API。为了更好地理解 App 中的数据加载,我们将其类比于网页中的 Ajax 请求和数据渲染,其基本过程是 App 向服务器发起一个 HTTP/HTTPS 请求,然后接收并解析服务器的响应内容,之后将得到的数据呈现出来。

在网页中,我们可以借助浏览器开发者工具中的 Network 面板看到网页中产生的所有网络请求和响应内容,然而 App 怎么办呢?要想拦截 App 中的网络请求,就得用到抓包工具了,例如 Charles、Fiddler、mitmproxy 等,我们可以通过这些工具拦截 App 和 API 通信的请求内容和响应内容,如果能从中找到一定的规律,就可以用程序直接构造请求来模拟 API 的请求,从而完成数据爬取。

和网页一样,App 为了更好地保护数据不被爬取,其对应的 API 请求中也会出现加密参数,如果我们因此找不到对应的规律,那么即使抓到了包,也不好直接构造请求完成数据爬取。这时就需要想各种办法了,例如直接拦截所有请求的响应内容并实时处理、使用与网页中的 Selenium 类似的工具完成"所见即所爬"、直接 Hook App 中的关键方法来获取数据、直接逆向 App 找到其中的接口参数逻辑,等等。

本章的介绍侧重于比较基础的 App 爬取技术,例如 App 数据包的抓取和 App 的自动化等技术,会主要介绍 Charles、mitmproxy、Appium 和 Airtest 这些工具的使用方法,学会这些足以应对大多数 App 的爬取。

当然只学会本章所讲的技术还不够,可能还是会抓包失败,或者在使用自动化工具爬取数据时碰壁。换句话说,仅仅停留在表层是不够的,在某些情况下需要对 App 进行逆向来找到其核心逻辑以及数据请求究竟是怎么实现的,这就涉及 App 的逆向、脱壳、模拟执行 so 文件等技术了,这些会在第 13 章单独讲解。

12.1 Charles 抓包工具的使用

Charles 是一个网络抓包工具,我们可以用它抓取 App 运行过程中产生的所有请求内容和响应内容,这和在浏览器开发者工具的 Network 面板中看到网页产生的内容是一样的道理。

Charles、Fiddler 等都是非常强大的 HTTP 抓包软件,功能基本类似,本节我们选择 Charles 作为主要的移动端抓包工具来分析 App 的数据包,以便之后爬取 App 的数据。

1. 本节目标

本节我们会以一个电影示例 App 为例,利用 Charles 抓取这个 App 在运行过程中产生的网络数据包，然后查看具体的请求内容和响应内容。

同时，我们会使用 Python 改写抓取到的数据包中的请求，继而爬取 App 的数据。

2. 准备工作

Charles 运行在一个电脑上，运行的时候会在该电脑的 8888 端口开启一个代理服务，首先请确保已经正确安装好 Charles 并开启了代理服务。

然后准备一部 Android 手机或模拟器（系统版本最好在 7.0 以下），并让手机或模拟器的网络和 Charles 所在电脑的网络处于同一个局域网下（可以让模拟器通过虚拟网络与电脑连接，也可以让手机真机和电脑连接同一个 Wi-Fi）。

之后设置好 Charles 代理和 Charles CA 证书，在 Charles 中开启 SSL 监听。整个配置过程可以参考 https://setup.scrape.center/charles。

另外需在手机上安装示例 App，安装包下载地址为 https://app1.scrape.center/，访问即可下载。

> **注意** 为了方便，本节后续的内容会统一使用"手机"指代"手机真机"或"模拟器"。

3. 抓包原理

设置手机代理为 Charles 的代理服务的地址，这样手机访问互联网的数据包就会先流经 Charles，再由 Charles 转发给真正的服务器；同样，服务器返回的数据包会先到达 Charles，再由 Charles 转发给手机。整个过程中的 Charles 相当于中间人，可以捕获所有数据包，意味着可以捕获所有请求内容和响应内容。不仅如此，Charles 还可以对请求内容和响应内容做修改。

4. 实战抓包

打开 Charles，初始运行界面如图 12-1 所示。

图 12-1　Charles 的初始运行界面

Charles 会一直监听手机产生的数据包，捕获的数据包将显示在界面左侧，随着时间的推移，会捕获越来越多的数据包，左侧列表里的内容也越来越多。

现在打开手机上下载的 app1，其界面如图 12-2 所示。

会发现 Charles 已经捕获了对应的数据包，其界面类似图 12-3（注意一定要提前设置好 Charles 代理以及 Charles CA 证书，否则没有效果）。

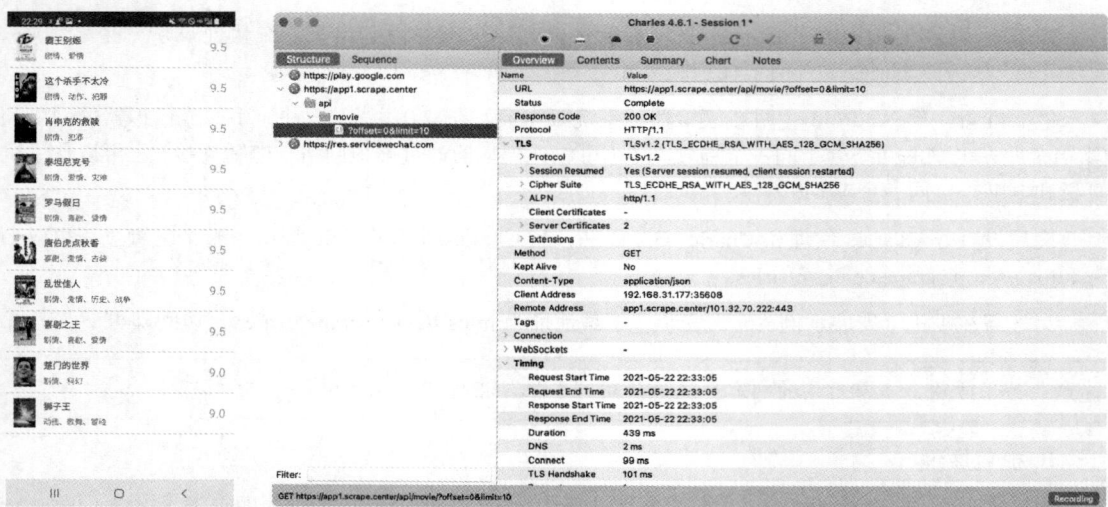

图 12-2　app1 的界面　　　　　　　　图 12-3　打开 app1 后，Charles 的界面

在 app1 里不断上拉，Charles 会捕获这个过程中产生的所有网络请求，图 12-4 中左侧的列表展示了捕获的数据包。

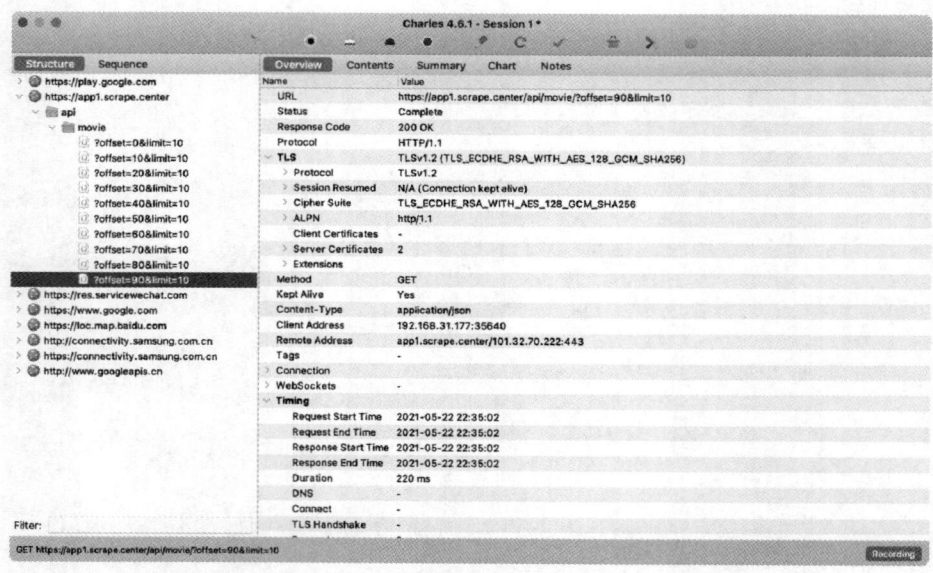

图 12-4　在 app1 里不断上拉后，Charles 的界面

可以看到，左侧列表中有一个链接是 https://app1.scrape.center，在 app1 里上拉的时候它会一直闪动，这就表示当前 app1 发出的获取电影数据的请求被 Charles 捕获了。

为了验证这个结论的正确性，点击上述链接下的一个条目，切换到 Contents 选项卡，查看其详情。此时界面右侧会显示一些 JSON 数据，其中有一个 results 字段，该字段中每一个条目里的 name 值都是一个电影的名称，这些名称与图 12-2 中的电影一一对应，如图 12-5 所示。

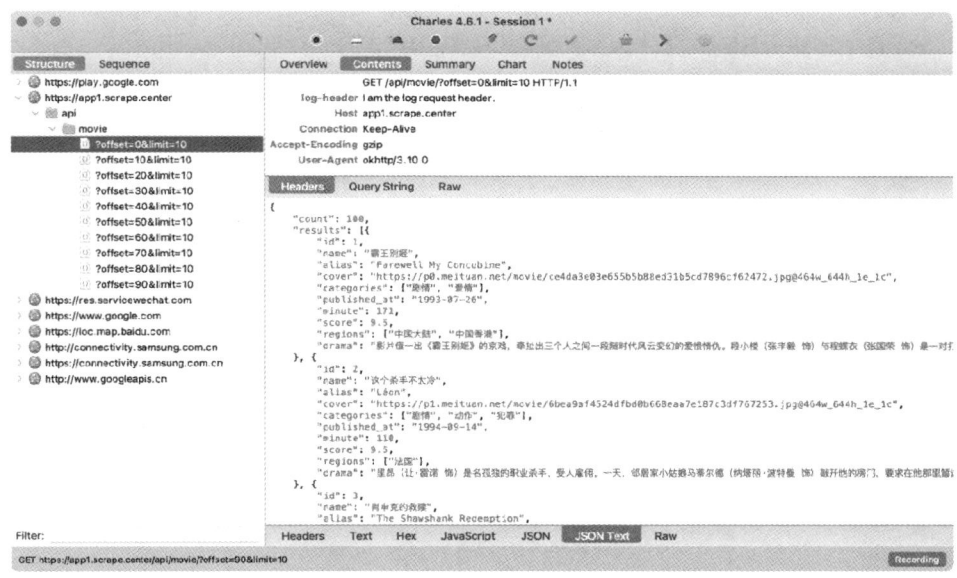

图 12-5　所捕获数据的具体内容

至此可以确定，https://app1.scrape.center 对应的接口就是获取电影数据的接口。这样我们就成功捕获了在上拉刷新过程中产生的请求内容和响应内容。

5. 分析

现在分析一下捕获的请求内容和响应内容的详细信息。首先回到 Overview 选项卡，界面右侧的上方显示了请求 URL、响应状态码 Response Code 和请求方法 Method 等信息，如图 12-6 所示，这些内容和在网页中用浏览器开发者工具捕获的内容是类似的。

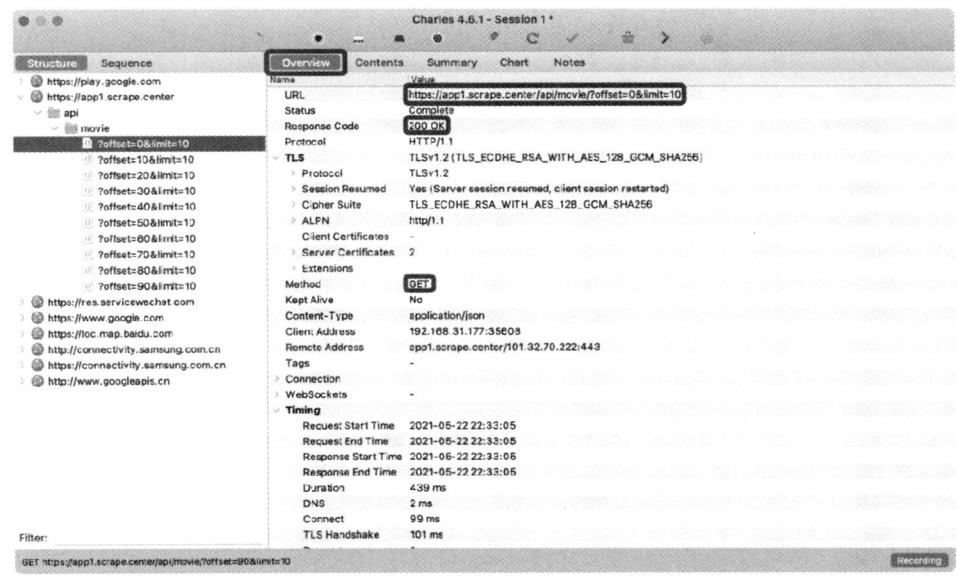

图 12-6　Overview 选项卡下的内容

接下来点击 Contents 选项卡，查看请求内容和响应内容的详情，界面如图 12-7 所示。上半部分显示的是请求的信息，下半部分显示的是响应的信息。切换到 Headers 选项卡即可看到请求头，切换到 JSON Text 选项卡即可看到响应体，并且响应体的内容已经被格式化。

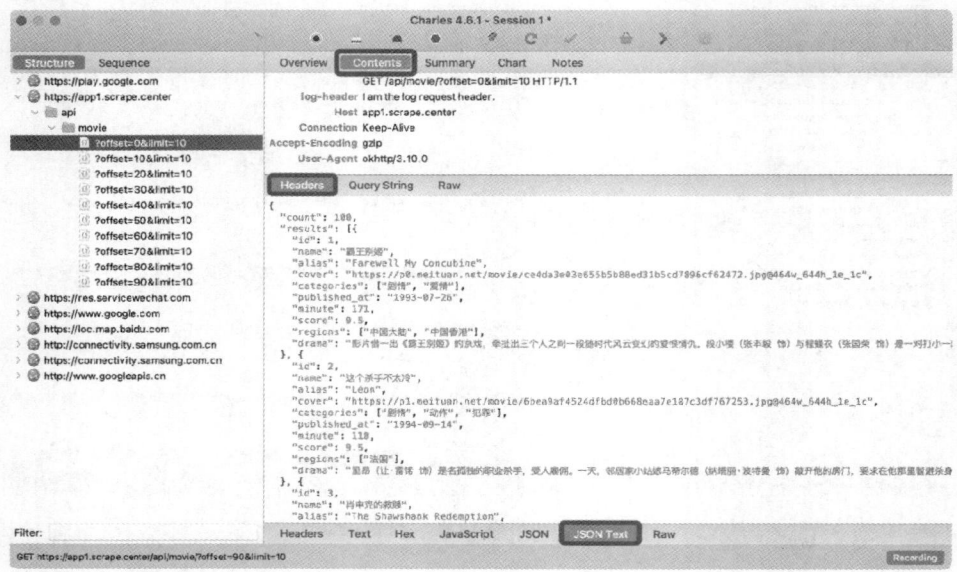

图 12-7　Contents 选项卡下的内容

由于这个请求是 GET 请求，因此还需要关心 GET 的参数信息，切换到 Query String 选项卡即可查看，如图 12-8 所示。

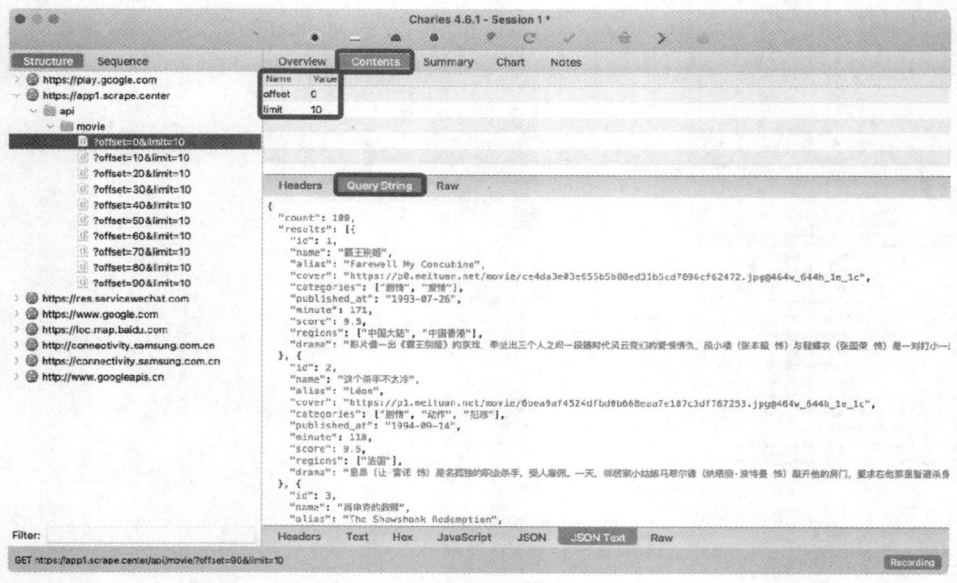

图 12-8　GET 的参数信息

对于其他 App，同样可以使用本节的分析方式。如果能直接分析出请求 URL 和参数的规律，就可以直接模拟发出请求实现数据的批量抓取。

6. 重发

Charles 还有一个强大功能，是可以对捕获的请求内容加以修改并把修改后的请求发送出去。点击界面右侧上方的修改按钮，左侧列表就会出现一个以编辑图标为开头的接口，代表我们正在修改此接口对应的请求，如图 12-9 所示。

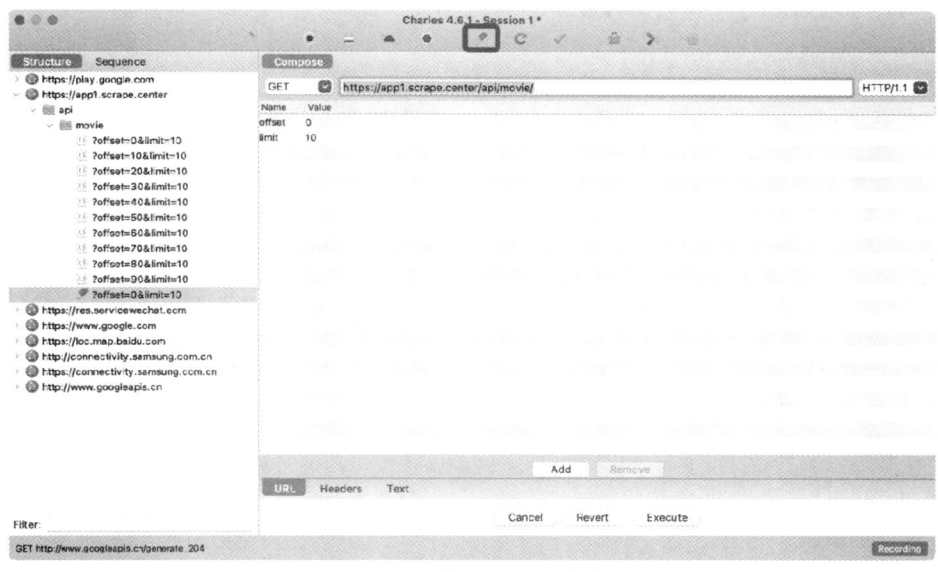

图 12-9　修改捕获的请求

可以修改请求参数中的某个字段，例如这里将 offset 字段的值由 0 修改为 10，如图 12-10 所示，然后点击界面下方的 Execute 按钮即可发送修改后的请求。

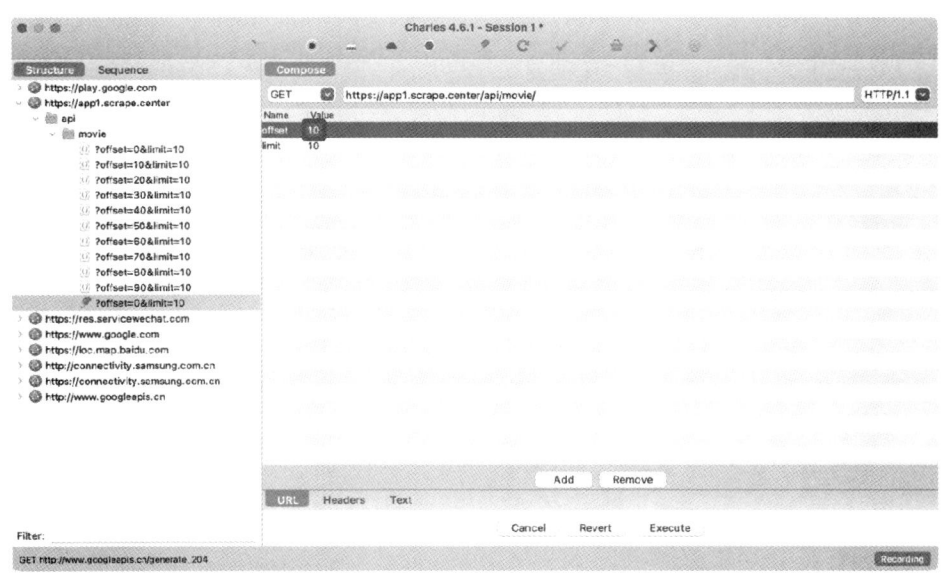

图 12-10　将 offset 字段的值由 0 修改为 10

可以发现左侧列表出现了对应的请求结果，点击 Contents 选项卡，查看响应内容，这次返回的是第 2 个列表页中的电影信息，如图 12-11 所示。

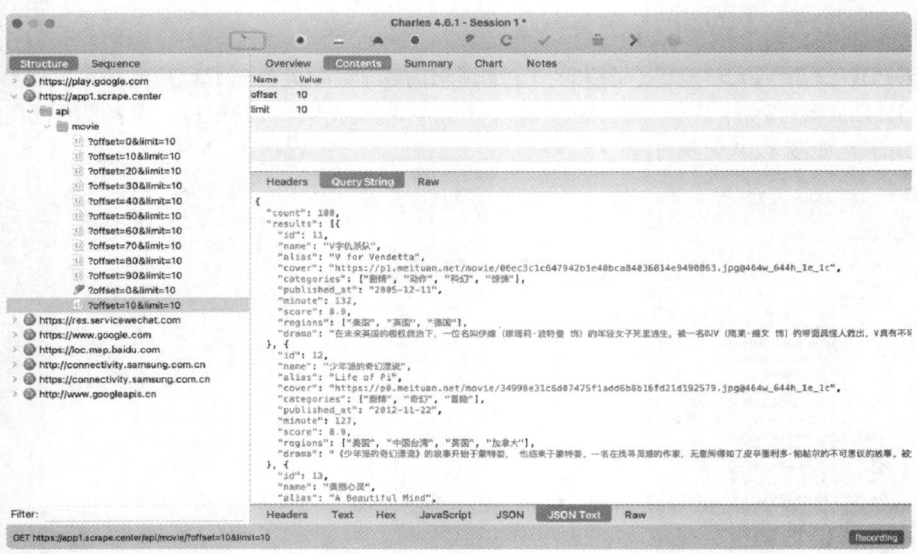

图 12-11　返回了第 11~20 个电影的信息

有了重发功能，就可以方便地使用 Charles 做调试了，可以通过修改参数、接口等测试不同请求的响应状态，从而知道哪些参数必要和哪些不必要，以及参数分别有什么规律，最后抽象出一个最简单的接口供模拟使用。

7. 修改响应内容

除了修改请求内容，Charles 还可以修改响应内容，例如将响应内容修改为本地或远程的某个文件，这样就可以实现数据的修改和伪造了。

怎么实现呢？右击任意一个请求，可以看到出现的菜单中有 Map Remote 和 Map Local 这两个选项，通过这两个选项就可以将响应内容修改为远程或本地的文件，如图 12-12 所示。

以生成本地文件为例，怎么实现呢？可以先把当前的响应内容，也就是 JSON Text 的内容复制下来，保存成本地文件，文件名是 data.json，如图 12-13 所示。

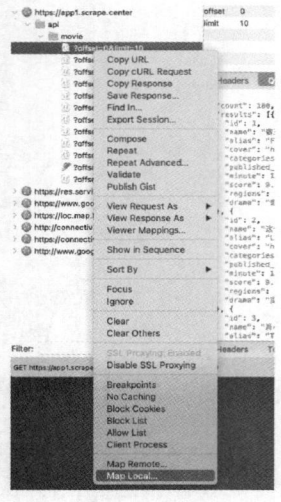

图 12-12　Map Remote 和 Map Local 选项　　　　图 12-13　保存当前的响应内容

然后修改其中的字段值，例如将第一个条目的 name 值修改为 "霸王别姬 2"，并保存修改，如图 12-14 所示。

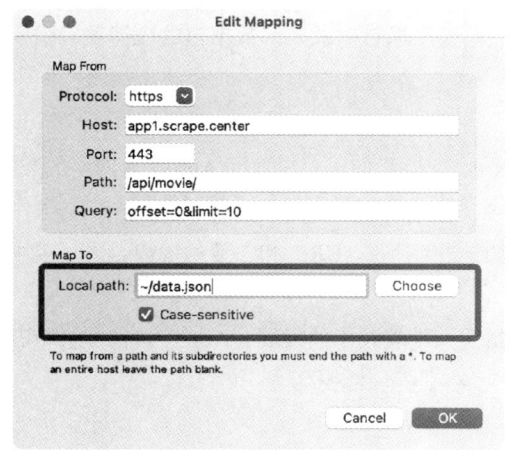

图 12-14　修改响应内容中的字段值

再在 Map Local 的配置中，选定 data.json 文件的保存路径，如图 12-15 所示。

这样，我们就把 app1 的第一个请求——加载列表页成功修改成本地文件 data.json 中的内容了。接下来重新启动 app1，界面如图 12-16 所示。

图 12-15　配置 Map Local　　　　图 12-16　重启 app1 后的界面

可以发现，第一个电影的名称变成了 "霸王别姬 2"，我们成功修改了响应内容。

这和 11.11 节内容的原理其实都是修改了 HTTP 响应的内容。在 11.11 节中，我们使用 Playwright 修改了网页中要加载的一些数据文件，将它们映射为本地的文件，整个过程是依据 Playwright 中设置的规则完成的，此处是借助 Charles 完成。

8. 模拟爬取

现在我们已经成功完成了抓包操作，app1 发出的所有请求一目了然，请求 URL 就是 https://app1.scrape.center/api/movie/，后面跟着两个请求参数 offset 和 limit。显然，offset 就是偏移量，limit 就是一次的返回结果中包含的条目数量。例如 offset 为 20，limit 为 10，代表返回第 21~30 条电影的信息。另外，通过观察可以发现一共有 100 个电影，因此 offset 取 0、10、20、…、90，limit 则恒为 10。

接下来我们用 Python 简单模拟一下请求，这里写法有一些从简，代码如下：

```
import requests
BASE_URL = 'https://app1.scrape.center/api/movie?offset={offset}&limit=10'
for i in range(0, 10):
    offset = i * 10
    url = BASE_URL.format(offset=offset)
    data = requests.get(url).json()
    print('data', data)
```

运行结果如下：

```
data {'count': 100, 'results': [{'id': 1, 'name': '霸王别姬', 'alias': 'Farewell My Concubine', 'cover':
'https://p0.meituan.net/movie/ce4da3e03e655b5b88ed31b5cd7896cf62472.jpg@464w_644h_1e_1c', 'categories': ['
剧情', '爱情'], 'published_at': '1993-07-26', 'minute': 171, 'score': 9.5, 'regions': ['中国大陆', '中国香
港']}, {'id': 2, 'name': '这个杀手不太冷', 'alias': 'Léon', 'cover': ... 'published_at': '1995-07-15', 'minute':
89, 'score': 9.0, 'regions': ['美国']}]}
data {'count': 100, 'results': [{'id': 11, 'name': 'V 字仇杀队', 'alias': 'V for Vendetta', 'cover':
'https://p1.meituan.net/movie/06ec3c1c647942b1e40bca84036014e9490863.jpg@464w_644h_1e_1c', 'categories':
['剧情', '动作', '科幻', '惊悚'], 'published_at': '2005-12-11', 'minute': 132, 'score': 8.9, 'regions': ['
美国', '英国', '德国']}, ... 'categories': ['纪录片'], 'published_at': '2001-12-12', 'minute': 98, 'score':
9.1, 'regions': ['法国', '德国', '意大利', '西班牙', '瑞士']}]}
data {'count': 100, 'results': [{'id': 21, 'name': '黄金三镖客', 'alias': 'Il buono, il brutto, il cattivo.',
'cover': ...
```

可以看到，我们轻松模拟了每个请求，并爬取了服务器的响应内容。

由于 app1 的接口没有任何加密措施，因此我们仅仅靠抓包以及观察数据包的规律就轻松模拟了 app1 的请求。

9. 总结

本节介绍了借助抓包工具 Charles 模拟 App 请求的过程。我们成功抓取了 App 发往网络的数据包，还捕获了原始的响应数据，并通过修改原始请求和发送修改后的请求进行了接口测试。

另外，知道了请求和响应的具体内容后，通过分析得到请求 URL 和参数的规律，之后就可以用程序模拟请求实现批量抓取。

当然，本节所讲的案例是基于一种比较理想的情况，随着技术的发展，App 接口往往会带有密钥或者出现无法抓包的情况，在第 13 章会详细讲解如何处理此类情形。

12.2 mitmproxy 抓包工具的使用

mitmproxy 是一个支持 HTTP/HTTPS 协议的抓包程序，和 Fiddler、Charles 有类似的功能，只不过它以控制台的形式操作。

mitmproxy 还有两个关联组件。一个是 mitmdump，这是 mitmproxy 的命令行接口，利用它我们可以对接 Python 脚本，用 Python 实现监听后的处理。另一个是 mitmweb，这是一个 Web 程序，通过它我们可以清楚地观察到 mitmproxy 捕获的请求。

本节来了解一下 mitmproxy 的用法。

1. mitmproxy 的功能

mitmproxy 有如下几项功能：

- 拦截 HTTP/HTTPS 的请求和响应；
- 保存并分析 HTTP 会话；
- 模拟客户端发起请求，模拟服务端返回响应；
- 利用反向代理将流量转发给指定服务器；
- 支持 Mac 系统和 Linux 系统上的透明代理；
- 利用 Python 实时处理 HTTP 请求和响应。

整体来看，mitmproxy 相当于一个命令行版本的 Charles，同样可以捕获与修改请求内容和响应内容。其实，相比 Charles，mitmproxy 最有优势的是它的关联组件 mitmdump，mitmdump 可以使用 Python 脚本实时处理请求和响应，功能非常强大。

本节我们先了解 mitmproxy 的基本功能，12.3 节再来介绍 mitmdump 对接 Python 的实现。

2. 准备工作

和 Charles 一样，mitmproxy 运行之后会默认在当前电脑的 8080 端口开启一个代理服务，这个服务实际上是一个 HTTP/HTTPS 的代理。

请确保已经正确安装好了 mitmproxy，并且让手机和 mitmproxy 所在的电脑处于同一个局域网下。

然后配置好 mitmproxy CA，具体的安装和配置方法见 https://setup.scrape.center/mitmproxy。

3. 抓包原理

让手机和电脑处在同一个局域网下，将手机代理设置为 mitmproxy 的代理服务的地址。这样手机在访问互联网的时候，数据包就会先流经 mitmproxy，再由 mitmproxy 把这些数据包转发给真正的服务器；同样，服务器返回的数据包也会先到达 mitmproxy，再由 mitmproxy 转发给手机。整个过程中的 mitmproxy 相当于中间人，能够抓取所有请求和响应。

这个过程还可以对接 mitmdump，直接用 Python 脚本处理抓取的请求和响应的具体内容。例如得到响应之后，直接解析其内容，然后存入数据库。

4. 基本使用

首先需要运行 mitmproxy，命令如下：

mitmproxy

运行之后当前电脑的 8080 端口上会运行一个代理服务。mitmproxy 的页面如图 12-17 所示，右下角是当前正在监听的端口。

接下来将手机和电脑连接在同一局域网下，将代理设置为当前代理。先查看当前电脑的 IP 地址，在 Windows 上查看的命令如下：

ipconfig

在 Linux 和 Mac 上查看的命令如下：

ifconfig

图 12-17 启动 mitmproxy 的结果

输出结果如图 12-18 所示。

```
en1: flags=8863<UP,BROADCAST,SMART,RUNNING,SIMPLEX,MULTICAST> mtu 1500
        options=400<CHANNEL_IO>
        ether 14:7d:da:67:1e:8b
        inet6 fe80::10ea:30e1:88aa:c7c%en1 prefixlen 64 secured scopeid 0x7
        inet 192.168.31.102 netmask 0xffffff00 broadcast 192.168.31.255
        nd6 options=201<PERFORMNUD,DAD>
        media: autoselect
        status: active
en2: flags=8963<UP,BROADCAST,SMART,RUNNING,PROMISC,SIMPLEX,MULTICAST> mtu 1500
        options=460<TSO4,TSO6,CHANNEL_IO>
        ether 82:86:e1:27:50:00
        media: autoselect <full-duplex>
        status: inactive
en3: flags=8963<UP,BROADCAST,SMART,RUNNING,PROMISC,SIMPLEX,MULTICAST> mtu 1500
        options=460<TSO4,TSO6,CHANNEL_IO>
        ether 82:86:e1:27:50:01
        media: autoselect <full-duplex>
        status: inactive
bridge0: flags=8863<UP,BROADCAST,SMART,RUNNING,SIMPLEX,MULTICAST> mtu 1500
        options=63<RXCSUM,TXCSUM,TSO4,TSO6>
        ether 82:86:e1:27:50:00
        Configuration:
                id 0:0:0:0:0:0 priority 0 hellotime 0 fwddelay 0
                maxage 0 holdcnt 0 proto stp maxaddr 100 timeout 1200
```

图 12-18　查看当前电脑的 IP 地址

当前电脑的 IP 地址形式一般是 10.*.*.*、172.16.*.* 和 192.168.*.*，例如图 12-18 中的 192.168.31.102。设置 mitmproxy 的代理时，设置为此地址即可。

设置成功后，在手机浏览器上访问任意网页或者打开任意 App 时，mitmproxy 页面上都会呈现出这个过程中的所有请求，例如在手机浏览器上打开百度，期间产生的请求如图 12-19 所示。

```
Flows
>> GET https://hm.baidu.com/hm.gif?cc=1&ck=1&cl=24-bit&ds=384x854&vl=684&ep=…
       ← 200 image/gif 43b 197ms
   GET https://m.baidu.com/?tn=&from=1013755s
       ← 200 text/html 59.11k 882ms
   GET https://miao.baidu.com/abdr?data=eyJkYXRhIjoiM2U5MzUyODU0MmQxNTJlNjE2…
       ← 200 text/plain [no content] 376ms
   GET https://ss2.baidu.com/6ONYsjip0QIZ8tyhnq/it/u=661636090,142292956&fm=…
       ← 200 image/jpeg 20.3k 259ms
   GET https://ss2.baidu.com/6ONYsjip0QIZ8tyhnq/it/u=1720074635,143044864&fm…
       ← 200 image/jpeg 15.82k 350ms
   GET https://ss0.baidu.com/6ONWsjip0QIZ8tyhnq/it/u=3748231335,142292947&fm…
       ← 200 image/jpeg 11.36k 395ms
   GET https://ss1.baidu.com/6ONXsjip0QIZ8tyhnq/it/u=620897548,143044868&fm=…
       ← 200 image/jpeg 12.26k 429ms
   GET https://ss0.baidu.com/6ONWsjip0QIZ8tyhnq/it/u=2922002287,142292955&fm…
       ← 200 image/jpeg 13.25k 389ms
   GET https://ss1.baidu.com/6ONXsjip0QIZ8tyhnq/it/u=655414595,139854728&fm=…
       ← 200 image/jpeg 20.69k 485ms
   GET https://ss0.baidu.com/6ONWsjip0QIZ8tyhnq/it/u=4167930511,143044863&fm…
       ← 200 image/jpeg 11.56k 469ms
   GET https://ss1.baidu.com/6ONXsjip0QIZ8tyhnq/it/u=3312536594,141917209&fm…
⇩ [1/31]                                                              [*:8080]
```

图 12-19　打开百度产生的所有请求

这也相当于我们之前在浏览器开发者工具中监听得到的内容。图 12-19 中左下角显示的 `1/31` 代表一共产生了 31 个请求，箭头当前所指的请求是第 1 个。每个请求的开头都有一个 `GET` 或 `POST`，这是请求方法，后面紧接的内容是请求 URL，URL 之后是请求对应的响应状态码，其后是响应内容的类型（例如 `text/html` 代表网页文档、`image/jpeg` 代表图片），再后面是响应体的大小和响应时间。总之，当前页面呈现了所有请求和响应的概览，我们可以通过这个页面观察所有的请求。

如果想查看某个请求的详情，可以通过上下键切换，选中这个请求后按下回车键，进入请求的详情页面，如图 12-20 所示。

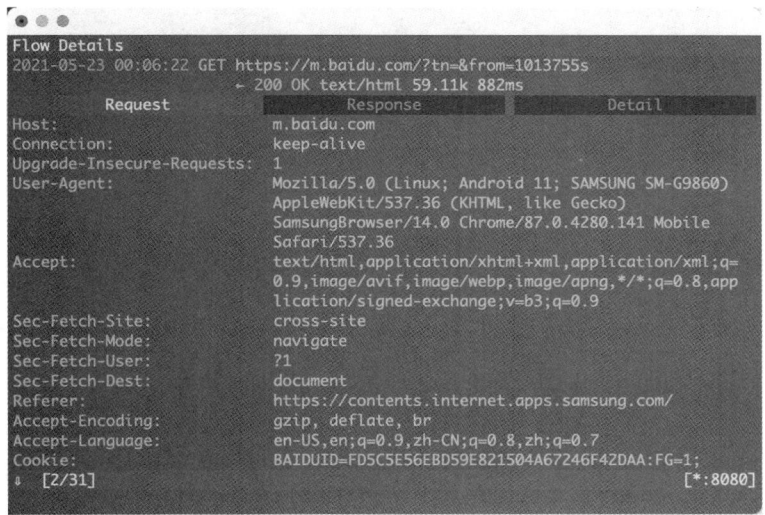

图 12-20　请求的详情页面

从图 12-20 中，可以看到请求头的详细信息，例如 Host、Cookie 等。图的上方有 Request、Response 和 Detail 三个选项，当前是打开了 Request 选项。按下 Tab 键切换至 Response 选项卡，查看请求对应的响应详情，如图 12-21 所示。

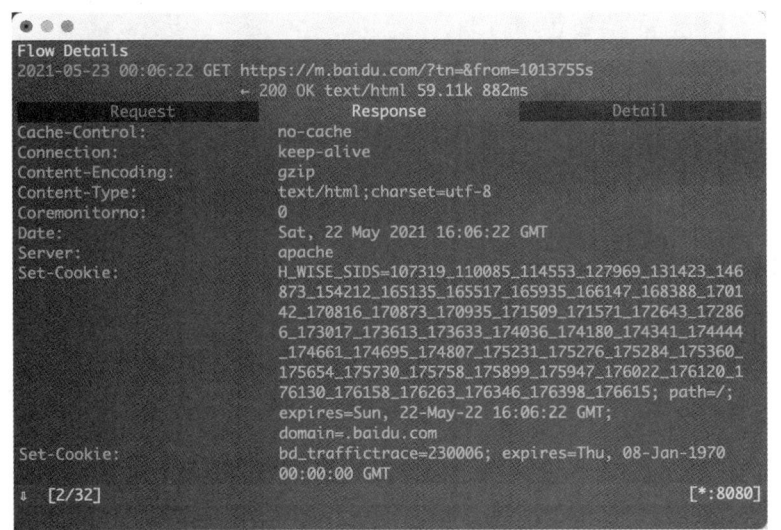

图 12-21　响应的详情页面

开始的内容是响应头的信息，下拉之后可以看到响应体的信息。针对当前请求，响应体就是网页的源代码。此时再按 Tab 键，切换到最后一个选项卡 Detail，即可看到当前请求的详细信息，如服务器的 IP 和端口、HTTP 协议版本、客户端的 IP 和端口等，如图 12-22 所示。

mitmproxy 还提供了命令行式的编辑功能，使我们可以重新编辑请求。按下 E 键即可进入编辑页面，这时它会询问要编辑哪部分内容，选项有 cookies、query、url 等，如图 12-23 所示。

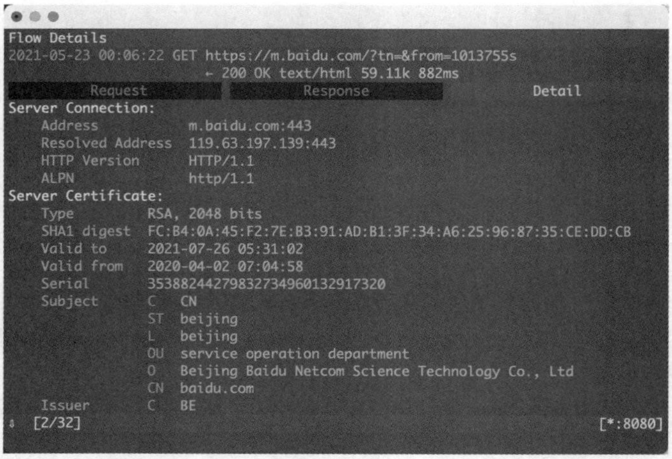

图 12-22 当前请求的详细信息

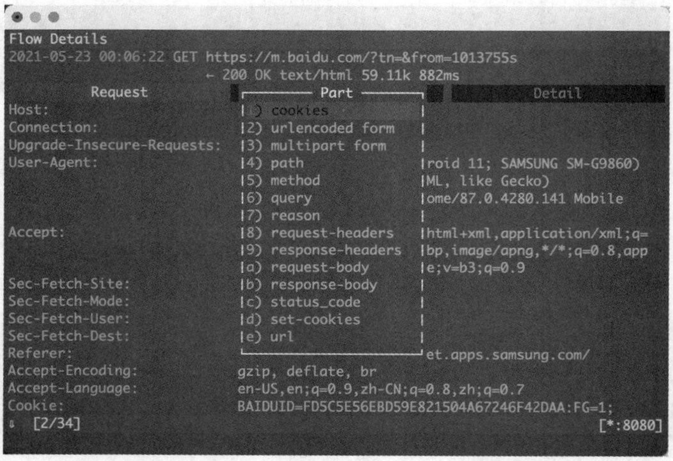

图 12-23 编辑请求

按下要编辑内容对应的索引键即可进入编辑页面,例如按下数字 6 键,进入编辑请求 URL 的参数 Query Strings 的页面,如图 12-24 所示。我们可以按下 D 键删除当前的 Query Strings,然后按下 A 键新增一行,输入新的 Key 和 Value。

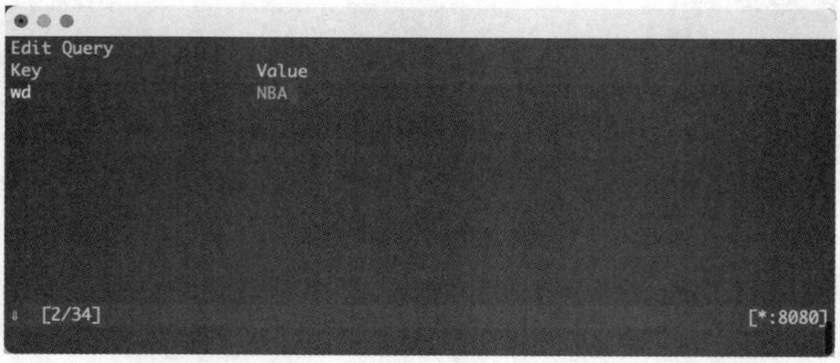

图 12-24 编辑 Query Strings 的页面

这里我们分别输入 wd 和 NBA。之后按下 Esc 键和 Q 键返回请求的详情页面,可以看到请求 URL 里多了一个 wd=NBA 的参数,如图 12-25 所示。

接着按下 E 键和数字 4 键,进入编辑 Path 的页面,如图 12-26 所示。和上面流程一样,按下 D 键和 A 键修改 Path 的内容。

这里我们将 Path 修改为 s。之后按下 Esc 键和 Q 键返回请求的详情页面,可以看到请求 URL 变成了 https://m.baidu.com/s?wd=NBA,访问这个页面,结果如图 12-27 所示,这和用百度搜索关键词 NBA 的返回结果一样。

图 12-25　更新了修改后的请求页面　　　　　　　

图 12-26　编辑 Path 的页面　　　图 12-27　访问修改后的 URL 的结果

接下来,按下 R 键重新发送修改后的请求,可以看到请求旁边多了一个回旋箭头,如图 12-28 所示。

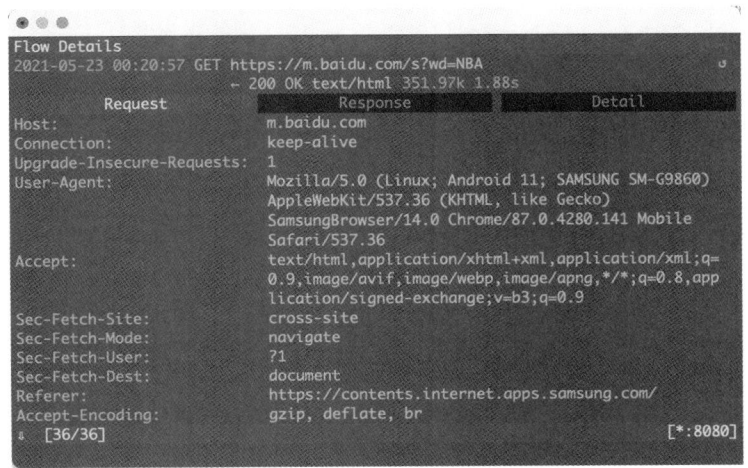

图 12-28　重新发送修改后的请求

响应结果如图 12-29 所示，观察响应体，可以看到图 12-27 所示页面的源代码。

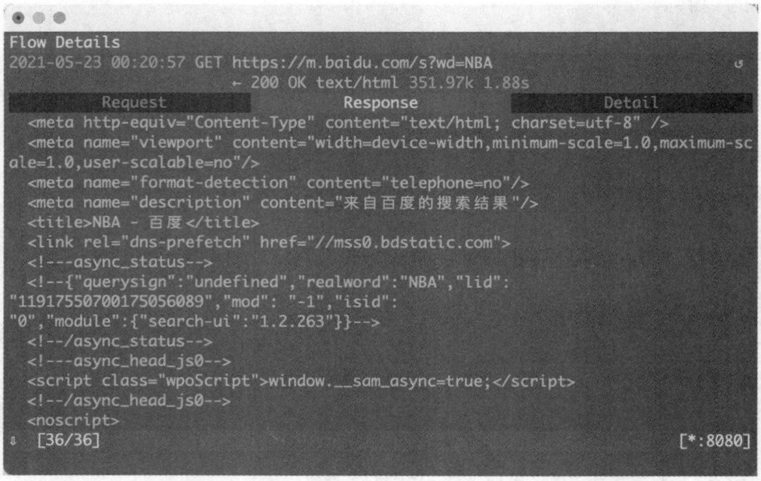

图 12-29　响应结果

5. 总结

本节介绍了 mitmproxy 的简单用法，其基本功能和 Charles 是类似的，只是不像 Charles 那样有方便操作的 UI 界面，不过快捷键使用熟练后，也是非常方便的。

利用 mitmproxy，我们可以观察手机上的所有请求，以及对请求进行修改并重新发送。Fiddler、Charles 也有这个功能，而且它们的 UI 界面操作起来更加方便。那么 mitmproxy 的优势何在？其实，mitmproxy 的强大之处体现在它的关联组件 mitmdump 上，有了 mitmdump，我们便可以直接对接 Python 脚本对请求和响应做处理。12.3 节我们就来学习 mitmdump 的用法。

12.3　mitmdump 实时抓包处理

mitmdump 是 mitmproxy 的命令行接口，可以对接 Python 脚本处理请求和响应，这是相比 Fiddler、Charles 等工具更加方便的地方。有了它，我们不用再手动抓取和分析 HTTP 请求与响应，只要写好请求和响应的处理逻辑即可。

正是由于 mitmdump 可以对接 Python 脚本，因此我们在 Python 脚本中获得请求和响应的内容时，就可以顺便添加一些解析、存储数据的逻辑，这样就实现了数据的抓取和实时处理。

1. 实例引入

我们可以使用命令启动 mitmdump：

```
mitmdump -s script.py
```

这里使用 `-s` 参数指定了本地脚本 script.py 为处理脚本，用来处理抓取的数据，需要将其放置在当前命令的执行目录下。

我们可以在 script.py 脚本里写入如下内容：

```
def request(flow):
    flow.request.headers['User-Agent'] = 'MitmProxy'
    print(flow.request.headers)
```

其中定义了一个 request 方法，参数为 flow，这是一个 HTTPFlow 对象，调用其 request 属性即可

12.3 mitmdump 实时抓包处理

获取当前的请求对象。这里将当前请求对象的请求头 User-Agent 修改成了 MitmProxy，然后打印出了所有请求头。

运行启动命令后，在手机端访问 http://www.httpbin.org/get，可以看到手机端显示的页面显示如图 12-30 所示。

同时电脑端的控制台输出如图 12-31 所示的结果。

图 12-30 中的 headers 实际上就是请求头，可以看到里面的 User-Agent 是我们修改后的 MitmProxy。图 12-31 中的 Headers 也是，其中 User-Agent 的内容正是 MitmProxy。

在这个案例中，我们通过只有 3 行代码的 script.py 脚本完成了对请求的修改，输出结果可以呈现在电脑端的控制台上，调试起来很方便。

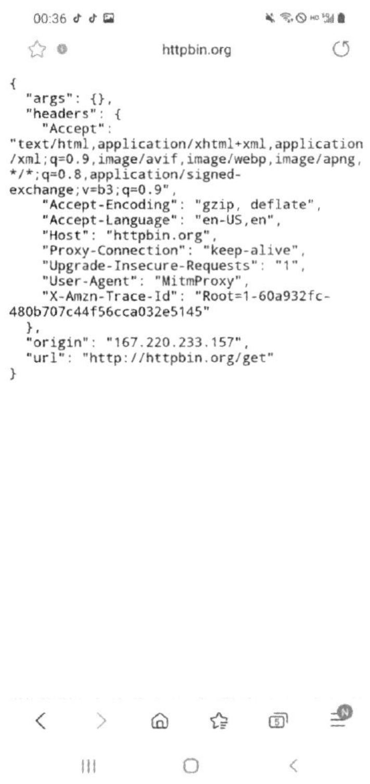

图 12-30 手机端显示的页面

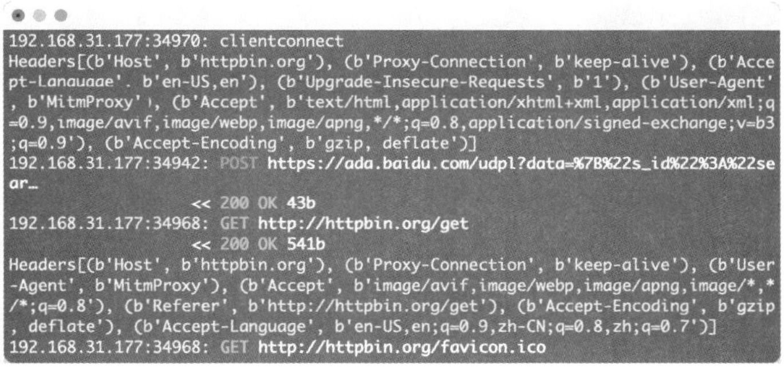

图 12-31 电脑端控制台的输出结果

2. 日志输出

mitmdump 提供了专门的日志输出功能，可以设定以不同的颜色输出不同级别的结果。把 script.py 脚本的内容修改成如下这样：

```
from mitmproxy import ctx

def request(flow):
    flow.request.headers['User-Agent'] = 'MitmProxy'
    ctx.log.info(str(flow.request.headers))
    ctx.log.warn(str(flow.request.headers))
    ctx.log.error(str(flow.request.headers))
```

这里调用了 ctx 模块，它有一个名为 log 的功能，调用不同的输出方法可以输出不同颜色的结果，以便我们更直观、方便地调试（例如，调用 info 方法输出的结果为白色，调用 warn 方法输出的结果为黄色，调用 error 方法输出的内容为红色）。上述代码的运行结果如图 12-32 所示。

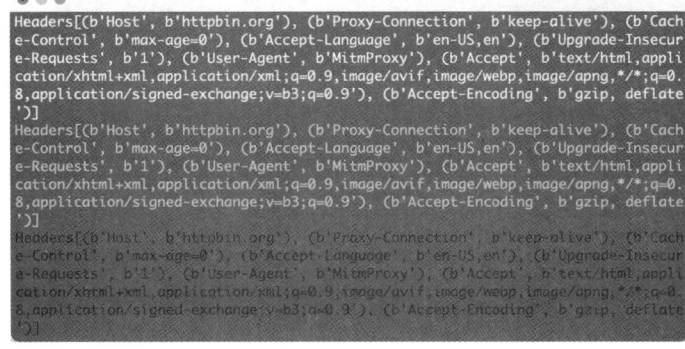

图 12-32 使用 log 功能的运行结果

3. 请求

我们来看看 mitmdump 还有哪些常用的功能，先用一个实例感受一下：

```
from mitmproxy import ctx

def request(flow):
    request = flow.request
    info = ctx.log.info
    info(request.url)
    info(str(request.headers))
    info(str(request.cookies))
    info(request.host)
    info(request.method)
    info(str(request.port))
    info(request.scheme)
```

这里的 request 方法是 mitmdump 针对请求提供的处理接口。将 script.py 脚本修改为如上内容，然后在手机上打开 http://www.httpbin.org/get，即可看到电脑端的控制台输出了一系列请求。这里我们找到第一个请求，控制台打印出了该请求的一些常见属性，如请求 URL、请求头、请求 Cookies、请求 Host、请求方法、请求端口、请求协议等，结果如图 12-33 所示。

我们可以修改其中的任意属性，就像最初修改请求头 User-Agent 一样，直接赋值即可。例如，修改请求 URL：

```
def request(flow):
    url = 'https://www.baidu.com'
    flow.request.url = url
```

这里直接将请求 URL 修改成了百度，会发生什么事情呢？手机端会显示如图 12-34 所示的页面。

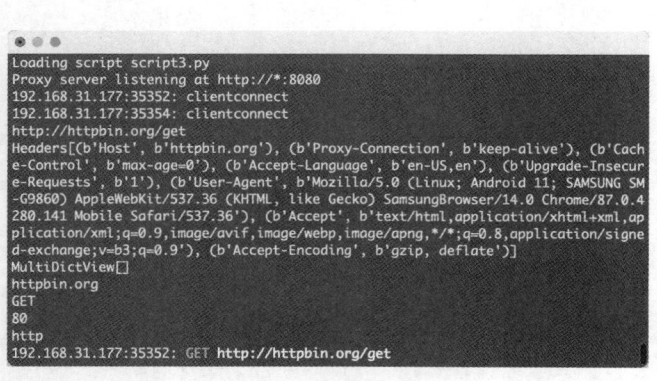

图 12-33　输出结果

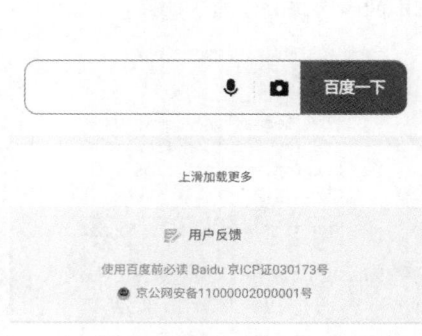

图 12-34　手机端显示的页面

有意思的是，浏览器最上方呈现的网址还是 http://www.httpbin.org，而页面已经变成了百度首页。我们用简单的脚本就成功修改了目标网站，意味着这种方式使修改和伪造请求变得轻而易举，这也是中间人攻击。

注意　通过这个实例我们也能知道，URL 正确不代表页面内容也正确。我们需要进一步提高安全防范意识。

了解了基本用法，很容易就能获取和修改请求内容，另外可以通过修改 Cookie、添加代理等方式规避反爬。

4. 响应

对于爬虫来说，更加关心的其实是响应内容，响应体才是要爬取的结果。和请求一样，mitmdump 针对响应也提供了对应的处理接口，就是 response 方法：

```
from mitmproxy import ctx

def response(flow):
    response = flow.response
    info = ctx.log.info
    info(str(response.status_code))
    info(str(response.headers))
    info(str(response.cookies))
    info(str(response.text))
```

将 script.py 脚本修改为如上内容，然后用手机访问 http://www.httpbin.org/get，电脑端控制台会输出响应状态码、响应头、响应 Cookie 和响应体几个属性，其中最后一个就是网页的源代码。电脑端控制台的输出结果如图 12-35 所示。

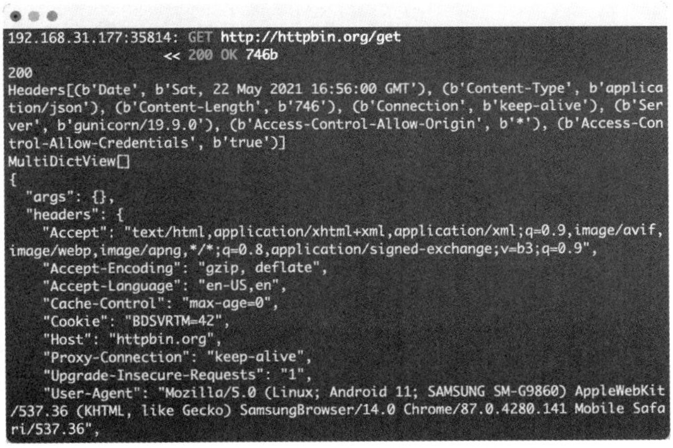

图 12-35　电脑端控制台的输出结果

我们通过 response 方法获取了每个请求对应的响应内容，接下来对响应信息进行提取和存储，就成功完成爬取了。

5. 实战准备

我们已经可以利用 mitmdump 对接 Python 脚本实时处理响应内容了，接下来看看能否将其应用于 App 爬虫。先尝试将一个电影 App 的接口数据爬取下来，再将结果实时保存到 MongoDB 数据库中。

请确保已经正确安装好 mitmproxy 和 mitmdump，手机和电脑处于同一个局域网下，以及配置好了 mitmproxy 的 CA 证书，具体的配置流程可以参考 https://setup.scrape.center/mitmproxy。

本节使用的示例 App 的下载地址为 https://app5.scrape.center/，请在手机上安装这个 App。

6. 抓取分析

首先获取一下当前页面的 URL 和返回内容，编写一个脚本：

```
def response(flow):
    print(flow.request.url)
    print(flow.response.text)
```

这里只打印了请求 URL 和响应体这两个最关键的部分，将此脚本保存 spider.py 文件。接下来启动 mitmdump：

```
mitmdump -s spider.py
```

打开手机上下载的 app5，便可以看到 电脑端控制台输出了相应内容，接着不断下拉，可以看到手机屏幕上的电影数据在一页一页加载，如图 12-36 所示。

观察一下电脑端控制台，可以看到输出了类似 JSON 数据的结果，部分结果如图 12-37 所示。

图 12-36　不断加载的电影数据　　　　图 12-37　控制台输出的部分结果

选取其中的一个 URL 观察一下，具体为 https://app5.scrape.center/api/movie/?offset=30&limit=10&token=M2U5NjYxZjEwNmQyMDlkYmYyNTIzZGFkYmZkYzdiNThlYTgzOWQ0MywxNjIxNzAzMDA5%0A，可以看到除了 offset、limit 参数，里面还带有一个 token。我们把结果中的响应体复制下来，并格式化处理，结果如图 12-38 所示。

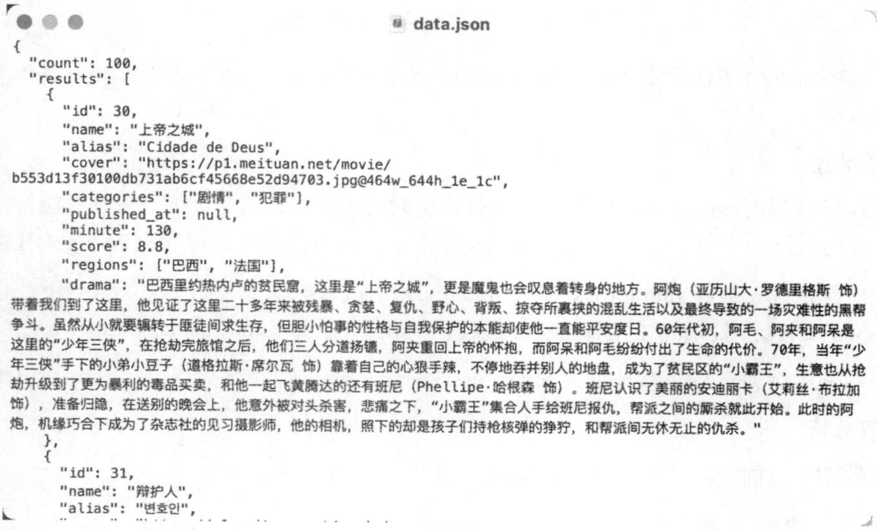

图 12-38　格式化处理后的响应体内容

通过对比可以发现，图 12-38 中的内容和 app5 里显示的电影数据完全一致，说明我们成功截获了响应体。

有人可能会想，为什么这里不能像 12.1 节那样直接用 Python 请求爬取数据呢？因为这次 App 的接口带有一个加密参数 token，仅凭借抓包根本没法知道它是如何生成的，而通过 Python 直接构造请求来爬取数据需要模拟 token 的生成逻辑，所以不能。

好在我们已经可以直接通过 mitmdump 抓取结果，相当于请求是 App 构造的，我们直接拿到了响应结果，得来全不费功夫，也不需要再去构造请求了，直接把响应结果保存下来就好。

7. 数据抓取

现在我们稍微完善一下 spider.py 脚本，增加一些过滤 URL 和处理响应结果的逻辑：

```
import json
from mitmproxy import ctx


def response(flow):
    url = 'https://app5.scrape.center/api/movie/'
    if flow.request.url.startswith(url):
        text = flow.response.text
        if not text:
            return
        data = json.loads(text)
        items = data.get('results')
        for item in items:
            ctx.log.info(str(item))
```

之后重新打开 app5，并在电脑端控制台观察输出结果，如图 12-39 所示。

图 12-39　电脑端控制台的输出结果

可以看到输出了每部电影的数据，数据以 JSON 形式呈现。

8. 提取保存

现在再修改一下 spider.py 脚本，将返回结果保存下来，保存为文本文件即可，改后的脚本内容如下：

```
import json
from mitmproxy import ctx
import os
```

```python
OUTPUT_FOLDER = 'movies'
os.path.exists(OUTPUT_FOLDER) or os.makedirs(OUTPUT_FOLDER)

def response(flow):
    url = 'https://app5.scrape.center/api/movie/'
    if flow.request.url.startswith(url):
        text = flow.response.text
        if not text:
            return
        data = json.loads(text)
        items = data.get('results')
        for item in items:
            ctx.log.info(str(item))
            with open(f'{OUTPUT_FOLDER}/{item["name"]}.json', 'w', encoding='utf-8') as f:
                f.write(json.dumps(item, ensure_ascii=False, indent=2))
```

然后重新打开 app5，滑一下屏幕，这时候观察 movies 文件夹，会发现成功生成了一些 JSON 文件，这些文件以电影名称命名，如图 12-40 所示。

图 12-40　movies 文件夹下生成的文件

任意打开其中一个文件，如阿飞正传.json 文件，可以看到如图 12-41 所示的结果。

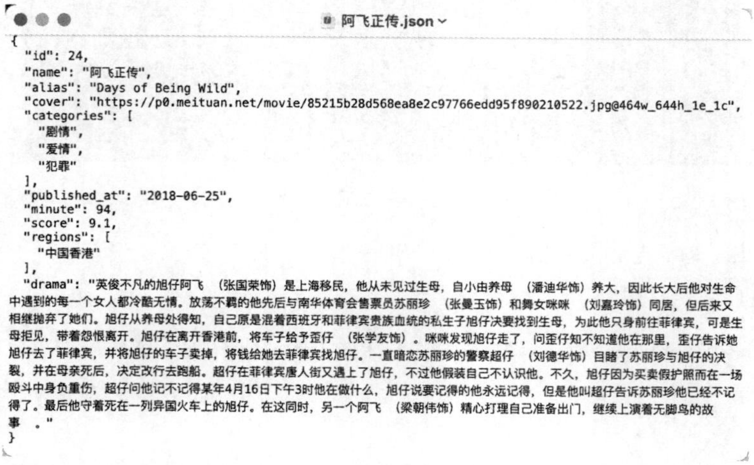

图 12-41　打开阿飞正传.json 文件

可以看到这部电影的数据已经实时保存下来了，其他电影也是如此。

9. 总结

本节主要讲解了 mitmdump 的用法及脚本的编写方法，借助 mitmdump，我们可以直接使用 Python 脚本实时处理拦截的请求和响应，由于可以实时获取响应内容，因此可以在此基础上进行一些实时处理，如提取和存储数据，这样就能轻而易举地把数据爬取下来了。

本节代码见 https://github.com/Python3WebSpider/MitmProxyTest。

12.4　Appium 的使用

Appium 是一个跨平台的移动端自动化测试工具，可以非常便捷地为 iOS 和 Android 平台创建自动化测试用例。它可以模拟 App 的各种操作，如点击、滑动、文本输入等，我们手工能完成的操作 Appium 也都能完成。我们在第 7 章曾了解过 Selenium，这是一个网页端的自动化测试工具，Appium 实际上就类似于它，也是利用 WebDriver 实现自动化测试。对于 iOS 设备，Appium 使用 UIAutomation 实现驱动；对于 Android 设备，使用 UiAutomator 和 Selendroid 实现驱动。

Appium 提供了一个服务器，我们可以向这个服务器发送一些操作指令，然后 Appium 会根据不同的指令驱动移动设备完成不同的动作。

爬虫使用 Selenium 爬取 JavaScript 渲染的页面，实现所见即所爬。Appium 同样可以，所以在某些情况下，用 Appium 做 App 爬虫不失为一个好的选择。

本节我们就来了解 Appium 的基本使用方法，学习利用 Appium 进行自动化爬取的基本操作，主要目的是了解利用 Appium 进行自动化测试的流程以及相关 API 的用法。

1. 准备工作

请确保已经做好如下准备工作。

- 在电脑上安装好 Appium 客户端，并且客户端可以正常运行。
- 在电脑上配置好 Android 开发环境并能正常使用 adb 命令。
- 安装好 Python 版本的 Appium API。

以上 Appium 环境的具体配置方法可以参考 https://setup.scrape.center/appium。

除了配置好环境，还需要做到下面两步。

- 准备一部 Android 真机或启动一个 Android 模拟器，并在上面安装好示例 App，下载地址为 https://app5.scrape.center/。
- 用 USB 线连接电脑和 Android 真机或模拟器，确保 adb 能够正常连接到 Android 真机或模拟器。

2. Appium 启动 APP

Appium 启动 App 的方式有两种：一种是用 Appium 内置的驱动器打开 App，另一种是利用 Python 代码打开 App。下面我们分别进行说明。

两种方法都需要启动 Appium 服务，因此先打开 Appium，启动界面如图 12-42 所示。

552　第 12 章　App 数据的爬取

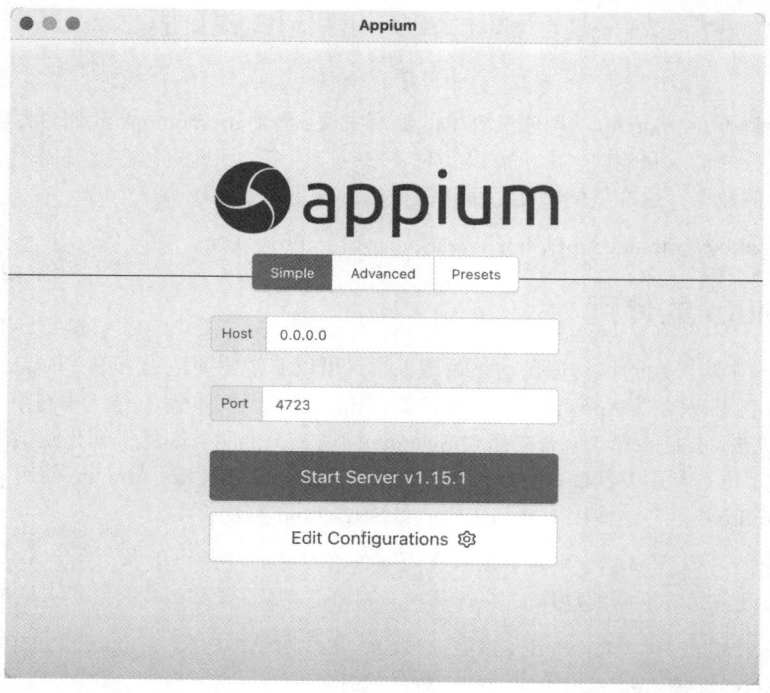

图 12-42　Appium 的启动界面

　　直接点击 Start Server v1.15.1 按钮即可启动 Appium 服务，这就相当于开启了一个 Appium 服务器。我们可以通过 Appium 内置的驱动器或 Python 代码向 Appium 服务发送一系列操作指令，它会根据不同的指令驱动移动设备完成不同的动作。Appium 启动后的运行界面如图 12-43 所示。

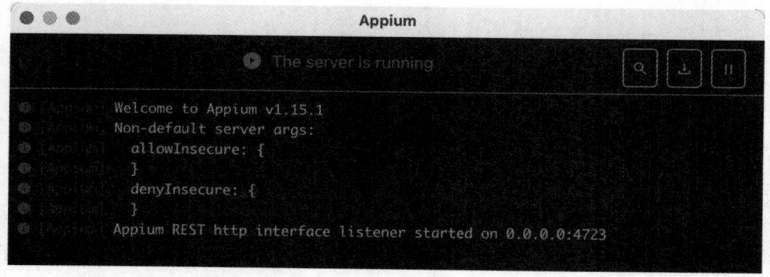

图 12-43　Appium 启动后的运行界面

　　Appium 正在监听 4723 端口，我们向此端口对应的服务接口发送操作指令，运行界面就会显示这个过程的操作日志。可以输入 adb 命令测试和手机的连接情况，命令如下：

```
adb devices -l
```

如果输出结果类似下面这样，说明电脑已经正确连接手机：

```
List of devices attached
R5CN30RMOQL   device usb:338690048X product:y2qzcx model:SM_G9860 device:y2q transport_id:1
```

　　其中 model 是设备的名称，就是即将会介绍到的 deviceName，对于不同的手机其结果不同，请以自己的结果为准。

> **注意** 这步一定是成功获取了设备信息才能证明电脑和手机连接成功了。如果提示找不到 adb 命令，那么请检查 Android 开发环境和环境变量是否配置成功。如果可以成功调用 adb 命令但不显示设备信息，那么请检查手机和电脑的连接情况，如 USB 调试功能是否开启等。

接下来用 Appium 内置的驱动器打开 App，点击运行界面右上方的 Start Inspector Session 按钮，如图 12-44 所示。

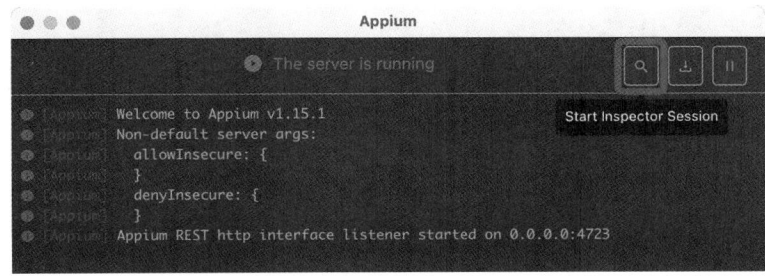

图 12-44　操作示例

会打开一个配置页面，如图 12-45 所示。

我们需要在这里配置启动 App 时的 Desired Capabilities 参数，包括 platformName、deviceName、appPackage 和 appActivity。

- platformName：平台名称，取值有 Android 和 iOS，此处填写 Android。
- deviceName：设备名称，是手机的具体类型，即刚才获取的 model 值。
- appPackage：App 包名，示例 App 的包名为 com.goldze.mvvmhabit。
- appActivity：入口 Activity 名，示例 App 的入口 Activity 名为 .ui.MainActivity。
- noReset：不重置 App 的状态，此处需要填 true，如果不填，那么每次打开 App 都和新安装时一样。例如启动了微信，而此参数没有设置，就会变成未登录状态。

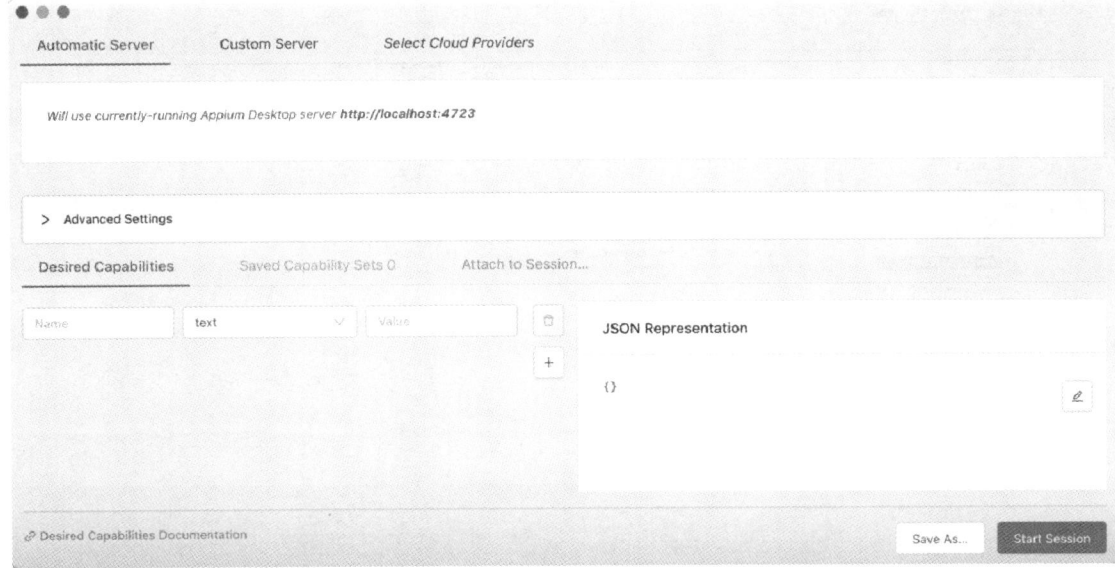

图 12-45　配置页面

当前配置页面的左下角链接了包含更多配置参数相关说明的文档，大家可以参考该文档配置更多的参数。

不同 App 的 appPackage 和 appActivity 是不一样的，如果不知道它们的值，可以用 jadx（https://github.com/skylot/jadx）这样的工具解析 App 安装包中的 AndroidManifest.xml 文件获取。例如这里用 jadx 工具打开示例 App，就可以看到它的 AndroidManifest.xml 文件，如图 12-46 所示。

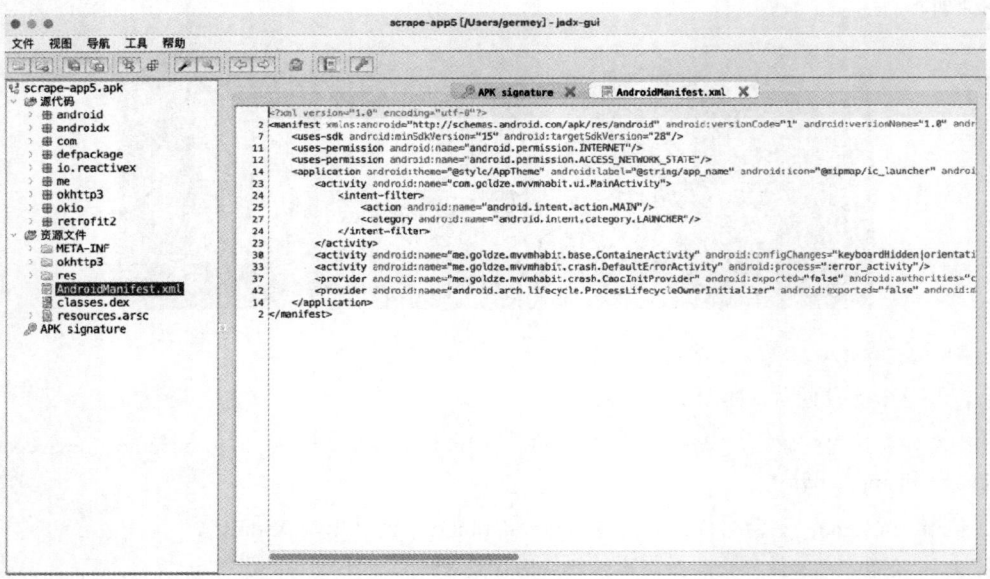

图 12-46　app5 的 AndroidManifest.xml 文件

appPackage 的值就是 manifest 根节点的 package 属性，这里它的值就是 com.goldze.mvvmhabit，如图 12-47 所示。

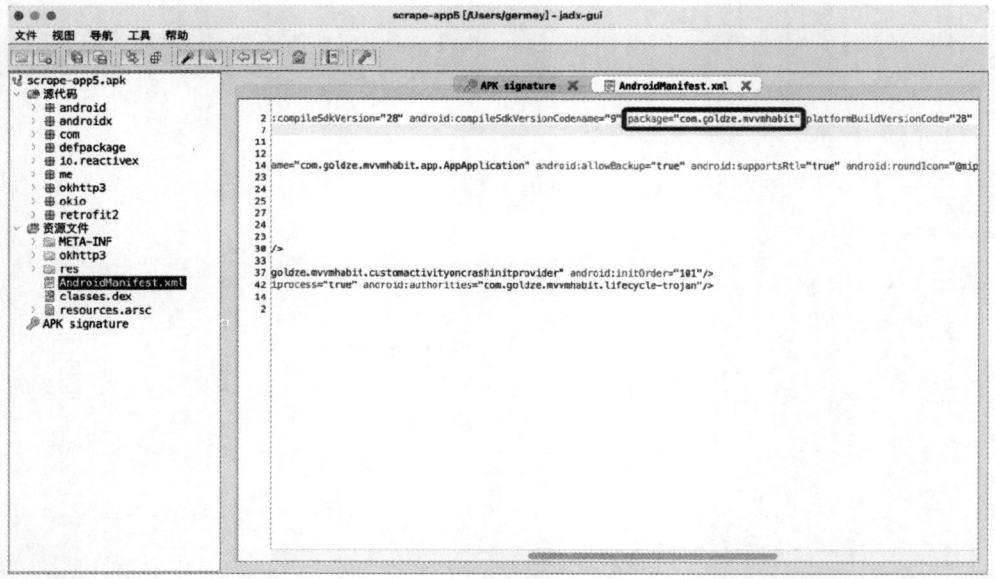

图 12-47　manifest 根节点的 package 属性值

可以看到，AndroidManifest.xml 文件中有很多个 activity 节点，其中一个包含如下关键内容：

```
<intent-filter>
    <action android:name="android.intent.action.MAIN" />
    <category android:name="android.intent.category.LAUNCHER" />
</intent-filter>
```

这 4 行内容代表 app5 在启动时会启动该 activity 节点中声明的 Activity 对应的页面，找到该 activity 节点中的 android:name 属性值，这里就是 com.goldze.mvvmhabit.ui.MainActivity，如图 12-48 所示。

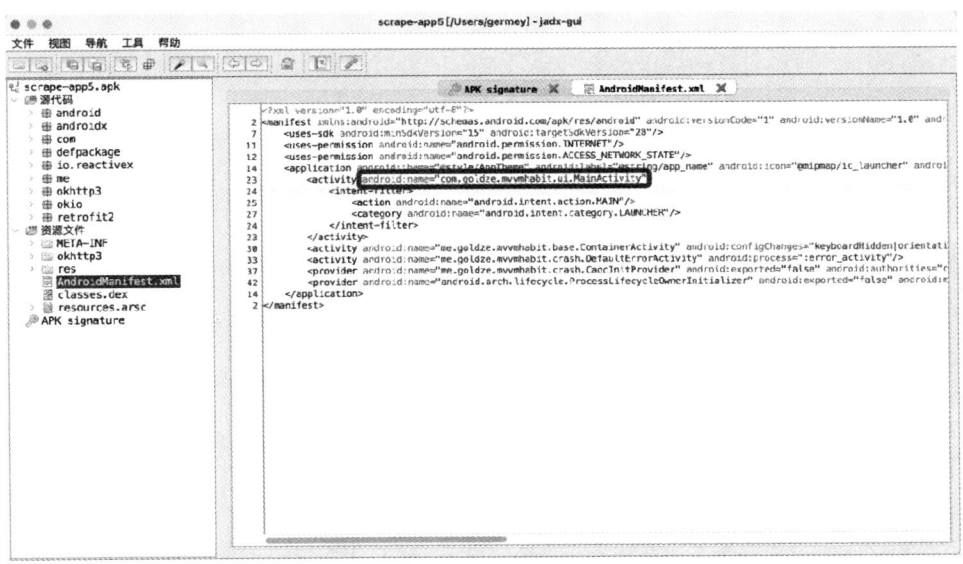

图 12-48　activity 节点中的 android:name 属性

在 Appium 配置的时候，需要去掉属性值里前面的 **appPackage** 信息，于是结果为 .ui.MainActivity。接下来在 Appium 中加入上面 5 个配置，如图 12-49 所示。

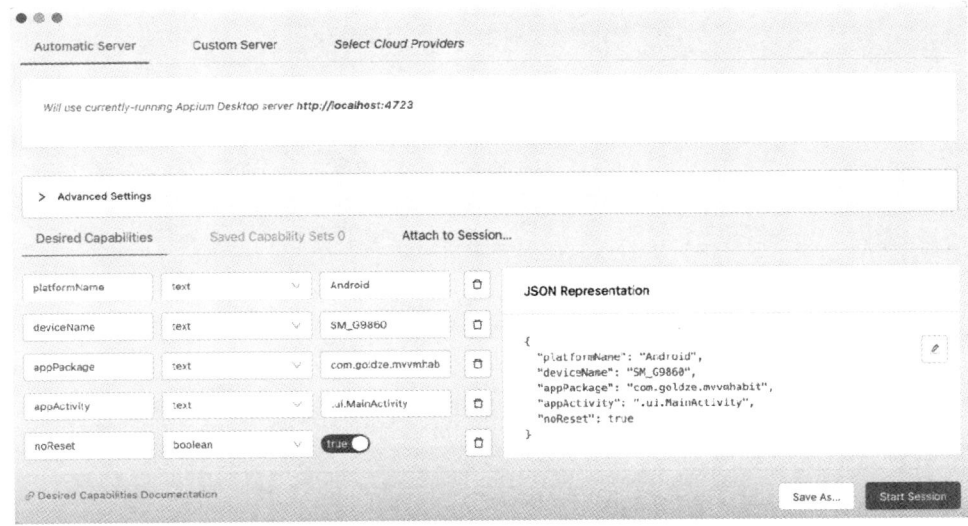

图 12-49　配置信息

556 | 第 12 章 App 数据的爬取

点击 Save As... 按钮将配置信息保存下来，以后就可以继续使用这个配置。然后点击 Start Session 按钮，即可启动 Android 手机上的 App 并进入启动页面。同时，电脑端会弹出一个调试窗口，我们可以从这个窗口预览当前的手机页面，以及查看页面源代码，如图 12-50 所示。

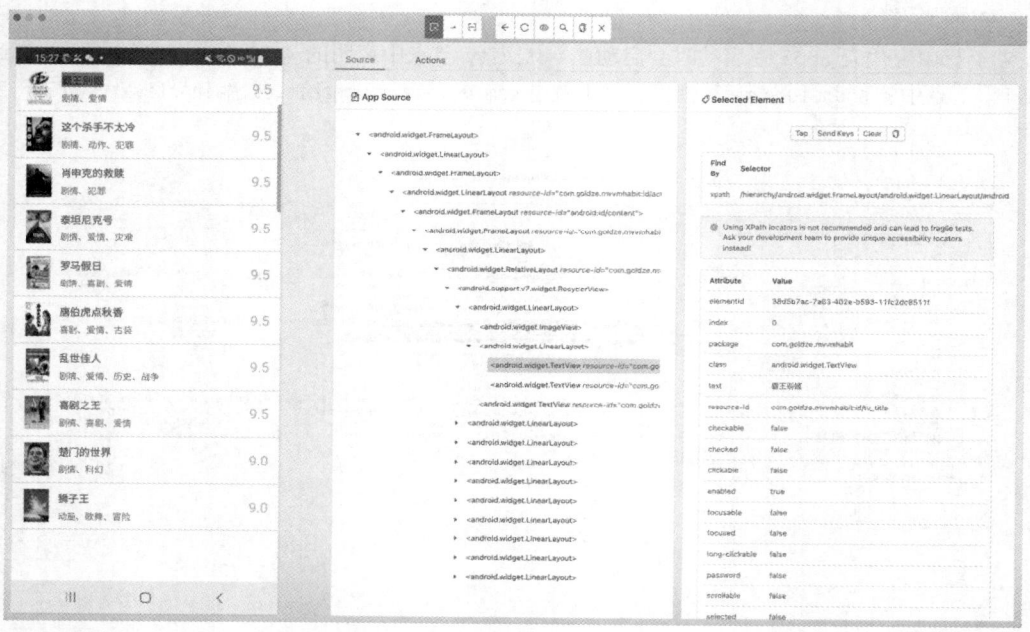

图 12-50　电脑端弹出的调试窗口

点击左栏中手机页面的某个元素，它就会高亮显示，如这里的电影名称"霸王别姬"。这时中间栏会显示它对应的源代码；右栏会显示它的基本信息，如 index、class、text 等。我们还可以在右栏执行一些操作，如 Tap、Send Keys、Clear，现在点击右栏的 Tap 按钮，即执行点击操作，如图 12-51 所示。

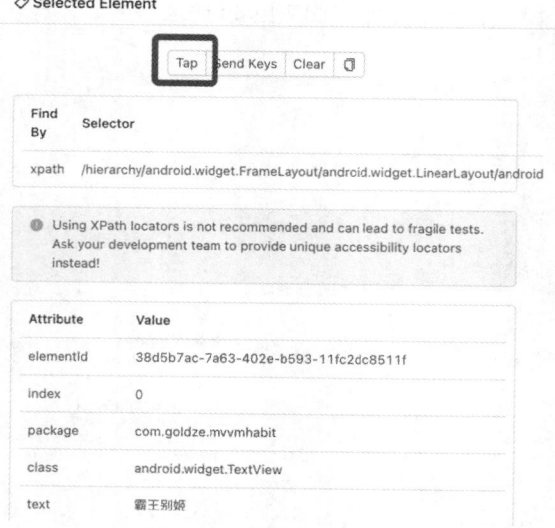

图 12-51　点击 Tap 按钮

可以发现电脑端的页面发生了变化，如图 12-52 所示。

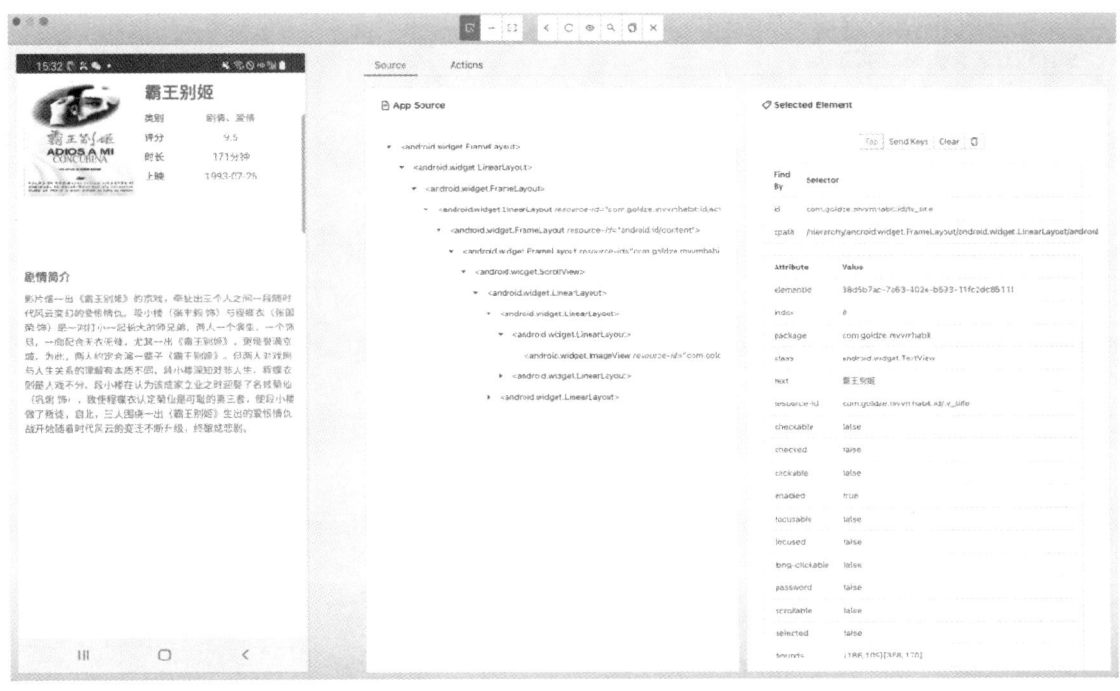

图 12-52　电脑端的页面发生变化

左栏的手机页面跳转到了《霸王别姬》电影的详情页，中间栏的 Source 面板显示了当前页面的节点信息。那怎么返回呢？点击中间栏上方的 Back 按钮，如图 12-53 所示。

这时就返回首页了。Appium 还提供了动作录制功能，如图 12-54 所示，点击中间栏上方的 Start Recording 按钮，Appium 就会开始录制，之后我们在窗口中操作 App 的行为都会被记录下来，Recorder 面板中可以自动生成指定语言编写的代码。

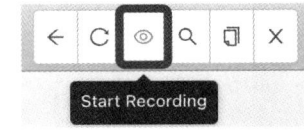

图 12-53　点击 Back 按钮返回　　　　图 12-54　点击 Start Recording 按钮录制动作

例如，点击 Start Recoding 按钮后，选中电影条目"初恋这件小事"，然后点击 Tap 按钮，再点击返回，可以看到 Appium 的 Recorder 面板中出现了这些过程的操作代码，如图 12-55 所示。

这里我们选择的语言是 Python，代码逻辑是选中某个节点然后执行点击操作，接着返回，和我们手工操作的内容一一对应。

总结一下，我们通过在电脑端弹出的调试窗口中点击不同的动作按钮，即可实现对 App 的控制，同时 Recorder 面板可以生成对应的代码。在 Appium 客户端控制和操作 App 的方法就介绍完了。

下面我们看看使用 Python 代码打开 App 的方法，这里需要借助我们已经安装好的 Appium 的 Python 库实现。首先在代码中指定一个 Appium 服务，而这个服务在刚才打开 Appium 的时候就已经开启了，运行在 4723 端口上，配置如下所示：

```
server = 'http://localhost:4723/wd/hub'
```

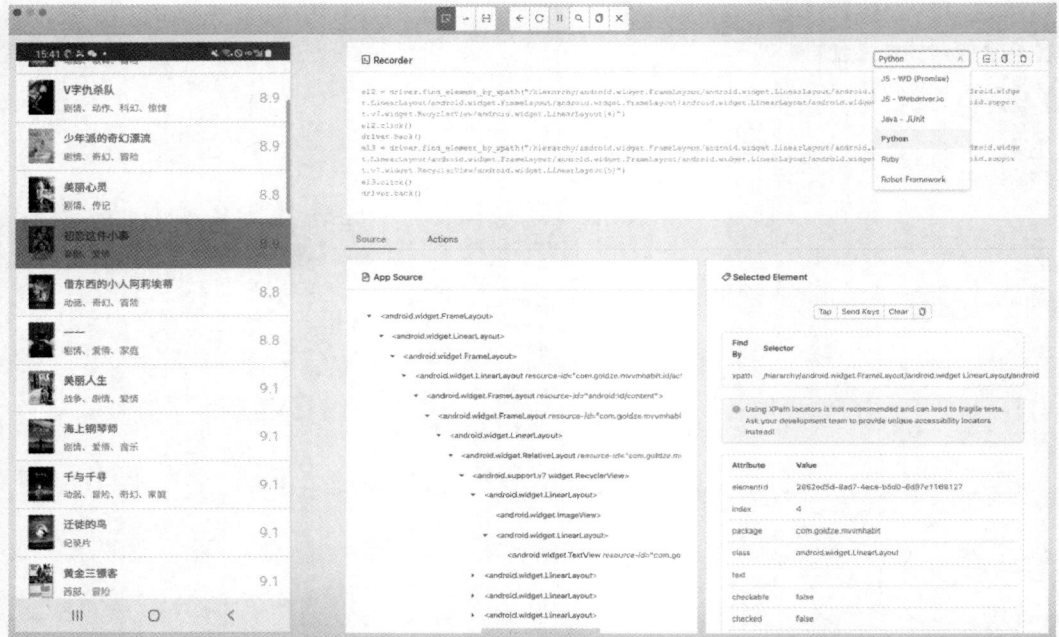

图 12-55　Recorder 面板中自动生成操作代码

接下来用字典配置 Desired Capabilities 参数，代码如下：

```
desired_capabilities = {
    "platformName": "Android",
    "deviceName": "SM_G9860",
    "appPackage": "com.goldze.mvvmhabit",
    "appActivity": ".ui.MainActivity",
    "noReset": True
}
```

新建一个 Session，这和点击 Appium 内置驱动器的 Start Session 按钮功能相同，代码实现如下：

```
from appium import webdriver

driver = webdriver.Remote(server, desired_capabilities)
```

配置完成后，运行代码就可以启动示例 App 了，但现在仅仅能启动 App，还不能做任何动作。接下来实现一个加载等待和下拉的逻辑：

```
from selenium.webdriver.common.by import By
from selenium.webdriver.support import expected_conditions as EC
from selenium.webdriver.support.ui import WebDriverWait

wait = WebDriverWait(driver, 30)
wait.until(EC.presence_of_all_elements_located(
    (By.XPATH, '//android.support.v7.widget.RecyclerView/android.widget.LinearLayout')))
window_size = driver.get_window_size()
width, height = window_size.get('width'), window_size.get('height')
driver.swipe(width * 0.5, height * 0.8, width * 0.5, height * 0.2, 1000)
```

这段代码先确保所有电影条目加载成功。因为一个电影条目对应一个 android.widget.LinearLayout 节点，这些节点的父节点是 android.support.v7.widget.RecyclerView，所以这里构造了一个取值为 //android.support.v7.widget.RecyclerView/android.widget.LinearLayout 的 XPath，用来查找每个电影条目，外层 presence_of_all_elements_located 的意思是确保所有电影条目都加载出来，其外再套一层 WebDriverWait 对象的 until 方法，设置加载的超时时间为 30 秒。于是，最长会等待 30 秒，如果这期间所有电影条目都加载出来，就立即向下执行，如果没有加载成功，就代表数据加载失败，抛出超时异常。

接着获取了手机页面的宽高信息，然后调用 swipe 方法执行了一次屏幕滑动，这个方法接收 5 个参数，分别是 x1、y1、x2、y2、duration。其中 x1、y1 标识了滑动的初始位置，x2、y2 标识了滑动的结束位置，分别是两个位置相对屏幕左上角的横纵坐标，左上角的坐标是 (0, 0)，向右为 x 轴的正方向，向下为 y 轴的正方向。这里设置 x1 为手机页面宽度的 0.5 倍，设置 y1 为手机页面高度的 0.8 倍，x2 同样为手机页面宽度的 0.5 倍，y2 则是手机页面高度的 0.3 倍。duration 是滑动时间，这里设置为 1000（单位为毫秒），即 1 秒。滑动效果如图 12-56 中的红色箭头所示。

我们模拟了垂直向上滑动，触发加载下一页数据的过程。综上所述，完整的代码如下：

```python
from appium import webdriver
from selenium.webdriver.common.by import By
from selenium.webdriver.support import expected_conditions as EC
from selenium.webdriver.support.ui import WebDriverWait

server = 'http://localhost:4723/wd/hub'

desired_capabilities = {
    "platformName": "Android",
    "deviceName": "SM_G9860",
    "appPackage": "com.goldze.mvvmhabit",
    "appActivity": ".ui.MainActivity",
    "noReset": True
}

driver = webdriver.Remote(server, desired_capabilities)
wait = WebDriverWait(driver, 30)
wait.until(EC.presence_of_all_elements_located(
    (By.XPATH, '//android.support.v7.widget.RecyclerView/android.widget.LinearLayout')))
window_size = driver.get_window_size()
width, height = window_size.get('width'), window_size.get('height')
driver.swipe(width * 0.5, height * 0.8, width * 0.5, height * 0.2, 1000)
```

图 12-56　滑动效果

重新运行代码，App 会重启，首页的电影数据加载出来之后，屏幕会向上滑动一下，接着第 2 页电影数据成功加载出来。

3. Appium 的相关 API

本节我们来总结一下 Appium 的相关 API 怎么用。使用的 Python 库是 AppiumPythonClient（https://github.com/appium/python-client），此库继承自 Selenium，因此使用方法与 Selenium 有很多共同之处。

- **初始化**

需要先配置启动 App 的 Desired Capabilities 参数，完整的配置说明可以参考 https://github.com/appium/appium/blob/master/docs/en/writing-running-appium/caps.md，一般配置几个基本参数即可：

```python
from appium import webdriver

server = 'http://localhost:4723/wd/hub'
desired_capabilities = {
    "platformName": "Android",
    "deviceName": "SM_G9860",
```

```
    "appPackage": "com.goldze.mvvmhabit",
    "appActivity": ".ui.MainActivity",
    "noReset": True
}
driver = webdriver.Remote(server, desired_capabilities)
```

这样 Appium 就会自动按照 Desired Capabilities 参数设置的内容查找手机上的包名和入口类,然后将 App 启动。如果没有事先在手机上安装要打开的 App,可以直接指定参数 app 为安装包所在的路径,这样程序启动时就会自动在手机上安装并启动 App,代码如下:

```
from appium import webdriver

server = 'http://localhost:4723/wd/hub'
desired_capabilities = {
    'platformName': 'Android',
    'deviceName': 'SM_G9860',
    'app': './scrape_app5.apk'
}
driver = webdriver.Remote(server, desired_capabilities)
```

- **查找节点**

可以使用和 Selenium 类似的通用查找方法来查找节点,代码如下:

```
el = driver.find_element_by_id('<package>:id/<id>')
```

Selenium 中其他用来查找节点的方法在此处也同样适用,不再赘述。还可以使用 UIAutomator 查找节点,针对 Android 平台的代码如下:

```
el = self.driver.find_element_by_android_uiautomator('new UiSelector().description("Animation")')
els = self.driver.find_elements_by_android_uiautomator('new UiSelector().clickable(true)')
```

针对 iOS 平台的代码如下:

```
el = self.driver.find_element_by_ios_uiautomation('.elements()[0]')
els = self.driver.find_elements_by_ios_uiautomation('.elements()')
```

此外,使用 iOS Predicates 查找节点的代码如下:

```
el = self.driver.find_element_by_ios_predicate('wdName == "Buttons"')
els = self.driver.find_elements_by_ios_predicate('wdValue == "SearchBar" AND isWDDivisible == 1')
```

使用 iOS Class Chain 查找节点的代码如下:

```
el = self.driver.find_element_by_ios_class_chain('XCUIElementTypeWindow/XCUIElementTypeButton[3]')
els = self.driver.find_elements_by_ios_class_chain('XCUIElementTypeWindow/XCUIElementTypeButton')
```

注意这种方法只适用于 XCUITest 驱动,具体可以参考 https://github.com/appium/appium-xcuitest-driver。

- **点击屏幕**

可以使用 tap 方法模拟点击操作,该方法能够模拟手指点击(最多五个手指),设置和屏幕的接触时长(单位为毫秒),定义如下:

```
tap(self, positions, duration=None)
```

参数有 positions 和 duration。

- positions:点击位置组成的列表。
- duration:点击持续的时间。

实例如下:

```
driver.tap([(100, 20), (100, 60), (100, 100)], 500)
```

运行这行代码,就可以模拟点击手机页面中几个指定位置的点。另外,我们可以直接调用 cilck 方法模拟点击某个节点(如按钮)的操作,实例如下:

```
button = find_element_by_id('<package>:id/<id>')
button.click()
```

这里先获取节点，然后调用 click 方法模拟点击该节点。

- **屏幕滑动**

可以使用 scroll 方法模拟屏幕滑动，其定义如下：

```
scroll(self, origin_el, destination_el)
```

表示从元素 origin_el 滑动至元素 destination_el。

实例如下：

```
driver.scroll(el1, el2)
```

还可以使用 swipe 方法模拟从 A 点滑动到 B 点的动作，这个方法之前已经应用过，其定义如下：

```
swipe(self, start_x, start_y, end_x, end_y, duration=None)
```

参数有 start_x、start_y、end_x、end_y 和 duration。

- start_x：开始位置的横坐标。
- start_y：开始位置的纵坐标。
- end_x：结束位置的横坐标。
- end_y：结束位置的纵坐标。
- duration：持续时间，单位为毫秒。

实例如下：

```
driver.swipe(100, 100, 100, 400, 5000)
```

运行这行代码，可以在 5 秒内由点(100, 100)滑动到点(100, 400)。另外可以使用 flick 方法模拟从 A 点快速滑动到 B 点的动作，用法如下：

```
flick(self, start_x, start_y, end_x, end_y)
```

参数有 start_x、start_y、end_x 和 end_y。

- start_x：开始位置的横坐标。
- start_y：开始位置的纵坐标。
- end_x：结束位置的横坐标。
- end_y：结束位置的纵坐标。

实例如下：

```
driver.flick(100, 100, 100, 400)
```

- **拖动**

可以使用 drag_and_drop 方法模拟把一个节点拖动到另一个节点处的动作，其用法如下：

```
drag_and_drop(self, origin_el, destination_el)
```

可以把节点 origin_el 拖动到节点 destination_el 处。

参数有 origin_el 和 destination_el。

- original_el：被拖动的节点。
- destination_el：目标节点。

实例如下：

```
driver.drag_and_drop(el1, el2)
```

- **文本输入**

可以使用 set_text 方法模拟文本输入，实例如下：

```
el = find_element_by_id('<package>:id/cjk')
el.set_text('Hello')
```

这里先选中一个文本框元素，然后调用 set_text 方法输入文本。

- **动作链**

与 Selenium 中的 ActionChains 类似，Appium 中的 TouchAction 可支持 tap、press、long_press、release、move_to、wait、cancel 等方法，实例如下：

```
el = self.driver.find_element_by_accessibility_id('Animation')
action = TouchAction(self.driver)
action.tap(el).perform()
```

这里首先选中一个节点，然后利用 TouchAction 点击此节点。如果想实现拖动操作，可以这样：

```
els = self.driver.find_elements_by_class_name('listView')
a1 = TouchAction()
a1.press(els[0]).move_to(x=10, y=0).move_to(x=10, y=-75).move_to(x=10, y=-600).release()
a2 = TouchAction()
a2.press(els[1]).move_to(x=10, y=10).move_to(x=10, y=-300).move_to(x=10, y=-600).release()
```

利用本节所讲的 API，可以完成绝大部分自动化操作。更多的 API 详情可以参考 https://appium.io/docs/en/about-appium/api/。

4. 总结

本节我们主要了解了 Appium 操作 App 的基本用法，以及常用 API 的用法，在 12.5 节我们会用一个实例演示 Appium 的使用方法。

本节代码见 https://github.com/Python3WebSpider/AppiumTest。

12.5 基于 Appium 的 App 爬取实战

本节中我们会完整地讲述如何用 Appium 爬取一个 App。

1. 准备工作

本节的准备工作和 12.4 节基本一样，请参考那里。

另外，本节会用到一个日志输出库 loguru，可以使用 pip3 工具安装：

```
pip3 install loguru
```

2. 思路分析

首先，我们观察一下整个 app5 的交互流程，其首页分条显示了电影数据，每个电影条目都包括封面、标题、类别和评分 4 个内容，点击一个电影条目，就可以看到这个电影的详情介绍，包括标题、类别、上映时间、评分、时长、电影简介等内容。

可见详情页的内容远比首页丰富，我们需要依次点击每个电影条目，抓取看到的所有内容，把所有电影条目的信息都抓取下来后回退到首页。

另外，首页一开始只显示 10 个电影条目，需要上拉才能显示更多数据，一共 100 条数据。所以为了爬取所有数据，我们需要在适当的时候模拟手机的上拉操作，以加载更多数据。

综上，这里总结出基本的爬取流程。

- 遍历现有的电影条目，依次模拟点击每个电影条目，进入详情页。

- 爬取详情页的数据，爬取完毕后模拟点击回退按钮的操作，返回首页。
- 当首页的所有电影条目即将爬取完毕时，模拟上拉操作，加载更多数据。
- 在爬取过程中，将已经爬取的数据记录下来，以免重复爬取。
- 100 条数据全部爬取完毕后，终止爬取。

3. 基本实现

现在我们着手实现整个爬取流程吧。

在编写代码的过程中，我们依然需要用 Appium 观察现有 App 的源代码，以便编写节点的提取规则。和 12.4 节类似，启动 Appium 服务，然后启动 Session，打开电脑端的调试窗口，如图 12-57 所示。

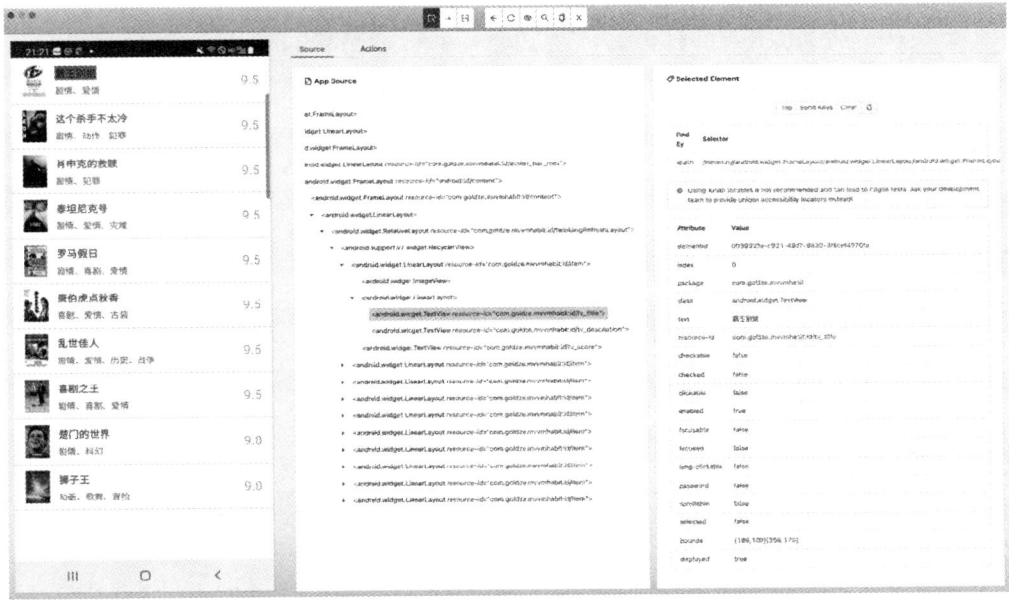

图 12-57　电脑端的调试窗口

首先观察一下首页各个电影条目对应的 UI 树是怎样的。通过观察源代码可以发现，每个电影条目都是一个 android.widget.LinearLayout 节点，该节点带有一个属性 resource-id 为 com.goldze.mvvmhabit:id/item，条目内部的标题是一个 android.widget.TextView 节点，该节点带有一个属性 resource-id，属性值是 com.goldze.mvvmhabit:id/tv_title。我们可以先选中所有的电影条目节点，同时记录电影标题以去重。

> **注意**　这时可能有读者会疑惑，为什么要去重呢？因为对于已经被渲染出来但是没有呈现在屏幕上的节点，我们是无法获取其信息的。在不断上拉爬取的过程中，我们在同一时刻只能获取屏幕中能看到的所有电影条目节点，被滑动出屏幕外的节点已经获取不到了。所以需要记录一下已经爬取的电影条目节点，以便下次滑动完毕后可以接着上一次爬取。由于此案例中的电影标题不存在重复，因此我们就用它来实现记录和去重。

接下来做一些初始化声明：

```
from appium import webdriver
from selenium.webdriver.common.by import By
from selenium.webdriver.support import expected_conditions as EC
from selenium.webdriver.support.ui import WebDriverWait
```

```python
from selenium.common.exceptions import NoSuchElementException

SERVER = 'http://localhost:4723/wd/hub'
DESIRED_CAPABILITIES = {
    "platformName": "Android",
    "deviceName": "SM_G9860",
    "appPackage": "com.goldze.mvvmhabit",
    "appActivity": ".ui.MainActivity",
    "noReset": True
}
PACKAGE_NAME = DESIRED_CAPABILITIES['appPackage']
TOTAL_NUMBER = 100
```

这里我们首先声明了 SERVER 变量,即 Appium 在本地启动的服务地址。接着声明了 DESIRED_CAPABILITIES,这就是 Appium 启动示例 App 的配置参数,其中的 deviceName 需要更改成自己手机的 model 名称,具体的获取方式可以参考 12.4 节的内容。另外,这里额外声明了一个变量 PACKAGE_NAME,即包名,这是为后续编写获取节点的逻辑准备的。最后声明 TOTAL_NUMBER 为 100,代表电影条目的总数为 100,之后以此作为判断爬取终止的条件。

接下来,我们声明 driver 对象,并初始化一些必要的对象和变量:

```python
driver = webdriver.Remote(SERVER, DESIRED_CAPABILITIES)
wait = WebDriverWait(driver, 30)
window_size = driver.get_window_size()
window_width, window_height = window_size.get('width'), window_size.get('height')
```

这里的 wait 变量就是一个 WebDriverWait 对象,调用它的 until 方法可以实现如果查找到目标节点就立即返回,如果等待 30 秒还查找不到目标节点就抛出异常。我们还声明了 window_width、window_height 变量,分别代表屏幕的宽、高。

初始化的工作完成,下面先爬取首页的所有电影条目:

```python
def scrape_index():
    items = wait.until(EC.presence_of_all_elements_located(
        (By.XPATH, f'//android.widget.LinearLayout[@resource-id="{PACKAGE_NAME}:id/item"]')))
    return items
```

这里实现了一个 scrape_index 方法,使用 XPath 选择对应的节点,开头的 // 代表匹配根节点的所有子孙节点,即所有符合后面条件的节点都会被筛选出来,这里对节点名称 android.widget.LinearLayout 和属性 resource-id 进行了组合匹配。在外层调用了 wait 变量的 until 方法,最后的结果就是如果符合条件的节点加载出来,就立即把这个节点赋值为 items 变量,并返回 items,否则抛出超时异常。

所以在正常情况下,使用 scrape_index 方法可以获得首页上呈现的所有电影条目的数据。

接下来就可以定义一个 main 方法来调用 scrape_index 方法了:

```python
from loguru import logger

def main():
    elements = scrape_index()
    for element in elements:
        element_data = scrape_detail(element)
        logger.debug(f'scraped data {element_data}')

if __name__ == '__main__':
    main()
```

这里在 main 方法中首先调用 scrape_index 方法提取了当前首页的所有节点,然后遍历这些节点,并想通过一个 scrape_detail 方法提取每部电影的详情信息,最后返回并输出日志。

那么问题明确了,scrape_detail 方法如何实现?大致思考一下,可以想到该方法需要做到如下三件事情。

- 模拟点击 element，即首页的电影条目节点。
- 进入详情页后爬取电影信息。
- 点击回退按钮后返回首页。

所以，这个方法实现为：

```
def scrape_detail(element):
    logger.debug(f'scraping {element}')
    element.click()
    wait.until(EC.presence_of_element_located(
        (By.ID, f'{PACKAGE_NAME}:id/detail')))
    title = wait.until(EC.presence_of_element_located(
        (By.ID, f'{PACKAGE_NAME}:id/title'))).get_attribute('text')
    categories = wait.until(EC.presence_of_element_located(
        (By.ID, f'{PACKAGE_NAME}:id/categories_value'))).get_attribute('text')
    score = wait.until(EC.presence_of_element_located(
        (By.ID, f'{PACKAGE_NAME}:id/score_value'))).get_attribute('text')
    minute = wait.until(EC.presence_of_element_located(
        (By.ID, f'{PACKAGE_NAME}:id/minute_value'))).get_attribute('text')
    published_at = wait.until(EC.presence_of_element_located(
        (By.ID, f'{PACKAGE_NAME}:id/published_at_value'))).get_attribute('text')
    drama = wait.until(EC.presence_of_element_located(
        (By.ID, f'{PACKAGE_NAME}:id/drama_value'))).get_attribute('text')
    driver.back()
    return {
        'title': title,
        'categories': categories,
        'score': score,
        'minute': minute,
        'published_at': published_at,
        'drama': drama
    }
```

实现该方法需要先弄清楚详情页每个节点对应的节点名称、属性都是怎样的，于是再次打开调试窗口，点击一个电影标题进入详情页，查看其 DOM 树，如图 12-58 所示。

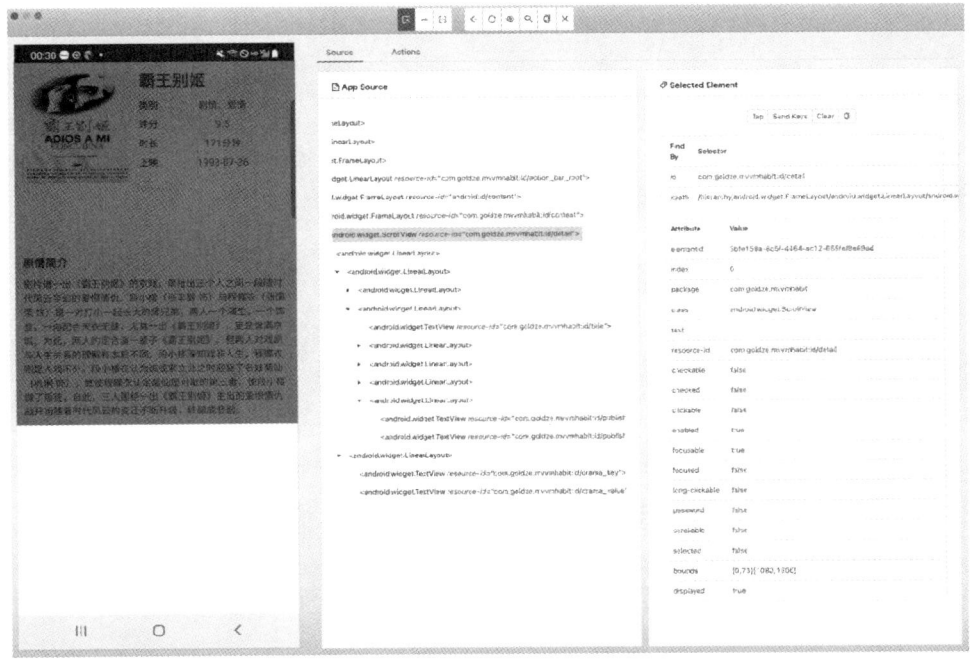

图 12-58　进入详情页

可以观察到整个详情页对应一个 android.widget.ScrollView 节点，其包含的 resource-id 属性值为 com.goldze.mvvmhabit:id/detail。详情页上的标题、类别、评分、时长、上映时间、剧情简介也都有各自的节点名称和 resource-id，这里不展开描述了，从 Appium 的 Source 面板里面即可查看。

在 scrape_detail 方法中，首先调用 element 的 click 方法进入对应的详情页，然后等待整个详情页的信息（即 com.goldze.mvvmhabit:id/detail）加载出来，之后顺次爬取了标题、类别、评分、时长、上映时间、剧情简介，爬取完毕后模拟点击回退按钮，最后将所有爬取的内容构成一个字典返回。

其实到现在，我们已经可以成功获取首页最开始加载的几条电影信息了，运行一下代码，返回结果如下：

```
2021-02-24 00:35:42.929 | DEBUG    | __main__:scrape_detail:31 - scraping <appium.webdriver.webelement.
WebElement (session="14f506d1-248f-438e-918b-382cb5ceb6aa", element="eb3e768f-37ef-4c7d-9d3b-3fdcd84b6101")>
2021-02-24 00:35:44.512 | DEBUG    | __main__:main:68 - scraped data {'title': '霸王别姬', 'categories': '
剧情、爱情', 'score': '9.5', 'minute': '171 分钟', 'published_at': '1993-07-26', 'drama': '影片借一出《霸
王别姬》的京戏，牵扯出三个人之间一段随时代风云变幻的爱恨情仇。段小楼（张丰毅 饰）与程蝶衣（张国荣 饰）是一
对打小一起长大的师兄弟，两人一个演生，一个饰旦，一向配合天衣无缝，...'}
2021-02-24 00:35:44.513 | DEBUG    | __main__:scrape_detail:31 - scraping <appium.webdriver.webelement.
WebElement (session="14f506d1-248f-438e-918b-382cb5ceb6aa", element="62a0c23e-d0db-4428-93ad-754ca4f67e6a")>
```

4. 上拉加载更多数据

现在在上面代码的基础上，加入上拉加载更多数据的逻辑，因此需要判断在什么时候上拉加载数据。想想我们平时在浏览数据的时候是怎么操作的呢？一般是在即将看完的时候上拉，那这里也一样，可以让程序在遍历到位于偏下方的电影条目时开始上拉。例如，当爬取的节点对应的电影条目差不多位于页面高度的 80% 时，就触发上拉加载。将 main 方法改写如下：

```python
def main():
    elements = scrape_index()
    for element in elements:
        element_location = element.location
        element_y = element_location.get('y')
        if element_y / window_height > 0.8:
            logger.debug(f'scroll up')
            scroll_up()
        element_data = scrape_detail(element)
        logger.debug(f'scraped data {element_data}')
```

这里在遍历时判断了 element 的位置，获取了其 y 坐标值，当该值小于页面高度的 80% 时，触发上拉加载，加载方法是 scroll_up，其定义如下：

```python
def scroll_up():
    driver.swipe(window_width * 0.5, window_height * 0.8,
                 window_width * 0.5, window_height * 0.5, 1000)
```

这个上拉逻辑的实现和 12.4 节基本一样，只是上拉动作的起始位置和结束位置有所变化。这样，在爬取过程中就可以自动触发下一页电影条目的加载了。

5. 去重、终止和保存数据

在本节开始部分我们曾提到，需要额外添加根据标题进行去重和判断终止的逻辑，所以在遍历首页中每个电影条目的时候还需要提取一下标题，然后将其存入一个全局变量中：

```python
def get_element_title(element):
    try:
        element_title = element.find_element_by_id(f'{PACKAGE_NAME}:id/tv_title').get_attribute('text')
        return element_title
    except NoSuchElementException:
        return None
```

这里定义了一个 get_element_title 方法，该方法接收一个 element 参数，即首页电影条目对应的节点对象，然后提取其标题文本并返回。最后将 main 方法修改如下：

```python
scraped_titles = []

def main():
    while len(scraped_titles) < TOTAL_NUMBER:
        elements = scrape_index()
        for element in elements:
            element_title = get_element_title(element)
            if not element_title or element_title in scraped_titles:
                continue
            element_location = element.location
            element_y = element_location.get('y')
            if element_y / window_height > 0.8:
                logger.debug(f'scroll up')
                scroll_up()
            element_data = scrape_detail(element)
            scraped_titles.append(element_title)
            logger.debug(f'scraped data {element_data}')
```

这里在 main 方法里添加了 while 循环，如果爬取的电影条目数量尚未达到目标数量 TOTAL_NUMBER，就接着爬取，直到爬取完毕。其中就调用 get_element_title 方法提取了电影标题，然后将已经爬取的电影标题存储在全局变量 scraped_titles 中，如果经判断，当前节点对应的电影已经爬取过了，就跳过，否则接着爬取，爬取完毕后将标题存到 scraped_titles 变量里，这样就实现去重了。

6. 保存数据

最后，可以再添加一个保存数据的逻辑，将爬取的数据保存到本地 movie 文件夹中，数据以 JSON 形式保存，代码如下：

```python
import os
import json

OUTPUT_FOLDER = 'movie'
os.path.exists(OUTPUT_FOLDER) or os.makedirs(OUTPUT_FOLDER)

def save_data(element_data):
    with open(f'{OUTPUT_FOLDER}/{element_data.get("title")}.json', 'w', encoding='utf-8') as f:
        f.write(json.dumps(element_data, ensure_ascii=False, indent=2))
        logger.debug(f'saved as file {element_data.get("title")}.json')
```

在 main 方法添加调用逻辑即可：

```python
save_data(element_data)
```

7. 运行结果

我们再运行一下 main 方法，看看最后的爬取结果：

```
2021-02-24 01:01:04.269 | DEBUG    | __main__:scrape_detail:33 - scraping <appium.webdriver.webelement.
WebElement (session="2776e217-8d9d-49b3-89ce-888bf8656c93", element="63b27a1f-8ecb-4ebb-b4c0-1621382eff4f")>
2021-02-24 01:01:05.724 | DEBUG    | __main__:main:107 - scraped data {'title': '美丽人生', 'categories': '
战争，剧情，爱情', 'score': '9.1', 'minute': '116 分钟', 'published_at': '2020-01-03', 'drama': '犹太青年
圭多（罗伯托·贝尼尼 饰）邂逅美丽的女教师朵拉（尼可莱塔·布拉斯基 饰），他彬彬有礼的向多拉鞠躬："早安！公主！"
历经诸多令人啼笑皆非的周折后，天遂人愿，...'}
2021-02-24 01:01:05.725 | DEBUG    | __main__:save_data:76 - saved as file 美丽人生.json
...
```

此时 movie 文件夹下的文件如图 12-59 所示。

图 12-59 movie 文件夹

至此，我们成功利用 Appium 爬取了示例 App 的所有电影数据，并把爬取结果保存成了 JSON 文件。

8. 总结

本节我们通过一个实战案例介绍了利用 Appium 爬取 App 数据的过程，学完这节后，App 的自动化爬取不再是难题。

本节代码见 https://github.com/Python3WebSpider/AppiumTest。

12.6 Airtest 的使用

有了 Appium，我们已经可以方便地自动化控制 App，但在使用过程中或多或少还会有些不方便的地方，例如连接的稳定性一般、提供的 API 功能有限等。

这里我们再介绍一个更好用的自动化测试工具——Airtest，它提供了一些更好用的 API，以及一个非常强大的 IDE，开发效率和响应速度与 Appium 相比也有提升。

1. Airtest 介绍

Airtest Project 是网易游戏推出的一款自动化测试框架，其项目由如下几部分构成。

- Airtest：一个跨平台的、基于图像识别的 UI 自动化测试框架，适用于游戏和 App，支持 Windows、Android 和 iOS 平台，基于 Python 实现。
- Poco：一款基于 UI 组件识别的自动化测试框架，目前支持 Unity3D、cocos2dx、Android 原生 App、iOS 原生 App 和微信小程序，也可以在其他引擎中自行接入 poco-sdk 使用，基于 Python 实现。
- AirtestIDE：提供一个跨平台的 UI 自动化测试编辑器，内置了 Airtest 和 Poco 的相关插件功能，能够快速、简单地编写 Airtest 和 Poco 代码。
- AirLab：真机自动化云测试平台，目前提供 Top 100 手机兼容性测试、海外云真机兼容性测试等服务。
- 私有化手机集群技术：从硬件到软件，提供在企业内部私有化手机集群的解决方案。

总之，Airtest 建立了一个比较完善的自动化测试方案，我们能利用它实现所见即所爬，个人认为比 Appium 更加简单易用。本节我们先简单了解 AirtestIDE 的基本使用，同时介绍一些 Airtest 和 Poco 的基本 API 用法，12.7 节用它实际爬取一个 App。

2. 准备工作

请确保已经安装好 AirtestIDE、Airtest Python 库和 Poco Python 库。

只使用 AirtestIDE 实现自动化模拟和数据爬取也是没问题的，因为它里面已经内置了 Python 模块、Airtest Python 库和 Poco Python 库，并且提供了非常便捷的可视化点选和代码生成等功能，即使使用者没有任何 Python 基础，也能自动化控制 App 和完成数据爬取。

但是对于需要爬取大量数据和控制页面跳转的场景而言，仅依靠可视化点选和自动生成代码来自动化控制 App，其实是不灵活的。进一步讲，如果我们加入一些代码逻辑，例如流程控制、循环控制语句，就可以爬取批量数据了，这时候需要依赖 Airtest、Poco 以及一些自定义逻辑和第三方库。

Airtest 的官方文档（https://airtest.doc.io.netease.com/tutorial/1_quick_start_guide/）中已经详细介绍了 Airtest 的安装方式，包括 AirtestIDE、Airtest Python 库和 Poco Python 库。所以，这里建议同时安装 AirtestIDE、Airtest 和 Poco。

安装完 AirtestIDE 之后，它还会安装一个 Python 环境，这个环境中附带安装了 Airtest Python 库和 Poco Python 库，不过这个被打包在 AirtestIDE 里面的环境，和系统里安装的 Python 环境并不是同一个，所以推荐直接使用 pip3 工具将 Airtest Python 库和 Poco Python 库安装到系统的 Python 环境下。

安装 Airtest Python 库的命令如下：

```
pip3 install airtest
```

安装 Poco Python 库的命令如下：

```
pip3 install pocoui
```

安装完成后，在 AirtestIDE 中把默认的 Python 环境由 AirtestIDE 附带的 Python 环境更换成系统的 Python 环境。打开 AirtestIDE 菜单的"选项"→"设置"，页面如图 12-60 所示。

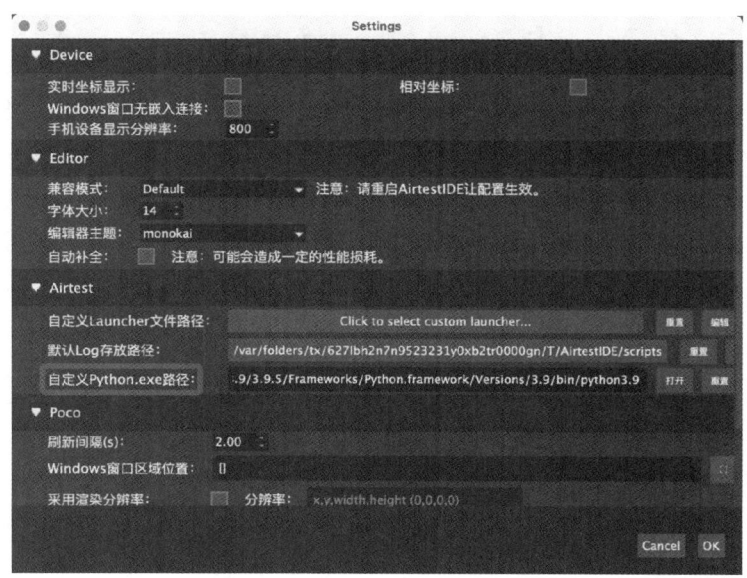

图 12-60　AirtestIDE 的设置页面

可以看到其中有一个选项是"自定义 Python.exe 路径",将其值修改为系统的 Python 路径即可,具体的设置方法可以进一步参考 https://airtest.doc.io.netease.com/IDEdocs/settings/1_ide_settings/#python。

安装好 Airtest IDE、Airtest Python 库和 Poco Python 库之后,准备一台 Android 真机或者模拟器,真机的话还需要通过 USB 线和电脑相连,确保 adb 能够正常连接到手机,具体的设置方法可以参考 https://airtest.doc.io.netease.com/tutorial/1_quick_start_guide/#_4。

如果以上的准备工作在操作过程中遇到问题,可以在 https://setup.scrape.center/airtest 参考更加详细的配置。

3. AirtestIDE 体验

我用一台 Android 真机演示 AirtestIDE 的使用方式。首先确保可以使用 adb 正常获取手机的相关信息,如执行如下命令:

```
adb devices
```

如果能正常输出手机的相关信息,则证明连接成功,示例输出如下:

```
adb server version (40) doesn't match this client (41); killing...
* daemon started successfully
List of devices attached
R5CN30RM0QL    device
```

从中能看到我的设备名称为 R5CN30RM0QL。然后启动 AirtestIDE,打开菜单中的"文件"→"新建脚本"→".air Airtest 项目",新建一个脚本,页面如图 12-61 所示。

选定一个路径,将脚本命名为 script.air,之后点击"确定",进入如图 12-62 所示的页面。

图 12-61　新建一个脚本

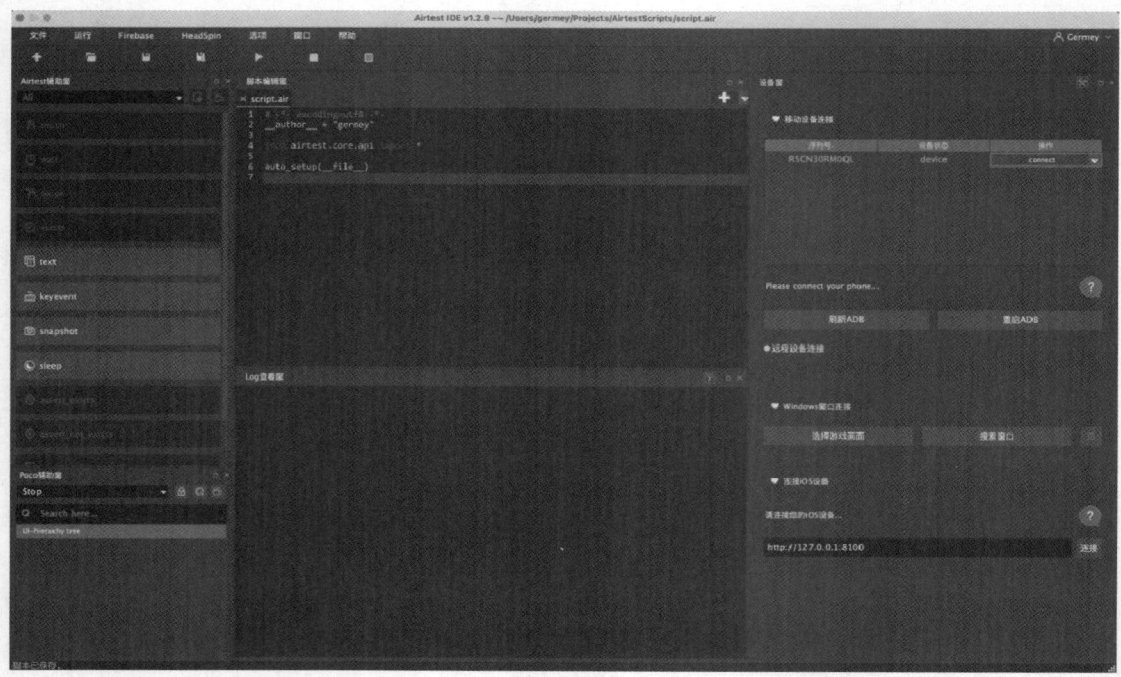

图 12-62　将脚本保存为 script.air 文件

正常情况下，在图 12-62 右侧可以看到已经连接的设备，如果没有看到，可以查看 https://airtest.doc.io.netease.com/IDEdocs/device_connection/2_android_faq/ 来排查问题出在哪。接下来点击设备列表右侧的 connect 按钮，如图 12-63 所示。

此时往往就可以在 AirtestIDE 中看到手机的屏幕了，如图 12-64 所示。

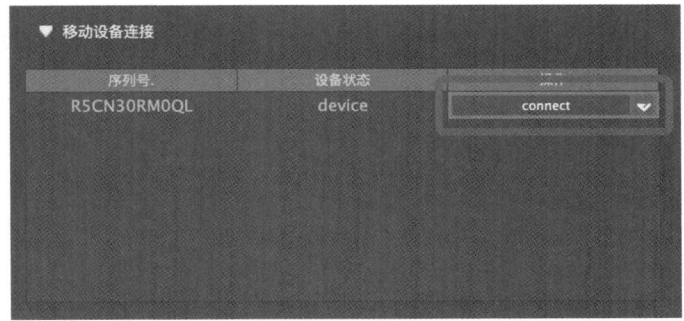

图 12-63　点击设备列表右侧的 connect 按钮

我们可以点击页面中的屏幕对手机进行控制，如果出现了连接问题，可以参考 https://airtest.doc.io.netease.com/IDEdocs/device_connection/2_android_faq/ 中的描述来排查常见问题并尝试解决。

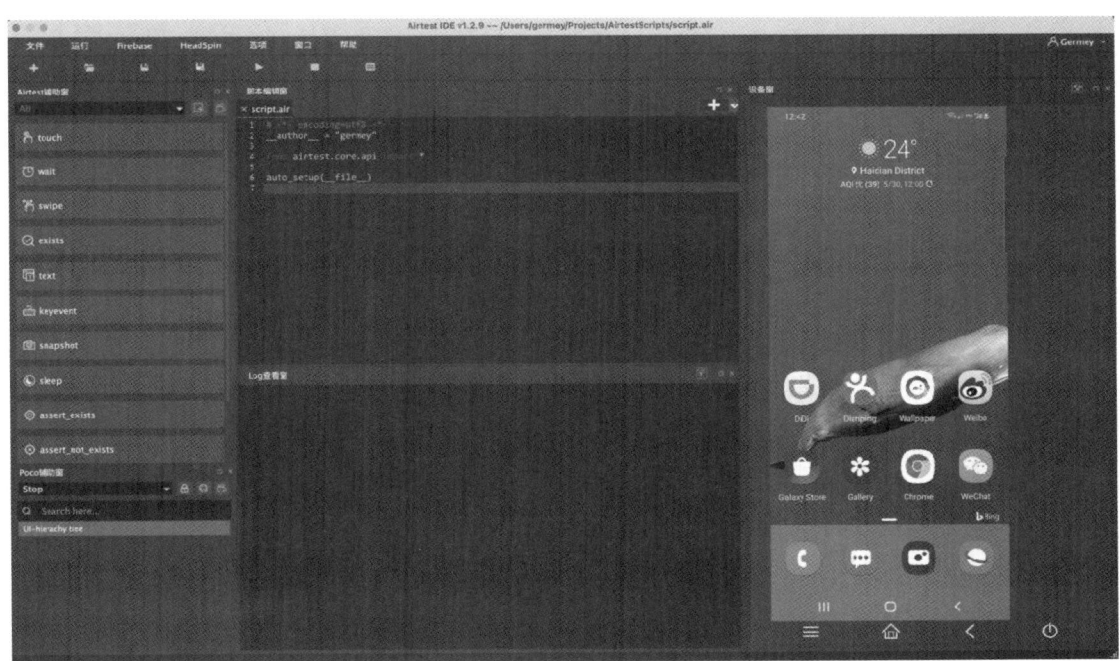

图 12-64　AirtestIDE 中出现手机屏幕

至此，请一定确保已完成的步骤都成功了，否则之后的内容将无法进行。

我们再来观察一下整个 AirtestIDE 页面，分为左、中、右三部分，以下内容为对各组件的介绍。

❏ 左侧靠上的部分是 Airtest 辅助窗，可以通过一些点选操作实现基于图像识别的自动化配置。
❏ 左侧中间偏上的部分是 Poco 辅助窗，可以通过一些点选操作实现基于 UI 组件识别的自动化配置。

- 中间靠上的部分是脚本编辑窗，即代码编写区域，可以通过 Airtest 辅助窗和 Poco 辅助窗自动生成代码，也可以自己编写代码，这个代码是基于 Python 语言的。
- 中间靠下的部分是 Log 查看窗，即日志区域，会输出运行、调试时的一些日志。
- 右侧是设备窗，内容为手机屏幕，用鼠标直接点击这个屏幕，真机或模拟器的屏幕也会跟着变化，而且响应速度非常快。

4. Airtest 的图像识别与自动化控制

Airtest 可以基于图像识别来自动化控制 App，本节我们就体验一下这个功能。例如先点击左侧的 touch 按钮，意思是点击屏幕上的某个位置，如图 12-65 所示。

这时 AirtestIDE 会提示我们在右侧的手机屏幕上截图，这里我截取的是"大众点评"App 的图标，会发现 script.air 脚本中出现了一行代码。代码内容为 touch 方法，其参数是刚截取的图片，如图 12-66 所示。

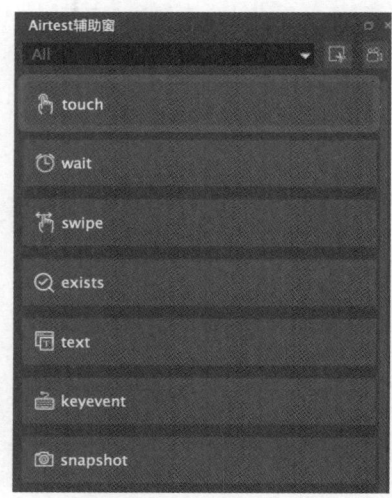

图 12-65　点击 touch 按钮

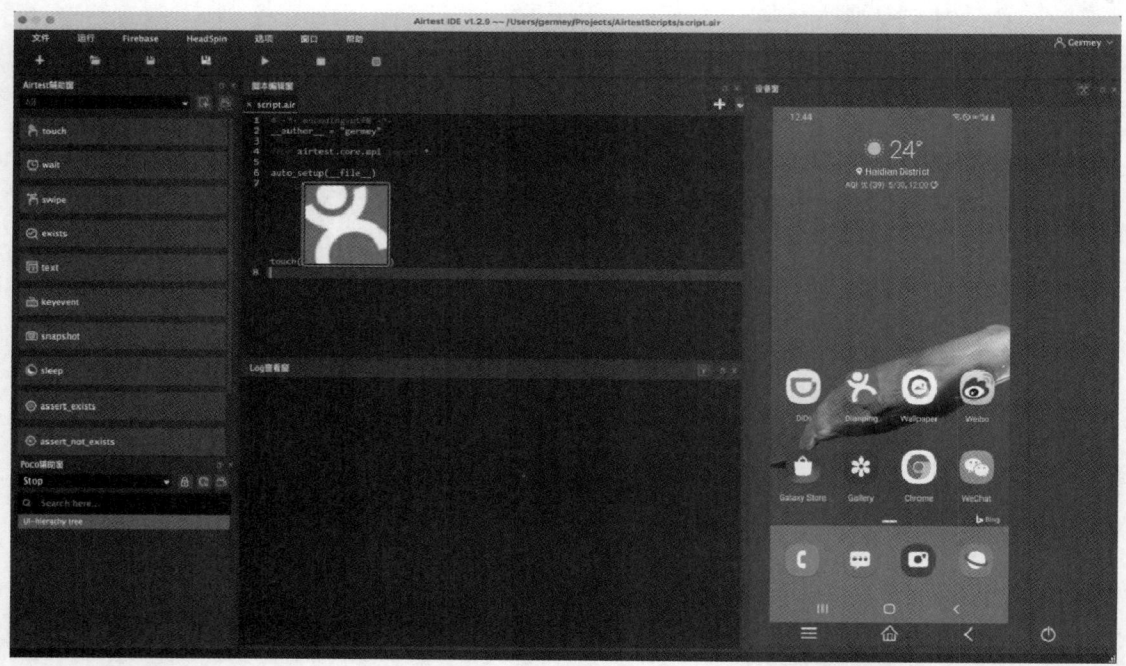

图 12-66　script.air 脚本中生成了 touch 方法

然后在右侧的手机屏幕上点击"大众点评"的图标，进入这个 App，再点击左侧的 wait 按钮，意思是等待指定内容加载出来，之后同样根据提示截图，如截取首页左上角的"美食"图标，如图 12-67 所示。

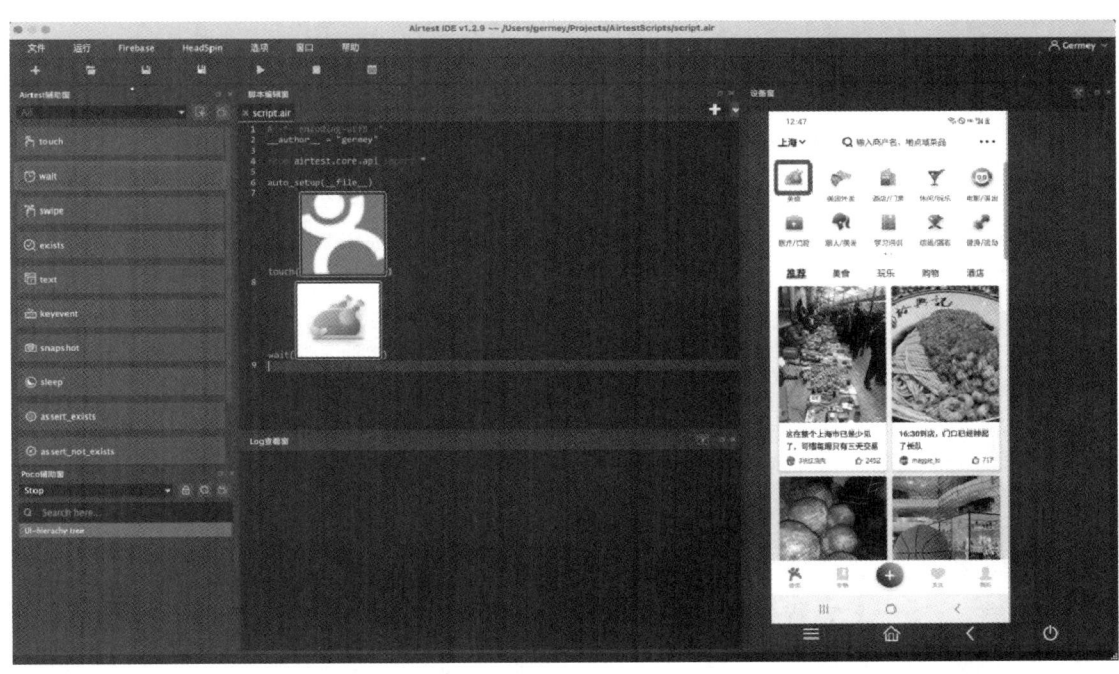

图 12-67　等待首页左上角的"美食"图标加载出来

再后点击左侧的 swipe 按钮,意思是滑动屏幕,操作示意和结果如图 12-68 所示。

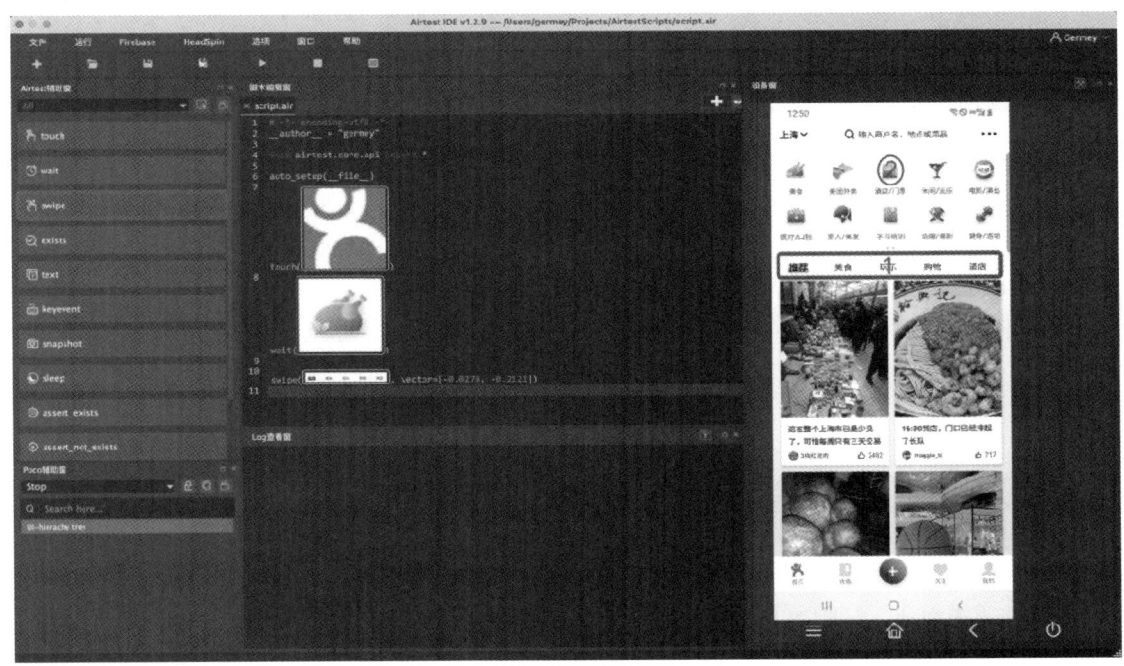

图 12-68　点击 swipe 按钮

这时 AirtestIDE 会提示我们框选一个位置。联想自己平时滑动屏幕的场景,手指一开始先放在一个位置,然后滑动,到某个位置后停止。那么这时第一步需要框选的位置就是手指一开始需要放置的位置，例如图 12-68 中标 1 的地方——中间的菜单栏（菜单栏下方加载的内容会变化，故选择相比之下更加通用不变的菜单栏作为识别目标）。框选完毕后，AirtestIDE 会提示我们点选一个滑动的目标位置，这时选择框选位置上方的一个点即可，如图 12-68 中标 2 的地方。此时会发现 script.air 脚本中生成了 swipe 方法，其第一个参数是我们框选的菜单栏的图片，第二个参数是一个 vector，代表滑动方向。

这样我们就通过一些可视化的配置完成了自动化控制。

最后我们再通过左侧的 keyevent 按钮添加两个键盘事件，在已经生成的代码的开头和结尾分别添加一个 HOME 键盘事件，代表进入首页和返回首页，添加结果如图 12-69 所示。

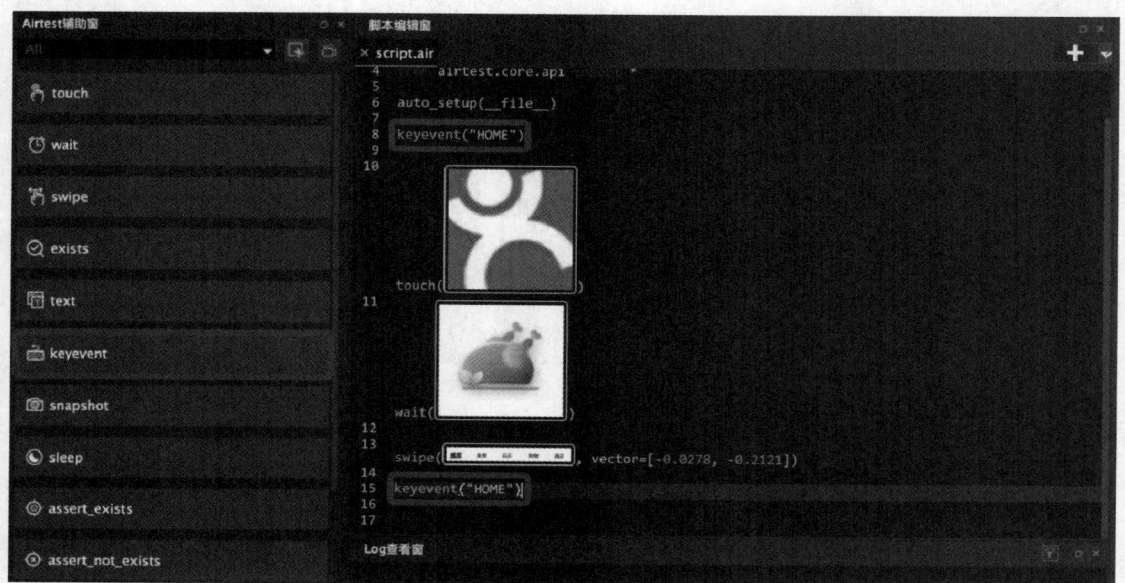

图 12-69　添加了两个键盘事件

现在总结一下我们实现自动化控制的流程，分以下几步。

(1) 进入手机首页。
(2) 点击"大众点评"App 的图标。
(3) 等待左上角的"美食"图标加载出来。
(4) 向上滑动手机屏幕。
(5) 返回手机主页。

怎么样，是不是很简单？

注意　每个手机的内容可能不一样，灵活配置就好了，原理都是类似的，示例的作用主要是让大家熟悉一些操作流程。

接下来点击 script.air 脚本上方的运行按钮（三角按钮），会发现 AirtestIDE 可以驱动手机完成指定操作了，和我们期望的流程一模一样，点击、等待、滑动操作顺次执行，且"Log 查看窗"会显示执行的具体过程，如图 12-70 所示。

以上便是 Airtest 提供的基于图像识别来自动化控制 App 的过程，利用这项技术，我们不用编写任何代码就可以让手机自动操作。

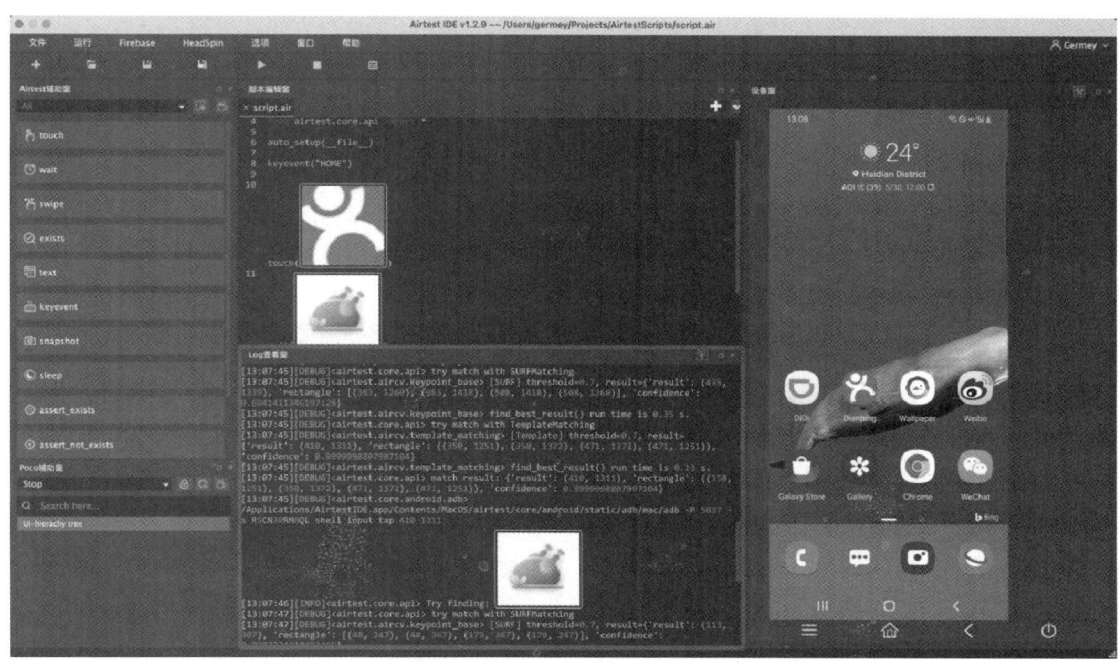

图 12-70 运行 script.air 脚本

其实 script.air 脚本内部对应的就是 Python 代码,只不过利用 AirtestIDE 封装了一层,使得编写和操作更加简单了。我们可以追踪一下源码,在当前脚本的选项卡上右击,在弹出的菜单项中选择"打开当前项目目录",如图 12-71 所示。

会看到源码内容如图 12-72 所示。

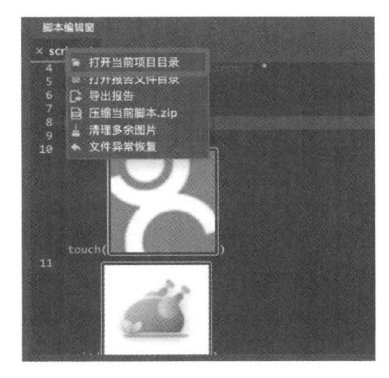

图 12-71 选择"打开当前项目目录"　　　　图 12-72 script.air 的源码内容

可以看到其中有 1 个 Python 脚本,和 3 张刚才截取的图片,打开 Python 脚本:

```
from airtest.core.api import *
auto_setup(__file__)
keyevent("HOME")
touch(Template(r"tpl1622349860646.png", record_pos=(-0.12, 0.103), resolution=(1080, 2400)))
wait(Template(r"tpl1622350037160.png", record_pos=(-0.394, -0.826), resolution=(1080, 2400)))
swipe(Template(r"tpl1622350197166.png", record_pos=(-0.004, -0.419), resolution=(1080, 2400)),
vector=[-0.0278, -0.2121])
keyevent("HOME")
```

可以看到其内容和 AirtestIDE 中自动生成的代码基本一致，不同之处在于这里用一个 Template 对象代替了图片，该对象包含图片名、位置、分辨率三个参数，而 AirtestIDE 对图片进行了可视化，使其更加直观。

我们可以直接使用 Python 环境运行这个脚本吗？可以，但是需要在代码开始的 auto_setup(__file__) 和 keyevent("HOME") 之间添加一行代码 init_device()。调用 init_device 方法的作用完成一些手机的初始化配置，不做这一步可能会有错误。运行脚本之后，会产生同样的效果——手机被自动化控制执行了一系列操作，同时控制台输出对应的操作日志，如图 12-73 所示。

图 12-73　控制台输出的操作日志

至此，基于图像识别来自动化控制手机 App 的流程就介绍清楚了。

5. Airtest 的相关 API

上面的内容仅展示了 Airtest Python 库的冰山一角，本节列举一些它提供的便捷 API。从刚才添加的 init_device 方法说起，这个方法就是用来连接设备并初始化一些连接对象的。如果设备没有初始化则会先初始化设备，并把初始化后的设备当作当前设备。这个方法定义如下：

```
def init_device(platform="Android", uuid=None, **kwargs):
```

用法示例如下：

```
device = init_device('Android')
print(device)
```

示例代码的运行结果如下：

```
<airtest.core.android.android.Android object at 0x1018f3a58>
```

可以发现返回结果是一个 Android 对象。这个 Android 对象实际上属于 airtest.core.android 包，继承自 airtest.core.device.Device 类，与之并列的对象还有 airtest.core.ios.ios.IOS、airtest.core.linux.linux.Linux、airtest.core.win.win.Windows 等。这些对象都有一些用来操作设备的 API，下面我们以这个 Android 对象的 API 为例总结一下。

- get_default_device：获取默认设备。
- uuid：获取当前设备的 UUID。
- list_app：列举设备上的所有 App。

- path_app：打印出某个 App 的完整路径。
- check_app：检查某个 App 是否在当前设备上。
- start_app：启动某个 App。
- start_app_timing：启动某个 App，并计算启动时间。
- stop_app：停止某个 App。
- clear_app：清空某个 App 的全部数据。
- install_app：安装某个 App。
- install_multiple_app：安装多个 App。
- uninstall_app：卸载某个 App。
- snapshot：获取屏幕截图。
- shell：获取 adb shell 命令的执行结果。
- keyevent：执行键盘操作。
- wake：唤醒当前设备。
- home：点击 HOME 键。
- text：向设备输入内容。
- touch：点击屏幕上的某处。
- double_click：双击屏幕上的某处。
- swipe：滑动屏幕，由一点滑动到另外一点。
- pinch：通过手指的捏合操作放大或缩小手机屏幕。
- logcat：记录日志。
- getprop：获取某个特定属性的值。
- get_ip_address：获取 IP 地址。
- get_top_activity：获取当前 Activity。
- get_top_activity_name_and_pid：获取当前 Activity 的名称和进程号。
- get_top_activity_name：获取当前 Activity 的名称。
- is_keyboard_shown：判断当前是否显示键盘了。
- is_locked：判断设备是否锁定了。
- unlock：解锁设备。
- display_info：获取当前的显示信息，如屏幕宽高等。
- get_display_info：同 display_info。
- get_current_resolution：获取当前设备的分辨率。
- get_render_resolution：获取当前渲染的分辨率。
- start_recording：开始录制。
- stop_recording：结束录制。
- adjust_all_screen：调整屏幕的适配分辨率。

了解了这些 API 的功能之后，下面用一个实例感受一下它们的用法：

```
from airtest.core.android import Android
from airtest.core.api import *
import logging

logging.getLogger("airtest").setLevel(logging.WARNING)

device: Android = init_device('Android')
is_locked = device.is_locked()
print(f'is_locked: {is_locked}')
```

```python
if is_locked:
    device.unlock()

device.wake()

app_list = device.list_app()
print(f'app list {app_list}')

uuid = device.uuid
print(f'uuid {uuid}')

display_info = device.get_display_info()
print(f'display info {display_info}')

resolution = device.get_render_resolution()
print(f'resolution {resolution}')

ip_address = device.get_ip_address()
print(f'ip address {ip_address}')

top_activity = device.get_top_activity()
print(f'top activity {top_activity}')

is_keyboard_shown = device.is_keyboard_shown()
print(f'is keyboard shown {is_keyboard_shown}')
```

这里我们调用 API 获取了设备的一些基本状态,运行结果如下:

```
is_locked: False
app list ['com.kimcy929.screenrecorder', 'com.android.providers.telephony', 'io.appium.settings',
'com.android.providers.calendar', 'com.android.providers.media', 'com.goldze.mvvmhabit',
'com.android.wallpapercropper', 'com.android.documentsui', 'com.android.galaxy4',
'com.android.externalstorage', 'com.android.htmlviewer', 'com.android.quicksearchbox',
'com.android.mms.service', 'com.android.providers.downloads', 'mark.qrcode', ...,
'com.google.android.play.games', 'io.kkzs', 'tv.danmaku.bili', 'com.android.captiveportallogin']
uuid emulator-5554
display info {'id': 0, 'width': 1080, 'height': 1920, 'xdpi': 320.0, 'ydpi': 320.0, 'size': 6.88, 'density': 2.0,
'fps': 60.0, 'secure': True, 'rotation': 0, 'orientation': 0.0, 'physical_width': 1080, 'physical_height': 1920}
resolution (0.0, 0.0, 1080.0, 1920.0)
ip address 10.0.2.15
top activity ('com.microsoft.launcher.dev', 'com.microsoft.launcher.Launcher', '16040')
is keyboard shown False
```

从结果可以看到,借助一些常用的 API,我们就完成了唤醒手机和获取 App 列表、UUID、显示器信息、分辨率、IP 地址、当前运行的 Activity、是否显示键盘等一系列操作。

● 获取当前设备

Airtest 中有一个全局变量 G,它的 DEVICE 属性代表当前的设备对象。直接调用 device 方法即可获取当前设备,该方法定义如下:

```python
def device():
    return G.DEVICE
```

● 获取所有设备

获取所有设备的方法如下:

```python
from airtest.core.android import Android
from airtest.core.api import *

print(G.DEVICE_LIST)
uri = 'Android://127.0.0.1:5037/emulator-5554'
device: Android = connect_device(uri)
print(G.DEVICE_LIST)
```

运行结果如下:

```
[]
[<airtest.core.android.android.Android object at 0x10ba03978>]
```

DEVICE_LIST 是一个列表，元素是 Airtest 当前已经连接的设备。需要注意一点，在没有调用 connect_device 方法时，DEVICE_LIST 是空的，调用 connect_device 方法之后，DEVICE_LIST 中会自动添加已经连接的设备。

- 执行命令行

可以调用 shell 方法，传入 cmd 参数来执行命令行，该方法定义如下：

```
@logwrap
def shell(cmd):
    return G.DEVICE.shell(cmd)
```

直接调用 adb 命令就可以了，例如执行如下命令获取内存信息：

```
from airtest.core.api import *

uri = 'Android://127.0.0.1:5037/emulator-5554'
connect_device(uri)

result = shell('cat /proc/meminfo')
print(result)
```

运行结果如下：

```
MemTotal:        3627908 kB
MemFree:         2655560 kB
MemAvailable:    2725928 kB
Buffers:            3496 kB
Cached:           147472 kB
…
DirectMap4k:       16376 kB
DirectMap4M:      892928 kB
```

这样我们就成功获取到了设备的内存信息描述。

- 启动和停止 App

调用设备的 start_app 和 stop_app 方法，然后传入 App 的包名，即可启动和停止这个 App，两个方法的定义如下：

```
@logwrap
def start_app(package, activity=None):
    G.DEVICE.start_app(package, activity)


@logwrap
def stop_app(package):
    G.DEVICE.stop_app(package)
```

用法示例如下：

```
from airtest.core.api import *

uri = 'Android://127.0.0.1:5037/emulator-5554'
connect_device(uri)

package = 'com.tencent.mm'
start_app(package)
sleep(10)
stop_app(package)
```

这里我指定 package 为微信的包名，然后调用 start_app 方法启动了微信，等待 10 秒后，调用 stop_app 方法停止了微信运行。

第 12 章　App 数据的爬取

- 安装和卸载 App

调用设备的 install 和 uninstall 方法，前者传入 App 的保存路径，后者传入 App 的包名，即可安装和卸载对应的 App，两个方法的定义如下：

```
@logwrap
def install(filepath, **kwargs):
    return G.DEVICE.install_app(filepath, **kwargs)


@logwrap
def uninstall(package):
    return G.DEVICE.uninstall_app(package)
```

- 截图

调用 snapshot 方法获取屏幕截图，可以通过参数设置存储截图的文件名称和图片的质量等。该方法的声明如下：

```
def snapshot(filename=None, msg="", quality=ST.SNAPSHOT_QUALITY)
```

用法示例如下：

```
from airtest.core.api import *

uri = 'Android://127.0.0.1:5037/emulator-5554'
connect_device(uri)

package = 'com.tencent.mm'
start_app(package)
sleep(3)
snapshot('weixin.png', quality=30)
```

运行这段示例代码后，当前目录下会生成一个名为 weixin.png 的图片，如图 12-74 所示。

图 12-74　生成微信截图

- 唤醒和回到首页

调用设备的 wake 和 home 方法，即可唤醒 App 和回到首页，两个方法定义如下：

```
@logwrap
def wake():
    G.DEVICE.wake()


@logwrap
def home():
    G.DEVICE.home()
```

这两个方法不需要任何参数，直接调用即可。

- 点击屏幕

调用 touch 方法点击屏幕，可以传入要点击的图片或者绝对位置，还可以指定点击次数，该方法声明如下：

```
@logwrap
def touch(v, times=1, **kwargs)
```

例如我的手机屏幕现在如图 12-75 所示。

图 12-75　当前的手机屏幕

截一张图片，如图 12-76 所示。

然后把这张图片声明成一个 Template 对象传入 touch 方法：

图 12-76　从手机屏幕上截一张图片

```python
from airtest.core.api import *

uri = 'Android://127.0.0.1:5037/emulator-5554'
connect_device(uri)
touch(Template('tpl.png'))
```

运行这段代码，设备启动后，就会识别这张图片所在的位置，然后点击。这个例子是传入了要点击的图片，我们也可以传入要点击的绝对位置，示例代码如下：

```python
from airtest.core.api import *

uri = 'Android://127.0.0.1:5037/emulator-5554'
connect_device(uri)
home()
touch((400, 600), times=2)
```

另外，touch 方法完全等同于 click 方法。如果要双击，还可以调用 double_click 方法，其参数和 touch 方法一样。

- 滑动

调用 swipe 方法滑动屏幕，可以传入起始位置和结束位置，两个位置都可以是图片或者绝对位置，该方法的声明如下：

```python
@logwrap
def swipe(v1, v2=None, vector=None, **kwargs)
```

例如这时候我想让控制手机向右滑动即可实现如下代码：

```python
from airtest.core.api import *

uri = 'Android://127.0.0.1:5037/emulator-5554'
connect_device(uri)
home()
swipe((200, 300), (900, 300))
```

- 放大缩小

放大缩小调用的是 pinch 方法，可以通过 in_or_out 参数指定放大还是缩小，还可以指定手指捏合的中心位置点和放大缩小的比例。该方法的声明如下：

```python
@logwrap
def pinch(in_or_out='in', center=None, percent=0.5)
```

用法示例如下：

```python
from airtest.core.api import *

uri = 'Android://127.0.0.1:5037/emulator-5554'
connect_device(uri)
home()
pinch(in_or_out='out', center=(300, 300), percent=0.4)
```

这里我们调用了 pinch 方法，并且指定了放大动作 out，同时指定了捏合中心点和放大的比例，运行代码之后手机上便会模拟执行此操作。

- 键盘事件

调用 keyevent 方法来按下某个键，例如 HOME 键、返回键等。该方法的声明如下：

```python
def keyevent(keyname, **kwargs)
```

用法示例如下：

```python
keyevent("HOME")
```

这行代码的意思是按下 HOME 键。

● 输入内容

调用 text 方法来输入内容,前提是目标 Widget 需要处于 active 状态。该方法的声明如下:

```
@logwrap
def text(text, enter=True, **kwargs)
```

调用该方法之后,目标 Widget 就会输入相应的字符,输入完之后会执行一次确认(按回车键)。

以上就是对 Airtest 常用一些的 API 的用法总结。

6. 基于 Poco 的 UI 组件自动化控制

在某些场景下,基于图像识别来自动化控制 App 是比较方便的,但也存在一定的局限性。例如图像识别的速度可能并不快,以及 App 中的某些 UI 如果更换了,就无法和之前截的图片匹配成功,这些很可能会影响自动化测试的流程。

所以,这里再介绍一个基于 Poco 的 UI 组件自动化控制,说白了就是基于 UI 名称和属性选择器的自动化控制,有点类似于 Appium、Selenium 中的 XPath。

新建一个脚本,命名为 script2.air,右侧同样连接好手机,然后点击左侧"Poco 辅助窗"的下拉菜单,选择"Android",如图 12-77 所示。

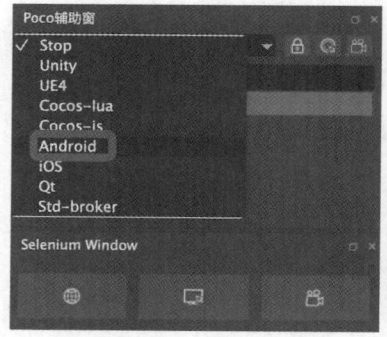

图 12-77 选择"Android"

这时 AirtestIDE 会提示我们更新代码,点击确定后脚本中自动添加了如下代码:

```
from poco.drivers.android.uiautomation import AndroidUiautomationPoco
poco = AndroidUiautomationPoco(use_airtest_input=True, screenshot_each_action=False)
```

意思就是导入了 Poco 包的 AndroidUiautomationPoco 模块,然后声明了一个 poco 对象。接下来就可以通过 poco 对象选择一些内容了。例如点击左侧 UI 组件树中的"Dianping"节点,会发现右侧手机屏幕上对应的 App 高亮显示了,在"Log 查看窗"中还可以看到该节点对应的所有属性,如图 12-78 所示。这个操作有点像在浏览器开发者工具里选取网页源代码,其中的 UI 组件树就相当于网页里的 HTML DOM 树。

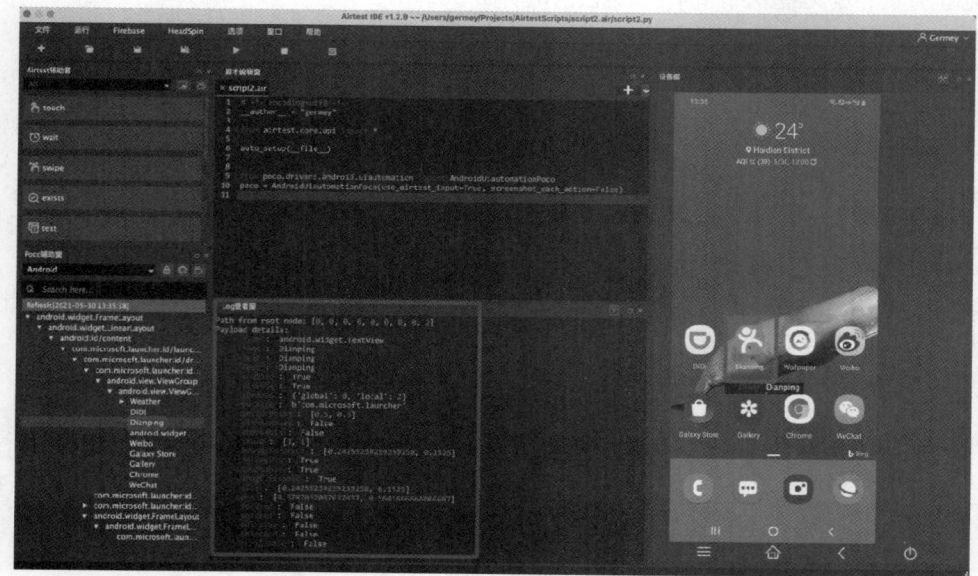

图 12-78 点击"Dianping"节点

直接双击"Dianping"节点，script2.air 脚本中便会出现对应的代码：

poco("Dianping")

这是什么意思呢？为什么这么写？我们来看一下 poco 这个 API，它是一个 AndroidUiautomationPoco 对象，查阅 Poco 官方文档 https://poco.readthedocs.io/zh_CN/latest/source/poco.pocofw.html 可以得知，其用法类似如下这样：

```
poco = AndroidUiautomationPoco(...)
close_btn = poco('close', type='Button')
```

会发现，poco 本身就是一个对象，但可以直接调用 UI 组件的名称，这归根结底是因为实现了一个 __call__ 方法：

```
def __call__(self, name=None, **kw):
    if not name and len(kw) == 0:
        warnings.warn("Wildcard selector may cause performance trouble. Please give at least one condition to shrink range of results")
    return UIObjectProxy(self, name, **kw)
```

可以看到 __call__ 方法的第一个参数就是 name，其他参数都以 kw 的形式传入，可以任意指定，最后返回一个 UIObjectProxy 对象。

回过头来，我们看看"Dianping"这个节点的 name 参数值是什么，这个在"Log 查看窗"内显示得很清楚，如图 12-79 所示。

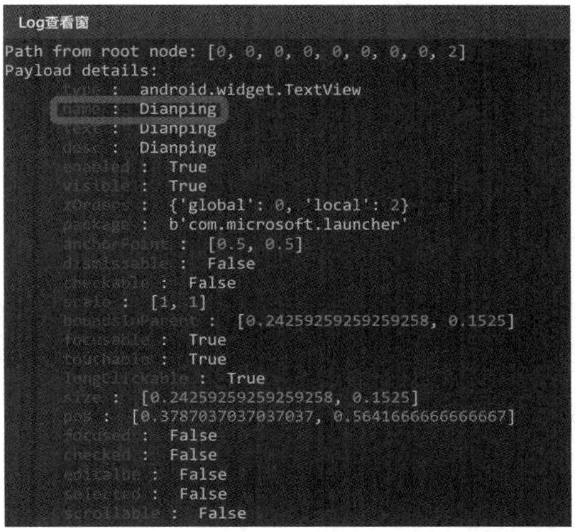

可以看到其 name 值就是 Dianping，而且整个 UI 组件树中没有与其同名的节点，于是可以直接调用 poco('Dianping') 选取这个节点。当然，也可以任意指定 poco 的其他参数，例如：

```
poco('Dianping', type='android.widget.TextView')
poco('Dianping', text='Dianping')
poco('Dianping', text='Dianping', desc='Dianping')
```

这 3 种写法都能选取同样的节点。

图 12-79 "Dianping"节点的 name 参数

刚才说到，__call__ 方法会返回一个 UIObjectProxy 对象，现在我们来看一下这个对象的实现，其 API 链接为 https://poco.readthedocs.io/zh_CN/latest/source/poco.proxy.html。从中可以看到它实现了 __getitem__、__iter__、__len__、child、children、offspring 等方法，所以可以实现链式调用、索引操作和循环遍历。

其中一些比较常用的方法如下。

- child：选择子节点。第一个参数是 name，即 UI 组件的名称，如 android.widget.LinearLayout 等，还可以额外传入一些属性辅助选择，其返回结果也是 UIObjectProxy 对象。
- parent：选择父节点。该方法无须传入参数，可以直接返回当前节点的父节点，返回结果同样是 UIObjectProxy 对象。
- sibling：选择兄弟节点。第一个参数是 name，即 UI 组件的名称，同样可以额外传入一些属性辅助选择，返回结果依然是 UIObjectProxy 对象。
- click、rclick、double_click、long_click：分别是点击、右击、双击、长按。UIObjectProxy 对象可以直接调用这几个方法，参数 focus 用于指定点击的偏移位置，sleep_interval 用于指定点击完成后等待的时间（单位为秒）。

- swipe：滑动操作。参数 direction 用于指导滑动方向，focus 用于指导滑动焦点的偏移量，duration 用于指导完成滑动所需的时间。
- wait、wait_for_appearance：等待某节点出现。参数 timeout 用于指定最长等待时间。
- attr：获取节点的属性值。参数 name 用于指定要获取的属性名，如 visable、text、type、pos、size 等。
- get_text：获取节点的文本值。这个方法非常有用，可以获取某个文本节点内部的文本数据。

下面调用一下 click 方法，将代码改写为：

```
poco("Dianping").click()
```

这样就可以选中并点击 "Dianping" 节点了。点击之后，就进入了 "大众点评" 这个 App，然后可以设置一下等待条件，等待某个节点加载出来，证明已经进入 App，例如设置图 12-80 中框选的部分。

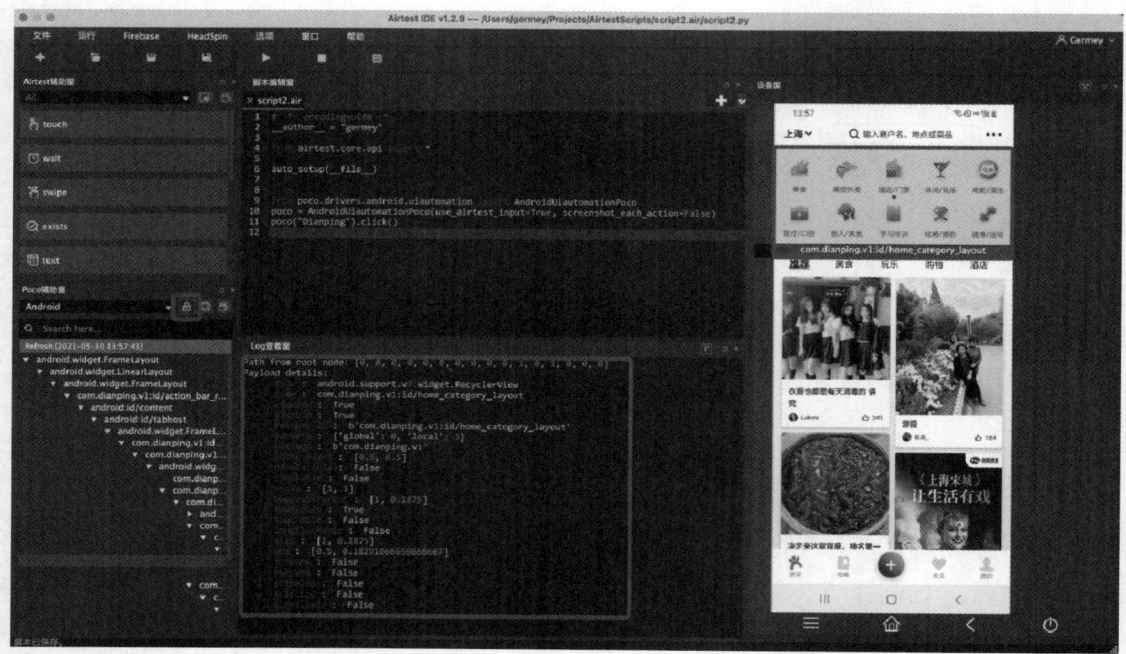

图 12-80　设置等待条件

通过左侧的 Poco Pause 按钮，可以在右侧屏幕上点击想要查看的位置，左侧的 UI 组件树会自动定位到对应节点，同时 "Log 查看窗" 会实时显示节点信息。双击左侧 UI 组件树中定位到的节点，script2.air 脚本中又会增加如下内容：

```
poco("android.widget.LinearLayout").offspring("android:id/tabhost").offspring("com.dianping.v1:id/id_main_fragment").offspring("com.dianping.v1:id/main_listview").offspring("com.dianping.v1:id/home_category_layout")
```

可以看到其中包含一系列链式调用，通过连续调用 offspring 方法选取了一层层节点。

> 提示　刚才我们分析 API 的时候也了解到，UIObjectProxy 对象实现了 __getitem__、__iter__、__len__、child、children、offspring 等方法，这些方法的返回结果都是 UIObjectProxy 对象，所以 UIObjectProxy 可以实现链式调用。

由于 offspring 方法返回的结果依然是 UIObjectProxy 对象,因此可以继续调用相关方法,例如 wait_for_appearance 方法,等待结果加载出来,代码改写如下:

```
poco("android.widget.LinearLayout").offspring("android:id/tabhost").offspring("com.dianping.v1:id/id_main
_fragment").offspring("com.dianping.v1:id/main_listview").offspring("com.dianping.v1:id/home_category_lay
out").wait_for_appearance(10)
```

这里往 wait_for_appearance 方法的参数中传入了 10,代表最长等待 10 秒,如果超出 10 秒还没有加载出结果,就报错。

同理,可以选中中间菜单栏的位置,然后向上滑动,代码如下:

```
poco("android.widget.LinearLayout").offspring("android:id/tabhost").offspring("com.dianping.v1:id/id_main_fragm
ent").offspring("com.dianping.v1:id/tab_layout").child("android.widget.LinearLayout").swipe([0, -0.1])
```

这里往 swipe 方法的参数中传入了一个列表,代表滑动方向,列表的第一个元素代表横向偏移量,第二个元素代表纵向偏移量,由于我们要向上滑动,因此第一个元素是 0,第二个元素取了 -0.1。

最后在代码的开头和结尾添加键盘事件,回到首页,整理代码如下:

```
from airtest.core.api import *
from poco.drivers.android.uiautomation import AndroidUiautomationPoco
poco = AndroidUiautomationPoco(use_airtest_input=True, screenshot_each_action=False)

auto_setup(__file__)
keyevent('HOME')
poco("Dianping").click()
poco("android.widget.LinearLayout").offspring("android:id/tabhost").offspring("com.dianping.v1:id/id_main
_fragment").offspring("com.dianping.v1:id/main_listview").offspring("com.dianping.v1:id/home_category_lay
out").wait_for_appearance(10)
poco("android.widget.LinearLayout").offspring("android:id/tabhost").offspring("com.dianping.v1:id/id_main
_fragment").offspring("com.dianping.v1:id/tab_layout").child("android.widget.LinearLayout").swipe([0,
-0.1], duration=1)
keyevent('HOME')
```

运行这段代码,之后手机上的操作和用 Airtest 实现的一样,都是先进入首页,然后点击大众点评的图标进入 App,等待相应内容加载出来,之后向上滑动,最后返回首页。

可以看出,Poco 使用起来灵活度更高。可以选定某个 UI 节点,然后调用其各种操作方法执行一些特定的动作,API 设计也更灵活,支持链式调用,功能非常强大。

更多 API 的使用方法可以直接参考官方文档 https://poco.readthedocs.io/zh_CN/latest/source/poco.proxy.html,掌握了这些 API,就可以更加得心应手地使用 Poco 控制 App 操作,做爬虫自然也变得易如反掌。

7. 总结

本节我们讲解了 Airtest 和 Poco 的基本用法,并用它们体验了一下控制 App 操作的流程。

本节代码见 https://github.com/Python3WebSpider/AirtestTest。

12.7 基于 Airtest 的 App 爬取实战

本节中我们通过实例讲述如何使用 Airtest 爬取一个 App。

1. 准备工作

我们要爬取的示例 App 依然是 app5,因此准备工作请参考 12.5 节。

2. 思路分析

由于这里的爬取流程和 12.5 节的一样,因此可以通过对比感受使用 Airtest 和 Appium 的不同。具体的爬取原理这里不再赘述，同样可以参考12.5节。下面再总结一次基本的爬取流程。

- 遍历首页已有的所有电影条目，依次模拟点击每个电影条目，进入详情页。
- 爬取详情页的数据，之后模拟点击回退按钮返回首页。
- 当首页已有的电影条目即将爬取完毕时，模拟上拉操作，加载更多数据。
- 爬取过程中将已经爬取的数据记录下来，以免重复爬取。
- 100条数据全部爬取完毕后，终止爬取。

3. 实战爬取

请再次确保app5已经正常安装在了Android手机上，并且可以正常启动，然后打开AirtestIDE，切换到Poco模式，如图12-81所示。

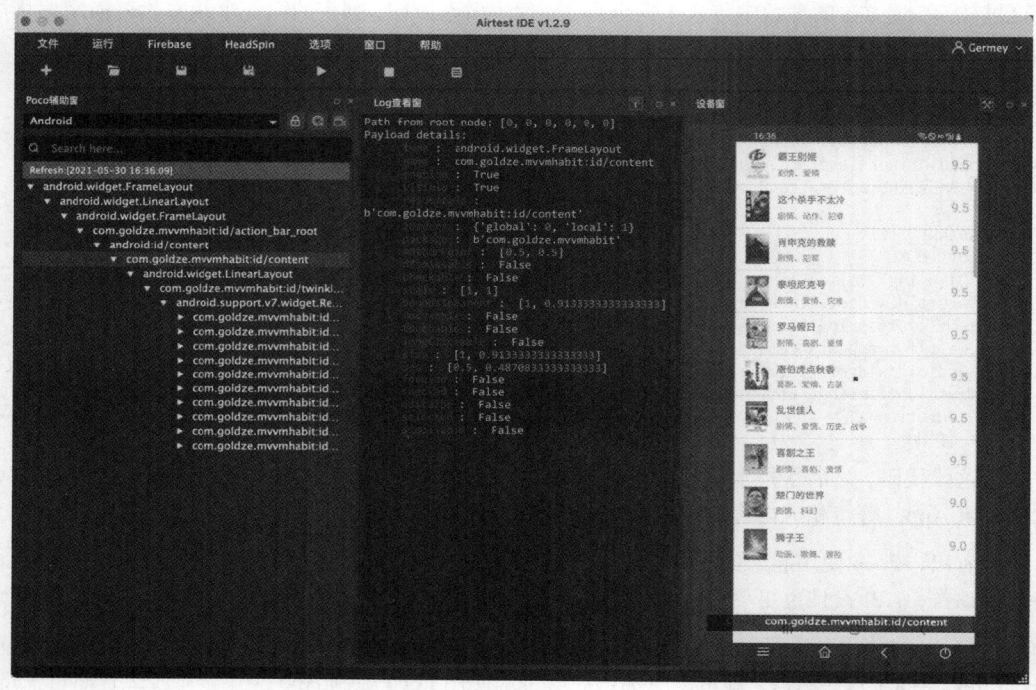

图12-81　做好准备后的AirtestIDE界面

本节中，AirtestIDE仅仅是辅助我们审查节点属性的，所以界面左侧可以只展示"Poco辅助窗"，中间栏只保留"Log查看窗"，右侧依旧展示"设备窗"。至于代码，可以在单独的Python文件中编写，不一定非要在这里。

首先引入一些必要的库，并初始化一些变量：

```python
from airtest.core.api import *
from poco.drivers.android.uiautomation import AndroidUiautomationPoco

poco = AndroidUiautomationPoco(
    use_airtest_input=True, screenshot_each_action=False)
window_width, window_height = poco.get_screen_size()
PACKAGE_NAME = 'com.goldze.mvvmhabit'
TOTAL_NUMBER = 100
```

这里引入了Airtest的API和AndroidUiautomationPoco类，然后初始化了poco对象。接着调用poco对象的get_screen_size方法获取了屏幕的宽高，并分别赋值为window_width和window_height。之后

定义了两个常量，PACKAGE_NAME 代表包名，TOTAL_NUMBER 代表爬取数据的总条数。

接下来就先爬取首页的所有电影数据，用 AirtestIDE 来查看一下节点的属性，选中一个电影条目，如图 12-82 所示。

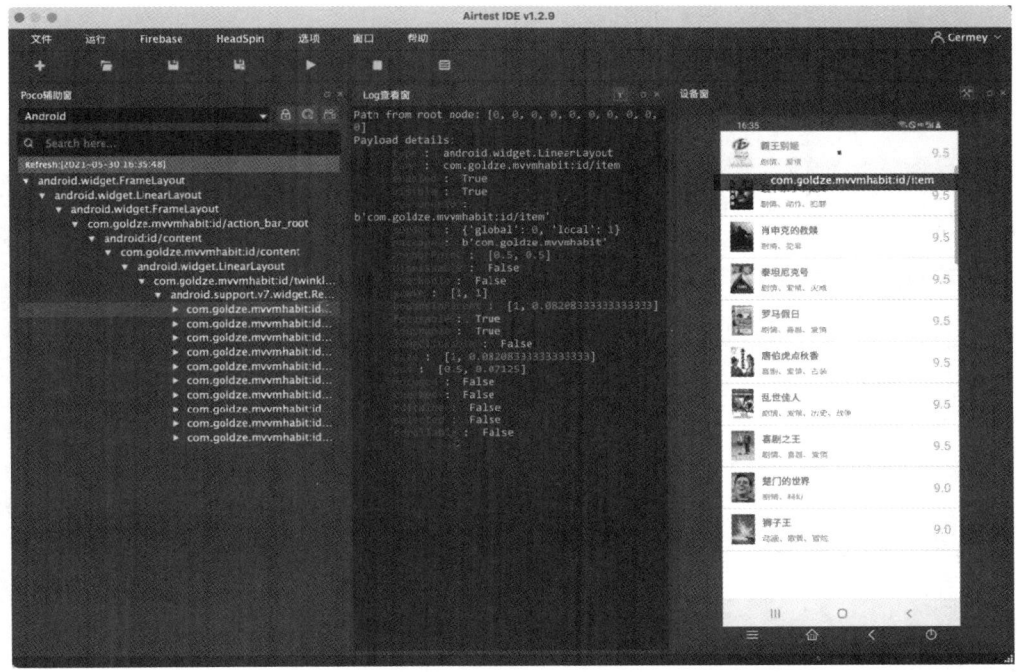

图 12-82　选中首页的一个电影条目

从图 12-82 可以看到，所选中节点的 name 是 com.goldze.mvvmhabit:id/item，而且不会和其他层级节点的 name 有重复，所以我们可以直接使用 name 属性选择节点，实现一个 scrape_index 方法：

```
def scrape_index():
    elements = poco(f'{PACKAGE_NAME}:id/item')
    elements.wait_for_appearance()
    return elements
```

这里直接将 name 作为参数传给了 poco 对象，并赋值为 elements 变量，然后调用它的 wait_for_appearance 方法等待节点加载出来，加载出来后返回。在正常情况下，scrape_index 方法可以获得首页当前呈现的所有电影条目。和 12.5 节一样，我们定义一个 main 方法来调用 scrape_index 方法：

```
from loguru import logger

def main():
    elements = scrape_index()
    for element in elements:
        element_data = scrape_detail(element)
        logger.debug(f'scraped data {element_data}')

if __name__ == '__main__':
    init_device("Android")
    stop_app(PACKAGE_NAME)
    start_app(PACKAGE_NAME)
    main()
```

在 main 方法中，我们首先调用 scrape_index 方法提取了首页当前已有的所有电影条目，赋值为 elements 变量。然后就遍历这个变量中的元素，并希望通过一个 scrape_detail 方法爬取每部电影的详情信息，之后输出日志，返回。

这里提到的 scrape_detail 方法也和 12.5 节一样，基本实现思路如下。

- 模拟点击 element，即首页中的某个电影条目。
- 进入电影详情页之后，爬取详情信息。
- 点击回退按钮返回首页。

在 AirtestIDE 中，点击首页的任意一个电影条目，进入详情页，查看节点信息，如图 12-83 所示。

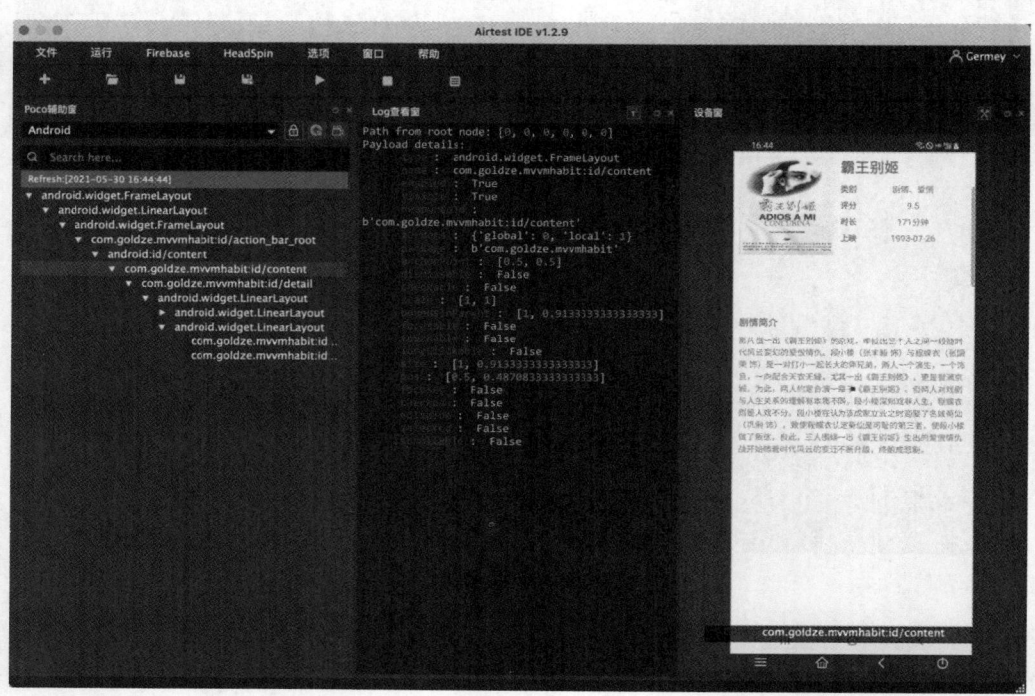

图 12-83 《霸王别姬》电影的详情页

可以看到整体详情信息的最外侧是 name 为 com.goldze.mvvmhabit:id/content 的面板，内部是一个个具体的 TextView，所以这里可以先选定这个面板节点，然后等待其加载，加载出来之后，再依次选择标题、类别、评分等节点，通过调用 attr 方法并传入对应的属性名称 text，即可获取节点文本。scrape_detail 方法的实现如下：

```python
def scrape_detail(element):
    element.click()
    panel = poco(f'{PACKAGE_NAME}:id/content')
    panel.wait_for_appearance()
    title = poco(f'{PACKAGE_NAME}:id/title').attr('text')
    categories = poco(f'{PACKAGE_NAME}:id/categories_value').attr('text')
    score = poco(f'{PACKAGE_NAME}:id/score_value').attr('text')
    published_at = poco(f'{PACKAGE_NAME}:id/published_at_value').attr('text')
    drama = poco(f'{PACKAGE_NAME}:id/drama_value').attr('text')
    keyevent('BACK')
    return {
        'title': title,
        'categories': categories,
        'score': score,
        'published_at': published_at,
        'drama': drama
    }
```

这里 scrapy_detail 方法的 element 参数就是某个电影条目，对应一个 UIObjectProxy 对象，调用其 click 方法就会跳转到对应的详情页，然后爬取其中的信息，爬取完毕后调用 keyevent 方法并传入 BACK 参数返回首页，最后将爬取的信息返回即可。

运行一下代码，结果如下：

```
[16:53:29][DEBUG]<airtest.core.android.adb> /usr/local/adb -s R5CN30RM0QL shell input keyevent BACK
2021-02-30 16:53:30.446 | DEBUG    | __main__:main:45 - scraped data {'title': '霸王别姬', 'categories': '
剧情、爱情', 'score': '9.5', 'published_at': '1993-07-26', 'drama': '影片借一出《霸王别姬》的京戏，牵扯出
三个人之间一段随时代风云变幻的爱恨情仇。段小楼（张丰毅 饰）与程蝶衣（张国荣 饰）是一对打小一起长大的师兄弟，
两人一个演生，一个饰旦，一向配合天衣无缝，...'}
[16:53:32][DEBUG]<airtest.core.android.adb> /usr/local/adb -s R5CN30RM0QL shell input keyevent BACK
```

会发现，到目前为止，我们已经可以成功获取首页最开始加载的几条电影信息了。

4. 上拉加载逻辑

现在添加上拉加载逻辑——当爬取的节点对应的电影条目差不多位于页面高度的 80% 以下时，就触发加载。将 main 方法改写如下：

```python
def main():
    elements = scrape_index()
    for element in elements:
        _, element_y = element.get_position()
        if element_y > 0.8:
            scroll_up()
        element_data = scrape_detail(element)
        logger.debug(f'scraped data {element_data}')
```

这里调用 element 的 get_position 方法获取了当前节点的纵坐标，返回结果是 0 和 1 之间的数字，而非绝对的像素点位置，所以这里可以直接做判断，当返回的数字大于 0.8 时，就调用 scroll_up 方法模拟上拉，以加载新的数据。scroll_up 方法的定义如下：

```python
def scroll_up():
    swipe((window_width * 0.5, window_height * 0.8),
          vector=[0, -0.5], duration=1)
```

这里我们直接调用了 Airtest API 里的 swipe 方法，第一个参数是初始点击位置，第二个参数是滑动方向，第三个参数是滑动时间（这里传入 1，代表 1 秒）。

这样，在爬取过程中就可以自动触发下一页数据的加载了。

5. 去重、终止和保存数据

我们需要额外添加根据标题进行去重和判断终止的逻辑，所以在遍历首页中每个电影条目的时候还需要爬取一下标题，并将其存入一个全局变量中。将 main 方法改写如下：

```python
def main():
    while len(scraped_titles) < TOTAL_NUMBER:
        elements = scrape_index()
        for element in elements:
            element_title = element.offspring(f'{PACKAGE_NAME}:id/tv_title')
            if not element_title.exists():
                continue
            title = element_title.attr('text')
            logger.debug(f'get title {title}')
            if title in scraped_titles:
                continue
            _, element_y = element.get_position()
            if element_y > 0.7:
                scroll_up()
            element_data = scrape_detail(element)
            scraped_titles.append(title)
```

这里我们调用 element 的 offspring 方法传入了标题对应的 name，并提取了其内容，然后声明全局变量 scraped_titles 来存储已经爬取的电影标题。每次爬取之前，先判断 title 是否已经存在于 scraped_titles 中，如果已经存在，就跳过，否则接着爬取，爬取完后将得到的标题存到 scraped_titles 里，这样就实现去重了。另外，我们在 main 方法中添加了 while 循环，如果爬取的电影条目数尚未达到目标数量 TOTAL_NUMBER，就接着爬取，直到爬取完毕。

6. 保存数据

现在再添加一个保存数据的逻辑，将爬取的数据以 JSON 形式保存保存到本地的 movie 文件夹，相关方法的定义如下：

```
import os
import json

OUTPUT_FOLDER = 'movie'
os.path.exists(OUTPUT_FOLDER) or os.makedirs(OUTPUT_FOLDER)

def save_data(element_data):
    with open(f'{OUTPUT_FOLDER}/{element_data.get("title")}.json', 'w', encoding='utf-8') as f:
        f.write(json.dumps(element_data, ensure_ascii=False, indent=2))
        logger.debug(f'saved as file {element_data.get("title")}.json')
```

最后在 main 方法添加对 save_data 方法的调用逻辑即可。

7. 运行结果

运行一下最终的 main 方法，控制台会输出如下结果：

```
[17:05:36][DEBUG]<airtest.core.android.adb> /usr/local/adb -s R5CN30RMOQL shell input keyevent BACK
2021-02-30 17:05:37.501 | DEBUG    | __main__:main:74 - scraped data {'title': '霸王别姬', 'categories': '剧情、爱情', 'score': '9.5', 'published_at': '1993-07-26', 'drama': '影片借一出《霸王别姬》的京戏，牵扯出三个人之间一段随时代风云变幻的爱恨情仇。段小楼（张丰毅 饰）与程蝶衣（张国荣 饰）是一对打小一起长大的师兄弟，两人一个演生，一个饰旦，一向配合天衣无缝，...'}
2021-02-30 17:05:37.503 | DEBUG    | __main__:save_data:26 - saved as file 霸王别姬.json
2021-02-30 17:05:37.584 | DEBUG    | __main__:main:67 - get title 这个杀手不太冷
[17:05:39][DEBUG]<airtest.core.android.adb> /usr/local/adb -s R5CN30RMOQL shell input keyevent BACK
```

本地 movie 文件夹下生成的文件如图 12-84 所示。

图 12-84　本地生成的 JSON 文件

至此，我们成功爬取了示例 App 的所有电影数据，并保存为 JSON 文件，和 12.5 节的结果是一样的。

8. 总结

本节介绍了利用 Airtest 爬取 App 数据的过程，可以发现和 Appium 相比，Airtest 的 API 更加方便易用，同时使用体验也更好，是实现 App 爬虫的一个不错的选择。

本节代码见 https://github.com/Python3WebSpider/AirtestTest。

12.8 手机群控爬取实战

我们已经学习的使用 Airtest 爬取 App 数据的流程，仅限爬取一部手机，如果想同时爬取多部手机，该怎么办呢？

本节就来探讨一下如何基于 Airtest 实现手机群控，即同时爬取两部及以上手机的数据。

1. 准备工作

请准备好多部移动设备，真机或模拟器都可以，然后将它们与电脑相连（能通过 adb 命令访问即可）。这里我配置了三部手机，运行如下命令可以查看当前的连接状态：

```
adb devices
```

运行结果如下：

```
* daemon not running; starting now at tcp:5037
* daemon started successfully
List of devices attached
R5CNC0F9QEX     device
emulator-5554   device
emulator-5556   device
```

如果结果中的第二列显示的不是 device，请检查手机的配置，例如检查 USB 调试有没有打开、手机和电脑有没有正常连接。如果检查完还是没有显示 device，可以重启 adb 的服务器：

```
adb kill-server
```

然后重新运行 adb devices 命令。按这个步骤依次检查每部设备，直到电脑可以通过 adb 命令正常访问到它们。另外，这里还需要额外安装 adbutils 库，通过 pip3 工具安装即可：

```
pip3 install adbutils
```

更详细的安装方式可以参考 https://setup.scrape.center/adbutils。

2. 群控

群控其实很简单，说白了就是同时控制，具体到实现上，就是新建多个进程，让它们同时执行同一个逻辑。第一步，为了能访问到已经连接的多部手机，我们使用 adbutils 命令替代 adb 命令：

```
import adbutils

adb = adbutils.AdbClient(host="127.0.0.1", port=5037)
print(adb.devices())
```

运行结果如下：

```
[AdbDevice(serial=R5CNC0F9QEX), AdbDevice(serial=emulator-5554), AdbDevice(serial=emulator-5556)]
```

可以看到返回了一个列表，列表中的每个元素都是 AdbDevice 对象，这个 AdbDevice 对象包含一个 serial 属性，代表设备序列号，这和运行 adb devcies 命令获取的结果是一致的。

3. 群控实战

为了更加方便地实现群控，建议将 12.7 节的实战代码封装成单独的一个类，由这个类维护对应的 device 对象和 poco 对象，继而执行一系列操作。下面就新建一个类 Controller，并初始化一些内容：

```python
class Controller(object):
    
    def __init__(self, device_name, package_name, apk_path, need_reinstall=False):
        self.device_name = device_name
        self.package_name = package_name
        self.apk_path = apk_path
        self.need_reintall = need_reinstall
```

对于群控,需要批量实现一些操作,包括初始化设备和安装 apk 安装包等。所以这里在构造方法中声明了 4 个参数。

- device_name:刚才使用 adb devices 命令获取的各个设备的序列名称。
- package_name:包名。
- apk_path:安装包文件的路径,这个参数是为安装所用的,因为很多手机可能没有安装过安装包,所以用该参数来指定安装包的路径。
- need_install:是否需要重装安装包,因为有时候不需要重装,所以预留该参数来控制是否需要重装。

然后添加一些常用的初始化方法:

```python
from airtest.core.api import *
from poco.drivers.android.uiautomation import AndroidUiautomationPoco

class Controller(object):
    
    def __init__(self, device_uri, package_name, apk_path, need_reinstall=False, need_restart=False):
        self.device_uri = device_uri
        self.package_name = package_name
        self.apk_path = apk_path
        self.need_reintall = need_reinstall
        self.need_restart = need_restart
    
    def connect_device(self):
        self.device = connect_device(self.device_uri)
    
    def install_app(self):
        if self.device.check_app(self.package_name) and not self.need_reintall:
            return
        self.device.uninstall_app(self.package_name)
        self.device.install_app(self.apk_path)
    
    def start_app(self):
        if self.need_restart:
            self.device.stop_app(self.package_name)
        self.device.start_app(self.package_name)
    
    def init_device(self):
        self.connect_device()
        self.poco = AndroidUiautomationPoco(self.device)
        self.window_width, self.window_height = self.poco.get_screen_size()
        self.install_app()
        self.start_app()
```

下面介绍一下添加的几个方法。

- connect_device:里面直接调用了 Airtest 的 connect_device 方法,需要传入一个参数 device_uri,会返回一个 device 对象,这里其实是 airtest.core.android.android.Android 对象,并将该对象赋值给全局变量 device。
- install_app:里面使用 device 变量的 check_app 方法检查 App 有没有安装,使用 need_resintall 方法检查是否需要重装 App,只有在 App 已经安装且不需要重装的时候才不做任何操作。在其他情况下,都需要重装这个 App,先使用 uninstall_app 方法卸载 App,再通过 install_app 安装。

- start_app：里面使用 need_restart 判断是否需要重启 App，如果需要，就先停止 App 再启用，否则直接启用 App。
- init_device：这是一个初始化方法，里面先调用 connect_device 方法连接了设备，接着将 device 对象传给 AndroidUiautomationPoco 构造了一个 poco 对象，然后获取了一些基础参数，例如 Window 屏幕的宽高，最后调用 install_app 和 start_app 方法完成了 App 的安装和启动。

到这里，其实我们就能控制手机安装和重启 App 了。下面继续往 Controller 类中添加两个方法：

```
class Controller(object):
    ...
    def scroll_up(self):
        self.device.swipe((self.window_width * 0.5, self.window_height * 0.8),
                          (self.window_width * 0.5, self.window_height * 0.3), duration=1)

    def run(self):
        for _ in range(10):
            self.scroll_up()
```

添加的方法一个是 scroll_up，里面调用了 device 对象的 swipe 方法。另一个是 run，里面调用了 10 次上滑操作。下面再实现一个总的调用方法：

```
PACKAGE_NAME = 'com.goldze.mvvmhabit'
APK_PATH = 'scrape-app5.apk'

def run(device_uri):
    controller = Controller(device_uri=device_uri,
                            package_name=PACKAGE_NAME,
                            apk_path=APK_PATH,
                            need_reinstall=False,
                            need_restart=True)
    controller.init_device()
    controller.run()
```

注意这里的 scrape-app5.apk 需要下载下来，和当前代码放在同一文件夹下，这样在安装 apk 的时候才能找到对应的安装包。最后完善一下群控的调用逻辑即可：

```
from multiprocessing import Process

if __name__ == '__main__':
    processes = []
    adb = adbutils.AdbClient(host="127.0.0.1", port=5037)
    for device in adb.devices():
        device_name = device.serial
        device_uri = f'Android:///{device_name}'
        p = Process(target=run, args=[device_uri])
        processes.append(p)
        p.start()
    for p in processes:
        p.join()
```

这里我们就是使用多进程实现了手机群控，一个爬取进程对应一个 Process 进程，声明进程的时候直接指定目标方法为 run，参数就设置为设备的连接字符串，格式为 Android:///{device_name}，例如 Android:///emulator-5554。

在本节的案例中，由于我连接了三部手机，所以就新建了三个进程，它们同时执行数据爬取操作。运行代码之后，可以发现三部手机同时运行着爬取流程，如图 12-85 所示。

图 12-85　运行着爬取流程的手机

4. 总结

本节介绍了手机群控爬取的简单实现,由于我们使用的是 Python 脚本,所以可以直接使用多进程 multiprocessing 库中的 Process 模块为每个爬取进程建立单独的进程,最终成功实现了群控爬取。

本节代码见 https://github.com/Python3WebSpider/AirtestTest。

5. 商业服务

以上演示的仅是一个简单案例,通过多进程实现群控爬取自然没有问题,不过距离真正商业级的手机群控还是有一定差距的。

现在市面上的手机群控系统支持同时控制上百部手机长时间稳定运行,并不仅仅满足于爬取一个简单的项目,手机也几乎都是真机,被统一放置在一个支架上维护起来,如图 12-86 所示。

图 12-86 利用支架维护手机

关于商业级群控系统,由于其类型五花八门且经常发生变动和更新,故这里不再展开介绍,大家可以参考 https://setup.scrape.center/multi-control 了解更多信息。

12.9 云手机的使用

云服务器大家肯定不陌生了,有了云服务器,我们可以通过 ssh 连接云服务器,并可以执行相应的命令对云服务器进行控制。

云服务器大多是 Linux、Windows Server 系统,这些其实都是电脑,于是有的朋友就会好奇:既然有云电脑,那有没有云手机呢?答案当然是有。

所谓的云手机就是一种搭建在云服务器上的虚拟手机,云手机的功能和真手机的基本相同,只不过我们拿不到真机。云手机平台会提供一些控制面板或者 API,使我们可以通过操控手机或者执行相应命令实现需求。

1. 平台

目前的云手机平台还是比较多的,个人比较推荐河马云手机平台(http://www.longene.com.cn/),其首页如图 12-87 所示。

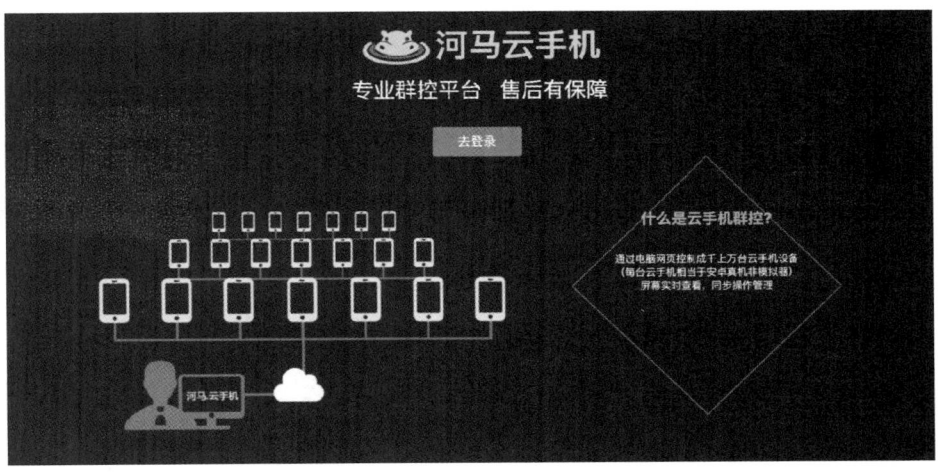

图 12-87　河马云手机平台的首页

在这个平台上，我们可以选购相应的云手机并开通相应的服务。购买云手机之后，就可以在河马云手机平台的网页中控制相应的云手机，其功能非常丰富，包括基础控制、应用管理、IP切换、数据备份、日志调试、实时直播、adb调试、远程虚拟相机等，平台官网也提供了相应介绍，如图12-88所示。

图 12-88　平台官网提供的功能介绍

下面我就使用河马云手机平台来演示云手机的申请和使用过程。

2. 购买云手机

先注册一个河马云手机平台的账号，注册之后登录，然后点击页面右上角的订购入口，即可进入订购页面，如图12-89所示。

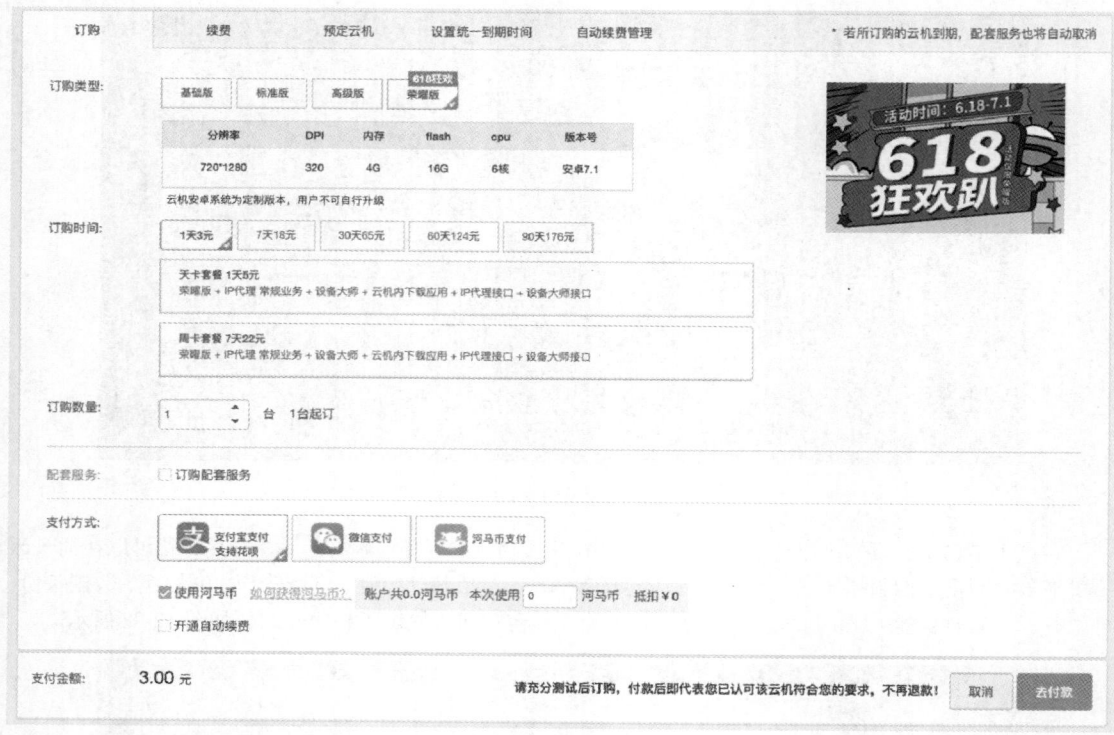

图 12-89　订购云手机的页面

这里有多个套餐供选择——基础版、标准版、高级版和荣耀版，不同套餐对云主机的基本配置也不同，配置信息包括分辨率、DPI、内存、flash、cpu 和版本号。本节我们是用来测试，先购买"试用 1 天的荣耀版"套餐。

3. 管理云手机

支付金额后便可以看到控制台出现了一部云手机，同时菜单栏中显示了很多配置信息，如应用安装/卸载、云机同步、多路实时直播等，如图 12-90 所示。

图 12-90　支付金额后的控制台

可以点击该云手机打开控制面板，如图 12-91 所示。

在这里，我们可以控制手机屏幕做任何操作，如打开某个 App、下拉查看通知栏等，和使用真机时的操作基本一致。另外，云手机的右侧有一栏基本控制项，如音量控制、返回首页键、返回上一步等。

接下来我们尝试在云手机上装一个 App，在此之前，先对云手机分组，直接在控制面板操作即可，如图 12-92 所示。

图 12-91　打开云手机的控制面板　　　　　　图 12-92　对云手机分组

分组完成后，点击"应用安装/卸载"按钮来安装 App。这里安装我们的示例 App，访问 https://app5.scrape.center 下载安装包，安装包保存为 scrape-app5.apk 文件，然后上传这个文件，如图 12-93 所示。

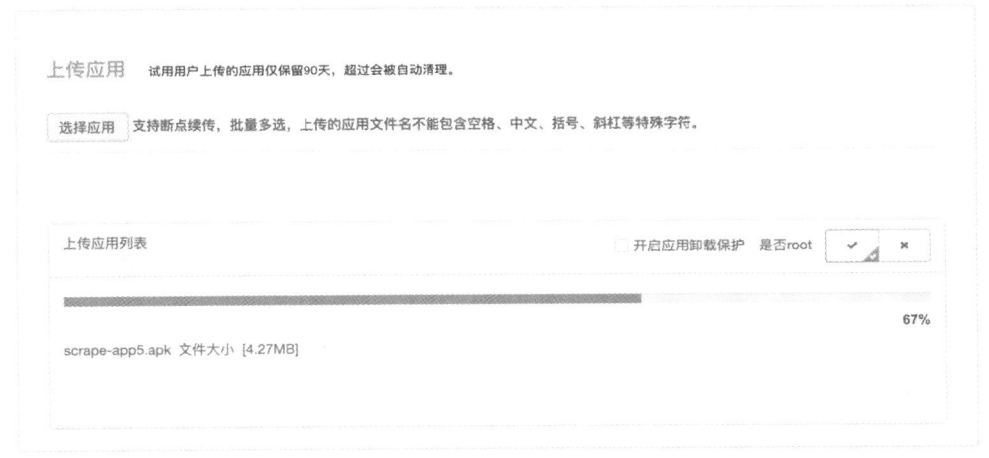

图 12-93　上传下载的安装包

上传之后，即可看到云主机提示"应用同步中..."，如图 12-94 所示。稍等片刻，App 就安装好了。

我们可以在云手机上查看其运行效果，如图 12-95 所示。

598 第 12 章 App 数据的爬取

图 12-94 即将安装好 App

图 12-95 示例 App 的运行效果

至此我们成功实现了在云手机上安装和启动 App。

4. 高级服务

云手机还有很多高级服务，如切换 IP、远程相机、消息转发、ADB 调试等，点击"配套服务"即可查看，如图 12-96 所示。

图 12-96 查看云手机的高级服务

点击"云机预览"→"批量操作",会弹出操作菜单,如图 12-97 所示。

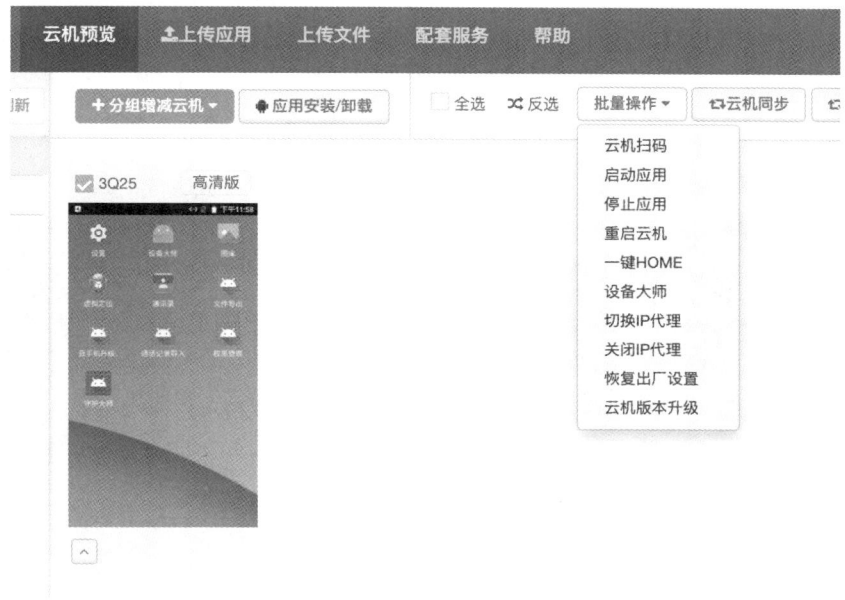

图 12-97　一些基本操作

对于切换 IP 服务,选择地域并点击"确定",即可切换到对应地域的 IP,如图 12-98 所示。

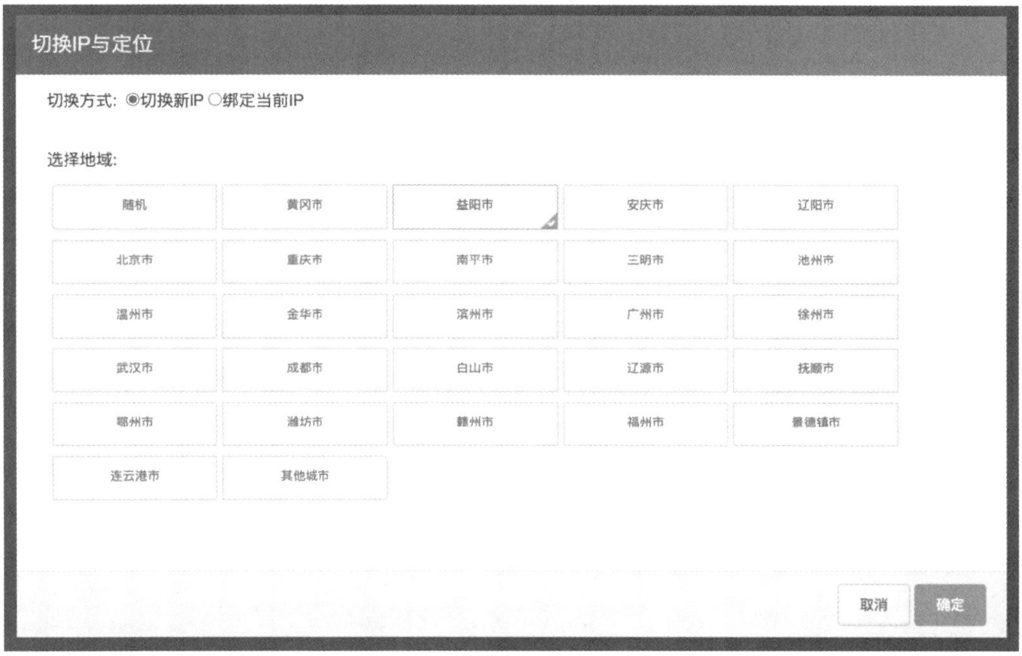

图 12-98　切换新 IP

对于云机扫码功能,选择扫码云机,然后在被扫码云机上打开二维码页面,点击"扫码"按钮,即可开始扫描,扫码成功后会执行相应的处理流程,如图 12-99 所示。

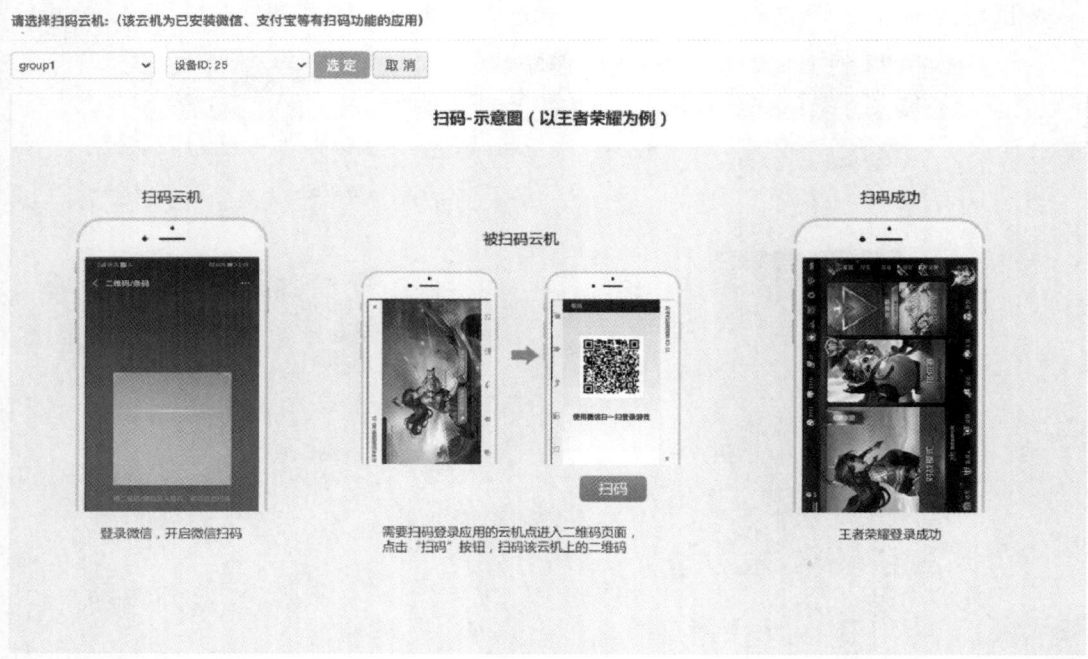

图 12-99　云机扫码

5. ADB 调试

云手机的 ADB 调试功能需要单独付费购买,购买之后,我们可以点击云机菜单中的"调试 ADB"选项获取 ADB 远程连接信息,如图 12-100 所示。

点击之后,页面会弹出一个包含远程连接 IP 和远程连接端口的提示框,分别是 183.220.196.75 和 15998,如图 12-101 所示。

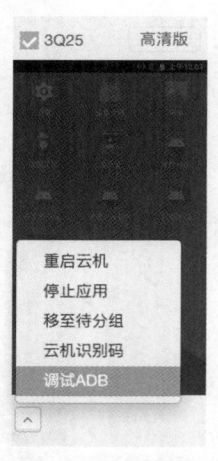

图 12-100　点击"调试 ADB"

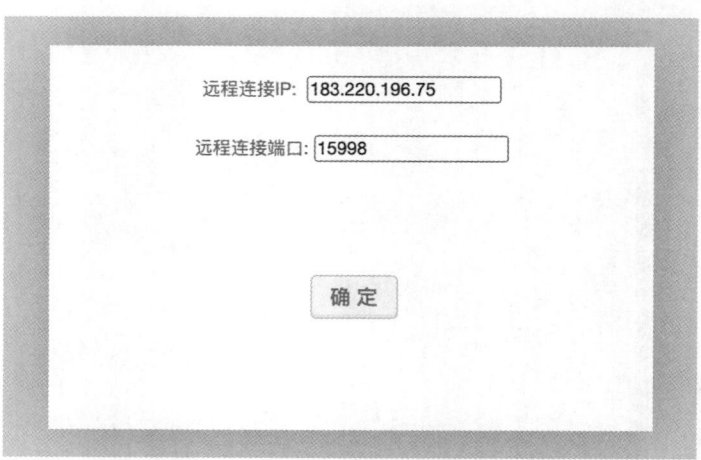

图 12-101　页面提示框

那怎么连接呢?运行 adb connect 命令即可:

```
adb connect 183.220.196.75:15988
```

如果顺利的话，运行结果会包含 connected to 183.220.196.75：15998，如图 12-102 所示。

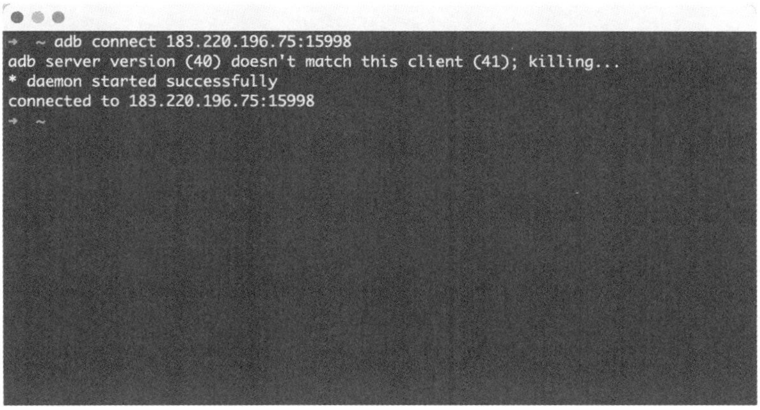

图 12-102　连接结果

连接成功后，运行 adb devices 命令，返回结果的设备列表中就会包含一部远程的手机，如图 12-103 所示。

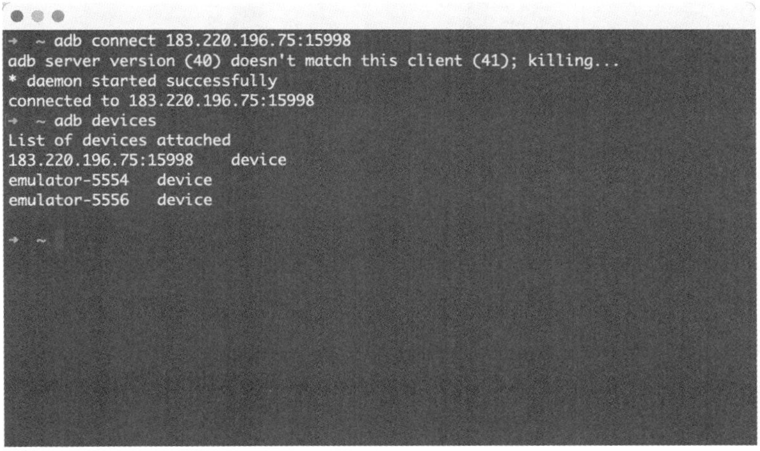

图 12-103　返回的设备列表

现在尝试修改一下 12.7 节的内容，将手机的连接信息修改为该远程主机：

```
PACKAGE_NAME = 'com.goldze.mvvmhabit'
APK_PATH = 'scrape-app5.apk'

def run(device_uri):
    controller = Controller(device_uri=device_uri,
                            package_name=PACKAGE_NAME,
                            apk_path=APK_PATH,
                            need_reinstall=False,
                            need_restart=True)
    controller.init_device()
    controller.run()

if __name__ == '__main__':
    device_uri = 'Android://183.220.196.75:15998'
    run(device_uri)
```

运行这段代码后,Airtest 进行了一系列初始化操作,在云手机上安装了一些和 Airtest 相关的 App,如图 12-104 所示。

然后示例 App 自动启动了,运行界面如图 12-105 所示。

图 12-104　安装了和 Airtest 相关的 App

图 12-105　示例 App 的运行界面

其最终的运行结果和 12.7 节的是相同的,爬虫控制手机点击了一个个电影条目并爬取了每部电影的详情信息,最后将信息保存下来。

6. 总结

本节中我们了解了云手机的申请和使用方法,云手机和真机没有太大差别,甚至还在真机的基础上提供了增值服务,这在一定程度上使我们的开发和数据爬取变得更为便利。

第 13 章　Android 逆向

在第 12 章中，我们了解了爬取 App 数据的一些基本操作，主要包括抓包原理和使用 Appium、Airtest 这些自动化工具完成爬取的流程。但很多时候，这些内容并不足以保证我们有效地完成爬取工作，例如在抓包过程中遇到问题，大家常听说的 SSL Pinning 就可能导致无法正常抓包。另外，使用 Appium、Airtest 这些工具爬取数据的效率并不高，因为这些都属于纯 UI 层的操作，如果爬取过程中一些点击、滑动等交互比较复杂，那么实现起来就相对困难。除了这些，利用 Appium、Airtest 爬取图片或视频数据时也确实比较麻烦。

实际上，App 中的很多数据是通过接口获取并渲染在 App 中的。如果我们能直接从根源出发，找出 App 构造接口请求的真正逻辑，包括一些加密参数怎么生成、一些风控怎么避免，就可以利用 Python 脚本构造请求或者通过 Hook 的方式爬取数据了，这样不仅能省去一些基于 Appium、Airtest 的 UI 交互操作，还能大大提高爬取效率。另外，SSL Pinning 技术其实是在 App 内部做了一些限制和校验，我们找到根源就可解决其带来的抓包问题。

总之，要想真正地挖掘底层深处的逻辑，就必须学习一些 Android 逆向相关的知识。例如借助 jadx、JEB 等工具对 apk 文件进行反编译，还原 Java 代码并分析内部的逻辑；借助 Hook 工具（如 Xposed、Frida）拦截和改写一些关键逻辑，从而截获关键的数据或加密信息；借助反汇编工具（如 IDA Pro）逆向分析、调试、模拟 Android Native 层的实现逻辑，探寻 Native 层的实现逻辑。

本章就主要介绍 Android 逆向的相关知识，包括以下内容。

- jadx、JEB 等工具的用法，实现 apk 文件的反编译和代码分析。
- Xposed 框架、Frida 等工具的用法，Hook 或模拟 Android Java 层和 Native 层的代码。
- 如何利用 Xposed 框架、Frida 工具解决抓包过程中常见的 SSL Pinning 问题。
- 反编译过程中常用的脱壳技术和相关原理。
- Android Native 层 so 文件的逆向分析方法。
- Android Native 层 so 文件的模拟调用和常见的数据爬取方法。

13.1　jadx 的使用

我们知道，每个 Android App 都有对应的安装包，是以 apk 为名字后缀的文件，App 的实现逻辑都包含在这个文件中。apk 文件往往包含资源文件（如图标、字体等），由 Java 代码编译而成的 dex 文件（可通过反编译 dex 文件得到 Java 代码），和一些相关的配置文件（如 AndroidManifest.xml 文件）。关于其中的细节，这里就不再一一展开介绍了，如果想了解更多内容可以学习 Android 开发相关的基本知识。

逆向中关键的一步就是反编译 apk 文件，将其还原成可读性高的 Java 代码，在多数情况下，我们通过观察并分析这个 Java 代码就能找到想要的核心逻辑。工欲善其事，必先利其器。用来反编译 apk

文件的工具有很多，例如 jadx、JEB、Apktool 等，不同工具的用法和定位也有所不同。

本节我们先来了解一下 jadx 的使用方法。

1. jadx 的简介

jadx 是一款使用广泛的反编译工具，可以一键把 apk 文件还原成 Java 代码，使用起来简单，功能强大，还具有一些附加功能可以辅助代码追查。其 GitHub 地址为 https://github.com/skylot/jadx。主要具有如下几个功能。

- 除了反编译 apk 文件，还可以反编译 jar、class、dex、aar 等文件和 zip 文件中的 Dalvik 字节码。
- 解码 AndroidManifest.xml 文件和一些来自 resources.arsc 中的资源文件。
- 一些 apk 文件在打包过程中增加了 Java 代码的混淆机制，对比 jadx 提供反混淆的支持。

jadx 本身是一个命令行工具，仅仅通过 jadx 这个命令就可以反编译一个 apk 文件。除此之外，它也有配套的图形界面工具——jadx-gui，这个使用起来更加方便，能直接以图形界面的方式打开一个 apk 文件。同时，jadx-gui 对反编译后得到的 Java 代码和其他资源文件增加了高亮支持（就像在 IDE 中打开这些内容一样），还具有快速定位、引用搜索、全文搜索等功能。所以，我们往往直接使用 jadx-gui 完成一些反编译操作。

2. 准备工作

本节会以一个 App 为示例，介绍 jadx 的命令和 jadx-gui 的使用方法。在开始之前，请先安装好这两个工具，jadx 的安装方法可以参考 https://setup.scrape.center/jadx。

然后提前下载好示例 App 对应的 apk 文件（https://app5.scrape.center/），下载下来的文件保存为 scrape-app5.apk。

3. jadx 的命令

使用 jadx 的命令执行文件的反编译操作，主要是指定一些输入参数和输出参数，这些参数的设置细节直接参考参数说明即可。运行 jadx -h 命令，查看 jadx 命令的用法：

```
jadx[-gui] [options] <input files> (.apk, .dex, .jar, .class, .smali, .zip, .aar, .arsc, .aab)
options:
    -d, --output-dir            - output directory
    -ds, --output-dir-src       - output directory for sources
    -dr, --output-dir-res       - output directory for resources
    -r, --no-res                - do not decode resources
...
    -f, --fallback              - make simple dump (using goto instead of 'if', 'for', etc)
    --log-level                 - set log level, values: QUIET, PROGRESS, ERROR, WARN, INFO, DEBUG, default: PROGRESS
    -v, --verbose               - verbose output (set --log-level to DEBUG)
    -q, --quiet                 - turn off output (set --log-level to QUIET)
    --version                   - print jadx version
    -h, --help                  - print this help
```

可以看到，参数 <input files> 就是输入文件的路径，其他参数如 -d 可以指定反编译后输出文件的路径，-r 可以指定不解析资源文件（能够提升整体反编译的速度）。于是我们可以使用下面的命令对已经下载好的 scrape-app5.apk 文件进行反编译：

```
jadx scrape-app5.apk -d scrape-app5
```

运行完毕后，本地会生成一个 scrape-app5 文件夹，其内容如图 13-1 所示。

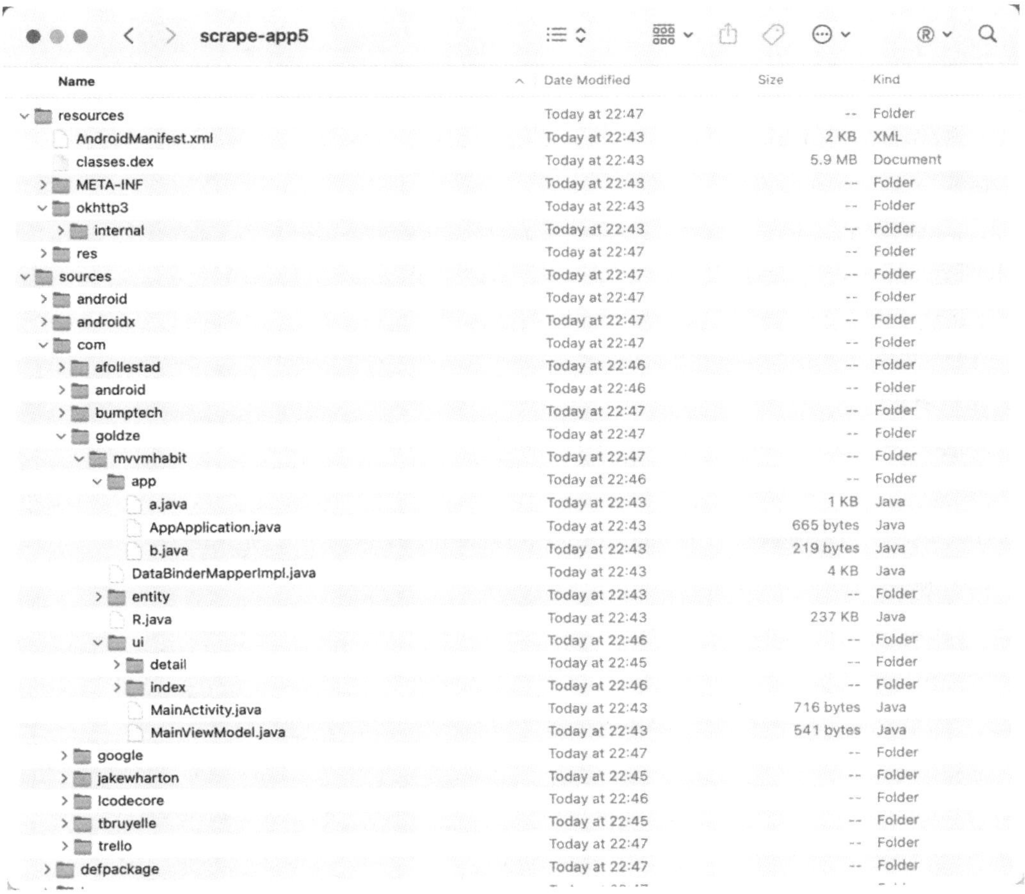

图 13-1　反编译生成的文件夹

从中可以看到，AndroidManifest.xml 文件、资源文件和原始的 java 文件等都成功还原出来了。例如 com.glodze.mvvmhabit.ui.MainActivity.java 文件的内容还原结果如下：

```java
package com.goldze.mvvmhabit.ui;

import android.os.Bundle;
import com.goldze.mvvmhabit.R;
import com.goldze.mvvmhabit.ui.index.IndexFragment;
import me.goldze.mvvmhabit.base.BaseActivity;

public class MainActivity extends BaseActivity<1, MainViewModel> {
    public int initContentView(Bundle bundle) {
        return R.layout.activity_main;
    }

    public int initVariableId() {
        return 2;
    }

    public void initParam() {
        super.initParam();
        setRequestedOrientation(-1);
    }

    public void onCreate(Bundle bundle) {
        super.onCreate(bundle);
```

```
        startContainerActivity(IndexFragment.class.getCanonicalName());
    }
}
```

可见还原效果还是比较理想的。就这样，我们只用一条简单的命令就完成了对 apk 文件的反编译，其中 Java 代码的逻辑一览无遗。

4. jadx-gui 的使用方法

jadx-gui 是一个图形界面工具，它就像一个 IDE，支持很多方便快捷的交互式操作（例如把一个 apk 文件拖到 jadx-gui 后，它会直接打开这个文件，之后高亮显示反编译后的代码），以及代码搜索、定位等。相比 jadx，我个人更推荐直接使用 jadx-gui 反编译 apk 文件。

下面就来了解一下 jadx-gui 的用法。

- **启动和反编译**

安装 jadx-gui 工具后，可以直接使用命令启动它：

```
jadx-gui
```

运行该命令后，jadx-gui 便启动了，这时我们看到的界面类似图 13-2 所示的这样。

图 13-2　jadx-gui 启动后的界面

可以通过文件路径打开示例 apk 文件，也可以直接将 apk 文件拖到 jadx-gui 的窗口中，还可以从菜单栏中的"文件"→"打开文件"调出资源管理器来打开 apk 文件。文件打开之后，稍等片刻，反编译就完成了，这时看到的界面如图 13-3 所示。

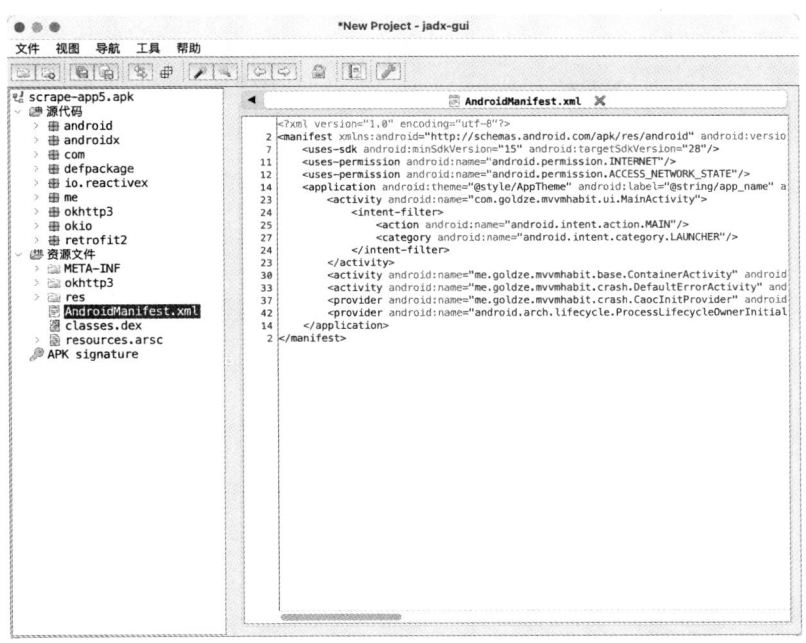

图 13-3　反编译后的界面

从界面的左侧可以发现，反编译后的 Java 源代码以一个个包的形式组织在一起，另外还有资源文件，其中包括图片文件、布局文件和 AndroidManifest.xml 文件（内含 apk 文件的基本信息）等。在左侧展开想要查看的包，右侧就会出现对应的 Java 源代码，如图 13-4 所示。

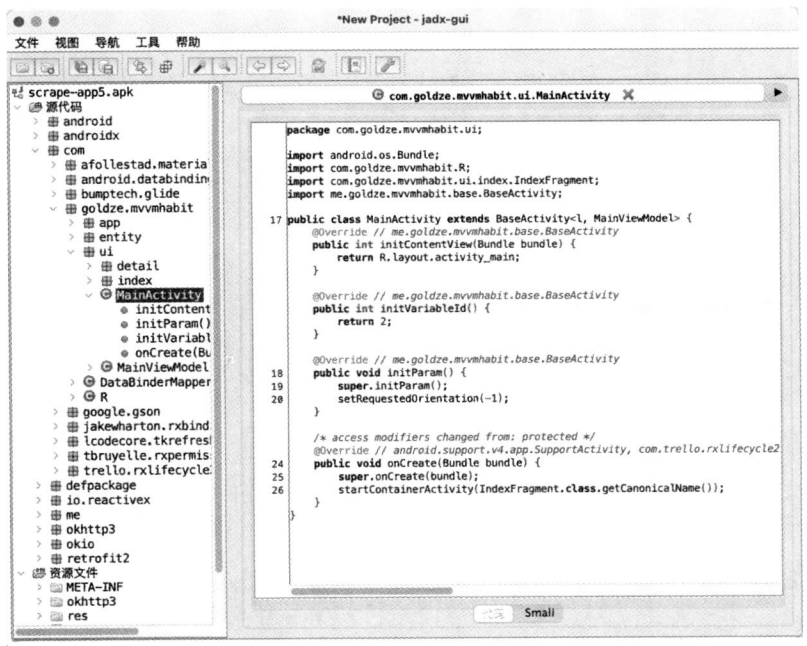

图 13-4　查看 Java 源代码

可以看出，Java 源代码的还原度还是很高的。

608　第 13 章　Android 逆向

- **保存为 Gradle 项目**

我们也可以把反编译后的文件另存为 Gradle 项目，Gradle 项目就是开发版本的 Android 项目，如图 13-5 所示。

导出后，会发现项目的目录结构如图 13-6 所示。

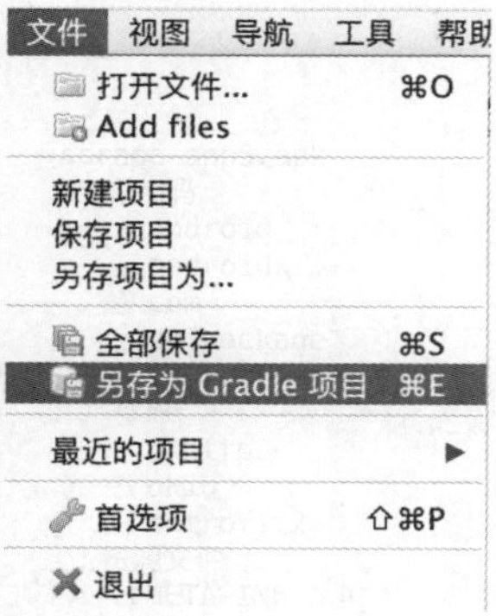

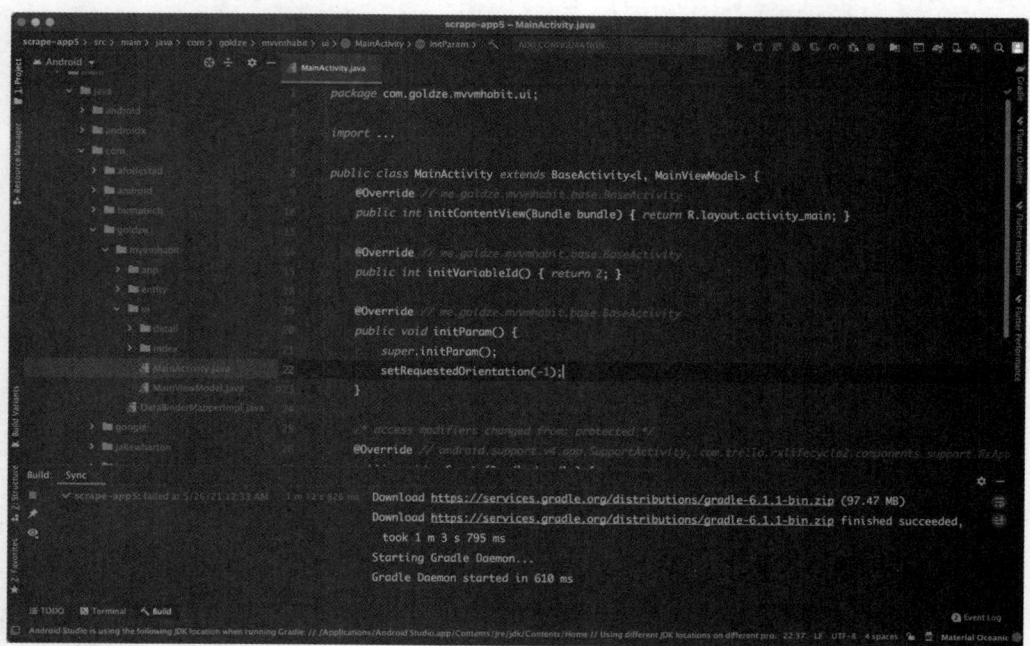

图 13-5　另存为 Gradle 项目 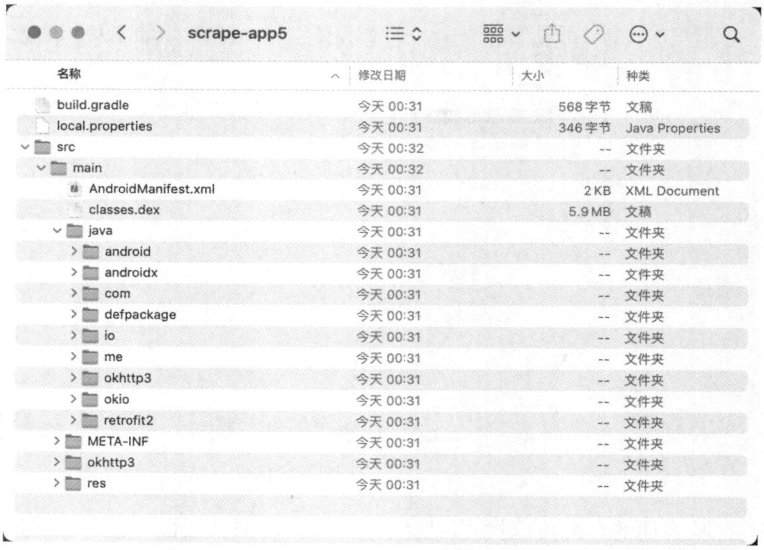　　　　　　　图 13-6　项目的目录结构

导出后的项目目录结构和我们在 jadx-gui 界面里看到的结构基本一致，这个项目是可以被 Android Studio 工具打开的，打开的界面如图 13-7 所示。

图 13-7　在 Android Studio 工具中打开项目

打开之后的代码一般没法直接运行,因为毕竟整个项目是反编译出来的,我们不太可能完全还原出开发版本的 Android 项目。如果你对 Android 开发比较了解,可以试着修改一下源码和 Gradle 配置,是可以使项目正常运行的。即使不能运行也没有关系,因为我们的目的并不是运行这个代码,而是分析其中的逻辑,所以要把目光聚焦在查找和定位目标方法与逻辑定义上,Android Studio 能够帮我们更方便地完成这些操作。

当然,jadx-gui 也提供了查找和定位的相关功能,现在我们回到 jadx-gui,了解一下它的其他常见用法。

● 文本搜索

在 12.3 节,我们已经分析过本节的示例 App,并对其进行了抓包处理,知道了该 App 在启动阶段会请求 /api/movie 这个 API 获取数据,同时在请求的过程中会带加密参数 token,完整的请求 URL 是

https://app5.scrape.center/api/movie/?offset=30&limit=10&token=M2U5NjYxZjEwNmQyMDlkYmYyNTIzZGFkYmZkYzdiNThlYTgzOWQOMywxNjIxNzAzMDA5%0A。

学习本章内容之前,我们只能通过抓包知道最终的 token 参数取什么值,现在不一样了,我们已经成功反编译了 apk 文件,得到了 Java 源代码,就有办法找出这个 token 的生成逻辑。可以先寻找一些突破口,例如搜索固定的字符串,像这里 URL 中的 /api/movie 和 token 这个字符串都是可以的,因为在构造 URL 的时候,它们经常就是写死的常量,如果能找到对应的字符串,就可以顺藤摸瓜找到 token 的生成逻辑。

那我们尝试在源代码中搜索一下 URL 中的 /api/movie 字符串,可以使用 jadx-gui 提供的搜索功能,打开菜单栏里的"导航"→"搜索文本",如图 13-8 所示。

图 13-8 搜索字符串

这时 jadx-gui 会显示一个搜索框,如图 13-9 所示。在"搜索文本:"下方填入"/api/movie",同时可以从类名、方法名、变量名和代码中选择搜索位置,自行勾选即可,下方会显示搜索结果。

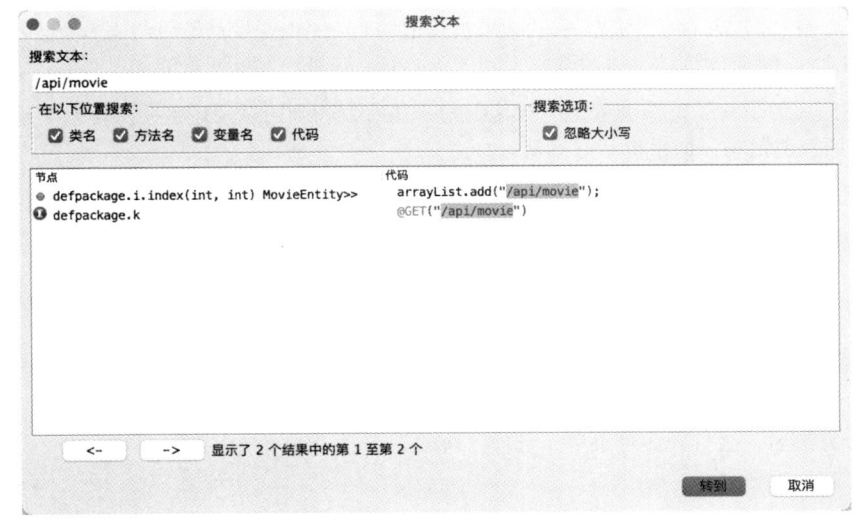

图 13-9 设置搜索细节

可以看到,搜索到了两处包含 /api/movie 字符串的位置,可以依次看一下这两处的内容,先选中第一个搜索结果,然后点击"转到"按钮,即可跳转到对应的代码处,如图 13-10 所示。

第 13 章 Android 逆向

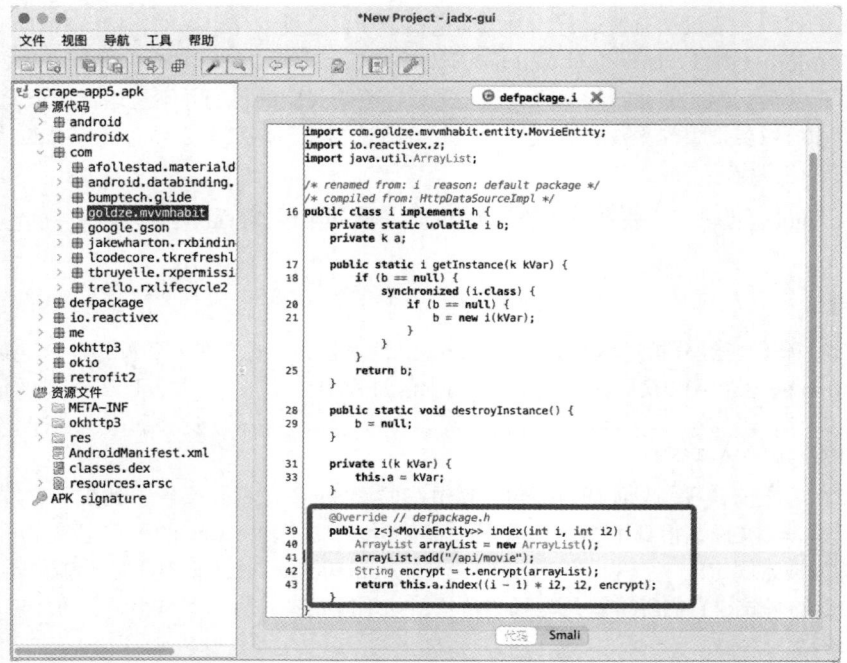

图 13-10　第一个搜索结果对应的代码

可以看到，图 13-10 中有一个名为 i 的类，里面有一个 index 方法，该方法接收两个参数，分别是 i 和 i2，目前我们还不知道它们代表什么。

不妨先看一下 index 方法的基本逻辑吧。方法内首先构造了一个 ArrayList 对象并赋值给 arrayList 变量，这相当于 Python 中初始化的空列表；然后调用 add 方法往 arrayList 中添加了一个字符串 /api/movie；接着调用了一个 encrypt 方法，并传入参数 arrayList，通过名字可以大致推测 encrypt 方法实现的是加密过程，加密后的结果被赋值为 encrypt 变量；最后调用 index 方法本身，并传入参数 i 和 i2 的组合计算结果以及刚刚得到的 encrypt 变量，并返回最终的结果。

现在，我们大致了解了整个流程，但对其中的一些参数和调用过程还是一头雾水，难道这里就包含着 token 的加密逻辑吗？似乎也不好确认。

逆向过程其实就是包含一些不确定性的，在查到一些蛛丝马迹之后，如果不确定查到的内容是不是我们想要的，就继续深入研究，这就是一个推敲和追查的过程。

- 查找方法的声明

我们可以试着寻找一下 encrypt 方法的声明，右击 encrypt 方法名，会打开一个菜单，选择"跳到声明"，如图 13-11 所示。

这时就会跳转到声明 encrypt 方法的位置，如图 13-12 所示。

图 13-12 中显示了 encrypt 方法的源代码，初步观察其逻辑是传入一个包含字符串的 List 对象，

图 13-11　跳到 encrypt 方法的声明处

然后经过一些加密处理返回一个高度疑似 Base64 编码的字符串，而我们之前看到的 token 字符串的格式也符合 Base64 的编码格式，至于这里究竟是不是 token 的生成过程，我们会在 13.2 节做一步验证，这里先主要了解 jadx-gui 的一些用法。

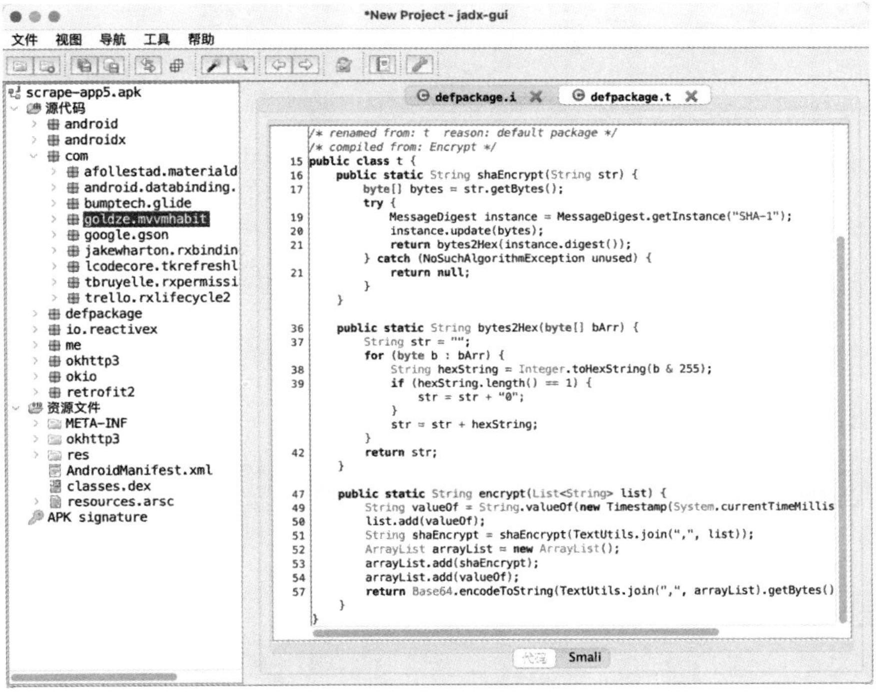

图 13-12　encrypt 方法的声明

刚才我们通过"跳到声明"选项到了声明 encrypt 方法的位置，那能不能通过该声明，找到调用 encrypt 方法的位置呢？那当然是可以的。

- **查找用例**

右击声明处的 encrypt 方法名，在打开的菜单中可以看到一个"查找用例"的选项，如图 13-13 所示。

图 13-13　"查找用例"选项

点击之后，查找的结果如图 13-14 所示。

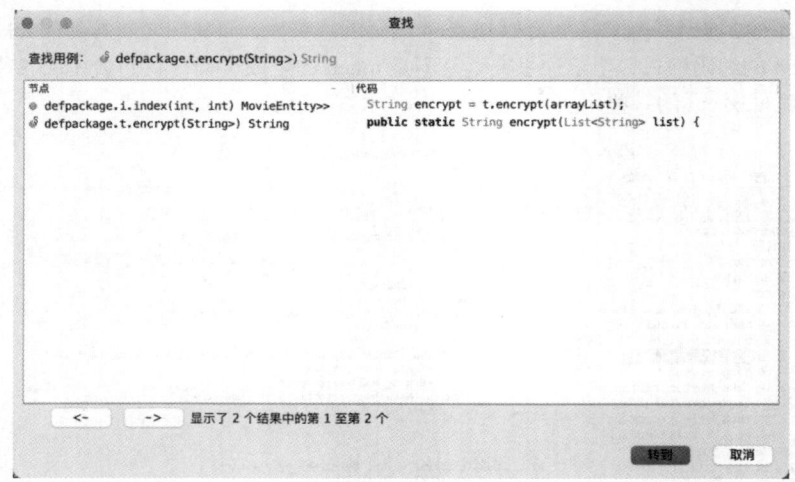

图 13-14　调用 encrypt 方法的代码

搜索结果有两处，直接双击结果，或者先选中结果再点击“转到”按钮，都可以跳转到对应的代码处。我们看第一个结果，可以发现这就是之前调用 encrypt 方法的位置，如图 13-15 所示。

```
@Override // defpackage.h
public z<j<MovieEntity>> index(int i, int i2) {
    ArrayList arrayList = new ArrayList();
    arrayList.add("/api/movie");
    String encrypt = t.encrypt(arrayList);
    return this.a.index((i - 1) * i2, i2, encrypt);
}
```

图 13-15　第一个搜索结果

- **反混淆**

jadx-gui 还有一个强大的功能，就是反混淆。从图 13-16 中，我们看到 encrypt 方法所在的类是 i，它实现了一个接口 h，仅从这些字母并不好推测究竟是什么意思，这是 App 在编译和打包阶段做了一些混淆操作导致的结果，和 JavaScript 中的变量混淆非常相似。

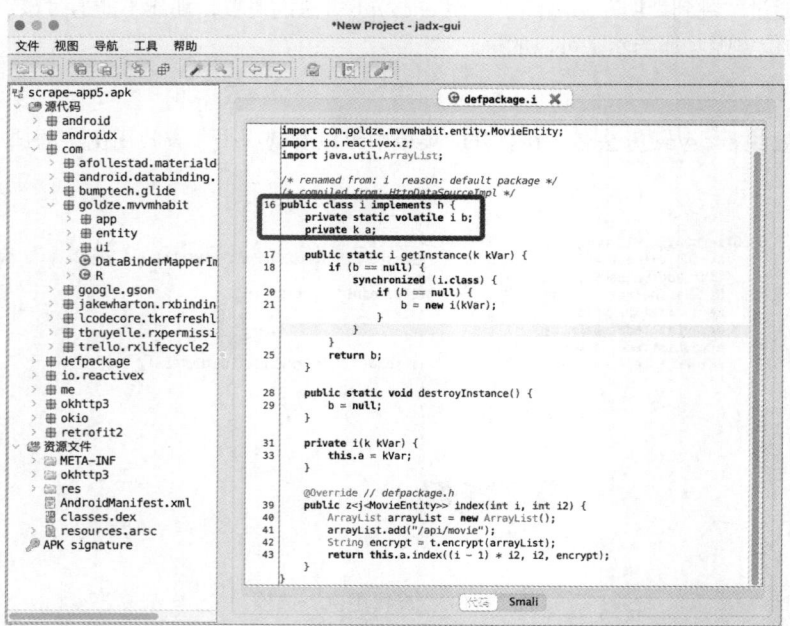

图 13-16　类 i 和接口 h

针对这个问题，jadx-gui 具有反混淆功能。我们可以打开反混淆开关，点击菜单中的"工具"→"反混淆"，如图 13-17 所示。

图 13-17　反混淆功能

神奇的事情发生了！原来的类名、接口名都还原出来了，如图 13-18 所示。

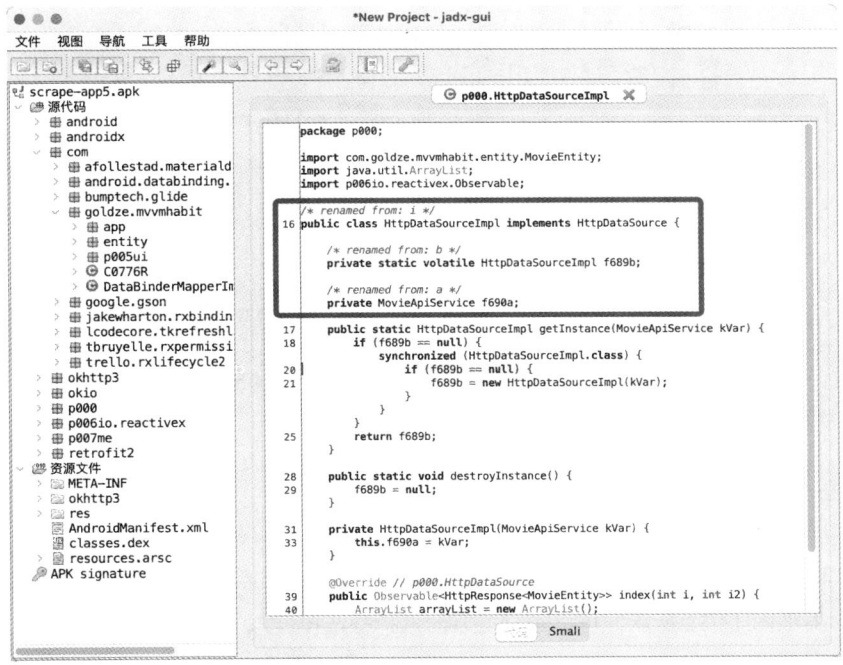

图 13-18　真实的类名和接口名

代码可读性大大增强！反混淆能够进一步提升代码的还原度，从而让我们更方便地推敲代码中的逻辑。

- **设置选项**

jadx-gui 还提供了很多设置功能，可以点击工具栏中的"更多设置"按钮，如图 13-19 所示。

图 13-19　"更多设置"按钮

然后会打开一个设置页面，如图 13-20 所示。

这其实是一个总的设置页面，我们可以在这里配置 jadx-gui 的各个选项，如是否启用反混淆、反编译过程允许的并行线程数、系统是否区分大小写、是否反编译资源文件等，这些和 jadx 的一些命令功能是一致的。

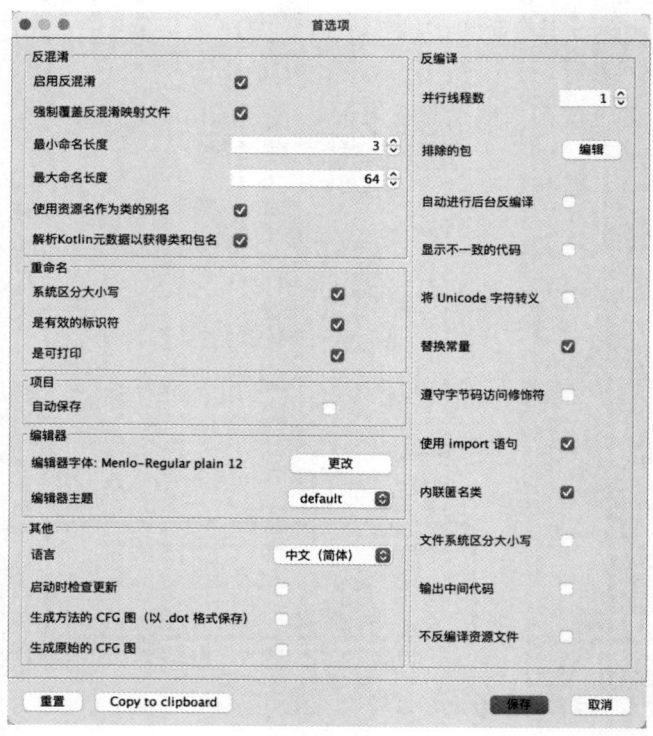

图 13-20　设置页面

- 日志查看

在 jadx-gui 运行的过程中，还可以查看运行日志，点击工具栏中的"日志"按钮即可打开日志查看器，如图 13-21 所示。

日志查看器如图 13-22 所示，可以通过上方的选择框选择日志等级，例如这里选择了 ERROR 级别，即显示错误日志。

图 13-21　"日志"按钮

图 13-22　ERROR 级别的日志信息

如果反编译过程出现了错误，就可以来这里查看错误细节。当然，我们也可以从运行 jadx-gui 命令的控制台观察一些日志输出结果。

5. 常见问题

如果有些 apk 文件比较大，jadx-gui 反编译所需的时间和消耗的资源就会更多，所以有时候在反编译过程中会提示如下错误：

```
java.lang.OutOfMemoryError: GC overhead limit exceeded
    at jadx.core.dex.visitors.blocksmaker.BlockProcessor.computeDominators(BlockProcessor.java:189)
    at jadx.core.dex.visitors.blocksmaker.BlockProcessor.processBlocksTree(BlockProcessor.java:52)
    at jadx.core.dex.visitors.blocksmaker.BlockProcessor.visit(BlockProcessor.java:42)
    at jadx.core.dex.visitors.DepthTraversal.visit(DepthTraversal.java:27)
    at jadx.core.dex.visitors.DepthTraversal.lambda$visit$1(DepthTraversal.java:14)
    ...
```

这里报了一个 OutOfMemoryError 错误，代表内存溢出，对于一些比较大的 apk 文件，是会出现这种问题的，我们可以尝试用如下两个方案解决。

- 增加 JVM 的最大内存：设置 JVM_OPTS，把 JVM 的最大内存调大，之后内存溢出的问题自然可以得到有效解决。
- 减小线程数：线程多了，反编译过程消耗的内存自然也会增多，可以在运行 jadx 的命令时通过 -j 命令适当将线程数量设置为更小的值。

详细的设置方法可以参考 https://setup.scrape.center/jadx，本节不深入讲解。

6. 总结

本节我们学习了 jadx 和 jadx-gui 的基本使用方法，利用这两个工具，我们可以非常方便地反编译 apk 文件，还原出原始的 Java 代码，从而找到我们想要的核心逻辑。

本节内容比较基础，需要好好掌握，之后我们会经常使用 jadx 来反编译 apk 文件。

13.2 JEB 的使用

上一节中我们了解了 jadx 的基本使用方法，体验了其强大的功能。

当然，类似提供反编译功能的工具还有很多，JEB 就是一个。本节我们会结合一个案例学习使用 JEB 反编译和分析 apk 文件的过程。

1. JEB 的简介

JEB 是由 PNF 软件（PNF Software）机构开发的一款专业的反编译 Android App 的工具，适用于逆向和审计工程，功能非常强大。相比 jadx，JEB 除了支持 apk 文件的反编译和 Android App 的动态调试，还支持 ARM、MIPS、AVR、Intel-x86、WebAssembly、Ethereum（以太坊）等程序的反编译、反汇编、动态调试等。另外，JEB 能解析和处理一些 PDF 文件，是一个极其强大的综合性逆向和审计工具。

由于本章主要讲 Android 逆向相关的内容，所以多关注它和 Android 相关的功能。对于 Android App，JEB 主要提供如下功能。

- 可以对 Android App 和 Dalvik（Android 虚拟机，类似 Java 中的 JVM）字节码执行精确和快速的反编译操作。
- 内置的分析模块可以对高度混淆的代码提供虚拟层次化重构，对分析混淆代码很有帮助。
- 可以对接 JEB API 来执行一些逆向任务，支持用 Java 和 Python 编写自动化逆向脚本。

JEB 支持 Windows、Linux、Mac 三大平台，目前主要分为三个版本：JEB CE（社区版）、JEB Android（Android 版）、JEB Pro（专业版）。JEB CE 提供一些基础的功能，如反编译 dex 文件，反编译和反汇编 Intel-x86，但不支持反编译 Dalvik 字节码。JEB Android 则更专注于 Android 系统，支持反编译 dex 文件，也支持反编译和反汇编 Dalvik 字节码。JEB Pro 则是"完全体"，支持官网介绍的所有功能。三个版本的具体功能对比可以参考官网（https://www.pnfsoftware.com/jeb）的介绍。JEB CE 是免费的，JEB Android 和 JEB Pro 都是收费的，需要购买许可证才可以使用。

2. 准备工作

本节我们要使用 JEB（JEB Android 或 JEB Pro）来反编译和动态调试一个 Android App，关于 JEB 的下载地址和安装方式可以参考 https://setup.scrape.center/jeb。

安装好 JEB 之后，需要下载示例 apk 文件，地址为 https://app5.scrape.center/，下载好后保存为 scrape-app5.apk 文件即可。

然后准备好一部 Android 手机，真机和模拟器都可以，在手机上安装好刚下载的 apk 文件并启动 App。另外还需要确保在电脑上能使用 adb 命令正常连接到手机。

3. 实战

打开 JEB，把示例 apk 文件直接拖到窗口里，经过一段时间的处理，JEB 就完成了反编译，如图 13-23 所示。

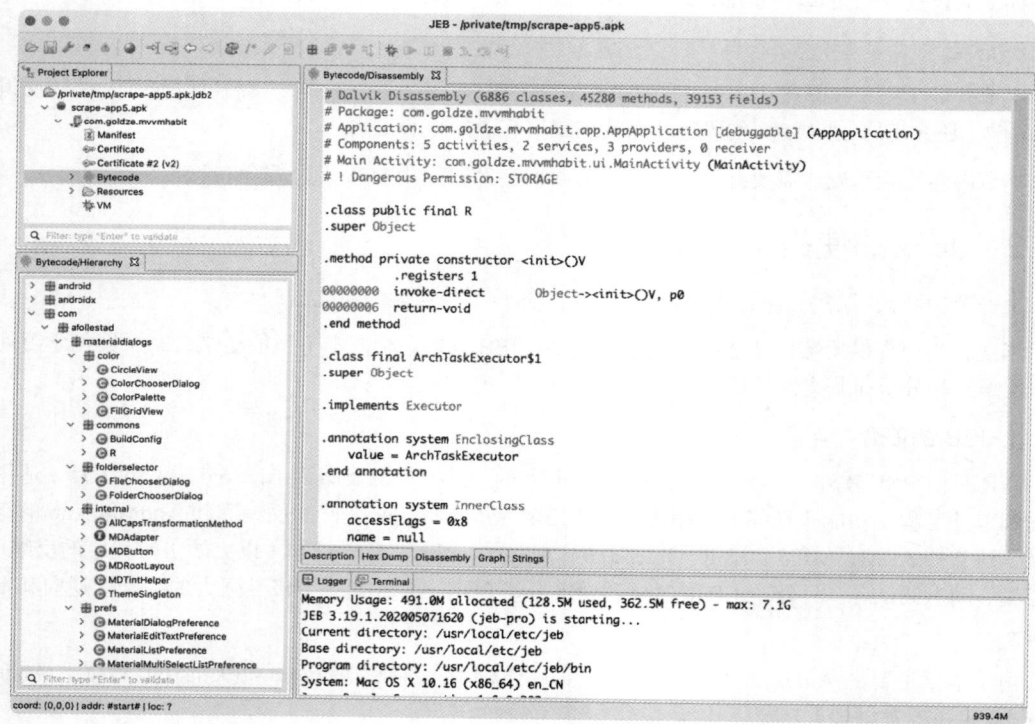

图 13-23　JEB 的界面

从左侧的 Bytecode/Hierarchy 部分可以看到，反编译后的代码以一个个包的形式组织在一起，右侧显示的则是 Smali 代码（Dalvik 的反汇编程序实现，类似 x86 平台下的汇编语言），通过这个代码，我们大体能够看出一些执行逻辑和数据操作的过程。

虽然我们得到了 Smali 代码，但这似乎不是用 Java 语言编写的，我们从哪个地方入手呢？由于我们要找的是 URL 中加密参数 token 的位置，因此最简单的方式当然是借助 API 的一些标志字符串查找了。

我们知道示例 App 在启动的时候会开始请求数据，请求 URL 里包含关键字 /api/movie，以及 offset、token 等参数，具体的抓包过程这里就不再赘述了，可以参考 12.3 节的内容。

因为 API 的路径通常是用字符串定义的，而且一般写死在 App 代码里，所以我们可以尝试使用 /api/movie 来搜索，看看是否能搜索到相关的逻辑。点击菜单中的 "Edit" → "Find"，打开 JEB 的查找功能，输入 "/api/movie"，如图 13-24 所示。

点击 "Find" 按钮，可以看到 JEB 帮我们找到了对应的 Smali 代码，如图 13-25 所示。

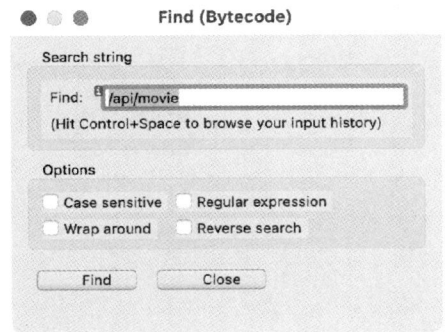

图 13-24　在 JEB 工具中搜索 /api/movie　　图 13-25　/api/movie 对应的 Smali 代码

这里其实是声明了一个静态不可变的字符串，叫作 indexPath。但这里是 Smali 代码，我们如何找到对应的源码位置呢？可以先选中该字符串，然后右击，在菜单中选择 "Decompile"，如图 13-26 所示。

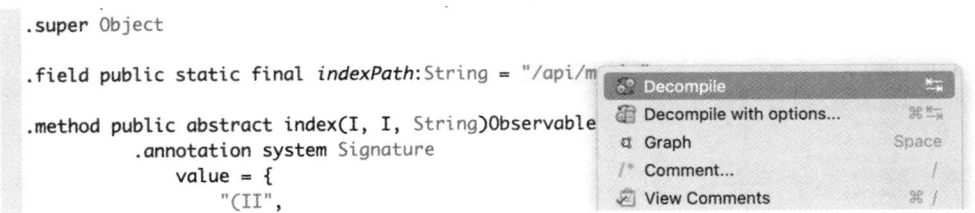

图 13-26　选择 "Decompile"

之后就成功定位到了 Java 代码的声明处，如图 13-27 所示。

```
package com.goldze.mvvmhabit.data.source.http.service;

import io.reactivex.Observable;
import retrofit2.http.GET;
import retrofit2.http.Query;

public interface MovieApiService {
    public static final String indexPath = "/api/movie";

    @GET(value="/api/movie") Observable index(@Query(value="offset") int arg1, @Query(value="limit") int arg2, @Query(value="token")
}
```

图 13-27　声明 indexPath 字符串的源码

这里就是 indexPath 的原始声明，同时还能看到 index 方法的声明，它包含 3 个参数：offset、limit 和 token。由此可以发现，这里的参数和声明恰好跟请求 URL 的格式是相同的。

我们可以在 Java 代码处再次选择 "Decompile"，即可回到对应的 Smali 代码处，如图 13-28 所示。

```
.method public abstract index(I, I, String)Observable
    .annotation system Signature
        value = {
            "(II",
            "Ljava/lang/String;",
            ")",
            "Lio/reactivex/Observable<",
            "Lcom/goldze/mvvmhabit/data/source/HttpResponse<",
            "Lcom/goldze/mvvmhabit/entity/MovieEntity;",
            ">;>;"
        }
    .end annotation
    .annotation runtime GET
        value = "/api/movie"
    .end annotation
    .param p1
        .annotation runtime Query
            value = "offset"
        .end annotation
    .end param
    .param p2
        .annotation runtime Query
            value = "limit"
        .end annotation
    .end param
    .param p3
        .annotation runtime Query
            value = "token"
        .end annotation
    .end param
.end method
```

图 13-28　回到 Smali 代码

可以看到 Smali 代码的定义和 Java 代码的定义一一对应。但这里似乎仅仅定义了 API，并没有真正的实现，因此我们可以接着搜索引用 /api/movie 的位置，如图 13-29 所示。

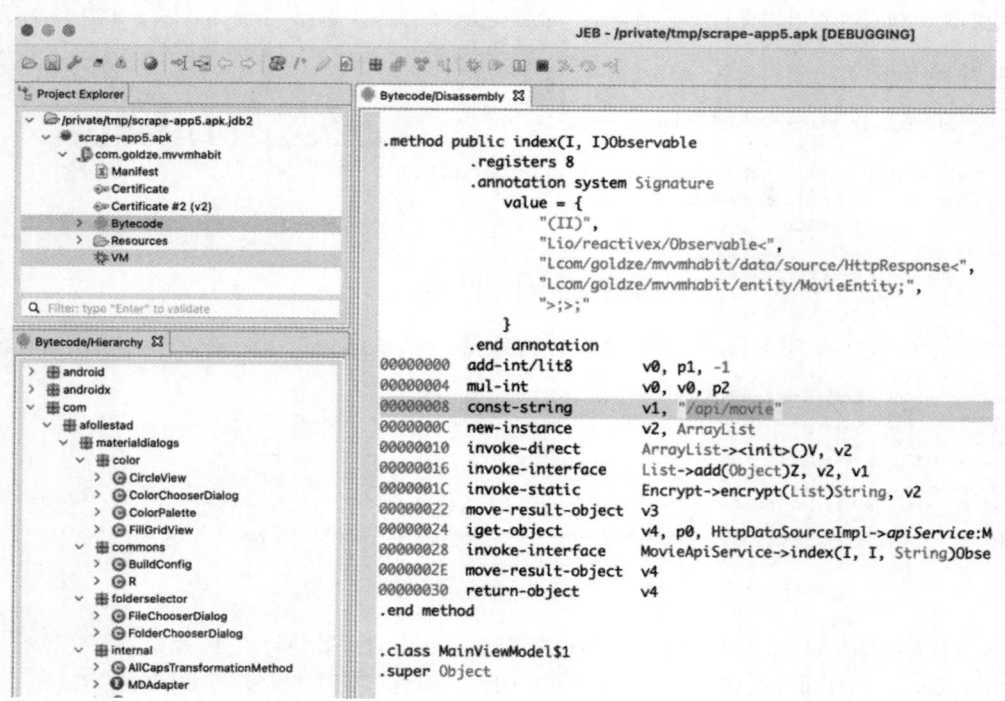

图 13-29　引用 /api/movie 的位置

同样在查找结果处右击，在打开的菜单中选择"Decompile"，就跳转到了对应的 Java 代码处，如图 13-30 所示。

```
@Override  // com.goldze.mvvmhabit.data.source.HttpDataSource
public Observable index(int arg6, int arg7) {
    ArrayList strings = new ArrayList();
    strings.add("/api/movie");
    return this.apiService.index((arg6 - 1) * arg7, arg7, Encrypt.encrypt(strings));
}
```

图 13-30　引用 /api/movie 的 Java 代码

很明显，这里就是逻辑实现相关的代码了。稍微读一下这里的 Java 代码，大致是调用了一个 apiService 对象的 index 方法，并传入了几个参数，第一个参数是 arg6 和 arg7 计算后的结果，第二个参数是 arg7，第三个参数是 encrypt 方法返回的结果（这个方法的参数还是一个包含 /api/movie 字符串的 ArrayList 对象）。

这里看起来似乎是请求 API 的一个操作，但是我们也不确定是不是真的是这个位置。为了更好地确定这里是不是我们想要的数据加载入口，下面尝试使用 JEB 的动态调试功能验证一下，例如在刚才的代码位置添加一个断点，然后滑动 App 加载数据，看在运行到断点的位置时是否停止了运行，如果停止了，就证明我们找的这个位置是正确的，否则继续寻找。

那怎么动态调试呢？其实操作很简单，首先确保本节的示例 App 已经安装在了手机上，并且能在电脑上通过 adb 命令与手机连接。然后运行 adb 命令：

```
adb shell am start -D -n com.goldze.mvvmhabit/.ui.MainActivity
```

这条命令的功能就是让 App 以调试模式启动，-D 指定了 App 以调式模式启动，-n 指定了启动入口，这里设置为示例 App 的包名和 MainActivity。运行这条命令后，可以看到手机上显示如图 13-31 所示的字样。

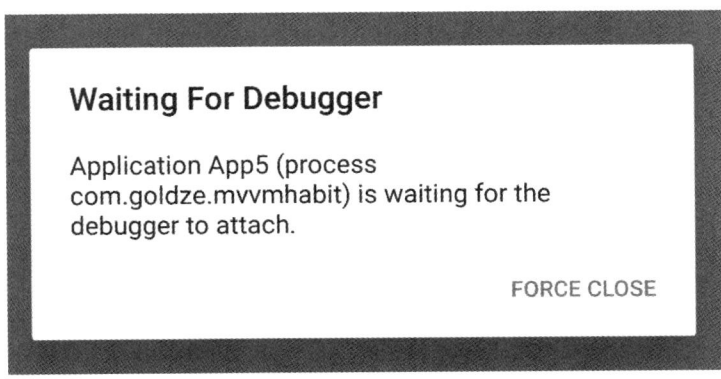

图 13-31　App 正在等待 Debugger 的连接

这时回到 JEB 的界面，点击工具栏里的"Debug"按钮，如图 13-32 所示。

图 13-32　点击"Debug"按钮

之后会检测出正在运行的 Android 设备，如图 13-33 所示。

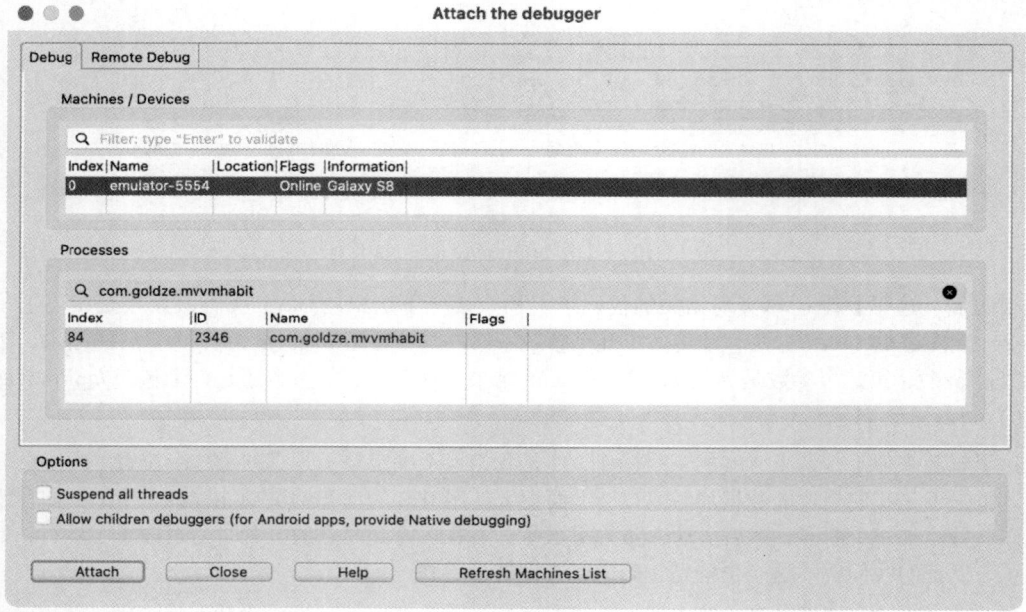

图 13-33　显示正在运行的 Android 设备

点击下方的"Attach"按钮，Debugger 就成功挂载了手机上的 App 进程，JEB 的界面变成图 13-34 所示的这样，弹出了几个调试窗口。

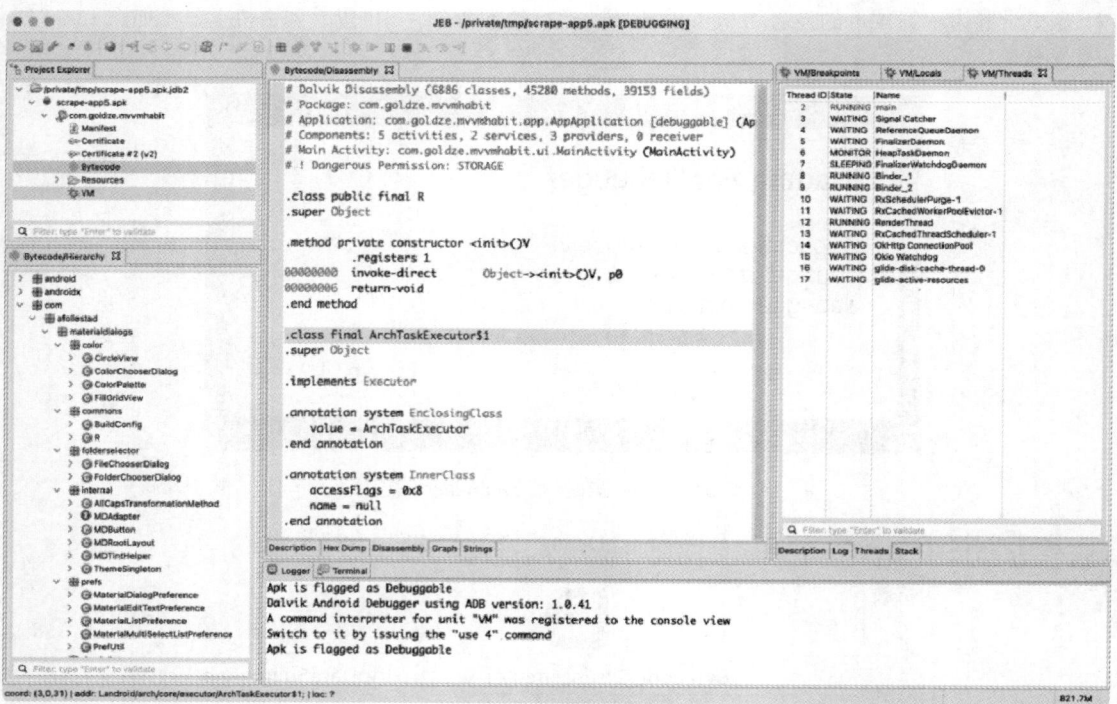

图 13-34　现在的 JEB 界面

与此同时，手机上的"Waiting for Debugger"提示也消失了，示例 App 正常运行并加载出了第一页数据，如图 13-35 所示。

这证明挂载成功了。在 JEB 中，我们可以选中想要调试的 Smali 代码，然后点击菜单栏中的"Debugger"→"Toggle Breakpoint"来添加断点，如图 13-36 所示。

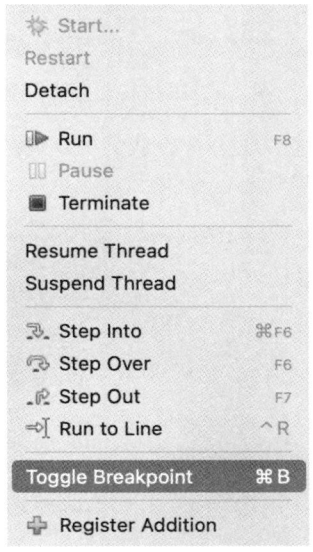

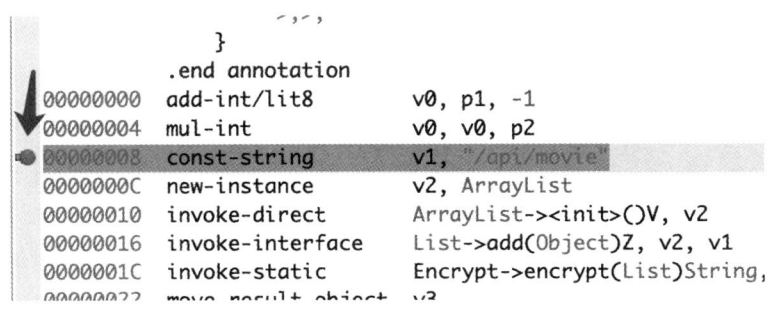

图 13-35　第一页电影数据　　　　　图 13-36　点击"Toggle Breakpoint"

例如在刚才的 /api/movie 对应的 Smali 代码处添加一个断点，效果见图 13-37。

图 13-37　添加一个断点

这时再次滑动 App 触发数据的加载，然后神奇的事情发生了——JEB 显示代码执行到断点的位置时停下来了，如图 13-38 所示。

这说明什么？说明数据加载的过程正是调用这个断点位置处代码的过程，即数据加载入口找对了。我们可以点击"Step Over"按钮尝试逐行执行此处的代码，如图 13-39 所示。

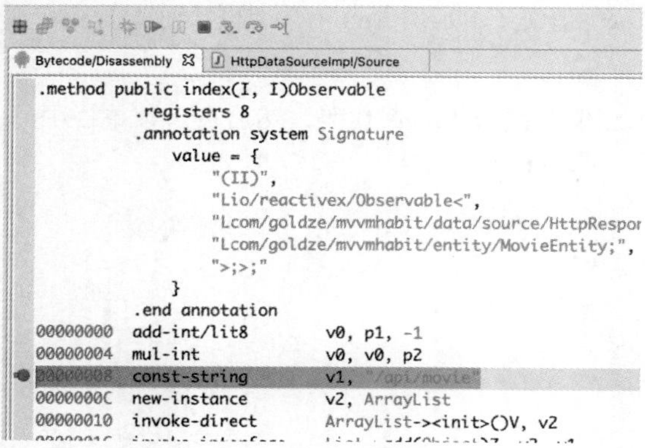

图 13-38 执行至断点位置 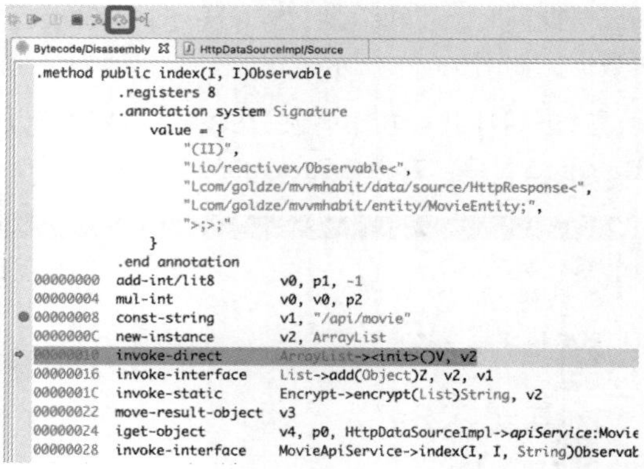　　　　　　　图 13-39 逐行执行数据加载入口处的代码

在执行的过程中，我们可以观察"VM/Locals"窗口，这里显示了各个变量的类型和对应的值，如图 13-40 所示。

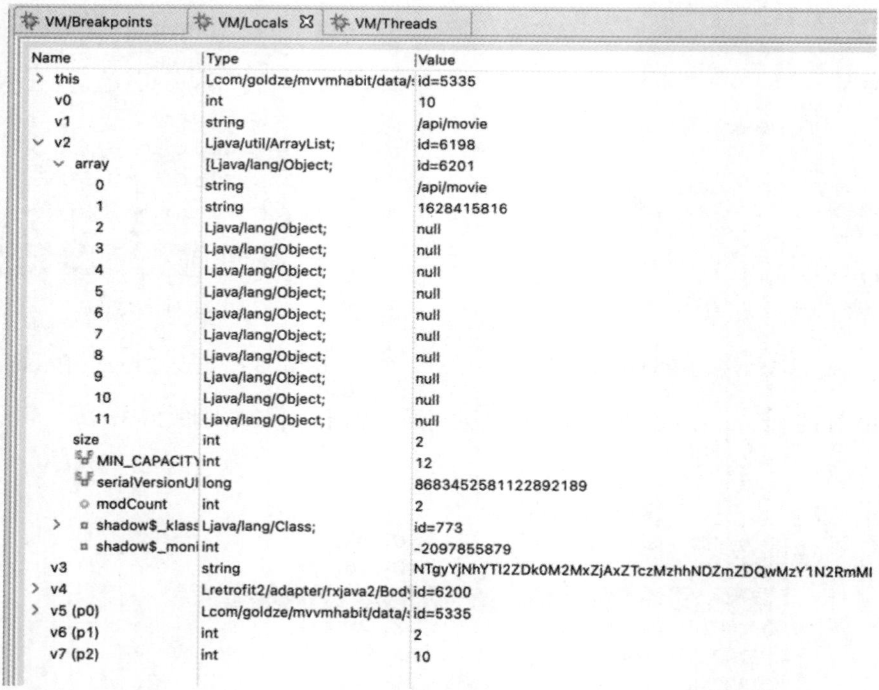

图 13-40 "VM/Locals"窗口中的内容

另外，可以点击工具栏中的"Run"按钮继续执行到下一个断点，如图 13-41 所示。

图 13-41 "Run"按钮

如果没有下一个断点，会直接完成数据请求，App 中加载出下一页数据。

经过多次的数据加载和调试，以及观察对比“VM/Locals”窗口中的各个变量（如果有必要，还可以用抓包软件验证），最终不难发现，变量 v2 就对应 Java 源代码里面的 ArrayList 对象，v0 对应 offset 参数的值，v7 对应 limit 参数的值，v3 对应 GET 请求过程中的 token 参数。

另外，可以推测 v3，即 token 参数的值就是刚才图 13-30 中 encrypt 方法返回的结果，也就是 token 字符串的生成逻辑包含在这个 encrypt 方法里。

我们先详细看看 encrypt 方法是怎么定义的，再单独对这个方法进行反编译操作，如图 13-42 所示。

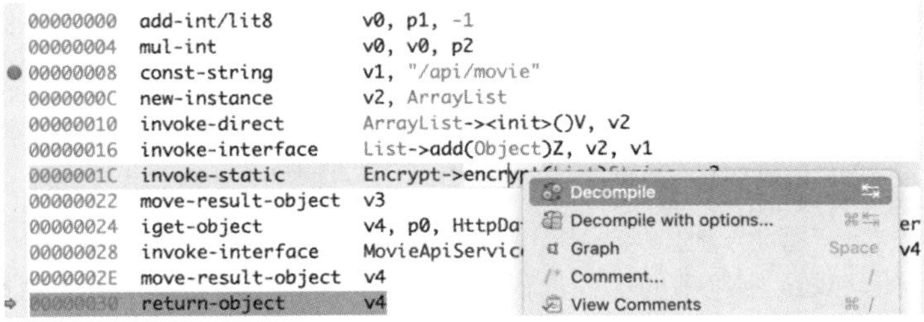

图 13-42 反编译 encrypt 方法

找到对应的 encrypt 方法后，再定位到 Java 代码中它的声明处，如图 13-43 所示。

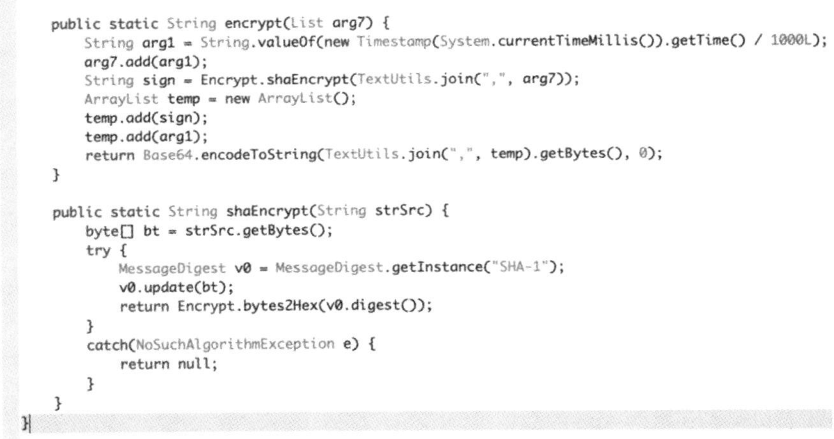

```java
public static String encrypt(List arg7) {
    String arg1 = String.valueOf(new Timestamp(System.currentTimeMillis()).getTime() / 1000L);
    arg7.add(arg1);
    String sign = Encrypt.shaEncrypt(TextUtils.join(",", arg7));
    ArrayList temp = new ArrayList();
    temp.add(sign);
    temp.add(arg1);
    return Base64.encodeToString(TextUtils.join(",", temp).getBytes(), 0);
}

public static String shaEncrypt(String strSrc) {
    byte[] bt = strSrc.getBytes();
    try {
        MessageDigest v0 = MessageDigest.getInstance("SHA-1");
        v0.update(bt);
        return Encrypt.bytes2Hex(v0.digest());
    }
    catch(NoSuchAlgorithmException e) {
        return null;
    }
}
}
```

图 13-43 声明 encrypt 方法的代码

其实很明显了，我们分析一下这段 Java 代码，传入 encrypt 方法的参数是 arg7，经过刚才的分析可知，arg7 其实是一个长度为 1 的列表，其内容是 ["/api/movie"]。方法中先定义了一个叫作 arg1 的字符串，其实就是获取的时间戳信息；然后把 arg1 添加到 arg7 中，现在 arg7 里就有两个内容了，一个是字符串 /api/movie，一个是时间戳信息；接着声明了 sign 变量，可以看出其是用逗号把 arg7 中的两个内容拼接在一起，外层再调用 shaEncrypt 方法的结果（经过观察，shaEncrypt 方法其实实现的就是 SHA1 算法）；后面又声明了一个 ArrayList 对象，赋值给 temp 变量，并把 sign 和 arg1 的值添加进去，再把 temp 中的内容使用逗号拼接起来，最后进行 Base64 编码及返回。

那么现在 token 字符串的整体加密逻辑就清楚了。

4. 模拟

了解了基本的算法流程后，我们可以用 Python 代码实现这个流程：

```python
import hashlib
import time
import base64
import requests

INDEX_URL = 'https://app5.scrape.center/api/movie?limit={limit}&offset={offset}&token={token}'
MAX_PAGE = 10
LIMIT = 10

def get_token(args):
    timestamp = str(int(time.time()))
    args.append(timestamp)
    sign = hashlib.sha1(','.join(args).encode('utf-8')).hexdigest()
    return base64.b64encode(','.join([sign, timestamp]).encode('utf-8')).decode('utf-8')

for i in range(MAX_PAGE):
    offset = i * LIMIT
    token = get_token(args=['/api/movie'])
    index_url = INDEX_URL.format(limit=LIMIT, offset=offset, token=token)
    response = requests.get(index_url)
    print('response', response.json())
```

这里最关键的就是 token 字符串的生成过程，我们定义了一个 get_token 方法来实现，整体思路就是上面梳理的内容：

- 在列表中加入当前时间戳；
- 将列表内容用逗号拼接起来；
- 对拼接结果进行 SHA1 编码；
- 将编码结果和时间戳再次拼接；
- 对拼接后的结果进行 Base64 编码。

最后的运行结果如下：

response {'count': 100, 'results': [{'id': 1, 'name': '霸王别姬', 'alias': 'Farewell My Concubine', 'cover': 'https://p0.meituan.net/movie/ce4da3e03e655b5b88ed31b5cd7896cf62472.jpg@464w_644h_1e_1c', 'categories': ['剧情', '爱情'], 'published_at': '1993-07-26', 'minute': 171, 'score': 9.5, 'regions': ['中国大陆', '中国香港'], 'drama':
...
{'id': 10, 'name': '狮子王', 'alias': 'The Lion King', 'cover': 'https://p0.meituan.net/movie/27b76fe6cf3903f3d74963f70786001e1438406.jpg@464w_644h_1e_1c', 'categories': ['动画', '歌舞', '冒险'], 'published_at': '1995-07-15', 'minute': 89, 'score': 9.0, 'regions': ['美国'], 'drama': '辛巴是荣耀国的小王子，他的父亲木法沙是一个威严的国王。然而叔叔刀疤却对木法沙的王位觊觎已久。要想坐上王位宝座，
...

这样我们就成功爬取到示例 App 的数据了。

5. 总结

本节我们通过一个案例讲解了比较基本的 App 逆向过程，包括 JEB 工具的使用方法、动态调试和代码追踪操作等，还通过分析代码厘清了基本逻辑，最后模拟实现了 API 的参数构造和请求发送，得到最终的数据。

当然本节介绍的内容仅是 JEB 所有功能的冰山一角，更多关于 JEB 的使用教程可以参考其官方文档 https://www.pnfsoftware.com/jeb/manual/。

13.3 Xposed 框架的使用

在 11.3 节中，我们已经初步了解了 Hook 技术，利用这个技术可以在某一逻辑的前后加入我们自定义的逻辑处理代码实现我们想要的功能，例如数据截获、输入和返回值修改等。

那 Hook 技术能否应用在 App 上呢？当然也是可以的。

Hook 技术在 App 上的应用非常广泛，例如修改朋友圈的微信步数，其实就是通过发送 Hook 数据的方法修改了步数；又如处理 SSL Pining 问题时，用 Hook 技术修改 SSL 证书的校验结果，从而绕过校验过程。对于 App 爬虫，也可以 Hook 一些关键的方法拿到方法执行前后的结果，从而实现数据的截获。

那这个技术怎么实现呢？这里不得不提到一个框架——Xposed 框架。

1. Xposed 框架的简介

Xposed 框架是一套开源的，在 Android 高权限模式下运行的框架服务，可以在不修改 App 源码的情况下影响程序运行（修改系统）。基于 Xposed 框架，可以制作许多功能强大的模块，且这些模块可以在功能不冲突的情况下同时运作。

Xposed 框架的原理我们稍作了解即可：替换系统级别的 /system/bin/app_process 程序，控制 zygote 进程，使得 app_process 在启动过程中加载 XposedBridge.jar 包，这个 jar 包里定义了对系统方法、属性所做的一系列 Hook 操作，同时提供了几个 Hook API 供我们编写 Xposed 模块使用。我们在编写 Xposed 模块时，引用几个 Hook 方法就可以修改系统级别的任意方法和属性了。

这么说可能有点抽象，下面我们编写一个 Xposed 模块，带大家体会一下它的用法，最后再使用 Xposed 模块修改真实 App 的执行逻辑。

2. 准备工作

由于 Xposed 运行在 Android 平台上，所以我们本节的环境和 Android 相关。

在开始之前，先做好如下准备工作。

- 配置好 Android 开发环境，具体的配置方法可以参考 https://setup.scrape.center/android。
- 准备一个已经 ROOT 的 Android 设备（真机或模拟器均可），并把它和 PC 连接好，可以在 PC 上使用 adb 命令正常连接到该设备。
- 在设备上安装好 Xposed 工具，具体的安装方法可以参考 https://setup.scrape.center/xposed。

Xposed 本身对 Android 系统和设备是有一定要求的，如果你的设备不满足要求，这里有几个备选方案。

- 对于高版本的 Android 系统，Xposed 可能不提供支持，此时可以安装 EdXposed，具体的安装方法可以参考 https://setup.scrape.center/edxposed。
- 对于没有 ROOT 的 Android 系统，可以使用 VirtualXposed，VirtualXposed 不需要 ROOT 即可使用，具体的安装方法可以参考 https://setup.scrape.center/virtualxposed。

3. Xposed 模块

Xposed 框架现在的生态系统非常庞大，基于它开发的模块非常多，点击下载菜单就可以看到已发布的 Xposed 模块，如图 13-44 所示。

可以看到，这里有各种各样的模块，当然我们也可以自己编写模块来实现想要的功能。这时大家可能会问，这些模块究竟是干嘛的？到底是什么东西？其实从本质

图 13-44 已发布的 Xposed 模块

上讲，Xposed 模块就是一个 Android App，开发一个 Xposed 模块和开发一个 Android App 的流程是差不多的，只不过前者多了下面 4 个步骤。

(1) 需要添加一些标识符，表明这个 App 是一个 Xposed 模块，以便在 Android 设备上安装后，Xposed 框架可以被识别出来。

(2) 需要引入 XposedBridge.jar 包，从而实现 Hook 操作。

(3) 需要定义一些 Hook 操作，对本 App 或其他 App 的逻辑进行修改。

(4) 定义完 Hook 操作的逻辑后，需要告诉 Xposed 框架哪些是我们自己定义的 Hook 操作逻辑，以便 Xposed 执行这些逻辑。

下面我们就一步步实现以上 4 步。

4. 开发一个 Xposed 模块

首先在 Android Studio 中新建一个 Android 项目，会提示我们选择 Activity，直接选择默认的 Empty Activity 即可，如图 13-45 所示。

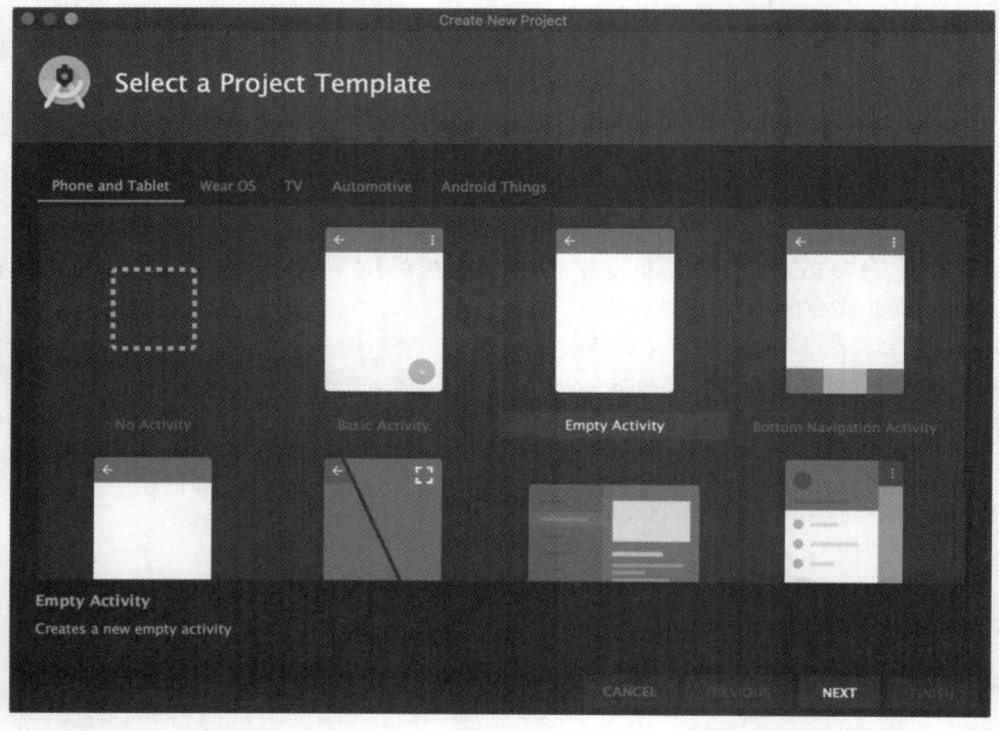

图 13-45　新建一个 Android 项目

然后做一些基础配置，项目名称配置为 XposedTest，包名可以任意取，配置好项目路径和编写语言，同时指定最小 SDK 版本为 15，如图 13-46 所示。

13.3 Xposed 框架的使用 627

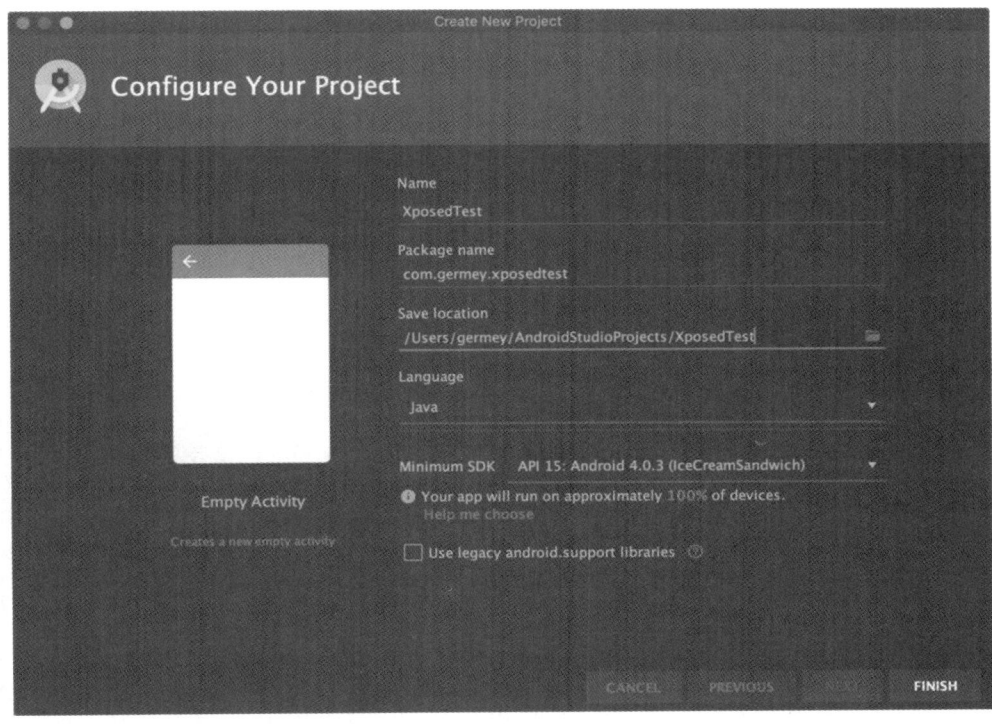

图 13-46 一些基础配置

点击 FINISH 按钮，XposedTest 项目就创建好了，生成的界面如图 13-47 所示。

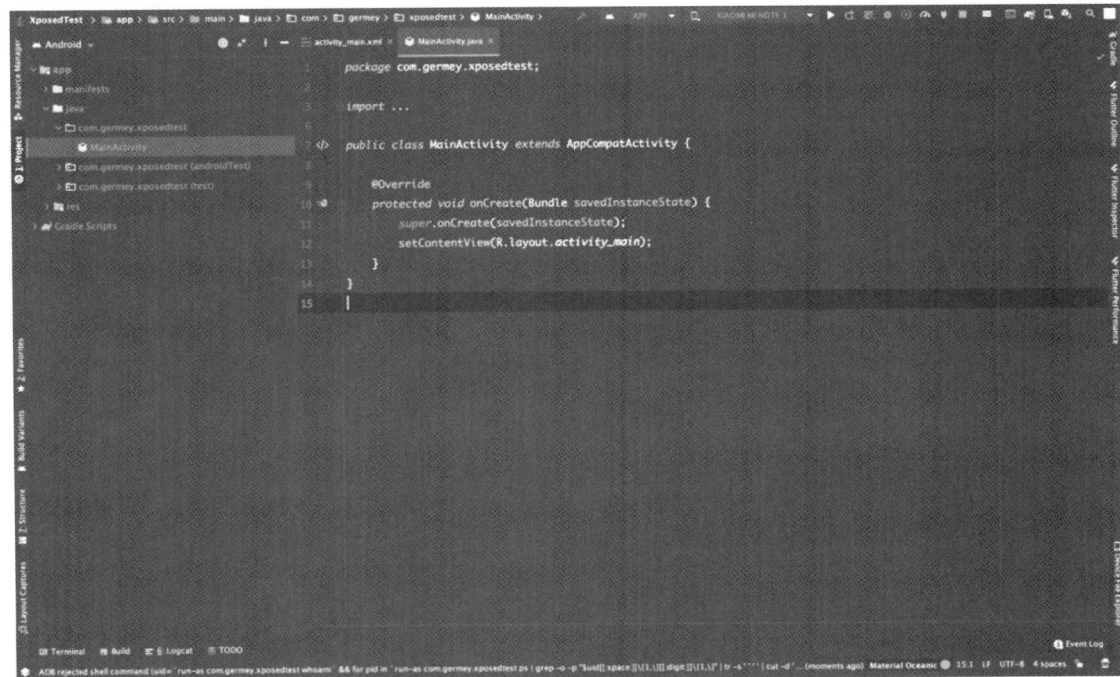

图 13-47 XposedTest 项目

之后我们实现之前说的第 1 步，添加一些标识符，表明这是一个 Xposed 模块。打开 AndroidManifest.xml 文件，找到 application 标签，在与 activity 标签并列的位置添加如下内容：

```xml
<meta-data
    android:name="xposedmodule"
    android:value="true" />
<meta-data
    android:name="xposeddescription"
    android:value="Xposed Test" />
<meta-data
    android:name="xposedminversion"
    android:value="53" />
```

最终 AndroidManifest.xml 文件的内容如图 13-48 所示。

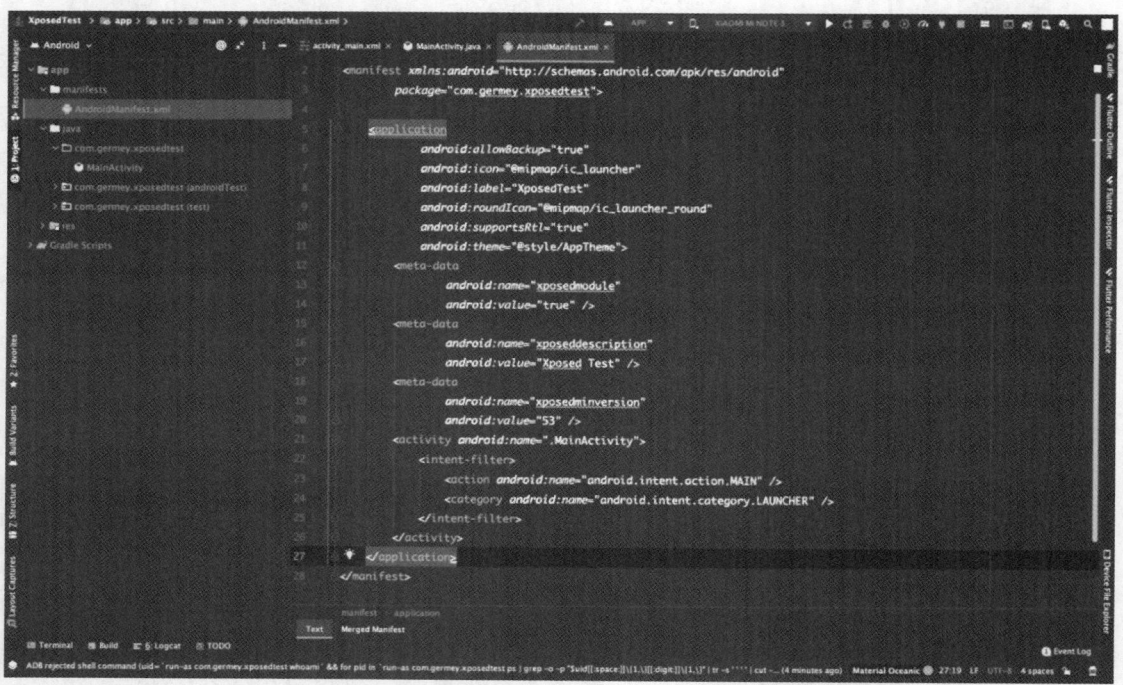

图 13-48　AndroidManifest.xml 文件的内容

这段内容指定了 3 个 meta-data。

- xposedmodule：这里设置为 true，代表这是一个 Xposed 模块。
- xposeddescription：模块的描述，此处填写模块名称就好，就是一个字符串。
- xposedminversion：模块运行所要求的 Xposed 最低版本号，这里是 53。

定义好这 3 个内容后，把这个 App 安装到准备好的 Android 设备上，Xposed 框架就能识别出这个 App 是一个 Xposed 模块了。点击运行按钮，在设备上运行这个 App，可以看到设备上显示如下界面，如图 13-49 所示。

图 13-49　在设备上运行 XposedTest App

此时打开 Xposed Installer 的模块界面，就会发现它检测到了这个模块，如图 13-50 所示。

图 13-50　Xposed Installer 的模块界面

我们勾选这个模块，它就成功被启用了。不过需要注意，这个操作得重启设备才能生效，可以手动启动设备或者通过 Xposed Installer 首页的重启选项进行重启。

但是，现在启用了也没什么用啊，因为 XposedTest 里还什么功能都没有呢，需要引入与 Xposed 相关的 SDK，我们才能调用 Xposed 提供的一些 Hook 操作方法，实现 Hook 操作。

于是打开 app/build.gradle 文件，在 dependencies 部分添加如下两行代码：

```
compileOnly 'de.robv.android.xposed:api:82'
compileOnly 'de.robv.android.xposed:api:82:sources'
```

这是 Xposed 的 SDK，添加之后 Android Stuido 会检测到项目配置发生的变化，并在上方显示提示信息。我们点击右上角的"Sync Now"选项，就会自动下载和安装新添加的 Xposed SDK，如图 13-51 所示。

现在 Xposed 的 SDK 就安装成功了，下面我们就能使用里面的方法 Hook 代码逻辑了。那怎么实现呢？具体 Hook 什么呢？总得有点头绪吧，头绪在哪呢？不妨先自己写一个，这里我们会增加一个鼠标响应事件，在点击鼠标后触发算式计算操作。

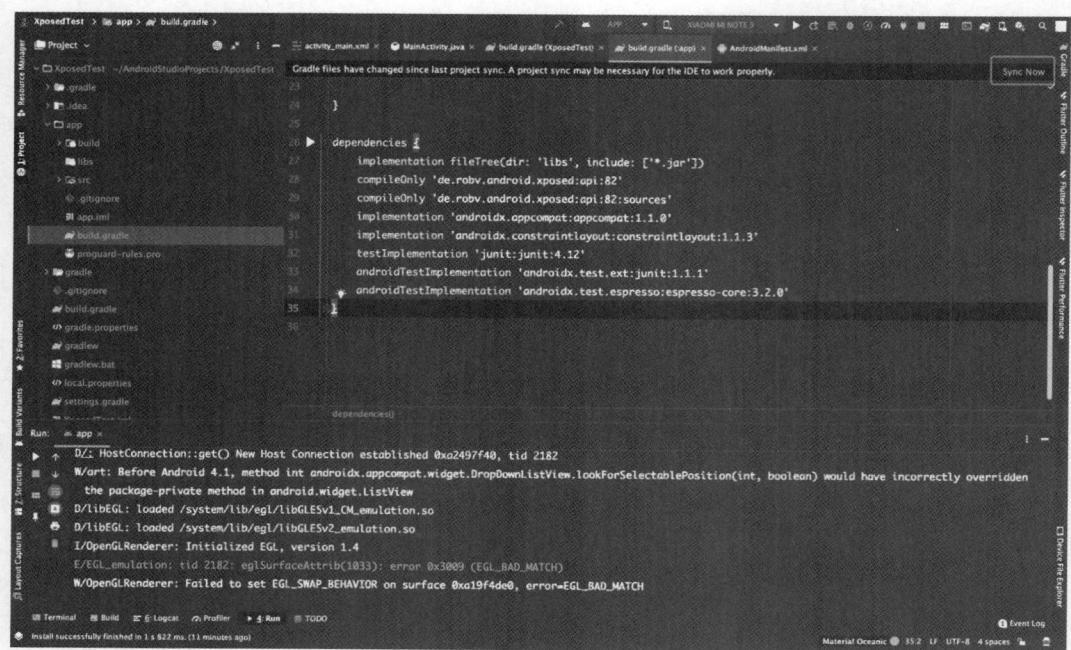

图 13-51 点击"Sync Now"选项

首先修改一下页面内容,设置一个按钮,将 activity_main.xml 文件中的内容替换为下面的代码即可:

```xml
<?xml version="1.0" encoding="utf-8"?>
<androidx.constraintlayout.widget.ConstraintLayout
xmlns:android="http://schemas.android.com/apk/res/android"
    xmlns:app="http://schemas.android.com/apk/res-auto"
    xmlns:tools="http://schemas.android.com/tools"
    android:layout_width="match_parent"
    android:layout_height="match_parent"
    tools:context=".MainActivity">
    <Button
        android:id="@+id/button"
        android:layout_width="wrap_content"
        android:layout_height="wrap_content"
        android:text="Test"
        app:layout_constraintBottom_toBottomOf="parent"
        app:layout_constraintEnd_toEndOf="parent"
        app:layout_constraintStart_toStartOf="parent"
        app:layout_constraintTop_toTopOf="parent" />
</androidx.constraintlayout.widget.ConstraintLayout>
```

这时重新运行 App,就会出现一个 TEST 按钮而不是文本框了。然后修改 MainActivity.java 文件,其内容如下:

```java
package com.germey.xposedtest;

import androidx.appcompat.app.AppCompatActivity;
import android.os.Bundle;
import android.view.View;
import android.widget.Button;
import android.widget.Toast;
import android.os.Bundle;

public class MainActivity extends AppCompatActivity {

    private Button button;
```

```
@Override
protected void onCreate(Bundle savedInstanceState) {
    super.onCreate(savedInstanceState);
    setContentView(R.layout.activity_main);
    button = findViewById(R.id.button);
    button.setOnClickListener(new View.OnClickListener() {
        public void onClick(View v) {
            Toast.makeText(MainActivity.this, showMessage(1, 2), Toast.LENGTH_SHORT).show();
        }
    });
}
public String showMessage(int x, int y) {
    return "x + y = " + (x + y);
}
```

这里我们定义了一个 Button 对象，然后使用 findViewById 方法从视图里获取了这个对象，并为它添加了一个点击事件，具体是点击该按钮之后生成 Toast 提示，提示内容为 showMessage 方法的返回结果。

showMessage 方法接收两个参数——int 类型的 x 和 y，返回结果是一个字符串，由 "x + y =" 字符串和计算结果拼接而得，其实就是一个算数表达式。此处我们给 showMessage 方法传入的参数是 1 和 2，所以点击按钮后，界面上应该显示 x+y=3。我们重新运行 App，然后点击 TEST 按钮，运行结果如图 13-52 所示。

图 13-52　点击 TEST 按钮的结果

这就是一个基本的逻辑。下一步我们使用 Xposed 模块对这个逻辑进行 Hook，在与 MainActivity.java 文件同级的位置新建一个 HookMessage.java 文件，文件内容如下：

```
package com.germey.xposedtest;

import de.robv.android.xposed.IXposedHookLoadPackage;
import de.robv.android.xposed.XC_MethodHook;
```

```java
import de.robv.android.xposed.XposedBridge;
import de.robv.android.xposed.XposedHelpers;
import de.robv.android.xposed.callbacks.XC_LoadPackage;

public class HookMessage implements IXposedHookLoadPackage {

    public void handleLoadPackage(XC_LoadPackage.LoadPackageParam loadPackageParam) throws Throwable {

        if (loadPackageParam.packageName.equals("com.germey.xposedtest")) {
            XposedBridge.log("Hooked com.germey.xposedtest Package");
            Class clazz = loadPackageParam.classLoader.loadClass(
                    "com.germey.xposedtest.MainActivity");
            XposedHelpers.findAndHookMethod(clazz, "showMessage", int.class, int.class, new XC_MethodHook() {
                protected void beforeHookedMethod(MethodHookParam param) throws Throwable {
                    XposedBridge.log("Called beforeHookedMethod");
                    param.args[0] = 2;
                    XposedBridge.log("Changed args 0 to " + param.args[0]);
                }

                protected void afterHookedMethod(MethodHookParam param) throws Throwable {
                    XposedBridge.log("Called afterHookedMethod");
                }
            });
        }
    }
}
```

这里我们定义了与 Hook 操作相关的逻辑，下面梳理一下其中的关键点。

- HookMessage 类实现了 IXposedHookLoadPackage 接口，需要定义 handleLoadPackage 方法，这个方法会在加载每个 App 包时被执行。
- 在 handleLoadPackage 方法中，调用 loadPackageParam.packageName 属性获取了当前运行的 App 包名，并判断其是否为当前 Xposed 模块对应 App 的包名，然后做后续处理。注意，这里的包名可以是任意 App 的，不一定非得是当前 Xposed 模块对应 App 的包名，只不过我们是要 Hook 在这个 App 中定义的逻辑，所以做这个判断。
- 如果上一步的判断结果为"是"，就调用 loadClass 方法，并在其参数中指定要加载的类（这里是刚才定义的 MainActivity 类）的路径，然后把动态加载出的类赋值为 clazz，这是一个类对象。
- 调用 XposedHelpers 模块提供的 findAndHookMethod 方法，需要传入类名、方法名、方法的参数类型（有几个参数就写几个类型，写法是参数类型加上类的声明）和 Hook 逻辑。这里传入的就是 clazz 类，showMessage 方法，两个 int.class（showMessage 方法有两个 int 类型的参数）和一个 XC_MethodHook 方法。
- XC_MethodHook 方法里定义了 Hook 操作的真正逻辑，包含两个方法——beforeHookedMethod 和 afterHookedMethod，分别代表 Hook showMessage 方法前、后所做的操作，这两个方法都有一个 MethodHookParam 类型的参数，里面包含方法执行的参数和结果等信息。
- 一般而言，beforeHookedMethod 方法用来修改被 Hook 方法的参数内容，或者直接定义被 Hook 方法的运行流程。afterHookedMethod 用来对被 Hook 方法做后处理，例如拦截、保存、转发、修改被 Hook 方法的结果。
- XposedBridge 模块里的 log 方法可以将日志信息记录到 Xposed Installer 中，我们在 Xposed Installer 的日志页面就能看到对应的结果，很方便在调试时使用。

这里我们先用 beforeHookedMethod 方法做处理，修改参数 param 的 args 属性值，这个值其实是一个列表，元素是 showMessage 方法的参数，因为之前传入的参数是 1 和 2，所以这里的 args 属性值就是 [1, 2]，我们把其中的第一个元素修改成了 2，那 args 属性值就会变成 [2, 2]。

现在我们已经把 Hook 的逻辑实现好了，还差最后一步，就是告诉 Xposed 模块我们的 Hook 逻辑在哪定义着，因此需要新建一个 Xposed 入口文件。首先在 main 文件夹下新建一个 Assets Folder，如图 13-53 所示。

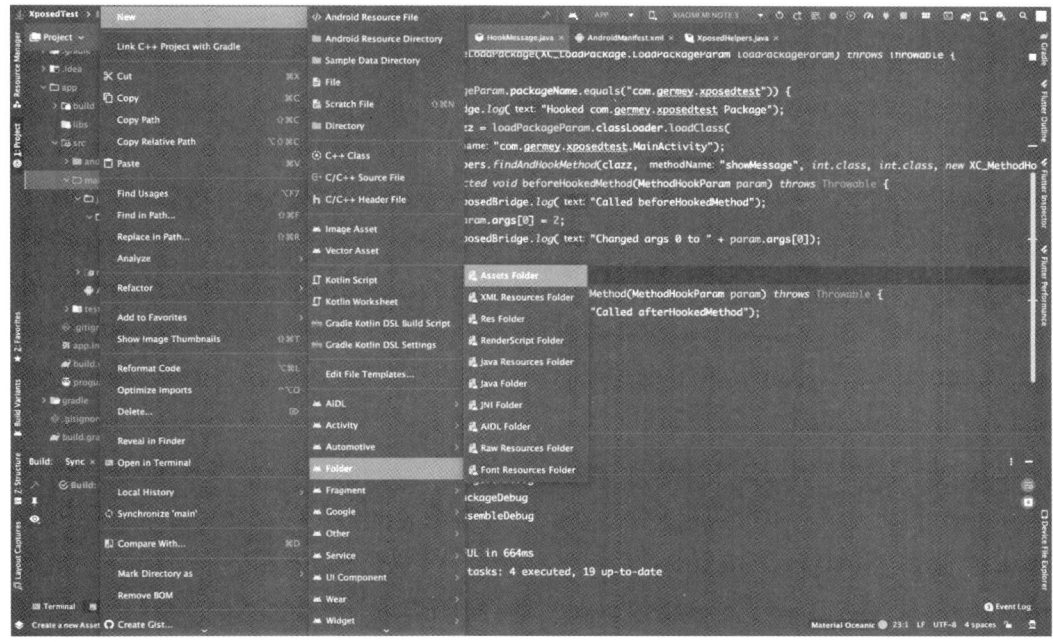

图 13-53　新建一个 Assets Folder

然后在 assets 文件夹下新建一个 xposed_init 文件，文件名不需要有任何后缀，如图 13-54 所示。

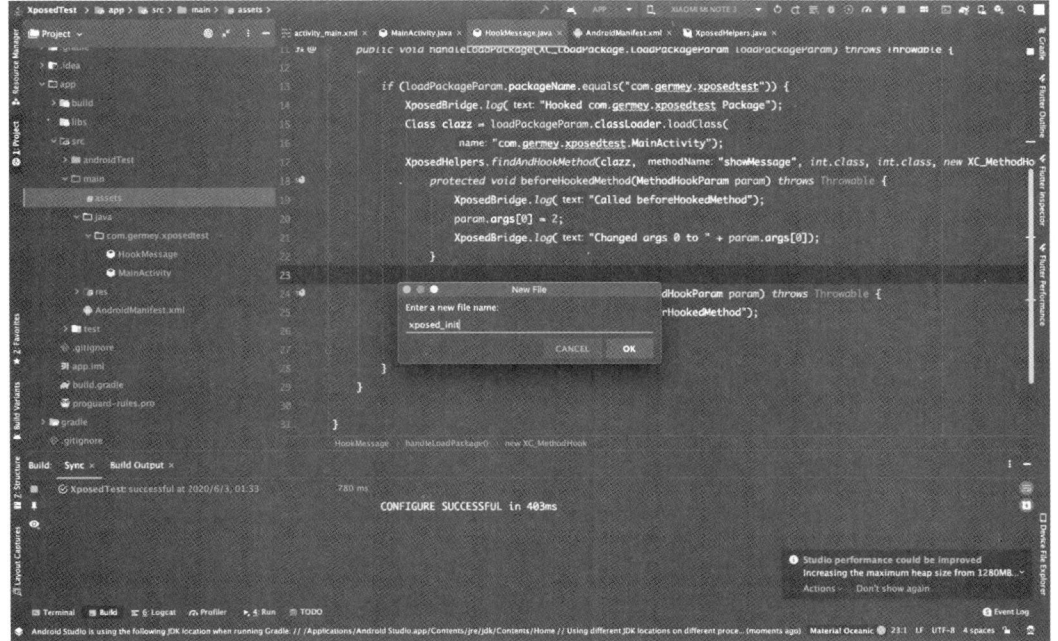

图 13-54　新建一个 xposed_init 文件

把 HookMessage 类的路径写在这个文件中,即文件内容如下:

```
com.germey.xposedtest.HookMessage
```

写好后保存这个文件,Xposed 模块就会自动读取 xposed_init 文件,并执行我们自定义的 Hook 逻辑。

最后,重新安装一下 XposedTest App 看看效果,记得安装完成之后重启一下 Xposed 模块,否则是没有效果的。重启 Xposed 模块之后,点击 App 界面上的 TEST 按钮,结果如图 13-55 所示。

可以看到,这里的运行结果就和图 13-52 中的不一样了,Toast 提示信息变成了 x+y=4,这说明我们通过 beforeHookedMethod 方法,成功把 args 属性值的第一个元素,也就是 showMessage 方法的 x 参数值修改成了 2,第二个元素则还是 2,相当于在 showMessage 方法被调用之前,其两个参数就被修改成了 2 和 2,所以最后的计算结果是 4。

现在大家对 beforeHookedMethod 方法的用法应该有进一步了解了。这个方法学习完,我们再来体会一下 afterHookedMethod 方法的用法,它用来对被 Hook 方法的返回结果做后处理,例如这里我们把 afterHookedMethod 方法的内容修改为:

```
protected void afterHookedMethod(MethodHookParam param) throws Throwable {
    XposedBridge.log("Called afterHookedMethod");
    param.setResult("Hooked");
}
```

这里我们增加了一行代码——调用 param 的 setResult 方法,这样可以直接修改方法的返回结果。

修改完成之后,重新安装一下 XposedTest App,并重启这个 Xposed 模块,还是点击 TEST 按钮,运行结果变成了图 13-56 所示的这样。

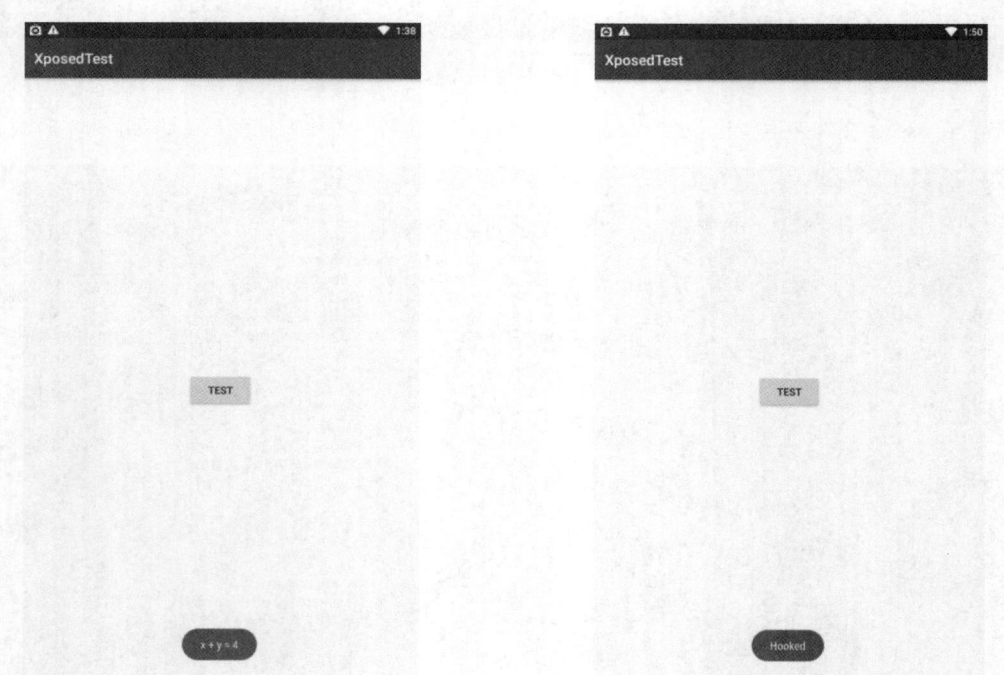

图 13-55 Hook 后点击 TEST 按钮的结果   图 13-56 修改返回结果后的 Toast 提示信息

可以看到提示信息变成了我们修改的内容,说明 afterHookedMethod 方法起作用了。最后我们来看一下日志,打开 Xposed Installer 的日志页面,其内容如图 13-57 所示。

可以看到这里输出了我们用 XposedBridge 模块的 log 方法输出的内容。

5. Xposed 模块提供的 API

现在我们来看一下 Xposed 模块提供的 API。本节前面所讲的 Hook 操作就是由 Xposed 模块提供的一个 API，即 findAndHookMethod 实现的。大家可以打开 https://api.xposed.info/reference/de/robv/android/xposed/XposedHelpers.html 查看所有的 API，这里简单列举几个。

- callStaticMethod：调用静态方法。
- findAndHookConstructor：查找并 Hook 构造方法。
- findClassIfExists：查找某个类是否存在。
- findField：获取成员变量。

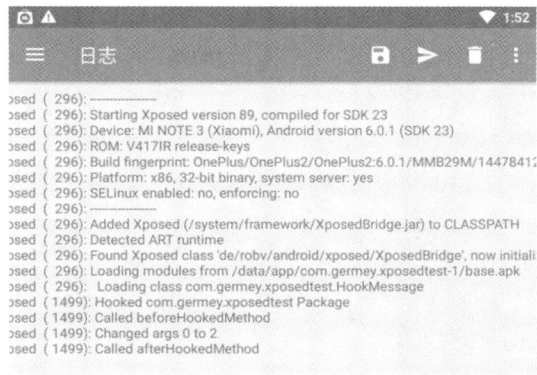

图 13-57　日志页面

很多 API 是有类似功能或重合功能的，这里不再一一列举，如果感兴趣可以查看官方的文档说明。另外，非常推荐大家研究一下 Xposed 模块里各个包的用法，地址为 https://api.xposed.info/reference/de/robv/android/xposed/package-summary.html。大家还可以多研究一些优秀的 Xposed 模块，例如 https://devsjournal.com/best-xposed-modules.html 里就列举了几款很受欢迎的 Xposed 模块。Xposed 框架中文站的地址是 http://xposed.appkg.com/，大家可以从中找一些优秀模块的源码研究一下，收获会非常大。

6. 总结

本节中我们通过一个案例实现了 Xposed 模块的 Hook 逻辑，大家应该可以体会到 Xposed 模块的作用了，13.4 节我们会使用 Xposed 模块爬取真实的数据。

本节代码见 https://github.com/Python3WebSpider/XposedTest。

13.4　基于 Xposed 的爬取实战案例

13.3 节我们介绍了 Xposed 模块的基本使用方法，本节中我们结合一个真实的案例学习如何使用 Xposed 爬取 App 的数据。

1. 准备工作

本节需要的环境与 13.3 节是一样的，请参考那里的内容来配置环境。除此之外，还需要额外安装 jadx-gui 工具并掌握它的基本用法，这个我们在 13.1 节已经学习过，如果忘记了，那么可以回顾一下。

由于本节的内容是实战，所以也需要一个示例 App，这个 App 和前 3 节是一样的，下载地址依然为 https://app5.scrape.center，下载之后依然保存为 scrape-app5.apk。

做好这些后，因为本节我们需要用 Flask 搭建一个简易的测试服务器，所以还要安装好 Flask 和 loguru，使用 pip3 工具安装即可：

```
pip3 install flask loguru
```

2. 反编译

既然要用 Xposed 模块爬取数据，就免不了要借助 Xposed 提供的一些 Hook 方法，那具体 Hook 什么内容呢？选择其实有很多，例如我们可以 Hook 与构造 HTTP 请求参数相关的方法，之后可以得到一些 token 字符串；又如可以 Hook 用来获取 HTTP 响应结果的方法，这样相当于直接拿到了数据。

可以看出，目标方法是关键。既然我们要爬取数据，那么干脆一步到位好了，直接通过 Hook 的方式拦截 HTTP 响应结果，然后用某种方式保存下来，数据爬取就完成了。

那用来获取 HTTP 响应结果的方法究竟是什么呢？目前我们无从知道，所以有必要对 apk 文件做一些反编译操作，反编译之后尝试分析一下代码逻辑，应该就能知道哪个方法是我们想要 Hook 的方法了。

和 13.1 节介绍的一样，打开 jadx-gui 工具，然后直接打开 apk 文件，就可以看到反编译的结果了，如图 13-58 所示。

图 13-58　反编译的结果

我们还是以 /api/movie 为突破口进行搜索，同时打开 jadx-gui 的反混淆开关，就可以找到与请求定义相关的逻辑，如图 13-59 所示。

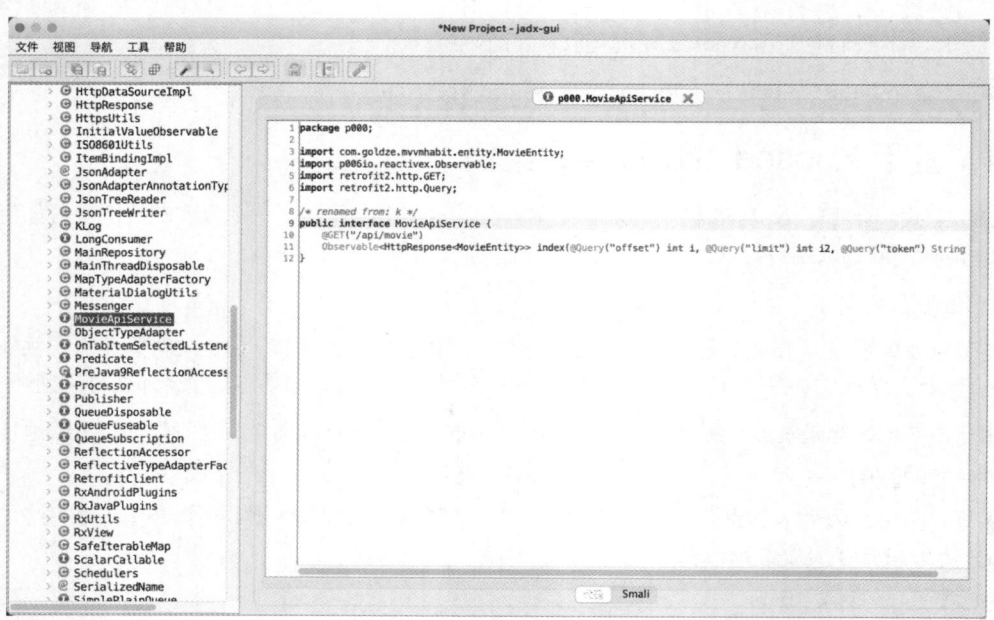

图 13-59　搜索得到的结果

很明显可以看到，这里定义了一个 index 方法，接收参数 offset、limit 和 token，这和示例 App

加载列表数据时发出的请求完全一致：

```
public interface MovieApiService {
    @GET("/api/movie")
    Observable<HttpResponse<MovieEntity>> index(@Query("offset") int i, @Query("limit") int i2,
@Query("token") String str);
}
```

可以看到它的返回结果是一个 `Observable<HttpResponse<MovieEntity>>` 对象，为了 Hook 获取响应结果的方法，我们可以试着搜索 `Observable`、`HttpResponse` 和 `MovieEntity` 相关的引用及定义。

例如搜索 `HttpResponse` 相关的引用，结果如图 13-60 所示。

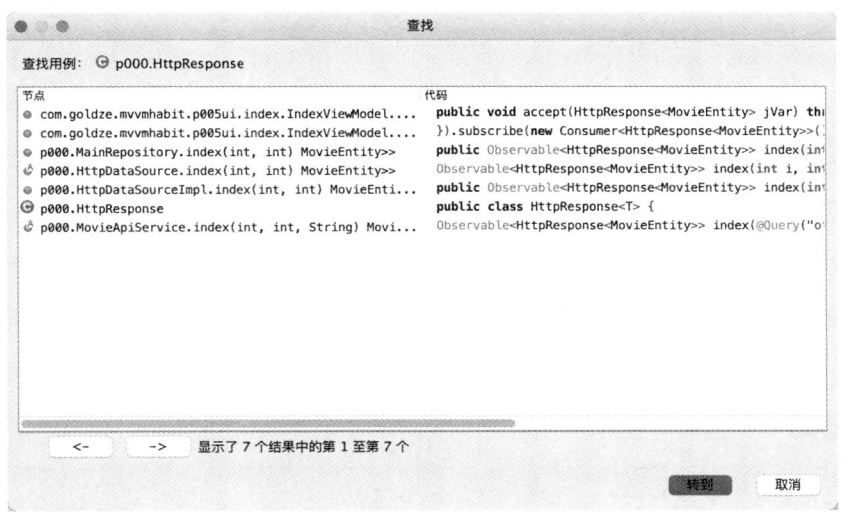

图 13-60　与 `HttpResponse` 相关的引用

一共返回了 7 个结果，这里我们分析一下第一个，其外层是 `requestNetwork` 方法，该方法的定义如图 13-61 所示。

```
    @SuppressLint({"CheckResult"})
82  public void requestNetWork() {
93      ((MainRepository) this.f3171g).index(this.f422h, this.f423i).compose(RxUtils.schedulersTransformer()).compose(RxUtils.exceptionTrans
            /* class com.goldze.mvvmhabit.p005ui.index.IndexViewModel.C07906 */

            public void accept(Disposable bVar) throws Exception {
            }
        }).subscribe(new Consumer<HttpResponse<MovieEntity>>() {
            /* class com.goldze.mvvmhabit.p005ui.index.IndexViewModel.C07873 */

95          public void accept(HttpResponse<MovieEntity> jVar) throws Exception {
96              if (jVar.getCount() > 0) {
97                  IndexViewModel.this.f424j = jVar.getCount();
                }
100             if (jVar.getResults().size() > 0) {
                    for (MovieEntity movieEntity : jVar.getResults()) {
104                     IndexViewModel.this.f418c.add(new IndexItemViewModel(IndexViewModel.this, movieEntity));
                    }
                    IndexViewModel.this.f422h++;
110                 IndexViewModel.this.f417b.f432b.call();
114                 return;
                }
113             IndexViewModel.this.f417b.f432b.call();
114             ToastUtils.showShort("数据错误");
            }
        }, new Consumer<Throwable>() {
            /* class com.goldze.mvvmhabit.p005ui.index.IndexViewModel.C07884 */

122         public void accept(Throwable th) throws Exception {
123             IndexViewModel.this.f417b.f432b.call();
124             if (th instanceof ResponseThrowable) {
125                 ToastUtils.showShort(((ResponseThrowable) th).message);
                }
            }
```

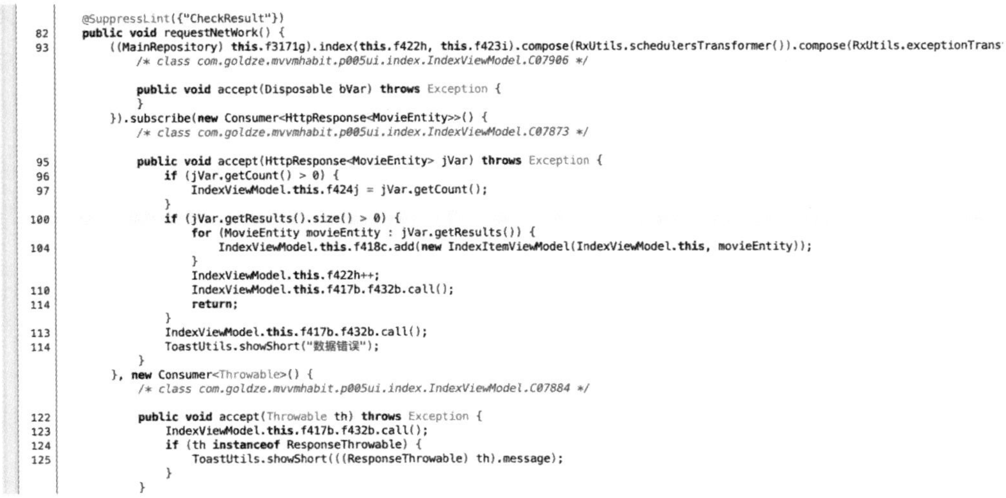

图 13-61　`requestNetwork` 方法的定义

通过名字，我们初步推测这个方法是用来发起网络请求的。另外，可以看到这里调用了图 13-59 中定义的 index 方法，还定义了一个 subscribe 方法来接收一些处理回调逻辑。再仔细观察，可以看到比较关键的 accept 方法，其参数为 jVar，是一个 HttpResponse<MovieEntity> 对象，方法内部调用 jVar 变量的 getResults 方法得到响应结果，然后用一个 for 循环遍历这些结果，并把结果添加到 IndexViewModel 里。

到这里我们可以推测，这很可能就是 App 获取了首页的电影列表数据后，处理响应结果的过程，不然也不会有 for 循环相关的逻辑。既然数据是通过 jVar 变量的 getResults 方法获取的，那 getResults 方法返回的一定是一个 MovieEntity 列表，我们可以进一步追踪，看看 getResutls 方法是怎样定义的，于是我们跳转到定义 HttpResponse 类的位置，如图 13-62 所示。

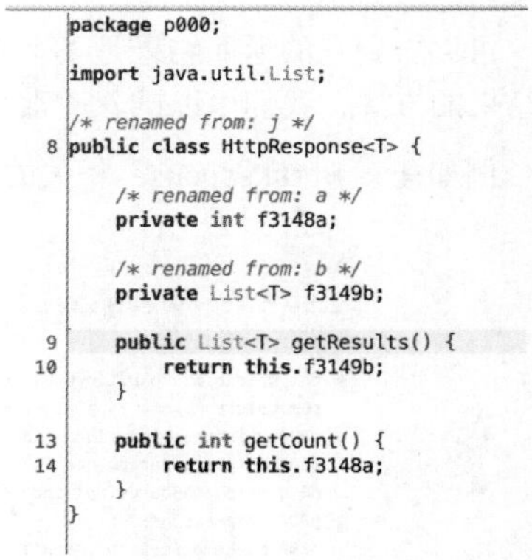

可以看到 HttpResponse 类使用了泛型，有一个占位符 T，这是什么意思呢？例如给 HttpResponse<T> 中的 T 传入 MovieEntity 类，这里就会变成 HttpResponse<MovieEntity>，代表 HttpResponse 绑定的是 MovieEntity 类，包含的数据也和 MovieEntity 类相关，而刚才往 accept 方法传入的参数正

```
package p000;

import java.util.List;

/* renamed from: j */
8  public class HttpResponse<T> {

       /* renamed from: a */
       private int f3148a;

       /* renamed from: b */
       private List<T> f3149b;

9      public List<T> getResults() {
10         return this.f3149b;
       }

13     public int getCount() {
14         return this.f3148a;
       }
   }
```

图 13-62　HttpResponse 类的定义

是 HttpResponse<MovieEntity> 对象，所以我们可以认为这里的 T 就是 MovieEntity。还可以看到，getResults 方法的返回值类型是 List<T>，所以获取的响应结果是 List<MovieEntity> 类型的，是 MovieEntity 类返回的列表。所以，如果我们可以 Hook getResults 方法，其实就能拿到响应结果中包含的 MovieEntity 列表数据了。

> **注意** 并不能保证目前的推测 100% 正确，只不过正确的概率很大。

3. 实现 Hook

如果前面的推测是正确的，那我们通过 Hook 就可以直接拿到响应数据了。如果数据无效，再接着进行分析和尝试。

我们还是在 13.3 节的 XposedTest 项目下尝试 Hook，新建一个类，名字为 HookResponse，同时还是按照之前的方法修改包名、类名、方法名等，修改后的内容如下：

```java
package com.germey.xposedtest;

import de.robv.android.xposed.IXposedHookLoadPackage;
import de.robv.android.xposed.XC_MethodHook;
import de.robv.android.xposed.XposedBridge;
import de.robv.android.xposed.XposedHelpers;
import de.robv.android.xposed.callbacks.XC_LoadPackage;

public class HookResponse implements IXposedHookLoadPackage {
    public void handleLoadPackage(XC_LoadPackage.LoadPackageParam loadPackageParam) throws Throwable {

        if (loadPackageParam.packageName.equals("com.goldze.mvvmhabit")) {
            XposedBridge.log("Hooked com.goldze.mvvmhabit Package");
            final Class clazz = loadPackageParam.classLoader.loadClass(
                "com.goldze.mvvmhabit.data.source.HttpResponse");
            XposedHelpers.findAndHookMethod(clazz, "getResults", new XC_MethodHook() {
                protected void beforeHookedMethod(MethodHookParam param) throws Throwable {
                    XposedBridge.log("Called beforeHookedMethod");
                }

                protected void afterHookedMethod(MethodHookParam param) throws Throwable {
```

13.4 基于 Xposed 的爬取实战案例

```
            XposedBridge.log("Called afterHookedMethod");
          }
        });
      }
    }
}
```

这里我们修改了如下几处代码。

- 将当前 App 的包名修改为 com.goldze.mvvmhabit。
- 将 loadClass 方法中类的路径修改为 com.goldze.mvvmhabit.data.source.HttpResponse。
- 将 findAndHookMethod 方法的第二个参数修改为 getResults，由于 getResults 方法没有任何参数，因此直接往 findAndHookMethod 方法的第三个参数传入 XC_MethodHook 的回调定义。
- 这里的 beforeHookedMethod 方法和 afterHookedMethod 方法仅仅是打印对应的日志。

另外，需要在 xposed_init 方法里定义好这个入口文件，添加如下引用：

```
com.germey.xposedtest.HookAPI
```

添加好后，先重新安装并启动 XposedTest 这个 Xposed 模块，另外 App 当然也要重新安装到手机上并运行，我们来看看能不能成功 Hook getResults 方法。重新启动 App 后，运行结果和往常一样，如图 13-63 所示。

这时再打开 Xposed Installer 的日志页面，可以看到输出了这些日志：

```
Called beforeHookedMethod
Called afterHookedMethod
Called beforeHookedMethod
Called afterHookedMethod
Called beforeHookedMethod
Called afterHookedMethod
```

App 的运行结果如图 13-64 所示。

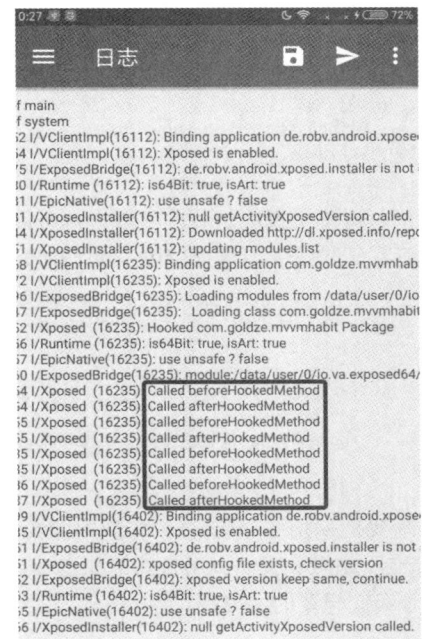

图 13-63　重启 App 的结果　　　　　图 13-64　App 的运行结果

这证明我们成功 Hook 了 getResults 方法！

4. 提取结果

我们现在回过头看看 getResults 方法的定义：

```
public List<T> getResults() {
    return this.f3149b;
}
```

这个定义非常简单，我们最关心的就是返回结果，那怎么可以拿到这个结果呢？很简单，afterHookedMethod 方法是专门做这件事的，我们可以利用它获取或者修改返回结果。这里我们不做修改，只获取，所以把 afterHookedMethod 方法的内容修改为下面这样：

```
protected void afterHookedMethod(MethodHookParam param) throws Throwable {
    XposedBridge.log("Called afterHookedMethod");
    List results = (List) param.getResult();
}
```

这里我们做了一个强制类型转换，将返回结果转换成了 List 类型，并赋值为 results 变量，这个 results 其实就是 List<MovieEntity>。

那怎么把真实数据提取出来呢？我们可以进一步看看 MovieEntity 类的定义，回到 jadx-gui 工具，搜索 MovieEntity 类的定义，可以看到其中包含很多字段：

```
@SerializedName("alias")
private String alias;
@SerializedName("categories")
private List<String> categories = new ArrayList();
@SerializedName("cover")
private String cover;
@SerializedName("drama")
private String drama;
@SerializedName("id")
```

另外，MovieEntity 类中还定义了一个 toString 方法，其返回值包含我们想要的很多字段信息：

```
@NonNull
public String toString() {
    return String.format("MovieEntity{id=%s, name=%s, alias=%s, publishedAt=%s, cover=%s, drama=%s, categories=%s, regions=%s, score=%s, minute=%s}", Integer.valueOf(this.f410id), this.name, this.alias, this.publishedAt, this.cover, this.drama, this.categories, this.regions, Float.valueOf(this.score), Integer.valueOf(this.minute));
}
```

我们可以逐个提取想要的字段，也可以直接使用 toString 方法获取所有字段。为了方便，我们采取后者，于是按下面这样修改 afterHookedMethod 方法的内容：

```
protected void afterHookedMethod(MethodHookParam param) throws Throwable {
    XposedBridge.log("Called afterHookedMethod");
    List results = (List) param.getResult();
    for (Object o : results) {
        XposedBridge.log(o.toString());
        String entity = o.toString();
        XposedBridge.log("MovieEntity" + entity);
    }
}
```

这里我们遍历了 results 变量中的元素，每次都将当前元素赋值为变量 o，这个 o 其实就是 MovieEntity 对象，我们调用它的 toString 方法可以得到一个长字符串，这个字符串中包含 id、name、alias 等我们想要的字段信息。

现在重新运行一下 Xposed 模块和 App，并再次观察 Xposed Installer 的日志页面，结果如图 13-65 所示。

可以看到，每条电影数据都成功被解析出来并输出到了日志中，例如第一条电影数据：

```
MovieEntity{id=1, name=霸王别姬, alias=Farewell My Concubine,
publishedAt=1993-07-26, cover=https://p0.meituan.net/movie/
ce4da3e03e655b5b88ed31b5cd7896cf62472.jpg@464w_644h_1e_1c,
drama=影片借一出《霸王别姬》的京戏，牵扯出三个人之间一段随时代
风云变幻的爱恨情仇。段小楼（张丰毅 饰）与程蝶衣（张国荣 饰）是
一对打小一起长大的师兄弟，两人一个演生，一个饰旦，一向配合天
衣无缝，尤其一出《霸王别姬》，更是誉满京城，为此，两人约定合演
一辈子《霸王别姬》。但两人对戏剧与人生关系的理解有本质不同，段
小楼深知戏非人生，程蝶衣则是人戏不分。段小楼在认为该成家立业
之时迎娶了名妓菊仙（巩俐 饰），致使程蝶衣认定菊仙是可耻的第三
者，使段小楼做了叛徒，自此，三人围绕一出《霸王别姬》生出的爱恨
情仇战开始随着时代风云的变迁不断升级，终酿成悲剧。，
categories=[剧情, 爱情], regions=[中国大陆, 中国香港],
score=9.5, minute=171}
```

我们想要信息都包含在这里面！

5. 数据保存

我们已经成功在手机端拿到电影数据了，还剩两个问题需要解决——怎么把数据保存下来和保存到哪里？

如果直接保存在手机上，可行是可行，但是不方便我们做后续的数据处理；如果保存到指定的数据库中，那我们还需要从手机中进一步提取数据。两种方式好像都有弊端。

图 13-65　日志内容

一个简单方便的方案是通过 API 把数据转发出来。我们可以自己搭建一个 HTTP 服务器用于接收数据，然后在手机上通过 HTTP 客户端程序把数据转发到刚搭建的服务器上，服务器接收到数据后直接入库。

那接下来我们就有两件事需要做。

- 搭建服务器：搭建一个 HTTP 服务器，这个服务器可以接收 HTTP 客户端的请求，从请求中解析出数据，然后将数据保存下来。
- 发送数据：在手机上通过 Xposed 模块截获数据后，将数据通过 HTTP 客户端程序发送到搭建的 HTTP 服务器上。

● 搭建 HTTP 服务器

我们可以使用一些轻量级的框架（例如 Flask）搭建 HTTP 服务器。Flask 提供一个支持 POST 请求的 API，能从请求体中解析出数据，然后做后续处理，代码实现如下：

```python
from flask import Flask, request, jsonify
from loguru import logger

app = Flask(__name__)

@app.route('/data', methods=['POST'])
def receive():
    data = request.form.get('data')
    logger.debug(f'received {data}')
    return jsonify(status='success')

if __name__ == '__main__':
    app.run(debug=True, host='0.0.0.0')
```

这个实现过程非常简单，就是从请求体的表单数据中提取出 data 字段，然后将其打印出来。运行此 Python 脚本，Flask 会默认在 5000 端口上提供服务，运行结果如下：

```
* Serving Flask app "server" (lazy loading)
* Environment: production
  WARNING: This is a development server. Do not use it in a production deployment.
  Use a production WSGI server instead.
* Debug mode: on
* Running on http://0.0.0.0:5000/ (Press CTRL+C to quit)
* Restarting with stat
* Debugger is active!
* Debugger PIN: 269-657-055
```

如果手机和电脑处在同一局域网下,用手机其实就能访问到该服务器了,调用客户端程序直接发送数据即可。

如果手机和电脑不在同一局域网下,那么我们可以使用 ngrok 命令将电脑上的服务暴露出去:

```
ngrok http 5000
```

这个命令运行之后,会提供公网可以访问的 HTTP URL 和 HTTPS URL,这两个 URL 和电脑的 5000 端口相映射,这样即使手机和电脑不在同一局域网下,手机也能把数据发送给电脑。

- 发送数据

那怎么在手机上发送数据呢?我们可以借助 Android 中比较流行的 OkHttp 库,其 GitHub 地址是 https://github.com/square/okhttp。在 XposedTest App 中的 buid.gradle 文件中的 dependencies 部分添加对 OkHttp 库的引用:

```
implementation 'com.squareup.okhttp3:okhttp:3.10.0'
```

然后在刚才定义的 HookResponse 类中添加一个 sendDataToServer 方法,方法定义如下:

```java
public class HookResponse implements IXposedHookLoadPackage {

    public static final MediaType JSON
 = MediaType.parse("application/json; charset=utf-8");

    public void sendDataToServer(String data) throws IOException {
        String server = "http://<SERVER_HOST>/data";
        RequestBody formBody = new FormBody.Builder()
            .add("data", data)
            .add("from", "Xposed")
            .add("crawled_at", String.valueOf(System.currentTimeMillis()))
            .build();

        OkHttpClient client = new OkHttpClient();
        Request request = new Request.Builder()
                .url(server)
                .post(formBody)
                .build();

        client.newCall(request).enqueue(new Callback() {
            public void onFailure(Call call, IOException e) {
                XposedBridge.log("Save failed:" + e.getMessage());
            }

            public void onResponse(Call call, Response response) throws IOException {
                XposedBridge.log("Saved successfully: " + response.body().string());
            }
        });
    }
}
```

在 sendDataToServer 方法中,我们首先声明了一个 server 变量,在具体运行的时候,请把其值中的 SERVER_HOST 修改成自己电脑的 IP 或者 ngrok 命令暴露出的地址。然后用 OkHttp 库构造了一个 RequestBody 对象,该对象包括三个字段,其中 data 是字符串类型的数据;from 是爬取来源,此处值为 Xposed,代表数据是从 Xposed 模块爬取的;crawled_at 是当前的时间戳。最后新建了一个

OkHttpClient 对象，赋值给 client 变量，并根据 server 变量和 RequestBody 对象构造了一个 Request 对象，发起 HTTP 请求。再修改一下 afterHookedMethod 方法：

```java
protected void afterHookedMethod(MethodHookParam param) throws Throwable {
    XposedBridge.log("Called afterHookedMethod");
    List results = (List) param.getResult();
    for (Object o : results) {
        XposedBridge.log(o.toString());
        String entity = o.toString();
        XposedBridge.log("MovieEntity" + entity);
        sendDataToServer(entity);
    }
}
```

重新运行 Xposed 模块和 XposedTest App，这时 Flask 服务器的输出结果如下：

```
2021-07-18 21:11:52.316 | DEBUG | __main__:receive:10 - received MovieEntity{id=20, name=迁徙的鸟, alias=The Travelling Birds, publishedAt=2001-12-12, cover=https://p1.meituan.net/movie/a1634f4e49c8517ae0a3e4adcac6b0dc43994.jpg@464w_644h_1e_1c, drama=当鸟儿用羽翼去实现梦想，翱翔在我们永远无法凭借自身企及的天空，人类又该赋予他们怎样的赞叹呢？"鸟的迁徙是一个关于承诺的故事，一种对于回归的承诺。"雅克·贝汉以这样一句话带我们踏上了鸟与梦飞行之旅。, categories=[纪录片], regions=[法国, 德国, 意大利, 西班牙, 瑞士], score=9.1, minute=98}
127.0.0.1 - - [18/Jul/2021 21:11:52] "POST /data HTTP/1.1" 200 - 2021-07-18 21:11:52.317 | DEBUG | __main__:receive:10 - received MovieEntity{id=18, name=海上钢琴师, alias=La leggenda del pianista sull'oceano, publishedAt=2019-11-15, cover=https://p0.meituan.net/movie/609e45bd40346eb8b927381be8fb27a61760914.jpg@464w_644h_1e_1c, drama=1900 年的第一天，往返于欧美两地的邮轮 Virginian 号上，负责邮轮上添加煤炭的工人丹尼·博德曼（比尔·努恩饰）在头等舱上欲捡拾有钱人残留下来的事物时，
...
```

可以看出，在手机端获取的数据已经成功转发到 Flask 服务器上了！后面我们只需要完善一下 Flask 服务器的相关逻辑，对数据进行处理并保存即可，具体流程这里不再展开讲解。

6. 总结

本节我们通过实例讲解了利用 Xposed 模块 Hook 关键方法的实现过程，利用 Xposed 模块，我们可以成功拦截想要的数据，还可以对数据做进一步处理，将其转发到电脑上保存起来。

有了 Xposed，我们几乎可以 Hook 所有方法来截获想要的内容，App 尽在我们掌握之中，"为所欲为"不再是奢望，爬虫自然也不在话下。

本节代码见 https://github.com/Python3WebSpider/XposedTest。

13.5 Frida 的使用

在 13.4 节和 13.5 节，我们了解了 Xposed 的基本用法，可以说只要找到位置，就能通过 Hook 拿到数据。然而 Xposed 是具有局限性的，例如它只能 Hook Java 层的逻辑，不能 Hook Native 层的。另外，整个 Xposed 模块的逻辑需要使用 Java 语言实现，如果我们对 Java 不熟悉，那么实现起来会有一定难度。

什么是 Native 层的逻辑呢？简单理解这就是使用 C/C++ 编写的一些逻辑。假设某个 App 中的某些算法是用 C/C++ 实现的，它们最终会被编译到一个 so 格式的文件中，Java 层可以直接调用该 so 文件执行对应的加密算法，而无须知道文件内部的具体逻辑。Xposed 是用 Java 实现的，可以 Hook Java 层的逻辑，但对于 Hook Native 层的逻辑，就无能为力了。

本节我们就介绍另外一个简单好用的 Hook 神器——Frida！如果要用几个词描述 Frida，那就是强大、方便、灵活。

1. Frida 的简介

Frida 是一个基于 Python 和 JavaScript 的 Hook 与调试框架，是一款易用的跨平台 Hook 工具，无论 Java 层的逻辑，还是 Native 层的逻辑，它都可以 Hook。Frida 可以把代码插入原生 App 的内存空间，然后动态地监视和修改其行为，支持 Windows、Mac、Linux、Android、iOS 全平台。

Frida 是使用 Python 注入 JavaScript 脚本实现的，可以通过 JavaScript 脚本操作手机上的 Java 代码，Python 脚本和 JavaScript 脚本的编写跟执行是在电脑上进行的，而且无须在手机上额外安装 App 和插件，所以整体实现起来更加灵活和轻量级，调试起来也更加方便。而 Xposed 需要使用 Java 实现一个模块，然后编译并安装到手机上，灵活性相对差一些，但如果要做持久化的 Hook，还是推荐使用 Xposed。

下面简单列一下 Xposed 和 Frida 的优缺点。

- **Xposed 的优缺点**

优点：非常适合编写 Java 层的 Hook 逻辑，因为自己就是用 Java 语言编写的；适合一些持久化的 Hook 操作，编写完毕后可以独立且永久地运行在手机上，适用于生产实践。

缺点：配置环境的过程比较烦琐，在调试过程中需要编译和重新安装 Xposed 模块，对 Hook Native 层逻辑无能为力。

- **Frida 的优缺点**

优点：Java 层和 Native 层的逻辑都能 Hook；在电脑上编写和执行脚本，修改之后无须重新编译和额外在手机上安装 App，操作方便又灵活；环境配置简单，能很好地支持跨平台。

缺点：是用 JavaScript 操作 Java 逻辑，所以兼容性会差一些；更适合在开发阶段调试时使用，不太适合应用于生产实践。

2. 准备工作

请确保已经配置好 Frida 的环境，并能成功在电脑上用 Frida 连接到手机，具体有 3 个要求。

- 在电脑上安装好 frida-tools，并可以成功导入使用。
- 在手机上下载并运行 frida-server 文件，即在手机上启动一个服务，以便电脑上的 Frida 客户端程序与之连接。
- 让电脑和手机处在同一个局域网下，并且能在电脑上用 adb 命令成功连接到手机。

具体的安装方法可以参考 https://setup.scrape.center/frida。

以上准备工作做好之后，就可以在电脑上运行 frida-ps 命令查看手机上运行着的 App 进程了，命令如下：

```
frida-ps -U
```

运行结果类似图 13-66 所示的这样。

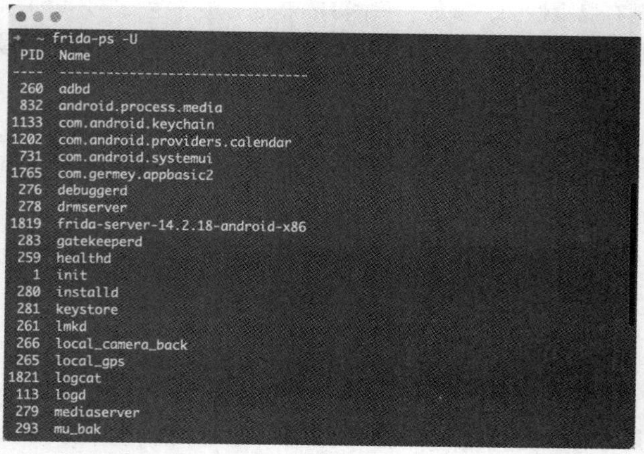

图 13-66　手机上运行着的 App 进程

控制台输出了手机上运行的进程，证明电脑和手机连接成功！

本节接下来会以两个简单的 App 为例，讲解 Frida 的基础使用方法，所以请先下载并安装这两个 App。

- AppBasic1：https://appbasic1.scrape.center/。
- AppBasic2：https://appbasic2.scrape.center/。

3. Hook Java 层的逻辑

首先，我们把下载好的第一个 App 安装到模拟器上，该 App 启动后的页面如图 13-67 所示。

整个页面非常简洁，中间有一个 Test 按钮，点击该按钮，会出现 Toast 提示信息，内容为 3。这其中的逻辑是怎样的呢？我们可以直接用 jadx-gui 反编译一下 apk 文件，从源码中查找入口，如图 13-68 所示。

可以看到源码非常简单，整体逻辑就是点击按钮后触发 onClickTest 方法，然后这个方法直接调用 Toast 的 makeText 方法，显示 getMessage 方法的返回结果。这里 getMessage 方法实现的是基本的加和操作，因为在调用时传入的参数是 1 和 2，所以显示的 Toast 内容就是 3。

图 13-67　AppBasic1 启动后的页面

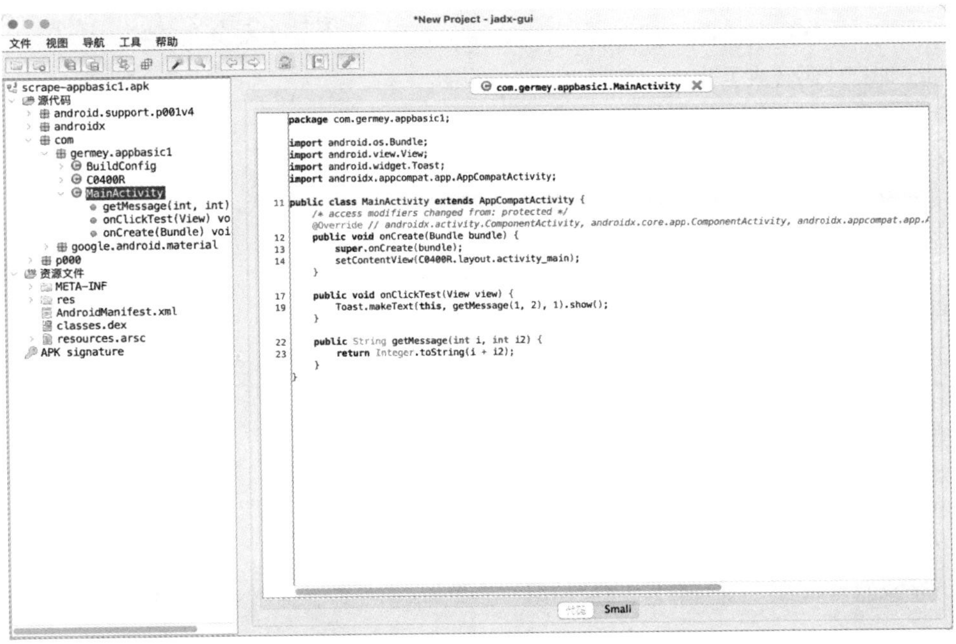

图 13-68　反编译的结果

那怎么进行 Hook 呢，我们可以定义这样一个 JavaScript 脚本：

```
Java.perform(() => {
    let MainActivity = Java.use('com.germey.appbasic1.MainActivity')
    console.log('start hook')
    MainActivity.getMessage.implementation = (arg1, arg2) => {
```

```
        send('Start Hook!')
        return '6'
    }
})
```

将其保存为 hook_java.js 文件。这里我们编写的是一个全局可用的 Java 对象，通过调用其 perform 方法来实现我们的 Hook 逻辑。首先调用 Java 对象的 use 方法获取指向 MainActivity 类的指针，并赋值为 MainActivity。然后改写 MainActivity 中的 getMessage 方法，由于这个方法接收两个参数，因此这里也写两个参数——arg1 和 arg2，分别代表源码中的 i 和 i2，但这里我们没有对 arg1 和 arg2 做加和操作，而是直接返回了数字 6，这样就完成了方法的改写——不使用接收到的参数，直接返回数字 6。

Hook 逻辑定义好了，怎么让它生效呢？使用 Python 脚本调用即可，于是新建一个 hook_java.py 文件，文件内容如下：

```python
import frida
import sys

CODE = open('hook_java.js', encoding='utf-8').read()
PROCESS_NAME = 'com.germey.appbasic1'

def on_message(message, data):
    print(message)

process = frida.get_usb_device().attach(PROCESS_NAME)
script = process.create_script(CODE)
script.on('message', on_message)
script.load()
sys.stdin.read()
```

这里我们首先读出刚编写的 JavaScript 代码，并赋值为 CODE 变量，即把代码转成了 Python 字符串，然后声明了一个包名，并赋值为 PROCESS_NAME 变量。

接着我们使用 frida 包中的 get_usb_device 方法获取了当前连接的设备，并调用设备的 attach 方法挂载了对应的进程，该进程被赋值为 process 变量。之后我们调用 process 变量的 create_script 方法往进程中注入了 Hook 脚本（就是传入 CODE 变量），并将返回结果赋值为 script 变量。

对于 script 变量，我们可以设置事件监听和回调方法，例如这里监听 message 事件，回调方法设置为 on_message，这样一来，JavaScript 代码中任何通过 send 方法发送的数据，on_message 方法都会接收到对应的内容，这就实现了 JavaScript 到 Python 的消息通信。最后，调用 script 变量的 load 方法注入脚本。

接下来我们先启动 AppBasic1，再启动编写的 Python 脚本：

```
python3 hook_java.py
```

此时点击 TEST 按钮，页面如图 13-69 所示。

可以看到这里显示的 Toast 信息是 6，正是我们在 JavaScript 代码中定义的返回值，证明 Hook 成功了！同时观察一下电脑上的控制台，显示的内容如图 13-70 所示。

图 13-69 Hook 操作后的 AppBasic1 启动页面

从这里可以看到，每点击一次按钮，控制台就会输出一行代码，代码内容为：

{'type': 'send', 'payload': 'Start Hook!'}

这里 payload 的内容就是我们在 JavaScript 代码中使用 send 方法发送的消息内容，代表我们在 Python 脚本中成功接收到了这个消息，实现了 JavaScript 脚本与 Python 脚本的通信。

如果我们能 Hook 某个方法的执行结果，然后通过 JavaScript 代码把它保存为某个变量，再利用 send 方法把这个变量发送给 Python 脚本，Python 就能成功获取代码的返回结果了，之后对结果进行处理和保存，数据爬取就完成了。

4. Hook Native 层的逻辑

现在我们尝试用 Frida 工具 Hook Native 层的代码，即 so 文件中的方法。先来看一下 AppBasic2 在 Hook 之前的启动页面，如图 13-71 所示。

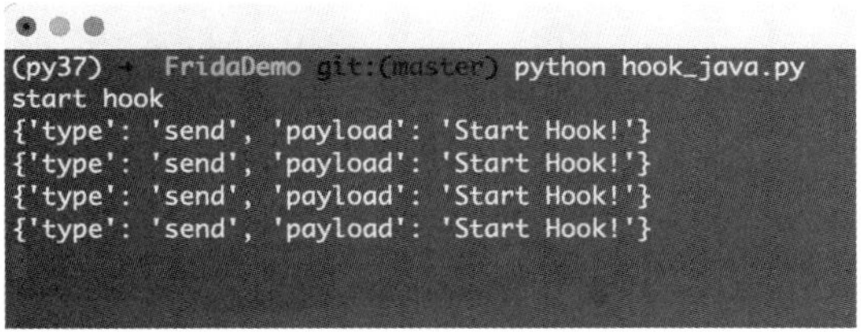

图 13-70　控制台显示的内容　　图 13-71　AppBasic2 的启动页面

同样地，使用 jadx-gui 反编译 apk 文件，查看逻辑入口，如图 13-72 所示。

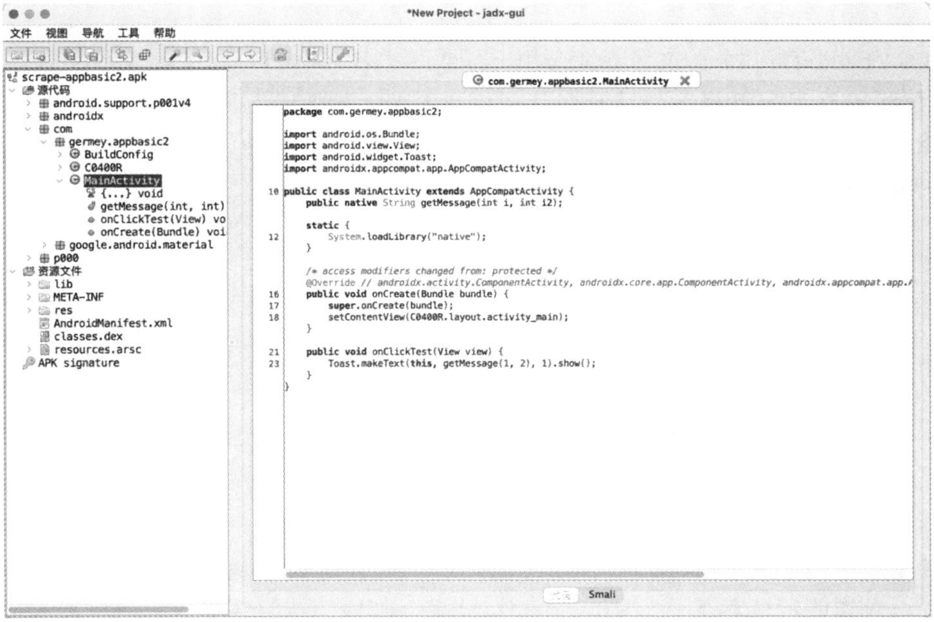

图 13-72　反编译的结果

可以看到 MainActivity 类中声明了一个 native 方法，叫作 getMessage，其参数也是 i 和 i2，但是这里并没有它的具体实现。紧接着的实现也很关键：

```
static {
    System.loadLibrary("native");
}
```

这里通过 System 类的 loadLibrary 方法加载了一个 native 库，其实就是加载了一个 Native 层的 so 文件，所以源码中应该有对应的 so 文件，在源码中仔细找一下，是可以找到的，如图 13-73 所示。

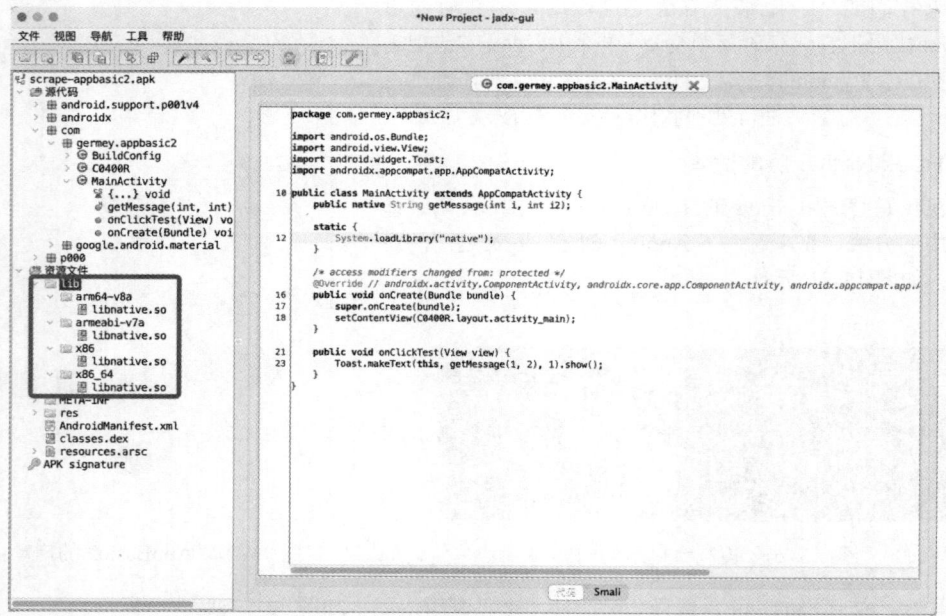

图 13-73 Native 层的 so 文件

可以看到这里有好几个 so 文件，它们适用于不同平台，名字都是 libnative.so。对于 so 文件，jadx-gui 就无能为力了，因为这是由 C/C++ 编译成的文件，jadx-gui 没法通过反编译得到其源码。

那能用 Frida 进行 Hook 吗？能！我们来修改一下 getMessage 方法的返回结果。同样先实现一个 JavaScript 脚本：

```
Java.perform(function () {
    Interceptor.attach(Module.findExportByName('libnative.so',
        'Java_com_germey_appbasic2_MainActivity_getMessage'), {
        onEnter: function (args) {
            send('hook onEnter')
            send('args[1]=' + args[2])
            send('args[2]=' + args[3])
        },
        onLeave: function (val) {
            send('hook onLeave')
            val.replace(Java.vm.getEnv().newStringUtf('5'))
        }
    })
})
```

将其保存为 hook_native.js 文件。跟 Hook Java 层时的逻辑不同，要 Hook Native 层，需要利用 Interceptor 对象的 attach 方法，其第一个参数是指向 Native 方法的指针，第二个参数是 Hook 逻辑的实现。

- 对于第一个参数，这里直接调用 Module 对象的 findExportByName 方法获取了指针，该方法的第一个参数是 so 文件的名称，这里就是 libnative.so；第二个参数是符合一定命名规范的方法路径，开头是 Java，然后是包名，注意包名中间的连接字符变成了下划线，接着是被 Hook 方法所在的 Activity 的名称，这里就是 MainActivity，最后就是方法名称，这些内容都通过下划线连接。
- 对于第二个参数，这里我们定义了两个 Hook 方法，其中 onEnter 代表被 Hook 方法执行前的逻辑，onLeave 代表被 Hook 方法执行后的逻辑。onLeave 方法的参数是 val，代表被 Hook 的方法，即 getMessage。根据图 13-71，getMessage 原本的返回结果是 3，这里我们调用 val 的 replace 方法，将其替换成了 5，实现了返回结果的修改。

然后调用这个脚本，新建一个 hook_native.py 文件：

```
import frida
import sys

CODE = open('hook_native.js', encoding='utf-8').read()
PROCESS_NAME = 'com.germey.appbasic2'

def on_message(message, data):
    print(message)

process = frida.get_usb_device().attach(PROCESS_NAME)
script = process.create_script(CODE)
script.on('message', on_message)
script.load()
sys.stdin.read()
```

这里跟 Hook Java 层时的不同体现在 JavaScript 文件的路径和 App 的包名上，其他完全一样，这里不再展开讲解。

重新启动 AppBasic2，同时启动该 Python 脚本：

```
python3 hook_native.py
```

此时点击 TEST 按钮，页面如图 13-74 所示。

可以看到 Toast 信息变成了 5，同时控制台的输出内容如图 13-75 所示。

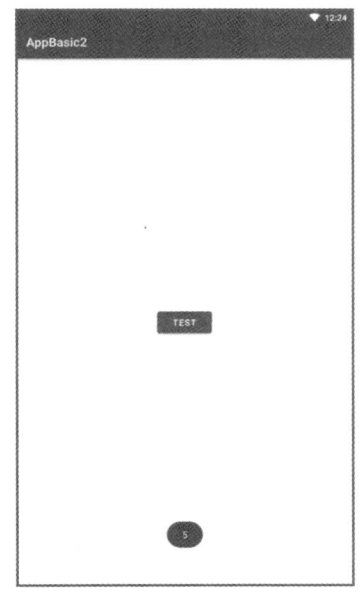

图 13-74 Hook 操作后的 AppBasic2 启动页面

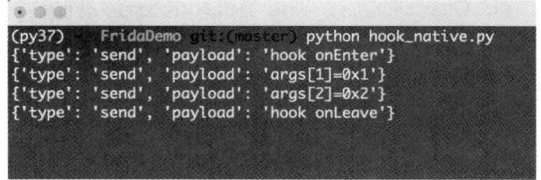

图 13-75 控制台的输出内容

一样地，这里的 payload 值就是我们在 JavaScript 脚本中使用 send 方法发送的消息内容，我们在 onEnter 方法中调用 send 方法，发送了 arg1 和 arg2 的值，然后 Python 脚本成功接收到了这个消息，实现了 JavaScript 脚本与 Python 脚本的通信。

5. 总结

本节我们使用 Frida Hook 了 Java 层和 Native 层的逻辑，通过这两个基本的案例，相信大家可以初步体会到 Frida 的基本操作和 API 的编写方法。当然，Frida 能做的远远不止这些，更多的 API 使用方法可以参考官方文档 https://frida.re/docs/home/。

本节代码见 https://github.com/Python3WebSpider/FridaDemo。

本节内容的参考来源。

- Frida 官方文档。
- CSDN 网站上 "Android 逆向之旅——Hook 神器 Frida 使用详解" 文章。

最后，如果你想深入学习 Frida，这里推荐一本书——陈佳林（网名 r0ysue）的《安卓 Frida 逆向与抓包实战》，这本书讲述了利用 Frida 进行 Android App 逆向和抓包的相关知识，可以学习一下。

13.6　SSL Pining 问题的解决方案

在第 12 章中，我们了解了 App 抓包的相关内容，但并不是每时每刻都能顺利地抓到包。在某些情况下，我们可能会抓包失败，一个比较典型的现象是包能抓到，响应状态码是 200，但就是获取不到最终的结果，报错信息一般跟 SSL Pining（证书锁定）有关系。

本节我们就具体了解一下什么是 SSL Pining 以及怎么解决这个问题。本节的解决方案和 Xposed、Frida 有关系，正好我们刚学习了这两个工具，因此也可以加深对它们的理解。

1. 实战案例

为了更好地复现 SSL Pining 场景，我们对一个 App（https://app4.scrape.center/）进行抓包，这个 App 里包含 SSL Pining 的相关设置，如果我们将手机的代理设置为抓包软件提供的代理服务，那么这个 App 在请求数据的时候会检测出证书并不是受信任的证书，从而直接断开连接，不继续请求数据，相应的数据便会加载失败。

首先，在手机上安装这个 App，此时的手机没有设置任何代理，可以发现数据是能正常加载的，如图 13-76 所示。

接下来就要抓包了，我们还是以 Charles 为例，当然用其他抓包软件（如 Fiddler）也可以。在电脑上启动 Charles 之后，确保手机和电脑连在同一个局域网下，然后在手机上设置 Charles 的代理，具体的配置方法见 12.1 节。

然后重启手机，重新打开 App，会出现 "证书验证失败" 的提示信息，而且不会加载出任何数据，如图 13-77 所示。

图 13-76　示例 App 正常加载数据

图 13-77　"证书验证失败" 的提示信息

与此同时，Charles 的抓包结果如图 13-78 所示。

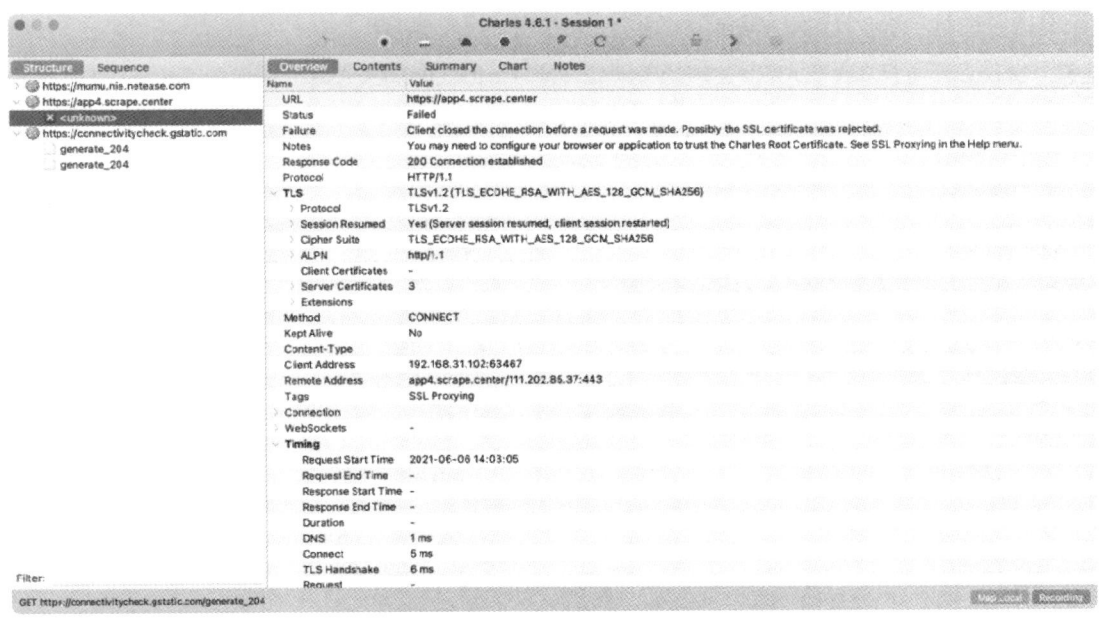

图 13-78　Charles 的抓包结果

可以看到这里报了一个错误的原因（Failure）：Client closed the connection before a request was made. Possibly the SSL certificate was rejected.。

此时如果取消 Charles 的代理，然后重新打开 App，就又能成功加载数据了。

以上展示的就是 SSL Pining 导致的抓包失败现象，为什么会这样呢？下面我们具体了解一下其中的原理。

2. SSL Pining 技术的原理

SSL Pining 是一种防止中间人攻击的技术，只针对 HTTPS 协议。在遵循 HTTPS 协议的数据通信过程中，客户端和服务端在握手建立信任时，有一步是客户端收到服务器返回的证书，然后对该证书进行校验，如果这个证书不是自己信任的证书，就直接断开连接，不再进行后续的数据传输，这就会导致整个 HTTPS 请求失败。

为了更好地理解其中的原理，我们在电脑上做一个小实验，打开百度首页，在浏览器左上角看一下证书的信息，如图 13-79 所示。

点击"证书"，可以看到证书详情，如图 13-80 所示。

图 13-79　百度首页的证书

可以看到证书的签发者是 GlobalSign Organization Validation CA。GlobalSign Organization 成立于 1996 年，是一家声誉卓著，备受信赖的 CA 中心和 SSL 数字证书提供商，鉴于其权威性，我们认为其颁发的证书是可信的。

接下来，我们将电脑的全局代理设置为 Charles，一般在 Charles 的菜单中可以设置，打开 Proxy→macOS Proxy/Windows Proxy，将此选项勾选上即可。

> **注意** 在设置全局代理之前，请先在电脑上设置信任 Charles Proxy CA 这个根证书颁发机构（这也是一种证书），具体的设置方法可以参考 https://setup.scrape.center/charles。

现在刷新一下百度首页，再次查看证书详情，如图 13-81 所示。

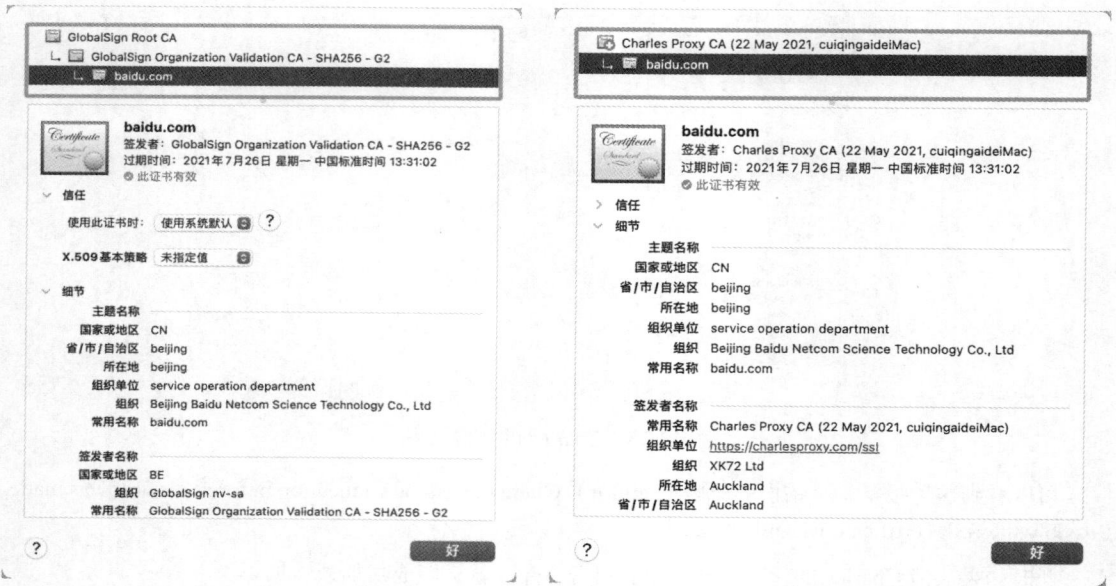

图 13-80　百度首页的证书详情　　　　图 13-81　设置 Charles 代理后的证书详情

可以看到，当前的证书签发者变成了 Charles Proxy CA。那此时的电脑要不要信任 Charles Proxy CA 颁发的证书呢？答案是要，因为我们已经设置了信任 Charles Proxy CA，如果没设置，那现在访问百度页面就会出现 SSL 安全提示。

于是我们可以初步得出一个结论：在电脑上设置了信任 Charles Proxy CA 证书后，如果 PC 使用 Charles 的代理来访问 HTTPS 网站，所使用的证书就会变成 Charles Proxy CA 颁发的。

电脑上是这样，手机上自然也是。在抓包之前，我们先在手机上设置信任 Charles 的证书（也就是信任 Charles Proxy CA），之后在手机上使用 Charles 代理访问 HTTPS 网站的时候，所有的网站证书就会是 Charles Proxy CA 颁发的，因为手机信任 Charles Proxy CA，所以自然就能正常访问对应的 HTTPS 网站了。

那么关键点来了。

我们在开头提到客户端（这里就是指 App）在获取证书信息之后，是可以对证书做校验的，如果不做校验，那么不会有任何问题，但一旦校验，并发现指纹不匹配，就会直接中断连接，请求自然就失败了？

那这个校验过程怎么实现呢？校验证书的指纹即可。因为使用代理和不使用代理的证书颁发机构不是一个，所以两个证书的指纹也不一样，只要证书的指纹跟指定的指纹不一样，就算校验失败。例如当前证书的指纹，见图 13-82 中框出来的内容。

在开发阶段，如果知道服务器返回的证书指纹，是可以提前把指纹写死在客户端这边的。客户端获取证书后，对比证书的指纹跟写死的指纹是否一致，如果一致就通过校验，否则不通过，中断后续的数据传输。

这个过程具体怎么实现呢？通常有两种方式。

- 对于 7.0 及以上版本的 Android 系统，SDK 提供了原生的支持。在 App 开发阶段，会直接将指纹写死在一个 xml 文件里，然后在 AndroidManifest.xml 文件中添加一个 android:networkSecurityConfig 配置，具体的配置可以参考 Android 官方文档 https://developer.android.com/training/articles/security-config。不过要注意 Android 系统的版本。
- 直接将指纹和校验流程写在 Android 代码里，现在 Android 的很多 HTTP 请求库是

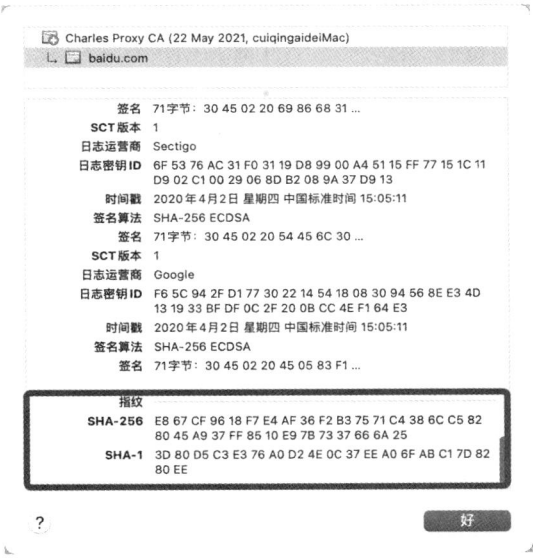

图 13-82　当前证书的指纹

基于 OkHttp 库开发的，OkHttp 的 SDK 就提供了对 SSL Pinning 的支持，一般可以在初始化 `OkHttpClient` 对象的时候添加 `certificatePinner` 这个选项，将信任的证书指纹写死。当然除了 OkHttp，其他库也提供类似的支持。

第二种方式的适用性更广，不局限于特定的 Android 版本，本节也将基于第二种方式实现。

至此，SSL Pining 技术的原理就解释清楚了。简单点讲，就是客户端和服务端在握手过程中，客户端对服务端返回的证书进行校验，如果证书不是自己信任的，就拒绝后续的数据传输过程，这样抓包工具自然抓不到有效的信息。

3. 绕过

明白了原理，那怎样才能绕过这个技术，解除它的限制呢？有以下几个解决思路。

- 某些 App 是使用第一种方式实现的 SSL Pinning，这种方式对 Android 版本有要求。所以，直接使用 7.0 以下的 Android 系统，即可解除限制。
- 既然客户端会校验证书，那我们可以直接 Hook 某些用于校验证书的 API，不管证书是否可信，都直接返回 true，从而绕过校验证书的过程。我们已经学习了 Xposed、Frida 等工具，可以基于它们实现 Hook 操作。
- 通过反编译的方式还原 App 代码，修改 AndroidManifest.xml 文件或者代码中用于校验证书的逻辑，修改完后重新打包签名。不过由于 App 代码不好完全还原，该方法的可行度并不高。

其中第二个的可行度最高，所以下面介绍三种基于第二个思路的解决方案。

- **Xposed + JustTrustMe**

JustTrustMe 是一个 Xposed 模块（https://github.com/Fuzion24/JustTrustMe），其基本原理就是通过 Hook 证书校验相关的 API，绕过证书校验的过程。

> 注意　请先确保手机已经 ROOT 并安装好了 Xposed 模块，具体配置流程可以参考 https://setup.scrape.center/xposed。

首先下载 apk 文件（https://github.com/Fuzion24/JustTrustMe/releases/），并把 JustTrustMe App 安装到手机上，然后在 Xposed 的模块设置里开启 JustTrustMe，如图 13-83 所示。

之后重启手机，使刚才的操作生效。此时重新打开示例 App，会发现数据成功加载出来了，如图 13-84 所示。

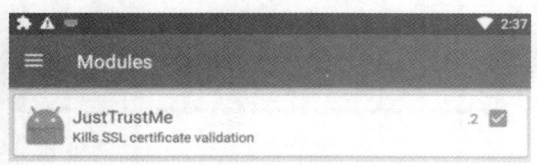

图 13-83　开启 JustTrustMe　　　　图 13-84　数据成功加载出来

Charles 中也能正常抓取数据包了，如图 13-85 所示。

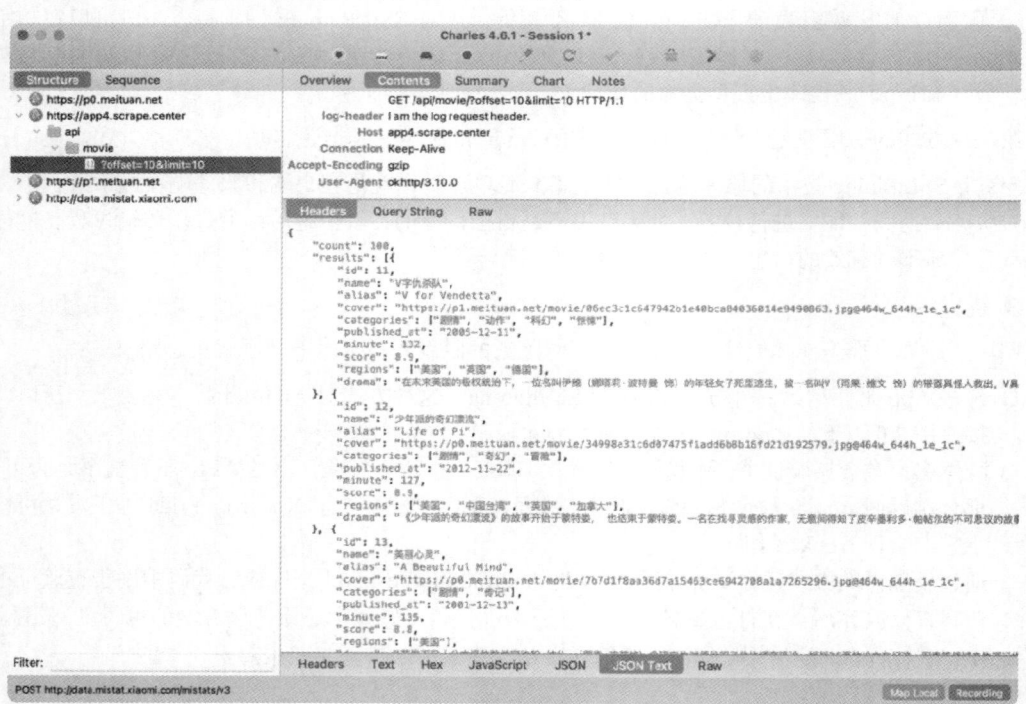

图 13-85　Charles 抓取的数据包

- **VirtualXposed + JustTrustMe**

Xposed + JustTrustMe 的方案有一个限制，就是手机需要 ROOT，解锁 bootloader 等。对于一些系统版本比较高的手机，ROOT 操作是比较困难的，所以提供了另一种解决方案，用 VirtualXposed 代替 Xposed（https://github.com/android-hacker/VirtualXposed）。

VirtualXposed 是基于 VirtualApp 和 epic，在非 ROOT 环境下运行 Xposed 模块实现（支持 Android 5.0~Android 10.0）的，是一款运行在 Android 系统中的沙盒产品，可以将其理解为轻量级的 Android 虚拟机。

要实现 Hook，我们需要将 App 安装到 VirtualXposed 对应的沙盒里，再配以一些 Xposed 模块（如 JustTrustMe），即可绕过 SSL Pining 技术。

首先，安装 VirtualXposed，其运行页面如图 13-86 所示。

然后点击界面下方的菜单按钮，进入设置页面，如图 13-87 所示。

图 13-86　VirtualXposed 的运行页面　　　　图 13-87　VirtualXposed 的设置页面

点击"添加应用"，将手机中的 App 安装到 VirtualXposed 的沙盒环境中，如图 13-88 所示，勾选对应的两个 App（这里需要提前在手机上安装好示例 App 和 JustTrustMe App），再点击"安装"即可。

在安装过程中，可能会提示"是安装到 VirtualXposed 还是 TaiChi"，这里我们直接选择 VirtualXposed。

> **补充**　TaiChi（太极）也是一个类似 Xposed 的模块，同样不需要 ROOT 就能使用，大家可以了解一下。另外，它还有一个增强版的模块，叫作太极 Magisk，功能非常强大，大家也可以试试看。

接下来返回设置页面，点击"模块管理"，如图 13-89 所示。

这里会自动检测到刚安装的 JustTrustMe 模块，勾选即可，如图 13-90 所示。

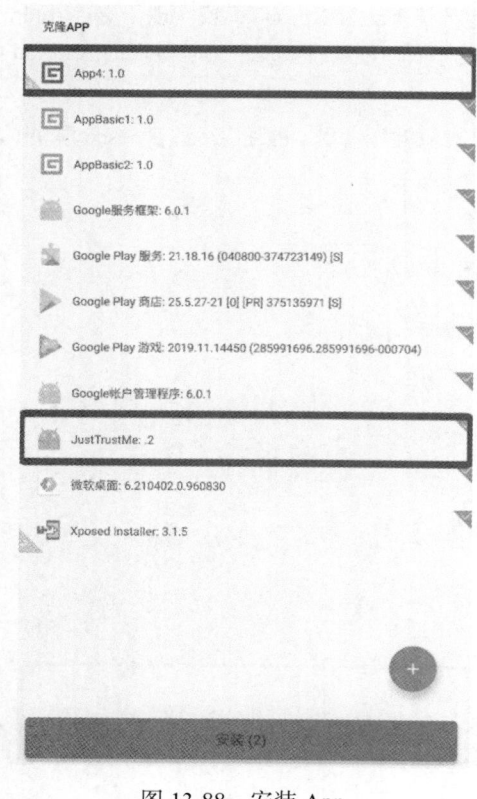

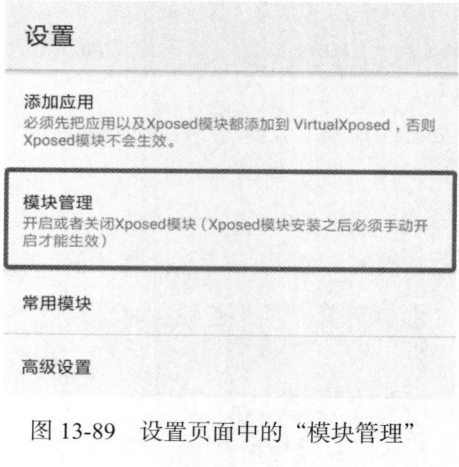

图 13-89　设置页面中的"模块管理"

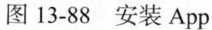

图 13-88　安装 App

图 13-90　勾选 JustTrustMe 模块

之后需要重新启动 VirtualXposed。

最后，我们在 VirtualXposed 里打开安装好的示例 App，即可发现数据能成功加载出来了，Charles 也可以成功抓取数据包了。

- Frida + DroidSSLUnpinning

既然 Xposed + JustTrustMe 的原理是 Hook 证书校验的逻辑，这个逻辑是通过 Xposed 模块实现的，那能不能基于同样的原理利用 Frida 实现 Hook 呢？能。

如果想基于 Frida 实现 Hook，那么可以结合 DroidSSLUnpinning 这个开源库，其 GitHub 地址是 https://github.com/WooyunDota/DroidSSLUnpinning。

首先下载对应的 GitHub 仓库：

```
git clone https://github.com/WooyunDota/DroidSSLUnpinning
```

该仓库中有一个 Hook 脚本，我们可以直接使用 `frida` 命令启动：

```
cd DroidSSLUnpinning/ObjectionUnpinningPlus
frida -U -f com.goldze.mvvmhabit -l hooks.js --no-pause
```

这里要给 `frida` 命令的 `-f` 选项传入要处理的 App 包名，给 `-l` 传入要 Hook 的脚本，命令的运行结果如图 13-91 所示。

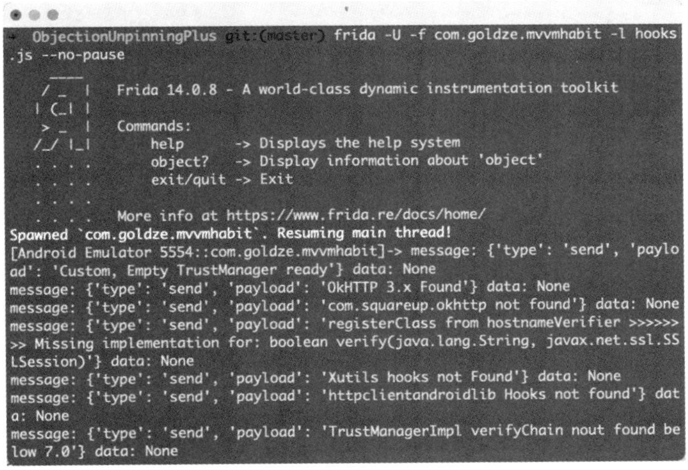

13.7 Android 脱壳技术简介与实战

图 13-91 启动命令的运行结果

之后，Hook 脚本便会生效，而且我们可以发现，示例 App 可以成功加载数据了！Charles 也可以成功抓取数据包，和使用 Xposed/VirtualXposed + JustTrustMe 的效果是一样的。

4. 总结

本节我们介绍了 SSL Pinning 技术的原理和解决办法，随着移动互联网的发展，使用 SSL Pinning 的现象会越来越普遍，因此绕过它成为了移动爬虫开发者的必备技能之一，需要好好掌握。

13.7 Android 脱壳技术简介与实战

在 Android 逆向中，大家应该或多或少听说过加壳、脱壳等词，那这个壳是做什么的？如果一个 apk 文件加了壳，我们又该怎么进行逆向？本节我们就学习一下与壳的管理和脱壳相关的技术。

1. 实例引入

我们知道，Android App 的安装包文件是 apk 格式的，从本质上讲，这就是一个压缩包，解压之后，其中包含 Android App 的源码、配置文件和资源文件等。

我们先做一个测试，下载 13.6 节使用的示例 App，得到一个 scrape-app4.apk 文件，然后将文件扩展名修改为 zip，即文件名变成 scrape-app4.zip，随后用解压软件直接解压这个文件，得到的结果如图 13-92 所示。

图 13-92 解压 scrape-app4.zip 文件的结果

这里的 classes.dex 文件就是 apk 文件的指令集，只需要简单地反编译一下就能得到 Java 代码，我们直接用 jadx-gui 打开这个 classes.dex 文件，等一会儿，源码就反编译出来了，如图 13-93 所示。

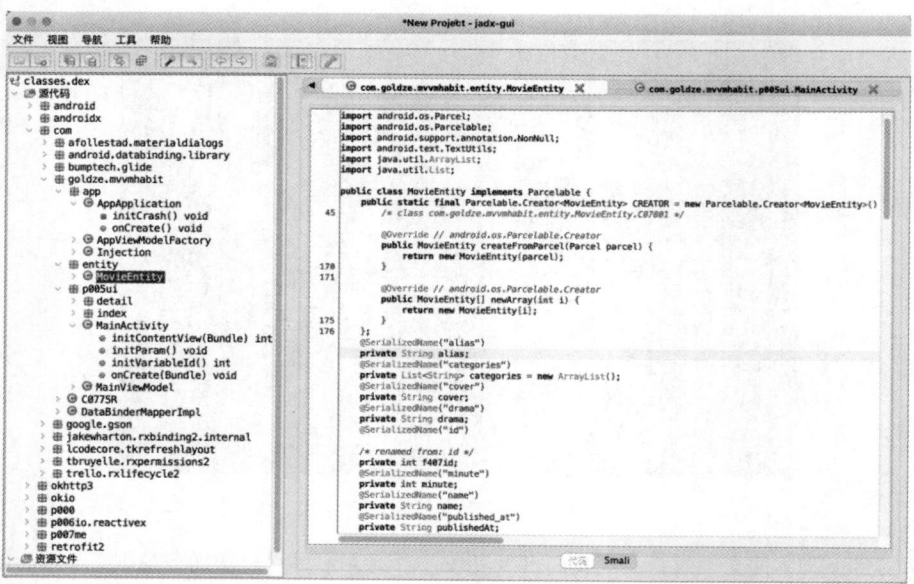

图 13-93　示例 App 的源码

由此可见，如果一个 App 能轻而易举地被反编译出源码，那对开发者、运营该 App 的公司无疑是很严重的一击。毕竟 App 里的代码实现一览无遗，加密算法也能被看得一清二楚，如果有人想复制和抄袭，简直是轻而易举。所以，做好防护是必不可少，目前最常见的防护手段就是加壳。

顾名思义，壳就像一个盔甲，可以起到防护作用，Android App 的壳就是用来保护 App 的源码不被轻易反编译和修改的。也就是说，加壳之后，真正的 App 源码会被"隐藏"起来，直接反编译 apk 文件是无法得到的。

我们再做一个测试，打开 https://app7.scrape.center 下载另一个 apk 文件，下载好后尝试用 jadx-gui 打开它，结果见图 13-94。

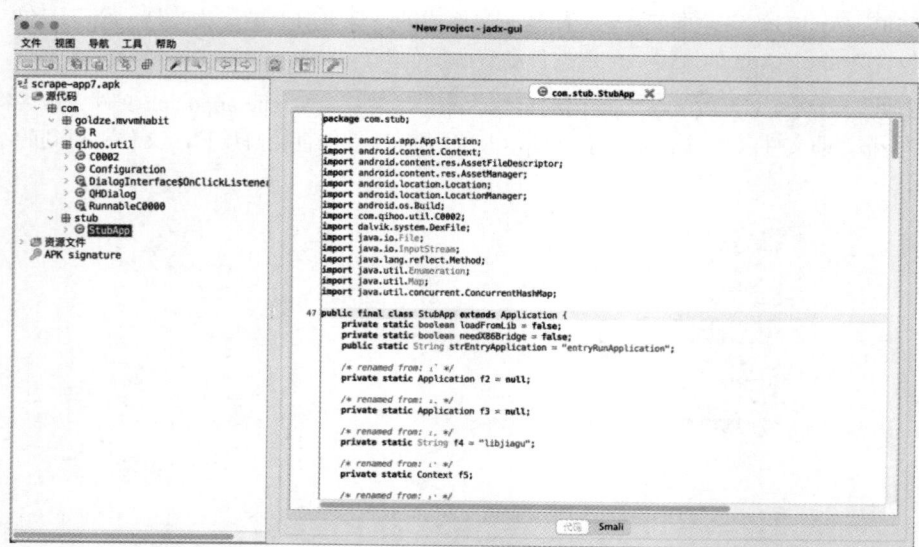

图 13-94　App 加壳后的反编译结果

可以看到，这次没有直接得到 App 的源码，原来的 com.goldze.mvvmhabit 包里只有一个 R.java 文件，另外有了 com.qihoo.util 和 com.stub 两个包，这就是 App 加壳（本案例为 360 壳）之后的效果。

2. 加壳的原理

其实壳本身也是一个 dex 文件，我们可以称之为 shell.dex 文件。通常，在加壳之后，原 apk 文件中的 dex 文件会被加密，于是我们没法直接破解和反编译它了。但是，shell.dex 文件可以解密已经加密了的 dex 文件，并运行解密后的 dex 文件，在这个过程中，shell.dex 文件承担了一个入口的角色，对已经加密的 dex 文件进行解密并运行解密结果，从而达到和运行加密前 dex 文件同样的效果。

加壳过程分为如下三个步骤。

- 对原 dex 文件加密：从需要加壳的 apk 文件中，可以提取出一个 dex 文件，我们称之为 origin.dex 文件，利用某个加密算法（如异或、对称加密、非对称加密等）对该文件进行加密，可以得到一个 encrypt.dex 文件。
- 合成新 dex 文件：合并加密得到的 encrypt.dex 文件和 shell.dex 文件，将 encrypt.dex 文件追加在 shell.dex 文件后面，形成一个新的 dex 文件，我们称之为 new.dex 文件。
- 替换 dex 文件：把 apk 文件中的 origin.dex 文件替换成 new.dex 文件，并重新进行打包签名。

如此一来，原来的 apk 文件就完成加壳了，我们也无法利用 jadx-gui 等工具直接反编译 origin.dex 文件了。那加壳之后的 App 怎么运行呢？

其实很简单，通常在 shell.dex 文件中，有一个继承自 Application 类的类，App 在启动时会最先运行这个类，例如上面的案例中就定义了一个 StubApp 类：

```
public final class StubApp extends Application
```

这个类做了什么事呢？其实里面定义的就是一些解密 encrypt.dex 文件和加载解密后的 dex 文件的操作，即解密、还原操作。

具体怎么实现的呢？有两个关键的方法。

- attachBaseContext：这个方法主要负责从 new.dex 文件中读取出 encrypt.dex 文件，然后对其进行解密，利用自定义的 DexClassLoader 对象加载解密后的 origin.dex 文件。
- onCreate：通过反射机制修改 ActivityThread 类的内容，将 Application 指向 origin.dex 文件中的 Application，然后调用 origin.dex 文件中的 Application 的 onCreate 方法启动原程序。

通过实现这两个关键方法，origin.dex 文件中定义的逻辑就能正常执行了，这就保证了加壳前后整个 App 的运行效果完全一致。

3. 壳的分类

上面介绍的加壳技术应用比较广泛，但是道高一尺魔高一丈，随着越来越多的 App 采用这种加壳技术作为防护，脱壳技术也在不断更迭。两个技术不断地抗衡，不断地进化。

目前，壳已经发展到了第三代了，上面介绍的只能算第一代。下面简单给三代壳归一下类。

- 一代壳：整体加壳，整体保护，即上面介绍的加壳技术，对 App 中原本的 dex 文件整体加密后，将其和壳 dex 文件合成一个新的 dex 文件。壳 dex 文件负责对 App 中的加密 dex 文件解密并还原，从而保证 App 可以正常运行。对于这类壳，利用 jadx-gui 这种工具通常只能看到壳 dex 文件，原 dex 文件则看不到。
- 二代壳：提供方法粒度的保护，即方法抽取型壳。保护力度从整体细化到了方法级别，也就是将 dex 文件中的某些方法置空，这些方法只在被调用的时候才会解密加载，其余时候则都为空。对于这类壳，利用 jadx-gui 反编译的结果中，方法全是 nop 指令。

- 三代壳：提供指令粒度的保护，即指令抽取型壳。目前主要分为 VMP 壳和 dex2C 壳，就是将 Java 层的方法 Native 化。VMP 壳会对某些代码进行抽离，将其转变为中间字节码，VMP 相当于一个字节码解释器，可以对中间字节码进行解释执行。dex2C 壳几乎把所有 Java 方法都等价进行了 Native 化。

那怎么判断一个壳是第几代呢？

- 对于一代壳，反编译之后如果只能看到继承自 Application 类的壳代码，其他诸如 Android 四大组件的类都被隐藏了，那就是一代壳。
- 对于二代壳，反编译之后看看方法的实现是不是为空，如果 Java 代码的方法实现是空的，Smali 代码有很多 nop 指令，那基本可以断定是二代壳。
- 对于三代壳，反编译之后看看一些方法是不是被 Native 化了，例如 onCreate 方法的声明前面如果有一些 native 关键词，那就是三代壳。至于到底是 VMP 壳还是 dex2C 壳，可以根据方法注册地址等做进一步判断。

4. 脱壳实践

上面讲了壳的原理和分类，那么问题来了？如何给加壳的 App 脱壳呢？

- 一代壳：目前市面上的一些免费加壳（加固）服务几乎都是一代壳，例如 360 加固、腾讯加固、阿里加固、爱加密，现在已经有较为成熟的查壳工具（如 PKID），选择 apk 文件之后，该工具就可以根据壳里面的一些特征判断是哪家的壳。另外，对于一代壳，现在主流的脱壳工具非常多，有 frida_dump、FRIDA-DEXDump 等，稍后会详细介绍。
- 二代壳：加这种壳一般是需要付费的，现在有不少银行 App 是用的这种壳。由于方法只有在被调用的时候才会解密加载，因此脱壳的基本思路就是主动调用，现在主流的脱壳工具是 FART。
- 三代壳：这种壳目前没有成熟的脱壳工具，基本上得靠手工分析，只要工具深，肯钻研，也是能解开的。

下面我们还是以本节开头的 App 为例介绍一下脱壳方式，由于这个 App 使用的是一代壳，所以这里先介绍 frida_dump 和 FRIDA-DEXDump 两个工具。

- **frida_dump 的使用方法**

frida_dump 的基本原理是通过文件头的内容搜索 dex 文件并 dump 下来，其 GitHub 地址是：https://github.com/lasting-yang/frida_dump。

要使用这个工具，需要先下载其源码：

```
git clone https://github.com/lasting-yang/frida_dump.git
```

然后在手机上安装下载好的 apk 文件，运行 App，另外还需要在手机上运行 frida-server，具体的配置见 13.5 节。

之后在电脑上运行如下命令：

```
frida -U -f com.goldze.mvvmhabit -l dump_dex.js --no-pause
```

这里指定了脱壳脚本 dump_dex.js 和 App 的包名，运行之后就开始脱壳了，控制台的输出结果如图 13-95 所示。

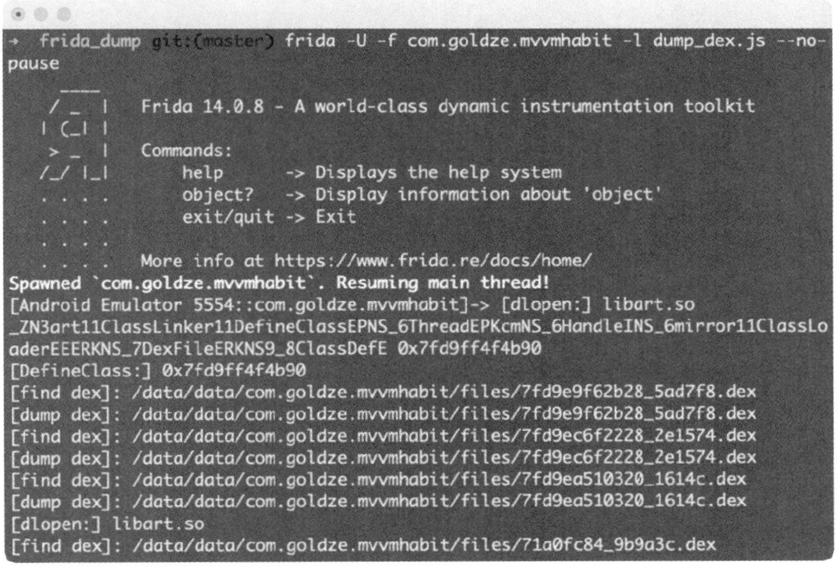

13.7 Android 脱壳技术简介与实战

```
→ frida_dump git:(master) frida -U -f com.goldze.mvvmhabit -l dump_dex.js --no-pause
     ____
    / _  |   Frida 14.0.8 - A world-class dynamic instrumentation toolkit
   | (_| |
    > _  |   Commands:
   /_/ |_|       help      -> Displays the help system
                 object?   -> Display information about 'object'
    . . . .      exit/quit -> Exit
    . . . .
    . . . .   More info at https://www.frida.re/docs/home/
Spawned `com.goldze.mvvmhabit`. Resuming main thread!
[Android Emulator 5554::com.goldze.mvvmhabit]-> [dlopen:] libart.so
_ZN3art11ClassLinker11DefineClassEPNS_6ThreadEPKcmNS_6HandleINS_6mirror11ClassLoaderEEERKNS_7DexFileERKNS9_8ClassDefE 0x7fd9ff4f4b90
[DefineClass:] 0x7fd9ff4f4b90
[find dex]: /data/data/com.goldze.mvvmhabit/files/7fd9e9f62b28_5ad7f8.dex
[dump dex]: /data/data/com.goldze.mvvmhabit/files/7fd9e9f62b28_5ad7f8.dex
[find dex]: /data/data/com.goldze.mvvmhabit/files/7fd9ec6f2228_2e1574.dex
[dump dex]: /data/data/com.goldze.mvvmhabit/files/7fd9ec6f2228_2e1574.dex
[find dex]: /data/data/com.goldze.mvvmhabit/files/7fd9ea510320_1614c.dex
[dump dex]: /data/data/com.goldze.mvvmhabit/files/7fd9ea510320_1614c.dex
[dlopen:] libart.so
[find dex]: /data/data/com.goldze.mvvmhabit/files/71a0fc84_9b9a3c.dex
```

图 13-95 控制台的输出结果

脱壳完毕后的结果都在手机的 /data/data/com.goldze.mvvmhabit/files 文件夹里，我们可以运行如下命令把它们拉取到电脑上：

```
adb pull /data/data/com.goldze.mvvmhabit/files ~/dexes
```

这里我们将结果放到了电脑的 ~/dexes 文件夹中，如图 13-96 所示。

名称	修改日期	大小	种类
71a0fc84_9b9a3c.dex	今天 00:44	10.2 MB	文稿
7fd9e9f88b28_5ad7f8.dex	今天 00:44	6 MB	文稿
7126a7e0_4dfcd0.dex	今天 00:44	5.1 MB	文稿
7fd9ec6f2228_2e1574.dex	今天 00:44	3 MB	文稿
717f0764_1303d0.dex	今天 00:44	1.2 MB	文稿
7178c8b4_5de00.dex	今天 00:44	385 KB	文稿
7174a4b0_42404.dex	今天 00:44	271 KB	文稿
7fd9ea536320_1614c.dex	今天 00:44	90 KB	文稿

图 13-96 电脑的 ~/dexes 文件夹

可以看到，这里一共得到了 8 个 dex 文件，一般而言，核心逻辑存在于较大的 dex 文件里。我们使用 jadx-gui 打开一个 dex 文件，看看还原效果。如图 13-97 所示，这个 dex 文件中就包含一些核心逻辑，比如 com.goldze.mvvmhabit 包里定义的内容。

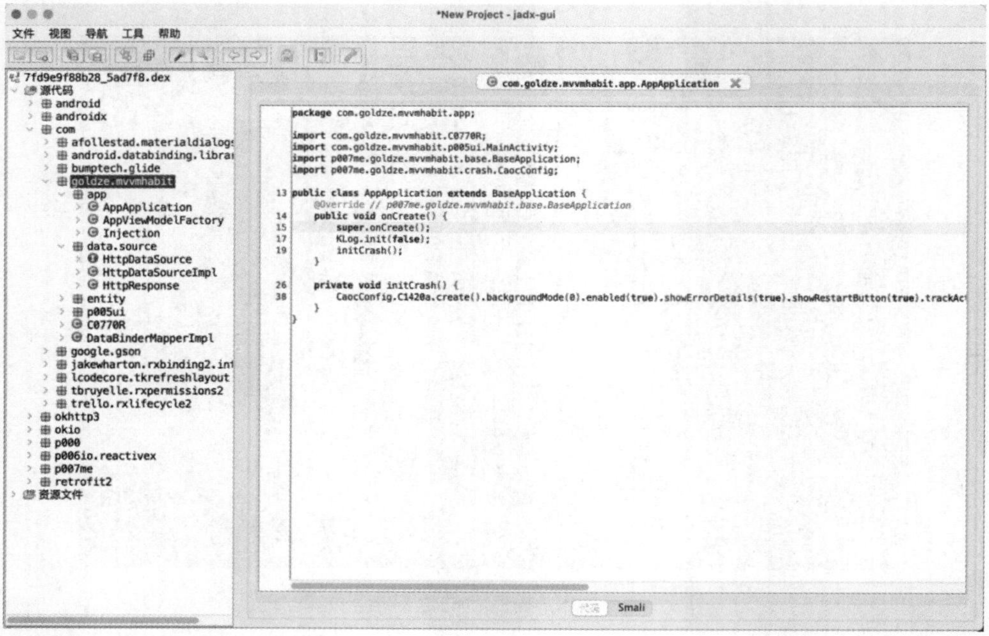

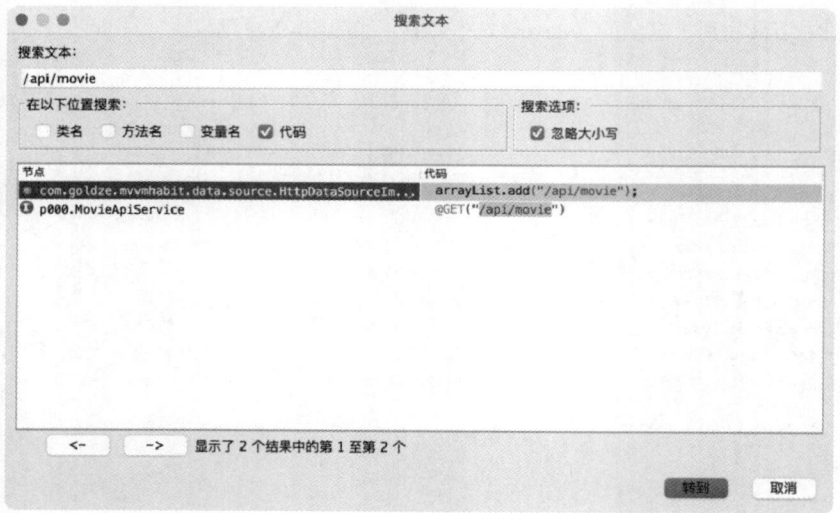

图 13-97　反编译一个 dex 文件的结果

通过文本搜索，我们也能找到一些关键的代码，如图 13-98 所示。

图 13-98　搜索调用 "/api/movie" 的代码

图 13-98 中有两个搜索结果，我们转到第一个，这就是之前分析（13.2 节）过的 index 方法的还原结果：

```
@Override // com.goldze.mvvmhabit.data.source.HttpDataSource
public AbstractC1387z<HttpResponse<MovieEntity>> index(int i, int i2) {
    ArrayList arrayList = new ArrayList();
    arrayList.add("/api/movie");
    String encrypt = Encrypt.encrypt(arrayList);
    return this.f468a.index((i - 1) * i2, i2, encrypt);
}
```

可见还原度还是比较高的。

- **FRIDA-DEXDump**

FRIDA-DEXDump 也是一款比较不错的脱壳工具，同样是基于 Frida，由于 Frida 提供了在电脑上对手机 App 进行内存搜索的支持，因此 FRIDA-DEXDump 根据一些暴力内存搜索的原理实现了脱壳。对于完整的 dex 文件，暴力搜索 "dex035" 即可找到壳；对于一些抹头的 dex 文件，可以通过特征匹配找到壳，例如搜索 DexHeader 中的长度信息、索引指向的位置顺序等。

FRIDA-DEXDump 的 GitHub 地址是 https://github.com/hluwa/FRIDA-DEXDump，可以直接使用 pip3 工具安装它：

```
pip3 install frida-dexdump
```

同样地，在手机上启动 frida-server 和示例 App 后，运行如下命令即可完成脱壳：

```
frida-dexdump -n com.goldze.mvvmhabit -f
```

运行结果如图 13-99 所示。

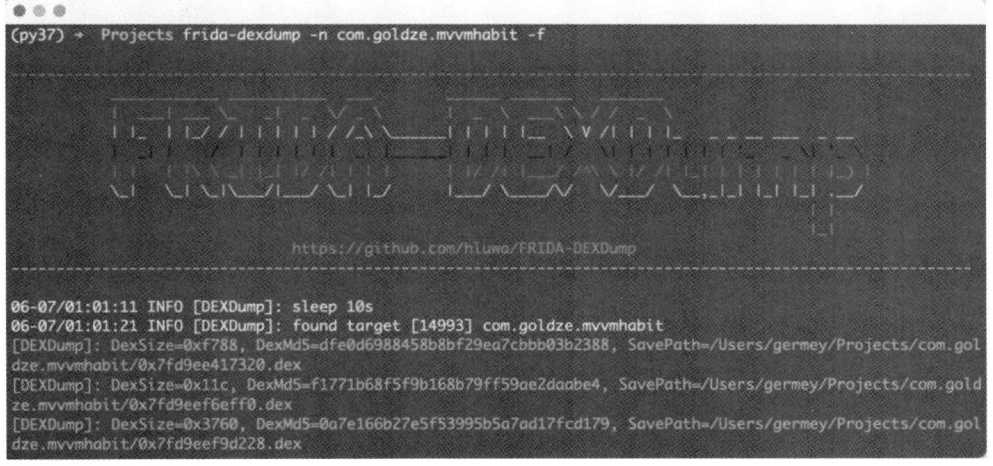

图 13-99　利用 FRIDA-DEXDump 脱壳的结果

脱壳之后的文件就直接保存在电脑上了，控制台会输出 dex 文件的保存路径。之后利用和 frida_dump 那里同样的方式对得到的 dex 文件进行反编译即可，这里不再赘述。

- **FART**

对于二代壳，目前主流的解决方案是 FART，这是 ART 环境下基于主动调用的自动化脱壳方案，本节不再展开讲解，如果感兴趣可以参考 https://github.com/hanbinglengyue/FART，这个项目中介绍了 FART 的原理和使用方法。

5. 总结

本节总结了 Android 脱壳技术的原理和解决方案，熟练掌握脱壳技术已经是现在 Android 逆向和爬虫开发者的必备技能之一。

对于脱壳技术，我们不但要知其然，还要知其所以然，这个技术领域涉及了非常多 Android 底层的知识，要想深入研究是需要下一定功夫的。

本节内容的参考来源如下。

- 掘金网站上的"Android 脱壳之整体脱壳原理与实践"文章。
- CSDN 网站上的"基于 FRIDA 的几种安卓脱壳工具"文章。
- 吾爱破解网站上的"FRIDA-DEXDump：一吻便杀一个人，三秒便脱一个壳"文章。
- 博客园网站上的"VMP 壳基础原理"文章。

13.8　利用 IDA Pro 静态分析和动态调试 so 文件

我们已经初步了解了一些逆向相关的知识，通过 jadx-gui 和 JEB 等工具，我们可以成功把 apk 文件中的 Java 代码反编译出来，在此基础上就可以查看实现逻辑了。但这个反编译过程仅仅停留在 Java 层面，这是什么意思呢？本节我们来详细解释一下。

在 Java 中有一个叫作 JNI 的东西，它的全称是 Java Native Interface，即 Java 本地接口，这是 Java 调用 Native 语言的一种特性（这里说的 Native 语言通常指 C/C++）。有了 JNI，Java 就可以调用由 C/C++ 编写的代码了。

JNI 是 Java 语言里本身就存在的，由于 Android 代码是基于 Java 编写的，因此 Android 自然也能使用 JNI 调用 C/C++ 编写的代码。

使用 JNI 有什么好处呢？对一些 Android App 来说，其中一个很大的好处便是可以提升防护等级，因为使用 C/C++ 编写好某个代码逻辑后，这部分代码会被编译到一个以 so 为名字后缀的文件（例如 libnative.so 文件）中，然后 Java 层需要直接加载该 so 文件并调用 so 文件暴露出来的方法来得到某个结果。重要的是，如果仅通过 jadx-gui 反编译，是无法把这个 so 文件还原成原来的 C/C++ 代码的，因为 jadx-gui 只能处理到 Java 层，对 Native 层则无能为力。换言之，如果某个加密算法是在 Native 层实现的，那么仅依靠反编译是无法知晓其中的真正逻辑的，这就进一步提高了逆向的难度。

那要想还原 so 文件中原本的 C/C++ 代码，有办法吗？有，但不能是反编译了，需要用反汇编。其实，还原完整的 C/C++ 代码几乎是不可能实现的，但我们可以通过一些反汇编工具得到底层的汇编代码，我们可以通过这些代码的执行逻辑大致还原出对应的 C/C++ 代码。那有什么工具可以做到这一点呢？目前比较流行的就是 IDA Pro 工具。

本节我们会以一个实现了 Native 层参数加密的 App 为例，初步分析其基本情况，然后试着用 IDA Pro 逆向它并还原 so 文件中的逻辑。在这个过程中，我们需要用 IDA Pro 工具对 so 文件进行静态分析和动态调试，以便更好地理解 so 文件中隐含的逻辑。

1. IDA Pro 的简介

IDA Pro 的英文全称是 Interactive Disassembler Professional，即交互式反汇编器专业版，大家也称之为 IDA。它由一家总部位于比利时的 Hex-Rayd 公司开发，功能十分强大，是目前流行的反汇编软件之一，也是安全分析人士必备的一款软件。

IDA Pro 最重要的功能便是可以将二进制文件中的机器代码（如 010101）转化成汇编代码，甚至可以进一步根据汇编代码的执行逻辑还原出高级语言（如 C/C++）编写的代码，从而大大提高代码的可读性。IDA Pro 不仅仅局限于分析 Android 中的 so 文件，它可以处理和分析几乎所有的二进制文件，Windows、DOS、Unix、Linux、Mac、Java、.NET 等平台的二进制文件都不在话下。另外，IDA Pro 提供了图形界面和强大的调试功能，利用它我们可以直观地实时调试和分析二进制文件。除了这些，IDA Pro 还提供开放式的插件架构，我们可以编写自定义的插件轻松扩展其功能。

总之，IDA Pro 是一款极其强大的反汇编软件，已经成为业界安全分析必不可少的一个工具，更多介绍可以查看 IDA Pro 的官网。

2. 准备工作

由于本节需要用 IDA Pro 工具对 so 文件进行逆向分析，因此首先要安装 IDA Pro 软件，具体的安装方式可以参考 https://setup.scrape.center/ida。

其次需要准备一台 Android 真机并 ROOT，注意这次不能使用模拟器，因为动态调试的过程需要用支持 ARM 指令的设备运行，这里我使用的 Android 真机是 Nexus 5，Android 版本是 11，CPU 是 32 位。准备好真机后，需要确保能使用 adb 命令在电脑上成功连接到该真机。

最后就是示例 App 了，可以打开 https://app8.scrape.center 下载安装包。本节我们需要的运行结果和之前的结果是类似的，不过这次不是在 Java 层实现请求 URL 中加密参数 token 的加密逻辑，而是改为了在 Native 层，真正的加密逻辑在 so 文件中。

3. 抓包和反编译

首先在 Android 手机上安装示例 App，然后使用 Charles 抓包，抓包的具体过程可以参考 12.1 节的内容，抓包结果如图 13-100 所示。

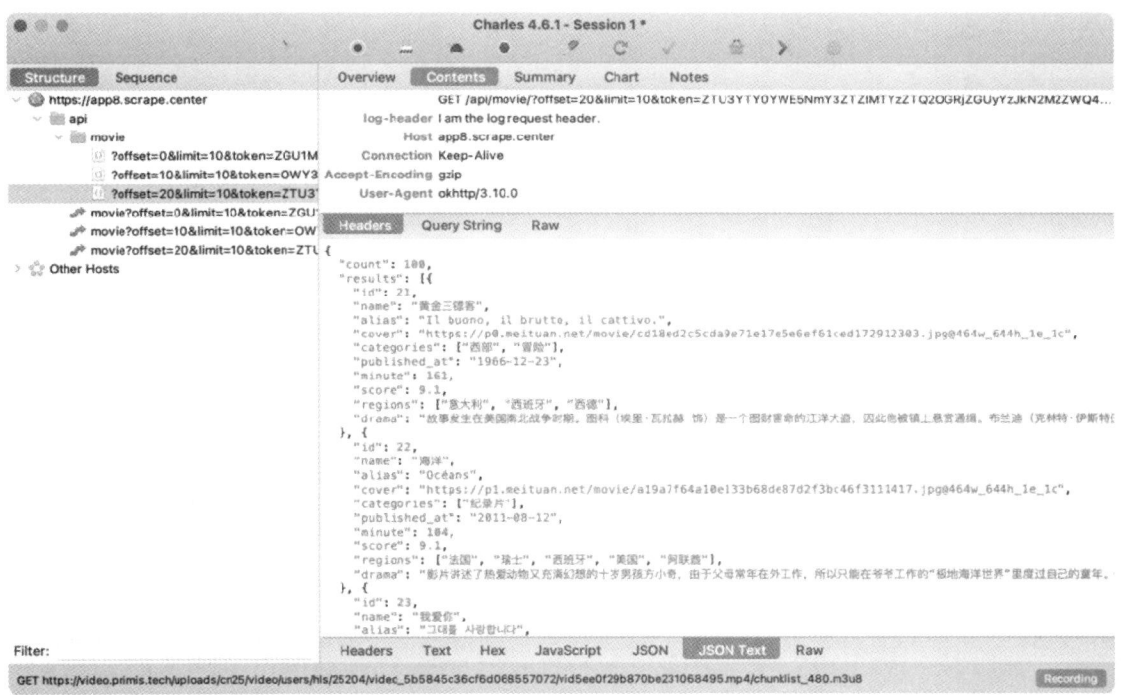

图 13-100　Charles 的抓包结果

可以看到，请求数据的 URL 中带有一个 token 加密参数，而且每次请求时的这个参数值都不一样。返回结果和运行 App 后展示的电影列表是一一对应的，包含电影标题、类型、评分等数据，我们本节就是想爬取这些数据，因此需要把整个 URL 的参数构造逻辑还原出来。

为了找到加密参数 token 的加密逻辑，我们先用 jadx-gui 对 apk 文件进行反编译，并做初步分析，反编译结果如图 13-101 所示。

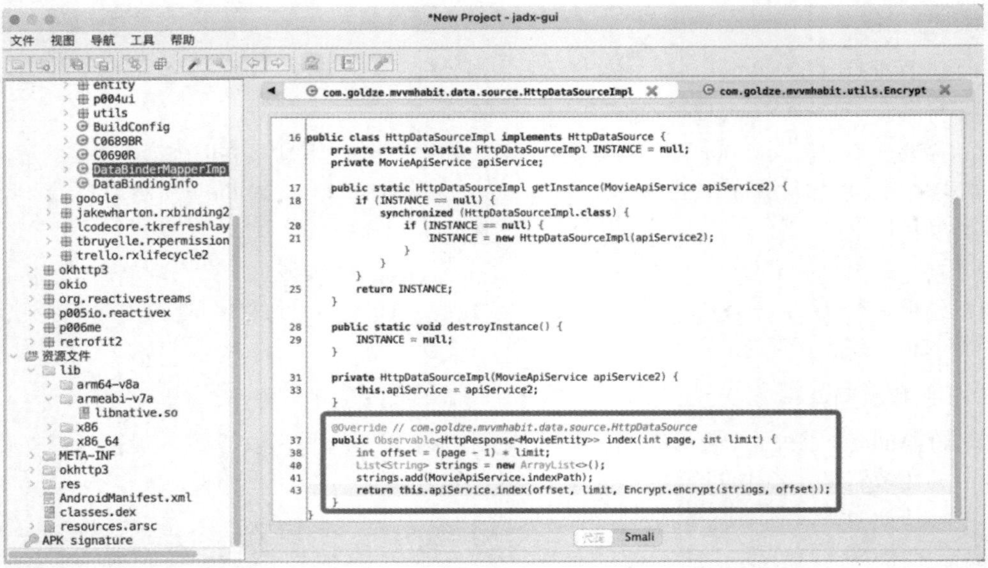

图 13-101 反编译结果

从图 13-101 中框出来的内容可以看出，token 的值是调用 encrypt 方法得到的，需要传入 strings 和 offset 两个参数，strings 是一个列表 ['/api/movie']，offset 是数据的偏移量，这和前面案例的分析结果非常相似。

进一步追踪一下 encrypt 方法，其实现如下：

```
public class Encrypt {
    public static String encrypt(List<String> strings, int offset) {
        return NativeUtils.encrypt(TextUtils.join("", strings), offset);
    }
}
```

可以看到它里面又调用了 NativeUtils 类的 encrypt 方法，该方法的第一个参数是 strings 中的内容拼接之后的结果，也就是 /api/movie 这个字符串，第二个参数还是 offset。

接着我们看一下 NativeUtils 类的实现代码：

```
public class NativeUtils {
    public static native String encrypt(String str, int i);
    static {
        System.loadLibrary("native");
    }
}
```

可以看到，这里并没有 encrypt 方法的具体实现，并且方法声明中多了一个 native 关键字，这证明实现过程在 Native 层，即 encrypt 方法是用 C/C++ 实现的。另外，在 encrypt 方法下面，可以看到对 loadLibrary 方法的调用，传入的参数是 native 字符串，这里其实就是指定了 so 文件的名称，在 apk 文件里会有一个叫作 libnative.so 的 so 文件隐含了 encrypt 方法的实现。

我们继续观察反编译结果，如图 13-102 所示。

图 13-102 反编译结果中的资源文件

可以看到资源文件里的 lib 文件夹下正好有 libnative.so 文件，这就是刚才所说的 so 文件。lib 文件夹下一共有 4 个文件夹，分别是 arm64-v8a、armeabi-v7a、x86 和 x86_64，libnative.so 文件可以运行在使用对应指令架构的设备上，这些设备分别如下。

- arm64-v8a：适配第 8 代、64 位 ARM 处理器，主要是 Android 真机。
- armeabi-v7a：适配第 7 代、32 位 ARM 处理器，主要是 Android 真机。
- x86：适配 x86 架构、32 位的处理器，主要是模拟器或一些平板设备。
- x86_64：适配 x86 架构、64 位的处理器，主要是模拟器或一些平板设备。

要想知道自己的手机是用的哪种处理器，可以运行该命令来获取：

```
adb shell getprop ro.product.cpu.abi
```

由于我使用的是 Android 真机，而且 CPU 是 32 位的，所以运行结果是：

```
armeabi-v7a
```

这样当 App 运行时，就会加载执行 armeabi-v7a 文件夹下的 libnative.so 文件。

4. 静态分析

现在我们使用 jadx-gui 工具把 so 文件导出，然后根据实际情况用 IDA Pro 打开 so 文件。这里我使用的是 armeabi-v7a 文件夹下的 libnative.so 文件，如果你的手机的 CPU 是 64 位的，可以使用 arm64-v8a 文件夹下的 so 文件。

打开 IDA Pro 后，直接把 so 文件拖入窗口中，就会出现配置选项，如图 13-103 所示。

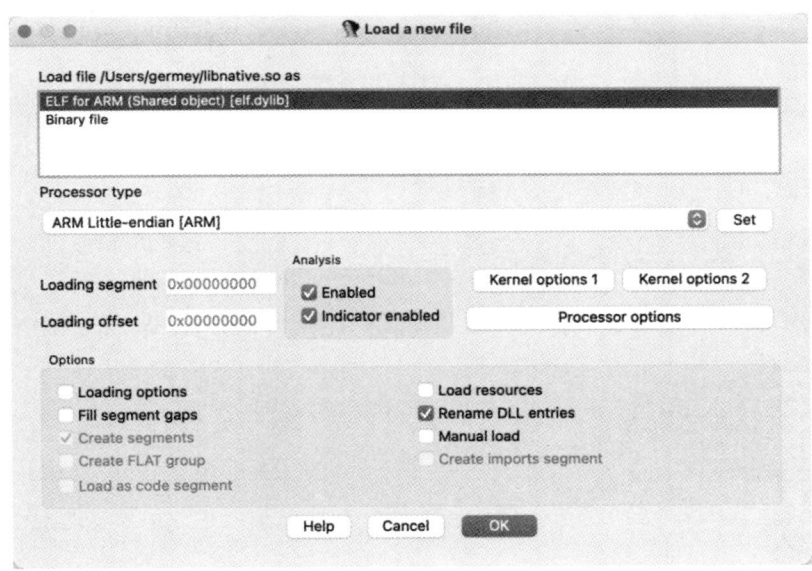

图 13-103　IDA Pro 工具的配置选项

可以在"Processor type"中填写处理 so 文件的方式，这里已经默认选好了 ARM 相关的处理器，我们直接点击"OK"按钮，保持默认配置即可。稍等片刻后，就可以看到 IDA Pro 把 so 文件的内容解析出来了，如图 13-104 所示。

可以看到，页面左侧是 so 文件中的一个个方法及声明，右侧是 so 文件的反汇编结果，都是一些汇编指令。和我们平常见到的用高级语言（如 Java、Python）编写的代码相比，汇编指令的可读性要差很多，几乎都是底层的一些操作寄存器的命令，难道我们要一行行分析汇编指令把逻辑找出来吗？这就太烦琐了。

668 第 13 章 Android 逆向

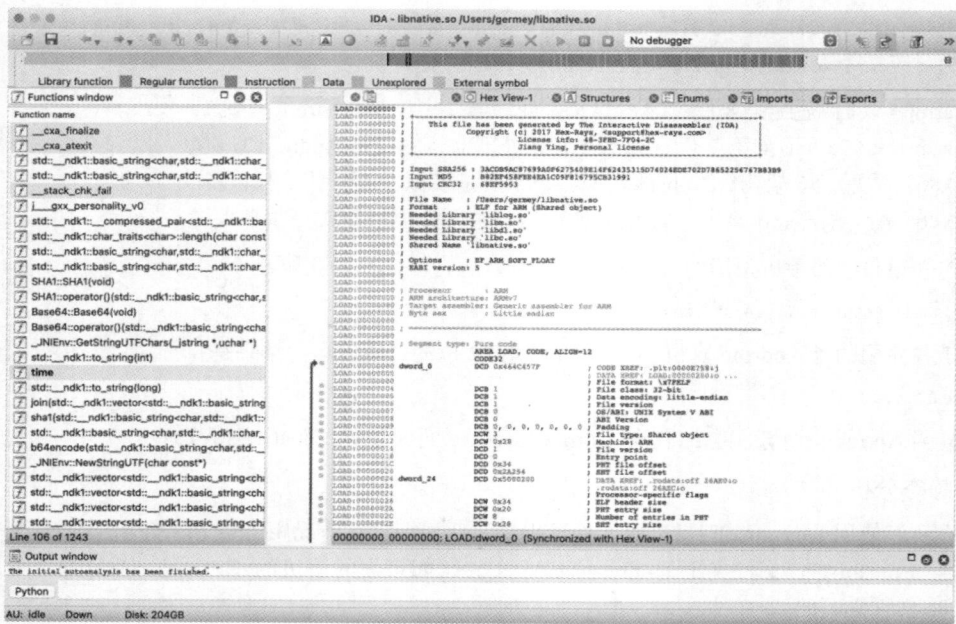

图 13-104 解析出的 so 文件内容

IDA Pro 有一个非常强大的功能，就是可以帮我们把汇编指令转换成可读性更高的 C/C++ 代码，怎么操作呢？我们来看一下。

通过刚才的分析，我们知道 encrypt 方法在 so 文件中，于是按这个方法搜索一下，结果找到了一个 Java_com_goldze_mvvmhabit_utils_NativeUtils_encrypt 方法，点击该方法之后就可以看到对应的汇编代码实现，如图 13-105 所示。

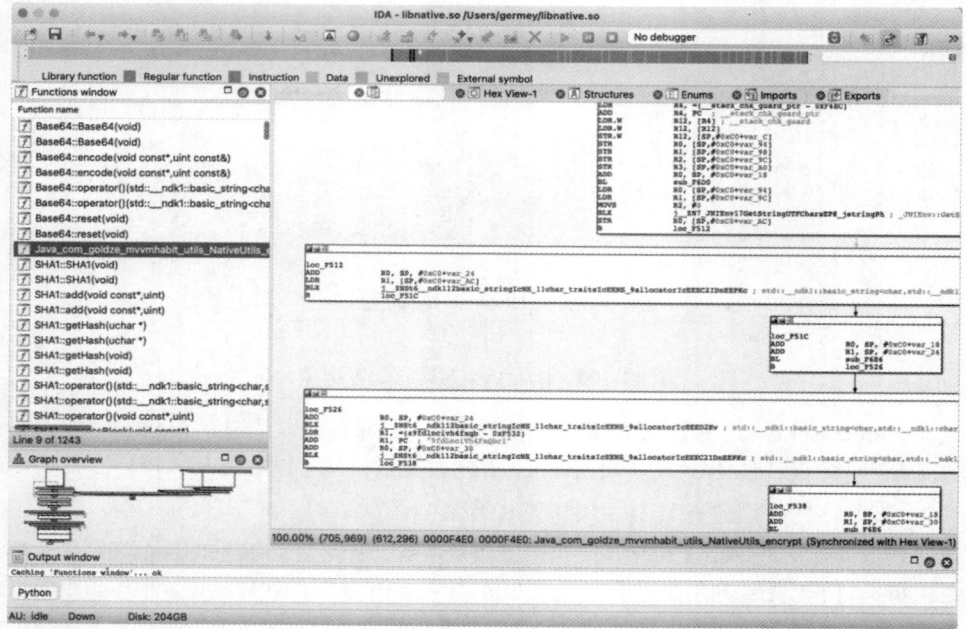

图 13-105 encrypt 方法的汇编代码实现

接着在右侧最上方的区块中，选中 Java_com_goldze_mvvmhabit_utils_NativeUtils_encrypt 这个方法名称，使其高亮显示，如图 13-106 所示。

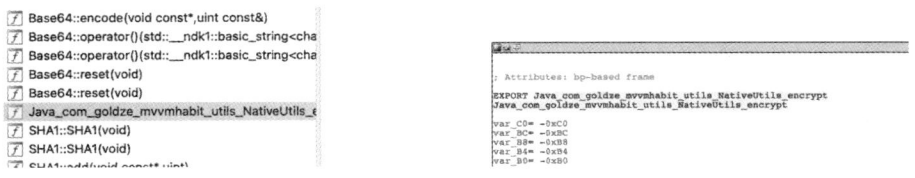

图 13-106　高亮显示选中的方法名称

此时直接点击 F5 或者从菜单中选择 View → Open subviews → Generate pseudocode 选项，代表生成伪代码，如图 13-107 所示。

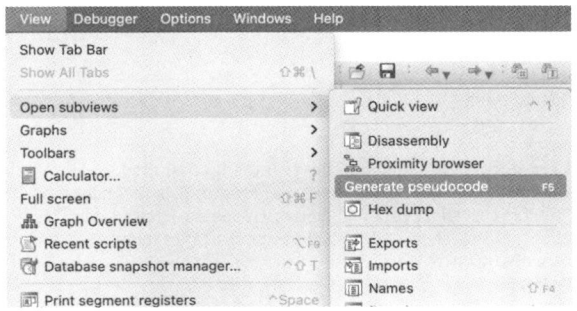

图 13-107　选择 Generate pseudocode 选项

之后原来的汇编代码就被还原成了 C 语言代码，如图 13-108 所示。

图 13-108　还原成的 C 语言代码

整体代码其实并不多，我们可以分析一下，首先是一个很长的方法调用，而且这个调用连续出现了很多次，类似下面这样：

```
std::__ndk1::basic_string<char,std::__ndk1::char_traits<char>,std::__ndk1::allocator<char>>::~basic_string
    (&v20);
```

这里其实就是调用了 ndk 中的 basic_string 方法，功能是把 v20 变量转换成一个字符串。另外，代码中还有几个看不出具体逻辑的方法，例如 sub_F804、sub_F850 等，我们可以逐个点进去看看，这里点开 sub_F804 方法：

```
int __fastcall sub_F804(int a1, int a2)
{
  unsigned int v2; // ST08_4
  int v3; // r0
  int result; // r0
  int v5; // r0
  int v6; // [sp+Ch] [bp-14h]

  v6 = a1;
  v2 = *(_DWORD *)(a1 + 4);
  if ( v2 >= *(_DWORD *)sub_109FE() )
  {
    sub_10AA0();
    result = std::__ndk1::vector<std::__ndk1::basic_string<char,std::__ndk1::char_traits<char>,
        std::__ndk1::allocator<char>>,std::__ndk1::allocator<std::__ndk1::basic_string<char,
        std::__ndk1::char_traits<char>,std::__ndk1::allocator<char>>>>::__push_back_slow_path<
        std::__ndk1::basic_string<char,std::__ndk1::char_traits<char>,
        std::__ndk1::allocator<char>>>(v6,v5);
  }
  else
  {
    sub_10AA0();
    result = std::__ndk1::vector<std::__ndk1::basic_string<char,std::__ndk1::char_traits<char>,
        std::__ndk1::allocator<char>>,std::__ndk1::allocator<std::__ndk1::basic_string<char,
        std::__ndk1::char_traits<char>,std::__ndk1::allocator<char>>>>::__construct_one_at_end<
        std::__ndk1::basic_string<char,std::__ndk1::char_traits<char>,
        std::__ndk1::allocator<char>>>(v6,v3);
  }
  return result;
}
```

因为生成的是伪代码，所以有些语句并不完全符合代码的编写规范，经分析，sub_10AA0 是一个空实现，if 分支和 else 分支分别调用 __push_back_slow_path 方法和 __construct_one_at_end 方法得到了返回结果 result。查阅相关文档（如 LLVM 的文档）后，发现 sub_F804 方法就是列表的 push_back 方法，功能是把 a2 指向的变量添加到 a1 指向的列表变量里。

对其他方法，可以按照类似的逻辑分析，例如这个调用：

```
std::__ndk1::basic_string<char,std::__ndk1::char_traits<char>,std::__ndk1::allocator<char>>::basic_string
<decltype(nullptr)>(
    &v19,
    "9fdLnciVh4FxQbri");
sub_F804((int)&v21, (int)&v19);
```

可以看到，这里先通过 basic_string 把一个常量字符串 9fdLnciVh4FxQbri 赋值给 v19 变量，接着调用 sub_F804 方法把 v19 代表的字符串插入 v21 指向的列表尾部。

再往后，还可以观察到对 time、join、sha1、b64encode 方法的调用，虽然我们不能完全确定这些方法的实现细节，但大致可以推测出一些相关的逻辑是怎样实现的。

现在我们大概总结一下 encrypt 方法的实现流程。

(1) 初始化一个空列表 v21。

(2) 把 a3 赋值给 v5，然后转化为字符串赋值给 v20，再将其插入 v21 列表的尾部。
(3) 把字符串 9fdLnciVh4FxQbri 赋值给 v19，然后插入 v21 列表的尾部。
(4) 把 a4 赋值给 v6，然后转化为字符串赋值给 v18，再将其插入 v21 列表的尾部。
(5) 获取当前时间戳 v7，然后转化为字符串赋值给 v17，再将其插入 v21 列表的尾部。
(6) 调用 join 方法将 v21 列表中的元素拼接在一起，拼接字符对应的 ASCII 码是 44，即拼接字符是一个逗号，把拼接结果赋值给 v15。
(7) 调用 v15 的 sha1 方法，把结果赋值为 v16。
(8) 接着按同样的逻辑，初始化一个空列表 v14，然后把 v16 和时间戳 v17 插入这个列表的尾部。
(9) 再次调用 join 方法将 v14 中的元素拼接在一起，拼接字符依然是一个逗号，把拼接结果赋值给 v13。
(10) 把 v13 转换为字符串，然后赋值给 v11。
(11) 对 v11 进行 Base64 编码。
(12) 再进行一些字符串的赋值转换后，返回。

以上是我们观察还原后的 C/C++ 代码，并加以一些推敲后总结出的大致流程，但内部的具体细节我们还是不知道，例如进行的 Base64 编码是否标准，以及一些细节是否真的和我们推测的一样，这些都是待验证的。

所以，我们接下来借助 IDA Pro 的动态调试功能真正运行一下 encrypt 方法，看看整个过程是不是和我们想的一样。

5. 动态调试

要进行动态调试，需要额外做一些准备工作。

首先找到 IDA Pro 安装目录下的 dbgsrv 文件夹，里面第一个就是 android_server 文件，如图 13-109 所示，我们需要把它放到手机里，然后运行，类似 frida-server 那样。有了它，电脑上的 IDA Pro 才能和手机连接起来，从而实现动态调试。

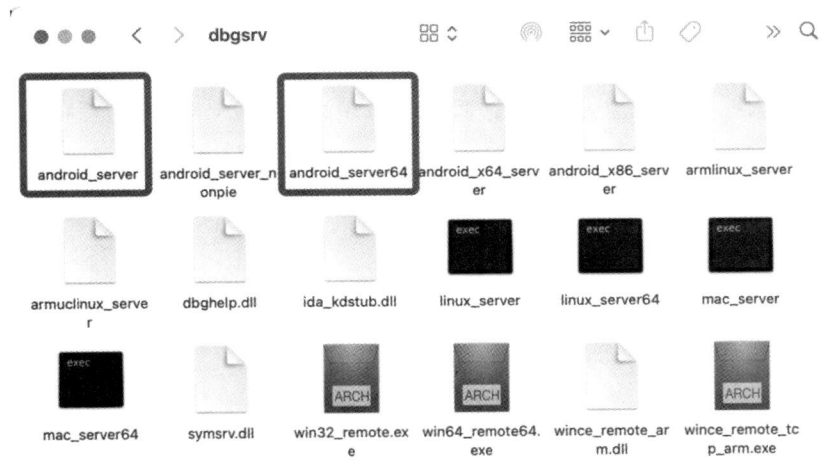

图 13-109　dbgsrv 文件夹的内容

接着使用 adb 命令把它放到 /data/local/tmp 文件夹下，命令如下：

```
adb push android_server /data/local/tmp
```

如果你的手机 CPU 是 64 位的，就把 android_server64 文件放到对应的文件夹下，命令如下：

```
adb push android_server64 /data/local/tmp
```

接下来，运行 adb shell 命令，进入 /data/local/tmp 目录，并切换到 Root 模式，命令如下：

```
adb shell
$ cd /data/local/tmp
$ su
```

再给 android_server 授予执行权限：

```
# chmod 777 android_server
```

如果你的手机 CPU 是 64 位的，就执行：

```
# chmod 777 android_server64
```

之后运行 android_server 或 android_server64 即可：

```
./android_server
```

整个操作流程如图 13-110 所示。

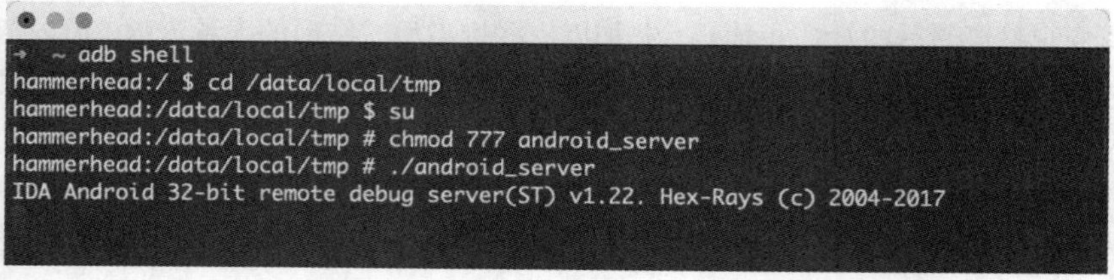

图 13-110　所有准备工作

在默认情况下，android_server 会运行在手机的 23946 端口上，为了能够在电脑上访问到该端口，需要配置一下 adb 的端口转发：

```
adb forward tcp:23946 tcp:23946
```

这样访问电脑的 23946 端口，就相当于访问手机的 23946 端口了。

现在打开手机上的示例 App，让它运行起来。再新开一个 IDA Pro 窗口，在菜单中选择 Attach → Remote ARMLinux/Android debugger 选项，如图 13-111 所示。

这个选项用于连接一个远程的 Android 调试器，其实就是连接刚才我们启动的 android_server，下面我们填写地址和端口，地址是 localhost，端口是 23946，如图 13-1112 所示。

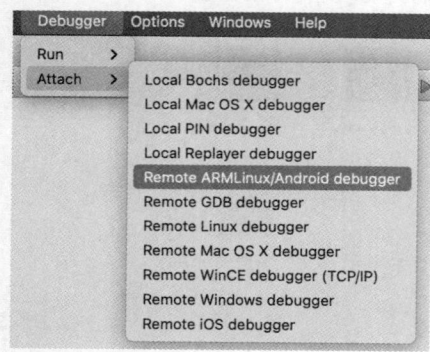

图 13-111　Remote ARMLinux/Android debugger 选项

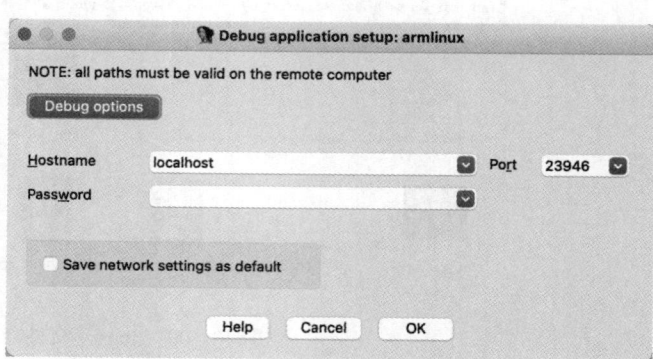

图 13-112　填写地址和端口

点击 OK 按钮，IDA Pro 会提示我们选择要挂载的进程，如图 13-113 所示。

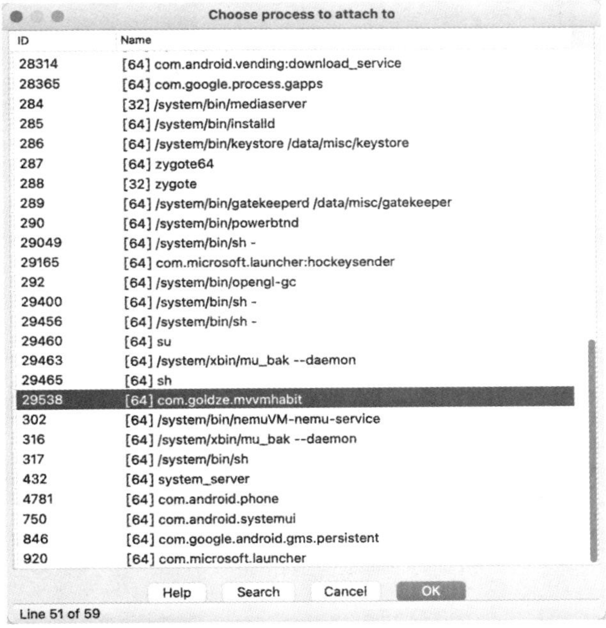

13.8 利用 IDA Pro 静态分析和动态调试 so 文件

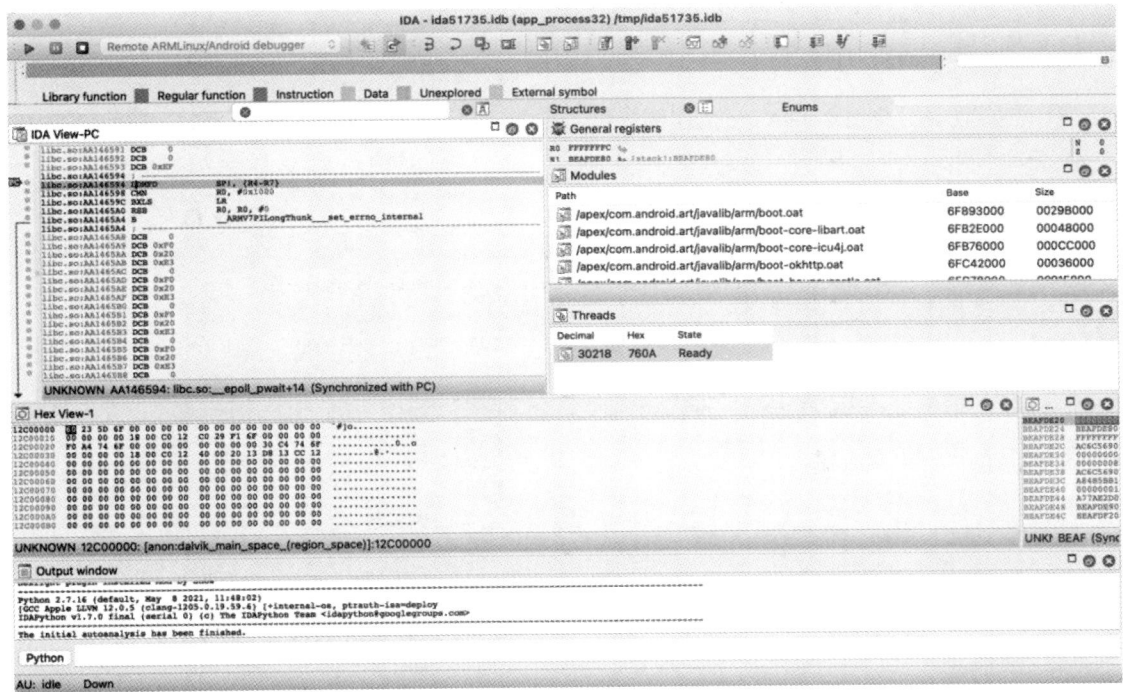

图 13-113　选择要挂载的进程

我们找到对应 App 的安装包 com.goldze.mvvmhabit 后点击 OK，稍等片刻，就会发现 IDA Pro 停下来了，如图 13-114 所示。

图 13-114　IDA Pro 反编译的结果

我们可以在右侧的 Modules 面板中找到已经加载好的 libnative.so 文件，如图 13-115 所示。

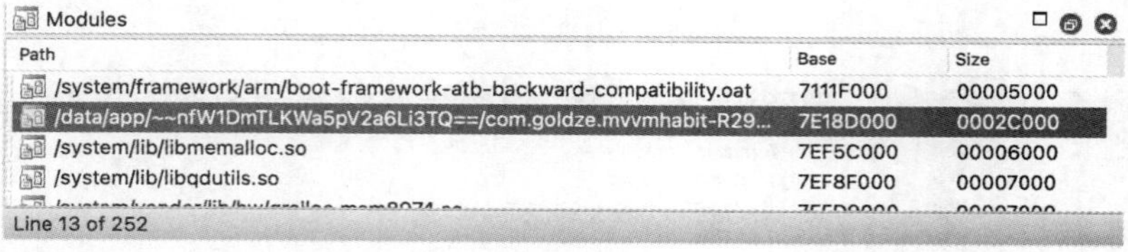

图 13-115 Modules 面板

双击进入 libnative.so 文件，查看其中定义的方法，如图 13-116 所示。

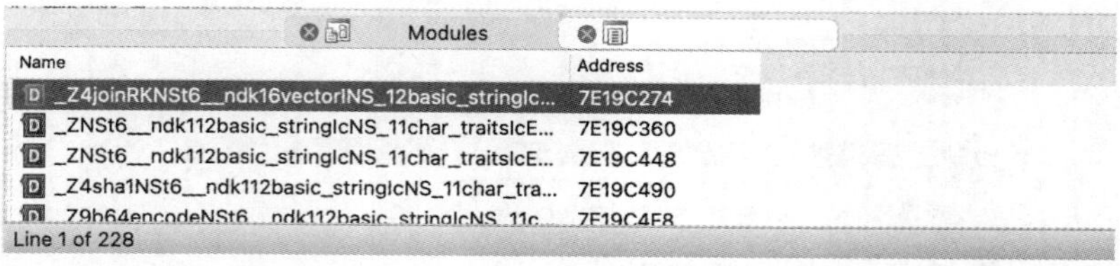

图 13-116 libnative.so 文件中的方法

我们找一下刚才在静态分析中找到的 Java_com_goldze_mvvmhabit_utils_NativeUtils_encrypt 方法，如图 13-117 所示。

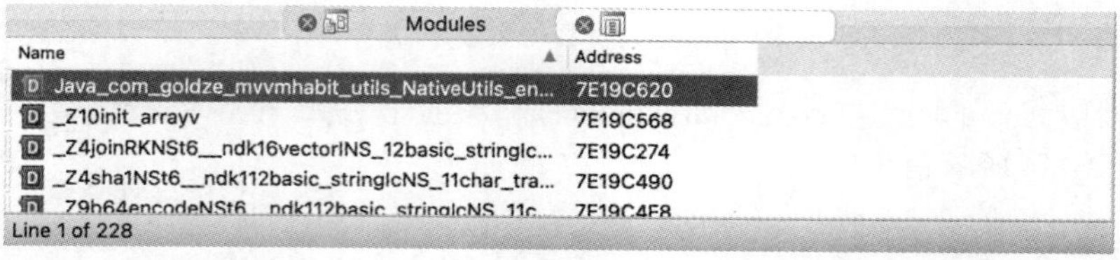

图 13-117 找到 Java_com_goldze_mvvmhabit_utils_NativeUtils_encrypt 方法

双击这个方法，即可在 IDA Pro 的左侧看到对应的汇编代码，这和刚才静态分析时看到的汇编代码几乎是一样的，如图 13-118 所示。

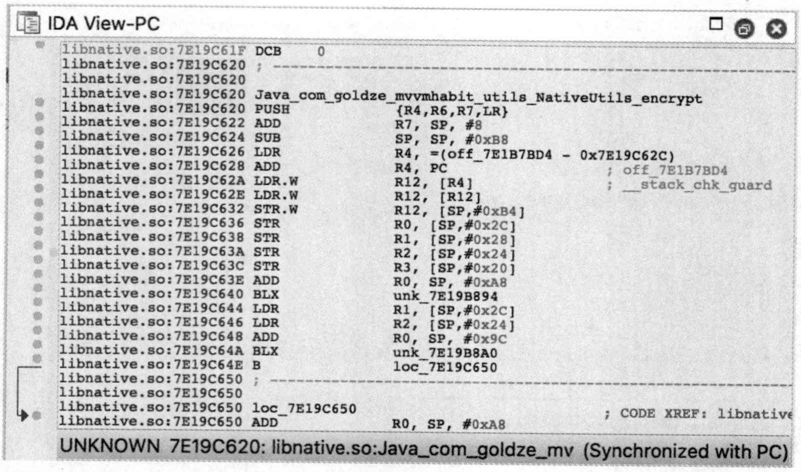

图 13-118 方法对应的汇编代码

在这里，我们就可以添加断点进行动态调试了，点击代码左侧的蓝点，之后这个点会变成红色，整行代码会有红色背景，这证明断点成功打上了，如图 13-119 所示。

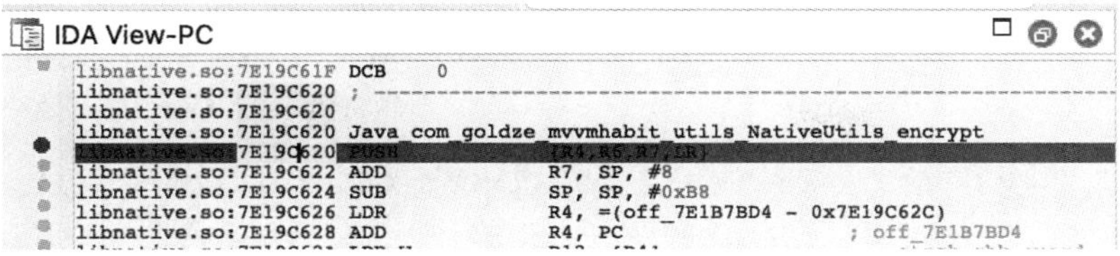

13.8 利用 IDA Pro 静态分析和动态调试 so 文件

图 13-119 为代码添加断点

接着我们点击 IDA Pro 页面左上角的运行按钮，使 App 的运行恢复正常，如图 13-120 所示。

App 之前已经打开过了，因此已经执行了第一次数据请求，那么怎么再次触发断点呢？很简单，发送第二次请求即可，我们可以在 App 中上拉列表，触发新的数据加载，然后就能看到 IDA Pro 的反编译停在了断点处，如图 13-121 所示。

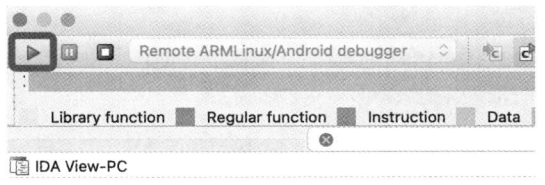

图 13-120 点击运行按钮

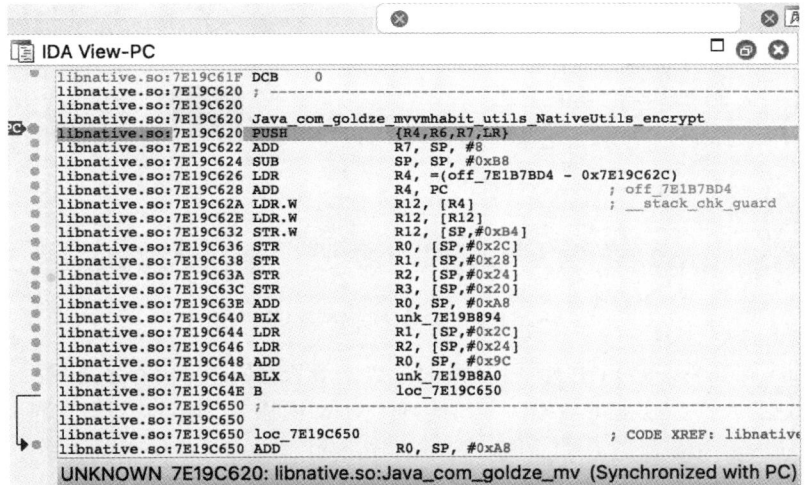

图 13-121 再次发送请求触发断点

在页面右侧，有一个 General registers 面板，其中显示了寄存器 R0 到 R10 的值，如图 13-122 所示。

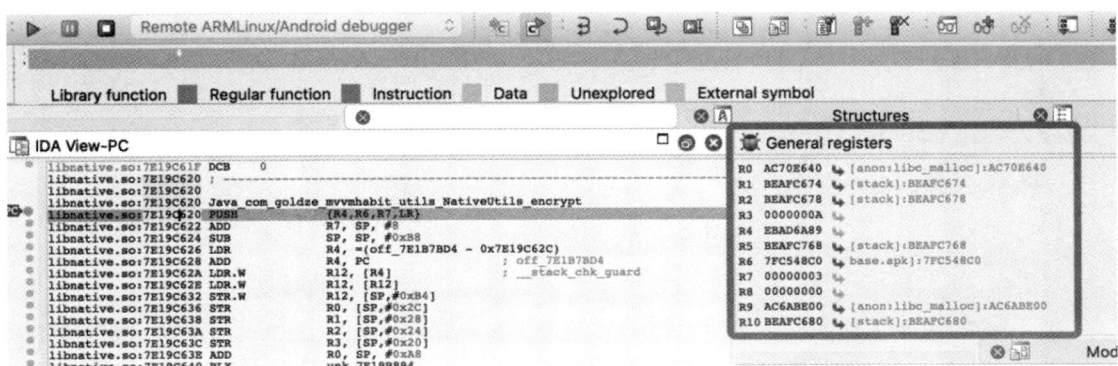

图 13-122 General registers 面板

我们可以点击 IDA Pro 页面上方的"逐行执行"按钮进行单步调试，如图 13-123 所示。

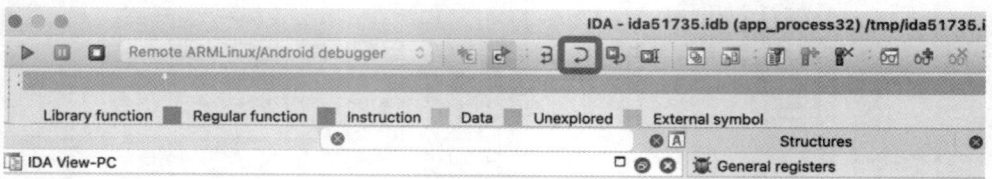

图 13-123 点击"逐行执行"按钮

还可以点击 General registers 面板中间的"jump"按钮，查看对应寄存器中内容的详情，如图 13-124 所示。

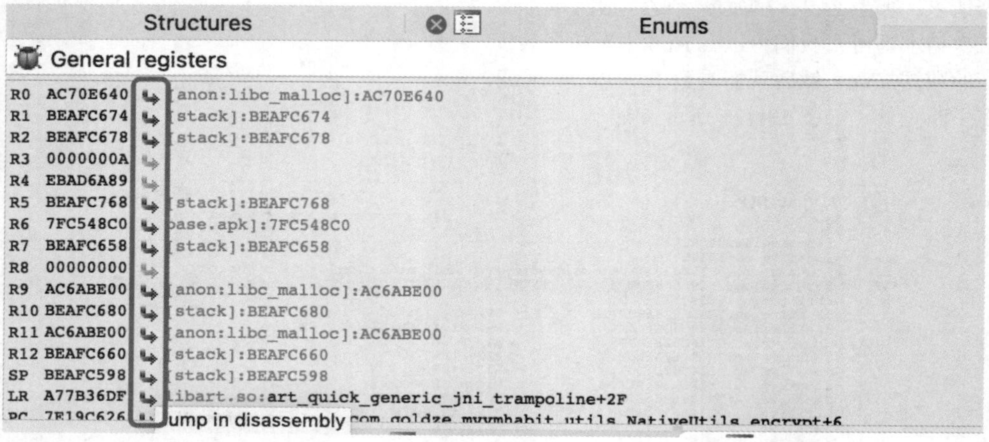

图 13-124 查看寄存器中内容的详情

点击"jump"按钮后，IDA Pro 页面下方的 Hex View 面板会同步显示寄存器中的内容，其中左边是十六进制的数据，右边是数据对应的明文。在 Hex View 面板中，还可以设置"同步查看的寄存器的值"，例如图 13-125 中就设置了要同步查看 R0 寄存器的值。

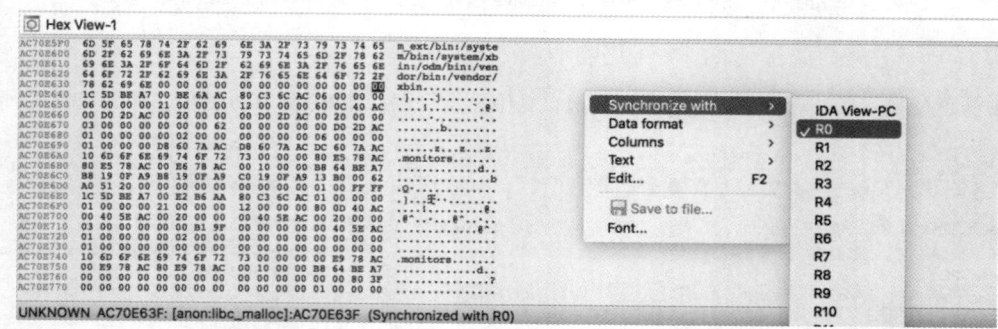

图 13-125 设置同步查看 R0 寄存器的值

就这样，我们可以在调试过程中观察到代码的实际执行过程和对应的明文。

举个例子，在静态分析时，我们曾观察到一个常量字符串 9fdLnciVh4FxQbri 的声明和赋值操作，在这里下拉找一下，这个赋值操作对应的就是 LDR 指令，我们在这个位置下一个断点，如图 13-126 所示。

13.8 利用 IDA Pro 静态分析和动态调试 so 文件

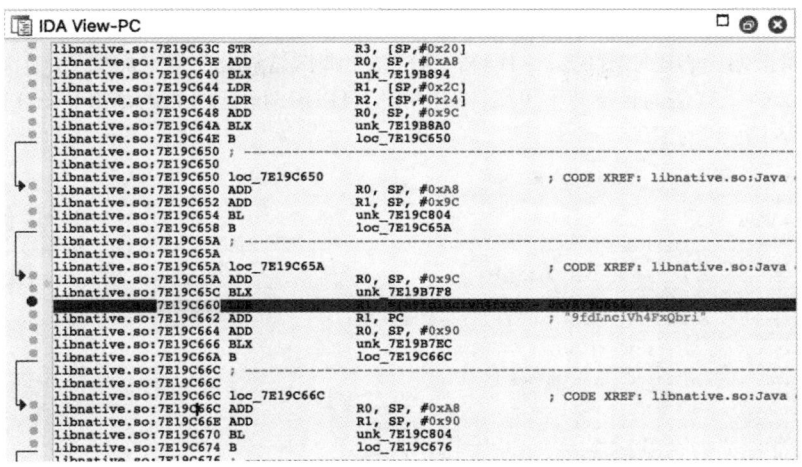

图 13-126 在 LDR 指令处下一个断点

然后继续单步执行，可以看到 R1 寄存器被赋值了，如图 13-127 所示。

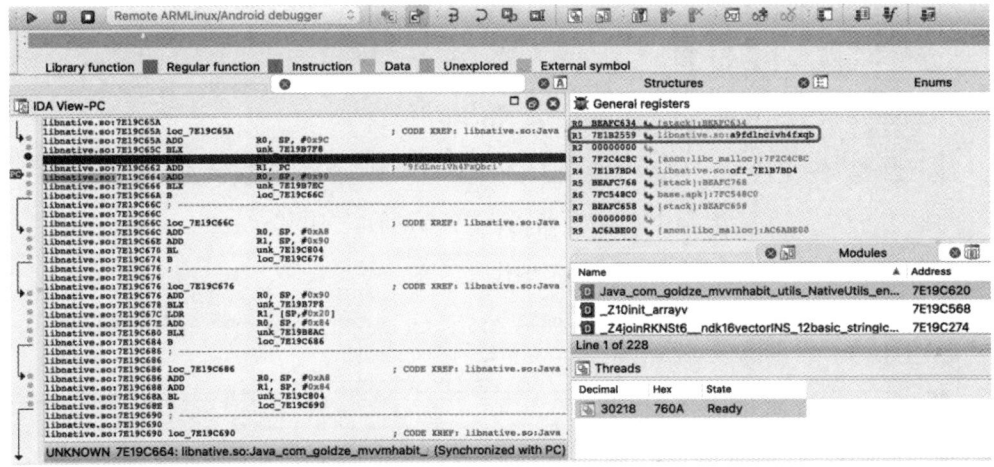

图 13-127 把常量字符串赋给了 R1 寄存器

切换到页面下方的 Hex View 面板，就可以看到对应的明文了，如图 13-128 所示。

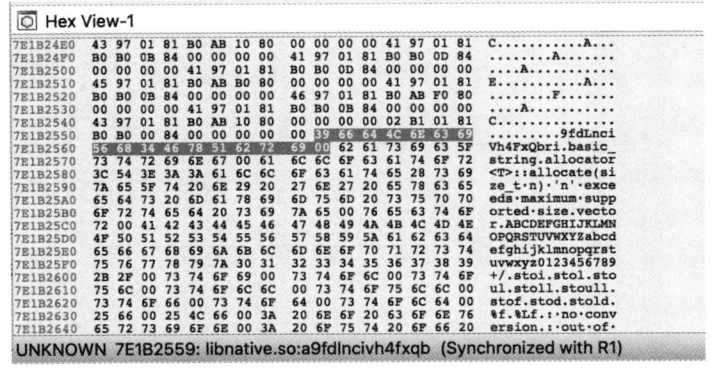

图 13-128 Hex View 面板中的内容

这时大家可能会有疑问，这些汇编代码对应的 C/C++ 代码是什么呢？在某些情况下，动态调试的过程中也可以将汇编代码还原成 C/C++ 代码，这样整个调试过程会变得更加直观。但在其他情况下，从汇编代码到 C/C++ 代码的转换并不可用，这时我们可以借助静态分析的结果。图 13-129 中展示的是动态调试过程中得到的汇编代码。

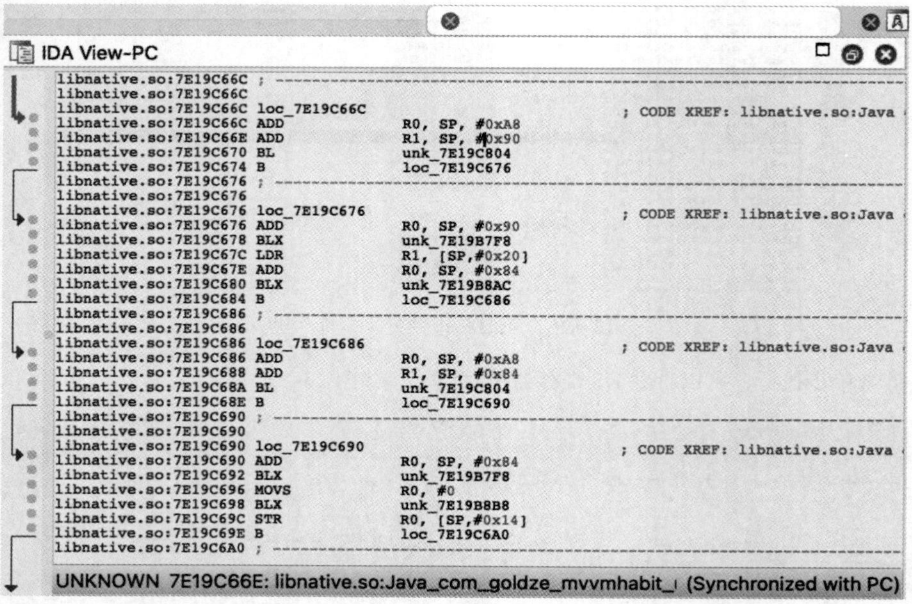

图 13-129　动态调试过程中得到的汇编代码

图 13-130 中展示的是静态分析过程中的汇编代码区块。

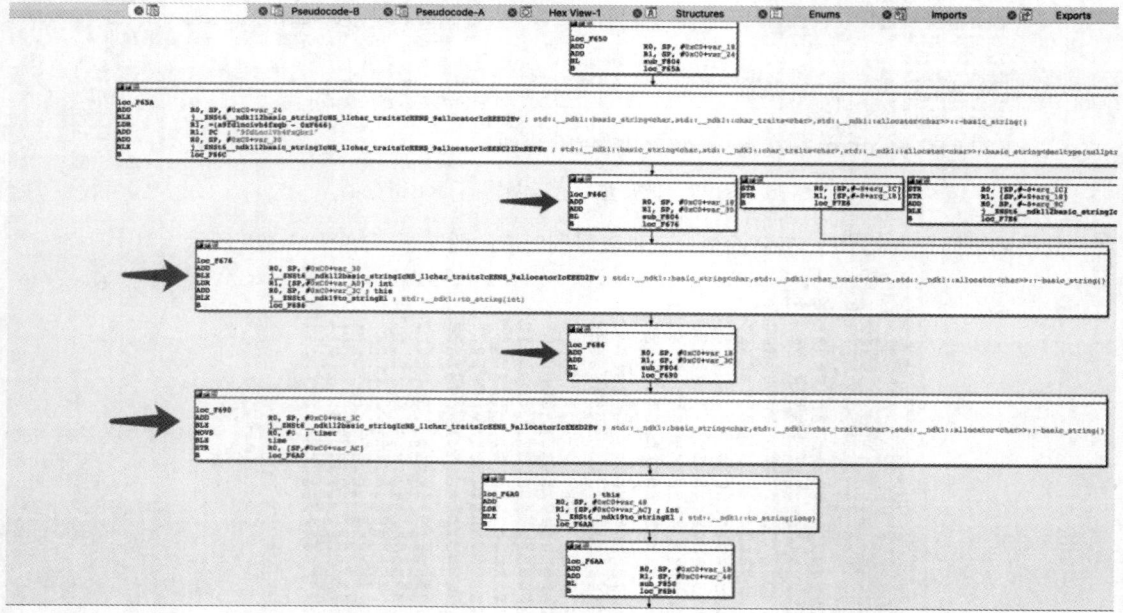

图 13-130　静态分析过程中的汇编代码区块

可以看到，两个汇编代码是一一对应的，由于我们能在静态分析过程中找到对应的 C/C++ 代码的位置，因此动态调试过程中的位置也就可以找到了。经过一些调试分析，我们就能知道变量在整个 C/C++ 代码执行过程中的大致变化情况了，它的值肯定存在于一个或者多个寄存器中，我们通过 Hex View 面板就可以查看和验证。

6. 算法还原

现在我们已经可以还原出基本的算法流程。

（1）声明一个空列表，然后将传入的 /api/movie 字符串（对应 a3 参数）、9fdLnciVh4FxQbri 字符串、offset 变量（对应 a4 参数）和时间戳信息放入列表，再使用逗号把列表中的这些内容拼接起来。

（2）对拼接得到的字符串使用 sha1 算法加密。

（3）再声明一个空列表，然后将上述加密结果和时间戳信息放入列表，同样使用逗号把列表中的这些内容拼接起来。

（4）对拼接得到的字符串进行 Base64 编码，最后返回即可。

以上便是 token 参数的加密逻辑，我们可以试着用 Python 代码实现一下：

```python
import hashlib
import time
import base64

def get_token(value, offset):
    array = []
    array.append(value)
    array.append('9fdLnciVh4FxQbri')
    array.append(str(offset))
    timestamp = str(int(time.time()))
    array.append(timestamp)
    sign = hashlib.sha1(','.join(array).encode('utf-8')).hexdigest()
    return base64.b64encode(','.join([sign, timestamp]).encode('utf-8')).decode('utf-8')
```

这里我们用一个 get_token 方法实现了上述的加密逻辑。最后添加对该方法的调用即可：

```python
INDEX_URL = 'https://app8.scrape.center/api/movie?limit={limit}&offset={offset}&token={token}'
MAX_PAGE = 10
LIMIT = 10

for i in range(MAX_PAGE):
    offset = i * LIMIT
    token = get_token('/api/movie', offset)
    index_url = INDEX_URL.format(limit=LIMIT, offset=offset, token=token)
    response = requests.get(index_url)
    print('response', response.json())
```

运行结果如下：

```
response {'count': 100, 'results': [{'id': 1, 'name': '霸王别姬', 'alias': 'Farewell My Concubine', 'cover': 'https://p0.meituan.net/movie/ce4da3e03e655b5b88ed31b5cd7896cf62472.jpg@464w_644h_1e_1c', 'categories': ['剧情', '爱情'], 'published_at': '1993-07-26', 'minute': 171, 'score': 9.5, 'regions': ['中国大陆', '中国香港'], 'drama':
...
{'id': 10, 'name': '狮子王', 'alias': 'The Lion King', 'cover': 'https://p0.meituan.net/movie/27b76fe6cf3903f3d74963f70786001e1438406.jpg@464w_644h_1e_1c', 'categories': ['动画', '歌舞', '冒险'], 'published_at': '1995-07-15', 'minute': 89, 'score': 9.0, 'regions': ['美国'], 'drama': '辛巴是荣耀国的小王子，他的父亲木法沙是一个威严的国王。然而叔叔刀疤却对木法沙的王位觊觎已久。要想坐上王位宝座，
...
```

我们成功爬取到了数据！

7. 总结

本节我们介绍了使用 IDA Pro 工具对 so 文件进行逆向分析的过程，直接还原出了 so 文件中的算

法并实现了数据爬取，整个难度其实不小。当然，本节主要介绍的是利用 IDA Pro 逆向分析 Android App 的基本流程，其功能远不止这个，更多强大的功能等待着你的探索。

本节代码见 https://github.com/Python3WebSpider/ScrapeApp8。

13.9　基于 Frida-RPC 模拟执行 so 文件

在 13.8 节中，我们使用 IDA Pro 对 so 文件进行了逆向处理，还原了其中的一些逻辑，把汇编代码转化为了可读性更好的 C/C++ 代码，再加以适当的动态调试，便找出了 so 文件中隐含的加密算法。

但 so 文件本身也可以设置一定的保护措施。我们已经在 11.1 节了解了 JavaScript 的混淆机制，混淆之后的 JavaScript 代码可读性变得非常差，会给我们分析带来很大的难度。同理，如果在 so 文件中添加了一些混淆机制，那么 so 文件内部的代码逻辑也会进一步变得不可读，即使把其内容转化为 C/C++ 代码，也难以阅读和分析，这就是 Native 层的混淆。

在 Native 层实现混淆，常用的技术是 OLLVM，即针对 LLVM 的代码混淆工具。

1. OLLVM 的简介

OLLVM 是 Obfuscator-LLVM 的简称，是瑞士西北应用科技大学安全实验室于 2010 年 6 月发起的一个项目，该项目旨在提供一套开源的针对 LLVM 的代码混淆工具，以增加对逆向工程的难度。项目地址是 https://github.com/obfuscator-llvm/obfuscator，目前的最新版本是 4.0。

到这里大家可能还是一头雾水，OLLVM 看起来是在 LLVM 上增加了一些混淆机制的结果，那 LLVM 又是什么？LLVM 就是一个编译器架构，是模块化、可重用的编译器和工具链技术的集合，功能是把源代码（如 C/C++ 代码）转化成目标机器能执行的代码。

如图 13-131 所示，整个 LLVM 架构从广义上分为三部分——前端、优化器、后端。前端会用到一个叫作 Clang 的套件，Clang 是 LLVM 项目的一个子项目，负责完成一些代码的词法分析、语法分析和语义分析、生成中间代码。之后的代码优化和生成目标程序可以归类为 LLVM 后端，可以将前端生成的中间代码转化为机器码。

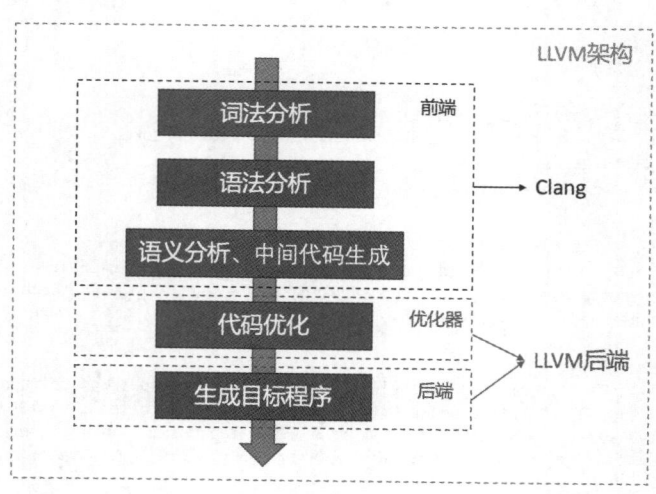

图 13-131　LLVM 架构的示意图

我们深入了解一下这个架构中的中间代码生成的过程，这个过程中会用到一些 LLVM Pass 模块，内部架构如图 13-132 所示。

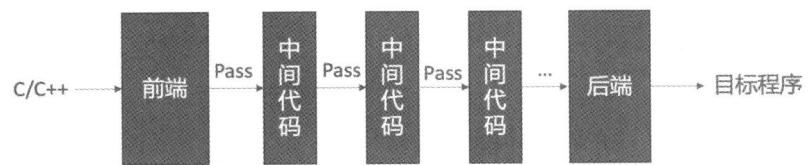

图 13-132　生成目标程序的示意图

OLLVM 的核心原理就是修改 Pass 模块，对中间代码进行混淆，这样后端依据中间代码生成的目标程序也会相应被混淆。因此，LLVM 和 OLLVM 最大的区别就是 Pass 模块不同。

OLLVM 支持 LLVM 支持的所有前端语言（C、C++、Objective-C、Fortran 等）和所有目标平台（x86、x86-64、PowerPC、PowerPC-64、、ARM、Thumb、MIPS 等），具有三大功能，分别是 Instructions Substitution（指令替换）、Bogus Control Flow（混淆控制流）和 Control Flow Flattening（控制流平展），具体可以参考 https://github.com/obfuscator-llvm/obfuscator/wiki/Features 中的介绍。通过这些混淆功能，原本的目标程序会被混淆得更加复杂，使我们难以分析，从而增加了逆向难度。

2. 案例介绍

本节我们介绍一个在 Native 层进行 OLLVM 混淆的案例，示例 App 安装包的下载地址为 https://app9.scrape.center。如果用 IDA Pro 对这个 App 中的 so 文件进行逆向，就可以看到它的混淆效果。

App9 是在 App8 的基础上增加 OLLVM 混淆得到的，所以我们可以对比一下 App8 和 App9 的不同。在 IDA Pro 中，打开 encrypt 方法的 Graph Overview 面板，可以大致看出这个方法内部的调用逻辑层级。

在混淆之前，so 文件（即 App8 中的 so 文件）的 Graph Overview 面板是图 13-133 展示的这样。

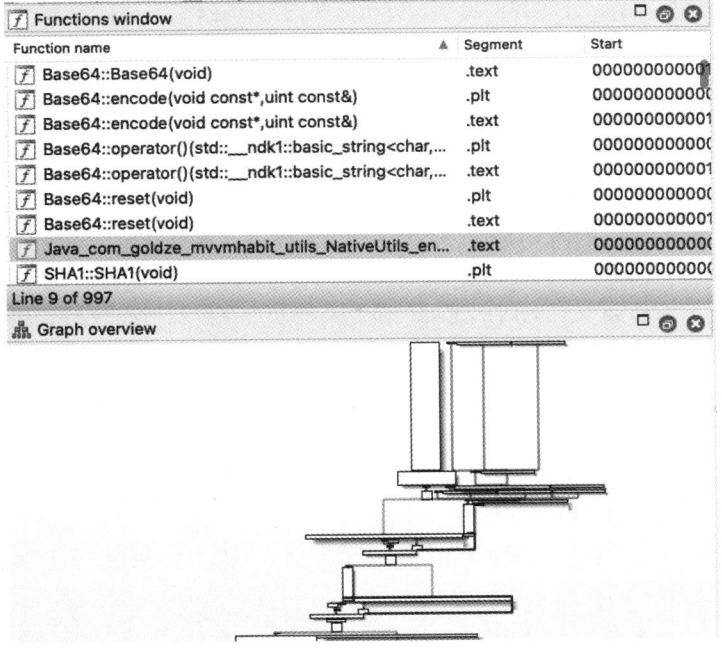

图 13-133　App8 中 so 文件的 Graph Overview 面板

可以看到，整个调用逻辑还是相对清晰的——层层嵌套，没有复杂的依赖关系。在混淆之后，so 文件（即 App9 中的 so 文件）的 Graph Overview 面板是图 13-134 展示的这样。

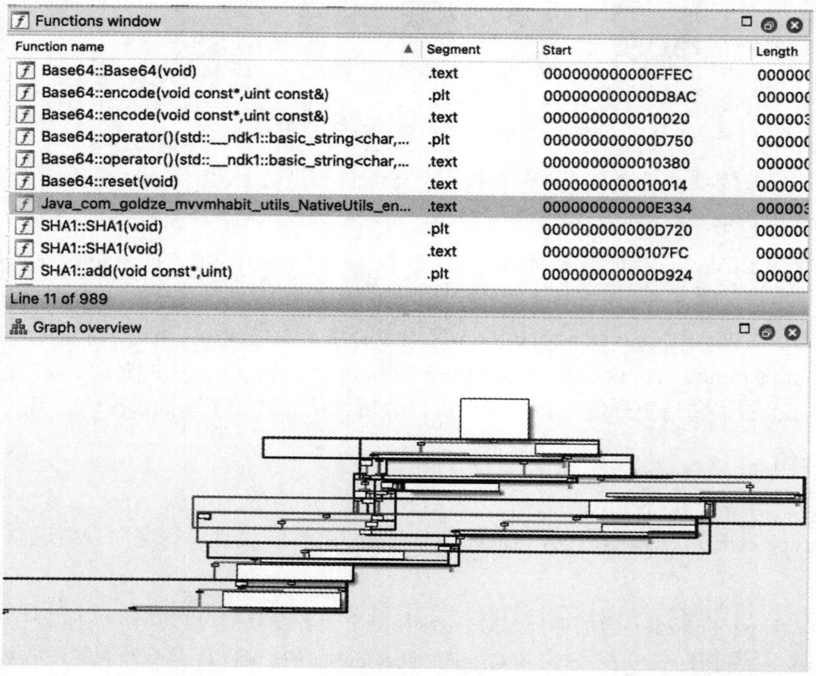

图 13-134　App9 中 so 文件的 Graph Overview 面板

可以看到，这里 encrypt 方法的调用逻辑就复杂了很多，经过一些混淆之后，方法内部的调用关系和依赖关系变得愈发复杂，此时我们想深入分析方法内部的逻辑，已经变得十分困难。

3. 解决思路

对于刚提出的问题，如果再像 13.8 节那样逆向 so 文件和通过动态调试进行分析，那就是难上加难。有没有什么方法可以使这个流程更加简单，或者说有没有可以绕过这个流程的方法呢？

答案当然是有，解决思路通常有两种。

- **直接硬刚**：和 13.8 节的内容类似，通过各种辅助调试工具和追踪工具找出 so 文件中隐含的关键加密逻辑。
- **模拟执行**：不关心 so 文件的内部逻辑，通过某种方式直接调用 so 文件，传入对应的参数，得到执行结果，即纯黑盒调用。

这两种思路各有优劣，如果我们采用第二种，那么确实可以免去一些复杂的分析过程。但这并不是万能的，因为某些 App 的 so 文件中包含一些风控检测，例如检测外部执行环境是不是正常等，如果检测有异常，就可能拒绝返回数据或者返回假数据等。所以有时候，这种思路不一定有效，这时需要我们深入 so 文件中找出核心问题并解决。

本节示例 App 中的 so 文件没有设置任何风控检测，所以我们可以采取"模拟执行"的方式调用 so 文件，得到对应的执行结果。

其实模拟执行 so 文件的方法有很多，有 Frida-RPC、AndServer-RPC、unidbg 等。本节我们先介绍利用 Frida-RPC 模拟执行 so 文件的过程。

4. 准备工作

请确保已经正确配置好了 Frida 的环境，并能成功在电脑上用 Frida 连接到手机，具体有如下几个要求。

- 在电脑上安装好 frida-tools 并可以成功导入使用。
- 在手机上下载并运行 frida-server 文件，即在手机上启动一个 Frida 服务，以便电脑上的 Frida 客户端可以与之连接。
- 让电脑和手机连在同一局域网下，并且能在电脑上用 adb 命令成功连接到手机。

具体的配置可以参考 13.5 节的内容。

另外我们需要在手机上安装 App9，并确保数据可以正常加载，运行效果和之前各个示例 App 的效果是一样的。

5. 实战

首先我们可以使用 jadx-gui 和 IDA Pro 对整个 App9 进行反编译和反汇编分析，分析过程可以参考 13.8 节的内容，这里不再展开。分析之后，可以得到如下信息。

- 关键的 token 参数的加密逻辑是在 Native 层实现的，即隐含在 so 文件中。
- 调用 so 文件的过程是通过调用 NativeUtils 类的 encrypt 方法实现的，也就是说是在 Java 层实现的。
- encrypt 方法接收两个参数，第一个参数是一个字符串，目前是固定的 /api/movie，第二个参数是数据偏移量。

基于这些信息，我们可以使用 Frida-RPC 实现对 encrypt 方法的调用，首先新建一个 rpc.js 文件，其内容如下：

```javascript
rpc.exports = {
    encrypt(string, offset) {
        let token = null;
        Java.perform(function () {
            var util = Java.use("com.goldze.mvvmhabit.utils.NativeUtils").$new();
            token = util.encrypt(string, offset);
        });
        return token;
    }
};
```

这里在最外层使用 rpc.exports 导出了一个 encrypt 方法的定义，encrypt 方法接收两个参数，一个是 string，另一个是 offset，方法内部的实现逻辑我们也了解过了。这里还是使用了 Java 对象的 perform 方法，调用 use 方法初始化了 NativeUtils 类，并赋值为 util 变量，接着调用这个变量的 encrypt 方法得到执行结果并赋值为 token 变量，最后返回这个变量。所以，最后 encrypt 方法的返回结果就是 NativeUtils 类中 encrypt 方法的执行结果。

现在我们已经在 Frida 脚本中声明了对应的 RPC 方法，那怎么调用它呢？很简单，使用一个 Python 脚本调用即可，脚本内容如下：

```python
import frida
import requests

BASE_URL = 'https://app9.scrape.center'
INDEX_URL = BASE_URL + '/api/movie?limit={limit}&offset={offset}&token={token}'
MAX_PAGE = 10
LIMIT = 10

session = frida.get_usb_device().attach('com.goldze.mvvmhabit')
```

```python
source = open('rpc.js', encoding='utf-8').read()
script = session.create_script(source)
script.load()

def get_token(string, offset):
    return script.exports.encrypt(string, offset)

for i in range(MAX_PAGE):
    offset = i * LIMIT
    token = get_token("/api/movie", offset)
    index_url = INDEX_URL.format(limit=LIMIT, offset=offset, token=token)
    response = requests.get(index_url)
    print('response', response.json())
```

这里和之前一样,首先声明了几个常量。

- BASE_URL:请求电影数据的 API 的前缀。
- INDEX_URL:请求电影数据列表的 API 的完整 URL,这里预留了几个占位符,limit 是每次请求要获取的数据量,offset 是数据偏移量,token 是加密参数 token。
- MAX_PAGE:最大的页码数。
- LIMIT:就是 INDEX_URL 中的 limit 参数,是一个常量。

接着新建了一个 session 对象,这里依然是使用 attach 方法将其关联到了当前执行的包名上,然后读取了并加载刚才定义的 JavaScript 脚本,将脚本赋值为 script 变量。

随后定义了一个 get_token 方法,它接收两个参数,这两个参数和刚才 encrypt 方法的参数一一对应,方法中有一个关键的调用声明,是 script.exports,其返回结果和刚才 JavaScript 脚本中的 rpc.exports 是对应的,由于我们在 rpc.exports 中声明了 encrypt 方法,所以在 script.exports 里就能调用 encrypt 方法,传入对应的参数后,就能得到 JavaScript 脚本中 encrypt 方法的返回结果。

之后遍历了所有的电影数据列表页,构造好 offset,得到对应的 token 值,最后用 limit、offset、token 拼接成完整的 API URL,并调用 requests 库的方法请求这个 URL。

运行结果如下:

```
response {'count': 100, 'results': [{'id': 1, 'name': '霸王别姬', 'alias': 'Farewell My Concubine', 'cover': 'https://p0.meituan.net/movie/ce4da3e03e655b5b88ed31b5cd7896cf62472.jpg@464w_644h_1e_1c', 'categories': ['剧情', '爱情'], 'published_at': '1993-07-26', 'minute': 171, 'score': 9.5, 'regions': ['中国大陆', '中国香港'], 'drama':
...
{'id': 10, 'name': '狮子王', 'alias': 'The Lion King', 'cover': 'https://p0.meituan.net/movie/27b76fe6cf3903f3d74963f70786001e1438406.jpg@464w_644h_1e_1c', 'categories': ['动画', '歌舞', '冒险'], 'published_at': '1995-07-15', 'minute': 89, 'score': 9.0, 'regions': ['美国'], 'drama': '辛巴是荣耀国的小王子,他的父亲木法沙是一个威严的国王。然而叔叔刀疤却对木法沙的王位觊觎已久。要想坐上王位宝座,
...
```

可以看到,我们成功模拟执行了 so 文件,直接得到了加密参数 token 的值,然后构造请求实现了数据的爬取。

6. 总结

本节我们介绍了利用 Frida-RPC 技术模拟执行 so 文件的过程,在这个过程中我们不需要关心 so 文件内部的混淆机制,对 so 文件纯黑盒调用即可得到关键信息。

本节的一些对 OLLVM 和 LLVM 的概念介绍,部分参考自下面两个内容。

- 看雪论坛上的"ollvm 快速学习"文章。
- CSDN 网站上的"OLLVM 环境搭建、源码分析及使用"文章。

本节代码见 https://github.com/Python3WebSpider/ScrapeApp9。

13.10 基于 AndServer-RPC 模拟执行 so 文件

本节介绍利用 AndServer-RPC 模拟执行 so 文件的过程。

1. AndServer 的简介

平时我们编写服务器脚本，代码都是运行在电脑上的。例如写一个简单的 Flask 服务器脚本，就需要在电脑上运行该脚本来启动对应的服务。那服务器能不能直接运行在手机上呢？答案是肯定的。

AndServer 是可以运行 Android 手机上的一个 HTTP 服务器，其实就是一个 Android 的第三方包，我们可以开发一个 Android App 后将其引入，再将其提供的服务器功能设置为随之启用，并指定运行的端口，这样在 App 启动的时候就可以在 Android 手机上启动一个 HTTP 服务了。

AndServer 包是基于 Java 编写的，在 Java 生态中有一个非常流行的服务器框架叫作 SpringMVC，不过它是运行在电脑端的。AndServer 借鉴了 SpringMVC 的一些设计思路，具有和其相似的功能，例如利用注解（Annotations）来定义一些路由规则和处理规则，使用起来非常方便。

那 AndServer 和我们本节要讲的内容有什么关系呢？接下来我们详细看一下。

2. 基本思路

由于 so 文件有其特定的指令架构，因此我们不能直接在电脑上调用和执行它，而 so 文件又隐含了我们想要的 token 结果，那么在 Android 端模拟执行 so 文件后，怎么能把结果方便地暴露出来呢？在 13.9 节，我们通过 Frida 成功在电脑上拿到了 so 文件的执行结果，那这里的 AndServer，其实就是换了一个暴露结果的思路，即通过 HTTP 接口把结果暴露出来。

通过以上介绍我们可以发现，AndServer 相当于在手机上启动了一个 HTTP 服务器，这个服务器内部可以直接调用 App 中的方法得到结果并返回。参数怎么传递呢？很简单，通过 HTTP 请求的参数传递即可，例如我们已经了解到 encrypt 方法接收 string 和 offset 参数，那我们就可以把这两个参数映射为 HTTP 中 URL 的参数或者请求体。执行结果怎么返回呢？很自然地，通过响应结果返回就好了。

我们现在相当于借助 AndServer 把 Android App 中的方法包装了一下，提供了 HTTP 服务。有了 HTTP 服务后，我们就可以通过 requests 等库传入对应的参数来获取 token 结果了，而这个 token 本质上是 App 调用 so 文件产生的，算是一个模拟执行的过程，我们可以将这整个过程称为 AndServer-RPC。

3. 准备工作

本节的示例 App 和 13.9 节的一样。我们使用 jadx-gui 反编译其 apk 文件，之后可以看到对应的 so 文件，如图 13-135 所示。

将反编译后的项目导出，保存其中的 lib 目录，以备下面使用。

然后准备一台 Android 手机，模拟器和真机均可，将其和电脑连接，并确保能在电脑上使用 adb 命令访问到该 Android 手机。

本节会开发一个 Android App，所以请确保正确配置好了 Android 开发环境，具体的配置方式可以参考 https://setup.scrape.center/android。

4. App 的初始化

我们首先创建一个 Android App。打开 Android Studio，新建一个空白项目，包名可以随意取，这里我把 App 名称取为 AndServerTest，包名取为 com.germey.andservertest，如图 13-136 所示。

图 13-135　App9 反编译结果

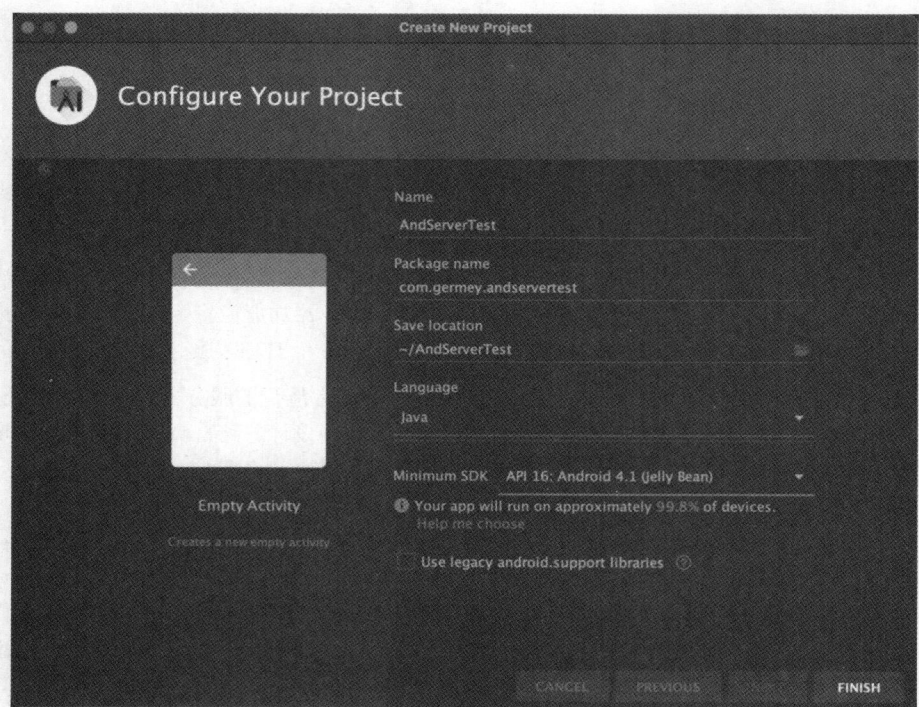

图 13-136　创建一个 Android App

做一些项目的初始化工作。接着就需要将刚才准备好的 so 文件放到本项目中了，这里我把整个 lib 目录放置在 app 目录下，代码结构如图 13-137 所示。

另外我们需要修改一下 build.gradle 文件，在 android 声明的部分添加对这个 lib 目录的引用，定义一个 sourceSets 的声明，代码如下：

```
android {
    ....
    sourceSets {
        main {
            jniLibs.srcDirs = ['lib']
        }
    }
    ...
}
```

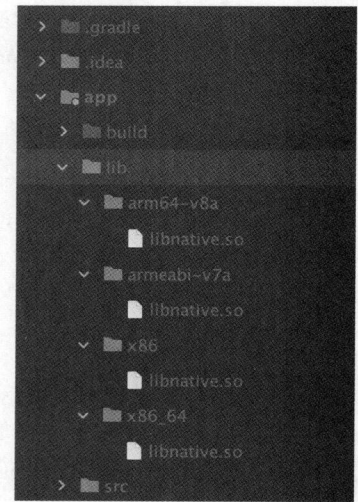

这里我们通过 jniLibs.srcDirs 指定了 so 文件的保存路径，这样 App 在加载 Native 库的时候就知道应该从哪里寻找 so 文件了。

图 13-137　所创建 App 的代码结构

so 文件已经准备就绪，那应该怎么调用它呢？具体的调用参数和方法名又怎么写呢？一个比较好的方法是从原来的 App 里找出对应的调用逻辑，然后把调用相关的定义复制到当前的 App 项目中。

使用 jadx-gui 反编译原来的 apk 文件，我们可以从结果中搜索关键字轻松找到对 libnative.so 文件的调用声明，如图 13-138 所示。

13.10 基于 AndServer-RPC 模拟执行 so 文件

图 13-138 源码中调用 so 文件的地方

在图 13-138 中，有一个 NativeUtils 类，这个类在 com.goldze.mvvmhabit.utils 包中。NativeUtils 类里定义了一个 encrypt 方法，接收参数 str 和 i。这个 encrypt 方法前面有一个 native 关键字，证明真正的方法定义在 Native 层，逻辑定义其实就在 so 文件中。我们使用 IDA Pro 对 so 文件进行逆向，可以找到 so 文件中定义的入口方法 Java_com_goldze_mvvmhabit_utils_NativeUtils_encrypt，其方法命名是有一定规律的，就是把 Java 代码中的包名、类名、方法名都用下划线连接起来，对应的其实是刚才所说的 encrypt 方法的真实定义。在 Java 层调用 encrypt 方法，就相当于调用了 so 文件中对应的 Native 层的 Java_com_goldze_mvvmhabit_utils_NativeUtils_encrypt 方法，后者的参数和前者的参数一一对应，后者的执行结果会被回传给前者，最后前者返回的结果就是后者的执行结果。

所以，如果我们想在刚才创建的 App 里完全模拟对 so 文件的调用，就需要遵循其调用规范，即包名、类名、方法名要和 so 文件中的 Java_com_goldze_mvvmhabit_utils_NativeUtils_encrypt 方法对应起来。于是我们创建一个 com.goldze.mvvmhabit.utils 包，然后定义一个 NativeUtils 类，再在 NativeUtils 类中定义一个 encrypt 方法，其实就是把原来 App 中的定义原封不动地复制到新的 App 项目中。最终新的 App 项目变成了如图 13-139 所示的这样。

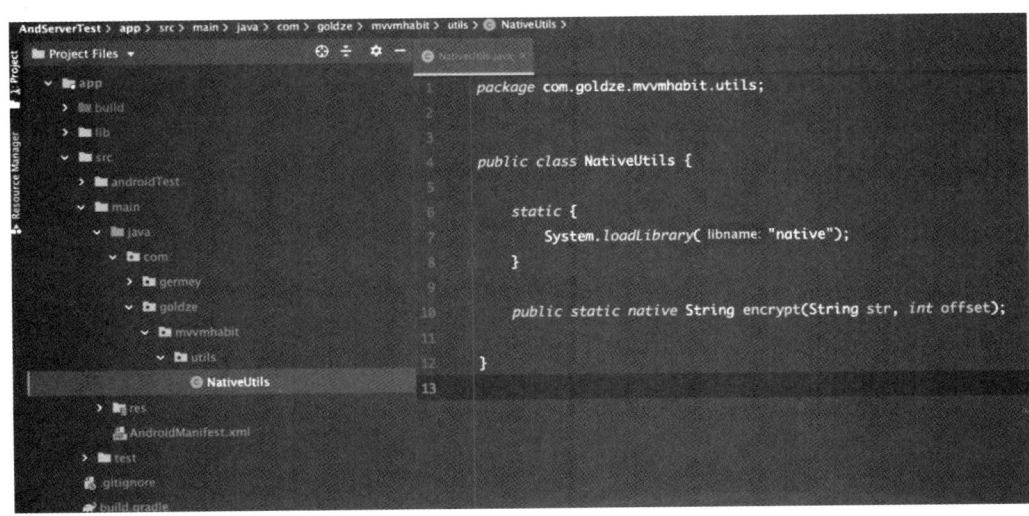

图 13-139 所创建 App 的最终内容

至此，我们已经成功引入了 so 文件，调用方法也声明好了。下面我们就引入 AndServer 来调用 so 文件，并将结果通过 HTTP 服务器暴露出来。

5. 引入 AndServer

截至编写本节内容时，AndServer 的最新版本是 2.1.9，所以在 App 项目的 build.gradle 文件中的 dependencies 部分添加如下引用 AndServer 的内容：

```
implementation 'com.yanzhenjie.andserver:api:2.1.9'
annotationProcessor 'com.yanzhenjie.andserver:processor:2.1.9'
```

添加之后，Android Studio 会提示我们要不要下载 AndServer 包，点击确认即可，这样 AndServer 包就成功被下载到项目中了。

> **注意** 由于 AndServer 一直在更新，所以最新版本以官方发布为准，见 https://github.com/yanzhenjie/AndServer。

接下来，我们先定义一个基本的页面入口，修改 src/main/res/layout/activity_main.xml 文件，添加一个按钮和一个文本控件，代码如下：

```xml
<?xml version="1.0" encoding="utf-8"?>
<androidx.constraintlayout.widget.ConstraintLayout
    xmlns:android="http://schemas.android.com/apk/res/android"
    xmlns:tools="http://schemas.android.com/tools"
    xmlns:app="http://schemas.android.com/apk/res-auto"
    android:layout_width="match_parent"
    android:layout_height="match_parent"
    tools:context=".MainActivity">

    <Button
        android:text="@string/start_server"
        android:layout_width="wrap_content"
        android:layout_height="wrap_content"
        android:id="@+id/toggle_server"
        app:layout_constraintEnd_toEndOf="parent"
        app:layout_constraintTop_toTopOf="parent"
        app:layout_constraintStart_toStartOf="parent"
        app:layout_constraintBottom_toBottomOf="parent"
        android:onClick="toggleServer" />

    <TextView
        android:text=""
        android:layout_width="wrap_content"
        android:layout_height="wrap_content"
        android:id="@+id/server_status"
        app:layout_constraintEnd_toEndOf="parent"
        app:layout_constraintStart_toStartOf="parent"
        app:layout_constraintTop_toBottomOf="@+id/toggle_server"
        app:layout_constraintBottom_toBottomOf="parent"
        app:layout_constraintHorizontal_bias="0.5"
        app:layout_constraintVertical_bias="0.15" />

</androidx.constraintlayout.widget.ConstraintLayout>
```

这个按钮就是用来控制 AndServer 启动和停止的，文本控件是用来显示 AndServer 的状态信息的。

然后修改一些文本值的定义，打开 src/main/res/values/strings.xml 文件，把内容修改成如下这样：

```xml
<resources>
    <string name="app_name">AndServerTest</string>
    <string name="start_server">Start Server</string>
    <string name="stop_server">Stop Server</string>
    <string name="server_started">The server is started</string>
```

```xml
    <string name="server_stopped">The server is stopped</string>
</resources>
```

对于按钮,我们给它绑定了一个叫作 toggleServer 的方法,其含义是关闭或者打开 AndServer,我们需要在 MainActivity 类里定义一下这个方法,并实现启动和停止 AndServer 的相关逻辑,因此 MainActivity 类的内容被修改成了这样:

```java
package com.germey.andservertest;

import androidx.appcompat.app.AppCompatActivity;
import android.os.Bundle;
import android.util.Log;
import android.view.View;
import android.widget.Button;
import android.widget.TextView;
import com.yanzhenjie.andserver.AndServer;
import com.yanzhenjie.andserver.Server;
import java.util.concurrent.TimeUnit;

public class MainActivity extends AppCompatActivity {

    private Server server;
    private Button button;
    private TextView textView;

    @Override
    protected void onCreate(Bundle savedInstanceState) {
        super.onCreate(savedInstanceState);
        setContentView(R.layout.activity_main);
        button = findViewById(R.id.toggle_server);
        textView = findViewById(R.id.server_status);
        server = AndServer.webServer(getApplicationContext())
                .port(8080)
                .timeout(10, TimeUnit.SECONDS)
                .listener(new Server.ServerListener() {
                    @Override
                    public void onStarted() {
                        button.setText(R.string.stop_server);
                        textView.setText(R.string.server_started);
                    }

                    @Override
                    public void onStopped() {
                        button.setText(R.string.start_server);
                        textView.setText(R.string.server_stopped);
                    }

                    @Override
                    public void onException(Exception e) {
                        Log.d("AndServer", e.toString());
                    }
                })
                .build();
        button.setText(R.string.start_server);
        textView.setText(R.string.server_stopped);
    }

    public void toggleServer(View view) {
        if (!server.isRunning()) {
            server.startup();

        } else {
            server.shutdown();
        }
    }
}
```

在 onCreate 方法里，我们初始化了 AndServer 对象，指定其运行端口为 8080，同时调用 listener 方法添加了 ServerListener 对象。在初始化 ServerListener 对象的时候，定义了 onStarted、onStopped、onException 三个方法，它们分别对应在 AndServer 启动后、停止后、出现异常后的处理逻辑，我们在三个方法中改变了刚才声明的按钮和文本控件的内容。例如在 AndServer 启动后，文本控件会显示 The server is started，证明服务器启动成功。

对于和按钮绑定的 toggleServer 方法，这里的逻辑是判断 AndServer 是不是在运行，如果没有运行，就调用 startup 方法启动它，如果已经在运行，则调用 shutdown 方法停止运行。

这样我们就定义好了 AndServer 的声明和控制逻辑，同时将其启动和停止行为与按钮绑定在了一起。接下来我们还需要声明对应的接口定义，新建一个叫作 AppController 的类：

```java
package com.germey.andservertest;

import com.goldze.mvvmhabit.utils.NativeUtils;
import com.yanzhenjie.andserver.annotation.GetMapping;
import com.yanzhenjie.andserver.annotation.QueryParam;
import com.yanzhenjie.andserver.annotation.RestController;

import org.json.JSONObject;

import java.util.HashMap;
import java.util.Map;

@RestController
public class AppController {

    @GetMapping("/encrypt")
    public JSONObject login(@QueryParam("string") String string,
                            @QueryParam("offset") int offset) {
        Map<String, String> map = new HashMap<>();
        String sign = NativeUtils.encrypt(string, offset);
        map.put("sign", sign);
        return new JSONObject(map);
    }
}
```

这里我们引入了 @RestController、@QueryParam 和 @GetMapping 三个注解，其用法类似 Python 中的装饰器，我们将 @RestController 注解作用在 AppController 类上，同时声明一个 login 方法，并将 @GetMapping 注解作用在 login 方法上，绑定对应的路由。

login 方法接收两个参数，一个是 string，另一个是 offset，方法中会直接调用我们刚才声明的 NativeUtils 类中的 encrypt 方法，得到 sign 的内容，最后以 JSONObject 形式返回 sign 的值。

经过这样的定义，我们就利用 AndServer 创建了可以接收 GET 请求的服务，URL 路径也是 encrypt，查询字符串参数是 string 和 offset，返回结果是一个 JSON 字符串。

整个 AndServer 就实现完毕了，我们在手机上运行一下整个 App，打开的页面如图 13-140 所示。

可以看到页面中间有一个"START SERVER"按钮，同时下方显示"The server is stopped"的字样。

我们点击"START SERVER"按钮，即可看到页面变成图 13-141 所示的这样。

13.10 基于 AndServer-RPC 模拟执行 so 文件

图 13-140　AndServerTest App 的运行页面

图 13-141　点击 "START SERVER" 按钮的结果

可以看到按钮下方的文字变成了 "The server is started"，就这证明 AndServer 启动成功了。接下来打开手机上的浏览器，试着访问一下 8080 端口的服务，输入 http://localhost:8080/encrypt?string=test&offset=0，显示的页面如图 13-142 所示。

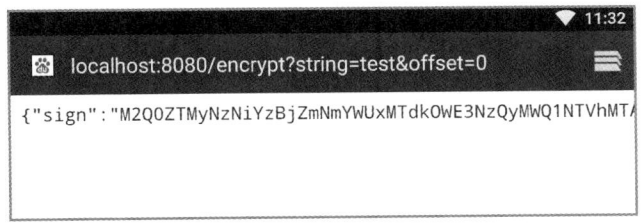

图 13-142　在手机上访问 8080 端口的结果

可以看到，AndServer 通过 HTTP 响应的方式返回了 sign 的值。

6. 爬取数据

其实图 13-142 中返回的 sign 值就是我们一直说的加密参数 token，关于它的含义和生成过程，这里就不再赘述了。现在我们可以使用 Python 实现一下数据爬取了，在电脑上新建一个 spider.py 脚本，内容如下：

```
import requests

BASE_URL = 'https://app9.scrape.center'
INDEX_URL = BASE_URL + '/api/movie?limit={limit}&offset={offset}&token={token}'
ANDSERVER_URL = 'http://localhost:8080/encrypt?string={string}&offset={offset}'
MAX_PAGE = 10
LIMIT = 10

def get_token(string, offset):
    andserver_url = ANDSERVER_URL.format(string=string, offset=offset)
```

```python
    return requests.get(andserver_url).json().get('sign')

for i in range(MAX_PAGE):
    offset = i * LIMIT
    token = get_token("/api/movie", offset)
    index_url = INDEX_URL.format(limit=LIMIT, offset=offset, token=token)
    response = requests.get(index_url)
    print('response', response.json())
```

这里我们定义了一个 get_token 方法,接收 string 和 offset 两个参数,内部逻辑就是构造刚才 AndServer 提供的请求 URL,然后使用 requests 库请求这个 URL,并将响应结果转为 JSON 字符串,最后提取出 sign 值,即 token。

利用 get_token 方法的到 token 之后,我们就可以构造用来请求列表页的 URL,继而爬取列表页的数据了。现在试着运行一下 spider.py 脚本,运行结果如下:

```
requests.exceptions.ConnectionError: HTTPConnectionPool(host='localhost', port=8080): Max retries exceeded with url: /encrypt?string=/api/movie&offset=0 (Caused by NewConnectionError('<urllib3.connection.HTTPConnection object at 0x7fd7f0104450>: Failed to establish a new connection: [Errno 61] Connection refused'))
```

可以发现发生了错误,请求被拒绝了,这是因为 AndServer 是运行在 Android 手机上的,只有在手机上才能访问到 localhost:8080,而脚本是在电脑上运行的。解决办法其实很简单,我们只需要使用 adb 命令配置一下端口转发就好了:

```
adb forward tcp:8080 tcp:8080
```

执行这个命令之后,电脑上 8080 端口收到的请求,就会被转发到手机上的 8080 端口,这样在电脑上访问 8080 端口就相当于访问手机上的 8080 端口了。重新运行 spider.py 脚本,运行结果如下:

```
response {'count': 100, 'results': [{'id': 1, 'name': '霸王别姬', 'alias': 'Farewell My Concubine', 'cover': 'https://p0.meituan.net/movie/ce4da3e03e655b5b88ed31b5cd7896cf62472.jpg@464w_644h_1e_1c', 'categories': ['剧情', '爱情'], 'published_at': '1993-07-26', 'minute': 171, 'score': 9.5, 'regions': ['中国大陆', '中国香港'], 'drama':
...
{'id': 10, 'name': '狮子王', 'alias': 'The Lion King', 'cover': 'https://p0.meituan.net/movie/27b76fe6cf3903f3d74963f70786001e1438406.jpg@464w_644h_1e_1c', 'categories': ['动画', '歌舞', '冒险'], 'published_at': '1995-07-15', 'minute': 89, 'score': 9.0, 'regions': ['美国'], 'drama': '辛巴是荣耀国的小王子,他的父亲木法沙是一个威严的国王。然而叔叔刀疤却对木法沙的王位觊觎已久。要想坐上王位宝座,
...
```

这次我们成功爬取了数据。

7. 总结

本节中我们利用 AndServer 成功在 Android 手机上搭建了 HTTP 服务器,并模拟执行了 so 文件,使执行结果可以通过 HTTP 服务器暴露出来。最后我们通过 Python 脚本调用了该 HTTP 服务器,拿到了关键的 token 值,成功爬取了数据。

对于模拟执行 so 文件的场景,AndServer-RPC 不失为一个不错的解决方案,大家在实际生产环境中也可以尝试应用它。

本节代码见 https://github.com/Python3WebSpider/AndServerTest。

13.11 基于 unidbg 模拟执行 so 文件

13.9 节和 13.10 节介绍的两种方式都是在 Android 手机上执行的 so 文件,那有没有办法可以在电脑上直接执行 so 文件呢? 当然也是有方法的,Python 的 AndroidNativeEmu 和 Java 的 unidbg 等都支持在电脑上直接执行 so 文件。

目前，unidbg 的功能相对来说更为强大，使用也更为广泛，所以本节我们介绍利用 unidbg 模拟执行 so 文件的方法。

1. unidbg 的简介

unidbg 是一个基于 unicorn 的逆向工具（unicorn 是一个 CPU 模拟框架），在 unicorn 的基础上，unidbg 可以模拟 JNI 调用 Native API，支持模拟调用系统指令，支持 JavaVM、JNIEnv 和模拟 ARM32、ARM64 指令。于是 unidbg 就可以支持执行基于 ARM 指令的 so 文件，也就是可以模拟执行 Android 手机上的 so 文件。另外除了模拟执行，unidbg 还支持 Native 层的 Hook 操作，我们可以通过 Hook 的方式拦截和修改 Native 层的一些逻辑。

unidbg 的 GitHub 地址是 https://github.com/zhkl0228/unidbg，里面包含更多详情介绍。

2. 准备工作

unidbg 是基于 Java 编写的，这里我们建议使用 IntelliJ IDEA 编写代码，所以需要安装一下 IntelliJ IDEA，具体的安装方式可以参考 https://setup.scrape.center/intelliJ。

我们还需要复制 unidbg 的源码，命令如下：

```
git clone https://github.com/zhkl0228/unidbg.git
```

本节使用的示例 App 还是 App9，和 13.10 节一样，先下载 apk 文件，然后用 jadx-gui 提取出 so 文件，如图 13-143 所示。

本节我们使用 armeabi-v7a 文件夹中的 libnative.so 文件。

图 13-143　App9 源码中的 so 文件

3. 模拟执行

使用 IntelliJ IDEA 打开复制好的 unidbg 文件夹，打开后的项目结构如图 13-144 所示。

我们将得到的 libnative.so 文件放到 unidbg-android/src/test/resources/app9 目录下，如图 13-145 所示。

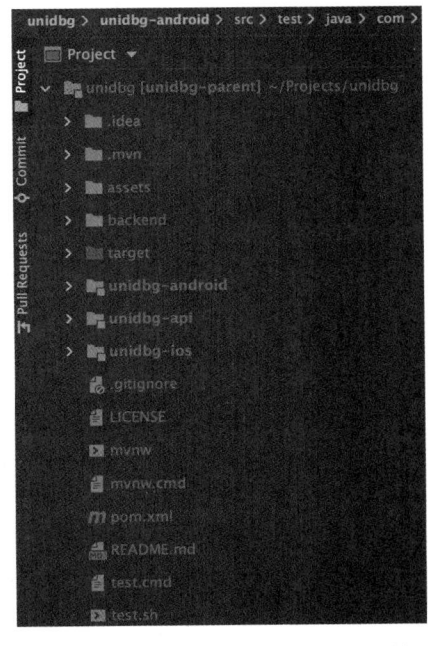

图 13-144　unidbg 文件夹的项目结构

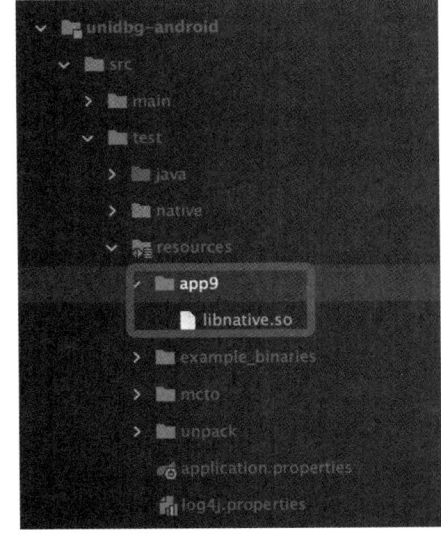

图 13-145　放置 libnative.so 文件

放好后，我们来编写一个 Java 类实现对 so 文件的模拟执行。在 unidbg-android/src/test/java 目录下，已经有一些写好的测试文件，都是以包名形式出现。我们同样可以根据 App9 的包名新建对应的文件夹，这里我们新建一个名为 com.goldze.mvvmhabit.utils 的包，如图 13-146 所示。

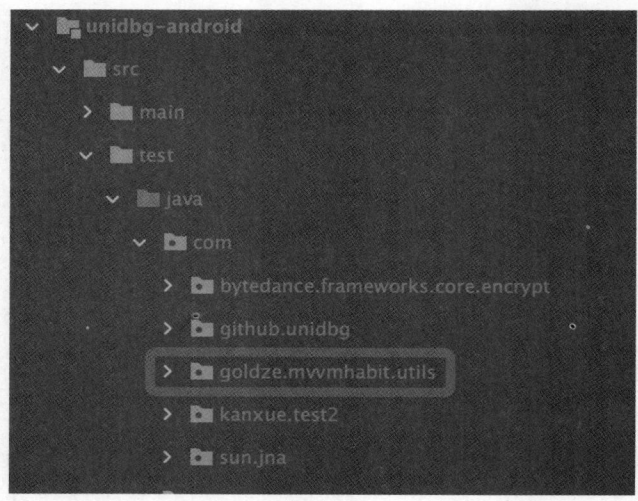

图 13-146 新建一个包

我们再新建一个 NativeUtils 类，代码文件保存为 NativeUtils.java，内容如下：

```java
package com.goldze.mvvmhabit.utils;

import com.github.unidbg.AndroidEmulator;
import com.github.unidbg.linux.android.AndroidEmulatorBuilder;
import com.github.unidbg.linux.android.AndroidResolver;
import com.github.unidbg.linux.android.dvm.*;
import com.github.unidbg.memory.Memory;

import java.io.File;
import java.io.IOException;

public class NativeUtils {
    private final AndroidEmulator emulator;
    private final VM vm;
    private final DvmClass cls;
    private final DalvikModule dm;

    public NativeUtils() {
        emulator = AndroidEmulatorBuilder.for32Bit().setProcessName("com.goldze.mvvmhabit").build();
        final Memory memory = emulator.getMemory();
        memory.setLibraryResolver(new AndroidResolver(23));
        vm = emulator.createDalvikVM(null);
        dm = vm.loadLibrary(new File("unidbg-android/src/test/resources/app9/libnative.so"), false);
        dm.callJNI_OnLoad(emulator);
        cls = vm.resolveClass("com/goldze/mvvmhabit/utils/NativeUtils");
    }
}
```

这里的写法可能看起来比较陌生，不用着急，我会一点点讲其中的原理。首先可以看到，在 NativeUtils 类中调用了一些 unidbg 提供的类，有 AndroidEmulator、DvmClass、VM、DalvikModule、Memory 等。

- AndroidEmulator：顾名思义，这代表 Android 进程模拟器，emulator 就是一个 Android 进程模拟器对象。

- `Memory`：代表内存，利用它我们可以定义一个模拟器的内存操作接口，例如调用它的 `malloc` 方法可以分配内存空间，调用 `getStackSize` 方法可以获取内存栈的大小。
- `VM`：代表虚拟机（Virtual Machine），我们可以调用 `AndroidEmulator` 对象的 `createDalvikVM` 方法创建一个 Dalvik 虚拟机对象，有了这个虚拟机后，我们就可以模拟加载 so 文件了。
- `DalvikModule`：代表 Dalvik 模块，VM 对象可以调用 `loadLibrary` 方法把 so 文件加载到虚拟内存中，其返回结果就是一个 Dalvik 模块对象，我们可以模拟调用该对象的 `JNI_Onload` 方法执行一些 so 文件的加载和初始化工作。
- `DvmClass`：可以把它视为 Java 层的 Class 对象。调用 VM 对象的 `resolveClass` 方法并传入我们定义好的 Java 类的路径，该方法便会返回一个 Java 类的操作对象，即 `DvmClass` 对象。通过 `DvmClass` 对象的一些方法（如 `callStaticJniMethodObject`），我们就可以调用 Native 方法了。

直接看上述内容，可能比较难理解。如果想深入了解，可以多看 unidbg、unicorn 的源码，或者学习 Android 虚拟机的一些基础知识。

所以，`NativeUtils` 类的构造方法的实现流程基本分如下几步。

(1) 利用 `AndroidEmulatorBuilder` 类创建一个模拟器对象 emulator，这里使用 `setProcessName` 方法指定了 App9 的包名。

(2) 声明一个 Memory 对象，这里使用 `setLibraryResolver` 指定了其适配哪个版本的 Android SDK，这里指定的版本是 23。unidbg 目前提供对 19 和 23 这两个 Android SDK 的支持，这里使用 23，对应 Android 6.0。

(3) 调用 emulator 变量的 `createDalvikVM` 方法创建一个 Dalvik 虚拟机对象，赋值为 vm。

(4) 利用 vm 变量的 `loadLibrary` 方法加载 so 文件，这里我们直接指定了一个 File 对象，并指定了 so 文件的路径，`createDalvikVM` 方法的返回结果是一个 DalvikModule 对象，将其赋值为 dm 变量。

(5) 调用 dm 变量的 `JNI_Onload` 方法执行一些 so 文件的加载和初始化工作。

(6) 调用 vm 变量的 `resolveClass` 方法返回一个 Java 类的操作对象，即 `DvmClass` 对象，赋值为 cls 变量。

以上流程完成后，我们就可以利用 cls 变量调用 so 文件中的方法了。我们再在 `NativeUtils` 类中增加一个调用方法，代码如下：

```
public String encrypt(String string, int offset) {
    DvmObject<?> result = cls.callStaticJniMethodObject(emulator,
        "encrypt(Ljava/lang/String;)Ljava/lang/String",
            vm.addLocalObject(new StringObject(vm, string)), offset);
    return (String) result.getValue();
}
```

这里我们定义了一个 encrypt 方法，接收 string 和 offset 参数，因为其在 so 文件中对应的 `Java_com_goldze_mvvmhabit_utils_NativeUtils_encrypt` 方法就是接收 string 和 offset 参数。方法中我们调用 cls 的 `callStaticJniMethodObject` 方法实现了对 Native 方法的调用，第一个参数是模拟器对象，第二个参数是要调用的 Native 方法的名称，即 encrypt，之后的参数就是这个 encrypt 方法的参数。对于 String 类型的参数，这里我们使用 vm 变量的 `addLocalObject` 方法创建了一个代表字符串类型的参数。对于 int 类型的参数，则可以直接传入。

`callStaticJniMethodObject` 方法返回的是一个 DvmObject 对象，通过调用这个对象的 getValue 方法我们就能得到 Native 方法 encrypt 最终的返回结果了，这里我们加了一个强制类型转换，把返回结果转换成了字符串类型。

最后我们来测试一下，在 `NativeUtils` 类中添加一个 main 方法：

```java
public static void main(String[] args) {
    NativeUtils utils = new NativeUtils();
    String token = utils.encrypt("/api/movie", 2);
    System.out.println("token:" + token );
}
```

运行 NativeUtils 类，操作过程如图 13-147 所示。

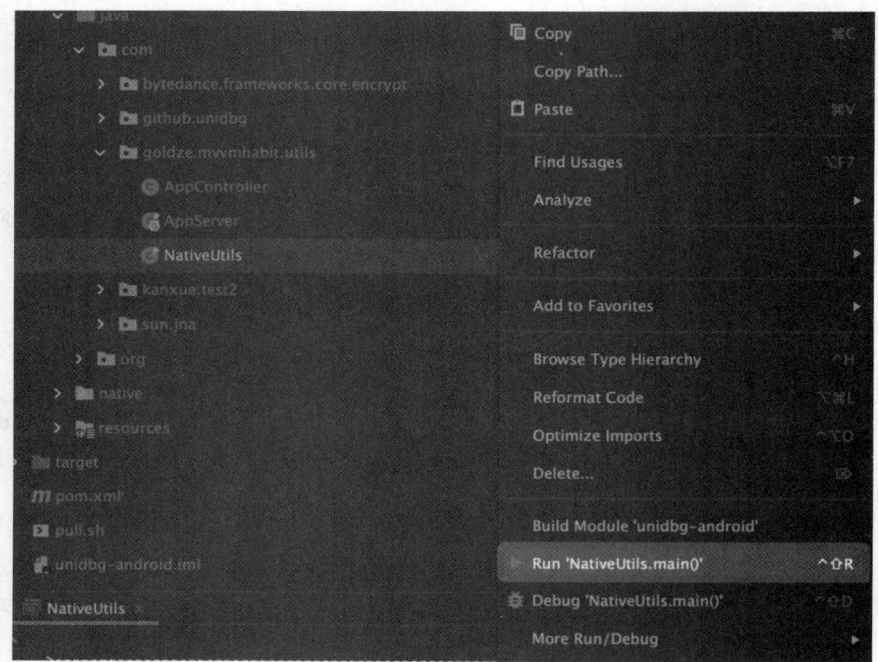

图 13-147　运行 NativeUtils 类

最终的运行结果如下：

```
...
02:36:49.191 [main] DEBUG com.github.unidbg.AbstractEmulator - emulate RX@0x4000f4e1[libnative.so]0xf4e1 finished sp=unidbg@0xbffff788, offset=20ms
02:36:49.192 [main] DEBUG com.github.unidbg.spi.AbstractLoader - munmap aligned=0x1000, start=0x40192000, base=0x40192000, size=4096
token:ZWRmZDkxZjRmMjE2YWE0NDU3OGI1YzU1ZThmMzdiODEzZTAxNDczZSwxNjI4MzYxNDA5
```

可以看到结果中输出了最终的 token 值，我们成功模拟执行了 so 文件。

4. 暴露结果

我们已经成功拿到 token 结果了，接下来如何爬取数据呢？现在模拟执行 so 文件的逻辑是用 Java 语言编写的，难道爬虫也要用 Java 语言编写吗？虽然可以，但这不是唯一选择。

我们可以借鉴 13.10 节的思路，也通过 HTTP 服务器将 unidbg 的运行结果暴露出来，这个可以用 Java 中的 SpringBoot 实现。

首先需要在 unidbg-android/pom.xml 文件里面添加对 SpringBoot 的引用，添加两个 dependency 即可，代码如下：

```xml
<?xml version="1.0" encoding="UTF-8"?>
<project>
    ...
    <dependencies>
        <dependency>
```

```xml
            <groupId>org.springframework.boot</groupId>
            <artifactId>spring-boot-starter-web</artifactId>
            <version>2.4.3</version>
        </dependency>
        <dependency>
            <groupId>org.springframework.boot</groupId>
            <artifactId>spring-boot-starter-test</artifactId>
            <version>2.4.3</version>
        </dependency>
        ...
    </dependencies>
</project>
```

添加完后，IntelliJ IDEA 会把 SpringBoot 对应的包下载到本地。接着我们定义一个 AppController 类，这个类和 NativeUtils 类同级，其基本写法和 13.10 节非常相似，类内容如下：

```java
package com.goldze.mvvmhabit.utils;

import org.springframework.web.bind.annotation.RequestMapping;
import org.springframework.web.bind.annotation.RestController;

import java.util.HashMap;
import java.util.Map;

@RestController
public class AppController {

    NativeUtils utils = new NativeUtils();

    @RequestMapping("/encrypt")
    public Map<String, String> encrypt(String string, int offset) {
        String token = utils.encrypt(string, offset);
        Map<String, String> map = new HashMap<>();
        map.put("token", token);
        return map;
    }
}
```

这里其实也是定义了一个 GET 请求，接收的查询字符串参数也是 string 和 offset，再加上调用 NativeUtils 类的 encrypt 方法获取的 token 结果，最后返回一个 Map 对象。

下面在 AppController 类同级的地方定义一个 SpringBoot 入口类 AppServer，其内容如下：

```java
package com.goldze.mvvmhabit.utils;

import org.springframework.boot.SpringApplication;
import org.springframework.boot.autoconfigure.SpringBootApplication;

@SpringBootApplication
public class AppServer {
    public static void main(String[] args) {
        SpringApplication app = new SpringApplication(AppServer.class);
        app.run(args);
    }
}
```

这个类也是可以直接运行的，运行之后就会开启一个 SpringBoot 服务。那这个服务运行在哪个端口呢？这个似乎还没指定？对此可以创建一个 unidbg-android/src/test/resources/application.properties 文件来声明 SpringBoot 服务运行的地址和端口，文件内容如下：

```
server.address=0.0.0.0
server.port=9999
```

最后，运行 AppServer 即可启动 SpringBoot 服务，该服务会运行在 9999 端口，操作如图 13-148 所示。

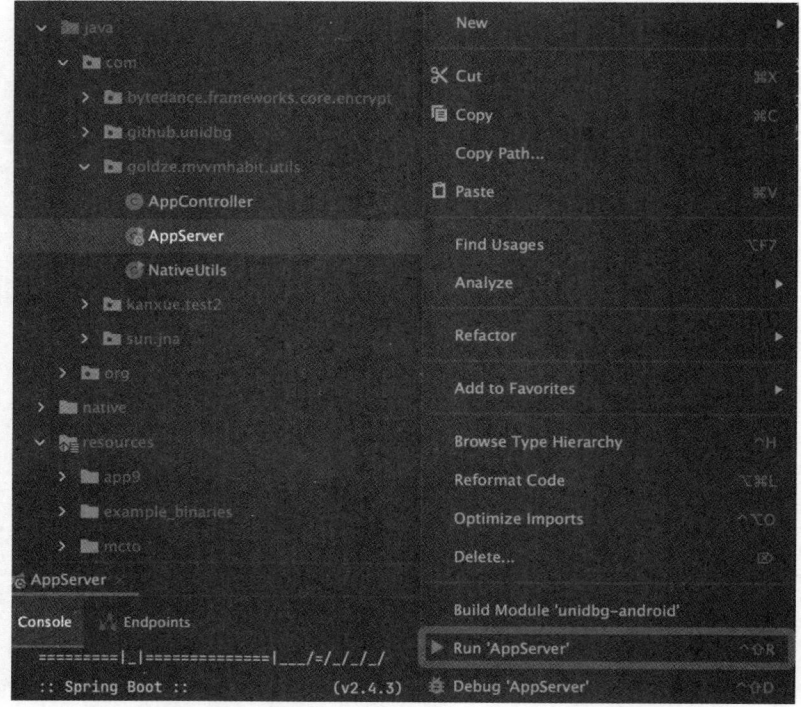

图 13-148　运行 AppServer

在浏览器中访问测试 URL http://localhost:9999/encrypt?string=test&offset=0，返回结果如图 13-149 所示。

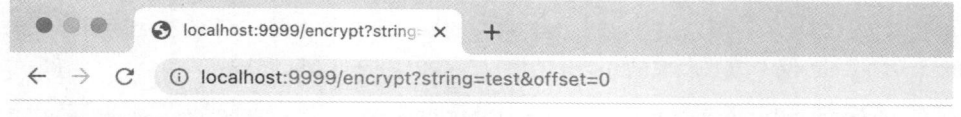

图 13-149　浏览器返回的 token 结果

可以看到返回了 token 结果，这样我们就成功把利用 unidbg 模拟执行 so 文件的结果也通过 HTTP 服务器暴露出来了，从而就可以实现调用。

5. 爬取数据

我们使用 Python 脚本来调用上面定义的 HTTP 接口和爬取数据：

```python
import requests

BASE_URL = 'https://app9.scrape.center'
INDEX_URL = BASE_URL + '/api/movie?limit={limit}&offset={offset}&token={token}'
UNIDBG_URL = 'http://localhost:9999/encrypt?string={string}&offset={offset}'
MAX_PAGE = 10
LIMIT = 10

def get_token(string, offset):
    unidbg_url = UNIDBG_URL.format(string=string, offset=offset)
    return requests.get(unidbg_url).json().get('token')
```

```
for i in range(MAX_PAGE):
    offset = i * LIMIT
    token = get_token("/api/movie", offset)
    index_url = INDEX_URL.format(limit=LIMIT, offset=offset, token=token)
    response = requests.get(index_url)
    print('response', response.json())
```

爬取结果和 13.10 节是一样的,这里不再赘述。

6. 总结

本节中我们学习了利用 unidbg 模拟执行 so 文件的方法,同时为了实现数据爬取,我们通过 SpringBoot 暴露了模拟执行的结果,最后顺利通过 Python 脚本对接接口的方式爬取了数据。

本节内容其实仅用到了 unidbg 所有功能的冰山一角,要想深入了解更多内容,可以研究 unidbg 的源码。

本节代码见 https://github.com/Python3WebSpider/UnidbgServer。

第 14 章 页面智能解析

在前面所讲的内容中，解析页面利用的都是规则匹配，这种方式可能需要借助浏览器找到最佳的 Selector、XPath，甚至需要正则表达式辅助提取细节，同时利用 Beautiful Soup、pyquery、Re 等库提取和解析内容。在一般情况下，这么做是没有问题的。

但如果切换了场景，例如分析舆情，就需要爬取成千上万个新闻网站，把这些网站上的新闻文章都爬取下来，包括标题、正文、发布时间等，我们会发现不同新闻网站的页面差别非常大，标题、正文、发布时间对应的正则表达式、Selector、XPath 等各不相同。这时如果手动针对每一个网站写正则表达式、Selector、XPath 等，那工作量实在太大了。如果配置不当，还会产生解析错误的问题。例如正则表达式在某些情况下无法匹配，Selector、XPath 编写错误或者提取不全。另外，如果页面突然改版了，之前配置的规则可能就没法用了，这也是一个隐患。

目前有一种更智能的方法可以帮我们解析出网站内的新闻列表链接、标题、正文、发布时间等，用起来很方便。但内容的爬取过程毕竟是用算法实现的，所以正确率达不到 100%，而且即便是人工写出来的正则表达式、Selector、XPath，也难免会有不兼容和错误的情况，因此在能容忍一定错误的情况下，用比较智能的解析方案爬取页面内容是明智的。

本章中我们就来学习一下智能解析页面的原理和实现算法。

14.1 页面智能解析简介

简言之，页面的智能解析就是利用算法从页面的 HTML 代码中提取想要的内容，算法会自动计算出目标内容在代码中的位置并将它们提取出来。

1. 实例引入

以一篇新闻的预览页面为例，如图 14-1 所示。

我们的需求是提取该页面中的标题、正文、发布时间等。

想必大家可能见过，现在不少浏览器提供了阅读模式，例如我们用 Safari 浏览器打开示例新闻页面，然后开启阅读模式，效果将如图 14-2 所示。

图 14-1　新闻的预览页面

图 14-2 用阅读模式打开示例页面

可以看到页面变得非常清爽，只保留了标题和正文。原先页面中的导航栏、侧栏、评论等统统消失了。这是怎么做到的？难道提前针对这个页面写好提取规则了吗？当然不可能。其实是阅读模式内置了一些页面解析算法，可以自动抽出并呈现页面中的标题、正文等内容。

本节中，我们就来了解一下页面的智能解析相关的知识。

2. 页面的智能解析

所谓页面的智能解析，就是不需要再专门写提取规则，而是利用算法直接计算页面中特定元素的位置和提取路径。针对我们的需求，可以通过算法计算出新闻标题是什么，正文应该在哪个区域，发布时间是什么时候。

其实智能解析操作起来非常难，人在看到网页上的一篇文章时，可以迅速找到它的标题、正文、发布时间、广告位、导航栏等。但把这篇文章放在机器面前，机器面对的仅仅是一系列 HTML 代码，怎么做到智能提取呢？其中融合了多方面的信息和规律。

- **标题**：其字号一般比较大，长度通常介于 1 句话和 2 句话之间，位置一般在页面上方，且大多数时候和 title 节点里的内容一致。
- **正文**：其内容一般最多，且包含多个 p 标签（段落）或者 img 标签（图片），宽度一般占页面的三分之二，文本密度（字数除以标签数量）比较大。
- **时间**：不同语言的页面中显示的时间格式可能不同（如 2021-02-20 或者 2021/02/20 等，也可能是美式的记法），但格式的种类是有限的，可以通过特定的模式识别。
- **广告**：其标签一般会带有 ads 字样，另外大多数广告会处于文章底部、页面侧栏，并包含一些特定的外链内容。

所以说，页面中的内容对应的节点是有一定特征的，包括节点位置、节点大小、节点标签、节点内容、节点文本密度等。智能提取除了利用这些特征，在很多情况下还需要借助视觉特征和文本特征，因此其中结合了算法计算、视觉处理、自然语言处理等多方面内容。把这些特征综合运用起来，再经过大量的数据训练，是可以得到一个非常不错的效果的。

3. 业界进展

随着互联网的发展和信息的爆炸式增长，互联网上的页面会越来越多，页面的渲染方式也会发生很大的变化，智能解析能够大大减轻我们抽取信息的工作量。

其实，工业界已经有了落地的智能解析算法应用，例如 Diffbot、Embedly 等。目前，Diffbot 的提取效果算是比较领先的，其官方曾做过一个评测，使用不同的算法依次提取 Google 新闻上一些文章的标题和文本，然后与真实标注的内容做比较，比较指标就是文字的正确率和召回率，以及根据二者计算出的 F1 分数，结果如下。

- 正确率：0.968。
- 召回率：0.978。
- F1：0.971。

我们可以发现，对于 Google 新闻的这些数据，Diffbot 大约能达到 97% 的正确率，效果还算不错。

Diffbot 是一家专门做网页智能提取的公司，提供了许多 API 来自动解析各种页面。其算法依赖于自然语言技术、机器学习、计算机视觉、标记检查等，并且所有页面都会考虑当前页面的样式以及可视化布局，还会分析其中包含的图像内容、CSS 甚至 Ajax 请求。在计算一个节点的置信度时，会考虑该节点和其他节点的关联关系，基于周围的标记来计算每个区块的置信度。总之，Diffbot 自 2010 年以来一直致力于提供这方面的服务，Diffbot 就是从页面解析起家的，现在也专注于页面解析服务，正确率高自然不足为怪了。

但 Diffbot 的算法并没有开源，只是以商业化 API 的形式售卖，我目前没有找到介绍其具体算法的论文。不过不妨碍这里拿它做案例，可以稍微体会一下智能解析算法能达到的效果。

4. Diffbot

打开 Diffbot 的官网（https://www.diffbot.com/），首先注册一个账号，会有 15 天的免费试用期，注册之后会获得一个 Developer Token，这就是使用 Diffbot 接口服务的凭证。

接下来切换到测试页面（https://www.diffbot.com/dev/home/），测试一下 Diffbot 的解析效果。这里我们选择的测试页面就是本节开始所述的页面，填入页面链接，API 类型选择 "Article API"，然后点击 "Test Drive" 按钮，就会出现对测试页面进行解析的结果，如图 14-3 所示。

图 14-3　解析测试页面的结果

可以看到，Diffbot 帮我们提取了标题（title）、发布时间（date）、发布机构（author）、发布机构链接（authorUrl）和正文内容（text），而且目前来看都十分正确，发布时间也在自动识别之后做了转码，格式是标准的。

继续往下，看还有什么字段。可以看到 html 字段，和 text 字段不同的是，它包含文章内容的真实 HTML 代码，因此里面会包含图片，如图 14-4 所示。

图 14-4　文章内容的真实 HTML 代码

之后还有 images 字段，以列表形式返回了文章套图及每一张图的链接，另外还返回了文章的站点名称、页面所用语言等，如图 14-5 所示。

图 14-5　其余返回结果

当然，我们也可以选择 JSON 格式的返回结果，其内容会更加丰富，例如图片的宽度、高度、图片描述，以及面包屑导航等，如图 14-6 所示。

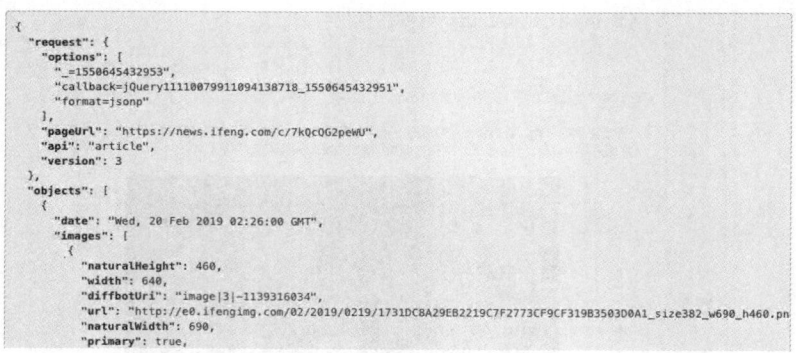

图 14-6　JSON 格式的返回结果

经过手工核对，发现其返回的结果完全正确，这说明正确率还是很高的。

所以，如果你对正确率的要求没有那么严苛，那么使用 Diffbot 可以快速提取页面中所需的结果，省去了绝大多数手工劳动，可以说非常赞。

另外，Diffbot 也提供了官方的 API 文档，如 Analyze API、Article API、Disscussion API 等。下面我们以 Article API 为例说明一下它的用法，其官方文档地址为 https://www.diffbot.com/dev/docs/article/，API 调用地址为 https://api.diffbot.com/v3/article。

我们可以用 GET 方式请求这个 API，其必选参数有下面两个。

- token：开发者的 Token。
- url：要解析的 URL 链接。

可选参数有下面几个。

- fields：用于指定返回哪些字段，默认已经有一些一定要返回的字段，还可以指定需要额外返回的字段。
- paging：如果文章跨了多页，那么将这个参数设置为 false 可以禁止多页内容拼接。
- maxTags：用于设置返回的 Tag 的最大数量，默认是 10（单位为个）。
- tagConfidence：用于设置置信度的阈值，置信度超过这个值的 Tag 才会被返回，默认是 0.5。
- discussion：将其值设置为 false，代表不会解析评论内容。
- timeout：解析时的最长等待时间，默认是 30（单位为秒）。
- callback：为 JSONP 类型的请求设计的回调。

其中大家关注更多的应该是 fields，这里我专门梳理了一下需要返回的字段，首先是一些一定要返回的字段。

- type：文本类型，这里就是 article。
- title：文章的标题。
- text：文章的纯文本内容，如果是分段内容，那么里面会以换行符分隔每一段。

- html：提取结果的 HTML 内容。
- date：文章的发布时间，格式为 RFC 1123。
- estimatedDate：如果发布时间不太明确，就返回一个预估的时间；如果发布时间超过两天或者没有发布日期，就不返回这个字段。
- author：文章的发布机构。
- authorUrl：发布机构链接。
- discussion：评论内容，和 Disscussion API 的返回结果一样。
- humanLanguage：语言类型，如英文、中文等。
- numPages：如果文章是多页的，那么这个参数会控制最大的翻页拼接数。
- nextPages：如果文章是多页的，那么这个参数可以指定文章的后续链接。
- siteName：站点名称。
- publisherRegion：文章的发布地区。
- publisherCountry：文章的发布国家。
- pageUrl：文章的链接。
- resolvedPageUrl：如果文章是从 pageUrl 重定向过来的，则返回此内容。
- tags：文章的标签或者文章包含的实体，根据自然语言处理技术和 DBpedia 计算生成，是一个列表，里面又包含以下子字段。
  - label：标签名。
  - count：标签出现的次数。
  - score：标签置信度。
  - rdfTypes：如果实体可以由多个资源表示，那么返回相关的 URL。
  - type：标签类型。
  - uri：Diffbot Knowledge Graph 中的实体链接。
- images：文章中包含的图片。
- videos：文章中包含的视频。
- breadcrumb：面包屑导航信息。
- diffbotUri：Diffbot 内部的 URL 链接。

以上固定字段就是"如果可以返回就一定会返回"的字段，是不能定制的。我们也可以通过 fields 参数扩展如下可选字段。

- quotes：引用信息。
- sentiment：文章的情感值，取值在 -1 和 1 之间。
- links：所有超链接的顶级链接。
- querystring：请求的参数列表。

好，以上便是 Article API 的用法，大家可以在申请之后使用它做智能解析。下面用一个实例来看一下这个 API 的用法。

```
import requests, json

url = 'https://api.diffbot.com/v3/article'
params = {
    'token': '77b41f6fbb24496d5113d528306528fa',
    'url': 'https://news.ifeng.com/c/7kQcQG2peWU',
    'fields': 'meta'
}
response = requests.get(url, params=params)
print(json.dumps(response.json(), indent=2, ensure_ascii=False))
```

这里首先指定 Article API 的链接，然后指定了 params 参数，即 GET 请求的参数。参数中包含必选的 token、url 字段，以及可选的 fields 字段，fields 字段的内容为 meta 标签。

运行结果如下：

```
{
  "request": {
    "pageUrl": "https://news.ifeng.com/c/7kQcQG2peWU",
    "api": "article",
    "fields": "sentiment, meta",
    "version": 3
  },
  "objects": [
    {
      "date": "Wed, 20 Feb 2019 02:26:00 GMT",
      "images": [
        {
          "naturalHeight": 460,
          "width": 640,
          "diffbotUri": "image|3|-1139316034",
          "url": "http://e0.ifengimg.com/02/2019/0219/1731DC8A29EB2219C7F2773CF9CF319B3503D0A1_size382_w690_h460.png",
          "naturalWidth": 690,
          "primary": true,
          "height": 426
        },
        // ...
      ],
      "author": "中国新闻网",
      "estimatedDate": "Wed, 20 Feb 2019 06:47:52 GMT",
      "diffbotUri": "article|3|1591137208",
      "siteName": "ifeng.com",
      "type": "article",
      "title": "故宫，你低调点！故宫：不，实力已不允许我继续低调",
      "breadcrumb": [
        {
          "link": "https://news.ifeng.com/",
          "name": "资讯"
        },
        {
          "link": "https://news.ifeng.com/shanklist/3-35197-/",
          "name": "大陆"
        }
      ],
      "humanLanguage": "zh",
      "meta": {
        "og": {
          "og:time ": "2019-02-20 02:26:00",
          "og:image": "https://e0.ifengimg.com/02/2019/0219/1731DC8A29EB2219C7F2773CF9CF319B3503D0A1_size382_w690_h460.png",
          "og:category ": "凤凰资讯",
          "og: webtype": "news",
          "og:title": "故宫，你低调点！故宫：不，实力已不允许我继续低调",
          "og:url": "https://news.ifeng.com/c/7kQcQG2peWU",
          "og:description": "    “我的名字叫紫禁城，快要 600 岁了，这上元的夜啊，总是让我沉醉，这么久了却从未停止。”    “重"
        },
        "referrer": "always",
        "description": "    “我的名字叫紫禁城，快要 600 岁了，这上元的夜啊，总是让我沉醉，这么久了却从未停止。”    “重",
        "keywords": "故宫 紫禁城 故宫博物院 灯光 元宵节 博物馆 一景难求 元之 中新社 午门 杜洋 藏品 文化 皇帝 清明上河图 元宵 千里江山图卷",
        "title": "故宫，你低调点！故宫：不，实力已不允许我继续低调_凤凰资讯"
      },
      "authorUrl": "https://feng.ifeng.com/author/308904",
      "pageUrl": "https://news.ifeng.com/c/7kQcQG2peWU",
      "html": "<p>&ldquo;我的名字叫紫禁城，快要 600 岁了，这上元的夜啊，总是让我沉醉，这么久了却从未停止。
```

```
...</blockquote> </blockquote>",
        "text": ""我的名字叫紫禁城,快要 600 岁了,这上元的夜啊,总是让我沉醉,这么久了却从未停止。"\n"...",
        "authors": [
            {
                "name": "中国新闻网",
                "link": "https://feng.ifeng.com/author/308904"
            }
        ]
    }
]
}
```

如上返回内容以 JSON 格式呈现,包含文章的标题、正文、发布时间等内容。可见,不需要配置任何提取规则,我们就完成了页面的分析和爬取。

另外,Diffbot 提供了几乎所有编程语言的 SDK 支持(详见 https://www.diffbot.com/dev/docs/libraries/),因此我们也可以使用 SDK 实现上述功能。如果使用的是 Python 语言,那么可以直接使用 Python 的 SDK——DiffbotClient,链接为 https://github.com/diffbot/diffbot-python-client。这个库并没有发布到 PyPi,需要自己下载并导入使用。此外,这个库是使用 Python 2 编写的,本质上就是调用了 requests 库,大家感兴趣的话可以看一下。

下面是一个调用示例:

```
from client import DiffbotClient,DiffbotCrawl

diffbot = DiffbotClient()
token = 'your_token'
url = 'http://shichuan.github.io/javascript-patterns/'
api = 'article'
response = diffbot.request(url, token, api)
```

运行这段代码,就可以调用 Article API 来分析我们想要的 URL 链接了,返回结果跟前面的结果类似。

5. 总结

本节介绍了智能解析的原理和 Diffbot 的用法。通过 Diffbot 的案例,我们大体了解了智能解析算法可以提取什么信息以及提取正确率如何。但 Diffbot 总归是一个商业化的 API,我们不能只知其然,不知其所以然。虽然很多时候只能靠调用商用 API 的方式智能解析页面,但一方面是费用高昂,另一方面是如果出了问题,没办法做针对性的处理和优化,我们显得非常被动。

如果我们能了解智能解析算法的核心原理和实现,很多问题就迎刃而解了。

之后几节我们会针对资讯类网站,介绍智能解析算法的一些原理和实现流程。对于大部分资讯类网站来说,除去一些特殊的页面(如登录页面、注册页面等),剩下的页面可以分为两大类——列表页和详情页,前者提供多个详情页的索引导航信息,后者则包含具体的内容。我们会针对这两类页面介绍如下知识点。

- 详情页中文章标题、正文、发布时间的提取算法和实现。
- 列表页中链接列表的提取算法和实现。
- 如何判断一个页面是详情页还是列表页。

14.2 详情页智能解析算法简介

本节中我们来了解一下详情页提取算法的基本思路,主要包括如下内容。

- 我们定义的详情页是指怎样的页面。
- 详情页中的哪些信息是需要我们提取的关键信息。

- 介绍标题、正文、发布时间的提取算法。

1. 怎样的页面属于详情页

先划定一个大的范围。我们处理的网站属于资讯类网站，如新闻网站、博客网站等。这类网站通常包含两种页面：一种是包含导航信息的列表页，如新浪新闻的首页；另一种是从列表页点击导航信息后进入的页面，如一篇新闻的页面。例如，新浪新闻的首页如图 14-7 所示，我们称这类页面为列表页。

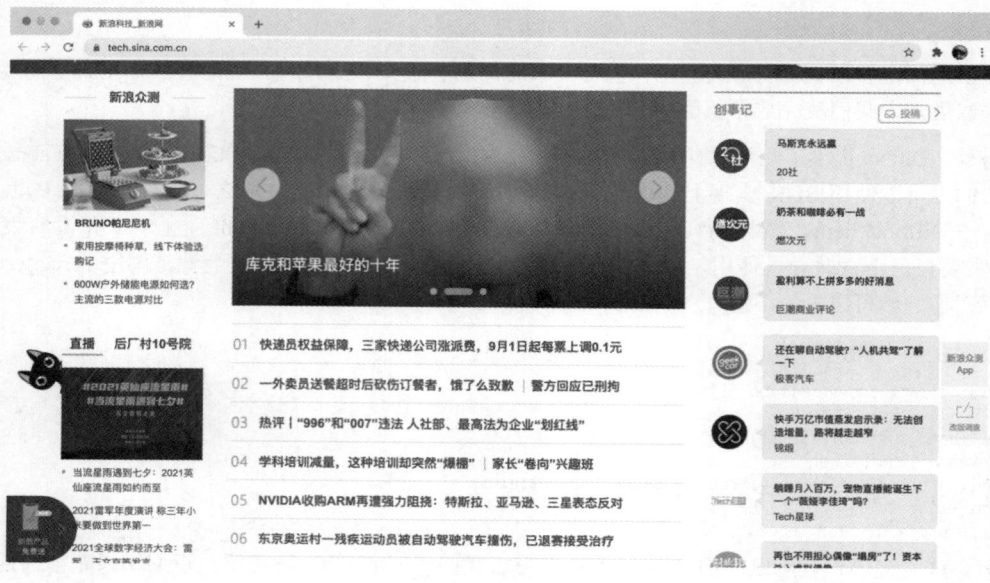

图 14-7　列表页的示例

凤凰网的一篇新闻的页面如图 14-8 所示，我们称这类页面为详情页。

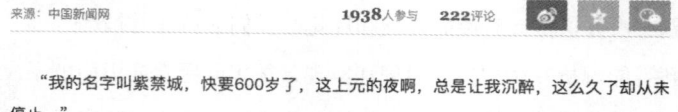

图 14-8　详情页的示例

可以看到，这两类页面有很大不同，列表页通常包含许多详情页的标题和链接，而不会呈现具体的内容，布局样式也是千变万化，而且可能分多个区块。详情页则是某个内容的展示页面，通常包含醒目的标题、发布时间和占据版面最大的正文部分。另外，详情页的侧栏通常会有一些关联或推荐的内容列表、页面头部的导航链接、评论区、广告区等。

到现在，相信大家对分辨列表页和详情页有了基本的概念。

2. 提取内容

这里主要了解一下我们要在详情页中提取的内容。

一般来说，详情页包含的信息非常多，例如标题、发布时间、发布来源、作者、正文、封面图、评论数目、评论内容等，不过由于其中一些内容并不常用，而且提取算法大同小异，因此本节主要介绍3个关键信息的提取算法——标题、正文、发布时间。

还是以14.1节开始的新闻页为例，我们需要提取图14-9中框选出来的内容。

图 14-9　详情页中需要提取的内容

下面来分析这三部分内容的特点。

- **标题**：上方矩形框选的内容，是页面的主标题，通常字号比较大，比较醒目，能概括本页面的内容。
- **正文**：下方矩形框选的内容，是页面的核心，这里由于篇幅所限，因此未在图14-9中将正文内容展现完整。
- **发布时间**：中间矩形框选的内容，通常在页面标题的下方或者正文的下方，格式大多为常见的时间格式，代表本页面内容的发布时间。

后面会分别介绍这三部分内容的提取思路。

3. 准备工作

现在很多网页是由 JavaScript 渲染而成的，导致通过请求获取的页面源代码不一定是我们在浏览器看到的页面源代码，这里要求我们提取的必须是渲染完整的 HTML 代码。

首先把示例详情页的 HTML 代码保存下来。在浏览器中打开这个页面，打开开发者工具并切换到 Elements 选项卡，如图 14-10 所示。

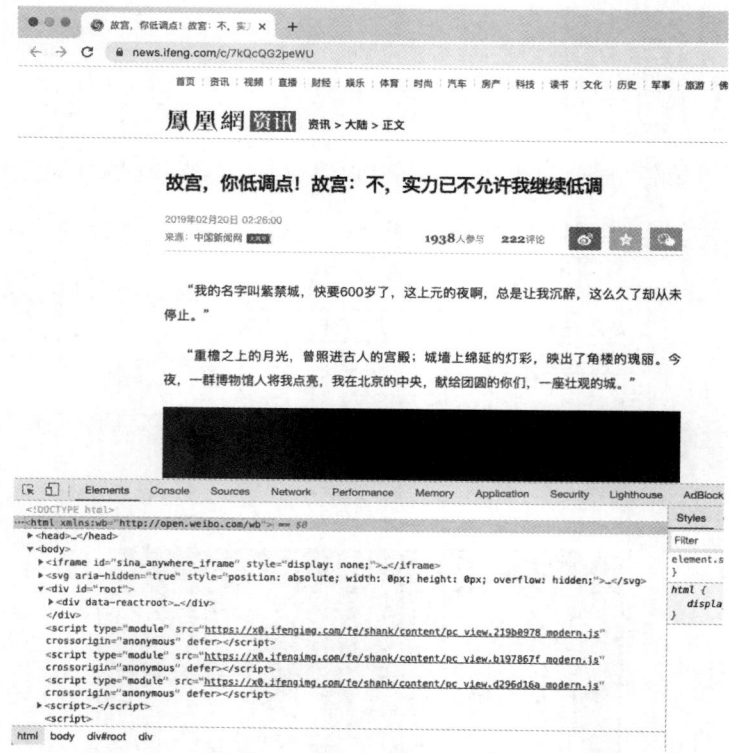

图 14-10　找到页面的 HTML 代码

然后右击 html 节点，在弹出菜单中选择 Copy → Copy element，复制整个页面的源代码，如图 14-11 所示。

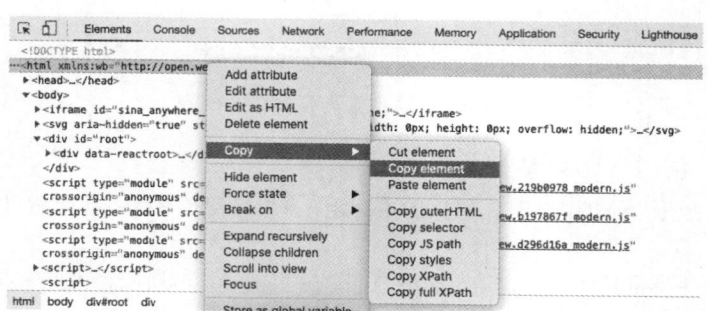

图 14-11　复制页面源代码

接着新建一个 HTML 文件，命名为 detail.html，并格式化源代码，14.3 节会用到这个文件。

4. 提取标题

一般来说，标题是相对比较好提取的，根据几个关键信息就能完成绝大多数标题的提取。详情页的标题一般包含在 title 节点中，例如：

`<title>故宫，你低调点！故宫：不，实力已不允许我继续低调_凤凰网资讯_凤凰网</title>`

此时如果直接进行提取，那么得到的标题内容如下：

故宫，你低调点！故宫：不，实力已不允许我继续低调_凤凰网资讯_凤凰网

但真实的标题的内容应该为：

故宫，你低调点！故宫：不，实力已不允许我继续低调

所以，一味提取 title 节点内的内容并不准确，因为网站会额外增加一些信息，例如这里网站本身的信息。此时怎么办呢？在绝大部分情况下，标题是由 h 节点表示的，一般为 h1、h2、h3、h4 等，其内部的文本就是完整的标题，那么问题又来了，html 里面有那么多 h 节点，怎么确定哪个是标题对应的 h 节点呢？

答案你应该也想到了，把 title 节点和 h 节点的内容结合起来不就好了吗？于是可以初步总结出下面两步提取思路。

(1) 提取页面的 h 节点（如 h1、h2 等），将其内容和 title 节点的文本做比对，和后者相似度最高的内容很可能就是详情页的标题。

(2) 如果未在页面中找到 h 节点，则只能使用 title 节点的文本作为结果。

一般来说，使用以上方法可以应对 90% 以上的标题提取问题。另外，有些网站为了使 SEO 效果比较好，会添加一些 meta 标签，如 url、title、keywords、category 等，这些信息也可以成为参考依据，用它们进一步校验或补充网站的基本信息。

在上面的例子中，就有一个 meta 节点：

`<meta property="og:title" content="故宫，你低调点！故宫：不，实力已不允许我继续低调">`

可以看到其中指定了 property 为 og:title，这是一种常见写法，其内容正好是标题信息，于是我们能通过它提取标题。

综合以上内容，借助 title 节点、h 节点和 meta 节点，我们已经可以应对绝大多数的标题提取了。

5. 提取正文

正文可以说是详情页中最难提取且最为重要的部分，如果不能有效地把正文内容提取出来，那么这次解析相当于失败了一大半。

观察正文内容的特征，能够发现一些规律。

- 正文内容通常被包含在 body 节点的 p 节点中，而且 p 节点一般不会独立存在，而是存在于 div 等节点内。
- 正文内容所在的 p 节点中也不一定全是正文内容，可能掺杂噪声，如网站的版权信息、发布人、文末广告等，这些都属于噪声。
- 正文内容所在的 p 节点中会夹杂 style、script 等节点，这些并非正文内容。
- 正文内容所在的 p 节点内可能包含 code、span 等节点，这些内容大部分属于正文中的特殊样式字符，往往也需要归类到正文内容中。

受开源项目 GeneralNewsExtractor 和论文《基于文本及符号密度的网页正文提取方法》（以下简称论文）的启发，我得到了一个比较有效的正文文本提取依据指标——文本密度。

文本密度是什么呢？简单理解就是单位标签内包含的文字个数。例如一个 p 节点内包含 100 个字，那么可以简单地计算出文本密度为 100；如果包含 5 个字，那么文本密度为 5。一般来说，正文区域以一个 p 节点为一个段落，而一个段落包含的字通常比较多，文本密度可能上百；对于其他区域，例如页面导航区域，通常会包含多个 a 节点，这些链接可能总共也就十几二十个字，因此文本密度要低很多。综上，文本密度可以作为判断正文内容的重要参考指标。

当然，论文本身不仅局限于纯文本和节点的大小比例，还考虑到了文本中包含的超链接。论文中定义，如果 i 为 HTML DOM 树中的一个节点，那么该节点的文本密度为：

$$TD_i = \frac{T_i - LT_i}{TG_i - LTG_i}$$

如下为其中各个符号的含义。

- TD_i：节点 i 的文本密度。
- T_i：节点 i 中字符串的字数。
- LT_i：节点 i 中带链接的字符串的字数。
- TG_i：节点 i 中标签的数量。
- LTG_i：节点 i 中带链接的标签的数量。

以上各项需要好好理解一下，其实文本密度基本上等同于单位标签内包含的文字个数，这里额外考虑了节点内包含超链接的情况。因为一般而言，正文区域带超链接的情况是比较少的，而侧边栏、页面导航等区域，带超链接的概率非常高，所以这些地方的文本密度就会低下来，上面那么算能够更好地排除这些内容的干扰。

另外，论文中还提到了一个指标，叫作符号密度。研究发现，正文中一般会带标点符号，而网页链接、广告信息由于文字比较少，通常是不包含标点符号的，因此我们还可以借助符号密度排除一些内容。

论文中对于符号密度的定义如下：

$$SbD_i = \frac{T_i - LT_i}{Sb_i + 1}$$

如下为其中各个符号的含义。

- SbD_i：节点 i 的符号密度。
- T_i：节点 i 中字符串的字数。
- LT_i：节点 i 中带链接的字符串的字数。
- Sb_i：节点 i 中符号的数量（分母另外加 1 是为了确保除数不为 0）。

可以看出，符号密度为文字数量和符号数量的比值。

论文的作者经过多次实验，发现利用文本密度和符号密度相结合的方式提取正文信息能取得很不错的效果，可以结合二者为每个节点分别计算一个分数，分数最高的节点就为正文内容所在的节点。分数计算公式如下：

$$Score_i = \ln SD \times TD_i \times \lg(PNum_i + 2) \times \ln SbD_i$$

如下为其中各个符号的含义。

- $Score_i$：节点 i 的分数。

- SD：所有节点的文本密度标准差。
- TD_i：节点 i 的文本密度。
- $PNum_i$：节点 i 包含的 p 节点的数量。
- SbD_i：节点 i 的符号密度。

遍历各个节点，利用该公式为每个节点计算分数，然后根据最终得分确定正文节点，提取正文内容。通过对比实验数据，可知一些中文新闻网站的正文内容提取正确率能达到 90% 以上，甚至部分可以达到 99%。另外，论文作者还在不同网站上对该算法进行了评测，计算出了 P(Precision)、R(Recall)、Score（F1-Score）值，结果如表 14-1 所示。

表 14-1　在不同网站对算法做的评测

网　　站	P	R	Score
cleanEval-Eng	93.88%	77.43%	73.11%
cleanEval-Zh	81.62%	69.18%	62.16%
凤凰网新闻	97.51%	98.18%	95.76%
参考信息	98.80%	99.88%	98.68%

可以看到，该算法在凤凰网新闻上的正确率可达 95% 以上。

我们已经可以借助以上算法得到不错的正文内容提取效果了，满足一般需求可以说没问题。如果想追求更高的正确率，还可以结合视觉信息。因为在多数情况下，正文所占的版面是最大的，所以可以通过计算节点所占区域的大小来排除一些干扰，例如找到了两块内容都疑似正文，而它们所占的网页面积一个很大，一个很小，那么面积大的是正文内容的可能性会更大。

6. 提取发布时间

对于发布时间，也有一些线索可以利用。

和标题类似，一些正规的网站为了使 SEO 效果比较好，会把时间信息放到 meta 节点内，例如我们的例子中就有这样一个 meta 节点：

```
<meta name="og:time " content="2019-02-20 02:26:00">
```

这个 meta 节点指定了 name 为 og:time，这是一种常见写法，其内容正好就是发布时间，我们可以通过这部分信息提取发布时间。注意，不同网站的 meta 节点中 name 属性的值大概率不一样，根据经验和调研，我得到了一些写法，如：

```
<meta property="rnews:datePublished" content="2019-02-20 02:26:00">
<meta itemprop="datePublished" content="2019-02-20 02:26:00">
<meta name="publication_date" content="2019-02-20 02:26:00">
<meta name="PublishDate" content="2019-02-20 02:26:00">
...
```

可以看到，不同网站的写法差异还是蛮大的，我们可以总结常见的写法，一旦匹配成功，那么其 content 属性值极有可能就是发布时间。

但是，并不是所有网站都会加上这样的 meta 节点，如果碰到没有 meta 节点的网站，该怎么办呢？

我们知道，时间有一些固定的写法，如 2019-02-20 02:26:00。而且发布时间通常会包含一些关键的字符，例如"发布""发表于"等，它们可以作为重要的参考依据。因此，一些固定的匹配模式往往也能起到不错的效果。例如，定义一些正则表达式，或者基于某种特定的模式来提取时间信息。

这时可能有人会说，如果正文内容本身包含时间，或者侧栏、底栏部分包含时间，不会提取错吗？

- 对于正文内容本身包含时间的情况，根据提取的正文结果过滤即可，例如直接将正文从提取目标中删除。
- 对于侧栏或底栏部分包含时间的情况，可以根据节点距离算得结果。发布时间往往和正文距离较近，甚至紧贴着，而侧栏或底栏的时间常常分布在其他区块，其日期节点和正文节点的距离相对较远，这样就能找到权重最高的时间节点了。

综上所述，发布时间的提取标准如下。

- 根据 meta 节点的信息提取时间，提取结果大概率就是真实的发布时间，可信度较高。
- 根据正则表达式提取时间，如果匹配到一些置信度比较高的规则，那么可以直接提取；如果匹配到置信度不高的规则或者提取到多个时间信息，则可以进行下一步的提取和筛选。
- 针对上面的第二种情况，通过计算节点和正文的距离，再结合其他相关信息筛选出最优节点作为结果。

按照以上标准，可以提取出绝大部分的发布时间。

7. 总结

本节中我们介绍了详情页的 3 个关键信息——标题、正文、发布时间的提取思路，了解了基本原理之后，我们在 14.3 节会用代码实现其中的一些解析算法。

14.3 详情页智能解析算法的实现

本节中我们来动手实现详情页的提取算法。

1. 本节目标

还是以 14.1 节开始时的页面为例，用算法提取其标题、正文和发布时间。

> **注意** 由于部分算法比较复杂，因此本节介绍的算法是简化后的版本，更多细节处理可以参考本节最后的说明。

2. 准备工作

在 14.2 节，我们已经将案例页面的 HTML 代码保存成了文本文件 detail.html。这里我们主要会用 XPath 解析页面和操作节点，所以需要用到 lxml 库，如果尚未安装该库，可以参考 https://setup.scrape.center/lxml 里面的说明。

定义如下代码，将 HTML 代码里面的字符转化成 lxml 里面的 HtmlElement 对象：

```
from lxml.html import HtmlElement, fromstring

html = open('detail.html', encoding='utf-8').read()
element = fromstring(html=html)
```

这里的 element 其实就是整个网页对应的 HtmlElement 对象，它的根节点就是 html，我们在解析页面的时候会用到它，从中可以提取我们想要的标题、正文和发布时间。

3. 提取标题

首先来实现标题的提取，根据 14.2 节的内容，提取分为 3 个步骤。

(1) 查找 meta 节点里的标题信息，如果能查到，那结果通常是非常准确的，直接返回即可。

(2) 查找 title 节点里的标题信息，由于 title 中通常会包含冗余信息，因此需要将查找结果和 h 节点中的内容做比对，以便得到更准确的结果。

14.3 详情页智能解析算法的实现

(3) 如果上述两个步骤都不能得到有效结果，则可以直接用 title 节点中的内容作为结果 (保底)。

当然，此逻辑还存在很多可以优化的地方，但应该能够应对大多数详情页的标题提取任务。接下来就用代码实现一下这个逻辑吧。

首先定义利用 XPath 从 meta 节点中提取标题的规则：

```
METAS = [
    '//meta[starts-with(@property, "og:title")]/@content',
    '//meta[starts-with(@name, "og:title")]/@content',
    '//meta[starts-with(@property, "title")]/@content',
    '//meta[starts-with(@name, "title")]/@content',
    '//meta[starts-with(@property, "page:title")]/@content'
]
```

这里我们定义了一系列 XPath，用于匹配 meta 节点并提取 content 属性的值。然后我们实现一个 extract_by_meta 方法：

```python
def extract_by_meta(element: HtmlElement) -> str:
    for xpath in METAS:
        title = element.xpath(xpath)
        if title:
            return ''.join(title)
```

这里遍历了 METAS 的内容，然后依次进行匹配，如果能够匹配到结果，就直接返回。这里可以尽量把更常见和更精准的 XPath 放到 METAS 的前面，同时避免填写一些置信度较低的 XPath，以便提取出更准确的内容。

接下来，对于 title 节点，就是直接提取其纯文本内容；对于 h 节点，则是提取 h1 节点、h2 节点和 h3 节点的内容，通过基本的 XPath 表达式就可以实现。这部分的代码实现如下：

```python
def extract_by_title(element: HtmlElement):
    return ''.join(element.xpath('//title//text()')).strip()

def extract_by_h(element: HtmlElement):
    hs = element.xpath('//h1//text()|//h2//text()|//h3//text()')
    return hs or []
```

这里我们提取了 title 节点、h1 节点、h2 节点和 h3 节点的信息，然后返回了它们的纯文本内容，其中 extract_by_title 方法返回的是字符串类型的内容，extract_by_h 方法返回的是包含 h 节点中所有纯文本内容的列表。

下面我们依次调用 3 个方法，看看针对这个案例，结果是怎样的：

```
title_extracted_by_meta = extract_by_meta(element)
title_extracted_by_h = extract_by_h(element)
title_extracted_by_title = extract_by_title(element)
```

运行结果如下：

```
title_extracted_by_meta 故宫，你低调点！故宫：不，实力已不允许我继续低调
title_extracted_by_h ['故宫，你低调点！故宫：不，实力已不允许我继续低调', '为您推荐', '精品有声', '好书精选']
title_extracted_by_title 故宫，你低调点！故宫：不，实力已不允许我继续低调_凤凰网
```

可以观察到，3 个方法返回的结果差不多，都包含真实的标题信息，另外后两个结果中有一些不太一样的内容。如我们所料，title_extracted_by_meta 是完全正确的标题。

假设不存在和 meta 节点相匹配的结果，如何依靠 title_extracted_by_title 和 title_extracted_by_h 得到真实的标题呢？可以观察到，title_extracted_by_title 相对真正的标题多了网站名称，title_extracted_by_h 是 h 节点组成的列表，其中有一个是真正的标题。有了这两部分信息，只需要求得和 title_extracted_by_title 最相似的 h 节点的内容就可以了。

可以采取的解决方案有很多，例如直接使用最基本的相似度算法——Jaccard 算法，即用两个字符串的交集字符数量除以两个字符串的并集字符数量。代码实现如下：

```python
def similarity(s1, s2):
    if not s1 or not s2:
        return 0
    s1_set = set(list(s1))
    s2_set = set(list(s2))
    intersection = s1_set.intersection(s2_set)
    union = s1_set.union(s2_set)
    return len(intersection) / len(union)
```

这里我们定义了一个 similarity 方法，它接收两个字符串：s1 和 s2。首先该方法将 s1 和 s2 的字符拆分为集合，然后求出两个集合的交集和并集，最后返回交集字符数量和并集字符数量的比值。我们来验证一下这个结果，如果 s1 和 s2 完全相同，那么返回的结果就是 1；如果 s1 和 s2 毫不相干，那么返回的结果就是 0。这个算法并没有考虑字符的数量和重复度，因此存在一定的局限性，但用来求解一般情况下的相似度已经足够了，而且计算速度非常快。

接下来只需要遍历 title_extracted_by_h 的每个元素，然后找出和 title_extracted_by_title 相似度最高的那个，就是真正的标题了。如果遍历完依然没有结果，就用 title_extracted_by_title 作为最终结果。

综上，可以把提取标题的过程定义成一个方法 extract_title：

```python
def extract_title(element: HtmlElement):
    title_extracted_by_meta = extract_by_meta(element)
    title_extracted_by_h = extract_by_h(element)
    title_extracted_by_title = extract_by_title(element)
    
    if title_extracted_by_meta:
        return title_extracted_by_meta
    
    title_extracted_by_h = sorted(title_extracted_by_h,
                                  key=lambda x: similarity(x, title_extracted_by_title),
                                  reverse=True)
    if title_extracted_by_h:
        return title_extracted_by_h[0]
    
    return title_extracted_by_title
```

4. 提取正文

终于轮到重头戏——提取正文了，我们一起来实现 14.2 节介绍的文本密度和符号密度的计算吧。

首先需要做一些预处理工作。html 节点内通常有很多噪声，非常影响正文内容的提取，script、style 这些内容不仅一定不会包含正文，还会严重影响文本密度的计算，所以有必要先定义一个预处理方法：

```python
from lxml.html import HtmlElement, etree

CONTENT_USELESS_TAGS = ['meta', 'style', 'script', 'link', 'video', 'audio', 'iframe', 'source', 'svg', 'path',
    'symbol', 'img', 'footer', 'header']
CONTENT_STRIP_TAGS = ['span', 'blockquote']
CONTENT_NOISE_XPATHS = [
    '//div[contains(@class, "comment")]',
    '//div[contains(@class, "advertisement")]',
    '//div[contains(@class, "advert")]',
    '//div[contains(@style, "display: none")]',
]

def preprocess4content(element: HtmlElement):
    # 删除标签和内容
    etree.strip_elements(element, *CONTENT_USELESS_TAGS)
```

```python
    # 只删除标签对
    etree.strip_tags(element, *CONTENT_STRIP_TAGS)
    # 删除噪声标签
    remove_children(element, CONTENT_NOISE_XPATHS)

    for child in children(element):
        # 把 span 和 strong 标签里面的文本合并到父级 p 标签里面
        if child.tag.lower() == 'p':
            etree.strip_tags(child, 'span')
            etree.strip_tags(child, 'strong')

            if not (child.text and child.text.strip()):
                remove_element(child)

        # 如果 div 标签里没有任何子节点,就把它转换为 p 标签
        if child.tag.lower() == 'div' and not child.getchildren():
            child.tag = 'p'
```

这里我们定义了一些规则,CONTENT_USELESS_TAGS 代表一些噪声节点,直接调用 strip_elements 方法把这些节点及其内容删除即可。CONTENT_STRIP_TAGS 中节点的文本内容是需要保留的,但是标签可以删掉。CONTENT_NOISE_XPATHS 代表一些很明显不是正文的节点,如评论、广告等,直接删除就好。

其中还调用了几个工具方法,这些方法的定义如下:

```python
def remove_element(element: HtmlElement):
    parent = element.getparent()
    if parent is not None:
        parent.remove(element)

def remove_children(element: HtmlElement, xpaths=None):
    if not xpaths:
        return
    for xpath in xpaths:
        nodes = element.xpath(xpath)
        for node in nodes:
            remove_element(node)
    return element

def children(element: HtmlElement):
    yield element
    for child_element in element:
        if isinstance(child_element, HtmlElement):
            yield from children(child_element)
```

这里还对一些节点做了特殊处理。例如对 p 节点内部的 span 节点和 strong 节点,去掉其标签,只保留内容。对于没有子节点的 div 节点,则将其换成 p 节点。当然,如果大家再想到什么细节,可以继续优化。

预处理完毕之后,整个 element 因为没有了噪声和干扰数据,变得比较规整了。下一步,我们来实现文本密度、符号密度和最终分数的计算。

为了方便处理,我会把节点定义成一个 Python 对象,名字叫作 Element,它包含很多字段,代表某个节点的信息,例如文本密度、符号密度等。Element 的定义如下:

```python
class Element(HtmlElement):
    id: int = None
    tag_name: str = None
    number_of_char: int = None
    number_of_a_char: int = None
    number_of_descendants: int = None
    number_of_a_descendants: int = None
    number_of_p_descendants: int = None
    number_of_punctuation: int = None
    density_of_punctuation: int = None
```

```
density_of_text: float = None
density_score: float = None
```

以下为其中包含的字段的简析。

- id：节点的唯一 id。
- tag_name：节点的标签值，例如 p、div、img 等。
- number_of_char：节点的总字符数。
- number_of_a_char：节点内带超链接的字符数。
- number_of_descendants：节点的子孙节点数。
- number_of_a_descendants：节点内带链接的节点数，即 a 的子孙节点数。
- number_of_p_descendants：节点内的 p 节点数。
- number_of_punctuation：节点包含的标点符号数。
- density_of_punctuation：节点的符号密度。
- density_of_text：节点的文本密度。
- density_score：最终评分。

这些字段都是我们计算最终节点评分需要的，在此列举几个字段的计算方法：

```
def number_of_a_char(element: Element):
    if element is None:
        return 0
    text = ''.join(element.xpath('.//a//text()'))
    text = re.sub(r'\s*', '', text, flags=re.S)
    return len(text)

def number_of_p_descendants(element: Element):
    if element is None:
        return 0
    return len(element.xpath('.//p'))

PUNCTUATION = set('''！，。？、；：""''《》%（）<>{}「」【】*~`,.?:;'"!%()''')
def number_of_punctuation(element: Element):
    if element is None:
        return 0
    text = ''.join(element.xpath('.//text()'))
    text = re.sub(r'\s*', '', text, flags=re.S)
    punctuations = [c for c in text if c in PUNCTUATION]
    return len(punctuations)

def density_of_text(element: Element):
    if element.number_of_descendants - element.number_of_a_descendants == 0:
        return 0
    return (element.number_of_char - element.number_of_a_char) / \
           (element.number_of_descendants - element.number_of_a_descendants)

def density_of_punctuation(element: Element):
    result = (element.number_of_char - element.number_of_a_char) / \
             (element.number_of_punctuation + 1)
    return result or 1
```

这里列举的几个计算方法，接收的参数都是 Element 对象，返回值是对应字段的结果。number_of_a_char 方法用于获取节点内带超链接的字符数，实现流程是查找当前节点内所有的 a 节点，然后统计这些 a 节点内的字符数量；number_of_punctuation 方法用于获取节点内标点符号的数量，实现流程是先获取节点内的所有文本，然后统计其中属于标点符号的字符，这里声明了标点符号的集合 PUNCTUATION；density_of_text 方法用于计算节点的文本密度，其计算规则和 14.2 节的公式完全一致，这里就是 number_of_char 和 number_of_a_char 的差除以 number_of_descendants 和 number_of_a_descendants 的差；density_of_punctuation 方法用于计算节点的符号密度，其计算规则也和 14.2 节的公式完全一致，即 number_of_char 和 number_of_a_char 的差除以 number_of_punctuation 加 1。

通过这些方法，我们就可以计算 Element 对象的各个指标了，最重要的当属文本密度 density_of_text 和符号密度 density_of_punctuation。

最后一步是利用 14.2 节介绍的公式，计算节点的最终分数并选取分数最高的节点提取其文本内容，最终得到的结果就是正文内容。提取正文的方法定义如下：

```python
def process(element: Element):
    # 预处理
    preprocess4content(element)
    
    # 找出当前节点的子孙节点
    descendants = descendants_of_body(element)
    
    # 找出所有节点的 density_of_text 值的方差
    density_of_text = [descendant.density_of_text for descendant in descendants]
    density_of_text_std = np.std(density_of_text, ddof=1)
    
    # 计算所有节点的 density_score 值
    for descendant in descendants:
        score = np.log(density_of_text_std) * \
                descendant.density_of_text * \
                np.log10(descendant.number_of_p_descendants + 2) * \
                np.log(descendant.density_of_punctuation)
        descendant.density_score = score
    
    # 根据 density_score 对节点进行排序
    descendants = sorted(descendants, key=lambda x: x.density_score, reverse=True)
    descendant_first = descendants[0] if descendants else None
    if descendant_first is None:
        return None
    paragraphs = descendant_first.xpath('.//p//text()')
    paragraphs = [paragraph.strip() if paragraph else '' for paragraph in paragraphs]
    paragraphs = list(filter(lambda x: x, paragraphs))
    text = '\n'.join(paragraphs)
    text = text.strip()
    return text
```

这里定义了一个 process 方法，并向其中传入 HTML 根节点进行处理。首先调用 preprocess4content 方法做预处理，然后调用 descendants_of_body 方法获取了 body 节点的所有子孙节点，赋值为 descendants。接着对 descendants 进行遍历，计算出各个子孙节点的文本密度、符号密度以及文本密度的标准差，最后求得分数 density_score。

求得所有子孙节点的 density_score 之后，排序找出 density_score 最高的节点，然后提取其 p 节点的文本内容即为正文，如上代码中的最后一部分便实现了排序和提取过程。

调用 process 方法来提取示例新闻页面的正文，运行结果如下：

""我的名字叫紫禁城，快要 600 岁了，这上元的夜啊，总是让我沉醉，这么久了却从未停止。"\n"重檐之上的月光，曾照进古人的宫殿；城墙上绵延的灯彩，映出了角楼的瑰丽。今夜，一群博物馆人将我点亮一段话。\n 半小时后，"紫禁城上元之夜"的灯光点亮了北京夜空。\n 午门城楼及东西雁翅楼用白、黄、红三种颜色光源装扮！太和门广场变成了超大的夜景灯光秀场！\n 图片来源：东方 IC 版权作品 请勿转载\n 午门城宫博物院供图\n 故宫的角楼被灯光装点出满满的节日气氛！\n 故宫博物院供图\n 令人惊叹的是，故宫的"网红"藏品《清明上河图》《千里江山图卷》在"灯会"中展开画卷。\n 灯光版《清明上河图》\n 以灯为笔，以屋顶为，故宫博物院最北端神武门也被灯光点亮！\n 故宫博物院供图\n 上元之夜，故宫邀请了劳动模范、北京榜样、快递小哥、环卫工人、解放军和武警官兵、消防指战员、公安干警等各界代表以及预约成功的观众，共 3000 人故宫博物院供图\n 时间退回到两天前，故宫博物院发布了 2 月 19 日(正月十五)、20 日(正月十六)即将举办"紫禁城上元之夜"文化活动的消息。\n 图片来源：视觉中国\n18 日凌晨，一众网友前往故宫博物院官网抢票，网站甚节就有诸多讲究。\n 有灯无月不娱人，有月无灯不算春。\n 春到人间人似玉，灯烧月下月如皂。\n 满街珠翠游村女，沸地笙歌赛社神。\n 不展芳尊开口笑，如何消得此良辰。\n——唐伯虎《元宵》\n 明代宫中过上元节，皇宵节晚会"。\n2 月 18 日，北京故宫午门调试灯光。中新社记者 杜洋 摄\n 其中，灯戏颇为有趣。由多人舞灯拼出吉祥文字及图案，每人手执彩灯、身着不同颜色的服装，翩翩起舞，类似于现代的大型团体操表演。\n 但这紫禁城，恭亲王奕䜣 与英法联军交换了《天津条约》批准书，并订立《中英北京条约》《中法北京条约》作为补充。\n 战争结束了，侵略者摇身一变成了游客。一位外国"摄影师"拍下了当年的紫禁城，并在日记里写到，百年。\n 直到上世纪 40 年代时，故宫的环境仍然并不是想象中的博物馆的状态。\n 曾有故宫博物院工作人员撰文回忆，当时的故宫内杂草丛生，房倒屋漏，有屋顶竟长出了树木。光是清理当时宫中存留的垃圾、杂草就用单霁翔到任故宫院长。那时，他拿到的故宫博物院介绍，写了这座博物馆诸多的"世界之最"。\n 可他觉得，当自己真正走到观众中间，这些"世界之最"都没有了。\n2 月 18 日，北京故宫午门调试灯光。中新社记者 杜洋 摄外环境进行了大整治。\n 游客没有地方休息，那就拆除了宫中的临时建筑、新增供游客休息的椅子；\n 游客排队上厕所，那就将一个职工食堂都改成了洗手间；\n 游客买票难，那就全面采用电子购票，新增多个售票点；馆。\n 今年，持续整个正月的"过大年"展览和"紫禁城上元之夜"，让本该是淡季的故宫变得一票难求。\n 在不少普通人眼中，近 600 岁的故宫正变得越来越年轻。\n 资料图：故宫博物院院长单霁翔。中新社记者 刘关关 摄元宵节活动进行评估后，或结合二十四节气等重要时间节点推出夜场活动。\n 你期待吗？\n 作者：上官云 宋宇晟"

可以看到，正文被成功提取出来了。

5. 提取发布时间

提取发布时间，一般根据两个内容，一个是 meta 节点，一个是匹配规则。

如果 meta 节点里包含发布时间的相关信息，那么通常就是对的，可信度非常高，提取出来并返回就行；如果不包含，就用正则表达式匹配一些时间规则来提取。

首先我们根据 meta 节点提取，下面列出了一些用来匹配发布时间的 XPath 规则：

```
METAS = [
    '//meta[starts-with(@property, "rnews:datePublished")]/@content',
    '//meta[starts-with(@property, "article:published_time")]/@content',
    '//meta[starts-with(@property, "og:published_time")]/@content',
    '//meta[starts-with(@property, "og:release_date")]/@content',
    '//meta[starts-with(@itemprop, "datePublished")]/@content',
    '//meta[starts-with(@itemprop, "dateUpdate")]/@content',
    '//meta[starts-with(@name, "OriginalPublicationDate")]/@content',
    '//meta[starts-with(@name, "article_date_original")]/@content',
    '//meta[starts-with(@name, "og:time")]/@content',
    '//meta[starts-with(@name, "apub:time")]/@content',
    '//meta[starts-with(@name, "publication_date")]/@content',
    '//meta[starts-with(@name, "sailthru.date")]/@content',
    '//meta[starts-with(@name, "PublishDate")]/@content',
    '//meta[starts-with(@name, "publishdate")]/@content',
    '//meta[starts-with(@name, "PubDate")]/@content',
    '//meta[starts-with(@name, "pubtime")]/@content',
    '//meta[starts-with(@name, "_pubtime")]/@content',
    '//meta[starts-with(@name, "weibo: article:create_at")]/@content',
    '//meta[starts-with(@pubdate, "pubdate")]/@content',
]
```

以上规则都是通过经验总结得来的，可以自行添加或修改。

然后我们同样定义一个方法 extract_by_meta 来提取发布时间，它接收一个 HtmlElement 对象，该方法的定义如下：

```
def extract_by_meta(element: HtmlElement):
    for xpath in METAS:
        datetime = element.xpath(xpath)
        if datetime:
            return ''.join(datetime)
```

这里其实就是遍历 METAS 中的 XPath 规则，然后查找整个 HtmlElement 对象中有没有与当前规则匹配的内容，例如：

```
//meta[starts-with(@property, "og:published_time")]/@content
```

这行代码就是查找 meta 节点中是否存在以 og:published_time 开头的 property 属性，如果有，就提取出其 content 属性的值。

假如我们的案例中刚好有一个 meta 节点的内容为：

```
<meta name="og:time " content="2019-02-20 02:26:00">
```

经过处理，它会匹配到下面的 XPath 表达式：

```
//meta[starts-with(@name, "og:time")]/@content
```

其实 extract_by_meta 方法就成功匹配到时间信息了，提取出 2019-02-20 02:26:00 这个值就是发布时间了。一般来说这个结果可信度非常高，可以直接将其返回作为最终的提取结果。

可是，并不是所有页面都会包含这个 meta 节点。如果不包含，就要尝试用一些时间匹配规则来提取，其实就是定义一些时间的正则表达式：

```
REGEXES = [
    "(\d{4}[-|/|.]\d{1,2}[-|/|.]\d{1,2}\s*?[0-1]?[0-9]:[0-5]?[0-9]:[0-5]?[0-9])",
    "(\d{4}[-|/|.]\d{1,2}[-|/|.]\d{1,2}\s*?[2][0-3]:[0-5]?[0-9]:[0-5]?[0-9])",
    "(\d{4}[-|/|.]\d{1,2}[-|/|.]\d{1,2}\s*?[0-1]?[0-9]:[0-5]?[0-9])",
    "(\d{4}[-|/|.]\d{1,2}[-|/|.]\d{1,2}\s*?[2][0-3]:[0-5]?[0-9])",
    "(\d{4}[-|/|.]\d{1,2}[-|/|.]\d{1,2}\s*?[1-24]\d 时[0-60]\d 分)([1-24]\d 时)",
    "(\d{2}[-|/|.]\d{1,2}[-|/|.]\d{1,2}\s*?[0-1]?[0-9]:[0-5]?[0-9]:[0-5]?[0-9])",
    "(\d{2}[-|/|.]\d{1,2}[-|/|.]\d{1,2}\s*?[2][0-3]:[0-5]?[0-9]:[0-5]?[0-9])",
    "(\d{2}[-|/|.]\d{1,2}[-|/|.]\d{1,2}\s*?[0-1]?[0-9]:[0-5]?[0-9])",
    "(\d{2}[-|/|.]\d{1,2}[-|/|.]\d{1,2}\s*?[2][0-3]:[0-5]?[0-9])",
    "(\d{2}[-|/|.]\d{1,2}[-|/|.]\d{1,2}\s*?[1-24]\d 时[0-60]\d 分)([1-24]\d 时)",
    ...
    "(\d{4}[-|/|.]\d{1,2}[-|/|.]\d{1,2})",
    "(\d{2}[-|/|.]\d{1,2}[-|/|.]\d{1,2})",
    "(\d{4}年\d{1,2}月\d{1,2}日)",
    "(\d{2}年\d{1,2}月\d{1,2}日)",
    "(\d{1,2}月\d{1,2}日)"
]
```

由于内容比较多，因此这里省略了部分内容。其实就是一些常见的日期格式，日期格式毕竟是有限的，所以通过一些有限的正则表达就能完成匹配。

接下来，定义一个正则搜索的方法：

```python
import re
def extract_by_regex(element: HtmlElement) -> str:
    text = ''.join(element.xpath('.//text()'))
    for regex in REGEXES:
        result = re.search(regex, text)
        if result:
            return result.group(1)
```

这个方法中先查找了 element 的文本内容，然后对文本内容进行正则表达式搜索，符合条件的就直接返回。

最后，我们直接把提取发布时间的方法定义为：

```
extract_by_meta(element) or extract_by_regex(element)
```

这样就会优先根据 meta 节点提取，其次根据正则表达式提取。

另外，对于处在特殊位置的时间，可以对要处理的 HtmlElement 对象进行预处理，先排除一些干扰信息，以提高提取的正确率。

6. 整合

现在规整一下，将提取标题、正文和发布时间的方法合并为 extract 方法，然后输出 JSON 格式的结果：

```python
def extract(html):
    return {
        'title': extract_title(html),
        'datetime': extract_datetime(html),
        'content': extract_content(html)
    }
```

最后直接调用 extract 方法，运行结果如图 14-12 所示。

```
{
  "title": "故宫，你低调点！故宫：不，实力已不允许我继续低调",
  "datetime": "2019-02-20 02:26:00",
  "content": "“我的名字叫紫禁城，快要600岁了，这上元的夜啊，总是让我沉醉，这么久
了却从未停止。”\n“重檐之上的月光，曾照进古人的宫殿；城墙上绵延的灯彩，映出了角楼
的瑰丽。今夜，一群博物馆人将我点亮，我在北京的中央，献给团圆的你们，一座壮观的城
。”\n故宫博物院供图\n今年元宵节，故宫迎来了建院94年以来的首次“灯会”，“灯会”开始
前，故宫博物院在微博上写下了这样一段话。\n半小时后，“紫禁城上元之夜”的灯光点亮了
北京夜空。\n午门城楼及东西雁翅楼用白、黄、红三种颜色光源装扮！\n太和门广场变成了
超大的夜景灯光秀场！\n图片来源：东方IC 版权作品 请勿转载\n午门城楼的西马道上，“
紫禁城里过大年展览上元夜也依旧开放！\n故宫博物院供图\n故宫的角楼被灯光装点出满满
的节日气氛！\n故宫博物院供图\n令人惊叹的是，故宫的“网红”藏品《清明上河图》《千里
江山图卷》在“灯会”中展开画卷。\n灯光版《清明上河图》\n以灯为笔，以屋顶为纸，一眼
望去美不胜收！\n灯光版《清明上河图》\n太和殿被灯光勾勒出宏伟的轮廓！\n故宫博物院
供图\n上元之夜，宫中的畅音阁戏楼持续上演着戏曲表演。\n故宫博物院供图\n最后一站，
故宫博物院最北端神武门也被灯光点亮！\n故宫博物院供图\n上元之夜，故宫邀请了劳动模
范、北京榜样、快递小哥、环卫工人、解放军和武警官兵、消防指战员、公安干警等各界代
表以及预约成功的观众，共3000人游览紫禁城。\n更多人通过网络直播一睹故宫“灯会”盛景
。\n故宫博物院供图\n有网友还在感叹这次“超越春运难度”的抢票，“预约门票简直‘秒光’”
。\n故宫博物院供图\n时间退回到两天前，故宫博物院发布了2月19日(正月十五)、20日(正
月十六)即将举办“紫禁城上元之夜”文化活动的消息。\n图片来源：视觉中国\n18日凌晨，
一众网友前往故宫博物院官网抢票，网站甚至一度被挤到瘫痪。\n即便一票难求，这两天夜
间的门票仍然在短时间内被一抢而空。\n故宫博物院供图\n今年的元宵节夜晚，故宫一下热
闹了起来。\n其实，远在明清两代，宫里的上元节就有诸多讲究。\n有灯无月不娱人，有月
```

图 14-12　提取结果

至此，我们成功提取了示例页面的标题、正文和发布时间，并以 JSON 格式输出这些内容。由于整个提取算法实现起来比较复杂，因此本节对部分代码的逻辑做了简化，不过大家不用担心，我已经将以上提取算法封装成了一个完整的 Python 包，可以直接调用，感兴趣的话也可以查看其源码。包叫作 GerapyAutoExtractor，可以通过 pip3 工具安装：

```
pip3 install gerapy-auto-extractor
```

安装完成后就可以导入使用了，调用流程也非常简单：

```
from gerapy_auto_extractor import extract_detail
from gerapy_auto_extractor.helpers import content, jsonify

html = content('detail.html')
print(jsonify(extract_detail(html)))
```

这里我们调用 content 方法读取了详情页的 HTML 代码，调用 extract_detail 方法提取了详情页的内容，并调用 jsonify 方法对提取结果进行格式化，运行结果同样如图 14-12 所示。

另外，GerapyAutoExtractor 包还在很多细节上对提取算法进行了优化，大家可以查看其说明来了解更多用法，或者直接查看源码来详细了解本节内容的实现流程。

7. 总结

本节中我们介绍了详情页提取算法的代码实现，不同的内容对应不同的实现思路。本节代码见 https://github.com/Gerapy/GerapyAutoExtractor。

14.4　列表页智能解析算法简介

我们在 14.2 节和 14.3 节中了解了提取详情页中标题、正文和发布时间的过程，并用代码实现了对应算法。除了智能解析详情页外，我们还需要考虑到列表页。

本节中我们来了解一下列表页的智能解析算法，主要包括如下内容。

- 我们定义的列表页是指怎样的页面。

- 列表页的哪些信息是我们需要提取的。
- 介绍列表页的提取算法。

1. 怎样的页面属于列表页

在 14.2 节，我们已经了解了列表页和详情页的区分方法，这里就不再做对比阐述了。列表页包含一个个详情页的标题和链接，点击其中某个链接，就可以进入对应的详情页，简言之，列表页相当于导航页。图 14-13 所示的页面就是一个非常典型的列表页，这里我们就以它为例进行介绍。

能够看到，页面主要区域里的新闻列表很醒目，每行都包括新闻的类别、标题和发布时间，点击其中任意一个标题，都能进入对应的新闻详情页。

图 14-13 示例列表页

2. 提取内容

我们需要做的是从当前列表页中把详情页的标题和链接提取出来，并以列表的形式返回，例如对于图 14-13，我们想要提取的结果就类似如下这样：

```
[
    {
        "title": "进入职业大洗牌时代，"吃香"职业还吃香吗？",
        "url": " https://new.qq.com/omn/20210828/20210828A025LK00.html "
    },
    ...
    {
        "title": "他，活出了我们理想的样子",
        "url": " https://new.qq.com/omn/20210821/20210821A020ID00.html "
    }
]
```

由于内容较多，这里省略了大部分内容。返回的这个列表中，每一个元素各代表一个详情页，包含标题、链接这两部分内容。

如果能够实现这些内容的自动化提取，再结合详情页的自动化提取，那我们不需要编写 XPath，就可以把一个网站的关键信息都爬取下来了。

3. 准备工作

和提取详情页时一样，先把列表页的 HTML 代码从浏览器里复制出来，并保存为 list.html 文件，如图 14-14 所示。

图 14-14　保存列表页的 HTML 代码

4. 提取思路

要提取列表页中的标题和链接，首先需要观察标题的源代码特征。我们随机选取一个标题查看其源代码，如图 14-15 所示。

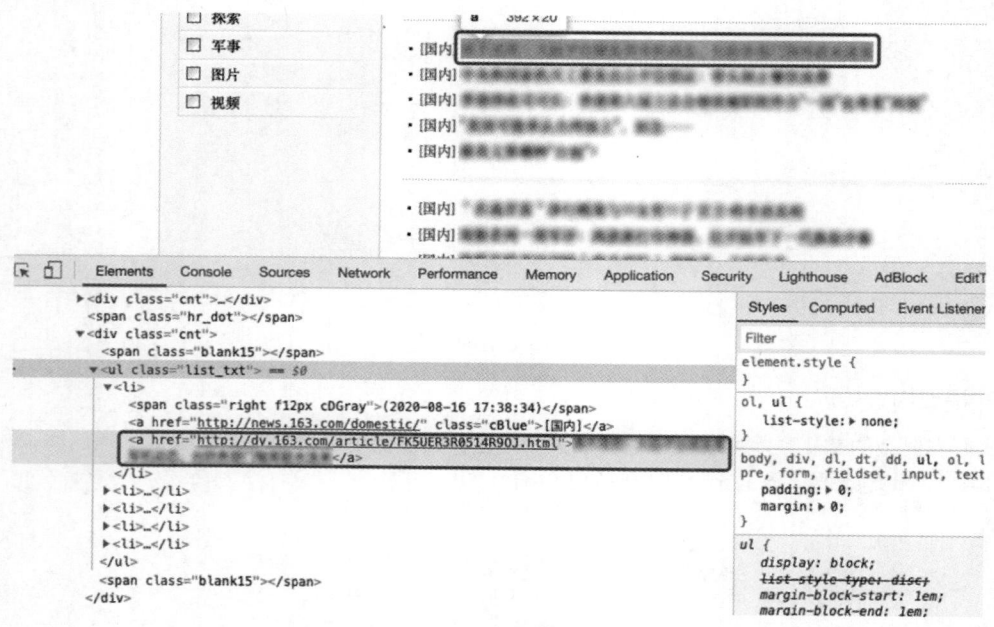

图 14-15　列表页中某标题及对应的源代码

可以发现该标题对应一个 a 节点，href 属性值就是对应的链接，同时这个 a 节点的前面还有一个 a 节点，代表这篇新闻所属的类别。这两个 a 节点的外层是 li 节点，该 li 节点有 4 个兄弟节点，这 5 个 li 节点同属一个 ul 节点。

所以，如果想把当前页面中的所有链接都提取出来，需要提取所有 ul 节点内所有 li 节点内的所有类似标题的 a 节点。

初步分析貌似没发现什么通用的规律。如果换成其他列表页，其页面结构可能完全不同，例如不会有 li 节点，不会有 ul 节点，如果我们按照固定的 ul、li 等信息来提取，那么算法的可用性是非常低的。

既然要实现通用的列表页信息提取算法，关键还是要找一些通用的提取模式。说到这里，可以观察到一个现象：列表里的标题通常是一组一组呈现的，如果仅观察一组，可以发现组内包含多个连续并列的兄弟节点。如果我们把这样连续并列的兄弟节点作为寻找目标，就可以得到这样一个通用的规律：

- 这些节点是同类型且连续的兄弟节点，数量至少为 2 个；
- 这些节点有一个共同的父节点。

为了更好地表述算法流程，这里做一下定义，把共同的父节点称为"组节点"，同类型且连续的兄弟节点称为"成员节点"。有了这个规律，来看看从示例列表页中能找到多少满足这个要求的组节点，如图 14-16 所示。

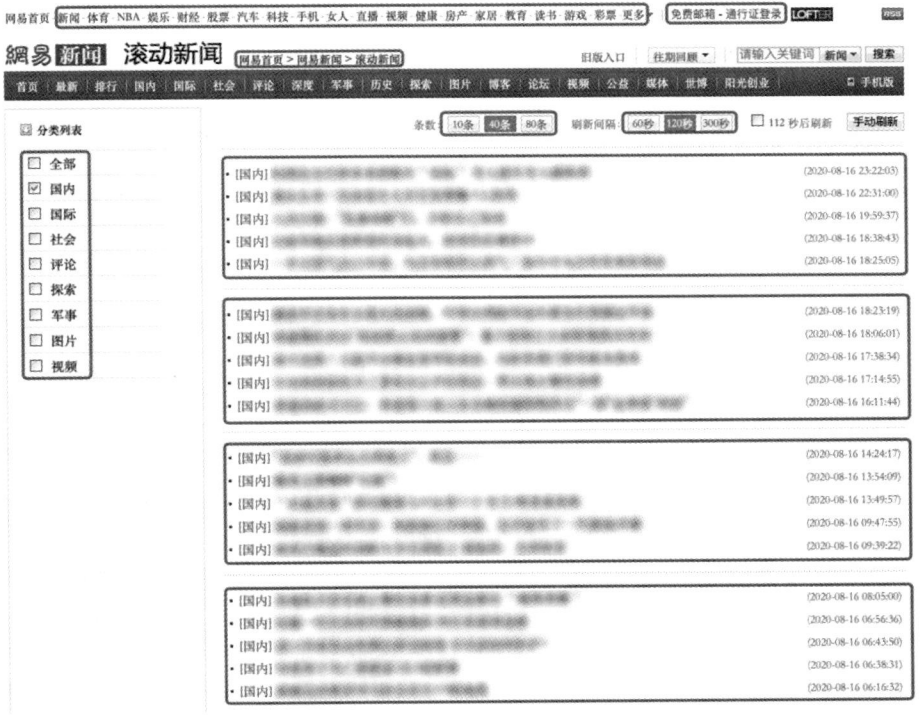

图 14-16　示例列表页中的组节点

在图 14-16 中，我们用矩形框选出了符合要求的组节点，可以看到这样的组节点还是蛮多的。但我们只想要列表中的组节点（目标组节点），因此需要想办法排除其他组节点（冗余组节点）。要想排除冗余组节点，需要先找到目标组节点和冗余组节点的不同。直观来看，最明显的不同当属字数，冗余组节点对应的每个成员节点都比较短，可能就包含 2~3 个字，而目标组节点对应的成员节点普遍比较长，因此可以利用成员节点的最小平均字数设限，例如平均字数在 3 以下的成员节点对应的组节点就会被排除。还有其他一些特征也可以利用，例如成员节点的数量，规定一个组节点对应的成员节点的最小数量为 3，也能排除一些不必要的组节点。

为了更好地说明算法的思路，我们规定成员节点的最小平均字数为 3，一个组节点对应的成员节点的最小数量也为 3，经过过滤，剩下的组节点如图 14-17 所示。

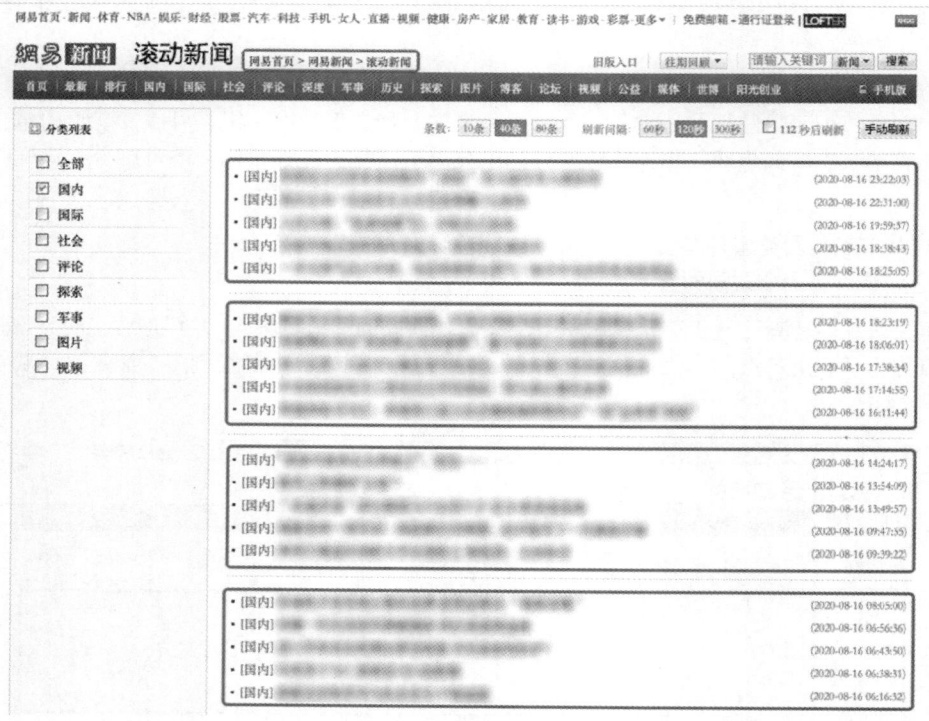

图 14-17　过滤之后的组节点

在图 14-17 中，就只剩下最上方的"网易首页 > 网易新闻 > 滚动新闻"这个面包屑导航对应的组节点，还有下方标题列表中的几个组节点了。

下一步该怎么办呢？

先想一下我们想要的结果在哪里，对于这里，只有标题列表中的几个组节点是我们想要的。再回想一下 14.2 节提取详情页正文的逻辑，我们是怎么做的？是根据不同节点的特征计算了节点的分数，最终根据分数排序，选出分数最高的节点作为提取目标，其内容就是正文内容。按照这个思想，这里就是要根据组节点的特征计算每个组节点的分数，然后选出分数最高的组节点作为提取目标。稍等，最高岂不意味着最终结果只有一个，可我们的目标组节点不止一个（实际比图 14-17 中显示的更多），如果只有一个提取结果，那其他目标组节点的内容不就丢了吗？怎么保留多个结果，这个数量又怎么定成为了我们面临的新问题。

在这种情况下，可以考虑"降维"操作，即把同类型的组节点合并为一个组节点，这样一来，图 14-17 中的所有目标组节点就会成为一个整体，我们想要提取的节点就都在这个整体内部了，合并后的组节点如图 14-18 所示。

可以看到，下方这个大的组节点包含我们想要提取的所有成员节点，因此最后只要能把这个组节点选出来就好了。至此，我们终于可以使用提取详情页正文时的思想了，计算每个组节点的置信度分数，然后选出分数最高的作为目标组节点。

图 14-18　合并所有目标组节点

组节点筛选出来了，下一步就是从其内部的所有成员节点内提取标题，这要相对简单一些，例如根据字数、标签信息、超链接信息就能判断出标题对应的节点，提取其中的标题内容和超链接就好了。

5. 总结

经过本节的学习，我们可以自动化地找出页面中所有的标题和链接信息了。总体来说，提取思路分为下面几步。

(1) 根据成员节点的特征（同类型且连续）找出所有符合条件的候选组节点。
(2) 根据规定的组节点特征（例如字数、成员节点数量等）排除冗余组节点。
(3) 合并同类型的组节点，总的组节点数量减少。
(4) 计算置信度分数，从现有组节点中选出最佳组节点。
(5) 从最佳组节点的所有成员节点内提取标题和链接。

这个思路虽然不一定是最优的列表页提取方案，但用来提取大部分列表页的内容应该不是问题。

14.5　列表页智能解析算法的实现

本节中我们来动手实现列表页的提取算法。

1. 本节目标

还是以图 14-13 所示的页面为例，用代码实现 14.4 节"总结"部分的提取思路。

注意　由于部分算法比较复杂，本节介绍的算法是简化后的版本，更多细节处理可以参考本节最后的说明。

2. 准备工作

上一节中我们已经将示例列表页的 HTML 代码保存下来了,文件名为 list.html。另外,本节主要还是用 XPath 解析页面和操作节点,所以需要用到 lxml 库。

3. 数据预处理

和提取详情页正文时一样,由于原始 HTML 代码中包含很多干扰内容,所以先对 HTML 代码进行预处理,整个预处理方法和提取详情页正文时也基本类似,这里为了更加灵活地修改处理逻辑,单独定义了一个 preprocess4list 方法:

```python
from lxml.html import HtmlElement, etree

LIST_USELESS_TAGS = ['meta', 'style', 'script', 'link', 'video', 'audio', 'iframe', 'source', 'svg', 'path',
    'symbol', 'img', 'footer', 'header']
LIST_STRIP_TAGS = ['span', 'blockquote']
LIST_NOISE_XPATHS = [
    '//div[contains(@class, "comment")]',
    '//div[contains(@class, "advertisement")]',
    '//div[contains(@class, "advert")]',
    '//div[contains(@style, "display: none")]',
]


def preprocess4list(element: HtmlElement):
    """
    preprocess element for list extraction
    :param element:
    :return:
    """
    # 删除标签和其中的内容
    etree.strip_elements(element, *LIST_USELESS_TAGS)
    # 只移动标签对
    etree.strip_tags(element, *LIST_STRIP_TAGS)

    remove_children(element, LIST_NOISE_XPATHS)

    for child in children(element):

        # 将 span 和 strong 节点内的文本合并到父级 p 节点内
        if child.tag.lower() == 'p':
            etree.strip_tags(child, 'span')
            etree.strip_tags(child, 'strong')

            if not (child.text and child.text.strip()):
                remove_element(child)

        # 如果 div 标签不包含任何子节点,它可以被转换为 p 节点
        if child.tag.lower() == 'div' and not child.getchildren():
            child.tag = 'p'
```

这里同样定义了一些规则,LIST_USELESS_TAGS 代表一些噪声节点,可以直接调用 strip_elements 方法把其整个节点和内容删除。LIST_STRIP_TAGS 节点的文本内容需要保留,标签可以删掉。LIST_NOISE_XPATHS 代表一些明显不是列表内容的节点,例如评论、广告等,直接删除就好。

其中还用到了工具方法 remove_children、remove_element 等,它们的定义也已经在 14.3 节阐明,这里不再赘述。

4. 选取组节点

现在实现前两步:根据成员节点的特征(同类型且连续)找出所有符合条件的候选组节点,然后根据规定的组节点特征(例如字数、成员节点数量等)排除冗余组节点。

为了方便操作，这里扩展一下 Element 对象的属性：

```python
class Element(HtmlElement):
    id: int = None
    tag_name: str = None
    number_of_char: int = None
    number_of_a_char: int = None
    number_of_descendants: int = None
    number_of_a_descendants: int = None
    number_of_p_descendants: int = None
    number_of_punctuation: int = None
    density_of_punctuation: int = None
    density_of_text: float = None
    density_score: float = None
    # 扩展属性
    number_of_siblings: int = None
    a_descendants_group_text_min_length: int = None
    a_descendants_group_text_max_length: int = None
    similarity_with_siblings: float = None
    parent_selector: str = None
```

这里我们扩展了如下几个属性。

- number_of_siblings：兄弟节点的数量。用于过滤冗余组节点，当一个节点的兄弟节点的数量小于一定数值时，就过滤掉对应的组节点。
- a_descendants_group_text_min_length：组节点内成员节点的文本内容的最小长度。用于过滤冗余组节点。
- a_descendants_group_text_max_length：组节点内成员节点的文本内容的最大长度。同样用于过滤冗余组节点。
- similarity_with_siblings：节点和兄弟节点的相似度。如果这个相似度过低，那么这些节点可能并不是同类型且连续的节点，对应的组节点也不是我们想要的节点。
- parent_selector：父节点的选择器。成员节点用它选择组节点，它们是父子关系。

接下来就找出同类型且连续的成员节点对应的组节点吧，代码实现如下：

```python
min_number = 5
min_length = 8
max_length = 44
similarity_threshold = 0.8

def build_clusters(element):
    descendants_tree = defaultdict(list)
    descendants = descendants_of_body(element)
    for descendant in descendants:
        if descendant.number_of_siblings + 1 < min_number:
            continue
        if descendant.a_descendants_group_text_min_length > max_length:
            continue
        if descendant.a_descendants_group_text_max_length < min_length:
            continue
        if descendant.similarity_with_siblings < similarity_threshold:
            continue
        descendants_tree[descendant.parent_selector].append(descendant)
    descendants_tree = dict(descendants_tree)
```

这里我们先定义了几个阈值。

- min_number：用于限制兄弟节点的数量，这里定义为 5，即成员节点至少要是 5 个同类型且连续的节点。
- min_length：用于限制成员节点的文本内容的最小长度，这里定义为 8。比较 a_descendants_group_text_max_length 和 min_length 的值，如果前者小于后者，也就是组节点内成员节点的文本内容的最大长度小于8，就说明该组节点内所有成员节点的文本内容都很短，而标题一般得8个字以上，说明该组节点内不可能包含标题，就把它排除了。用这个阈值可以过滤掉很多导航菜单组节点。
- max_length：用于限制成员节点的文本内容的最大长度，这里定义为44。比较 a_descendants_group_text_min_length 和 max_length 的值，如果前者大于后者，也就是组节点内成员节点的文本内容的最小长度大于44，就说明该组节点内所有成员节点的文本内容都很长，而标题一般最多40字，说明该组节点内不可能包含标题，同样把它排除了。用这个阈值可以过滤掉很多长文本组节点。
- similarity_threshold：用于限制兄弟节点的相似度，这里可以用 tag_name、class 属性值、子节点的数量或其他属性来判断节点的相似度，例如 <a title="block" class="item item-1"></a> 和 <a title="block" class="item item-2"></a> 的相似度是比较高的，而 <a title="block" class="item item-1"> 和 <span class="bold"></span> 的相似度就很低。如果成员节点的相似度很低，就证明这个组节点里根本没有同类型且连续的成员节点，那么这个组节点就不能作为目标组节点了。

这里我们将 descendants_tree 定义为了 defaultdict(list) 类型，其键名是父节点的选择器，键值是成员节点组成的列表。

运行上述代码，就能得到一些符合要求的组节点了，结果如图 14-19 所示。

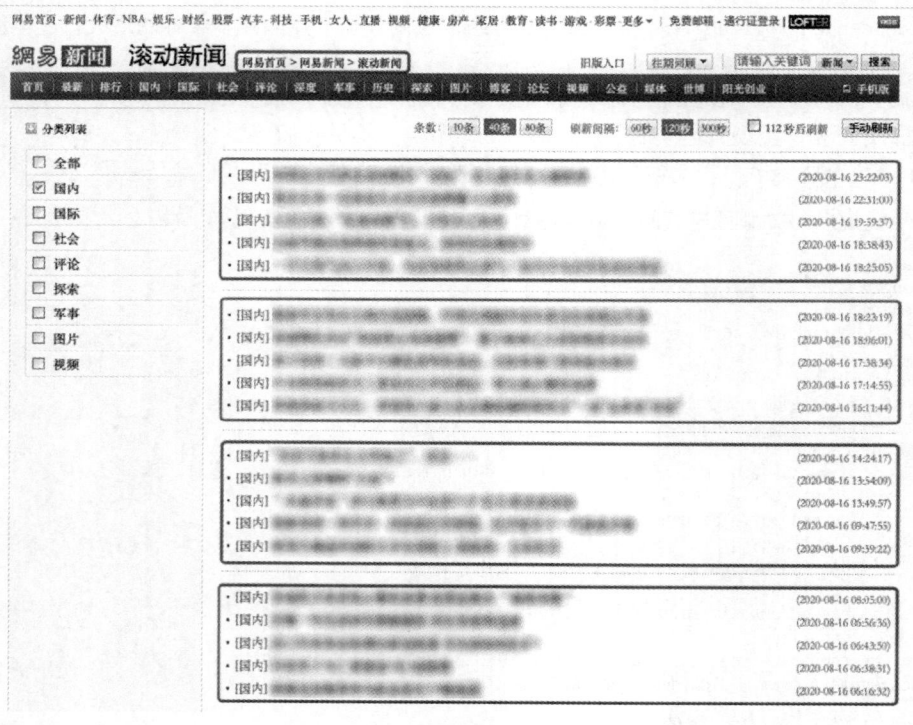

图 14-19 初步筛选出的组节点

5. 合并组节点

现在要根据相似度合并组节点了，怎么计算相似度呢？简单来说可以直接使用选择器的路径表达式，相似组节点对应的选择器相似度一定很高。例如这里一共有5个组节点的 XPath 路径表达式：

- /html/body/div[@class="main"]/div[1]/ul
- /html/body/div[@class="main"]/div[2]/ul
- /html/body/div[@class="main"]/div[3]/ul
- /html/body/header/div[1]
- /html/body/header/div[2]

你能找出哪些组节点属于同一组吗？很明显，前 3 个属于同一组，后 2 个属于同一组。那么如何用算法实现呢？这个算法属于聚类的范畴了。聚类就是把相似的内容聚在一起成为一堆，聚类方法有很多，例如 K-means、DBSCAN 等，不过这里我们仅仅根据选择器聚类。一个简单的聚类方法如下：

```python
def cluster(items, threshold=0.9):
    number = -1
    clusters_map = {}
    clusters = []
    for name in items:
        for c in clusters:
            if all(similarity(name, w) > threshold for w in c):
                c.append(name)
                clusters_map[name] = number
                break
        else:
            number += 1
            clusters.append([name])
            clusters_map[name] = number
    return clusters_map

def cluster_dict(data: dict, threshold=0.9):
    ids = data.keys()
    clusters_map = cluster(ids, threshold)
    result = defaultdict(list)
    for k, v in data.items():
        if isinstance(v, list):
            for i in v:
                result[clusters_map[k]].append(i)
        else:
            result[clusters_map[k]].append(v)
    return dict(result)
```

这里的 `cluster_dict` 就是对字典类型的内容进行聚类处理，其输入数据就是 `defaultdict(list)` 类型的，键名是父节点的选择器，键值是成员节点列表。

这里我们可以根据上面的例子测试一下：

```python
data = {
    '/html/body/div[@class="main"]/div[1]/ul': ['child1', 'child2', 'child3'],
    '/html/body/div[@class="main"]/div[2]/ul': ['child4', 'child5', 'child6'],
    '/html/body/div[@class="main"]/div[3]/ul': ['child7', 'child8', 'child9'],
    '/html/body/header/div[1]': ['child10', 'child11', 'child12'],
    '/html/body/header/div[2]': ['child13', 'child14', 'child15'],
}
print(cluster_dict(data, threshold=0.7))
```

运行结果如下：

```
{0: ['child1', 'child2', 'child3', 'child4', 'child5', 'child6', 'child7', 'child8', 'child9'], 1: ['child10', 'child11', 'child12', 'child13', 'child14', 'child15']}
```

可以看到成功把前 3 个组节点聚在一起了，成为第一组，另外 2 个组节点则聚为第二组，和我们肉眼观察到的结果一致。

接下来调用 `cluster_dict` 方法对上一步的 `descendants_tree` 进行聚类处理：

```python
clusters = cluster_dict(descendants_tree)
```

这样得到的结果就是合并后的组节点了，结果变成图 14-20 所示的这样。

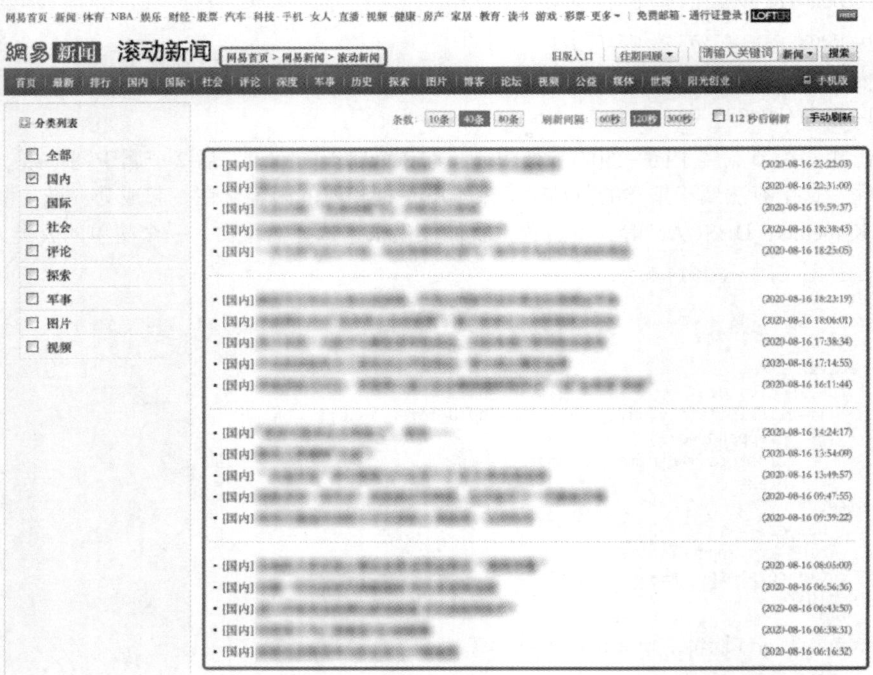

图 14-20　合并后的组节点

6. 挑选最佳组节点

现在要从所有组节点中挑选最佳组节点，同样是依据多个指标计算各个组节点的分数。依据的指标有很多，例如成员节点的数量、平均字数分布、文本密度等，分数的计算公式可以自行设计。下面实现一个挑选方法：

```
def choose_cluster(clusters):
    clusters_score = defaultdict(dict)
    clusters_score_arg_max = 0
    clusters_score_max = -1
    for cluster_id, cluster in clusters.items():
        clusters_score[cluster_id] = evaluate_cluster(cluster)
        if clusters_score[cluster_id]['clusters_score'] > clusters_score_max:
            clusters_score_max = clusters_score[cluster_id]['clusters_score']
            clusters_score_arg_max = cluster_id
    best_cluster = clusters[clusters_score_arg_max]
    return best_cluster
```

这里向 choose_cluster 方法传入上一步得到的合并后的所有组节点，然后 evaluate_cluster 方法会计算每一个组节点的得分，最后返回得分最高的组节点。

其中 evaluate_cluster 方法比较关键，就是实现分数计算的方法，下面给出一个参考实现：

```
def evaluate_cluster(cluster):
    score = dict()
    score['avg_similarity_with_siblings'] = np.mean(
        [element.similarity_with_siblings for element in cluster])
    score['number_of_elements'] = len(cluster)
    score['size'] = get_element_size(cluster)
    score['clusters_score'] = \
        score['avg_similarity_with_siblings']
```

```
            * np.log10(score['number_of_elements'] + 1)
            * np.log10(score['size']))
    return score
```

可以看到,这个方法根据成员节点的相似度、数量和节点大小计算出了组节点的分数。

拿上面的案例来说,由于标题列表中的组节点对应的成员节点数量更多、节点更大,因此最终得到的分数也更高,自然就被选为最佳组节点了。

7. 提取标题和链接

最佳组节点已经选出来了,如果这个结果是正确的,那么其每个成员节点里就包含着我们想要提取的标题和链接。

例如在上面的例子中,一个成员节点就是一个 `li` 节点,其源码为:

```
<li>
  <span class="right f12px cDGray">(2020-08-17 04:46:38)</span>
  <a href="http://news.163.com/domestic/" class="cBlue">[国内]</a>
  <a href="https://news.163.com/20/0817/04/FK74004J00018990.html">陕西汉中略阳县主城区被淹 当地启动一级
应急响应</a>
</li>
```

可以看到这个 `li` 节点内包含一个 `span` 节点,两个 `a` 节点,其中第二个 `a` 节点才包含我们想要提取的标题和链接信息。我们怎么用算法自动提取 `li` 节点内的第二个 `a` 节点呢?同样可以根据一些特征,这里最明显的特征就是字数了。

字数有什么规律呢?经过大量统计,可以发现标题长度是满足高斯分布的,其概率密度函数为:

$$f(x) = \frac{1}{\sqrt{2\pi}\sigma} \exp\left(-\frac{(x-\mu)^2}{2\sigma^2}\right)$$

如果我们把这个概率密度函数应用到标题长度分布上,那么 μ 就是标题长度的均值,σ 就是标题长度的标准差。这里为了拟合一个较为合适的概率密度曲线,经过调优,μ 取了 26,σ 取了 6,拟合的概率密度曲线如图 14-21 所示。

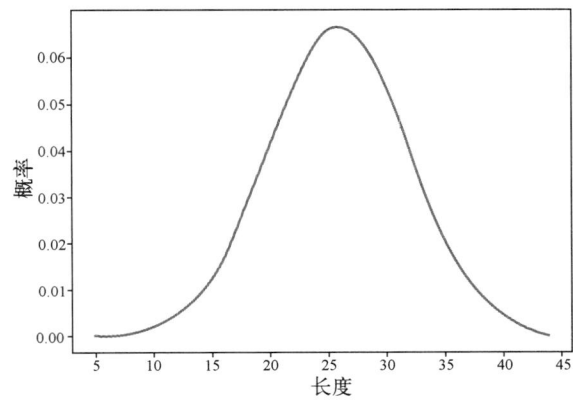

图 14-21 标题长度分布的概率密度曲线

根据图 14-21 中的曲线,标题长度为 26 的概率最高,随着标题长度的减小或增大,概率会逐渐减小。当长度小于 5 的时候,概率已经趋近于 0,事实上一篇新闻的标题少于 5 个字的概率确实非常小。通过这个方式,我们能够筛选出更贴近于标题的节点,例如上文中第二个 `a` 节点计算得到的概率就比第一个 `a` 节点的概率更大,因此会倾向于选择第二个 `a` 节点。

当然,仅仅依靠单个节点计算还是不够科学,更优的方法是针对整个组节点内所有可能的同类 `a` 节点,计算总体置信度,然后选出第二个 `a` 节点对应的选择器路径,再统一按照这个路径查找标题。

根据标题长度获取置信度的方法实现如下:

```
def probability_of_title_with_length(length):
    sigma = 6
    return np.exp(-1 * ((length - avg_length) ** 2) / (2 * (sigma ** 2))) / (math.sqrt(2 * np.pi) * sigma)
```

这里其实就是实现了高斯分布的概率密度函数，接收标题的长度值，返回对应的概率。借助这个方法，可以实现标题的提取逻辑：

```python
def extract_cluster(cluster):
    # 寻找标题的最优节点路径
    probabilities_of_title = defaultdict(list)
    for element in cluster:
        descendants = element.a_descendants
        for descendant in descendants:
            path = descendant.path
            descendant_text = descendant.text
            probability_of_title_with_length = probability_of_title_with_length(len(descendant_text))
            probability_of_title = probability_of_title_with_length
            probabilities_of_title[path].append(probability_of_title)

    # 寻找最可能的节点路径
    probabilities_of_title_avg = {k: np.mean(v) for k, v in probabilities_of_title.items()}
    if not probabilities_of_title_avg:
        return None
    best_path = max(probabilities_of_title_avg.items(), key=operator.itemgetter(1))[0]

    # 根据最优路径提取内容
    result = []
    for element in cluster:
        descendants = element.a_descendants
        for descendant in descendants:
            path = descendant.path
            if path != best_path:
                continue
            title = descendant.text
            url = descendant.attrib.get('href')
            result.append({
                'title': title,
                'url': url
            })
    return result
```

这里我们定义了一个 extract_cluster 方法，参数是组节点的信息，遍历它可以得到所有成员节点。对于每个成员节点，提取其所有的 a 节点，然后根据 probability_of_title_with_length 方法计算出每个 a 节点可能是标题的概率，同时记录这个 a 节点相对成员节点的节点路径。接着根据上一步计算得到的置信度找出最优的 a 节点路径，即 best_path。最后根据 best_path 去成员节点里提取标题和链接，并组成一个列表返回。

至此，我们完成了列表页的提取。

8. 整合

由于整个提取算法实现起来比较复杂，所以上述内容简化了部分代码逻辑。我已经将整个提取算法封装成了一个完整的 Python 包，大家可以直接调用，感兴趣的话也可以查看其源码。

这个包叫作 GerapyAutoExtractor，在 14.3 节已经介绍过，可以通过 pip3 工具安装：

```
pip3 install gerapy-auto-extractor
```

安装完成后便可以导入使用，调用流程非常简单：

```python
from gerapy_auto_extractor import extract_list
from gerapy_auto_extractor.helpers import content, jsonify

html = content('list.html')
print(jsonify(extract_list(html)))
```

这里调用 content 方法读取了列表页的 HTML 代码，调用 extract_list 方法提取了列表页的内容，并调用 jsonify 方法对提取结果进行了格式化，运行结果如下：

```
[
  {
    "title": "进入职业大洗牌时代,"吃香"职业还吃香吗?",
    "url": " https://new.qq.com/omn/20210828/20210828A025LK00.html "
  },
  ...
  {
    "title": "他,活出了我们理想的样子",
    "url": " https://new.qq.com/omn/20210821/20210821A020ID00.html "
  }
]
```

可以看到,示例列表页的标题和链接被提取出来了。

另外,GerapyAutoExtractor 包在很多细节上对提取算法进行了优化,大家可以查看其说明来了解更多用法,也可以直接查看源码来详细了解本节介绍的实现流程。

9. 总结

本节中我们介绍了列表页提取算法的代码实现,同样无须任何规则,经过一定的算法和节点结构分析后便可以得到想要的新闻列表数据。

本节代码见 https://github.com/Gerapy/GerapyAutoExtractor。

14.6　如何智能分辨列表页和详情页

在前面几节,我们介绍了详情页和列表页的内容提取方案,传入对应的 HTML 代码就能获取对应的提取结果了。但这里有个问题,就是在调用提取方法之前,需要先分辨哪种页面是列表页,哪种是详情页。

这自然而然引出了一个问题:能否用一个算法来区分列表页和详情页,直接根据算法返回的结果调用对应的提取方法,从而省掉很多麻烦?

1. 本节目标

本节中我们需要设计一个算法来自动区分列表页和详情页,要求是传入一个页面的 HTML 代码,然后返回分类结果和对应的分类概率。

下面我们就来了解其基本思路和算法实现吧。

2. 问题分析

我们首先分析这个问题属于什么问题。其实很明显,既然要返回分类结果(要么是列表页,要么是详情页),那么就可以把它归为二分类问题。

> 注意　这里我们不考虑特殊页面(例如登录页面、注册页面等),并把非列表页和详情页的页面一律归为其他页面,如果把此类页面也考虑进去,本节的问题就是三分类问题,在此为了方便,仅分析二分类问题。

二分类问题怎么解决呢?实现一个基本的分类模型就好了,大范围是传统机器学习和现在比较流行的深度学习。总体上讲,深度学习的精度要高一点,处理能力也强一点。想想我们的应用场景,要追求精度的话可能需要更多的标注数据,而我们也有比较不错的易用模型,例如 SVM。

所以,不妨先用 SVM 模型实现一个基本的二分类模型试试看,如果效果已经很好或者提升空间不大了,就直接用;如果效果比较差,再选用其他模型做优化。

3. 数据标注

既然要实现分类模型，最重要的当然是数据标注，这里分两组数据，一组是列表页数据，一组是详情页数据。先手工配合爬虫找一些列表页和详情页的 HTML 代码（例如新闻网站、博客网站的列表页和详情页，覆盖的网站越多，训练得到的分类器就越准确），然后将它们保存下来。

经过一些收集和处理，将列表页和详情页的 HTML 代码保存在两个文件夹中，分别取名为 list 和 detail，结果类似图 14-22 这样。

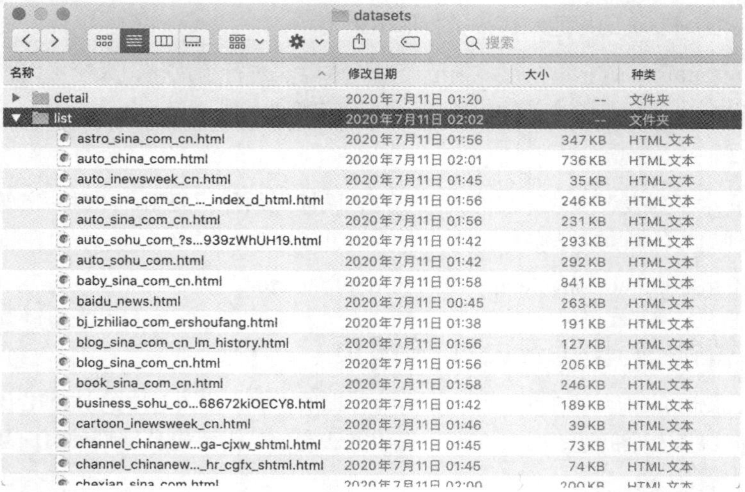

图 14-22 list 文件夹和 detail 文件夹

每个文件夹里保存几百份 HTML 代码就行了，不用太多。接下来从这些代码里提取特征，然后实现一个二分类模型。

4. 特征提取

选用 SVM 模型，首先得想清楚一件事：要分清两个类别，需要哪些特征。既然是特征，就要选出各自独有的特征，才更有区分度。

这里总结了几个可以用来区分列表页和详情页的特征。

- **文本密度**：详情页通常包含密集的文字，例如一个 p 节点内部就包含几十甚至上百个文字，如果用单个节点内的文字数量表示文本密度，那么详情页的文本密度会很高。
- **超链接节点的数量和比例**：列表页通常包含多个超链接，而且有很大一部分是超链接文本；详情页则包含更多的文字，超链接很少。
- **符号密度**：列表页通常相当于标题导航页，很少包含句号，而详情页的正文内容普遍包含句号，如果用单位文字包含的句号数量来表示符号密度，那么详情页的符号密度会很高。
- **列表簇的数量**：列表页常常包含多组具有共同父节点的条目，多个条目构成一个列表簇。虽说详情页的侧栏也会有一些列表，但至少这个数量和列表页的相比，是可以分清的。
- **meta 信息**：有一些特殊的 meta 信息是列表页独有的，例如详情页往往包含发布时间，列表页则通常没有。
- **正文标题和 title 内容的相似度**：一般来说，详情页的正文标题和 title 内容很可能相同，而列表页的 title 内容通常是网站名称。

以上便是几个基本的特征，此外其他一些特征也可以自行挖掘并使用，例如视觉信息、节点大小。

5. 模型实现

代码实现的过程就是对现有的 HTML 代码做预处理，提取出上面的基本特征，然后声明一个 SVM 分类模型。先声明一个特征列表和特征对应的获取方法：

```
self.feature_funcs = {
    'number_of_a_char': number_of_a_char,
    'number_of_a_char_log10': self._number_of_a_char_log10,
    'number_of_char': number_of_char,
    'number_of_char_log10': self._number_of_char_log10,
    'rate_of_a_char': self._rate_of_a_char,
    'number_of_p_descendants': number_of_p_descendants,
    'number_of_a_descendants': number_of_a_descendants,
    'number_of_punctuation': number_of_punctuation,
    'density_of_punctuation': density_of_punctuation,
    'number_of_clusters': self._number_of_clusters,
    'density_of_text': density_of_text,
    'max_density_of_text': self._max_density_of_text,
    'max_number_of_p_children': self._max_number_of_p_children,
    'has_datetime_meta': self._has_datetime_mata,
    'similarity_of_title': self._similarity_of_title,
}
self.feature_names = self.feature_funcs.keys()
```

然后就是关键部分——处理数据和训练模型：

```
list_file_paths = list(glob(f'{DATASETS_LIST_DIR}/*.html'))
detail_file_paths = list(glob(f'{DATASETS_DETAIL_DIR}/*.html'))

x_data, y_data = [], []

for index, list_file_path in enumerate(list_file_paths):
    logger.log('inspect', f'list_file_path {list_file_path}')
    element = file2element(list_file_path)
    if element is None:
        continue
    preprocess4list_classifier(element)
    x = self.features_to_list(self.features(element))
    x_data.append(x)
    y_data.append(1)

for index, detail_file_path in enumerate(detail_file_paths):
    logger.log('inspect', f'detail_file_path {detail_file_path}')
    element = file2element(detail_file_path)
    if element is None:
        continue
    preprocess4list_classifier(element)
    x = self.features_to_list(self.features(element))
    x_data.append(x)
    y_data.append(0)

# 预处理数据
ss = StandardScaler()
x_data = ss.fit_transform(x_data)
joblib.dump(ss, self.scaler_path)
x_train, x_test, y_train, y_test = train_test_split(x_data, y_data, test_size=0.2, random_state=5)

# 设置 Grid Search
c_range = np.logspace(-5, 20, 5, base=2)
gamma_range = np.logspace(-9, 10, 5, base=2)
param_grid = [
    {'kernel': ['rbf'], 'C': c_range, 'gamma': gamma_range},
    {'kernel': ['linear'], 'C': c_range},
]
grid = GridSearchCV(SVC(probability=True), param_grid, cv=5, verbose=10, n_jobs=-1)
clf = grid.fit(x_train, y_train)
y_true, y_pred = y_test, clf.predict(x_test)
```

```
logger.log('inspect', f'\n{classification_report(y_true, y_pred)}')
score = grid.score(x_test, y_test)
logger.log('inspect', f'test accuracy {score}')
# 保存模型
joblib.dump(grid.best_estimator_, self.model_path)
```

这里首先对数据做预处理,将特征保存到 x_data 中,将标注结果保存到 y_data 中。接着使用 StandardScaler 对数据进行标准化处理,并进行随机切分。最后使用 Grid Search 训练了一个 SVM 模型并保存下来。

以上便是基本的模型训练过程,具体代码可以自己再完善一下。

6. 使用

将保存的模型用于分类处理就好了。我已经把使用流程放在 GerapyAutoExtractor 包里面了,大家可以使用 pip3 工具安装:

```
pip3 install gerapy-auto-extractor
```

这个包针对于以上算法提供了 4 个方法。

- is_detail:判断一个页面是否是详情页。
- is_list:判断一个页面是否是列表页。
- probability_of_detail:一个页面是详情页的概率,返回结果是 0~1。
- probability_of_list:一个页面是列表页的概率,返回结果是 0~1。

例如,随便找个网址,把列表页和详情页的 HTML 代码分别保存为 list.html 文件和 detail.html 文件。然后用如下代码做测试:

```
from gerapy_auto_extractor import is_detail, is_list, probability_of_detail, probability_of_list
from gerapy_auto_extractor.helpers import content, jsonify

html = content('detail.html')
print(probability_of_detail(html), probability_of_list(html))
print(is_detail(html), is_list(html))

html = content('list.html')
print(probability_of_detail(html), probability_of_list(html))
print(is_detail(html), is_list(html))
```

这里就调用上述 4 个方法判断了两个页面的类型和置信度。

运行结果如下:

```
0.9990605314033392 0.0009394685966607814
True False
0.033477426883441685 0.9665225731165583
False True
```

可以看出,我们得到了正确的页面类型和置信度。

7. 总结

本节介绍了判断页面是列表页还是详情页的原理和代码实现,如需了解更多细节,可以参考 GerapyAutoExtractor 项目的源码。

本节代码见 https://github.com/Gerapy/GerapyAutoExtractor。

至此,我们完成了详情页和列表页的内容提取以及详情页和列表页的分辨,有了这三类算法,就可以完成大部分新闻页面的智能解析了。

第 15 章 Scrapy 框架的使用

前面的章节给大家展示了很多案例，其中大多实现了爬虫的整个流程，将不同的功能定义成不同的方法，甚至抽象出模块的概念。比如在 9.5 节，我们已经有了爬虫框架的雏形，实现了调度器、队列、请求对象、异常重试机制等，如果我们将各个组件独立出来，把它们定义成不同的模块，其实也就慢慢形成了一个框架。有了框架之后，我们就不必关心爬虫的流程了，异常处理、任务调度等都会集成在框架中。我们只需要关心爬虫的核心逻辑即可，如页面信息的提取、下一步请求的生成等。这样，不仅开发效率会提高很多，而且爬虫的健壮性也更强。

9.5 节的实现算是一个爬虫框架的雏形，但其距离一个标准的爬虫框架还很远。我们要以它为基础，继续完善，编写一个爬虫框架吗？可以是可以，但是没必要。因为 Python 爬虫生态圈中已经有一个成熟、稳定且强大的爬虫框架了，它就是 Scrapy。

15.1 Scrapy 框架介绍

Scrapy 是一个基于 Python 开发的爬虫框架，可以说它是当前 Python 爬虫生态中最流行的爬虫框架，该框架提供了非常多爬虫相关的基础组件，架构清晰，可扩展性极强。基于 Scrapy，我们可以灵活高效地完成各种爬虫需求。

本节会首先介绍 Scrapy 框架的基本架构和功能。

1. 简介

在本章之前，我们大多是基于 requests 或 aiohttp 来实现爬虫的整个逻辑的。可以发现，在整个过程中，我们需要实现爬虫相关的所有操作，例如爬取逻辑、异常处理、数据解析、数据存储等，但其实这些步骤很多都是通用或者重复的。既然如此，我们完全可以把这些步骤的逻辑抽离出来，把其中通用的功能做成一个个基础的组件。

抽离出基础组件以后，我们每次写爬虫只需要在这些组件基础上加上特定的逻辑就可以实现爬取的流程了，而不用再把爬虫每个细小的流程都实现一遍。比如说我们想实现这样一个爬取逻辑：遇到服务器返回 403 状态码的时候就发起重试，遇到 404 状态码的时候就直接跳过。这个逻辑其实很多爬虫都是类似的，那么我们就可以把这个逻辑封装成一个通用的方法或类来直接调用，而不用每次都把这个过程再完整实现一遍，这就大大简化了开发成本，同时在慢慢积累的过程中，这个通用的方法或类也会变得越来越健壮，从而进一步保障了项目的稳定性，框架就是基于这种思想逐渐诞生出来的。

注：Scrapy 框架几乎是 Python 爬虫学习和工作过程中必须掌握的框架，需要好好钻研和掌握。

这里给出 Scrapy 框架的一些相关资源，包括官网、文档、GitHub 地址，建议不熟悉相关知识的读者在阅读之前浏览一下基本介绍。

- 官网：https://scrapy.org/。
- 文档：https://docs.scrapy.org/。

❑ GitHub：https://github.com/scrapy/scrapy。

2. 架构

说了这么多，Scrapy 框架的功能到底强在哪里？组件丰富在哪里？扩展性好在哪里？不要着急，本章后文会逐一讲解它的功能和各个组件的用法。

首先从整体上看一下 Scrapy 框架的架构，如图 15-1 所示。

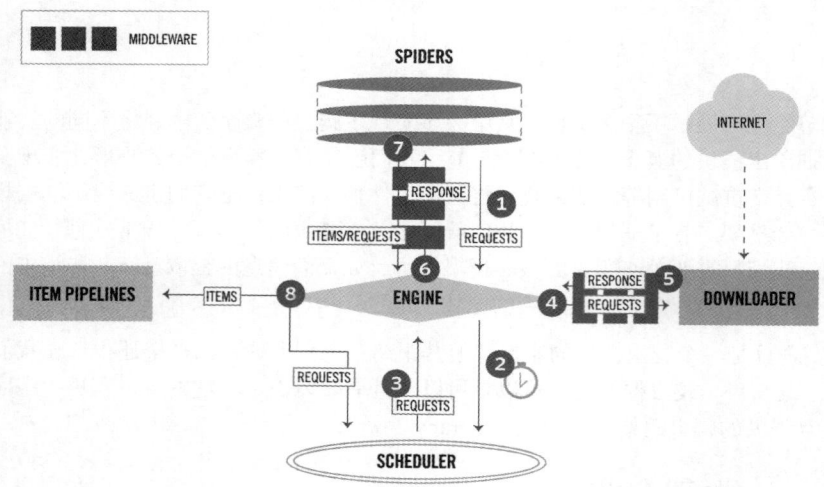

图 15-1　Scrapy 框架的架构

图 15-1 来源于 Scrapy 官方文档，初看上去可能比较复杂，下面我们来介绍一下。

❑ Engine：图中最中间的部分，中文可以称为引擎，用来处理整个系统的数据流和事件，是整个框架的核心，可以理解为整个框架的中央处理器，负责数据的流转和逻辑的处理。

❑ Item：它是一个抽象的数据结构，所以图中没有体现出来，它定义了爬取结果的数据结构，爬取的数据会被赋值成 Item 对象。每个 Item 就是一个类，类里面定义了爬取结果的数据字段，可以理解为它用来规定爬取数据的存储格式。

❑ Scheduler：图中下方的部分，中文可以称为调度器，它用来接受 Engine 发过来的 Request 并将其加入队列中，同时也可以将 Request 发回给 Engine 供 Downloader 执行，它主要维护 Request 的调度逻辑，比如先进先出、先进后出、优先级进出等等。

❑ Spiders：图中上方的部分，中文可以称为蜘蛛，Spiders 是一个复数统称，其可以对应多个 Spider，每个 Spider 里面定义了站点的爬取逻辑和页面的解析规则，它主要负责解析响应并生成 Item 和新的请求然后发给 Engine 进行处理。

❑ Downloader：图中右侧部分，中文可以称为下载器，即完成"向服务器发送请求，然后拿到响应"的过程，得到的响应会再发送给 Engine 处理。

❑ Item Pipelines：图中左侧部分，中文可以称为项目管道，这也是一个复数统称，可以对应多个 Item Pipeline。Item Pipeline 主要负责处理由 Spider 从页面中抽取的 Item，做一些数据清洗、验证和存储等工作，比如将 Item 的某些字段进行规整，将 Item 存储到数据库等操作都可以由 Item Pipeline 来完成。

❑ Downloader Middlewares：图中 Engine 和 Downloader 之间的方块部分，中文可以称为下载器中间件，同样这也是复数统称，其包含多个 Downloader Middleware，它是位于 Engine 和 Downloader 之间的 Hook 框架，负责实现 Downloader 和 Engine 之间的请求和响应的处理过程。

❑ Spider Middlewares：图中 Engine 和 Spiders 之间的方块部分，中文可以称为蜘蛛中间件，它是位于 Engine 和 Spiders 之间的 Hook 框架，负责实现 Spiders 和 Engine 之间的 Item、请求和响应的处理过程。

以上便是 Scrapy 中所有的核心组件，初看起来可能觉得非常复杂并且难以理解，但上手之后我们会慢慢发现其架构设计之精妙，后面让我们来一点点了解和学习。

3. 数据流

上文我们了解了 Scrapy 的基本组件和功能，通过图和描述我们可以知道，在整个爬虫运行的过程中，Engine 负责了整个数据流的分配和处理，数据流主要包括 Item、Request、Response 这三大部分，那它们又是怎么被 Engine 控制和流转的呢？

下面我们结合图 15-1 来对数据流做一个简单说明。

（1）启动爬虫项目时，Engine 根据要爬取的目标站点找到处理该站点的 Spider，Spider 会生成最初需要爬取的页面对应的一个或多个 Request，然后发给 Engine。

（2）Engine 从 Spider 中获取这些 Request，然后把它们交给 Scheduler 等待被调度。

（3）Engine 向 Scheduler 索取下一个要处理的 Request，这时候 Scheduler 根据其调度逻辑选择合适的 Request 发送给 Engine。

（4）Engine 将 Scheduler 发来的 Request 转发给 Downloader 进行下载执行，将 Request 发送给 Downloader 的过程会经由许多定义好的 Downloader Middlewares 的处理。

（5）Downloader 将 Request 发送给目标服务器，得到对应的 Response，然后将其返回给 Engine。将 Response 返回 Engine 的过程同样会经由许多定义好的 Downloader Middlewares 的处理。

（6）Engine 从 Downloder 处接收到的 Response 里包含了爬取的目标站点的内容，Engine 会将此 Response 发送给对应的 Spider 进行处理，将 Response 发送给 Spider 的过程中会经由定义好的 Spider Middlewares 的处理。

（7）Spider 处理 Response，解析 Response 的内容，这时候 Spider 会产生一个或多个爬取结果 Item 或者后续要爬取的目标页面对应的一个或多个 Request，然后再将这些 Item 或 Request 发送给 Engine 进行处理，将 Item 或 Request 发送给 Engine 的过程会经由定义好的 Spider Middlewares 的处理。

（8）Engine 将 Spider 发回的一个或多个 Item 转发给定义好的 Item Pipelines 进行数据处理或存储的一系列操作，将 Spider 发回的一个或多个 Request 转发给 Scheduler 等待下一次被调度。

重复第 (2) 步到第 (8) 步，直到 Scheduler 中没有更多的 Request，这时候 Engine 会关闭 Spider，整个爬取过程结束。

以上步骤介绍了爬虫执行过程中的数据流转过程，起初看起来确实比较复杂，但不用担心，后文我们会结合一些实战案例来慢慢理解这些过程。

从整体上看来，各个组件都只专注于一个功能，组件和组件之间的耦合度非常低，也非常容易扩展。再由 Engine 将各个组件组合起来，使得各个组件各司其职，互相配合，共同完成爬取工作。另外加上 Scrapy 对异步处理的支持，Scrapy 还可以最大限度地利用网络带宽，提高数据爬取和处理的效率。

4. 项目结构

了解了 Scrapy 的基本架构和数据流过程之后，我们再来大致一看下其项目代码的整体架构是怎样的。

在这之前我们需要先安装 Scrapy 框架，一般情况下，使用 pip3 直接安装即可：

```
pip3 install scrapy
```

但 Scrapy 框架往往需要很多依赖库，如果依赖库没有安装好，Scrapy 的安装过程是比较容易失败的。如果安装有问题，可以参考 https://setup.scrape.center/scrapy 里面的详细说明。

安装成功之后，我们就可以使用 scrapy 命令行了，在命令行输入 scrapy 可以得到类似如图 15-2 所示的结果。

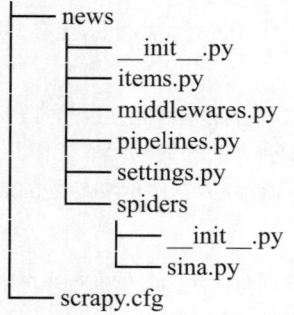

图 15-2 运行结果

Scrapy 可以通过命令行来创建一个爬虫项目，比如我们要创建一个专门用来爬取新闻的项目，取名为 news，那么我们可以执行如下命令：

`scrapy startproject news`

这里我们使用 startproject 命令加上项目的名称就创建了一个名为 news 的 Scrapy 爬虫项目。执行完毕之后，当前运行目录下便会出现一个名为 news 的文件夹，该文件夹就对应一个 Scrapy 爬虫项目。

接着进入 news 文件夹，我们可以再利用命令行创建一个 Spider 用来专门爬取某个站点的新闻，比如新浪新闻，我们可以使用如下命令创建一个 Spider：

`scrapy genspider sina news.sina.com.cn`

这里我们利用 genspider 命令加上 Spider 的名称再加上对应的域名，成功创建了一个 Spider，这个 Spider 会对应一个 Python 文件，出现在项目的 spiders 目录下。

现在项目文件的结构如下：

```
├── news
│   ├── __init__.py
│   ├── items.py
│   ├── middlewares.py
│   ├── pipelines.py
│   ├── settings.py
│   └── spiders
│       ├── __init__.py
│       └── sina.py
└── scrapy.cfg
```

在此将各个文件的功能描述如下。

❑ scrapy.cfg：Scrapy 项目的配置文件，其中定义了项目的配置文件路径、部署信息等。
❑ items.py：定义了 Item 数据结构，所有 Item 的定义都可以放这里。

- pipelines.py：定义了 Item Pipeline 的实现，所有的 Item Pipeline 的实现都可以放在这里。
- settings.py：定义了项目的全局配置。
- middlewares.py：定义了 Spider Middlewares 和 Downloader Middlewares 的实现。
- spiders：里面包含一个个 Spider 的实现，每个 Spider 都对应一个 Python 文件。

在此我们仅需要对这些文件的结构和用途做初步的了解，后文会对它们进行深入讲解。

5. 总结

本节介绍了 Scrapy 框架的基本架构、数据流过程以及项目结构，如果你之前没有接触过 Scrapy，可能觉得本节的内容很难理解，这个很正常。

不用担心，后面我们会结合实战案例逐节了解 Scrapy 每个组件的用法，在学习的过程中，你会慢慢了解到 Scrapy 的强大和设计精妙之处，到时候再回过头来看看这一节，就会融会贯通了。

15.2　Scrapy 入门

上一节我们介绍了 Scrapy 框架的基本架构、数据流过程和项目架构，对 Scrapy 有了初步的认识。接下来我们用 Scrapy 实现一个简单的项目，完成一遍 Scrapy 抓取流程。通过这个过程，我们可以对 Scrapy 的基本用法和原理有大体了解。

1. 本节目标

本节要完成的目标如下。

- 创建一个 Scrapy 项目，熟悉 Scrapy 项目的创建流程。
- 编写一个 Spider 来抓取站点和处理数据，了解 Spider 的基本用法。
- 初步了解 Item Pipeline 的功能，将抓取的内容保存到 MongoDB 数据库。
- 运行 Scrapy 爬虫项目，了解 Scrapy 项目的运行流程。

这里我们以 Scrapy 推荐的官方练习项目为例进行实战演练，抓取的目标站点为 https://quotes.toscrape.com/，页面如图 15-3 所示。

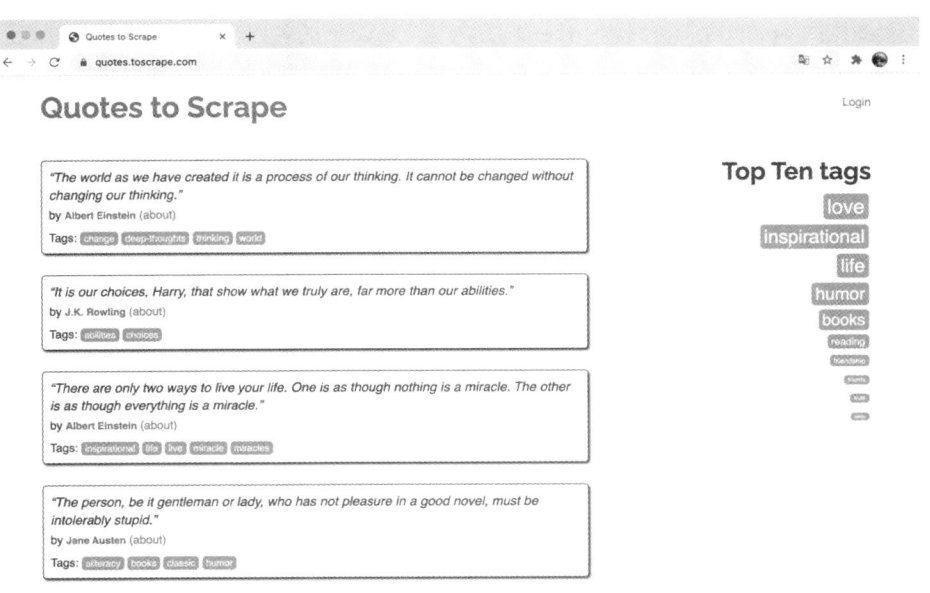

图 15-3　目标站点

这个站点包含了一系列名人名言、作者和标签,我们需要使用 Scrapy 将其中的内容爬取并保存下来。

2. 准备工作

在开始之前,我们需要安装好 Scrapy 框架、MongoDB 和 PyMongo 库,具体的安装参考流程如下。

- Scrapy:https://setup.scrape.center/scrapy。
- MongoDB:https://setup.scrape.center/mongodb。
- PyMongo:https://setup.scrape.center/pymongo。

安装好这三部分之后,我们就可以正常使用 Scrapy 命令了,同时也可以使用 PyMongo 连接 MongoDB 数据库并写入数据了。

做好如上准备工作之后,我们便可以开始本节的学习了。

3. 创建项目

首先我们需要创建一个 Scrapy 项目,可以直接用命令生成,项目名称可以叫作 scrapytutorial,创建命令如下:

```
scrapy startproject scrapytutorial
```

运行完毕后,当前文件夹下会生成一个名为 scrapytutorial 的文件夹,文件夹结构如下所示:

```
scrapy.cfg           # Scrapy 部署时的配置文件
scrapytutorial       # 项目的模块,引入的时候需要从这里引入
    __init__.py
    items.py         # Items 的定义,定义爬取的数据结构
    middlewares.py   # Middlewares 的定义,定义爬取时的中间件
    pipelines.py     # Pipelines 的定义,定义数据管道
    settings.py      # 配置文件
    spiders          # 放置 Spiders 的文件夹
    __init__.py
```

4. 创建 Spider

Spider 是自己定义的类,Scrapy 用它来从网页里抓取内容,并解析抓取的结果。不过这个类必须继承 Scrapy 提供的 Spider 类 scrapy.Spider,还要定义 Spider 的名称和起始 Request,以及怎样处理爬取后的结果的方法。

也可以使用命令行创建一个 Spider。比如要生成 Quotes 这个 Spider,可以执行如下命令:

```
cd scrapytutorial
scrapy genspider quotes quotes.toscrape.com
```

进入刚才创建的 scrapytutorial 文件夹,然后执行 genspider 命令。第一个参数是 Spider 的名称,第二个参数是网站域名。执行完毕后,spiders 文件夹中多了一个 quotes.py,它就是刚刚创建的 Spider,我们再把 start_urls 中的 http 协议改成 https,最终代码如下所示:

```python
import scrapy

class QuotesSpider(scrapy.Spider):
    name = "quotes"
    allowed_domains = ["quotes.toscrape.com"]
    start_urls = ['https://quotes.toscrape.com/']

    def parse(self, response):
        pass
```

这个 QuotesSpider 就是刚才命令行自动创建的 Spider,它继承了 scrapy 的 Spider 类,QuotesSpider 有 3 个属性,分别为 name、allowed_domains 和 start_urls,还有一个方法 parse。

- name 是每个项目唯一的名字,用来区分不同的 Spider。
- allowed_domains 是允许爬取的域名,如果初始或后续的请求链接不是这个域名下的,则请求链接会被过滤掉。
- start_urls 包含了 Spider 在启动时爬取的 URL 列表,初始请求是由它来定义的。
- parse 是 Spider 的一个方法。在默认情况下,start_urls 里面的链接构成的请求完成下载后,parse 方法就会被调用,返回的响应就会作为唯一的参数传递给 parse 方法。该方法负责解析返回的响应、提取数据或者进一步生成要处理的请求。

5. 创建 Item

上一节我们讲过,Item 是保存爬取数据的容器,定义了爬取结果的数据结构。它的使用方法和字典类似。不过相比字典,Item 多了额外的保护机制,可以避免拼写错误或者定义字段错误。

创建 Item 需要继承 scrapy 的 Item 类,并且定义类型为 Field 的字段,这个字段就是我们要爬取的字段。

那我们需要爬哪些字段呢?观察目标网站,我们可以获取到的内容有下面几项。

- text:文本,即每条名言的内容,是一个字符串。
- author:作者,即每条名言的作者,是一个字符串。
- tags:标签,即每条名言的标签,是字符串组成的列表。

这样的话,每条爬取数据就包含这 3 个字段,那么我们就可以定义对应的 Item,此时将 items.py 修改如下:

```
import scrapy

class QuoteItem(scrapy.Item):
    text = scrapy.Field()
    author = scrapy.Field()
    tags = scrapy.Field()
```

这里我们声明了 QuoteItem,继承了 Item 类,然后使用 Field 定义了 3 个字段,接下来爬取时我们会使用到这个 Item。

6. 解析 Response

前面我们看到,parse 方法的参数 response 是 start_urls 里面的链接爬取后的结果,即页面请求后得到的 Response,Scrapy 将其转化为了一个数据对象,里面包含了页面请求后得到的 Response Status、Body 等内容。所以在 parse 方法中,我们可以直接对 response 变量包含的内容进行解析,比如浏览请求结果的网页源代码,进一步分析源代码内容,或者找出结果中的链接而得到下一个请求。

我们可以看到网页中既有我们想要的结果,又有下一页的链接,这两部分内容我们都要进行处理。

首先看看网页结构,如图 15-4 所示。每一页都有多个 class 为 quote 的区块,每个区块内都包含 text、author、tags。那么我们先找出所有的 quote,然后提取每个 quote 中的内容。

746　第 15 章　Scrapy 框架的使用

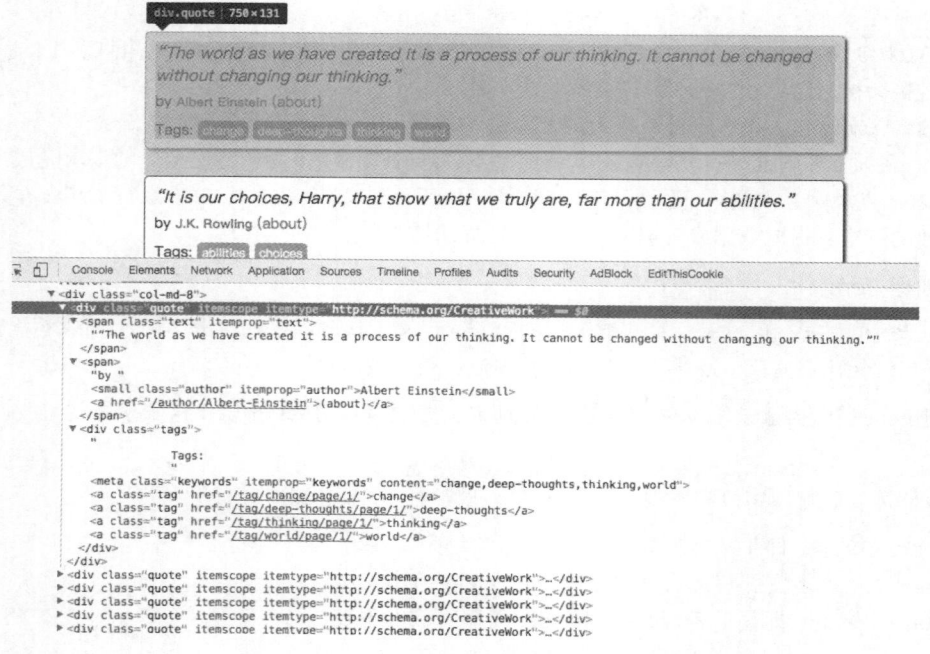

图 15-4　网页结构

我们可以使用 CSS 选择器或 XPath 选择器进行提取，这个过程我们可以直接借助 response 的 css 或 xpath 方法实现，这都是 Scrapy 给我们封装好的方法，直接调用即可。

在这里我们使用 CSS 选择器进行选择，可以将 parse 方法的内容进行如下改写：

```
def parse(self, response):
    quotes = response.css('.quote')
    for quote in quotes:
        text = quote.css('.text::text').extract_first()
        author = quote.css('.author::text').extract_first()
        tags = quote.css('.tags .tag::text').extract()
```

这里首先利用 CSS 选择器选取所有的 quote 并将其赋值为 quotes 变量，然后利用 for 循环遍历每个 quote，解析每个 quote 的内容。

对 text 来说，观察到它的 class 为 text，所以可以用 .text 选择器来选取，这个结果实际上是整个带有标签的节点，要获取它的正文内容，可以加 ::text。这时的结果是长度为 1 的列表，所以还需要用 extract_first 方法来获取第一个元素。而对于 tags 来说，由于我们要获取所有的标签，所以用 extract 方法获取整个列表即可。

为了更好地理解以上内容的提取过程，我们以第一个 quote 的结果为例，看一下各个提取写法会得到怎样的提取结果。源码如下：

```
<div class="quote" itemscope="" itemtype="http://schema.org/CreativeWork">
        <span class="text" itemprop="text">"The world as we have created it is a process of our thinking. It cannot be changed without changing our thinking."</span>
        <span>by <small class="author" itemprop="author">Albert Einstein</small>
        <a href="/author/Albert-Einstein">(about)</a>
        </span>
        <div class="tags">
            Tags:
            <meta class="keywords" itemprop="keywords" content="change,deep-thoughts,thinking,world">
            <a class="tag" href="/tag/change/page/1/">change</a>
```

```
                <a class="tag" href="/tag/deep-thoughts/page/1/">deep-thoughts</a>
                <a class="tag" href="/tag/thinking/page/1/">thinking</a>
                <a class="tag" href="/tag/world/page/1/">world</a>
            </div>
        </div>
```

不同选择器的返回结果如下：

```
quote.css('.text')
[<Selector xpath="descendant-or-self::*[@class and contains(concat(' ', normalize-space(@class), ' '), ' text ')]" data='<span class="text" itemprop="text">"The '>]
quote.css('.text::text')
[<Selector xpath="descendant-or-self::*[@class and contains(concat(' ', normalize-space(@class), ' '), ' text ')]/text()" data='"The world as we have created it is a pr'>]
quote.css('.text').extract()
['<span class="text" itemprop="text">"The world as we have created it is a process of our thinking. It cannot be changed without changing our thinking."</span>']
quote.css('.text::text').extract()
['"The world as we have created it is a process of our thinking. It cannot be changed without changing our thinking."']
quote.css('.text::text').extract_first()
"The world as we have created it is a process of our thinking. It cannot be changed without changing our thinking."
```

这里我们演示了不同提取过程的写法，其提取结果也是各不相同，比如单独调用 css 方法我们得到的是 Selector 对象组成的列表；调用 extract 方法会进一步从 Selector 对象里提取其内容，再加上 ::text 则会从 HTML 代码中提取出正文文本。

因此对于 text，我们只需要获取结果的第一个元素即可，所以使用 extract_first 方法，得到的就是一个字符串。而对于 tags，我们要获取所有结果组成的列表，所以使用 extract 方法，得到的就是所有标签字符串组成的列表。

7. 使用 Item

上文我们已经定义了 QuoteItem，接下来就要使用它了。

我们可以把 Item 理解为一个字典，和字典还不太相同，其本质是一个类，所以在使用的时候需要要实例化。实例化之后，我们依次用刚才解析的结果赋值 Item 的每一个字段，最后将 Item 返回。

QuotesSpider 的改写如下：

```python
import scrapy
from scrapytutorial.items import QuoteItem

class QuotesSpider(scrapy.Spider):
    name = "quotes"
    allowed_domains = ["quotes.toscrape.com"]
    start_urls = ['https://quotes.toscrape.com/']

    def parse(self, response):
        quotes = response.css('.quote')
        for quote in quotes:
            item = QuoteItem()
            item['text'] = quote.css('.text::text').extract_first()
            item['author'] = quote.css('.author::text').extract_first()
            item['tags'] = quote.css('.tags .tag::text').extract()
            yield item
```

如此一来，首页的所有内容就被解析出来并被赋值成了一个个 QuoteItem 了，每个 QuoteItem 就代表一条名言，包含名言的内容、作者和标签。

8. 后续 Request

上面的操作实现了从首页抓取内容，如果运行它，我们其实已经可以从首页提取到所有 quote 信息并将其转化为一个个 QuoteItem 对象了。

但是，这样还不够，下一页的内容该如何抓取呢？这就需要我们从当前页面中找到信息来生成下一个 Request，利用同样的方式进行请求并解析就好了。那再下一页呢？也是一样的原理，我们可以在下一个页面里找到信息再构造再下一个 Request。这样循环往复迭代，从而实现整站的爬取。

我们将刚才的页面拉到最底部，如图 15-5 所示。

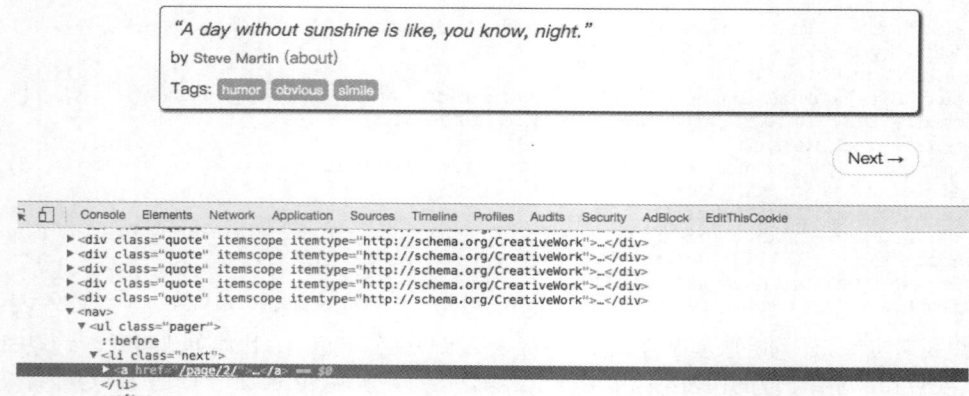

图 15-5　页面最底部

这里我们发现有一个 Next 按钮，查看一下源代码，可以看到它的链接是 /page/2/，实际上全链接就是 https://quotes.toscrape.com/page/2，通过这个链接我们就可以构造下一个 Request 了。

构造 Request 时需要用到 scrapy 的 Request 类。这里我们传递两个参数，分别是 url 和 callback，这两个参数的说明如下。

- url：目标页面的链接。
- callback：回调方法，当指定了该回调方法的 Request 完成下载之后，获取 Response，Engine 会将该 Response 作为参数传递给这个回调方法。回调方法进行 Response 的解析生成一个或多个 Item 或 Request，比如上文的 parse 方法就是回调方法。

由于刚才所定义的 parse 方法就是用来提取名言 text、author、tags 的方法，而下一页的结构和刚才已经解析的页面结构是一样的，所以我们可以再次使用 parse 方法来做页面解析。

接下来我们要做的就是利用选择器得到下一页链接并生成请求，在 parse 方法后追加如下的代码：

```
next = response.css('.pager .next a::attr(href)').extract_first()
url = response.urljoin(next)
yield scrapy.Request(url=url, callback=self.parse)
```

第一行代码首先通过 CSS 选择器获取下一个页面的链接，即要获取超链接 a 中的 href 属性，这里用到了 ::attr(href) 进行提取，其中 attr 代表提取节点的属性，href 则为要提取的属性名，然后再下一步调用 extract_first 方法获取内容。

第二行代码调用了 urljoin 方法，urljoin 方法可以将相对 URL 构造成一个绝对 URL。例如，获取到的下一页地址是 /page/2/，urljoin 方法处理后得到的结果就是 https://quotes.toscrape.com/page/2/。

第三行代码通过 url 和 callback 变量构造了一个新的 Request，回调方法 callback 依然使用 parse 方法。这个 Request 执行完成后，其对应的 Response 会重新经过 parse 方法处理，得到第二页的解析结果，然后以此类推，生成第二页的下一页，也就是第三页的请求。这样爬虫就进入了一个循环，直到最后一页。

通过几行代码，我们就轻松实现了一个抓取循环，将每个页面的结果抓取下来了。

现在，改写之后的整个 Spider 类如下所示：

```python
import scrapy
from scrapytutorial.items import QuoteItem

class QuotesSpider(scrapy.Spider):
    name = "quotes"
    allowed_domains = ["quotes.toscrape.com"]
    start_urls = ['https://quotes.toscrape.com/']

    def parse(self, response):
        quotes = response.css('.quote')
        for quote in quotes:
            item = QuoteItem()
            item['text'] = quote.css('.text::text').extract_first()
            item['author'] = quote.css('.author::text').extract_first()
            item['tags'] = quote.css('.tags .tag::text').extract()
            yield item

        next = response.css('.pager .next a::attr("href")').extract_first()
        url = response.urljoin(next)
        yield scrapy.Request(url=url, callback=self.parse)
```

可以看到整个站点的抓取逻辑就轻松完成了，不需要再去编写怎样发送 Request，不需要去关心异常处理，因为这些工作 Scrapy 都帮我们完成了，我们只需要关注 Spider 本身的抓取和提取逻辑即可。

9. 运行

接下来就是运行项目了，进入项目目录，运行如下命令：

```
scrapy crawl quotes
```

就可以看到 Scrapy 的运行结果了：

```
2020-08-29 19:55:46 [scrapy.utils.log] INFO: Scrapy 2.2.1 started (bot: scrapytutorial)
2020-08-29 19:55:46 [scrapy.utils.log] INFO: Versions: lxml 4.3.3.0, libxml2 2.9.9, cssselect 1.1.0, parsel
1.6.0, w3lib 1.22.0, Twisted 20.3.0, Python 3.7.3 (default, Apr 24 2020, 18:51:23) - [Clang 11.0.3
(clang-1103.0.32.62)], pyOpenSSL 19.1.0 (OpenSSL 1.1.1g  21 Apr 2020), cryptography 2.9.2, Platform
Darwin-19.4.0-x86_64-i386-64bit
2020-08-29 19:55:46 [scrapy.utils.log] DEBUG: Using reactor: twisted.internet.selectreactor.SelectReactor
2020-08-29 19:55:46 [scrapy.crawler] INFO: Overridden settings:
{'BOT_NAME': 'scrapytutorial',
 'NEWSPIDER_MODULE': 'scrapytutorial.spiders',
 'ROBOTSTXT_OBEY': True,
 'SPIDER_MODULES': ['scrapytutorial.spiders']}
2020-08-29 19:55:46 [scrapy.extensions.telnet] INFO: Telnet Password: 69146568e6fe206c
2020-08-29 19:55:46 [scrapy.middleware] INFO: Enabled extensions:
['scrapy.extensions.corestats.CoreStats',
 'scrapy.extensions.telnet.TelnetConsole',
 'scrapy.extensions.memusage.MemoryUsage',
 'scrapy.extensions.logstats.LogStats']
2020-08-29 19:55:46 [scrapy.middleware] INFO: Enabled downloader middlewares:
['scrapy.downloadermiddlewares.robotstxt.RobotsTxtMiddleware',
 'scrapy.downloadermiddlewares.httpauth.HttpAuthMiddleware',
 'scrapy.downloadermiddlewares.downloadtimeout.DownloadTimeoutMiddleware',
 'scrapy.downloadermiddlewares.defaultheaders.DefaultHeadersMiddleware',
 'scrapy.downloadermiddlewares.useragent.UserAgentMiddleware',
 'scrapy.downloadermiddlewares.retry.RetryMiddleware',
 'scrapy.downloadermiddlewares.redirect.MetaRefreshMiddleware',
 'scrapy.downloadermiddlewares.httpcompression.HttpCompressionMiddleware',
 'scrapy.downloadermiddlewares.redirect.RedirectMiddleware',
 'scrapy.downloadermiddlewares.cookies.CookiesMiddleware',
 'scrapy.downloadermiddlewares.httpproxy.HttpProxyMiddleware',
 'scrapy.downloadermiddlewares.stats.DownloaderStats']
2020-08-29 19:55:46 [scrapy.middleware] INFO: Enabled spider middlewares:
```

```
 ['scrapy.spidermiddlewares.httperror.HttpErrorMiddleware',
  'scrapy.spidermiddlewares.offsite.OffsiteMiddleware',
  'scrapy.spidermiddlewares.referer.RefererMiddleware',
  'scrapy.spidermiddlewares.urllength.UrlLengthMiddleware',
  'scrapy.spidermiddlewares.depth.DepthMiddleware']
2020-08-29 19:55:46 [scrapy.middleware] INFO: Enabled item pipelines:
['scrapytutorial.pipelines.TextPipeline', 'scrapytutorial.pipelines.MongoPipeline']
2020-08-29 19:55:46 [scrapy.core.engine] INFO: Spider opened
2020-08-29 19:55:46 [scrapy.extensions.logstats] INFO: Crawled 0 pages (at 0 pages/min), scraped 0 items (at 0 items/min)
2020-08-29 19:55:46 [scrapy.extensions.telnet] INFO: Telnet console listening on 127.0.0.1:6023
2020-08-29 19:55:47 [scrapy.core.engine] DEBUG: Crawled (404) <GET https://quotes.toscrape.com/robots.txt> (referer: None)
2020-08-29 19:55:48 [scrapy.core.engine] DEBUG: Crawled (200) <GET https://quotes.toscrape.com/> (referer: None)
2020-08-29 19:55:48 [scrapy.core.scraper] DEBUG: Scraped from <200 https://quotes.toscrape.com/>
{'author': 'Albert Einstein',
 'tags': ['change', 'deep-thoughts', 'thinking', 'world'],
 'text': '"The world as we have created it is a process of o..."'}
2020-08-29 19:55:48 [scrapy.core.scraper] DEBUG: Scraped from <200 https://quotes.toscrape.com/>
{'author': 'J.K. Rowling',
 'tags': ['abilities', 'choices'],
 'text': '"It is our choices, Harry, that show what we truly..."'}
2020-08-29 19:55:48 [scrapy.core.scraper] DEBUG: Scraped from <200 https://quotes.toscrape.com/>
{'author': 'Albert Einstein',
 'tags': ['inspirational', 'life', 'live', 'miracle', 'miracles'],
 'text': '"There are only two ways to live your life. One is..."'}
2020-08-29 19:55:48 [scrapy.core.scraper] DEBUG: Scraped from <200 https://quotes.toscrape.com/>
{'author': 'Jane Austen',
 'tags': ['aliteracy', 'books', 'classic', 'humor'],
 'text': '"The person, be it gentleman or lady, who has not..."'}
 ...
 2020-08-29 19:56:32 [scrapy.statscollectors] INFO: Dumping Scrapy stats:
{'downloader/request_bytes': 2881,
 'downloader/request_count': 11,
 'downloader/request_method_count/GET': 11,
 'downloader/response_bytes': 24911,
 'downloader/response_count': 11,
 'downloader/response_status_count/200': 10,
 'downloader/response_status_count/404': 1,
 'dupefilter/filtered': 1,
 'elapsed_time_seconds': 10.565782,
 'finish_reason': 'finished',
 'finish_time': datetime.datetime(2020, 8, 29, 11, 56, 32, 514837),
 'item_scraped_count': 100,
 'log_count/DEBUG': 112,
 'log_count/INFO': 10,
 'memusage/max': 57008128,
 'memusage/startup': 57004032,
 'request_depth_max': 10,
 'response_received_count': 11,
 'robotstxt/request_count': 1,
 'robotstxt/response_count': 1,
 'robotstxt/response_status_count/404': 1,
 'scheduler/dequeued': 10,
 'scheduler/dequeued/memory': 10,
 'scheduler/enqueued': 10,
 'scheduler/enqueued/memory': 10,
 'start_time': datetime.datetime(2020, 8, 29, 11, 56, 21, 949055)}
2020-08-29 19:56:32 [scrapy.core.engine] INFO: Spider closed (finished)
```

这里只是部分运行结果，省略了一些中间的抓取结果。

首先，Scrapy输出了当前的版本号以及正在启动的项目名称。然后输出了当前settings.py中一些重写后的配置。接着输出了当前所应用的Middlewares和Item Pipelines。Middlewares和Item Pipelines都沿用了Scrapy的默认配置，我们可以在settings.py中配置它们的开启和关闭，后文会对它们的用法进行讲解。

接下来就是输出各个页面的抓取结果了，可以看到爬虫一边解析，一边翻页，直到将所有内容抓取完毕，然后终止。

最后，Scrapy 输出了整个抓取过程的统计信息，如请求的字节数、请求次数、响应次数、完成原因等。

整个 Scrapy 程序成功运行。我们通过非常简单的代码就完成了一个站点内容的爬取，所有的名言都被我们抓取下来了。

10. 保存到文件

运行完 Scrapy 后，我们只在控制台上看到了输出结果。如果想保存结果该怎么办呢？

要完成这个任务其实不需要任何额外的代码，Scrapy 提供的 Feed Exports 可以轻松将抓取结果输出。例如，如果我们想将上面的结果保存成 JSON 文件，那么可以执行如下命令：

```
scrapy crawl quotes -o quotes.json
```

命令运行后，项目内多了一个 quotes.json 文件，文件包含了刚才抓取的所有内容，内容是 JSON 格式。

另外我们还可以让每一个 Item 输出一行 JSON，输出后缀为 jl，为 jsonline 的缩写，命令如下所示：

```
scrapy crawl quotes -o quotes.jl
```

或

```
scrapy crawl quotes -o quotes.jsonlines
```

Feed Exports 支持从输出格式还有很多，例如 csv、xml、pickle、marshal 等，同时它支持 ftp、s3 等远程输出，另外还可以通过自定义 ItemExporter 来实现其他的输出。

例如，下面命令对应的输出分别为 csv、xml、pickle、marshal 格式以及 ftp 远程输出：

```
scrapy crawl quotes -o quotes.csv
scrapy crawl quotes -o quotes.xml
scrapy crawl quotes -o quotes.pickle
scrapy crawl quotes -o quotes.marshal
scrapy crawl quotes -o ftp://user:pass@ftp.example.com/path/to/quotes.csv
```

其中，ftp 输出需要正确配置用户名、密码、地址、输出路径，否则会报错。

通过 Scrapy 提供的 Feed Exports，我们可以轻松地将抓取结果到输出到文件中。对于一些小型项目来说，这应该足够了。

如果想要更复杂的输出，如输出到数据库等，我们可以使用 Item Pileline 来完成。

11. 使用 Item Pipeline

如果想进行更复杂的操作，如将结果保存到 MongoDB 数据库中或者筛选某些有用的 Item，那么我们可以定义 Item Pipeline 来实现。

Item Pipeline 为项目管道。当 Item 生成后，它会自动被送到 Item Pipeline 处进行处理，我们可以用 Item Pipeline 来做如下操作：

- 清洗 HTML 数据；
- 验证爬取数据，检查爬取字段；
- 查重并丢弃重复内容；

□ 将爬取结果储存到数据库。

要实现 Item Pipeline 很简单，只需要定义一个类并实现 process_item 方法即可。启用 Item Pipeline 后，Item Pipeline 会自动调用这个方法。process_item 方法必须返回包含数据的字典或 Item 对象，或者抛出 DropItem 异常。

process_item 方法有两个参数。一个参数是 item，每次 Spider 生成的 Item 都会作为参数传递过来。另一个参数是 spider，就是 Spider 的实例。

接下来，我们实现一个 Item Pipeline，筛掉 text 长度大于 50 的 Item，并将结果保存到 MongoDB。

修改项目里的 pipelines.py 文件，之前用命令行自动生成的文件内容可以删掉，增加一个 TextPipeline 类，内容如下所示：

```python
from scrapy.exceptions import DropItem

class TextPipeline(object):
    def __init__(self):
        self.limit = 50

    def process_item(self, item, spider):
        if item['text']:
            if len(item['text']) > self.limit:
                item['text'] = item['text'][0:self.limit].rstrip() + '...'
            return item
        else:
            return DropItem('Missing Text')
```

这段代码在构造方法里定义了限制长度为 50，实现了 process_item 方法，其参数是 item 和 spider。首先该方法判断 item 的 text 属性是否存在，如果不存在，则抛出 DropItem 异常。如果存在，再判断长度是否大于 50，如果大于，那就截断然后拼接省略号，再将 item 返回。

接下来，我们将处理后的 item 存入 MongoDB，定义另外一个 Pipeline。同样在 pipelines.py 中，我们实现另一个类 MongoPipeline，内容如下所示：

```python
import pymongo

class MongoDBPipeline(object):
    def __init__(self, connection_string, database):
        self.connection_string = connection_string
        self.database = database

    @classmethod
    def from_crawler(cls, crawler):
        return cls(
            connection_string=crawler.settings.get('MONGODB_CONNECTION_STRING'),
            database=crawler.settings.get('MONGODB_DATABASE')
        )

    def open_spider(self, spider):
        self.client = pymongo.MongoClient(self.connection_string)
        self.db = self.client[self.database]

    def process_item(self, item, spider):
        name = item.__class__.__name__
        self.db[name].insert_one(dict(item))
        return item

    def close_spider(self, spider):
        self.client.close()
```

MongoPipeline 类实现了另外几个 API 定义的方法。

❑ from_crawler：一个类方法，用 @classmethod 标识，这个方法是以依赖注入的方式实现的，方法的参数就是 crawler。通过 crawler，我们能拿到全局配置的每个配置信息，在全局配置 settings.py 中，可以通过定义 MONGO_URI 和 MONGO_DB 来指定 MongoDB 连接需要的地址和数据库名称，拿到配置信息之后返回类对象即可。所以这个方法的定义主要是用来获取 settings.py 中的配置的。

❑ open_spider：当 Spider 被开启时，这个方法被调用，主要进行了一些初始化操作。

❑ close_spider：当 Spider 被关闭时，这个方法被调用，将数据库连接关闭。

最主要的 process_item 方法则执行了数据插入操作，这里直接调用 insert_one 方法传入 item 对象即可将数据存储到 MongoDB。

定义好 TextPipeline 和 MongoDBPipeline 这两个类后，我们需要在 settings.py 中使用它们。MongoDB 的连接信息还需要定义。

我们在 settings.py 中加入如下内容：

```
ITEM_PIPELINES = {
    'scrapytutorial.pipelines.TextPipeline': 300,
    'scrapytutorial.pipelines.MongoDBPipeline': 400,
}
MONGODB_CONNECTION_STRING = 'localhost'
MONGODB_DATABASE = 'scrapytutorial'
```

这里我们声明了 ITEM_PIPELINES 字典，键名是 Pipeline 的类名称，键值是调用优先级，是一个数字，数字越小则对应的 Pipeline 越先被调用，另外我们声明了 MongoDB 的连接字符串和存储的数据库名称。

再重新执行爬取，命令还是一样的：

```
scrapy crawl quotes
```

爬取结束后，我们可以看到 MongoDB 中创建了一个 scrapytutorial 的数据库和 QuoteItem 的表，内容如图 15-6 所示。

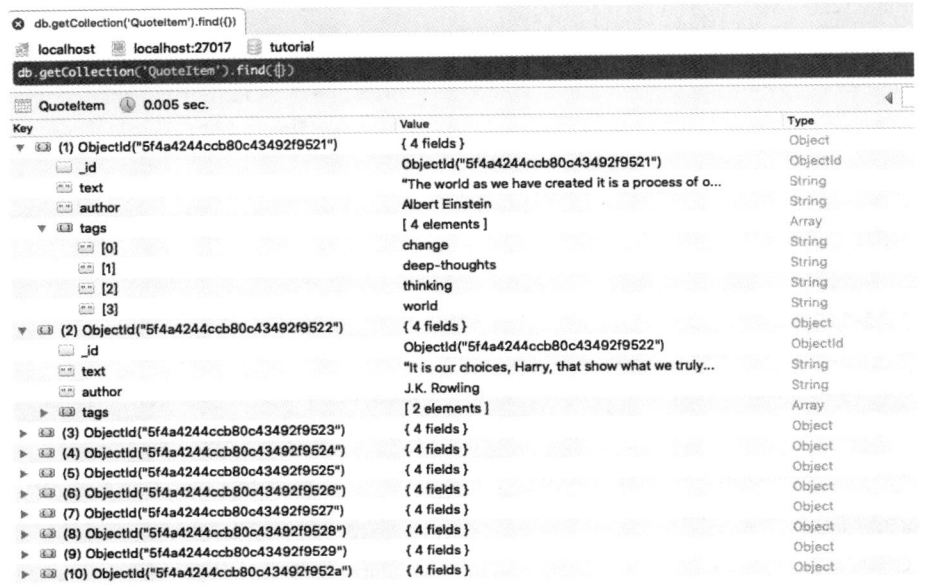

图 15-6　爬取结果

长的 text 已经被处理并追加了省略号，短的 text 保持不变，author 和 tags 也都相应保存到了数据中。

12. 总结

本节我们通过抓取 Quotes 网站完成了整个 Scrapy 的简单入门，到此为止我们应该能对 Scrapy 的基本用法有一个初步的概念了。

不过本节内容仅仅是 Scrapy 所有功能的冰山一角，还有很多内容等待我们去探索，我们后续章节继续学习。

本节代码参见：https://github.com/Python3WebSpider/ScrapyTutorial。

15.3 Selector 的使用

我们之前介绍了利用 Beautiful Soup、pyquery 以及正则表达式来提取网页数据的方法，确实非常方便。不过 Scrapy 提供了自己的数据提取方法，即内置的 Selector。

在 3.4 节我们已经初步了解了 parsel 库的基本用法，Scrapy 中的 Selector 是就是基于 parsel 库来构建的，而同时 parsel 又依赖于 lxml，Selector 对 parsel 进行了封装，使其能更好地与 Scrapy 结合使用。Selector 支持 XPath 选择器、CSS 选择器以及正则表达式，功能全面，解析速度和准确度非常高。

本节我们就来详细介绍一下 Selector 的用法。

1. 直接使用

Selector 其实并不一定非要在 Scrapy 中使用，它也是一个可以独立使用的模块。我们可以直接利用 Selector 这个类来构建一个选择器对象，然后调用它的相关方法（如 xpath、css 等）来提取数据。

例如，针对一段 HTML 代码，我们可以用如下方式构建 Selector 对象来提取数据：

```
from scrapy import Selector

body = '<html><head><title>Hello World</title></head><body></body></html>'
selector = Selector(text=body)
title = selector.xpath('//title/text()').extract_first()
print(title)
```

运行结果如下：

```
Hello World
```

这里没有在 Scrapy 框架中运行，而是把 Scrapy 中的 Selector 单独拿出来使用了，构建的时候传入 text 参数，就生成了一个 Selector 选择器对象，然后就可以像 Scrapy 中的解析方式一样，调用 xpath、css 等方法来提取数据了。

在这里我们查找的是源代码中 title 内的文本，在 XPath 选择器最后加 text 方法就可以实现文本的提取了。

以上内容就是 Selector 的直接使用方式。同 Beautiful Soup 等库类似，Selector 也是强大的网页解析库。如果方便的话，我们也可以在其他项目中直接使用 Selector 来提取数据。

接下来，我们用实例来详细讲解 Selector 的用法。

2. Scrapy Shell

由于 Selector 主要是与 Scrapy 结合使用，如 Scrapy 的回调函数中的参数 response 直接调用 xpath 或者 css 方法来提取数据，所以在这里我们借助 Scrapy shell 来模拟 Scrapy 请求的过程，讲解相关的提取方法。

我们用官方文档的一个样例页面来做演示：https://doc.scrapy.org/en/latest/_static/selectors-sample1.html。

开启 Scrapy shell，在命令行输入如下命令：

```
scrapy shell https://doc.scrapy.org/en/latest/_static/selectors-sample1.html
```

我们就进入 Scrapy shell 模式了。这个过程其实是 Scrapy 发起了一次请求，请求的 URL 就是刚才命令行下输入的 URL，把一些可操作的变量传递给我们，如 request、response 等，如图 15-7 所示。

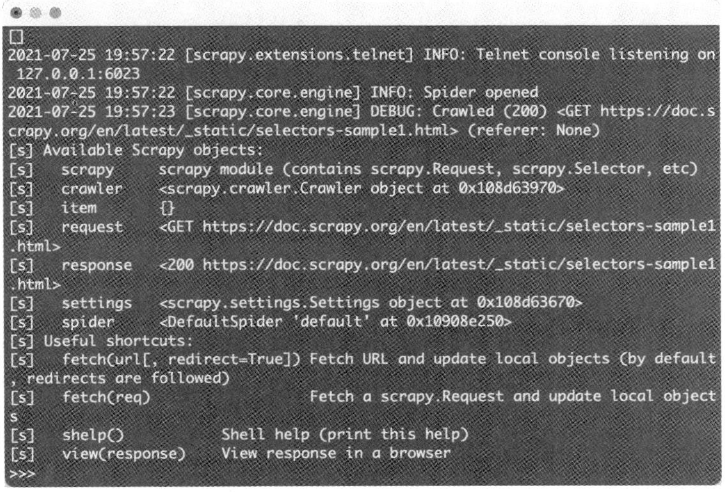

图 15-7　Scrapy shell 模式

我们可以在命令行模式下输入命令，调用对象的一些操作方法，按下回车之后实时显示结果。这与 Python 的命令行交互模式类似。

接下来演示的实例都将页面的源码作为分析目标，页面源码如下所示：

```html
<html>
<head>
  <base href='http://example.com/'/>
  <title>Example website</title>
</head>
<body>
<div id='images'>
  <a href='image1.html'>Name: My image 1 <br/><img src='image1_thumb.jpg'/></a>
  <a href='image2.html'>Name: My image 2 <br/><img src='image2_thumb.jpg'/></a>
  <a href='image3.html'>Name: My image 3 <br/><img src='image3_thumb.jpg'/></a>
  <a href='image4.html'>Name: My image 4 <br/><img src='image4_thumb.jpg'/></a>
  <a href='image5.html'>Name: My image 5 <br/><img src='image5_thumb.jpg'/></a>
</div>
</body>
</html>
```

3. XPath 选择器

进入 Scrapy Shell 后，我们主要通过操作 response 变量进行解析。因为我们解析的是 HTML 代码，Selector 将自动使用 HTML 语法来分析。

response 有一个属性 selector，我们调用 response.selector 返回的内容就相当于用 response 的 text 构造了一个 Selector 对象。通过这个 Selector 对象，我们可以调用如 xpath、css 等解析方法，向方法传入 XPath 或 CSS 选择器参数就可以实现信息的提取。

我们用一个实例感受一下，代码如下所示：

```
>>> result = response.selector.xpath('//a')
>>> result
[<Selector xpath='//a' data='<a href="image1.html">Name: My image 1 <'>,
 <Selector xpath='//a' data='<a href="image2.html">Name: My image 2 <'>,
 <Selector xpath='//a' data='<a href="image3.html">Name: My image 3 <'>,
 <Selector xpath='//a' data='<a href="image4.html">Name: My image 4 <'>,
 <Selector xpath='//a' data='<a href="image5.html">Name: My image 5 <'>]
>>> type(result)
scrapy.selector.unified.SelectorList
```

打印结果的形式是 Selector 组成的列表，其实它是 SelectorList 类型，SelectorList 和 Selector 都可以继续调用 xpath 和 css 等方法来进一步提取数据。

在上面的例子中，我们提取了 a 节点。接下来，我们尝试继续调用 xpath 方法来提取 a 节点内包含的 img 节点，代码如下所示：

```
>>> result.xpath('./img')
[<Selector xpath='./img' data='<img src="image1_thumb.jpg">'>,
 <Selector xpath='./img' data='<img src="image2_thumb.jpg">'>,
 <Selector xpath='./img' data='<img src="image3_thumb.jpg">'>,
 <Selector xpath='./img' data='<img src="image4_thumb.jpg">'>,
 <Selector xpath='./img' data='<img src="image5_thumb.jpg">'>]
```

我们获得了 a 节点里面的所有 img 节点，结果为 5。

值得注意的是，选择器的最前方加 .（一个点），代表提取元素内部的数据，如果没有加点，则代表从根节点开始提取。此处我们用了 ./img 的提取方式，代表从 a 节点里进行提取。如果此处我们用 //img，则还是从 html 节点里进行提取。

我们刚才使用 response.selector.xpath 方法对数据进行了提取。Scrapy 提供了两个实用的快捷方法，response.xpath 和 response.css，二者的功能完全等同于 response.selector.xpath 和 response.selector.css。

方便起见，后面我们统一直接调用 response 的 xpath 和 css 方法进行选择。

现在我们得到的是 SelectorList 类型的变量，该变量是由 Selector 对象组成的列表。可以用索引单独取出其中某个 Selector 元素，代码如下所示：

```
>>> result[0]
<Selector xpath='//a' data='<a href="image1.html">Name: My image 1 <'>
```

我们可以像操作列表一样操作这个 SelectorList。

但是现在获取的内容是 Selector 或者 SelectorList 类型，并不是真正的文本内容。具体的内容怎么提取呢？

比如我们现在想提取 a 节点元素，就可以利用 extract 方法，代码如下所示：

```
>>> result.extract()
['<a href="image1.html">Name: My image 1 <br><img src="image1_thumb.jpg"></a>', '<a href="image2.html">Name: My image 2 <br><img src="image2_thumb.jpg"></a>', '<a href="image3.html">Name: My image 3 <br><img src="image3_thumb.jpg"></a>', '<a href="image4.html">Name: My image 4 <br><img src="image4_thumb.jpg"></a>', '<a href="image5.html">Name: My image 5 <br><img src="image5_thumb.jpg"></a>']
```

这里使用了 extract 方法，我们可以把真实需要的内容获取下来。

我们还可以改写 XPath 表达式，来选取节点的内部文本和属性，代码如下所示：

```
>>> response.xpath('//a/text()').extract()
['Name: My image 1 ', 'Name: My image 2 ', 'Name: My image 3 ', 'Name: My image 4 ', 'Name: My image 5 ']
>>> response.xpath('//a/@href').extract()
['image1.html', 'image2.html', 'image3.html', 'image4.html', 'image5.html']
```

我们只需要再加一层 /text() 就可以获取节点的内部文本，或者加一层 /@href 就可以获取节点的 href 属性。其中，@ 符号后面内容就是要获取的属性名称。

现在，我们可以用一个规则获取所有符合要求的节点，返回的类型是列表类型。

但是这里有一个问题：如果符合要求的节点只有一个，那么返回的结果会是什么呢？我们再用一个实例来感受一下，代码如下所示：

```
>>> response.xpath('//a[@href="image1.html"]/text()').extract()
['Name: My image 1 ']
```

我们用属性限制了匹配的范围，使 XPath 只可以匹配到一个元素。然后用 extract 方法提取结果，其结果还是一个列表形式，文本是列表的第一个元素。但很多情况下，我们想要的数据其实就是第一个元素内容，这里我们通过加一个索引来获取，代码如下所示：

```
>>> response.xpath('//a[@href="image1.html"]/text()').extract()[0]
'Name: My image 1 '
```

但是，这个写法很明显是有风险的。一旦 XPath 有问题，extract 后的结果可能是一个空列表。如果我们再用索引来获取，就可能导致数组越界。

所以，另外一个方法可以专门提取单个元素，它叫作 extract_first。我们可以改写上面的例子，相关代码如下：

```
>>> response.xpath('//a[@href="image1.html"]/text()').extract_first()
'Name: My image 1 '
```

这样，我们直接利用 extract_first 方法将匹配的第一个结果提取出来，同时也不用担心数组越界的问题了。

另外，我们也可以为 extract_first 方法设置一个默认值，这样当 XPath 规则提取不到内容时，就会直接使用默认值。例如将 XPath 改成一个不存在的规则，重新执行代码，代码如下所示：

```
>>> response.xpath('//a[@href="image1"]/text()').extract_first()
>>> response.xpath('//a[@href="image1"]/text()').extract_first('Default Image')
'Default Image'
```

这里，如果 XPath 匹配不到任何元素，调用 extract_first 会返回空，也不会报错。

在第二行代码中，我们还传递了一个参数当作默认值，如 Default Image。这样，如果 XPath 匹配不到结果，返回值会使用这个参数来代替，可以看到输出正是如此。

到现在为止，我们了解了 Scrapy 中的 XPath 的相关用法，包括嵌套查询、提取内容、提取单个内容、获取文本和属性等。

4. CSS 选择器

接下来，我们看看 CSS 选择器的用法。

Scrapy 的选择器同时还对接了 CSS 选择器，使用 response.css 方法就可以使用 CSS 选择器来选择对应的元素了。

例如在上文我们选取了所有的 a 节点，那么 CSS 选择器同样可以做到，相关代码如下：

```
>>> response.css('a')
[<Selector xpath='descendant-or-self::a' data='<a href="image1.html">Name: My image 1 <'>,
 <Selector xpath='descendant-or-self::a' data='<a href="image2.html">Name: My image 2 <'>,
 <Selector xpath='descendant-or-self::a' data='<a href="image3.html">Name: My image 3 <'>,
 <Selector xpath='descendant-or-self::a' data='<a href="image4.html">Name: My image 4 <'>,
 <Selector xpath='descendant-or-self::a' data='<a href="image5.html">Name: My image 5 <'>]
```

同样，调用 extract 方法就可以提取节点，代码如下所示：

```
>>> response.css('a').extract()
['<a href="image1.html">Name: My image 1 <br><img src="image1_thumb.jpg"></a>', '<a href="image2.html">Name: My image 2 <br><img src="image2_thumb.jpg"></a>', '<a href="image3.html">Name: My image 3 <br><img src="image3_thumb.jpg"></a>', '<a href="image4.html">Name: My image 4 <br><img src="image4_thumb.jpg"></a>', '<a href="image5.html">Name: My image 5 <br><img src="image5_thumb.jpg"></a>']
```

可以看到，用法和 XPath 选择是完全一样的。

另外，我们也可以进行属性选择和嵌套选择，代码如下所示：

```
>>> response.css('a[href="image1.html"]').extract()
['<a href="image1.html">Name: My image 1 <br><img src="image1_thumb.jpg"></a>']
>>> response.css('a[href="image1.html"] img').extract()
['<img src="image1_thumb.jpg">']
```

这里用 [href="image.html"] 限定了 href 属性，可以看到匹配结果就只有一个了。另外如果想查找 a 节点内的 img 节点，只需要再加一个空格和 img。选择器的写法和标准 CSS 选择器写法如出一辙。

我们也可以使用 extract_first 方法提取列表的第一个元素，比如：

```
>>> response.css('a[href="image1.html"] img').extract_first()
'<img src="image1_thumb.jpg">'
```

接下来的两个用法不太一样。节点的内部文本和属性的获取是这样实现的：

```
>>> response.css('a[href="image1.html"]::text').extract_first()
'Name: My image 1 '
>>> response.css('a[href="image1.html"] img::attr(src)').extract_first()
'image1_thumb.jpg'
```

获取文本和属性需要用 ::text 和 ::attr 的写法，而其他库如 Beautiful Soup 或 pyquery 都有单独的方法。

另外，CSS 选择器和 XPath 选择器一样，能够嵌套选择。我们可以先用 XPath 选择器选中所有 a 节点，再利用 CSS 选择器选中 img 节点，然后用 XPath 选择器获取属性。我们用一个实例来感受一下，代码如下所示：

```
>>> response.xpath('//a').css('img').xpath('@src').extract()
['image1_thumb.jpg', 'image2_thumb.jpg', 'image3_thumb.jpg', 'image4_thumb.jpg', 'image5_thumb.jpg']
```

我们成功获取了所有 img 节点的 src 属性。

因此，我们可以随意使用 xpath 和 css 方法，二者自由组合实现嵌套查询，它们是完全兼容的。

5. 正则匹配

Scrapy 的选择器还支持正则匹配。比如在示例的 a 节点中，文本类似于 Name: My image 1，现在我们只想把 Name: 后面的内容提取出来，就可以借助 re 方法，代码实现如下：

```
>>> response.xpath('//a/text()').re('Name:\s(.*)')
['My image 1 ', 'My image 2 ', 'My image 3 ', 'My image 4 ', 'My image 5 ']
```

我们给 re 方法传了一个正则表达式，其中 (.*) 就是要匹配的内容，输出的结果就是正则表达式匹配的分组，结果会依次输出。

如果同时存在两个分组，那么结果依然会被按序输出，代码如下所示：

```
>>> response.xpath('//a/text()').re('(.*?):\s(.*)')
['Name', 'My image 1 ', 'Name', 'My image 2 ', 'Name', 'My image 3 ', 'Name', 'My image 4 ', 'Name', 'My image 5 ']
```

类似 extract_first 方法，re_first 方法可以选取列表的第一个元素，用法如下：

```
>>> response.xpath('//a/text()').re_first('(.*?):\s(.*)')
'Name'
>>> response.xpath('//a/text()').re_first('Name:\s(.*)')
'My image 1 '
```

不论正则匹配了几个分组，结果都会等于列表的第一个元素。

值得注意的是，response 对象不能直接调用 re 和 re_first 方法。如果想要对全文进行正则匹配，可以先调用 xpath 方法再正则匹配，代码如下所示：

```
>>> response.re('Name:\s(.*)')
Traceback (most recent call last):
  File "<console>", line 1, in <module>
AttributeError: 'HtmlResponse' object has no attribute 're'
>>> response.xpath('.').re('Name:\s(.*)<br>')
['My image 1 ', 'My image 2 ', 'My image 3 ', 'My image 4 ', 'My image 5 ']
>>> response.xpath('.').re_first('Name:\s(.*)<br>')
'My image 1 '
```

通过上面的例子我们可以看到，直接调用 re 方法会提示没有 re 属性。但是这里首先调用了 xpath('.') 选中全文，然后调用了 re 和 re_first 方法，就可以进行正则匹配了。

6. 总结

以上便是 Scrapy 选择器的用法，它包括两个常用选择器和正则匹配功能。熟练掌握 XPath 语法、CSS 选择器语法和正则表达式语法，可以大大提高我们的数据提取效率。

15.4 Spider 的使用

在 Scrapy 中，网站的链接配置、抓取逻辑、解析逻辑其实都是在 Spider 中配置的。在前一节的实例中，我们发现抓取逻辑也是在 Spider 中完成的。本节我们就来专门了解一下 Spider 的基本用法。

1. Spider 运行流程

在实现 Scrapy 爬虫项目时，最核心的类便是 Spider 类了，它定义了如何爬取某个网站的流程和解析方式。简单来讲，Spider 就是要做如下两件事：

- 定义爬取网站的动作；
- 分析爬取下来的网页。

对于 Spider 类来说，整个爬取循环如下所述。

（1）以初始的 URL 初始化 Request 并设置回调方法。当该 Request 成功请求并返回时，将生成 Response 并将其作为参数传给该回调方法。

（2）在回调方法内分析返回的网页内容。返回结果可以有两种形式，一种是将解析到的有效结果返回字典或 Item 对象，下一步可直接保存或者经过处理后保存；另一种是解析的下一个（如下一页）链接，可以利用此链接构造 Request 并设置新的回调方法，返回 Request。

（3）如果返回的是字典或 Item 对象，可通过 Feed Exports 等形式存入文件，如果设置了 Pipeline，可以经由 Pipeline 处理（如过滤、修正等）并保存。

（4）如果返回的是 Reqeust，那么 Request 执行成功得到 Response 之后会再次传递给 Request 中定义的回调方法，可以再次使用选择器来分析新得到的网页内容，并根据分析的数据生成 Item。

循环进行以上几步，便完成了站点的爬取。

2. Spider 类分析

在上一节的例子中，我们定义的 Spider 继承自 scrapy.spiders.Spider，即 scrapy.Spider 类，二者指代的是同一个类，这个类是最简单最基本的 Spider 类，其他的 Spider 必须继承这个类。

这个类里提供了 start_requests 方法的默认实现，读取并请求 start_urls 属性，然后根据返回的结果调用 parse 方法解析结果。另外它还有一些基础属性，下面对其进行讲解。

- name:爬虫名称,是定义 Spider 名字的字符串。Spider 的名字定义了 Scrapy 如何定位并初始化 Spider,所以它必须是唯一的。不过我们可以生成多个相同的 Spider 实例,这没有任何限制。name 是 Spider 最重要的属性,而且是必须的。如果该 Spider 爬取单个网站,一个常见的做法是以该网站的域名名称来命名 Spider。例如 Spider 爬取 mywebsite.com,该 Spider 通常会被命名为 mywebsite。
- allowed_domains:允许爬取的域名,是一个可选的配置,不在此范围的链接不会被跟进爬取。
- start_urls:起始 URL 列表,当我们没有实现 start_requests 方法时,默认会从这个列表开始抓取。
- custom_settings:一个字典,是专属于本 Spider 的配置,此设置会覆盖项目全局的设置,而且此设置必须在初始化前被更新,所以它必须定义成类变量。
- crawler:此属性是由 from_crawler 方法设置的,代表的是本 Spider 类对应的 Crawler 对象,Crawler 对象中包含了很多项目组件,利用它我们可以获取项目的一些配置信息,常见的就是获取项目的设置信息,即 Settings。
- settings:一个 Settings 对象,利用它我们可以直接获取项目的全局设置变量。

除了一些基础属性,Spider 还有一些常用的方法,在此介绍如下。

- start_requests:此方法用于生成初始请求,它必须返回一个可迭代对象,此方法会默认使用 start_urls 里面的 URL 来构造 Request,而且 Request 是 GET 请求方式。如果我们想在启动时以 POST 方式访问某个站点,可以直接重写这个方法,发送 POST 请求时我们使用 FormRequest 即可。
- parse:当 Response 没有指定回调方法时,该方法会默认被调用,它负责处理 Response,并从中提取想要的数据和下一步的请求,然后返回。该方法需要返回一个包含 Request 或 Item 的可迭代对象。
- closed:当 Spider 关闭时,该方法会被调用,这里一般会定义释放资源的一些操作或其他收尾操作。

3. 实例演示

接下来我们以一个实例来演示一下 Spider 的一些基本用法。首先我们创建一个 Scrapy 项目,名字叫作 scrapyspiderdemo,创建项目的命令如下:

```
scrapy startproject scrapyspiderdemo
```

运行完毕后,当前运行目录便出现了一个 scrapyspiderdemo 文件夹,即对应的 Scrapy 项目就创建成功了。

接着我们进入 demo 文件夹,来针对 www.httpbin.org 这个网站创建一个 Spider,命令如下:

```
scrapy genspider httpbin www.httpbin.org
```

这时候我们可以看到项目目录下生成了一个 HttpbinSpider,内容如下:

```python
import scrapy

class HttpbinSpider(scrapy.Spider):
    name = 'httpbin'
    allowed_domains = ['www.httpbin.org']
    start_urls = ['https://www.httpbin.org/']

    def parse(self, response):
        pass
```

这时候我们可以在 parse 方法中打印输出一些 response 对象的基础信息,同时修改 start_urls 为 https://www.httpbin.org/get,这个链接可以返回 GET 请求的一些详情信息,最终我们可以将 Spider

修改如下:

```python
import scrapy

class HttpbinSpider(scrapy.Spider):
    name = 'httpbin'
    allowed_domains = ['www.httpbin.org']
    start_urls = ['https://www.httpbin.org/get']

    def parse(self, response):
        print('url', response.url)
        print('request', response.request)
        print('status', response.status)
        print('headers', response.headers)
        print('text', response.text)
        print('meta', response.meta)
```

这里我们打印了 response 的多个属性。

- url: 请求的页面 URL, 即 Request URL。
- request: response 对应的 request 对象。
- status: 状态码, 即 Response Status Code。
- headers: 响应头, 即 Response Headers。
- text: 响应体, 即 Response Body。
- meta: 一些附加信息, 这些参数往往会附在 meta 属性里。

运行该 Spider, 命令如下:

```
scrapy crawl httpbin
```

运行结果如下:

```
...
2020-08-30 01:37:11 [scrapy.core.engine] DEBUG: Crawled (200) <GET https://www.httpbin.org/get> (referer: None)
url https://www.httpbin.org/get
request <GET https://www.httpbin.org/get>
status 200
headers {b'Date': [b'Sat, 29 Aug 2020 17:37:11 GMT'], b'Content-Type': [b'application/json'], b'Server':
[b'gunicorn/19.9.0'], b'Access-Control-Allow-Origin': [b'*'], b'Access-Control-Allow-Credentials':
[b'true']}
text {
  "args": {},
  "headers": {
    "Accept": "text/html,application/xhtml+xml,application/xml;q=0.9,*/*;q=0.8",
    "Accept-Encoding": "gzip, deflate",
    "Accept-Language": "en",
    "Host": "www.httpbin.org",
    "User-Agent": "Scrapy/2.2.1 (+https://scrapy.org)",
    "X-Amzn-Trace-Id": "Root=1-5f4a9247-770f344d08df9a6c18daa553"
  },
  "origin": "219.142.145.226",
  "url": "https://www.httpbin.org/get"
}
meta {'download_timeout': 180.0, 'download_slot': 'www.httpbin.org', 'download_latency': 0.277271032333374}
2020-08-30 01:37:11 [scrapy.core.engine] INFO: Closing spider (finished)
...
```

以上省略了部分结果, 只摘取了关键的 parse 方法的输出内容。

可以看到, 这里分别打印输出了 url、request、status、headers、text、meta 信息。我们可以观察一下, text 的内容中包含了我们请求所使用的 User-Agent、请求 IP 等信息, 另外 meta 中包含了几个默认设置的参数。

注意,这里并没有显式地声明初始请求,是因为 Spider 默认为我们实现了一个 start_requests 方法,代码如下:

```
def start_requests(self):
    for url in self.start_urls:
        yield Request(url, dont_filter=True)
```

可以看到,逻辑就是读取 start_urls 然后生成 Request,这里并没有为 Request 指定 callback,默认就是 parse 方法。它是一个生成器,返回的所有 Request 都会作为初始 Request 加入调度队列。

因此,如果我们想要自定义初始请求,就可以在 Spider 中重写 start_requests 方法,比如我们想自定义请求页面链接和回调方法,可以把 start_requests 方法修改为下面这样:

```
import scrapy
from scrapy import Request

class HttpbinSpider(scrapy.Spider):
    name = 'httpbin'
    allowed_domains = ['www.httpbin.org']
    start_url = 'https://www.httpbin.org/get'
    headers = {
        'User-Agent': 'Mozilla/5.0 (Macintosh; Intel Mac OS X 10_15_4) AppleWebKit/537.36 (KHTML, like Gecko)
            Chrome/83.0.4103.116 Safari/537.36'
    }
    cookies = {'name': 'germey', 'age': '26'}

    def start_requests(self):
        for offset in range(5):
            url = self.start_url + f'?offset={offset}'
            yield Request(url, headers=self.headers,
                          cookies=self.cookies,
                          callback=self.parse_response,
                          meta={'offset': offset})

    def parse_response(self, response):
        print('url', response.url)
        print('request', response.request)
        print('status', response.status)
        print('headers', response.headers)
        print('text', response.text)
        print('meta', response.meta)
```

这里我们自定义了如下内容。

- url:我们不再依赖 start_urls 生成 url,而是声明了一个 start_url,然后利用循环给 URL 加上了 Query 参数,如 offset=0,拼接到 https://www.httpbin.org/get 后面,这样请求的链接就变成了 https://www.httpbin.org/get?offset=0。
- headers:这里我们还声明了 headers 变量,为它添加了 User-Agent 属性并将其传递给 Request 的 headers 参数进行赋值。
- cookies:另外我们还声明了 Cookie,以一个字典的形式声明,然后传给 Request 的 cookies 参数。
- callback:在 HttpbinSpider 中,我们声明了一个 parse_response 方法,同时我们也将 Request 的 callback 参数设置为 parse_response,这样当该 Request 请求成功时就会回调 parse_response 方法进行处理。
- meta:meta 可以用来传递额外参数,这里我们将 offset 的值也赋值给 Request,通过 response.meta 就能获取这个内容了,这样就实现了 Request 到 Response 的额外信息传递。

重新运行看看效果,输出内容如下:

```
2020-08-30 01:54:19 [scrapy.core.engine] DEBUG: Crawled (200) <GET https://www.httpbin.org/get?offset=1> (referer: None)
2020-08-30 01:54:19 [scrapy.core.engine] DEBUG: Crawled (200) <GET https://www.httpbin.org/get?offset=2> (referer: None)
```

```
2020-08-30 01:54:19 [scrapy.core.engine] DEBUG: Crawled (200) <GET https://www.httpbin.org/get?offset=3> (referer: None)
2020-08-30 01:54:19 [scrapy.core.engine] DEBUG: Crawled (200) <GET https://www.httpbin.org/get?offset=4> (referer: None)
url https://www.httpbin.org/get?offset=1
request <GET https://www.httpbin.org/get?offset=1>
status 200
headers {b'Date': [b'Sat, 29 Aug 2020 17:54:19 GMT'], b'Content-Type': [b'application/json'], b'Server':
[b'gunicorn/19.9.0'], b'Access-Control-Allow-Origin': [b'*'], b'Access-Control-Allow-Credentials': [b'true']}
text {
  "args": {
    "offset": "1"
  },
  "headers": {
    "Accept": "text/html,application/xhtml+xml,application/xml;q=0.9,*/*;q=0.8",
    "Accept-Encoding": "gzip, deflate",
    "Accept-Language": "en",
    "Cookie": "name=germey; age=26",
    "Host": "www.httpbin.org",
    "User-Agent": "Mozilla/5.0 (Macintosh; Intel Mac OS X 10_15_4) AppleWebKit/537.36 (KHTML, like Gecko)
        Chrome/83.0.4103.116 Safari/537.36",
    "X-Amzn-Trace-Id": "Root=1-5f4a964b-8948a0c4fc6cd3ac2e5573ac"
  },
  "origin": "219.142.145.226",
  "url": "https://www.httpbin.org/get?offset=1"
}

meta {'offset': 1, 'download_timeout': 180.0, 'download_slot': 'www.httpbin.org', 'download_latency':
0.6104061603546143}
url https://www.httpbin.org/get?offset=2
request <GET https://www.httpbin.org/get?offset=2>
```

这时候我们看到相应的设置就成功了。

- `url`：url 上多了我们添加的 Query 参数。
- `text`：结果的 headers 可以看到 Cookie 和 User-Agent，说明 Request 的 Cookie 和 User-Agent 都设置成功了。
- `meta`：meta 中看到了 offset 这个参数，说明通过 meta 可以成功传递额外的参数。

通过上面的案例，我们就大致知道了 Spider 的基本流程和配置，可以发现其实现还是很灵活的。

当然除了发起 GET 请求，我们还可以发起 POST 请求。POST 请求主要分为两种，一种是以 Form Data 的形式提交表单，一种是发送 JSON 数据，二者分别可以使用 `FormRequest` 和 `JsonRequest` 来实现。例如我们可以分别发起两种 POST 请求，对比一下结果：

```python
import scrapy
from scrapy.http import JsonRequest, FormRequest

class HttpbinSpider(scrapy.Spider):
    name = 'httpbin'
    allowed_domains = ['www.httpbin.org']
    start_url = 'https://www.httpbin.org/post'
    data = {'name': 'germey', 'age': '26'}

    def start_requests(self):
        yield FormRequest(self.start_url,
                          callback=self.parse_response,
                          formdata=self.data)
        yield JsonRequest(self.start_url,
                          callback=self.parse_response,
                          data=self.data)

    def parse_response(self, response):
        print('text', response.text)
```

这里我们利用 `start_requests` 方法生成了一个 FormRequest 和 JsonRequest，请求的页面链接修改为了 https://www.httpbin.org/post，它可以把 POST 请求的详情返回，另外 data 保持不变。

运行结果如下：

```
2020-08-30 02:11:38 [scrapy.core.engine] DEBUG: Crawled (200) <POST https://www.httpbin.org/post> (referer: None)
text {
  "args": {},
  "data": "",
  "files": {},
  "form": {
    "age": "26",
    "name": "germey"
  },
  "headers": {
    "Accept": "text/html,application/xhtml+xml,application/xml;q=0.9,*/*;q=0.8",
    "Accept-Encoding": "gzip, deflate",
    "Accept-Language": "en",
    "Content-Length": "18",
    "Content-Type": "application/x-www-form-urlencoded",
    "Host": "www.httpbin.org",
    "User-Agent": "Scrapy/2.2.1 (+https://scrapy.org)",
    "X-Amzn-Trace-Id": "Root=1-5f4a9a59-f0ad26f76d7577cfcb201dc6"
  },
  "json": null,
  "origin": "219.142.145.226",
  "url": "https://www.httpbin.org/post"
}

2020-08-30 02:11:38 [scrapy.core.engine] DEBUG: Crawled (200) <POST https://www.httpbin.org/post> (referer: None)
text {
  "args": {},
  "data": "{\"age\": \"26\", \"name\": \"germey\"}",
  "files": {},
  "form": {},
  "headers": {
    "Accept": "application/json, text/javascript, */*; q=0.01",
    "Accept-Encoding": "gzip, deflate",
    "Accept-Language": "en",
    "Content-Length": "31",
    "Content-Type": "application/json",
    "Host": "www.httpbin.org",
    "User-Agent": "Scrapy/2.2.1 (+https://scrapy.org)",
    "X-Amzn-Trace-Id": "Root=1-5f4a9a5a-50a95cdc881a9dc0bf3c9f28"
  },
  "json": {
    "age": "26",
    "name": "germey"
  },
  "origin": "219.142.145.226",
  "url": "https://www.httpbin.org/post"
}
```

这里我们可以看到两种请求的效果。

第一个 FormRequest，我们可以观察到页面返回结果的 form 字段就是我们请求时添加的 data 内容，这说明实际上是发送了 Content-Type 为 application/x-www-form-urlencoded 的 POST 请求，这种对应的就是表单提交。

第二个 JsonRequest，我们可以观察到页面返回结果的 json 字段就是我们所请求时添加的 data 内容，这说明实际上是发送了 Content-Type 为 application/json 的 POST 请求，这种对应的就是发送 JSON 数据。

这两种 POST 请求的发送方式我们需要区分清楚，并根据服务器的实际需要进行选择。

4. Request 和 Response

在上面的 Spider 例子中，大部分流程实际是在构造 Request 对象和解析 Response 对象，因此对于它们的用法和参数我们需要详细了解一下。

- **Request**

在 Scrapy 中，Request 对象实际上指的就是 scrapy.http.Request 的一个实例，它包含了 HTTP 请求的基本信息，用这个 Request 类我们可以构造 Request 对象发送 HTTP 请求，它会被 Engine 交给 Downloader 进行处理执行，返回一个 Response 对象。

这个 Request 类怎么使用呢？那自然要了解一下它的构造参数都有什么，梳理如下。

- url：Request 的页面链接，即 Request URL。
- callback：Request 的回调方法，通常这个方法需要定义在 Spider 类里面，并且需要对应一个 response 参数，代表 Request 执行请求后得到的 Response 对象。如果这个 callback 参数不指定，默认会使用 Spider 类里面的 parse 方法。
- method：Request 的方法，默认是 GET，还可以设置为 POST、PUT、DELETE 等。
- meta：Request 请求携带的额外参数，利用 meta，我们可以指定任意处理参数，特定的参数经由 Scrapy 各个组件的处理，可以得到不同的效果。另外，meta 还可以用来向回调方法传递信息。
- body：Request 的内容，即 Request Body，往往 Request Body 对应的是 POST 请求，我们可以使用 FormRequest 或 JsonRequest 更方便地实现 POST 请求。
- headers：Request Headers，是字典形式。
- cookies：Request 携带的 Cookie，可以是字典或列表形式。
- encoding：Request 的编码，默认是 utf-8。
- priority：Request 优先级，默认是 0，这个优先级是给 Scheduler 做 Request 调度使用的，数值越大，就越被优先调度并执行。
- dont_filter：Request 不去重，Scrapy 默认会根据 Request 的信息进行去重，使得在爬取过程中不会出现重复请求，设置为 True 代表这个 Request 会被忽略去重操作，默认是 False。
- errback：错误处理方法，如果在请求处理过程中出现了错误，这个方法就会被调用。
- flags：请求的标志，可以用于记录类似的处理。
- cb_kwargs：回调方法的额外参数，可以作为字典传递。

以上便是 Request 的构造参数，利用这些参数，我们可以灵活地实现 Request 的构造。

值得注意的是，meta 参数是一个十分有用而且易扩展的参数，它可以以字典的形式传递，包含的信息不受限制，所以很多 Scrapy 的插件会基于 meta 参数做一些特殊处理。在默认情况下，Scrapy 就预留了一些特殊的 key 作为特殊处理。

比如 request.meta['proxy'] 可以用来设置请求时使用的代理，request.meta['max_retry_times'] 可以设置用来设置请求的最大重试次数等。

更多具体内容可以参见：https://docs.scrapy.org/en/latest/topics/request-response.html#request-meta-special-keys。

另外如上文所介绍的，Scrapy 还专门为 POST 请求提供了两个类——FormRequest 和 JsonRequest，它们都是 Request 类的子类，我们可以利用 FormRequest 的 formdata 参数传递表单内容，利用 JsonRequest 的 json 参数传递 JSON 内容，其他的参数和 Request 基本是一致的。二者的详细介绍可以参考官方文档：

- FormRequest：https://docs.scrapy.org/en/latest/topics/request-response.html#formrequest-objects
- JsonRequest：https://docs.scrapy.org/en/latest/topics/request-response.html#jsonrequest

- **Response**

Request 由 Downloader 执行之后，得到的就是 Response 结果了，它代表的是 HTTP 请求得到的响应结果，同样地我们可以梳理一下其可用的属性和方法，以便我们做解析处理使用。

- url：Request URL。
- status：Response 状态码，如果请求成功就是 200。
- headers：Response Headers，是一个字典，字段是一一对应的。
- body：Response Body，这个通常就是访问页面之后得到的源代码结果了，比如里面包含的是 HTML 或者 JSON 字符串，但注意其结果是 bytes 类型。
- request：Response 对应的 Request 对象。
- certificate：是 twisted.internet.ssl.Certificate 类型的对象，通常代表一个 SSL 证书对象。
- ip_address：是一个 ipaddress.IPv4Address 或 ipaddress.IPv6Address 类型的对象，代表服务器的 IP 地址。
- urljoin：是对 URL 的一个处理方法，可以传入当前页面的相对 URL，该方法处理后返回的就是绝对 URL。
- follow / follow_all：是一个根据 URL 来生成后续 Request 的方法，和直接构造 Request 不同的是，该方法接收的 url 可以是相对 URL，不必一定是绝对 URL。

另外 Response 还有几个常用的子类，如 TextResponse 和 HtmlResponse，HtmlResponse 又是 TextResponse 的子类，实际上回调方法接收的 response 参数就是一个 HtmlResponse 对象，它还有几个常用的方法或属性。

- text：同 body 属性，但结果是 str 类型。
- encoding：Response 的编码，默认是 utf-8。
- selector：根据 Response 的内容构造而成的 Selector 对象，Selector 在上一节我们已经了解过，利用它我们可以进一步调用 xpath、css 等方法进行结果的提取。
- xpath：传入 XPath 进行内容提取，等同于调用 selector 的 xpath 方法。
- css：传入 CSS 选择器进行内容提取，等同于调用 selector 的 css 方法。
- json：是 Scrapy 2.2 新增的方法，利用该方法可以直接将 text 属性转为 JSON 对象。

以上便是对 Response 的基本介绍，关于 Response 更详细的解释可以参考官方文档：https://docs.scrapy.org/en/latest/topics/request-response.html#response-subclasses。

5. 总结

本节中我们介绍了 Spider 的基本使用方法以及 Request、Response 对象的基本数据结构，通过了解本节内容，我们便可以灵活地完成爬取逻辑的定制了。

本节代码参见：https://github.com/Python3WebSpider/ScrapySpiderDemo。

15.5　Downloader Middleware 的使用

Downloader Middleware 即下载中间件。在 15.1 节我们已经提到过，它是处于 Scrapy 的 Engine 和 Downloader 之间的处理模块。在 Engine 把从 Scheduler 获取的 Request 发送给 Downloader 的过程中，以及 Downloader 把 Response 发送回 Engine 的过程中，Request 和 Response 都会经过 Downloader Middleware 的处理，如图 15-8 所示。

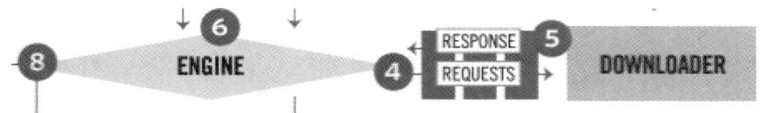

图 15-8 Downloader Middleware

也就是说，Downloader Middleware 在整个架构中起作用的位置是以下两个。

- Engine 从 Scheduler 获取 Request 发送给 Downloader，在 Request 被 Engine 发送给 Downloader 执行下载之前，Downloader Middleware 可以对 Request 进行修改。
- Downloader 执行 Request 后生成 Response，在 Response 被 Engine 发送给 Spider 之前，也就是在 Resposne 被 Spider 解析之前，Downloder Middleware 可以对 Response 进行修改。

不要小看 Downloder Middleware，其实它在整个爬虫执行过程中能起到非常重要的作用，功能十分强大，修改 User-Agent、处理重定向、设置代理、失败重试、设置 Cookie 等功能都需要借助它来实现。

本节我们来了解一下 Downloader Middleware 的详细用法。

1. 使用说明

需要说明的是，Scrapy 已经提供了许多 Downloader Middleware，比如负责失败重试、自动重定向等功能的 Downloader Middleware，它们被 DOWNLOADER_MIDDLEWARES_BASE 变量所定义。

DOWNLOADER_MIDDLEWARES_BASE 变量的内容如下所示：

```
{
    'scrapy.downloadermiddlewares.robotstxt.RobotsTxtMiddleware': 100,
    'scrapy.downloadermiddlewares.httpauth.HttpAuthMiddleware': 300,
    'scrapy.downloadermiddlewares.downloadtimeout.DownloadTimeoutMiddleware': 350,
    'scrapy.downloadermiddlewares.defaultheaders.DefaultHeadersMiddleware': 400,
    'scrapy.downloadermiddlewares.useragent.UserAgentMiddleware': 500,
    'scrapy.downloadermiddlewares.retry.RetryMiddleware': 550,
    'scrapy.downloadermiddlewares.ajaxcrawl.AjaxCrawlMiddleware': 560,
    'scrapy.downloadermiddlewares.redirect.MetaRefreshMiddleware': 580,
    'scrapy.downloadermiddlewares.httpcompression.HttpCompressionMiddleware': 590,
    'scrapy.downloadermiddlewares.redirect.RedirectMiddleware': 600,
    'scrapy.downloadermiddlewares.cookies.CookiesMiddleware': 700,
    'scrapy.downloadermiddlewares.httpproxy.HttpProxyMiddleware': 750,
    'scrapy.downloadermiddlewares.stats.DownloaderStats': 850,
    'scrapy.downloadermiddlewares.httpcache.HttpCacheMiddleware': 900,
}
```

这是一个字典格式，字典的键名是 Scrapy 内置的 Downloader Middleware 的名称，键值代表了调用的优先级，优先级是一个数字，数字越小代表越靠近 Engine，数字越大代表越靠近 Downloader。

在默认情况下，Scrapy 已经为我们开启了 DOWNLOADER_MIDDLEWARES_BASE 所定义的 Downloader Middleware，比如 RetryMiddleware 带有自动重试功能，RedirectMiddleware 带有自动处理重定向功能，这些功能默认都是开启的。

那 Downloader Middleware 里面究竟是怎么实现的呢？

其实每个 Downloader Middleware 都可以通过定义 process_request 和 process_response 方法来分别处理 Request 和 Response，被开启的 Downloader Middleware 的 process_request 方法和 process_response 方法会根据优先级被顺次调用。

由于 Request 是从 Engine 发送给 Downloader 的，并且优先级数字越小的 Downloader Middleware 越靠近 Engine，所以优先级数字越小的 Downloader Middleware 的 process_request 方法越先被调用。

`process_response` 方法则相反，由于 Response 是由 Downloder 发送给 Engine 的，优先级数字越大的 Downloader Middleware 越靠近 Downloader，所以优先级数字越大的 Downloader Middleware 的 `process_response` 越先被调用。

如果我们想将自定义的 Downloader Middleware 添加到项目中，不要直接修改 `DOWNLOADER_MIDDLEWARES_BASE` 变量。Scrapy 提供了另外一个设置变量 `DOWNLOADER_MIDDLEWARES`，我们直接修改这个变量就可以添加自己定义的 Downloader Middleware，以及禁用 `DOWNLOADER_MIDDLEWARES_BASE` 里面定义的 Downloader Middleware 了。

说了这么多可能比较抽象，下面我们具体来看一看 Downloader Middleware 的使用方法，然后结合案例来体会一下 Downloader Middleware 的使用方法。

2. 核心方法

Scrapy 内置的 Downloader Middleware 为 Scrapy 提供了基础的功能，但在项目实战中，我们往往需要单独定义 Downloader Middleware。不用担心，这个过程非常简单，我们只需要实现几个方法。

每个 Downloader Middleware 都定义了一个或多个方法的类，核心的方法有如下 3 个：

- `process_request(request, spider)`
- `process_response(request, response, spider)`
- `process_exception(request, exception, spider)`

我们只需要实现至少一个方法，就可以定义一个 Downloader Middleware。下面我们来看看这 3 个方法的详细用法。

- **`process_request(request, spider)`**

Request 被 Engine 发送给 Downloader 之前，`process_request` 方法就会被调用，也就是在 Request 从 Scheduler 里被调度出来发送到 Downloader 下载执行之前，我们都可以用 `process_request` 方法对 Request 进行处理。

这个方法的返回值必须为 None、Response 对象、Request 对象三者之一，或者抛出 IgnoreRequest 异常。

`process_request` 方法的参数有两个。

- request：Request 对象，即被处理的 Request。
- spider：Spdier 对象，即此 Request 对应的 Spider 对象。

返回类型不同，产生的效果也不同。下面归纳一下不同的返回情况。

- 当返回是 None 时，Scrapy 将继续处理该 Request，接着执行其他 Downloader Middleware 的 `process_request` 方法，一直到 Downloader 把 Request 执行得到 Response 才结束。这个过程其实就是修改 Request 的过程，不同的 Downloader Middleware 按照设置的优先级顺序依次对 Request 进行修改，最后送至 Downloader 执行。
- 当返回为 Response 对象时，更低优先级的 Downloader Middleware 的 `process_request` 和 `process_exception` 方法就不会被继续调用，每个 Downloader Middleware 的 `process_response` 方法转而被依次调用。调用完毕后，直接将 Response 对象发送给 Spider 处理。
- 当返回为 Request 对象时，更低优先级的 Downloader Middleware 的 `process_request` 方法会停止执行。这个 Request 会重新放到调度队列里，其实它就是一个全新的 Request，等待被调度。如果被 Scheduler 调度了，那么所有的 Downloader Middleware 的 `process_request` 方法会被重新按照顺序执行。

❑ 如果抛出 IgnoreRequest 异常，则所有的 Downloader Middleware 的 process_exception 方法会依次执行。如果没有一个方法处理这个异常，那么 Request 的 errorback 方法就会回调。如果该异常还没有被处理，那么它便会被忽略。

- **process_response(request, response, spider)**

Downloader 执行 Request 下载之后，会得到对应的 Response。Engine 便会将 Response 发送给 Spider 进行解析。在发送给 Spider 之前，我们都可以用 process_response 方法来对 Response 进行处理。process_response 方法的返回值必须为 Request 对象和 Response 对象两者之一，或者抛出 IgnoreRequest 异常。

process_response 方法的参数有 3 个。

❑ request：Request 对象，即此 Response 对应的 Request。
❑ response：Response 对象，即被处理的 Response。
❑ spider：Spider 对象，即此 Response 对应的 Spider 对象。

下面对不同的返回情况做一下归纳。

❑ 当返回为 Request 对象时，更低优先级的 Downloader Middleware 的 process_response 方法不会继续调用。该 Request 对象会重新放到调度队列里等待被调度，相当于一个全新的 Request。然后，该 Request 会被 process_request 方法顺次处理。
❑ 当返回为 Response 对象时，更低优先级的 Downloader Middleware 的 process_response 方法会继续被调用，对该 Response 对象进行处理。
❑ 如果抛出 IgnoreRequest 异常，则 Request 的 errorback 方法会回调。如果该异常还没有被处理，那么它会被忽略。

- **process_exception(request, exception, spider)**

当 Downloader 或 process_request 方法抛出异常时，例如抛出 IgnoreRequest 异常，process_exception 方法就会被调用。方法的返回值必须为 None、Response 对象、Request 对象三者之一。

process_exception 方法的参数有 3 个。

❑ request：Request 对象，即产生异常的 Request。
❑ exception：Exception 对象，即抛出的异常。
❑ spdier：Spider 对象，即 Request 对应的 Spider。

下面归纳一下不同的返回值。

❑ 当返回为 None 时，更低优先级的 Downloader Middleware 的 process_exception 会被继续顺次调用，直到所有的方法都被调用完毕。
❑ 当返回为 Response 对象时，更低优先级的 Downloader Middleware 的 process_exception 方法不再被继续调用，每个 Downloader Middleware 的 process_response 方法转而被依次调用。
❑ 当返回为 Request 对象时，更低优先级的 Downloader Middleware 的 process_exception 也不再被继续调用，该 Request 对象会重新放到调度队列里面等待被调度，相当于一个全新的 Request。然后，该 Request 又会被 process_request 方法顺次处理。

以上内容便是这 3 个方法的详细使用逻辑。在使用它们之前，请先对这 3 个方法的返回值的处理情况有一个清晰认识。在自定义 Downloader Middleware 的时候，也一定要注意每个方法的返回类型。

3. 项目实战

上面的内容确实有点难以理解，下面我们可以结合一个实战项目来加深对 Downloader Middleware 的认识。

首先让我们新建一个 Scrapy 项目，名字叫作 scrapydownloadermiddlewaredemo，命令如下所示：

```
scrapy startproject scrapydownloadermiddlewaredemo
```

接下来进入项目，新建一个 Spider，我们还是以 https://www.httpbin.org/ 为例来进行演示，命令如下所示：

```
scrapy genspider httpbin www.httpbin.org
```

命令执行完毕后，就新建了一个 Spider，名为 httpbin。

接下来我们修改 start_urls 为：['https://www.httpbin.org/get']。随后将 parse 方法添加一行打印输出，将 response 变量的 text 属性输出，这样我们便可以看到 Scrapy 发送的 Request 信息了。

修改 Spider 内容如下所示：

```python
import scrapy

class HttpbinSpider(scrapy.Spider):
    name = 'httpbin'
    allowed_domains = ['www.httpbin.org']
    start_urls = ['https://www.httpbin.org/get']

    def parse(self, response):
        print(response.text)
```

接下来运行此 Spider，执行如下命令：

```
scrapy crawl httpbin
```

Scrapy 的运行结果包含 Scrapy 发送的 Request 信息，内容如下所示：

```
{
  "args": {},
  "headers": {
    "Accept": "text/html,application/xhtml+xml,application/xml;q=0.9,*/*;q=0.8",
    "Accept-Encoding": "gzip, deflate",
    "Accept-Language": "en",
    "Host": "www.httpbin.org",
    "User-Agent": "Scrapy/2.2.1 (+https://scrapy.org)",
    "X-Amzn-Trace-Id": "Root=1-5f4bd897-5343c5d080342b8069f69600"
  },
  "origin": "219.142.145.226",
  "url": "https://www.httpbin.org/get"
}
```

我们观察一下 headers，Scrapy 发送的 Request 使用的 User-Agent 是 Scrapy/2.2.1 (+https://scrapy.org)，这其实是由 Scrapy 内置的 UserAgentMiddleware 设置的，UserAgentMiddleware 的源码如下所示：

```python
from scrapy import signals

class UserAgentMiddleware(object):
    def __init__(self, user_agent='Scrapy'):
        self.user_agent = user_agent

    @classmethod
    def from_crawler(cls, crawler):
        o = cls(crawler.settings['USER_AGENT'])
        crawler.signals.connect(o.spider_opened, signal=signals.spider_opened)
        return o
```

```python
def spider_opened(self, spider):
    self.user_agent = getattr(spider, 'user_agent', self.user_agent)

def process_request(self, request, spider):
    if self.user_agent:
        request.headers.setdefault(b'User-Agent', self.user_agent)
```

在 `from_crawler` 方法中，UserAgentMiddleware 首先尝试获取 settings 里面的 USER_AGENT，然后把 USER_AGENT 传递给 `__init__` 方法进行初始化，其参数就是 user_agent。如果没有传递 USER_AGENT 参数，就会默认将其设置为 Scrapy 字符串。我们新建的项目没有设置 USER_AGENT，所以这里的 user_agent 变量就是 Scrapy。

接下来，在 `process_request` 方法中，将 user_agent 变量设置为 headers 变量的一个属性，这样就成功设置了 User-Agent。因此，User-Agent 就是通过此 Downloader Middleware 的 `process_request` 方法设置的，这就是一个典型的 Downloder Middleware 的实例，我们再看一下 DOWNLOADER_MIDDLEWARES_BASE 的配置，UserAgentMiddleware 的配置如下：

```
{
    'scrapy.downloadermiddlewares.useragent.UserAgentMiddleware': 500
}
```

可以看到，UserAgentMiddleware 被配置在了默认的 DOWNLOADER_MIDDLEWARES_BASE 里，优先级为 500，这样每次 Request 在被 Downloader 执行前都会被 UserAgentMiddleware 的 `process_request` 方法加上默认的 User-Agent。

但如果这个默认的 User-Agent 直接去请求目标网站，很容易被检测出来，我们需要将 User-Agent 修改为常见浏览器的 User-Agent。修改 User-Agent 可以有两种方式：

- 一是修改 settings 里面的 USER_AGENT 变量。
- 二是通过 Downloader Middleware 的 `process_request` 方法来修改。

第一种方法非常简单，我们只需要在 setting.py 里面加一行对 USER_AGENT 的定义即可：

```
USER_AGENT = 'Mozilla/5.0 (Macintosh; Intel Mac OS X 10_12_6) AppleWebKit/537.36 (KHTML, like Gecko) Chrome/59.0.3071.115 Safari/537.36'
```

一般推荐使用此方法来进行设置。但是如果想设置得更灵活，比如设置随机的 User-Agent，那就需要借助 Downloader Middleware 了。所以接下来我们用 Downloader Middleware 实现一个随机 User-Agent 的设置。

在 middlewares.py 里面添加一个 RandomUserAgentMiddleware 类，代码如下所示：

```python
import random

class RandomUserAgentMiddleware(object):
    def __init__(self):
        self.user_agents = [
            'Mozilla/5.0 (Windows; U; MSIE 9.0; Windows NT 9.0; en-US)',
            'Mozilla/5.0 (Windows NT 6.1) AppleWebKit/537.2 (KHTML, like Gecko) Chrome/22.0.1216.0 Safari/537.2',
            'Mozilla/5.0 (X11; Ubuntu; Linux i686; rv:15.0) Gecko/20100101 Firefox/15.0.1'
        ]

    def process_request(self, request, spider):
        request.headers['User-Agent'] = random.choice(self.user_agents)
```

我们首先在类的 `__init__` 方法中定义了 3 个不同的 User-Agent，并用一个列表来表示。接下来实现了 `process_request` 方法，它有一个参数 request，我们直接修改 request 的属性即可。在这里直接设置了 request 对象的 headers 属性的 User-Agent，设置内容是随机选择的 User-Agent，这样一个 Downloader Middleware 就写好了。

不过，要使之生效还需要去调用这个 Downloader Middleware。在 settings.py 中，将 DOWNLOADER_MIDDLEWARES 取消注释，并设置成如下内容：

```
DOWNLOADER_MIDDLEWARES = {
    'scrapydownloadermiddlewaredemo.middlewares.RandomUserAgentMiddleware': 543,
}
```

接下来我们重新运行 Spider，就可以看到 User-Agent 被成功修改为列表中所定义的随机的一个 User-Agent 了：

```
{
  "args": {},
  "headers": {
    "Accept": "text/html,application/xhtml+xml,application/xml;q=0.9,*/*;q=0.8",
    "Accept-Encoding": "gzip, deflate",
    "Accept-Language": "en",
    "Host": "www.httpbin.org",
    "User-Agent": "Mozilla/5.0 (Windows NT 6.1) AppleWebKit/537.2 (KHTML, like Gecko) Chrome/22.0.1216.0 Safari/537.2",
    "X-Amzn-Trace-Id": "Root=1-5f4bdb4d-287f2430aa14d37a6ab50ff6"
  },
  "origin": "219.142.145.226",
  "url": "https://www.httpbin.org/get"
}
```

我们通过实现 Downloader Middleware 并利用 process_request 方法，成功设置了随机的 User-Agent。

另外我们还可以借助 Downloader Middleware 来设置代理。比如这里我有一个 HTTP 代理运行在 203.184.132.103:7890，如果我想使用此代理请求目标站点，可以通过定义一个 Downloader Middleware 来设置：

```
class ProxyMiddleware(object):
    def process_request(self, request, spider):
        request.meta['proxy'] = 'http://203.184.132.103:7890'
```

这里我们定义了一个 ProxyMiddleware，在它的 process_request 方法里面，修改了 request 的 meta 属性的 proxy 属性，赋值为 http://203.184.132.103:7890，这样就相当于设置了一个 HTTP 代理。

> **注意** 此代理并不一定是长期可用代理，你需要将其更换成你自己的可用 HTTP 代理，有关代理的具体获取方案可以参考本书前文代理的使用相关章节。

要使 ProxyMiddleware 生效，我们需要进一步启用这个 ProxyMiddleware，修改 DOWNLOADER_MIDDLEWARES 为如下内容：

```
DOWNLOADER_MIDDLEWARES = {
    'scrapydownloadermiddlewaredemo.middlewares.RandomUserAgentMiddleware': 543,
    'scrapydownloadermiddlewaredemo.middlewares.ProxyMiddleware': 544,
}
```

这样我们就启用了两个自定义的 Downloader Middleware，执行优先级分别为 543 和 544。RandomUserAgentMiddleware 的 process_request 方法会首先被调用，为 Request 赋值 User-Agent，随后 ProxyMiddleware 的 process_request 会被调用，为 Request 赋值 meta 的 proxy 属性。

重新运行，可以发现输出结果如下：

```
{
  "args": {},
  "headers": {
    "Accept": "text/html,application/xhtml+xml,application/xml;q=0.9,*/*;q=0.8",
    "Accept-Encoding": "gzip, deflate",
    "Accept-Language": "en",
    "Host": "www.httpbin.org",
```

```
      "User-Agent": "Mozilla/5.0 (Windows; U; MSIE 9.0; Windows NT 9.0; en-US)",
      "X-Amzn-Trace-Id": "Root=1-5f4bdcb5-ccb0bd00a31cc4806ab91780"
  },
  "origin": "203.184.132.103",
  "url": "https://www.httpbin.org/get"
}
```

这里我们看到网站返回结果的 origin 字段就是代理的 IP，所以可以验证出：User-Agent 和代理的设置都生效了。至于代理为什么生效，是因为 Scrapy 对 meta 的 proxy 属性做了针对性处理，使得最终发送的 HTTP 请求启用我们配置的代理服务器，具体的处理逻辑可以查看 Scrapy 的 Downloader Middleware 和 Downloader 的源代码。

我们使用 process_request 对 Request 进行了修改，但刚才写的两个 Downloader Middleware 的 process_request 都没有返回值，即返回值为 None，这样一个个 Downloader Middleware 的 process_request 就会被顺次执行。

上文我们还提到了 process_request，如果返回其他形式的内容会怎样？比如 process_request 直接返回 Request。我们修改 ProxyMiddleware 试一下：

```
class ProxyMiddleware(object):
    def process_request(self, request, spider):
        request.meta['proxy'] = 'http://127.0.0.1:7890'
        return request
```

这里我们在方法的最后加上了返回 Request 的逻辑，根据前文介绍的内容，如果 process_request 返回的是一个 Request，那么后续其他 Downloader Middleware 的 process_request 就不会被调用，这个 Request 会直接发送给 Engine 并加回到 Scheduler，等待下一次被调度。由于现在我们只发起了一个 Request，所以下一个被调度的 Request 还是这个 Request，然后会再次经过 process_request 方法处理，接着再次被返回，又一次被加回到 Scheduler，这样这个 Request 就不断从 Scheduler 取出来放回去，导致无限循环。

因此，这时候运行会得到一个递归错误的报错信息：

```
RecursionError: maximum recursion depth exceeded while calling a Python object
```

所以说，这一句简单的返回逻辑就整个改变了 Scrapy 爬虫的执行逻辑，一定要注意。

另外，如果我们返回一个 Response 会怎么办呢？根据前文所述，更低优先级的 Downloader Middleware 的 process_request 和 process_exception 方法就不会被继续调用，每个 Downloader Middleware 的 process_response 方法转而被依次调用。调用完毕后，直接将 Response 对象发送给 Spider 来处理。所以说，如果返回的是 Response，会直接被 process_response 处理完毕后发送给 Spider，而该 Request 就不会再经由 Downloader 执行下载了。

我们再尝试改写一下 ProxyMiddleware，修改如下：

```
from scrapy.http import HtmlResponse

class ProxyMiddleware(object):
    def process_request(self, request, spider):
        return HtmlResponse(
            url=request.url,
            status=200,
            encoding='utf-8',
            body='Test Downloader Middleware')
```

这里我们直接把代理设置的逻辑去掉了，返回了一个 HtmlResponse 对象，构造 HtmlResponse 对象时传入了 url、status、encoding、body 参数，其中直接赋给 body 一个字符串。

重新运行一下,看看输出结果:

```
Test Downloader Middleware
```

这就是 parse 方法的输出结果,可以看到原本 Request 应该去请求 https://www.httpbin.org/get 得到返回结果,但是这里 Response 的内容直接变成了刚才我们所定义的 HtmlResponse 的内容,丢弃了原本的 Request。因此,如果我们在 process_request 方法中直接返回 Response 对象,原先的 Request 就会被直接丢弃,该 Response 经过 process_response 方法处理后会直接传递给 Spider 解析。

到现在为止,我们应该能够明白 process_request 的用法及其不同的返回值所起到的作用了。

上面我们讲了 process_request 的用法,它是用来处理 Request 的,相应地,process_response 就是用来处理 Response 的了,我们再来看一下 process_response 的用法。

Downloader 对 Request 执行下载之后会得到 Response,随后 Engine 会将 Response 发送回 Spider 进行处理。但是在 Response 被发送给 Spider 之前,我们同样可以使用 process_response 方法对 Response 进行处理。

比如这里修改一下 Response 的状态码,添加一个 ChangeResponseMiddleware 的 Downloader Middleware,代码如下:

```python
class ChangeResponseMiddleware(object):
    def process_response(self, request, response, spider):
        response.status = 201
        return response
```

我们将 response 对象的 status 属性修改为 201,随后将 response 返回,这个被修改的 Response 就会被发送到 Spider。

我们再在 Spider 里面输出修改后的状态码,在 parse 方法中添加如下的输出语句:

```python
print('Status Code:', response.status)
```

然后将 DOWNLOADER_MIDDLEWARES 修改为如下内容:

```python
DOWNLOADER_MIDDLEWARES = {
    'scrapydownloadermiddlewaredemo.middlewares.RandomUserAgentMiddleware': 543,
    'scrapydownloadermiddlewaredemo.middlewares.ChangeResponseMiddleware': 544,
}
```

接着将 ProxyMiddleware 换成了 ChangeResponseMiddleware,重新运行,控制台输出了如下内容:

```
Status Code: 201
```

可以发现,Response 的状态码被成功修改了。因此如果要想对 Response 进行处理,就可以借助 process_response 方法。

当然 process_response 方法的不同返回值有不同的作用,如果返回 Request 对象,更低优先级的 Downloader Middleware 的 process_request 方法会停止执行。这个 Request 会重新放到调度队列里,其实它就是一个全新的 Request,等待被调度。感兴趣的话可以尝试一下。

另外还有一个 process_exception 方法,它是专门用来处理异常的方法。如果需要进行异常处理,我们可以调用此方法。不过这个方法的使用频率相对低一些,不在进行实例演示。

4. 总结

本节讲解了 Downloader Middleware 的基本用法。此组件非常重要,后面我们进行代理设置、反爬处理、动态渲染处理都需要用到 Downloader Middleware。

本节代码参见:https://github.com/Python3WebSpider/ScrapyDownloaderMiddlewareDemo。

15.6　Spider Middleware 的使用

Spider Middleware，中文可以翻译为爬虫中间件，但我个人认为英文的叫法更为合适。它是处于 Spider 和 Engine 之间的处理模块。当 Downloader 生成 Response 之后，Response 会被发送给 Spider，在发送给 Spider 之前，Response 会首先经过 Spider Middleware 的处理，当 Spider 处理生成 Item 和 Request 之后，Item 和 Request 还会经过 Spider Middleware 的处理。

Spider Middleware 有如下 3 个作用。

- Downloader 生成 Response 之后，Engine 会将其发送给 Spider 进行解析，在 Response 发送给 Spider 之前，可以借助 Spider Middleware 对 Response 进行处理。
- Spider 生成 Request 之后会被发送至 Engine，然后 Request 会被转发到 Scheduler，在 Request 被发送给 Engine 之前，可以借助 Spider Middleware 对 Request 进行处理。
- Spider 生成 Item 之后会被发送至 Engine，然后 Item 会被转发到 Item Pipeline，在 Item 被发送给 Engine 之前，可以借助 Spider Middleware 对 Item 进行处理。

总的来说，Spider Middleware 可以用来处理输入给 Spider 的 Response 和 Spider 输出的 Item 以及 Request。

1. 使用说明

同样需要说明的是，Scrapy 其实已经提供了许多 Spider Middleware，与 Downloader Middleware 类似，它们被 SPIDER_MIDDLEWARES_BASE 变量所定义。

SPIDER_MIDDLEWARES_BASE 变量的内容如下：

```
{
    'scrapy.spidermiddlewares.httperror.HttpErrorMiddleware': 50,
    'scrapy.spidermiddlewares.offsite.OffsiteMiddleware': 500,
    'scrapy.spidermiddlewares.referer.RefererMiddleware': 700,
    'scrapy.spidermiddlewares.urllength.UrlLengthMiddleware': 800,
    'scrapy.spidermiddlewares.depth.DepthMiddleware': 900,
}
```

SPIDER_MIDDLEWARES_BASE 里定义的 Spider Middleware 是默认生效的，如果我们要自定义 Spider Middleware，可以和 Downloader Middleware 一样，创建 Spider Middleware 并将其加入 SPIDER_MIDDLEWARES。直接修改这个变量就可以添加自己定义的 Spider Middleware，以及禁用 SPIDER_MIDDLEWARES_BASE 里面定义的 Spider Middleware。

这些 Spider Middleware 的调用优先级和 Downloader Middleware 也是类似的，数字越小的 Spider Middleware 是越靠近 Engine 的，数字越大的 Spider Middleware 是越靠近 Spider 的。

2. 核心方法

Scrapy 内置的 Spider Middleware 为 Scrapy 提供了基础的功能。如果我们想要扩展其功能，只需要实现某几个方法。

每个 Spider Middleware 都定义了以下一个或多个方法的类，核心方法有如下 4 个。

- process_spider_input(response, spider)
- process_spider_output(response, result, spider)
- process_spider_exception(response, exception, spider)
- process_start_requests(start_requests, spider)

只需要实现其中一个方法就可以定义一个 Spider Middleware。下面我们来看看这 4 个方法的详细用法。

- **process_spider_input(response, spider)**

当 Response 通过 Spider Middleware 时，process_spider_input 方法被调用，处理该 Response。它有两个参数。

- response：Response 对象，即被处理的 Response。
- spider：Spider 对象，即该 Response 对应的 Spider 对象。

process_spider_input 应该返回 None 或者抛出一个异常。

- 如果它返回 None，Scrapy 会继续处理该 Response，调用所有其他的 Spider Middleware 直到 Spider 处理该 Response。
- 如果它抛出一个异常，Scrapy 不会调用任何其他 Spider Middleware 的 process_spider_input 方法，并调用 Request 的 errback 方法。errback 的输出将会以另一个方向被重新输入中间件，使用 process_spider_output 方法来处理，当其抛出异常时则调用 process_spider_exception 来处理。

- **process_spider_output(response, result, spider)**

当 Spider 处理 Response 返回结果时，process_spider_output 方法被调用。它有 3 个参数。

- response：Response 对象，即生成该输出的 Response。
- result：包含 Request 或 Item 对象的可迭代对象，即 Spider 返回的结果。
- spider：Spider 对象，即结果对应的 Spider 对象。

process_spider_output 必须返回包含 Request 或 Item 对象的可迭代对象。

- **process_spider_exception(response, exception, spider)**

当 Spider 或 Spider Middleware 的 process_spider_input 方法抛出异常时，process_spider_exception 方法被调用。它有 3 个参数。

- response：Response 对象，即异常被抛出时被处理的 Response。
- exception：Exception 对象，被抛出的异常。
- spider：Spider 对象，即抛出该异常的 Spider 对象。

process_spider_exception 必须返回 None 或者一个（包含 Response 或 Item 对象的）可迭代对象。

- 如果它返回 None，那么 Scrapy 将继续处理该异常，调用其他 Spider Middleware 中的 process_spider_exception 方法，直到所有 Spider Middleware 都被调用。
- 如果它返回一个可迭代对象，则其他 Spider Middleware 的 process_spider_output 方法被调用，其他的 process_spider_exception 不会被调用。

- **process_start_requests(start_requests, spider)**

process_start_requests 方法以 Spider 启动的 Request 为参数被调用，执行的过程类似于 process_spider_output，只不过它没有相关联的 Response 并且必须返回 Request。它有两个参数。

- start_requests：包含 Request 的可迭代对象，即 Start Requests。
- spider：Spider 对象，即 Start Requests 所属的 Spider。

process_start_requests 方法必须返回另一个包含 Request 对象的可迭代对象。

3. 实战

上面的内容理解起来还是有点抽象，下面我们结合一个实战项目来加深一下对 Spider Middleware 的认识。

首先我们新建一个 Scrapy 项目叫作 scrapyspidermiddlewaredemo，命令如下所示：

```
scrapy startproject scrapyspidermiddlewaredemo
```

然后进入项目，新建一个 Spider。我们还是以 https://www.httpbin.org/ 为例来进行演示，命令如下所示：

```
scrapy genspider httpbin www.httpbin.org
```

命令执行完毕后，新建了一个名为 httpbin 的 Spider。接下来我们修改 start_url 为 https://www.httpbin.org/get，然后自定义 start_requests 方法，构造几个 Request，回调方法还是定义为 parse 方法。随后将 parse 方法添加一行打印输出，将 response 变量的 text 属性输出，这样我们便可以看到 Scrapy 发送的 Request 信息了。

修改 Spider 内容如下所示：

```python
from scrapy import Spider, Request

class HttpbinSpider(Spider):
    name = 'httpbin'
    allowed_domains = ['www.httpbin.org']
    start_url = 'https://www.httpbin.org/get'

    def start_requests(self):
        for i in range(5):
            url = f'{self.start_url}?query={i}'
            yield Request(url, callback=self.parse)

    def parse(self, response):
        print(response.text)
```

接下来运行此 Spider，执行如下命令：

```
scrapy crawl httpbin
```

Scrapy 运行结果包含 Scrapy 发送的 Request 信息，内容如下所示：

```
{
  "args": {
    "query": "0"
  },
  "headers": {
    "Accept": "text/html,application/xhtml+xml,application/xml;q=0.9,*/*;q=0.8",
    "Accept-Encoding": "gzip, deflate",
    "Accept-Language": "en",
    "Host": "www.httpbin.org",
    "User-Agent": "Scrapy/2.2.1 (+https://scrapy.org)",
    "X-Amzn-Trace-Id": "Root=1-5f4bf132-365da06dcbc13e3aafa1d2a3"
  },
  "origin": "219.142.145.226",
  "url": "https://www.httpbin.org/get?query=1"
}
...
{
  "args": {
    "query": "4"
  },
  "headers": {
    "Accept": "text/html,application/xhtml+xml,application/xml;q=0.9,*/*;q=0.8",
    "Accept-Encoding": "gzip, deflate",
    "Accept-Language": "en",
```

```
    "Host": "www.httpbin.org",
    "User-Agent": "Scrapy/2.2.1 (+https://scrapy.org)",
    "X-Amzn-Trace-Id": "Root=1-5f4bf132-36f95f671162688adeac46b2"
  },
  "origin": "219.142.145.226",
  "url": "https://www.httpbin.org/get?query=4"
}
```

这里我们可以看到几个 Request 对应的 Response 的内容就被输出了，每个返回结果带有 args 参数，query 为 0~4。

另外我们可以定义一个 Item，4 个字段就是目标站点返回的字段，相关代码如下：

```
import scrapy

class DemoItem(scrapy.Item):
    origin = scrapy.Field()
    headers = scrapy.Field()
    args = scrapy.Field()
    url = scrapy.Field()
```

可以在 parse 方法中将返回的 Response 的内容转化为 DemoItem，将 parse 方法做如下修改：

```
def parse(self, response):
    item = DemoItem(**response.json())
    yield item
```

这样重新运行，最终 Spider 就会产生对应的 DemoItem 了，运行效果如下：

```
2020-08-31 02:38:14 [scrapy.core.scraper] DEBUG: Scraped from <200 https://www.httpbin.org/get?query=4>
{'args': {'query': '4'},
 'headers': {'Accept': 'text/html,application/xhtml+xml,application/xml;q=0.9,*/*;q=0.8',
             'Accept-Encoding': 'gzip, deflate',
             'Accept-Language': 'en',
             'Host': 'www.httpbin.org',
             'User-Agent': 'Scrapy/2.2.1 (+https://scrapy.org)',
             'X-Amzn-Trace-Id': 'Root=1-5f4bf215-c48272f87238b41453d5a482'},
 'origin': '219.142.145.226',
 'url': 'https://www.httpbin.org/get?query=4'}
```

可以看到原本 Response 的 JSON 数据就被转化为了 DemoItem 并返回。

接下来我们实现一个 Spider Middleware，看看如何实现 Response、Item、Request 的处理吧！

在 middlewares.py 中重新声明一个 CustomizeMiddleware 类，内容如下：

```
class CustomizeMiddleware(object):

    def process_start_requests(self, start_requests, spider):
        for request in start_requests:
            url = request.url
            url += '&name=germey'
            request = request.replace(url=url)
            yield request
```

这里实现了 process_start_requests 方法，它可以对 start_requests 表示的每个 Request 进行处理，我们首先获取了每个 Request 的 URL，然后在 URL 的后面又拼接上了另外一个 Query 参数，name 等于 germey，然后我们利用 request 的 replace 方法将 url 属性替换，这样就成功为 Request 赋值了新的 URL。

接着我们需要将此 CustomizeMiddleware 开启，在 settings.py 中进行如下的定义：

```
SPIDER_MIDDLEWARES = {
   'scrapyspidermiddlewaredemo.middlewares.CustomizeMiddleware': 543,
}
```

这样我们就开启了 CustomizeMiddleware 这个 Spider Middleware。

15.6 Spider Middleware 的使用

重新运行 Spider，这时候我们可以看到输出结果就变成了类似下面这样的结果：

```
2020-08-31 02:43:29 [scrapy.core.scraper] DEBUG: Scraped from <200
https://www.httpbin.org/get?query=2&name=germey>
{'args': {'name': 'germey', 'query': '2'},
 'headers': {'Accept': 'text/html,application/xhtml+xml,application/xml;q=0.9,*/*;q=0.8',
             'Accept-Encoding': 'gzip, deflate',
             'Accept-Language': 'en',
             'Host': 'www.httpbin.org',
             'User-Agent': 'Scrapy/2.2.1 (+https://scrapy.org)',
             'X-Amzn-Trace-Id': 'Root=1-5f4bf350-fbe66f706f2b8ca805dbf388'},
 'origin': '203.184.132.103',
 'url': 'https://www.httpbin.org/get?query=2&name=germey'}
```

可以观察到 url 属性成功添加了 name=germey 的内容，这说明我们利用 Spider Middleware 成功改写了 Request。

除了改写 start_requests，我们还可以对 Response 和 Item 进行改写，比如对 Response 进行改写，我们可以尝试更改其状态码，在 CustomizeMiddleware 里面增加如下定义：

```python
def process_spider_input(self, response, spider):
    response.status = 201

def process_spider_output(self, response, result, spider):
    for i in result:
        if isinstance(i, DemoItem):
            i['origin'] = None
            yield i
```

这里我们定义了 process_spider_input 和 process_spider_output 方法，分别来处理 Spider 的输入和输出。对于 process_spider_input 方法来说，输入自然就是 Response 对象，所以第一个参数就是 response，我们在这里直接修改了状态码。对于 process_spider_output 方法来说，输出就是 Request 或 Item 了，但是这里二者是混合在一起的，作为 result 参数传递过来。result 是一个可迭代的对象，我们遍历了 result，然后判断了每个元素的类型，在这里使用 isinstance 方法进行判定：如果 i 是 DemoItem 类型，就把它的 origin 属性设置为空。当然这里还可以针对 Request 类型做类似的处理，此处略去。

另外在 parse 方法里面添加 Response 状态码的输出结果：

```python
print('Status:', response.status)
```

重新运行一下 Spider，可以看到输出结果类似下面这样：

```
Status: 201
2020-08-31 02:57:33 [scrapy.core.scraper] DEBUG: Scraped from <201
https://www.httpbin.org/get?query=1&name=germey>
{'args': {'name': 'germey', 'query': '1'},
 'headers': {'Accept': 'text/html,application/xhtml+xml,application/xml;q=0.9,*/*;q=0.8',
             'Accept-Encoding': 'gzip, deflate',
             'Accept-Language': 'en',
             'Host': 'www.httpbin.org',
             'User-Agent': 'Scrapy/2.2.1 (+https://scrapy.org)',
             'X-Amzn-Trace-Id': 'Root=1-5f4bf69c-9ef0cea4c9c353a3fb46706b'},
 'origin': None,
 'url': 'https://www.httpbin.org/get?query=1&name=germey'}
```

状态码变成了 201，Item 的 origin 字段变成了 None，证明 CustomizeMiddleware 对 Spider 输入的 Response 和输出的 Item 都实现了处理。

到这里，我们通过自定义 Spider Middleware 的方式，实现了对 Spider 输入的 Response 以及输出的 Request 和 Item 的处理。

另外在 Scrapy 中，还有几个内置的 Spider Middleware，我们简单介绍一下。

- **HttpErrorMiddleware**

HttpErrorMiddleware 的主要作用是过滤我们需要忽略的 Response，比如状态码为 200~299 的会处理，500 以上的不会处理。其核心实现代码如下：

```python
def __init__(self, settings):
    self.handle_httpstatus_all = settings.getbool('HTTPERROR_ALLOW_ALL')
    self.handle_httpstatus_list = settings.getlist('HTTPERROR_ALLOWED_CODES')

def process_spider_input(self, response, spider):
    if 200 <= response.status < 300:
        return
    meta = response.meta
    if 'handle_httpstatus_all' in meta:
        return
    if 'handle_httpstatus_list' in meta:
        allowed_statuses = meta['handle_httpstatus_list']
    elif self.handle_httpstatus_all:
        return
    else:
        allowed_statuses = getattr(spider, 'handle_httpstatus_list', self.handle_httpstatus_list)
    if response.status in allowed_statuses:
        return
    raise HttpError(response, 'Ignoring non-200 response')
```

可以看到它实现了 process_spider_input 方法，然后判断了状态码为 200~299 就直接返回，否则会根据 handle_httpstatus_all 和 handle_httpstatus_list 来进行处理。例如状态码在 handle_httpstatus_list 定义的范围内，就会直接处理，否则抛出 HttpError 异常。这也解释了为什么刚才我们把 Response 的状态码修改为 201 却依然能被正常处理的原因，如果我们修改为非 200~299 的状态码，就会抛出异常了。

另外，如果想要针对一些错误类型的状态码进行处理，可以修改 Spider 的 handle_httpstatus_list 属性，也可以修改 Request meta 的 handle_httpstatus_list 属性，还可以修改全局 setttings HTTPERROR_ALLOWED_CODES。

比如我们想要处理 404 状态码，可以进行如下设置：

```python
HTTPERROR_ALLOWED_CODES = [404]
```

- **OffsiteMiddleware**

OffsiteMiddleware 的主要作用是过滤不符合 allowed_domains 的 Request，Spider 里面定义的 allowed_domains 其实就是在这个 Spider Middleware 里生效的。其核心代码实现如下：

```python
def process_spider_output(self, response, result, spider):
    for x in result:
        if isinstance(x, Request):
            if x.dont_filter or self.should_follow(x, spider):
                yield x
            else:
                domain = urlparse_cached(x).hostname
                if domain and domain not in self.domains_seen:
                    self.domains_seen.add(domain)
                    logger.debug(
                        "Filtered offsite request to %(domain)r: %(request)s",
                        {'domain': domain, 'request': x}, extra={'spider': spider})
                    self.stats.inc_value('offsite/domains', spider=spider)
                self.stats.inc_value('offsite/filtered', spider=spider)
        else:
            yield x
```

可以看到，这里首先遍历了 result，然后判断了 Request 类型的元素并赋值为 x。然后根据 x 的 dont_filter、url 和 Spider 的 allowed_domains 进行了过滤，如果不符合 allowed_domains，就直接输出日志并不再返回 Request，只有符合要求的 Request 才会被返回并继续调用。

- **UrlLengthMiddleware**

UrlLengthMiddleware 的主要作用是根据 Request 的 URL 长度对 Request 进行过滤，如果 URL 的长度过长，此 Request 就会被忽略。其核心代码实现如下：

```
@classmethod
def from_settings(cls, settings):
    maxlength = settings.getint('URLLENGTH_LIMIT')

def process_spider_output(self, response, result, spider):
    def _filter(request):
        if isinstance(request, Request) and len(request.url) > self.maxlength:
            logger.debug("Ignoring link (url length > %(maxlength)d): %(url)s ",
                         {'maxlength': self.maxlength, 'url': request.url},
                         extra={'spider': spider})
            return False
        else:
            return True

    return (r for r in result or () if _filter(r))
```

可以看到，这里利用了 `process_spider_output` 对 result 里面的 Request 进行过滤，如果是 Request 类型并且 URL 长度超过最大限制，就会被过滤。我们可以从中了解到，如果想要根据 URL 的长度进行过滤，可以设置 `URLLENGTH_LIMIT`。

比如我们只想爬取 URL 长度小于 50 的页面，那么就可以进行如下设置：

```
URLLENGTH_LIMIT = 50
```

可见 Spider Middleware 能够非常灵活地对 Spider 的输入和输出进行处理，内置的一些 Spider Middleware 在某些场景下也发挥了重要作用。另外，还有一些其他的内置 Spider Middleware，就不在此一一赘述了，更多内容可以参考官方文档：https://docs.scrapy.org/en/latest/topics/spider-middleware.html#built-in-spider-middleware-reference。

4. 总结

本节介绍了 Spider Middleware 的基本原理和自定义 Spider Middleware 的方法，在必要的情况下，我们可以利用它来对 Spider 的输入和输出进行处理，在某些场景下还是很有用的。

本节代码参见：https://github.com/Python3WebSpider/ScrapySpiderMiddlewareDemo。

15.7　Item Pipeline 的使用

在前面的章节，我们初步介绍了 Item Pipeline 的作用，本节我们再详细了解一下它的用法。

Item Pipeline 即项目管道，它的调用发生在 Spider 产生 Item 之后。当 Spider 解析完 Response，Item 就会被 Engine 传递到 Item Pipeline，被定义的 Item Pipeline 组件会顺次被调用，完成一连串的处理过程，比如数据清洗、存储等。

Item Pipeline 的主要功能如下。

- 清洗 HTML 数据。
- 验证爬取数据，检查爬取字段。
- 查重并丢弃重复内容。
- 将爬取结果储存到数据库中。

1. 核心方法

我们可以自定义 Item Pipeline，只需要实现指定的方法就好，其中必须实现的一个方法是：

- `process_item(item, spider)`

另外还有几个比较实用的方法，它们分别是：

- `open_spider(spider)`
- `close_spider(spider)`
- `from_crawler(cls, crawler)`

下面我们对这几个方法的用法进行详细介绍。

- **`process_item(item, spider)`**

`process_item` 是必须实现的方法，被定义的 Item Pipeline 会默认调用这个方法对 Item 进行处理，比如进行数据处理或者将数据写入数据库等操作。`process_item` 方法必须返回 Item 类型的值或者抛出一个 DropItem 异常。

`process_item` 方法的参数有两个。

- `item`：Item 对象，即被处理的 Item。
- `spider`：Spider 对象，即生成该 Item 的 Spider。

该方法的返回类型如下。

- 如果返回的是 Item 对象，那么此 Item 会接着被低优先级的 Item Pipeline 的 `process_item` 方法处理，直到所有的方法被调用完毕。
- 如果抛出 DropItem 异常，那么此 Item 就会被丢弃，不再进行处理。

- **`open_spider(self, spider)`**

`open_spider` 方法是在 Spider 开启的时候被自动调用的，在这里我们可以做一些初始化操作，如开启数据库连接等。其中参数 spider 就是被开启的 Spider 对象。

- **`close_spider(spider)`**

`close_spider` 方法是在 Spider 关闭的时候自动调用的，在这里，我们可以做一些收尾工作，如关闭数据库连接等，其中参数 spider 就是被关闭的 Spider 对象。

- **`from_crawler(cls, crawler)`**

`from_crawler` 方法是一个类方法，用 @classmethod 标识，它接收一个参数 crawler。通过 crawler 对象，我们可以拿到 Scrapy 的所有核心组件，如全局配置的每个信息。然后可以在这个方法里面创建一个 Pipeline 实例。参数 cls 就是 Class，最后返回一个 Class 实例。

下面我们用一个实例来加深对 Item Pipeline 用法的理解。

2. 本节目标

本节我们要爬取的目标网站是 https://ssr1.scrape.center/，我们需要把每部电影的名称、类别、评分、简介、导演、演员的信息以及相关图片爬取下来，同时把每部电影的导演、演员的相关图片保存成一个文件夹，并将每部电影的完整数据保存到 MongoDB 和 Elasticsearch 里。

这里使用 Scrapy 来实现这个电影数据爬虫，主要是为了了解 Item Pipeline 的用法。我们会使用 Item Pipeline 分别实现 MongoDB 存储、Elasticsearch 存储、Image 图片存储这 3 个 Pipeline。

在开始之前,请确保已经安装好 MongoDB 和 Elasticsearch,另外安装好 Python 的 PyMongo、Elasticsearch、Scrapy 包,安装参考如下。

- Scrapy:https://setup.scrape.center/scrapy。
- MongoDB:https://setup.scrape.center/mongodb。
- PyMongo:https://setup.scrape.center/pymongo。
- Elasticsearch:https://setup.scrape.center/elasticsearch。
- Elasticsearch Python 包:https://setup.scrape.center/elasticsearch-py。

做好如上准备工作之后,我们就可以开始本节的实战练习了。

3. 实战

我们之前已经分析过此站点的页面逻辑了,在此就不再逐一分析了,直接上手用 Scrapy 编写此站点的爬虫,同时实现几个 Item Pipeline。

首先新建一个项目,我们取名为 scrapyitempipelinedemo,命令如下:

```
scrapy startproject scrapyitempipelinedemo
```

接下来新建一个 Spider,命令如下:

```
scrapy genspider scrape ssr1.scrape.center
```

这样我们就成功创建了一个 Spider,名字为 scrape,允许爬取的域名为 ssr1.scrape.center。

接下来我们来实现列表页的爬取。本站点一共有 10 页数据,所以我们可以新建 10 个初始请求,实现 start_requests 方法的代码如下:

```python
from scrapy import Request, Spider

class ScrapeSpider(Spider):
    name = 'scrape'
    allowed_domains = ['ssr1.scrape.center']
    base_url = 'https://ssr1.scrape.center'
    max_page = 10

    def start_requests(self):
        for i in range(1, self.max_page + 1):
            url = f'{self.base_url}/page/{i}'
            yield Request(url, callback=self.parse_index)

    def parse_index(self, response):
        print(response)
```

在这里我们声明了 max_page 即最大翻页数量,然后实现了 start_requests 方法,构造了 10 个初始请求分别爬取每一个列表页,Request 对应的回调方法修改为了 parse_index,最后我们暂时在 parse_index 方法里面打印输出了 resposne 对象。

运行这个 Spider 的命令如下:

```
scrapy crawl scrape
```

运行结果类似如下:

```
2020-08-31 21:06:15 [scrapy.core.engine] DEBUG: Crawled (200) <GET https://ssr1.scrape.center/page/1>
(referer: None)
2020-08-31 21:06:15 [scrapy.core.engine] DEBUG: Crawled (200) <GET https://ssr1.scrape.center/page/5>
(referer: None)
2020-08-31 21:06:15 [scrapy.core.engine] DEBUG: Crawled (200) <GET https://ssr1.scrape.center/page/4>
(referer: None)
<200 https://ssr1.scrape.center/page/1>
<200 https://ssr1.scrape.center/page/5>
```

```
<200 https://ssr1.scrape.center/page/4>
2020-08-31 21:06:16 [scrapy.core.engine] DEBUG: Crawled (200) <GET https://ssr1.scrape.center/page/9>
(referer: None)
<200 https://ssr1.scrape.center/page/9>
2020-08-31 21:06:16 [scrapy.core.engine] DEBUG: Crawled (200) <GET https://ssr1.scrape.center/page/8>
(referer: None)
<200 https://ssr1.scrape.center/page/8>
2020-08-31 21:06:16 [scrapy.core.engine] DEBUG: Crawled (200) <GET https://ssr1.scrape.center/page/2>
(referer: None)
<200 https://ssr1.scrape.center/page/2>
2020-08-31 21:06:16 [scrapy.core.engine] DEBUG: Crawled (200) <GET https://ssr1.scrape.center/page/10>
(referer: None)
<200 https://ssr1.scrape.center/page/10>
```

可以看到对应的列表页的数据就被爬取下来了，Response 的状态码为 200。

接着我们可以在 parse_index 方法里对 response 的内容进行解析，提取每部电影的详情页链接，通过审查源代码可以发现，其标题对应的 CSS 选择器为 .item .name，如图 15-9 所示。

图 15-9 页面源代码

所以这里我们可以借助 response 的 css 方法进行提取，提取链接之后生成详情页的 Request。可以把 parse_index 方法改写如下：

```
def parse_index(self, response):
    for item in response.css('.item'):
        href = item.css('.name::attr(href)').extract_first()
        url = response.urljoin(href)
        yield Request(url, callback=self.parse_detail)

def parse_detail(self, response):
    print(response)
```

在这里我们首先筛选了每部电影对应的节点，即 .item，然后遍历这些节点提取其中的 .name 选择器对应的详情页链接，接着通过 response 的 urljoin 方法拼接成完整的详情页 URL，最后构造新的详情页 Request，回调方法设置为 parse_detail，同时在 parse_detail 方法里面打印输出 response。

重新运行，我们可以看到详情页的内容就被爬取下来了，类似的输出如下：

```
2020-08-31 21:18:01 [scrapy.core.engine] DEBUG: Crawled (200) <GET https://ssr1.scrape.center/detail/6>
(referer: https://ssr1.scrape.center/page/1)
<200 https://ssr1.scrape.center/detail/6>
2020-08-31 21:18:02 [scrapy.core.engine] DEBUG: Crawled (200) <GET https://ssr1.scrape.center/detail/3>
(referer: https://ssr1.scrape.center/page/1)
2020-08-31 21:18:02 [scrapy.core.engine] DEBUG: Crawled (200) <GET https://ssr1.scrape.center/detail/4>
(referer: https://ssr1.scrape.center/page/1)
<200 https://ssr1.scrape.center/detail/3>
<200 https://ssr1.scrape.center/detail/4>
2020-08-31 21:18:02 [scrapy.core.engine] DEBUG: Crawled (200) <GET https://ssr1.scrape.center/detail/10>
(referer: https://ssr1.scrape.center/page/1)
<200 https://ssr1.scrape.center/detail/10>
2020-08-31 21:18:02 [scrapy.core.engine] DEBUG: Crawled (200) <GET https://ssr1.scrape.center/detail/8>
(referer: https://ssr1.scrape.center/page/1)
<200 https://ssr1.scrape.center/detail/8>
2020-08-31 21:18:03 [scrapy.core.engine] DEBUG: Crawled (200) <GET https://ssr1.scrape.center/detail/50>
(referer: https://ssr1.scrape.center/page/5)
<200 https://ssr1.scrape.center/detail/50>
```

其实现在 parse_detail 里面的 response 就是详情页的内容了，我们可以进一步对详情页的内容进行解析，提取每部电影的名称、类别、评分、简介、导演、演员等信息。

首先让我们新建一个 Item，叫作 MovieItem，定义如下：

```python
from scrapy import Item, Field

class MovieItem(Item):
    name = Field()
    categories = Field()
    score = Field()
    drama = Field()
    directors = Field()
    actors = Field()
```

这里我们定义的几个字段 name、categories、score、drama、directors、actors 分别代表电影名称、类别、评分、简介、导演、演员。接下来我们就可以提取详情页了，修改 parse_detail 方法如下：

```python
def parse_detail(self, response):
    item = MovieItem()
    item['name'] = response.xpath('//div[contains(@class, "item")]//h2/text()').extract_first()
    item['categories'] = response.xpath('//button[contains(@class, "category")]/span/text()').extract()
    item['score'] = response.css('.score::text').re_first('[\d\.]+')
    item['drama'] = response.css('.drama p::text').extract_first().strip()
    item['directors'] = []
    directors = response.xpath('//div[contains(@class, "directors")]//div[contains(@class, "director")]')
    for director in directors:
        director_image = director.xpath('.//img[@class="image"]/@src').extract_first()
        director_name = director.xpath('.//p[contains(@class, "name")]/text()').extract_first()
        item['directors'].append({
            'name': director_name,
            'image': director_image
        })
    item['actors'] = []
    actors = response.css('.actors .actor')
    for actor in actors:
        actor_image = actor.css('.actor .image::attr(src)').extract_first()
        actor_name = actor.css('.actor .name::text').extract_first()
        item['actors'].append({
            'name': actor_name,
            'image': actor_image
        })
    yield item
```

在这里我们首先创建了一个 MovieItem 对象，赋值为 item。然后我们使用 xpath 方法提取了 name、categories 两个字段。为了让大家不仅仅掌握 xpath 的提取方式，我们还使用 CSS 选择器提取了 score 和 drama 字段，同时 score 字段最后还调用了 re_first 方法传入正则表达式提取了分数的内容。对于导演 directors 和演员 actors，我们首先提取了单个 director 和 actor 节点，然后分别从中提取了姓名和照片，最后组合成一个列表赋值给 directors 和 actors 字段。

重新运行一下，可以发现提取结果类似如下：

```
2020-08-31 22:04:44 [scrapy.core.scraper] DEBUG: Scraped from <200 https://ssr1.scrape.center/detail/33>
{'actors': [{'image': 'https://p1.meituan.net/movie/404c98822552575b9061c6be12c1df408840.jpg@128w_170h_1e_1c',
             'name': '里克·奥巴瑞'},
            {'image': 'https://p1.meituan.net/movie/7b3a7d3ed65b5e0f0cf89d4d0d34b1e126818.jpg@128w_170h_1e_1c',
             'name': '路易·西霍尤斯'},
            {'image': 'https://p0.meituan.net/movie/6893bef07e0af2ef829be6c5ae99283027633.jpg@128w_170h_1e_1c',
             'name': '哈迪·琼斯'},
            ...
            {'image': 'https://p1.meituan.net/mmdb/3a2061d771d98566d3e5fa5c08c5e0b33685.png@128w_170h_1e_1c',
             'name': '迈克尔·利弗'},
            {'image': 'https://p1.meituan.net/movie/a1d84af3ad30917431a749a6068be18a16670.jpg@128w_170h_1e_1c',
             'name': "Richard O'Barry"},
            {'image': 'https://p0.meituan.net/movie/d4a4f85a25dfbe086ec74a7128ac2ee210261.jpg@128w_170h_1e_1c',
             'name': 'Hans Peter Roth'}],
 'categories': ['纪录片'],
 'directors': [{'image': 'https://p1.meituan.net/movie/7b3a7d3ed65b5e0f0cf89d4d0d34b1e126818.jpg@128w_170h_1e_1c',
                'name': '路易·西霍尤斯'}],
 'drama': '日本和歌山县太地，是一个景色优美的小渔村，然而这里却常年上演着惨无人道的一幕。每年，数以万计的海豚经过这片海域，他们的旅程却在太地戛然而止。渔民将海豚驱赶到靠近岸边的一个地方，来自豚训练师挑选合适的对象，剩下的大批海豚则被渔民毫无理由地赶尽杀绝。这些屠杀，这些罪行，因为种种利益而被政府和相关组织所隐瞒。理查德·贝瑞年轻时曾是一名海豚训练师，他所参与拍摄电影《海豚的故事》备爱的朋友……',
 'name': '海豚湾 - The Cove',
 'score': '8.8'}
```

可以看到这里我们已经成功提取了各个字段然后生成了 MovieItem 对象了。

下一步就是本节的重点内容了，我们需要把当前爬取到的内容存储到 MongoDB 和 Elasticsearch 中，然后将导演和演员的图片也下载下来。

要实现这个操作，我们需要创建 3 个 Item Pipeline，其中两个分别用来将数据存储到 MongoDB、Elasticsearch，另外一个用来下载图片。

- **MongoDB**

之前我们已经实现过 MongoDB 相关的 Pipeline 了，这里我们再简略说一下。

首先确保 MongoDB 已经安装并且正常运行，既可以运行在本地，也可以运行在远程，我们需要把它的连接字符串构造好，连接字符串的格式如下：

```
mongodb://[username:password@]host1[:port1][,...hostN[:portN]][/[defaultauthdb][?options]]
```

比如运行在本地 27017 端口的无密码的 MongoDB 可以直接写为：

```
mongodb://localhost:27017
```

如果是远程 MongoDB，可以根据用户名、密码、地址、端口等构造。

我们实现一个 MongoDBPipeline，将信息保存到 MongoDB，在 pipelines.py 里添加如下类的实现：

```python
import pymongo
from scrapyitempipelinedemo.items import MovieItem

class MongoDBPipeline(object):

    @classmethod
    def from_crawler(cls, crawler):
```

```
        cls.connection_string = crawler.settings.get('MONGODB_CONNECTION_STRING')
        cls.database = crawler.settings.get('MONGODB_DATABASE')
        cls.collection = crawler.settings.get('MONGODB_COLLECTION')
        return cls()

    def open_spider(self, spider):
        self.client = pymongo.MongoClient(self.connection_string)
        self.db = self.client[self.database]

    def process_item(self, self, item, spider):
        self.db[self.collection].update_one({
            'name': item['name']
        }, {
            '$set': dict(item)
        }, True)
        return item

    def close_spider(self, spider):
        self.client.close()
```

这里我们首先利用 from_crawler 获取了全局配置 MONGODB_CONNECTION_STRING、MONGODB_DATABASE 和 MONGODB_COLLECTION，即 MongoDB 连接字符串、数据库名称、集合名词，然后将三者赋值为类属性。

接着我们实现了 open_spider 方法，该方法就是利用 from_crawler 赋值的 connection_string 创建一个 MongoDB 连接对象，然后声明数据库操作对象，close_spider 则是在 Spider 运行结束时关闭 MongoDB 连接。

接着最重要的就是 process_item 方法了，这个方法接收的参数 item 就是从 Spider 生成的 Item 对象，该方法需要将此 Item 存储到 MongoDB 中。这里我们使用了 update_one 方法实现了存在即更新，不存在则插入的功能。

接下来我们需要在 settings.py 里添加 MONGODB_CONNECTION_STRING、MONGODB_DATABASE 和 MONGODB_COLLECTION 这 3 个变量，相关代码如下：

```
MONGODB_CONNECTION_STRING = os.getenv('MONGODB_CONNECTION_STRING')
MONGODB_DATABASE = 'movies'
MONGODB_COLLECTION = 'movies'
```

这里可以将 MONGODB_CONNECTION_STRING 设置为从环境变量中读取，而不用将明文将密码等信息写到代码里。

如果是本地无密码的 MongoDB，直接写为如下内容即可：

```
MONGODB_CONNECTION_STRING = 'mongodb://localhost:27017'  # or just use 'localhost'
```

这样，一个保存到 MongoDB 的 Pipeline 就创建好了，利用 process_item 方法我们即可完成数据插入到 MongoDB 的操作，最后会返回 Item 对象。

- **Elasticsearch**

存储到 Elasticsearch 也是一样，我们需要先创建一个 Pipeline，代码实现如下：

```
from elasticsearch import Elasticsearch

class ElasticsearchPipeline(object):

    @classmethod
    def from_crawler(cls, crawler):
        cls.connection_string = crawler.settings.get('ELASTICSEARCH_CONNECTION_STRING')
        cls.index = crawler.settings.get('ELASTICSEARCH_INDEX')
        return cls()

    def open_spider(self, spider):
        self.conn = Elasticsearch([self.connection_string])
```

```python
        if not self.conn.indices.exists(self.index):
            self.conn.indices.create(index=self.index)

    def process_item(self, item, spider):
        self.conn.index(index=self.index, body=dict(item), id=hash(item['name']))
        return item

    def close_spider(self, spider):
        self.conn.transport.close()
```

这里同样定义了 ELASTICSEARCH_CONNECTION_STRING 代表 Elasticsearch 的连接字符串,ELASTICSEARCH_INDEX 代表索引名称,具体初始化的操作和 MongoDBPipeline 的原理是类似的。

在 process_item 方法中,我们调用了 index 方法对数据进行索引,我们指定了 3 个参数,第一个参数 index 代表索引名称,第二个参数 body 代表数据对象,在这里我们将 Item 转为了字典类型,第三个参数 id 则是索引数据的 id,这里我们直接使用电影名称的 hash 值作为 id,或者自行指定其他 id 也可以的。

同样地,我们需要在 settings.py 里面添加 ELASTICSEARCH_CONNECTION_STRING 和 ELASTICSEARCH_INDEX:

```python
ELASTICSEARCH_CONNECTION_STRING = os.getenv('ELASTICSEARCH_CONNECTION_STRING')
ELASTICSEARCH_INDEX = 'movies'
```

这里的 ELASTICSEARCH_CONNECTION_STRING 同样是从环境变量中读取的,它的格式如下:

```
http[s]://[username:password@]host[:port]
```

比如我实际使用的 ELASTICSEARCH_CONNECTION_STRING 值就类似:

```
https://user:pasword@es.cuiqingcai.com:9200
```

这里你可以根据实际情况更换成你的连接字符串,这样 ElasticsearchPipeline 就完成了。

- **Image Pipeline**

Scrapy 提供了专门处理下载的 Pipeline,包括文件下载和图片下载。下载文件和图片的原理与抓取页面的原理一样,因此下载过程支持异步和多线程,十分高效。下面我们来看看具体的实现过程。

官方文档地址为:https://doc.scrapy.org/en/latest/topics/media-pipeline.html。

首先定义存储文件的路径,需要定义一个 IMAGES_STORE 变量,在 settings.py 中添加如下代码:

```python
IMAGES_STORE = './images'
```

在这里我们将路径定义为当前路径下的 images 子文件夹,即下载的图片都会保存到本项目的 images 文件夹中。

内置的 ImagesPipeline 会默认读取 Item 的 image_urls 字段,并认为它是列表形式,接着遍历该字段后取出每个 URL 进行图片下载。

但是现在生成的 Item 的图片链接字段并不是 image_urls 字段表示的,我们是想下载 directors 和 actors 的每张图片。所以为了实现下载,我们需要重新定义下载的部分逻辑,即自定义 ImagePipeline 继承内置的 ImagesPipeline,重写几个方法。

我们定义的 ImagePipeline 代码如下:

```python
from scrapy import Request
from scrapy.exceptions import DropItem
from scrapy.pipelines.images import ImagesPipeline

class ImagePipeline(ImagesPipeline):

    def file_path(self, request, response=None, info=None):
        movie = request.meta['movie']
```

```python
            type = request.meta['type']
            name = request.meta['name']
            file_name = f'{movie}/{type}/{name}.jpg'
            return file_name

    def item_completed(self, results, item, info):
        image_paths = [x['path'] for ok, x in results if ok]
        if not image_paths:
            raise DropItem('Image Downloaded Failed')
        return item

    def get_media_requests(self, item, info):
        for director in item['directors']:
            director_name = director['name']
            director_image = director['image']
            yield Request(director_image, meta={
                'name': director_name,
                'type': 'director',
                'movie': item['name']
            })

        for actor in item['actors']:
            actor_name = actor['name']
            actor_image = actor['image']
            yield Request(actor_image, meta={
                'name': actor_name,
                'type': 'actor',
                'movie': item['name']
            })
```

在这里我们实现了 ImagePipeline，继承 Scrapy 内置的 ImagesPipeline，重写下面几个方法。

- get_media_requests：第一个参数 item 是爬取生成的 Item 对象，我们要下载的图片链接保存在 Item 的 directors 和 actors 每个元素的 image 字段中。所以我们将 URL 逐个取出，然后构造 Request 发起下载请求。同时我们指定了 meta 信息，方便构造图片的存储路径，以便在下载完成时使用。
- file_path：第一个参数 request 就是当前下载对应的 Request 对象。这个方法用来返回保存的文件名，在这里我们获取了刚才生成的 Request 的 meta 信息，包括 movie（电影名称）、type（电影类型）和 name（导演或演员姓名），最终三者拼合为 file_name 作为最终的图片路径。
- item_completed：单个 Item 完成下载时的处理方法。因为并不是每张图片都会下载成功，所以我们需要分析下载结果并剔除下载失败的图片。如果某张图片下载失败，那么我们就不需将此 Item 保存到数据库。item_completed 方法的第一个参数 results 就是该 Item 对应的下载结果，它是一个列表，列表的每个元素是一个元组，其中包含了下载成功或失败的信息。这里我们遍历下载结果，找出所有成功的下载列表。如果列表为空，那么该 Item 对应的图片下载失败，随即抛出 DropItem 异常，忽略该 Item；否则返回该 Item，说明此 Item 有效。

现在为止，3 个 Item Pipeline 的定义就完成了。最后只需要启用就可以了，修改 settings.py，设置 ITEM_PIPELINES 的代码如下所示：

```python
ITEM_PIPELINES = {
    'scrapyitempipelinedemo.pipelines.ImagePipeline': 300,
    'scrapyitempipelinedemo.pipelines.MongoDBPipeline': 301,
    'scrapyitempipelinedemo.pipelines.ElasticsearchPipeline': 302,
}
```

这里要注意调用的顺序。我们需要优先调用 ImagePipeline 对 Item 做下载后的筛选，下载失败的 Item 就直接忽略，它们不会保存到 MongoDB 和 MySQL 里。随后再调用其他两个存储的 Pipeline，这样就能确保存入数据库的图片都是下载成功的。

接下来运行程序，执行爬取，命令如下所示：

scrapy crawl images

爬虫一边爬取一边下载，速度非常快，对应的输出日志如图 15-10 所示。

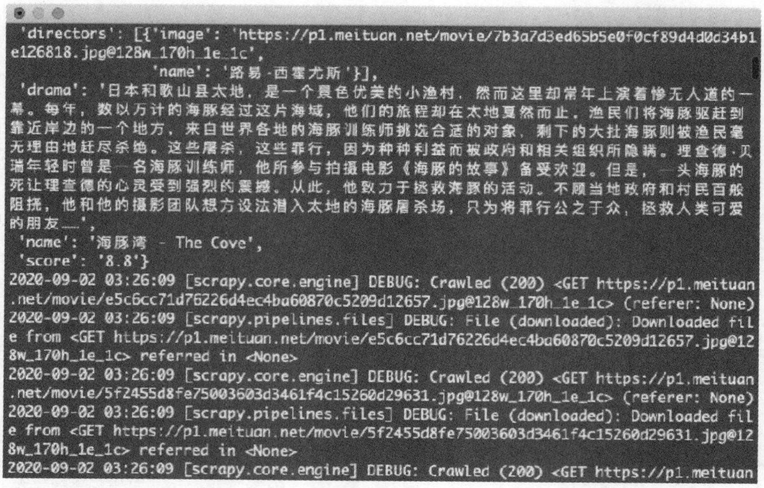

图 15-10　输出日志

查看本地 images 文件夹，发现图片都已经成功下载，如图 15-11 所示。

图 15-11　images 文件夹

可以看到图片已经分路径存储了，一部电影一个文件夹，演员和导演分二级文件夹，图片名直接以演员和导演名命名。

然后我们用 Kibana 查看 Elasticsearch，相应的电影数据也成功存储，如图 15-12 所示。

图 15-12 查看 Elasticsearch

查看 MongoDB，下载成功的图片信息同样已成功保存，如图 15-13 所示。

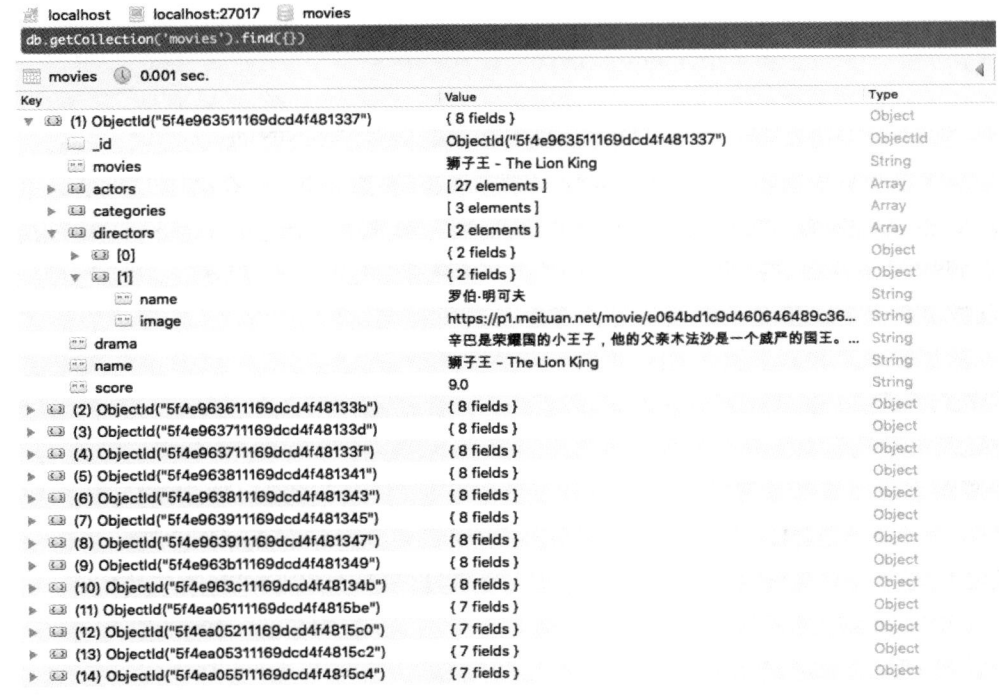

图 15-13 查看 MongoDB

这样我们就可以成功实现图片的下载并把图片的信息存入数据库了。

4. 总结

Item Pipeline 是 Scrapy 非常重要的组件，数据存储几乎都是通过此组件实现的，请认真掌握此内容。

本节代码参见：https://github.com/Python3WebSpider/ScrapyItemPipelineDemo。

15.8　Extension 的使用

前面我们已经了解了 Scrapy 的常用的基本组件，如 Spider、Downloder Middleware、Spider Middleware、Item Pipeline 等，其实另外还有一个比较实用的组件 Extension，中文翻译叫作扩展。利用它，我们可以完成我们想自定义的功能。

本节中我们就来了解下 Scrapy 中 Extension 的用法。

1. Extension 介绍

Scrapy 提供了一个 Extension 机制，可以让我们添加和扩展一些自定义的功能。利用 Extension 我们可以注册一些处理方法并监听 Scrapy 运行过程中的各个信号，做到在发生某个事件时执行我们自定义的方法。

Scrapy 已经内置了一些 Extension，如 LogStats 这个 Extension 用于记录一些基本的爬取信息，比如爬取的页面数量、提取的 Item 数量等，CoreStats 这个 Extension 用于统计爬取过程中的核心统计信息，如开始爬取时间、爬取结束时间等。

和 Downloader Middleware、Spider Middleware 以及 Item Pipeline 一样，Extension 也是通过 settings.py 中的配置来控制是否被启用的，是通过 EXTENSION 这个配置项来实现的，例如：

```
EXTENSIONS = {
    'scrapy.extensions.corestats.CoreStats': 500,
    'scrapy.extensions.telnet.TelnetConsole': 501,
}
```

通过如上配置我们就开启了 CoreStats 和 TelnetConsole 这两个 Extension。

另外我们也可以实现自定义的 Extension，实现过程其实非常简单，主要分为两步：

- 实现一个 Python 类，然后实现对应的处理方法，如实现一个 spider_opened 方法用于处理 Spider 开始爬取时执行的操作，可以接收一个 spider 参数并对其进行操作。
- 定义 from_crawler 类方法，其第一个参数是 cls 类对象，第二个参数是 crawler。利用 crawler 的 signals 对象将 Scrapy 的各个信号和已经定义的处理方法关联起来。

接下来我们就用一个实例来演示一下 Extension 的实现过程。

2. 准备工作

本节我们来尝试利用 Extension 实现爬取事件的消息通知。在爬取开始时、爬取到数据时、爬取结束时通知指定的服务器，将这些事件和对应的数据通过 HTTP 请求发送给服务器。

开始本节的学习之前，请确保已经成功安装好了 Scrapy 框架并对 Scrapy 有一定的了解。本节的实例是以 15.2 节的内容为基础进行编写的，所以请确保已经理解了 15.2 节的全部内容并准备好了 15.2 节的代码。

另外本节我们需要用到 Flask 来搭建一个简易的测试服务器，也需要利用 requests 来实现 HTTP 请求的发送，因此需要安装好 Flask、requests 和 loguru 这 3 个库，使用 pip3 安装即可：

```
pip3 install flask requests loguru
```

3. 实战

为了方便验证,这里可以用 Flask 定义一个轻量级的服务器,用于接收 POST 请求并输出接收到的事件和数据,server.py 的代码如下:

```python
from flask import Flask, request, jsonify
from loguru import logger

app = Flask(__name__)

@app.route('/notify', methods=['POST'])
def receive():
    post_data = request.get_json()
    event = post_data.get('event')
    data = post_data.get('data')
    logger.debug(f'received event {event}, data {data}')
    return jsonify(status='success')

if __name__ == '__main__':
    app.run(debug=True, host='0.0.0.0', port=5000)
```

然后运行它:

```
python3 server.py
```

这样 Flask 服务器就在本地 5000 端口上运行起来了。

接下来我们基于 15.2 节的代码,在 scrapytutorial 文件夹下新建一个 extensions.py 文件,先实现几个对应的事件处理方法:

```python
import requests

NOTIFICATION_URL = 'http://localhost:5000/notify'

class NotificationExtension(object):
    def spider_opened(self, spider):
        requests.post(NOTIFICATION_URL, json={
            'event': 'SPIDER_OPENED',
            'data': {'spider_name': spider.name}
        })

    def spider_closed(self, spider):
        requests.post(NOTIFICATION_URL, json={
            'event': 'SPIDER_OPENED',
            'data': {'spider_name': spider.name}
        })

    def item_scraped(self, item, spider):
        requests.post(NOTIFICATION_URL, json={
            'event': 'ITEM_SCRAPED',
            'data': {'spider_name': spider.name, 'item': dict(item)}
        })
```

这里我们定义了一个 NotificationExtension 类,然后实现了 3 个方法,spider_opened、spider_closed 和 item_scraped,分别对应爬取开始、爬取结束和爬取到 Item 的处理。接着调用了 requests 向刚才我们搭建的 HTTP 服务器发送了对应的事件,其中包含两个字段:一个是 event,代表事件的名称;另一个是 data,代表一些附加数据,如 Spider 的名称、Item 的具体内容等。

但仅仅这么定义其实还不够,现在启用这个 Extension 其实没有任何效果的,我们还需要将这些方法和对应的 Scrapy 信号关联起来,再在 NotificationExtension 类中添加如下类方法:

```python
@classmethod
def from_crawler(cls, crawler):
    ext = cls()
    crawler.signals.connect(ext.spider_opened, signal=signals.spider_opened)
```

```
    crawler.signals.connect(ext.spider_closed, signal=signals.spider_closed)
    crawler.signals.connect(ext.item_scraped, signal=signals.item_scraped)
    return ext
```

这里我们用到了 Scrapy 中的 signals 对象，所以还需要额外导入一下：

```
from scrapy import signals
```

其中，from_crawler 是一个类方法，第一个参数就是 cls 类对象，第二个参数 crawler 代表了 Scrapy 运行过程中全局的 Crawler 对象。

Crawler 对象里有一个子对象叫作 signals，通过调用 signals 对象的 connect 方法，我们可以将 Scrapy 运行过程中的某个信号和我们自定义的处理方法关联起来。这样在某个事件发生的时候，被关联的处理方法就会被调用。比如这里，connect 方法第一个参数我们传入 ext.spider_opened 这个对象，而 ext 是由 cls 类对象初始化的，所以 ext.spider_opened 就代表我们在 NotificationExtension 类中定义的 spider_opened 方法。connect 方法的第二个参数我们传入了 signals.spider_opened 这个对象，这就指定了 spider_opened 方法可以被 spider_opened 信号触发。这样在 Spider 开始运行的时候，会产生 signals.spider_opened 信号，NotificationExtension 类中定义的 spider_opened 方法就会被调用了。

完成如上定义之后，我们还需要开启这个 Extension，在 settings.py 中添加如下内容即可：

```
EXTENSIONS = {
    'scrapytutorial.extensions.NotificationExtension': 100,
}
```

我们成功启用了 NotificationExtension 这个 Extension。

下面我们来运行一下 quotes：

```
scrapy crawl quotes
```

这时候爬取结果和 15.2 节的内容大致一样，不同的是日志中多了类似如下的几行：

```
...
2020-11-26 01:46:00 [urllib3.connectionpool] DEBUG: Starting new HTTP connection (1): localhost:5000
2020-11-26 01:46:00 [urllib3.connectionpool] DEBUG: http://localhost:5000 "POST /notify HTTP/1.1" 200 26
...
```

有了这样的日志，说明成功调用了 requests 的 post 方法完成了对服务器的请求。

这时候我们回到 Flask 服务器，看一下控制台的输出结果：

```
2020-11-26 01:45:57.829 | DEBUG    | __main__:receive:12 - received event SPIDER_OPENED, data {'spider_name': 'quotes'}
...
2020-11-26 01:46:02.888 | DEBUG    | __main__:receive:12 - received event ITEM_SCRAPED, data {'spider_name': 'quotes', 'item': {'text': '"A person's a person, no matter how small."', 'author': 'Dr. Seuss', 'tags': ['inspirational']}}
127.0.0.1 - - [26/Jul/2021 01:46:02] "POST /notify HTTP/1.1" 200 -
2020-11-26 01:46:02.891 | DEBUG    | __main__:receive:12 - received event ITEM_SCRAPED, data {'spider_name': 'quotes', 'item': {'text': '"... a mind needs books as a sword needs a whetsto...', 'author': 'George R.R. Martin', 'tags': ['books', 'mind']}}
127.0.0.1 - - [26/Jul/2021 01:46:02] "POST /notify HTTP/1.1" 200 -
2020-11-26 01:46:02.897 | DEBUG    | __main__:receive:12 - received event SPIDER_OPENED, data {'spider_name': 'quotes'}
```

可以看到 Flask 服务器成功接收到了各个事件（SPIDER_OPENED、ITEM_SCRAPED、SPIDER_OPENED）并输出了对应的数据，这说明在 Scrapy 爬取过程中，成功调用了 Extension 并在适当的时机将数据发送到服务器了，验证成功！

我们通过一个自定义的 Extension，成功实现了 Scrapy 爬取过程中和远程服务器的通信，远程服务器接收到这些事件之后就可以对事件和数据做进一步的处理了。

4. 总结

当然，本节的内容仅仅是一个 Extension 的样例。通过本节的内容，我们体会到了 Extension 强大又灵活的功能，以后我们想实现一些自定义的功能可以借助于 Extension 来实现了。

另外 Scrapy 中已经内置了许多 Extension，实现了日志统计、内存用量统计、邮件通知等各种功能，可以参考官方文档的说明：https://docs.scrapy.org/en/latest/topics/extensions.html

另外也可以参考其源码实现来学习更详细的 Extension 的实现流程。

本节代码参见：https://github.com/Python3WebSpider/ScrapyExtensionDemo。

15.9 Scrapy 对接 Selenium

之前我们都是使用 Scrapy 中的 Request 对象来发起请求的，其实这个 Request 发起的请求和 requests 是类似的，均是直接模拟 HTTP 请求。因此，如果一个网站的内容是由 JavaScript 渲染而成的，那么直接利用 Scrapy 的 Request 请求对应的 URL 是无法进行抓取的。

前面我们也讲到了，应对 JavaScript 渲染而成的网站主要有两种方式：一种是分析 Ajax 请求，找到其对应的接口抓取，用 Scrapy 同样可以实现；另一种是直接用 Selenium、Splash、Pyppeteer 等模拟浏览器进行抓取，在这种情况下，我们不需要关心页面后台发生的请求，也不需要分析渲染过程，关心页面的最终结果即可，可见即可爬。

所以，如果我们能够在 Scrapy 中实现 Selenium 的对接，就可以实现 JavaScript 渲染页面的爬取了，本节我们就来了解一下 Scrapy 对接 Selenium 的原理和实现。

1. 本节目标

本节中我们来了解一下 Scrapy 框架如何通过对接 Selenium 来实现 JavaScript 渲染页面的爬取，爬取的目标网站为 https://spa5.scrape.center/，这是一个图书网站，展示了多本图书的信息，如图 15-14 所示。

图 15-14 图书网站

点击任意一个图书条目即可进入对应的详情页面，如图 15-15 所示。

图 15-15　图书的详情页面

图 15-15 所示的信息是经过 Ajax 获取并通过 JavaScript 渲染出来的，我们要实现的就是使用 Scrapy 对接 Selenium，对图书详情进行爬取，包括名称、评分、标签等。

2. 准备工作

本节开始之前请确保安装好 Scrapy 框架，另外还需要安装好 Selenium 库，这次 Selenium 库对应的浏览器依然还是 Chrome，请确保已经安装好了 Chrome 浏览器并配置好了 ChromeDriver，具体的安装过程可以参考：https://setup.scrape.center/selenium。

准备工作完成之后，我们就可以开始本节的学习了。

3. 对接原理

在实现之前，我们需要先了解 Scrapy 如何对接 Selenium，即对接的原理是什么。

我们已经了解了 Downloader Middleware 的用法，非常简单，实现 process_request、process_response、process_exception 中的任意一个方法即可，同时不同方法的返回值不同，其产生的效果也不同。

其中有一个知识点我们可以利用。在 process_request 方法中，当返回为 Response 对象时，更低优先级的 Downloader Middleware 的 process_request 和 process_exception 方法不会被继续调用，每个 Downloader Middleware 的 process_response 方法转而被依次调用。调用完之后，直接将 Response 对象发送给 Spider 来处理。

那也就是说，如果我们实现一个 Downloader Middleware，在 process_request 方法中直接返回一个 Response 对象，那么 process_request 所接收的 Request 对象就不会再传给 Spider 处理了，而是经由 process_response 方法处理后交给 Spider，Spider 直接解析 Response 中的结果。

在 15.4 节中，我们其实已经演示了这个过程的实现和最终效果，在 process_request 方法中直接返回了一个 HtmlResponse 对象并被 Spider 接收、处理了。

所以，原理其实就很清楚了，我们可以自定义一个 Downloader Middleware 并实现 process_request 方法，在 process_request 中，我们可以直接获取 Request 对象的 URL，然后在 process_request 方法

中完成使用 Selenium 请求 URL 的过程，获取 JavaScript 渲染后的 HTML 代码，最后把 HTML 代码构造为 HtmlResponse 返回即可。这样 HtmlResponse 就会被传给 Spider，Spider 拿到的结果就是 JavaScript 渲染后的结果了。

4. 对接实战

首先新建项目，名为 scrapyseleniumdemo，命令如下所示：

```
scrapy startproject scrapyseleniumdemo
```

然后进入项目目录，新建一个 Spider，命令如下所示：

```
scrapy genspider book spa5.scrape.center
```

这次我们爬取的是书籍信息，包括标题、评分、标签等信息。首先定义 Item 对象，名为 BookItem，代码如下所示：

```python
from scrapy.item import Item, Field

class BookItem(Item):
    name = Field()
    tags = Field()
    score = Field()
    cover = Field()
    price = Field()
```

这里我们定义了 5 个 Field，分别代表书名、标签、评分、封面和价格，我们要爬取的结果会被赋值为一个个 BookItem 对象。

接着我们来实现一下主要的爬取逻辑，先定义初始的爬取请求，使用 start_requests 方法定义即可：

```python
from scrapy import Request, Spider

class BookSpider(Spider):
    name = 'book'
    allowed_domains = ['spa5.scrape.center']
    base_url = 'https://spa5.scrape.center'

    def start_requests(self):
        start_url = f'{self.base_url}/page/1'
        yield Request(start_url, callback=self.parse_index)
```

这里我们就构造了列表页第一页的 URL，然后将其构造为 Request 对象并返回了，也就是说最开始爬取第一页的内容，爬取的结果会回调 parse_index 方法。

那么 parse_index 方法自然就要实现列表页的解析，得到详情页的一个个 URL，与此同时还要解析下一页列表页的 URL，逻辑比较清晰，代码实现如下：

```python
import re

def parse_index(self, response):
    items = response.css('.item')
    for item in items:
        href = item.css('.top a::attr(href)').extract_first()
        detail_url = response.urljoin(href)
        yield Request(detail_url, callback=self.parse_detail, priority=2)

    match = re.search(r'page/(\d+)', response.url)
    if not match: return
    page = int(match.group(1)) + 1
    next_url = f'{self.base_url}/page/{page}'
    yield Request(next_url, callback=self.parse_index)
```

在 parse_index 方法中实现了两部分逻辑：第一部分逻辑是解析每本书对应的详情页 URL，然后构造新的 Request 并返回，将回调方法设置为 parse_detail，并设置优先级为 2；另一部分逻辑就是获取当前列表页的页码，然后将其加 1 构造下一页的 URL，构造新的 Request 并返回，将回调方法设置为 parse_index。

最后的逻辑就是 parse_detail 方法，即解析详情页提取最终结果的逻辑。我们需要在这个方法里实现提取书名、标签、评分、封面和价格的任务，然后构造 BookItem 并返回，代码实现如下：

```python
def parse_detail(self, response):
    name = response.css('.name::text').extract_first()
    tags = response.css('.tags button span::text').extract()
    score = response.css('.score::text').extract_first()
    price = response.css('.price span::text').extract_first()
    cover = response.css('.cover::attr(src)').extract_first()
    tags = [tag.strip() for tag in tags] if tags else []
    score = score.strip() if score else None
    item = BookItem(name=name, tags=tags, score=score, price=price, cover=cover)
    yield item
```

这样一来，每爬取一个详情页，就会生成一个 BookItem 对象并返回。

我们已经完成了 Spider 的基本逻辑实现，但运行这个 Spider 是得不到任何爬取内容的。因为原网站的页面信息是经由 JavaScript 渲染出来的，所以单纯使用 Scrapy 的 Request 得到的 Response Body 并不是 JavaScript 渲染后的 HTML 代码。为了使得 Response Body 的结果都是 JavaScript 渲染后的 HTML 代码，我们需要像上文所说的，把 Selenium 对接进来。

我们需要定义一个 Downloader Middleware 并在 process_request 方法里实现 Selenium 的爬取，相关代码如下：

```python
from scrapy.http import HtmlResponse
from selenium import webdriver
import time

class SeleniumMiddleware(object):
    
    def process_request(self, request, spider):
        url = request.url
        browser = webdriver.Chrome()
        browser.get(url)
        time.sleep(5)
        html = browser.page_source
        browser.close()
        return HtmlResponse(url=request.url,
                            body=html,
                            request=request,
                            encoding='utf-8',
                            status=200)
```

这里完成了最基本的逻辑实现。在 process_request 方法中，我们首先获取了正在爬取的页面 URL；然后开启 Chrome 浏览器请求这个 URL，简单地加个固定的等待时间，获取最终的 HTML 代码；接着使用 HTML 代码构造 HtmlResponse 并返回。由于返回的是 HtmlResponse 对象，所以原本的 Request 就会被忽略了，这个 HtmlResponse 对象会被发送给 Spider 来解析，所以 Response 拿到的就是 Selenium 渲染后的结果了。

接下来我们还需要在 settings.py 里面做一些设置，开启这个 Downloader Middleware，同时禁用 robots.txt：

```python
ROBOTSTXT_OBEY = False
DOWNLOADER_MIDDLEWARES = {
    'scrapyseleniumdemo.middlewares.SeleniumMiddleware': 543,
}
```

这样就成功开启了 SeleniumMiddleware,每次爬取 Scrapy 都会使用 Selenium 来渲染页面了。

然后我们运行一下 Spider,命令如下:

```
scrapy crawl book
```

在运行过程中,Chrome 浏览器就弹出来了,被爬取页面的 URL 会被浏览器渲染出来,最终 Spider 得到的 Response 就是 JavaScript 渲染后的结果了。

同时可以看到,控制台显示的运行结果如下:

```
2020-09-13 22:42:09 [scrapy.extensions.logstats] INFO: Crawled 21 pages (at 21 pages/min), scraped 0 items (at 0 items/min)
2020-09-13 22:42:10 [scrapy.core.scraper] DEBUG: Scraped from <200 https://spa5.scrape.center/detail/1692648>
{'cover': 'https://img9.doubanio.com/view/subject/l/public/s9018034.jpg',
 'name': '一个人的村庄',
 'price': '28.00 元',
 'score': '8.9',
 'tags': ['刘亮程', '散文', '乡土', '一个人的村庄', '散文随笔']}
2020-09-13 22:42:10 [scrapy.core.scraper] DEBUG: Scraped from <200 https://spa5.scrape.center/detail/1055976>
{'cover': 'https://img3.doubanio.com/view/subject/l/public/s2157331.jpg',
 'name': '碧血剑(上下)',
 'price': '23.00 元',
 'score': '7.2',
 'tags': ['金庸', '武侠', '小说', '碧血剑', '武侠小说']}
```

这样我们就成功对接 Selenium 实现了 JavaScript 渲染页面的爬取。

5. 对接优化

细心的读者也许会发现,我们刚才实现的 SeleniumMiddleware 的功能太粗糙了,简单列举几点。

- Chrome 初始化的时候没有指定任何参数,比如 headless、proxy 等,而且没有把参数可配置化。
- 没有实现异常处理,比如出现 TimeException 后如何进行重试。
- 加载过程简单指定了固定的等待时间,没有设置等待某一特定节点。
- 没有设置 Cookie、执行 JavaScript、截图等一系列扩展功能。
- 整个爬取过程变成了阻塞式爬取,同一时刻只有一个页面能被爬取,爬取效率大大降低。

优化过程我就不一一列举了,我写了一个 Python 包,对以上的 SeleniumMiddleware 做了一些优化:

- Chrome 的初始化参数可配置,可以通过全局 settings 配置或 Request 对象配置。
- 实现了异常处理,出现了加载异常会按照 Scrapy 的重试逻辑进行重试。
- 加载过程可以指定特定节点进行等待,节点加载出来之后立即继续向下执行。
- 增加了设置 Cookie、执行 JavaScript、截图、代理设置等一系列功能并将参数可配置化。
- 将爬取过程改为非阻塞式,同一时刻支持多个浏览器同时加载,并可通过 CONCURRENT_REQUESTS 控制。
- 增加了 SeleniumRequest,定义 Request 更加方便而且支持多个扩展参数。
- 增加了 WebDriver 反屏蔽功能,将浏览器伪装成正常的浏览器防止被检测。

这个包叫作 GerapySelenium,安装方式如下:

```
pip3 install gerapy-selenium
```

安装之后我们只需要启用对应的 Downloader Middleware 并改写 Request 为 SeleniumRequest 即可:

```
DOWNLOADER_MIDDLEWARES = {
    'gerapy_selenium.downloadermiddlewares.SeleniumMiddleware': 543,
}
```

另外我们还可以控制爬取时并发的 Request 数量,比如:

```
CONCURRENT_REQUESTS = 6
```

这里我们将并发量修改为了 6,这样在爬取过程中就会同时使用 Chrome 渲染 6 个页面了,如果你的电脑性能比较不错的话,可以将这个数字调得更大一些。

在 Spider 中,我们还需要修改 Request 为 SeleniumRequest,同时还可以增加一些其他的配置,比如通过 wait_for 来等待某一特定节点加载出来,比如原来的:

```
yield Request(start_url, callback=self.parse_index)
```

就可以修改为:

```
yield SeleniumRequest(start_url, callback=self.parse_index, wait_for='.item .name')
```

其他两处进行同样的修改即可。重新运行 Spider:

```
scrapy crawl book
```

可以看到这次浏览器没有再弹出来了,这是因为在默认情况下,GerapySelenium 启用了 Chrome 的 Headless 模式,同时可以看到控制台也有对应的输出结果,爬取速度相比之前有成倍提高,运行结果如下:

```
2020-09-13 23:44:05 [gerapy.selenium] DEBUG: selenium_meta {'wait_for': '.item .name', 'script': None, 'sleep': None, 'proxy': None, 'pretend': None, 'timeout': None, 'screenshot': None}
2020-09-13 23:44:05 [scrapy.core.engine] DEBUG: Crawled (200) <GET https://spa5.scrape.center/detail/1851672> (referer: https://spa5.scrape.center/page/2)
2020-09-13 23:44:05 [scrapy.core.scraper] DEBUG: Scraped from <200 https://spa5.scrape.center/detail/1927763>
{'cover': 'https://img3.doubanio.com/view/subject/l/public/s9128381.jpg',
 'name': '鲁迅家庭家族和当年绍兴民俗',
 'price': '18.00 元',
 'score': None,
 'tags': ['鲁迅', '人物传记与研究', '绍兴', '传记', '鲁迅周作人胡适']}
2020-09-13 23:44:05 [gerapy.selenium] DEBUG: selenium_meta {'wait_for': '.item .name', 'script': None, 'sleep': None, 'proxy': None, 'pretend': None, 'timeout': None, 'screenshot': None}
2020-09-13 23:44:05 [scrapy.core.engine] DEBUG: Crawled (200) <GET https://spa5.scrape.center/detail/1690744> (referer: https://spa5.scrape.center/page/2)
```

这样我们就使用 GerapySelenium 提供的 Downloader Middleware 实现了 Scrapy 与 Selenium 的对接,非常方便。我们也不需要再去自定义 Downloader Middleware 了,同时爬取效率有成倍提升,实现了参数可配置化。

另外,GerapySelenium 还提供了很多其他实用配置。

- **关闭 Headless 模式**

将 GERAPY_SELENIUM_HEADLESS 设置为 False 即可,settings.py 增加如下代码:

```
GERAPY_SELENIUM_HEADLESS = True
```

- **忽略 HTTPS 错误**

将 GERAPY_SELENIUM_IGNORE_HTTPS_ERRORS 设置为 True 即可,settings.py 增加如下代码:

```
GERAPY_SELENIUM_IGNORE_HTTPS_ERRORS = True
```

- **开启 WebDriver 反屏蔽功能**

该功能默认是开启的,就是将当前浏览器伪装成正常的浏览器,隐藏 WebDriver 的一些特征,如需关闭,则给 settings.py 增加如下代码:

```
GERAPY_SELENIUM_PRETEND = False
```

- 设置加载超时时间

将 GERAPY_SELENIUM_DOWNLOAD_TIMEOUT 设置为默认的秒数，默认等待 30 秒，例如设置超时 60 秒，settings.py 增加如下代码：

```
GERAPY_SELENIUM_DOWNLOAD_TIMEOUT = 60
```

- 设置代理

设置代理可以借助于 SeleniumRequest，设置 proxy 参数即可，例如：

```
yield SeleniumRequest(start_url, callback=self.parse_index, wait_for='.item .name', proxy='127.0.0.1:7890')
```

更多用法可以直接参考 GerapySelenium 的 GitHub 仓库地址：https://github.com/Gerapy/GerapySelenium。

6. 总结

本节我们介绍了 Scrapy 和 Selenium 的对接解决方案，有了这个方案，Scrapy 爬取 JavaScript 渲染的页面不再是难事了。

本节代码参见：https://github.com/Python3WebSpider/ScrapySeleniumDemo。

15.10 Scrapy 对接 Splash

上一节我们了解了 Scrapy 对接 Selenium 的原理和实现流程，当然这是一种实现 Scrapy 爬取 JavaScript 渲染页面的方案，但方案不止这一种，利用 Splash 和 Pyppeteer 同样可以实现。

本节我们来了解一下 Scrapy 对接 Splash 爬取 JavaScript 渲染页面的流程。

1. 准备工作

本节要爬取的目标网站和需求与上一节是一致的，在这里就不再展开介绍了。不同的是实现方案由 Selenium 切换为了 Splash，所以我们要实现 Scrapy 和 Splash 的对接。

要实现 Scrapy 和 Splash 的对接，我们需要借助于 Scrapy-Splash 库，另外还需要一个可以正常使用的 Splash 服务。

在开始本节的学习之前，请确保安装好 Scrapy 框架，另外请确保 Splash 已经正确安装并正常运行，另外我们还需要安装好 Scrapy-Splash 库，具体的安装过程可以参考：https://setup.scrape.center/scrapy-splash。

2. 对接原理

Scrapy 对接 Splash 和 Selenium 的原理是不同的，上一节对接 Selenium 是借助于 Downloader Middleware 实现的，在 Downloader Middleware 里，我们实现了 Chrome 浏览器渲染页面的过程，并构造了 HtmlResponse 返回给 Spider。

而 Splash 本身就是一个 JavaScript 页面渲染服务，我们只需要将需要渲染页面的 URL 发送给 Splash 就能得到对应的 JavaScript 渲染结果，而 Scrapy-Splash 则是提供了这个过程基本功能的封装，比如 Cookie 的处理、URL 的转换等。

下面我们来具体了解下它的用法。

3. 对接实战

首先新建一个项目，名为 scrapysplashdemo，命令如下所示：

```
scrapy startproject scrapysplashdemo
```

进入项目，新建一个 Spider，命令如下所示：

```
scrapy genspider book spa5.scrape.center
```

这样我们便创建了初始的 Spider，然后创建一个同样的 BookItem，代码如下：

```python
from scrapy.item import Item, Field

class BookItem(Item):
    name = Field()
    tags = Field()
    score = Field()
    cover = Field()
    price = Field()
```

接下来就需要进行 Scrapy-Splash 相关的配置了，可以参考 Scrapy-Splash 的配置说明：https://github.com/scrapy-plugins/scrapy-splash#configuration。

修改 settings.py，配置 SPLASH_URL。这里的 Splash 运行在本地，所以可以直接配置本地的地址：

```
SPLASH_URL = 'http://localhost:8050'
```

如果 Splash 是在远程服务器运行的，那么此处就应该配置为远程的地址，例如我配置了一个 Splash 集群，地址为 https://splash.scrape.center，用户名和密码均为 admin，则此处的配置应该是这样的：

```
SPLASH_URL = 'https://splash.scrape.center'
```

另外还需要在 Spider 里面增加下面两个变量的定义以支持 HTTP Basic Authentication：

```python
class BookSpider(Spider):
    http_user = 'admin'
    http_pass = 'admin'
```

接着配置几个 Middleware，代码如下所示：

```python
DOWNLOADER_MIDDLEWARES = {
    'scrapy_splash.SplashCookiesMiddleware': 723,
    'scrapy_splash.SplashMiddleware': 725,
    'scrapy.downloadermiddlewares.httpcompression.HttpCompressionMiddleware': 810,
}
SPIDER_MIDDLEWARES = {
    'scrapy_splash.SplashDeduplicateArgsMiddleware': 100
}
```

这里配置了 3 个 Downloader Middleware 和一个 Spider Middleware，这是 Scrapy-Splash 的核心部分。我们不再需要像对接 Selenium 那样实现一个 Downloader Middleware，Scrapy-Splash 库都为我们准备好了，直接配置即可。

还需要配置一个去重的类 DUPEFILTER_CLASS，代码如下所示：

```
DUPEFILTER_CLASS = 'scrapy_splash.SplashAwareDupeFilter'
```

最后配置一个 Cache 存储 HTTPCACHE_STORAGE，代码如下所示：

```
HTTPCACHE_STORAGE = 'scrapy_splash.SplashAwareFSCacheStorage'
```

配置完成之后，我们就可以利用 Splash 来抓取页面了。我们可以直接生成一个 SplashRequest 对象并传递相应的参数，Scrapy 会将此请求转发给 Splash，Splash 对页面进行渲染加载，再将渲染结果传递回来。此时 Response 的内容就是渲染完成的结果了，最后交给 Spider 解析即可。

我们来看一个示例，代码如下所示：

```python
yield SplashRequest(url, self.parse_result,
    args={
        'wait': 0.5, # 等待时间
    },
```

```
        endpoint='render.json',    # 可选参数，Splash 渲染终端
        splash_url='<url>',        # 可选参数，覆盖 SPLASH_URL
)
```

在这里构造了一个 SplashRequest 对象，前两个参数依然是请求的 URL 和回调函数，可以通过 args 传递一些渲染参数，例如等待时间 wait 等，还可以根据 endpoint 参数指定渲染接口，更多参数可以参考文档的说明：https://github.com/scrapy-plugins/scrapy-splash#requests。

另外我们也可以生成 Request 对象，关于 Splash 的配置通过 meta 属性配置即可，代码如下：

```
yield scrapy.Request(url, self.parse_result, meta={
    'splash': {
        'args': {
            'html': 1,
            'png': 1,
        },
        # 以下为可选参数
        'endpoint': 'render.json',   # 可选参数，Splash 渲染终端，默认为 render.json
        'splash_url': '<url>',       # 可选参数，覆盖 SPLASH_URL
        'splash_headers': {},        # 可选参数，发送给 Splash 渲染时候设置的 Headers
        'dont_process_response': True, # 可选参数，不处理 Response，默认是 False
        'dont_send_headers': True,   # 可选参数，不发送 Headers，默认是 False
    }
})
```

通过 args 来配置 SplashRequest 对象与通过 meta 来配置 Request 对象，两种方式达到的效果是相同的。

我们可以首先定义一个 Lua 脚本，来实现页面加载，代码如下所示：

```
function main(splash, args)
  assert(splash:go(args.url))
  assert(splash:wait(5))
  return {
    html = splash:html(),
    png = splash:png(),
    har = splash:har()
  }
end
```

逻辑非常简单，就是获取参数中的 url 属性并访问，然后等待 5 秒，最后把截图、HTML 代码、HAR 信息返回。

我们将脚本放到 Splash 中运行，同时设置目标 URL 为 https://spa5.scrape.center，如图 15-16 所示。

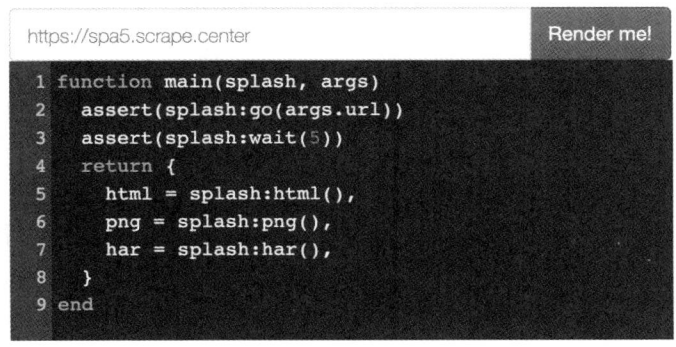

图 15-16　Splash 配置

点击 Render me 按钮，可以看到 Splash 中就出现了对应的渲染结果，如图 15-17 所示。

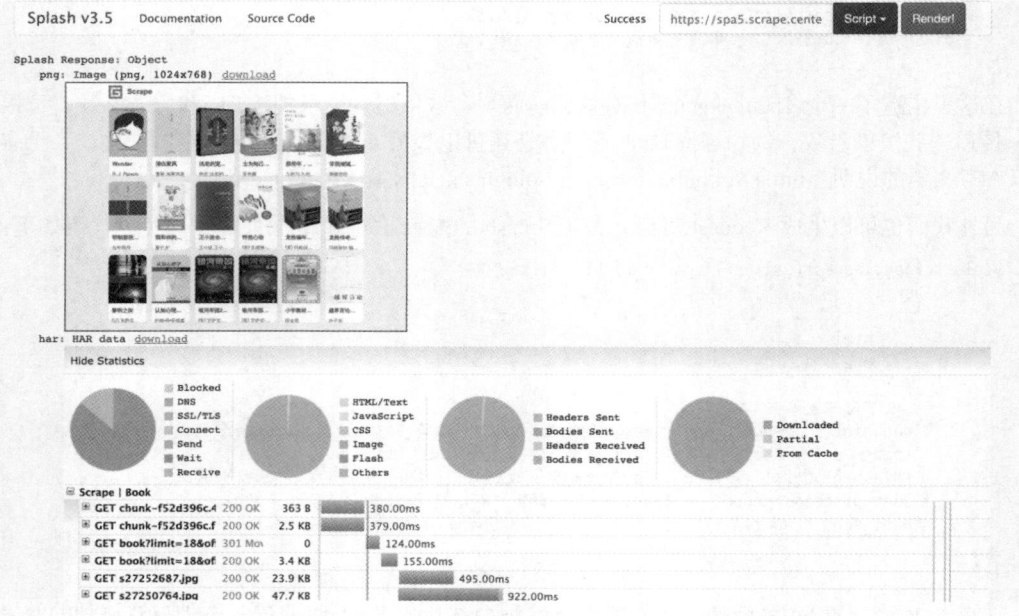

图 15-17 渲染结果

测试成功之后,我们只需要在 Spider 里用 SplashRequest 对接 Lua 脚本就好了,代码如下所示:

```python
from scrapy import Spider
from scrapy_splash import SplashRequest

script = """
function main(splash, args)
  assert(splash:go(args.url))
  assert(splash:wait(5))
  return splash:html()
end
"""

class BookSpider(Spider):
    name = 'book'
    allowed_domains = ['spa5.scrape.center']
    base_url = 'https://spa5.scrape.center'

    def start_requests(self):
        start_url = f'{self.base_url}/page/1'
        yield SplashRequest(start_url, callback=self.parse_index,
                            args={'lua_source': script}, endpoint='execute')
```

这里我们把 Lua 脚本定义成长字符串,通过 SplashRequest 的 args 来传递参数。另外,args 参数里有一个 lua_source 字段,它可以用于指定 Lua 脚本内容。于是我们成功构造了一个 SplashRequest,对接 Splash 的工作就完成了。

实现其他方法也一样,我们需要把 Request 都按照要求修改为 SplashRequest,相关代码改写如下:

```python
import re

def parse_index(self, response):
    items = response.css('.item')
    for item in items:
        href = item.css('.top a::attr(href)').extract_first()
        detail_url = response.urljoin(href)
        yield SplashRequest(detail_url, callback=self.parse_detail, priority=2,
                            args={'lua_source': script}, endpoint='execute')
```

```python
        match = re.search(r'page/(\d+)', response.url)
        if not match: return
        page = int(match.group(1)) + 1
        next_url = f'{self.base_url}/page/{page}'
        yield SplashRequest(next_url, callback=self.parse_index,
                            args={'lua_source': script}, endpoint='execute')

    def parse_detail(self, response):
        name = response.css('.name::text').extract_first()
        tags = response.css('.tags button span::text').extract()
        score = response.css('.score::text').extract_first()
        price = response.css('.price span::text').extract_first()
        cover = response.css('.cover::attr(src)').extract_first()
        tags = [tag.strip() for tag in tags] if tags else []
        score = score.strip() if score else None
        item = BookItem(name=name, tags=tags, score=score, price=price, cover=cover)
        yield item
```

这里我们参考上一节的内容,将 SeleniumRequest 修改为了 SplashRequest,同时增加了 args 参数配置,其他的逻辑基本一致。这样一来,Scrapy 和 Splash 的对接就全部完成了。

接下来,我们通过如下命令运行爬取:

```
scrapy crawl book
```

可以看到我们同样完成了结果的爬取,运行结果如下:

```
2020-09-14 00:57:34 [scrapy.core.scraper] DEBUG: Scraped from <200 https://spa5.scrape.center/detail/3026840>
{'cover': 'https://img9.doubanio.com/view/subject/l/public/s2990855.jpg',
 'name': '真理之剑 1 巫师第一守则 (上) ',
 'price': 'NT$ 280',
 'score': '8.0',
 'tags': ['奇幻', '小说', '魔幻', '美国', 'TerryGoodkind']}
2020-09-14 00:57:35 [scrapy.core.engine] DEBUG: Crawled (200) <GET https://spa5.scrape.center/detail/11601310
 via https://splash.cuiqingcai.com/execute> (referer: None)
2020-09-14 00:57:35 [scrapy.core.engine] DEBUG: Crawled (200) <GET https://spa5.scrape.center/detail/21993088
 via https://splash.cuiqingcai.com/execute> (referer: None)
2020-09-14 00:57:35 [scrapy.core.engine] DEBUG: Crawled (200) <GET https://spa5.scrape.center/detail/21365989
 via https://splash.cuiqingcai.com/execute> (referer: None)
2020-09-14 00:57:35 [scrapy.core.engine] DEBUG: Crawled (200) <GET https://spa5.scrape.center/detail/22231998
 via https://splash.cuiqingcai.com/execute> (referer: None)
2020-09-14 00:57:35 [scrapy.core.engine] DEBUG: Crawled (200) <GET https://spa5.scrape.center/detail/24845099
 via https://splash.cuiqingcai.com/execute> (referer: None)
2020-09-14 00:57:35 [scrapy.core.scraper] DEBUG: Scraped from <200 https://spa5.scrape.center/detail/11601310>
{'cover': 'https://img3.doubanio.com/view/subject/l/public/s27290132.jpg',
 'name': '传统下的独白',
 'price': '38.00 元',
 'score': '8.2',
 'tags': ['李敖', '杂文', '台湾', '散文随笔', '历史']}
```

由于 Splash 和 Scrapy 都支持异步处理,我们可以看到同时会有多个抓取成功的结果。另外在使用了 Splash 之后,爬虫的主体逻辑和 JavaScript 渲染流程是完全分开的,因此只要 Splash 能够承受对应的渲染并发量,爬取效率还是不错的。

为了提高 Splash 的渲染能力,我们可以将 Splash 配置为集群,这样一来其渲染能力会成倍提升,具体的配置方案可以参考 https://setup.scrape.center/splash-cluster 里面的说明。

4. 总结

本节中我们介绍了 Scrapy 对接 Splash 实现爬取 JavaScript 渲染页面的流程,同样不失为一个不错的方案。

本节代码参见:https://github.com/Python3WebSpider/ScrapySplashDemo。

15.11 Scrapy 对接 Pyppeteer

前面两节我们了解了 Scrapy 对接 Selenium 和 Splash 的流程，还差一个 Pyppeteer，本节我们来了解 Scrapy 和 Pyppeteer 的对接方式。

1. 爬取目标

本节的爬取目标与 15.8 节和 15.9 节是一样的，这里不展开介绍了，本节我们改为用 Scrapy 和 Pyppeteer 实现。

Scrapy 对接 Pyppeteer 的流程和原理与对接 Selenium 的流程基本一致，同样借助于 Downloader Middleware 来实现。最大的不同是，Pyppeteer 需要基于 asyncio 异步执行，这就需要我们用到 Scrapy 对 asyncio 的支持。

2. 准备工作

在本节开始之前，请确保已经安装好了 Scrapy，这里要求 Scrapy 的版本不能低于 2.0，2.0 版本以下的 Scrapy 是不支持 asyncio 的。另外还需要安装好 Pyppeteer 并能正常启动。如尚未安装可以参考 https://setup.scrape.center/pyppeteer 里面的介绍。

3. 对接原理

在实现之前，我们还是来了解一下 Scrapy 对接 Pyppeteer 的原理。

在前面我们已经了解了 Scrapy 对接 Selenium 的实现方式，Scrapy 和 Pyppeteer 的对接方式和它是基本一致的。我们可以自定义一个 Downloader Middleware 并实现 process_request 方法，在 process_request 中直接获取 Request 对象的 URL，然后在 process_request 方法中完成使用 Pyppeteer 请求 URL 的过程，获取 JavaScript 渲染后的 HTML 代码，最后把 HTML 代码构造为 HtmlResponse 返回。这样，HtmlResponse 就会被传给 Spider，Spider 拿到的结果就是 JavaScript 渲染后的结果了。

这里唯一不太一样的是，Pyppeteer 需要借助 asyncio 实现异步爬取，也就是说调用的必须是 async 修饰的方法。虽然 Scrapy 也支持异步，但其异步是基于 Twisted 实现的，二者怎么实现兼容呢？Scrapy 开发团队为此做了很多工作，从 Scrapy 2.0 版本开始，Scrapy 已经可以支持 asyncio 了。我们知道，Twisted 的异步对象叫作 Deffered，而 asyncio 里面的异步对象叫作 Future，其支持的原理就是实现了 Future 到 Deffered 的转换，代码如下：

```
import asyncio
from twisted.internet.defer import Deferred

def as_deferred(f):
    return Deferred.fromFuture(asyncio.ensure_future(f))
```

Scrapy 提供了一个 fromFuture 方法，它可以接收一个 Future 对象，返回一个 Deffered 对象，另外还需要更换 Twisted 的 Reactor 对象，在 Scrapy 的 settings.py 中需要添加如下代码：

```
TWISTED_REACTOR = 'twisted.internet.asyncioreactor.AsyncioSelectorReactor'
```

这样便可以实现 Scrapy 对 Future 的异步执行，从而实现 Scrapy 对 asyncio 的支持。

好，以上便是基本的原理，下面让我们来动手实现一下上面的流程吧。

4. 对接实现

首先我们新建一个项目，叫作 scrapypyppeteerdemo，命令如下：

```
scrapy startproject scrapypyppeteerdemo
```

接着进入项目，然后新建一个 Spider，名称为 book，命令如下：

```
scrapy genspider book spa5.scrape.center
```

同样地，首先定义 Item 对象，名称为 BookItem，代码如下所示：

```python
from scrapy.item import Item, Field

class BookItem(Item):
    name = Field()
    tags = Field()
    score = Field()
    cover = Field()
    price = Field()
```

这里我们定义了 5 个 Field，分别代表书名、标签、评分、封面、价格，我们要爬取的结果会赋值为一个个 BookItem 对象。

接着我们定义主要的爬取逻辑，包括初始请求、解析列表页、解析详情页，整个流程和对接 Selenium 的流程基本是一致的。

初始请求 start_requests 的代码定义如下：

```python
import logging
import re
from scrapy import Request, Spider
from scrapypyppeteerdemo.items import BookItem

class BookSpider(Spider):
    name = 'book'
    allowed_domains = ['spa5.scrape.center']
    base_url = 'https://spa5.scrape.center'

    def start_requests(self):
        start_url = f'{self.base_url}/page/1'
        yield Request(start_url, callback=self.parse_index)
```

其实就是在 start_requests 方法里面构造了第一页的爬取请求并返回，回调方法指定为 parse_index。parse_index 方法自然就是实现列表页的解析，得到详情页的一个个 URL。与此同时还要解析下一页的 URL，逻辑和 Selenium 一节也是一样的，代码实现如下：

```python
import re

def parse_index(self, response):
    items = response.css('.item')
    for item in items:
        href = item.css('.top a::attr(href)').extract_first()
        detail_url = response.urljoin(href)
        yield Request(detail_url, callback=self.parse_detail, priority=2)

    match = re.search(r'page/(\d+)', response.url)
    if not match: return
    page = int(match.group(1)) + 1
    next_url = f'{self.base_url}/page/{page}'
    yield Request(next_url, callback=self.parse_index)
```

在 parse_index 方法中我们实现了两部分逻辑。第一部分逻辑是解析每一本书对应的详情页 URL，然后构造新的 Request 并返回，将回调方法设置为 parse_detail 方法，并设置优先级为 2；另一部分逻辑就是获取当前列表页的页码，然后将其加 1，构造下一页的 URL，构造新的 Request 并返回，将回调方法设置为 parse_index 方法。

那最后的逻辑就是 parse_detail 方法，即解析详情页提取最终结果的逻辑了，这个方法里面我们需要将书名、标签、评分、封面、价格都提取出来，然后构造 BookItem 并返回，整个过程和对接 Selenium 一节也是一样的，代码实现如下：

```python
def parse_detail(self, response):
    name = response.css('.name::text').extract_first()
    tags = response.css('.tags button span::text').extract()
    score = response.css('.score::text').extract_first()
    price = response.css('.price span::text').extract_first()
    cover = response.css('.cover::attr(src)').extract_first()
    tags = [tag.strip() for tag in tags] if tags else []
    score = score.strip() if score else None
    item = BookItem(name=name, tags=tags, score=score, price=price, cover=cover)
    yield item
```

这样一来,每爬取一个详情页,就会生成一个 BookItem 对象并返回。

同样地,现在我们只是完成了 Spider 的主逻辑,现在运行同样是得不到任何爬取结果的,因为当前 Response 里面包含的并不是 JavaScript 渲染页面后的 HTML 代码。

所以下面至关重要的就是利用 Downloader Middleware 实现与 Pyppeteer 的对接。

我们新建一个 PyppeteerMiddleware,实现如下:

```python
from pyppeteer import launch
from scrapy.http import HtmlResponse
import asyncio
import logging
from twisted.internet.defer import Deferred

logging.getLogger('websockets').setLevel('INFO')
logging.getLogger('pyppeteer').setLevel('INFO')

def as_deferred(f):
    return Deferred.fromFuture(asyncio.ensure_future(f))

class PyppeteerMiddleware(object):
    
    async def _process_request(self, request, spider):
        browser = await launch(headless=False)
        page = await browser.newPage()
        pyppeteer_response = await page.goto(request.url)
        await asyncio.sleep(5)
        html = await page.content()
        pyppeteer_response.headers.pop('content-encoding', None)
        pyppeteer_response.headers.pop('Content-Encoding', None)
        response = HtmlResponse(
            page.url,
            status=pyppeteer_response.status,
            headers=pyppeteer_response.headers,
            body=str.encode(html),
            encoding='utf-8',
            request=request
        )
        await page.close()
        await browser.close()
        return response
    
    def process_request(self, request, spider):
        return as_deferred(self._process_request(request, spider))
```

首先我们声明了 Pyppeteer 的日志级别,防止控制台输出过多的日志。然后我们声明了一个 as_deferred 方法,如上文所述,它可以将 Future 对象转化为 Deffered 对象。接着在 process_request 方法中,我们调用了 as_deferred 方法,它的参数是 _process_request 方法返回的 Future 对象,该 Future 对象会被转换为 Deffered 对象。_process_request 方法中实现了 Scrapy 对接 Pyppeteer 的核心逻辑,主要流程就是获取 Request 对象的 URL,然后使用 Pyppeteer 把它打开,将最终的渲染结果构造一个 HtmlResponse 对象并返回,这里我们将 Pyppeteer 的 headless 参数设置为了 False,以便观察爬取效果。

定义好 PyppeteerMiddleware 之后，我们还需要在 settings.py 里面增加一些配置。

第一个至关重要的就是更换 Twister 的 Reactor 对象，在 settings.py 中增加如下定义：

```
TWISTED_REACTOR = 'twisted.internet.asyncioreactor.AsyncioSelectorReactor'
```

接着我们可以再定义一下并发数、Downloader Middleware 的配置和其他配置，settings.py 配置如下：

```
ROBOTSTXT_OBEY = False
CONCURRENT_REQUESTS = 3
DOWNLOADER_MIDDLEWARES = {
    'scrapypyppeteerdemo.middlewares.PyppeteerMiddleware': 543,
}
```

以上我们初步完成了 Scrapy 和 Pyppeteer 的对接流程。

下面我们运行一下 Spider，命令如下：

```
scrapy crawl book
```

可以看到 Spider 在的运行过程中，与 Pyppeteer 对应的 Chromium 浏览器弹出来并加载了对应的页面，控制台输出如下：

```
2020-09-19 14:58:25 [scrapy.core.engine] DEBUG: Crawled (200) <GET https://spa5.scrape.center/detail/34672176> (referer: https://spa5.scrape.center/page/1)
[I:pyppeteer.launcher] Browser listening on: ws://127.0.0.1:62777/devtools/browser/65d32e49-48d6-4d1e-bc53-134f5090ba32
2020-09-19 14:58:26 [scrapy.core.scraper] DEBUG: Scraped from <200 https://spa5.scrape.center/detail/34672176>
{'cover': 'https://img1.doubanio.com/view/subject/l/public/s33519539.jpg',
 'name': '呼吸',
 'price': '42',
 'score': '8.6',
 'tags': ['科幻', '科幻小说', '特德·姜', '小说', '短篇小说']}
[I:pyppeteer.launcher] terminate chrome process...
2020-09-19 14:58:26 [scrapy.core.engine] DEBUG: Crawled (200) <GET https://spa5.scrape.center/detail/6082808> (referer: https://spa5.scrape.center/page/1)
[I:pyppeteer.launcher] Browser listening on: ws://127.0.0.1:63033/devtools/browser/d7ea1c79-2787-4b68-9596-9e894c6186a5
2020-09-19 14:58:27 [scrapy.core.scraper] DEBUG: Scraped from <200 https://spa5.scrape.center/detail/6082808>
{'cover': 'https://img9.doubanio.com/view/subject/l/public/s6384944.jpg',
 'name': '百年孤独',
 'price': '39.50 元',
 'score': '9.2',
 'tags': ['百年孤独', '加西亚·马尔克斯', '魔幻现实主义', '经典', '拉美文学']}
```

我们爬取到了渲染后的页面，至此我们就借助 Pyppeteer 实现了 Scrapy 对 JavaScript 渲染页面的爬取。

5. 对接优化

同样，我们刚才实现的 PyppeteerMiddleware 功能也是比较粗糙的，简单列举几点。

- Pyppeteer 初始化的时候仅指定了 headless 参数，还有很多配置项并不支持自定义配置。
- 没有实现异常处理，比如出现 PageError 或 TimeoutError 如何进行重试。
- 加载过程简单指定了固定等待时间，没有设置等待某一特定节点。
- 没有设置 Cookie、执行 JavaScript、截图等一系列扩展功能。

为了解决这些问题，我写了一个 Python 包，对以上的 PyppeteerMiddleware 做了一些优化。

- Pyppeteer 的初始化参数可配置，可以通过全局 settings 或 Request 对象进行配置。
- 实现了异常处理，出现加载异常会按照 Scrapy 的重试逻辑进行重试。
- 加载过程可以指定在特定节点处进行等待，节点加载出来立即继续向下执行。

- 增加了设置 Cookie、执行 JavaScript、截图、代理设置等一系列功能并将参数可配置化。
- 增加了 PyppeteerRequest,定义 Request 更加方便而且支持多个扩展参数。
- 增加了 WebDriver 反屏蔽功能,将浏览器伪装成正常的浏览器防止被检测。
- 增加了对 Twister 的 Reactor 对象的设置,不用额外在 setttings.py 里面声明 TWISTED_REACTOR。

这个功能和 GerapySelenium 的功能基本是一样的,这个包名叫作 GerapyPyppeteer,我们可以借助 pip3 来安装,命令如下:

```
pip3 install gerapy-pyppeteer
```

同样地,GerapyPyppeteer 提供了两部分内容,一部分是 Downloader Middleware,一部分是 Request。

首先我们需要开启中间件,在 settings 里面开启 PyppeteerMiddleware,配置如下:

```
DOWNLOADER_MIDDLEWARES = {
    'gerapy_pyppeteer.downloadermiddlewares.PyppeteerMiddleware': 543,
}
```

定义了 PyppeteerMiddleware 之后,我们无须额外声明 TWISTED_REACTOR,可以把刚才 TWISTED_REACTOR 的定义去掉。

然后我们把上文定义的 Request 修改为 PyppeteerRequest 即可:

```python
import logging
import re
from gerapy_pyppeteer import PyppeteerRequest
from scrapy import Request, Spider
from scrapypyppeteerdemo.items import BookItem

class BookSpider(Spider):
    name = 'book'
    allowed_domains = ['spa5.scrape.center']
    base_url = 'https://spa5.scrape.center'
    
    def start_requests(self):
        start_url = f'{self.base_url}/page/1'
        yield PyppeteerRequest(start_url, callback=self.parse_index, wait_for='.item .name')
    
    def parse_index(self, response):
        """
        extract books and get next page
        :param response:
        :return:
        """
        items = response.css('.item')
        for item in items:
            href = item.css('.top a::attr(href)').extract_first()
            detail_url = response.urljoin(href)
            yield PyppeteerRequest(detail_url, callback=self.parse_detail, priority=2, wait_for='.item .name')
        
        match = re.search(r'page/(\d+)', response.url)
        if not match: return
        page = int(match.group(1)) + 1
        next_url = f'{self.base_url}/page/{page}'
        yield PyppeteerRequest(next_url, callback=self.parse_index, wait_for='.item .name')
```

这样其实就完成了 Pyppeteer 的对接了,非常简单。

这里 PyppeteerRequest 和原本的 Request 多提供了一个参数:wait_for。通过这个参数我们可以指定 Pyppeteer 需要等待特定的内容加载出来才算结束,然后返回对应的结果。

为了方便观察效果,我们把并发限制修改得小一点,然后把 Pyppeteer 的 Headless 模式设置为 False,在 settings.py 中进行如下配置:

```
CONCURRENT_REQUESTS = 3
GERAPY_PYPPETEER_HEADLESS = False
```

这时候我们重新运行下 Spider，就可以看到在爬取的过程中，Pyppeteer 对应的 Chromium 浏览器弹出来了，并且逐个加载对应的页面内容，加载完成之后浏览器关闭。

控制台输出如下：

```
2020-09-19 15:16:48 [gerapy.pyppeteer] DEBUG: set options {'headless': True, 'dumpio': False, 'devtools': False,
'args': ['--window-size=1400,700', '--disable-extensions', '--hide-scrollbars', '--mute-audio', '--no-sandbox',
'--disable-setuid-sandbox', '--disable-gpu'], ignoreDefaultArgs': ['--enable-automation'], 'handleSIGINT':
True, 'handleSIGTERM': True, 'handleSIGHUP': True, 'autoClose': True}
2020-09-19 15:16:48 [scrapy.core.scraper] DEBUG: Scraped from <200 https://spa5.scrape.center/detail/26838522>
{'cover': 'https://img1.doubanio.com/view/subject/l/public/s28904947.jpg',
 'name': '发展心理学:儿童与青少年(第9版)(万千心理)',
 'price': '88.00',
 'score': '9.2',
 'tags': ['心理学', '育儿', '儿童心理学', '发展心理学', '教育']}
2020-09-19 15:16:48 [scrapy.core.engine] DEBUG: Crawled (200) <GET https://spa5.scrape.center/detail/
30143042> (referer: https://spa5.scrape.center/page/1)
2020-09-19 15:16:48 [gerapy.pyppeteer] DEBUG: processing request <GET https://spa5.scrape.center/detail/30356718>
2020-09-19 15:16:48 [gerapy.pyppeteer] DEBUG: pyppeteer_meta {}
2020-09-19 15:16:48 [gerapy.pyppeteer] DEBUG: set options {'headless': True, 'dumpio': False, 'devtools': False,
'args': ['--window-size=1400,700', '--disable-extensions', '--hide-scrollbars', '--mute-audio', '--no-sandbox',
'--disable-setuid-sandbox', '--disable-gpu'], ignoreDefaultArgs': ['--enable-automation'], 'handleSIGINT':
True, 'handleSIGTERM': True, 'handleSIGHUP': True, 'autoClose': True}
2020-09-19 15:16:48 [scrapy.core.scraper] DEBUG: Scraped from <200 https://spa5.scrape.center/detail/30143042>
{'cover': 'https://img1.doubanio.com/view/subject/l/public/s29688547.jpg',
 'name': 'OVERLORD (11)',
 'price': None,
 'score': '7.6',
 'tags': ['轻小说', '丸山くがね', '日本', '奇幻', '骨傲天']}
```

这样我们就借助 GerapyPyppeteer 完成了 JavaScript 渲染页面的爬取。

另外 PyppeteerMiddleware 还提供了很多配置项，下面我们来展开说一下。

- **开启 WebDriver 反屏蔽功能**

该功能默认是开启的，就是将当前浏览器伪装成正常的浏览器，隐藏 WebDriver 的一些特征，如需关闭，在 settings.py 中增加如下代码：

```
GERAPY_PYPPETEER_PRETEND = False
```

- **开启 Headless 模式**

在默认情况下，Headless 模式是开启的，刚才我们将 GERAPY_PYPPETEER_HEADLESS 配置为 False 取消了 Headless 模式，如果想开启可以将其配置为 True，或者不执行任何配置：

```
GERAPY_PYPPETEER_HEADLESS = True
```

- **超时时间**

我们可以设置 Pyppeteer 加载所需的超时时间，单位为秒。如果该时间内页面没有加载出来或者 PyppteeerRequest 指定的等待目标没有加载出来，就会触发超时，默认情况下会进行重试爬取，超时时间配置如下：

```
GERAPY_PYPPETEER_DOWNLOAD_TIMEOUT = 30
```

- **窗口大小**

我们可以设置 Pyppeteer 的窗口大小，例如：

```
GERAPY_PYPPETEER_WINDOW_WIDTH = 1400
GERAPY_PYPPETEER_WINDOW_HEIGHT = 700
```

- **Pyppeteer 启动参数**

Pyppetter 在启动时可以配置多个参数，如 devtools、dumpio 等，这些参数在 GerapyPyppeteer 中也得到了支持，可以直接进行如下配置：

```
GERAPY_PYPPETEER_DUMPIO = False
GERAPY_PYPPETEER_DEVTOOLS = False
GERAPY_PYPPETEER_EXECUTABLE_PATH = None
GERAPY_PYPPETEER_DISABLE_EXTENSIONS = True
GERAPY_PYPPETEER_HIDE_SCROLLBARS = True
GERAPY_PYPPETEER_MUTE_AUDIO = True
GERAPY_PYPPETEER_NO_SANDBOX = True
GERAPY_PYPPETEER_DISABLE_SETUID_SANDBOX = True
GERAPY_PYPPETEER_DISABLE_GPU = True
```

这里的一些配置和 Pyppetter 的启动参数是一一对应的，具体可以参考 Pyppeteer 的官方文档：https://pyppeteer.github.io/pyppeteer/reference.html#launcher。

- **忽略加载资源类型**

Pyppteer 可以自定义忽略特定的资源类型的加载，比如忽略图片文件、字体文件的加载，这样做可以大大提高爬取效率，常见类型如下。

- document：HTML 文档。
- stylesheet：CSS 文件。
- script：JavaScript 文件。
- image：图片。
- media：媒体文件，如音频、视频。
- font：字体文件。
- texttrack：字幕文件。
- xhr：Ajax 请求。
- fetch：Fetch 请求。
- eventsource：事件源。
- websocket：WebSocket 请求。
- manifest：Manifest 文件。
- other：其他。

比如我们想要在爬取过程中忽略图片、字体文件的加载，可以进行如下配置：

```
GERAPY_PYPPETEER_IGNORE_RESOURCE_TYPES = ['image', 'font']
```

默认情况下是留空的，即加载所有内容。

- **截图**

GerapyPyppeteer 提供了截图功能，其参数可以在 PyppteeerRequest 的 screenshot 中定义，格式和 Pyppeteer 的 screenshot 的参数一致，可以参考官方文档：https://pyppeteer.github.io/pyppeteer/reference.html#pyppeteer.page.Page.screenshot。

例如我们可以在 PyppteerRequest 中增加 screenshot 参数，配置如下：

```
yield PyppeteerRequest(start_url, callback=self.parse_index, wait_for='.item .name', screenshot={
    'type': 'png',
    'fullPage': True
})
```

然后对应的 Response 对象的 meta 属性里面便会多了一个 screenshot 属性，比如在回调方法里面便可以使用下面的方法将截图保存为文件：

```
def parse_index(self, response):
    with open('screenshot.png', 'wb') as f:
        f.write(response.meta['screenshot'].getbuffer())
```

以上我们便介绍了 GerapyPyppeteer 的基本用法，通过 GerapyPyppeteer 我们可以更方便地实现 Scrapy 和 Pyppeteer 的对接，更多的用法可以参考 GerapyPyppteer 的仓库地址：https://github.com/Gerapy/GerapyPyppeteer。

6. 总结

本节我们介绍了 Scrapy 和 Pyppteer 的对接解决方案和优化方案。至此，Scrapy 对接 Selenium、Splash、Pyppeteer 的方案就都介绍完了，大家可以根据情况自行选择对应的方案。

本节代码参见：https://github.com/Python3WebSpider/ScrapyPyppeteerDemo。

15.12 Scrapy 规则化爬虫

前文我们了解了 Scrapy 中 Spider 的用法，在实现 Spider 的过程中，我们需要定义特定的方法完成一系列操作，比如生成 Response、解析 Response、生成 Item 等。由于整个过程是由代码实现的，所以逻辑控制比较灵活，但是可扩展性和可维护性相对比较差。

试想，如果我们现在要实现对非常多站点的爬取，比如爬取各大站点的新闻内容，那么可能需要为每个站点单独创建一个 Spider，然后在 Spider 中定义爬取列表页、详情页的逻辑。其实这些 Spider 的基本实现思路是差不多的，可能包含很多重复代码，因此可维护性就变得比较差。

如果我们可以保留各个站点的 Spider 的公共部分，提取不同的部分进行单独配置（如将爬取规则、页面解析方式等抽离出来，做成一个配置文件），那么我们在新增一个爬虫的时候，只需要实现这些网站的爬取规则和提取规则，而且还可以单独管理和维护这些规则。

本节，我们就来探究一下 Scrapy 规则化爬虫的实现方法。

1. CrawlSpider

在实现规则化爬虫之前，我们需要了解一下 CrawlSpider 用法。它是 Spider 类的子类，利用它我们可以方便地实现站点的规则化爬取，其官方文档链接为：http://scrapy.readthedocs.io/en/latest/topics/spiders.html#crawlspider。

在 CrawlSpider 里，我们可以指定特定的爬取规则来实现页面的解析和爬取逻辑，这些规则由一个专门的数据结构 Rule 表示。Rule 里包含提取和跟进页面的配置，CrawlSpider 会根据 Rule 来确定当前页面中哪些链接需要继续爬取，哪些页面的爬取结果需要用哪个方法解析等。

CrawlSpider 继承自 Spider 类，除了 Spider 类的所有方法和属性，它还提供了一个非常重要的属性 rules。rules 是爬取规则属性，是包含一个或多个 Rule 对象的列表。每个 Rule 对爬取网站的规则都做了定义，CrawlSpider 会读取 rules 的每一个 Rule 并执行对应的爬取逻辑。

它的定义和参数如下所示：

```
class scrapy.spiders.Rule(link_extractor=None, callback=None, cb_kwargs=None, follow=None,
    process_links=None, process_request=None, errback=None)
```

下面对其参数依次说明。

- link_extractor：一个 LinkExtractor 对象。通过它，Spider 可以知道从爬取的页面中提取哪些链接进行后续爬取，提取出的链接会自动生成 Request，这些提取逻辑依赖 LinkExtractor 对象里面定义的各种属性，下文会具体介绍。

- callback：回调方法，和之前定义 Request 的 callback 有相同的意义。每次从 link_extractor 中提取到链接时，该方法将会被调用。该回调方法接收 response 作为其第一个参数并返回一个包含 Item 或 Request 对象的列表。需要注意的是，避免使用 parse 方法作为回调方法，因为 CrawlSpider 使用 parse 方法来实现其解析逻辑，如果 parse 方法被重写了，CrawlSpider 可能无法正常运行。
- cb_kwargs：一个字典类型，使用它我们可以定义传递给回调方法的参数。
- follow：一个布尔值，它指定根据该规则从 response 提取的链接是否需要跟进爬取。跟进的意思就是将提取到的链接进一步生成 Request 进行爬取；如果不跟进的话，一般可以定义回调方法解析内容，生成 Item。如果 callback 参数为 None，follow 值默认设置为 True，否则默认为 False。
- process_links：可以是一个 callable 方法，也可以是一个字符串（需要和 CrawlSpider 里面定义的方法名保持一致）。它用来处理该 Rule 中的 link_extractor 提取到的链接，比如可以进行链接的过滤或对链接进行进一步修改。
- process_request：可以是一个 callable 方法，也可以是一个字符串（需要和 CrawlSpider 里面定义的方法名保持一致）。根据该 Rule 提取到每个后续 Request 时，该方法都会被调用，该方法可以对 Request 进行进一步处理，必须返回 Request 对象或者 None。
- Errback：该参数是 Scrapy 2.0 版本之后新增的参数，它也可以是一个 callable 方法，也可以是一个字符串（需要和 CrawlSpider 里面定义的方法名保持一致）。当该 Rule 提取出的 Request 在被处理的过程中发生错误时，该方法会被调用，该方法第一个参数接收一个 Twisted Failure 对象。

以上内容便是 CrawlSpider 中的核心数据结构 Rule 的基本用法，利用 Rule 我们可以方便地实现爬取逻辑的规则化。

2. LinkExtractor

上文我们了解了 Rule 的基本用法，其中一个重要的属性就是 link_extractor，下面我们再来专门了解一下它的用法。

LinkExtractor 定义了从 Reponse 中提取后续链接的逻辑，在 Scrapy 中它指的就是 scrapy.linkextractors.lxmlhtml.LxmlLinkExtractor 这个类，为了方便调用，Scrapy 为其定义了一个别名，叫作 LinkExtractor，二者是指的都是 LxmlLinkExtractor。

LxmlLinkExtractor 接收多个用于提取链接的参数，下面依次对其进行说明。

- allow：一个正则表达式或正则表达式列表，它定义了从当前页面提取出的链接需要符合的规则，只有符合对应规则的链接才会被提取。
- deny：和 allow 正好相反，它也是一个正则表达式或正则表达式列表，定义了从当前页面中禁止被提取的链接对应的规则，相当于黑名单，它的优先级比 allow 高。
- allow_domains：定义了符合要求的域名，只有此域名的链接才会被提取出来，它相当于域名白名单。
- deny_domains：和 allow_domains 相反，相当于域名黑名单，该域名所对应的链接都不会被提取出来。
- deny_extensions：在提取链接的过程中可能会遇到一些特殊的后缀，即扩展名。deny_extensions 定义了后缀黑名单，包含这些后缀的链接都不会被提取出来。deny_extensions 的默认值由 scrapy.linkextractors.IGNORED_EXTENSIONS 变量定义。在 Scrapy 2.0 中，IGNORED_EXTENSIONS 包含了 7z、7zip、apk、bz2、cdr、dmg、ico、iso、tar、tar.gz、webm、xz 等类型，这些后缀的链接都不会被忽略。

- restrict_xpaths：如果定义了该参数，那么 Spider 将会从当前页面中 XPath 匹配的区域提取链接，其值是 XPath 表达式或 XPath 表达式列表。
- restrict_css：和 restrict_xpaths 类似，如果定义了 restrict_css，Spider 将会从当前页面中 CSS 选择器匹配的区域提取链接，其值是 CSS 选择器或 CSS 选择器列表。
- tags：指定了从什么节点中提取链接，默认是 ('a', 'area')，即从 a 节点和 area 节点中提取链接。
- attrs：指定了从节点的什么属性中提取链接，默认是 ('href',)，和 tags 属性配合起来，那将会从 a 节点和 area 节点的 href 属性中提取链接。比如我们需要从 img 节点的 src 属性中提取链接，那可以将 tags 定义为 ('a', 'area', 'img')，attrs 定义为 ('href', 'src')。
- canonicalize：是否需要对提取到的链接进行规范化处理，处理流程借助 w3lib.url.canonicalize_url 模块，该参数默认为 False。
- unique：是否需要对提取到的链接进行去重，默认是 True。
- process_value：是一个 callable 方法，可以通过这个方法来定义一个逻辑，这个逻辑负责完成提取内容到最终链接的转换。比如说 href 属性里面的值是一段 JavaScript 变量，值为 javascript:goToPage('../other/page.html')，这明显不是一个有效的链接，process_value 对应的方法可以接收这个值并对这个值进行处理，提取真实的链接再返回。
- strip：如果从节点对应的属性值中提取到了结果，是否要去掉首尾的空格，默认是 True。

以上便是 LinkExtractor 的一些参数的用法，其中前几个参数使用频率较高，可以重点关注。有关 LinkExtractor 更详细的介绍可以参考官方文档：http://scrapy.readthedocs.io/en/latest/topics/link-extractors.html#module-scrapy.linkextractors.lxmlhtml。

3. Item Loaders

我们了解了利用 CrawlSpider 的 Rule 来定义页面的爬取逻辑，这是可配置化的一部分内容，借助 Rule，我们可以实现页面内容的提取和爬取逻辑。但是，Rule 并没有对 Item 的提取方式做规则定义。对于 Item 的提取，我们需要借助另一个模块 Item Loaders 来实现。

可以这么理解，Item 提供的是保存抓取数据的容器，而 Item Loaders 提供的是填充容器的机制。尽管 Item 可以直接由代码进行构造，但 Item Loaders 提供一种便捷的机制来帮助我们方便地提取 Item，它提供了更灵活、可扩展的机制来实现 Item 的提取逻辑，同时也有助于我们实现爬虫的规则化。

Item Loaders 的用法如下所示：

```
class scrapy.loader.ItemLoader([item, selector, response,] **kwargs)
```

这里我们使用的 Scrapy 提供的 ItemLoader 类，ItemLoader 的返回一个新的 ItemLoader 来填充给定的 Item。如果没有给出 Item，则使用 default_item_class 中的类自动实例化。另外，它传入 selector 和 response 参数来使用选择器或响应参数实例化。

下面将依次说明 Item Loader 的参数。

- item：Item 对象，可以调用 add_xpath、add_css 或 add_value 等方法来填充 Item 对象。
- selector：Selector 对象，用来提取填充数据的选择器。
- response：Response 对象，用于使用构造选择器的 Response。

一个比较典型的 ItemLoader 实例如下：

```
from scrapy.loader import ItemLoader
from project.items import Product

def parse(self, response):
    loader = ItemLoader(item=Product(), response=response)
```

```
loader.add_xpath('name', '//div[@class="product_name"]')
loader.add_xpath('name', '//div[@class="product_title"]')
loader.add_xpath('price', '//p[@id="price"]')
loader.add_css('stock', 'p#stock]')
loader.add_value('last_updated', 'today')
return loader.load_item()
```

这里首先声明一个 Product Item,用该 Item 和 Response 对象实例化 ItemLoader,调用 add_xpath 方法把来自两个不同位置的数据提取出来,分配给 name 属性,再用 add_xpath、add_css、add_value 等方法对不同属性依次赋值,最后调用 load_item 方法实现对 Item 的解析。这种方式比较规则化,我们可以把一些参数和规则单独提取出来,做成配置文件或存到数据库,实现可配置化。

另外,Item Loader 的每个字段中都包含了一个 Input Processor(输入处理器)和一个 Output Processor(输出处理器),利用它们我们可以灵活地对 Item 的每个字段进行处理。Input Processor 收到数据时立刻提取数据,Input Processor 的结果被收集起来并且保存在 ItemLoader 内,但是不分配给 Item。收集到所有的数据后,load_item 方法被调用来填充再生成 Item 对象。在调用时会先调用 Output Processor 来处理之前收集到的数据,然后再存入 Item 中,这样就生成了 Item。

类似的用法如下:

```python
from itemloaders.processors import TakeFirst, MapCompose, Join
from scrapy.loader import ItemLoader

class ProductItemLoader(ItemLoader):

    default_output_processor = TakeFirst()
    name_in = MapCompose(unicode.title)
    name_out = Join()
    price_in = MapCompose(unicode.strip)
```

这里我们定义了一个 ProductItemLoader 继承了 ItemLoader 类,并定义了几个属性的 Input Processor 和 Output Processor,比如 name 属性的 Input Processor 就使用了 MapCompose,Output Processor 就使用了 Join,这样利用 ProductItemLoader,我们就可以灵活地实现特定属性的数据收集和处理。

另外可以看到这里用到了 TakeFirst、MapCompose、Join,这些都是 Scrapy 提供的一些 Processor,分别可以实现提取首个内容、迭代处理、字符串拼接的操作,利用这些 Processor 的组合,我们可以灵活地实现对特定字段数据的处理。

其实 Scrapy 已经给我们提供了不少 Processor,我们来了解一下。

- **Identity**

Identity 是最简单的 Processor,不进行任何处理,直接返回原来的数据。

- **TakeFirst**

TakeFirst 返回列表的第一个非空值,类似 extract_first 的功能,常用作 Output Processor,示例代码如下:

```python
from scrapy.loader.processors import TakeFirst
processor = TakeFirst()
print(processor(['', 1, 2, 3]))
```

输出结果如下所示:

```
1
```

经过此 Processor 处理后的结果返回了第一个不为空的值。

- **Join**

Join 方法相当于字符串的 join 方法,可以把列表拼合成字符串,字符串默认使用空格分隔,示例代码如下：

```
from scrapy.loader.processors import Join
processor = Join()
print(processor(['one', 'two', 'three']))
```

输出结果如下：

```
one two three
```

它也可以通过参数更改默认的分隔符，例如改成逗号：

```
from scrapy.loader.processors import Join
processor = Join(',')
print(processor(['one', 'two', 'three']))
```

运行结果如下：

```
one,two,three
```

- **Compose**

Compose 是使用多个函数组合构造而成的 Processor，每个输入值被传递到第一个函数，其输出再传递到第二个函数，以此类推，直到最后一个函数返回整个处理器的输出，示例代码如下：

```
from scrapy.loader.processors import Compose
processor = Compose(str.upper, lambda s: s.strip())
print(processor(' hello world'))
```

运行结果如下：

```
HELLO WORLD
```

在这里我们构造了一个 Compose Processor，传入一个开头带有空格的字符串。Compose Processor 的参数有两个：第一个是 str.upper，它可以将字母全部转为大写；第二个是一个匿名函数，它调用 strip 方法去除头尾空白字符。Compose 会顺次调用两个参数，最后返回结果的字符串全部转化为大写并且去除了开头的空格。

- **MapCompose**

与 Compose 类似，MapCompose 可以迭代处理一个列表输入值，示例代码如下：

```
from scrapy.loader.processors import MapCompose
processor = MapCompose(str.upper, lambda s: s.strip())
print(processor(['Hello', 'World', 'Python']))
```

运行结果如下：

```
['HELLO', 'WORLD', 'PYTHON']
```

被处理的内容是一个可迭代对象，MapCompose 会将该对象遍历然后依次处理。

- **SelectJmes**

SelectJmes 可以查询 JSON，传入 Key，返回查询所得的 Value。不过需要先安装 jmespath 库才可以使用它，安装命令如下：

```
pip3 install jmespath
```

安装好 jmespath 之后，便可以使用这个 Processor 了，示例代码如下：

```
from scrapy.loader.processors import SelectJmes
processor = SelectJmes('foo')
print(processor({'foo': 'bar'}))
```

运行结果如下：

```
bar
```

以上内容便是 ItemLoader 和一些常用的 Processor 的用法。

我们一下子又接触了不少新概念，如 CrawlSpider、Rule、LinkExtractor、Item Loaders、Processor，你可能感觉有点懵，不知道如何使用。不用担心，下面我们通过一个实例来将这些内容综合运用一下，实现一个规则化的 Scrapy 爬虫。

4. 本节目标

本节我们以前文所爬取过的电影示例网站作为练习来实现一下 Scrapy 规则化爬虫的实现方式，爬取的目标站点是 https://ssr1.scrape.center/，如图 15-18 所示。

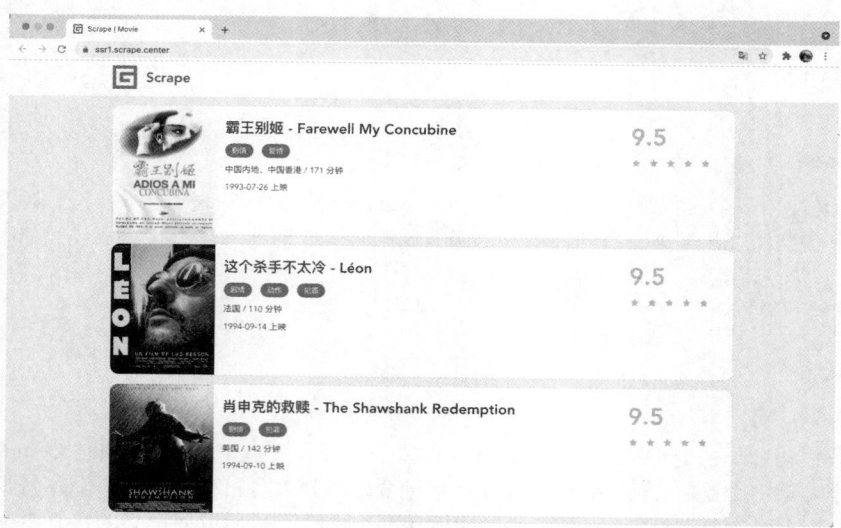

图 15-18　目标页面

和之前不同，这次我们需要利用 CrawlSpider、Rule、Item Loaders 等实现对该站点的爬取，最后我们还需要将爬取规则进行进一步的抽取，变成 JSON 文件，实现爬取规则的灵活可配置化。

在开始之前请确保已经安装好了 Scrapy 框架。

5. 实战

首先新建一个 Scrapy 项目，名为 scrapyuniversaldemo，命令如下所示：

```
scrapy startproject scrapyuniversaldemo
```

然后我们进入到该文件夹，这次我们便需要创建一个 CrawlSpider，而不再单纯的是 Spider。要创建 CrawlSpider，需要指定一个模板。

我们可以先看看有哪些可用模板，命令如下所示：

```
scrapy genspider -l
```

运行结果如下所示：

```
Available templates:
  basic
  crawl
  csvfeed
  xmlfeed
```

之前创建 Spider 的时候，我们默认使用了第一个模板 basic。这次要创建 CrawlSpider，需要使用第二个模板 crawl，创建命令如下所示：

15.12 Scrapy 规则化爬虫

```
scrapy genspider -t crawl movie ssr1.scrape.center
```

运行之后便会生成一个 CrawlSpider，其内容如下所示：

```python
import scrapy
from scrapy.linkextractors import LinkExtractor
from scrapy.spiders import CrawlSpider, Rule

class MovieSpider(CrawlSpider):
    name = 'movie'
    allowed_domains = ['ssr1.scrape.center']
    start_urls = ['http://ssr1.scrape.center/']

    rules = (
        Rule(LinkExtractor(allow=r'Items/'), callback='parse_item', follow=True),
    )

    def parse_item(self, response):
        item = {}
        #item['domain_id'] = response.xpath('//input[@id="sid"]/@value').get()
        #item['name'] = response.xpath('//div[@id="name"]').get()
        #item['description'] = response.xpath('//div[@id="description"]').get()
        return item
```

这次生成的 Spider 内容多了一个对 rules 属性的定义。Rule 的第一个参数是 LinkExtractor，就是上文所说的 LxmlLinkExtractor。同时，默认的回调方法也不再是 parse，而是 parse_item。在 parse_item 里面定义了 Response 的解析逻辑，用于生成 Item。

接下来我们需要完善一下 Rule，使用 Rule 来定义好爬取逻辑和解析逻辑，下面我们来一步步实现这个过程。

由于当前需要爬取的目标网站的首页就是第一页列表页，所以 start_urls 这边我们不需要做额外更改了。运行该 CrawlSpider，CrawlSpider 就会从首页开始爬取，得到首页 Response 之后，CrawlSpider 便会使用 rules 属性里面配置的 Rule 从 Response 中抽取下一步需要爬取的链接，生成进一步的 Request。所以，接下来我们就需要配置 Rule 来指定下一步的链接提取和爬取逻辑了。

我们再看下页面的源代码，如图 15-19 所示。

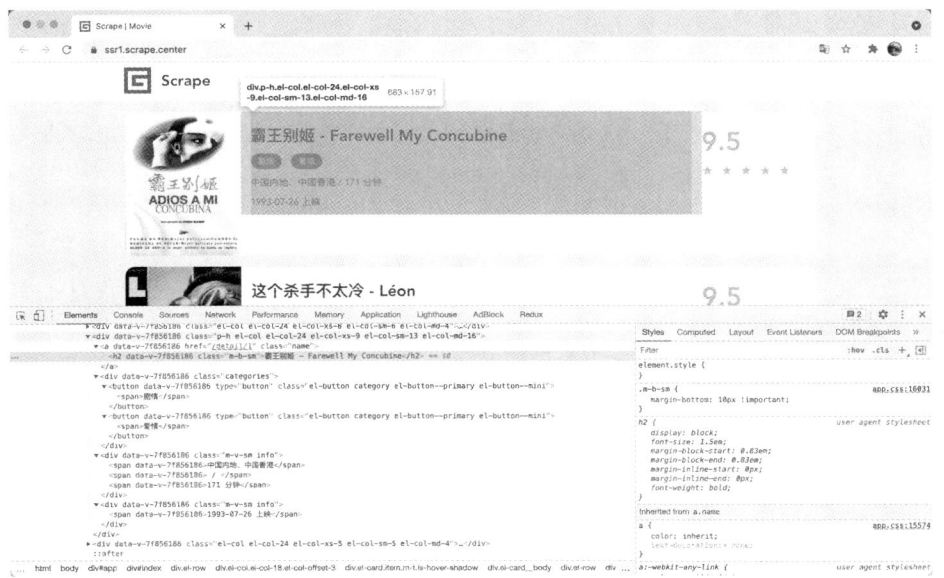

图 15-19　页面的源代码

我们要提取的详情页链接处于 class 为 item 对应的节点中，对应的是 class 为 name **的** a 节点，其中 href 属性就是需要提取的内容，每页有 10 个。

此处我们可以用 LinkExtractor 的 restrict_css 属性来指定要提取的链接所在的位置，之后 CrawlSpider 就会从这个区域提取所有的超链接并生成 Request。默认情况下会提取所有 a 节点和 area 节点的 href 属性，符合我们的需求，所以无须额外配置 tags、attrs。

接下来我们将 rules 修改为如下内容：

```
rules = (
    Rule(LinkExtractor(restrict_css='.item .name'), follow=True, callback='parse_detail'),
)
```

这里我们指定了 LinkExtractor 并声明了 restrict_css 属性，另外 follow 属性设置为 True 代表 Spider 需要跟进这些提取到的链接进行爬取，同时还指定了 callback 为字符串 parse_detail，这样提取到的链接被爬取之后会回调 parse_detail 方法进行解析。

这里我们可以简单定义一个 parse_detail 方法打印输出被爬取到的链接内容：

```
def parse_detail(self, response):
    print(response.url)
```

运行一下当前 CrawlSpider，命令如下：

```
scrapy crawl movie
```

便可以看到如下输出：

```
2020-10-09 11:20:53 [scrapy.core.engine] DEBUG: Crawled (200) <GET https://ssr1.scrape.center/detail/9> (referer: https://ssr1.scrape.center/)
https://ssr1.scrape.center/detail/3
2020-10-09 11:20:53 [scrapy.core.engine] DEBUG: Crawled (200) <GET https://ssr1.scrape.center/detail/6> (referer: https://ssr1.scrape.center/)
https://ssr1.scrape.center/detail/9
...
https://ssr1.scrape.center/)
2020-10-09 11:20:53 [scrapy.core.engine] DEBUG: Crawled (200) <GET https://ssr1.scrape.center/detail/1> (referer: https://ssr1.scrape.center/)
2020-10-09 11:20:53 [scrapy.core.engine] DEBUG: Crawled (200) <GET https://ssr1.scrape.center/detail/5> (referer: https://ssr1.scrape.center/)
https://ssr1.scrape.center/detail/2
https://ssr1.scrape.center/detail/1
https://ssr1.scrape.center/detail/5
```

由于内容过多，这里省略了部分输出结果。我们可以看到首页对应的 10 个详情页链接就被提取出来了，同时这些链接又被进一步构造成了 Request 执行了爬取，爬取成功后，通过回调 parse_detail 方法，打印输出了对应的链接。这些逻辑我们通过一个简单的 Rule 的配置就完成了，是不是感觉比之前方便多了？

好，到现在我们仅仅爬取了首页的内容，后续的列表页怎么办呢？不用担心，我们可以定义另外一个 Rule 来实现翻页。

我们再看下一页的页面源码，查看下一页链接对应的节点信息，如图 15-20 所示。

图 15-20　查看页面源码

这里可以观察到，下一页链接对应的是 class 为 next 的 a 节点，其 href 属性就是下一页的内容。相似地，我们可以修改 Rule 为如下内容：

```
rules = (
    Rule(LinkExtractor(restrict_css='.item .name'), follow=True, callback='parse_detail'),
    Rule(LinkExtractor(restrict_css='.next'), follow=True),
)
```

这里我们又增加了一条 Rule，定义了 restrict_css 为 .next，同时指定了 follow 为 True。但因为这次我们不需要从列表页提取 Item，所以这里我们无须额外指定 callback。

这样整个爬取逻辑就已经定义好了，我们重新运行一下 CrawlSpider，可以看到 CrawlSpider 就可以爬取分页信息了，输出结果如下：

```
2020-10-09 11:52:29 [scrapy.core.engine] DEBUG: Crawled (200) <GET https://ssr1.scrape.center/detail/76>
(referer: https://ssr1.scrape.center/page/8)
https://ssr1.scrape.center/detail/75
2020-10-09 11:52:29 [scrapy.core.engine] DEBUG: Crawled (200) <GET https://ssr1.scrape.center/detail/72>
(referer: https://ssr1.scrape.center/page/8)
https://ssr1.scrape.center/detail/74
2020-10-09 11:52:29 [scrapy.core.engine] DEBUG: Crawled (200) <GET https://ssr1.scrape.center/page/10>
(referer: https://ssr1.scrape.center/page/9)
```

接下来我们需要做的就是解析页面内容了，刚才我们只是简单定义了 parse_detail 方法，下面我们来使用 Item Loaders 实现内容的提取。

首先我们还是需要定义一个 MovieItem，内容如下：

```
from scrapy import Field, Item

class MovieItem(Item):
    name = Field()
```

```python
    cover = Field()
    categories = Field()
    published_at = Field()
    drama = Field()
    score = Field()
```

这里的字段分别指电影名称、封面、类别、上映时间、剧情简介、评分,定义好 MovieItem 之后,我们如果不使用 ItemLoader 正常提取内容,就直接调用 response 变量的 xpath、css 等方法即可,parse_detail 方法可以实现为如下内容:

```python
def parse_detail(self, response):
    item = MovieItem()
    item['name'] = response.css('.item h2::text').extract_first()
    item['categories'] = response.css('.categories button span::text').extract()
    item['cover'] = response.css('.cover::attr(src)').extract_first()
    item['published_at'] = response.css('.info span::text').re_first('(\d{4}-\d{2}-\d{2})\s?上映')
    item['score'] = response.xpath('//p[contains(@class, "score")]/text()').extract_first().strip()
    item['drama'] = response.xpath('//div[contains(@class, "drama")]/p/text()').extract_first().strip()
    yield item
```

这样我们就把每条新闻的信息提取形成了一个 MovieItem 对象。

这时实际上我们就已经完成了 Item 的提取。再运行一下 CrawlSpider:

```
scrapy crawl movie
```

可以看到一部部电影信息就被提取出来了,运行结果类似如下:

```
2020-10-09 12:31:03 [scrapy.core.scraper] DEBUG: Scraped from <200 https://ssr1.scrape.center/detail/6>
{'categories': ['喜剧', '爱情', '古装'],
 'cover': 'https://p0.meituan.net/movie/da64660f82b98cdc1b8a3804e69609e041108.jpg@464w_644h_1e_1c',
 'drama': '唐伯虎(周星驰 饰)身为江南四大才子之首,却有道不尽的心酸。宁王想让唐伯虎帮其图谋作反,被唐伯虎拒绝淫结仇。唐伯虎在与朋友出游时,遇到了貌若天仙的秋香(巩俐 饰)并对她一见钟情,决心要到华府当家丁以追求秋香,唐伯虎被取名华安。期间华太师遇到了宁王上门习难,幸好有唐伯虎出面相助,并暴露了自己是唐伯虎的身份。秋香才知道华安是自己欣赏的唐伯虎。华夫人跟华家有怨,因此二人便开始斗法。怎料宁王跟夺命书生再次上门,华夫人不是对手,幸得唐伯虎出手,华夫人也答应把秋香许配给唐伯虎。',
 'name': '唐伯虎点秋香 - Flirting Scholar',
 'published_at': '1993-07-01',
 'score': '9.5'}
2020-10-09 12:31:03 [scrapy.core.engine] DEBUG: Crawled (200) <GET https://ssr1.scrape.center/detail/9>
(referer: https://ssr1.scrape.center/)
```

但现在这种实现方式并不能实现可配置化,下面我们尝试将这个方法改写为 Item Loaders 来实现。通过 add_xpath、add_css、add_value 等方式实现配置化提取。我们可以改写 parse_detail,如下所示:

```python
def parse_detail(self, response):
    loader = MovieItemLoader(item=MovieItem(), response=response)
    loader.add_css('name', '.item h2::text')
    loader.add_css('categories', '.categories button span::text')
    loader.add_css('cover', '.cover::attr(src)')
    loader.add_css('published_at', '.info span::text', re='(\d{4}-\d{2}-\d{2})\s?上映')
    loader.add_xpath('score', '//p[contains(@class, "score")]/text()')
    loader.add_xpath('drama', '//div[contains(@class, "drama")]/p/text()')
    yield loader.load_item()
```

这里我们定义了一个 ItemLoader 的子类,名为 MovieItemLoader,其实现如下所示:

```python
from scrapy.loader import ItemLoader
from itemloaders.processors import TakeFirst, Identity, Compose

class MovieItemLoader(ItemLoader):
    default_output_processor = TakeFirst()
    categories_out = Identity()
    score_out = Compose(TakeFirst(), str.strip)
    drama_out = Compose(TakeFirst(), str.strip)
```

这里我们定义了 4 个字段,说明如下:

- ❏ default_output_processor：上文中，由于大多数字段需要利用 extract_first 方法来获得第一个提取结果，而在 parse_detail 方法中我们并没有指定抽取第一个结果，所以最终的结果仍然是一个列表形式。那 extract_first 方法对应的逻辑我们需要放到哪里实现呢？答案是需要 MovieItemLoader 来实现。这里我们定义了一个 default_output_processor，意思是通用的输出处理器，这里指定为了 TakeFirst。这样默认情况下，每个字段的第一个提取结果就会作为该字段的最终结果，相当于默认情况下每个字段提取完毕之后都调用了 extract_first 方法。比如 name 字段，原本抽取结果为 ['少年派的奇幻漂流 - Life of Pi']，经过 TakeFirst 处理后，结果就是 少年派的奇幻漂流 - Life of Pi。
- ❏ categories_out：原本的提取结果是一个列表，而我们希望最终获取的也是列表，所以需要保持原来的结果不变，而刚才我们已经定义了 default_output_processor 来提取第一个结果作为字段内容，这里我们需要将其覆盖，定义 categories_out 字段，覆盖默认的 default_output_processor，这里定义为 Identity，保持原结果不变。
- ❏ score_out：使用默认的 TakeFirst 提取之后，结果前后包含一些空格信息，我们需要进一步将其去除，所以这里使用了 Compose，参数依次传入了 TakeFirst 和 str.strip，这样就能取出第一个结果并去除前后的空格了。
- ❏ drama_out：和 score_out 也是一样的逻辑。

好，这时候我们重新运行一下 CrawlSpider，结果和刚才是完全一样的。

至此，我们已经实现了爬虫的半规则化。

6. 配置抽取

为什么现在只做到了半规则化？一方面，我们在代码层面上使用了 Rule 将爬取逻辑进行了规则化，但这样可扩展性和维护性依然没有那么强。如果我们需要扩展其他站点，仍然需要创建一个新的 CrawlSpider，定义这个站点的 Rule，单独实现 parse_detail 方法。还有很多代码是重复的，如 CrawlSpider 的变量、方法名几乎都是一样的。那么我们可不可以把多个类似的几个爬虫的代码共用，把完全不相同的地方抽离出来，做成可配置文件呢？

当然可以。那我们可以抽离出哪些部分？所有的变量都可以抽取，如 name、allowed_domains、start_urls、rules 等。这些变量在 CrawlSpider 初始化的时候赋值即可。我们就可以新建一个通用的 Spider 来实现这个功能，命令如下所示：

```
scrapy genspider -t crawl universal universal
```

这个全新的 Spider 名为 universal。接下来，我们将刚才所写的 Spider 内的属性抽离出来配置成一个 JSON，命名为 movie.json，放到 configs 文件夹内，和 spiders 文件夹并列，JSON 文件内容如下所示：

```
{
  "spider": "universal",
  "type": "电影",
  "home": "https://ssr1.scrape.center/",
  "settings": {
    "USER_AGENT": "Mozilla/5.0 (Macintosh; Intel Mac OS X 10_12_6) AppleWebKit/537.36 (KHTML, like Gecko) Chrome/60.0.3112.90 Safari/537.36"
  },
  "start_urls": [
    "https://ssr1.scrape.center/"
  ],
  "allowed_domains": [
    "ssr1.scrape.center"
  ],
  "rules": [
    {
      "link_extractor": {
```

```
        "restrict_css": ".item .name"
      },
      "follow": true,
      "callback": "parse_detail"
    },
    {
      "link_extractor": {
        "restrict_css": ".next"
      },
      "follow": true
    }
  ]
}
```

这里我们将一些配置进行了抽离,第一个字段 spider 即 Spider 的名称,在这里是 universal。然后定义了一些描述字段,比如 type、home 等说明爬取目标站点的类别、首页等。

然后就是一些重要配置了,比如可以使用 settings 定义 CrawlSpider 的 custom_settings 属性,使用 start_urls 定义初始爬取链接,使用 allowed_domains 定义允许爬取的域名,这些信息都会被读取然后初始化为 CrawlSpider 的属性。

另外我们还将 rules 进行了抽离,配置为了 JSON 形式,是列表类型,每个成员都代表一个 Rule 的配置。进一步地,每个 Rule 的配置又单独分离了 link_extractor 并配置上对应的属性,比如 restrict_css 代表 LinkExtractor 的 restrict_css 属性。我们会使用 rules 字段的信息来初始化 CrawlSpider 的 rules 属性。

这样我们将基本的配置抽取出来。如果要启动爬虫,只需要从该配置文件中读取,然后动态加载到 Spider 中即可。所以我们需要定义一个读取该 JSON 文件的方法,新建一个 utils.py 文件,和 items.py 文件并列,内容如下所示:

```python
from os.path import realpath, dirname, join
import json

def get_config(name):
    path = join(dirname(realpath(__file__)), 'configs', f'{name}.json')
    with open(path, 'r', encoding='utf-8') as f:
        return json.loads(f.read())
```

定义了 get_config 方法之后,我们只需要向其传入 JSON 配置文件的名称即可获取此 JSON 配置信息。随后我们定义入口文件 run.py,把它放在项目根目录下,命名为 run.py,它的作用是启动 Spider,代码如下所示:

```python
from scrapy.utils.project import get_project_settings
from scrapyuniversaldemo.utils import get_config
from scrapy.crawler import CrawlerProcess
import argparse

parser = argparse.ArgumentParser(description='Universal Spider')
parser.add_argument('name', help='name of spider to run')
args = parser.parse_args()
name = args.name

def run():
    config = get_config(name)
    spider = config.get('spider', 'universal')
    project_settings = get_project_settings()
    settings = dict(project_settings.copy())
    settings.update(config.get('settings'))
    process = CrawlerProcess(settings)
    process.crawl(spider, **{'name': name})
    process.start()

if __name__ == '__main__':
    run()
```

这里我们使用了 argparse 要求运行时指定 name 参数，即对应的 JSON 配置文件的名称。我们首先利用 get_config 方法传入该名称，读取刚才定义的配置文件。获取爬取使用的 Spider 的名称以及配置文件中的 settings 配置，然后将获取到的 settings 配置和项目全局的 settings 配置做了合并。

随后我们新建了一个 CrawlerProcess，利用 CrawlerProcess 我们可以通过代码更加灵活地自定义需要运行的 Spider 和启动配置，更加详细的用法可以参考官方文档：https://docs.scrapy.org/en/latest/topics/practices.html。

在 universal.py 中，我们新建一个 __init__ 方法，进行初始化配置，实现如下所示：

```python
from scrapy.linkextractors import LinkExtractor
from scrapy.spiders import CrawlSpider, Rule
from ..utils import get_config


class UniversalSpider(CrawlSpider):
    name = 'universal'

    def __init__(self, name, *args, **kwargs):
        config = get_config(name)
        self.config = config
        self.start_urls = config.get('start_urls')
        self.allowed_domains = config.get('allowed_domains')
        rules = []
        for rule_kwargs in config.get('rules'):
            link_extractor = LinkExtractor(**rule_kwargs.get('link_extractor'))
            rule_kwargs['link_extractor'] = link_extractor
            rule = Rule(**rule_kwargs)
            rules.append(rule)
        self.rules = rules
        super(UniversalSpider, self).__init__(*args, **kwargs)
```

在 __init__ 方法中，我们接收了 name 参数，然后通过 get_config 方法读取了配置文件的内容，接着将 start_urls、allowed_domains、rules 进行了初始化。

其中 rules 的初始化过程相对复杂，这里首先遍历了 rules 配置，每个 rule 的配置赋值为 rule_kwargs 字典，然后读取了 rule_kwargs 的 link_extractor 属性，将其构造为 LinkExtractor 对象，接着将 link_extractor 属性赋值到 rule_kwargs 字典中，最后使用 rule_kwargs 初始化一个 Rule 对象。多个 Rule 对象最终构造成一个列表赋值给 CrawlSpider，这样就完成了 rules 的初始化。

现在我们已经实现了 Spider 基础属性的可配置化。剩下的解析部分同样需要实现可配置化，原来的解析方法如下所示：

```python
def parse_detail(self, response):
    loader = MovieItemLoader(item=MovieItem(), response=response)
    loader.add_css('name', '.item h2::text')
    loader.add_css('categories', '.categories button span::text')
    loader.add_css('cover', '.cover::attr(src)')
    loader.add_css('published_at', '.info span::text', re='(\d{4}-\d{2}-\d{2})\s?上映')
    loader.add_xpath('score', '//p[contains(@class, "score")]/text()')
    loader.add_xpath('drama', '//div[contains(@class, "drama")]/p/text()')
    yield loader.load_item()
```

我们需要将这些配置也抽离出来。这里的变量主要有 ItemLoader 类的选用、Item 类的选用、ItemLoader 方法参数的定义。我们将可变参数进行抽离，在 JSON 文件中添加 item 的配置，参考如下：

```
{
  "spider": "universal",
  ...
  "rules": [
    ...
  ],
```

```
    "item": {
      "class": "MovieItem",
      "loader": "MovieItemLoader",
      "attrs": {
        "name": [
          {
            "method": "css",
            "arg": ".item h2::text"
          }
        ],
        "categories": [
          {
            "method": "css",
            "arg": ".categories button span::text"
          }
        ],
        "cover": [
          {
            "method": "css",
            "arg": ".cover::attr(src)"
          }
        ],
        "published_at": [
          {
            "method": "css",
            "arg": ".info span::text",
            "re": "(\\d{4}-\\d{2}-\\d{2})\\s?上映"
          }
        ],
        "score": [
          {
            "method": "xpath",
            "arg": "//p[contains(@class, \"score\")]/text()"
          }
        ],
        "drama": [
          {
            "method": "xpath",
            "arg": "//div[contains(@class, \"drama\")]/p/text()"
          }
        ]
      }
    }
  }
```

注意，item 的配置和 rules 是并列的。在 item 中，我们定义了 class 和 loader 属性，它们分别代表 Item 和 ItemLoader 所使用的类。定义了 attrs 属性来定义每个字段的提取规则，例如，title 定义的每一项都包含一个 method 属性，它代表使用的提取方法，如 xpath 代表调用 Item Loader 的 add_xpath 方法。arg 即参数，它是 add_xpath 方法的第二个参数，代表的是 XPath 表达式。另外针对正则提取，这里还可以定义一个 re 参数来传递提取时所使用的正则表达式。

我们还要将这些配置动态加载到 parse_detail 方法里，实现 parse_detail 方法如下：

```
def parse_detail(self, response):
    item = self.config.get('item')
    if item:
        cls = getattr(items, item.get('class'))()
        loader = getattr(loaders, item.get('loader'))(cls, response=response)
        for key, value in item.get('attrs').items():
            for extractor in value:
                if extractor.get('method') == 'xpath':
                    loader.add_xpath(key, extractor.get('arg'), **{'re': extractor.get('re')})
                if extractor.get('method') == 'css':
                    loader.add_css(key, extractor.get('arg'), **{'re': extractor.get('re')})
                if extractor.get('method') == 'value':
```

```
          loader.add_value(key, extractor.get('args'), **{'re': extractor.get('re')})
    yield loader.load_item()
```

这里首先获取 Item 的配置信息，然后获取 class 的配置，将 Item 进行初始化。接着利用 Item 再初始化 ItemLoader，赋值为 loader 对象。

接下来我们遍历 Item 的 attrs 代表的各个属性依次进行提取。首先我们需要判断 method 字段，调用对应的处理方法进行处理。如 method 为 css，就调用 ItemLoader 的 add_css 方法进行提取。所有配置动态加载完毕之后，调用 load_item 方法将 Item 提取出来。

至此，Spider 的设置、起始链接、属性、提取方法全部实现了可配置化。

这时候我们就可以使用配置文件来启动 CrawlSpider 了，运行命令如下：

```
python3 run.py movie
```

运行结果如下：

```
2020-10-09 18:42:24 [scrapy.core.scraper] DEBUG: Scraped from <200 https://ssr1.scrape.center/detail/6>
{'categories': ['喜剧', '爱情', '古装'],
 'cover': 'https://p0.meituan.net/movie/da64660f82b98cdc1b8a3804e69609e041108.jpg@464w_644h_1e_1c',
 'drama': '唐伯虎（周星驰 饰）身为江南四大才子之首，却有道不尽的心酸。宁王想让唐伯虎帮其图谋作反，被唐伯虎拒绝遂结仇。唐伯虎在与朋友出游时，遇到了貌若天仙的秋香（巩俐 饰）并对她一见钟情，决心要到华府当家丁以追求秋香，唐伯虎被取名华安。期间华太师遇到了宁王上门刁难，幸好有唐伯虎出面相助，并暴露了自己是唐伯虎的身份。秋香才知道华安是自己欣赏的唐伯虎。华夫人跟唐家有怨，因此二人便开始斗法。怎料宁王跟夺命书生再次上门，华夫人不是对手，幸得唐伯虎出手，华夫人也答应把秋香许配给唐伯虎。',
 'name': '唐伯虎点秋香 - Flirting Scholar',
 'published_at': '1993-07-01',
 'score': '9.5'}
....
```

可以看到爬取结果和之前也是完全相同的，抽离规则成功！

综上所述，整个项目的规则化包括如下内容。

- spider：指定所使用的 Spider 的名称。
- settings：可以专门为 Spider 定制配置信息，会覆盖项目级别的配置。
- start_urls：指定爬虫爬取的起始链接。
- allowed_domains：允许爬取的站点。
- rules：站点的爬取规则。
- item：数据的提取规则。

到现在，就可以灵活地对爬取逻辑进行控制了。

7. 总结

当然，本节仅仅是示例，主要介绍规则化爬虫的配置和抽离规则的基本思路。更多更复杂的配置大家可以举一反三，灵活处理。

我们既然已经将配置抽离成 JSON 格式的文件了，那么就可以将这些配置文件的内容存到数据库中，然后对接可视化配置，这样我们就可以更加方便地管理爬虫项目了。

本节代码参见：https://github.com/Python3WebSpider/ScrapyUniversalDemo。

15.13　Scrapy 实战

通过本章前面几节的学习，我们已经了解了 Scrapy 的基本用法、规则化爬虫、JavaScript 渲染页面的爬取，而且在之前的章节，我们还学习了运用代理池、账号池等规避反爬措施。本节中我们就来综合一下前面所学的知识，完成一个 Scrapy 实战项目，加深对 Scrapy 的理解。

1. 本节目标

本节我们需要爬取的站点为 https://antispider7.scrape.center/，这个站点需要登录才能爬取，登录之后（测试账号的用户名和密码均为 admin）我们便可以看到类似图 15-21 所示的页面。

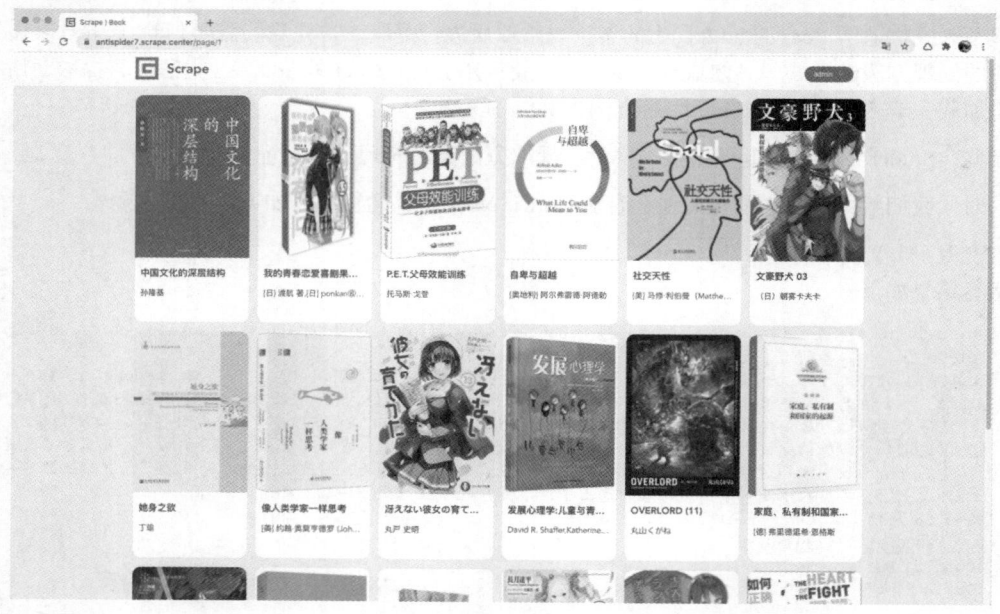

图 15-21　登录后的页面

这里是一些书籍信息，我们需要进入每一本书对应的详情页，将该本书的信息爬取下来，总数将近一万本。

不过，这个站点设置了一些反爬措施。它限制单个账号 5 分钟内最多访问页面 10 次，超过的话账号会被封禁；另外该站点限制了单个 IP 的访问频率，同样是 5 分钟内最多访问 10 次，超过这个频率，IP 便会被封禁。因此，该站点从账号层面、IP 层面都做了限制，如果仅用一个账号和一个 IP，那么在短时间内是无法完成爬取的。

总而言之，这个限制算是相对严格了，要爬取这个站点，我们就需要结合之前的知识综合实现。现在主要面临两个问题。

- **封禁账号**：前文我们已经讲解了账号池的用法，利用账号池，我们可以采用分流策略大大降低单个账号的请求频率，从而降低账号被封禁的概率。
- **封禁 IP**：前文我们已经讲解了代理池的用法，利用代理池，我们可以维护大量 IP，每次请求都随机切换一个 IP，这样一来就可以解决 IP 被封禁的问题。

因此，本节我们需要实现以下几点功能。

- 利用 Scrapy 实现站点的爬取逻辑。
- 对接账号池，突破账号访问频率的限制。
- 对接代理池，突破代理访问频率的限制。

2. 准备

在本节开始之前，请确保你已经安装好了 Scrapy 框架，并准备好了前面章节所讲解的代理池和账号池并可以成功运行，具体说明如下：

- 对于代理池，可以参考 https://github.com/Python3WebSpider/ProxyPool 里面的说明来安装，具体的原理和实现可以参考本书 9.2 节。
- 对于账号池，可以参考 https://github.com/Python3WebSpider/AccountPool 里面的说明来安装，具体的原理和实现可以参考本书 10.4 节。另外注意本节我们需要基于 10.4 节所述的内容对账号池进行进一步改写，所以建议下载 antispider6 这个分支的账号池代码，可以直接使用如下命令更新对应代码：

git clone --single-branch --branch antispider6 https://github.com/Python3WebSpider/AccountPool.git

这样下载的代码就是 antispider6 这个分支的代码，本节我们需要基于它来扩展 antispider7 这个站点的账号池逻辑。

3. 分析

首先我们来分析一下这个站点如何来爬取，直接爬取页面还是利用 Ajax 接口？

打开 https://antispider7.scrape.center/，首先页面会提示需要登录，我们可以先使用用户名 admin、密码 admin 登录。然后分析页面的呈现逻辑，综合前面的知识，我们可以轻易分析出来每一页的列表数据是通过 Ajax 加载的，接口如图 15-22 所示。

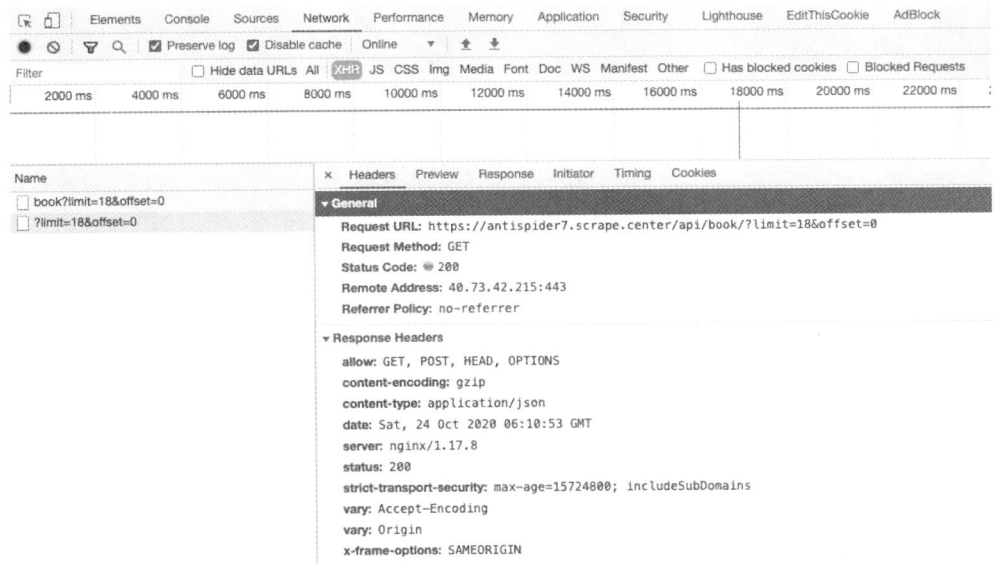

图 15-22　分析页面的呈现逻辑

接着切换到 Preview 选项卡看返回结果，如图 15-23 所示。

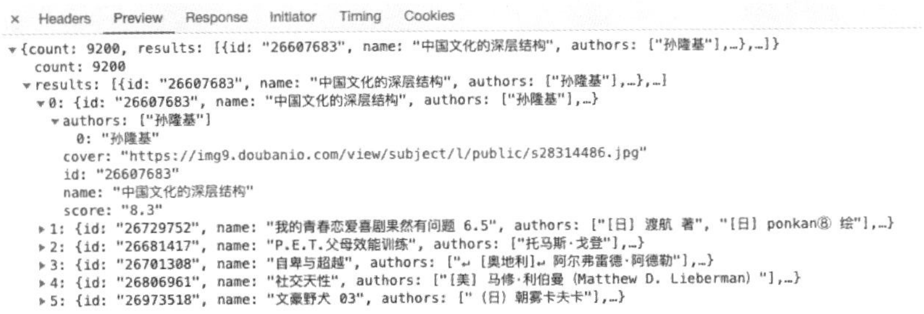

图 15-23　切换到 Preview 选项卡

这里我们可以看到返回结果只包含了 id、name、score、cover、authors 这几个字段，明显还不全。我们进入书籍详情页面来看一下，例如进入 https://antispider7.scrape.center/detail/26607683 这个页面，可以看到更全的信息，如图 15-24 所示。

图 15-24　书籍详情页面

这里我们可以看到还有标签、定价、出版时间、ISBN、评价等内容，分析其数据来源发现这些也是通过 Ajax 接口加载的，如图 15-25 所示。

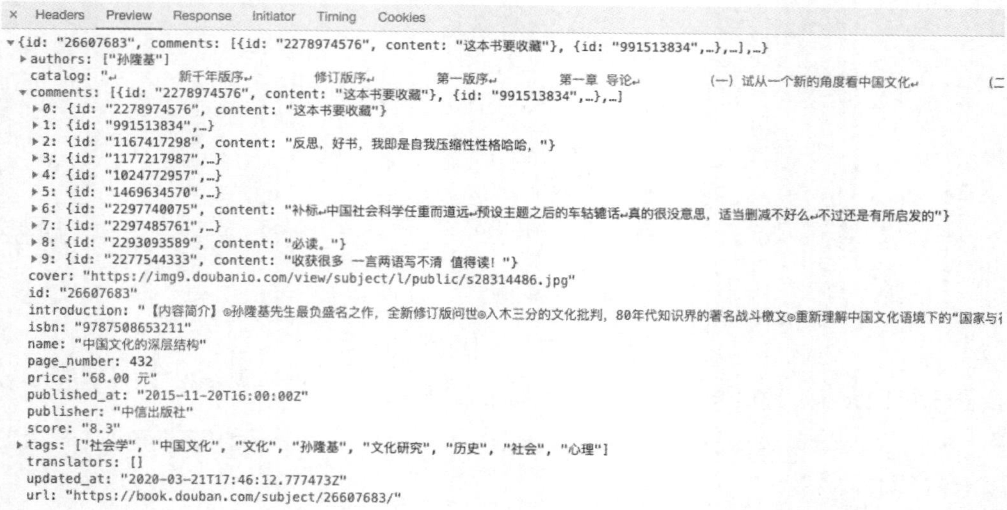

图 15-25　Preview 选项卡

因此，要爬取全部数据，我们需要从列表页接口获取书籍的 ID，然后根据 ID 从详情页接口爬取每一本书的详情。

到现在，爬取逻辑就已经梳理清楚了。接下来我们看看怎样解决权限的问题，分析一下 Reqeust Headers，可以看到有一个 authorization 字段，以 jwt 开头，内容类似下面这样：

```
authorization: jwt eyJ0eXAiOiJKV1QiLCJhbGciOiJIUzI1NiJ9.eyJ1c2VyX2lkIjoxLCJ1c2VybmFtZSI6ImFkbWluIiwiZXhw
IjoxNjAzNTYwMDEzLCJlbWFpbCI6ImFkbWluQGFkbWluLmNvbSIsIm9yaWdfaWF0IjoxNjAzNTE2ODEzfQ.IT1wRGt4lemOJyDH-kMvLz
PyN4dP8BzqCxc-lIBj-6I
```

另外 Requests Headers 也有 cookie 字段，里面包含了 Session ID 相关的信息。

为了验证其认证方式，我们可以对 authorization 和 cookie 进行删减测试，比如去掉 cookie 字段，仅使用 authorization 仍然可以成功获取数据，那就证明其权限认证需要 authorization 字段而不一定需要 cookie。

最后经验证可以得到，其权限认证是基于 JWT 的，我们仅使用 authorization 就可以成功获取数据。如此一来，权限认证我们就大体清楚了。

接下来我们就来实现该站点的爬取流程吧！

4. 实战

下面我们就开始利用 Scrapy 实现对示例网站 https://antispider7.scrape.center/ 的爬取了。

- **主逻辑实现**

首先我们可以利用 Scrapy 实现一下基本的爬取逻辑，首先新建一个 Scrapy 项目，名字叫作 scrapycompositedemo，创建命令如下：

```
scrapy startproject scrapycompositedemo
```

接下来进入项目，然后新建一个 Spider，名称为 book，命令如下：

```
scrapy genspider book antispider7.scrape.center
```

然后我们来定义一个 Item，定义需要爬取的字段，这里我们直接和详情页接口返回的字段一致就好了，在 items.py 里面定义一个 BookItem，代码如下：

```python
from scrapy import Field, Item

class BookItem(Item):
    authors = Field()
    catalog = Field()
    comments = Field()
    cover = Field()
    id = Field()
    introduction = Field()
    isbn = Field()
    name = Field()
    page_number = Field()
    price = Field()
    published_at = Field()
    publisher = Field()
    score = Field()
    tags = Field()
    translators = Field()
```

定义好 BookItem 之后，我们便可以将爬取结果转换成一个个 BookItem 了。

然后我们来实现主要的爬取逻辑，这里我们先直接实现爬取 Ajax 接口的逻辑，在 book.py 里面改写代码如下：

```python
from scrapy import Request, Spider

class BookSpider(Spider):
    name = 'book'
    allowed_domains = ['antispider7.scrape.center']
    base_url = 'https://antispider7.scrape.center'
    max_page = 512
```

```python
def start_requests(self):
    for page in range(1, self.max_page + 1):
        url = f'{self.base_url}/api/book/?limit=18&offset={(page - 1) * 18}'
        yield Request(url, callback=self.parse_index)

def parse_index(self, response):
    print(response)
```

这里我们构造了 512 页的列表页 Ajax 请求，指定 limit 和 offset 参数，offset 根据页码动态计算，构造 URL 之后生成 Request，然后回调方法设置为 parse_index 方法，打印输出 response 对象。

这里我们仅仅是实现了基本的请求逻辑，并没有加任何模拟登录操作，运行结果会是怎样的呢？我们来尝试一下，运行该 Spider，命令如下：

scrapy crawl book

我们会得到如下的运行结果：

```
2020-10-24 19:26:04 [scrapy.core.engine] DEBUG: Crawled (401) <GET https://antispider7.scrape.center/api/book/?limit=18&offset=0> (referer: None)
2020-10-24 19:26:04 [scrapy.spidermiddlewares.httperror] INFO: Ignoring response <401 https://antispider7.scrape.center/api/book/?limit=18&offset=0>: HTTP status code is not handled or not allowed
2020-10-24 19:26:04 [scrapy.core.engine] DEBUG: Crawled (401) <GET https://antispider7.scrape.center/api/book/?limit=18&offset=144> (referer: None)
...
```

可以看到状态码都是 401，而 401 就是代表未授权的意思，这就是因为没有登录造成的。

- 模拟登录

前面我们也已经分析过了怎样以登录身份请求接口，其实就是在 Request Headers 中加上 authorization 这个字段就好了，怎么来实现呢？在前面我们也已经学习了 Downloader Middleware 的用法，它可以在 Request 被下载执行前对 Request 做一些处理，所以这里我们可以借助于 Downloader Middleware 来实现。

接下来我们在 middlewares.py 里面添加一个 Downloader Middleware，代码如下：

```python
class AuthorizationMiddleware(object):
    authorization = 'jwt eyJ0eXAiOiJKV1QiLCJhbGciOiJIUzI1NiJ9.eyJ1c2VyX2lkIjoxLCJ1c2VybmFtZSI6ImFkbWluIiwiZXhwIjoxNjAzNTYwMDEzLCJlbWFpbCI6ImFkbWluQGFkbWluLmNvbSIsIm9yaWdfaWF0IjoxNjAzNTE2ODEzfQ.IT1wRGt4lemOJyDH-kMvLzPyN4dP8BzqCxc-lIBj-6I'

    def process_request(self, request, spider):
        request.headers['authorization'] = self.authorization
```

这里实现了一个 AuthorizationMiddleware 类，并实现了一个 process_request 方法，在这个方法里，我们为 request 变量的 headers 属性添加了 authorization 字段。注意这里 authorization 的值你可以改写成自己的，当前的 authorization 可能已经无法使用了，请登录站点并分析 Ajax 接口，复制 authorization 字段并替换。

定义之后我们还需要开启对 AuthorizationMiddleware 的调用，在 settings.py 里面添加代码如下：

```
DOWNLOADER_MIDDLEWARES = {
    'scrapycompositedemo.middlewares.AuthorizationMiddleware': 543,
}
```

好，这样我们就开启了 AuthorizationMiddleware 了，重新运行一下 Spider，可以看到如下结果：

```
2020-10-24 19:39:56 [scrapy.core.engine] DEBUG: Crawled (200) <GET https://antispider7.scrape.center/api/book/?limit=18&offset=36> (referer: None)
2020-10-24 19:39:57 [scrapy.core.engine] DEBUG: Crawled (200) <GET https://antispider7.scrape.center/api/book/?limit=18&offset=162> (referer: None)
...
2020-10-24 19:39:57 [scrapy.core.engine] DEBUG: Crawled (403) <GET
```

```
https://antispider7.scrape.center/api/book/?limit=18&offset=18> (referer: None)
2020-10-24 19:39:57 [scrapy.core.engine] DEBUG: Crawled (403) <GET
https://antispider7.scrape.center/api/book/?limit=18&offset=252> (referer: None)
...
```

不幸的事情又发生了，最初的几次请求结果的状态码是 200，代表爬取成功，说明模拟登录已经成功了。可是后续的请求状态码又变成了 403，403 代表禁止访问，其实这就是因为爬取频率过高，当前账号或 IP 已经被禁止访问了，因为这个站点有 IP 和单个账号请求频率限制。

出现现在这个情况，如果我们不知道当前站点的反爬策略，一般得经过一些实验来找出来其中的封禁规律。比如这时候可以通过一些控制变量法的实验来进行验证。

- 如果想验证是不是 IP 被封禁，我们可以尝试更换当前计算机的 IP 或者使用代理来更换 IP 重新进行请求，如果这时候可以正常请求了，那就证明是 IP 被封禁了。
- 如果想验证是不是账号被封禁，可以尝试更换账号重新进行请求，如果这时候可以正常请求了，那就证明是账号被封禁了。

所以一般在不知道封禁原因的情况下，可以多进行尝试。在这里我就不再进行尝试了，这个站点就是既封禁 IP，又封禁账号，有双重反爬。

好，那我们就来一个个解决吧。

● 解决封 IP 问题

在这里我们重新将前面所讲的代理池运行起来，代理池运行之后，便可以通过 URL 来获取一个随机代理，例如访问 http://localhost:5555/random 就可以获取一个随机代理，如图 15-26 所示。

图 15-26 获取一个随机代理

这样我们就可以把该代理对接到爬虫项目中了。我们可以再实现一个 Downloader Middleware，实现如下：

```
import aiohttp
import logging

class ProxyMiddleware(object):
    proxypool_url = 'http://localhost:5555/random'
    logger = logging.getLogger('middlewares.proxy')

    async def process_request(self, request, spider):
        async with aiohttp.ClientSession() as client:
            response = await client.get(self.proxypool_url)
            if not response.status == 200:
                return
            proxy = await response.text()
            self.logger.debug(f'set proxy {proxy}')
            request.meta['proxy'] = f'http://{proxy}'
```

这里我们实现了一个 ProxyMiddleware，它的主要逻辑就是请求该代理池然后获取其返回内容，返回的内容便是一个代理地址。接着我们直接将代理赋值给 request 的 meta 属性的 proxy 字段即可。

值得注意的是，由于 Scrapy 2.0 及以上版本支持 asyncio，所以这里我们获取代理使用的是 aiohttp，可以更方便地实现异步操作，可以看到我们给 process_request 方法加上了 async 关键字，这样在方法内便可以使用 asyncio 的相关特性了。

为了开启 Scrapy 对 asyncio 的支持，我们需要手动配置一下 TWISTED_REACTOR，在 settings.py 里面

添加设置如下:

```
TWISTED_REACTOR = 'twisted.internet.asyncioreactor.AsyncioSelectorReactor'
```

接着我们再开启 ProxyMiddleware 的调用,配置如下:

```
DOWNLOADER_MIDDLEWARES = {
    'scrapycompositedemo.middlewares.AuthorizationMiddleware': 543,
    'scrapycompositedemo.middlewares.ProxyMiddleware': 544,
}
```

好,这样我们就可以在每次发起一个请求的时候随机切换代理池中的代理了,IP 被封禁的问题就解决了。

- 解决封账号问题

不过这样可没完,实际运行仍然会出现 403 状态码,这是因为账号也被封禁了。为了解决账号封禁的问题,我们需要进一步对接一个账号池。

关于账号池的原理,就不再过多叙述了。接下来我们需要基于 10.4 节的账号池对该站点进行扩展,使其可以应用于目标站点。

首先我们需要在 setting.py 里面修改配置,改成 antispider7 站点,改写 Generator 和 Tester 的类的配置,修改如下:

```
GENERATOR_MAP = {
    'antispider7': 'Antispider7Generator'
}

TESTER_MAP = {
    'antispider7': 'Antispider7Tester',
}

TEST_URL_MAP = {
    'antispider7': 'https://antispider7.scrape.center/api/book/?limit=18&offset=0'
}
```

这里 Antispider7Generator 就是负责当前站点模拟登录的类,Antispider7Tester 就是负责当前站点测试登录的类,我们需要分别实现一下对应的逻辑。

接下来我们在 generator.py 里面定义 Antispider7Generator,实现如下:

```python
import requests

class Antispider7Generator(BaseGenerator):
    
    def generate(self, username, password):
        if self.credential_operator.get(username):
            logger.debug(f'credential of {username} exists, skip')
            return
        login_url = 'https://antispider7.scrape.center/api/login'
        s = requests.Session()
        r = s.post(login_url, json={
            'username': username,
            'password': password
        })
        if r.status_code != 200:
            return
        token = r.json().get('token')
        logger.debug(f'get credential {token}')
        self.credential_operator.set(username, token)
```

这里的主要逻辑就是实现 generate 方法,利用用户名和密码,模拟请求登录接口 API,然后获取返回结果的 token。模拟登录的返回结果类似如下:

```
{"token":"eyJ0eXAiOiJKV1QiLCJhbGciOiJIUzI1NiJ9.eyJ1c2VyX2lkIjoxLCJ1c2VybmFtZSI6ImFkbWluIiwiZXhwIjoxNjAzNj
A3NDYxLCJlbWFpbCI6ImFkbWluQGFkbWluLmNvbSIsIm9yaWdfaWF0IjoxNjAzNTYwMjYxfQ.X_agHfQZCG1IE2YdVj9Ox34Gou9OuBbr
AgtKOmyiflA"}
```

这里 token 的值其实就是 Request Headers 里面 authorization 字段 jwt 后面跟的内容，我们利用此 token 来构造 authorization 即可。

接下来我们再实现一下 Antispider7Tester，实现如下：

```python
class Antispider7Tester(BaseTester):
    def __init__(self, website=None):
        BaseTester.__init__(self, website)
    
    def test(self, username, credential):
        logger.info(f'testing credential for {username}')
        try:
            test_url = TEST_URL_MAP[self.website]
            response = requests.get(test_url, headers={
                'authorization': f'jwt {credential}'
            }, timeout=5, allow_redirects=False)
            if response.status_code == 200:
                logger.info('credential is valid')
            else:
                logger.info('credential is not valid, delete it')
                self.credential_operator.delete(username)
        except ConnectionError:
            logger.info('test failed')
```

由于 credential 就是刚才我们存的 token 值，所以这里我们只需要获取 credential 构造 authorization 即可完成模拟登录检查。这里我们添加了 Request Headers 的 authorization 之后，请求 TEST_URL_MAP 里面指定的首页 URL，即 https://antispider7.scrape.center/api/book/?limit=18&offset=0，如果返回状态码是 200，则证明接口正常请求，模拟登录成功，当前的账号没有被封禁；否则就删除该账号对应的 credential 内容，等待 Antispider7Generator 再次生成。

这样我们就完成了账号池的 credential 生成和测试逻辑了。

另外，由于该站点有单账号访问频率限制，所以这里我们不能让 Tester 的测试频率设定得太高，不然它占用了请求次数就得不偿失了。

比如我们可以在 setting.py 里面把 CYCLE_TESTER 设置得很大，比如 600 就是 10 分钟检查一次，1800 就是半小时检查一次，可以自行设定。

接下来我们就可以导入一些账号来运行账号池了，这里我们可以简单实现一个脚本，导入一些账号和密码，那账号密码怎么来呢？我们可以自己利用注册接口注册，也可以使用我已经注册好的一些账号，用户名和密码都是一样的，有 admin1、admin2、admin3……。

这里我们可以先导入 100 个账号来测试下，编写脚本如下：

```python
from accountpool.storages.redis import RedisClient

conn = RedisClient('account', 'antispider7')
start = 1
end = 100
for i in range(start, end + 1):
    username = password = f'admin{i}'
    conn.set(username, password)
```

这样 100 个账号就被导入 Redis 数据库中了，结果如图 15-27 所示。

row	key	value
1	admin1	admin1
2	admin2	admin2
3	admin3	admin3
4	admin4	admin4
5	admin5	admin5
6	admin6	admin6
7	admin7	admin7
8	admin8	admin8
9	admin9	admin9
10	admin10	admin10
11	admin11	admin11
12	admin12	admin12
13	admin13	admin13
14	admin14	admin14
15	admin15	admin15
16	admin16	admin16

图 15-27 将数据导入 Redis 数据库

接下来我们来运行一下账号池,就可以看到账号池开始执行这些账号的模拟登录和测试流程,运行账号池,命令如下:

```
python3 run.py antispider7
```

类似运行结果如下:

```
2020-10-25 02:54:24.375 | DEBUG    | accountpool.scheduler:run_tester:31 - tester loop 0 start...
2020-10-25 02:54:24.376 | DEBUG    | accountpool.scheduler:run_generator:46 - getter loop 0 start...
 * Serving Flask app "accountpool.processors.server" (lazy loading)
 * Environment: production
   WARNING: This is a development server. Do not use it in a production deployment.
   Use a production WSGI server instead.
 * Debug mode: off
2020-10-25 02:54:24.376 | DEBUG    | accountpool.processors.generator:run:39 - start to run generator
2020-10-25 02:54:24.377 | DEBUG    | accountpool.processors.generator:run:43 - start to generate credential of admin1
 * Running on http://0.0.0.0:6789/ (Press CTRL+C to quit)
2020-10-25 02:54:31.273 | DEBUG    | accountpool.processors.generator:generate:68 - get credential eyJ0eXAiOiJKV1QiLCJhbGciOiJIUzI1NiJ9.eyJ1c2VyX2lkIjoxMCwidXNlcm5hbWUiOiJhZG1pbiLCJleHAiOjE2MDM2MDg4NzEsImVtYWlsIjoiIiwib3JpZ19pYXQiOjE2MDM1NjU2NzF9.mQNw2zeW3m8olYPliY1zoSutJgsWv_hc4mrSzf6BTAI
...
```

这里我们看到 Antispider7Generator 和 Antispider7Tester 就成功运行起来了,它会遍历已经导入的账号,然后不断模拟登录并生成 credential 存储到 Redis 数据库中,结果类似图 15-28 所示。

row	key	value
1	admin16	eyJ0eXAiOiJKV1QiLCJhbGciOiJIUzI1NiJ9.eyJ1c2VyX2lkIjoyNSwidXNlcm5hbWUiOiJhZG1...
2	admin3	eyJ0eXAiOiJKV1QiLCJhbGciOiJIUzI1NiJ9.eyJ1c2VyX2lkIjoxMCwidXNlcm5hbWUiOiJhZG1...
3	admin14	eyJ0eXAiOiJKV1QiLCJhbGciOiJIUzI1NiJ9.eyJ1c2VyX2lkIjoyMywidXNlcm5hbWUiOiJhZG1...
4	admin2	eyJ0eXAiOiJKV1QiLCJhbGciOiJIUzI1NiJ9.eyJ1c2VyX2lkIjo5LCJ1c2VybmFtZSI6ImFkbWlu...
5	admin17	eyJ0eXAiOiJKV1QiLCJhbGciOiJIUzI1NiJ9.eyJ1c2VyX2lkIjoyNiwidXNlcm5hbWUiOiJhZG1p...
6	admin6	eyJ0eXAiOiJKV1QiLCJhbGciOiJIUzI1NiJ9.eyJ1c2VyX2lkIjoyNSwidXNlcm5hbWUiOiJhZG1...
7	admin11	eyJ0eXAiOiJKV1QiLCJhbGciOiJIUzI1NiJ9.eyJ1c2VyX2lkIjoyMCwidXNlcm5hbWUiOiJhZG1...
8	admin7	eyJ0eXAiOiJKV1QiLCJhbGciOiJIUzI1NiJ9.eyJ1c2VyX2lkIjoyNiwidXNlcm5hbWUiOiJhZG1...
9	admin9	eyJ0eXAiOiJKV1QiLCJhbGciOiJIUzI1NiJ9.eyJ1c2VyX2lkIjoxOCwidXNlcm5hbWUiOiJhZG1...
10	admin8	eyJ0eXAiOiJKV1QiLCJhbGciOiJIUzI1NiJ9.eyJ1c2VyX2lkIjoyNywidXNlcm5hbWUiOiJhZG1...
11	admin4	eyJ0eXAiOiJKV1QiLCJhbGciOiJIUzI1NiJ9.eyJ1c2VyX2lkIjoyMywidXNlcm5hbWUiOiJhZG1...
12	admin13	eyJ0eXAiOiJKV1QiLCJhbGciOiJIUzI1NiJ9.eyJ1c2VyX2lkIjoyMiwidXNlcm5hbWUiOiJhZG1...
13	admin15	eyJ0eXAiOiJKV1QiLCJhbGciOiJIUzI1NiJ9.eyJ1c2VyX2lkIjoyNCwidXNlcm5hbWUiOiJhZG1...
14	admin10	eyJ0eXAiOiJKV1QiLCJhbGciOiJIUzI1NiJ9.eyJ1c2VyX2lkIjoyOSwidXNlcm5hbWUiOiJhZG1...
15	admin12	eyJ0eXAiOiJKV1QiLCJhbGciOiJIUzI1NiJ9.eyJ1c2VyX2lkIjoyMSwidXNlcm5hbWUiOiJhZG1...
16	admin5	eyJ0eXAiOiJKV1QiLCJhbGciOiJIUzI1NiJ9.eyJ1c2VyX2lkIjoxNCwidXNlcm5hbWUiOiJhZG1...

图 15-28 生成的 credential 被存储到 Redis 数据库中

这时候我们也可以访问账号池提供的 API，账号池目前运行在 6789 端口，我们可以使用 API 来获取随机的 credential，如图 15-29 所示。

图 15-29　使用 API 来获取随机的 credential

接下来我们再修改一下 Downloader Middleware，使其使用该账号池里面的 credential 来进行爬取，修改 Scrapy 项目中的 AuthorizationMiddleware 如下：

```python
class AuthorizationMiddleware(object):
    accountpool_url = 'http://localhost:6789/antispider7/random'
    logger = logging.getLogger('middlewares.authorization')
    
    async def process_request(self, request, spider):
        async with aiohttp.ClientSession() as client:
            response = await client.get(self.accountpool_url)
            if not response.status == 200:
                return
            credential = await response.text()
            authorization = f'jwt {credential}'
            self.logger.debug(f'set authorization {authorization}')
            request.headers['authorization'] = authorization
```

通过修改，我们利用 aiohttp 请求了账号池的接口获取随机 credential，然后将其转化为 authorization 字段的格式，前面拼接上 jwt 即可，构造了 authorization 之后，我们将其赋值到 request 的 headers 属性的 authorization 字段即可。

这样我们就可以实现随机 authorization 的设定了，每次请求相当于随机取用了一个账号信息，这样单个账号的访问频率就大大降低了。

- 运行测试

接下来再次运行 Spider，结果如下：

```
2020-10-25 03:14:58 [scrapy.core.engine] DEBUG: Crawled (200) <GET
https://antispider7.scrape.center/api/book/?limit=18&offset=504> (referer: None)
2020-10-25 03:14:58 [middlewares.authorization] DEBUG: set authorization jwt eyJ0eXAiOiJKV1QiLCJhbGciOiJIUzI1NiJ9.
eyJ1c2VyX2lkIjo0NywidXNlcm5hbWUiOiJhZG1pbjM4IiwiZXhwIjoxNjAzNjA5NDk1LCJlbWFpbCI6IiIsIm9yaWdfaWF0IjoxNjAzNT
TY2Mjk1fQ.MXfQ7A6-qj2_HBohbeH9-yWfD7olZZ-DwvN3JWFdfpI
2020-10-25 03:14:58 [middlewares.proxy] DEBUG: set proxy 125.26.56.87:8080
<200 https://antispider7.scrape.center/api/book/?limit=18&offset=504>
...
2020-10-25 03:15:03 [scrapy.core.engine] DEBUG: Crawled (200) <GET https://antispider7.scrape.center/api/
book/?limit=18&offset=684> (referer: None)
2020-10-25 03:15:03 [middlewares.authorization] DEBUG: set authorization jwt eyJ0eXAiOiJKV1QiLCJhbGciOiJIUzI1NiJ9.
eyJ1c2VyX2lkIjozNiwidXNlcm5hbWUiOiJhZG1pbjI3IiwiZXhwIjoxNjAzNjA5NDUwLCJlbWFpbCI6IiIsIm9yaWdfaWF0IjoxNjAzNT
TY2MjUxfQ.iojBYnykCGI41HBc-Ei5h98wENUq8lxPX78QG1yYkWc
2020-10-25 03:15:03 [middlewares.proxy] DEBUG: set proxy 43.225.195.90:50878
```

这时候我们就可以发现，绝大多数的请求都经成功返回了 200 状态码，持续爬取一段时间，依然没有问题。

到现在，封 IP 和封账号的问题就被解决了。最后让我们完善一下 Spider 的逻辑：

```python
import json
from scrapy import Request, Spider
from scrapycompositedemo.items import BookItem
```

```python
class BookSpider(Spider):
    name = 'book'
    allowed_domains = ['antispider7.scrape.center']
    base_url = 'https://antispider7.scrape.center'
    max_page = 512

    def start_requests(self):
        for page in range(1, self.max_page + 1):
            url = f'{self.base_url}/api/book/?limit=18&offset={(page - 1) * 18}'
            yield Request(url, callback=self.parse_index)

    def parse_index(self, response):
        data = json.loads(response.text)
        results = data.get('results', [])
        for result in results:
            id = result.get('id')
            url = f'{self.base_url}/api/book/{id}/'
            yield Request(url, callback=self.parse_detail, priority=2)

    def parse_detail(self, response):
        data = json.loads(response.text)
        item = BookItem()
        for field in item.fields:
            item[field] = data.get(field)
        yield item
```

另外,个人推荐再配置一些参数:

```
ROBOTSTXT_OBEY = False
RETRY_HTTP_CODES = [401, 403, 500, 502, 503, 504]
CONCURRENT_REQUESTS = 10
DOWNLOAD_TIMEOUT = 10
RETRY_TIMES = 10
```

下面解释一下这些参数。

- ROBOTSTXT_OBEY:是否遵守 robots 协议,这里设置为了 False,在爬取时不遵守 robots.txt 协议,可以免去最开始 robots.txt 的爬取步骤。
- RETRY_HTTP_CODES:需要重试的状态码,这里设置为 [401, 403, 500, 502, 503, 504]。这样如果遇到这些状态码,该请求会重新发起,如果不进行这样的设置,该请求失败了就会被丢弃。
- CONCURRENT_REQUESTS:并发量,这里设置为 10,稍微降低了并发数目,降低账号被封禁的概率。当然,如果账号和 IP 足够多,可以将该值调高。
- DOWNLOAD_TIMEOUT:超时时间,这里设置为了 10,默认是 180,默认的超时时间太长,这里设置短一点,如果请求不成功,可以尽早重试。
- RETRY_TIMES:重试次数,这里设置为了 10,默认是 2,提高重试次数,可以提高总的爬取成功率。

最后,可以看到运行结果如下:

```
2020-10-25 03:33:54 [scrapy.core.scraper] DEBUG: Scraped from <200
https://antispider7.scrape.center/api/book/1322342/>
{'authors': ['\n                    [加拿大]\n                   亦舒', '亦舒新经典'],
 'catalog': None,
 'comments': [{'content': '所有家庭主妇都是政治高手,上有公婆下有子女,还要巴结伴侣,都得软硬兼施,才摆得平、
                          对时间及金钱运用,均有心得,否则不能应付日常生活。\r\n',
               'id': '22823135'},
              ...
              {'content': '亦舒的文,女人有着独立自我的骄傲。\n'
                          '未婚的乃娟做了个婚姻的问题专家。一针见血哦为别人指出彼此的不足,婚姻的出路。
                          但在工作中谨小慎微,还有点自卑。\n'
                          '是个处处考虑,啊肯人前落下笑柄的人。去拜访朋友,师长,点头之交都会买花果果篮。\n'
                          '其实,主要是自己认知了婚姻的不可信,又受了新式自主自立自由的教育。不肯委身于
```

```
                    任何一个家庭伏低做小，苟且为生。又怕红颜弹指，过得不愉。\n'
                    '看到后面乃娟与李至中志同道合平静踏入殿堂...',
                    'id': '2219254915'}],
 'cover': 'https://img3.doubanio.com/view/subject/l/public/s1331501.jpg',
 'id': '1322342',
 'introduction': '',
 'isbn': '9787801876362',
 'name': '花常好月常圆人长久',
 'page_number': 190,
 'price': '16.00 元',
 'published_at': '2005-05-20T16:00:00Z',
 'publisher': '新世界出版社',
 'score': '7.6',
 'tags': ['亦舒', '小说', '花常好月常圆人长久', '香港', '爱情', '师太', '言情', '女性'],
 'translators': []}
```

这时候，我们便可以成功绕过反爬手段，爬取到大量内容了。

5. 总结

本节是 Scrapy 综合实战练习，为了解决与反爬虫相关的问题，我们综合了代理池、账号池和 Scrapy 的一些优化设置，完成了对站点反爬虫的绕过和数据的爬取。

在进行对其他站点的实际爬取时，可以借鉴本节的思路，希望大家好好体会。

本节代码的参考来源如下。

- **Scrapy 项目**：https://github.com/Python3WebSpider/ScrapyCompositeDemo
- **账号池**：https://github.com/Python3WebSpider/AccountPool/tree/antispider7
- **代理池**：https://github.com/Python3WebSpider/ProxyPool

第 16 章 分布式爬虫

在上一章中,我们了解了 Scrapy 爬虫框架的用法。这些框架都是在同一台主机上运行的,爬取效率比较有限。如果能够用多台主机协同爬取,那么爬取效率必然会成倍增长,这就是分布式爬虫的优势。

本章我们就来了解一下分布式爬虫的基本原理,以及 Scrapy 实现分布式爬虫的流程。

16.1 分布式爬虫理念

我们在前面已经实现了 Scrapy 爬虫,虽然爬虫是异步加多线程的,但是我们只能在一台主机上运行,所以爬取效率还是有限的。分布式爬虫则是将多台主机组合起来,共同完成一个爬取任务,这将大大提高爬取效率。

1. 分布式爬虫架构

Scrapy 单机爬虫中有一个本地爬取队列 Queue,这个队列是利用 deque 模块实现的。新的 Request 生成就会被放到队列里,随后被调度器 Scheduler 调度,交给 Downloader 执行爬取,简单的调度架构如图 16-1 所示。

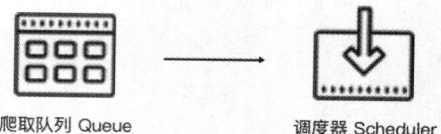

图 16-1 简单的调度架构

如果两个 Scheduler 同时从队列里面取 Request,每个 Scheduler 都有其对应的 Downloader,那么在带宽足够、正常爬取且不考虑队列存取压力的情况下,爬取效率会有什么变化?没错,爬取效率会翻倍。

这样,Scheduler 可以扩展多个,Downloader 也可以扩展多个。而爬取队列 Queue 必须始终为一个,也就是所谓的共享爬取队列。这样才能保证 Scheduler 从队列里调度某个 Request 后,其他 Scheduler 不会重复调度此 Request,就可以做到多个 Scheduler 同步爬取了。这就是分布式爬虫的基本雏形,简单调度架构如图 16-2 所示。

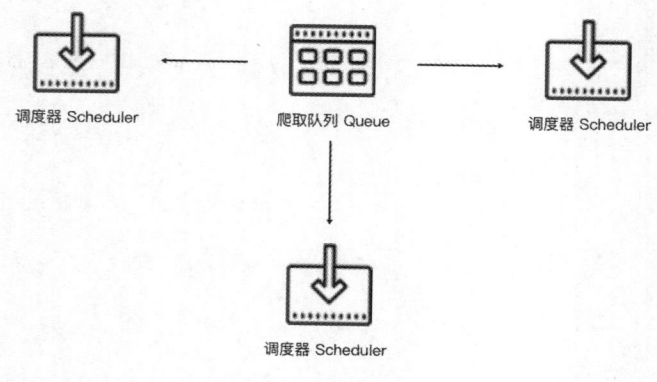

图 16-2 调度架构

我们需要做的就是在多台主机上同时运行爬虫任务协同爬取，而协同爬取的前提就是共享爬取队列。这样各台主机就不需要各自维护爬取队列，从共享爬取队列存取 Request 就行了。但是各台主机还是有各自的 Scheduler 和 Downloader，所以调度和下载功能分别完成。如果不考虑队列存取性能消耗，爬取效率还是会成倍提高。

2. 维护爬取队列

爬取队列怎样维护比较好呢？我们首先需要考虑的就是性能问题，什么数据库存取效率高？我们自然能想到基于内存存储的 Redis，而且 Redis 支持多种数据结构，例如列表（List）、集合（Set）、有序集合（Sorted Set）等，存取的操作也非常简单，所以在这里我们采用 Redis 来维护爬取队列。

实际上，这几种数据结构存储各有千秋。

- 列表数据结构有 lpush、lpop、rpush、rpop 方法，我们可以用它实现一个先进先出式的爬取队列，也可以实现一个先进后出的栈式爬取队列。
- 集合的元素是无序且不重复的，这样我们可以非常方便地实现一个随机排序的不重复的爬取队列。
- 有序集合带有分数表示，而 Scrapy 的 Request 也有优先级的控制，所以用有序集合我们可以实现一个带优先级调度的队列。

我们需要根据具体爬虫的需求来灵活选择不同的队列。

3. 去重

Scrapy 有自动去重功能，它的去重使用了 Python 中的集合。这个集合记录了 Scrapy 中每个 Request 的指纹，这个指纹实际上就是 Request 的散列值。我们可以看一下 Scrapy 的源代码，如下所示：

```python
import hashlib
def request_fingerprint(request, include_headers=None):
    if include_headers:
        include_headers = tuple(to_bytes(h.lower())
                                for h in sorted(include_headers))
    cache = _fingerprint_cache.setdefault(request, {})
    if include_headers not in cache:
        fp = hashlib.sha1()
        fp.update(to_bytes(request.method))
        fp.update(to_bytes(canonicalize_url(request.url)))
        fp.update(request.body or b'')
        if include_headers:
            for hdr in include_headers:
                if hdr in request.headers:
                    fp.update(hdr)
                    for v in request.headers.getlist(hdr):
                        fp.update(v)
        cache[include_headers] = fp.hexdigest()
    return cache[include_headers]
```

`request_fingerprint` 就是计算 Request 指纹的方法，其方法内部使用的是 `hashlib` 的 sha1 方法。计算的字段包括 Request 的 Method、URL、Body、Headers 这几部分内容，这里只要有一点不同，那么计算的结果就不同。计算得到的结果是加密后的字符串，也就是指纹。每个 Request 都有独有的指纹，指纹就是一个字符串，判定字符串是否重复比判定 Request 对象是否重复容易得多，所以指纹可以作为判定 Request 是否重复的依据。

我们如何判定重复呢？Scrapy 是这样实现的：

```python
def __init__(self):
    self.fingerprints = set()

def request_seen(self, request):
```

```
fp = self.request_fingerprint(request)
if fp in self.fingerprints:
    return True
self.fingerprints.add(fp)
```

在去重的类 RFPDupeFilter 中，有一个 request_seen 方法，该方法有一个参数 request，它的作用就是检测 Request 对象是否重复。这个方法调用 request_fingerprint 获取该 Request 的指纹，检测这个指纹是否存在于 fingerprints 变量中，而 fingerprints 是一个集合，集合的元素都是不重复的。如果指纹存在，就返回 True，说明该 Request 是重复的，否则就将这个指纹加入集合。如果下次还有相同的 Request 传递过来，指纹也是相同的，指纹就已经存在于集合中了，那么 Request 对象就会直接判定为重复。这样，去重的目的就实现了。

Scrapy 的去重过程就是，利用集合元素的不重复特性来实现 Request 的去重。

对于分布式爬虫来说，我们肯定不能再用每个爬虫各自的集合来去重了。因为这样还是每个主机单独维护自己的集合，不能做到共享。多台主机如果生成了相同的 Request，只能各自去重，各个主机之间就无法做到去重了。

那么要实现去重，这个指纹集合也需要是共享的。Redis 正好有集合的存储数据结构，我们可以利用 Redis 的集合作为指纹集合，那么这样去重集合也是利用 Redis 共享的。每台主机新生成 Request 后，把该 Request 的指纹与集合比对，如果指纹已经存在，说明该 Request 是重复的，否则将 Request 的指纹加入这个集合。利用同样的原理，我们在不同的存储结构中实现了分布式 Reqeust 的去重。

4. 防止中断

在 Scrapy 中，爬虫运行时的 Request 队列放在内存中。爬虫运行中断后，这个队列的空间就被释放，此队列就被销毁了。所以一旦爬虫运行中断，爬虫再次运行就相当于全新的爬取过程。

要做到中断后继续爬取，我们可以将队列中的 Request 保存起来，下次爬取直接读取保存数据即可获取上次爬取的队列。我们在 Scrapy 中指定一个爬取队列的存储路径即可，这个路径使用 JOB_DIR 变量来标识，可以用如下命令来实现：

```
scrapy crawl spider -s JOBDIR=crawls/spider
```

更加详细的使用方法可以参见官方文档：https://doc.scrapy.org/en/latest/topics/jobs.html。

在 Scrapy 中，我们实际是把爬取队列保存到本地，第二次爬取直接读取并恢复队列。那么在分布式架构中，我们还用担心这个问题吗？不需要。因为爬取队列本身就是用数据库保存的，如果爬虫中断了，数据库中的 Request 依然存在，下次启动就会接着上次中断的地方继续爬取。

所以，当 Redis 的队列为空时，爬虫会重新爬取；当 Redis 的队列不为空时，爬虫便会接着上次中断之处继续爬取。

5. 架构实现

我们接下来就需要在程序中实现这个架构了。首先实现一个共享的爬取队列，还要实现去重的功能。另外，重写一个 Scheduer 的实现，使之可以从共享的爬取队列中存取 Request。

幸运的是，已经有人实现了这些逻辑和架构，并发布成叫 Scrapy-Redis 的 Python 包。

接下来，我们看一下 Scrapy-Redis 的源码实现，以及它的详细工作原理。

16.2　Scrapy-Redis 原理和源码解析

Scrapy-Redis 库已经为我们提供了 Scrapy 分布式的队列、调度器、去重等功能，其 GitHub 地址为：https://github.com/rmax/scrapy-redis。

本节我们深入了解一下，如何利用 Redis 实现 Scrapy 分布式。

1. 获取源码

可以把源码克隆下来，执行如下命令：

git clone https://github.com/rmax/scrapy-redis.git

核心源码在 scrapy-redis/src/scrapy_redis 目录下。

2. 爬取队列

从爬取队列入手，看看它的具体实现。源码文件为 queue.py，它有 3 个队列的实现，首先它实现了一个父类 Base，提供一些基本方法和属性，代码如下所示：

```python
class Base(object):
    def __init__(self, server, spider, key, serializer=None):
        if serializer is None:
            serializer = picklecompat
        if not hasattr(serializer, 'loads'):
            raise TypeError("serializer does not implement 'loads' function: % r"
                            % serializer)
        if not hasattr(serializer, 'dumps'):
            raise TypeError("serializer '% s' does not implement 'dumps' function: % r"
                            % serializer)
        self.server = server
        self.spider = spider
        self.key = key % {'spider': spider.name}
        self.serializer = serializer

    def _encode_request(self, request):
        obj = request_to_dict(request, self.spider)
        return self.serializer.dumps(obj)

    def _decode_request(self, encoded_request):
        obj = self.serializer.loads(encoded_request)
        return request_from_dict(obj, self.spider)

    def __len__(self):
        raise NotImplementedError

    def push(self, request):
        raise NotImplementedError

    def pop(self, timeout=0):
        raise NotImplementedError

    def clear(self):
        self.server.delete(self.key)
```

首先看一下 _encode_request 和 _decode_request 方法，因为我们需要把一个 Request 对象存储到数据库中，但数据库无法直接存储对象，所以需要将 Request 序列化转成字符串再存储，而这两个方法分别是序列化和反序列化的操作，这个过程可以利用 pickle 库来实现。一般在调用 push 方法将 Request 存入数据库时，会调用 _encode_request 方法进行序列化，在调用 pop 取出 Request 的时候，会调用 _decode_request 进行反序列化。

在父类中 __len__、push 和 pop 方法都是未实现的，会直接抛出 NotImplementedError，因此这个类是不能直接被使用的，必须实现一个子类来重写这 3 个方法，而不同的子类就会有不同的实现，也就有着不同的功能。

接下来就需要定义一些子类来继承 Base 类，并重写这几个方法，那在源码中就有 3 个子类的实现，它们分别是 FifoQueue、PriorityQueue、LifoQueue，我们分别来看一下它们的实现原理。

首先是 FifoQueue：

```python
class FifoQueue(Base):
    def __len__(self):
        return self.server.llen(self.key)

    def push(self, request):
        self.server.lpush(self.key, self._encode_request(request))

    def pop(self, timeout=0):
        if timeout > 0:
            data = self.server.brpop(self.key, timeout)
            if isinstance(data, tuple):
                data = data[1]
        else:
            data = self.server.rpop(self.key)
        if data:
            return self._decode_request(data)
```

可以看到这个类继承了 Base 类，并重写了 __len__、push、pop。在这 3 个方法中，都是对 server 对象的操作，而 server 对象就是一个 Redis 连接对象，我们可以直接调用其操作 Redis 的方法对数据库进行操作。可以看到这里的操作方法有 llen、lpush、rpop 等，这就代表此爬取队列使用了 Redis 的列表。序列化后的 Request 会被存入列表，就是列表的其中一个元素；__len__ 方法是获取列表的长度；push 方法中调用了 lpush 操作，这代表从列表左侧存入数据；pop 方法中调用了 rpop 操作，这代表从列表右侧取出数据。

Request 在列表中的存取顺序是左侧进、右侧出，这是有序的进出，即先进先出（first input first output - FIFO），此类的名称就叫作 FifoQueue。

还有一个与之相反的实现类，叫作 LifoQueue，代码实现如下：

```python
class LifoQueue(Base):
    def __len__(self):
        return self.server.llen(self.key)

    def push(self, request):
        self.server.lpush(self.key, self._encode_request(request))

    def pop(self, timeout=0):
        if timeout > 0:
            data = self.server.blpop(self.key, timeout)
            if isinstance(data, tuple):
                data = data[1]
        else:
            data = self.server.lpop(self.key)

        if data:
            return self._decode_request(data)
```

与 FifoQueue 不同的是，它的 pop 方法在这里使用的是 lpop 操作，也就是从左侧出，而 push 方法依然是使用的 lpush 操作，是从左侧入。那么这样达到的效果就是先进后出、后进先出（last in first out-LIFO），此类名称就叫作 LifoQueue。同时这个存取方式类似栈的操作，所以其实也可以称作 StackQueue。

在源码中还有一个子类叫作 PriorityQueue，顾名思义，它是优先级队列，代码实现如下：

```python
class PriorityQueue(Base):
    def __len__(self):
        return self.server.zcard(self.key)

    def push(self, request):
        data = self._encode_request(request)
```

```
            score = -request.priority
            self.server.execute_command('ZADD', self.key, score, data)
    def pop(self, timeout=0):
        pipe = self.server.pipeline()
        pipe.multi()
        pipe.zrange(self.key, 0, 0).zremrangebyrank(self.key, 0, 0)
        results, count = pipe.execute()
        if results:
            return self._decode_request(results[0])
```

在这里我们可以看到 __len__、push、pop 方法中使用了 server 对象的 zcard、zadd、zrange 操作，可以知道这里使用的存储结果是有序集合，在这个集合中，每个元素都可以设置一个分数，这个分数就代表优先级。

__len__ 方法调用了 zcard 操作，返回的就是有序集合的大小，也就是爬取队列的长度。在 push 方法中调用了 zadd 操作，就是向集合中添加元素，这里的分数指定成 Request 优先级的相反数，因为分数低的会排在集合的前面，所以这里高优先级的 Request 就会存在集合的最前面。pop 方法首先调用了 zrange 操作取出了集合的第一个元素，因为最高优先级的 Request 会存在集合最前面，所以第一个元素就是最高优先级的 Request，然后再调用 zremrangebyrank 操作将这个元素删除，这样就完成了取出并删除的操作。

此队列是默认使用的队列，也就是爬取队列默认使用有序集合来存储。

3. 去重过滤

前面说过，Scrapy 的去重是利用集合来实现的，而 Scrapy 分布式中的去重需要利用共享的集合，这里使用的是 Redis 中的集合数据结构。我们来看一看去重类是怎样实现的。

源码文件是 dupefilter.py，其内实现了一个 RFPDupeFilter 类，代码如下所示：

```
class RFPDupeFilter(BaseDupeFilter):
    logger = logger
    def __init__(self, server, key, debug=False):
        self.server = server
        self.key = key
        self.debug = debug
        self.logdupes = True

    @classmethod
    def from_settings(cls, settings):
        server = get_redis_from_settings(settings)
        key = defaults.DUPEFILTER_KEY % {'timestamp': int(time.time())}
        debug = settings.getbool('DUPEFILTER_DEBUG')
        return cls(server, key=key, debug=debug)

    @classmethod
    def from_crawler(cls, crawler):
        return cls.from_settings(crawler.settings)

    def request_seen(self, request):
        fp = self.request_fingerprint(request)
        added = self.server.sadd(self.key, fp)
        return added == 0

    def request_fingerprint(self, request):
        return request_fingerprint(request)

    def close(self, reason=''):
        self.clear()

    def clear(self):
        self.server.delete(self.key)
```

```python
    def log(self, request, spider):
        if self.debug:
            msg = "Filtered duplicate request: %(request) s"
            self.logger.debug(msg, {'request': request}, extra={'spider': spider})
        elif self.logdupes:
            msg = ("Filtered duplicate request %(request) s"
                   "- no more duplicates will be shown"
                   "(see DUPEFILTER_DEBUG to show all duplicates)")
            self.logger.debug(msg, {'request': request}, extra={'spider': spider})
            self.logdupes = False
```

这里同样实现了一个 request_seen 方法，与 Scrapy 中的 request_seen 方法实现极其类似。不过这里集合使用的是 server 对象的 sadd 操作，也就是集合不再是一个简单数据结构了，而是直接换成了数据库的存储方式。

鉴别重复的方式还是使用指纹，指纹同样是依靠 request_fingerprint 方法来获取的。获取指纹之后直接向集合添加指纹，如果添加成功，说明这个指纹原本不存在于集合中，返回值为 1。代码最后的返回结果是判定添加结果是否为 0，如果刚才的返回值为 1，那么这个判定结果就是 False，也就是不重复，否则判定为重复。

这样我们就成功利用 Redis 的集合完成了指纹的记录和重复的验证。

4. 调度器

Scrapy-Redis 还帮我们实现了配合 Queue、DupeFilter 使用的调度器 Scheduler，源文件名称是 scheduler.py。我们可以指定一些配置，如 SCHEDULER_FLUSH_ON_START 即是否在爬取开始的时候清空爬取队列，SCHEDULER_PERSIST 即是否在爬取结束后保持爬取队列不清除。我们可以在 settings.py 里自由配置，而此调度器很好地实现了对接。

接下来我们看两个核心的存取方法，代码如下所示：

```python
def enqueue_request(self, request):
    if not request.dont_filter and self.df.request_seen(request):
        self.df.log(request, self.spider)
        return False
    if self.stats:
        self.stats.inc_value('scheduler/enqueued/redis', spider=self.spider)
    self.queue.push(request)
    return True

def next_request(self):
    block_pop_timeout = self.idle_before_close
    request = self.queue.pop(block_pop_timeout)
    if request and self.stats:
        self.stats.inc_value('scheduler/dequeued/redis', spider=self.spider)
    return request
```

enqueue_request 可以向队列中添加 Request，核心操作就是调用 Queue 的 push 操作，还有一些统计和日志操作。next_request 就是从队列中取 Request，核心操作就是调用 Queue 的 pop 操作，此时如果队列中还有 Request，则 Request 会直接取出来，爬取继续；如果队列为空，则爬取会重新开始。

5. 总结

目前，我们把之前说的 3 个分布式的问题解决了，总结如下。

- 爬取队列的实现：这里提供了 3 种队列，使用 Redis 的列表或有序集合来维护。
- 去重的实现：这里使用 Redis 的集合来保存 Request 指纹，以提供重复过滤。
- 中断后重新爬取的实现：中断后 Redis 的队列没有清空，再次启动时调度器的 next_request 会从队列中取到下一个 Request，继续爬取。

以上内容便是 Scrapy-Redis 的核心源码解析。Scrapy-Redis 中还提供了 Spider、Item Pipeline 的实现，不过它们并不是必须使用的。

在下一节，我们会将 Scrapy-Redis 集成到之前所实现的 Scrapy 项目中，实现多台主机协同爬取。

16.3 基于 Scrapy-Redis 的分布式爬虫实现

前面我们了解了 Scrapy-Redis 分布式爬虫的基本原理，这一节我们来动手实现一下分布式爬虫的对接。

1. 准备工作

在本节开始之前，请确保已经实现了上一章最后一节针对 https://antispider7.scrape.center/ 的爬取过程，同时对代理池和账号池有基本了解并能成功运行。

另外需要有至少两台主机，两台主机均安装了 Scrapy 环境和 Scrapy-Redis 库并能正常运行如上 Scrapy 爬虫项目，这些主机需要能够互相访问（比如这几台主机处于同一个局域网）。其中一台主机需要额外安装好 Redis 数据库、代理池和账号池并能正常运行，其他主机需要能正常连接到该 Redis 数据库、代理池、账号池。

比如这里我准备了三台主机，这三台主机处于同一个局域网下，其代号和 IP 地址为分别为 A 主机（192.168.2.3）、B 主机（192.168.2.4）、C 主机（192.168.2.5），这三台主机均安装好了 Python 环境并能正常运行如上 Scrapy 爬虫项目。另外，在 A 主机上需要正常运行 Redis 数据库、代理池和账号池，并且 Redis 数据库能够被 B 主机和 C 主机正常连接，同时代理池和账号池的 API 能够被 B 主机和 C 主机正常访问。

接下来我就以这三台主机为示例来配置分布式爬虫，请读者根据实际情况类比此情形进行配置。

2. 验证 Redis 连接

首先在 A 主机上运行 Redis 数据库，该 Redis 数据库没有设置密码，运行在 6379 端口上，因此连接地址就是 192.168.2.3:6379，在 B 主机和 C 主机上可以使用如下代码验证 Redis 能否正常连接：

```
from redis import StrictRedis

conn = StrictRedis(host='192.168.2.3', port=6379)
print(conn.ping())
```

如果 Redis 能正常连接，那么输出结果如下：

```
True
```

如果无法正常连接，则会直接报错，错误信息类似如下：

```
redis.exceptions.ConnectionError: Error 61 connecting to 192.168.2.3:6379. Connection refused.
```

该步骤需要确保 B 主机和 C 主机能正常连接 A 主机运行的 Redis 数据库。如不能连接成功，请检查 A 主机上的 Redis 服务是否正常运行或者检查防火墙、安全组相关设置。

3. 验证代理池和账号池连接

因为运行上一章爬取 https://antispider7.scrape.center/ 的代码需要配合代理池和账号池来进行，而这次我们需要实现分布式爬取，所以代理池和账号池也需要多台主机共享，因此代理池和账号池一定要运行在某台主机上，这里我们仍然选用 A 主机。所以 A 主机上除了需要运行 Redis 数据库，还需要运行代理池和账号池，二者的 API 需要能被 B 主机和 C 主机正常访问。

对于代理池来说，比如 A 主机上的代理池运行在 5555 端口，则在 B 主机和 C 主机上访问

http://192.168.2.3:5555/random 应该能得到如图 16-3 所示的随机代理。

对于账号池来说，比如 A 主机上的账号池运行在 6777 端口，则在 B 主机和 C 主机上访问 http://192.168.2.3:6777/antispider7/random 应该能得到如图 16-4 所示的随机 Token，该 Token 用于爬取站点数据。

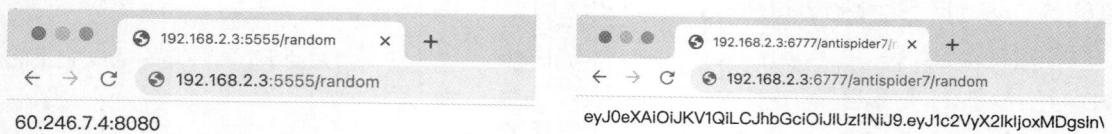

图 16-3　随机代理　　　　　　　　　　　图 16-4　随机 Token

该步骤需要确保 B 主机和 C 主机都能正常连接 A 主机运行的代理池和账号池服务。如果不能正常访问，请检查 A 主机上的代理池和账号池服务是否正常运行或者检查防火墙、安全组等相关设置。

当然这里代理池和账号池的运行端口可以随意更换，自行配置，只要确保在 A 主机上正常启动代理池和账号池之后，B 主机和 C 主机能访问代理池和账号池的 API 服务即可。

4. 配置 Scrapy-Redis

到此为止，A 主机提供了 Redis 数据库服务，同时提供了代理池和账号池服务，接下来我们只需要在代码里面修改一下调用方式就可以完成分布式爬虫的配置了，整个配置流程非常简单，只需要修改一下 settings.py 配置文件即可。

注意，这些配置需要分别在 A、B、C 主机上配置，内容完全一致，下面分别进行说明。

单机版爬取 https://antispider7.scrape.center/ 的代码地址为：https://github.com/Python3WebSpider/ScrapyCompositeDemo。接下来我们在此基础上将该单机版爬虫改写为分布式爬虫。

- **核心配置**

首先最主要的是将调度器的类和去重的类替换为 Scrapy-Redis 提供的类，在 settings.py 里面添加如下配置即可：

```
SCHEDULER = "scrapy_redis.scheduler.Scheduler"
DUPEFILTER_CLASS = "scrapy_redis.dupefilter.RFPDupeFilter"
```

- **Redis 连接配置**

接下来配置 Redis 的连接信息，这里有两种配置方式。

第一种方式是通过连接字符串配置。我们可以用 Redis 的地址、端口、密码来构造一个 Redis 连接字符串，支持的连接形式如下所示：

```
redis://[:password]@host:port/db
rediss://[:password]@host:port/db
unix://[:password]@/path/to/socket.sock?db=db
```

password 是密码，需要以冒号开头，中括号代表此选项可有可无，host 是 Redis 的地址，port 是运行端口，db 是数据库代号，其值默认是 0。

这里我们配置为 A 主机的 Redis 连接信息，该 Redis 是没有配置密码的，构造这个 Redis 的连接字符串如下所示：

```
redis://192.168.2.3:6379
```

直接在 settings.py 里面配置为 REDIS_URL 变量即可：

```
REDIS_URL = 'redis://192.168.2.3:6379'
```

第二种配置方式是分项单独配置。这个配置就更加直观了，如根据我的 Redis 连接信息，可以在 settings.py 中配置如下代码：

```
REDIS_HOST = '192.168.2.3'
REDIS_PORT = 6379
REDIS_PASSWORD = None
```

这段代码分开配置了 Redis 的地址、端口和密码，密码为空。

注意，如果配置了 REDIS_URL，那么 Scrapy-Redis 将优先使用 REDIS_URL 连接，会覆盖上面的 3 项配置。如果想要分项单独配置，请不要配置 REDIS_URL。

在本项目中，我们选择的是配置 REDIS_URL。

- 配置调度队列

此项配置是可选的，默认使用 PriorityQueue。如果想要更改配置，可以配置 SCHEDULER_QUEUE_CLASS 变量，如下所示：

```
SCHEDULER_QUEUE_CLASS = 'scrapy_redis.queue.PriorityQueue'
SCHEDULER_QUEUE_CLASS = 'scrapy_redis.queue.FifoQueue'
SCHEDULER_QUEUE_CLASS = 'scrapy_redis.queue.LifoQueue'
```

以上 3 行任选其一配置，即可切换爬取队列的存储方式。

在本项目中不进行任何配置，我们使用默认配置，即 PriorityQueue。

- 配置持久化

此配置是可选的，默认是 False。Scrapy-Redis 默认会在爬取全部完成后清空爬取队列和去重指纹集合。

如果不想自动清空爬取队列和去重指纹集合，可以增加如下配置：

```
SCHEDULER_PERSIST = True
```

将 SCHEDULER_PERSIST 设置为 True 之后，爬取队列和去重指纹集合不会在爬取完成后自动清空，如果不配置，默认是 False，即自动清空。

值得注意的是，如果强制中断爬虫的运行，爬取队列和去重指纹集合是不会自动清空的。

在本项目中不进行任何配置，我们使用默认配置。

- 配置重爬

此配置是可选的，默认是 False。如果配置了持久化或者强制中断了爬虫，那么爬取队列和指纹集合不会被清空，爬虫重新启动之后就会接着上次爬取。如果想重新爬取，我们可以配置重爬的选项：

```
SCHEDULER_FLUSH_ON_START = True
```

这样将 SCHEDULER_FLUSH_ON_START 设置为 True 之后，爬虫每次启动时，爬取队列和指纹集合都会清空。所以要做分布式爬取，我们必须保证只能清空一次，否则每个爬虫任务在启动时都清空一次，就会把之前的爬取队列清空，势必会影响分布式爬取。

注意，此配置在单机爬取的时候比较方便，分布式爬取不常用此配置。

在本项目中不进行任何配置，我们使用默认配置。

- Pipeline 配置

此配置是可选的，默认不启动 Pipeline。Scrapy-Redis 实现了一个存储到 Redis 的 Item Pipeline，

如果启用了这个 Pipeline,爬虫会把生成的 Item 存储到 Redis 数据库中。在数据量比较大的情况下,我们一般不会这么做。因为 Redis 是基于内存的,我们利用的是它处理速度快的特性,用它来做存储未免太浪费了,配置如下:

```
ITEM_PIPELINES = {'scrapy_redis.pipelines.RedisPipeline': 300}
```

本项目不进行任何配置,即不启用 Pipeline。

到此为止,Scrapy-Redis 的配置就完成了。有的选项我们没有配置,但是这些配置在其他 Scrapy 项目中可能会用到,要根据具体情况而定。

5. 配置代理池和账号池

在 middlewares.py 中,我们需要修改代理池和账号池的请求地址,之前我们使用的是 localhost,但这里我们需要统一修改为上文提到的 A 主机的地址。

在 ProxyMiddleware 修改 proxypool_url 内容如下:

```
proxypool_url = 'http://192.168.2.3:5555/random'
```

在 AuthorizationMiddleware 修改 accountpool_url 内容如下:

```
accountpool_url = 'http://192.168.2.3:6777/antispider7/random'
```

注意这里需要根据实际情况修改为你的 A 主机的代理池和账号池地址。

6. 运行

以上修改需要同时在 A、B、C 三台主机上执行,三台主机上的代码是完全一样的。修改完毕后,我们便完成了分布式爬虫的配置了,这样三台主机就共享了同一个 Redis 爬取队列,同时共享了一个代理池和账号池,共同完成协同爬取。

接下来我们就可以运行一下实现分布式爬取了,在每台主机上都执行如下命令:

```
scrapy crawl book
```

主机的运行顺序不分先后,每台主机启动了此命令后,就会从配置的 A 主机的 Redis 数据库中调度 Request 并利用 Request 的指纹集合进行去重过滤。同时每台主机占用各自的带宽和处理器,不会互相影响,爬取效率成倍提高。

每台主机运行过程中的输出结果类似这样:

```
2021-01-03 02:57:56 [middlewares.authorization] DEBUG: set authorization jwt
eyJ0eXAiOiJKV1QiLCJhbGciOiJIUzI1NiJ9.eyJ1c2VyX2lkIjo4NywidXNlcm5hbWUiOiJhZG1pbjcOIiwiZXhwIjoxNjA5NzEONjMw
LCJlbWFpbCI6IiIsIm9yaWdfaWF0IjoxNjA5NjcxNDMwfQ.d4UaiTlTBPBXd4coFSdaIuweztzCc1f7fV79XBIO5kM
2021-01-03 02:57:56 [middlewares.proxy] DEBUG: set proxy 149.28.218.108:3128
2021-01-03 02:57:56 [scrapy.core.scraper] DEBUG: Scraped from <200
https://antispider7.scrape.center/api/book/1001885/>
...
```

值得注意的是,第一个启动的 Spider 会检测到爬取队列为空,这时候就会调用 start_requests 方法生成初始 Request,后续启动的 Spider 如果检测到爬取队列不为空,就会直接从当前爬取队列中获取 Request 进行爬取。这样,只有第一个 Spider 的 start_requests 方法会被调用,其他 Spider 在队列不为空的情况下是不会调用 start_requests 方法的,于是保证了多个 Spider 的协同爬取。

7. 结果

一段时间后,我们可以用 RedisDesktop 观察 Redis 数据库的信息。这里会出现两个 Key:一个叫作 book:dupefilter,用来储存指纹;另一个叫作 book:requests,即爬取队列,如图 16-5 和图 16-6 所示。

| SET: | book:dupefilter | | Size: 17 | TTL: -1 |

row	value
1	0744ab5ad3e29211ef963d3ecab755d721b5276e
2	e0ff570cb9896b54a677eb2ae45f998c8791406d
3	40d022b4257a826fef823418d3fd4b9d8531cdb7
4	b541d16f3f4b8c39a71147b231140d899ad25b52
5	90cbf9d8dbcfb83a60e43d80ffb1bf227202f78c
6	81811a9ee5f54c7e3ed90973e2a65659bc299072
7	615005365e3cf885e69b9a2b2af680587ed72370
8	077a12f83dbe80c99acfe4abd29a2c773cea009b
9	321b3fe773303661ec4783eecade1d49463a74cf
10	3282e94a7865e80ac19175369d6e22817ef55e72
11	b56cf951bb9671d87c244837c8be12752b9de851
12	dbbf71ab679e80c365dbc612c591ec916e8c058d
13	a7cef9d37124eba3de7e408ab7ad2603e1446fb4
14	e6103e662076d88086917f6f81b775e8ba8e4750
15	9fd2cd5bca0a6d45f210c5629dc518490b60de96
16	3c8e8f76263f1dc58dcbcf90ad9450c227387a8e
17	710e7601af0d82c1b7bdfd6b999ec0a589169a68

图 16-5 去重指纹

| ZSET: | book:requests | | Size: 5 | TTL: -1 |

row	value	score
1	\x80\x05\x95\x13\x03\x00\x00\x...	1
2	\x80\x05\x95\x13\x03\x00\x00\x...	1
3	\x80\x05\x95\x14\x03\x00\x00\x...	1
4	\x80\x05\x95\x16\x03\x00\x00\x...	1
5	\x80\x05\x951\x03\x00\x00\x00\x...	10

图 16-6 爬取队列

随着时间的推移,指纹集合会不断增长,爬取队列会动态变化。

另外值得注意的是,在爬取的过程中,去重指纹集合是不断增长的,如果中途想要中断所有的 Spider 重新进行爬取,需要先停止所有 Spider,然后手动从 Redis 中删除指纹集合和爬取队列,再重新运行。

至此,Scrapy 分布式的配置已全部完成,通过简单的配置,我们就完成了多主机多 Spider 的协同爬取。

8. 总结

本节通过对接 Scrapy-Redis 成功实现了分布式爬虫,实现了多机协同爬取。

本节代码所在的地址为 https://github.com/Python3WebSpider/ScrapyCompositeDemo/tree/scrapy-redis,注意这里是 scrapy-redis 分支而不是默认分支。

16.4 基于 Bloom Filter 进行大规模去重

首先回顾一下 Scrapy-Redis 的去重机制。Scrapy-Redis 将 Request 的指纹存储到了 Redis 集合中,每个指纹的长度为 40,例如 27adcc2e8979cdee0c9cecbbe8bf8ff51edefb61 就是一个指纹,是一个字符串。

我们计算一下用这种方式耗费的存储空间。每个字符占用 1 字节,即 1 B,1 个指纹占用空间为 40 B,1 万个指纹占用空间约 400 KB,1 亿个指纹占用空间约 4 GB。当爬取数量达到上亿级别时,Redis 的占用的内存就会变得很大,而且这仅仅是指纹的存储。Redis 还存储了爬取队列,内存占用会进一步提高,更别说多个 Scrapy 项目同时爬取的情况了。当爬取达到亿级规模时,Scrapy-Redis 提供的集合去重已经不能满足我们的要求了。所以我们需要使用一个更加节省内存的去重算法——Bloom Filter。

1. 了解 Bloom Filter

Bloom Filter,中文名称是布隆过滤器,它在 1970 年由 Bloom 提出,可以被用来检测一个元素是否在一个集合中。Bloom Filter 的空间利用率很高,使用它可以大大节省存储空间。Bloom Filter 使用位数组表示一个待检测集合,并可以快速通过概率算法判断一个元素是否在这个集合中。利用这个算法我们可以实现去重效果。

本节我们来了解 Bloom Filter 的基本算法,以及 Scrapy-Redis 中对接 Bloom Filter 的方法。

2. Bloom Filter 的算法

在 Bloom Filter 中使用位数组来辅助实现检测判断。在初始状态下,我们声明一个包含 m 位的位数组,它的所有位都是 0,如图 16-7 所示。

图 16-7 初始位数组

现在我们有了一个待检测集合,表示为 $S=\{x_1, x_2, \cdots, x_n\}$,接下来需要做的就是检测一个 x 是否已经存在于集合 S 中。在 BloomFilter 算法中,首先使用 k 个相互独立的、随机的散列函数来将这个集合 S 中的每个元素映射到长度为 m 的位数组上,散列函数得到的结果记作位置索引,然后将位数组该位置的索引设置为 1。例如这里我们取 k 为 3,即有 3 个散列函数,x_1 经过 3 个散列函数映射得到的结果分别为 1、4、8,x_2 经过 3 个散列函数映射得到的结果分别为 4、6、10,那么就会将位数组的 1、4、6、8、10 这 5 个位置设置为 1,如图 16-8 所示。

图 16-8 映射后的位数组

这时如果再有一个新的元素 x,我们要判断它是否属于 S 集合,便会将仍然用 k 个散列函数对 x 求映射结果,如果所有结果对应的位数组位置均为 1,那么就认为 x 属于 S 集合,否则 x 不属于 S 集合。

例如一个新元素 x 经过 3 个散列函数映射的结果为 4、6、8,对应的位置均为 1,则判断 x 属于 S 集合。如果结果为 4、6、7,其中 7 对应的位置为 0,则判定 x 不属于 S 集合。

注意这里 m、n、k 的关系满足 $m>kn$,也就是说位数组的长度 m 要比集合元素个数 n 和散列函数 k 的乘积还要大。

这样的判定方法很高效,但是也是有代价的,它可能把不属于这个集合的元素误认为属于这个集合,我们来估计一下它的错误率。当集合 $S=\{x_1, x_2, \cdots, x_n\}$ 的所有元素都被 k 个散列函数映射到 m 位的位数组中时,这个位数组中某一位还是 0 的概率是:

$$\left(1-\left(1-\frac{1}{m}\right)^{kn}\right)^k$$

因为散列函数是随机的,所以任意一个散列函数选中这一位的概率为 $1/m$,那么 $1-1/m$ 就代表散列函数一次没有选中这一位的概率,要把 S 完全映射到 m 位的位数组中,需要做 kn 次散列运算,所以最后的概率就是 1-1/m 的 kn 次方。

一个不属于 S 的元素 x 如果要被误判定为在 S 中，那么这个概率就是 k 次散列运算得到的结果对应的位数组位置都为 1，所以误判概率为：

$$\lim_{x \to \infty}\left(1-\frac{1}{x}\right)^{-x} = e$$

根据：

$$\left(1-\left(1-\frac{1}{m}\right)^{kn}\right)^k \approx (1-e^{-kn/m})^k$$

可以将误判概率转化为：

$$\frac{m}{n}\ln 2 \approx \frac{9m}{13n} \approx 0.7\frac{m}{n}$$

在给定 m、n 时，可以求出使得 f 最小的 k 值为：

$$k = \frac{m}{n}\ln 2 \approx 0.7\frac{m}{n}$$

也就是说，当 k 约等于 m 与 n 比值的 0.7 倍时，使得误判概率最小，这里将误判概率归纳为表 16-1。

表 16-1　误判概率表

m/n	最优 k	$k=1$	$k=2$	$k=3$	$k=4$	$k=5$	$k=6$	$k=7$	$k=8$
2	1.39	0.393	0.400						
3	2.08	0.283	0.237	0.253					
4	2.77	0.221	0.155	0.147	0.160				
5	3.46	0.181	0.109	0.092	0.092	0.101			
6	4.16	0.154	0.0804	0.0609	0.0561	0.0578	0.0638		
7	4.85	0.133	0.0618	0.0423	0.0359	0.0347	0.0364		
8	5.55	0.118	0.0489	0.0306	0.024	0.0217	0.0216	0.0229	
9	6.24	0.105	0.0397	0.0228	0.0166	0.0141	0.0133	0.0135	0.0145
10	6.93	0.0952	0.0329	0.0174	0.0118	0.00943	0.00844	0.00819	0.00846
11	7.62	0.0869	0.0276	0.0136	0.00864	0.0065	0.00552	0.00513	0.00509
12	8.32	0.08	0.0236	0.0108	0.00646	0.00459	0.00371	0.00329	0.00314
13	9.01	0.074	0.0203	0.00875	0.00492	0.00332	0.00255	0.00217	0.00199
14	9.7	0.0689	0.0177	0.00718	0.00381	0.00244	0.00179	0.00146	0.00129
15	10.4	0.0645	0.0156	0.00596	0.003	0.00183	0.00128	0.001	0.000852
16	11.1	0.0606	0.0138	0.005	0.00239	0.00139	0.000935	0.000702	0.000574
17	11.8	0.0571	0.0123	0.00423	0.00193	0.00107	0.000692	0.000499	0.000394
18	12.5	0.054	0.0111	0.00362	0.00158	0.000839	0.000519	0.00036	0.000275
19	13.2	0.0513	0.00998	0.00312	0.0013	0.000663	0.000394	0.000264	0.000194
20	13.9	0.0488	0.00906	0.0027	0.00108	0.00053	0.000303	0.000196	0.00014
21	14.6	0.0465	0.00825	0.00236	0.000905	0.000427	0.000236	0.000147	0.000101
22	15.2	0.0444	0.00755	0.00207	0.000764	0.000347	0.000185	0.000112	7.46e-05

(续)

m/n	最优 k	k=1	k=2	k=3	k=4	k=5	k=6	k=7	k=8
23	15.9	0.0425	0.00694	0.00183	0.000649	0.000285	0.000147	8.56e-05	5.55e-05
24	16.6	0.0408	0.00639	0.00162	0.000555	0.000235	0.000117	6.63e-05	4.17e-05
25	17.3	0.0392	0.00591	0.00145	0.000478	0.000196	9.44e-05	5.18e-05	3.16e-05
26	18	0.0377	0.00548	0.00129	0.000413	0.000164	7.66e-05	4.08e-05	2.42e-05
27	18.7	0.0364	0.0051	0.00116	0.000359	0.000138	6.26e-05	3.24e-05	1.87e-05
28	19.4	0.0351	0.00475	0.00105	0.000314	0.000117	5.15e-05	2.59e-05	1.46e-05
29	20.1	0.0339	0.00444	0.000949	0.000276	9.96e-05	4.26e-05	2.09e-05	1.14e-05
30	20.8	0.0328	0.00416	0.000862	0.000243	8.53e-05	3.55e-05	1.69e-05	9.01e-06
31	21.5	0.0317	0.0039	0.000785	0.000215	7.33e-05	2.97e-05	1.38e-05	7.16e-06
32	22.2	0.0308	0.00367	0.000717	0.000191	6.33e-05	2.5e-05	1.13e-05	5.73e-06

可以看到，当 k 值确定时，随着 m/n 的增大，误判概率逐渐变小。当 m/n 的值确定时，k 越靠近最优 k 值，误判概率越小。另外误判概率总体来看都是极小的，在容忍此误判概率的情况下，大幅减小存储空间和判定速度是完全值得的。

接下来我们就将 Bloom Filter 算法应用到 Scrapy-Redis 分布式爬虫的去重过程中，以解决 Redis 内存不足的问题。

3. 对接 Scrapy-Redis

实现 Bloom Filter 时，我们首先要保证不能破坏 Scrapy-Redis 分布式爬取的运行架构，所以我们需要修改 Scrapy-Redis 的源码，替换它的去重类。同时 Bloom Filter 的实现需要借助一个位数组，既然当前架构还是依赖于 Redis 的，位数组的维护直接使用 Redis 就好了。

首先我们实现一个基本的散列算法，可以将一个值经过散列运算后映射到一个 m 位位数组的某一位上，代码实现如下：

```
class HashMap(object):
    def __init__(self, m, seed):
        self.m = m
        self.seed = seed
    
    def hash(self, value):
        ret = 0
        for i in range(len(value)):
            ret += self.seed * ret + ord(value[i])
        return (self.m - 1) & ret
```

在这里新建了一个 HashMap 类，构造函数传入两个值，一个是 m 位数组的位数，另一个是种子值 seed，不同的散列函数需要有不同的 seed，这样可以保证不同散列函数的结果不会碰撞。

在 hash 方法的实现中，value 是要被处理的内容，在这里我们遍历了该字符的每一位并利用 ord 方法取到了它的 ASCII 码，然后混淆 seed 进行迭代求和运算，最终会得到一个数值。这个数值的结果由 value 和 seed 唯一确定，然后我们再将它和 m 进行按位与运算，即可获取 m 位位数组的映射结果，这样我们就实现了一个由字符串和 seed 来确定的散列函数。当 m 固定时，只要 seed 值相同，就代表是同一个散列函数，相同的 value 必然会映射到相同的位置。所以如果我们想要构造几个不同的散列函数，只需要改变其 seed 就好了，以上便是一个简易的散列函数的实现。

接下来我们再实现 Bloom Filter，Bloom Filter 里面需要用到 k 个散列函数，所以在这里我们需要对这几个散列函数指定相同的 m 值和不同的 seed 值，在这里构造如下：

```
BLOOMFILTER_HASH_NUMBER = 6
BLOOMFILTER_BIT = 30

class BloomFilter(object):
    def __init__(self, server, key, bit=BLOOMFILTER_BIT, hash_number=BLOOMFILTER_HASH_NUMBER):
        # default to 1 << 30 = 10,7374,1824 = 2^30 = 128MB, max filter 2^30/hash_number = 1,7895,6970 fingerprints
        self.m = 1 << bit
        self.seeds = range(hash_number)
        self.maps = [HashMap(self.m, seed) for seed in self.seeds]
        self.server = server
        self.key = key
```

由于我们需要完成亿级别数据的去重，即前文介绍的算法中 n 为 1 亿以上，散列函数的个数 k 大约取 10 左右的量级，而 $m>kn$，所以这里 m 保底在 10 亿左右。由于这个数值比较大，所以这里用移位操作来实现，传入位数 bit，将其定义为 30，然后做一个移位操作 1 << 30，相当于 2 的 30 次方，等于 1 073 741 824，量级恰好在 10 亿左右。由于是位数组，所以这个位数组占用的大小就是 230 bit=128 MB，而本文开头我们计算过，Scrapy-Redis 集合去重的占用空间大约在 4G 左右，可见 Bloom Filter 的空间利用效率之高。

随后我们再传入散列函数的个数，用它来生成几个不同的 seed，用不同的 seed 来定义不同的散列函数，这样我们就可以构造一个散列函数列表，遍历 seed，构造带有不同 seed 值的 HashMap 对象，保存成变量 maps 供后续使用。

另外，server 就是 Redis 连接对象，key 就是这个 m 位位数组的名称。

接下来我们就要实现比较关键的两个方法了，一个是判定元素是否重复的方法 exists，另一个是添加元素到集合中的方法 insert，代码实现如下：

```
def exists(self, value):
    if not value:
        return False
    exist = 1
    for map in self.maps:
        offset = map.hash(value)
        exist = exist & self.server.getbit(self.key, offset)
    return exist

def insert(self, value):
    for f in self.maps:
        offset = f.hash(value)
        self.server.setbit(self.key, offset, 1)
```

首先我们先来介绍 insert 方法，Bloom Filter 算法会逐个调用散列函数，对放入集合中的元素进行运算，得到在 m 位位数组中的映射位置，然后将位数组对应的位置置 1，所以这里在代码中我们遍历了初始化好的散列函数，然后调用其 hash 方法算出映射位置 offset，再利用 Redis 的 setbit 方法将该位置置 1。

在 exists 方法中，我们就需要实现判定是否重复的逻辑了。方法参数 value 为待判断的元素，在这里我们首先定义了一个变量 exist，然后遍历了所有散列函数对 value 进行散列运算，得到映射位置，接着我们用 getbit 方法取得该映射位置的结果，依次进行与运算。这样，只有 getbit 得到的结果都为 1 时，最后的 exist 才为 True，表示 value 属于这个集合。其中只要有一次 getbit 得到的结果为 0，即 m 位位数组中有对应的 0 位，最终的结果 exist 就为 False，代表 value 不属于这个集合。这样，此方法最后的返回结果就是判定重复与否的结果了。

到现在为止 Bloom Filter 的实现已经完成，我们可以用一个实例来测试一下，代码如下：

```
conn = StrictRedis(host='localhost', port=6379, password='foobared')
bf = BloomFilter(conn, 'testbf', 5, 6)
bf.insert('Hello')
```

```
bf.insert('World')
result = bf.exists('Hello')
print(bool(result))
result = bf.exists('Python')
print(bool(result))
```

在这里我们首先定义了一个 Redis 连接对象,然后传递给 BloomFilter,为了避免内存占用过大,这里传的位数比较小,设置为 5,散列函数的个数设置为 6。

首先我们调用 insert 方法插入了 Hello 和 World 两个字符串,随后判断了一下 Hello 和 Python 这两个字符串是否存在,最后输出它的结果,运行结果如下:

```
True
False
```

很明显,结果完全没有问题,这样我们就借助于 Redis 成功实现了 Bloom Filter 算法。

下面我们需要继续修改 Scrapy-Redis 的源码,将它的去重逻辑替换为 Bloom Filter 的逻辑,在这里主要是修改 RFPDupeFilter 类的 request_seen 方法,实现如下:

```
def request_seen(self, request):
    fp = self.request_fingerprint(request)
    if self.bf.exists(fp):
        return True
    self.bf.insert(fp)
    return False
```

首先还是利用 request_fingerprint 方法获取 Request 的指纹,然后调用 Bloom Filter 的 exists 方法判定该指纹是否存在。如果存在,证明该 Request 是重复的,返回 True;否则调用 Bloom Filter 的 insert 方法将该指纹添加并返回 False。这样就成功利用 Bloom Filter 替换了 Scrapy-Redis 的集合去重。

对于 Bloom Filter 的初始化定义,我们可以将 __init__ 方法修改为如下内容:

```
def __init__(self, server, key, debug, bit, hash_number):
    self.server = server
    self.key = key
    self.debug = debug
    self.bit = bit
    self.hash_number = hash_number
    self.logdupes = True
    self.bf = BloomFilter(server, self.key, bit, hash_number)
```

其中 bit 和 hash_number 需要使用 from_settings 方法传递,修改如下:

```
@classmethod
def from_settings(cls, settings):
    server = get_redis_from_settings(settings)
    key = defaults.DUPEFILTER_KEY % {'timestamp': int(time.time())}
    debug = settings.getbool('DUPEFILTER_DEBUG', DUPEFILTER_DEBUG)
    bit = settings.getint('BLOOMFILTER_BIT', BLOOMFILTER_BIT)
    hash_number = settings.getint('BLOOMFILTER_HASH_NUMBER', BLOOMFILTER_HASH_NUMBER)
    return cls(server, key=key, debug=debug, bit=bit, hash_number=hash_number)
```

其中常量 DUPEFILTER_DEBUG 和 BLOOMFILTER_BIT 统一定义在 defaults.py 中,默认如下:

```
BLOOMFILTER_HASH_NUMBER = 6
BLOOMFILTER_BIT = 30
```

到此为止,我们就成功实现了 Bloom Filter 和 Scrapy-Redis 的对接。

4. 使用

为了方便使用,本节的代码我已经打包成了一个 Python 包并发布到了 PyPi,链接为 https://pypi.python.org/pypi/scrapy-redis-bloomfilter。

大家以后如果想基于 Scrapy-Redis 对接 Bloom Filter,直接使用 scrapy-redis-bloomfilter 包就好了,

不需要再自己实现一遍。可以直接使用 pip3 来安装，命令如下：

```
pip3 install scrapy-redis-bloomfilter
```

使用的方法和 Scrapy-Redis 基本相似，在 Scrapy-Redis 的基础上，接入 Bloom Filter 需要修改如下几个配置：

```
# 去重类，要使用 BloomFilter 请替换 DUPEFILTER_CLASS
DUPEFILTER_CLASS = "scrapy_redis_bloomfilter.dupefilter.RFPDupeFilter"
# 散列函数的个数，默认为 6，可以自行修改
BLOOMFILTER_HASH_NUMBER = 6
# BloomFilter 的 bit 参数，默认 30，占用 128 MB 空间，去重数量级 1 亿
BLOOMFILTER_BIT = 30
```

这里进行一下说明。

- DUPEFILTER_CLASS：去重类，如果要使用 Bloom Filter，需要将 DUPEFILTER_CLASS 修改为该包的去重类。
- BLOOMFILTER_HASH_NUMBER：Bloom Filter 使用的散列函数的个数，默认为 6，可以根据去重量级自行修改。
- BLOOMFILTER_BIT：前文所介绍的 BloomFilter 类的 bit 参数，它决定了位数组的位数，如果 BLOOMFILTER_BIT 为 30，那么位数组位数为 2 的 30 次方，将占用 Redis 128MB 的存储空间，去重量级在 1 亿左右，即对应爬取量级 1 亿左右。如果爬取量级在 10 亿、20 亿甚至 100 亿，请将此参数调高。

5. 测试

在源代码中，附有一个测试项目，放在 tests 文件夹下，该项目使用了 scrapy-redis-bloomfilter 包来去重，Spider 的实现如下：

```python
from scrapy import Request, Spider

class TestSpider(Spider):
    name = 'test'
    base_url = 'https://www.baidu.com/s?wd='
    
    def start_requests(self):
        # 先发起 10 次请求
        for i in range(10):
            url = self.base_url + str(i)
            yield Request(url, callback=self.parse)
        
        # 再发起包含上述请求的重复请求
        for i in range(100):
            url = self.base_url + str(i)
            yield Request(url, callback=self.parse)
    
    def parse(self, response):
        self.logger.debug('Response of ' + response.url)
```

其中，start_requests 方法先循环了 10 次，构造了参数为 0~9 的 URL，然后重新循环了 100 次，构造了参数为 0~99 的 URL，那么这里就会包含 10 个重复的 Request。这样，后发起的 100 次请求的前 10 次请求就会被过滤掉，实现请求去重。

要运行测试代码，可以先把 Scrapy-Redis-BloomFilter 包的源码下载下来，命令如下：

```
git clone https://github.com/Python3WebSpider/ScrapyRedisBloomFilter.git
```

然后进入 tests 文件夹，运行测试项目测试一下：

```
scrapy crawl test
```

可以看到最后的输出结果如下：

```
{'bloomfilter/filtered': 10,
 'downloader/request_bytes': 34021,
 'downloader/request_count': 100,
 'downloader/request_method_count/GET': 100,
 'downloader/response_bytes': 72943,
 'downloader/response_count': 100,
 'downloader/response_status_count/200': 100,
 'finish_reason': 'finished',
 'finish_time': datetime.datetime(2020, 8, 11, 9, 34, 30, 419597),
 'log_count/DEBUG': 202,
 'log_count/INFO': 7,
 'memusage/max': 54153216,
 'memusage/startup': 54153216,
 'response_received_count': 100,
 'scheduler/dequeued/redis': 100,
 'scheduler/enqueued/redis': 100,
 'start_time': datetime.datetime(2020, 8, 11, 9, 34, 26, 495018)}
```

可以看到最后统计的第一行的结果：

```
'bloomfilter/filtered': 10,
```

这就是 Bloom Filter 过滤后的统计结果，可以看到它的过滤个数为 10，也就是说，它成功将重复的 10 个 Reqeust 识别出来了，测试通过。

6. 案例集成

对于上一节 Scrapy-Redis 分布式的实现，如果我们需要集成 Bloom Filter，使用上述的 scrapy-redis-bloomfilter 包即可轻松实现。

再上一节代码的基础上，我们在 A、B、C 三台主机上分别安装 scrapy-redis-bloomfilter，命令如下：

```
pip3 install scrapy-redis-bloomfilter
```

然后增加如下配置：

```
DUPEFILTER_CLASS = "scrapy_redis_bloomfilter.dupefilter.RFPDupeFilter"
BLOOMFILTER_BIT = 20
```

这里我们修改了 SCHEDULER 和 DUPEFILTER_CLASS，使得项目既可以使用 Scrapy-Redis 原有的爬取队列，又可以依赖 Bloom Filter 进行去重，另外我们根据爬取量级预估了 BLOOMFILTER_BIT 为 20，其他的保持默认值即可。

修改之后重新运行爬虫：

```
scrapy crawl book
```

这时候运行效果和之前是一样的，不过背后的去重逻辑已经修改为了 Bloom Filter，这时候我们可以使用 Redis Desktop Manager 来查看当前 Bloom Filter 的 Key 在 Redis 中对应的结果，如图 16-9 所示。

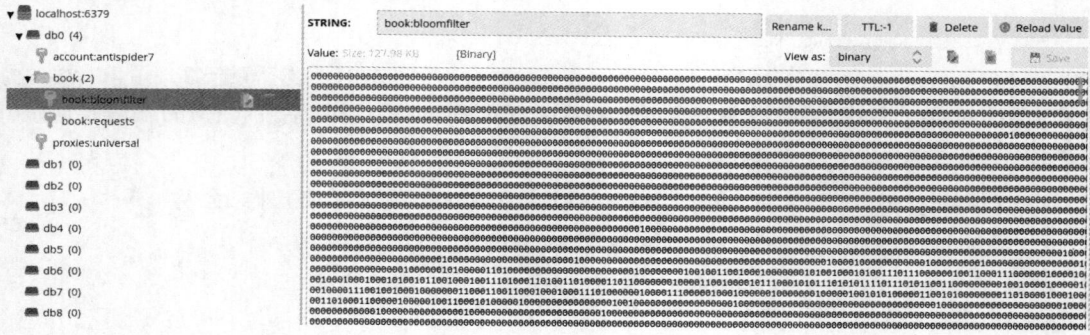

图 16-9　Bloom Filter 结果

我们可以发现，有一个叫作 book:bloomfilter 的 Key 出现了，点击该 Key 并切换到 Binary 查看模式，可以看到其真实值，它是一个非常长的二进制串。由于一开始所有的位都被初始化为 0 了，所以绝大部分位是 0；在爬虫运行的过程中，部分位经过计算并设置为 1，所以可以看到部分位的结果为 1，随着爬取的进行，被置为 1 的位数也会越来越多。

7. 总结

以上便是 Bloom Filter 的原理及对接实现，使用 Bloom Filter 可以大大节省 Redis 内存，在数据量大的情况下推荐使用此方案。

本节代码参见：https://github.com/Python3WebSpider/ScrapyCompositeDemo/tree/scrapy-redis-bloomfilter，注意是 scrapy-redis-bloomfilter 分支。

16.5 基于 RabbitMQ 的分布式爬虫

前面我们了解了 Scrapy 如何利用 Redis 实现分布式爬虫，可以注意到，当爬取数量过大时，Redis 占用的内存非常大，因此对于数据去重，我们使用了 Bloom Filter 来进行优化，大幅减少了 Redis 的内存占用。

不过，现在我们似乎依然面临一个问题，爬取队列仍旧是基于 Redis 实现的，那它同样会占据非常大的内存呀！其实在一般情况下，Redis 作为分布式爬取队列是完全够用的。但在数据量比较大，比如爬取上亿级别数据时，Redis 消耗的内存也是比较大的，这时候我们可以考虑将爬取队列进行迁移。

迁移到哪里呢？仔细想想，爬取队列类似一个消息队列，可以先进先出、先进后出、按优先级进出等，只要能满足类似的需求就可以。现如今，消息队列中间件也有很多，如 RabbitMQ、RocketMQ 等，它们都可以用来做爬取队列的实现。

本节我们就选取目前比较流行的 RabbitMQ 来实现一下 Scrapy 分布式爬虫吧！

1. 准备工作

在本书 4.8 节中，我们已经初步了解了 RabbitMQ 的基本原理和使用方法，如果你还不了解 RabbitMQ 是什么，建议先回看一下前面的基础内容。

在本节开始之前，请确保已经正确安装好了 RabbitMQ 和 Python 的 pika 库，具体的安装说明可以参考本书 4.8 节。

2. 对接 Scrapy

RabbitMQ 就是一个消息队列，那它怎么对接 Scrapy 实现分布式爬取呢？通过 Scrapy-Redis 的源码，我们可以知道 Scrapy-Redis 利用 Redis 实现了一个爬取队列，所以同样的原理，我们可以仿照 Scrapy-Redis 的实现，将 Redis 换成 RabbitMQ。

仿照 Scrapy-Redis 的源码，我们先来解决 RabbitMQ 的连接问题，首先定义一个 connectoin 对象：

```python
import pika

def from_settings(settings):
    connection_parameters = settings.get('RABBITMQ_CONNECTION_PARAMETERS', RABBITMQ_CONNECTION_PARAMETERS)
    connection = pika.BlockingConnection(pika.ConnectionParameters(**connection_parameters))
    channel = connection.channel()
    return channel
```

这里定义了 from_settings 方法，可以根据全局的 RABBITMQ_CONNECTION_PARAMETERS 来创建一个 RabbitMQ 连接对象，返回 channel 信息。另外在 Scrapy-Redis 中，优先级队列是使用有序集合来实现的，每个元素都有一个分数值，Redis 可以根据分数来排序，这样分数越小的就排到越前面，下次就会被优先获取。

那 RabbitMQ 怎么实现优先级队列的功能呢？4.8 节我们也学习了，RabbitMQ 已经提供了对优先级队列的支持，需要在声明队列的时候设置 x-max-priority 参数来设定最大的优先级数量，同时在发布消息的时候添加优先级参数。

在这里我们仿照 Scrapy-Redis 的 PriorityQueue 来进行改写，写法如下：

```python
class PriorityQueue(Base):
    
    def __init__(self, server, spider, key,
                 max_priority=SCHEDULER_QUEUE_MAX_PRIORITY,
                 durable=SCHEDULER_QUEUE_DURABLE,
                 force_flush=SCHEDULER_QUEUE_FORCE_FLUSH,
                 priority_offset=SCHEDULER_QUEUE_PRIORITY_OFFSET):
        self.inited = False
        self.durable = durable
        super(PriorityQueue, self).__init__(server, spider, key)
        try:
            self.queue_operator = self.server.queue_declare(queue=self.key, arguments={
                'x-max-priority': max_priority
            }, durable=durable)
            logger.debug('Queue operator %s', self.queue_operator)
            self.inited = True
        except ChannelClosedByBroker as e:
            logger.error("You have changed queue configuration, you "
                         "must delete queue manually or set `SCHEDULER_QUEUE_FORCE_FLUSH` "
                         "to True, error detail %s" % str(e.args), exc_info=True)
            self.inited = False
        self.priority_offset = priority_offset
    
    def __len__(self):
        if not hasattr(self, 'queue_operator'):
            return 0
        return self.queue_operator.method.message_count
    
    def push(self, request):
        priority = request.priority + self.priority_offset
        if priority < 0:
            priority = 0
        delivery_mode = 2 if self.durable else None
        self.server.basic_publish(
            exchange='',
            properties=pika.BasicProperties(
                priority=priority,
                delivery_mode=delivery_mode
            ),
            routing_key=self.key,
            body=self._encode_request(request)
        )
    
    def pop(self):
        method_frame, header, body = self.server.basic_get(queue=self.key, auto_ack=True)
        if body:
            return self._decode_request(body)
```

首先对于 __init__ 方法，这里自定义了一些参数，如 durable 代表是否持久化，默认读取了配置 SCHEDULER_QUEUE_DURABLE，其值为 True。另外优先级的最大值 max_priority 默认读取了配置 SCHEDULER_QUEUE_MAX_PRIORITY，其值为 100。在 __init__ 方法中，最关键的就是 queue_declare 方法，它用来声明一个消息队列，指定了参数 x-max-priority 为 max_priority，代表这是一个支持优先级的队列，最大优先级的数值为 max_priority。

接着对于 push 方法，和前文的样例一样，调用了 basic_publish 方法，不过由于这里支持优先级，所以额外传入了 peoperties 对象并指定了 priority。

对于 pop 方法，则是使用了 basic_get 方法并设置了 auto_ack 参数为 True，这样便可以从队列中取出一个当前优先级最高的消息并返回了。另外对于 _decode_request 和 _encode_request 方法，其原理和 Scrapy-Redis 一样，这里就不再赘述了。

对于 Scheduler，基本原理就是将 Queue 对象更换为刚才声明的 PriorityQueue 对象，同时一些初始化参数通过 settings 获取即可。

这样我们就成功将爬取队列迁移到 RabbitMQ 里面了。

以上的内容我已经整理发布了一个 Python 包，叫作 GerapyRabbitMQ，其 GitHub 链接为：https://github.com/Gerapy/GerapyRabbitMQ，安装方式也非常简单，只需要 pip3 安装即可：

```
pip3 install gerapy-rabbitmq
```

接下来我们就基于 GerapyRabbitMQ，把上一节基于 Redis 的爬取队列迁移到 RabbitMQ 上。

3. 迁移

安装好 GerapyRabbitMQ 包后，我们需要更改如下配置：

```
SCHEDULER = "gerapy_rabbitmq.scheduler.Scheduler"
SCHEDULER_QUEUE_KEY = '%(spider)s_requests'

RABBITMQ_CONNECTION_PARAMETERS = {
    'host': '192.168.2.3'
}
```

这里首先需要更改 SCHEDULER，切换到 GerapyRabbitMQ 里面定义的调度器类，然后调度器队列的名称格式也可以定义，这里定义为 SCHEDULER_QUEUE_KEY，意思是 Spider 名称和 Requests 的组合，然后 RABBITMQ_CONNECTION_PARAMETERS 就是 RabbitMQ 的连接对象，其参数可以参考 https://pika.readthedocs.io/en/stable/modules/parameters.html 里面的说明。

> **注意** 如果出现连接失败的问题，是因为默认情况下 RabbitMQ 只允许 Guest 用户使用 localhost 访问，要解决这个问题，请参考 https://rabbitmq.docs.pivotal.io/37/rabbit-web-docs/access-control.html 里面的解决方案。

同样地，A、B、C 三台主机都需要修改为同一个 RabbitMQ 地址，重新运行就可以实现用三台主机协同爬取了，分布式爬取就完成了。

具体的运行方式和 16.3 节是一样的，这里不再赘述。

4. 总结

本节中我们介绍了利用 RabbitMQ 实现分布式爬取的过程，成功将爬取队列由 Redis 更换到了 RabbitMQ 上，解决了 Redis 的内存占用问题。

本节代码参见：https://github.com/Python3WebSpider/ScrapyCompositeDemo/tree/gerapy-rabbitmq，注意是 gerapy-rabbitmq 分支。

本章的内容到此就结束了。在这一章，我们了解了分布式爬虫的原理，并介绍了 Scrapy 分布式爬虫基于 Redis 的实现以及一些优化方案。有了分布式爬虫的加持，一些超大规模数据量的爬取就可以得到有效解决了。

第 17 章 爬虫的管理和部署

在前一章中,我们成功实现了 Scrapy 分布式爬虫,但是在这个过程中我们发现有很多不方便的地方。比如在将 Scrapy 项目放到各台主机上运行时,我们采用的是文件上传或者 Git 同步的方式,这样需要各台主机都进行操作,如果有 100 台、1000 台主机,那么工作量可想而知。另外,如果代码需要改动的话,那么还需要额外把改动同时更新到所有主机上,操作非常烦琐,并且也容易出错。

本章中,我们就来了解一下分布式爬虫在部署方面可以采取的一些措施,以方便地实现爬虫任务的批量部署和管理。

本章主要介绍两种 Scrapy 分布式爬虫管理方案:基于 Scrapyd 的管理方案和基于 Kubernetes 的管理方案。

17.1 Scrapyd 和 ScrapydAPI 的使用

在上一章中,我们学习了 Scrapy 框架,利用它可以快速开发一个爬虫程序。Scrapyd 又是什么呢?跟 Scrapy 相比,Scrapyd 多了一个字母 d,这个 d 其实就是部署(deploy)的意思,所以 Scrapyd 就是为了方便管理和部署 Scrapy 爬虫程序而诞生的。本节中,我们先简单了解下 Scrapyd 及其用法。

1. 了解 Scrapyd

Scrapyd 是一个运行 Scrapy 爬虫的服务程序,它提供一系列 HTTP 接口来帮助我们部署、启动、停止和删除爬虫程序。Scrapyd 支持版本管理,同时还可以管理多个爬虫任务,利用它我们可以非常方便地完成 Scrapy 爬虫项目的部署任务调度。

2. 准备工作

请确保本机或服务器已经正确安装好了 Scrapyd,安装命令如下:

```
pip3 install scrapyd
```

更详细的安装流程可以参考:https://setup.scrape.center/scrapyd。

安装并完成 Scrapyd 相应的配置之后,我们直接输入 scrapyd 即可启动对应的服务,命令如下:

```
scrapyd
```

运行之后,会有类似如下的输出:

```
[Launcher] Scrapyd 1.2.1 started: max_proc=8, runner='scrapyd.runner'
```

这就代表 Scrapyd 已经启动成功了。

3. 访问 Scrapyd

Scrapyd 默认会在 6800 端口上运行。访问服务器的 6800 端口,我们就可以看到一个 Web UI 页面了。本案例中,我们依然在 A(192.168.2.3)服务器上启动 Scrapyd 服务。启动完成之后,我们打开

http://192.168.2.3:6800/，即可看到类似如图 17-1 所示的页面。

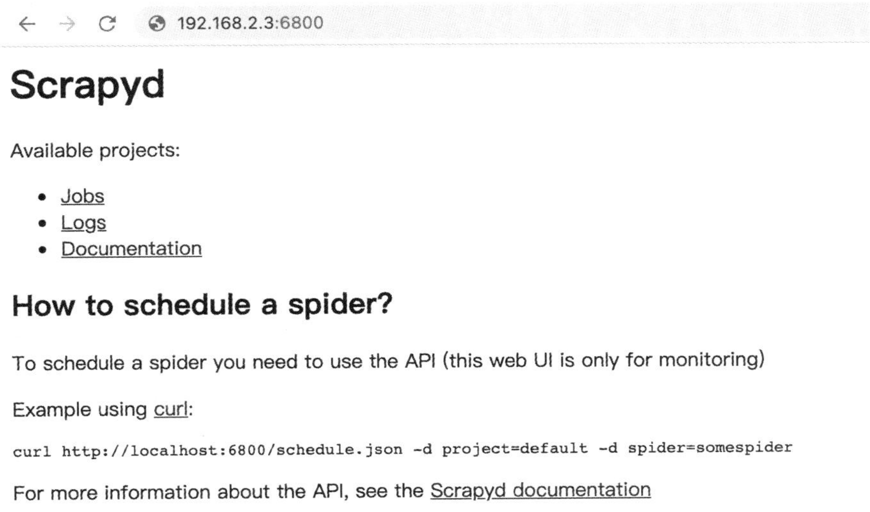

Scrapyd

Available projects:
- Jobs
- Logs
- Documentation

How to schedule a spider?

To schedule a spider you need to use the API (this web UI is only for monitoring)

Example using curl:

```
curl http://localhost:6800/schedule.json -d project=default -d spider=somespider
```

For more information about the API, see the Scrapyd documentation

图 17-1　Scrapyd 页面

如果可以成功访问到此页面，那么证明 Scrapyd 配置就没有问题了。

如果访问失败，那 Scrapyd 监听的地址很有可能是 127.0.0.1，这是默认配置。此时可以修改 scrapyd.conf 文件，将 bind_address 修改为 0.0.0.0，具体可以参见 https://scrapyd.readthedocs.io/en/stable/config.html#config。

比如，可以在当前命令行所在目录下新建一个 scrapyd.conf 文件，将其内容进行如下修改：

```
[scrapyd]
bind_address = 0.0.0.0
http_port    = 6800
```

这样就指定了 Scrapyd 可以被公开访问，同时运行在 6800 端口。修改完成之后，再次重启 Scrapyd，它应该就可以被访问到了。

4. Scrapyd 的功能

Scrapyd 提供了一系列 HTTP 接口来实现各种操作，这里我们可以将接口的功能梳理一下，以 Scrapyd 所在的 IP 192.168.2.3 为例来进行说明。

> **注意**　此处使用 curl 命令来模拟 HTTP 的各种请求，你也可以使用其他工具（如 Postman、Python 等）来进行请求，效果都是一样的。另外，这里使用的 IP 是 A 主机的 IP，请自行替换为你的 Scrapyd 服务所在主机的 IP。

- **daemonstatus.json**

这个接口负责查看 Scrapyd 当前的服务和任务状态，我们可以用 curl 命令来请求这个接口，具体如下：

```
curl http://192.168.2.3:6800/daemonstatus.json
```

这样我们就会得到如下结果：

```
{"status": "ok", "finished": 90, "running": 9, "node_name": "vm1", "pending": 0}
```

返回结果是 JSON 字符串，其中 status 是当前运行状态，finished 代表当前已经完成的 Scrapy 任务，running 代表正在运行的 Scrapy 任务，pending 代表等待被调度的 Scrapyd 任务，node_name 就是主机的名称。

- addversion.json

这个接口主要用来部署 Scrapy 项目。在部署的时候，我们需要首先将项目打包成 egg 文件，然后传入项目名称和部署版本。

我们可以用如下方式实现项目部署：

```
curl http://192.168.2.3:6800/addversion.json -F project=<project_name> -F version=v1 -F egg=<project_name>.egg
```

这里 -F 即代表添加一个参数，同时我们还需要将项目打包成 egg 文件放到本地。另外，还需要将 <project_name> 替换成真实的项目名称。

这样发出请求之后，我们可以得到类似如下结果：

```
{"status": "ok", "spiders": 3}
```

这个结果表明部署成功，并且其中包含的 Spider 的数量为 3。

> **注意** Spider 的数量视具体的项目为准，不同的项目包含的 Spider 数量可能不同，此处样例为 3。

使用此方法部署可能比较烦琐，后文会介绍更方便的工具来实现项目的部署。

- schedule.json

部署完成之后，项目其实就存在于 Scrapyd 之上了，那么怎么来运行这个 Scrapy 项目呢？此时可以借助 schedule.json 这个接口，它负责调度已部署好的 Scrapy 项目。

我们可以用如下方式实现任务调度：

```
curl http://192.168.2.3:6800/schedule.json -d project=<project_name> -d spider=<spider_name>
```

这里需要传入两个参数：project 即 Scrapy 项目名称，spider 即 Spider 名称。

返回结果类似如下：

```
{"status": "ok", "jobid": "6487ec79947edab326d6db28a2d86511e8247444"}
```

其中 status 代表 Scrapy 项目启动情况，jobid 代表当前正在运行的爬取任务代号。

类似于执行了如下命令：

```
scrapy crawl <spider_name>
```

这就相当于用 Scrapyd 启动了对应项目的一个 Spider。Spider 是由 Scrapyd 运行的，运行之后就相当于运行了一个任务，其任务标识代号就是 jobid，我们可以根据这个 jobid 来查看或操作该 Spider 的运行状态。

- cancel.json

这个接口可以用来取消某个爬取任务。如果这个任务是 pending 状态，那么它将会被移除；如果这个任务是 running 状态，那么它将会被终止。

我们可以用下面的命令来取消任务的运行：

```
curl http://192.168.2.3:6800/cancel.json -d project=<project_name> -d job=6487ec79947edab326d6db28a2d86511e8247444
```

这里需要传入两个参数：project 即项目名称，job 即爬取任务的代号，其值就是上文所说的 schedule.json 接口返回的 jobid 的内容。

返回结果如下：

{"status": "ok", "prevstate": "running"}

其中 status 代表请求执行情况，prevstate 代表之前的运行状态。

- **listprojects.json**

这个接口用来列出部署到 Scrapyd 服务上的所有项目的描述信息。

我们可以用下面的命令来获取 Scrapyd 服务器上的所有项目描述：

curl http://192.168.2.3:6800/listprojects.json

这里不需要传入任何参数。

返回结果类似如下：

{"status": "ok", "projects": ["project1", "project2"]}

其中 status 代表请求执行情况，projects 是项目名称列表。

- **listversions.json**

这个接口用来获取某个项目的所有版本号。版本号是按顺序排列的，其最后一个条目是最新的版本号。

我们可以用如下命令来获取项目的版本号：

curl http://192.168.2.3:6800/listversions.json?project=<project_name>

这里需要用到参数 project，就是项目的名称。

返回结果如下：

{"status": "ok", "versions": ["v1", "v2"]}

其中 status 代表请求执行情况，versions 是版本号列表。

- **listspiders.json**

这个接口用来获取某个项目最新的一个版本的所有 Spider 名称。

我们可以用如下命令来获取项目的 Spider 名称：

curl http://192.168.2.3:6800/listspiders.json?project=<project_name>

这里需要用到参数 project，就是项目的名称。

返回结果类似如下：

{"status": "ok", "spiders": ["spider1"]}

其中 status 代表请求执行情况，spiders 是 Spider 名称列表。

- **listjobs.json**

这个接口用来获取某个项目当前运行的所有任务详情。

我们可以用如下命令来获取所有任务详情：

curl http://192.168.2.3:6800/listjobs.json?project=project

这里需要用到参数 project，就是项目的名称。

返回结果如下：

```
{"status": "ok",
 "pending": [{"id": "78391cc0fcaf11e1b0090800272a6d06", "spider": "spider1"}],
 "running": [{"id": "422e608f9f28cef127b3d5ef93fe9399", "spider": "spider1", "start_time": "2020-07-12 10:14:03.594664"}],
 "finished": [{"id": "2f16646cfcaf11e1b0090800272a6d06", "spider": "spider1", "start_time": "2020-07-12 10:14:03.594664", "end_time": "2020-07-12 10:24:03.594664"}]}
```

其中 status 代表请求执行情况，pending 代表当前正在等待的任务，running 代表当前正在运行的任务，finished 代表已经完成的任务。

- **delversion.json**

这个接口用来删除项目的某个版本。

我们可以用如下命令来删除项目版本：

```
curl http://192.168.2.3:6800/delversion.json -d project=<project_name> -d version=<version_name>
```

这里需要用到参数 project，就是项目的名称；还需要用到参数 version，就是项目的版本。

返回结果如下：

```
{"status": "ok"}
```

其中 status 代表请求执行情况，这样就代表删除成功了。

- **delproject.json**

这个接口用来删除某个项目。

我们可以用如下命令来删除某个项目：

```
curl http://192.168.2.3:6800/delproject.json -d project=<project_name>
```

这里需要用到参数 project，就是项目的名称。

返回结果如下：

```
{"status": "ok"}
```

其中 status 代表请求执行情况，这样就代表删除成功了。

以上就是 Scrapyd 所有的接口，我们可以直接请求 HTTP 接口来控制项目的部署、启动、运行等操作。

5. ScrapydAPI 的使用

以上这些接口用起来可能还不是很方便，没关系，ScrapydAPI 库对这些接口又做了一层封装，使用 pip3 即可安装它：

```
pip3 install python-scrapyd-api
```

下面我们来看下 ScrapydAPI 的使用方法，其核心原理和 HTTP 接口请求方式并无二致，只不过用 Python 封装后使用更加便捷。

我们可以用如下方式建立一个 ScrapydAPI 对象：

```
from scrapyd_api import ScrapydAPI
scrapyd = ScrapydAPI('http://192.168.2.3:6800')
```

然后就可以调用它的方法来实现对应接口的操作了，例如部署操作可以使用如下方式：

```
egg = open('project.egg', 'rb')
scrapyd.add_version('project', 'v1', egg)
```

这样我们就可以将项目打包为 egg 文件，然后把本地打包的 egg 项目部署到远程 Scrapyd 了。

另外，ScrapydAPI 还实现了所有 Scrapyd 提供的 API 接口，名称都是相同的，参数也是相同的。

例如，我们调用 list_projects 方法即可列出 Scrapyd 中所有已部署的项目：

```
scrapyd.list_projects()
['project1', 'project2']
```

另外，其他方法在此不再一一列举了，名称和参数都是相同的，更加详细的操作可以参考其官方文档：http://python-scrapyd-api.readthedocs.io/。

6. 总结

本节介绍了 Scrapyd 及 ScrapydAPI 的相关用法，我们可以通过它来部署项目，并通过 HTTP 接口来控制爬虫任务的运行，不过这里有一个不方便的地方，那就是部署过程。首先它需要打包 egg 文件，然后上传，这还是比较烦琐的。在下一节中，我们介绍一个更加方便的工具来完成部署过程。

17.2 Scrapyd-Client 的使用

前面我们了解了 Scrapyd 的基本用法，Scrapyd 提供了一系列 API 来帮我们实现 Scrapy 爬虫项目的管理，不过其中有一个不是很方便的流程，那就是部署，即如何将 Scrapy 项目部署到 Scrapyd 上。一般来说，部署的这个过程需要把项目打包成 egg 文件，可是这个打包过程其实相对还是比较烦琐的。所以这里推荐由现成的工具来完成部署过程，它叫作 Scrapyd-Client。本节将简单介绍使用 Scrapyd-Client 部署 Scrapy 项目的方法。

1. 准备工作

请先确保 Scrapyd-Client 已经正确安装，使用 pip3 安装即可：

```
pip3 install scrapyd-client
```

具体的安装方式可以参考：https://setup.scrape.center/scrapyd-client。

2. Scrapyd-Client 的功能

为了方便 Scrapy 项目的部署，Scrapyd-Client 提供两个功能。

- 将项目打包成 egg 文件。
- 将打包生成的 egg 文件通过 addversion.json 接口部署到 Scrapyd 上。

也就是说，Scrapyd-Client 帮我们把部署全部实现了，我们不需要再去关心 egg 文件是怎样生成的，也不需要再去读 egg 文件并请求接口上传了，这一切的操作只需要执行一个命令即可完成。

3. Scrapyd-Client 部署

要部署 Scrapy 项目，我们首先需要修改一下项目的配置文件。例如我们之前写的 Scrapy 爬虫项目，在项目的第一层会有一个 scrapy.cfg 文件，它的内容如下：

```
[settings]
default = scrapycompositedemo.settings

[deploy]
#url = http://localhost:6800/
project = scrapycompositedemo
```

这里我们需要配置一下 deploy 部分，例如我们要将项目部署到 A 主机（192.168.2.3）的 Scrapyd 上，此时就需要将内容修改为：

```
[deploy]
```

```
url = http://192.168.2.3:6800/
project = scrapycompositedemo
```

这样我们再在 scrapy.cfg 文件所在路径下执行如下命令：

```
scrapyd-deploy
```

运行结果如下：

```
Packing version 1501682277
Deploying to project "scrapycompositedemo" in http://192.168.2.3:6800/addversion.json
Server response (200):
{"status": "ok", "spiders": 1, "node_name": "vm1", "project": "scrapycompositedemo", "version": "1501682277"}
```

返回这样的结果就代表部署成功了。

我们也可以指定项目版本（如果不指定的话，默认为当前时间戳），此时可以通过 version 参数传递，例如：

```
scrapyd-deploy --version 201707131455
```

值得注意的是，在 Python 3 的 Scrapyd 1.2.0 版本中，我们不要指定版本号为带字母的字符串，要为纯数字，否则可能会报错。

另外，如果有多台主机，我们可以配置各台主机的别名，例如可以修改配置文件为：

```
[deploy:vm1]
url = http://192.168.2.3:6800/
project = scrapycompositedemo

[deploy:vm2]
url = http://192.168.2.4:6800/
project = scrapycompositedemo

[deploy:vm3]
url = http://192.168.2.5:6800/
project = scrapycompositedemo
```

有多台主机的话，就在此统一配置，一台主机对应一组配置，在 deploy 后面加上主机的别名即可。这样如果我们想将项目部署到 IP 为 192.168.2.5 的 vm3 主机上，只需要执行如下命令：

```
scrapyd-deploy vm3
```

如此一来，如果有多台主机，我们只需要在 scrapy.cfg 文件中配置好各台主机的 Scrapyd 地址，然后调用 scrapyd-deploy 命令加主机名称即可实现部署，非常方便。

默认情况下，Scrapyd 是没有登录验证的，比如 Basic Auth 的功能是不具备的，如果想要开启，可以使用 Nginx 服务器实现。比如此处利用 Nginx 实现了 Scrapyd 的登录验证，Nginx 的监听端口修改为了 6801，用户名和密码都是 admin，那么 scrapy.cfg 可以这样配置：

```
[deploy:vm1]
url = http://192.168.2.3:6801/
project = scrapycompositedemo
username = admin
password = admin

...
```

这样通过加入 username 和 password 字段，我们就可以在部署时自动进行 Basic Auth 验证，然后成功实现部署。

4. 总结

本节介绍了利用 Scrapyd-Client 来方便地将项目部署到 Scrapyd 的过程，有了它，部署不再是麻烦事。

17.3 Gerapy 爬虫管理框架的使用

我们可以通过 Scrapyd-Client 将 Scrapy 项目部署到 Scrapyd 上，并且可以通过 ScrapydAPI 来控制 Scrapy 的运行。那么，我们是否可以做到更优化？方法是否更方便可控？

我们重新分析一下当前可以优化的问题。

- 使用 Scrapyd-Client 部署时，需要在配置文件中配置好各台主机的地址，然后利用命令行执行部署过程。如果我们省去各台主机的地址配置，将命令行对接图形界面，只需要点击按钮即可实现批量部署，这样就更方便了。
- 使用 ScrapydAPI 可以控制 Scrapy 任务的启动、终止等工作，但很多操作还需要代码来实现，同时获取爬取日志还比较烦琐。如果我们有一个图形界面，只需要点击按钮即可启动和终止爬虫任务，同时还可以实时查看爬取日志报告，这将大大节省我们的时间和精力。

所以我们的目标其实是：更方便地控制爬虫运行、更直观地查看爬虫状态、更实时地查看爬取结果、更简单地实现项目部署、更统一地实现主机管理，而所有这些工作均可通过 Gerapy 来实现。

Gerapy 是一个基于 Scrapyd、ScrapydAPI、Django、Vue.js 搭建的分布式爬虫管理框架，本节中我们来简单介绍它的用法。

1. 准备工作

在开始之前，请确保已经正确安装好了 Gerapy，同样使用 pip3 安装即可：

```
pip3 install gerapy
```

更详细的安装说明可以参考：https://setup.scrape.center/gerapy。

2. 使用说明

安装完 Gerapy 之后，我们就可以使用 gerapy 命令了。首先，可以利用 gerapy 命令新建一个工作目录，如下：

```
gerapy init
```

这样会在当前目录下生成一个 gerapy 文件夹，然后进入该文件夹，会发现一个空的 projects 文件夹，这在后文会提及。

这时先对数据库进行初始化：

```
gerapy migrate
```

这样即会生成一个 SQLite 数据库，该数据库中会保存各个主机配置信息、部署版本等。

接下来，我们可以生成一个管理账号：

```
gerapy initadmin
```

这时候可以生成一个用户名和密码都为 admin 的管理员账号，用于后续系统的登录。

当然，如果不想使用默认的 admin 账号，也可以利用如下命令来创建单独的账号：

```
gerapy createsuperuser
```

输入用户名和密码之后，就可以创建一个管理员账号了。

接下来，启动 Gerapy 服务，命令如下：

```
gerapy runserver
```

这样即可在默认 8000 端口上开启 Gerapy 服务，用浏览器打开 http://localhost:8000 即可进入

Gerapy 的管理页面。

这时候会提示输入用户名和密码，如图 17-2 所示。

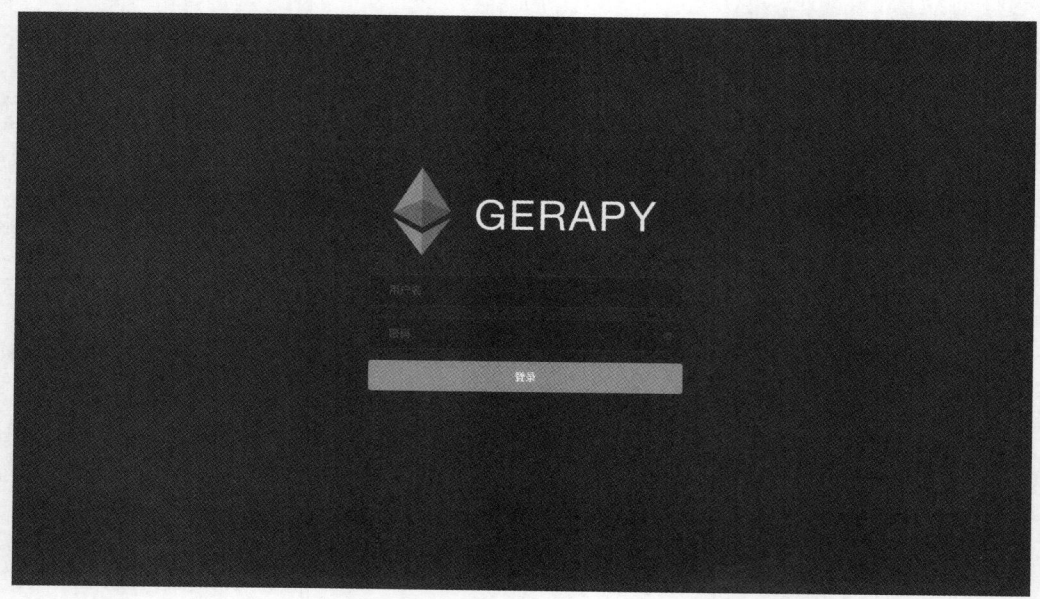

图 17-2　登录界面

输入用户名和密码，即可登录系统了。可以看到，左侧菜单栏有主机管理、项目管理、任务管理三大模块。

在主机管理中，我们可以添加各台主机的 Scrapyd 运行地址和端口，并加上名称标记。比如，要添加主机 A（192.168.2.3），就可以按照图 17-3 这样填写。

图 17-3　创建主机

这里的端口我们填写的是 6800，即 Scrapyd 的运行端口。

添加之后，该主机便会出现在主机列表中，Gerapy 会监控各台主机的运行状况并以不同的状态标识，如图 17-4 所示。

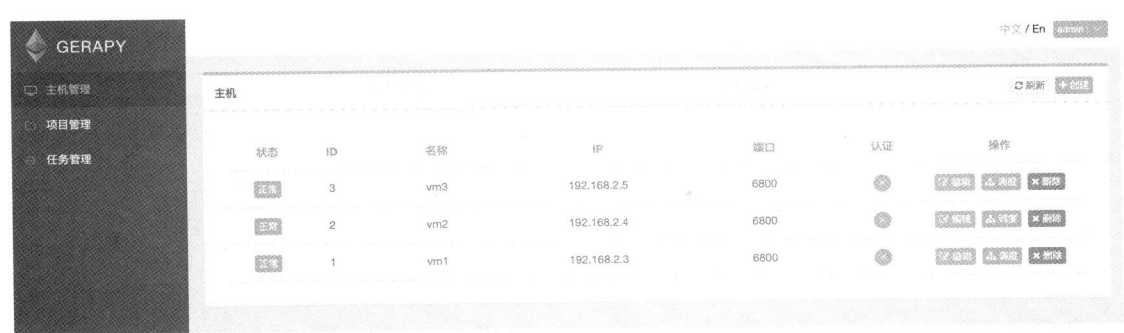

图 17-4　主机列表

另外，刚才我们提到，在 gerapy 目录下有一个空的 projects 文件夹，这就是存放 Scrapy 目录的文件夹。如果我们想要部署某个 Scrapy 项目，只需要将该项目文件放到 projects 文件夹下即可。

这里我们可以将 16.3 节的分布式爬虫项目放入 projects 文件夹，如图 17-5 所示。

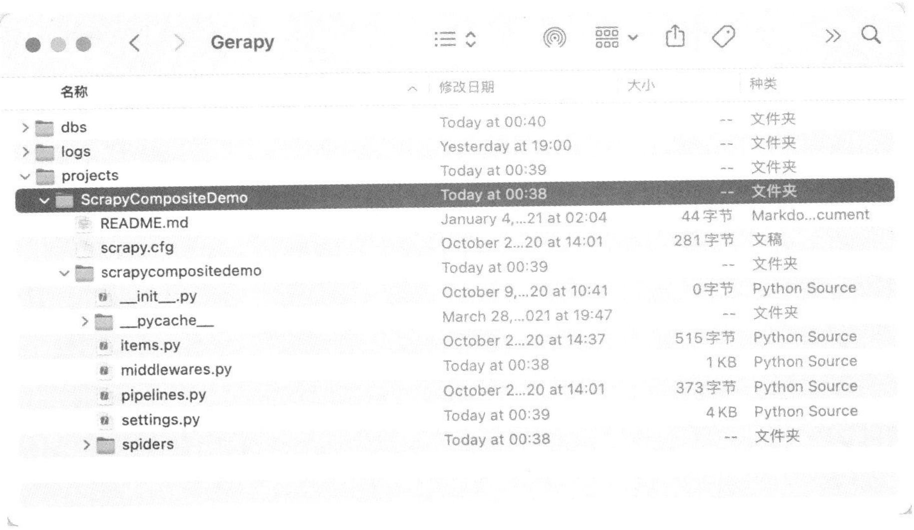

图 17-5　projects 文件夹

然后重新回到 Gerapy 管理界面，点击"项目管理"，即可看到当前项目列表，如图 17-6 所示。

图 17-6　项目列表

Gerapy 提供了项目在线编辑功能，我们点击"编辑"按钮即可可视化地对项目进行编辑，如图 17-7 所示。

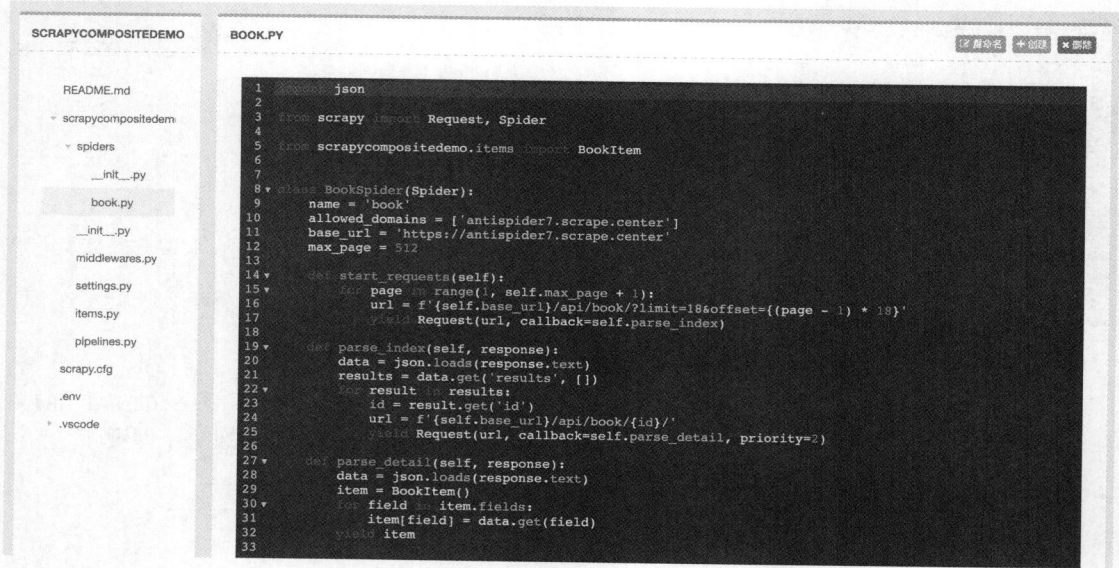

图 17-7　编辑项目

如果项目没有问题，可以点击"部署"按钮进行打包和部署。但是部署之前需要打包项目，打包时可以指定版本描述，如图 17-8 所示。

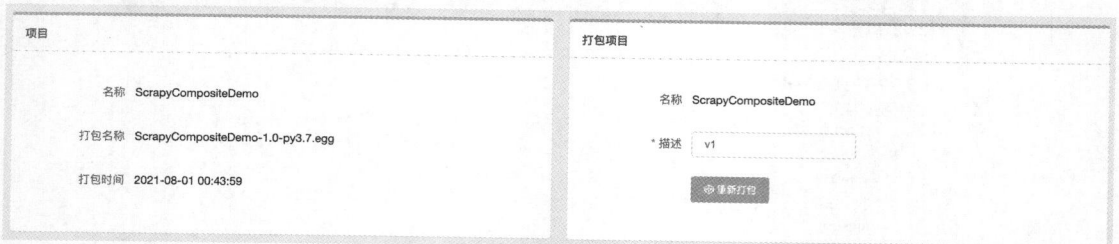

图 17-8　项目打包

打包完成之后，直接点击"部署"按钮即可将打包好的 Scrapy 项目部署到对应的云主机上，如图 17-9 所示。当然，我们也可以批量部署。

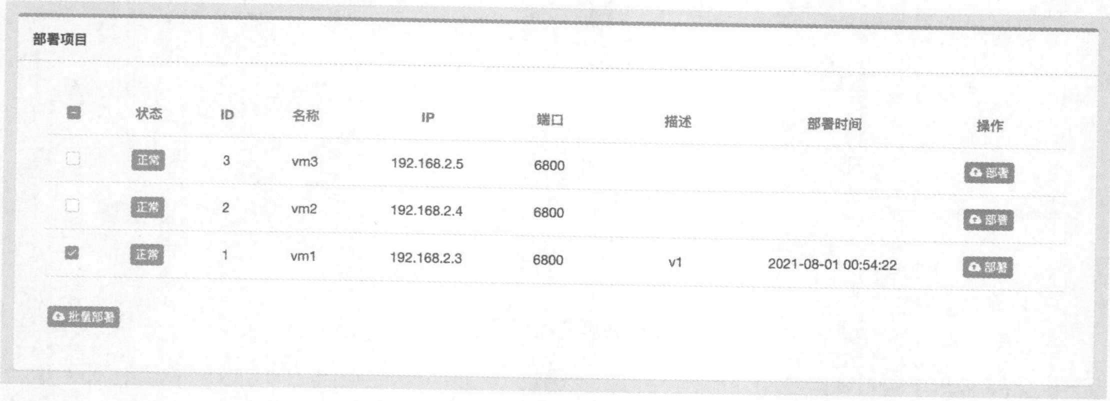

	状态	ID	名称	IP	端口	描述	部署时间	操作
☐	正常	3	vm3	192.168.2.5	6800			部署
☐	正常	2	vm2	192.168.2.4	6800			部署
☑	正常	1	vm1	192.168.2.3	6800	v1	2021-08-01 00:54:22	部署

图 17-9　部署项目

部署完毕之后，就可以回到"主机管理"页面进行任务调度了。点击"调度"即可进入"任务管理"页面，查看当前主机所有任务的运行状态。我们可以通过点击"新任务""停止"等按钮来实现任务的启动和停止等操作，同时也可以通过展开任务条目查看日志详情，如图17-10所示。

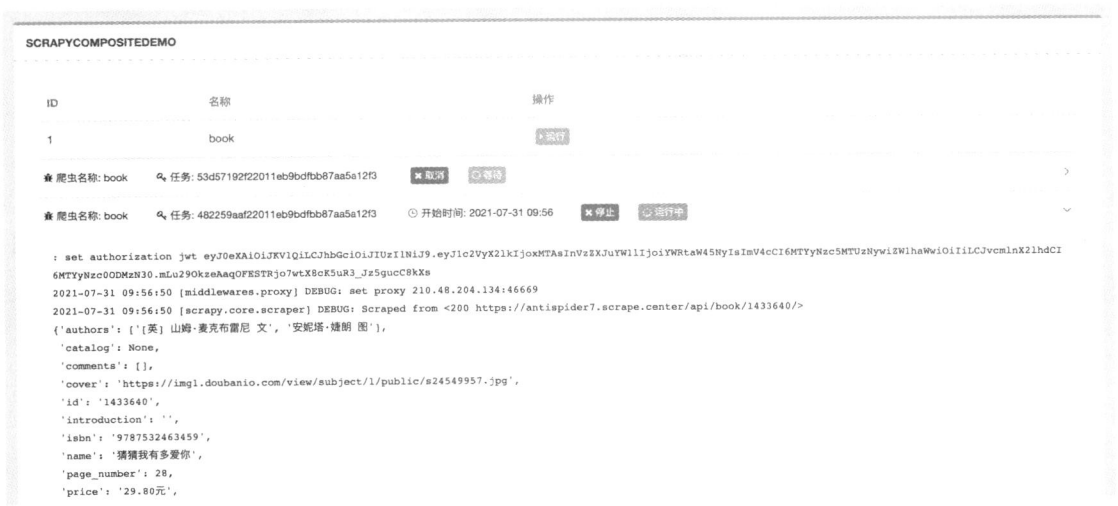

图17-10　查看日志详情

另外，我们还可以在"定时任务"面板中添加一些定时任务，支持单次执行、crontab执行等规则，更多的介绍可以参考Gerapy的官方文档：https://docs.gerapy.com。

3. 总结

本节中，我们介绍了Gerapy的简单用法，利用它我们可以方便地实现Scrapy项目的部署、管理等操作。尤其是对于分布式爬虫的管理来说，Gerapy可以帮我们提高更多效率，省去更多烦琐的步骤。

17.4　将Scrapy项目打包成Docker镜像

在本章前三节的内容中，我们了解了Scrapy项目的一种部署方式——Scrapyd，这是Scrapy官方提供的一种用于部署和管理Scrapy项目的解决方案，再配合Gerapy，我们可以更加方便地管理基于Scrapyd部署的Scrapy项目。

当然，上述方案并不是唯一的。随着容器化技术的发展，Docker + Kubernetes的解决方案变得越来越流行，Kubernetes毫无疑问已经成了最主流的容器化编排工具，而且使用也越来越广泛。那么，我们能否把Scrapy打包成Docker容器，并迁移到Kubernetes进行管理和维护呢？当然是可以的。

接下来，我们就来了解下Scrapy项目的另外一种部署方式——基于Docker + Kubernetes的部署和维护方案，具体的内容包括：

- 如何把Scrapy项目打包成一个Docker镜像；
- 如何利用Docker Compose来方便地维护和打包镜像；
- 如何使用Kubernetes来部署Scrapy项目的Docker镜像；
- 如何监控Scrapy项目的爬取状态。

接下来，我们先来了解如何把一个Scrapy项目制作成一个Docker镜像。

1. 准备工作

本节中，我们要把前文的 Scrapy 项目打包成一个 Docker 镜像。

首先，本节基于前文 Scrapy-Redis 的分布式爬虫进行改写，代码见 https://github.com/Python3WebSpider/ScrapyCompositeDemo/tree/scrapy-redis，可以直接克隆代码，注意切换到 scrapy-redis 分支，命令如下：

```
git clone -b scrapy-redis https://github.com/Python3WebSpider/ScrapyCompositeDemo.git
```

运行上述命令之后，我们得到的就是 ScrapyCompositeDemo 项目的 scrapy-redis 分支的代码。

另外，我们还需要确保已经安装好 Docker 并能正常使用 docker 命令，具体的安装方式可以参考 https://setup.scrape.center/docker。

另外，由于本项目需要用到代理池和账号池，所以还需要确保二者可以正常运行，具体的内容可以参考 16.3 节。

2. 创建 Dockerfile

首先，在项目的根目录下新建一个 requirements.txt 文件，将整个项目依赖的 Python 环境包都列出来，如下所示：

```
scrapy
aiohttp
scrapy-redis
environs
```

如果库需要特定的版本，我们还可以指定版本号，如下所示：

```
scrapy>=2.0.0
pymongo>=3.7.3
```

在项目根目录下新建一个 Dockerfile 文件，文件不加任何后缀名，将其内容改为：

```
FROM python:3.7
WORKDIR /app
COPY requirements.txt .
RUN pip install -r requirements.txt
COPY . .
CMD ["scrapy", "crawl", "book"]
```

第一行的 FROM 代表使用的 Docker 基础镜像，这里我们直接使用 python:3.7 的镜像，在此基础上运行 Scrapy 项目。

第二行的 WORKDIR 是运行路径，这里我们将其设置为 /app，这样在 Docker 中，最终运行程序所在的路径就是 /app。

第三行的 COPY 是将本地的 requirements.txt 复制到 Docker 的工作路径下，即复制到 /app 下。

第四行的 RUN 指定了一个 pip 的命令，用来读取上一步复制到 Docker 工作路径下的 requirements.txt 文件，并安装该文件里面列出的所有依赖库。

第五行的 COPY 是将当前文件夹下所有的文件全部复制到 Docker 的 /app 路径下。这时候大家可能有疑惑，为什么第三行不直接复制而需要再复制一次呢？这是因为这样可以单独将较为耗费构建时间的安装依赖步骤独立为 Docker 镜像单独的层级。这样的话，只要 requirements.txt 不变，以后再次构建 Docker 镜像的时候，就会直接利用已经构建的层级，不会再耗费构建时间。所以在适当的情况下，我们可以试着将一些较为耗时的初始化操作单独放到相对靠前的层级来实现。

第六行的 CMD 是容器启动命令。在容器运行时，此命令会被执行。这里我们直接用 scrapy crawl book 来启动爬虫。

> **注意** 如果你对 Dockerfile 的编写还不够熟悉，可以额外学习一下 Docker 相关的基础知识和 Dockerfile 的编写教程。

3. 修改代码

由于我们对接的是 Docker，所以需要修改几处代码，比如代理池、账号池的 API 地址以及 Redis 的连接地址，之前是直接写死在代码里面的，现在我们构建了 Docker 镜像，那这些定义建议改成环境变量的形式。

首先在 middleware.py 文件中，accountpool_url 和 proxypool_url 变量的定义需要修改如下：

```
import os
accountpool_url = os.getenv('ACCOUNTPOOL_URL')
proxypool_url = os.getenv('PROXYPOOL_URL')
```

这里将固定的 URL 改写成通过 getenv 方法获取的环境变量，这时候需要另外导入 os 这个库。对应的两个环境变量分别为 ACCOUNTPOOL_URL 和 PROXYPOOL_URL。

另外，在 settings.py 中，REDIS_URL 的定义也需要修改为通过环境变量获取的方式，具体如下：

```
REDIS_URL = os.getenv('REDIS_URL')
```

修改完毕之后，我们就可以构建镜像了。

4. 构建镜像

接下来，我们便可以构建镜像了，相关命令如下：

```
docker build -t scrapycompositedemo .
```

注意这条命令最后有一个 . 点号，代表当前运行目录。

输出结果类似如下：

```
Sending build context to Docker daemon  257.5kB
Step 1/6 : FROM python:3.7
 ---> 22eb61a2cb94
Step 2/6 : WORKDIR /app
 ---> Using cache
 ---> 5a965b3af33a
Step 3/6 : COPY requirements.txt .
 ---> 8d949288babe
Step 4/6 : RUN pip install -r requirements.txt
 ---> Running in d4bbd8b879cc
Collecting scrapy
  Downloading Scrapy-2.4.1-py2.py3-none-any.whl (239 kB)
Collecting aiohttp
  Downloading aiohttp-3.7.3-cp37-cp37m-manylinux2014_x86_64.whl (1.3 MB)
...
Successfully installed Automat-20.2.0 PyDispatcher-2.0.5 PyHamcrest-2.0.2 Twisted-20.3.0 aiohttp-3.7.3
async-timeout-3.0.1 attrs-20.3.0 cffi-1.14.4 chardet-3.0.4 constantly-15.1.0 cryptography-3.3.1
cssselect-1.1.0 hyperlink-21.0.0 idna-3.1 incremental-17.5.0 itemadapter-0.2.0 itemloaders-1.0.4
jmespath-0.10.0 lxml-4.6.2 multidict-5.1.0 parsel-1.6.0 protego-0.1.16 pyOpenSSL-20.0.1 pyasn1-0.4.8
pyasn1-modules-0.2.8 pycparser-2.20 queuelib-1.5.0 redis-3.5.3 scrapy-2.4.1 scrapy-redis-0.6.8
service-identity-18.1.0 six-1.15.0 typing-extensions-3.7.4.3 w3lib-1.22.0 yarl-1.6.3 zope.interface-5.2.0
Removing intermediate container d4bbd8b879cc
 ---> 7b5052599607
Step 5/6 : COPY . .
 ---> 1d693eedb484
Step 6/6 : CMD ["scrapy", "crawl", "book"]
 ---> Running in 19d954c9137b
Removing intermediate container 19d954c9137b
 ---> a46de4b66276
Successfully built a46de4b66276
Successfully tagged scrapycompositedemo:latest
```

这就证明镜像构建成功了，这时执行如下命令，可以查看构建的镜像：

```
docker images
```

返回结果中有一行就是：

```
scrapycompositedemo    latest    a46de4b66276    2 minutes ago    968MB
```

这就是我们新构建的镜像。

5. 运行

运行的时候，我们需要先指定环境变量。可以新建一个 .env 文件，其内容如下：

```
ACCOUNTPOOL_URL=http://host.docker.internal:6777/antispider7/random
PROXYPOOL_URL=http://host.docker.internal:5555/random
REDIS_URL=redis://host.docker.internal:6379
```

这里定义了三个环境变量，分别是账号池、代理池、Redis 数据库的连接地址，其中每个变量的 host 地址都是 host.docker.internal，这代表 Docker 所在宿主机的 IP 地址，通过 host.docker.internal，在 Docker 内部便可以访问宿主机的相关资源。

同时，这里需要确保账号池运行在本机的 6777 端口，代理池运行在 5555 端口，Redis 数据库运行在 6379 端口。

我们可以先在本地测试运行，此时可以执行如下命令：

```
docker run --env-file .env scrapycompositedemo
```

这样我们就成功运行了刚才构建的 Docker 镜像，运行结果类似如下：

```
2021-02-04 18:30:49 [scrapy.utils.log] INFO: Scrapy 2.4.1 started (bot: scrapycompositedemo)
2021-02-04 18:30:49 [scrapy.utils.log] INFO: Versions: lxml 4.6.2.0, libxml2 2.9.10, cssselect 1.1.0, parsel
1.6.0, w3lib 1.22.0, Twisted 20.3.0, Python 3.7.9 (default, Jan 12 2021, 17:26:22) - [GCC 8.3.0], pyOpenSSL
20.0.1 (OpenSSL 1.1.1i  8 Dec 2020), cryptography 3.3.1, Platform
Linux-4.19.76-linuxkit-x86_64-with-debian-10.7
2021-02-04 18:30:49 [scrapy.utils.log] DEBUG: Using reactor:
twisted.internet.asyncioreactor.AsyncioSelectorReactor
2021-02-04 18:30:49 [scrapy.utils.log] DEBUG: Using asyncio event loop:
asyncio.unix_events._UnixSelectorEventLoop
2021-02-04 18:30:49 [scrapy.crawler] INFO: Overridden settings:
...
2021-02-04 18:30:49 [scrapy.middleware] INFO: Enabled spider middlewares:
['scrapy.spidermiddlewares.httperror.HttpErrorMiddleware',
 'scrapy.spidermiddlewares.offsite.OffsiteMiddleware',
 'scrapy.spidermiddlewares.referer.RefererMiddleware',
 'scrapy.spidermiddlewares.urllength.UrlLengthMiddleware',
 'scrapy.spidermiddlewares.depth.DepthMiddleware']
2021-02-04 18:30:49 [scrapy.middleware] INFO: Enabled item pipelines:
[]
2021-02-04 18:30:49 [scrapy.core.engine] INFO: Spider opened
2021-02-04 18:30:49 [book] DEBUG: Resuming crawl (40 requests scheduled)
2021-02-04 18:30:49 [scrapy.extensions.logstats] INFO: Crawled 0 pages (at 0 pages/min), scraped 0 items (at
0 items/min)
2021-02-04 18:30:49 [scrapy.extensions.telnet] INFO: Telnet console listening on 127.0.0.1:6023
2021-02-04 18:30:49 [middlewares.authorization] DEBUG: set authorization jwt
eyJ0eXAiOiJKV1QiLCJhbGciOiJIUzI1NiJ9.eyJ1c2VyX2lkIjo2OSwidXNlcm5hbWUiOiJhZG1pbjU2IiwiZXhwIjoxNjEyNTAxOTI1
LCJlbWFpbCI6IiIsIm9yaWdfaWF0IjoxNjEyNDU0NzI1fQ.1lx8MQf3WA528P3qG7XIG7sSr0hSsK_4RzMz8Vvsb0k
2021-02-04 18:30:49 [middlewares.proxy] DEBUG: set proxy 183.88.169.162:8080
...
2021-02-04 18:30:51 [scrapy.core.engine] DEBUG: Crawled (200) <GET
https://antispider7.scrape.center/api/book/2237621/> (referer:
https://antispider7.scrape.center/api/book/?limit=18&offset=72)
```

可以看到，在 Docker 中可以正常从代理池和账号池获取随机代理和随机 token，同时也能正常爬取到结果，这说明代理池、账号池、Redis 数据库均能正常连接。

6. 推送至 Docker Hub

构建完成之后，我们可以将镜像推送到 Docker 镜像托管平台，如 Docker Hub 或者私有的 Docker Registry 等，这样我们就可以从远程服务器下拉镜像并运行了。

以 Docker Hub 为例，如果项目包含一些私有的连接信息（如数据库），我们最好将 Repository 设为私有或者直接放到私有的 Docker Registry。

首先在 https://hub.docker.com 上注册一个账号，然后新建一个 Repository，名为 scrapycompositedemo。比如，我的用户名为 germey，新建的 Repository 名为 scrapycompositedemo，那么此 Repository 的地址就可以用 germey/scrapycompositedemo 来表示，这里需要修改为你的用户名。

另外，我们还需要使用如下命令来登录 Docker Hub：

```
docker login
```

输入 Docker Hub 的用户名和密码之后，就可以完成登录了。接下来，我们就可以往 Docker Hub 推送自己构建的 Docker 镜像了。

为新建的镜像打一个标签，命令如下所示：

```
docker tag scrapycompositedemo:latest germey/scrapycompositedemo:latest
```

推送镜像到 Docker Hub 即可，命令如下所示：

```
docker push germey/scrapycompositedemo
```

此时 Docker Hub 便会出现新推送的 Docker 镜像了，如图 17-11 所示。

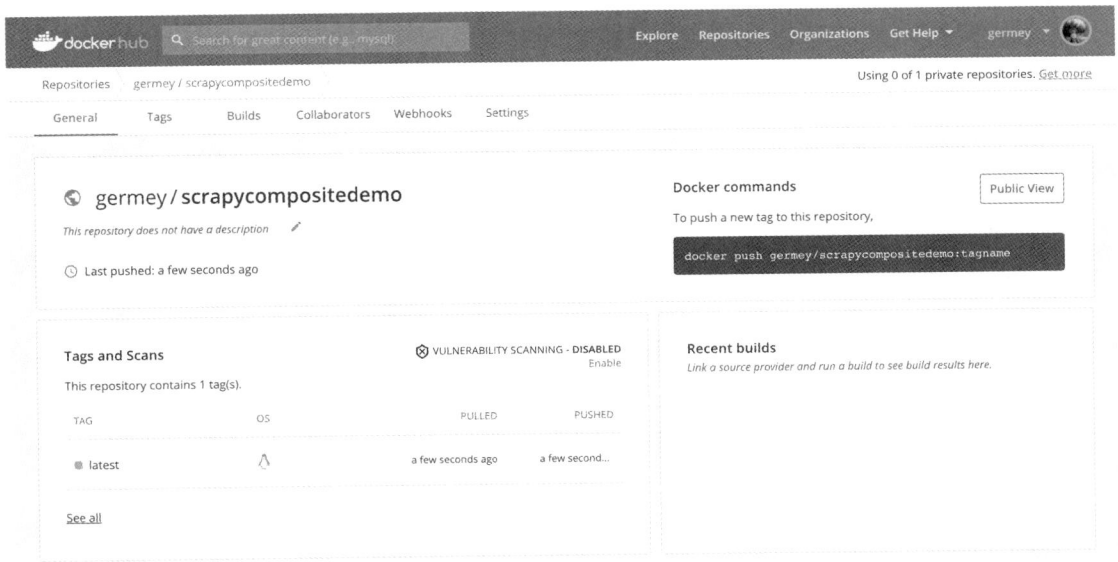

图 17-11 在 Docker Hub 上出现新推送的 Docker 镜像

这个镜像可以供后面使用，如果我们想在其他主机上运行这个镜像，在主机上装好 Docker，运行代理池、账号池、Redis 数据库后，按照同样的方式新建 .env 文件，可以直接执行如下命令：

```
docker run --env-file .env germey/scrapycompositedemo
```

这样就会自动下载刚才我们所推送的镜像，然后读取环境变量并运行了，运行效果和刚才一模一样。

7. 总结

我们讲解了将 Scrapy 项目制作成 Docker 镜像并推送到 Docker Hub 的过程，接下来我们会介绍 Docker Compose 和 Kubernetes 的用法，来尝试部署和运行 Scrapy 项目。

17.5 Docker Compose 的使用

在上一节中，我们了解了将 Scrapy 项目打包为 Docker 镜像的方式，不过其中有一些不太方便的地方。

- 构建镜像的命令比较烦琐而且难以记忆，比如需要额外添加一些配置选项。
- 如果需要同时启动多个 Docker 容器协同运行，仅使用 `docker run` 命令是难以实现的。

下面我们再来介绍一个工具 Docker Compose，使用它，我们可以方便地实现镜像的打包、容器的协同管理。

1. Docker Compose

Docker Compose 是用于定义和运行多容器 Docker 应用程序的工具。通过它，我们可以使用 YAML 格式的文件来配置程序需要的所有服务，比如 YAML 文件里面定义了构建的目标镜像名称、容器启动的端口、环境变量设置等，把这些固定的内容配置到 YAML 文件之后，我们只需要使用简单的 `docker-compose` 命令就可以实现镜像的构建和容器的启动了，非常方便。

接下来，我们尝试利用 Docker Compose 来构建上一节介绍的镜像吧。

2. 准备工作

首先，我们需要准备好上一节学习的所有内容，包括 ScrapyCompositeDemo 的代码以及对应的 Dockerfile，能正常构建 Docker 镜像。另外，我们还需要准备好账号池、代理池并能成功运行。

除了如上内容外，我们还需要安装好 Docker Compose，安装方法可以参考：https://setup.scrape.center/docker-compose。安装好之后，我们就可以使用 `docker-compose` 命令了。

3. 创建 YAML 文件

首先，我们需要确保代理池在本级的 5555 端口上正常运行，账号池在本级的 6777 端口上正常运行，具体的内容可以参考 15.13 节。

接下来，我们在 ScrapyCompositeDemo 根目录下创建一个 docker-compose.yaml 文件，内容如下：

```
version: "3"
services:
  redis:
    image: redis:alpine
    container_name: redis
    ports:
      - "6379"
  scrapycompositedemo:
    build: "."
    image: "germey/scrapycompositedemo"
    environment:
      ACCOUNTPOOL_URL: "http://host.docker.internal:6777/antispider7/random"
      PROXYPOOL_URL: "http://host.docker.internal:5555/random"
      REDIS_HOST: "redis://redis:6379"
    depends_on:
      - redis
```

首先，第一行我们指定了 version，其值为 3，即 Docker Compose 的版本信息。目前，绝大多数情况下都将其指定为 3。

然后我们指定 services 的配置，一个是 redis，一个是 scrapycompositedemo，即启动的两个服务一个是 Redis 数据库，一个是我们的 Scrapy 爬虫项目 ScrapyCompositeDemo。

对于 Redis 来说，我们直接使用了已有的镜像来构建，所以直接指定了 image 字段，内容为 redis:alpine，这是一个公开镜像，直接下载并运行即可启动一个 Redis 服务。接下来，我们指定了 container_name，即 redis:alpine 这个镜像启动之后的容器名称，我们就直接赋值为 redis 即可。当然，也可以换其他的名称，然后就是运行端口，这里我们直接指定了运行端口是 6379。

对于 Scrapy 爬虫项目来说，由于代码在本地，所以构建位置就直接指定为 .，代表当前目录。接着，我们指定了构建的目标镜像名称，这里就直接指定为我的 Docker Hub 为该项目配置的镜像地址 germey/scrapycompositedemo，其中 germey 是我的 Docker Hub 用户名，这里请自行替换成你的用户名。接下来，我们利用 environment 来指定环境变量，还是上一节所述的内容。另外，我们还指定了 depends_on 配置，内容为 redis，即该容器的启动需要依赖于刚才声明的 redis 服务，这样只有等 redis 对应的容器正常启动之后，该容器才会启动。

> **注意** 如果你想了解更多 Docker Compose 的配置选项，可以参考 Docker Compose 的官方文档：https://docs.docker.com/compose/。

4. 构建镜像

接下来，我们就可以利用 docker-compose 命令来构建 Docker 镜像了。在 docker-compose.yaml 目录下运行该命令即可：

```
docker-compose build
```

运行结果类似如下：

```
redis uses an image, skipping
Building scrapycompositedemo
[+] Building 2.7s (11/11) FINISHED
 => [internal] load build definition from Dockerfile
 => => transferring dockerfile: 37B
 => [internal] load .dockerignore
 => => transferring context: 2B
 => [internal] load metadata for docker.io/library/python:3.7
 => [auth] library/python:pull token for registry-1.docker.io
 => [1/5] FROM docker.io/library/python:3.7@sha256:0ba96071fe70b9cf6dd2247f7901e35961cba04459933c4301ad6a5930f9c2b9
 => [internal] load build context
 => => transferring context: 37.08kB
 => CACHED [2/5] WORKDIR /app
 => CACHED [3/5] COPY requirements.txt .
 => CACHED [4/5] RUN pip install -U pip &    pip install -r requirements.txt
 => [5/5] COPY . .
 => exporting to image
 => => exporting layers
 => => writing image sha256:b2f3f35e9e51f2b38eabc70c3a6a5f0eff1e8409a86e05259685b2ebb736515b
 => => naming to docker.io/germey/scrapycompositedemo
```

这里就输出了构建镜像的整个过程，和上一节构建的过程非常相似，只不过我们不用再关心怎样指定镜像名称，不用指定构建路径了。

5. 运行镜像

运行镜像也是十分简单的，我们也无须再指定环境变量、容器名称、容器运行端口等内容，只需要一条命令就可以一下子启动 redis 和 scrapycompositedemo 这两个服务：

```
docker-compose up
```

运行结果如下：

```
Starting redis ... done
Recreating scrapycompositedemo_scrapycompositedemo_1 ... done
Attaching to redis, scrapycompositedemo_scrapycompositedemo_1
redis                       | 1:C 31 Jul 2021 18:29:10.828 # oO0OoO0OoO0Oo Redis is starting oO0OoO0OoO0Oo
redis                       | 1:C 31 Jul 2021 18:29:10.828 # Redis version=6.2.3, bits=64, commit=00000000,
modified=0, pid=1, just started
redis                       | 1:C 31 Jul 2021 18:29:10.828 # Warning: no config file specified, using the
default config. In order to specify a config file use redis-server /path/to/redis.conf
redis                       | 1:M 31 Jul 2021 18:29:10.829 * monotonic clock: POSIX clock_gettime
redis                       | 1:M 31 Jul 2021 18:29:10.829 * Running mode=standalone, port=6379.
redis                       | 1:M 31 Jul 2021 18:29:10.830 # Server initialized
redis                       | 1:M 31 Jul 2021 18:29:10.830 * Ready to accept connections
scrapycompositedemo_1       | 2021-07-31 18:29:13 [scrapy.utils.log] INFO: Scrapy 2.5.0 started (bot:
scrapycompositedemo)
scrapycompositedemo_1       | 2021-07-31 18:29:13 [scrapy.utils.log] INFO: Versions: lxml 4.6.3.0, libxml2
2.9.10, cssselect 1.1.0, parsel 1.6.0, w3lib 1.22.0, Twisted 21.7.0, Python 3.7.11 (default, Jul 22 2021,
15:50:09) - [GCC 8.3.0], pyOpenSSL 20.0.1 (OpenSSL 1.1.1k  25 Mar 2021), cryptography 3.4.7, Platform
Linux-5.10.25-linuxkit-x86_64-with-debian-10.10
scrapycompositedemo_1       | 2021-07-31 18:29:13 [scrapy.utils.log] DEBUG: Using reactor: twisted.internet.
asyncioreactor.AsyncioSelectorReactor
scrapycompositedemo_1       | 2021-07-31 18:29:13 [scrapy.utils.log] DEBUG: Using asyncio event loop:
asyncio.unix_events._UnixSelectorEventLoop
scrapycompositedemo_1       | 2021-07-31 18:29:13 [scrapy.crawler] INFO: Overridden settings:
...
```

这里我们就可以看到，首先启动了 redis 服务，然后创建了 scrapycompositedemo 这个服务，接着运行了 Scrapy 爬虫项目并开始爬取对应的数据，在爬取过程中同时在控制台输出了对应的日志内容。

6. 推送镜像

如果我们在本地测试镜像没有任何问题了，那接下来就可以把镜像推送到 Docker Hub 或其他的 Docker Registry 服务上了，这里依然使用 docker-compose 所提供的命令即可：

```
docker-compose push
```

是的，也是非常简洁明了的命令，运行结果如下：

```
Pushing scrapycompositedemo (germey/scrapycompositedemo:latest)...
The push refers to repository [docker.io/germey/scrapycompositedemo]
836160d4c5c0: Pushed
f1408cfc4c45: Pushed
053b8bb0c2c1: Pushed
5ff6fa8a1637: Pushed
62499da5fab9: Mounted from library/python
...
afa3e488a0ee: Mounted from library/python
latest: digest: sha256:8d13cb16cb77cafa50a9c96653b1593f6997cc6a5c9bb95abd1d8458454393d2 size: 3052
```

执行完毕之后，我们指定的镜像就可以被推送到 Docker Hub 供其他主机下载运行了。

7. 总结

如此一来，我们就成功使用 Docker Compose 来构建、运行、推送我们构建的 Docker 镜像。正因为 Docker Compose 所提供的配置化功能，我们可以将 Docker 启动和构建所需的参数都写到 docker-compose.yaml 文件里面，我们只需要使用 docker-compose 对应的命令就可以轻松完成想要的操作。

好，现在我们已经构建好镜像了。在下一节中，我们就来了解在 Kubernetes 里面如何运行镜像吧。

17.6 Kubernetes 的使用

前面我们已经学习了 Docker 镜像的搭建过程，另外还学习了 Docker Compose 工具的用法。我们可以使用 Docker Compose 非常方便地启动 Docker 容器运行爬虫，然而这个过程距离真正的大规模运维还是不够。

还是前几节的几个问题：

- 如何快速部署几十、上百、上千个爬虫程序并协同爬取？
- 如何实现爬虫的批量更新？
- 如何实时查看爬虫的运行状态和日志？

其实利用 Kubernetes，我们同样可以非常方便地解决上文提到的各个问题。

本节中，我们会首先了解 Kubernetes 的基本概念和原理、核心的组件和 Kubernetes 的基本使用方式，以便为后文实现 Kubernetes 部署和管理 Scrapy 爬虫程序打下基础。

1. 准备工作

在本节开始之前，请确保已经对 Docker 等容器技术有了一定的了解，如果你没有相关的经验，请先学习一下 Docker 和容器技术的相关知识。

另外，还需要在本机安装 Docker 并在本地启用 Kubernetes 服务，具体的操作可以参考 https://setup.scrape.center/kubernetes。

配置好 Kubernetes 之后，我们就可以使用 `kubectl` 命令来操作一个 Kubernetes 集群了。

2. Kubernetes 简介

Kubernetes，简称 K8s（K 和 s 中间含有 8 个字母），它是用于编排容器化应用程序的云原生系统。Kubernetes 诞生自 Google，现在已经由 CNCF（云原生计算基金会）维护更新。Kubernetes 是目前最受欢迎的集群管理方案之一，可以非常容易地实现容器的管理和编排。

刚刚我们提到，Kubernetes 是一个容器编排系统。对于"编排"二字，我们可能不太容易理解其中的含义。为了对它有更好的理解，我们先回过头来看看容器的定位以及容器解决了什么问题，不能解决什么问题，然后了解下 Kubernetes 能够弥补容器哪些缺失的内容。

好，首先来看容器。最常见的容器技术就是 Docker 了，它提供了比传统虚拟化技术更轻量级的机制来创建隔离的应用程序的运行环境。比如对于某个应用程序，我们使用容器运行时，不必担心它与宿主机之间产生资源冲突，不必担心多个容器之间产生资源冲突。同时借助于容器技术，我们还能更好地保证开发环境和生产环境的运行一致性。另外，由于每个容器都是独立的，因此可以将多个容器运行在同一台宿主机上，以提高宿主机的资源利用率，从而进一步降低成本。总之，使用容器带来的好处有很多，可以为我们带来极大的便利。

不过单单依靠容器技术并不能解决所有问题，也可以说容器技术也引入了新的问题，比如说：

- 如果容器突然运行异常了，怎么办？
- 如果容器所在的宿主机突然运行异常了，怎么办？
- 如果有多个容器，它们之间怎么有效地传输数据？
- 如果单个容器达到了瓶颈，如何平稳且有效地进行扩容？
- 如果生产环境是由多台主机组成的，我们怎样更好地决定使用哪台主机来运行哪个容器？

以上列举了一些单纯依靠容器技术或者单纯依靠 Docker 不能解决的问题，而 Kubernetes 作为容器编排平台，提供了一个可弹性运行的分布式系统框架，各个容器可以运行在 Kubernetes 平台上，容器的管理、调度、部署、扩容等各个操作都可以经由 Kubernetes 来有效实现。比如说，Kubernetes 可以管理单个容器的生命周期，并且可以根据需要来扩展和释放资源。如果某个容器意外关闭，Kubernetes 可以根据对应的策略选择重启该容器，以保证服务正常运行。再比如说，Kubernetes 是一个分布式平台,当容器所在的主机突然发生异常,Kubernetes 可以将异常主机上运行的容器转移到其他正常的主机上运行。另外,Kubernetes 还可以根据容器运行所需要占用的资源自动选择合适的主机来运行。总之,Kubernetes 对容器的调度和管理提供了非常强大的支持,可以帮我们解决上述的诸多问题。

3. Kubernetes 关键概念

下面我们来介绍 Kubernetes 中的关键概念,包括 Node、Namespace、Pod、Deployment、Service、Ingress 等,了解了这些,有助于我们更加得心应手地实现 Kubernetes 的管理和操作。

- **Node**

Node,即节点,在 Kubernetes 中,节点就意味着容器运行的宿主机。因为 Kubernetes 是一个集群,所以我们可以把节点看作组成集群的一台台主机。

既然是集群,那么多个 Node 相互协作一定是一个需要解决的问题,到底应该听谁的呢?所以 Node 又分了 Master Node 和 Worker Node,其中 Master Node 可以认为是集群的管理节点,负责管理整个集群,并提供集群的数据访问入口,在它之上运行着一些核心组件,如 API Server 负责接收 API 指令,Controller Manager 负责维护集群的状态,比如故障检测、自动扩展、滚动更新等。

- **Namespace**

Namespace,即命名空间,对一组资源和对象的抽象集合。可以认为 Namespace 是 Kubernetes 集群中的虚拟化集群。在一个 Kubernetes 集群中,可以拥有多个命名空间,它们在逻辑上彼此隔离。

- **Pod**

Pod,它运行在 Node 上,是 Kubernetes 的最小调度单位,也是 Kubernetes 针对容器编排作出的设计方案。

这时候大家可能有个疑问,为什么最小的调度单位不是容器,而是又另外设计了一个 Pod 的概念呢?因为容器单独运行,这确实是没有问题的,但有时候几个容器是需要协同运行的,它们需要共享同样的资源、同样的网络,比如说这里运行了一个 MySQL 容器,但这个容器在启动时需要进行一些初始化的配置,比较好的设计就是单独有一个 Sidecar 容器为这个 MySQL 主容器进行初始化操作,所以这个 MySQL 容器就需要配有一个 Sidecar 容器,它们还需要共享相同的网络和资源。所以在容器的基础上,Kubernetes 进一步抽象了一层,叫作 Pod。Pod 里面是可以运行多个容器的,同一个 Pod 里面的容器可以共享资源、网络、存储系统。

通常情况下,我们不会单独显式地创建 Pod 对象,而是会借助于 Deployment 等对象来创建。

- **Deployment**

Deployment,即部署,利用它我们可以定义 Pod 的配置,如副本、镜像、运行所需要的资源等。

Deployment 在 Pod 和 ReplicaSet 之上,提供了一个声明式定义方法,比如说我们声明一个 Deployment 并指定 Pod 副本数量为 2,应用该 Deployment 之后,Kubernetes 便会为我们创建两个 Pod。因此,我们只需要在 Deployment 中描述想要的目标状态是什么。Kubernetes 有一个 Deployment Controller,它会帮我们将 Pod 和 ReplicaSet 的实际状态改变到我们想要的目标状态。

- **Service**

设想这么一个场景,假如一个服务,我们在部署的时候声明了副本数量为 2,即创建两个 Pod,每个 Pod 都有自己在 Kubernetes 中的 IP 地址并在对应的端口上启动了服务,但这一组 Pod 的服务怎么统一暴露给 Kubernetes 之外来访问呢?这就引入了 Service 的概念。

Service 是将运行在一组 Pod 上的应用程序公开为网络服务的抽象机制。Service 相当于一个负载均衡器，通过一些定义可以找到关联的一组 Pod，当请求到来时，它可以将流量转发到对应的任一 Pod 上进行处理。所以对外来说，客户端不需要关心怎么调用具体哪个 Pod 的服务，Service 相当于在 Pod 之上的一个负载均衡器，对应的请求会由 Service 转发给 Pod。

- **Ingress**

Ingress 用于对外暴露服务，该资源对象定义了不同主机名（域名）及 URL 和对应后端 Service 的绑定，根据不同的路径路由 HTTP 和 HTTPS 流量。比如通过 Ingress，我们可以配置哪个域名对应的流量转发到哪个 Service 上，还可以配置一些 HTTPS 证书相关的内容。

以上我们就简单介绍了 Kubernetes 里面的部分基本组件，这些全新的概念其实还是比较难理解的，接下来我们就通过一个实战例子来加深理解。另外，也强烈推荐查看 Kubernetes 的官方文档了解更加详细的内容：https://kubernetes.io/docs/concepts/。

4. Kubernetes 案例上手

下面我们来用一个实际案例了解 Kubernetes 的部署过程。这里我们会介绍如何创建 Namespace，如何使用 YAML 来定义 Deployment 和 Service，以及怎样访问 Service，通过这些操作，我们可以先对 Kubernetes 的操作有个简单的认识。

接下来的演示是基于 Docker 自带的 Kubernetes 集群实现的，安装好 Docker 之后，我们在 Docker 的设置面板中只需要勾选 Enable Kubernetes 即可在本地开启一个 Kubernetes 服务，如图 17-12 所示。

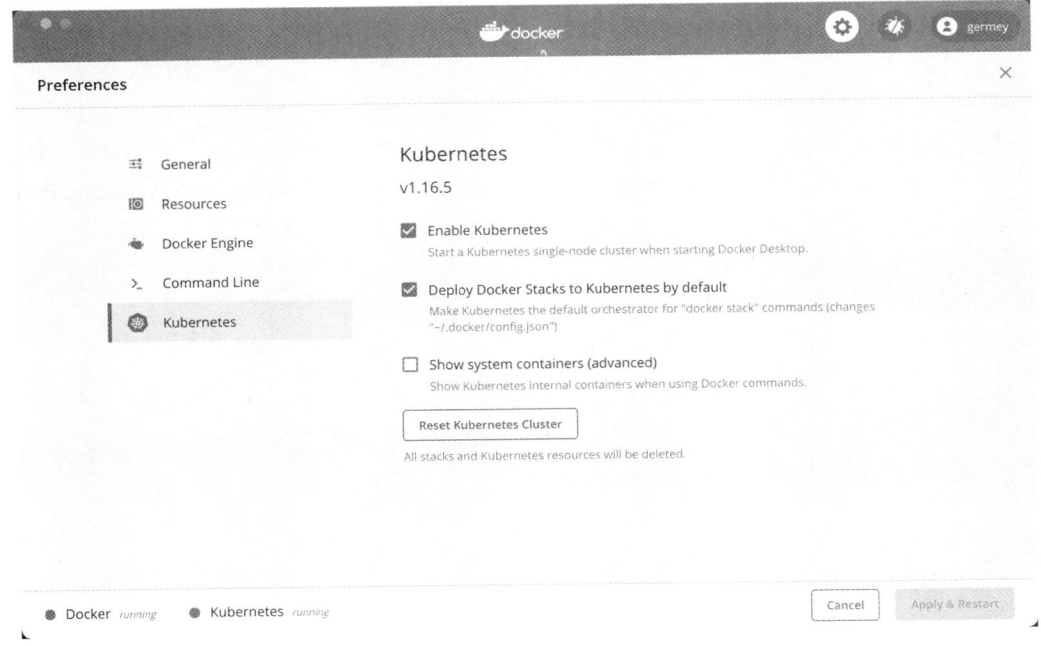

图 17-12　Docker 的设置面板

配置完成之后，可以发现左下角的 Kubernetes 是绿色的 running 状态，这就说明配置成功了。

kubectl 是用来操作 Kubernetes 的命令行工具，可以参考 https://kubernetes.io/zh/docs/tasks/tools/install-kubectl/ 来安装。安装完成之后，请将 Kubernetes Context 切换为本地 Kubernetes。

比如，我这边 Docker Desktop 创建的 Kubernetes 的 Context 名称叫作 docker-desktop。如果你也使

用同样的方法创建集群,名字默认也是一样的,此时可以运行如下命令使用该 Context:

```
kubectl config use-context docker-desktop
```

运行之后,会有如下提示:

```
Switched to context "docker-desktop".
```

如果你使用的是其他 Kubernetes 集群,可以自行更改 Context 名称。

这时候我们可以使用 kubectl 命令来查看当前本地 Kubernetes 集群的运行状态。首先看下节点的信息,命令如下:

```
kubectl get nodes
```

类似的输出如下:

```
NAME            STATUS  ROLES   AGE VERSION
docker-desktop  Ready   master  1d  v1.16.6-beta.0
```

这里列出来了节点的相关信息:NAME 代表名称;STATUS 代表当前节点的状态,如果其值是 Ready 的话,代表节点状态正常;ROLES 代表角色,这里因为只有一个节点,所以它的 ROLES 就是 master;AGE 代表节点自创建以来到现在的时间;VERSION 代表当前 Kubernetes 的版本号。

接着,我们再来查看下 Namespace,命令如下:

```
kubectl get namespaces
```

输出类似如下:

```
NAME            STATUS  AGE
default         Active  1d
kube-node-lease Active  1d
kube-public     Active  1d
kube-system     Active  1d
```

这里列出了当前所有的 Namespace,它们都是 Kubernetes 预置的 Namespace。我们可以自行创建一个 Namespace,将资源部署到新的 Namespace 下,比如创建一个叫作 service 的 Namespace,命令如下:

```
kubectl create namespace service
```

运行结果如下:

```
namespace/service created
```

如果看到如上提示,就说明 Kubernetes 已经创建好了。

这时候我们来创建一个示例 Docker 镜像。首先,新建一个文件夹并将其当作工作目录,在该工作目录下创建一个 app 文件夹,其内创建一个 main.py 文件,目录结构如下:

```
├── app
    └── main.py
```

main.py 文件的内容如下:

```
from fastapi import FastAPI

app = FastAPI()

@app.get('/')
def index():
    return 'Hello World'
```

这是 FastAPI 编写的一个服务,通过代码可以看出,这里定义了一个路由,访问根路径就可以返回 Hello World。

接着，我们在 app 同级目录下创建一个 Dockerfile 文件，目录树结构如下：

```
├── Dockerfile
├── app
│   └── main.py
```

Dockerfile 的内容如下：

```
FROM python:3.7
RUN pip install fastapi uvicorn
EXPOSE 80
COPY ./app /app
CMD ["uvicorn", "app.main:app", "--host", "0.0.0.0", "--port", "80"]
```

接下来，我们可以在 Dockerfile 所在文件夹下运行命令构建一个 Docker 镜像，如：

```
docker build -t testserver .
```

这样一个镜像就构建好了。我们来运行一下试试看：

```
docker run -p 8888:80 testserver
```

这里我们运行了当前的镜像，启动了一个容器，容器本身是在 80 端口上运行的。由于我们设置了端口映射，将宿主机的 8888 端口转发到容器的 80 端口，因此我们在浏览器中打开 http://localhost:8888/，就可以看到如图 17-13 所示的结果。

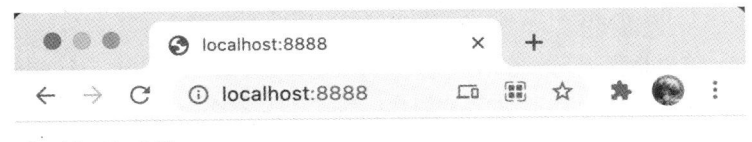

图 17-13　运行结果

这说明本镜像是没有任何问题的。

接下来，我把镜像推送到 Docker Hub。先修改镜像名称，然后推送即可：

```
docker tag testserver germey/testserver
docker push germey/testserver
```

这里请自行修改 Docker Hub 的用户名，将 germey 替换为你自己的用户名。

如果出现类似下面的结果，就说明推送成功了：

```
The push refers to repository [docker.io/germey/testserver]
0c80be9761b3: Layer already exists
a4b0f6a9292c: Layer already exists
...
a1f2f42922b1: Layer already exists
4762552ad7d8: Layer already exists
latest: digest: sha256:b92c66daf4627eb069dc3343e9a9c3d24d6b122db47e847c4deb52dfa5b2f2e0 size: 2636
```

当然，你也可以选择不推送自己的镜像，直接使用我的镜像 germey/testserver 也是没问题的。

好，接下来让我们创建一个 YAML 文件，叫作 deployment.yaml，其内容如下：

```
apiVersion: apps/v1
kind: Deployment
metadata:
  name: testserver
  namespace: service
  labels:
    app: testserver
spec:
```

```yaml
    replicas: 3
    selector:
      matchLabels:
        app: testserver
    template:
      metadata:
        labels:
          app: testserver
      spec:
        containers:
        - name: testserver
          image: germey/testserver
          ports:
          - containerPort: 80
```

这里我们定义了一个 Deployment 对象，一些配置项如下。

- kind：其值就是 Deployment，代表我们声明的是 Deployment 对象。
- metadata：定义了 Deployment 的基本信息。
  - name：Deployment 的名称，我们可以任取，这里也取名为 testserver。
  - namespace：命名空间，这里就使用刚才我们所创建的 service 这个命名空间。
  - labels：声明了一些标签，是一些键值对的形式，可以任意取值，它旨在用于指定对用户有意义且相关的对象的标识属性。
- spec：声明该 Deployment 对象对应的 Pod 的基本信息。
  - replicas：这里指定为 3，这就声明了需要创建三个 Pod，即创建三个 Pod 副本。
  - selector：声明了该 Deployment 如何查找要管理的 Pod，这里通过 matchLabels 指定了一个键值对，这样符合该键值对的 Pod 就归属该 Deployment 管理。另外，还有一些更复杂的匹配，如使用 matchExpressions 匹配某个表达式规则。
  - template：声明了 Pod 里面运行的容器的信息，其中 metadata 里面声明了 Pod 的 labels，这和上述 selector 的 matchLabels 匹配即可。containers 字段指定运行容器的配置，其中包括容器名称、使用的镜像、容器运行端口等。

通过如上配置，我们就完成了 Deployment 的声明。现在我们来执行一下部署，此时可以运行如下命令：

```
kubectl apply -f deployment.yaml
```

这里 apply 命令就代表 kubectl 应用该项配置，-f 代表文件选项，后面要跟一个文件路径，即 deployment.yaml。

运行结果类似如下：

```
deployment.apps/testserver created
```

如果出现这样的提示，就说明该部署已经生效了。

接着我们可以用如下命令来看下 Pod 的运行状态：

```
kubectl get pod -n service
```

这里注意我们需要使用 -n 指定 Namespace，运行结果类似如下：

```
NAME                          READY   STATUS    RESTARTS   AGE
testserver-685978f9f9-lj4v6   1/1     Running   0          1m
testserver-685978f9f9-q6v5k   1/1     Running   0          1m
testserver-685978f9f9-tspzz   1/1     Running   0          1m
```

可以看到，这里创建了 3 个 Pod（就是刚才 replicas 参数所指定的 3），而且都是 Running 状态。

好，现在 Pod 已经创建好了，接下来我们需要将服务通过 Service 暴露出来。

接下来，我们声明一个 Service 对象，再创建一个 service.yaml 文件，内容如下：

```yaml
apiVersion: v1
kind: Service
metadata:
  name: testserver
  namespace: service
spec:
    type: NodePort
    selector:
      app: testserver
    ports:
      - protocol: TCP
        port: 8888
        targetPort: 80
```

这里我们定义了一个 Service 对象，部分配置项如下。

- kind：其值就是 Service，代表我们声明的是 Service 对象。
- metadata：定义了 Service 的基本信息。
  - name：Service 的名称，我们可以任取，这里也取名为 testserver。它和其他对象重名，这是不冲突的，只要在一个命名空间下没有其他相同名称的 Service 即可。
  - namespace：表示命名空间，这里就使用刚才我们所创建的 service 这个命名空间。
- spec：声明该 Service 对象对应的 Pod 的基本信息。
  - selector：声明该 Service 如何查找要关联的 Pod，这里通过 selector 指定了一个键值对，这样所有带有 app 为 testserver 标签的 Pod 都会被关联到这个 Service 上。
  - ports：声明该 Service 和 Pod 的通信协议，这里指定为 TCP。同时，port 指明了 Service 的运行端口，这里声明为 8888，但是 targetPort 指的是 Pod 内容器的运行端口。由于在 Deployment 中容器是运行在 80 端口的，所以 targetPort 指定为 80。

现在我们再部署这个 Service 对象，其命令如下：

```
kubectl apply -f service.yaml
```

运行结果如下：

```
service/testserver created
```

这就表明 Service 已经创建成功了。

接下来，我们其实是仍然不能访问这个 Service 的。要访问的话，可以通过端口转发的方式将服务端口映射到宿主机，或者修改 Service 相关的配置，把 Service 的类型修改为 NodePort 或者将 Service 进一步通过 Ingress 暴露出来。这里我们直接采取端口转发的方式将 Kubernetes 中的 Service 转发到本机的某个端口上，命令如下：

```
kubectl port-forward service/testserver 9999:8888 -n service
```

这里我们将宿主机的 9999 端口转发到 Service 的 8888 端口，这样我们在本地访问 9999 端口就相当于访问 Kubernetes 的 Service 的 8888 端口了。

运行结果类似如下：

```
Forwarding from 127.0.0.1:9999 -> 80
Forwarding from [::1]:9999 -> 80
```

这里输出的其实是 9999 映射到 80，因为这里显示的是容器的端口，容器的运行端口是 80。

这时候在浏览器中打开 http://localhost:9999/，即可看到刚才部署的服务，如图 17-14 所示。

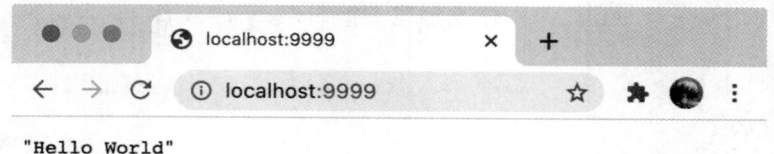

图 17-14　运行结果

5. 总结

到此，我们通过声明 Deployment 和 Service 实现了一个服务的部署，同时体会了 Kubernetes 的部署流程。

在后面，我们会介绍利用 Kubernetes 进行 Scrapy 分布式爬虫部署的方案。

17.7　用 Kubernetes 部署和管理 Scrapy 爬虫

在上一节中，我们已经学习了 Kubernetes 的基本操作，本节中我们进行一个实战练习，将代理池、账号池、Scrapy 爬虫项目部署到 Kubernetes 集群上来运行。

1. Namespace

在开始之前，我们首先新建一个 kubernetes 文件夹并将命令行切换到该文件夹。在该文件夹中，我们会创建多个 Kubernetes 的 YAML 部署文件用于资源部署。

另外，我们需要新建一个 Namespace，叫作 crawler，我们将所有的资源都部署到这个 Namespace 下。创建 Namespace 的命令如下：

```
kubectl create namespace crawler
```

创建成功后，我们就开始部署吧。

2. Redis

首先，我们可以先进行 Redis 数据库的部署，因为代理池、账号池、Scrapy 爬虫项目都是以 Redis 为基础的。

此处我们部署一个最基础的单实例 Redis 数据库。首先在 kubernetes 文件夹下创建一个 redis 文件夹，再在 redis 文件夹中创建一个 deployment.yaml 文件，其内容如下：

```yaml
apiVersion: apps/v1
kind: Deployment
metadata:
  labels:
    app: redis
  name: redis
  namespace: crawler
spec:
  replicas: 1
  selector:
    matchLabels:
      app: redis
  template:
    metadata:
      labels:
        app: redis
    spec:
```

```yaml
    containers:
      - image: redis:alpine
        name: redis
        resources:
          limits:
            memory: "2Gi"
            cpu: "500m"
          requests:
            memory: "500Mi"
            cpu: "200m"
        ports:
          - containerPort: 6379
```

这里我们声明了一个 Deployment，并在 containers 字段里面使用 redis:alpine 这个镜像进行部署，replicas 实例个数设置为 1，端口设置为 6379。

接下来，在 redis 文件夹下创建一个 service.yaml 文件，其内容如下：

```yaml
apiVersion: v1
kind: Service
metadata:
  labels:
    app: redis
  name: redis
  namespace: crawler
spec:
  ports:
    - name: "6379"
      port: 6379
      targetPort: 6379
  selector:
    app: redis
```

这里的 Service 同样声明使用 6379 端口，targetPort 需要和 Deployment 的 containerPort 对应起来，也是 6379。

接下来，我们切换到 redis 文件夹的上级文件夹，即 kubernetes 文件夹，执行如下命令进行 Redis 的部署：

```
kubectl apply -f redis
```

注意这里 -f 后面跟的是一个文件夹名称，这样会应用该文件夹下所有的 YAML 文件，相当于执行了如下两条命令：

```
kubectl apply -f redis/deployment.yaml
kubectl apply -f redis/service.yaml
```

可以看到如下的运行结果：

```
deployment.apps/redis created
service/redis created
```

稍微等待片刻，Redis 数据库就部署成功了。

我们可以使用如下命令查看 Redis 的部署状态：

```
kubectl get deployment/redis -n crawler
```

运行结果类似如下：

```
NAME    READY   UP-TO-DATE   AVAILABLE   AGE
redis   1/1     1            1           15s
```

这个结果表明刚才声明的 Deployment 在 Kubernetes 的部署情况，我们可以看到 READY 这一列的结果是 1/1，这说明期望部署 1 个 Redis 实例。现在已经部署了 1 个实例，所以已经部署成功了。

如果你看到的结果不是这样的，可以耐心等待一会，可能现在 Kubernetes 还在下载 Redis 相关镜像，你可以使用 kubectl 命令查看相关 Pod 运行状态。但如果长时间都无法部署成功，请检查 Kubernetes 日志。

另外，为了方便学习和操作，部署的仅仅是最基础的 Redis 数据库实例，并没有配置 Redis 集群，也没有配置持久化存储。在实际生产环境中推荐使用 Helm 部署 Redis 集群，具体的操作可以参考 https://github.com/bitnami/charts/tree/master/bitnami/redis。

3. 代理池

Redis 数据库部署好了，接下来就开始部署代理池了。

在 kubernetes 文件夹下新建 proxypool 文件夹，再在 proxypool 文件夹下创建 deployment.yaml 文件，其内容如下：

```yaml
apiVersion: apps/v1
kind: Deployment
metadata:
  labels:
    app: proxypool
  name: proxypool
  namespace: crawler
spec:
  replicas: 1
  selector:
    matchLabels:
      app: proxypool
  template:
    metadata:
      labels:
        app: proxypool
    spec:
      containers:
        - env:
            - name: REDIS_HOST
              value: 'redis.crawler.svc.cluster.local'
            - name: REDIS_PORT
              value: '6379'
          image: germey/proxypool
          name: proxypool
          resources:
            limits:
              memory: "500Mi"
              cpu: "300m"
            requests:
              memory: "500Mi"
              cpu: "300m"
          ports:
            - containerPort: 5555
```

和 Redis 的 Deployment 声明类似，这里我们按照同样的格式声明了代理池的 Deployment，这里镜像使用的是 germey/proxypool，即我的 Docker Hub 上的代理池镜像，当然这里你也可以自行替换成你的镜像。另外值得注意的是，这里通过 env 声明了两个环境变量，指定了 Redis 的链接地址，其中 REDIS_HOST 的值是 redis.crawler.svc.cluster.local，这个值是有一定规律的，是 Kubernetes 根据我们部署的 Service 和 Namespace 名称自动生成的，其格式是 <service-name>.<namespace-name>.svc.<cluster-domain>。一般情况下 cluster-domain 的值为 cluster.local，而此时 Namespace 的名称为 crawler，Redis 的 Service 的名称是 redis，所以最后的结果就是 redis.crawler.svc.cluster.local。在 Kubernetes 其他容器里，可以通过这样的 Host 访问其他容器。REDIS_PORT 这里就是 Redis Service 的运行端口，即 6379。另外，这里还指明了容器运行端口 containerPort 为 5555。

接下来，再创建一个对应的 Service，在 proxypool 文件夹下新建 service.yaml，其内容如下：

```yaml
apiVersion: v1
kind: Service
metadata:
  labels:
    app: proxypool
  name: proxypool
  namespace: crawler
spec:
  ports:
    - name: "5555"
      port: 5555
      targetPort: 5555
  selector:
    app: proxypool
```

还是同样的格式，这里声明了 Service 的运行端口还是 5555，targetPort 和 containrPort 对应起来，也是 5555。

接下来，执行如下命令进行部署：

```
kubectl apply -f proxypool
```

运行成功的结果类似如下：

```
deployment.apps/proxypool created
service/proxypool created
```

和 Redis 类似，这里使用如下命令即可查看代理池的部署状态：

```
kubectl get deployment/proxypool -n crawler
```

如果出现类似如下结果，就说明部署成功了：

```
NAME        READY   UP-TO-DATE   AVAILABLE   AGE
proxypool   1/1     1            1           63s
```

此时我们可以通过 kubectl 的 port-forward 命令将 Kubernetes 里面的服务转发到本地测试，执行如下命令：

```
kubectl port-forward svc/proxypool 8888:5555 -n crawler
```

port-forward 命令可以创建本地和 Kubernetes 服务的端口映射，这里指定了转发的服务为 svc/proxypool，svc 就是 Service 的意思，端口映射配置为 8888:5555。因为我们部署的代理池 Service 运行端口是 5555，这里我们将其转发到本机的 8888 端口上。

运行之后，会有类似如下的输出结果：

```
Forwarding from 127.0.0.1:8888 -> 5555
Forwarding from [::1]:8888 -> 5555
...
```

此时我们在本机浏览器上打开 http://localhost:8888/random，就可以直接访问到代理池的 API 服务了，如图 17-15 所示。

这就表明代理池正在运行并能正常提供 API 服务。验证完毕之后，停止如上命令即可，这不会对 Kubernetes 里面的代理池服务产生任何影响。

图 17-15　运行结果

4. 账号池

账号池和代理池的部署非常相似。在 kubernetes 文件夹下创建 accountpool 文件夹，在 accountpool 文件夹下创建 deployment.yaml 文件，其内容如下：

```yaml
apiVersion: apps/v1
kind: Deployment
metadata:
  labels:
    app: accountpool
  name: accountpool
  namespace: crawler
spec:
  replicas: 1
  selector:
    matchLabels:
      app: accountpool
  template:
    metadata:
      labels:
        app: accountpool
    spec:
      containers:
        - env:
            - name: REDIS_HOST
              value: 'redis.crawler.svc.cluster.local'
            - name: REDIS_PORT
              value: '6379'
            - name: API_PORT
              value: '6777'
            - name: WEBSITE
              value: antispider7
          image: germey/accountpool
          name: accountpool
          resources:
            limits:
              memory: "500Mi"
              cpu: "300m"
            requests:
              memory: "500Mi"
              cpu: "300m"
          ports:
            - containerPort: 6777
```

这里的原理和代理池一样,它指定了 REDIS_HOST 和 REDIS_PORT,同时额外指定了 API_PORT 和 WEBSITE 这两个环境变量,并设置了 containerPort 为 6777。

再创建 service.yaml 文件,其内容如下:

```yaml
apiVersion: v1
kind: Service
metadata:
  labels:
    app: accountpool
  name: accountpool
  namespace: crawler
spec:
  ports:
    - name: "6777"
      port: 6777
      targetPort: 6777
  selector:
    app: accountpool
```

这里指定 Service 的运行端口为 6777。

执行如下命令进行部署:

```
kubectl apply -f accountpool
```

运行结果类似如下:

```
deployment.apps/accountpool created
service/accountpool created
```

这就说明部署命令执行成功了,稍等片刻,账号池也会部署成功。

同样,我们也可以使用同样的命令来将账号池服务转发到本地进行验证:

```
kubectl port-forward svc/accountpool 7777:6777 -n crawler
```

运行结果类似如下:

```
Forwarding from 127.0.0.1:7777 -> 6777
Forwarding from [::1]:7777 -> 6777
...
```

此时在本机浏览器打开 http://localhost:7777/antispider7/random,如果能正常获取到结果,就说明账号池也正常运行了。

5. 爬虫项目

因为爬虫项目依赖账号池和代理池,所以这里我们最后才进行部署。在 kubernetes 文件夹下创建 scrapycompositedemo 文件夹,并在此文件夹下创建 deployment.yaml 文件,其内容如下:

```yaml
apiVersion: apps/v1
kind: Deployment
metadata:
  labels:
    app: scrapycompositedemo
  name: scrapycompositedemo
  namespace: crawler
spec:
  replicas: 1
  selector:
    matchLabels:
      app: scrapycompositedemo
  template:
    metadata:
      labels:
        app: scrapycompositedemo
    spec:
      containers:
        - env:
            - name: ACCOUNTPOOL_URL
              value: 'http://accountpool.crawler.svc.cluster.local:6777/antispider7/random'
            - name: PROXYPOOL_URL
              value: 'http://proxypool.crawler.svc.cluster.local:5555/random'
            - name: REDIS_URL
              value: 'redis://redis.crawler.svc.cluster.local:6379'
          image: germey/scrapycompositedemo
          name: scrapycompositedemo
          resources:
            limits:
              memory: "500Mi"
              cpu: "300m"
            requests:
              memory: "500Mi"
              cpu: "300m"
```

这里我们配置了 germey/scrapycompositedemo 作为镜像,同时配置了 ACCOUNTPOOL_URL、PROXYPOOL_URL 以及 REDIS_URL,这里的 Host 都设定为了 redis.crawler.svc.cluster.local,端口都是各个服务的运行端口。

因为 Scrapy 爬虫项目并不提供 HTTP 服务,所以我们只需要部署 Deployment 即可。运行如下命令执行部署:

```
kubectl apply -f scrapycompositedemo
```

我们可以执行如下命令查看部署状态:

```
kubectl get deployment/scrapycompositedemo -n crawler
```

如果出现类似如下结果，就说明部署成功，并正常运行了：

```
NAME                   READY   UP-TO-DATE   AVAILABLE   AGE
scrapycompositedemo    1/1     1            1           2m46s
```

另外，我们还可以查看 Pod 的状态：

```
kubectl get pod -n crawler
```

运行结果类似如下：

```
NAME                                        READY   STATUS    RESTARTS   AGE
accountpool-57d498655f-6wv74                1/1     Running   0          17m
proxypool-8646f8bcb7-64z98                  1/1     Running   0          22m
redis-5689c9b5cb-zdft2                      1/1     Running   0          44m
scrapycompositedemo-cbffd87dd-x8pj8         1/1     Running   0          3m54s
```

可以看到，前面部署的所有实例都正常运行了。

怎么知道爬虫有没有爬取到数据呢？我们可以运行命令查看日志：

```
kubectl logs scrapycompositedemo-cbffd87dd-x8pj8 --tail=20 -n crawler
```

这里我们通过 logs 命令输出一个 Pod 的日志，这里 Pod 的名称需要根据上面命令的输出结果得到。另外，这里指定了 --tail=20 代表输出最后 20 条日志，运行结果类似如下：

```
{'content': '我当时的感觉？？和电影一模一样。电影不如小说写的。', 'id': '2297019006'},
         {'content': '突然想起这本书，还是初中生的时候，看电影之前读的（当时比起电影，还是读书更吸引
我），读的时候觉得故事还可以，好像建立了一个更庞大的世界观（虚构的世界秩序）来着。如果让作者自己来拍，可能
又是另一部《爵迹》。',
          'id': '2281425740'},
         {'content': '真的不知道在说啥，电影也不知道在表达啥？？？？', 'id': '2277859717'}],
'cover': 'https://img3.doubanio.com/view/subject/l/public/s1463073.jpg',
'id': '1449981',
'introduction': '',
'isbn': '9787020054398',
'name': '无极',
'page_number': 153,
'price': '24.00 元',
'published_at': '2006-01-20T16:00:00Z',
'publisher': '人民文学出版社',
'score': '6.2',
'tags': ['郭敬明', '无极', '小说', '奇幻', '电影小说', '小四', '青春文学', '青春'],
'translators': []}
2021-03-13 16:36:23 [middlewares.proxy] DEBUG: set proxy 34.90.54.218:80
...
```

可以看到，Scrapy 爬虫项目正常运行并爬取到了数据。

6. Dashboard

我们可能发现,每次都要通过命令查看日志和运行状态非常烦琐,有没有更直观的查看 Kubernetes 资源的工具？当然有，我们可以直接使用 Kubernetes 推荐的 Dashboard。

官方文档链接为：https://kubernetes.io/docs/tasks/access-application-cluster/web-ui-dashboard/。我们可以试着部署一下：

```
kubectl apply -f https://raw.githubusercontent.com/kubernetes/dashboard/v2.2.0/aio/deploy/recommended.yaml
```

> **注意** 随着 Dashboard 版本的更新，此命令可能并不一定是最新的，请参考官方文档的说明进行部署。

执行完上述命令之后，可能会看到如下结果：

```
namespace/kubernetes-dashboard created
serviceaccount/kubernetes-dashboard created
service/kubernetes-dashboard created
secret/kubernetes-dashboard-certs created
secret/kubernetes-dashboard-csrf created
secret/kubernetes-dashboard-key-holder created
configmap/kubernetes-dashboard-settings created
role.rbac.authorization.k8s.io/kubernetes-dashboard created
clusterrole.rbac.authorization.k8s.io/kubernetes-dashboard created
rolebinding.rbac.authorization.k8s.io/kubernetes-dashboard created
clusterrolebinding.rbac.authorization.k8s.io/kubernetes-dashboard created
deployment.apps/kubernetes-dashboard created
service/dashboard-metrics-scraper created
deployment.apps/dashboard-metrics-scraper created
```

然后执行如下命令:

```
kubectl proxy
```

通过本地访问 http://localhost:8001/api/v1/namespaces/kubernetes-dashboard/services/https:kubernetes-dashboard:/proxy/，即可看到一个 Dashboard 登录界面，如图 17-16 所示。

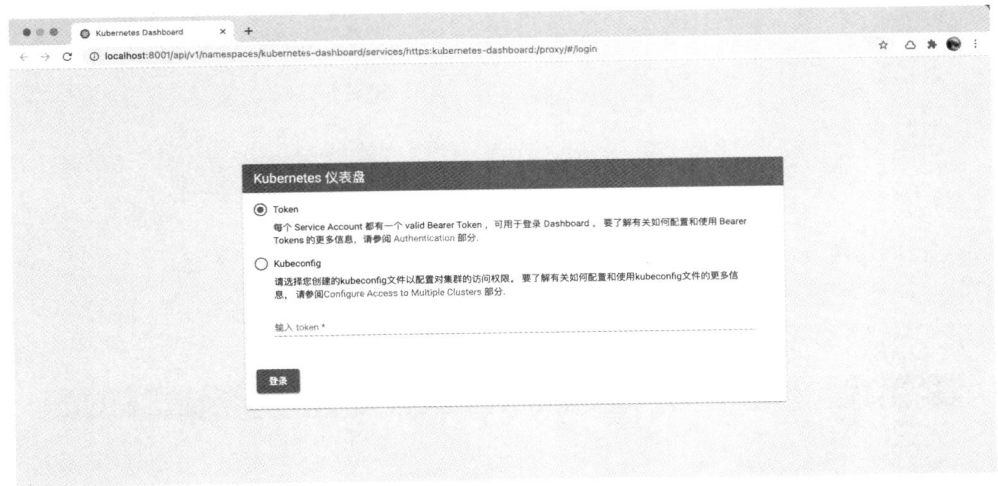

图 17-16　Dashboard 登录界面

此时可以参考官方文档的说明获取登录的 token，参考命令如下:

```
kubectl -n kubernetes-dashboard get secret $(kubectl -n kubernetes-dashboard get sa/kubernetes-dashboard -o jsonpath="{.secrets[0].name}") -o go-template="{{.data.token | base64decode}}"
```

可以看到会得到一个 token，类似的内容如下:

```
eyJhbGciOiJSUzI1NiIsImtpZCI6IjVRQ3FrMkFuMHZmWUV6VnpPWVRhMnZPd2pQVmFhZmVlYTNYZS1Xdm5xeHcifQ.eyJpc3MiOiJrdWJlcm5ldGVzL3NlcnZpY2VhY2NvdW50Iiwia3ViZXJuZXRlcy5pby9zZXJ2aWNlYWNjb3VudC9uYW1lc3BhY2UiOiJrdWJlcm5ldGVzLWRhc2hib2FyZCIsImt1YmVybmV0ZXMuaW8vc2VydmljZWFjY291bnQvc2VjcmV0Lm5hbWUiOiJrdWJlcm5ldGVzLWRhc2hib2FyZC10b2tlbi1wc3MyaiIsImt1YmVybmV0ZXMuaW8vc2VydmljZWFjY291bnQvc2VydmljZS1hY2NvdW50Lm5hbWUiOiJrdWJlcm5ldGVzLWRhc2hib2FyZCIsImt1YmVybmV0ZXMuaW8vc2VydmljZWFjY291bnQvc2VydmljZS1hY2NvdW50LnVpZCI6ImZmOWJkNWIzLTM0OWItNDk5Mm
VkLTgzN2NhNzEyZDZlMyIsInN1YiI6InN5c3RlbTpzZXJ2aWNlYWNjb3VudDprdWJlcm5ldGVzLWRhc2hib2FyZDprdWJlcm5ldGVzLWRhc2hib2FyZCJ9.Bpsdw5gA7DXDv2gwRcoz_ODri1kVZ7RkAxu4EmNC2CT8K8BGmbennI_1SVLLoe2u7gHjCLU24MZFB7Dgj2fasvCJhKQ
vojvbRvJA-nO9dDLlPufFlpmQ2sGRX-MrbEOzl4QiKE_puwr8PsmRORDKVs24ytfCIS2rkgt6MDBDB6mAMjexSCUzScPnfWF1tTkZBNVH
uU1gjLy_DhHhquZpL3wvrA9SJLdSHg7WS8-vV3yg3ilrt7VC8oimR3Lcsekav4gvpqWlSd_6Hdxq212euLEyBbyTQ1tBLoaJMASOo_GkF
DRbdbY72cHF1bclP6EMJD3EPOsO9rU-g58KyiToqQ
```

> **注意**　由于 Secret 的名称可能不同，所以如上命令可能会不同，请自行根据实际情况修改，以官方文档为准。

接下来，将输出的 token 粘贴到 Dashboard 的登录页面中，即可登录成功，如图 17-17 所示。

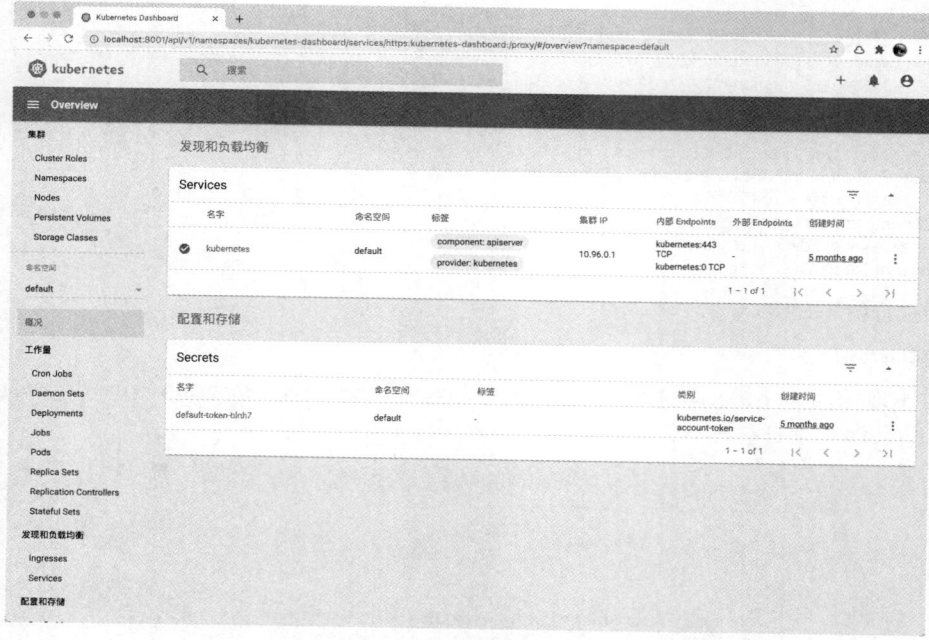

图 17-17　登录成功后的页面

将命名空间切换为 crawler，即可看到各个服务的运行状态，如图 17-18 所示。

图 17-18　crawler 命名空间下各个服务的运行状态

比如，这里可以看到 Deployments、Replica Sets 和 Pods 的运行状态都是正常的，颜色为绿色。我们还可以进一步查看 Scrapy 爬虫项目对应的 Pod，如图 17-19 所示。

17.7 用 Kubernetes 部署和管理 Scrapy 爬虫

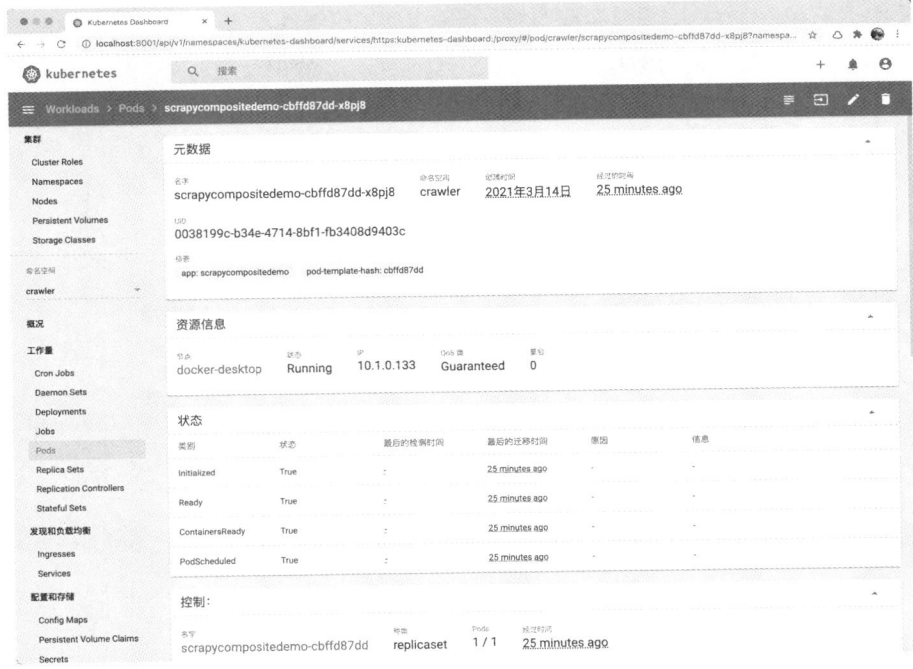

图 17-19 Scrapy 爬虫项目对应的 Pod

这里展示了 Pod 的详细信息，比如运行状态、时间、元数据等。另外，点击右上角（右起第四个）按钮，即可查看该 Pod 对应的运行日志，如图 17-20 所示。

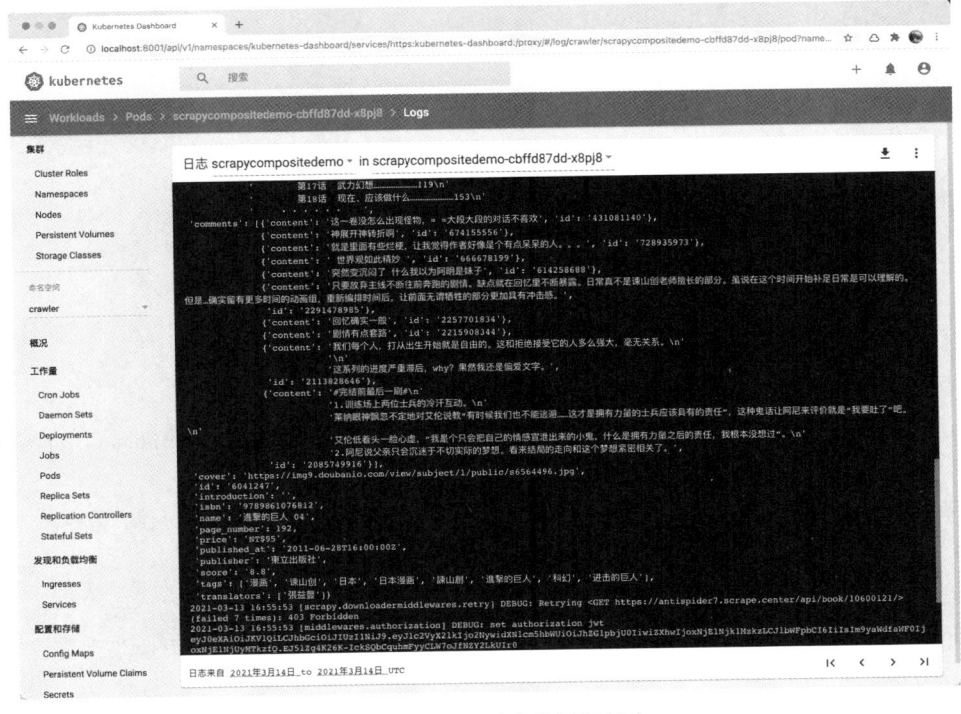

图 17-20 Pod 对应的运行日志

可以看到，它在正常运行，并将爬取到的数据输出到了控制台。

另外，我们还可以增删爬虫的实例数。可以回到 Deployments 的管理页面，选择"规模"选项卡，如图 17-21 所示。

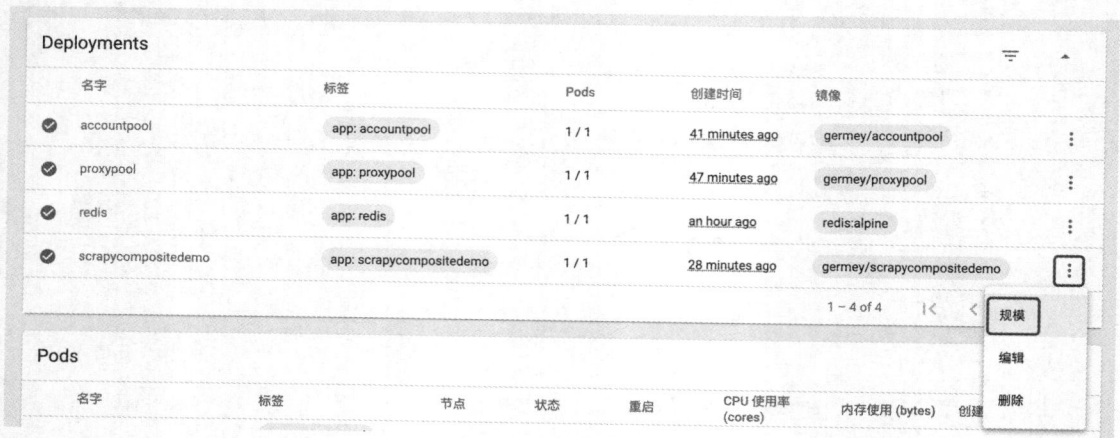

图 17-21 "规模"选项卡

比如将目标副本数量调整为 5，如图 17-22 所示。

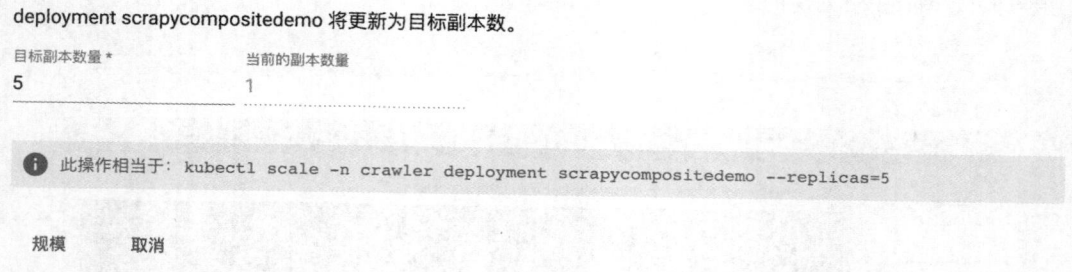

图 17-22 调整目标副本数量

当然，我们也可以使用命令行实现资源的放缩，具体如下：

```
kubectl scale -n crawler deployment scrapycompositedemo --replicas=5
```

执行之后，我们可以看到 Kubernetes 又新创建了 4 个 Pod。我们可以在 Dashboard 中直观地看到新创建的 Pod，如图 17-23 所示。

这样就相当于创建了 5 个爬虫实例，因为它们共享了一个 Redis 队列，所以它们就是 5 个分布式爬虫实例，可以协同运行。

如果我们想增加或减少爬虫数量，只需要更改目标副本数量即可，比如将其修改为 100，就相当于我们部署了 100 个爬虫实例，而且这 100 个爬虫是协同爬取的。是不是非常方便？

名字	标签	节点	状态	重启	CPU 使用率 (cores)	内存使用 (bytes)	创建时间
accountpool-57d498655f-6wv74	app: accountpool pod-template-hash: 57d498655f	docker-desktop	Running	0	-	-	44 minutes ago
proxypool-8646f8bcb7-64z98	app: proxypool pod-template-hash: 8646f8bcb7	docker-desktop	Running	0	-	-	50 minutes ago
redis-5689c9b5cb-zdft2	app: redis pod-template-hash: 5689c9b5cb	docker-desktop	Running	0	-	-	an hour ago
scrapycompositedemo-cbffd87dd-4hqf2	app: scrapycompositedemo pod-template-hash: cbffd87dd	docker-desktop	Running	0	-	-	2 minutes ago
scrapycompositedemo-cbffd87dd-fbgdd	app: scrapycompositedemo pod-template-hash: cbffd87dd	docker-desktop	Running	0	-	-	2 minutes ago
scrapycompositedemo-cbffd87dd-fsrb2	app: scrapycompositedemo pod-template-hash: cbffd87dd	docker-desktop	Running	0	-	-	2 minutes ago
scrapycompositedemo-cbffd87dd-t72t2	app: scrapycompositedemo pod-template-hash: cbffd87dd	docker-desktop	Running	0	-	-	2 minutes ago
scrapycompositedemo-cbffd87dd-x8pj8	app: scrapycompositedemo pod-template-hash: cbffd87dd	docker-desktop	Running	0	-	-	31 minutes ago

图 17-23　新创建了 4 个 Pod

7. 总结

以上我们就通过一个实战练习实现了分布式爬虫在 Kubernetes 中的部署，并且还可以非常方便地使用 Kubernetes 对 Scrapy 爬虫项目进行管理。相比 Scrapyd 来说，Kubernetes 的功能更加强大，是一个绝佳的管理 Scrapy 爬虫项目的利器。

本节涉及的知识点比较多，需要好好消化和练习。

本节代码详见 https://github.com/Python3WebSpider/ScrapyCompositeDemo/tree/docker，注意是 docker 分支。

17.8　Scrapy 分布式爬虫的数据统计方案

在上一节中，我们已经学习了如何利用 Kubernetes 进行 Scrapy 爬虫的部署，并将其对接了分布式的实现，对接了代理池、账号池，以顺利地实现数据抓取。

但这时候我们又遇到了一个难题，怎样监控各个 Scrapy 爬虫的爬取情况呢？比如，这时候我部署了 10 个 Pod 来运行 Scrapy 分布式爬虫，它们基于 Scrapy-Redis 进行协同爬取，但我们并无法知晓它们一分钟爬取了多少条数据，成功、失败、重试了多少次，难道要通过分析日志得出来吗？

另外，假如我们已经能成功获取了这些数据，又想进一步把这些数据可视化出来，做一个实时大屏图表，用什么方式实现比较好？需要自己额外写代码实现吗？还是说已经有了非常成熟的解决方案？

围绕这两个问题，我们来探索 Scrapy 爬虫监控方案。

1. 准备

在本节开始之前，请确保已经完成了上一节的所有内容并能透彻地理解其原理，另外还需要你能较为熟练地完成利用 Kubernetes 部署 Scrapy 爬虫和其他服务的操作。

2. 数据统计

我们在 Scrapy 运行结果中会注意到它会时不时输出类似这样的结果：

```
2021-03-15 21:52:06 [scrapy.extensions.logstats] INFO: Crawled 33 pages (at 33 pages/min), scraped 172 items (at 172 items/min)
...
```

这里显示了 Scrapy 爬虫的统计结果，里面包含当前 Spider 的页面（page）爬取速度和结果（item）的提取速度，本例中一分钟爬取了 33 个页面，提取了 172 个结果。

然而，当前我们基于 Scrapy-Redis 通过前面几节的方案实现了分布式爬虫之后，仔细观察会发现每个爬虫输出的结果都是各自的统计结果，比如其中一个 Spider 机器性能和网络比较好，爬取速度快，那么它的统计结果就更高，表现不太好的 Spider 的统计结果就差一些。这些 Spider 的统计信息都是独立的、互不影响的，数据也各不相同。

这是为什么呢？

回想一下，之前 Scrapy-Redis 实现分布式爬虫时，我们有两项关键配置：

```
SCHEDULER = "scrapy_redis.scheduler.Scheduler"
DUPEFILTER_CLASS = "scrapy_redis.dupefilter.RFPDupeFilter"
```

这里我们分别配置了 Scheduler 和 RFPDupeFilter，其中 Scheduler 可以实现所有请求通过 Redis 队列共享，RFPDupeFilter 可以实现去重指纹通过 Redis 集合共享。然而统计信息呢？有哪里配置共享吗？并没有，因此每个 Spider 都是各统计各的，数据各不相干。

这样就遇到了一个问题，统计信息不同步而且很分散，这么多 Scrapy 爬虫究竟爬取了多少数据也无从得知。如果通过日志来进行数据收集和统计，这个难度和工作量也不小，而且不精确。

所以，有没有什么简单方法呢？

当然有，按照 Scheduler 和 RFPDupeFilter 的思路，将统计信息也通过 Redis 共享不就可以了吗？

3. 实现原理

要实现这个功能，我们需要用到 Scrapy 的一个组件，叫作 Stats Collection，翻译过来可以叫统计信息收集器，它是一种 Scrapy 的 Extension，即扩展组件。

Scrapy 通过 Stats Collection 来收集键值对类型的统计信息，其中值一般都是计数器，这么多键值对构成了一个统计表，可以理解为 Python 中的集合。比如上述例子中的爬了多少页面，提取了多少结果，这两个信息是可以通过 Stats Collection 来保存的。

如果说得更直观一点，在 Scrapy 爬虫运行完成时，想必我们还注意到过类似如下的统计信息：

```
{'downloader/request_bytes': 2925,
 'downloader/request_count': 11,
 'downloader/request_method_count/GET': 11,
 'downloader/response_bytes': 23406,
 'downloader/response_count': 11,
 'downloader/response_status_count/200': 10,
 'downloader/response_status_count/404': 1,
 'elapsed_time_seconds': 3.917599,
 'finish_reason': 'finished',
 'finish_time': datetime.datetime(2021, 3, 15, 14, 1, 36, 275427),
 'item_scraped_count': 100,
 'log_count/DEBUG': 111,
 'log_count/INFO': 10,
 'memusage/max': 55242752,
 'memusage/startup': 55242752,
```

```
       'request_depth_max': 9,
       'response_received_count': 11,
       'robotstxt/request_count': 1,
       'robotstxt/response_count': 1,
       'robotstxt/response_status_count/404': 1,
       'scheduler/dequeued': 10,
       'scheduler/dequeued/memory': 10,
       'scheduler/enqueued': 10,
       'scheduler/enqueued/memory': 10,
       'start_time': datetime.datetime(2021, 3, 15, 14, 1, 32, 357828)}
```

这个结果就是 Stats Collection 里面存储的常用键值对,比如 item_scraped_count 就代表爬取了多少结果,downloader/response_status_count/200 就代表成功的响应次数有多少。

看起来挺清晰的,对不对?我们可以通过这些指标清楚地得知当前状态下每个 Scrapy 爬虫的运行状态。

这是怎么实现的呢?其实在 Scrapy 中,它是通过一个默认配置好的 Stats Collector 实现的,叫作 MemoryStatsCollector,这是 Scrapy 中内置的 Stats Collector,我们可以通过配置 STATS_CLASS 来更改。

看下 Stats Collector 的源码,内容如下:

```python
import pprint
import logging

logger = logging.getLogger(__name__)

class StatsCollector:

    def __init__(self, crawler):
        self._dump = crawler.settings.getbool('STATS_DUMP')
        self._stats = {}

    def get_value(self, key, default=None, spider=None):
        return self._stats.get(key, default)

    def get_stats(self, spider=None):
        return self._stats

    def set_value(self, key, value, spider=None):
        self._stats[key] = value

    def set_stats(self, stats, spider=None):
        self._stats = stats

    def inc_value(self, key, count=1, start=0, spider=None):
        d = self._stats
        d[key] = d.setdefault(key, start) + count

    def max_value(self, key, value, spider=None):
        self._stats[key] = max(self._stats.setdefault(key, value), value)

    def min_value(self, key, value, spider=None):
        self._stats[key] = min(self._stats.setdefault(key, value), value)

    def clear_stats(self, spider=None):
        self._stats.clear()

    def open_spider(self, spider):
        pass

    def close_spider(self, spider, reason):
        if self._dump:
            logger.info("Dumping Scrapy stats:\n" + pprint.pformat(self._stats),
                        extra={'spider': spider})
        self._persist_stats(self._stats, spider)
```

```python
    def _persist_stats(self, stats, spider):
        pass

class MemoryStatsCollector(StatsCollector):

    def __init__(self, crawler):
        super().__init__(crawler)
        self.spider_stats = {}

    def _persist_stats(self, stats, spider):
        self.spider_stats[spider.name] = stats
```

这里可以很明显看到 MemoryStatsCollector 继承自 StatsCollector 这个类,而 StatsCollector 里面又提供了一系列数据获取和设置相关的方法,比如 set_value 接收 key 和 value 参数,将 value 存储到 stats 这个全局变量里面,get_value 接收 key 这个参数,然后将 value 从 stats 这个全局变量里面取出来并返回。

这个 stats 变量就相当于一个大的表,爬虫开始运行时将 stats 进行初始化,然后整个爬虫在有任何事件发生的时候可以调用一下数据修改的 set_value 方法,将数据的修改记录下来就好了。而 MemoryStatsCollector 的实现也非常简单,就是将 stats 初始化为一个 Python 字典,所以所有的数据统计结果都是在内存中存储的。如果爬虫运行停止了而且这些数据没有保存下来的话,数据就丢失了,而且这个数据也没有任何共享机制,所以每个 Scrapy 爬虫的统计信息都是一个独立的 Python 字典,自然也就无法做到统计信息的共享了。

到了这里,我们就知道如果要实现 Scrapy 分布式爬虫的统计信息的共享,应该怎么做了吧? 那就是将 stats 全局变量通过 Redis 共享!

仿照 Scrapy-Redis 的其他模块的实现,我们可以将其实现,代码类似如下:

```python
from scrapy.statscollectors import StatsCollector
from .connection import from_settings as redis_from_settings
from .defaults import STATS_KEY, SCHEDULER_PERSIST
from datetime import datetime

class RedisStatsCollector(StatsCollector):

    def __init__(self, crawler, spider=None):
        super().__init__(crawler)
        self.server = redis_from_settings(crawler.settings)
        self.spider = spider
        self.spider_name = spider.name if spider else crawler.spidercls.name
        self.stats_key = crawler.settings.get('STATS_KEY', STATS_KEY)
        self.persist = crawler.settings.get(
            'SCHEDULER_PERSIST', SCHEDULER_PERSIST)

    def _get_key(self, spider=None):
        if spider:
            self.stats_key % {'spider': spider.name}
        if self.spider:
            return self.stats_key % {'spider': self.spider.name}
        return self.stats_key % {'spider': self.spider_name or 'scrapy'}

    @classmethod
    def from_crawler(cls, crawler):
        return cls(crawler)

    def get_value(self, key, default=None, spider=None):
        if self.server.hexists(self._get_key(spider), key):
            return int(self.server.hget(self._get_key(spider), key))
        else:
```

```python
            return default
    def get_stats(self, spider=None):
        return self.server.hgetall(self._get_key(spider))
    
    def set_value(self, key, value, spider=None):
        self.server.hset(self._get_key(spider), key, value)
    
    def set_stats(self, stats, spider=None):
        self.server.hmset(self._get_key(spider), stats)
    
    def inc_value(self, key, count=1, start=0, spider=None):
        if not self.server.hexists(self._get_key(spider), key):
            self.set_value(key, start)
        self.server.hincrby(self._get_key(spider), key, count)
    
    def max_value(self, key, value, spider=None):
        self.set_value(key, max(self.get_value(key, value), value))
    
    def min_value(self, key, value, spider=None):
        self.set_value(key, min(self.get_value(key, value), value))
    
    def clear_stats(self, spider=None):
        self.server.delete(self._get_key(spider))
    
    def open_spider(self, spider):
        if spider:
            self.spider = spider
    
    def close_spider(self, spider, reason):
        self.spider = None
        if not self.persist:
            self.clear_stats(spider)
```

这部分改动需要放在 Scrapy-Redis 源码里面,这里主要的改动就是将 stats 修改为 Redis HSET 实现,因为 HSET 就是 Redis 中的一个用于键值对存储的数据结构。比如 set_value 就可以修改为 hset 方法实现,get_value 就可以修改为 hget 方法实现。

大家看到这里可能会眉头一紧,心想这个功能还需要自己去修改源码实现吗?这样会增加不少工作量。在 Scrapy-Redis 0.6.8 及以前的版本中,确实需要这么做。不过幸运的是,我已经把这部分功能实现了并合并到 Scrapy-Redis 源代码中了,自 Scrapy-Redis 0.7.1 版本开始,大家就可以直接使用了。另外,默认情况下,大家会安装最新版的 Scrapy-Redis,所以大多数情况下是可以直接使用的。

怎么使用呢?很简单,只需要在 Scrapy 爬虫项目里面的 settings.py 中添加如下的一行配置即可:

```
STATS_CLASS = "scrapy_redis.stats.RedisStatsCollector"
```

仅仅通过这一行代码的配置,我们就完成了如上所有的工作,不需要手动实现 RedisStatsCollector 这个类了。

接下来,我们重新运行下 Scrapy 爬虫,通过 Redis Desktop Manager 连接 Redis 看下,这时候就会发现运行过程中就多了一个 Redis 的 key,如图 17-24 所示。

图 17-24　Redis key 列表

这里多了一个 book:stats 的 key,打开看下结果,如图 17-25 所示。

row	key	value
1	retry/reason_count/403 Forbidden	720
2	downloader/request_count	976
3	downloader/exception_type_count/twisted.internet.error.TimeoutError	2
4	item_scraped_count	173
5	retry/max_reached	46
6	retry/reason_count/twisted.web._newclient.ResponseNeverReceived	5
7	scheduler/dequeued/redis	976
8	log_count/INFO	67
9	downloader/exception_type_count/twisted.web._newclient.ResponseNeverReceived	5
10	request_depth_max	1
11	downloader/response_status_count/200	185
12	log_count/DEBUG	3103
13	retry/reason_count/twisted.internet.error.TimeoutError	2
14	memusage/max	70307840
15	httperror/response_ignored_count	46
16	downloader/response_bytes	963543
17	httperror/response_ignored_status_count/403	46
18	downloader/response_status_count/403	766
19	log_count/ERROR	46
20	retry/count	727
21	downloader/exception_count	7
22	downloader/request_method_count/GET	976

图 17-25 运行结果

这时候我们可以看到所有的 Scrapy 统计信息都存储到这里了,而且多个 Scrapy 爬虫通过此统计信息实现了数据共享,任何一个爬虫的数据修改都会直接反映到这个 Redis 的 HSET 里面,这样我们就实现了 Scrapy 分布式爬虫的统计信息共享。

4. 总结

在本节中,我们首先介绍了 Scrapy 爬虫的统计信息是怎么实现的,然后介绍了如何实现 Scrapy 分布式爬虫的统计信息共享。

统计信息共享是一个非常有用的功能,为后面数据可视化打下了基础,后文我们会继续学习如何基于这些信息进行数据可视化。

17.9 基于 Prometheus 和 Grafana 的分布式爬虫监控方案

在上一节中,我们已经实现了 Scrapy 分布式爬虫的数据统计,这些统计数据可以通过 Redis 共享,以实现数据的集中化存储和同步。

接下来,我们可能想做的就是基于这些数据,将其可视化出来,比如我们想要的结果可能是这样的。

- ❏ 不用太多复杂的编程或配置就可以搭建一个高性能、高可用、实用又美观的数据可视化面板,面板中可以实时显示爬虫的各个指标的状态。
- ❏ 当某项指标异常的时候,可以通过各个方式通知我们,以便及时调整和修复。

17.9 基于 Prometheus 和 Grafana 的分布式爬虫监控方案

以上的两个需求其实就恰好对标了监控的两大核心问题——可视化+告警，这两个功能是监控系统的核心重点。

本节中，我们要介绍的就是一个企业级监控数据的监控方案——Prometheus + Grafana，其中前者可以实现流式监控数据的收集、存储、查询、告警，后者可以实现强大又精美的可视化面板，同时也配备了告警功能。二者经常放在一起使用，同时二者还是云原生的重要部件，与 Kubernetes 结合起来可以实现全方位的数据监控和告警系统。

下面我们就来介绍 Prometheus 和 Grafana，并介绍如何将二者与 Scrapy 爬虫结合来实现数据监控。

1. Prometheus

Prometheus 是一个开源的服务监控系统和时间序列数据库，用于存储一些时序数据，比如某个时刻的各个指标数据等。它可以从一些 HTTP 页面来拉取符合格式的时间序列数据，同时也支持通过中间网关来推送数据。另外，它还支持灵活的查询语言 PromQL。利用 PromQL，我们可以非常方便地查询和分析某个时间段内的各项指标数据。另外，它提供了可视化 UI，还支持告警配置等功能。

Prometheus 在记录纯数字时间序列方面表现非常好。它既适用于面向服务器等硬件指标的监控，也适用于高动态的面向服务架构的监控。对于现在流行的微服务，Prometheus 的多维度数据收集和数据筛选查询语言也是非常强大的。

图 17-26 说明了 Prometheus 的整体架构，以及生态中一些组件的作用。

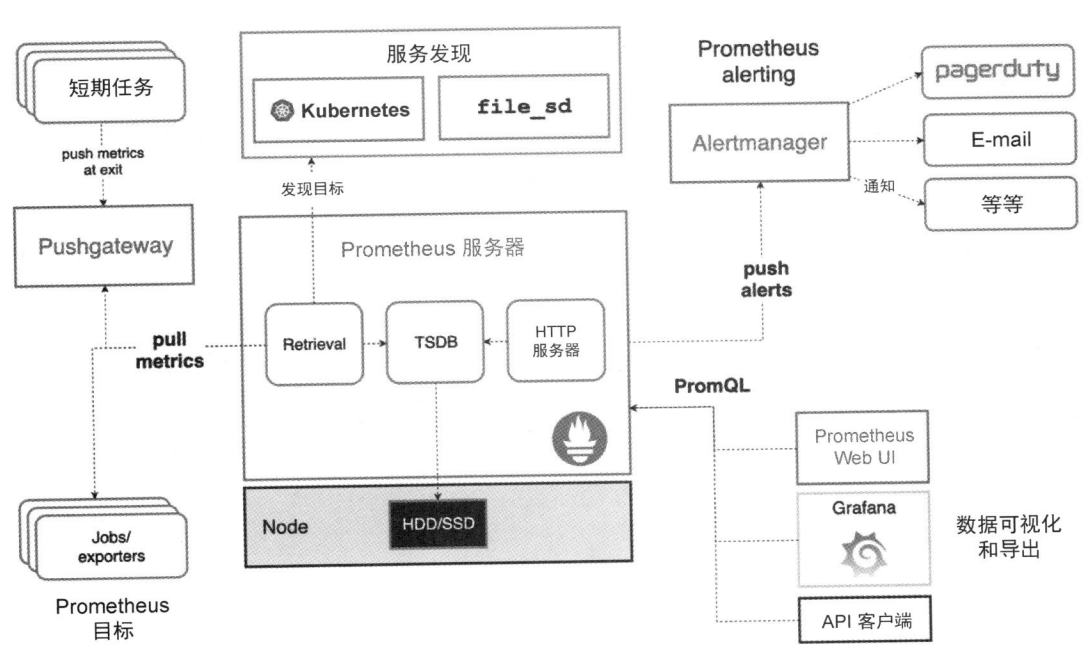

图 17-26 Prometheus 的整体架构

2. Grafana

Grafana 是一个开源的、拥有丰富 Dashboard 和图表编辑的指标分析平台，它专注于时序类图表分析，而且支持多种数据源，如 Prometheus、Graphite、InfluxDB、Elasticsearch、MySQL、Kubernetes、Zabbix 等。

Grafana 的一个最大特点就是，界面非常酷炫！非常接近于一些企业级可视化大屏的效果。图 17-27 就是用 Grafana 做的可视化监控面板。

Grafana 对 Prometheus 有非常好的支持。在 Grafana 中，可以添加 Prometheus 的数据源，同时支持调试、查询和可视化展示。

3. 准备工作

在开始学习接下来的内容之前，请确保你已经完成了上一节的内容，能将 Scrapy 爬虫项目在 Kubernetes 上运行起来。

另外，我们还需要安装另一个 Kubernetes 套件 Helm，利用它我们可以快速部署一些 Kubernetes 服务，安装流程可以参考：https://setup.scrape.center/helm。

做好如上准备工作之后，我们就可以开始实现 Scrapy 与 Prometheus + Grafana 监控系统的对接了。

要想完成这个工作，有三步需要做：第一步便是生成 Scrapy 的 Exporter，用于收集统计数据；第二步便是将 Grafana 与 Prometheus 对接起来，构建可视化面板；第三步便是配置告警。

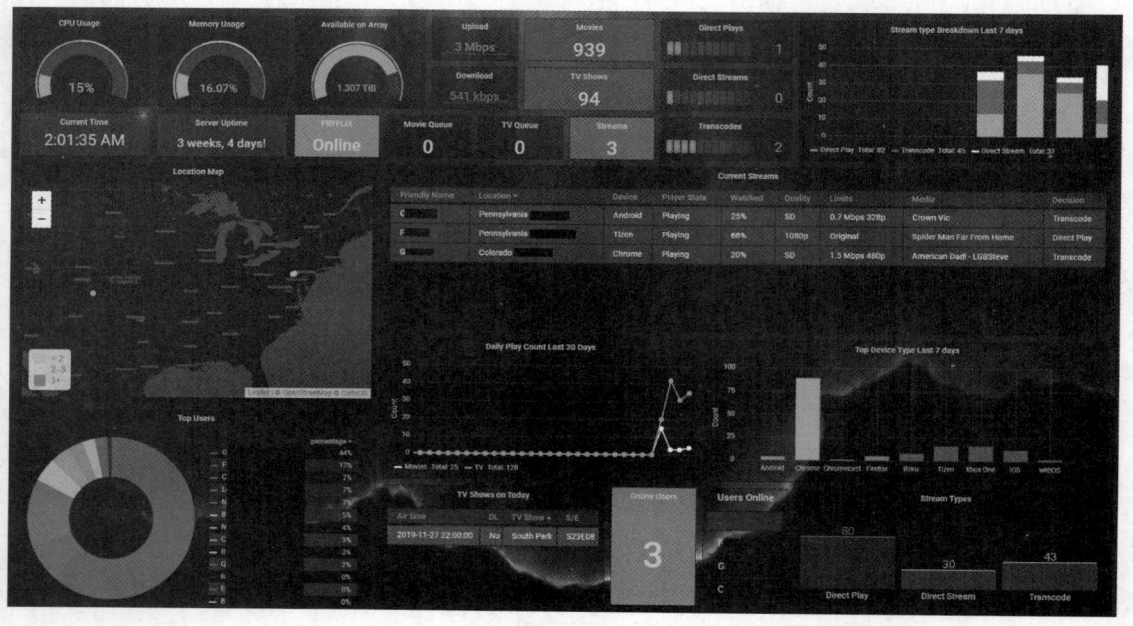

图 17-27　用 Grafana 做的可视化监控面板

4. Scrapy Exporter

接下来，我们首先来看看怎么将 Scrapy 的数据对接到 Prometheus，这就需要生成一个 Scrapy 的 Data Exporter。

我们首先来看看 Exporter 大约是什么样子的，如图 17-28 所示。

可以看到，这就是一个 HTTP 网页，网页内容遵循一定格式，这个格式可以被 Prometheus 自动解析并存储下来。我们需要做的就是为 Scrapy 生成这样一个网页，然后将这个网页的地址告诉 Prometheus，Prometheus 便会每隔一段时间来抓取这个页面，从而获取到 Scrapy 的各个指标数据了。

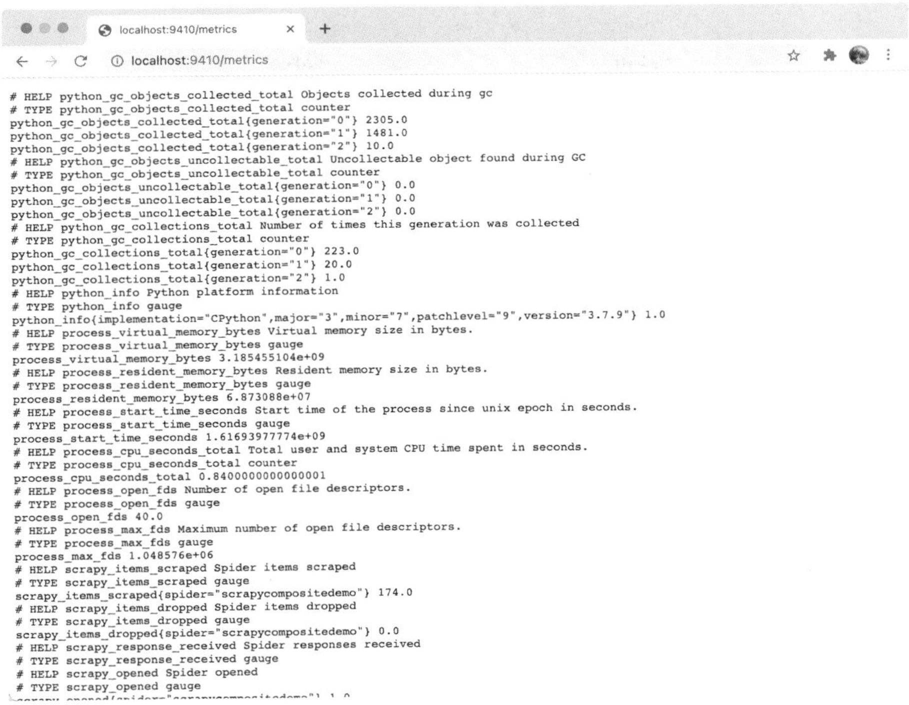

图 17-28　Exporter

那么，Scrapy 怎么生成这个页面呢？它不是用来爬取数据的吗？生成 HTTP 页面不又得需要一个 HTTP 服务器吗？这又是怎么实现的？其实，Scrapy 的功能十分强大。Scrapy 确实主要用来爬取数据，但这并不妨碍同时提供一个 HTTP 服务，而且 HTTP 服务可以和 Scrapy 本身关联起来，比如读取到 Scrapy 的各项统计指标，然后将数据展示在网页之中，这是完全可以做到的。

怎么实现的呢？其实还是借助于 Scrapy 的 Extension。关于 Extension 的更多知识，请参考前文内容。另外，我们还需要借助一个开源工具，叫作 prometheus_client，利用它我们可以通过传入一些参数构造不同的指标数据，生成 Exporter 格式的内容。

关于 Exporter 的实现原理，这里就不展开讲解了，我们可以直接借助一个开源库 GerapyPrometheus-Exporter 来实现。

安装方式很简单：

```
pip3 install gerapy-prometheus-exporter
```

安装完成之后，需要在 settings.py 里面配置并启用：

```
EXTENSIONS = {
    'gerapy_prometheus_exporter.extension.WebService': 500,
}
```

配置完成之后，我们可以在本地启动一下 Scrapy 爬虫，这时候我们就可以在本地 http://localhost:9410/metrics 看到类似图 17-28 的结果，比如其中有一些指标如下：

```
# TYPE scrapy_items_scraped gauge
scrapy_items_scraped{spider="scrapycompositedemo"} 174.0
# HELP scrapy_items_dropped Spider items dropped
# TYPE scrapy_items_dropped gauge
scrapy_items_dropped{spider="scrapycompositedemo"} 0.0
# HELP scrapy_response_received Spider responses received
```

```
# TYPE scrapy_response_received gauge
# HELP scrapy_opened Spider opened
# TYPE scrapy_opened gauge
scrapy_opened{spider="scrapycompositedemo"} 1.0
# HELP scrapy_closed Spider closed
# TYPE scrapy_closed gauge
# HELP scrapy_downloader_request_bytes ...
# TYPE scrapy_downloader_request_bytes gauge
scrapy_downloader_request_bytes{spider="scrapycompositedemo"} 616407.0
```

scrapy_items_scraped 就是一项 Prometheus 指标名称,其中有一个 spider 属性叫作 scrapycompositedemo,其值是 174,这代表已经爬取了 174 条数据。另外还有其他的指标,比如 scrapy_downloader_request_bytes 就代表 downloader 请求的字节数,值为 616407.0。

随着 Scrapy 的运行,爬虫的各项指标肯定会变化的,我们可以隔一段时间刷新下刚才的页面:

```
# TYPE scrapy_items_scraped gauge
scrapy_items_scraped{spider="scrapycompositedemo"} 509.0
# HELP scrapy_items_dropped Spider items dropped
# TYPE scrapy_items_dropped gauge
scrapy_items_dropped{spider="scrapycompositedemo"} 0.0
# HELP scrapy_response_received Spider responses received
# TYPE scrapy_response_received gauge
# HELP scrapy_opened Spider opened
# TYPE scrapy_opened gauge
scrapy_opened{spider="scrapycompositedemo"} 1.0
# HELP scrapy_closed Spider closed
# TYPE scrapy_closed gauge
# HELP scrapy_downloader_request_bytes ...
# TYPE scrapy_downloader_request_bytes gauge
scrapy_downloader_request_bytes{spider="scrapycompositedemo"} 930501.0
```

就是这样一个网页,在原来的基础上,Scrapy 爬虫提供了 HTTP 服务,并在 9410 端口上运行了此服务。

接下来,我们就重新把这个 Scrapy 项目部署到 Kubernetes 上,并通过 Servcie 将 9410 端口暴露出来。首先,需要重新构建 Docker 镜像并更新。当然,也可以使用我已经构建好的镜像 germey/scrapycompositedemo。

修改 kubernetes/scrapycompositedemo/deployment.yaml 文件,添加 containerPort 的配置,最终修改结果如下:

```yaml
apiVersion: apps/v1
kind: Deployment
metadata:
  labels:
    app: scrapycompositedemo
  name: scrapycompositedemo
  namespace: crawler
spec:
  replicas: 1
  selector:
    matchLabels:
      app: scrapycompositedemo
  template:
    metadata:
      labels:
        app: scrapycompositedemo
    spec:
      containers:
        - env:
            - name: ACCOUNTPOOL_URL
              value: 'http://accountpool.crawler.svc.cluster.local:6777/antispider7/random'
            - name: PROXYPOOL_URL
              value: 'http://proxypool.crawler.svc.cluster.local:5555/random'
```

```yaml
        - name: REDIS_URL
          value: 'redis://redis.crawler.svc.cluster.local:6379'
        image: germey/scrapycompositedemo
        name: scrapycompositedemo
        resources:
          limits:
            memory: "500Mi"
            cpu: "300m"
          requests:
            memory: "200Mi"
            cpu: "100m"
        ports:
          - containerPort: 9410
```

这里就将 9410 端口暴露出来了,其他配置保持不变。注意,此处如果使用你自己构建的镜像的话,需要把 `image` 参数换一下。

同时新建一个 kubernetes/scrapycompositedemo/service.yaml 文件,内容如下:

```yaml
apiVersion: v1
kind: Service
metadata:
  labels:
    app: scrapycompositedemo
  name: scrapycompositedemo
  namespace: crawler
spec:
  ports:
    - name: "9410"
      port: 9410
      targetPort: 9410
  selector:
    app: scrapycompositedemo
```

重新运行部署:

```
kubectl apply -f kubernetes/scrapycompositedemo
```

结果如下:

```
deployment.apps/scrapycompositedemo configured
service/scrapycompositedemo created
```

这样就成功了。

然后我们可以看下 Web 服务有没有运行成功:

```
kubectl port-forward svc/scrapycompositedemo 9410:9410 -n crawler
```

这时候重新打开 http://localhost:9410/metrics,如果能看到如图 17-28 所示的页面,就说明已经部署成功了,而且通过 9410 端口就能获取到 Scrapy 分布式爬虫的运行状态统计。

5. Prometheus 对接

接下来,我们需要做的就是将上文实现的 Exporter 和 Prometheus 来进行对接,也就是将 HTTP 页面配置到 Prometheus 里面,这样 Prometheus 就会定时抓取这些指标并存储下来了。

由于 Scrapy 爬虫项目是部署在 Kubernetes 上的,对于 Prometheus 来说,当然同样要部署到 Kubernetes 里面才能访问了。

安装 Prometheus 时,我推荐使用 Helm 来安装,安装方法可以参考 https://github.com/prometheus-community/helm-charts/tree/main/charts/kube-prometheus-stack。kube-prometheus-stack 是一个 Prometheus 和 Grafana 的套件,安装此套件可以同时安装好 Prometheus 和 Grafana,非常方便。

个人推荐将 Prometheus 单独安装到一个新的 Namespace 下面，比如新建一个 Namespace，叫作 monitor：

```
kubectl create namespace monitor
```

然后利用 Helm 来安装对应的 Repo 信息：

```
helm repo add prometheus-community https://prometheus-community.github.io/helm-charts
helm repo update
```

这一步相当于把一些配置文件添加到 Helm 中，这样 Helm 才能对其进行安装。

接下来，我们可以运行如下命令安装：

```
helm install prometheus-stack prometheus-community/kube-prometheus-stack -n monitor
```

运行成功后，可能会得到如下信息：

```
NAME: prometheus-stack
LAST DEPLOYED: Sun Mar 28 22:27:37 2021
NAMESPACE: monitor
STATUS: deployed
REVISION: 1
NOTES:
kube-prometheus-stack has been installed. Check its status by running:
  kubectl --namespace monitor get pods -l "release=prometheus-stack"
...
```

如果看到如上结果，就证明已经安装成功了。

接下来，我们重新进入 Dashboard，查看 Prometheus 套件的运行情况。运行 Dashboard 的流程见 17.8 节。

进入 Dashboard 之后，切换到 Monitor 命名空间，你可能看到如图 17-29 所示的运行结果，一些状态还是红色或者黄色，不用担心，目前还处在初始化的过程中，耐心等待一段时间，等待全部配置完成之后，就好了。

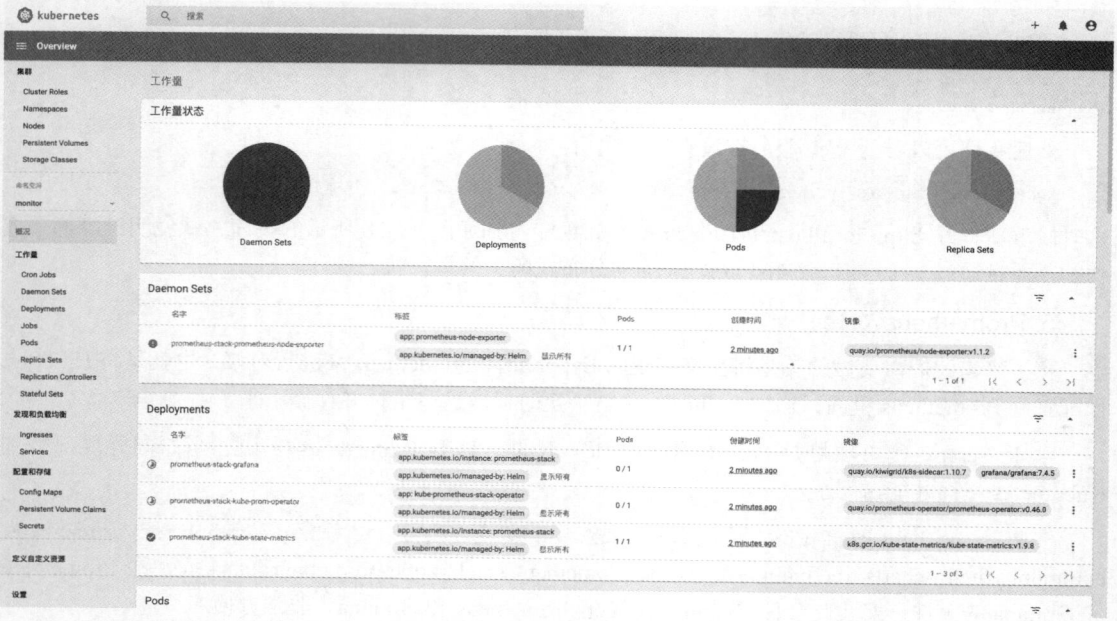

图 17-29　运行结果

另外，每个 Chart 预留了一些配置项，这些配置项在 values.yaml 里面是可以复写、修改的，具体的配置可以查看 https://github.com/prometheus-community/helm-charts/blob/main/charts/kube-prometheus-stack/values.yaml 文件。比如，通过修改 Prometheus 的配置项，就能达到修改 scrape_configs 的目的，这项配置叫作 prometheusOperator.prometheusSpec.additionalScrapeConfigs。

> **注意** 此项配置的名称可能会随着当前 Helm Chart 的修改而不同，主要是明白其原理，具体的配置需要以官方文档为准。

这时候我们可以将此项配置进行修改：

```yaml
prometheusOperator:
  # 此处省略其他配置项
  prometheusSpec:
    # 此处省略其他配置项
    additionalScrapeConfigs:
      - job_name: scrapycompositedemo
        static_configs:
          - labels:
              app: scrapycompositedemo
            targets:
              - scrapycompositedemo.crawler.svc.cluster.local:9410
```

这里我们添加了刚才的 Scrapy 爬虫的配置项，指定了 labels 和 targets，具体的配置格式可以参考 https://prometheus.io/docs/prometheus/latest/configuration/configuration/#scrape_config。

其中值得注意的是，我们将 targets 配置为 scrapycompositedemo.crawler.svc.cluster.local:9410，可以通过此 Host 在 Kubernetes 中访问到对应的服务。

配置完成之后，可以通过如下命令应用此更新：

```
helm upgrade -f values.yaml prometheus-stack prometheus-community/kube-prometheus-stack -n monitor
```

如果出现类似下面的输出结果：

```
Release "prometheus-stack" has been upgraded. Happy Helming!
NAME: prometheus-stack
LAST DEPLOYED: Sun Mar 28 23:22:44 2021
NAMESPACE: monitor
STATUS: deployed
REVISION: 2
NOTES:
kube-prometheus-stack has been installed. Check its status by running:
  kubectl --namespace monitor get pods -l "release=prometheus-stack"
...
```

就证明更新生效了。

6. Grafana 配置

接下来，我们再回到 Grafana 的配置中，我们可以依然在本地通过 kubectl port-forward 将服务转发到本地：

```
kubectl port-forward svc/prometheus-stack-grafana 3000:80 -n monitor
```

> **注意** 这里服务的名称可能随着 Helm Chart 的修改而不同，主要是明白其原理，具体的配置需要以官方文档为准。

这里我们将 Grafana 从 80 转发到本地 3000 端口，这时候我们在本地浏览器上打开 http://localhost:3000/，就能看到如图 17-30 所示的结果。

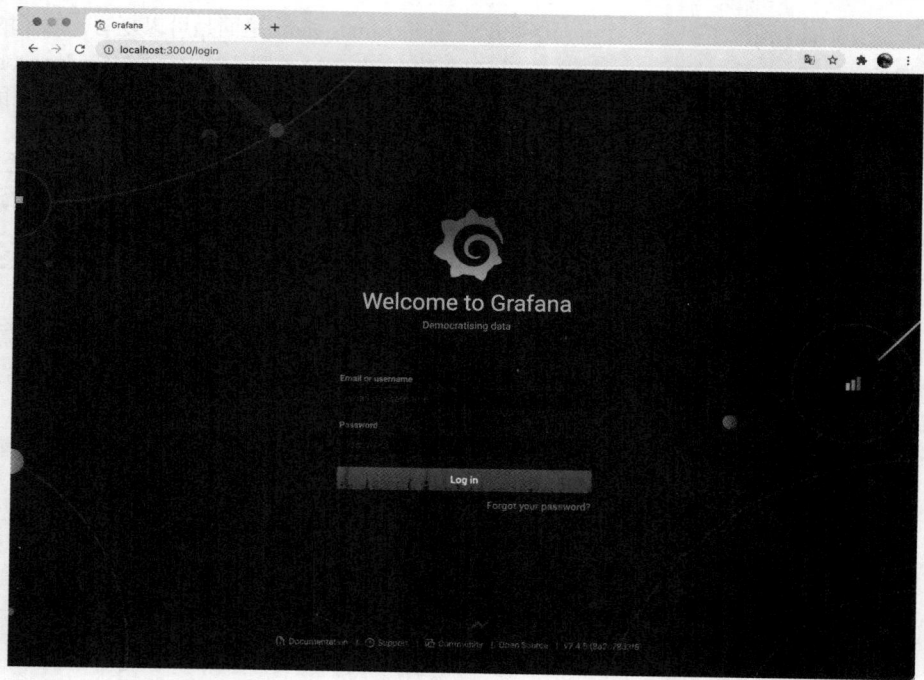

图 17-30　欢迎界面

进入了 Grafana 的欢迎界面,但是并不知道用户名和密码是什么,这时候密码会存在对应的 Secrets 文件中。在此 Helm Chart 中,它存在一个叫作 prometheus-stack-grafana 的 Secret 中,通过 Dashboard 我们可以清楚地看到用户名和密码,如图 17-31 所示。

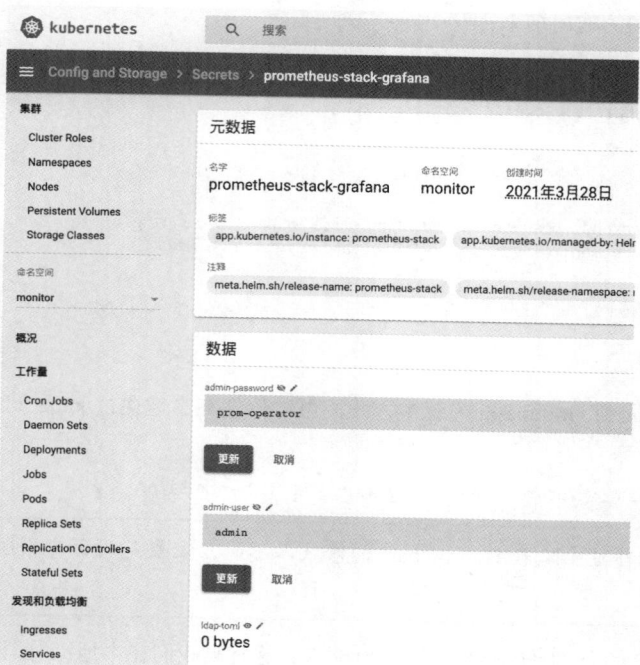

图 17-31　用户名和密码

可以看到，初始用户名就是 admin，密码就是 prom-operator。在 Grafana 欢迎界面中输入用户名和密码，我们便可以进入控制面板了，如图 17-32 所示。

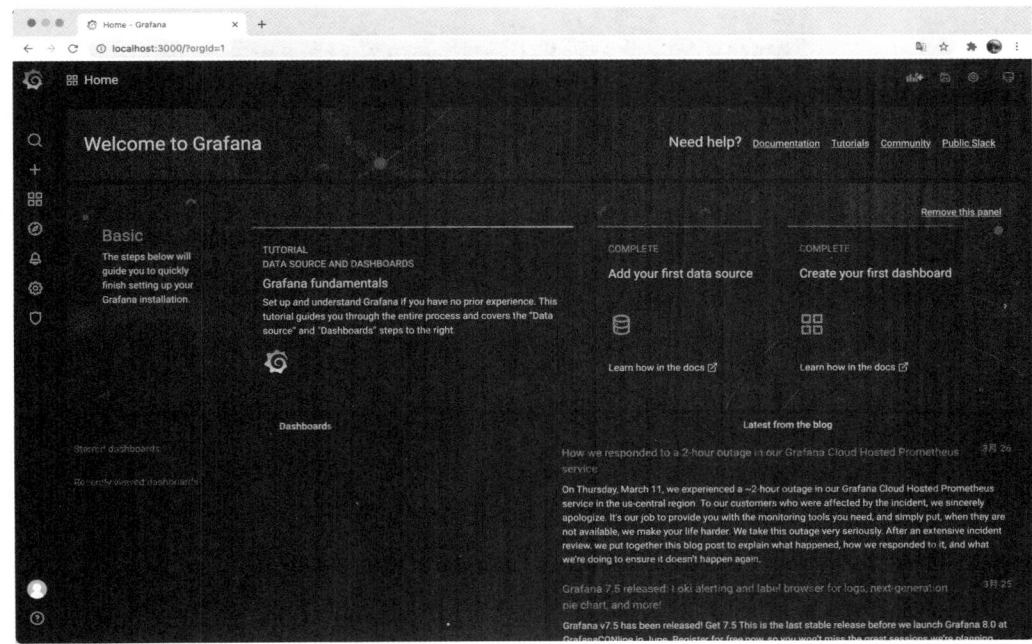

图 17-32　Grafana 控制面板

接下来，我们切换到 Explore 页面，可以看到已经配置好的 Prometheus 数据源，如图 17-33 所示。

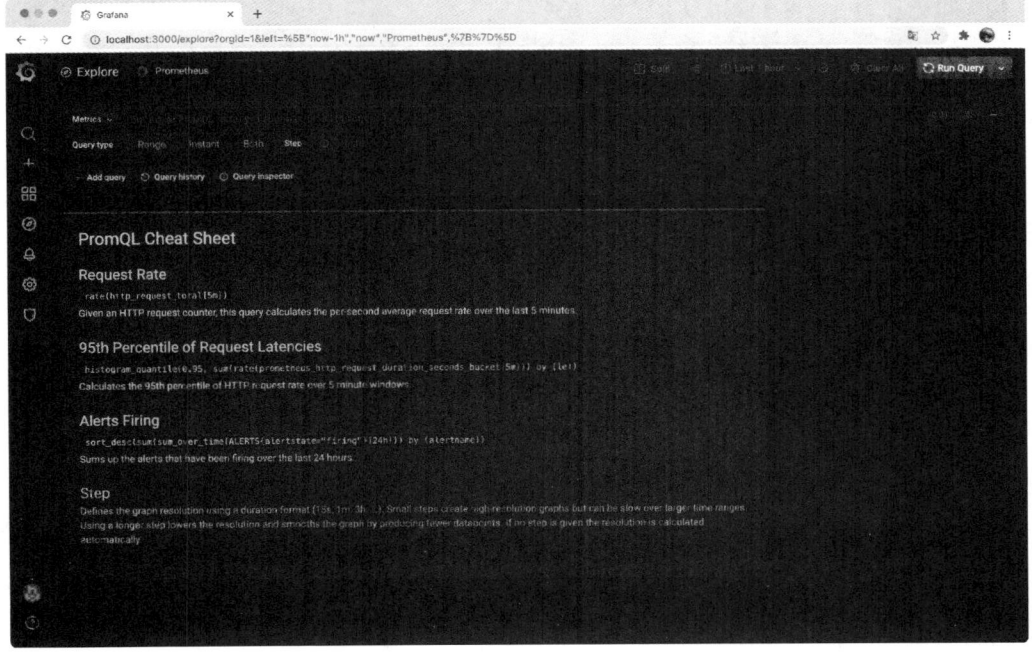

图 17-33　Explore 页面

如果上文所述的 scrapeconfig 配置成功的话，此时在这里我们可以搜索到 scrapy 相关的指标，如图 17-34 所示。

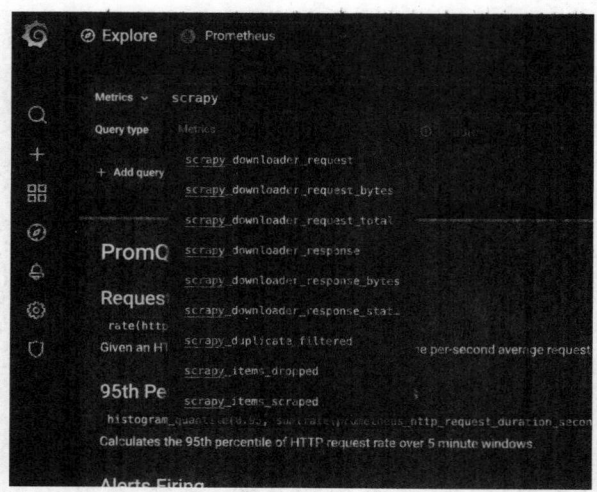

图 17-34　搜索 scrapy 相关的指标

比如此时我们输入 scrapy_items_scraped，即抓取数据的条数，然后将时间范围设置为 5min，点击右上角的 Run Query 按钮，可以得到如图 17-35 所示的图表。

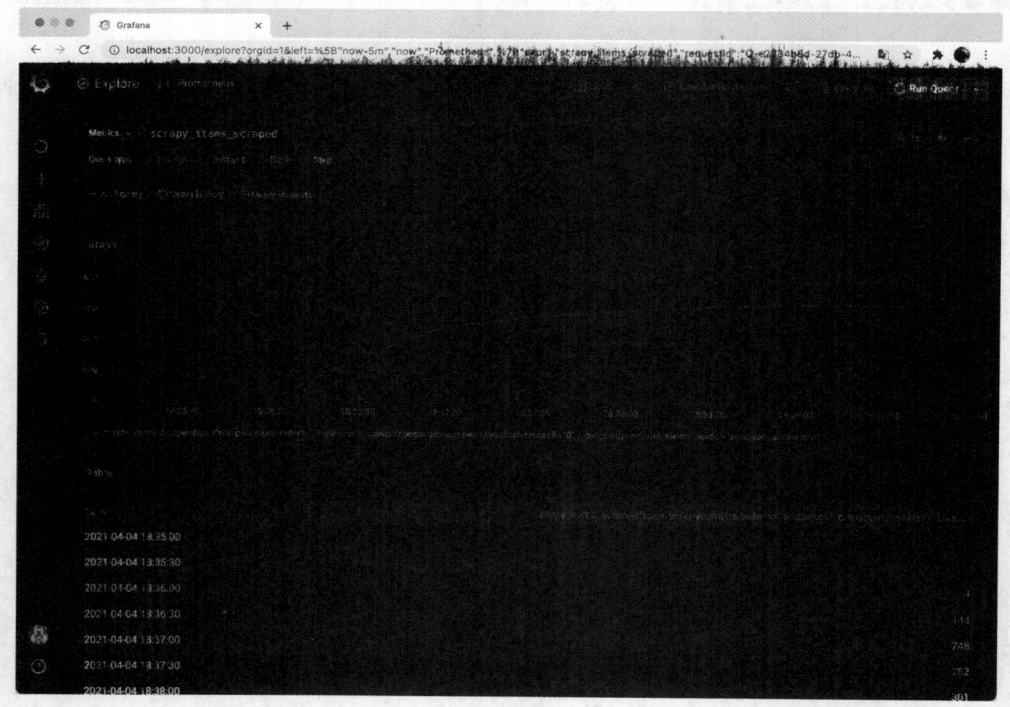

图 17-35　搜索结果

这里我们就可以观察在过去五分钟内抓取到的数据量的变化情况了。

当然，上面的页面仅仅是调试用的，我们可以试着创建一个 Dashboard。

17.9 基于 Prometheus 和 Grafana 的分布式爬虫监控方案

点击 + 号并选择创建 Dashboard，创建一个 Dashboard，如图 17-36 所示。

然后点击 Add new panel 按钮，创建一个新面板，如图 17-37 所示。

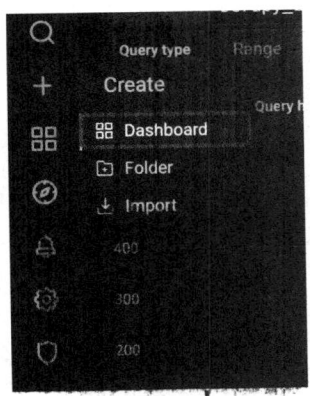

图 17-36 创建一个 Dashboard

图 17-37 创建新面板

这里我们可以按照如下情况配置，如图 17-38 所示。

- Metrics：可以任意选择，比如这里依然选择 scrapy_items_scraped，代表已经爬取到的数据条数。
- Legend：图例名称，这里我们可以直接使用 {{ app }} 来获取其中的属性。因为该条统计信息的 app 的属性就是 scrapycompositedemo，所以这里图例的名称就叫作 scrapycompositedemo。
- Format：保持默认值 Times series 即可，即按照时间序列显示。
- 右侧的一些样式配置可以自行选择，比如配置面板标题、选择连线样式、是否显示数据点、预警值等。

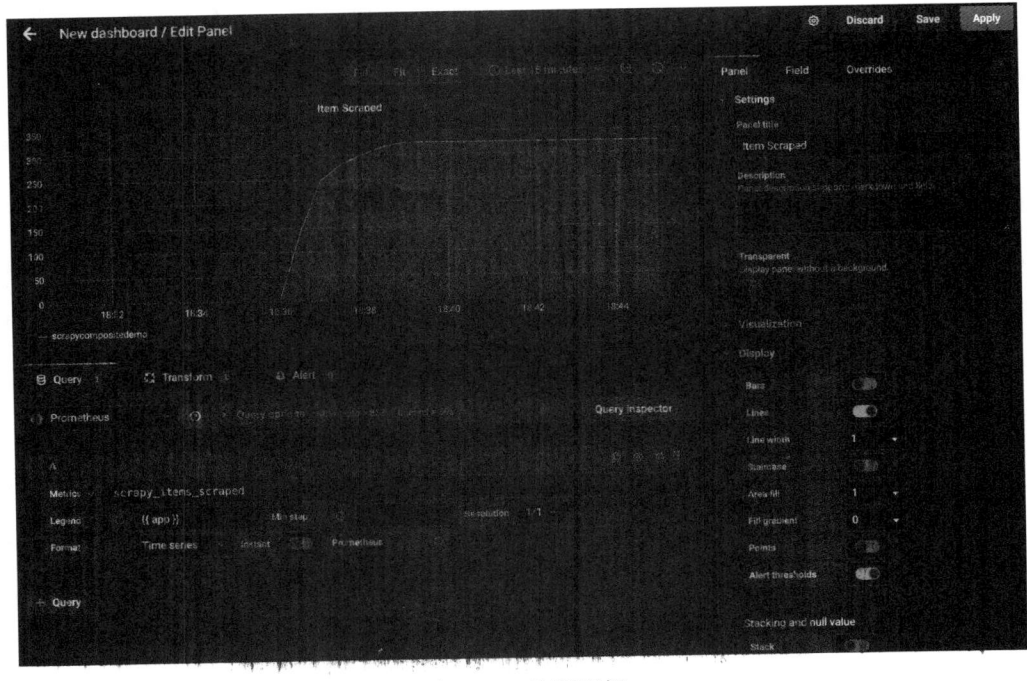

图 17-38 配置面板

配置完成之后，点击右上角的 Apply 按钮，保存该配置面板。另外，还可以继续增加其他面板。配置好了之后，将整个仪表盘保存下来。

比如，最后可以配置成类似图 17-39 所示的页面，这样我们就可以一目了然地看到爬虫的爬取状态了。

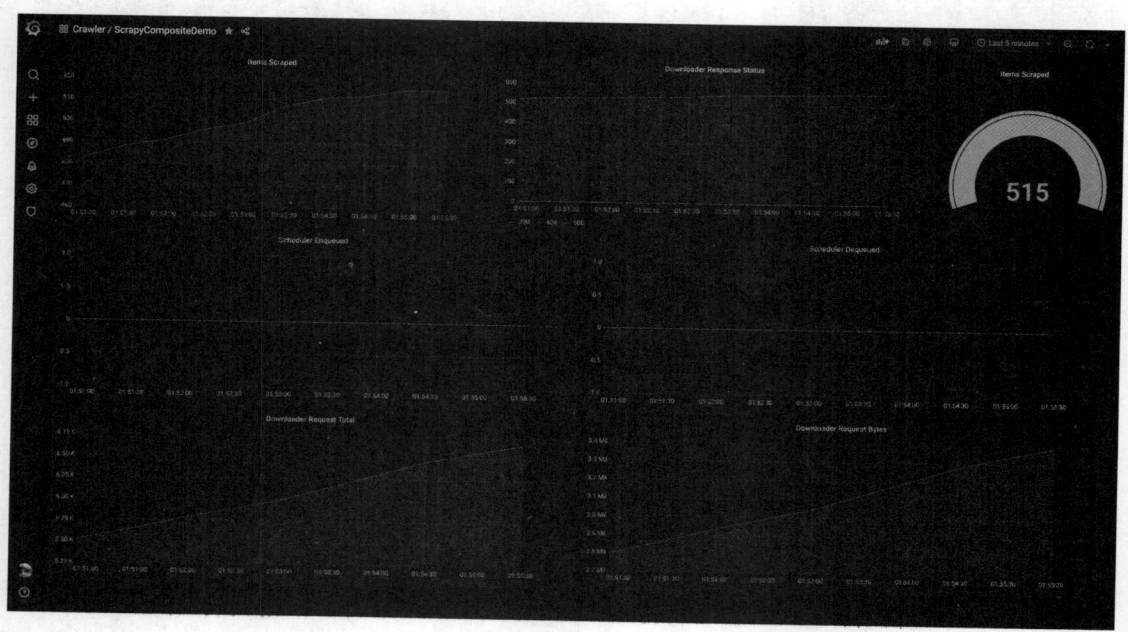

图 17-39　仪表盘

另外，我们还可以设置告警，它既可以在 Grafana 里面使用内置的 Alert 设置，也可以使用 Alert Manager 设置。前者配置更加简单、方便，后者功能更为灵活、强大，可以根据个人偏好进行选择。

具体设置方式可以参考如下内容。

❑ Grafana Alert 配置：https://grafana.com/docs/grafana/latest/alerting/create-alerts/。
❑ Prometheus Stack Alert 配置：https://github.com/prometheus-operator/prometheus-operator。

7. 总结

本节中，我们了解了在 Kubernetes 中监控 Scrapy 爬虫数据的解决方案。利用 Prometheus，我们可以非常便捷地收集 Scrapy 爬虫项目的各项指标数据，同时利用 Grafana 我们可以轻松地创建非常酷炫的图表从而实现实时监控。

另外，我们还可以通过配置告警规则来开启告警，当爬虫数据或者主机数据异常时，我们就可以及时收到告警信息了。

附录 法律与法规

近年来，涉及到网络信息相关法律案件和新闻报道层出不穷，如《数据安全法》《中华人民共和国个人信息保护法》等相继出台，那么人们将如何更好地应对网络信息带来的利害关系？哪怕是在中小学生的思想品德教育一类的书上，都有人们以后所有生活都将要在网上的内容——通讯与情报，游戏与娱乐，商业与经济，一旦被盗取，将会为个人带来极多且无法挽回的损失。所以有人以为未来每部电脑及手机，手里拿其他线条无论条例，于是乎其他数以知识等等在侦测其被系。

近年来，上图的这种论述是对的，因为作为一种计算机技术，其将未来各有自有其可被的，这些有可以必要网络手续，因为面以便有对很多，所以互联网的容许许多其已在于网络圈国，从浪潮引发的被手上网发热起立为的东西。另外，人们需要知识的大致一个常事手，不同政策都是为决的被破还是多，今何其多分人，一旦提供和确会的等，而必要要案最大把的一个重要手，不同政策都是我为假的被破还，如何及其以辨识每来并手，其实网络各有你有其中可是的，这些有可以必有网络手上，就有可以便议及其此事内，就有可避免发生相关事件，构成为其的，着上不足以认的，于是以为们打探出一下情形与发展的相关事件，希望各位读者可以了解，分别地便用出来来。

一、相关法律法规

目前，如何事，根据相关的法律法规，《中华人民共和国数据安全法》已经出台于 2021 年 9 月 1 日被正式施行。另外，除了《中华人民共和国数据安全法》之外，《中华人民共和国网络安全法》《中华人民共和国民法典》《中华人民共和国刑事诉讼法》《中华人民共和国暴恶法》都是重要的案件与刑事相关法。这些法律对关于人们相关的证明都，经过人民代表可以有个人信息被什么、非军被用以涉及为违法律件，经过你实法律，他们图辨犯罪者所侵事，或者其其体人信息管理制度，传播违法法我的不法信息系统、设备或工具代其管理系统等。

二、判例的标准

根据此类有关事件的说法，目前相关法律案件的标准就有三个要素来看，分别是动机、行为。并在此以其案件不能为基本。也许诸有案件的判别未看，回答其证有案件不必要的影响。也许此事案件也许其之影响可以知何说什么问题，可知某种。但如果某案之意义各些看来，其也却非常这样意，所以其意见即便知何说什么问题，也可是其多利益为基本说。下面分别分为一下这三个要素。

□ 动机：就是出现此网络数据隐匿有的是什么。比如，当在某个网站上看到一些不道德的关于自我的母亲，就是出现数据隐匿目的而为以的了。有在某个网络上看到一些不道德的是一些可以网络黑客学习的课程的训练指南，根据其以从有是出于研究目的的，看没有这的影响。其如，若在某个网站上看到一些代化理解成隐密的软件，根据其以之可能被这手其形有且以找到的意想，那是有个人动议起先来，于是你们等他一下动手打算起争。

□ 行为：就有黑客其他手段进行了数据隐匿操作。比如，对上一些众多公开的数据操纵，如果我们按照我们自己的意见，虽然不就他其其侵害，也不会对我们以各对事为形为。但如果是一些其个人或其他商业用能以的数据，比如代化用以理解他们被隐盗权来，那就让个人行为就结成立被害了。

□ 结果：就是黑客的数据隐匿行为了造成的影响。比如，我们出现我以下这课课来满意到了一个小时，那可能就没有什么特别严重的影响。但如果我们上网内容是，就一定思性目的经验，不停为种，该个公司他被网络造来其重要影响，而是数据原本他们的个人信息，那就说明了其他影响，这就可能成构成八人入侵个人信息的严重的形响。

三、注意事项

下面我们来重点说一下沟通中相关的一些误区，在做沟通的开发方案一定要注意避免开启相关的后续行为。

□ 不靠谱人设陷阱：有很多沟通都是基于个人设信任关系而进行。反之，得信度非常高的办法，于是会弄这些貌似权威的信息。长此以往就正是在采用他们的利益信息，令众位置，工作，还有、唯有更重信息，这绝对置于了。更重的事发生行为。不是最重要事的开始我并开始之间，千万不要道听涂说及其轻取，这个人作假的行为。

□ 不重视目标执行不流行：流程的推进来源基于我们自己正在进行的，在做流程开发的时候再做一定的需求我来评估，如果遇到那些基于我们能改变用方式行为方式来弄我们的，那我们只有很大概率实重难相关注。

□ 忙碌陷阱：其中比较极端的例子是基于个体方位目的，在额外向它可以看一个理解，如做一个超过的约束条件，一看很快的证据是权限，忙碌相关的一些事件。但当我们确保将于此对来到对方后，对方可能会做警惕。虽然来相关的一些事情。所以，在接近目的时候多看多小心，事先做警觉对此出的目的为什么才是对方，也是其及时。

□ 被无关多沟通这些的竞争：跟一个这样目的的数据连同和 App，其实我们是开始就有所帮肋展跨的一些竞争，就和加了各类无关的竞争来。但当我们真正和我们沟通下来，给后我就到自己被错围围。假上那些路的数据数据，如跟那些路线上图书的数据，无情来等与相关的数据上的无情之间，我们确保想重相关的事情。

□ 信息极度嗜好：所以外加入的"爱玩乐"，很快都没得其他人，你还是某个相关亲爱的例子对。比如那多数说脸的上的相关数据，小说网站上的小说类例，图书网站上的图书都是相关你被吸引关注的，但要我们比较理由自己春生，也经让意你图上随意传递。仍对这个深度相关故意明，仍对这个行为应要重用来控制来考在我们的。

□ 追捧追新式行为：流存本方生几乎可以来很多行为，它确实可以基础从正通让行为的同向到变来实了。但是，追捕给商者，并要否我们算是系统起源来并在某要起该项行为并关系自己其实是基于其它原因，相关这些行为的相关要用中非难要相起继求预行为的一起就要相应的准守。

□ 不注意方式亲陷：流程方向一直"流经之之阳同等表现"，流程，流程，它，都要计划无信息系统化来，最要来相应的流线方式。如以先方程标准，没有先后显的思的看段话，流程之后，流程无流线起当形成着模式等方行，但是不低的事情的，又要没先，流程动用这是我们让行的做的一定相法，流程方式可以为这因的了一样事了，的处理了之。代表，情现改来已一样了，对以可以看到这种反在我们在这就直立的另一定程度的这一定的，如果我们一定通过某这项行为分下的中间，我们就难道又变成实又说，所这的话，他就变得非常生来。

所以，在遇之方正面选择的一定方向，流程方案。

以上就外流了一些通沟相关的知识点，这点，当会沟通有之后，却发，质这也是非常重要的！